EUROPA-FACHBUCHREIHE
für elektrotechnische, elektronische
und informationstechnische Berufe

# Tabellenbuch Elektrotechnik

| Tabellen | Formeln | Normenanwendung |

**21. neu bearbeitete und erweiterte Auflage**

Bearbeitet von Lehrern und Ingenieuren an beruflichen Schulen
und Produktionsstätten (siehe Rückseite)

VERLAG EUROPA-LEHRMITTEL · Nourney, Vollmer GmbH & Co.KG
Düsselberger Straße 23 · 42781 Haan-Gruiten

**Europa-Nr.: 30103**

Autoren des Tabellenbuchs Elektrotechnik:

| | | |
|---|---|---|
| Häberle, Gregor | Dr.-Ing., Abteilungsleiter | Tettnang |
| Häberle, Heinz | Dipl.-Gwl., VDE, Oberstudiendirektor | Kressbronn |
| Jöckel, Hans-Walter | Dipl.-Ing. (FH), Oberstudienrat | Friedrichshafen |
| Krall, Rudolf | Ing. (grad.), Berufsschuloberlehrer | St. Leonhard |
| Lücke, Thomas | Dipl.-Ing., Oberstudienrat | Montabaur |
| Schiemann, Bernd | Dipl.-Ing., Studiendirektor | Ulm, Stuttgart |
| Schmitt, Siegfried | staatl. gepr. Techniker, Techn. Oberlehrer | Friedrichshafen |
| Tkotz, Klaus | Dipl.-Ing. (FH) | Hof/Kronach |

Leitung des Arbeitskreises:
Dr.-Ing. Häberle, Tettnang


Bildbearbeitung:
Zeichenbüro des Verlags Europa-Lehrmittel, Leinfelden-Echterdingen

Das vorliegende Buch wurde auf der **Grundlage der neuen Rechtschreibregeln** und **lernfeldorientiert** erstellt.

Auszüge aus DIN-Normen mit VDE-Klassifikation sind für die angemeldete limitierte Auflage wiedergegeben mit Genehmigung 222.005 des DIN Deutsches Institut für Normung e.V. und des VDE Verband der Elektrotechnik Elektronik Informationstechnik e.V.. Für weitere Wiedergaben oder Auflagen ist eine gesonderte Genehmigung erforderlich.

Maßgebend für das Anwenden der Normen sind deren Fassungen mit dem neuesten Ausgabedatum, die bei der VDE-VERLAG GmbH, Bismarckstr. 33, 10625 Berlin und der Beuth Verlag GmbH, Burggrafenstr. 6, 10787 Berlin erhältlich sind.


21. Auflage 2005
Druck 5 4 3 2 1
Alle Drucke derselben Auflage sind parallel einsetzbar, da sie bis auf die Behebung von Druckfehlern untereinander unverändert sind.


ISBN 3-8085-3217-3


Umschlaggestaltung: Michael M. Kappenstein, 60594 Frankfurt

© 2005 by Verlag Europa-Lehrmittel, Nourney, Vollmer GmbH & Co.KG, 42781 Haan-Gruiten
http://www.europa-lehrmittel.de
Satz und Druck: Tutte Druckerei GmbH, 94121 Salzweg b. Passau

## Aus dem Vorwort zur 1. Auflage

Das vorliegende Tabellenbuch setzt die Fachbuchreihe des Verlages EUROPA-Lehrmittel fort und ergänzt als Nachschlagewerk die EUROPA-Fachkundebücher. Es enthält eine große Zahl tabellarischer Unterlagen, die im Unterricht der beruflichen Schulen und in der Berufspraxis unentbehrlich sind.

Bei aller Stofffülle stehen Übersichtlichkeit und klare Darstellung im Vordergrund. Zur schnellen Orientierung dienen dem Benutzer ein Griffregister mit Inhaltsverzeichnis des Hauptabschnittes, das Inhaltsverzeichnis am Buchanfang und ein ausführliches Sachwortregister am Buchende.

## Vorwort zur 21. Auflage

In der 21. Auflage wurde die Weiterentwicklung der Unterrichtstechnik und der Elektrotechnik weitgehend berücksichtigt. Deshalb wurden die Hauptabschnitte dort, wo es sinnreich erscheint, in ihrer Diktion an die Lernfelder angenähert. Angesichts der Bedeutung des Tabellenbuches als Kompendium für das handlungsorientierte Lernen wurde das Buch erweitert.

Das Buch ist jetzt eingeteilt in die Hauptabschnitte

- **Teil M:** **Mathematik, Physik, Schaltungstheorie, Bauelemente,**
- **Teil TM:** **Technische Dokumentation, Messen,**
- **Teil EI:** **Elektrische Installation,**
- **Teil SE:** **Sicherheit, Energieversorgung,**
- **Teil IK:** **Informations- und kommunikationstechnische Systeme,**
- **Teil AS:** **Automatisierungs- und Antriebssysteme, Steuern und Regeln,**
- **Teil W:** **Werkstoffe, Verbindungstechnik,**
- **Teil BU:** **Betrieb und sein Umfeld, Umwelttechnik, Anhang.**

*Neu aufgenommen* sind die Seiten Kennbuchstaben für Unterklassen von Objekten, Werkstattausrüstung, Leitungsverlegung und Leitungsbearbeitung, Zweidraht-Türanlagen, Eigenerzeugungsanlagen, Fotovoltaik-Anlage (PV-Anlage), Notstromversorgung und Notbeleuchtung, Qualität der Stromversorgung, Überwachung der Endstromkreise, Sicherheitstechnik in Gebäuden, Einbruchmeldeanlagen EMA, Hausgerätetechnik, LED-Beleuchtung in Elektrogeräten, Wärmepumpen, Stromtarife, Bildschirmgeräte, Elemente von Windows-Benutzeroberflächen, Datensicherung und Datenschutz, Programmstruktur für SPS S7, Spezielle Schützarten (Halbleiterschütze, Vakuumschütze), Betriebsdaten von Käfigläufermotoren, Ansichten von Leitungen, Arbeiten im Team, Arbeitsplanung und Netzplantechnik, Erstellen eines Angebotes, Lastenheft und Pflichtenheft, Computerunterstützte Planung einer Elektroinstallation.

*Völlig neu bearbeitet oder erweitert wurden* Kennzeichnung in Schaltplänen, Amerikanische Schaltzeichen, Temperaturmessung mit Sensoren, Leitungsberechnung, Überstrom-Schutzeinrichtungen, Primärelemente, Elektromagnetische Störungen EMI, ASCII-Code mit Unicode, Mikrocomputer, Personalcomputer, Komponenten für Datennetze, Steueranweisungen für SPS, Regelstrecken, Gleichstromsteller, U-Umrichter, Wahl des Antriebsmotors, Struktogramme, Fachliches Englisch (Englisch-Deutsch), Sachwortverzeichnis mit Englisch (Deutsch-Englisch).

*Wesentliche allgemeine Änderungen* sind die durchgeführte Betriebsmittelkennzeichnung nach DIN EN 61 346-2 und die Mehrfarbigkeit der Seiten. Normänderungen der **Schaltzeichen** sind berücksichtigt. Dabei ist zu beachten, dass oft nebeneinander verschiedene Normen bestehen, deren Inhalte voneinander abweichen. So können z.B. Stromverzweigungen mit und ohne Punkt dargestellt werden und Verstärker dreieckig oder viereckig. Wegen der Praxisnähe erscheinen auch im Buch diese Alternativen.

Zahlreiche Hinweise der Benutzer wurden dankbar entgegengenommen und berücksichtigt. Verlag und Autoren danken im Voraus den Benutzern des Buches für weitere Verbesserungsvorschläge.

Herbst 2005                                                                 Der Autoren-Arbeitskreis

# Inhaltsverzeichnis

# Inhaltsverzeichnis

# Lernfelderauswahl und Buchabschnitte
Selection of fields for learning and main sections of the book

| Lern-feld | Lernfeldinhalt | Hauptabschnitte im Tabellenbuch Elektrotechnik, zusätzliche Inhalte weiterer Hauptabschnitte |
|---|---|---|
| **Lernfeldübersicht für industrielle und handwerkliche Elektroberufe (Beispiel)** | | |
| 1 | Elektrotechnische Systeme analysieren und Funktionen prüfen | Teil M: Schaltungstheorie, Bauelemente<br>Teil TM: Technische Dokumentation, Messen |
| 2 | Elektrische Installationen planen und ausführen | Teil EI: Elektrische Installation<br>Teil TM: Technische Dokumentation |
| 3 | Steuerungen analysieren und ausführen | Teil AS: Steuern und Regeln<br>Teil M: Schaltungstheorie, Bauelemente<br>Teil TM: Technische Dokumentation |
| 4 | Informationstechnische Systeme bereitstellen | Teil IK: Informations- und kommunikationstechnische Systeme<br>Teil TM: Technische Dokumentation |
| 5 | Elektroenergieversorgung und Sicherheit von Betriebsmitteln gewährleisten | Teil SE: Sicherheit, Energieversorgung<br>Teil TM: Technische Dokumentation, Messen<br>Teil BU: Betrieb und sein Umfeld, Umwelttechnik |
| 6 | Anlagen analysieren und deren Sicherheit prüfen | Teil SE: Sicherheit, Energieversorgung<br>Teil AS: Automatisierungs- und Antriebssysteme |
| 7 | Steuerungen für Anlagen programmieren und realisieren | Teil AS: Steuern und Regeln<br>Teil IK: Informations- und kommunikationstechnische Systeme |
| 8 | Antriebssysteme auswählen und integrieren | Teil AS: Automatisierungs- und Antriebssysteme, Steuern und Regeln<br>Teil TM: Technische Dokumentation<br>Teil SE: Sicherheit, Energieversorgung |
| 9 | Steuerungssysteme und Kommunikationssysteme integrieren | Teil AS: Steuern und Regeln<br>Teil IK: Informations- und kommunikationstechnische Systeme<br>Teil TM: Technische Dokumentation, Messen |
| 10 | Automatisierungssysteme in Betrieb nehmen und übergeben | Teil AS: Automatisierungs- und Antriebssysteme<br>Teil BU: Betrieb und sein Umfeld<br>Teil TM: Technische Dokumentation, Messen |
| 11 | Automatisierungssysteme in Stand halten und optimieren | Teil AS: Automatisierungs- und Antriebssysteme<br>Teil EI: Elektrische Installation<br>Teil SE: Sicherheit, Energieversorgung<br>Teil BU: Umwelttechnik<br>Teil TM: Technische Dokumentation, Messen |
| 12<br>13 | Automatisierungssysteme planen,<br>Automatisierungssysteme realisieren | Teil AS: Automatisierungs- und Antriebssysteme, Steuern und Regeln<br>Teil EI: Elektrische Installation<br>Teil SE: Sicherheit, Energieversorgung<br>Teil BU: Umwelttechnik |
| **Lernfeldübersicht für elektrische Teile der Lernfelder   Mechatronik** | | |
| 1 | Analysieren von Funktionszusammenhängen in mechatronischen Systemen | Teil TM: Technische Dokumenation |
| 3 | Installieren elektrischer Betriebsmittel unter Beachtung sicherheitstechnischer Aspekte | Teil SE: Sicherheit, Energieversorgung<br>Teil EI: Elektrische Installation |
| 4 | Untersuchen der Energie- und Informationsflüsse in elektrischen Baugruppen | Teil AS: Automatisierungs- und Antriebssysteme, Steuern und Regeln |
| 5 | Kommunizieren mithilfe von Datenverarbeitungssystemen | Teil IK: Informations- und kommunikationstechnische Systeme |
| 8 | Design und Erstellen mechatronischer Teilsysteme | Teil TM: Technische Dokumentation, Messen<br>Teil AS: Automatisierungs- und Antriebssysteme |

# Literaturverzeichnis List of literature

| | | |
|---|---|---|
| Automatisierungstechnik | Verlag Europa-Lehrmittel, Haan-Gruiten | Baumann u. a. |
| Betrieb von elektrischen Anlagen | VDE-Verlag, Berlin | DIN VDE 0105 |
| Digitale Übertragungstechnik | B. G. Teubner, Stuttgart | Gerdsen |
| Drehzahlvariable Drehstromantriebe mit Asynchronmotoren | VDE-Verlag GmbH, Berlin | Budig |
| Einführung in die Elektroinstallation | Hüthig & Pflaum Verlag München/Heidelberg | H. Häberle u. a. |
| Elektrische Anlagen von Gebäuden | VDE-Verlag, Berlin | DIN VDE 0100 |
| Elektrische Antriebe und Energieverteilung | Verlag Europa-Lehrmittel, Haan-Gruiten | H. Häberle u. a. |
| Elektrische Messgeräte und Messverfahren | Springer-Verlag, Berlin | Jahn u. a. |
| Elektrische Schrittmotoren und -antriebe | expert-verlag, Renningen | Rummich u. a. |
| Fachkunde Industrieelektronik und Informationstechnik | Verlag Europa-Lehrmittel, Haan-Gruiten | Grimm u. a. |
| Gebäudesystemtechnik | Hüthig Buchverlag, Heidelberg | Rose |
| Handbuch der Datenwandlung | DATEL GmbH, München | Fottner u. a. |
| Handbuch Elektromagnetische Verträglichkeit | VDE-Verlag GmbH, Berlin | Habiger u. a. |
| Handbuch Elektrotechnik | Friedrich Vieweg & Sohn, Braunschweig, Wiesbaden | Böge u. a. |
| IT-Handbuch | Westermann-Schulbuchverlag, Braunschweig | Hübscher u. a. |
| Leistungselektronik | Carl Hanser Verlag, München | Bystron |
| Moderne Leistungselektronik und Antriebe | VDE-Verlag, Berlin | Hofer |
| Optische Übertragungstechnik | Hüthig Buch Verlag, Heidelberg | Wrobel u. a. |
| Professionelle Stromversorgung | Franzis-Verlag GmbH, München | Freyer |
| Sensoren, Messaufnehmer | expertverlag, Renningen | Bonfig u. a. |
| Tabellenbuch Computertechnik | Verlag Europa-Lehrmittel, Haan-Gruiten | Grimm u. a. |
| Tabellenbuch Informationstechnik | Verlag Europa-Lehrmittel, Haan-Gruiten | Burgmaier u. a. |
| Tabellenbuch Mechatronik | Verlag Europa-Lehrmittel, Haan-Gruiten | Fischer u. a. |
| Taschenbuch Elektrotechnik | Carl Hanser Verlag, München | Philipow u. a. |
| Informatik Tabellen Geräte- u. Systemtechnik | Westermann Schulbuchverlag Braunschweig | Dzieia u. a. |
| Prüfungsbuch für Elektronik und Informationstechnik | Verlag Europa-Lehrmittel, Haan-Gruiten | Lücke u. a. |

# Teil M: Mathematik, Physik, Schaltungstheorie, Bauelemente
## Part M: Mathematics, physics, theory of circuits, components

## Mathematik      12

## Physik      21

## Schaltungstheorie      38

## Bauelemente      52

# Formelzeichen dieses Buches  Formula symbols of this book

M

| Formel-zeichen | Bedeutung | Formel-zeichen | Bedeutung | Formel-zeichen | Bedeutung |
|---|---|---|---|---|---|
| **Kleinbuchstaben** | | **Großbuchstaben** | | **Griechische Kleinbuchstaben** | |
| $a$ | Beschleunigung | $A$ | 1. Fläche, Querschnitt<br>2. Ablenkkoeffizient<br>3. Dämpfungsmaß | $\alpha$<br>(alpha) | 1. Winkel<br>2. Temperaturkoeffizient<br>3. Zündwinkel |
| $b$ | Breite | | | | |
| $c$ | 1. spez. Wärmekapazität<br>2. elektrochemisches<br>Äquivalent<br>3. Ausbreitungs-<br>geschwindigkeit von<br>Wellen | $B$ | 1. magn. Flussdichte<br>2. Blindleitwert<br>3. Gleichstromverhältnis<br>4. Zahlenbasis<br>5. Bandbreite | $\beta$<br>(beta) | 1. Winkel<br>2. Kurzschluss-Strom-<br>verstärkungsfaktor |
| | | $C$ | 1. Kapazität<br>2. Wärmekapazität | $\gamma$<br>(gamma) | 1. Winkel<br>2. Leitfähigkeit |
| $d$ | 1. Durchmesser<br>2. Abstand<br>3. Verlustfaktor | $D$ | 1. Elektr. Flussdichte<br>2. Dämpfungsfaktor | $\delta$<br>(delta) | Verlustwinkel |
| $e$ | Elementarladung | $E$ | 1. elektrische Feldstärke<br>2. Beleuchtungsstärke | $\varepsilon_0$ | elektrische Feldkonstante |
| $f$ | Frequenz | $F$ | 1. Kraft, 2. Faktor,<br>3. Fehler | $\varepsilon$<br>(epsilon) | Permittivität |
| $g$ | 1. Fallbeschleunigung<br>2. Tastgrad | $G$ | 1. Leitwert, Wirkleitwert<br>2. Verstärkungsmaß<br>3. Gewichtskraft | $\zeta$<br>(zeta) | Arbeitsgrad,<br>Nutzungsgrad |
| $h$ | Höhe | | | $\eta$<br>(eta) | Wirkungsgrad |
| $i$ | zeitabhängige<br>Stromstärke | $H$ | magnetische Feldstärke | $\vartheta$<br>(theta) | Temperatur in °C |
| $k$ | allgemeine Konstante | $I$ | Stromstärke | | |
| $l$ | 1. Länge<br>2. Abstand | $J$ | 1. Stromdichte<br>2. Trägheitsmoment | $\lambda$<br>(lambda) | Wellenlänge |
| $m$ | 1. Masse<br>2. Strangzahl | $K$ | 1. Konstante<br>2. Kopplungsfaktor | $\mu$<br>(müh) | 1. Permeabilität<br>2. Reibungszahl |
| $n$ | 1. Drehzahl, Um-<br>drehungsfrequenz<br>2. ganze Zahl 1, 2, 3 …<br>3. Brechzahl | $L$ | 1. Induktivität<br>2. Pegel | $\mu_0$ | magn. Feldkonstante |
| | | $M$ | 1. Kraftmoment<br>2. Speicherkapazität | $\pi$<br>(pi) | Zahl 3,1415926… |
| | | $N$ | Windungszahl | $\varrho$<br>(rho) | 1. spezifischer Widerstand<br>2. Dichte |
| $p$ | 1. Polpaarzahl,<br>2. Druck<br>3. Flächenpressung | $P$ | Leistung, Wirkleistung | | |
| | | $Q$ | 1. Ladung<br>2. Wärme<br>3. Blindleistung<br>4. Schwingkreisgüte | $\sigma$<br>(sigma) | 1. Streufaktor<br>2. mechanische Spannung |
| $q$ | Querstromverhältnis | | | $\tau$<br>(tau) | Zeitkonstante |
| $r$ | 1. Radius<br>2. Rate<br>3. differenzieller<br>Widerstand | $R$ | 1. Wirkwiderstand<br>2. Federrate<br>3. Festigkeit | $\varphi$<br>(phi) | Winkel, insbesondere<br>Phasenverschiebungs-<br>winkel |
| $s$ | 1. Strecke, Dicke<br>2. Siebfaktor<br>3. bezogener Schlupf<br>4. Korrektur | $S$ | 1. Scheinleistung<br>2. Steilheit<br>3. Schlupf (absolut)<br>4. Übertragungsgröße | $\omega$<br>(omega) | 1. Winkelgeschwindigkeit<br>2. Kreisfrequenz |
| $t$ | Zeit | $T$ | 1. Periodendauer<br>2. Übertragungsfaktor<br>3. Temperatur in K | **Griechische Großbuchstaben** | |
| $u$ | zeitabhängige Spannung | $U$ | Spannung | $\Delta$<br>(Delta) | Differenz |
| $ü$ | 1. Übersetzungsverhältnis<br>2. Übersteuerungsfaktor | $V$ | 1. Volumen<br>2. Verstärkungsfaktor | $\Theta$<br>(Theta) | elektrische Durchflutung |
| $v$ | Geschwindigkeit | $W$ | 1. Arbeit<br>2. Energie | $\Phi$<br>(Phi) | 1. magnetischer Fluss<br>2. Lichtstrom |
| $w$ | 1. Energiedichte<br>2. Führungsgröße | $X$ | Blindwiderstand | | |
| $x$ | Regelgröße | $Y$ | Scheinleitwert | $\Psi$<br>(Psi) | elektrischer Fluss |
| $y$ | Stellgröße | $Z$ | 1. Impedanz, Schein-<br>widerstand<br>2. Wellenwiderstand<br>3. Schwingungswiderstand | $\Omega$<br>(Omega) | Raumwinkel |
| $z$ | ganze Zahl, z. B. Lagen-<br>zahl | | | | |

Spezielle Formelzeichen werden gebildet, indem man an die Formelzeichen-Buchstaben einen Index oder mehrere Indizes anhängt oder sonstige Zeichen dazu setzt.

# Indizes und Zeichen für Formelzeichen dieses Buches
## Indexes and signs for formula symbols in this book

13

M

| Index, Zeichen | Bedeutung | Index | Bedeutung | Index | Bedeutung |
|---|---|---|---|---|---|
| **Ziffern, Zeichen** | | n | 1. Nenn-, 2. Normal-, 3. Rausch- (noise) | G | 1. Gate 2. Gewicht 3. Glättung |
| 0 | 1. Leerlauf 2. im Vakuum 3. Bezugsgröße | o | Oszillator- | | |
| | | p | 1. parallel, 2. Pause 3. Puls, 4. potenziell 5. Druck, 6. Prüf- | H | 1. Hysterese 2. Hall-, 3. Höhe |
| 1 | 1. Eingang, 2. Reihenfolge | | | K | 1. Katode 2. Kopplung (Gegen-) 3. Kühlkörper 4. Kippen 5. Kanal, Strecke |
| | | q | Quer- | | |
| 2 | 1. Ausgang, 2. Reihenfolge | r | 1. in Reihe 2. relativ, bezogen auf 3. Anstiegs- (rise) 4. Resonanz 5. Remanenz | | |
| 3, 4, … | Reihenfolge | | | L | 1. induktiv, 2. Last 3. links, 4. Laden 5. höchstzul. Berührungsspannung 6. Lorentz- |
| $\hat{\ }$, z. B. $\hat{u}$ | Maximalwert, Höchstwert | | | | |
| $\check{\ }$, z. B. $\check{u}$ | Tiefstwert, Kleinstwert | s | 1. Sieb- 2. Signal-, 3. Serie 4. in Wegrichtung 5. Soll- | | |
| $\hat{\check{\ }}$, z. B. $\hat{\check{y}}$ | 1. Spitze-Tal-Wert 2. Schwingungsbreite | | | M | Mitkopplung |
| ', z. B. $u'$ | 1. bezogen auf, 2. Hinweis, 3. Ableitung | sch | Schritt | N | 1. Bemessungs-, 2. Nutz- |
| $\triangle$ | in Dreieckschaltung | t | tief, unten | Q | Quer- |
| Y | in Sternschaltung | th | thermisch, Wärme- | R | 1. Rückwärts- (reward) 2. Wirkwiderstand 3. rechts 4. Regel- 5. Rot |
| | | tot | total, gesamt | | |
| **Kleinbuchstaben** | | u | Spannungs- | | |
| a | 1. Abschalten 2. Ausgang, 3. außen 4. Abfall, 5. Anker | v | 1. Vor-, 2. Verlust 3. Vergleich 4. visuell, Licht- | S | 1. Source, 2. Schleife 3. Sattel-, 4. Schalt- 5. Schleusen- 6. Sektor |
| ab | abgegeben | w | 1. Wirk-, wirksam 2. Führungsgröße 3. Wellen- 4. Wind- | | |
| amb | Luft- | | | | |
| auf | aufgenommen | | | T | 1. Transformator- 2. Träger 3. Spur (track) |
| b | 1. Betrieb, 2. Bit-, 3. Blindgröße, 4. Brems- | x | 1. unbekannte Größe 2. in x-Richtung | | |
| c | 1. Grenz- (cut-off) 2. Form- (crest) | y | 1. Stellgröße 2. in y-Richtung | U | Umgebung |
| d | 1. Gleichstrom betreffend 2. Dauer-, 3. Digit-, 4. Dämpfung | z | 1. Zwischen- 2. Zentripetal- | V | 1. Spannungsmesser 2. Verstärkungs- |
| | | zu | zugeführt | X | am X-Eingang |
| e | 1. Eingang, 2. Empfang | zul | zulässig | Y | am Y-Eingang |
| eff | Effektivwert | **Großbuchstaben** | | Z | 1. Zener- 2. zulässig |
| f | 1. Frequenz 2. Abfalls- (fall) | A | 1. Strommesser 2. Antenne 3. Anker, 4. Anode 5. Anzug, Anlauf 6. Anlagenerdung 7. Abtast- | **Griechische Kleinbuchstaben** | |
| ges | Gesamt- | | | $\alpha$ (alpha) | in Richtung des Winkels $\alpha$ |
| h | hoch, oben | | | $\sigma$ (sigma) | Streuung |
| i | 1. innen, 2. induziert 3. Strom-, 4. ideell 5. Ist-, 6. Impuls | B | 1. Basis 2. Betriebserdung (Netz) 3. Bau- | $\varphi$ (phi) | Phasenverschiebung betreffend |
| j | Sperrschicht (von junction) | C | 1. Kollektor, 2. kapazitiv 3. Takt, 4. koerzitiv 5. Cluster | **Griechische Großbuchstaben** | |
| k | 1. Kurzschluss- 2. kinetisch | D | 1. Drain, 2. Daten | $\Delta$ (Delta) | eine Differenz betreffend |
| m | 1. magnetisch 2. Mittelwert 3. Messwert, gemessen 4. moduliert | E | 1. Emitter 2. Entladen 3. Erde | | |
| max | maximal, höchstens | F | 1. Vorwärts- (forward) 2. Fläche, 3. Fehler- | | |
| min | minimal, mindestens | | | | |

Die Indizes können kombiniert werden, z. B. bei $U_{CE}$ für Kollektor-Emitter-Spannung. Indizes, die aus mehreren Buchstaben bestehen, können bis auf den Anfangsbuchstaben gekürzt werden.

# Größen und Einheiten  Quantities and units  1

M

## Länge, Fläche, Volumen, Winkel

| Größe | SI-Einheit (sonst. Einh.) | Einheitenzeichen, Einheitengleichung |
|---|---|---|
| Länge | Meter (Seemeile) (Zoll, Inch) | m; 1 sm = 1 852 m; 1″ = 25,4 mm |
| Fläche | Quadratmeter | m² |
| Volumen | Kubikmeter (Liter) | m³; 1 l = 1 dm³ = = 1/1000 m³ |
| Winkel (ebener) | Radiant (Grad) | rad; $1° = \frac{\pi}{180}$ rad |
| Raumwinkel | Steradiant | sr |

## Zeit, Frequenz, Geschwindigkeit, Beschleunigung

| Größe | SI-Einheit (sonst. Einh.) | Einheitenzeichen, Einheitengleichung |
|---|---|---|
| Zeit | Sekunde (Minute) (Stunde) (Tag) | s; 1 min = 60 s; 1 h = 60 min = 3 600 s; 1 d = 24 h |
| Frequenz | Hertz | 1 Hz = 1/s |
| Drehzahl, Umdrehungsfrequenz | je Sekunde (je Minute) | 1/s = 60/min |
| Kreisfrequenz | je Sekunde | 1/s |
| Geschwindigkeit | Meter je Sekunde (Knoten) | m/s; 1 kn = 1 sm/h = 0,5144 m/s; $1 \text{ km/h} = \frac{1}{3,6}$ m/s |
| Winkelgeschwindigkeit | Radiant je Sekunde | rad/s |
| Beschleunigung | – | m/s² |

## Mechanik

| Größe | SI-Einheit (sonst. Einh.) | Einheitenzeichen, Einheitengleichung |
|---|---|---|
| Masse | Kilogramm (Karat) (Tonne) | kg; 1 Kt = 0,2 g; 1 t = 1 000 kg |
| Dichte | – | kg/m³, kg/dm³ |
| Trägheitsmoment | – | kg · m² |
| Kraft | Newton | 1 N = 1 kg · m/s² |
| Kraftmoment, Drehmoment | – | Nm |
| Impuls | Newtonsek. | 1 Ns = 1 kg · m/s |
| Druck | Pascal (Bar) | 1 Pa = 1 N/m²; 1 bar = 0,1 MPa |
| Flächenpressung | – | N/mm² |
| Festigkeit | – | N/mm² |
| Elastizitätsmodul | – | N/mm² |
| Arbeit, Energie | Joule (Elektronvolt) | 1 J = 1 Nm = 1 Ws; 1 eV = 0,1602 aJ |
| Leistung | Watt | 1 W = 1 J/s = 1 Nm/s |

## Elektrizität

| Größe | SI-Einheit (sonst. Einh.) | Einheitenzeichen, Einheitengleichung |
|---|---|---|
| elektrische Ladung, elektrischer Fluss | Coulomb | 1 C = 1 A · 1 s = 1 As |
| Flächenladungsdichte, elektrische Flussdichte | Coulomb je Quadratmeter | C/m² |
| Raumladungsdichte | Coulomb je Kubikmeter | C/m³ |
| elektr. Spannung, elektr. Potenzial | Volt | 1 V = 1 J/C |
| elektr. Feldstärke | Volt je Meter | 1 V/m = 1 N/C |
| elektr. Kapazität | Farad | 1 F = 1 As/V = 1 C/V |
| elektr. Strombelag | Ampere je Meter | A/m |
| Permittivität, Dielektrizitätskonstante | Farad je Meter | 1 F/m = 1 C/(Vm) |
| elektr. Stromstärke | Ampere | 1 A = 1 C/s |
| elektr. Stromdichte | Ampere je m² | A/m² |
| elektr. Widerstand, Wirkwiderstand, Blindwiderstand, Scheinwiderstand | Ohm | 1 Ω = 1 V/A |
| elektr. Wirkleitwert, Blindleitwert, Scheinleitwert | Siemens | $1 \text{ S} = \frac{1}{1 \, \Omega}$ |
| spezifischer elektr. Widerstand | Ohmmeter | 1 Ωm = 100 Ωcm; 1 Ωmm²/m = 1µΩm |
| elektrische Leitfähigkeit | Siemens je Meter | 1 Sm/mm² = 1 MS/m |
| Leistung | Watt | 1 W = 1 V · 1 A |
| Blindleistung | (Var) | 1 var = 1 V · 1 A |
| Scheinleistung | (VA) | 1 VA = 1 V · 1 A |
| Induktivität | Henry | 1 H = 1 Vs/A |
| Arbeit, Energie | Joule (Wattstunde) (Elektronvolt) | 1 J = 1 Ws; 1 Wh = 3,6 kNm; 1 eV = 0,1602 aJ |

## Magnetismus

| Größe | SI-Einheit (sonst. Einh.) | Einheitenzeichen, Einheitengleichung |
|---|---|---|
| elektrische Durchflutung, magn. Spannung | Ampere | A |
| magn. Feldstärke, Magnetisierung | Ampere je Meter | A/m |
| magnetischer Fluss | Weber | 1 Wb = 1 T · 1 m² |
| magn. Flussdichte, magn. Polarisation | Tesla | 1 T = 1 Wb/m² = 1 Vs/m² |
| Induktivität | Henry | 1 H = 1 Vs/A |
| Permeabilität | Henry je Meter | 1 H/m = 1 Vs/(Am) |
| magn. Widerstand | – | 1/H = A/Vs |

| Größe | SI-Einheit (sonst. Einh.) | Einheitenzeichen, Einheitengleichung | Größe | SI-Einheit (sonst. Einh.) | Einheitenzeichen, Einheitengleichung |
|---|---|---|---|---|---|
| **Elektromagnetische Strahlung (außer Licht)** | | | **Kernreaktionen, ionisierende Strahlung** | | |
| Strahlungsenergie | Joule | $1\,J = 1\,Nm = 1\,Ws$ | Aktivität einer radioaktiven Substanz | Becquerel | $1\,Bq = 1/s$ |
| Strahlungsleistung | Watt | $1\,W = 1\,J/s$ | Energiedosis | Gray | $1\,Gy = 1\,J/kg$ |
| Strahlstärke | Watt/Sterad. | W/sr | Energiedosisrate | Gray je Sekunde | Gy/s |
| Strahldichte | – | $W/(sr \cdot m^2)$ | | | |
| Bestrahlungsstärke | – | $W/m^2$ | Äquivalentdosis | Sievert | $1\,Sv = 1\,J/kg$ |
| **Licht, Optik** | | | Äquivalentdosisrate | Sievert je Sekunde | $1\,Sv/s$ = $1\,J/(kg \cdot s)$ |
| Lichtstärke | Candela | cd | Ionendosis | Coulomb je Kilogramm | C/kg |
| Leuchtdichte | Candela je $m^2$ | $cd/m^2$ | | | |
| Lichtstrom | Lumen | lm | Ionendosisrate | Ampere je Kilogramm | $1\,A/kg$ = $1\,C/(kg \cdot s)$ |
| Lichtausbeute | Lumen je Watt | lm/W | | | |
| Beleuchtungsstärke | Lux | $1\,lx = 1\,lm/m^2$ | | | |
| Brechwert von Linsen | – (Dioptrie) | 1/m $1\,dpt = 1/m$ | **Akustik** | | |
| **Wärme** | | | Schalldruck | Pascal | $1\,Pa = 1\,N/m^2$ |
| Celsius-Temperatur | Grad Celsius | °C | Schallschnelle | Meter je Sekunde | m/s |
| thermodynamische Temperatur | Kelvin | K | Schallgeschwindigkeit (Ausbreitungsgeschwindigkeit) | Meter je Sekunde | m/s |
| Temperaturdifferenz | Kelvin | K | | | |
| Wärme, innere Energie | Joule | $1\,J = 1\,Ws$ | Schallfluss | – | $1\,m^3/s$ = $1\,m^2 \cdot 1\,m/s$ |
| Wärmestrom | Watt | $1\,W = 1\,J/s$ | Schallintensität | – | $W/m^2$ |
| Wärmewiderstand (von Bauelementen) | Kelvin je Watt | K/W | spezifische Schallimpedanz | – | $Pa \cdot s/m$ |
| Wärmeleitfähigkeit | – | $W/(K \cdot m)$ | akustische Impedanz | – | $Pa \cdot s/m^3$ |
| Wärmeübergangskoeffizient | – | $W/(K \cdot m^2)$ | mechanische Impedanz | – | $N \cdot s/m$ |
| Wärmekapazität, Entropie | Joule je Kelvin | J/K | äquivalente Absorptionsfläche | Quadratmeter | $m^2$ |
| spezifische Wärmekapazität | – | $J/(kg \cdot K)$ | | | |
| **Chemie, Molekularphysik** | | | **Sonstige Bereiche** | | |
| Stoffmenge | Mol | mol | Entfernung in der Astronomie | (Astronomische Einheit) Parsec | $1\,AE = 149{,}6\,Gm$ $1\,pc = 30{,}857\,Pm$ |
| Stoffmengenkonzentration | – | $mol/m^3$ | | | |
| stoffmengenbezogenes Volumen (molares Volumen) | – | $m^3/mol$ | Masse in der Atomphysik | (Atomare Masseneinheit) | $1\,u = 1{,}66 \cdot 10^{-27}\,kg$ |
| Molalität | – | mol/kg | längenbezogene Masse von textilen Fasern und Garnen | tex | $1\,tex = 1\,g/kg$ |
| molare Masse | – | kg/mol | | | |
| molare Wärmekapazität | – | $J/(mol \cdot K)$ | Fläche von Grundstücken | Ar Hektar | $1\,a = 100\,m^2$ $1\,ha = 100\,a$ |
| Diffusionskoeffizient | – | $m^2/s$ | | | |

# Mathematische Zeichen  Mathematical symbols

**M**

| Zeichen | Bedeutung | Beispiel | Zeichen | Bedeutung | Beispiel |
|---------|-----------|----------|---------|-----------|----------|
| **Allgemeine Zeichen** | | | $\infty$ | unendlich | $n = 1, 2, 3, ..., \infty$ |
| | | | $\rightarrow$ | gegen, nähert sich, geht über | $x \rightarrow a$, $x$ nähert sich dem Wert $a$ |
| $... n$ | und so weiter bis $n$ | $k = 1, 2, 3, ..., n$ | $f(x)$ | Funktion von $x$ | $f(I) = I^2 \cdot R$ |
| $...$ | und so unbegrenzt weiter | $n = 1, 2, 3,...$ $\sqrt{2} = 1{,}41421...$ | i oder j | imaginäre Einheit | $i^2 = j^2 = -1$ |
| | | | $\underline{Z}$ | komplexe Größe $Z$ | $\underline{Z} = R + jX$ |
| **Schaltalgebra** | | | **Geometrie, Vektoren** | | |
| $\neg a, \bar{a}$ | NICHT $a$ (NOT $a$) | $\overline{a \wedge b} = \neg(a \wedge b)$ | $\parallel$ | parallel | $g_1 \parallel g_2$,  R1 $\parallel$ R2 |
| $\wedge$ | UND (AND) | $a \wedge b$ oder $\wedge (a, b)$ | $\uparrow\uparrow$ | gleichsinnig parallel | $g \uparrow\uparrow h$ |
| $\vee$ | ODER (OR) | $a \vee b$ oder $\vee (a, b)$ | $\uparrow\downarrow$ | gegensinnig parallel | $g_1 \uparrow\downarrow g_2$ |
| $\bar{\wedge}$ | NICHT UND (NAND) | $a \bar{\wedge} b = \overline{a \wedge b}$ | $\perp$ | rechtwinklig zu, senkrecht auf | $g \perp h$ |
| $\bar{\vee}$ | NICHT ODER (NOR) | $a \bar{\vee} b = \overline{a \vee b}$ | $\triangle$ | Dreieck | $\triangle$ ABC |
| **Mengenlehre** | | | $\cong$ | kongruent, deckungsgleich | $\triangle$ ABC $\cong \triangle$ DEF |
| $\in$ | Element von | $a \in M$: $a$ ist Element von $M$ | $\sim$ | ähnlich | $\triangle$ $P_1P_2P_3 \sim \triangle$ ABC |
| $\subset$ | Teilmenge | $M_1 \subset M_2$: $M_1$ ist Teilmenge von $M_2$ | $\sphericalangle$ | Winkel | $\sphericalangle$ ABC $= \sphericalangle (\overline{BA}, \overline{BC})$, $\sphericalangle (\vec{a}, \vec{b})$ |
| $\cup$ | Vereinigungsmenge | $\{1, 2\} \cup \{3, 4\} = $ $= \{1, 2, 3, 4\}$ | $\overline{AB}$ | Strecke AB | $\overline{P_1P_2}$ |
| $\Rightarrow$ | daraus folgt | $a \cdot b = c \Rightarrow a = c/b$ | $\overset{\frown}{AB}$ | Bogen AB | $\overset{\frown}{AB} = \sphericalangle \gamma$ |
| **Arithmetik** | | | $\vec{A}, \vec{B}$ | Vektor $A$, Vektor $B$ | $\vec{C} = \vec{A} + \vec{B}$ |
| $=$ | gleich | $P = U \cdot I$ | $|\vec{A}|$ | Betrag des Vektors $A$ | $|\vec{F}| = 50$ N |
| $\neq$ | nicht gleich, ungleich | $4 \neq 5$ | **Differenzieren, Integrieren** | | |
| $\sim$ | proportional | $u \sim r$ | $\Delta$ | Differenz | $\Delta U = U_2 - U_1$ |
| $\approx$ | etwa | $\pi \approx 3{,}14$ | $y'$ | $y$ Strich | $y'$ ist die erste Ableitung von $y$, erster Differential-quotient $y' = dy/dx$ |
| $\hat{=}$ | entspricht | 1 cm $\hat{=}$ 20 N | $\dfrac{dy}{dx}$ | d$y$ nach d$x$ | |
| $<$ | kleiner als | $2 < 3$ | | | |
| $>$ | größer als | $5 > 2$ | $\int$ | Integral | $\int f(x)\,dx$, $\int_a^b f(x)\,dx$ |
| $\leq$ | kleiner gleich | $a \leq 10$ | | | |
| $\geq$ | größer gleich | $n \geq 7$ | **Potenzen, Logarithmen** | | |
| $\ll$ | wesentlich kleiner | $R \ll 100$ k$\Omega$ | $a^x$ | $a$ hoch $x$ | $5^3$, $10^x$ |
| $\gg$ | wesentlich größer | $R_x \gg R_n$ | exp | Exponentialfunktion | $\exp x = e^x$, mit e $= 2{,}718...$ |
| $\cdot, \times$ | mal, multipliziert | $a \cdot b = ab$, $12 \times 3 = 36$ | log | allgemeiner Logarithmus | |
| $-, /, :$ | durch, geteilt, zu, dividiert | $\dfrac{7}{2} = 7/2 = 7 : 2$ | $\log_a$ | Logarithmus zur Basis a | $\log_3 9 = 2$ |
| $\%$ | Prozent, von Hundert | $1\% = 10^{-2}$, $50\% = 0{,}5$ | lg | Zehnerlogarithmus | lg $2 = 0{,}30103...$ |
| $‰$ | Promille, von Tausend | $1‰ = 10^{-3}$, $8‰ = 0{,}8\%$ | lb | Zweierlogarithmus | lb $8 = 3$ |
| $(\,), [\,],$ $\{\,\}$ | runde, eckige, ge-schweifte, spitze Klammern | $[a(b - c) + d]^2$ | ln | natürlicher Logarithmus | ln $10 = 2{,}3025...$ |
| $|z|$ | Betrag von $z$ | $|4| = 4$, $|-7| = 7$ | **Trigonometrie** | | |
| $n!$ | $n$ Fakultät | $n! = 1 \cdot 2 \cdot 3 \cdot ... \cdot n$, $3! = 6$ | sin | Sinus | $\sin \alpha$ |
| $\Sigma$ | Summe | $\Sigma I = I_1 + I_2 + I_3 + ...$ | cos | Kosinus (auch Cosinus) | $\sin^2 \alpha + \cos^2 \alpha = $ $= (\sin \alpha)^2 + (\cos \alpha)^2 = 1$ |
| $\Pi$ | Produkt | $\Pi k = k_1 \cdot k_2 \cdot k_3 \cdot ...$ | tan | Tangens | $\tan \alpha = \sin \alpha / \cos \alpha$ |
| $\sqrt{\phantom{x}}$ | Quadratwurzel aus | $\sqrt{16} = 4$ | cot | Kotangens | $\cot \alpha = 1/\tan \alpha$ |
| $\sqrt[n]{\phantom{x}}$ | $n$-te Wurzel aus | $\sqrt[3]{8} = 2$ | arcsin | Arkussinus | $\sin \alpha = x \Rightarrow \arcsin x = \alpha$ |
| | | | arccos | Arkuskosinus | $\cos \alpha = x \Rightarrow \arccos x = \alpha$ |
| | | | arctan | Arkustangens | $\tan \alpha = x \Rightarrow \arctan x = \alpha$ |
| $\pi$ | pi | $\pi = 3{,}14159...$ | arccot | Arkuskotangens | $\cot \alpha = x \Rightarrow \text{arccot}\, x = \alpha$ |

## Potenzen, Vorsätze, Logarithmus, Dreisatzrechnung
### Exponents, unit prefixes, logarithm, calculation using the rule of three

17

**M**

## Potenzen

Werte kleiner als 1 können als Vielfaches von Zehnerpotenzen mit negativen Exponenten dargestellt werden.
Werte größer als 1 können als Vielfaches von Zehnerpotenzen mit positiven Exponenten dargestellt werden.

| Wert | 0,001 | 0,01 | 0,1 | 1 | 10 | 100 | 1 000 | 10 000 | 100 000 | 1 000 000 |
|---|---|---|---|---|---|---|---|---|---|---|
| Zehnerpotenz | $10^{-3}$ | $10^{-2}$ | $10^{-1}$ | $10^0$ | $10^1$ | $10^2$ | $10^3$ | $10^4$ | $10^5$ | $10^6$ |

In der Digitaltechnik wird mit Zweierpotenzen gearbeitet. Hier ist die Basis 2.

| Wert | 1/128 | 1/64 | 1/32 | 1/16 | 1/8 | 1/4 | 1/2 | 1 | 2 | 4 | 8 | 16 | 32 | 64 | 128 |
|---|---|---|---|---|---|---|---|---|---|---|---|---|---|---|---|
| Zweierpotenz | $2^{-7}$ | $2^{-6}$ | $2^{-5}$ | $2^{-4}$ | $2^{-3}$ | $2^{-2}$ | $2^{-1}$ | $2^0$ | $2^1$ | $2^2$ | $2^3$ | $2^4$ | $2^5$ | $2^6$ | $2^7$ |

## Vorsätze

| Für physikalische Größen (auch bei Übertragungsraten) | | | | | | Für Speichergrößen mit Bit, Byte | | |
|---|---|---|---|---|---|---|---|---|
| Vorsatz-zeichen | Vorsatz | Bedeutung (Faktor) | Vorsatz-zeichen | Vorsatz | Bedeutung (Faktor) | Vorsatz-zeichen | Vorsatz | Bedeutung (Faktor) |
| a | Atto | $10^{-18}$ | da | Deka | 10 | – | – | – |
| f | Femto | $10^{-15}$ | h | Hekto | $10^2$ | – | – | – Bei großen |
| p | Pico | $10^{-12}$ | k | Kilo | $10^3$ | K | Kilo | $2^{10}$ Massenspei- |
| n | Nano | $10^{-9}$ | M | Mega | $10^6$ | M | Mega | $2^{20}$ chern gelten |
| µ | Mikro | $10^{-6}$ | G | Giga | $10^9$ | G | Giga | $2^{30}$ oft die Bedeu |
| m | Milli | $10^{-3}$ | T | Tera | $10^{12}$ | T | Tera | $2^{40}$ tungen der |
| c | Zenti | $10^{-2}$ | P | Peta | $10^{15}$ | P | Peta | $2^{50}$ physikalischen |
| d | Dezi | $10^{-1}$ | E | Exa | $10^{18}$ | E | Exa | $2^{60}$ Größen. |

Vorsätze dürfen nicht kombiniert werden. Zu einer Einheit gehört maximal ein Vorsatz.

## Logarithmen

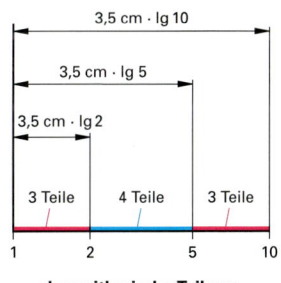

3,5 cm · lg 10
3,5 cm · lg 5
3,5 cm · lg 2
3 Teile  4 Teile  3 Teile
1   2   5   10

**Logarithmische Teilung**

Der Logarithmus (log) gibt an, mit welcher Zahl eine Basis zu potenzieren ist, um das Logarithmusargument zu erhalten. Es gilt

$$a^b = c, \quad \log_a c = b$$

Der Zehnerlogarithmus (lg) hat die Basis 10. Der natürliche Logarithmus (ln) hat die Basis der e-Funktion (e = 2,718…). Der Zweierlogarithmus (lb) hat die Basis 2.

Große Zahlenbereiche können mit einem logarithmischen Maßstab gestrafft dargestellt werden.

$$\log_a c = \frac{\ln c}{\ln a} = \frac{\lg c}{\lg a}$$

$$\log_a(cd) = \log_a c + \log_a d$$

$$\log_a \frac{c}{d} = \log_a c - \log_a d$$

$$\log_a(c^m) = m \cdot \log_a c$$

$$\log_a \sqrt[n]{c} = \frac{1}{n}\log_a c$$

$$\lg x = \ln x / \ln 10$$

$$\ln x = \lg x / \lg e$$

$$\lb x = \ln x / \ln 2$$

$$\lb x = \lg x / \lg 2$$

## Dreisatzrechnung

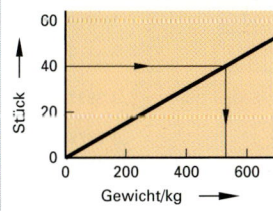

Stück — Gewicht/kg

**Dreisatzrechnung für ein proportionales Verhältnis**

| Lösungsschritte | Beispiel |
|---|---|
| **Proportionales Verhältnis** (Einheit durch Division) | |
| 1. Aussage | $n$ Elemente wiegen $a$ kg |
| 2. Berechnung für 1 Objekt | 1 Element wiegt $a/n$ kg |
| 3. Berechnung für $z$ Objekte | $z$ Elemente wiegen $z \cdot a/n$ kg |
| **Invers proportionales Verhältnis** (Einheit durch Multiplikation) | |
| 1. Aussage | $n$ Arbeiter brauchen $a$ Stunden |
| 2. Berechnung für 1 Objekt | 1 Arbeiter braucht $n \cdot a$ Stunden |
| 3. Berechnung für z Objekte | $z$ Arbeiter brauchen $n \cdot a/z$ Stunden |

**M**

# Taschenrechner  Calculator

## Bedeutung der Tasten

| Taste | Bedeutung | Taste | Bedeutung | Taste | Bedeutung |
|-------|-----------|-------|-----------|-------|-----------|
| AC  ON | Gesamtlöschen, einschalten | STO  MS  Min | Speichern | 2ND  INV | Zweitfunktion |
| CE/C | Eingabe löschen | RCL  MR | Speicheraufruf | EE | Exponenten-eingabe |
| DRG | Grad/Radiant/Gon-Umschalter | SUM  M+ | Speicheraddition | LOG | Zehner-logarithmus |
| X | Multiplizieren | EXC | Speicher/Anzeige-Wechsel | LN | Natürlicher Logarithmus |
| ÷ | Dividieren | $\sqrt{x}$ | Quadratwurzel | π | Kreiszahl pi |
| = | Ergebnis | $^1/_x$ | Kehrwert | K | Konstante |
| SIN | Sinus | % | Prozent | (  ) | Klammern |
| COS | Kosinus | $x^2$ | Quadrieren | $^+/_-$ | Vorzeichen-wechsel |
| TAN | Tangens | $y^x$ | Potenzieren | 0 ... 9 | Ziffern |

## Operationen

| Name | Tasten | Aufgabe | Ablauf | |
|------|--------|---------|--------|--|
| Quadrieren | $x^2$ | $13^2$ =? | 1  3  $x^2$ | = **169** |
| Potenzieren | $y^x$ | $5{,}8^{2,6}$ =? | 5 . 8 $y^x$ 2 . 6 | = **96.5856892** |
| Umkehr-funktionen | $\sqrt{x}$ | $\sqrt{5{,}76}$ =? | 5 . 7 6 $\sqrt{x}$ | = **2.4** |
| (Radizieren) | $\sqrt[y]{}$ | $\sqrt[4,3]{882}$ =? | 8 8 2 $\sqrt[y]{}$ 4 . 3 | = **4.8416422** |
| | 2ND  $y^x$ | | 8 8 2 2ND $y^x$ 4 . 3 | = **4.8416422** |
| | | | **Winkeleinheit: Grad (Anzeige DEG)** | |
| Winkel-funktionen | SIN | sin 30° =? | 3 0 SIN | = **0.5** |
| | COS | 4,8 · cos 60° =? | 4 . 8 X 6 0 COS | = **2.4** |
| | TAN | tan 74,3° =? | 7 4 . 3 TAN | = **3.5576133** |
| Umkehr-funktionen | $\text{SIN}^{-1}$ | arcsin (–0,5) =? | . 5 $^+/_-$ $\text{SIN}^{-1}$ | = **– 30** |
| (Arcus-) | 2ND  SIN | | . 5 $^+/_-$ 2ND SIN | = **– 30** |
| | $\text{COS}^{-1}$ | arccos 0,053 =? | . 0 5 3 $\text{COS}^{-1}$ | = **86.9619002** |
| | 2ND  COS | | . 0 5 3 2ND COS | = **86.9619002** |
| Exponential-funktionen | $10^x$ | $10^{1,36}$ =? | 1 . 3 6 $10^x$ | = **22.9086765** |
| | 2ND  LOG | | 1 . 3 6 2ND LOG | = **22.9086765** |
| $10^x$ und exp $x = e^x$ | $e^x$ | exp (–1,2)+3 =? | 1 . 2 $^+/_-$ $e^x$ + 3 | = **3.3011942** |
| | 2ND  LN | (exp $x = e^x$) | 1 . 2 $^+/_-$ 2ND LN + 3 | = **3.3011942** |
| Umkehr-funktionen | LOG | $\sqrt{\lg 356}$ =? | 3 5 6 LOG $\sqrt{x}$ | = **1.5973259** |

| | | | |
|---|---|---|---|
| AC | All Clear | CE | Clear Entry | DEG | Degree (Altgrad) |
| Min | Memory in | MR | Memory Recall | MS | Memory Store |
| 2ND | Tastenzweitfunktion (von second) | RCL | Recall | STO | Store |

# Winkel, Winkelfunktionen, Prozentrechnen
## Angles, trigonometric functions, percentage calculation

| Abbildungen | Erklärungen | Bemerkungen, Formeln |
|---|---|---|

**M**

## Winkel

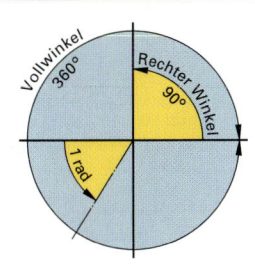

**Winkelmaße**

Der Winkel hat die Einheiten Grad, Neugrad oder Radiant.

Der *Vollwinkel* beträgt
a) in Grad            360°
b) in Neugrad     400 gon
c) in Radiant      $2\pi$ rad

Die Einheit Radiant entspricht in einem Kreis dem Verhältnis von Kreisbogenlänge zum Kreisradius.

$$\alpha_r = \alpha° \cdot \frac{\pi}{180°}$$

1 rad = 57,296°

**Wichtige Winkel**

| | Voll-winkel | Gestreck-ter Winkel | Rechter Winkel |
|---|---|---|---|
| | 360° | 180° | 90° |
| | $2 \cdot \pi$ rad | $\pi$ rad | $\frac{\pi}{2}$ rad |
| | 400 gon | 200 gon | 100 gon |

## Winkelfunktionen

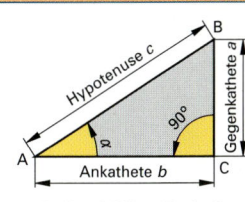

**Rechtwinkliges Dreieck**

Die längste Seite (*c*) des rechtwinkligen Dreiecks nennt man *Hypotenuse*. Sie liegt dem rechten Winkel gegenüber. Die beiden anderen Seiten (*a* und *b*) des Dreiecks bilden den rechten Winkel. Diese Seiten bezeichnet man als *Katheten*. Dem spitzen Winkel $\alpha$ gegenüber liegt seine Gegenkathete (*a*). Die dem Winkel $\alpha$ anliegende Kathete ist seine *Ankathete* (*b*).

Einen Winkel in einem rechtwinkligen Dreieck kann man durch seine Winkelgrade oder durch das Verhältnis zweier Dreiecksseiten festlegen. Das Seitenverhältnis hängt von der Größe des Winkels ab. Deshalb nennt man Seitenverhältnisse im rechtwinkligen Dreieck *Winkelfunktionen* (Funktion = Abhängigkeit) oder trigonometrische Funktionen.

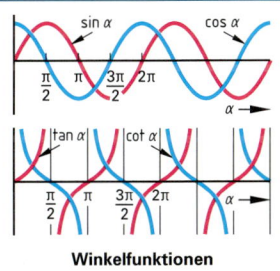

**Winkelfunktionen**

| Sinus | $=\dfrac{\text{Gegenkathete}}{\text{Hypotenuse}}$ |
|---|---|
| Kosinus | $=\dfrac{\text{Ankathete}}{\text{Hypotenuse}}$ |
| Tangens | $=\dfrac{\text{Gegenkathete}}{\text{Ankathete}}$ |
| Kotangens | $=\dfrac{\text{Ankathete}}{\text{Gegenkathete}}$ |

$$\sin \alpha = \frac{a}{c}$$

$$\cos \alpha = \frac{b}{c}$$

$$\tan \alpha = \frac{a}{b}$$

$$\cot \alpha = \frac{b}{a}$$

## Prozentrechnen

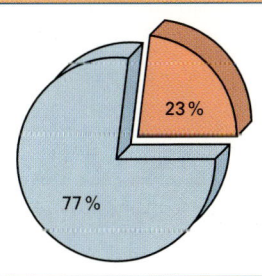

Prozent (lat. pro cent) bedeutet „von Hundert". Die Gesamtmenge (Grundmenge) setzt man immer gleich Hundert, die Teilmenge (Prozentsatz) drückt man in Prozent (= Hundertstel) aus.

23% von 300 € sind **69 €**

Prozentsatz  Grundwert  Prozentwert

$$\text{Prozentsatz} = \frac{100 \cdot \text{Prozentwert}}{\text{Grundwert}}$$

Prozent-berechnung

$$p = \frac{P \cdot 100\%}{G}$$

Zinsberechnung

$$Z = \frac{K_0 \cdot p \cdot n}{100\%}$$

Zinseszinsberechnung

$$K_n = K_0 \cdot \left(1 + \frac{p}{100\%}\right)^n$$

| | | | | | |
|---|---|---|---|---|---|
| *a, b, c* | Seiten im rechtw. Dreieck | *n* | Laufzeit in Jahren | $\alpha, \beta, \gamma$ | Winkel im Dreieck |
| *G* | Grundwert | *P* | Prozentwert | $\alpha°$ | Winkel in Grad |
| $K_0$ | Anfangskapital | *p* | Prozentsatz in %, Zinssatz in % | $\alpha_r$ | Winkel in Radiant |
| $K_n$ | Kapital nach *n* Jahren | *Z* | Zinsen je Jahr | | |

**M**

## Winkelbeziehungen im rechtwinkligen Dreieck

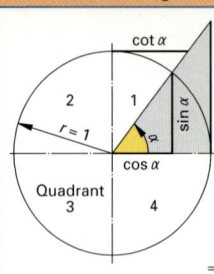

Nach dem Lehrsatz des Pythagoras:

$$\sin^2 \alpha + \cos^2 \alpha = 1$$

Weil

$$\tan \alpha = \frac{\text{Gegenkathete}}{\text{Ankathete}}$$

und

$$\cot \alpha = \frac{\text{Ankathete}}{\text{Gegenkathete}}$$

$$\Rightarrow \quad \tan \alpha \cdot \cot \alpha = 1$$

$$\sin \alpha = \sqrt{1 - \cos^2 \alpha} = \frac{1}{\sqrt{1 + \cot^2 \alpha}}$$

$$\cos \alpha = \sqrt{1 - \sin^2 \alpha} = \frac{1}{\sqrt{1 + \tan^2 \alpha}}$$

Die Wurzel ist positiv oder negativ, je nachdem, in welchem Quadranten der Winkel liegt.

| Quadrant | 1 | 2 | 3 | 4 |
|----------|---|---|---|---|
| sin | + | + | − | − |
| cos | + | − | − | + |

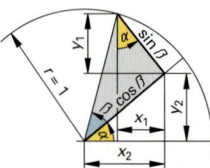

$$x_1 = \sin \alpha \cdot \sin \beta$$
$$x_2 = \cos \alpha \cdot \cos \beta$$
$$y_1 = \cos \alpha \cdot \sin \beta$$
$$y_2 = \sin \alpha \cdot \cos \beta$$
$$\sin (\alpha + \beta) = y_1 + y_2$$
$$\cos (\alpha + \beta) = x_2 - x_1$$

$$\sin (\alpha + \beta) \cdot \sin (\alpha - \beta) = \cos^2 \beta - \cos^2 \alpha$$

$$\sin (\alpha \pm \beta) = \sin \alpha \, \cos \beta \pm \cos \alpha \, \sin \beta$$
$$\cos (\alpha \pm \beta) = \cos \alpha \, \cos \beta \mp \sin \alpha \, \sin \beta$$
$$\tan (\alpha \pm \beta) = \frac{\tan \alpha \pm \tan \beta}{1 \mp \tan \alpha \tan \beta}$$

$$\cot (\alpha \pm \beta) = \frac{\cot \alpha \cot \beta \mp 1}{\cot \beta \pm \cot \alpha}$$

$$\cos (\alpha + \beta) \cdot \cos (\alpha - \beta) = \cos^2 \beta - \sin^2 \alpha$$

$$\sin \alpha \pm \sin \beta = 2 \sin \frac{\alpha \pm \beta}{2} \cos \frac{\alpha \mp \beta}{2}$$

$$\cos \alpha + \cos \beta = 2 \cos \frac{\alpha + \beta}{2} \cos \frac{\alpha - \beta}{2}$$

$$\cos \alpha - \cos \beta = -2 \sin \frac{\alpha + \beta}{2} \sin \frac{\alpha - \beta}{2}$$

$$\tan \alpha \pm \tan \beta = \frac{\sin (\alpha \pm \beta)}{\cos \alpha \cos \beta}$$

$$\cot \alpha \pm \cot \beta = \pm \frac{\sin (\alpha \pm \beta)}{\sin \alpha \sin \beta}$$

$$\sin 2\alpha = 2 \sin \alpha \cos \alpha$$
$$\cos 2\alpha = \cos^2 \alpha - \sin^2 \alpha$$

$$\tan 2\alpha = \frac{2 \tan \alpha}{1 - \tan^2 \alpha} = \frac{2}{\cot \alpha - \tan \alpha}$$

$$\cot 2\alpha = \frac{\cot^2 \alpha - 1}{2 \cot \alpha} = \frac{\cot \alpha - \tan \alpha}{2}$$

## Winkelbeziehungen im allgemeinen Dreieck

### Sinussatz

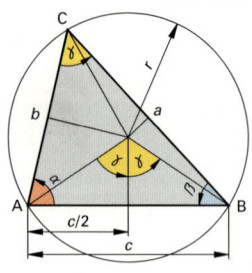

$$\frac{c}{2} = r \cdot \sin \gamma$$

$$\frac{a}{2} = r \cdot \sin \alpha$$

$$\frac{b}{2} = r \cdot \sin \beta$$

$$c = 2r \cdot \sin \gamma, \ a = 2r \cdot \sin \alpha, \ b = 2r \cdot \sin \beta$$

$$a : b : c = \sin \alpha : \sin \beta : \sin \gamma$$

$$\frac{a}{\sin \alpha} = \frac{b}{\sin \beta} = \frac{c}{\sin \gamma}$$

Im Dreieck verhalten sich zwei Seiten wie die Sinuswerte der gegenüberliegenden Winkel.

### Kosinussatz

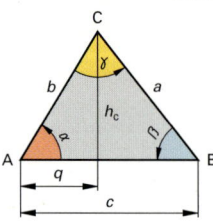

$$h_c = b \cdot \sin \alpha$$
$$q = b \cdot \cos \alpha$$
$$a^2 = h_c^2 + (c - q)^2$$
$$a^2 = b^2 \sin^2 \alpha + b^2 \cos^2 \alpha + c^2 - 2bc \cdot \cos \alpha$$
$$a^2 = b^2 + c^2 - 2bc \cdot \cos \alpha$$

$$a^2 = b^2 + c^2 - 2bc \cdot \cos \alpha$$

$$b^2 = a^2 + c^2 - 2ac \cdot \cos \beta$$

$$c^2 = a^2 + b^2 - 2ab \cdot \cos \gamma$$

Im Dreieck ist das Quadrat einer Seite gleich der Summe der Quadrate der anderen beiden Seiten minus dem doppelten Produkt aus diesen Seiten und dem Kosinus des eingeschlossenen Winkels.

### Drahtlängen

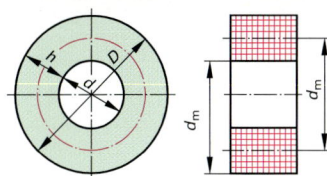

**Rundspulen**

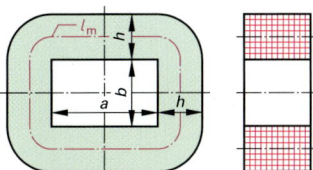

**Rechteckspulen**

**Rundspulen**

$l = l_\mathrm{m} \cdot N$

$l_\mathrm{m} = \pi \cdot d_\mathrm{m}$

$$l = \pi \cdot d_\mathrm{m} \cdot N$$

**Rechteckspulen**

$l = l_\mathrm{m} \cdot N$

$l_\mathrm{m} = 2a + 2b + \pi \cdot h$

$$l = (2a + 2b + \pi \cdot h) \cdot N$$

$h = \dfrac{D - d}{2}$

$d_\mathrm{m} = d + h$

oder

$d_\mathrm{m} = \dfrac{D + d}{2}$

$d_\mathrm{m} = D - h$

### Flächen

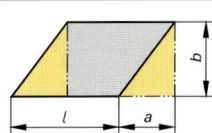

**Parallelogramm (Rhomboid)**

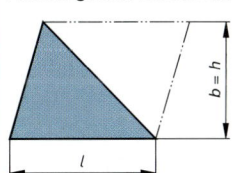

**Allgemeines Dreieck**

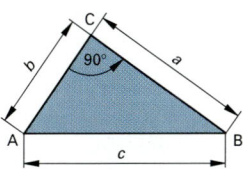

**Rechtwinkliges Dreieck**

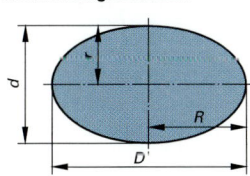

**Ellipse**

**Quadrat**

$$A = s^2$$

$$u = 4 \cdot s$$

$e = \sqrt{2} \cdot s = 1{,}41 \cdot s$

**Parallelogramm**

$$A = l \cdot b$$

$u = 2 \cdot (l + \sqrt{l^2 + b^2})$

**Allgemeines Dreieck**

$$A = \frac{l \cdot b}{2}$$

**Rechteck**

$$A = l \cdot b$$

$$u = 2 \cdot (l + b)$$

$e = \sqrt{l^2 + b^2}$

**Rechtwinkliges Dreieck**

Lehrsatz des Pythagoras:

$$c^2 = a^2 + b^2$$

$u = a + b + \sqrt{a^2 + b^2}$

Im rechtwinkligen Dreieck bilden die beiden Katheten den rechten Winkel. Die Hypotenuse liegt ihm gegenüber.

**Kreis**

$$u = \pi \cdot d$$

$u = 2 \cdot \pi \cdot r$

$$A = \pi \cdot r^2$$

$$A = \frac{\pi \cdot d^2}{4}$$

$A \approx 0{,}785 \cdot d^2$

**Ellipse**

$$u \approx \pi \cdot \frac{D + d}{2}$$

$$A = \pi \cdot R \cdot r$$

$$A = \frac{\pi \cdot D \cdot d}{4}$$

| | | | | | |
|---|---|---|---|---|---|
| $A$ | Fläche | $D$ | (großer) Durchmesser | $h$ | Höhe |
| $a$ | Seite | $d$ | (kleiner) Durchmesser | $l$ | Länge |
| $b$ | Breite | $d_\mathrm{m}$ | mittlerer Durchmesser | $l_\mathrm{m}$ | mittlere Länge |
| $c$ | Seite (Hypotenuse) | $e$ | Eckenmaß, Diagonale | $N$ | Windungszahl |

| | |
|---|---|
| $r, R$ | Radius |
| $s$ | Seitenlänge |
| $u$ | Umfang, Summe der Seiten |

# Körper und Masse  Solids and mass

## Körper

M

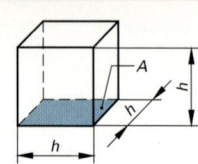

**Würfel**

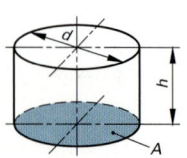

**Prisma**

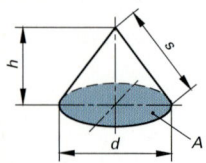

**Zylinder**

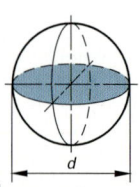

**Kegel**

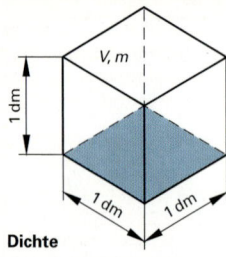

**Kugel**

### Gleichdicke Körper

$$Volumen = Grundfläche \cdot Höhe$$

$$V = A \cdot h$$

**Würfel**
$$A = h^2$$

$$V = h^3$$

$$A_O = 6 \cdot h^2$$

**Prisma**
$$A = l \cdot b$$

$$V = l \cdot b \cdot h$$

$$A_O = 2 \cdot (l \cdot b + l \cdot h + b \cdot h)$$

**Zylinder**
$$A = \frac{\pi \cdot d^2}{4}$$

$$V = \frac{\pi \cdot d^2 \cdot h}{4}$$

$$A_O = \pi \cdot d \cdot h + \frac{\pi \cdot d^2}{2}$$

### Spitze Körper

$$Volumen = \frac{1}{3} \cdot Grundfläche \cdot Höhe$$

$$V = \frac{A \cdot h}{3}$$

**Pyramide**
$$A = l \cdot b$$

$$V = \frac{l \cdot b \cdot h}{3}$$

**Kegel**
$$A = \frac{\pi \cdot d^2}{4}$$

$$V = \frac{\pi \cdot d^2 \cdot h}{12}$$

### Kugel

**Volumen**

$$V = \frac{\pi \cdot d^3}{6}$$

**Oberfläche**

$$A_O = \pi \cdot d^2$$

## Masse

**Dichte**

$$Dichte = \frac{Masse}{Volumen}$$

$$\varrho = \frac{m}{V}$$

Einheiten der Dichte: $\frac{kg}{dm^3}$, $\frac{g}{cm^3}$, $\frac{t}{m^3}$ ; auch $\frac{g}{dm^3}$ (bei Gasen)

Masseberechnung bei Drähten:

$$m = \varrho \cdot A \cdot l$$

Setzt man hierbei $A$ in mm² ein und $l$ in m, erhält man $m$ in g; $A$ in mm², $l$ jedoch in km, ergibt $m$ in kg

| | | | |
|---|---|---|---|
| $A$ | Grundfläche | $d$ | Durchmesser | $m$ | Masse |
| $A_O$ | Oberfläche | $h$ | Höhe | $V$ | Volumen |
| $b$ | Breite | $l$ | Länge | $\varrho$ | Dichte |

**Messen der Masse**

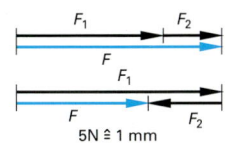

$5\,N \,\hat{=}\, 1\,mm$

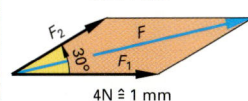

$4\,N \,\hat{=}\, 1\,mm$

**Darstellung von Kräften**

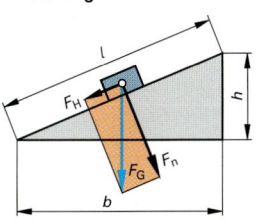

**Kräfte an der schiefen Ebene**

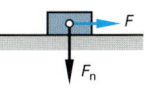

**Gleitende Reibung**

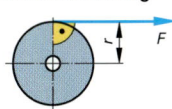

**Kraft und Hebelarm**

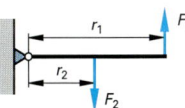

**Einseitiger Hebel**

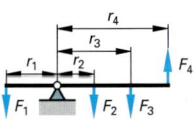

**Zweiseitiger Hebel**

Die **Masse** eines ruhenden Körpers ist eine Größe, die unabhängig von dem Ort ist, an dem sich der Körper befindet.

Die **Kraft**, welche die Masse 1 kg in 1 s um 1 m/s beschleunigt, hat die Einheit kg · m/s² mit dem besonderen Einheitennamen Newton (N).

Kraft = Masse x Beschleunigung

$[F] = kg \cdot m/s^2 = kgm/s^2 = N$

Fallbeschleunigung (Erdbeschleunigung):

$g = 9{,}81 \; m/s^2 = 9{,}81 \; N/kg \approx 10 \; N/kg$

**Beispiel 1:**

Die Kraft $F_1 = 80$ N und die Kraft $F_2 = 60$ N wirken unter dem Winkel $\alpha = 30°$. Die Kräfte sind zeichnerisch zur Gesamtkraft $F$ zusammenzusetzen.

*Lösung:*

Aus der Zeichnung:

$F \,\hat{=}\, 33{,}8$ mm;   1 mm $\hat{=}$ 4 N

$F = 33{,}8$ mm · 4 N/mm = **135 N**

$$F_H = F_G \cdot \frac{h}{l}$$

**Beispiel 2:**

$F_G = 100$ N;   $l = 5$ m;   $b = 4$ m;
$F_n = ?$ N

*Lösung:*

$F_n = F_G \cdot \dfrac{b}{l} = 100 \; N \cdot \dfrac{4 \; m}{5 \; m} = \mathbf{80 \; N}$

**Beispiel 3:**

$\mu = 0{,}12$;   $F_n = 100$ N;   $F = ?$ N

*Lösung:*

$F = \mu \cdot F_n = 0{,}12 \cdot 100 \; N = \mathbf{12 \; N}$

Kraftmoment = Kraft x Hebelarm

$[M] = N \cdot m = Nm$

Ein Hebel ist im Gleichgewicht, wenn die Summe der linksdrehenden Momente gleich der Summe der rechtsdrehenden Momente ist.

$$F = m \cdot a$$

$$F_G = m \cdot g$$

Für gleichgerichtete Kräfte:

$$F = F_1 + F_2$$

Für gegengerichtete Kräfte:

$$F = F_1 - F_2$$

Für senkrecht zueinander stehende Kräfte:

$$F = \sqrt{F_1^{\,2} + F_2^{\,2}}$$

$$F_n = F_G \cdot \frac{b}{l}$$

$$p = \frac{F}{A}$$

$$[p] = \frac{N}{m^2} = Pa$$

$$F = \mu \cdot F_n$$

$$M = F \cdot r$$

$$\Sigma M_{links} = \Sigma M_{rechts}$$

$$F_1 \cdot r_1 = F_2 \cdot r_2$$

| | | | |
|---|---|---|---|
| $A$ | Fläche (von area) | $F_n$ | Normalkraft (Kraft senkrecht zur Ebene) |
| $a$ | Beschleunigung | | |
| $b$ | Basis der schiefen Ebene | $F_H$ | Hangabtriebskraft |
| $F$ | Kraft (von force) | $g$ | Fallbeschleunigung |
| $F_1$ bis $F_4$ | Kräfte | $h$ | Höhe der schiefen Ebene |
| $F_G$ | Gewichtskraft des Körpers | $l$ | Länge der schiefen Ebene |
| | | $M$ | Kraftmoment, Moment |

| | |
|---|---|
| $m$ | Masse |
| $p$ | Druck |
| $r$ | Radius, Hebelarm |
| $r_1$ bis $r_4$ | Radien, Hebelarme |
| $\mu$ | Reibungszahl |
| $\Sigma$ | Zeichen für Summe |

**M**

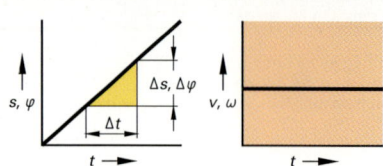

**Gleichförmige Bewegung**

Geschwindigkeit:
$v = \Delta s / \Delta t$
$[v] = \text{m/s}$
$\omega = \Delta \varphi / \Delta t$
$[\omega] = 1/\text{s}$

Beschleunigung:
$a = \Delta v / \Delta t$
$[a] = \text{m/s}^2$

$$\omega = \frac{\varphi}{t}$$

$$v = \frac{s}{t}$$

Bei Beschleunigung aus dem Stand:

$$v = a \cdot t$$

$$s = \frac{1}{2}\, a \cdot t^2$$

**Gleichmäßig beschleunigte Bewegung**

Beim Beschleunigen sind für $a$ positive Werte einzusetzen, beim Verzögern negative:

$$v = v_0 + a \cdot t$$

$$s = v_0 \cdot t + \frac{1}{2}\, a \cdot t^2$$

$$s_b = \frac{v_0^2}{2\, a}$$

Freier Fall:

$$v = g \cdot t$$

$$h = \frac{1}{2}\, g \cdot t^2$$

$g = 9{,}81 \text{ m/s}^2 \approx 10 \text{ m/s}^2$

**Gleichmäßig verzögerte Bewegung**

Für Kreisbewegungen:

$$a_z = \frac{v^2}{r}$$

$$v = d \cdot \pi \cdot n$$

$$F_z = m \cdot a_z$$

$$v = 2\, r \cdot \pi \cdot n$$

$$F_z = \frac{m \cdot v^2}{r}$$

$$\omega = 2\, \pi \cdot n$$

$[F_z] = \text{kg} \cdot \dfrac{\text{m}}{\text{s}^2} = \text{N}$

$[T] = \text{s}$

$[\omega] = 1/\text{s}$

$$v = \omega \cdot r$$

$$n = \frac{1}{T}$$

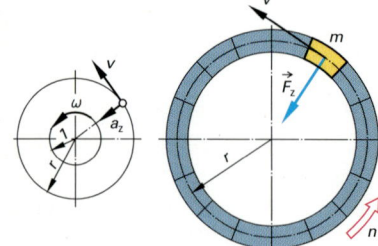

**Kreisbewegung mit konstanter Bahngeschwindigkeit**

| | | | | | |
|---|---|---|---|---|---|
| $a$ | Beschleunigung, Verzögerung | $n$ | Umdrehungsfrequenz, Drehzahl | $v$ | Geschwindigkeit |
| $a_z$ | Zentripetalbeschleunigung | $r$ | Radius | $v_0$ | Geschwindigkeit vor Beschleunigung bzw. vor Verzögerung |
| $d$ | Scheibendurchmesser | $s$ | Weg | | |
| $F_z$ | Zentripetalkraft | $s_b$ | Bremsweg | $\Delta$ | Zeichen für Differenz |
| $g$ | Fallbeschleunigung | $t$ | Zeit | $\omega$ | Winkelgeschwindigkeit, Kreisfrequenz |
| $h$ | Fallhöhe | $T$ | Zeitdauer einer Umdrehung | $\varphi$ | Winkel |
| $m$ | Masse | | | | |

# Mechanische Arbeit, mechanische Leistung, Energie
## Mechanical work, mechanical power, energy

**M**

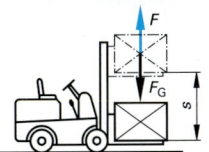

Arbeit = Kraft x Weg
$[W] = \text{N} \cdot \text{m} = \text{Nm}$

$$W = F \cdot s \cdot \cos\varphi$$

$$W = F_s \cdot s$$

**Mechanische Arbeit**

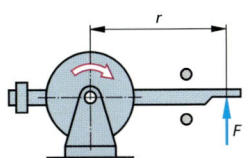

$$\text{Leistung} = \frac{\text{Kraft x Weg}}{\text{Zeit}} \qquad [P] = \frac{\text{Nm}}{\text{s}} = \text{W}$$

$$P = \frac{F_s \cdot s}{t}$$

$$\text{Leistung} = \frac{\text{Arbeit}}{\text{Zeit}}$$

$$P = \frac{W}{t}$$

**Mechanische Leistung**

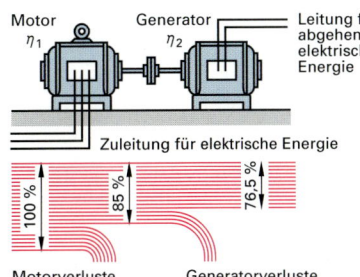

$$P_{kW} = \frac{M \cdot n}{9549}$$

$$P = F_s \cdot v$$

Motor $\eta_1$ — Generator $\eta_2$ — Leitung für abgehende elektrische Energie

mit $[n] = 1/\text{min}$ und $[M] = \text{Nm}$

$$\left( \frac{60}{2\,\pi} \cdot 10^3 = 9549 \right)$$

$$P = M \cdot \omega$$

Zuleitung für elektrische Energie

$$\omega = 2\,\pi \cdot n$$
$$M = F \cdot r$$
$$[\omega] = 1/\text{s}$$

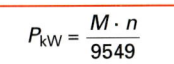

$$P_v = P_{zu} - P_{ab}$$

Motorverluste     Generatorverluste

**Wirkungsgrad**

$$\eta = \eta_1 \cdot \eta_2 \cdot \ldots \cdot \eta_n$$

$$\eta = \frac{P_{ab}}{P_{zu}}$$

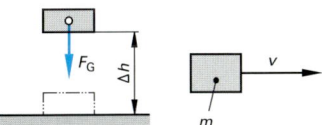

$$\zeta = \zeta_1 \cdot \zeta_2 \cdot \ldots \cdot \zeta_n$$

$$\zeta = \frac{W_{ab}}{W_{zu}}$$

**Energie**

$$W_p = F_G \cdot \Delta h$$

$$W_k = \frac{1}{2} \cdot m \cdot v^2$$

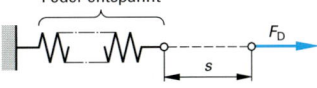

Feder entspannt

$$F_D = D \cdot s$$

$$W_D = \frac{1}{2} F_D \cdot s$$

$$W_D = \frac{1}{2} D \cdot s^2$$

**Energie beim Verformen**

| | | | |
|---|---|---|---|
| $D$ | Richtgröße der Feder | $P_{kW}$ | Leistung in kW |
| $F$ | Kraft | $P_v$ | Verlustleistung |
| $F_s$ | Kraft in Wegrichtung | $P_{zu}$ | zugeführte Leistung |
| $F_D$ | verformende Kraft | $r$ | Radius, Hebelarm |
| $F_G$ | Gewichtskraft des Körpers | $s$ | Weg |
| $h$ | Höhe | $t$ | Zeit |
| $M$ | Kraftmoment, Moment | $v$ | Geschwindigkeit |
| $m$ | Masse | $W$ | Arbeit |
| $n$ | Drehzahl, Umdrehungsfrequenz | $W_{ab}$ | abgegebene Arbeit |
| $P$ | Leistung | $W_D$ | Verformungsarbeit, Verformungsenergie |
| $P_{ab}$ | abgegebene Leistung | | |

| | |
|---|---|
| $W_k$ | Energie der Bewegung |
| $W_p$ | Energie der Lage |
| $W_{zu}$ | zugeführte Arbeit |
| $\Delta$ | Zeichen für Differenz |
| $\zeta$ | Arbeitsgrad, Nutzungsgrad |
| $\zeta_1, \zeta_2$ | Einzelarbeitsgrade |
| $\eta$ | Wirkungsgrad |
| $\eta_1, \eta_2$ | Einzelwirkungsgrade |
| $\varphi$ | Winkel zwischen $F$ und $s$ |
| $\omega$ | Winkelgeschwindigkeit |

**M**

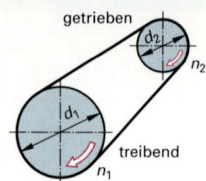

**Riementrieb**

$$n_1 \cdot d_1 = n_2 \cdot d_2$$

$$i = \frac{n_1}{n_2} = \frac{d_2}{d_1}$$

$$\frac{M_1}{M_2} = \frac{n_2}{n_1}$$

Für mehrfache
Übersetzung:

$$i = i_1 \cdot i_2$$

$$i = \frac{d_2 \cdot d_4}{d_1 \cdot d_3}$$

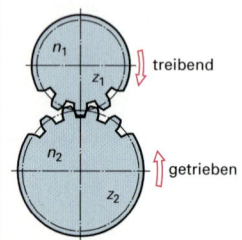

**Zahnradtrieb**

**Beispiel 1:**

$n_1 = 800/\text{min}$; $z_1 = 36$; $z_2 = 48$;
$n_2 = ?/\text{min}$

*Lösung:*

$$n_2 = \frac{z_1 \cdot n_1}{z_2} = \frac{36 \cdot 800/\text{min}}{48} = \textbf{600/min}$$

$$n_1 \cdot z_1 = n_2 \cdot z_2$$

$$i = \frac{n_1}{n_2}$$

$$i = \frac{z_2}{z_1}$$

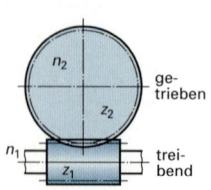

**Schneckentrieb**

**Beispiel 2:**

$i = 4 : 7$; $n_1 = 400/\text{min}$; $n_2 = ?/\text{min}$

*Lösung:*

$$n_2 = \frac{n_1}{i} = \frac{400/\text{min} \cdot 7}{4} = \textbf{700/min}$$

$$n_1 \cdot z_1 = n_2 \cdot z_2$$

$$i = \frac{n_1}{n_2}$$

$$i = \frac{z_2}{z_1}$$

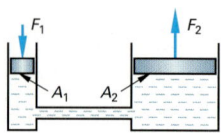

**Hydraulische Presse**

**Beispiel 3:**

$n_1 = 720/\text{min}$; $z_1 = 2$ (zweigängige
$n_2 = 18/\text{min}$; $z_2 = ?$ Schnecke)

*Lösung:*

$$z_2 = \frac{n_1 \cdot z_1}{n_2} = \frac{720/\text{min} \cdot 2}{18/\text{min}} = \textbf{80}$$

$$p = \frac{F}{A}$$

$$\frac{F_1}{F_2} = \frac{A_1}{A_2}$$

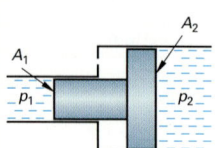

**Druckwandler**

**Beispiel 4:**

$F_1 = 200\ \text{N}$; $A_1 = 40\ \text{cm}^2$; $A_2 = 1000\ \text{cm}^2$
$F_2 = ?\ \text{N}$

*Lösung:*

$$F_2 = F_1 \cdot \frac{A_2}{A_1} = 200\ \text{N} \cdot \frac{1000\ \text{cm}^2}{40\ \text{cm}^2} =$$

$$= \textbf{5000 N}$$

Beim Druckwandler:

$$\frac{p_1}{p_2} = \frac{A_2}{A_1}$$

| | | | | |
|---|---|---|---|---|
| $A$ | Fläche | $F_1, F_2$ | Kräfte der Kolben | $n_1, n_2$ | Drehzahlen |
| $A_1, A_2$ | Kolbenflächen | $i$ | Übersetzungsverhältnis | $p$ | Druck |
| $d_1$ bis $d_4$ | Durchmesser | $i_1, i_2$ | Einzelübersetzungsverhältnis | $p_1, p_2$ | Drücke im Zylinder |
| $F$ | Druckkraft | $M_1, M_2$ | Kraftmomente | $z_1, z_2$ | Zähnezahlen, bei Schnecke Gangzahl |

Bei $A$, $d$, $M$, $n$, $p$ und $z$ Index 1 für treibend, Index 2 für getrieben.

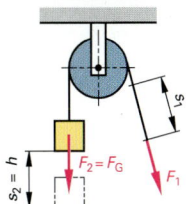

**Feste Rolle**

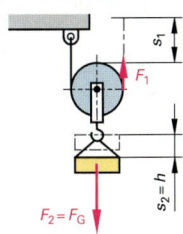

**Lose Rolle**

$[F_1] = [F_2] = [F_G] = N$

$[s_1] = [s_2] = [h] = m$

$[l] = m$

$[d] = m$

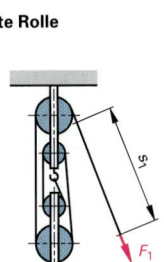

**Flaschenzug**

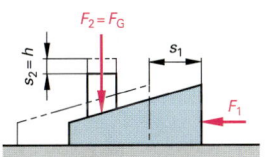

**Keil**

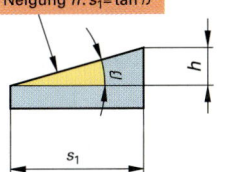

Neigung $h : s_1 = \tan \beta$

**Neigung am Keil**

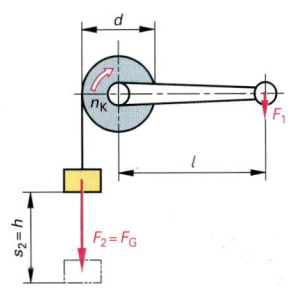

**Winde**

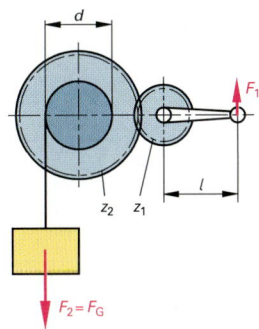

**Räderwinde**

**Bei fester Rolle:**

$$F_1 = F_G$$

$$s_1 = h$$

**Bei loser Rolle:**

$$F_1 = \frac{F_G}{2}$$

$$s_1 = 2 \cdot h$$

**Beim Flaschenzug:**

$$F_1 = \frac{F_G}{n}$$

$$s_1 = n \cdot h$$

**Beim Keil:**

$$F_1 \cdot s_1 = F_2 \cdot h$$

$$\tan \beta = \frac{h}{s_1}$$

**Bei Winde:**

$$F_1 \cdot l = \frac{F_G \cdot d}{2}$$

$$h = \pi \cdot d \cdot n_K$$

**Bei Räderwinde:**

$$F_1 \cdot l \cdot i = \frac{F_G \cdot d}{2}$$

$$i = \frac{z_2}{z_1}$$

| | | | | | |
|---|---|---|---|---|---|
| $d$ | Durchmesser | $i$ | Übersetzungsverhältnis | $s_1$ | Weg der Kraft $F_1$ |
| $F_1$ | aufgewendete Kraft | $l$ | Kurbellänge | $s_2$ | Weg der Kraft $F_2$ |
| $F_2$ | abgegebene Kraft | $n$ | Anzahl der tragenden Seilstränge | $\beta$ | Neigungswinkel |
| $F_G$ | Gewichtskraft | $n_K$ | Anzahl Kurbelumdrehungen | $z_1, z_2$ | Zähnezahlen |
| $h$ | Hubhöhe | | | | |

**M**

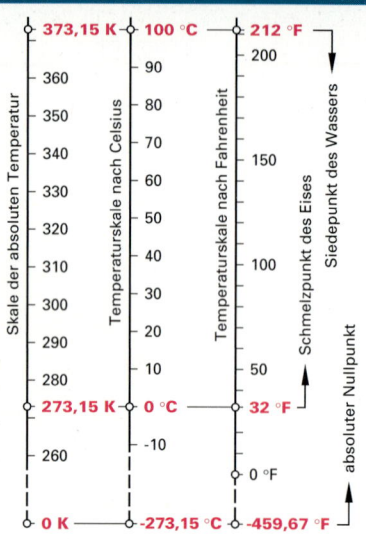

**Temperaturskalen**

Temperaturskala-Achsen:
- Skale der absoluten Temperatur: 373,15 K ... 0 K
- Temperaturskala nach Celsius: 100 °C ... -273,15 °C
- Temperaturskala nach Fahrenheit: 212 °F ... -459,67 °F
- Schmelzpunkt des Eises
- Siedepunkt des Wassers
- absoluter Nullpunkt

$$T = \vartheta + 273{,}15 \text{ K}$$

$$\vartheta_F = \frac{9}{5}\,\vartheta + 32\,°F$$

$[T] = K;\quad [\vartheta] = °C$

$[\vartheta_F] = °F;\quad [\alpha] = \dfrac{1}{K}$

$[\gamma] = \dfrac{1}{K};\quad [Q] = J$

$[c] = \dfrac{kJ}{kg \cdot K};\quad [C] = \dfrac{J}{K}$

Schmelzwärme:

$$Q_s = m \cdot q_s$$

Verdampfungswärme:

$$Q_v = m \cdot q_v$$

$[Q_s] = [Q_v] = J$

$[q_s] = [q_v] = \dfrac{J}{kg}$

$$P_v = \frac{Q}{t}$$

$[R] = \Omega;\quad [R_{th}] = \dfrac{K}{W}$

$$\Delta\vartheta = \frac{R_2 - R_1}{R_1 \cdot \alpha}$$

$$\Delta l = l_0 \cdot \alpha_l \cdot \Delta\vartheta$$

$$\Delta V = V_0 \cdot \gamma \cdot \Delta\vartheta$$

Bei festen Stoffen:

$\gamma \approx 3\,\alpha_l$

$$Q = \Delta\vartheta \cdot c \cdot m$$

$$C = c \cdot m$$

$$Q = \Delta\vartheta \cdot C$$

Für $\Delta\vartheta < 300$ K:

$$\Delta R = \alpha \cdot R_1 \cdot \Delta\vartheta$$

$$R_2 = R_1 + \Delta R$$

$$R_2 = R_1\,(1 + \alpha \cdot \Delta\vartheta)$$

$$R_{th} = \frac{\Delta\vartheta}{P_v}$$

Wicklungserwärmung von elektrischen Maschinen, bei Kupfer:

$$\vartheta_2 = \frac{R_2}{R_1}\,(\vartheta_1 + 235 \text{ K}) - 235 \text{ K}$$

$$\alpha_1 = \frac{1}{235 \text{ K} + \vartheta_1}$$

Bei Aluminium tritt an Stelle der Zahl 235 der Zahlenwert 225.

Bei allen reinen Metallen ist $\alpha \approx \dfrac{1}{250}$ 1/K = 0,004 1/K.

### Spezifische Wärmekapazitäten c zwischen 0 °C und 100 °C

| Werkstoff | $c$ in $\dfrac{kJ}{kg \cdot K}$ |
|---|---|
| Aluminium | 0,94 |
| Eisen | 0,47 |
| Kupfer, Messing | 0,39 |
| Silber | 0,23 |
| Polyvinylchlorid | 0,88 |
| Maschinenöl | 1,67 |
| Wasser | 4,19 |

### Spezifische Wärmearten

| Stoff | Art | Wert in J/kg |
|---|---|---|
| Wasser | $q_s$ | $3{,}35 \cdot 10^5$ |
| | $q_v$ | $22{,}5 \cdot 10^5$ |
| Aluminium | $q_s$ | $3{,}935 \cdot 10^5$ |
| Blei | $q_s$ | $0{,}25 \cdot 10^5$ |

| | | | | | |
|---|---|---|---|---|---|
| $C$ | Wärmekapazität | $q_v$ | spezifische Verdampfungswärme | $\alpha_1$ | Temperaturkoeffizient bei $\vartheta_1$ |
| $c$ | spezifische Wärmekapazität | $R$ | Widerstand | $\alpha_l$ | Längen-Ausdehnungs- |
| $l$ | Länge | $R_{th}$ | Wärmewiderstand | | koeffizient in 1/K |
| $l_0$ | Länge in kaltem Zustand | $R_1$ | Widerstand bei $\vartheta_1$ | $\gamma$ | Volumen-Ausdehnungs- |
| $m$ | Masse | $R_2$ | Widerstand bei $\vartheta_2$ | | koeffizient in 1/K |
| $P_v$ | Wärmeleistung | $T$ | Temperatur in Kelvin | $\Delta$ | Zeichen für Differenz |
| $Q$ | Wärme, Wärmeenergie | $t$ | Zeit | $\vartheta$ | Temperatur in Grad Celsius |
| $Q_s$ | Schmelzwärme | $V$ | Volumen | $\vartheta_F$ | Temperatur in Grad Fahrenheit |
| $Q_v$ | Verdampfungswärme | $V_0$ | Volumen in kaltem Zustand | $\vartheta_1, \vartheta_2$ | Temperaturen in °C |
| $q_s$ | spezifische Schmelzwärme | $\alpha$ | Temperaturkoeffizient in 1/K | $\Delta\vartheta$ | Temperaturdifferenz in K |

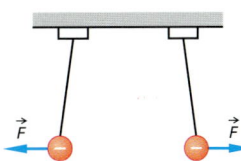

**Abstoßung gleichnamiger Ladungen**

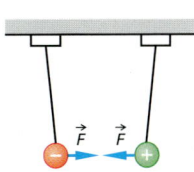

**Anziehung ungleichnamiger Ladungen**

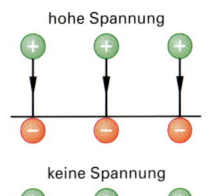

**Spannungserzeugung**

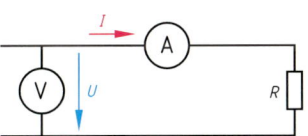

**Strom, Spannung, Widerstand**

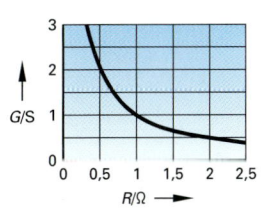

**Leitwert und Widerstand**

$[Q] = [I] \cdot [t] = A \cdot s = As = C$

$[I] = A$

$[t] = s$

$[F] = N$

Berechnung der Kraft
bei Abstoßung und Anziehung
siehe Seite 31

$[I] = \dfrac{C}{s} = \dfrac{As}{s} = A$

$[J] = \dfrac{A}{m^2}$

$[J] = \dfrac{A}{mm^2}$ (z. B. in Drähten)

$[U] = [W]/[Q] = J/C$
$= Ws/As = W/A$
$= V$

$[b] = \dfrac{m/s}{V/m} = \dfrac{m^2}{Vs}$

$[E] = \dfrac{V}{m}$

$[R] = \Omega$

$[G] = 1/\Omega = S$

Bei Metallen:

$[\varrho] = \dfrac{\Omega \cdot mm^2}{m} = \mu\Omega m$

$[\gamma] = \dfrac{m}{\Omega \cdot mm^2} = \dfrac{MS}{m}$

Bei Nichtmetallen:
$[\varrho] = \Omega \cdot m$

$$\boxed{\varrho = \dfrac{1}{\gamma}}$$

**Bei ungeladenem Körper:**

$$\boxed{Q = I \cdot t}$$

**Bei geladenem Körper:**

$$\boxed{\Delta Q = I \cdot \Delta t}$$

$$\boxed{I = \dfrac{\Delta Q}{\Delta t}}$$

$$\boxed{I = \dfrac{Q}{t}}$$

$$\boxed{J = \dfrac{I}{A}}$$

$$\boxed{U = \dfrac{W}{Q}}$$

$$U = \dfrac{\Delta W}{\Delta Q}$$

$$\boxed{b = \dfrac{v}{E}}$$

**Ohmsches Gesetz:**
Merkformel:

$$\boxed{U = R \cdot I}$$

$$\boxed{I = \dfrac{U}{R}}$$

$$\boxed{G = \dfrac{1}{R}}$$

$$\boxed{R = \dfrac{l}{\gamma \cdot A}}$$

$$\boxed{R = \dfrac{\varrho \cdot l}{A}}$$

| | | | |
|---|---|---|---|
| A | Leiterquerschnitt | I | Stromstärke | v | Driftgeschwindigkeit |
| b | Ladungsträgerbeweglichkeit | J | Stromdichte | W | Arbeit, Energie |
| d | Abstand | Q | elektrische Ladung | Δ | Zeichen für Differenz |
| E | elektrische Feldstärke | R | Widerstand | γ | Leitfähigkeit (auch ϰ oder σ) |
| F | Kraft | t | Zeit | ε₀ | elektrische Feldkonstante |
| G | Leitwert | U | Spannung | ϱ | spezifischer Widerstand |

## Elektrische Leistung bei DC oder in Wirkwiderständen bei AC

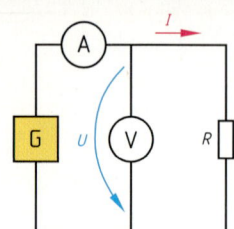

**Ermitteln der Leistung mit Strom-messer und Spannungsmesser**

$[P] = V \cdot A = AV = W = J/s$

$$P = U \cdot I$$

Bei gleichem $R$:

$$\frac{P_1}{P_2} = \frac{U_1^2}{U_2^2}$$

$$P = I^2 \cdot R$$

$$\frac{P_1}{P_2} = \frac{I_1^2}{I_2^2}$$

$$P = \frac{U^2}{R}$$

Indizes 1 und 2 gelten für verschiedene Betriebsfälle

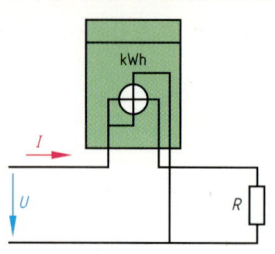

**Leistungsschild eines Zählers**

**Leistungsmessung mit Zähler:**

**Beispiel:**

$n$ = 8 Umdrehungen in 2 min
$C_z$ = 150 / kWh; $P$ = ? kW

$$P = \frac{\text{Zahl der Umdr.}}{t \cdot C_z}$$

*Lösung:*

$$P = \frac{n}{C_z} = \frac{8 / (2\,\text{min}) \cdot 60\,\text{min/h}}{150 / \text{kWh}} = \textbf{1,6 kW}$$

$$P = \frac{n}{C_z}$$

## Elektrische Arbeit

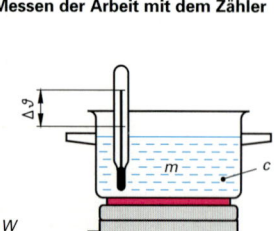

**Messen der Arbeit mit dem Zähler**

**Elektrische Arbeit und Wärme**
Werte von $c$ Seite „Stoffwerte"

$[W] = Ws = J$
$3,6\,\text{MJ} = 1\,\text{kWh}$

$$W = P \cdot t$$

$$K_A = W \cdot T$$

$[Q_s] = J$

$$Q_S = W$$

$$[c] = \frac{kJ}{kg \cdot K}$$

$$Q_S = \frac{\Delta\vartheta \cdot c \cdot m}{\zeta}$$

$W$ in kWh:

$$W_{kWh} = \frac{\Delta\vartheta \cdot c \cdot m}{3600 \cdot \zeta}$$

**Beispiel:**
$W$ = 70 kWh; $T$ = 0,12 € / kWh;
$K_A$ = ? €
*Lösung:*
$K_A = W \cdot T = 70\,\text{kWh} \cdot 0{,}12\,\dfrac{€}{\text{kWh}} = \textbf{8,40 €}$

$P$ in kW:

$$P_{kW} = \frac{\Delta\vartheta \cdot c \cdot m}{3600 \cdot \zeta \cdot t}$$

| | | |
|---|---|---|
| $c$ spezifische Wärmekapazität | $n$ Zählerdrehzahl je Stunde | $T$ tariflicher Preis |
| $C_z$ Zählerkonstante | $P$ Leistung | $U$ Spannung |
| $I$ Stromstärke | $Q_S$ Stromwärme | $W$ Arbeit, Verbrauch an elektr. Energie |
| $K_A$ Arbeitspreis | $R$ Widerstand | $\Delta\vartheta$ Temperaturunterschied |
| $m$ Masse (z.B. Wassermenge) | $t$ Zeit | $\zeta$ Wärmearbeitsgrad (Zeta) |

## Elektrisches Feld

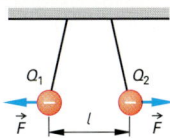

**Coulombsches Gesetz (Kraftwirkung)**

$$K = \frac{1}{4 \pi \varepsilon}$$

Für Luft: $K \approx 9 \cdot 10^9 \frac{Vm}{As}$

$$F = K \cdot \frac{Q_1 \cdot Q_2}{l^2}$$

$$[E] = \frac{V}{m} = \frac{N}{As}$$

$$E = \frac{F}{Q}$$

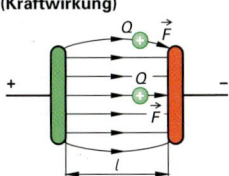

**Elektrische Feldstärke**

Die elektrische Feldstärke $E$ gibt die Kraft an, die auf die Ladung $Q = 1$ As im elektrischen Feld wirkt.

Beim homogenen Feld:

$$E = \frac{U}{l}$$

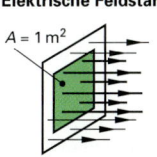

**Elektrische Flussdichte**

$$[D] = \frac{As}{m^2}$$

$$D = \frac{Q}{A}$$

Die elektrische Flussdichte $D$ gibt an, wie groß die Ladung je Quadratmeter ist.

$$D = \varepsilon_0 \cdot \varepsilon_r \cdot E$$

## Kondensator

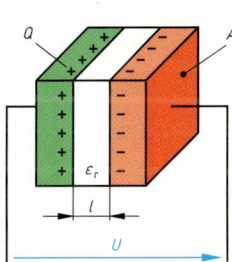

**Kapazität**

$$\varepsilon = \varepsilon_0 \cdot \varepsilon_r$$

$$\varepsilon_0 = 8{,}85 \frac{pAs}{Vm} = 8{,}85 \text{ pF/m}$$

$$[C] = \frac{As}{V} = F \text{ (Farad)}$$

$$[Q] = \frac{As}{V} \cdot V = As = C \text{ (Coulomb)}$$

$$C = \frac{\varepsilon \cdot A}{l}$$

$$Q = I \cdot t$$

$$\Delta Q = i \cdot \Delta t$$

$$Q = C \cdot U$$

$$\Delta Q = C \cdot \Delta u$$

$$i = C \cdot \frac{\Delta u}{\Delta t}$$

**Energie**

$$[W] = \frac{As}{V} \cdot V^2 = Ws = J \text{ (Joule)}$$

$$W = \frac{1}{2} C \cdot U^2$$

**Energiedichte**

Die Energiedichte des elektrischen Feldes ist die gespeicherte Energie je Volumen des elektrischen Feldes.

$$[w] = \frac{J}{m^3}$$

$$w = \frac{W}{V}$$

$$w = \frac{1}{2} \cdot D \cdot E$$

| | | | |
|---|---|---|---|
| $A$ | Plattenfläche | $K$ | Koeffizient |
| $C$ | Kapazität | $l$ | Abstand der Ladungen, Plattenabstand |
| $D$ | elektrische Flussdichte, Flächenladungsdichte | $Q, Q_1, Q_2$ | Ladungen |
| $E$ | elektrische Feldstärke | $\Delta Q$ | Ladungsänderung |
| $F$ | Kraft | $t$ | Zeit |
| $I, i$ | Stromstärke | $\Delta t$ | Zeitunterschied |

| | |
|---|---|
| $U$ | Spannung |
| $\Delta U$ | Spannungsänderung |
| $V$ | Volumen |
| $W$ | Energie |
| $w$ | Energiedichte |
| $\varepsilon$ | Permittivität |
| $\varepsilon_0$ | elektrische Feldkonstante |
| $\varepsilon_r$ | Permittivitätszahl |

## Leiterarten

| Art | Ansicht | Formel | Bemerkung |
|---|---|---|---|
| Gerader horizontal gespannter Draht | | Für $l > h$: $$C = \dfrac{0{,}241\,\frac{pF}{cm} \cdot l}{\lg\left[\dfrac{2h}{d}\left(1 + \sqrt{1 - \dfrac{1}{\left(2 \cdot h\right)^2}}\right)\right]}$$    Für $l > h \gg d$: $$C = \dfrac{0{,}241\,\frac{pF}{cm} \cdot l}{\lg \cdot \dfrac{4h}{d}}$$ | Die Betriebskapazität einer Freileitung setzt sich aus der Kapazität zweier paralleler Leiter und der Kapazität gegen die Erdoberfläche zusammen. |
| Koaxiale Leitung | | Für $l \gg D_x$: $$C = \dfrac{0{,}241\,\frac{pF}{cm} \cdot l}{\lg \dfrac{D_x}{d}}$$ | Im Nomogramm ist der Zusammenhang gezeigt. **Kapazitätsbelag:** $C' = 50$ pF/m bis 70 pF/m |
| Paralleldrahtleitung | | Für $d_1 = d_2 = d$    $d \ll a$: $$C \approx \dfrac{0{,}241\,\frac{pF}{cm} \cdot l}{\lg \dfrac{4a^2}{d_1 \cdot d_2}}$$    $$C \approx \dfrac{0{,}241\,\frac{pF}{cm} \cdot l}{\lg \dfrac{2a}{d}}$$ | Im Nomogramm ist der Zusammenhang gezeigt. Die Formeln sind umso genauer, je größer $a$ gegenüber $d$ ist. |
| Abgeschirmte, symmetrische Paralleldrahtleitung | | $$C = \dfrac{0{,}121\,\frac{pF}{cm} \cdot l}{\lg \dfrac{2a(D_A^2 - a^2)}{d(D_A^2 + a^2)}}$$ | Die Abschirmung schützt vor Fremdfeldern. Kapazitätsbelag von Fernmeldekabeln: $C' = 34$ pF/m bis 36 pF/m |
| Leiterdurchführung | | Für $d \ll D_F$ und $l \approx s$: $$C \approx \dfrac{0{,}56\,\frac{pF}{cm} \cdot l}{\ln \dfrac{2\,D_F}{d}}$$ | Die Kapazität sehr dünner Durchführungen ist nur bei höchsten Frequenzen zu beachten. |

## Nomogramme

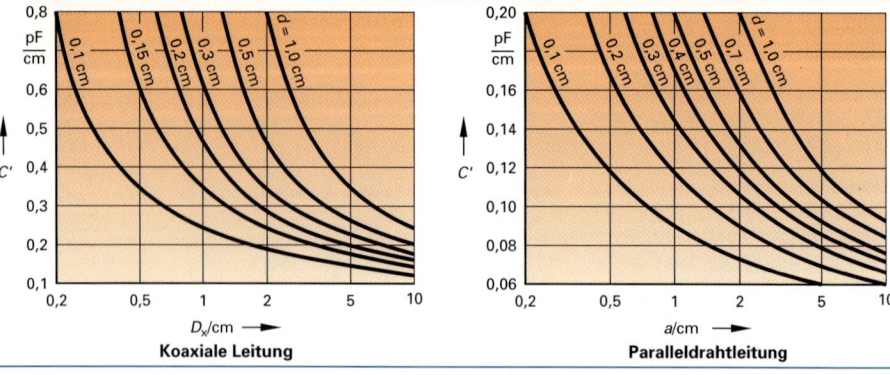

**Koaxiale Leitung**      **Paralleldrahtleitung**

| | | | |
|---|---|---|---|
| $a$ | Abstand vom Mittelpunkt | $D_F$ | Durchmesser der Durchführung |
| $C$ | Kapazität | $D_x$ | Innendurchmesser des äußeren Koaxial-Zylinders |
| $C'$ | Kapazitätsbelag (längenbezogene Kapazität) | $h$ | Abstand der Drahtachse von Erde |
| $d, d_1, d_2$ | Drahtdurchmesser | $l$ | Drahtlänge |
| $D_A$ | Innendurchmesser der Abschirmung | $s$ | Wandstärke der Durchführung |

**M**

## Wechselgrößen

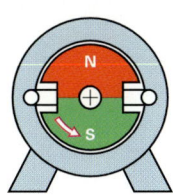
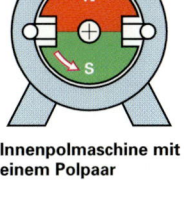

**Innenpolmaschine mit einem Polpaar**

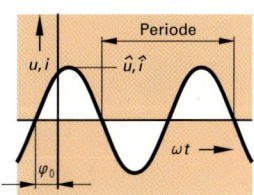

**Sinusspannung mit Nullphasenwinkel**

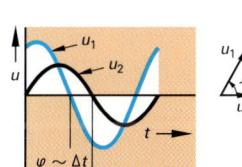

Liniendiagramm    Zeigerdiagramm

**Phasenverschiebung**

$$[f] = \frac{1}{s} = Hz$$

$$[\omega] = \frac{1}{s}; \quad [n] = \frac{1}{s}$$

$$f = \frac{1}{T} \qquad \omega = 2\,\pi \cdot f$$

$$f = p \cdot n$$

| Signalform | 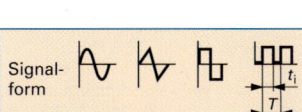 | | | $t_i$ $T$ |
|---|---|---|---|---|
| Crestfaktor $F_C$ | $\sqrt{2} =$ 1,41 | $\sqrt{3} =$ 1,73 | 1 | $\sqrt{\dfrac{T}{t_i}}$ |

$u_1$ eilt $u_2$ um den Phasenverschiebungswinkel $\varphi$ voraus.

$$\varphi = 2\,\pi \cdot \frac{\varphi°}{360°}; \quad \varphi° = \Delta t \cdot \frac{360°}{T}$$

$$[\varphi] = rad; \quad [\varphi°] = °$$

$$\hat{\check{u}} = 2 \cdot \hat{u} \qquad \hat{\check{\imath}} = 2 \cdot \hat{\imath}$$

**Effektivwert bei Sinusform:**

$$U = \frac{\hat{u}}{\sqrt{2}} \qquad I = \frac{\hat{\imath}}{\sqrt{2}}$$

**Effektivwert allgemein:**

$$U = \frac{\hat{u}}{F_C} \qquad I = \frac{\hat{\imath}}{F_C}$$

**Augenblickswert:**

$$u = \hat{u} \cdot \sin(\omega t + \varphi_0)$$

$$u = \hat{u} \cdot \sin(360° \cdot f \cdot t + \varphi_0°)$$

**Ab Zeitpunkt Nulldurchgang ($\varphi_0 = 0$):**

$$u = \hat{u} \cdot \sin(360° \cdot f \cdot t)$$

## Wellenlänge

Ausbreitung →

$$c_0 = 299\,792{,}458 \ \frac{km}{s}$$

$$\approx 300\,000 \ \frac{km}{s}$$

$$= 0{,}3 \cdot 10^9 \ \frac{m}{s}$$

**im Vakuum:**

$$\lambda = \frac{c_0}{f}$$

$$\lambda = c_0 \cdot T$$

**allgemein:**

$$\lambda = \frac{c}{f}$$

$$\lambda = c \cdot T$$

| | | |
|---|---|---|
| $c$ Ausbreitungsgeschwindigkeit | $\hat{\imath}$ Spitze-Tal-Wert des Stromes | $\hat{u}$ Scheitelwert der Spannung |
| $c_0$ Lichtgeschwindigkeit Im Vakuum oder in Luft | $l$ Leiterlänge | $U$ Effektivwert der Spannung |
| | $n$ Drehfelddrehzahl | $\hat{\check{u}}$ Spitze-Tal-Wert der Spannung |
| $E$ elektrische Feldstärke | $p$ Polpaarzahl der Maschine | $\alpha$ Winkel |
| $f$ Frequenz | $t$ Zeit | $\varphi$ Phasenverschiebungswinkel |
| $F_C$ Scheitelfaktor, Crestfaktor | $t_i$ Impulszeit | $\varphi_0$ Nullphasenwinkel |
| $i$ Augenblickswert des Stromes | $T$ Periodendauer | $\lambda$ Wellenlänge |
| $\hat{\imath}$ Scheitelwert des Stromes | $u$ Augenblickswert der Spannung | $\omega$ Kreisfrequenz, Winkelgeschwindigkeit |
| $I$ Effektivwert der Stromstärke | | |

**M**

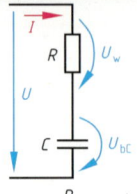

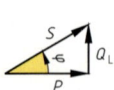

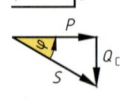

Der Spannungserzeuger gibt eine Scheinleistung an eine beliebige Schaltung ab.

$[S] = V \cdot A = VA$

$$S = U \cdot I$$

Im Wirkwiderstand tritt Wirkleistung auf.

$[P] = V \cdot A = W$

$$P = U_w \cdot I_w$$

Im Blindwiderstand tritt Blindleistung auf.

$[Q] = V \cdot A = var$

$$P = U \cdot I \cdot \cos\varphi$$

var = Volt-Ampere-reaktiv
(reaktiv = rückwirkend)

$Q$ ist $Q_C$ oder $Q_L$, $U_b$ ist $U_{bC}$ oder $U_{bL}$ und $I_b$ ist $I_{bC}$ oder $I_{bL}$.

**Reihenschaltung von Wirkwiderstand und Blindwiderstand**

Bei Sinusform:

$$\sin\varphi = \frac{Q}{S}$$

$$Q = U_b \cdot I_b$$

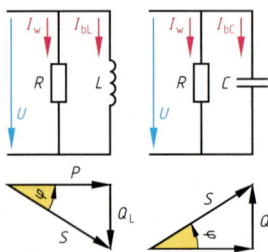

$$\cos\varphi = \frac{P}{S}$$

$$Q = U \cdot I \cdot \sin\varphi$$

**Parallelschaltung von Wirkwiderstand und Blindwiderstand**

Bei Nichtsinusform:

$$\lambda = \frac{P}{S}$$

$$S = \sqrt{P^2 + Q^2}$$

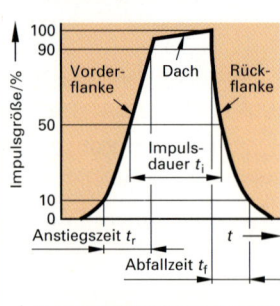

Die Anstiegszeit und die Abfallzeit werden zwischen dem 10-%-Wert und dem 90-%-Wert der Impulsgröße gemessen.

Die Impulsdauer und die Pausendauer misst man zwischen den 50-%-Werten der Impulsgröße.

$$[S] = \frac{V}{s} \text{ oder } \frac{A}{s}$$

Für Spannungsimpuls:

$$S = \frac{\Delta u}{\Delta t}$$

Für Stromimpuls:

$$S = \frac{\Delta i}{\Delta t}$$

$$f = \frac{1}{T}$$

$$T = t_i + t_p$$

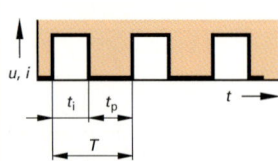

**Kenngrößen beim Impuls**

$$V = \frac{1}{g}$$

$$g = \frac{t_i}{T}$$

| | | | | | |
|---|---|---|---|---|---|
| C | Index für kapazitiv | P | Wirkleistung | $U_b$ | Blindspannung |
| f | Frequenz | Q | Blindleistung | $U_w$ | Wirkspannung |
| g | Tastgrad | S | Scheinleistung, Flankensteilheit | V | Tastverhältnis (nicht genormt) |
| I, i | Stromstärke | T | Periodendauer | Δ | Zeichen für Differenz |
| $I_b$ | Blindstrom | t | Zeit | φ | Phasenverschiebungswinkel |
| $I_{bC}$ | kapazitiver Blindstrom | $t_f$ | Abfallzeit | λ | Leistungsfaktor |
| $I_{bL}$ | induktiver Blindstrom | $t_i$ | Impulsdauer | | Bei Sinusform: |
| $I_w$ | Wirkstrom | $t_p$ | Pausendauer | cos φ | Leistungsfaktor, Wirkfaktor |
| L | Index für induktiv | $t_r$ | Anstiegszeit | sin φ | Blindfaktor |

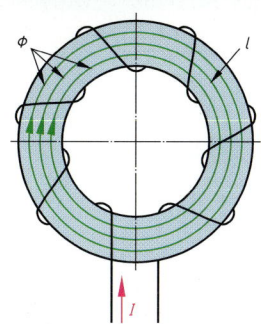

**Magnetische Feldstärke**

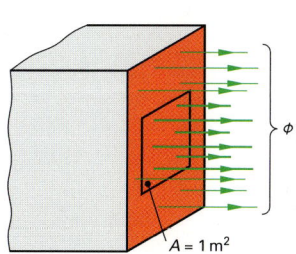

**Magnetische Flussdichte, Induktion**

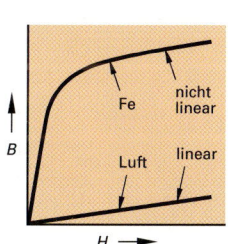

**Magnetisierungskennlinien**

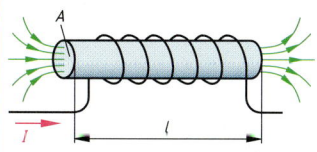

**Induktivität**

$[\Theta] = A$

$[H] = \dfrac{A}{m}$

$[R_m] = \dfrac{A}{Vs} = \dfrac{1}{H}$

$[\Lambda] = \dfrac{Vs}{A} = H \text{ (Henry)}$

$[\Phi] = Vs = Wb \text{ (Weber)}$

$[B] = \dfrac{Vs}{m^2} = T \text{ (Tesla)}$

$[\mu_0] = 1{,}257 \, \dfrac{\mu Vs}{Am} = 1{,}257 \, \mu H/m$

$\mu = \mu_0 \cdot \mu_r$

Die Permeabilitätszahl $\mu_r$ gibt den Faktor an, um den die magnetische Leitfähigkeit des Kernes größer ist als die der Luft.

Für Luft: $\mu_r = 1$

$[F] = \dfrac{T^2 \cdot m^2 \cdot Am}{Vs} = \dfrac{Ws}{m} = N \text{ (Newton)}$

$[L] = \dfrac{Vs}{A} = H \text{ (Henry)}$

$[W] = \dfrac{Vs}{A} \cdot A^2 = Ws = J \text{ (Joule)}$

$[w] = \dfrac{J}{m^3}$

$$w = \dfrac{1}{2} \cdot B \cdot H$$

$$w = \dfrac{1}{2} \dfrac{B^2}{\mu_0 \cdot \mu_r}$$

$$\Theta = I \cdot N$$

$$H = \dfrac{I \cdot N}{l}$$

$$R_m = \dfrac{l}{\mu_0 \cdot \mu_r \cdot A}$$

$$\Lambda = \dfrac{1}{R_m}$$

$$\Phi = \dfrac{\Theta}{R_m}$$

$$B = \dfrac{\Phi}{A}$$

In Luft:

$$B = \mu_0 \cdot H$$

In Magnetwerkstoffen:

$$B = \mu_0 \cdot \mu_r \cdot H$$

$$F = \dfrac{B^2 \cdot A}{2 \, \mu_0}$$

$$L = \dfrac{N^2 \cdot \mu_0 \cdot \mu_r \cdot A}{l}$$

$$L = N^2 \cdot A_L$$

$$W = \dfrac{1}{2} \cdot L \cdot I^2$$

$$w = \dfrac{W}{V}$$

| | | | | | |
|---|---|---|---|---|---|
| $A$ | Polfläche, Spulenquerschnitt | $l$ | mittlere Feldlinienlänge, Länge der Spule | $\Phi$ | magnetischer Fluss |
| $A_L$ | Spulenkonstante | | | $\Lambda$ | magnetischer Leitwert |
| $B$ | magnetische Flussdichte | $N$ | Windungszahl | $\Theta$ | Durchflutung, magnetische Spannung |
| $F$ | Kraft (bei Elektromagneten) | $R_m$ | magnetischer Widerstand | | |
| $H$ | magnetische Feldstärke | $V$ | Volumen | $\mu$ | Permeabilität |
| $I$ | Stromstärke | $W$ | Energie | $\mu_0$ | magnetische Feldkonstante |
| $L$ | Induktivität | $w$ | Energiedichte | $\mu_r$ | Permeabilitätszahl |

**M**

## Elektrische Feldstärke E im Haushalt und in elektrischen Anlagen

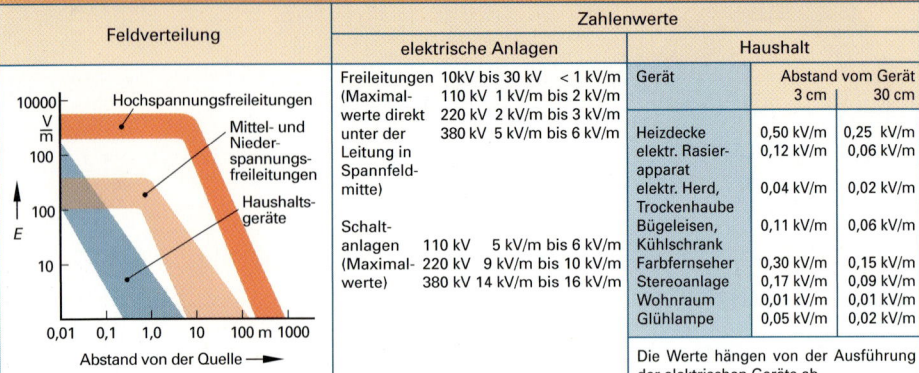

| Feldverteilung | Zahlenwerte | | |
|---|---|---|---|
| | elektrische Anlagen | Haushalt | |

| elektrische Anlagen | | Haushalt | Abstand vom Gerät | |
|---|---|---|---|---|
| | | Gerät | 3 cm | 30 cm |
| Freileitungen | 10kV bis 30 kV < 1 kV/m | | | |
| (Maximal- | 110 kV 1 kV/m bis 2 kV/m | | | |
| werte direkt | 220 kV 2 kV/m bis 3 kV/m | Heizdecke | 0,50 kV/m | 0,25 kV/m |
| unter der | 380 kV 5 kV/m bis 6 kV/m | elektr. Rasier- | 0,12 kV/m | 0,06 kV/m |
| Leitung in | | apparat | | |
| Spannfeld- | | elektr. Herd, | 0,04 kV/m | 0,02 kV/m |
| mitte) | | Trockenhaube | | |
| | | Bügeleisen, | 0,11 kV/m | 0,06 kV/m |
| Schalt- | | Kühlschrank | | |
| anlagen | 110 kV 5 kV/m bis 6 kV/m | Farbfernseher | 0,30 kV/m | 0,15 kV/m |
| (Maximal- | 220 kV 9 kV/m bis 10 kV/m | Stereoanlage | 0,17 kV/m | 0,09 kV/m |
| werte) | 380 kV 14 kV/m bis 16 kV/m | Wohnraum | 0,01 kV/m | 0,01 kV/m |
| | | Glühlampe | 0,05 kV/m | 0,02 kV/m |

Die Werte hängen von der Ausführung der elektrischen Geräte ab.

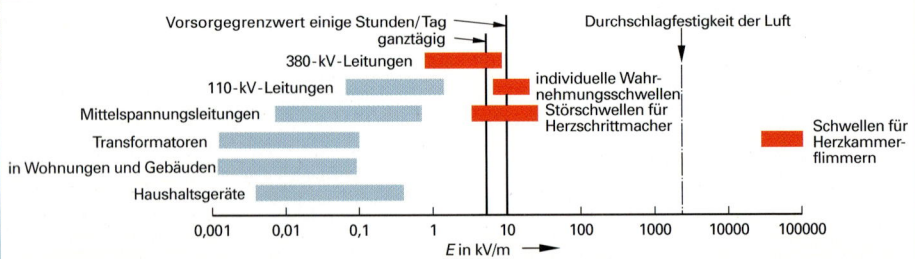

## Magnetische Flussdichte B im Haushalt und in elektrischen Anlagen

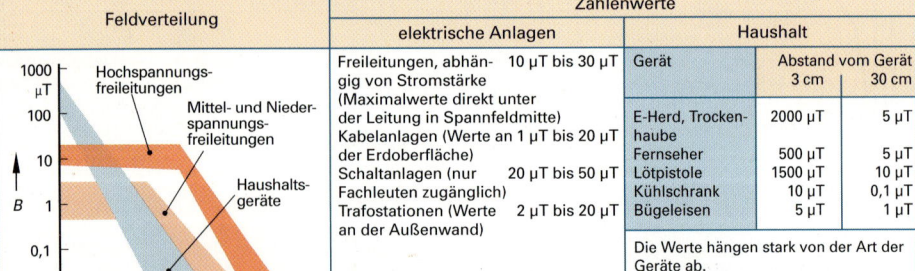

| Feldverteilung | Zahlenwerte | | |
|---|---|---|---|
| | elektrische Anlagen | Haushalt | |

| elektrische Anlagen | | Haushalt | Abstand vom Gerät | |
|---|---|---|---|---|
| | | Gerät | 3 cm | 30 cm |
| Freileitungen, abhän- | 10 µT bis 30 µT | | | |
| gig von Stromstärke | | | | |
| (Maximalwerte direkt unter | | E-Herd, Trocken- | 2000 µT | 5 µT |
| der Leitung in Spannfeldmitte) | | haube | | |
| Kabelanlagen (Werte an | 1 µT bis 20 µT | Fernseher | 500 µT | 5 µT |
| der Erdoberfläche) | | Lötpistole | 1500 µT | 10 µT |
| Schaltanlagen (nur | 20 µT bis 50 µT | Kühlschrank | 10 µT | 0,1 µT |
| Fachleuten zugänglich) | | Bügeleisen | 5 µT | 1 µT |
| Trafostationen (Werte | 2 µT bis 20 µT | | | |
| an der Außenwand) | | | | |

Die Werte hängen stark von der Art der Geräte ab.

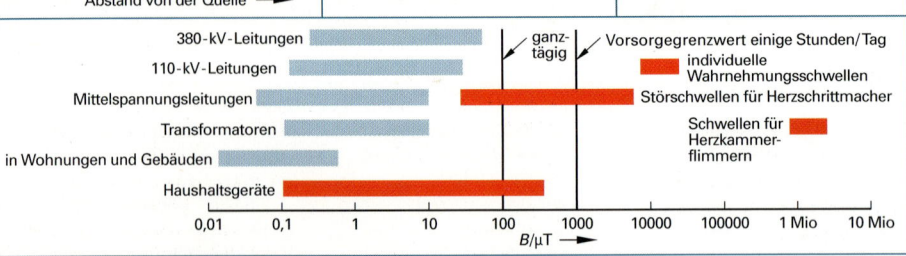

Vorsorgegrenzwert nach WHO = Weltgesundheitsorganisation sowie nach IRPA
IRPA (ICNIRP) = internationale Kommission für den Schutz vor nichtionisierender Strahlung

## Strom im Magnetfeld

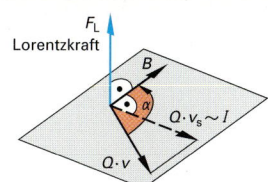

$F_L$ Lorentzkraft

**Richtung der Lorentzkraft**

Bewegte elektrische Ladungen werden in einem Magnetfeld abgelenkt (Lorentzkraft). Die Richtung der Kraft auf die Ladungen ist senkrecht zur Stromrichtung und senkrecht zur Richtung des Magnetfeldes.

$$[F_L] = As \cdot \frac{m}{s} \cdot \frac{Vs}{m^2} = \frac{Ws}{m} = N$$

$$F_L = Q \cdot v \cdot B \cdot \sin\alpha$$

$$F_L = Q \cdot v_s \cdot B$$

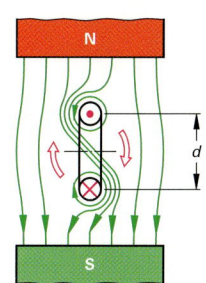

**Entstehung des Kraftmoments**

$$F = Q \cdot v \cdot B = I \cdot t \cdot \frac{l}{t} \cdot B$$

$$[F] = \frac{Vs}{m^2} \cdot A \cdot m = \frac{Ws}{m} = N$$

$$[M] = N \cdot m = Nm$$

Allgemein:

$$F = B \cdot I \cdot l \cdot z \cdot \sin\alpha$$

Für $\alpha = 90°$:

$$F = B \cdot I \cdot l \cdot z$$

$$M = F \cdot d$$

## Induktion

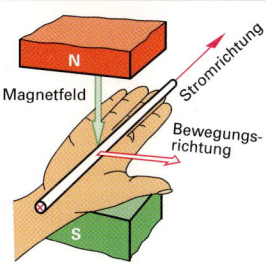

Magnetfeld

Stromrichtung

Bewegungsrichtung

**Rechte-Hand-Regel**

$$[u_i] = \frac{Vs}{m^2} \cdot m \cdot \frac{m}{s} = V$$

Bei im Magnetfeld rotierender Rechteck-Spule:

$$\hat{u}_i = 2 \cdot N \cdot B \cdot l \cdot v_s$$

Induktion der Bewegung:

$$u_i = z \cdot B \cdot l \cdot v \cdot \sin\alpha$$

$$u_i = z \cdot B \cdot l \cdot v_s$$

Induktion durch Flussänderung:

$$u_i = -N \cdot \frac{\Delta\Phi}{\Delta t}$$

$$[u_i] = \frac{Vs}{s} = V$$

Induktion durch Stromänderung:

$$u_i = -L \cdot \frac{\Delta i}{\Delta t}$$

$$[u_i] = H \cdot \frac{A}{s} = \frac{Vs}{A} \cdot \frac{A}{s} = V$$

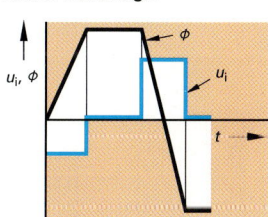

**Verlauf von $u_i$ und $\Phi$ in Abhängigkeit von $t$**

$u_i, \Phi$

$\Phi$

$u_i$

$t$

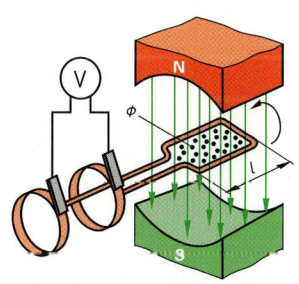

**Rechteck-Spule im Magnetfeld**

| | | |
|---|---|---|
| $B$ | magnetische Flussdichte | |
| $d$ | Durchmesser der Spule | |
| $F$ | Ablenkkraft einer Spulenseite | |
| $F_L$ | Lorentzkraft | |
| $I$ | Stromstärke | |
| $\Delta i$ | Stromänderung | |
| $L$ | Induktivität | |
| $l$ | wirksame Länge eines Leiters im Magnetfeld | |
| $M$ | Kraftmoment | |
| $N$ | Windungszahl | |
| $Q$ | Ladung | |
| $u_i$ | induzierte Spannung | |
| $v$ | Geschwindigkeit | |
| $v_s$ | Geschwindigkeit senkrecht zum Magnetfeld | |
| $\Delta t$ | Zeitunterschied | |
| $z$ | Anzahl der Leiter | |
| $\alpha$ | Winkel zwischen $v$ bzw. Leiter und Magnetfeld | |
| $\Delta\Phi$ | magnetische Flussänderung | |

## Grundschaltungen

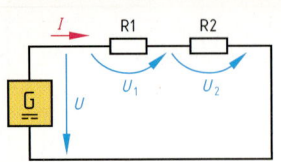

**Reihenschaltung von Widerständen**

In der Reihenschaltung ist an jeder Stelle des Stromkreises die Stromstärke gleich.

$$I = \text{konstant}$$

$$\frac{U_1}{U_2} = \frac{R_1}{R_2}$$

$$U = U_1 + U_2 + \dots$$

$$R = R_1 + R_2 + \dots$$

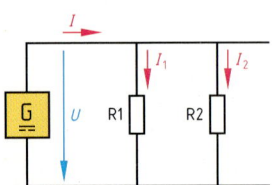

**Parallelschaltung von Widerständen**

An parallel geschalteten Verbrauchern liegt dieselbe Spannung.

$$U = \text{konstant}$$

Bei zwei Widerständen:

$$R = \frac{R_1 \cdot R_2}{R_1 + R_2}$$

$$R_1 = \frac{R_2 \cdot R}{R_2 - R}$$

$$R_2 = \frac{R_1 \cdot R}{R_1 - R}$$

$$I = I_1 + I_2 + \dots$$

$$G = G_1 + G_2 + \dots$$

$$\frac{1}{R} = \frac{1}{R_1} + \frac{1}{R_2} + \dots$$

$$\frac{I_1}{I_2} = \frac{R_2}{R_1}$$

Bei $n$ gleichen Widerständen:

$$R = \frac{R_1}{n}$$

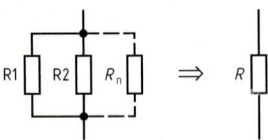

**Parallelschaltung mehrerer gleicher Widerstände**

$[I] = A; \quad [U] = V$

$[G] = S; \quad [R] = \Omega$

## Gemischte Schaltungen

1. Beispiel:

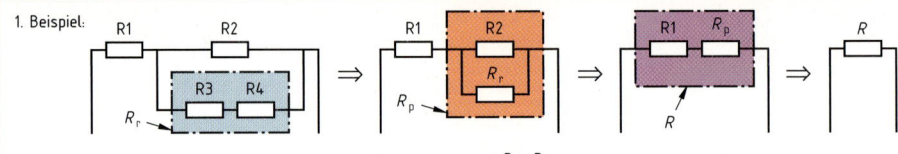

Berechnungsgang $\quad R_r = R_3 + R_4 \quad \Rightarrow \quad R_p = R_2 \parallel R_r = \dfrac{R_2 \cdot R_r}{R_2 + R_r} \quad \Rightarrow \quad R = R_p + R_1$

2. Beispiel:

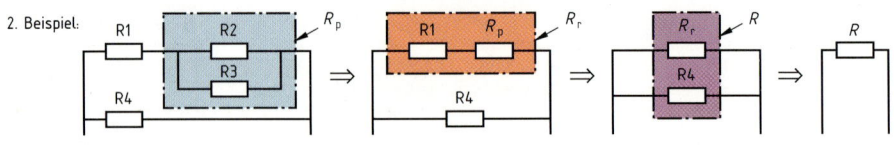

Berechnungsgang $\quad R_p = R_2 \parallel R_3 = \dfrac{R_2 \cdot R_3}{R_2 + R_3} \quad \Rightarrow \quad R_r = R_1 + R_p \quad \Rightarrow \quad R = R_r \parallel R_4 = \dfrac{R_r \cdot R_4}{R_r + R_4}$

| | | | | | |
|---|---|---|---|---|---|
| $G$ | Ersatzleitwert | $R$ | Ersatzwiderstand | $U$ | Gesamtspannung |
| $G_1, G_2$ | Einzelleitwerte | $R_1$ bis $R_4$ | Einzelwiderstände | $U_1, U_2$ | Teilspannungen |
| $I$ | Gesamtstrom | $R_p$ | Ersatzwiderstand der Parallelschaltung | $\parallel$ | Zeichen für parallel |
| $I_1, I_2$ | Teilströme | $R_r$ | Ersatzwiderstand der Reihenschaltung | | |
| $n$ | 1, 2, 3, … | | | | |

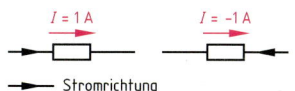

**Strombezugspfeile**

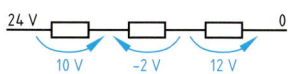

**Spannungsbezugspfeile**

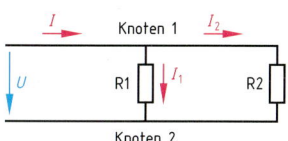

**Knoten**

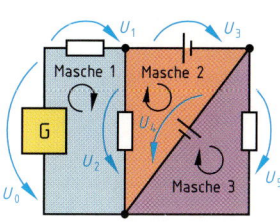

**Maschen**

Haben Stromrichtung und Bezugspfeil dieselbe Richtung, so spricht man von positiver Stromstärke.

Eine positive Spannungsangabe bedeutet, dass die Richtung der Spannung (+ nach −) gleich der Bezugspfeilrichtung ist.

**Knotenregel**
**(1. kirchhoffsche Regel):**
Die Summe der auf einen Knoten zufließenden Ströme ist gleich der Summe der von ihm abfließenden Ströme.

**Maschenregel**
**(2. kirchhoffsche Regel):**
Bei einem elektrischen Netzwerk ist die Summe der Spannungen in einer Masche gleich null, wenn man von einem Knoten aus auf beliebigem Weg die Masche durchläuft.

In Schaltung Bild „Maschen":
Masche 1: $U_1 + U_2 - U_0 = 0$
Masche 2: $U_3 + U_5 - U_2 = 0$
Masche 3: $U_4 - U_5 \quad = 0$

$$I_1 + I_2 + \ldots = 0$$

$$\Sigma I_i = 0$$

$$i = 1, 2, 3, \ldots$$

$$\Sigma I_{zu} = \Sigma I_{ab}$$

$$U_1 + U_2 + \ldots = 0$$

$$\Sigma U_i = 0$$

$$i = 1, 2, 3, \ldots$$

**Unbelasteter Spannungsteiler:**

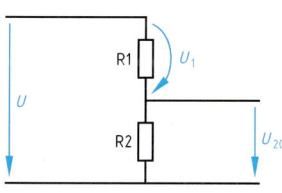

**Unbelasteter Spannungsteiler**

$$U = U_1 + U_{20}$$

$$U_{20} = \frac{R_2}{R_1 + R_2} \cdot U$$

$$\frac{U_{20}}{U_1} = \frac{R_2}{R_1}$$

$$R_1 = R_2 \cdot \left( \frac{U}{U_{20}} - 1 \right)$$

**Belasteter Spannungsteiler:**

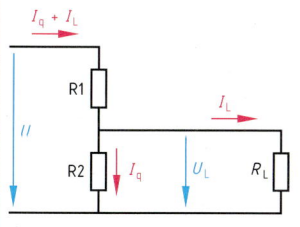

**Belasteter Spannungsteiler**

$$q = \frac{I_q}{I_L} = \frac{R_L}{R_2}$$

$$U_L = \frac{U}{\dfrac{R_1 \cdot (R_L + R_2)}{R_L \cdot R_2} + 1}$$

$$q = \frac{I_q}{I_L} = \frac{U_L (U - U_{20})}{U (U_{20} - U_L)}$$

$$R_2 = R_L \cdot \frac{U}{U_L} \cdot \left( \frac{U_{20} - U_L}{U - U_{20}} \right)$$

$U_L$ ändert sich bei Lastschwankungen wenig, wenn $q$ groß ist, z. B. $q \geq 5$, meist $q \approx 5$.

| | | | | |
|---|---|---|---|---|
| $I$ | Stromstärke | $I_{zu}$ | zufließender Strom | $U$ | Gesamtspannung |
| $I_1, I_2$ | Einzelströme | $i$ | Zählindex | $U_1, U_2$ | Einzelspannungen, Teilspannungen |
| $I_{ab}$ | abfließender Strom | $q$ | Querstromverhältnis | $U_L$ | Lastspannung |
| $I_L$ | Laststrom | $R_1, R_2$ | Teilwiderstände | $U_{20}$ | Teilspannung im Leerlauf |
| $I_q$ | Querstrom | $R_L$ | Lastwiderstand | $\Sigma$ | Zeichen für Summe |

# Potenziometer  Potentiometer

| Bauteil, Schaltung | Erklärung, Funktion | Bemerkung, Anwendung |
|---|---|---|

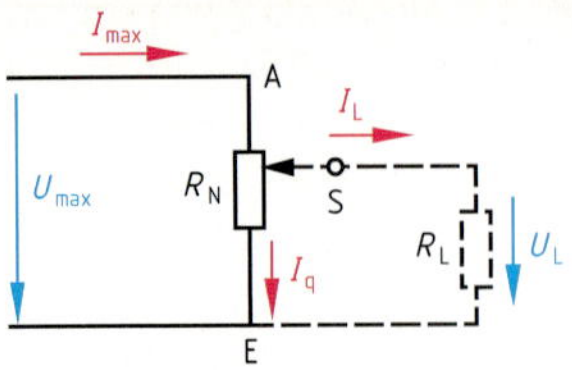

**Prinzipschaltung**

Kenngrößen
Bemessungsleistung $P_N$,
Bemessungswiderstand $R_N$

$$U_{max} = \sqrt{P_N \cdot R_N}$$

$$I_{max} = \sqrt{\frac{P_N}{R_N}}$$

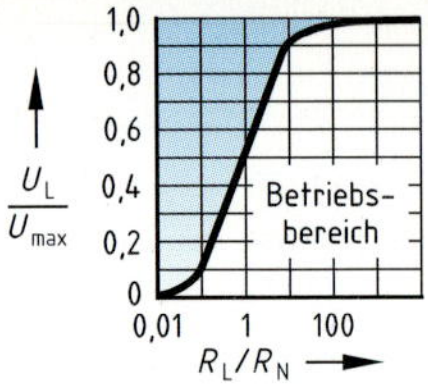

**$U_L$ ($R_L$)-Kennlinie**

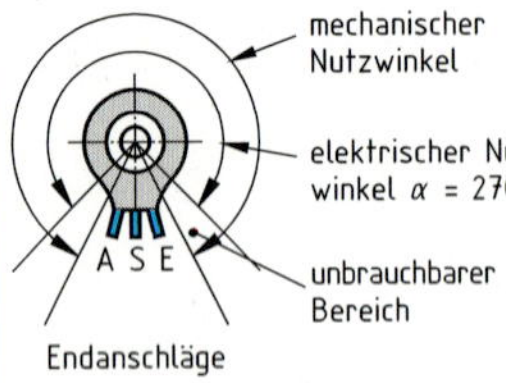

---

**Nutzwinkel, Endanschläge**

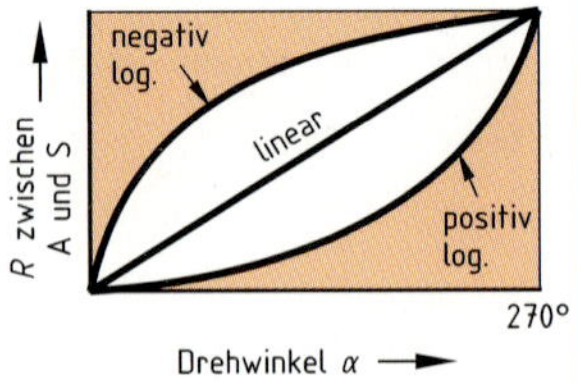

**Widerstandskennlinien (Auswahl)**

Anschlussstellen:

A  Anfangskontakt
S  Schleiferkontakt
E  Endkontakt

Ein evtl. vorhandener 4. Anschluss dient als Masseanschluss.

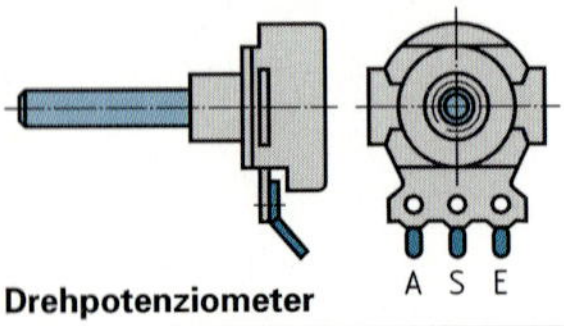

---

**Drehpotenziometer**

Stufenlose Veränderbarkeit des Widerstandswertes durch kreisförmige Bewegung des Schleifkontaktes.

Für hohe Belastung auch als Drahtwiderstände ausgeführt.

Lautstärkeeinstellung, Vorschubregelung an Werkzeugmaschinen.

Drehwinkelmessung (Gelenkwinkel) bei Industrierobotern.

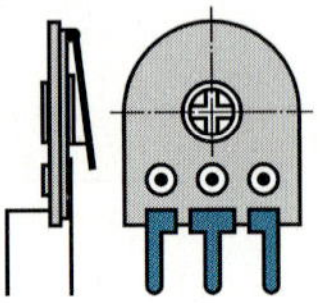

---

**Trimmer**

Drehwiderstände, die mit dem Schraubendreher eingestellt werden.

Nicht zur häufigen Verstellung als Drehpotenziometer geeignet.

Parametereinstellungen in Anwenderschaltungen.

Einstellung von Arbeitspunkten bei Transistoren.

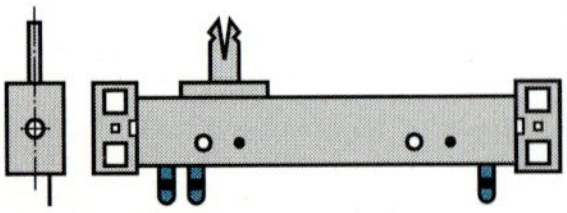

---

**Schiebepotenziometer**

Stufenlose Veränderbarkeit des Widerstandswertes durch geradlinige Bewegung des Schleifkontaktes auf einer Kohleschicht oder leitender Kunststoffbahn.

Sensorsignalerzeugung durch Widerstandsänderung.

Studiomischpulte,
High-end-Audiogeräte.

Wegmessung an Maschinentischen.

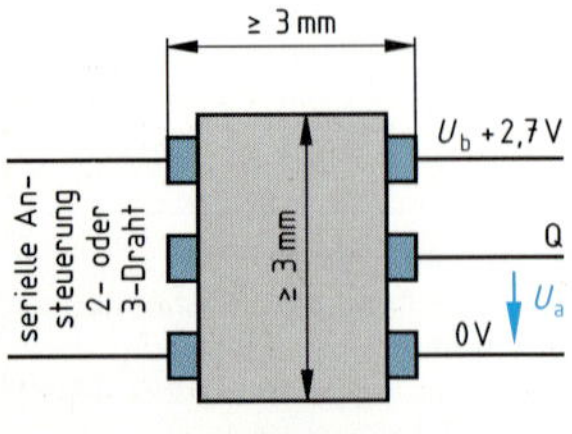

---

**Digitales Potenziometer**

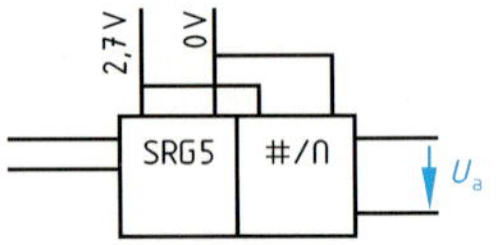

Digitale Potenziometer sind ICs, welche die Funktionen Schieberegister SRG und Digital-Analog-Converter DAC enthalten. Das SRG wird bei der seriellen Programmierung gesetzt und steuert den DAC an. Je nach Programmierung des SRG wird die Betriebsspannung auf den programmierten Analogwert geteilt.

Auflösungen
(Zahl der Schleiferpositionen):

Bei 5-Bit-Baugruppen $2^5$ = 32
bei 7-Bit-Baugruppen $2^7$ = 128
bei 9-Bit-Baugruppen $2^9$ = 512

Widerstandswerte (Ende-zu-Ende):
1 kΩ, 10 kΩ, 50 kΩ, 100 kΩ.

Bemessungsspannungen:
je nach Typ $U_b$ = 2,7 V bis 28 V.

Leerlaufstrom:
je nach Typ 5 µA bis 100 µA.

Anwendung: Spannungsteiler für Steuerungen, z.B. Drehzahlsteuerung, Lautstärkesteuerung.

# Ersatzspannungsquelle, Ersatzstromquelle, Anpassung
## Equivalent voltage source, equivalent current source, adaption

**M**

## Ersatzspannungsquelle

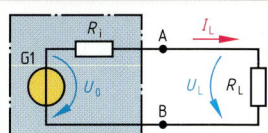

**Allgemeine Ersatzschaltung**

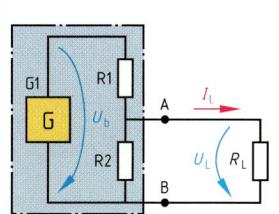

**Spannungsteiler**

**Spannungsteiler**

Bestimmung von $U_{20}$:

$R_L$ von den Anschlüssen A und B abtrennen, $U_{20}$ berechnen.

Bestimmung von $R_i$:

Spannungsquelle überbrücken ⇒ R1 liegt parallel zu R2, $R_1 \parallel R_2$ berechnen.

$$U_L = U_0 - I_L \cdot R_i$$

$$I_L = \frac{U_0}{R_i + R_L}$$

Beim Spannungsteiler:

$$U_{20} = \frac{R_2}{R_1 + R_2} \cdot U_b$$

$$R_i = \frac{R_1 \cdot R_2}{R_1 + R_2}$$

Bei der Brückenschaltung:

$$U_{01} = \frac{R_3}{R_1 + R_3} \cdot U_b$$

$$U_{02} = \frac{R_4}{R_2 + R_4} \cdot U_b$$

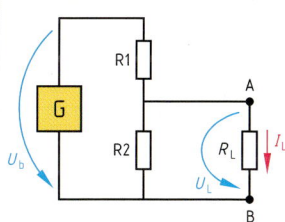

**Brückenschaltung**

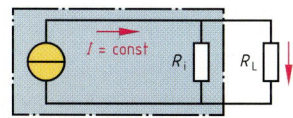

**Ersatzschaltung der Brückenschaltung**

$$U_0 = U_{01} - U_{02}$$

$$R_{i1} = R_1 \parallel R_3; \qquad R_{i2} = R_2 \parallel R_4$$

$$R_i = R_{i1} + R_{i2}$$

## Ersatzstromquelle

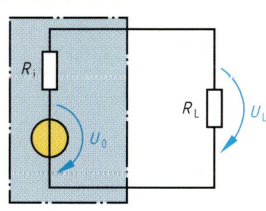

Bestimmung von $I$:

$R_L$ überbrücken, $I$ in der Überbrückung berechnen.

Bestimmung von $R_i$:

Wie bei der Ersatzspannungsquelle.

$I = \text{const}$

Beim Spannungsteiler: $\begin{cases} R_i = R_1 \parallel R_2 \\ I = \dfrac{U_b}{R_1} \end{cases}$

$$I_L = I \cdot \frac{R_i}{R_i + R_L}$$

$$U_L = I_L \cdot R_L$$

## Anpassung

Bei Stromanpassung:

$$R_L \ll R_i$$

Bei Spannungsanpassung:

$$R_L \gg R_i$$

Bei Leistungsanpassung:

$$R_L = R_i$$

$$P_{max} = \frac{U_0^2}{4\,R_i}$$

| | | | | |
|---|---|---|---|---|
| $I$ | Ersatzstromstärke | $R_3, R_4$ | Spannungsteilerwiderstände | $U_0$ | Leerlaufspannung |
| $I_L$ | Laststromstärke | $R_i$ | Ersatzinnenwiderstand | $U_{20}, U_{01}, U_{02}$ | Leerlaufspannungen |
| $P_{max}$ | größte Leistung | $R_L$ | Lastwiderstand | $U_L$ | Spannung am Lastwiderstand |
| $R_1, R_2$ | Spannungsteilerwiderstände | $U_b$ | Betriebsspannung | $\parallel$ | Zeichen für parallel |

# Grundschaltungen von Induktivitäten und Kapazitäten
## Elementary connections of inductances and capacitances

**M**

## Reihenschaltung

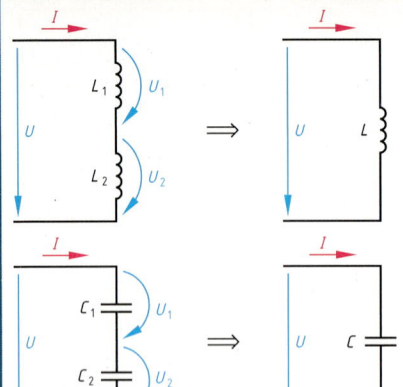

**Reihenschaltungen**

$$I = \text{konstant}$$

$$U = U_1 + U_2 + \dots$$

Bei Wechselspannung:

$$\frac{U_1}{U_2} = \frac{L_1}{L_2}$$

Bei Spulen ohne magnetische Kopplung:

$$L = L_1 + L_2 + \dots$$

$$Q = Q_1 = Q_2$$

$$\frac{Q}{C} = \frac{Q}{C_1} + \frac{Q}{C_2}$$

$$\frac{U_1}{U_2} = \frac{C_2}{C_1}$$

$$\frac{1}{C} = \frac{1}{C_1} + \frac{1}{C_2} + \dots$$

Bei $n$ gleichen Kondensatoren:

$$C = \frac{C_1}{n}$$

Bei zwei Kondensatoren:

$$C = \frac{C_1 \cdot C_2}{C_1 + C_2}$$

## Parallelschaltung

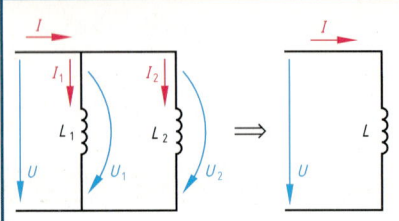

**Parallelschaltungen**

$$U = \text{konstant}$$

$$I = I_1 + I_2 + \dots$$

Bei Wechselstrom:

$$\frac{I_1}{I_2} = \frac{L_2}{L_1}$$

Bei Spulen ohne magnetische Kopplung:

$$\frac{1}{L} = \frac{1}{L_1} + \frac{1}{L_2} + \dots$$

Bei $n$ gleichen Spulen:

$$L = \frac{L_1}{n}$$

Bei zwei Spulen:

$$L = \frac{L_1 \cdot L_2}{L_1 + L_2}$$

$$Q = Q_1 + Q_2$$

$$U \cdot C = U \cdot C_1 + U \cdot C_2$$

$$\frac{I_1}{I_2} = \frac{C_1}{C_2}$$

$$C = C_1 + C_2 + \dots$$

## Gemischte Schaltungen

$L_1 \quad L_2$
$L_3$
$\Rightarrow$
$L_1 + L_2$
$L_3$
$\Rightarrow$
$1/(L_1 + L_2) + 1/L_3$

$C_1$
$C_2$
$C_3$
$\Rightarrow$
$C_1 + C_2 \quad C_3$
$\Rightarrow$
$1/(C_1 + C_2) + 1/C_3$

| | | | | | |
|---|---|---|---|---|---|
| $C$ | Ersatzkapazität | $L$ | Ersatzinduktivität | $Q_1, Q_2$ | Einzelladungen |
| $C_1, C_2$ | Einzelkapazitäten | $L_1, L_2$ | Einzelinduktivitäten | $U$ | Gesamtspannung |
| $I$ | Gesamtstromstärke | $n$ | ganzzahliger Faktor | $U_1, U_2$ | Teilspannungen |
| $I_1, I_2$ | Einzelstromstärken | $Q$ | Gesamtladung | | |

| Schaltung | Spannungsverlauf | Stromverlauf |
|---|---|---|

## Ladevorgang und Entladevorgang beim Kondensator an DC

**beim Laden**

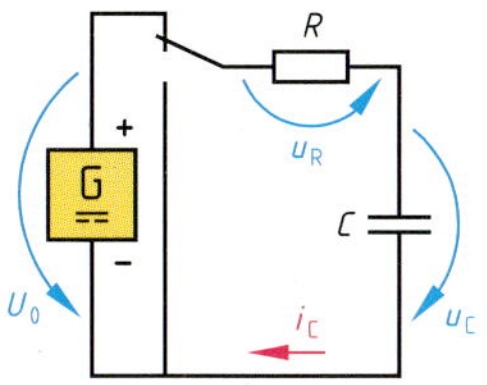

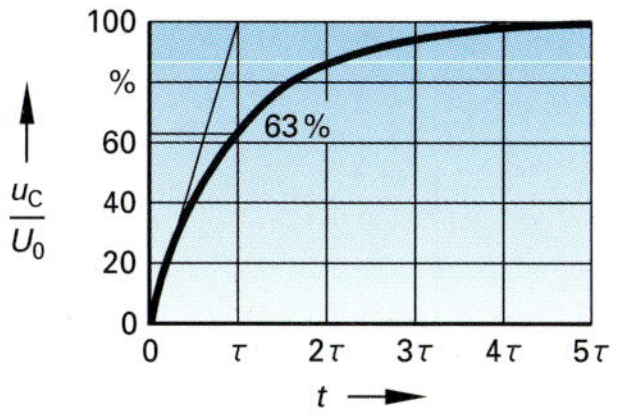

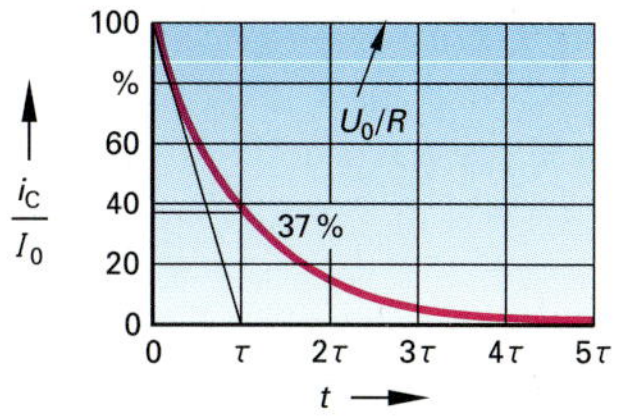

**beim Entladen**

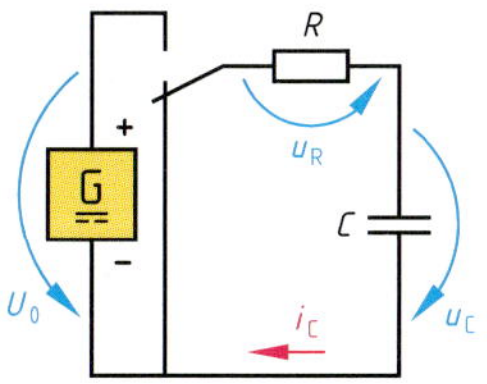

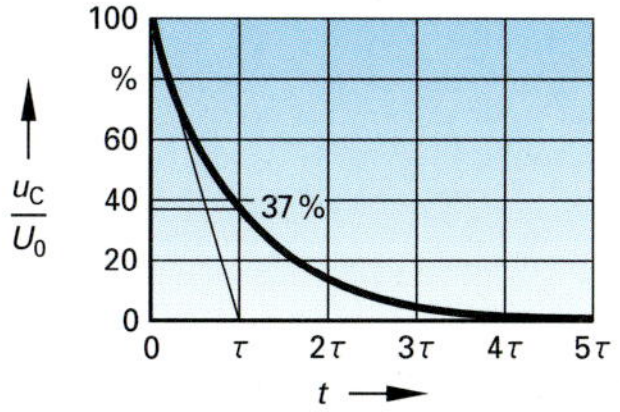

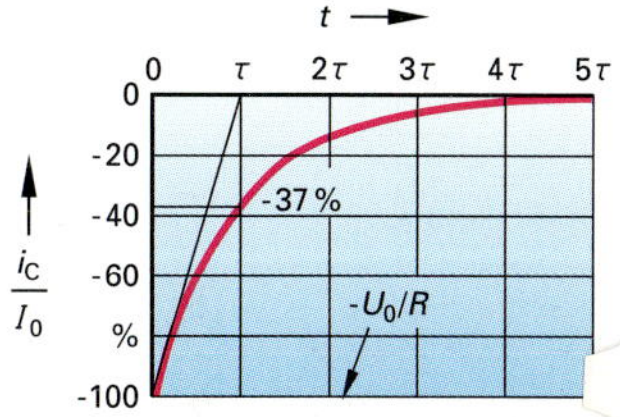

**Zeitkonstante**

$$\tau = R \cdot C$$

$$[\tau] = \Omega \cdot F = \Omega \cdot \frac{As}{V} = s$$

Laden:
$$u_C = U_0[1 - \exp(-t/\tau)]$$

Entladen:
$$u_C = U_0 \cdot \exp(-t/\tau)$$

Laden:
$$i_C = \frac{U_0}{R} \cdot \exp(-t/\tau)$$

Entladen:
$$i_C = -\frac{U_0}{R} \cdot \exp(-t/\tau)$$

$$\exp(x) = e^x \text{ mit } e = 2{,}71828 \ldots$$

## Einschaltvorgang und Ausschaltvorgang bei der Spule an DC

**beim Einschalten**

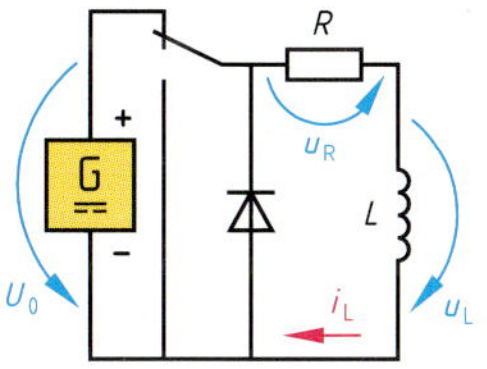

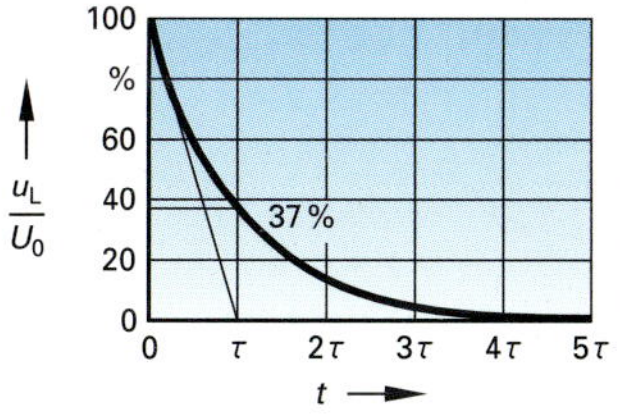

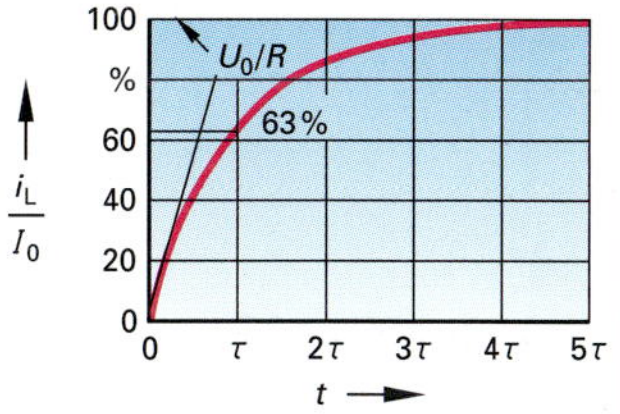

**beim Ausschalten**

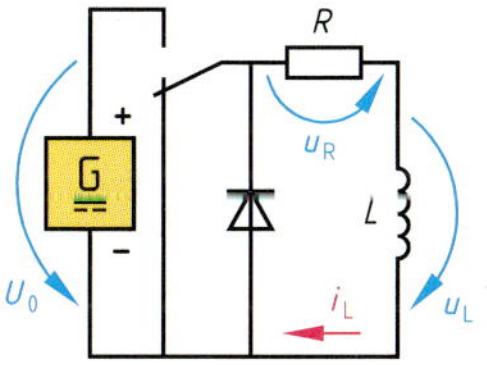

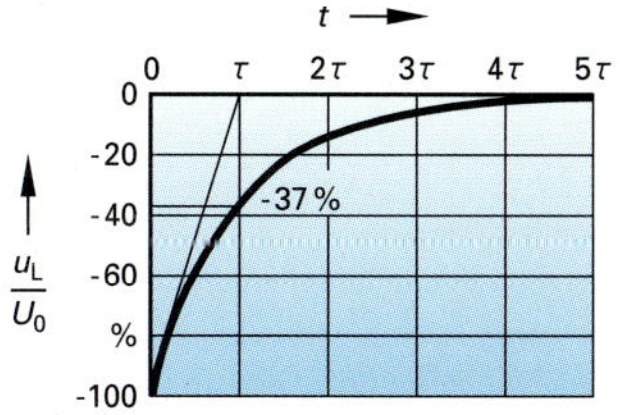

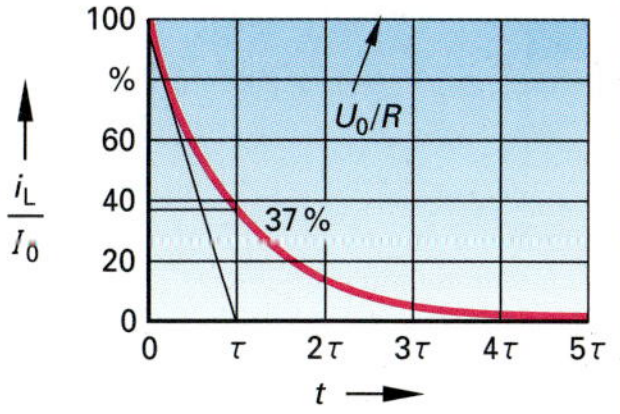

**Zeitkonstante**

$$\tau = \frac{L}{R}$$

$$[\tau] = \frac{H}{\Omega} = \frac{Vs}{A\Omega} = s$$

Einschalten:
$$u_L = U_0 \cdot \exp(-t/\tau)$$

Kurzschließen:
$$u_L = -U_0 \cdot \exp(-t/\tau)$$

Einschalten:
$$i_L = \frac{U_0}{R} \cdot [1 - \exp(-t/\tau)]$$

Kurzschließen:
$$i_L = \frac{U_0}{R} \cdot \exp(-t/\tau)$$

$$\exp(x) = e^x \text{ mit } e = 2{,}71828 \ldots$$

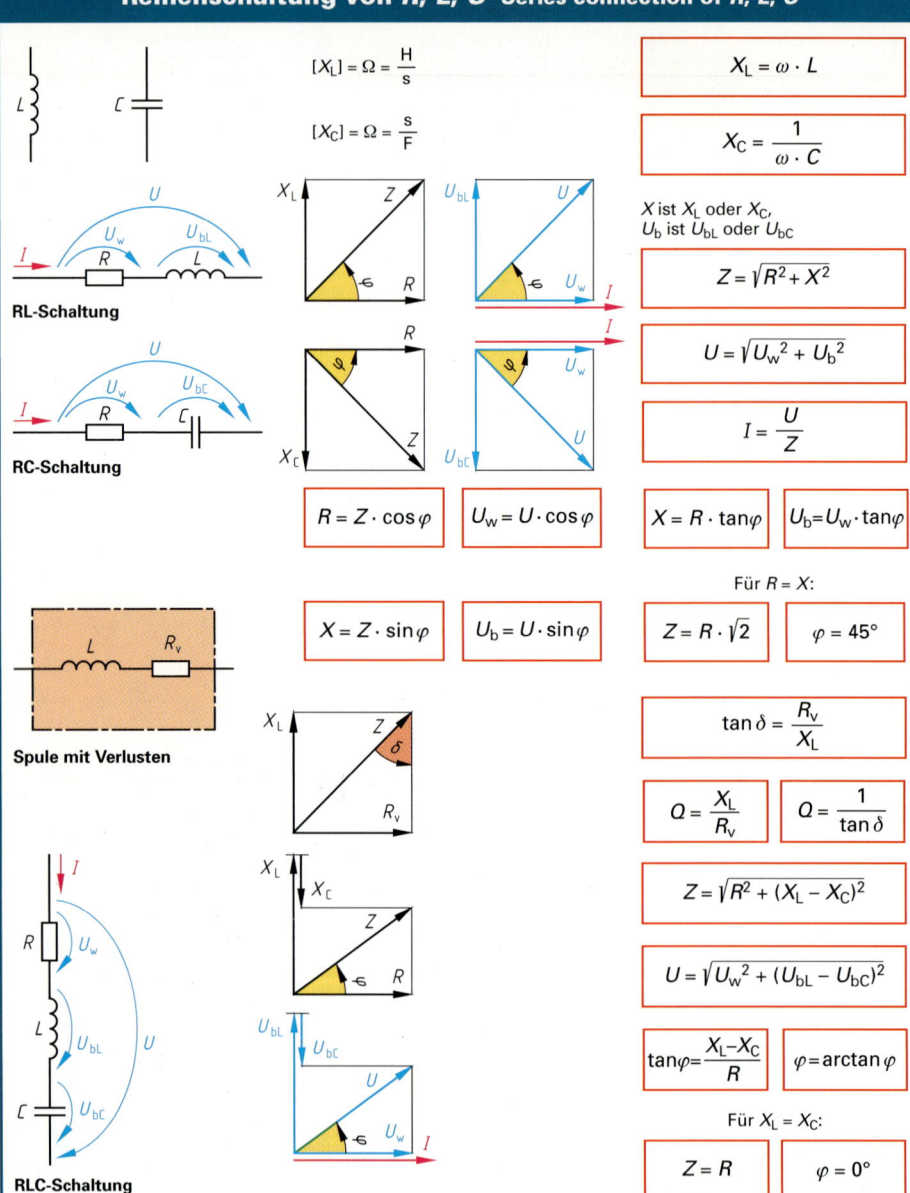

$$[X_L] = \Omega = \frac{H}{s}$$

$$[X_C] = \Omega = \frac{s}{F}$$

$$X_L = \omega \cdot L$$

$$X_C = \frac{1}{\omega \cdot C}$$

**RL-Schaltung**

**RC-Schaltung**

$X$ ist $X_L$ oder $X_C$,
$U_b$ ist $U_{bL}$ oder $U_{bC}$

$$Z = \sqrt{R^2 + X^2}$$

$$U = \sqrt{U_w{}^2 + U_b{}^2}$$

$$I = \frac{U}{Z}$$

$$R = Z \cdot \cos\varphi$$

$$U_w = U \cdot \cos\varphi$$

$$X = R \cdot \tan\varphi$$

$$U_b = U_w \cdot \tan\varphi$$

Für $R = X$:

$$X = Z \cdot \sin\varphi$$

$$U_b = U \cdot \sin\varphi$$

$$Z = R \cdot \sqrt{2}$$

$$\varphi = 45°$$

**Spule mit Verlusten**

$$\tan\delta = \frac{R_v}{X_L}$$

$$Q = \frac{X_L}{R_v}$$

$$Q = \frac{1}{\tan\delta}$$

$$Z = \sqrt{R^2 + (X_L - X_C)^2}$$

$$U = \sqrt{U_w{}^2 + (U_{bL} - U_{bC})^2}$$

$$\tan\varphi = \frac{X_L - X_C}{R}$$

$$\varphi = \arctan\varphi$$

Für $X_L = X_C$:

$$Z = R$$

$$\varphi = 0°$$

**RLC-Schaltung**

| | | |
|---|---|---|
| $C$ | Kapazität | |
| $I$ | Gesamtstrom | |
| $L$ | Induktivität der Spule | |
| $Q$ | Gütefaktor | |
| $R$ | Wirkwiderstand | |
| $R_v$ | Verlustwiderstand | |
| $U$ | Gesamtspannung | |
| $U_b$ | induktive oder kapazitive Blindspannung | |

| | |
|---|---|
| $U_{bC}$ | kapazitive Blindspannung |
| $U_{bL}$ | induktive Blindspannung |
| $U_w$ | Wirkspannung |
| $X$ | induktiver oder kapazitiver Blindwiderstand |
| $X_C$ | kapazitiver Blindwiderstand |
| $X_L$ | induktiver Blindwiderstand |
| $Z$ | Scheinwiderstand, Impedanz |

| | |
|---|---|
| $\delta$ | Verlustwinkel |
| $\varphi$ | Phasenverschiebungswinkel |
| $\cos\varphi$ | Leistungsfaktor, Wirkfaktor (bei Sinusform) |
| $\sin\varphi$ | Blindfaktor (bei Sinusform) |
| $\tan\delta$ | Verlustfaktor |
| $\omega$ | Kreisfrequenz |

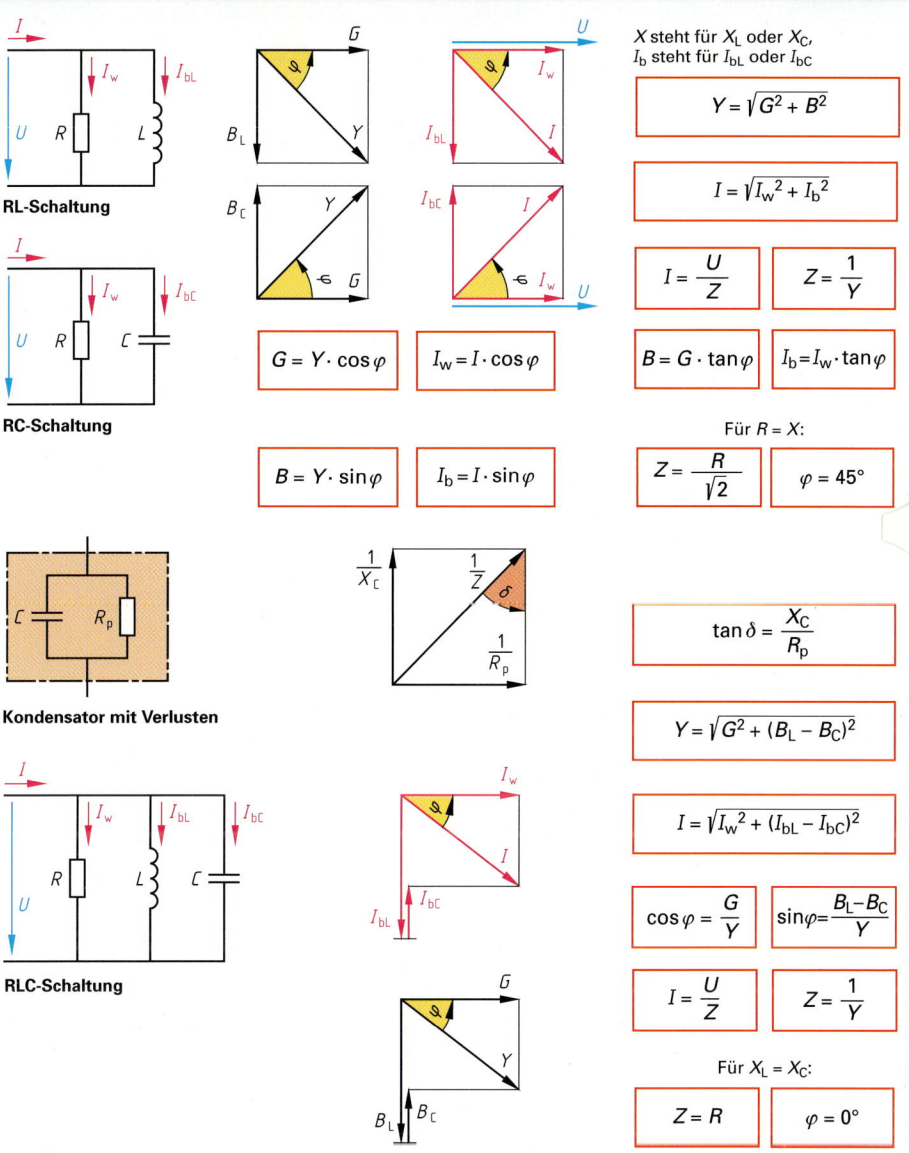

**RL-Schaltung**

**RC-Schaltung**

**Kondensator mit Verlusten**

**RLC-Schaltung**

$X$ steht für $X_L$ oder $X_C$, $I_b$ steht für $I_{bL}$ oder $I_{bC}$

$$Y = \sqrt{G^2 + B^2}$$

$$I = \sqrt{I_w^2 + I_b^2}$$

$$I = \frac{U}{Z} \qquad Z = \frac{1}{Y}$$

$$G = Y \cdot \cos\varphi \qquad I_w = I \cdot \cos\varphi$$

$$B = G \cdot \tan\varphi \qquad I_b = I_w \cdot \tan\varphi$$

Für $R = X$:

$$Z = \frac{R}{\sqrt{2}} \qquad \varphi = 45°$$

$$B = Y \cdot \sin\varphi \qquad I_b = I \cdot \sin\varphi$$

$$\tan\delta = \frac{X_C}{R_p}$$

$$Y = \sqrt{G^2 + (B_L - B_C)^2}$$

$$I = \sqrt{I_w^2 + (I_{bL} - I_{bC})^2}$$

$$\cos\varphi = \frac{G}{Y} \qquad \sin\varphi = \frac{B_L - B_C}{Y}$$

$$I = \frac{U}{Z} \qquad Z = \frac{1}{Y}$$

Für $X_L = X_C$:

$$Z = R \qquad \varphi = 0°$$

| | | |
|---|---|---|
| $B_C$ kapazitiver Blindleitwert | $L$ Induktivität der Spule | $Y$ Scheinleitwert |
| $B_L$ induktiver Blindleitwert | $R$ Wirkwiderstand | $Z$ Scheinwiderstand, Impedanz |
| $C$ Kapazität | $R_p$ Verlustwiderstand | $\delta$ Verlustwinkel |
| $G$ Wirkleitwert | $U$ Gesamtspannung | $\varphi$ Phasenverschiebungswinkel |
| $I$ Gesamtstrom | $X$ induktiver oder kapazitiver | $\cos\varphi$ Leistungsfaktor, Wirkfaktor |
| $I_b$ induktiver oder kapazitiver | Blindwiderstand | (bei Sinusform) |
| Blindstrom | $X_C$ kapazitiver Blindwiderstand | $\sin\varphi$ Blindfaktor (bei Sinusform) |
| $I_{bC}$ kapazitiver Blindstrom | $X_L$ induktiver Blindwiderstand | $\tan\delta$ Verlustfaktor |
| $I_{bL}$ induktiver Blindstrom | | |
| $I_w$ Wirkstrom | | |

# Ersatz-Reihenschaltung und Ersatz-Parallelschaltung
## Equivalent series connection and equivalent parallel connection

**M**

## Prinzip

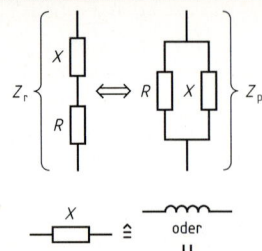

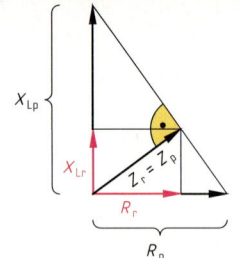

**Gleichwertige (äquivalente) Schaltungen**

Eine Parallelschaltung ist bei der gleichen Frequenz äquivalent einer Reihenschaltung und umgekehrt, wenn folgende Bedingungen erfüllt sind:

1.
$$Z_r = Z_p$$

2.
$$\cos \varphi_r = \cos \varphi_p$$

## Widerstand und Spule

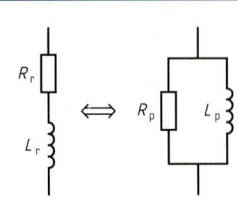

$$Z_p = \frac{R_p \cdot X_{Lp}}{\sqrt{R_p{}^2 + X_{Lp}{}^2}}$$

$$Z_r = \sqrt{R_r{}^2 + X_{Lr}{}^2}$$

$$R_r = \frac{Z_p{}^2}{R_p} \qquad X_{Lr} = \frac{Z_p{}^2}{X_{Lp}}$$

$$R_p = \frac{Z_r{}^2}{R_r} \qquad X_{Lp} = \frac{Z_r{}^2}{X_{Lr}}$$

$$L_r = \frac{Z_p{}^2}{4 \cdot \pi^2 \cdot f^2 \cdot L_p}$$

$$L_p = \frac{Z_r{}^2}{4 \cdot \pi^2 \cdot f^2 \cdot L_r}$$

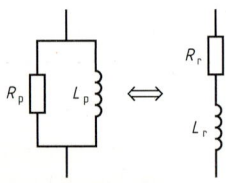

**Beispiel:** $R_r = 100\ \Omega$; $L_r = 0,5\ H$; $f = 50\ Hz$; $R_p = ?\ \Omega$

*Lösung:* $X_{Lr} = 2 \cdot \pi \cdot f \cdot L_r = 2 \cdot \pi \cdot 50\ \frac{1}{s} \cdot 0,5\ \Omega s = 157,1\ \Omega$

$Z_r{}^2 = R_r{}^2 + X_{Lr}{}^2 = (100\ \Omega)^2 + (157,1\ \Omega)^2 = 34\,680\ \Omega^2$

$R_p = \dfrac{Z_r{}^2}{R_r} = \dfrac{34\,680\ \Omega^2}{100\ \Omega} = \mathbf{346,8\ \Omega}$

## Widerstand und Kondensator

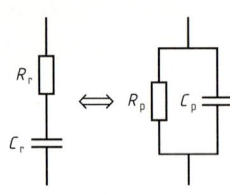

$$Z_p = \frac{R_p \cdot X_{Cp}}{\sqrt{R_p{}^2 + X_{Cp}{}^2}}$$

$$Z_r = \sqrt{R_r{}^2 + X_{Cr}{}^2}$$

$$R_r = \frac{Z_p{}^2}{R_p} \qquad X_{Cr} = \frac{Z_p{}^2}{X_{Cp}}$$

$$R_p = \frac{Z_r{}^2}{R_r} \qquad X_{Cp} = \frac{Z_r{}^2}{X_{Cr}}$$

$$C_r = \frac{1}{4 \cdot \pi^2 \cdot f^2 \cdot C_p \cdot Z_p{}^2}$$

$$C_p = \frac{1}{4 \cdot \pi^2 \cdot f^2 \cdot C_r \cdot Z_r{}^2}$$

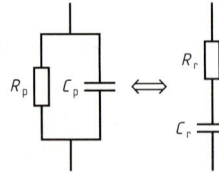

**Beispiel:** $R_p = 200\ \Omega$; $f = 1\ kHz$; $C_p = 0,5\ \mu F \Rightarrow X_{Cp} = 318,3\ \Omega$; $C_r = ?\ \mu F$

*Lösung:* $Z_p{}^2 = \dfrac{R_p{}^2 \cdot X_{Cp}{}^2}{R_p{}^2 + X_{Cp}{}^2} = \dfrac{(200\ \Omega)^2 \cdot (318,3\ \Omega)^2}{(200\ \Omega)^2 + (318,3\ \Omega)^2} = 28\,678\ \Omega^2$

$C_r = \dfrac{1}{4 \cdot \pi^2 \cdot f^2 \cdot C_p \cdot Z_p{}^2} = \dfrac{1}{4 \cdot \pi^2 \cdot 10^6 \cdot 0,5 \cdot 10^{-6} \cdot 28\,678}\ F$

$= \mathbf{1,77\ \mu F}$

| | | |
|---|---|---|
| $C$ Kapazität | $r$ Index für Reihenschaltung | $X_L$ induktiver Blindwiderstand |
| $f$ Frequenz | $R$ Wirkwiderstand | $Z$ Scheinwiderstand |
| $L$ Induktivität | $X$ Blindwiderstand | $\varphi$ Phasenverschiebungswinkel |
| $p$ Index für Parallelschaltung | $X_C$ kapazitiver Blindwiderstand | |

**M**

| Schaltung, Zeigerbild | Übertragungskurven | Formeln |
|---|---|---|

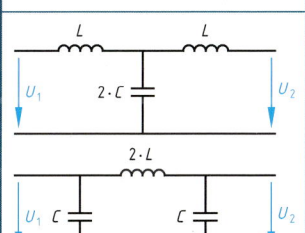

**RC-Tiefpass und RL-Tiefpass**

$$Z = \sqrt{R^2 + X^2}$$

($X$ steht für $X_C$ oder $X_L$)

Grenzfrequenz:

$$f_c = \frac{1}{2\,\pi \cdot R \cdot C}$$

bzw.

$$f_c = \frac{R}{2\,\pi \cdot L}$$

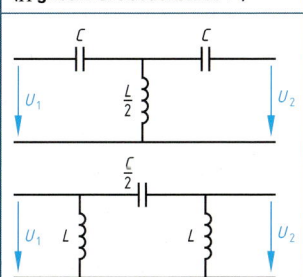

**RC-Hochpass und RL-Hochpass**

Bei $f_c$ ist $X_C = R$ oder $X_L = R$

Tiefpass, Integrierglied:

$$\frac{U_2}{U_1} = \frac{1}{\sqrt{1 + (f/f_c)^2}}$$

Hochpass, Differenzierglied:

$$\frac{U_2}{U_1} = \frac{1}{\sqrt{1 + (f_c/f)^2}}$$

$$\cos\varphi = \frac{U_2}{U_1}$$

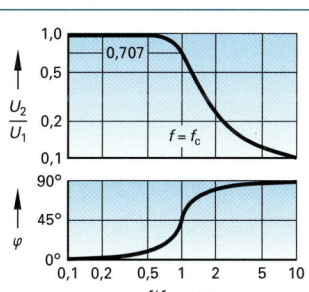

**Tiefpass (T-Glied und Π-Glied)**
**(Π griech. Großbuchstabe Pi)**

Grenzfrequenz:

$$f_c = \frac{1}{2\,\pi \cdot \sqrt{L \cdot C}}$$

$$Z = \sqrt{\frac{L}{C}}$$

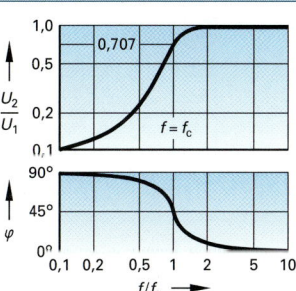

**Hochpass (T-Glied und Π-Glied)**

$$L = \frac{Z}{2\,\pi \cdot f_c}$$

$$C = \frac{1}{2\,\pi \cdot f_c \cdot Z}$$

| | | |
|---|---|---|
| $C$ Kapazität | $R$ Wirkwiderstand | $X_L$ Induktiver Blindwiderstand |
| $f$ Frequenz | $U_1$ Eingangsspannung | $Z$ Scheinwiderstand |
| $f_c$ Grenzfrequenz, Index c von cut off | $U_2$ Ausgangsspannung | $\varphi$ Phasenverschiebungswinkel zwischen $U_1$ und $U_2$ |
| $L$ Induktivität | $X_C$ Kapazitiver Blindwiderstand | |

# Schwingkreise  Oscillating circuits

| Schaltung, Zeigerbild | Frequenzverlauf, Phasenverschiebung | Formeln |
|---|---|---|

**M**

## Reihenschwingkreis

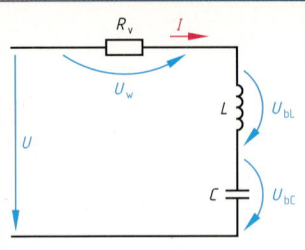

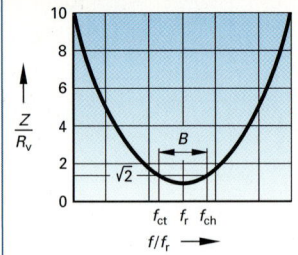

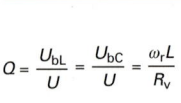

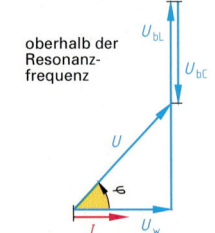

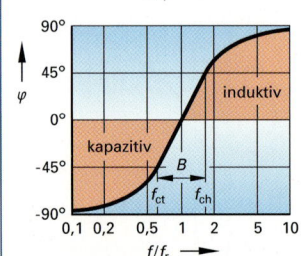

oberhalb der Resonanzfrequenz

Bei Resonanz ist $X_L = X_C$.

$$f_r = \frac{1}{2\,\pi \cdot \sqrt{L \cdot C}}$$

$$Q = \frac{U_{bL}}{U} = \frac{U_{bC}}{U} = \frac{\omega_r L}{R_v}$$

$$Q = \frac{1}{R_v}\sqrt{\frac{L}{C}}$$

$$B = f_{ch} - f_{ct} = \frac{f_r}{Q}$$

## Parallelschwingkreis

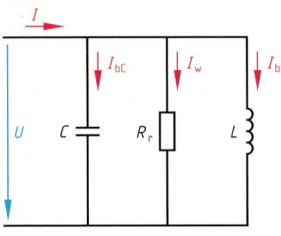

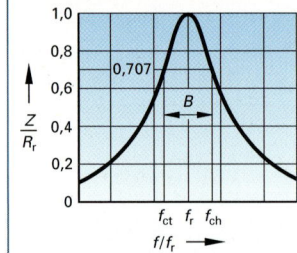

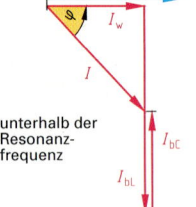

unterhalb der Resonanzfrequenz

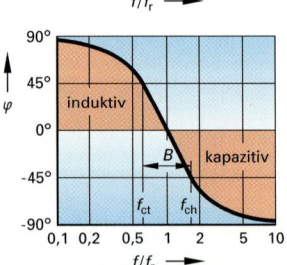

Bei Resonanz ist $X_L = X_C$.

$$f_r = \frac{1}{2\,\pi \cdot \sqrt{L \cdot C}}$$

$$Q = \frac{I_{bL}}{I} = \frac{I_{bC}}{I} = \frac{R_r}{\omega_r L}$$

$$Q = R_r\sqrt{\frac{C}{L}}$$

$$B = f_{ch} - f_{ct} = \frac{f_r}{Q}$$

$$R_r = \frac{(\omega L)^2}{R_v} + R_v$$

| | | |
|---|---|---|
| $B$ Bandbreite | $I_{bC}$ Kondensatorstrom | $U_w$ Widerstandsspannung |
| $C$ Kapazität | $I_{bL}$ Spulenstrom | $U_{bC}$ Kondensatorspannung |
| $f$ Frequenz | $L$ Induktivität | $U_{bL}$ Spulenspannung |
| $f_r$ Resonanzfrequenz | $Q$ Schwingkreisgüte | $X_C$ Kondensatorblindwiderstand |
| $f_{ch}$ obere (höhere) Grenzfrequenz | $R_v$ Spulenverlustwiderstand | $X_L$ Spulenblindwiderstand |
| $f_{ct}$ untere (tiefere) Grenzfrequenz | $R_r$ Resonanzwiderstand | $Z$ Scheinwiderstand |
| $I$ Gesamtstrom | $U$ Gesamtspannung | $\omega_r$ Resonanzkreisfrequenz |
| $I_w$ Widerstandsstrom | | $\varphi$ Phasenverschiebung |

# Dreiphasenwechselstrom (Drehstrom) Three-phase current

**M**

## Ströme, Spannungen, Leistungen

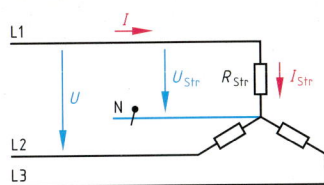

**Sternschaltung (Y-Schaltung)**

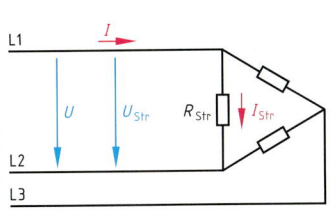

**Dreieckschaltung (△-Schaltung)**

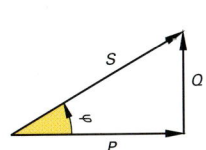

**Leistungsdreieck**

Bei Sternschaltung:

$$I = I_{Str}$$

$$U = \sqrt{3} \cdot U_{Str}$$

$$U_{Str} = U_Y$$

$$U = \sqrt{3} \cdot U_Y$$

$[S] = VA$
$[P] = W$
$[Q] = var$

Bei gleicher Netzspannung:

$$P_\triangle = 3 \cdot P_Y$$

$$S_\triangle = 3 \cdot S_Y$$

$$Q_\triangle = 3 \cdot Q_Y$$

Bei Dreieckschaltung:

$$U = U_{Str}$$

$$I = \sqrt{3} \cdot I_{Str}$$

Bei symmetrischer Last:

$$S = \sqrt{3} \cdot U \cdot I$$

$$P = \sqrt{3} \cdot U \cdot I \cdot \cos\varphi$$

$$Q = \sqrt{3} \cdot U \cdot I \cdot \sin\varphi$$

$$P = 3 \cdot P_{Str}$$

$$S = 3 \cdot S_{Str}$$

$$Q = 3 \cdot Q_{Str}$$

## Leistung bei Störungen in symmetrischen Schaltungen

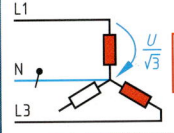

$$P = \frac{2}{3} P_N$$

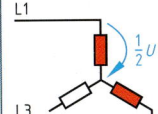

$$P = \frac{1}{2} \cdot P_N$$

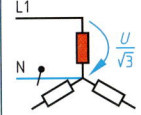

$$P = \frac{1}{3} P_N$$

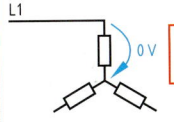

$$P = 0$$

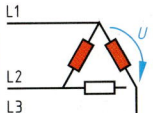

$$P = \frac{2}{3} \cdot P_N$$

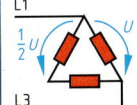

$$P = \frac{1}{2} P_N$$

$$P = \frac{1}{3} P_N$$

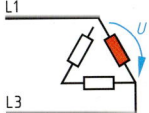

$$P = \frac{1}{3} P_N$$

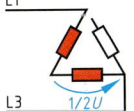

$$P = \frac{1}{6} P_N$$

| | | |
|---|---|---|
| $I$ | Stromstärke (Leiterstrom) | $Q_{Str}$ Strang-Blindleistung |
| $I_{Str}$ | Strangstrom | $S$ Scheinleistung |
| $P$ | Wirkleistung | $S_{Str}$ Strang-Scheinleistung |
| $P_N$ | Bemessungsleistung | $U$ Spannung (Leiterspannung) |
| $P_{Str}$ | Strang-Wirkleistung | $U_{Str}$ Strangspannung |
| $Q$ | Blindleistung | $\varphi$ Phasenverschiebung |

Indizes:
△ Dreieckschaltung
Y Sternschaltung

**50**

# Unsymmetrische Last, Netzwerkumwandlung, Brückenschaltung
### Asymmetrical load, network transformation, bridge circuit

**M**

## Unsymmetrische Last beim Vierleiternetz

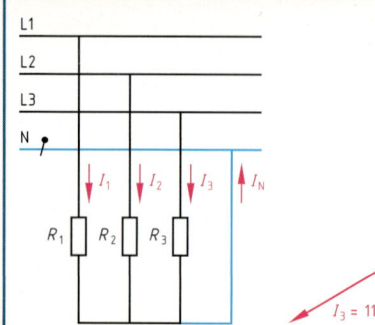

**Berechnung der Stromstärke im Neutralleiter bei oberschwingungsfreien Strömen**

1. Berechnen der drei Außenleiterströme.
2. Strommaßstab wählen.
3. Zeigerbild der drei Ströme als Stern zeichnen.
4. Geometrische Summe dieser Ströme ist Neutralleiterstrom.

Stromstärke im Neutralleiter bei Oberschwingungsbelastung Seite „Qualität der Stromversorgung".

## Netzwerkumwandlungen

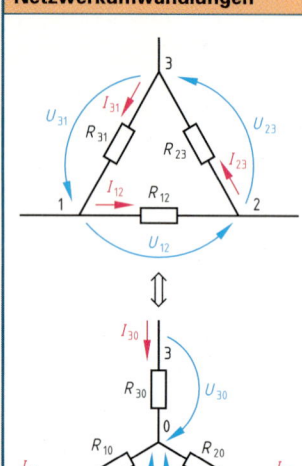

**Dreieck-Sternumwandlung bei Wirkwiderständen**

**Dreieck in Stern:**

$$R_{10} = \frac{R_{12} \cdot R_{31}}{R_{12} + R_{23} + R_{31}}$$

$$R_{20} = \frac{R_{23} \cdot R_{12}}{R_{12} + R_{23} + R_{31}}$$

$$R_{30} = \frac{R_{31} \cdot R_{23}}{R_{12} + R_{23} + R_{31}}$$

$$U_{10} = \frac{1}{2}(U_{12} - U_{31}) \qquad I_{10} = \frac{U_{10}}{R_{10}}$$

$$U_{20} = \frac{1}{2}(U_{23} - U_{12}) \qquad I_{20} = \frac{U_{20}}{R_{20}}$$

$$U_{30} = \frac{1}{2}(U_{31} - U_{23}) \qquad I_{30} = \frac{U_{30}}{R_{30}}$$

**Stern in Dreieck:**

$$R_{12} = \frac{R_{10} \cdot R_{20}}{R_{30}} + R_{10} + R_{20}$$

$$R_{23} = \frac{R_{20} \cdot R_{30}}{R_{10}} + R_{20} + R_{30}$$

$$R_{31} = \frac{R_{30} \cdot R_{10}}{R_{20}} + R_{30} + R_{10}$$

$$U_{12} = U_{10} - U_{20} \qquad I_{12} = \frac{U_{12}}{R_{12}}$$

$$U_{23} = U_{20} - U_{30} \qquad I_{23} = \frac{U_{23}}{R_{23}}$$

$$U_{31} = U_{30} - U_{10} \qquad I_{31} = \frac{U_{31}}{R_{31}}$$

## Brückenschaltung

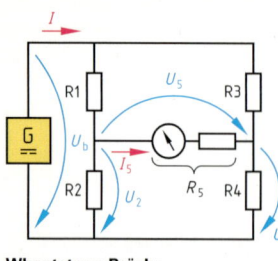

**Wheatstone-Brücke**

**Bei Abgleich:**

$$U_5 = U_2 - U_4 = 0$$

$$\frac{R_1}{R_2} = \frac{R_3}{R_4}$$

**Ohne Abgleich:**

$$I_5 = \frac{(R_2 R_3 - R_1 R_4)\, U_b}{R_5(R_3 + R_4)(R_1 + R_2) + R_3 R_4 (R_1 + R_2) + R_1 R_2 (R_3 + R_4)}$$

$$U_5 = \frac{(R_2 R_3 - R_1 R_4)\cdot R_5 \cdot U_b}{R_5(R_3 + R_4)(R_1 + R_2) + R_1 R_3 R_4 + R_2 R_3 R_4 + R_1 R_2 R_3 + R_1 R_2 R_4}$$

Die Bedeutung der Formelzeichen ist aus den Bildern zu erkennen.

# Oberschwingungen  Harmonics

**M**

| Kurvenverlauf Schaltung | Amplitudenspektrum[1] | Amplituden der Teilschwingungen | | | | | | |
|---|---|---|---|---|---|---|---|---|
| | | 0 | 1f | 2f | 3f | 4f | 5f | nf |
| Einwegschaltung E1 | Teilschwingung | $\dfrac{\hat{u}}{\pi}$ | $\dfrac{\hat{u}}{2}$ | $-\dfrac{2\,\hat{u}}{3\,\pi}$ | $0$ | $-\dfrac{2\,\hat{u}}{15\,\pi}$ | $0$ | $-(-1)^{\frac{n}{2}}\cdot\dfrac{2\,\hat{u}}{\pi(n^2-1)}$ für $n=2,4,6,\ldots$ |
| Zweipulsschaltung B2 | Teilschwingung | $\dfrac{2\,\hat{u}}{\pi}$ | $0$ | $-\dfrac{4\,\hat{u}}{3\,\pi}$ | $0$ | $-\dfrac{4\,\hat{u}}{15\,\pi}$ | $0$ | $(-1)^{\frac{n}{2}}\cdot\dfrac{4\,\hat{u}}{\pi(n^2-1)}$ für $n=2,4,6,\ldots$ |
| Sternschaltung M3 | Teilschwingung | $\dfrac{4{,}5\,\hat{u}}{\sqrt{3}\,\pi}$ | $0$ | $0$ | $\dfrac{9\,\hat{u}}{8\sqrt{3}\,\pi}$ | $0$ | $0$ | $-(-1)^{n}\cdot\dfrac{9\,\hat{u}}{\sqrt{3}\,\pi(n^2-1)}$ für $n=3,6,9,\ldots$ |
| Sechspulsschaltung B6 | Teilschwingung | $\dfrac{3\,\hat{u}}{\pi}$ | $0$ | $0$ | $0$ | $0$ | $0$ | $-(-1)^{\frac{n}{2}}\cdot\dfrac{6\,\hat{u}}{\pi(n^2-1)}$ für $n=6,12,18,\ldots$ |
| Rechteckförmige Größe | Teilschwingung | $0$ | $\dfrac{4\,\hat{u}}{\pi}$ | $0$ | $\dfrac{4\,\hat{u}}{3\,\pi}$ | $0$ | $\dfrac{4\,\hat{u}}{5\,\pi}$ | $\dfrac{4\,\hat{u}}{n\,\pi}$ für $n=1,3,5,\ldots$ |
| Dreieckförmige Größe | Teilschwingung | $0$ | $\dfrac{8\,\hat{u}}{\pi^2}$ | $0$ | $-\dfrac{8\,\hat{u}}{9\,\pi^2}$ | $0$ | $\dfrac{8\,\hat{u}}{25\,\pi^2}$ | $-(-1)^{\frac{n+1}{2}}\cdot\dfrac{8\,\hat{u}}{n^2\,\pi^2}$ für $n=1,3,5,\ldots$ |
| Sägezahnförmige Größe | Teilschwingung | $0$ | $\dfrac{2\,\hat{u}}{\pi}$ | $-\dfrac{\hat{u}}{\pi}$ | $\dfrac{2\,\hat{u}}{3\,\pi}$ | $-\dfrac{\hat{u}}{2\,\pi}$ | $\dfrac{2\,\hat{u}}{5\,\pi}$ | $-(-1)^{n+1}\cdot\dfrac{2\,\hat{u}}{n\,\pi}$ für $n=1,2,3,\ldots$ |

[1] Entsprechendes gilt für andere Wechselgrößen.  ▌Gleichanteil,  ▌Sinus,  ▌Kosinus

## Normreihen (Bemessungswerte)

| E-Reihen | E6 | 1,0 | | 1,5 | | 2,2 | | 3,3 | | 4,7 | | 6,8 | |
|---|---|---|---|---|---|---|---|---|---|---|---|---|---|
| | E12 | 1,0 | 1,2 | 1,5 | 1,8 | 2,2 | 2,7 | 3,3 | 3,9 | 4,7 | 5,6 | 6,8 | 8,2 |
| | E24 | 1,0 | 1,2 | 1,5 | 1,8 | 2,2 | 2,7 | 3,3 | 3,9 | 4,7 | 5,6 | 6,8 | 8,2 |
| | | 1,1 | 1,3 | 1,6 | 2,0 | 2,4 | 3,0 | 3,6 | 4,3 | 5,1 | 6,2 | 7,5 | 9,1 |
| | E48 | 1,00 | 1,21 | 1,47 | 1,78 | 2,15 | 2,61 | 3,16 | 3,83 | 4,64 | 5,62 | 6,81 | 8,25 |
| | | 1,05 | 1,27 | 1,54 | 1,87 | 2,26 | 2,74 | 3,32 | 4,02 | 4,87 | 5,90 | 7,15 | 8,66 |
| | | 1,10 | 1,33 | 1,62 | 1,96 | 2,37 | 2,87 | 3,48 | 4,22 | 5,11 | 6,19 | 7,50 | 9,09 |
| | | 1,15 | 1,40 | 1,69 | 2,05 | 2,49 | 3,01 | 3,65 | 4,42 | 5,36 | 6,49 | 7,87 | 9,53 |
| | E96 | 1,00 | 1,21 | 1,47 | 1,78 | 2,15 | 2,61 | 3,16 | 3,83 | 4,64 | 5,62 | 6,81 | 8,25 |
| | | 1,02 | 1,24 | 1,50 | 1,82 | 2,21 | 2,67 | 3,24 | 3,92 | 4,75 | 5,76 | 6,98 | 8,45 |
| | | 1,05 | 1,27 | 1,54 | 1,87 | 2,26 | 2,74 | 3,32 | 4,02 | 4,87 | 5,90 | 7,15 | 8,66 |
| | | 1,07 | 1,30 | 1,58 | 1,91 | 2,32 | 2,80 | 3,40 | 4,12 | 4,99 | 6,04 | 7,32 | 8,87 |
| | | 1,10 | 1,33 | 1,62 | 1,96 | 2,37 | 2,87 | 3,48 | 4,22 | 5,11 | 6,19 | 7,50 | 9,09 |
| | | 1,13 | 1,37 | 1,65 | 2,00 | 2,43 | 2,94 | 3,57 | 4,32 | 5,23 | 6,34 | 7,68 | 9,31 |
| | | 1,15 | 1,40 | 1,69 | 2,05 | 2,49 | 3,01 | 3,65 | 4,42 | 5,36 | 6,49 | 7,87 | 9,53 |
| | | 1,18 | 1,43 | 1,74 | 2,10 | 2,55 | 3,09 | 3,74 | 4,53 | 5,49 | 6,65 | 8,06 | 9,76 |

**Toleranzen innerhalb der Reihen:**

E6: ±20%; E12: ±10%; E24: ±5%; E48: ±2%; E96: ±1%. Farbangaben siehe unten bei 4. Ring bzw. 5. Ring.

Die Widerstandswerte erhält man aus $R = \sqrt[m]{10^n}$ nach Rundung, wobei $m$ der Reihe entspricht, z.B. 24, und $n$ eine ganze Zahl ist mit $0 \leq n \leq m-1$.

*Bemessungsleistungen:* $\frac{1}{8}$ W, $\frac{1}{4}$ W, $\frac{1}{2}$ W, 1 W, 2 W, 5 W, 10 W …

| R-Reihen | R10 | 1,00 | 1,25 | 1,60 | 2,00 | 2,50 | 3,15 | 4,00 | 5,00 | 6,30 | 8,00 |
|---|---|---|---|---|---|---|---|---|---|---|---|
| | R20 | 1,00 | 1,25 | 1,60 | 2,00 | 2,50 | 3,15 | 4,00 | 5,00 | 6,30 | 8,00 |
| | | 1,12 | 1,40 | 1,80 | 2,24 | 2,80 | 3,55 | 4,50 | 5,60 | 7,10 | 9,00 |

Bei den R-Reihen können die Toleranzen der E-Reihen gewählt werden, z.B. ±5%.

## Kennzeichnungen

### Alphanumerische Kennzeichnung von Widerständen und Kondensatoren

| Wider-stände | R27 | 2R7 | 27R | K27 | 2K7 | 27K | M27 | 2M7 | 27M |
|---|---|---|---|---|---|---|---|---|---|
| | 0,27 Ω | 2,7 Ω | 27 Ω | 0,27 kΩ | 2,7 kΩ | 27 kΩ | 0,27 MΩ | 2,7 MΩ | 27 MΩ |
| Konden-satoren | 3p9 | 39p | n39 | 3n9 | 39n | µ39 | 3µ9 | 39µ | m39 |
| | 3,9 pF | 39 pF | 0,39 nF | 3,9 nF | 39 nF | 0,39 µF | 3,9 µF | 39 µF | 0,39 mF |

### Farb-Kennzeichnung von Widerständen, keramischen Kondensatoren und Dünnfilmkondensatoren
(Werte für 1. und 2. Ring in Ω oder pF)

| Farbe der Ringe oder Punkte | | schwarz (BK) | braun (BR) | rot (RD) | orange (OG) | gelb (GB) | grün (GN) | blau (BU) | violett (VT) | grau (GY) | weiß (WH) | gold (GD) | silber (SR) | ohne Farbe |
|---|---|---|---|---|---|---|---|---|---|---|---|---|---|---|
| 1. Ring | 1. Ziffer | – | 1 | 2 | 3 | 4 | 5 | 6 | 7 | 8 | 9 | – | – | – |
| 2. Ring | 2. Ziffer | 0 | 1 | 2 | 3 | 4 | 5 | 6 | 7 | 8 | 9 | – | – | – |
| 3. Ring[1] | Multiplikator | $10^0$ | $10^1$ | $10^2$ | $10^3$ | $10^4$ | $10^5$ | $10^6$ | $10^7$ | $10^8$ | $10^9$ | 0,1 | 0,01 | – |
| 4. Ring[1] | Toleranz in % | – | ± 1 | ± 2 | – | – | ± 0,5 | – | – | – | – | ± 5 | ± 10 | ± 20 |
| 5. Ring[1] | Zul. Betriebs-spannung in V | – | 100 | 200 | 300 | 400 | 500 | 600 | 700 | 800 | 900 | 1000 | 2000 | 500 |
| 6. Ring | TK[2] in ppm[3] | 250 | 100 | 50 | 15 | 25 | 20 | 10 | 5 | 1 | – | – | – | – |

[1] Bei Widerständen mit kleiner Toleranz (meist Metallfilm-Widerständen) ist der 3. Ring eine weitere Ziffer. Der 4. Ring gibt dann den Multiplikator an, der 5. Ring die Toleranz in %. Bei Kondensatoren bedeutet der 5. Ring oder Punkt die zulässige Betriebsspannung in V.

[2] TK von Temperaturkoeffizient, TK = $\alpha$ wird in 1/K angegeben.    [3] ppm = parts per million = $10^{-6}$.

# Farbkennzeichnung von Widerständen und Kondensatoren
## Marking of resistors and capacitors by colors

| Prinzip, Leserichtung, Ziffernreihenfolge | Beispiele | Bemerkungen |
|---|---|---|

## Widerstände

| | Beispiele | Bemerkungen |
|---|---|---|
| **Kohleschichtwiderstand** | Ziffernreihenfolge in Leserichtung:<br>1  2  3  4<br>rt  rt  sw  –<br>2  2  $10^0$  20%<br>$\Rightarrow 22\ \Omega \pm 20\% = 22\ \Omega \pm 20\%$ (E6) | Der fehlende 4. Ring bedeutet 20% Toleranz.<br>Sonstige Kennzeichnung der Toleranz siehe vorhergehende Seite. |
| **Metallglasurschichtwiderstand** | Ziffernreihenfolge in Leserichtung:<br>1  2  3  4<br>gr  rt  sw  rt<br>8  2  $10^0$  2%<br>$\Rightarrow 82\ \Omega \pm 2\% = 82\ \Omega \pm 2\%$ (E48) | Der Farbstreifen mit Unterbrechungen entspricht dem 4. Ring und kennzeichnet die Toleranz des Widerstandswertes. |
| **Metallfilmwiderstand** | Ziffernreihenfolge in Leserichtung:<br>1  2  3  4  5<br>gr  bl  bl  rt  rt<br>8  6  6  $10^2$  2%<br>$\Rightarrow 866 \cdot 10^2\ \Omega \pm 2\% = 86\,600\ \Omega \pm 2\%$<br>$= 86{,}600\ k\Omega \pm 2\%$ (E48) | Der Abgleich auf den genauen Widerstandswert erfolgt durch Verkleinern der Widerstandsfläche mit einem Laserstrahl. |
| **Metallschichtwiderstand** | Ziffernreihenfolge in Leserichtung:<br>1  2  3  4  5  6<br>bl  ws  sw  rt  rt  rt<br>6  9  0  $10^2$  2%  50 ppm<br>$\Rightarrow 690 \cdot 10^2\ \Omega \pm 2\% = 69\,000\ \Omega \pm 2\%$<br>$= 69{,}000\ k\Omega \pm 2\%$ mit $\alpha = 50 \cdot 10^{-6}\ 1/K$ | Bei einer Temperaturänderung von 20 K verändert sich der Wert des Metallschichtwiderstandes um $690 \cdot 10^2 \cdot 20 \cdot 50 \cdot 10^{-6}\ \Omega = 69\ \Omega$. |
| **NTC-Widerstand** | Ziffernreihenfolge in Leserichtung:<br>1  2  3  4<br>bl  rt  sw  –<br>6  2  $10^0$  20%<br>$\Rightarrow 62\ \Omega \pm 20\% = 62\ \Omega \pm 20\%$ | NTC von Negative Temperature Coefficient = negativer Temperatur-Koeffizient.<br>NTC-Widerstände sind Heißleiter.<br>Angaben für 20 °C. |

## Kondensatoren

| | Beispiele | Bemerkungen |
|---|---|---|
| **Dünnfilmkondensator** | Ziffernreihenfolge in Leserichtung:<br>1  2  3  4  5<br>rt  vi  rt  rt  bl<br>2  7  $10^2$  2%  630 V<br>$\Rightarrow 27 \cdot 10^2\ pF \pm 2\% = 2700\ pF \pm 2\%$<br>$= 2{,}7\ nF \pm 2\%$ | Für die Betriebsspannungen gilt meist bl = 630 V und rt = 250 V.<br>Der Wert muss nicht mit dem theoretischen Wert der Reihe übereinstimmen. |
| **Keramikkondensator** | Ziffernreihenfolge in Leserichtung:<br>1  2  3  4<br>bl  gr  rt  –<br>6  8  $10^2$  20%<br>$\Rightarrow 6800\ pF \pm 20\% = 6{,}8\ nF \pm 20\%$ | Die Spannungsangabe erfolgt meist mit Kleinbuchstaben, z.B. mit einem f für 500 V. |
| 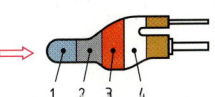<br>**Tantalkondensator** | Ziffernreihenfolge in Leserichtung:<br>1  2  3  4  5  6<br>bl  gr  gb  –  ws  rt<br>6  8  $10^4$  20%  50 V  + Pol<br>$\Rightarrow 68 \cdot 10^4\ pF \pm 20\% = 0{,}68\ \mu F \pm 20\%$ | Es werden meist firmeneigene Farbkennzeichnungen verwendet. Bei gepolten Tantalkondensatoren wird der Anschluss für die positive Elektrode durch den 6. Ring und/oder einen längeren Anschlussdraht gekennzeichnet. |

| | | | | | |
|---|---|---|---|---|---|
| sw (BK) schwarz | rt (RD) rot | gb (YE) gelb | bl (BU) blau | gr (GY) grau | au (GD) gold |
| br (BN) braun | or (OG) orange | gn (GN) grün | vl (VT) violett | ws (WH) weiß | ag (SR) silber |

# Bauarten von Widerständen und Kondensatoren
## Types of resistors and capacitors

| Bezeichnung | Aufbau | Daten | Bemerkungen |
|---|---|---|---|
| **Bauarten von Widerständen** | | | |
| Kohleschicht-widerstand | Keramikkörper mit Hart-kohleschicht, gewendelt; Anschlussdraht geschweißt; Kappe | Widerstandswerte bis Reihe E24, Temperaturbereich −55 °C bis 125 °C, Toleranzen ± 5% und ± 10%, zul. Betriebsspannung ≤ 500 V, Isolationswiderstand > 10 GΩ, Isolationsspannung AC 1000 V, Bemessungsbelastbar-keit bis 1 W, fast induktionsfrei. | Ausführungen ohne Metallkap-pen besitzen eine ungewendelte Widerstandsschicht aus Kohle. Die Anschlussdrähte im hohlen Schichtträgerrohr leiten die Wärme sehr gut ab. |
| Metallschicht-widerstand | Metallglasurwiderstand; Keramikkörper mit Metall-glasur, gewendelt | Widerstandswerte bis Reihe E192, Temperaturbereich −55 °C bis 125 °C, Toleranzen ± 0,01% bis ± 5%, Isolationswiderstand > $10^2$ GΩ, Isolationsspannung AC 1000 V, Bemessungsbelast-barkeit bis 6 W. | Metalloxid-Schichtwiderstände (Metalloxidschicht auf Keramik, darüber Silikonzement-Überzug) sind mechanisch robust und höher belastbar als Kohleschicht-widerstände. EMS-Widerstände (**E**del-**M**etall-**S**chicht) sind Präzisionswiderstände. |
| Draht-widerstand | Keramikkörper mit Wickeldraht | Widerstandswerte bis Reihe E24, Toleranzen ± 0,5% bis ± 10%, Bemessungsbelastbarkeit 0,5 W bis 17 W, Hochlastwiderstände bis 500 W, nicht induktionsfrei. | Drahtwiderstände haben bei gleicher Belastbarkeit kleinere Abmessungen als Schichtwider-stände. Glasierte Drahtwider-stände sind feuchtigkeitsfest. |
| Trimm-widerstand | | Kohleschichtwiderstände: Bemessungsbelastbarkeit 0,05 W bis 0,5 W, Temperaturbereich −55 °C bis 125 °C, Widerstands-verlauf linear und logarithmisch, Drahtwiderstände: Bemes-sungsbelastbarkeit bis 1 W. | Schicht-Trimmwiderstände in liegender und stehender Aus-führung. Beide Arten auch voll gekapselt. Es gibt Präzisions-trimmwiderstände in Drahtaus-führung oder mit Cermetschicht (Cermet von Ceramic-Metall = Keramikmetall). |
| **Bauarten von Kondensatoren** | | | |
| Metallpapier-kondensator (MP-Konden-sator) | Isolation; Ölspalt; Metallbelag | Kapazität 10 nF bis 500 μF, Bemessungsspannung 250 V ... 20 kV, Temperaturbereich −40 °C...85 °C, Temperaturko-effizient $0,5 \cdot 10^{-3}$ 1/K, Toleran-zen ± 20% und ± 10%. | **MP: M**etall-**P**apier **DMP: D**oppel-**M**etall-**P**apier Der Verlustfaktor tan δ bei 50 Hz beträgt $6 \cdot 10^{-3}$ bis $8 \cdot 10^{-3}$, er nimmt mit steigender Frequenz stark zu. Selbst-heilend bei Durchschlag. |
| Metallisierter Kunststofffolien-kondensator (MK-Konden-sator) | Außen-metallisierung | Kapazität 1 nF bis 10 μF, Bemessungsspannung 25 V ... 630 V, Temperaturbereich −40 °C ... 100 °C, Temperaturko-effizient $-0,2 \cdot 10^{-3}$ 1/K, Toleranzen ± 2,5% bis ± 20%, Verlustfaktor $10^{-2}$ bis $5 \cdot 10^{-3}$. | Bauformen: Rund und flach im Rastermaß. Der Außenbelag ist meist schwarz gekennzeichnet. MK-Kondensatoren haben eine sehr gute Selbstheilung. |
| Doppelschicht-kondensatoren, Speicherkon-densatoren, UltraCap-Kondensatoren | Aktivkohle-elektroden; durchlässige Trennschicht; Zelle 1; Zelle 2 | Kapazität 0,1 F bis 50 F, Bemessungsspannung $U_N$ = 2,5 V, $U_{Nmax}$ = 3 V, Temperaturbereich −25 °C bis 70 °C, Toleranzen −20% bis +80%, Verlustwiderstand (ESR) 15 mΩ bis 10 mΩ bei 1 kHz Module für $U$ = 12,5 V bis 55 V und $C$ = 100 F bis 2700 F mit $P$ = 12,5 kW für 5 s. | Bauformen: Massekondensato-ren für kleinere Kapazitäten, Wickelkondensatoren für große Kapazitäten, Module für hohe Spannungen und sehr große Kapazitäten durch Serienschal-tung und Parallelschaltung. Module können z. B. Bleiakkumu-latoren in Kfz ersetzen. ESR (von Equivalent Series Resistance = gleichwertiger Serienwiderstand) |
| Tantal-Sinter-kondensator (Elektrolyt-kondensator) | fester Elektrolyt | Kapazität 0,1 μF bis 1 F, Bemessungsspannung 3 V ... 100 V, Temperaturbereich −55 °C bis 125 °C, Toleranzen −20% bis +50%. | Tantal-Kondensatoren mit Sin-teranode und festem Elektrolyt haben eine sehr große Betriebs-sicherheit. Flüssiger Elektrolyt ermöglicht bei gleicher Baugröße größere Kapazität und höhere Bemessungsspannung. |

# Anwendungsgruppen und Aufbau von Kondensatoren
## Application groups and construction of capacitors

## Anwendungsgruppen

| Anwendungsgruppe | Klima-Eigenschaften | | Kondensatorart, technologischer Aufbau |
|---|---|---|---|
| | relative Feuchte | Temperaturbereich | |
| **Gleichspannungskondensatoren für Energieelektronik** $\tan \delta \leq 6 \cdot 10^{-3}$ Kapazitätstoleranz: ± 10% praktische Inkonstanz: 1%…3% | ≤ 95% | – 55 °C bis + 70 °C | MP-Gleichspannungs-Kondensatoren, MP  Metallpapier |
| **Wechselspannungskondensatoren für Energieelektronik** $\tan \delta \leq (0,1…1) \cdot 10^{-3}$ Kapazitätstoleranz: ± 2%…± 10% praktische Inkonstanz: – 3%…1% | ≤ 75% | – 25 °C bis + 70 °C | MKV-Wechselspannungs-Kondensatoren (Polycarbonat) (Polypropylen) MK  Metallisierter Kunststoff V  selbstheilend |
| | ≤ 95% | – 55 °C bis + 85 °C | |
| **Schwingkreiskondensatoren** $\tan \delta \leq (0,1…10) \cdot 10^{-3}$ Kapazitätstoleranz: ± 1%…± 5% praktische Inkonstanz: 0,1…1% | ≤ 65% | – 55 °C bis + 70 °C | KS-Kondensatoren (Polystyrol) |
| | ≤ 75% | – 55 °C bis + 85 °C | KP-Kondensatoren (Polypropylen) |
| | | – 55 °C bis + 125 °C | Keramischer Kondensator (Vielschicht) |
| **Kopplungskondensatoren und Siebkondensatoren 1** $\tan \delta \leq (0,1…10) \cdot 10^{-3}$ Kapazitätstoleranz: ± 5% praktische Inkonstanz: – 6%…2% | ≤ 75% | – 55 °C bis + 100 °C | MKC-Kondensatoren (Polycarbonat) |
| | ≤ 65% | – 40 °C bis + 100 °C | MKT-Kondensatoren (Polyester) |
| | ≤ 75% | | |
| | ≤ 80% | | |
| **Kopplungskondensatoren und Siebkondensatoren 2,** auch für Zeitglieder und Speicherschaltungen $\tan \delta \leq 30 \cdot 10^{-3}$ Kapazitätstoleranz: – 10%…+ 10% praktische Inkonstanz: 10% | ≤ 75% | – 55 °C bis + 70 °C – 25 °C bis + 125 °C | Aluminium-Elektrolytkondensatoren (Aluminiumoxid) |
| | ≤ 75% | – 55 °C bis + 125 °C | Tantal-Elektrolytkondensatoren (Tantaloxid) |
| | ≤ 95% | | |

## Aufbau und Eigenschaften verschiedener Bauarten von Kondensatoren

| Typ | Aufbau | zulässige Betriebsspannung in V | Kapazitätsbereich in nF | $\tan \delta$ bei 1 kHz |
|---|---|---|---|---|
| FKP (KP) | Polypropylen/Aluminiumfolie | 630/1000/1500 | 1  bis 68 | $1 \cdot 10^{-4}…3 \cdot 10^{-4}$ |
| MKP | Polypropylen, metallisiert mit Al | 160/250/400/630/1000 | 10  bis 4700 | $1 \cdot 10^{-4}…3 \cdot 10^{-4}$ |
| MKC | Polycarbonat, metallisiert mit Al | 63/100/160/400/630/1000 | 10  bis 22 000 | $1 \cdot 10^{-3}…3 \cdot 10^{-3}$ |
| MKS | Polyester, metallisiert mit Al | 63/100/250/400/630/1000 | 10  bis 33 000 | $6,5 \cdot 10^{-3}$ |
| FKC | Polycarbonat/Metallfolie | 100/160/400/630/1000 | 0,1  bis 47 | $1,5 \cdot 10^{-3}$ |
| MKT | Polyester/metallisiert | 100/250/400 | 10  bis 5600 | $5 \cdot 10^{-3}$ |
| KT | Polyesterfolie/Metall | 160/400 | 1  bis 330 | $4 \cdot 10^{-3}$ |
| KS | Polystyrolfolie (Styroflex)/Metall | 63/125/250/500 | 0,05  bis 160 | $0,2…0,3 \cdot 10^{-3}$ |

Kapazitätstoleranz:  Höchstzulässige Abweichung des Istwertes der Kapazität von der Bemessungskapazität.

praktische Inkonstanz:  Zeitliche Kapazitätsänderung innerhalb der Beanspruchungsdauer. Sie wird auf eine Temperatur von + 40 °C bezogen. Negative Werte bedeuten Kapazitätsabnahme.

$\tan \delta$  Verlustfaktor

# Halbleiterwiderstände  Semiconductor resistors

**M**

| Schaltzeichen, Bezeichnung | Aufbau | Daten | Bemerkungen |
|---|---|---|---|

## Temperaturabhängige Widerstände (Thermistoren)

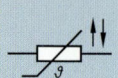

**Heißleiter, NTC**

**(Negative Temperature Coefficient)**

 scheibenförmig

 Chip

 Halbleiterperle

**Werkstoffe:** Mischungen aus Metalloxiden (MgO, $TiO_2$, $Al_2O_3$, NiO mit Co-Zusatz)

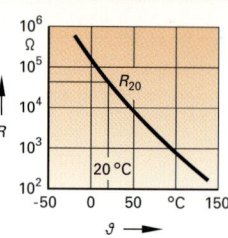

$R_{20}$  Kaltwiderstand bei 20 °C

Der Widerstand von Heißleitern nimmt mit steigender Temperatur ab (negativer Temperaturkoeffizient).

Temperaturkoeffizienten: −0,02/K bis −0,06/K

Bemessungswiderstände (bei 20 °C): 4 Ω bis 470 Ω

**Anwendungen**
Fremderwärmte Heißleiter: als Temperaturfühler.
Eigenerwärmte Heißleiter: Einschaltstrombegrenzung

---

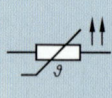

**Kaltleiter, PTC**

**(Positive Temperature Coefficient)**

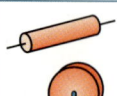 stabförmig

scheibenförmig

 perlenförmig

**Werkstoffe:**
Bariumtitanat mit Zusatz von Metalloxiden oder -salzen

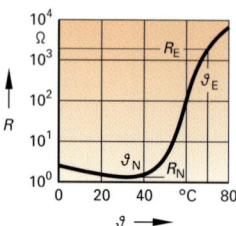

$R_N$  Bemessungswiderstand bei Bemessungstemperatur $\vartheta_N$
$R_E$  Endwiderstand bei Endtemperatur $\vartheta_E$

Der Widerstand von Kaltleitern nimmt in einem Temperaturbereich mit steigender Temperatur stark zu (positiver Temperaturkoeffizient).

Temperaturkoeffizienten: +0,07/K bis +0,6/K

Bemessungswiderstände: 3,5 Ω bis 1,2 kΩ

**Anwendungen**
Überlastschutz, Stromregelung, Übertemperaturschutz (Motorschutz), selbstregulierende Heizelemente

## Spannungsabhängige Widerstände (Varistoren)

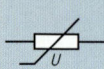

**VDR (Voltage Dependent Resistor)**

**Varistor (Variable Resistor),**

 scheibenförmig

 blockförmig

**Werkstoffe:**
Gesintertes Siliciumcarbid (SiC), Titandioxid ($TiO_2$), Zinkoxid (ZnO)
Der VDR wird zur Isolation und zum Schutz vor äußeren Einflüssen mit einer Epoxidharzschicht überzogen.
Die Spannungsabhängigkeit des Widerstands beruht auf Kontaktwiderständen zwischen den gesinterten Keramikkristallen.

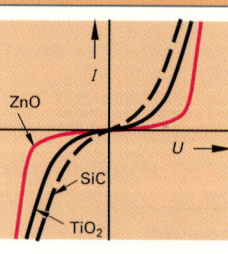

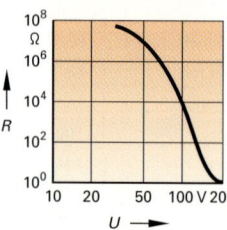

Der Widerstand des VDR nimmt (bei gleichbleibender Temperatur) mit steigender Spannung ab.

$$U \approx C \cdot I^{\beta}$$

$U$  Spannung am VDR
$I$  Strom durch VDR
$C$  Bauartkoeffizient (abhängig von räumlichen Abmessungen)
$\beta$  Regelfaktor

Bemessungsspannungen:
ZnO-VDR: 60 V bis 600 V
SiC-VDR:  8 V bis 300 V

Maximalströme:
ZnO-VDR: 400 A bis 4500 A
SiC-VDR:  1 A bis 10 A

Regelfaktoren $\beta$:
SiC-VDR:  0,15 bis 0,35
$TiO_2$-VDR: 0,1 bis 0,18
ZnO-VDR: 0,03

**Anwendung**
Überspannungsschutz

## Gleichrichtergeräte, Gleichrichtersätze

| | |
|---|---|
| Anschlussspannung | Effektivwert der höchsten Wechselspannung zwischen zwei wechselstromseitigen Anschlüssen des Gleichrichters. |
| Gleichrichtergerät, Gleichrichteranlage | Gesamtheit der für die Gleichrichtung erforderlichen Betriebsmittel (z. B. Gleichrichtersatz, Gleichrichtertransformator, Saugdrossel, Kondensator). |
| Gleichrichterschaltung | Elektrische Schaltung des Gleichrichtersatzes mit zugehörigem Transformator und zugehörigen Betriebsmitteln, z. B. Drosselspule. |
| Gleichrichtersatz | Konstruktiver Zusammenbau der Gleichrichterdioden, die für eine Gleichrichterschaltung erforderlich sind. |
| Gleichspannung, Gleichstrom | Mittelwert der abgegebenen Spannung bzw. der abgegebenen Stromstärke. |
| Ideelle Leerlaufgleichspannung | Leerlaufgleichspannung eines verlustlosen Gleichrichtersatzes. |
| Kommutierung | Übergang des Stromes von einem Zweig zum nächsten. |
| Zweig | Teil eines Gleichrichtersatzes zwischen einem Wechselstromanschluss und einem Gleichstromanschluss. |
| Belastung bei Gegenspannung | B  Belastung eines Gleichrichtersatzes mit Akkumulatorenbatterie<br>M  Belastung eines Gleichrichtersatzes mit Gleichstrommaschine<br>C  Belastung eines Gleichrichtersatzes mit Kapazität (Kondensator) |
| Belastung mit Lichtbogen | Li  Belastung eines Gleichrichtersatzes mit Lichtbogenschweißeinrichtung, Lichtbogenofen oder Bogenlampe. |
| Widerstandsbelastung | W  Belastung eines Gleichrichtersatzes mit Wirkwiderständen oder mit induktiven Widerständen. |
| Betriebsarten | Wie Betriebsarten von elektrischen Maschinen S1, S2, S3, S6. |

## Gleichrichterdioden

| | |
|---|---|
| Anodenanschluss | Der Anschluss, an dem der Vorwärtsstrom (Durchlassstrom) in die Diode eintritt. |
| Dauergleichstrom | Höchster zulässiger Gleichstrom in Vorwärtsrichtung. |
| Durchlassrichtung, Vorwärtsrichtung | Stromrichtung, bei der die Diode den kleineren Widerstand hat (PN-Übergang niederohmig). |
| Durchlassspannung, Durchlassstrom | Spannung, die an einer Diode auftritt, wenn der Strom in Durchlassrichtung fließt. Dieser Strom heißt Durchlassstrom. |
| Grenzscheitelsperrspannung | Höchster zulässiger Scheitelwert einer sinusförmigen Spannung in Sperrrichtung. |
| höchstzulässige Gleichsperrspannung | Höchste Gleichspannung in Rückwärtsrichtung, die dauernd anliegen darf. |
| Höchstzulässige periodische Spitzensperrspannung | Höchster zulässiger Augenblickswert von periodischen Spannungen in Rückwärtsrichtung. Nichtperiodische Spannungsspitzen, z. B. durch Schalten, sind nicht berücksichtigt. |
| höchstzulässige Stoßspitzenspannung | Höchster zulässiger Wert der Rückwärtsspannung. Dieser Spitzenwert darf nicht überschritten werden. |
| Katodenanschluss | Der Anschluss, an dem der Vorwärtsstrom (Durchlassstrom) aus der Diode austritt. |
| Bem.-Sperrspannung | Dauernd zulässiger Scheitelwert der periodischen Rückwärtsspannung (Sperrspannung). |
| Bemessungsstrom | Mittelwert des dauernd zulässigen Vorwärtsstromes. Der Bemessungsstrom wird für die Einwegschaltung und für ohmsche Belastung angegeben. |
| Sperrrichtung, Rückwärtsrichtung | Stromrichtung, bei der die Diode den größeren Widerstand besitzt (PN-Übergang hochohmig). |
| Sperrspannung, Sperrstrom | In Sperrrichtung anliegende Spannung, die einen in Sperrrichtung fließenden Strom hervorruft. Dieser Strom heißt Sperrstrom. |

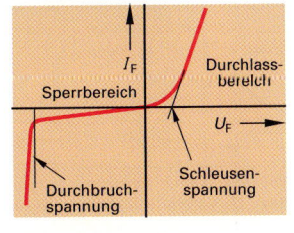

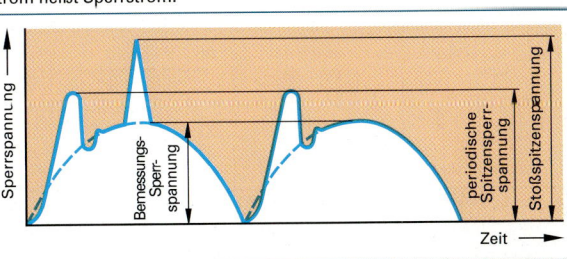

# Dioden Diodes



| Prinzip, Bezeichnung | Gehäuse (Beispiele) | Schaltzeichen, Bezugspfeile | Typische Kennlinie | Anwendung, Spezialformen |
|---|---|---|---|---|
| 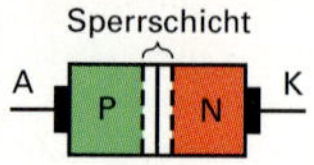 Sperrschicht A P N K Flächendiode, z.B. Siliciumdiode | 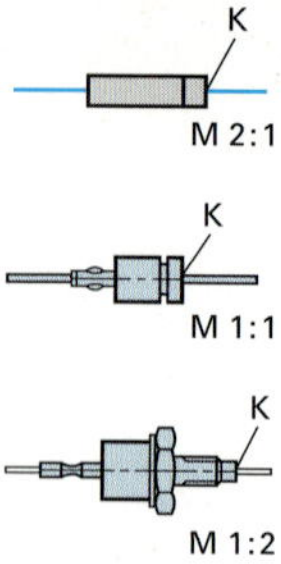 K M 2:1 K M 1:1 K M 1:2 | 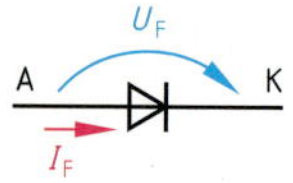 $U_F$ A K $I_F$ $U_R = -U_F$; $I_R = -I_F$ | 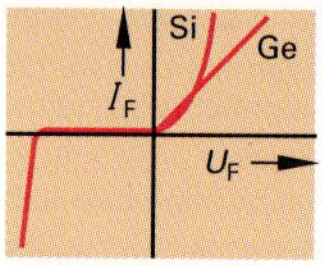 Si Ge $I_F$ $U_F$ | Gleichrichterdiode $U_{Rmax}$ = 100 V bis 3,5 kV $I_{Fmax}$ = 150 mA bis 3 kA Scheibendiode, für Höchstleistung wassergekühlt. |
|  A P N K Z-Diode | | 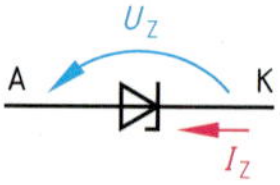 $U_Z$ A K $I_Z$ | 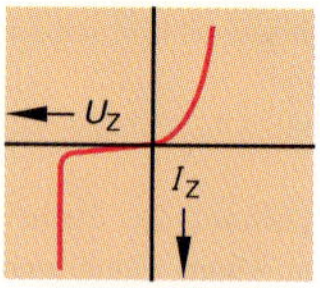 $U_Z$ $I_Z$ | Spannungsbegrenzung, Stabilisierung, Überlastungsschutz. $U_Z$ = 1,8 V bis 200 V Betrieb in Rückwärtsrichtung. |
|  A P N K Suppressordiode | 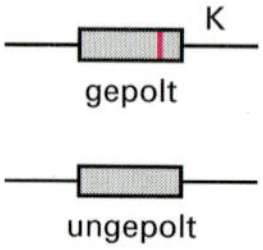 K gepolt ungepolt | 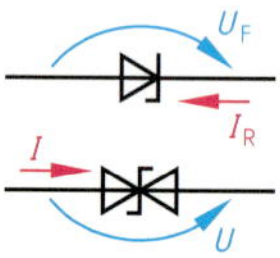 $U_F$ $I_R$ $I$ $U$ | 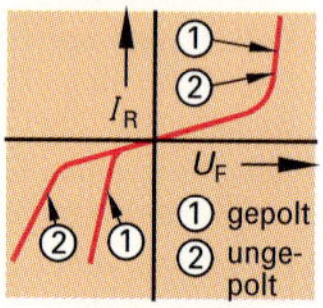 ① ② $I_R$ $U_F$ ② ① ① gepolt ② ungepolt | Schutzbeschaltung vor zu hohen Spannungsspitzen. $U_R$ = 20 V bis 600 V $I_R$ = 6 A bis 50 A Betrieb in Rückwärtsrichtung. |
| 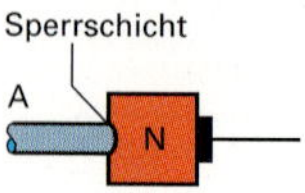 Sperrschicht A N Spitzendiode, Kleinflächendiode | 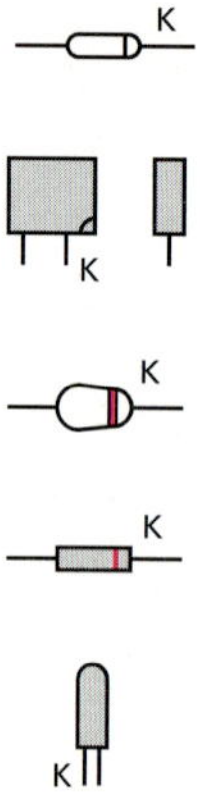 K K K K K | 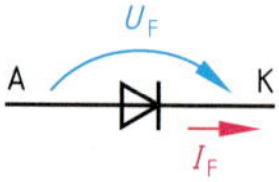 $U_F$ A K $I_F$ | 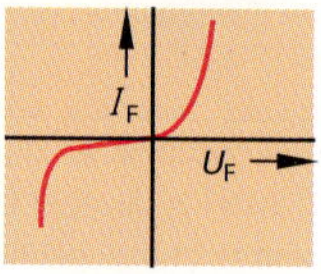 $I_F$ $U_F$ | Universaldioden in der HF-Technik, z.B. für HF-Gleichrichtung, Modulation, Demodulation, Schalter. |
| 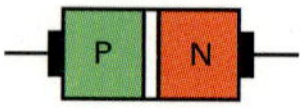 P N Kapazitätsdiode | | 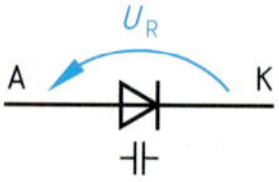 $U_R$ A K | 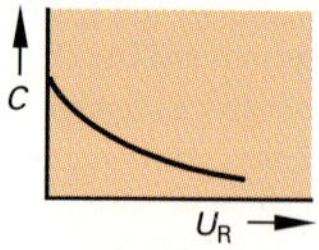 $C$ $U_R$ | Abstimmung von Schwingkreisen anstelle von Drehkondensatoren $U_R$ = 1 V bis 30 V $C$ ≤ 60 pF bis 5 pF Betrieb in Rückwärtsrichtung. |
|  P N Tunneldiode | M 1:1 bis M 2:1 | 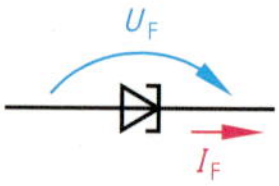 $U_F$ $I_F$ | 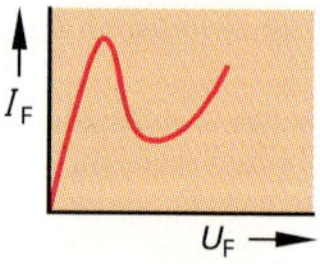 $I_F$ $U_F$ | Verstärker bei UHF und VHF, Impulsformer. |
| 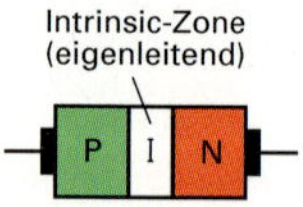 Intrinsic-Zone (eigenleitend) P I N PIN-Diode | 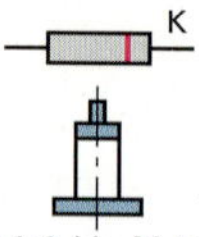 K M 1:1 bis M 1:5 | 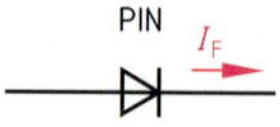 PIN $I_F$ nicht genormt | 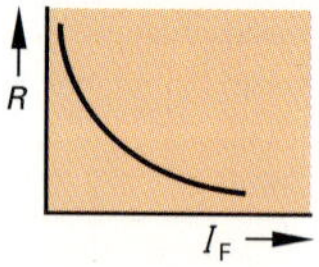 $R$ $I_F$ | In der Hochfrequenztechnik ab 10 MHz als veränderliche Widerstände in Dämpfungsgliedern und als Schalter. |
| 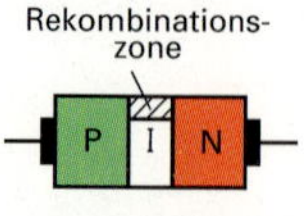 Rekombinationszone P I N Magnetdiode |  Doppeldiode M 1:1 bis M 2:1 | 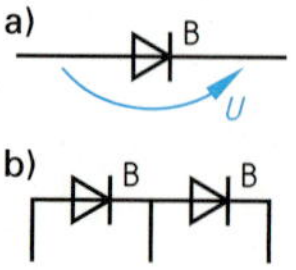 a) B $U$ b) B B | 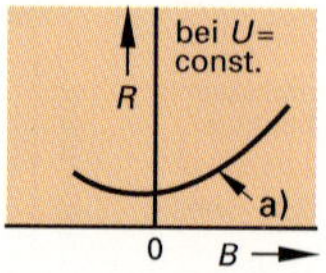 bei $U$= const. $R$ a) 0 $B$ | Fühler für Magnetfeld, z.B. in Elektronikmotoren. Meist Doppeldiode aus zwei in Reihe geschalteten Dioden (Seite 64). |

A Anode, $B$ magnetische Flussdichte, $C$ Kapazität, Ge Germanium, $I_F$ Vorwärtsstrom (Durchlassstrom), $I_R$ Rückwärtsstrom (Sperrstrom), $I_Z$ Zener-Strom, K Katode, $R$ Widerstand, Si Silicium, $U_F$ Vorwärtsspannung (Durchlassspannung), $U_R$ Rückwärtsspannung (Sperrspannung), $U_Z$ Zenerspannung

# Feldeffekttransistoren, IGBT  Field effect transistors, IGBT

| Prinzip, Bezeichnung | Gehäuse (Beispiele) | Schaltzeichen, Bezugspfeile | Typische Kennlinie | Anwendung, Spezialformen |
|---|---|---|---|---|
| J-FET mit N-Kanal | auch SDG statt SGD | | | Verstärkerschaltungen, Analogschalter, Vorverstärker Mikrofon, HF-Verstärker, Oszillatoren, Quarzoszillatoren, Mischstufen, Stellglieder bei Reglern. |
| J-FET als Strombegrenzer | | Ersatzschaltung | | Stabilisierung, Strombegrenzung |
| Selbstleitender IG-FET mit N-Kanal | | | | Verstärkerschaltungen, insbesondere für Eingangsstufen, HF-Verstärker, Regelglieder, Leistungsverstärker. Typische Grenzwerte für Leistungsverstärker: $U_{DS} = 50$ V $U_{GS} = \pm 20$ V $I_D = 25$ A |
| Selbstsperrender IG-FET mit P-Kanal | | | | maximale Verlustleistung $P_{tot} = 75$ W In Operationsverstärkern, in integrierten Schaltungen. |
| Dual-Gate-IG-FET mit N-Kanal | | | | Verstärker und Mischerschaltungen bis 300 MHz In integrierten Schaltungen |
| IGBT | z. B. TO 220 etwa M 1:2 | | | IGDT von Insulated Gate Bipolar Transistor = Bipolarer Transistor mit isoliertem Gate. $U_F$ von 2 V bis 5 V, $U_R \doteq 1000$ V, $I_F \doteq 1$ kA, Frequenzen bis 20 kHz. In IGBT-Modulen sind oft Freilaufdioden (Rückstromdioden) enthalten. |

A Anode, D Drain, G Gate, Is Isolierung mit $SiO_2$, K Katode, N N-dotiert, $N^+$ stark N-dotiert, P P-dotiert, $P^+$ stark P-dotiert, S Source, Su Substrat

# Bipolare Transistoren  Bipolar transistors

**M**

| Prinzip, Bezeichnung | Gehäuse (Beispiele) | Schaltzeichen, Bezugspfeile | Typische Kennlinie | Anwendungen, Bemerkungen |
|---|---|---|---|---|
| NPN-Transistor | | | | Verstärkerschaltungen, Oszillatoren, Leistungsstufen in Netzteilen. Typische Daten: $h_{21e}$ = 100 bis 500 $B$ = 50 bis 700 |
| PNP-Transistor | | | | NPN-Transistoren: $I_C$ = 10 mA...30 A $U_{BE}$ = 0,7 V PNP-Transistoren: $I_C$ = −10 mA bis −30 A $U_{BE}$ = −0,7 V |
| Darlington-Transistor | | | | Leistungsverstärker für Relaissteuerungen. Darlingtonstufen bestehen aus zwei Transistoren in einem Gehäuse. |
| Komplementär-Darlington-Transistor | | | | Der Stromverstärkungsfaktor ist sehr groß. Typische Daten: $\beta$ = 200 bis 1000 $B$ = 100 bis 30 000 $I_C$ = 0,1 A bis 30 A |
| Foto-Transistor | | | | Optische Abtastung von Barcodes, Optokoppler. Fototransistoren gibt es mit und ohne Basisanschluss. |
| Doppelbasis-Transistor (UJT) | | | | Zum Zünden von Thyristoren $I_v$  Talstrom $I_p$  Höckerstrom $U_v$  Talspannung $U_p$  Höckerspannung |

B Basis, $B$ Gleichstromverhältnis, C Kollektor, E Emitter, $E_v$ Beleuchtungsstärke, $\beta$ Kurzschluss-Stromverstärkungsfaktor, $I_C$ Kollektorstrom, UJT Unijunction Transistor

# Thyristor  Thyristor

**M**

## Begriffe und Kennlinien

| Begriff | Erklärung | Kennlinien |
|---|---|---|
| Blockierbereich | Bereich der Vorwärtsrichtung, in dem der Thyristor nicht leitet, weil der Steuerstrom fehlt. | |
| Freiwerdezeit | Zeitdauer, nach der die Sperrschicht frei von Ladungsträgern ist, wenn ohne Zündstrom der Haltestrom unterschritten wird. | |
| Gate (engl. Gate = Tor) | Anschluss an einer Halbleiterschicht, die für die Steuerung verwendet wird. | |
| Haltestrom $I_H$ | Kleinster Vorwärtsstrom, bei dem der Thyristor noch leitet. | |
| Kippspannung $U_K$ | Vorwärtsspannung, bei welcher der blockierende (sperrende) Thyristor bei gleich bleibendem Gatestrom leitend wird. | **Kennlinie eines Thyristors mit Nullkippspannung 800 V** |
| Nullkippspannung $U_{K0}$ | Kippspannung ohne Gatestrom. | |
| Rückwärtsrichtung | Die der Schaltrichtung entgegengesetzte Richtung von Strom und Spannung. | |
| Schneller Thyristor | Thyristor mit kleiner Freiwerdezeit. | |
| Vorwärtsrichtung, Schaltrichtung | Die Richtung der Spannung von Anode zu Katode, bei welcher der Thyristor schaltbar ist. | |
| Vorwärtsspannung $U_F$ | In Vorwärtsrichtung anliegende Spannung. | |
| Vorwärtsstrom $I_F$ | In Vorwärtsrichtung fließender Strom. | |
| Zündpulsdauer $t_{GP}$ | Mindestdauer eines Zündimpulses. | |
| Zündstrom $I_G$ | Der Gatestrom, der das Umschalten vom sperrenden in den leitenden Zustand bewirkt. | |
| Zündzeit $t_G$ | Zeitdauer, nach welcher der Zündstrom den Thyristor leitend gemacht hat. | **Kennlinien eines 22-A-Thyristors** |

## Wirkungsweise der Thyristoren

| Aufbau | Erklärung | Daten (Beispiele) |
|---|---|---|
| **Rückwärts sperrende Thyristortriode** (häufigste Thyristorart) | Der Thyristor (Kunstwort aus Thyratron = schaltbare Röhre und Resistor = Widerstand) ist ein Halbleiterbauelement mit wenigstens vier aufeinander folgenden Halbleiterzonen wechselnden Leitfähigkeitstyps, z.B. PNPN (siehe „Thyristoren und Triggerdioden"). Alle können vom sperrenden Zustand in den leitenden gebracht werden, sind also *einschaltbare* Stromventile. Dieses Einschalten kann z.B. durch einen Steuerstrom erfolgen. Das Abschalten durch einen Steuerstrom ist beim *Abschaltthyristor* (GTO-Thyristor) möglich. Bei allen Thyristorarten wird der sperrende Zustand von selbst erreicht, wenn der Haltestrom unterschritten wird, z.B. bei Wechselstrom. Das Abschalten eines Gleichstromes erfordert dagegen bei den nicht durch Steuerstrom abschaltbaren Thyristoren besondere *Löscheinrichtungen*. Die allgemeinen Begriffe für Gleichrichterdioden gelten auch für Thyristoren. Der Schutz von Thyristoren ist wie bei Gleichrichterdioden durchzuführen. | **Rückwärts sperrende Thyristortriode:** $I_{Fmax}$ = 0,4 A bis 4,5 kA $U_{Rmax}$ = 50 V bis 8 kV $U_F$ ≈ 2 V bis 3 V $f_S$ ≤ 100 kHz **GTO-Thyristor:** $I_{Fmax}$ = 0,4 A bis 3 kA $U_{Rmax}$ = 50 V bis 5 kV $U_F$ ≈ 2 V bis 3 V $f_S$ ≤ 10 kHz |

| | | | |
|---|---|---|---|
| $f_S$ | Schaltfrequenz | $t_G$ | Zündzeit |
| $I_G$ | Gatestrom (Steuerstrom) | $t_{GD}$ | Mindestdauer für Zündimpuls |
| $I_{Fmax}$ | max. zul. Vorwärtsstrom | | |
| $I_F$ | Vorwärtsstrom | $U_F$ | Vorwärtsspannung |
| $I_H$ | Haltestrom | $U_K$ | Kippspannung |

| | |
|---|---|
| $U_{K0}$ | Kippspannung bei $I_G = 0$ |
| $U_R$ | Rückwärtsspannung |
| $U_{Rmax}$ | max. zulässige Rückwärtsspannung |
| $\vartheta_j$ | Sperrschichttemperatur |

# Thyristorarten und Triggerdiode   Thyristor types and trigger diode

| Prinzip, Bezeichnung | Gehäuse (Beispiele) | Schaltzeichen, Bezugspfeile | Typische Kennlinie | Anwendungen, Bemerkung |
|---|---|---|---|---|
| P-Gate-Thyristor | z. B. TO 48  bis etwa M 1:5 | A an Gehäuse | mit $I_{G1}$ | Steuerbarer Gleichrichter, kontaktloser Wechselstromschalter.  von 100 V bis 8000 V  0,4 A bis 4500 A |
|  |  |  |  | Scheibenthyristor für höchste Leistungen, meist mit Wasserkühlung. |
| N-Gate-Thyristor | z. B. TO 66  etwa M 1:2 | | $I_{G1} < I_{G2}$  mit $I_{G2}$ | Wie P-Gate-Thyristor, jedoch nur für kleinere Leistungen. |
|  |  |  |  | Beschaltet mit Spannungsteiler als PUT bezeichnet (Programmierbarer UJT). |
| Abschaltthyristor, GTO-Thyristor | z. B. TO 39  etwa M 1:1 | | | Abschaltbarer kontaktloser Schalter für Gleichstrom, z. B. in Stromrichtern mit Pulsweitenmodulation.  von 100 V bis 4500 V  1 A bis 3000 A |
| Rückwärts leitender Thyristor | z. B TO 220 | | | Für Wechselrichterschaltungen an Stelle von P-Gate-Thyristor mit gegenparalleler Diode. |
| Triac | etwa M 1:2 | | | Wechselstromsteller für Dimmer und Drehzahlsteller bei Elektrowerkzeugen.  von 100 V bis 1200 V  1 A bis 120 A |
| MCT, spannungsgesteuerter Thyristor | z. B. TO 126  etwa M 1:2 | $U_{GA}$ | $U_{GA}$ | MCT von MOS-Controlled-Thyristor = MOSFET-gesteuerter Thyristor. Enthält einen FET zum Einschalten ($U_{GA} < 0$) und einen FET zum Ausschalten ($U_{GA} > 0$). $U_{GA}$ muss dauernd anstehen.  $U_F \leq 1,5$ V, $U_R \leq 1,6$ kV, $I_F \leq 800$ A |
| Diac | etwa M 2:1 | | | Triggerdiode, z. B. für Triacs.  Schaltspannung 35 V  1 mA bis 10 mA |

A Anode, A1 Hauptanschluss 1, A2 Hauptanschluss 2, G Gate, GA anodenseitiges Gate, GK katodenseitiges Gate, GTO von Gate Turn Off = über Gate abschaltbar, K Katode, $I_F$ Vorwärtsstrom, $I_G$ Gatestrom, $U_F$ Vorwärtsspannung.

# Gehäuseformen von Dioden, Transistoren und IC
## Types of housings of diodes, transistors and ICs

## Dioden

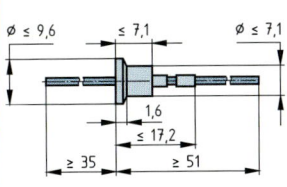

JEDEC DO 1

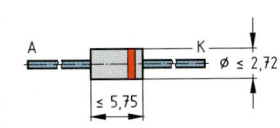

JEDEC DO 15

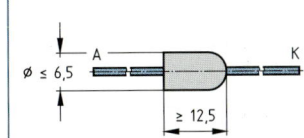

SOD 18

## Transistoren

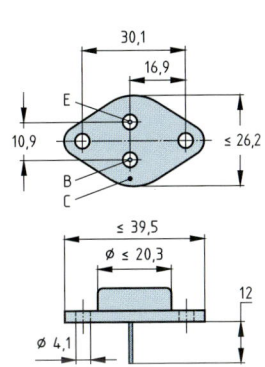

Kollektor am Metallgehäuse
JEDEC TO 3

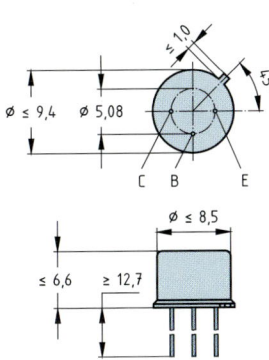

Kollektor am Metallgehäuse
JEDEC TO 39     DIN 5 C 3

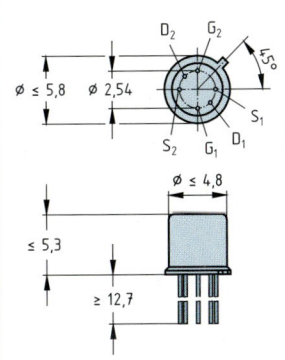

Source am Montageflansch
JEDEC TO 71

## Integrierte Schaltkreise (IC)

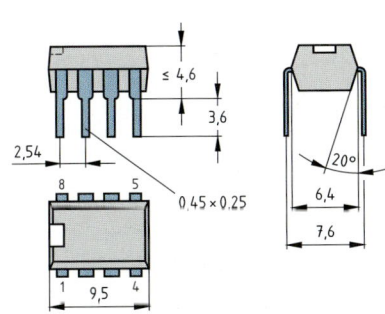

**Plastik-Steckgehäuse 8 Anschlüsse (20 A8)**
**Dual-Inline**

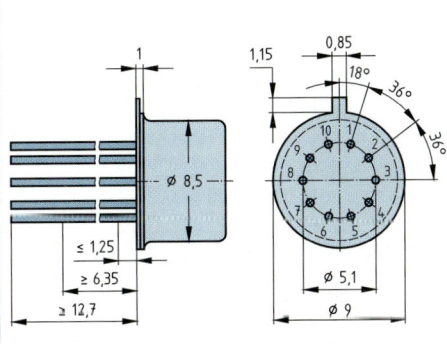

**Metallgehäuse 10 Anschlüsse**

DO Diode Outline, JEDEC Joint Electron Device Engineering Council (USA-Bezeichnungen), SOD Small Outline Diode, SOT Small Outline Transistor, TO Transistor Outline

| Schaltzeichen, Bezeichnung | Aufbau | Daten | Bemerkungen |
|---|---|---|---|

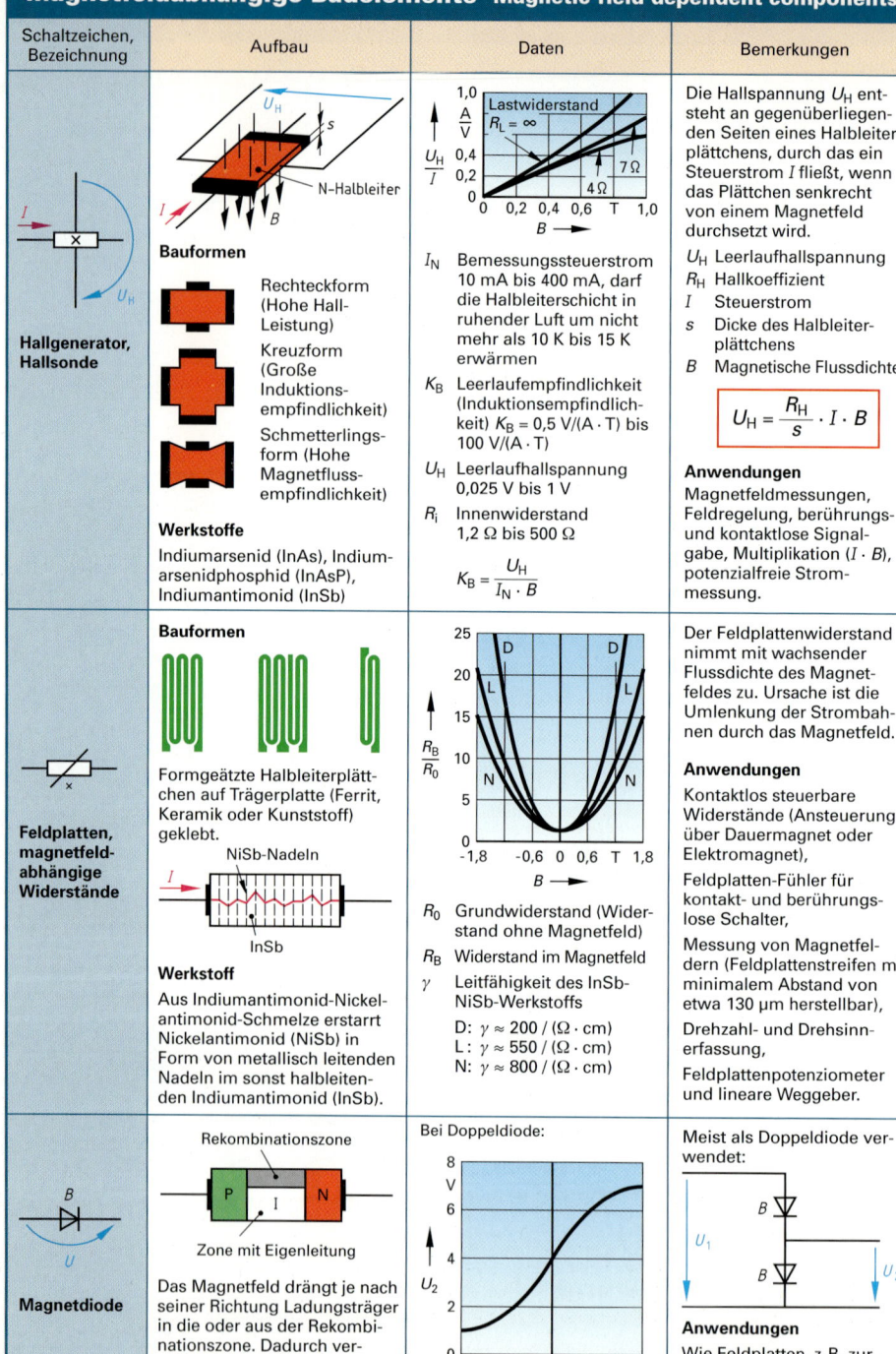

## Hallgenerator, Hallsonde

$U_H$

$I$

**N–Halbleiter**

$s$

$B$

**Bauformen**

Rechteckform (Hohe Hall-Leistung)

Kreuzform (Große Induktions-empfindlichkeit)

Schmetterlings-form (Hohe Magnetfluss-empfindlichkeit)

**Werkstoffe**

Indiumarsenid (InAs), Indium-arsenidphosphid (InAsP), Indiumantimonid (InSb)

**Daten (Hallgenerator):**

Lastwiderstand $R_L = \infty$, $7\,\Omega$, $4\,\Omega$

$\dfrac{U_H}{I}$ in $\dfrac{A}{V}$, $B$ in T

$I_N$ Bemessungssteuerstrom 10 mA bis 400 mA, darf die Halbleiterschicht in ruhender Luft um nicht mehr als 10 K bis 15 K erwärmen

$K_B$ Leerlaufempfindlichkeit (Induktionsempfindlich-keit) $K_B = 0,5\ V/(A \cdot T)$ bis $100\ V/(A \cdot T)$

$U_H$ Leerlaufhallspannung 0,025 V bis 1 V

$R_i$ Innenwiderstand 1,2 Ω bis 500 Ω

$$K_B = \frac{U_H}{I_N \cdot B}$$

**Bemerkungen:**

Die Hallspannung $U_H$ entsteht an gegenüberliegenden Seiten eines Halbleiter-plättchens, durch das ein Steuerstrom $I$ fließt, wenn das Plättchen senkrecht von einem Magnetfeld durchsetzt wird.

$U_H$ Leerlaufhallspannung
$R_H$ Hallkoeffizient
$I$ Steuerstrom
$s$ Dicke des Halbleiter-plättchens
$B$ Magnetische Flussdichte

$$U_H = \frac{R_H}{s} \cdot I \cdot B$$

**Anwendungen**

Magnetfeldmessungen, Feldregelung, berührungs- und kontaktlose Signal-gabe, Multiplikation ($I \cdot B$), potenzialfreie Strom-messung.

---

## Feldplatten, magnetfeld-abhängige Widerstände

**Bauformen**

Formgeätzte Halbleiterplätt-chen auf Trägerplatte (Ferrit, Keramik oder Kunststoff) geklebt.

$I$

NiSb-Nadeln

InSb

**Werkstoff**

Aus Indiumantimonid-Nickel-antimonid-Schmelze erstarrt Nickelantimonid (NiSb) in Form von metallisch leitenden Nadeln im sonst halbleiten-den Indiumantimonid (InSb).

**Daten:**

$\dfrac{R_B}{R_0}$ über $B$ in T

Kurven D, L, N

$R_0$ Grundwiderstand (Wider-stand ohne Magnetfeld)

$R_B$ Widerstand im Magnetfeld

$\gamma$ Leitfähigkeit des InSb-NiSb-Werkstoffs

D: $\gamma \approx 200\ / (\Omega \cdot cm)$
L: $\gamma \approx 550\ / (\Omega \cdot cm)$
N: $\gamma \approx 800\ / (\Omega \cdot cm)$

**Bemerkungen:**

Der Feldplattenwiderstand nimmt mit wachsender Flussdichte des Magnet-feldes zu. Ursache ist die Umlenkung der Strombah-nen durch das Magnetfeld.

**Anwendungen**

Kontaktlos steuerbare Widerstände (Ansteuerung über Dauermagnet oder Elektromagnet),

Feldplatten-Fühler für kontakt- und berührungs-lose Schalter,

Messung von Magnetfel-dern (Feldplattenstreifen mit minimalem Abstand von etwa 130 µm herstellbar),

Drehzahl- und Drehsinn-erfassung,

Feldplattenpotenziometer und lineare Weggeber.

---

## Magnetdiode

$B$

$U$

Rekombinationszone

P   I   N

Zone mit Eigenleitung

Das Magnetfeld drängt je nach seiner Richtung Ladungsträger in die oder aus der Rekombi-nationszone. Dadurch ver-größert sich der Widerstand der Strecke Anode-Katode.

**Bei Doppeldiode:**

$U_2$ in V über $B$ in T

**Bemerkungen:**

Meist als Doppeldiode ver-wendet:

$U_1$

$B$

$B$

$U_2$

**Anwendungen**

Wie Feldplatten, z. B. zur Felderfassung bei Elektro-technikmotoren

# Fotoelektronische Bauelemente  Photoelectronic components

M

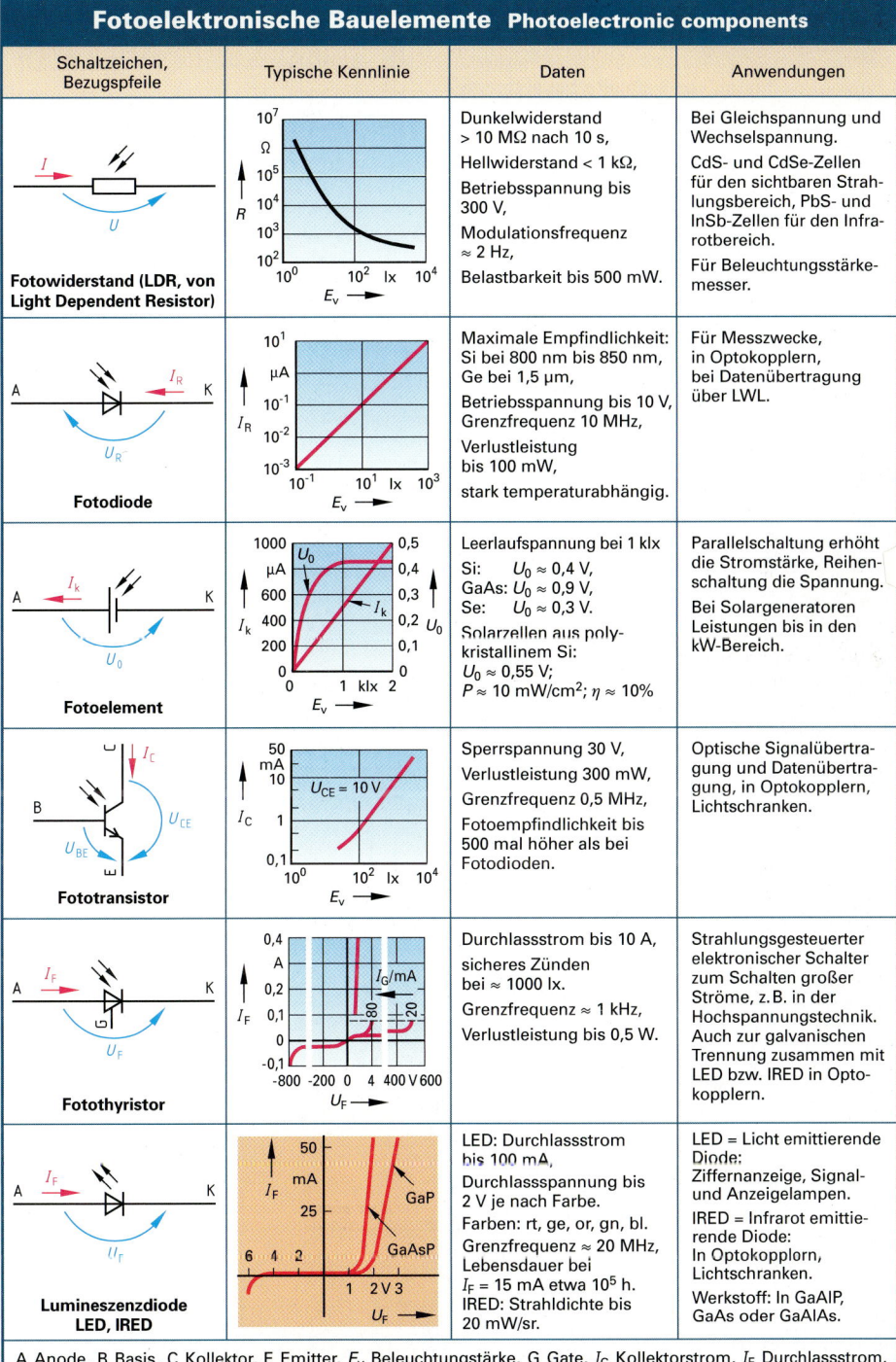

| Schaltzeichen, Bezugspfeile | Typische Kennlinie | Daten | Anwendungen |
|---|---|---|---|
| **Fotowiderstand (LDR, von Light Dependent Resistor)** | | Dunkelwiderstand > 10 MΩ nach 10 s, Hellwiderstand < 1 kΩ, Betriebsspannung bis 300 V, Modulationsfrequenz ≈ 2 Hz, Belastbarkeit bis 500 mW. | Bei Gleichspannung und Wechselspannung. CdS- und CdSe-Zellen für den sichtbaren Strahlungsbereich, PbS- und InSb-Zellen für den Infrarotbereich. Für Beleuchtungsstärkemesser. |
| **Fotodiode** | | Maximale Empfindlichkeit: Si bei 800 nm bis 850 nm, Ge bei 1,5 µm, Betriebsspannung bis 10 V, Grenzfrequenz 10 MHz, Verlustleistung bis 100 mW, stark temperaturabhängig. | Für Messzwecke, in Optokopplern, bei Datenübertragung über LWL. |
| **Fotoelement** | | Leerlaufspannung bei 1 klx Si: $U_0 \approx 0{,}4$ V, GaAs: $U_0 \approx 0{,}9$ V, Se: $U_0 \approx 0{,}3$ V. Solarzellen aus polykristallinem Si: $U_0 \approx 0{,}55$ V; $P \approx 10$ mW/cm$^2$; $\eta \approx 10\%$ | Parallelschaltung erhöht die Stromstärke, Reihenschaltung die Spannung. Bei Solargeneratoren Leistungen bis in den kW-Bereich. |
| **Fototransistor** | | Sperrspannung 30 V, Verlustleistung 300 mW, Grenzfrequenz 0,5 MHz, Fotoempfindlichkeit bis 500 mal höher als bei Fotodioden. | Optische Signalübertragung und Datenübertragung, in Optokopplern, Lichtschranken. |
| **Fotothyristor** | | Durchlassstrom bis 10 A, sicheres Zünden bei ≈ 1000 lx. Grenzfrequenz ≈ 1 kHz, Verlustleistung bis 0,5 W. | Strahlungsgesteuerter elektronischer Schalter zum Schalten großer Ströme, z. B. in der Hochspannungstechnik. Auch zur galvanischen Trennung zusammen mit LED bzw. IRED in Optokopplern. |
| **Lumineszenzdiode LED, IRED** | | LED: Durchlassstrom bis 100 mA. Durchlassspannung bis 2 V je nach Farbe. Farben: rt, ge, or, gn, bl. Grenzfrequenz ≈ 20 MHz, Lebensdauer bei $I_F = 15$ mA etwa $10^5$ h. IRED: Strahldichte bis 20 mW/sr. | LED = Licht emitierende Diode: Ziffernanzeige, Signal- und Anzeigelampen. IRED = Infrarot emitierende Diode: In Optokopplern, Lichtschranken. Werkstoff: In GaAlP, GaAs oder GaAlAs. |

A Anode, B Basis, C Kollektor, E Emitter, $E_v$ Beleuchtungstärke, G Gate, $I_C$ Kollektorstrom, $I_F$ Durchlassstrom, $I_k$ Kurzschlussstrom, $I_R$ Rückwärtsstrom, K Katode, $P$ Leistung, $U_{BE}$ Basis-Emitterspannung, $U_{CE}$ Kollektor-Emitterspannung, $U_0$ Leerlaufspannung, $U_F$ Vorwärtsspannung, $U_R$ Rückwärtsspannung, $\eta$ Wirkungsgrad.

### Typenbezeichnung von Halbleiterbauelementen

| Erster Buchstabe | Zweiter Buchstabe | | Folgende Zeichen |
|---|---|---|---|
| A Germanium<br>B Silicium<br>C Halbleiterwerkstoff mit Bandabstand ≥ 1,3 eV, z. B. Gallium-arsenid<br>D Halbleiterwerkstoff mit Bandabstand ≥ 0,6 eV, z. B. Gallium-antimonid<br>R Polykristalliner Halb-leiterwerkstoff, z. B. Cadmiumsulfid | A Diode<br>B Kapazitätsdiode<br>C NF-Transistor<br>D NF-Leistungstransistor<br>E Tunneldiode<br>F HF-Transistor<br>H Hall-Feldsonde<br>K Hallgenerator, auch M<br>L HF-Leistungstransistor<br>M Hallgenerator, auch K<br>N Optokoppler | P Strahlungsempfind-liches Bauelement<br>Q Strahlungserzeugen-des Bauelement<br>R Thyristor, alte Serien<br>S Schalttransistor<br>T Thyristor, Triac<br>U Leistungs-Schalttransistor<br>X Vervielfacher-Diode<br>Y Leistungsdiode<br>Z Z-Diode | Bei Industrietypen be-steht die Kennzeichnung aus drei Buchstaben und zwei Ziffern.<br>Der dritte Buchstabe und die weiteren Ziffern dienen der laufenden Kennzeichnung. |
| Bei Leistungsdioden und Thyristoren gibt die letzte Zahl die höchst-zulässige periodische Spitzensperrspannung $U_{RFM}$ in Vorwärts- bzw. $U_{RRM}$ in Rückwärtsrich-tung an, und zwar jeweils den kleineren Wert. | Bei Z-Dioden: .../C 8 V 2<br>Buchstabe C: Toleranz der Z-Spannung<br>A: ± 1%; B: ± 2%<br>C: ± 5%; D: ± 10%<br>E: ± 20%.<br>8 V 2 bedeutet Z-Spannung 8,2 V | Amerikanische Bezeichnung:<br>1 N – Eine Sperrschicht, z. B. Diode 1 N 4001<br>2 N – Zwei Sperrschichten, z. B. Transistor 2 N 2219 | Proelectron-Bezeichnung:<br>BC 238 Silicium-NF-Transistor<br>AA 118 Germanium-diode<br>BSX 20 Silicium-Schalttransistor (Industrietyp) |

### Grundschaltungen mit bipolaren Transistoren

| Größen | Emitterschaltung | Kollektorschaltung | Basisschaltung |
|---|---|---|---|
| B Basis<br>C Kollektor<br>E Emitter<br><br>NPN  PNP | | | |
| Eingangswiderstand | mittel, z. B. 5 kΩ | groß, z. B. 50 kΩ | klein, z. B. 50 Ω |
| Ausgangswiderstand | groß, z. B. 10 kΩ | klein, z. B. 100 Ω | groß, z. B. 10 kΩ |
| Strom-verstärkungsfaktor $I_2/I_1$ | groß, z. B. 300 | groß, z. B. 300 | < 1 |
| Spannungs-verstärkungsfaktor $U_2/U_1$ | groß, z. B. 300 | < 1 | groß, z. B. 100 |
| Leistungs-verstärkungsfaktor $P_2/P_1$ | sehr groß, z. B. 30 000 | groß, z. B. 200 | groß, z. B. 200 |
| Anwendungs-beispiele | für NF- und HF-Verstärker, soweit nicht IC oder Operationsverstärker | in NF-Eingangsstufen, z. B. Impedanzwandler | noch als HF-Verstärker |

Die angegebenen Werte sind Richtwerte und gelten für NPN-Kleinleistungstransistoren.

# Schutzbeschaltung von Dioden und Thyristoren
## Protection connections for diodes and thyristors

## Überspannungsschutz

| Schaltung | Wirkung | Bemerkung |
|---|---|---|
| (Schaltung mit R1, $Z_L$) | Die Freilaufdiode R1 verhindert Spannungsspitzen bei Abschaltung der Gleichspannung für $Z_L$. Sonstige Überspannungen, z.B. vom Netz, werden von V1 nicht beeinflusst.<br><br>$Z_L$ Last-Scheinwiderstand | Die Nennspannung (Bemessungsspannung) von R1 muss so groß wie die Gleichspannung sein. Der Nennstrom (Bemessungsstrom) von R1 muss etwa so groß sein wie der Bemessungsstrom der Gleichrichterschaltung. |
| (Schaltung mit R2, T1) | Zwei gegeneinander geschaltete Z-Dioden R2 werden bei Überspannung leitend.<br><br>Bei großen Anlagen werden anstelle der Z-Dioden Suppressordioden oder auch Avalanchedioden (von avalanche = Lawine, stoßspannungsfeste Diode) verwendet. | An Stelle von Z-Dioden bzw. Suppressordioden können bei Stromrichtern bis 20 A auch VDR-Widerstände (Varistoren) verwendet werden.<br><br>Anwendung ist bei AC (Wechselspannung) oder DC (Gleichspannung) möglich. |
| (Schaltung mit Q1, R3, $R_L$) | Die Kippdiode R3, z.B. Vierschichtdiode, wird bei Spannungen von 400 V bis 4000 V leitend. Dadurch zündet der Thyristor (Schutzzündung). | Schutz von Thyristoren in Blockierrichtung (Vorwärtsrichtung des nicht gezündeten Thyristors), wenn Schutzzündung über R3 möglich ist. |
| (Schaltung mit Q1, R1, Q2, R2, $U$, $U_{d\alpha}$) | Kombinierter Schutz durch RC-Beschaltung der Zweige und VDR-Widerstand am Eingang.<br><br>Anstelle des VDR-Widerstands können auch Suppressordioden verwendet werden.<br><br>Bei induktiver Last ist zusätzlich eine Freilaufdiode parallel zur Last zweckmäßig. | Nur zum Schutz kleiner Stromrichter geeignet.<br><br>Anstelle der RC-Beschaltung können auch Gasableiter (Ansprechspannung 70 V) verwendet werden.<br><br>$U_{d\alpha}$ gleichgerichtete Spannung beim Zündwinkel $\alpha$ |

## Überstromschutz

| Schaltung | Bemerkung | Sicherungsgröße | | |
|---|---|---|---|---|
| | | Dauergleichstrom in A | Zweigsicherung in A | Strangsicherung in A |
| Anordnung der Zweigsicherungen | Bei Gegenspannungsbelastung sind Zweigsicherungen den Strangsicherungen vorzuziehen. | Schaltung B2 | | |
| | | 20 | 16 | 25 |
| | | 40 | 35 | 50 |
| Anordnung der Strangsicherungen | Anwendung bis etwa 20 kW.<br>Ein zuverlässiger Schutz der Halbleiterbauelemente erfordert superflinke Schmelzsicherungen oder entsprechende Schutzschalter. | Schaltung B6 | | |
| | | 30 | 20 | 25 |
| | | 60 | 35 | 50 |

Bei zu steilem Stromanstieg (zu großem d$i$/d$t$) werden die Sperrschichten örtlich überhitzt, da sich der Strom nicht gleichmäßig über den Querschnitt verteilt. Die Schutzdrossel verhindert den zu steilen Stromanstieg.

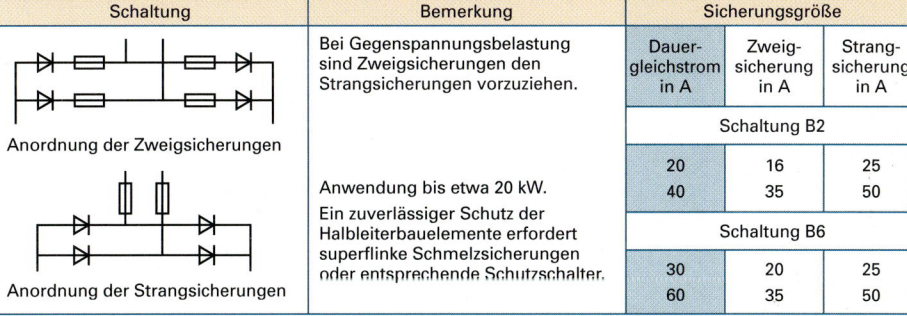

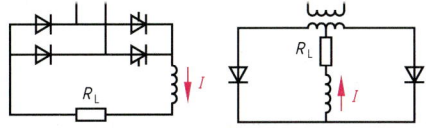

Schutzdrosseln, unipolar stromdurchflossen

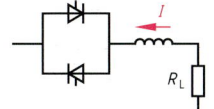
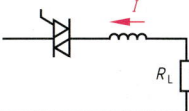

Schutzdrosseln, bipolar stromdurchflossen

## Wärmewiderstände

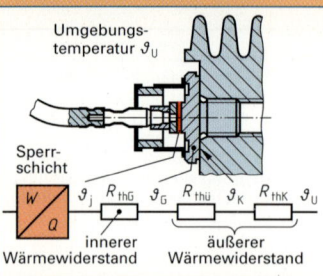

Umgebungstemperatur $\vartheta_U$

Sperrschicht

$$[R_{th}] = \text{Kelvin / Watt} = \text{K / W}$$

$$R_{th} = \frac{\Delta\vartheta}{P_v}$$

$$R_{thG} = \frac{\vartheta_j - \vartheta_G}{P_v}$$

$$R_{thU} = R_{thG} + R_{th\ddot{U}} + R_{thK}$$

$$R_{thU} = \frac{\vartheta_j - \vartheta_U}{P_v}$$

$\boxed{W \atop Q}$ — $\vartheta_j$ — $R_{thG}$ — $\vartheta_G$ — $R_{th\ddot{u}}$ — $\vartheta_K$ — $R_{thK}$ — $\vartheta_U$

innerer Wärmewiderstand · äußerer Wärmewiderstand

In Datenblättern wird für Bauelemente ohne Kühlkörper als Wärmewiderstand der gesamte Wärmewiderstand $R_{thU}$ angegeben, für Bauelemente mit Kühlkörper aber nur der innere Wärmewiderstand $R_{thG}$.

## Wärmewiderstände von Kühlblechen und Kühlkörpern

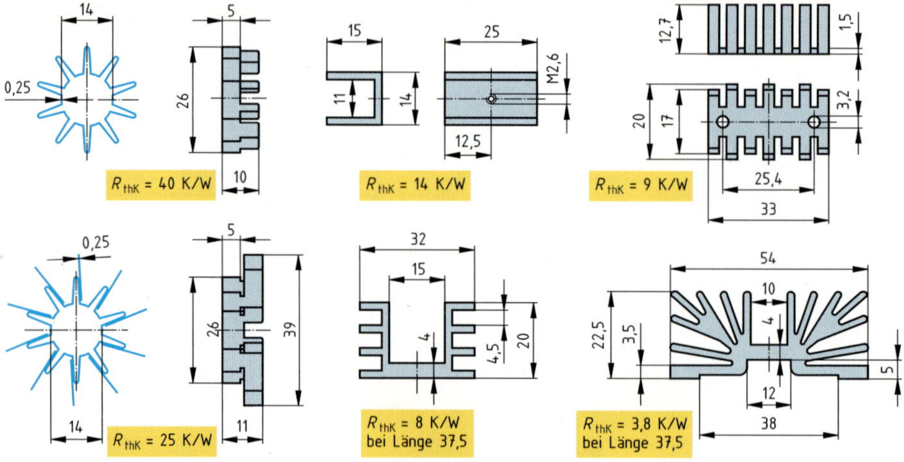

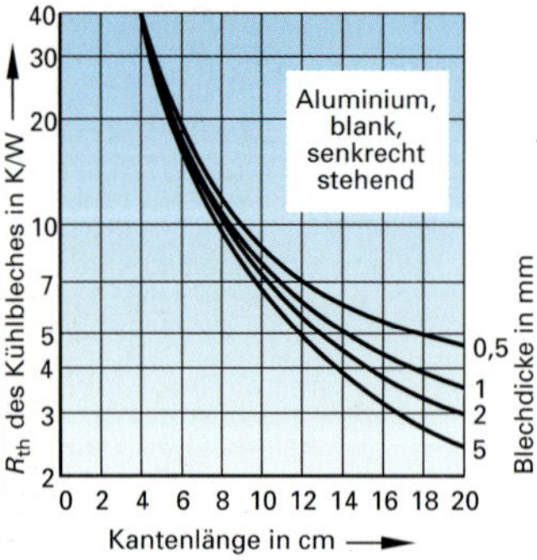

14 · 0,25 · 5 · 26 · 10 · $R_{thK} = 40$ K/W

15 · 11 · 14 · 12,5 · $R_{thK} = 14$ K/W

25 · M2,6 · $R_{thK} = 9$ K/W

12,7 · 1,5 · 20 · 17 · 3,2 · 25,4 · 33

0,25 · 26 · 39 · 14 · 11 · $R_{thK} = 25$ K/W

32 · 15 · 4 · 4,5 · 20 · $R_{thK} = 8$ K/W bei Länge 37,5

54 · 10 · 22,5 · 3,5 · 4 · 5 · 12 · 38 · $R_{thK} = 3,8$ K/W bei Länge 37,5

Aluminium, blank, senkrecht stehend

$R_{th}$ des Kühlbleches in K/W — Kantenlänge in cm

Blechdicke in mm: 0,5 · 1 · 2 · 5

$g = \frac{t_i}{T}$

$\frac{r_{thG}}{R_{thG}}$ — g — 0,5 · 0,2 · 0,1 · 0,05 · 0,02 · 0,01 · 0,005 · g=0

$t_i$ · $T$

Bei waagrechter Anordnung muss die Kühlfläche das 1,2fache einer senkrechten Kühlfläche betragen, bei geschwärzter Kühlfläche mindestens das 0,9fache einer blanken Kühlfläche (**Bild links**).

Bei impulsartiger Belastung kann bei Halbleiterbauelementen je nach Tastgrad $g$ (**Bild rechts**) ein kleinerer Impulswärmewiderstand $r_{thG}$ für die Rechnung verwendet werden.

**Wärmewiderstand senkrecht stehender, quadratischer, blanker Aluminiumbleche**

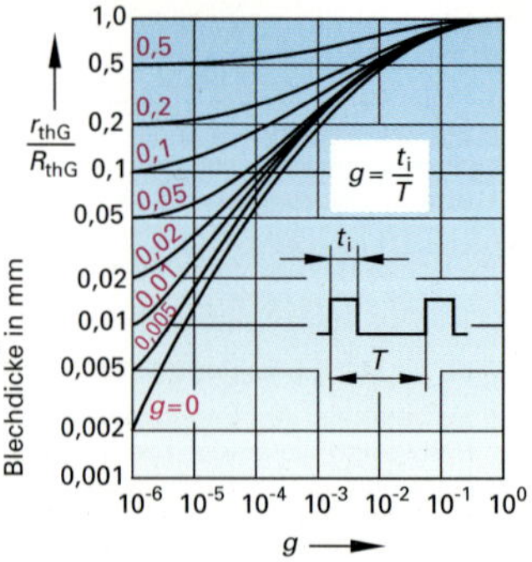

**Impulswärmewiderstand eines Transistors**

| | | | | | |
|---|---|---|---|---|---|
| $g$ | Tastgrad | $R_{thK}$ | Wärmewiderstand zwischen Kühlkörper und Kühlmittel (auch $R_{thKU}$) | $t_i$ | Impulsdauer |
| $P_v$ | Verlustleistung | | | $T$ | Pulsperiodendauer |
| $R_{th}$ | Wärmewiderstand, allgemein | $R_{thU}$ | Wärmewiderstand (auch $R_{thjU}$) | $\vartheta_G$ | Gehäusetemperatur |
| $R_{thG}$ | innerer Wärmewiderstand zwischen Sperrschicht und Gehäuse (auch $R_{thjG}$) | $R_{th\ddot{u}}$ | Wärmewiderstand zwischen Gehäuse und Kühlkörper (auch $R_{thGK}$) | $\vartheta_j$ | Sperrschichttemperatur |
| | | | | $\vartheta_K$ | Kühlkörpertemperatur |
| | | | | $\vartheta_U$ | Umgebungstemperatur |

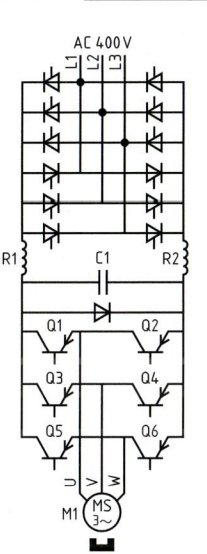
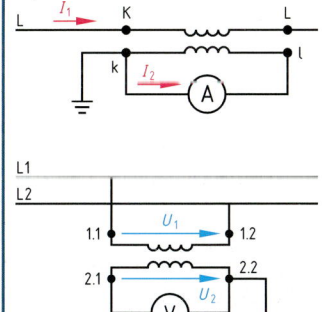
Technische Dokumentation, Messen

**TM**

| Ansicht | Beschreibung | Ergänzungen, Bemerkungen |
|---|---|---|

## xy-Koordinaten (rechtwinklige Koordinaten, kartesische Koordinaten)

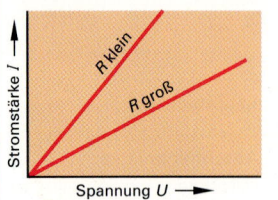

**Quadranten**

In einem rechtwinkligen Achsenkreuz (Koordinatensystem) zeigt ein Graph (eine Schaulinie) die abhängige Variable in der Senkrechten und die unabhängige Variable (Veränderliche) in der Waagrechten: $y = f(x)$. Werden drei Größen in einem Achsenkreuz dargestellt, hält man die dritte Größe als *Parameter* konstant. Dabei entsteht eine *Kurvenschar* mit verschiedenen Parametern.

| Quadrant | x-Achse | y-Achse |
|---|---|---|
| 1 | + | + |
| 2 | – | + |
| 3 | – | – |
| 4 | + | – |

---

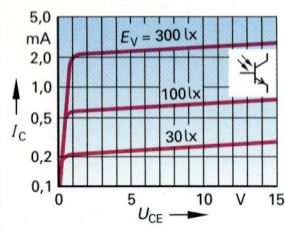

**Widerstandskennlinien**

Waagrechte Achse (x-Achse, Abszisse) für die unabhängige Variable, z. B. die Ursache oder die Zeit.

Formelzeichen und Einheit unter der Achse, Pfeilspitze zeigt in positive Achsrichtung. Zunehmende Werte werden nach rechts, abnehmende nach links abgetragen.

Senkrechte Achse (y-Achse, Ordinate) für die abhängige Variable: $y = f(x)$.

Formelzeichen und Einheit links neben der Achse. Zunehmende Werte nach oben und abnehmende nach unten abtragen.

Pfeile auch parallel zu den Achsen möglich, Formelzeichen dann am Beginn der Pfeile.

Beschriftung muss von unten lesbar sein, nur ausnahmsweise von rechts (z. B. bei langen Ausdrücken).

---

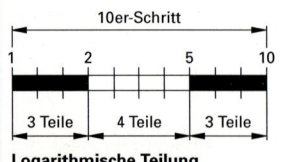

**Fototransistorkennlinien**

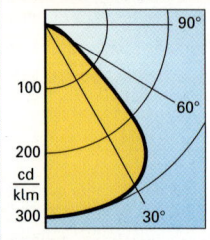

**Logarithmische Teilung**

**Darstellung mit Netzlinien**

Bei der quantitativen Darstellung sind die Achsen in gleichmäßigen oder unterschiedlichen Schritten aufgeteilt. Negative Werte sind mit dem Minuszeichen und die Nullpunkte beider Achsen mit einer Null zu kennzeichnen.

Umfassen die Werte einer Achse einen großen Bereich, teilt man sie im *logarithmischen Maßstab*. Der Abstand von 1 bis 10 ist gleich groß wie der Abstand von 10 bis 100 oder der Abstand von 100 bis 1000.

Das Einheitenzeichen schreibt man bei allen Diagrammen a) zwischen die letzten beiden Zahlen, b) hinter das Formelzeichen oder c) als Bruch: Formelzeichen dividiert durch Einheit.

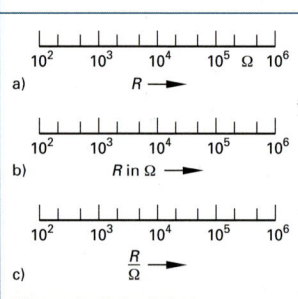

**Alternativen der Achsenbeschriftung**

## Polarkoordinaten

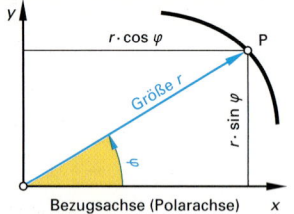

**Verteilung der Lichtstärke einer Leuchte**

Zur Darstellung von *Richtkennlinien* verwendet man Polarkoordinaten. Sie dienen zur Darstellung der Abhängigkeit einer Größe von einem Winkel.

Umrechnung:

$x = r \cdot \cos \varphi$

$y = r \cdot \sin \varphi$

$r = \sqrt{x^2 + y^2}$

**Polarkoordinaten (Aufbau)**

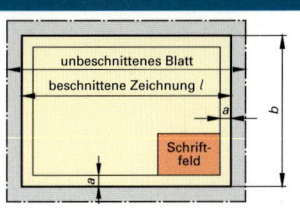

| Blattgrößen | Beschnittene Zeichnungen | | |
|---|---|---|---|
| | $A = l \cdot b$ in m² | Länge $l$ in mm | Breite $b$ in mm |
| A0 | 1 | 1189 | 841 |
| A1 | 0,5 | 841 | 594 |
| A2 | 0,25 | 594 | 420 |
| A3 | 0,125 | 420 | 297 |
| A4 | 0,0625 | 297 | 210 |

Schriftfeldabstand $a = 5$ mm    $l/b = \sqrt{2} : 1 = 1,414 : 1$

Für Zeichnungen ist Hochformat oder Querformat zulässig. Der Heftrand kann 20 mm breit sein; die Nutzfläche des Blattes verringert sich entsprechend.

**TM**

## Faltung von Zeichnungen auf A4

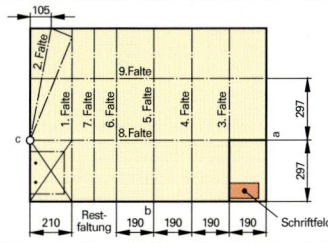

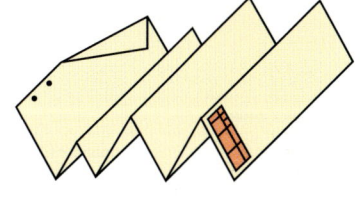

## Beschriftung, Schriftzeichen (Schriftform B, v)

äbcdefghijklmnöpqrstüvwxyzßø□

[(&?!";,–=+×·:√ %)]1234567890I

ÄBCDEFGHIJKLMNÖPQRSTÜVWXYZ

darf vertikal (v = senkr.) oder unter 15° nach rechts geneigt (k = kursiv) geschrieben werden.

Nach Norm hat die Schriftform A (≙ Engschrift) eine Linienbreite von $^1/_{14}$ mal der Schriftgröße $h$ und die **Schriftform B** (≙ Mittelschrift) eine Linienbreite von $^1/_{10}$ mal der Schriftgröße $h$. Bei gleichzeitiger Verwendung von Groß- und Kleinbuchstaben muss die Mindestschriftgröße $h = 3,5$ mm betragen.

## Griechisches Alphabet

| | | | | | | | | | | | |
|---|---|---|---|---|---|---|---|---|---|---|---|
| $\alpha A$ | $\beta B$ | $\gamma \Gamma$ | $\delta \Delta$ | $\varepsilon E$ | $\zeta Z$ | $\eta H$ | $\vartheta \Theta$ | $\iota I$ | $\kappa K$ | $\lambda \Lambda$ | $\mu M$ |
| Alpha | Beta | Gamma | Delta | Epsilon | Zeta | Eta | Theta | Jota | Kappa | Lambda | My |
| $\nu N$ | $\xi \Xi$ | $o O$ | $\pi \Pi$ | $\rho P$ | $\sigma \Sigma$ | $\tau T$ | $\upsilon Y$ | $\varphi \Phi$ | $\chi X$ | $\psi \Psi$ | $\omega \Omega$ |
| Ny | Ksi | Omikron | Pi | Rho | Sigma | Tau | Ypsilon | Phi | Chi | Psi | Omega |

## Linien in Zeichnungen

| Linienarten | | Liniengruppe | | | Anwendung |
|---|---|---|---|---|---|
| | | 0,5 | 0,7 | 1,4 | |
| ——————— | Volllinien (breit) | 0,5 | 0,7 | 1,4 | sichtbare Kanten |
| ——————— | Volllinien (schmal) | 0,25 | 0,35 | 0,7 | Maß- und Maßhilfslinien |
| – – – – – | Strichlinien | 0,35 | 0,5 | 1,0 | verdeckte Kanten |
| — · — · — | Strichpunktlinien (breit) | 0,5 | 0,7 | 1,4 | Schnittverlauf |
| — · — · — | Strichpunktlinien (schmal) | 0,25 | 0,35 | 0,7 | Mittellinien |
| ∿∿∿ | Freihandlinien | 0,25 | 0,35 | 0,7 | Bruchlinien |

## Maßstäbe

| | |
|---|---|
| Natürliche Größe | 1 : 1 |
| Vergrößerungen | 2 : 1 |
| | 5 : 1 |
| | 10 : 1 |
| Verkleinerungen | 1 : 2 |
| | 1 : 5 |
| | 1 : 10 |
| | 1 : 20 |
| | 1 : 50 |
| | 1 : 100 |
| | 1 : 200 |

# Zeichnerische Darstellung von Körpern  Graphical representation of solids

**TM**

## Anordnung der Ansichten

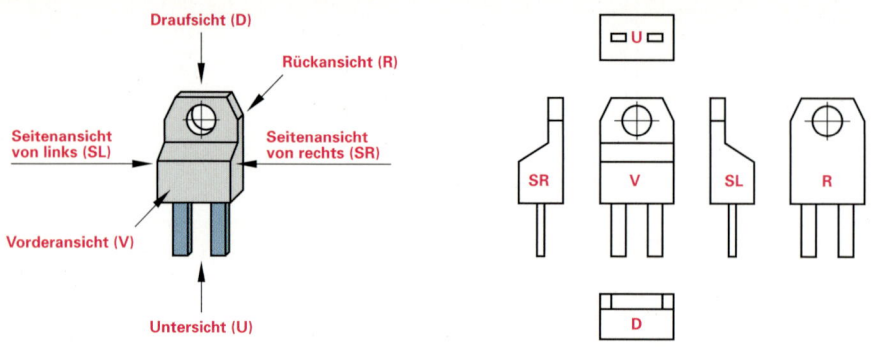

Draufsicht (D)

Rückansicht (R)

Seitenansicht von links (SL)

Seitenansicht von rechts (SR)

Vorderansicht (V)

Untersicht (U)

U

SR  V  SL  R

D

## Axonometrische Projektionen

Rechtwinklige Parallelprojektion

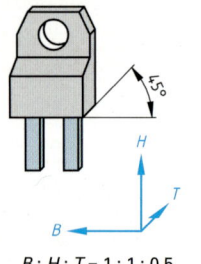

45°

H

T

B

$B : H : T = 1 : 1 : 0,5$

Anwendung für Skizzen.

Dimetrische Projektion

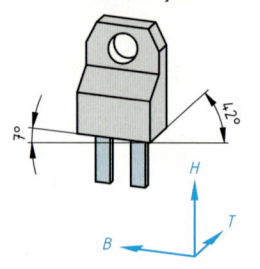

7°

42°

H

T

B

$B : H : T = 1 : 1 : 0,5$

Zeigt in der Vorderansicht Wesentliches.

Isometrische Projektion

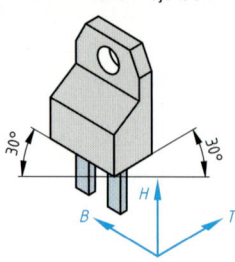

30°

30°

H

B

T

$B : H : T = 1 : 1 : 1$

Zeigt drei Ansichten gleichrangig.

## Normalprojektionen

Projektionsmethode 1: Kennzeichen:

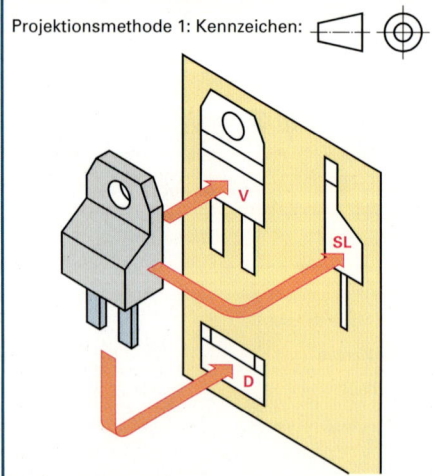

V

SL

D

Anwendung in europäischen Ländern.

Projektionsmethode 3: Kennzeichen:

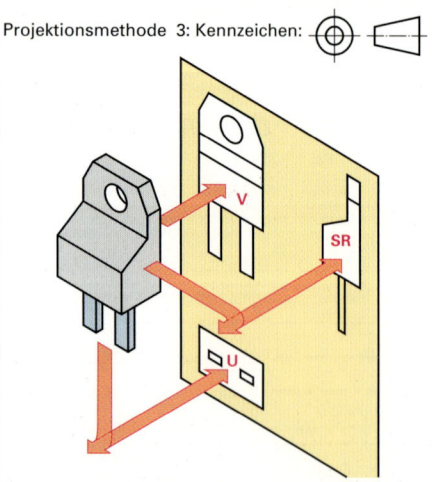

V

SR

U

Anwendung in amerikanischen Ländern und in Datenbüchern.

**TM**

## Maßlinienbegrenzung

| | |
|---|---|
| Maßpfeile: | Immer anwenden bei Radien, Kreisbögen, Durchmessern.<br><br>ausgefüllt $\alpha \approx 15°$<br>$\quad\quad l \approx 5\,d$<br><br>nicht ausgefüllt<br>offen $\quad \alpha = 15°$ bis $90°$<br>$\quad\quad l = 3\,d$ bis $5\,d$<br><br>$d$ Linienbreite |
| Schrägstriche: | Verlaufen von links unten nach rechts oben, bezogen auf die Maßlinie.<br>$l \approx 6\,d$ |
| Punkte: | Dürfen nur bei Platzmangel verwendet werden,<br><br>ausgefüllt: $\quad \varnothing \approx 1{,}5\,d$<br>nicht ausgefüllt: $\quad \varnothing \approx 2{,}5\,d$ |

Für jede Zeichnung ist nur eine Art anzuwenden. Bei Platzmangel sind Kombinationen möglich.

## Schreibrichtung

Leserichtung vorzugsweise von unten und rechts. Zulässig auch in Leselage des Schriftfeldes, nichthorizontale Maßlinien werden unterbrochen.

## Schnitte

| Darstellung | Merkregeln |
|---|---|
| | (a) Schraffur: Dünne Volllinie unter 45° zur Achse oder zu den Hauptumrissen. Schnittflächen und Ausbrüche des gleichen Teiles in einer oder mehreren Ansichten werden in gleicher Art und Richtung schraffiert. |
| | (b) Aneinanderstoßende Werkstücke erhalten entgegengesetzt gerichtete oder verschieden weite Schraffur. |
| | (c) Der Schraffurlinienabstand ist umso größer, je größer die Schnittfläche ist. |
| | (d) Umlaufkanten, die durch den Schnitt sichtbar geworden sind, werden eingezeichnet. |
| | (e) Trennfugen sind als Kanten zu zeichnen. |
| | (f) Vollkörper einfacher Form werden in der Langsrichtung nicht geschnitten. Beispiele: Niete, Bolzen, Wellen, Stifte, Rippen, Schrauben |
| | (g) Ist der Schnittverlauf nicht ohne weiteres ersichtlich, so ist er durch dicke Strichpunktlinien zu kennzeichnen. Die Blickrichtung auf den Schnitt deuten Pfeile an. Buchstaben verwendet man nur zur besseren Übersicht. |

## Bruchlinien und besondere Darstellungen

| Darstellung | Merkregeln |
|---|---|
| | (h) Ausbrüche werden durch dünne Freihandlinien begrenzt.<br>Bei der Darstellung „halb Ansicht – halb Schnitt" wird bei waagrechter Mittellinie (Beispiel d) der Halbschnitt unterhalb, bei senkrechter Mittellinie rechts von ihr angeordnet. Durch dünne Freihandlinien werden dargestellt: |
| | (i) der Bruch flacher Werkstücke, |
| | (k) der Abbruch von Rundkörpern, |
| | (l) der Abbruch von hohlen Rundkörpern, z.B. Rohre. |
| | (m) Spitzkörper sind in abgebrochener Darstellung zusammengeschoben zu zeichnen. |
| | (n) Der Bruch geschnittener, hohler Rundkörper wird durch eine Freihandlinie begrenzt. |
| | (o) Gerundete Übergänge und Kanten können durch dünne Volllinien (Lichtkanten), die vor den Körperkanten enden, dargestellt werden, wenn das Bild dadurch anschaulicher wird. |
| | (p) Flach verlaufende Durchdringungskurven dürfen weggelassen werden. |

# Maßeintragung Dimensioning

| Darstellung | Merkregeln | Darstellung | Merkregeln |
|---|---|---|---|
| ⓐ ⓑ ⓒ (drawing) | ⓐ Abstand der Maßlinien von den Körperkanten mindestens 10 mm, Abstand paralleler Maßlinien mindestens 7 mm. <br> ⓑ Begrenzung der Maßlinien durch Maßpfeile, Schrägstriche oder Punkte (siehe auch vorhergehende Seite). <br> ⓒ Sind mm gemeint, so schreibt man die Maßzahl ohne Einheit. Kennzeichnung der Werkstückdicke durch t (thick = dick). <br> ⓓ Mittellinien und Kanten dürfen nicht als Maßlinien benützt werden. <br> ⓔ Maßhilfslinien ragen 1 mm bis 2 mm über die Maßlinie hinaus. <br> ⓕ Mittellinien können als Maßhilfslinien benützt werden. Außerhalb der Körperkanten können sie durchgezogen sein. <br> ⓖ Nichthorizontale Maßlinien werden für die Maßzahl unterbrochen. <br> ⓗ Die Spitzen der Maßpfeile dürfen nicht an Eckpunkte einer Ansicht anstoßen. <br> ⓘ Maße der Fase dürfen auch durch eine Hinweislinie eingetragen werden. <br> ⓚ Bemaßung der gestreckten Länge. <br> ⓛ Die Maßzahlen dürfen nicht durch Linien getrennt oder gekreuzt werden. <br> ⓜ Bei Maßzahlen in schraffierten Flächen wird die Schraffur unterbrochen. <br> ⓝ Maßzahlen für unmaßstäbliche Maße sind zu unterstreichen. <br> ⓞ Das Durchmesserzeichen ist ein mit einem geraden Strich unter 75° durchstrichener kleiner Kreis. <br> ⓟ Das Durchmesserzeichen ist immer einzutragen, wenn eine Kreisform zugrunde liegt. <br> ⓠ Die Maße dürfen auch auf einer verlängerten und abgewinkelten Maßlinie eingetragen werden. <br> ⓡ Jedes Maß ist nur einmal einzutragen. <br> ⓢ Es sind die Maße einzutragen, die das Werkstück in fertigem Zustand haben soll. <br> ⓣ Ist der Platz für die Maßzahl zu klein, so kann man nach Darstellung A...E verfahren. | ① ② ③ ④ ⑤ ⑥ ⑦ ⑧ ⑨ ⑩ ⑪ ⑫ ⑬ (drawings) | ① Das Quadratzeichen ist vor die Maßzahl zu setzen. <br> ② Mit Diagonalkreuzen können ebene, vierseitige Flächen gekennzeichnet werden. <br> ③ Kugelförmige Elemente erhalten vor das Durchmesserzeichen (oder vor R) den Großbuchstaben S (spherical). <br> ④ Die Kegelform wird mit dem grafischen Symbol und einer Bezugslinie angegeben. Richtung von Symbol und Kegelverjüngung müssen übereinstimmen. <br> ⑤ Es sind nur die zur eindeutigen Bestimmung des Körpers erforderlichen Maße anzugeben. Zusätzliche Maße dürfen als Hilfsmaße in Klammer stehen. <br> ⑥ Die Neigung wird als Verhältnis oder in Prozent angegeben. <br> ⑦ Die Verjüngung wird auch als Verhältnis oder in Prozent angegeben. <br> ⑧ Halbmesser erhalten nur einen Maßpfeil am Kreisbogen. Der Mittelpunkt für Halbmesser muss durch ein Mittellinienkreuz gekennzeichnet werden, wenn seine Lage benötigt wird, z.B. für die Fertigung. <br> ⑨ Vor der Maßzahl wird bei Radien in jedem Falle der Großbuchstabe R gesetzt. Die Maßhilfslinien sind vom Radienmittelpunkt oder aus dessen Richtung zu zeichnen. <br> ⑩ Jedes Maß ist in die Ansicht einzutragen, in der es am klarsten verstanden wird. <br> ⑪ Maße mit Toleranzangabe. Nennmaß und Abmaß werden gleichgroß geschrieben. Die Eintragung in derselben Zeile ist zulässig. Gleiche Abmaße stehen mit ± hinter der Maßzahl. Das Abmaß 0 muss nicht eingetragen werden. <br> ⑫ Gewindedarstellung nach ISO. Gewindekreis als $^3/_4$-Kreisbogen mit dünner Volllinie. <br> ⑬ Die Schraffur reicht bis zu den Volllinien. Eingeschraubte Bolzen werden nicht geschnitten: Spitzenwinkel 120°. |

**TM**

## Lage der Maßzahlen
vgl. DIN 406-11(1992-12)

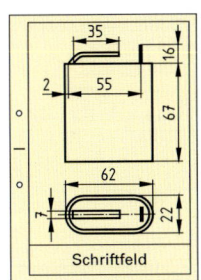
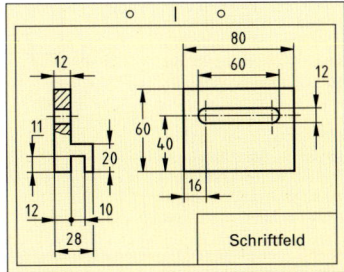

**Methode 1:** (Bild links); Eintragung in **zwei** Hauptlese-richtungen. Die Maßzahlen sind in Leselage der Zeichnung so einzutragen, dass sie von unten bzw. rechts lesbar sind. Diese Methode ist bevorzugt anzuwenden.

**Methode 2:** (Bild rechts), Eintragung in **einer** Leserichtung. Alle Maße dürfen in Leselage des Schriftfeldes eingetragen werden. Dabei werden nichthorizontale Maßlinien unterbrochen.

**TM**

## Angabe der Oberflächenbeschaffenheit in Zeichnungen
vgl. DIN EN ISO 1302 (2002-06)

| Symbol | Bedeutung | Symbol | Bedeutung |
|---|---|---|---|
| | Alle Fertigungsverfahren sind erlaubt. | | **a** Oberflächenkenngröße bestehend aus dem Pro der Kenngröße und dem Zahlenwert in µm. |
| | Ein Materialabtrag ist unzulässig. | 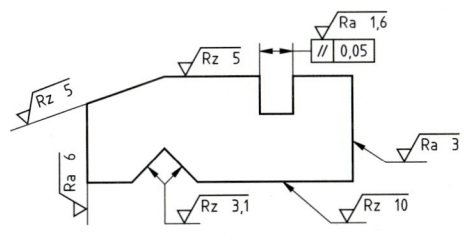 | **b** Zweite Anforderung an die Oberflächen-beschaffenheit |
| | Ein Materialabtrag ist gefordert. | | **c** Fertigungsverfahren |
| | Alle Flächen rundum die Kontur eines Werkstückes. | | **d** Oberflächenrillen und -ausrichtung<br>**e** Bearbeitungszugabe in mm |

## Anordnung der Sinnbilder in Zeichnungen

**Lesbarkeit:** von unten oder von rechts.

**Anordnung:** direkt auf der Ober-fläche oder mit Hinweislinie.

Rauheitsprofil (R-Profil)
Ra arithmetischer Mittelwert der Profilordinaten (y-Achsen)
Rz größte Höhe des Profils

## Schraffuren und Werkstoffkennzeichnungen
vgl. DIN 201 (1990-05)

| | | | | | | | |
|---|---|---|---|---|---|---|---|
|  | SM | Metalle, allgemein |  | SN50 | Beton, wasser-undurchlässig |  SN51 Glas | |
| | SP | Kunststoffe, allgemein | | SN53 | Keramik |  | SN1<br>SN2 gewachsener / geschütteter Boden |
| | SN58 | Isolierstoff | | SN23 | Holz, allgemein |  | elektrische Wicklungen |

M Metall,  N Naturstoff,  P Plastik,  S fest (solid).

# Schaltpläne als funktionsbezogene Dokumente vgl. EN 61082-2 (1995-05)
## Function-oriented wiring diagrams

**TM**

| Dokument | Erklärung | Beispiel |
|---|---|---|
| Schaltskizze (nicht genormt) | Meist allpolige Darstellung zur Erklärung der Wirkungsweise oder Anordnung von elektrischen Einrichtungen, z.B. bei Herden, Warmwasserspeichern oder Haushaltgeräten. Dabei werden Schaltzeichen, nicht genormte Sinnbilder und auch Ansichten verwendet. | |
| Übersichtsschaltplan | Meist einpolige Darstellung einer Schaltung. Dabei werden einfache Schaltzeichen und Blocksymbole verwendet. Leiterzahl und Betriebsmittelzahl sind je nach Aufgabe des Planes angegeben oder nicht angegeben. | |
| Stromlaufplan in zusammenhängender Darstellung | Allpolige Darstellung der Stromkreise einer Funktionseinheit, Baueinheit oder Anlage mit allen Einzelheiten. Teile desselben Betriebsmittels müssen räumlich zusammenhängend gezeichnet werden. Größe, Form und räumliche Lage der Betriebsmittel bleiben unberücksichtigt. Dabei sind die Teile und Verbindungen mit genormten Symbolen (Schaltzeichen) dargestellt. | |
| Stromlaufplan in aufgelöster Darstellung | Allpolige Darstellung der Stromkreise nach Stromwegen aufgelöst. Mechanisch zusammengehörige Teile werden durch ihre Betriebsmittelkennzeichnung zueinander in Verbindung gebracht. Stromwege möglichst senkrecht. Leiterverlauf senkrecht und waagerecht. Es werden genormte Symbole verwendet. | |
| Stromlaufplan in halb zusammenhängender Darstellung | Allpolige Darstellung der Stromkreise, wobei Symbole der Teile mit mechanischer Wirkverbindung auseinandergezogen dargestellt sind. Diese Teile werden durch das Symbol für mechanische Verbindung (gestrichelte Linie) miteinander verbunden.<br><br>Anwendung: Steuerungen. | |
| Blockschaltplan | Meist einpoliger Übersichtsschaltplan, bei dem Blocksymbole vorkommen. Gibt es kein in Frage kommendes genormtes Symbol, so können Rechtecke oder Quadrate mit Text verwendet werden.<br><br>Anwendung: Elektronische Schaltungen, z.B. integrierte Schaltkreise. | |
| Ersatzschaltplan | Allpolige Darstellung einer vereinfachten Schaltung, die dasselbe Verhalten zeigt wie die ursprüngliche Schaltung. Dabei werden einfache Symbole (Schaltzeichen) verwendet.<br><br>Anwendung: Zum Verständnis des Verhaltens von Maschinen und Geräten. | |

## Ausführungsrichtlinien

1. Darstellung im stromlosen Zustand, Schalter in Grundstellung. Ausnahme: Überwachungsschaltungen nach Ruhestromprinzip.
2. Klemmen müssen nur eingetragen werden, wenn es für den Zweck der Zeichnung erforderlich ist.
3. Falls erforderlich, sind Kombinationen der Schaltpläne zulässig.

| Dokument | Erklärung | Beispiel |
|---|---|---|
| Funktionsplan (nicht bei SPS) | Diagramm, das ein Steuerungssystem oder Regelungssystem beschreibt. Dabei werden genormte Symbole mit Text verwendet. Je nach Aufgabe wird die Grobstruktur oder die Feinstruktur dargestellt. Funktionsplan (FUP) der SPS: Siehe Logik-Funktionsschaltplan. | |
| Funktions-schaltplan | Darstellung eines Systems, eines Teils, einer Installation oder einer Software in Form von Schaltkreisen. Die zur Realisierung erforderlichen Mittel müssen dabei nicht berücksichtigt werden. Dabei werden genormte Symbole, genormte Blöcke oder mit freiem Text versehene Blöcke verwendet. | |
| Anschluss-Funktions-schaltplan | Allpolige Darstellung einer Funktionseinheit mit Anschlussstellen. Die Beschreibung der Funktion kann durch andere Schaltpläne oder durch Text erfolgen. Dabei werden genormte Symbole oder mit Text versehene Blöcke verwendet. Anwendung: Module zum Zusammenbau von größeren Einheiten. | |
| Logik-Funktions-schaltplan (bei SPS: Funktionsplan FUP) | Allpolige Darstellung eines Schaltnetzes, z.B. eines Code-Umsetzers, oder eines Schaltwerkes, z.B. eines Schieberegisters. Dabei werden Schaltzeichen binärer Elemente verwendet. Die Stromversorgung dieser Elemente wird nicht dargestellt. Anwendung: Schaltungen mit binären Elementen. | |
| Netzwerkkarte | Einpoliger Übersichtsschaltplan, der ein Netz mit seinen Anlageteilen in einer Landkarte darstellt. Die Anlagenteile, z.B. Maste, Starkstromleitungen, Fernmeldeanlagen, Umspannstationen oder Kraftwerke werden durch genormte Symbole oder vereinfachte Ansichten dargestellt. Anwendung: Dokumentation oder Baupläne von Netzen oder Netzteilen. | |
| Ablauf-diagramm | Diagramm zur Darstellung der Reihenfolge von Vorgängen oder der Zustände von Teilen eines Systems, z.B. eines Relais. Dabei sind die Vorgänge oder Zustände in einer Richtung, z.B. senkrecht, und die Schritte oder die Zeit im rechten Winkel dazu aufgezeichnet. Anwendung: Ablauf von Schaltvorgängen. | |
| Zeitablauf-diagramm | Darstellung des Ablaufs von Vorgängen im zeitgerechten Maßstab. Die Zeitachse wird meist nicht angegeben. Die Grundlinie des Signalzuges hat den logischen Wert 0 bzw. den Pegel L. Nach oben wird der logische Wert 1 bzw. der Pegel H aufgetragen. Anwendung: Darstellung des Verhaltens von Schaltnetzen oder von Schaltwerken. | |
| Wirkungsplan (nur für Regelungs-technik und Steuerungs-technik genormt) | Darstellung der Gesamtheit aller Wirkungen in einem System durch rechteckige Blöcke. Die Wirkungsrichtung wird durch Pfeile in den Wirkungslinien dargestellt, insbesondere, wenn von rechts nach links oder von unten nach oben. Die Addition wird durch einen Kreis mit Angabe von + und – dargestellt. | |

TM

# Ortsbezogene und verbindungsbezogene Dokumente
## Location- and connection-oriented documents

**TM**

| Dokument | Erklärung | Beispiel |
|---|---|---|

## Ortsbezogene Dokumente
vgl. EN 61082-1 (1995-05)

| Dokument | Erklärung | Beispiel |
|---|---|---|
| Installationsplan | Installationsplan: Maßstäblicher Plan, der die Lage der Teile eines Systems bzw. einer Anlage ohne die Leitungen zeigt (**Bild links**). | |
| Installationszeichnung | Installationszeichnung: Zeichnung, z.B. Ansicht einer Maschine, welche die Lage der Teile eines Systems ohne die Leitungen zeigt (**Bild rechts**). | |
| Installationsschaltplan | Schaltplan, der die Angaben des Installationsplanes und zusätzlich die Leitungen enthält. Die Einzelheiten der Betriebsmittel, z.B. Art der Leitungen, können eingetragen oder in einer Tabelle aufgezählt werden. Anwendung: Planung und Dokumentation der Elektroinstallation. | |
| Anordnungsplan | Darstellung der Gestalt und räumlichen Lage von Teilen, die zusammengehören oder zusammengebaut werden. Leitungen werden nicht eingetragen. Die Betriebsmittel werden durch Rechtecke mit Betriebsmittelkennzeichnung oder Text dargestellt. Meist maßstäblich gezeichnet. | |

## Verbindungsbezogene Dokumente
vgl. EN 61082-1 (1995-05)

| Dokument | Erklärung | Beispiel |
|---|---|---|
| Geräte-Verdrahtungsplan | Lagerichtige und allpolige Darstellung der Verbindungen *innerhalb* einer Baueinheit. | |
| Verbindungsplan | Lagerichtige und allpolige Darstellung der Verbindungen *zwischen* verschiedenen Baueinheiten. | |
| Anschlussplan | Allpolige Darstellung der Anschlüsse einer elektrischen Einrichtung und der daran angeschlossenen äußeren Verbindungen. Die Anschlüsse werden als Rechtecke, Quadrate, Kreise oder Punkte dargestellt. Meist allpolige Darstellung. Notwendig ist die eindeutige Kennzeichnung der Anschlüsse. | |
| Bestückungsplan (nicht genormt) | Ansicht der Bestückungsseite (Seite der Bauelemente) einer gedruckten Schaltung. Die Bauelemente werden in vereinfachter Ansicht und/oder als Schaltzeichen lagerichtig dargestellt, mit oder ohne Leiterbahnen. Meist maßstäblich dargestellt. Die Bauelemente können in einer Tabelle aufgelistet werden. | |
| Kabelplan | Schaltplan mit Informationen über Kabel und Leitungen, z.B. Leiterkennzeichnung, Lage der Enden, Kenngrößen, Funktion und Kabelwege. Meist einpolige Darstellung, aber mit Angabe der Leiternummerierung. Kennzeichnung der angeschlossenen Baugruppen ist notwendig. | |

## Symbole

| Symbol | Bedeutung | Symbol | Bedeutung | Symbol | Bedeutung |
|--------|-----------|--------|-----------|--------|-----------|
| **Schritte** | | | Zusammen-fassung von Wirkungslinien * Schrittnummer | a) b) c) | Aktion mit Kenn-zeichnung; Felder a) Signalver-arbeitung b) Aktionstext, c) Rückmeldung |
| * | Schritt, allgemein * Schrittnummer, z.B. S 1.10 | * | | c) nur bei Bedarf | |
| * | Anfangsschritt * Schrittnummer, z.B. 1.1 | **Übergänge** | | **Kennzeichnung des Feldes a)** | |
| * | Schritt in gesetz-tem Zustand * Schrittnummer | e) < Text > f) < Text > | Übergang (Tran-sition) zum nächsten Schritt <Text>, z.B. Bedingung e) von links nach rechts f) von oben nach unten | S (von stored) D (von delayed) L (von limited) P (von pulse) F N C (von conditional) | gespeichert verzögert zeitbegrenzt pulsförmig freigabebedingt nicht gespeichert, nicht bedingt bedingt |
| **Wirkungslinien** | | **Aktionen** | | **Kennzeichnung des Feldes c)** | |
| a) | a) von links nach rechts; | < Text > | Aktion, allgemein | A R (von response) | Aktion ausgegeben, Aktionswirkung ist erreicht |
| b) | b) von rechts nach links | < Text > < Text > < Text > | desgleichen mit mehreren Aktionen | X | Störungsmeldung, Aktionswirkung nicht erreicht |
| c) d) | c) von oben nach unten d) von unten nach oben | | | | |

**TM**

## Ablaufarten

| Beispiel | Bedeutung | Beispiel | Bedeutung |
|----------|-----------|----------|-----------|
| | Alternativ-Betrieb (Ablaufauswahl) Nur Bedingung e oder nur f oder nur g muss erfüllt sein. | | Parallelbetrieb (gleichzeitiger Ablauf) Sobald h erfüllt ist, arbeiten 6, 7 und 8 unabhängig voneinander. |

Q1 Motorschütz
Q2 Bremsschütz
QK3 Gleichrichterschütz
P1 Windungszähler
T1 Gleichrichter

**Funktionsplan einer Wickelmaschine**

## Kennzeichnungen in Schaltplänen  Identification in wiring diagrams

**TM**

### Kennzeichnung von Leitern und Leiteranschlüssen  vgl. EN 60617-2 (1997-08)

| Leiter | | Kennzeichnung | | Leiter | Kennzeichnung | |
|---|---|---|---|---|---|---|
| | | alpha-numerisch | durch Schaltzeichen | | alpha-numerisch | durch Schaltzeichen |
| Wechsel-stromnetz | Außenleiter<br>Außenleiter 1, 2, 3<br>Neutralleiter | L<br>L1, L2, L3<br>N | | Schutzleiter, nicht geerdet | PU | |
| Gleich-stromnetz | Positiv<br>Negativ<br>Mittelleiter | L +<br>L −<br>M | + − | Erder | E | |
| Schutzleiter (Protection Earth) | | PE | | Masse | MM, GND, GD | |
| PEN-Leiter (Funktion PE + N) | | PEN | | Zusätzlich bei Bedarf: Spannung, Stromart, Frequenz, Querschnitt, Leitungsnummerierung. | | |

### Bisherige Kennbuchstaben der Betriebsmittel  nach zurückgezogener DIN 40719-2 : 1978

**Hinweis:** Die nachfolgenden Kennbuchstaben und Kennzeichen auf dieser Seite stammen aus einer zurückgezogenen, also veralteten Norm. Sie kommen in bisher erstellten Dokumenten vor.

**Kennzeichnungen nach geltender Norm, siehe folgende Seiten.**

| Kenn-buch-stabe | Betriebsmittel | Beispiele | Kenn-buch-stabe | Betriebsmittel | Beispiele |
|---|---|---|---|---|---|
| A | Baugruppen | Verstärker als Baugruppe | N | Verstärker, Regler | Messverstärker |
| B | Umsetzer | Sensor, Quarz, Mikrofon | P | Messgerät | Spannungsmesser, Oszilloskop |
| C | Kapazitäten | Kondensator | | | |
| D | Binäre Elemente, Speicher, Verzöge-rungseinrichtungen | UND-Element ODER-Element Magnetbandgerät, Flipflop | Q | Starkstrom-Schaltgeräte | Schutzschalter, Selbstschalter |
| | | | R | Widerstände | Heißleiter, Potenziometer |
| E | Verschiedenes | Beleuchtung, Heizung | S | Schalter, Wähler | Taster, Drehwähler |
| F | Schutzeinrichtungen | Sicherung, Auslöser | T | Transformatoren | Spannungswandler |
| G | Generatoren, Stromversorgungen | Maschinengenerator, Oszillator | U | Modulatoren | Frequenzwandler |
| | | | V | Röhren, Halbleiter | Dioden, Transistoren |
| H | Meldeeinrichtungen | Meldegerät, z.B. Signallampe | W | Übertragungswege | Kabel, Antenne |
| K | Relais, Schütze | Hilfsschütz, Leistungsschütz | X | Klemmen | Steckdose |
| L | Induktivitäten | Spule | Y | Elektrisch betätigte Mechanik | Bremse, Ventil |
| M | Motoren | Drehstrommotor, Gleichstrommotor | Z | Abschluss, Filter | Hochpass |

### Bisherige Kennbuchstaben der Funktion

| | | | | | | | | | | |
|---|---|---|---|---|---|---|---|---|---|---|
| A | Hilfsfunktion, AUS | G | Prüfung | M | Hauptfunktion | | T | Zeitmessung, Verzögerung | | |
| B | Bewegungsrichtung | H | Meldung | N | Messung | | V | Beschleunigung, Bremsen | | |
| C | Zählung | I | Integration | P | Proportional | | W | Addieren | | |
| D | Differenzieren | K | Tastbetrieb | Q | Zustand, z.B. Stopp | | X | Multiplizieren | | |
| E | EIN | L | Leiterkennzeich-nung | R | Löschen, Rückstellen | | Y | Analog | | |
| F | Schutz | | | S | Speichern, Aufzeichnen | | Z | Digital | | |

### Bisherige Vorzeichen für die Art der Kennzeichnung von elektrischen Betriebsmitteln

| Vor-zeichen | Bedeutung | Vor-zeichen | Bedeutung |
|---|---|---|---|
| − | Art, Zählnummer, Funktion | + | Ort |
| = | Anlage | : | Anschluss |

Die Kennzeichnung erfolgt durch alphanumerische Zeichen, z.B. − M2B. Meist wird die Kennzeichnung nach Art, Zählnummern und Funktion angewendet. Wenn keine Verwechslungsgefahr besteht, können dabei die Vorzeichen und sogar überflüssige Buchstaben der alphanumerischen Zeichen entfallen. Kombinationen der Kennzeichnungsblöcke sind zulässig. So bedeutet z.B. = A3 − M1 : V1 den Anschluss V1 des Motors M1 im Anlagenteil A3.

# Kennbuchstaben der Objekte (Betriebsmittel) in Schaltplänen  Identification letters of objects (equipments) in diagrams

DIN EN 61346-2: 2000

**81**

| Kennbuch-stabe | Zweck des Objekts | Beispiele |
|---|---|---|
| A | Zwei oder mehr Zwecke. Nur für Objekte verwenden, wenn kein Hauptzweck erkennbar ist. | Sensorbildschirm, Touch-Bildschirm |
| B | Umwandlung einer Eingangsvariablen in ein zur Weiterverarbeitung bestimmtes Signal | Sensor, Mikrofon, Messwandler, Messwiderstand, Videokamera, Näherungsschalter, thermisches Überlastrelais, Motorschutzrelais, Bewegungsmelder |
| C | Speichern von Energie, Information, Material | Kondensator, Festplatte, Pufferbatterie, RAM, ROM, Puffer, Magnetband-Aufzeichnungsgerät, Chipkarte, Diskette, Diskettenlaufwerk, DVD-, CD-ROM-Laufwerk |
| E | Bereitstellung von Strahlung oder Wärmeenergie | Glühlampe, Leuchtstofflampe, Heizkörper, Glühofen, Warmwasserspeicher, Laser, Leuchte, Kühlschrank |
| F | Direkter (selbsttätiger) Schutz eines Energieflusses oder Signalflusses vor unerwünschten Zuständen, einschließlich der Ausrüstung für Schutzzwecke. | Schmelzsicherung, Leitungsschutzschalter, RCD, thermischer Überlastauslöser, Überspannungsableiter, faradayscher Käfig, Abschirmung, Schutzvorrichtung |
| G | Erzeugen eines Energieflusses oder Materialflusses oder von Signalen, die als Informationsträger verwendet werden. | Generator, Batterie, Pumpe, Ventilator, Lüfter, Stromversorgungseinheit, Solarzelle, Brennstoffzelle, Ventilator, Hebezeuge, Fördereinrichtung |
| K | Verarbeitung (Empfang, Verarbeitung und Bereitstellung) von Signalen oder Informationen (aber nicht Objekte für Schutzzwecke, Kennbuchstabe F). | Hilfsschütz, Transistor, Zeitrelais, Verzögerungsglied, Binärelement, Regler, Filter, Operationsverstärker, Mikroprozessor, Mikrocontroller, Zähler, Multiplexer, Comput[ |
| M | Bereitstellung von mechanischer Energie für Antriebszwecke | Elektromotor, Linearmotor, Verbrennungsmotor, Turbine, Hubmagnet, Stellantrieb |
| P | Darstellung von Informationen | Messinstrumente, Messgeräte, Klingel, Lautsprecher, Signallampe, LED, LCD, Drucker, Manometer, Uhr, elektromechanische Anzeige, Bildschirmgerät |
| Q | Kontrolliertes Schalten eines Energieflusses, Signalflusses oder Materialflusses | Leistungsschalter, Leistungsschütz, Motoranlasser, Thyristor, Leistungstransistor, IGBT, Motorstarter, Bremse, Stellventil, Kupplung, Trennschalter |
| R | Begrenzung oder Stabilisierung von Energiefluss, Signalfluss oder Materialfluss | Widerstand, Drosselspule, Diode, Z-Diode, Rückschlagventil, Schaltung zur Spannungsstabilisierung oder zur Stromstabilisierung, Konstanthalter |
| S | Umwandeln einer manuellen Betätigung in ein Signal zur Weiterverarbeitung | Steuerschalter, Tastatur, Maus, Taster, Wahlschalter, Quittierschalter, Lichtgriffel |
| T | Umwandlung von Energie oder eines Signals unter Beibehaltung der Energieart oder der Information. Verändern der Form eines Materials. | Leistungstransformator, Gleichrichter, Modulator, Demodulator, AC-Umsetzer, DC-Umsetzer, Frequenzumformer, Verstärker, Antenne, Telefonapparat |
| U | Halten von Objekten in definierter Lage | Isolator, Kabelwanne, Mast, Spannvorrichtung, Fundament, Montagegestell |
| V | Verarbeitung von Materialien oder Produkten | Rauchgasfilter, Staubsauger, Waschmaschine, Zentrifuge, Drehmaschine |
| W | Leiten von Energie oder Signalen | Leiter, Leitung, Kabel, Lichtwellenleiter, Busleitung, Systembus, Sammelschiene |
| X | Verbinden von Objekten | Steckdose, Klemme, Kupplung, Steckverbinder, Klemmleiste |
| D, J, Z | für spätere Normung vorgesehen | Reserve, falls die oben angeführte Einteilung nicht ausreichend ist. |
| I, O | nicht für Kennzeichnung anwendbar | Es besteht Verwechslungsgefahr mit I für Input = Eingang und O für Output = Ausgang. |

Im Schaltplan werden die Objekte (Betriebsmittel) mit demselben Kennbuchstaben durchnummeriert, z.B. C1, C2 usw. Maßgebend für den Kennbuchstaben ist der *Verwendungszweck*. So wird ein Transistor zur Signalverarbeitung mit z.B. K1 bezeichnet, ein Transistor zum Steuern oder Schalten einer Last mit Q1.

Wenn die Objekte je nach Betrachtung (Aspekt) verschieden zu werten sind, können vor den Kennbuchstaben Vorzeichen gesetzt werden, und zwar mit der Bedeutung

= **Funktionsbezogenheit**,  – **Produktbezogenheit**,  + **Ortsbezogenheit**.
Bei Bedarf wird an den Kennbuchstaben als 2. Buchstabe ein Buchstabe für die Unterklasse angehängt (folg. Seiten).

TM

# Kennbuchstaben für Unterklassen und für Klassen von Infrastrukturobjekten
## Code letters for subclasses and for classes of infrastructure objects

**TM**

Hinweis: Nach EN DIN 61346-2:2000 sollen Unterklassen nur gebildet werden, wenn es notwendig ist. Der 2. Kennbuchstabe entfällt also, wenn keine Verwechslungsgefahr besteht.
Der Kennbuchstabe für die Unterklasse kann leider aus verschiedenen Normen entnommen werden, z. B. aus DIN 10227-1 oder aus DIN 6779-2 (folgende Seite). Bei Anwendung von Unterklassen ist deshalb die Bedeutung der Unterklassen zu dokumentieren. Dabei ist es zweckmäßig, auf dem Schaltungsdokument die Kennzeichnung der Betriebsmittel anzugeben, z. B. QK1 Leistungsschütz mit Zeitverzögerung.

## Kennbuchstaben für Unterklassen (nur falls erforderlich verwenden)     vgl. DIN 10227-1

| Buch-stabe | Gemessene oder veranlassende Variable (Größe) | Beispiele | Buch-stabe | Gemessene oder veranlassende Variable (Größe) | Beispiele |
|---|---|---|---|---|---|
| D | Dichte | P1, PD2, P3, … | P | Druck, Vakuum | B1, BP2, B3, … |
| E | elektrische Variable, z. B. Widerstand | PE1, P2, P3, … | Q | Qualität, z. B. eines Produktes | SQ1, SQ2, … |
| F | Durchfluss | BF1, BF2, B3, … | R | Strahlung | BR1, BR2, B3, … |
| G | Maß, Lage, Länge, Abstand | PG1, PG2, P3, … | S | Frequenz, Geschwindigkeit | P1, PS2, P3, … |
| H | manuell (von Hand) | G1, G2, GH3, … | T | Temperatur | PT1, P2, P3, … |
| J | Leistung | PJ1, P2, P3, … | U | Mehrfachvariable | P1, P2, PU3, … |
| K | Zeit | QK1, QK2, … | W | Gewicht, Kraft | U1, UW2, … |
| L | Niveau | B1, BL2, B3, … | X | nicht klassifiziert | PX1, PX2, … |
| M | Feuchtigkeit | BM1, B2, B3, … | Y | Auswahl durch Nutzer | B1, BY2, … |
| N, O, V | Auswahl durch Nutzer | PN1, PV2, P3, … | Z | Menge, Anzahl | PZ1, P2, P3, … |

## Klassen von Infrastrukturobjekten (industriellen Anlagen)

| Buch-stabe | Definition oder Aufgabe des Objektes | Beispiele | Buch-stabe | Definition oder Aufgabe des Objektes | Beispiele |
|---|---|---|---|---|---|
| A | **Objekte für gemeinsame Aufgaben** Objekte, die mehreren Objekten der Klassen B bis Z zugeordnet sind. | Steuerungssystem für mehrere Anlagen von den folgenden Klassen B bis Z | X | Erfüllung von Hilfszwecken | Klimaanlage, Krananlage, Stromversorgung, Wasserversorgung |
| B bis U | **Objekte für den Hauptprozess** Buchstaben reserviert für Klassendefinitionen der Fachgebiete. Falls es dafür keine Normen gibt, vom Anwender festzulegen. | B Spannung > 420 kV C Spannung < 420 kV oder B Verbrennungsanlage C Rauchgasreinigungsanlage | Y | Kommunikation und Information | Computer, Lautsprecheranlage, Telefonanlage, Ampelanlage, Personensuchanlage, Antenne |
| V | Lagerung von Material oder Gütern | Fertigwarenlager, Abfalllager, Rohmateriallager | Z | Unterbringung oder Einfassung von technischen Anlagen | Gebäude, Zaun, Straße, Gleisanlage, Fabrikgelände, konstruktive Einrichtung |
| W | Verwaltung oder Sozialeinrichtung | Büro, Garage, Kantine, Ausstellungshalle | | | |

Die Klassifizierung nach EN 61346-2 beruht darauf, dass jedes Objekt als Teil eines Prozesses mit einem Eingang und einem Ausgang angesehen wird. Jedes an einem Prozess beteiligte Objekt kann durch seinen Zweck oder seine Aufgabe beschrieben werden. Der interne Aufbau des Objektes ist dagegen unwichtig.

Die Buchstaben I und O sollen wegen Verwechslungsgefahr nicht angewendet werden. Die Festlegung der Buchstaben B bis U sind in einer Dokumentation festzuhalten.

# Unterklassen für Aufgaben von Objekten
### Subclasses of objects according to their purpose
vgl. DIN 6779-2 Juli 2004

**TM**

## Kennbuchstaben für die Unterklassen

| Unterklassen | Aufgabe bezogen auf | Beispiele |
|---|---|---|
| A, B, C, D, E | elektrische Energie | UB  Mast |
| F, G, H, J, K | Informationen oder Signale | UF  Leiterplatte |
| L bis Z | nicht Elektrotechnik | UP  Rollenlager |

## Unterklassen für wichtige Hauptklassen
(weitere siehe DIN 6779-2)

| Hauptklasse | Unterklasse | Aufgabe der Unterklasse | Beispiele |
|---|---|---|---|
| B<br>Umwandlung einer Eingangs-variablen in ein Signal zur Wei-terverarbeitung | BB | Umwandeln Eingangsvariable für Schutzzweck | Schutzrelais, thermisches Überlastrelais, Buchholz-Relais |
| | BE | elektrische Größe | Stromwandler, Messwiderstand, Messrelais |
| | BF | Durchfluss, Durchsatz | Durchflussmesser, Gaszähler, Wasserzähler |
| | BP | Druck, Vakuum | Drucksensor, Druckmesser |
| C<br>Speicherung von Energie, Informationen, Material | CA | Speichern, kapazitiv | Kondensator |
| | CB | Speichern, induktiv | Spule, Supraleiter |
| | CC | Speichern, chemisch | Batterie, Akkumulator |
| | CF | Speichern von Informationen | RAM, EPROM, CD-ROM |
| | CP | Speichern von thermischer Energie | Heißwasserspeicher, Eisspeicher |
| E<br>Bereitstellung von Strahlung oder Wärme | EA | Bereitstellung elektromagnetischer Strahlung | Glühlampe, Leuchtstofflampe, UV-Strahler |
| | EB | Bereitstellung von Wärmeenergie | Elektroofen, Boiler |
| | EC | Bereitstellung von Kälteenergie | Kühlschrank, Kühltruhe |
| K<br>Verarbeitung von Signalen (nicht für Schutzzwecke nach der Klasse F) | KF | Verarbeitung elektrischer und elektronischer Signale | Relais, Transistor, Binärelemente, Empfänger, Sender, Optokoppler |
| | KG | Verarbeitung optischer und akustischer Signale | Spiegel, Prüfgerät |
| | KK | Verarbeitung unterschiedlicher Informationsträger | elektrohydraulischer Umformer, entsprechende Regler |
| Q<br>Schalten von Energie oder Signalen | QA | Schalten und Variieren elektrischer Energiekreise | Leistungsschalter, Thyristor, Motoranlasser, Schütz |
| | QB | Trennen elektrischer Energiekreise | Trennschalter |
| | QC | Erden elektrischer Energiekreise | Erder |
| | QD | Überbrücken von Energiekreisen | Überbrückungsschalter |
| R<br>Begrenzen oder Stabilisieren von Energie, Informa-tion, Material | RA | Begrenzen des Flusses elektrischer Energie | Widerstand, Drossel, Diode, Konstanthalter |
| | RF | Stabilisieren von Signalen | Tiefpass, Entzerrer, analoge oder digitale Filter |
| S<br>Umwandeln manueller Betä-tigung in Signal zur Verarbeitung | SF | Umwandeln manueller Betätigung in ein elektrisches Signal | Steuerschalter, Tastatur, Sollwerteinsteller, Maus |
| | SG | Umwandeln manueller Betätigung in elektromagnetische, optische oder akustische Signale | Funkmaus |
| T<br>Energiewandlung bei gleicher Energieart, Signalwandlung bei gleichem In-formationsinhalt | TA | Umwandeln elektrischer Energie unter Beibehaltung der Energieart und Energieform | Transformator, DC/DC-Umsetzer, Frequenzumrichter (U-Umrichter, I-Umrichter) |
| | TB | wie bei TA, aber Verandern der Energieform | Gleichrichter, Wechselrichter, AC/DC-Umsetzer |
| | TF | Umwandeln von Signalen (Beibe-haltung des Informationsinhaltes) | Verstärker, Impulsverstärker, Antenne, U/I-Umsetzer, ADC, DAC |

Die Zweitbuchstaben der Unterklassen sind bei Bedarf anzuwenden, insbesondere dann, wenn die Kennbuchsta-ben der Hauptklasse für sehr verschiedenartige Objekte angewendet werden, z.B. bei Hauptklasse R oder K. In Fachnormen können weitere Unterklassen festgelegt sein.

**TM**

| Stromlaufplan, Art der Schaltung | Erklärung der Ergänzung |
|---|---|

## Ergänzung durch Schaltzeichen von Schützen und Relais

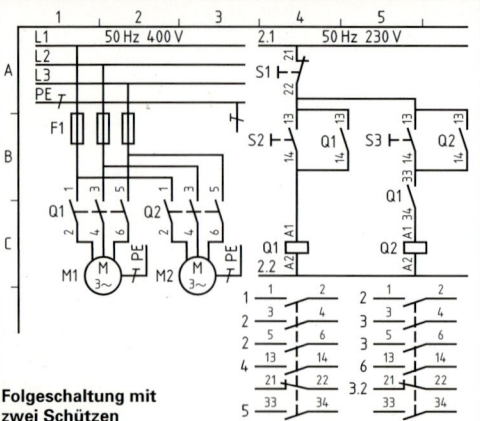

**Folgeschaltung mit zwei Schützen**

Die Stromlaufpläne können durch die Angabe der Koordinaten 1, 2, 3... und A, B, C... in Felder eingeteilt werden, die den Betriebsmitteln zugeordnet sind. Die senkrechten Spalten (Streifen), z.B. bei 1, bezeichnet man als *Stromwege*.

In umfangreichen Stromlaufplänen müssen Schütze an einer Stelle zusammenhängend angegeben werden. Nach Norm wird im Steuerstromkreis unter die jeweilige Schützspule das *vollständige Schaltzeichen* des betreffenden Schützes gesetzt. In das Schaltzeichen trägt man die Anschlusskennzeichnungen aller Schützkontakte ein und den *Stromweg*, in dem dieser Kontakt liegt. Eine 1 im Schaltzeichen bedeutet, dass der Kontakt in der Spalte 1 liegt. Sind Kontakte in einem *anderen* Stromlaufplan enthalten, so wird dessen Nummer vor die Stromwegangabe gesetzt. 3.2 bedeutet, dass der betreffende Kontakt im Plan 3 in der Spalte 2 liegt.

In der nebenstehenden Folgeschaltung kann M2 nur arbeiten, wenn M1 schon eingeschaltet ist.

## Ergänzung durch Kontakttabellen

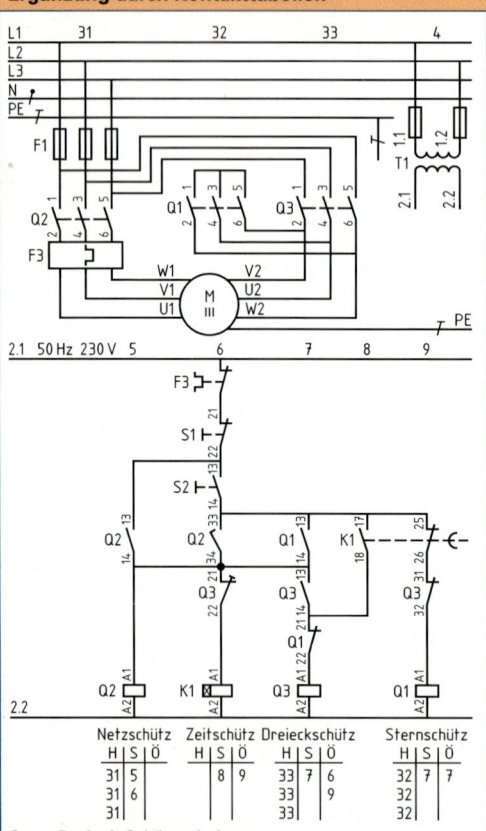

**Stern-Dreieck-Schützschaltung**

In der Praxis werden an Stelle der zusätzlichen Schaltzeichen häufig *Kontakttabellen* unter die Schützspulen gesetzt. Dabei werden die Stromwege (Spalten des Stromlaufplanes) mit 1, 2, 3... nummeriert. Über die Stromwege des Hauptstromkreises gibt man zusätzlich die Anzahl der Hauptkontakte an. 31 bedeutet, dass im Stromweg 1 die Anzahl der Hauptkontakte 3 beträgt.

Die Stromwege der Steuerstromkreise werden ohne Zusatz nummeriert.

Aus den Kontakttabellen kann die Anzahl der Hauptkontakte (H), der Schließer (S) und der Öffner (Ö) *abgezählt* und der Stromweg (Spalte des Stromlaufplanes) entnommen werden, in dem diese Kontakte liegen. Das Schütz Q2 enthält drei Hauptkontakte im Stromweg (Spalte) 1. Deshalb stehen in der Kontakttabelle unter H dreimal 31. Q2 enthält einen Schließer im Stromweg 5 und einen im Stromweg 6. Deshalb stehen unter S eine 5 und eine 6. Öffner von Q2 sind nicht angeschlossen. Deshalb ist die Spalte unter Ö leer.

Bei der Ergänzung durch Kontakttabellen ist meist nur die Anzahl der verwendeten Kontakte ersichtlich, während bei der Ergänzung durch Schaltzeichen durch die fehlenden Ziffern erkennbar ist, wie viele Kontakte noch verfügbar sind.

Wenn die Anzahl der nicht angeschlossenen Kontakte aus der Kontakttabelle erkennbar sein soll, muss in diese für jeden nicht verwendeten Kontakt das Zeichen – eingetragen werden.

Nach EN 61082 werden Anschlussbezeichnungen und Spannungsangaben von senkrechten Stromwegen von rechts lesbar eingetragen. Dieses Verfahren ist noch nicht überall praxisüblich.

| Netzschütz | | | Zeitschütz | | | Dreieckschütz | | | Sternschütz | | |
|---|---|---|---|---|---|---|---|---|---|---|---|
| H | S | Ö | H | S | Ö | H | S | Ö | H | S | Ö |
| 31 | 5 | | 8 | 9 | | 33 | 7 | 6 | 32 | 7 | 7 |
| 31 | 6 | | | | | 33 | | 9 | 32 | | |
| 31 | | | | | | 33 | | | 32 | | |

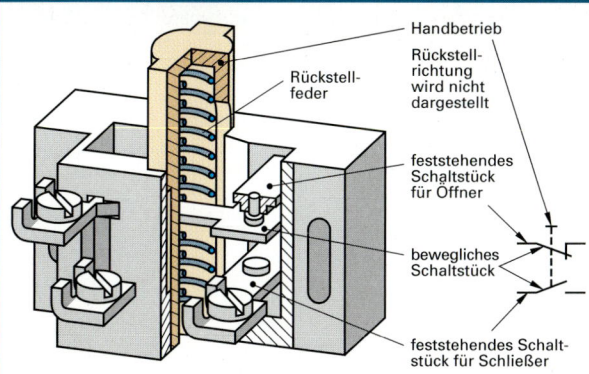

Handbetrieb

Rückstell-richtung wird nicht dargestellt

Rückstell-feder

feststehendes Schaltstück für Öffner

bewegliches Schaltstück

feststehendes Schalt-stück für Schließer

**Tastschalter, Aufbau und Schaltzeichen**

Elektrische Betriebsmittel, z.B. Geräte, Maschinen, Bauelemente, Leitungen, zeichnet man in den Schaltplänen vereinfacht als **Schaltzeichen**. Schaltzeichen lassen nur die Wirkungsweise der Betriebsmittel erkennen, nicht aber deren konstruktiven Aufbau.

**Schaltzeichenelemente** sind Schaltzeichen für Teile von Betriebsmitteln, z.B. Leitungen.

Schaltzeichen für vollständige Betriebsmittel, z.B. Schalter, sind meist aus Schaltzeichenelementen zusammengesetzt.

Es gibt für manche Schaltplanarten vereinfachte Schaltzeichen (besondere Schaltzeichen, Schaltkurzzeichen).

**TM**

## Allgemeine Schaltzeichen
vgl. EN 60617-4 (1997-08)

| Schaltzeichen | Benennung | Schaltzeichen | Benennung | Schaltzeichen | Benennung |
|---|---|---|---|---|---|
| | Leiter, allgemein | | Sicherung, allgemein | | mechanische Verbindung (wahlweise Darstellung) |
| | 1. Verbindung, allgemein 2. Anschluss, z.B. Klemme 3. Kennzeichen für Gasfüllung | | Widerstand, allgemein | | Begrenzung, allgemein |
| | | | Heizelement | | Abschirmung |
| | Anschluss, z.B. lösbare Klemme | | Widerstand, veränderbar | | Begrenzungs-linie, Trennlinie |
| 1. 2. | Leiterabzweig, einfach | | Wirkwiderstand mit Anzapfungen | | Leuchtenauslass |
| 1. 2. | Leiterabzweig, doppelt | | Glimmlampe | | Leuchtmelder, Leuchte, allgem. |
| | Leiterkreuzung | | Induktivität, Spule, Wicklungsstrang | | Wecker, allgemein |
| | Dose, allgemein | | desgleichen, nicht genormt | Wh | kWh-Zähler, allgemein |
| | 1. Messinstrument 2. Messwerk 3. Ständer einer Maschine 4. Läufer einer Maschine 5. Hülle, Gehäuse | | Drosselspule mit Anzapfungen | | Kondensator |
| | | | Drosselspule mit Eisenkern | | Galvanisches Element (langer Strich: Pluspol, kurzer Strich: Minuspol) |
| | Bewegliche Schaltstücke | | desgleichen, mit Luftspalt | | Halbleiterdiode |
| | Handantrieb (wahlweise Darstellung) | | Transformator (Umspanner) für Einphasen-Wechselstrom, Übertrager | | Lumines-zenzdiode, LED |
| | Schließer, handbetätigt | | Dauermagnet | 12 V | Akkumulatoren-batterie 12 V |
| | Öffner, handbetätigt | | Überspannungs-ableiter | 12 V − + | (wahlweise Darstellung) |

# Allgemeine Schaltzeichen  General graphical symbols

| Schaltzeichen | Benennung | Schaltzeichen | Benennung | Schaltzeichen | Benennung |
|---|---|---|---|---|---|

## Allgemeine Schaltzeichen     vgl. EN 60617-2 (1997-08)

| Schaltzeichen | Benennung | Schaltzeichen | Benennung | Schaltzeichen | Benennung |
|---|---|---|---|---|---|
| | Veränderbarkeit, allgemein | | Widerstand mit beweglichem Kontakt als Potenziometer | | Kondensator gepolt, z.B. Elektrolytkondensator |
| | Einstellbarkeit, allgemein | | Widerstand, temperaturabhängig (Widerstandsänderung gleichsinnig mit der Temperatur) | | ungepolter Elektrolytkondensator (nur bei Bedarf) |
| **Arten der Veränderbarkeit oder Einstellbarkeit** | | | | | Erdung |
| | stetig | | desgleichen, aber Änderung gegensinnig | | Körper, Masse (wahlweise Darstellungen) |
| | stufig | | spannungsabhängig (gegensinnig) | a)   b) | Schutzleiteranschluss (je nach Norm) |
| | unter Einfluss einer physikalischen Größe, linear | | **Induktivität** stetig veränderbar | | Idealer Spannungserzeuger (Spannungsquelle) |
| | desgleichen, nicht linear | | **Kondensator** einstellbar | | Idealer Stromerzeuger (Stromquelle) |
| **Beispiele** | | | | | |
| | **Widerstand** veränderbar | | | | |
| | einstellbar als Spannungsteiler | | | | |

## Schaltzeichen für Schaltgeräte     vgl. EN 60617-7 (1997-08)

| Schaltzeichen | Benennung | Schaltzeichen | Benennung | Schaltzeichen | Benennung |
|---|---|---|---|---|---|
| a)   b)   c) | verlängerte Kontaktgabe: a) Schließer b) Öffner c) Wechsler | | Kennzeichen für „betätigt" | a)   b) | Nicht von selbst zurückgehender a) Schließer b) Öffner |
| | Steckerstift | | zwangsläufige Betätigung, z.B. bei NOT-AUS | a)   b) | a) Zwillingsschließer b) Zwillingsöffner |
| | Steckerbuchse | **Beispiele** | | | |
| **Kennzeichen** | | | Öffner, Ausschaltglied | | Schließer, schließt verzögert |
| | selbsttätiger Rückgang (nur bei Bedarf) | | Wechsler, Umschaltglied | | Schließer, öffnet verzögert |
| | nicht selbsttätiger Rückgang (nur bei Bedarf) | | Zweiweg-Schließer | a)   b) | Wischer, Kontaktgabe bei a) Anzug b) Rückfall |
| a)   b) | Verzögerung a) nach links b) nach rechts | 1   2 | Doppelschaltglieder: Schließer 1 schließt vor 2 | a)   b) | Endschalter a) Schließer b) Öffner |
| | mechanische Verriegelung | | Wechsler ohne Unterbrechung | | |
| a)   b) | Bei Bedarf: a) Schützfunktion b) Auslöserfunktion | | | | |

**TM**

# Zusatzschaltzeichen, Schalter in Energieanlagen
## Supplementary graphical symbols, switches in power installations

| Schaltzeichen | Benennung | Schaltzeichen | Benennung | Schaltzeichen | Benennung |
|---|---|---|---|---|---|
| **Steller-Antriebe** | | **Trenn-, Last- und Leistungsschalter** | | **Sicherungen** | |
| | Handantrieb, allgemein | a)　　b) | a) Trennschalter, Leerschalter b) Lasttrennschalter | Netz | Sicherung mit Kennzeichnung des Netzanschlusses |
| | desgl., durch Drücken | | | | |
| | desgl., durch Ziehen | | Leistungsschalter | | Sicherungstrennschalter |
| | desgl., durch Drehen | | | | |
| | desgl., durch Kippen | | Lastschalter mit selbsttätiger Auslösung, z.B. durch Messrelais | **Absperrorgane (Ventile)** | |
| | desgl. abnehmb., z.B. Steckschlüssel | | | | Absperrorgan, allgemein, z.B. geschlossen |
| | anderer Antrieb, z.B. Pedal | | | | Absperrorgan, offen |
| | Antrieb für NOT-AUS-Schalter | | Leistungskontakt eines Schützes (nur bei Bedarf zur Unterscheidung) | **Kupplungen, Bremsen** | |
| | Näherungsbetätigung | | | | Kupplung, entkuppelt |
| | Berührungsbetätigung | **temperaturabhängige Schalter** | | | desgl., gekuppelt |
| | Fühler zur mechanischen Betätigung, z.B. Nocken | a)　　b) | a) Thermokontakt, z.B. mit Bimetall b) Öffner Motorschutzrelais | | Bremse, eingelegt |
| | Kraftantrieb, allgemein | | gasgefüllter Starter für Leuchtstofflampe mit Thermokontakt | | Bremse, gelöst (gelüftet) |
| | Antrieb für Stromstoßrelais | | | **Beispiele** | |
| | thermische Betätigung, z.B. beim Motorschutzrelais | **Stellungsangabe** | | 1　2　3　4　2,3 | Handantrieb mit 4 Stellungen (2 und 3 sind Raststellungen) |
| | desgleichen, bei Drehstromgerät | 1 2 3 4 | allgemein, z.B. mit Nummerierung (Stellung 2 ist Grundstellung) | | Ventil mit Fühler und Antrieb durch Nocken |
| | elektromagnetische Betätigung, z.B. für Überstromschutz (nicht allgemein verbreitet) | 2　3　1　4 | desgl., wahlweise Darstellung | n > | Fliehkraftkupplung, bei Drehzahl > n kuppelnd |
| **Elektronische Schalter** | | **Sperren und Rasten** | | | |
| a)　　b) | a) elektronischer Schalter b) eletronisches Schütz | | Schaltschloss mit mechanischer Freigabe | | thermisch betätigter Öffner eines Motorschutzrelais mit Raste |
| | Halbleiterschütz | | desgl., mit elektromechanischer Freigabe | | Öffner eines durch Dauermagnet betätigten Näherungsschalters |
| | | | Raste | | |
| | | | Sperre, in einer Richtung | | |
| | | | desgl., in beiden Richtungen | | |

TM

# Messinstrumente und Messgeräte vgl. EN 60617-8 (1997-08)
## Measuring instruments and devices

**TM**

| Schaltzeichen | Benennung | Schaltzeichen | Benennung | Schaltzeichen | Benennung |
|---|---|---|---|---|---|
| ○ | Messinstrument oder Messwerk allgemein, insbesondere anzeigend | | Größtwertanzeige | W–var | Zweifachlinienschreiber für Wirkleistung und Blindleistung |
| □ | Messgerät, allgemein, insbesondere aufzeichnend | | Kleinstwertanzeige | kWh | Dreileiter-Drehstromzähler |
| | | | Drehfeldrichtung | | |
| | integrierendes Messgerät, insbesondere Zähler | | Richtung der Messwertübertragung | Ω | Widerstandsmessbrücke |
| ○ | Impulszähler | | Kontaktgabe | | |
| | | | Uhrzeit | | Messgerät zur Kurvenbildanzeige, Oszilloskop |
| ⊖ | Messwerk mit 1 Spannungspfad | **Beispiele** | | | |
| ⊖ | Messwerk mit 1 Strompfad | | Messinstrument ohne Kennzeichnung der Messgröße | **Messgrößenumformer** | |
| ⊖ | Messwerk mit Anzapfung | | Messinstrument mit beidseitigem Ausschlag | | Widerstandsstellungsgeber, allgemein |
| ⊜ | Messwerk mit Summen- oder Differenzbildung | | | Δl | Dehnungsmessstreifen |
| ⊕ | Messwerk zur Produktbildung | A | Strommesser, allgemein | | Thermoelement, allgemein |
| ⊗ | Messwerk zur Quotientenbildung | V | Spannungsmesser, allgemein | | desgl., dicke Linie Minuspol |
| **Kennzeichen** | | V | Spannungsmesser mit Darstellung der Innenschaltung | | Galvanische Messzelle, z.B. pH-Elektrode |
| ↖ | Anzeige, allgemein | mV | Spannungsmesser mit Angabe der Einheit Millivolt | | Leitfähigkeitselektroden |
| ↑ | Anzeige mit beidseitigem Ausschlag | ○ | Impulszähler, elektrisch betätigt | | Magnetischer Geber mit beweglicher Spule |
| \\|/ | Anzeige durch Vibration | V–A–Ω | Mehrfachinstrument mit Angabe der Einheiten | | Induktiver Geber mit Kopplungsänderung, allgemein |
| \|000\| | Anzeige digital (numerisch) | 0 ~ | Nullindikator für Wechselstrom | | Kapazitiver Geber |
| ≶ | Registrierung schreibend | ⊤ | Synchronoskop (Synchronanzeige) | | Winkelstellungsgeber und -empfänger |
| ∩ | Trägheit klein | I | Strommesser mit großer Trägheit u. Schleppzeiger für Größtwert | | |
| ⊓ | Trägheit groß | | | | |

TM

| Schaltzeichen | Benennung | Schaltzeichen | Benennung | Schaltzeichen | Benennung |
|---|---|---|---|---|---|
| **Allgemeine Aufbauelemente** | | | Z-Diode | | Sperrschicht-FET mit P-Kanal |
| ○ | Umrahmung (nur bei Bedarf) | | Z-Dioden gegeneinander geschaltet | | Verarmungs-IG-FET mit N-Kanal, Substrat intern mit Source verbunden |
| | Halbleiterzone mit Anschlüssen ohne Gleichrichterwirkung | a) b) | a) Lumineszenz-diode (LED) b) Fotodiode | | |
| a) b) | P-Gebiet beeinflusst N-Zone | | Strahlungs-detektor, z.B. für $\gamma$-Strahlen | | Anreicherungs-Isolierschicht-FET mit P-Kanal und Substrat-anschluss |
| a) b) | N-Gebiet beeinflusst P-Zone | | Fotoelement | | Dual-Gate-Verar-mungs-Isolier-schicht-FET mit N-Kanal und Substratanschluss |
| | Halbleiterdiode | | Optokoppler, hier mit LED und Fototransistor | | |
| **Kennzeichen** | | **Transistoren, bipolar** | | **Thyristoren** | |
| a) b) | Durchbruch-Effekt, a) in einer Richtung b) in beiden Richtungen | E—C B | NPN-Transistor (E, C, B nur zur Erklärung) | | Thyristor, allgemein |
| a) b) | a) Schottky-Effekt b) Tunnel-Effekt | | PNP-Transistor | | P-Gate-Thyristor (häufigster Typ) |
| a) b) | Strahlung a) Licht b) ionisierend | | Schottky-transistor | | N-Gate-Thyristor |
| **Halbleiter ohne Gleichrichterwirkung** | | | UJT mit N-Basis (Doppelbasis-Transistor) | | GTO, Thyristor, abschaltbar |
| | Feldplatte (fluss-dichteabhängiger Widerstand) | | PNP-Fototransistor | | Thyristor-tetrode |
| | Hallgenerator | C—E G | IGBT, Anreicherungs-typ mit N-Kanal | | rückwärts leitender P-Gate-Thyristor |
| | Fotowiderstand | C—E G | IGBT, Verarmungstyp mit P-Kanal (C, E, G nur zur Erklärung) | | spannungs-gesteuerter Thyristor |
| | Peltier-Element | | | | rückwärts-sperrende Thyristordiode (Vierschicht-diode) |
| **Dioden** | | **Transistor, unipolar** | | | |
| $\vartheta$ | Diode, temperatur-abhängig | | Selbstsperrender Kanal (beim An-reicherungstyp) | | Diac |
| $B$ | flussdichte-abhängig (Magnetdiode) | | Isoliertes Gate (IG) | | Triac (Zweirichtungs-thyristortriode) |
| | Tunneldiode | Gate Source Drain | Sperrschicht-FET mit N-Kanal (Anschluss-bezeichnung nur zur Erklärung) | | Ditriac |
| | Kapazitätsdiode | | | | |
| | Schottkydiode | | | | |

# Binäre Elemente 1  Binary elements 1

vgl. EN 60617-12 (1999-04)

**TM**

| Schaltzeichen | Benennung | Schaltzeichen | Benennung | Schaltzeichen | Benennung |
|---|---|---|---|---|---|
| **Konturen (Grundformen)** | | | Tristate-Ausgang, 3-State-Ausgang (H oder L oder hochohmig) | | NOR-Element |
| | Elementkonturen (beliebiges Seitenverhältnis) | | offener Ausgang | | NAND-Element |
| | Steuerblock-kontur | | offener Ausgang vom L-Typ (z.B. offener Kollektor von NPN-Transistor) | | XOR-Element, Exklusiv-ODER-Element (Antivalenz) |
| | Ausgangsblock-kontur | **Kennzeichen** | | | Schmitt-Trigger (Schwellwert-element) |
| | Zwei Baugruppen ohne Logik-verbindung (erweiterbar) | & | UND | | |
| | | ≥ 1 | ODER | | XNOR-Element, Exklusiv-NOR-Element (Äquivalenz) |
| | | 1 | ODER, falls un-verwechselbar | | |
| | Zwei Baugruppen mit Logik-verbindung (erweiterbar) | E | Erweiterung | | UND-ODER-Inverter |
| | | EN | Freigabe (Enable) | | |
| | | D, J, K, R, S, T | Art der Eingänge | | |
| **Eingänge, Ausgänge, Verbindungen** | | → | Schiebeeingang, vorwärts | | |
| a) b) | Invertierender Eingang | ← | desgleichen, aber rückwärts | **Codeumsetzer** | |
| | | + | Zähleingang, vorwärts | | Codeumsetzer, allgemein. X und Y können durch Code-Angabe ersetzt werden. |
| a) b) | Invertierter Ausgang | – | desgleichen, aber rückwärts | X/Y | |
| | | C | Steuerung, Übertrag | | |
| a) b) | Nicht invertieren-der Eingang | CT | Inhalt, Zählerstand | | Code-Umsetzer, Dezimal-BCD-Code. A0 und A1 haben 1-Zustände, wenn E3 den 1-Zustand hat. |
| | | I | Eingang (Input) | | |
| | Dynamischer Eingang, nicht invertiert | O, Q | Ausgang (Output) | | |
| | | M | Mode (Art) | | |
| | | G, V | UND, ODER | | |
| | desgleichen, aber invertiert | A | Adressen | | |
| | | **Kombinatorische Elemente** | | **Multiplexer, Demultiplexer, Konverter** | |
| | Retardierter (verzögerter) Ausgang | ≥ 1 | ODER-Elemente mit 4 Eingängen | MUX | Multiplexer, allgemein |
| | | 1 | wahlweise, wenn keine Verwechs-lung möglich ist. | DX | Demultiplexer, mit Freigabe-Logik |
| | Zusammen-fassung (alle Anschlüsse notwendig), nur bei Bedarf | & | UND-Element | | |
| | Verbindung ohne binäres Signal | 1 | NICHT-Element, Inverter | | |

DA-Umsetzer und AD-Umsetzer siehe vorhergehende Seite.

TM

| Schaltzeichen | Benennung | Schaltzeichen | Benennung | Schaltzeichen | Benennung |
|---|---|---|---|---|---|
| **Leistungselemente** | | 1J C 1K | Zweiflankengesteuertes JK-Flipflop (Master-Slave-Flipflop) | **Zähler** | |
| ▷ | Treiber mit invertiertem Ausgang | S 1J C1 1K R | desgleichen aber mit $\overline{S}$-Eingang und $\overline{R}$-Eingang zusätzlich | CTRm  CTRDIVm | Zähler mit Zykluslänge $2^m$, z. B. CTR4 für 4-Bit-Zähler  Kennzeichen für Zähler mit Zykluslängen $m$, z. B. CTRDIV 10 dekadischer Zähler |
| ▷ | desgl., wahlweise Darstellung | I = 0 S R | RS-Flipflop, bei Einschaltung Anfangszustand 0 (I von initial) | CTR DIV10 M + | Synchronzähler 0 bis 9 mit parallelem Laden |
| EN JLL ▷▽ | Bustreiber mit 4 Schwellwert-Eingängen und Freigabe-schaltung und invertierten Tristate-Ausgängen | I = 1 S R | desgleichen, aber Anfangszustand 1 | | |
| | | NV S R | RS-Flipflop, nullspannungssicher | CTR4 R + | Asynchronzähler für 4 Bits mit Kennzeichnung des asynchronen Vorgangs (nur bei Bedarf) |
| **Verzögerungselemente** | | **Monostabile Elemente** | | | |
| $t_1$ $t_2$ | Verzögerung, allgemein, $t_1$ und $t_2$ können innerhalb oder außerhalb durch Größenangaben ersetzt werden. | ⎍ | Monoflop, nachtriggerbar, allgemein | | |
| 1ms 2ms | Einschaltverzögerung 1 ms Abschaltverzögerung 2 ms | 1 ⎍ | desgleichen, aber nicht nachtriggerbar | CTRDIV10 CT = 0 CT = 9 CT + | Zähler, dekadisch CT-Zahlen: Zählerstand für interne 1 des Anschlusses 1 2 4 8 |
| 50ns | Verzögerung 50 ns | 1 ⎍ & EN | Monoflop, UND-Eingänge und Freigabe-eingang, 2 Ausgänge | **Schieberegister** | |
| **Bistabile Elemente** | | **Astabile Elemente** | | SRGm | Schieberegister mit $m$ Stufen, z. B. SRG8 |
| S R | RS-Flipflop | G ⎍⎍ | astabiles Element, allgemein | SRG4 C→ R | 4-Bit-Schiebe-register mit serieller Eingabe und paralleler Ausgabe |
| S1 1 R 1 | desgleichen, aber dominanter S-Eingang | G ⎍⎍ | desgleichen, aber gesteuert | | |
| S 1 R1 1 | desgleichen, aber dominanter R-Eingang | G & ⎍⎍ | wahlweise Darstellung | **Speicher** | |
| S 1 R1 | $\overline{R}$S-Flipflop, dominanter $\overline{R}$-Eingang | a) !G   b) G! | Kennzeichen für Pulsgenerator a) synchroner Start | RAM 16×4 1 0 15 14 A 0 13 15 3 1C2 (WRITE) 1EN (READ) 2 G1 4 A,2D A▽ 5 6 7 10 9 12 11 | Schreib-Lese-Speicher mit 16 × 4 bit, Tristate-Ausgänge |
| 1J C1 1K | Einflankengesteuertes JK-Flipflop (nfl negative Taktflanke) | !G ⎍ | b) Stopp nach dem letzten Impuls | | |

# Analoge Informationsverarbeitung, Zähler und Tarifschaltgeräte
## Analog information processing, kWh-meter and tariff switchgears

**TM**

| Symbol | Benennung | Symbol | Benennung | Symbol | Benennung |
|--------|-----------|--------|-----------|--------|-----------|
| **Kennzeichen** vgl. EN 60617-13 | | $\Sigma \triangleright 5$ | Summier-verstärker | $\#/\cap$ | Digital-Analog-Umsetzer |
| $-$ | Invertierung | $a$ $+0,1$ $b$ $+0,1$ $c$ $+0,5$ $d$ $+0,5$ $-u$ | $u = -5 \cdot (0,1\,a + 0,1\,b + 0,5\,c + 0,5\,d)$ $V = 5$ | | (DA-Umsetzer, DA-Konverter, DAU, DAC) |
| $+$ | Nichtinvertierung | | | $\cap/\#$ | Analog-Digital-Umsetzer |
| $\cap$ | Analogsignal | | | | (AD-Umsetzer, AD-Konverter, ADU, ADC) |
| $\#$ | Digitalsignal | | | | |
| $\Sigma$ | Summierung | $\int \triangleright 10$ | Integrier-verstärker | | |
| $\int$ | Integrierend | | wenn $h = 0$ | $c$ $\#$ $d$ $e$ | Schließer |
| $R$ | Rücksetzen | $a$ $+2$ $h$ $\#$ $H$ $-u$ | $u = -10 \int\limits_{0}^{t} 2\,a\,\mathrm{d}t$ | | (geschlossen, solange $e = 1$) |
| $S$ | Setzen | | | | |
| $H$ | Halten | | | | |
| $\dfrac{\mathrm{d}}{\mathrm{d}t}$ | Differenzierend | | | | |
| **Beispiele** | | $\dfrac{\mathrm{d}}{\mathrm{d}t} \triangleright 5$ | Differenzier-verstärker | $c$ $\#$ $d$ $e$ | Öffner |
| Operations-verstärker, unbe-schaltet, praxis-übliche Form | | $a$ $-4$ $+$ $-u$ | $u = 5\dfrac{\mathrm{d}}{\mathrm{d}t}(-4\,a)$ | | (offen, solange $e = 1$) |
| $\triangleright \infty$ | desgleichen, ge-normtes Symbol | | | $a$ $f$ $b$ $g$ $d$ $\#$ $e$ $\#$ $\&$ | Schließer und Öffner |
| $a$ $+$ $\triangleright 5$ $-u$ | Invertierender Verstärker $u = -5 \cdot a$ | $a$ $x$ $-2xy$ $b$ $y$ $-u$ | Multiplizierer $u = -2\,ab$ | | (Schalten bei $d = 1$ und $e = 1$, also $d \wedge e = 1$) |

## Zähler und Tarifschaltgeräte

| Form 1 | Form 2 | Benennung | Form 1 | Form 2 | Benennung |
|--------|--------|-----------|--------|--------|-----------|
| Wh $\sim$ | Wh $\sim$ | Einphasen-Wechselstrom-zähler | Wh | Wh | Impulsgeber-zähler mit 1 Impuls je 0,1 kWh |
| h | h MS | Zeitzähler mit Synchronmotor | | | |
| Wh $\sim$ 230V 10 (40) A | Wh $\sim$ Z zur Schaltuhr 230V 10 (40) A | Einphasen-Wechselstrom-Zweitarifzähler | 6 | | Tarifschaltgerät, z. B. für Rund-steueranlage |
| varh | varh | Vierleiter-Drehstrom-Blindverbrauch-zähler, nur Bezug zählend | 2A 3 MS 15A 6 | 2A 15A MS | Schaltuhr mit Synchronlauf |
| Wh | Wh | Münzzähler mit Zählwerken für Wirkverbrauch und für Münzvorrat | Z M | Z M M F | Tarifschaltuhr mit Uhrwerk und Selbstaufzug Z Zweitarif-schalter M Maximum-schalter |

# Elektroakustische Umsetzer und Antennenanlagen
## Electroacoustic converter and antenna systems

**TM**

| Schaltzeichen | Benennung | Schaltzeichen | Benennung | Schaltzeichen | Benennung |
|---|---|---|---|---|---|
| **Elektroakustische Umsetzer** | | | | | |
|  | Mikrofon, allgemein |  | Wandlerkopf, allgemein |  | Schreibkopf für 1 Kanal |
|  | Hörer, allgemein |  | Wandlerkopf, vereinfacht |  | desgl., vereinfacht |
|  | Lautsprecher, allgemein |  | Löschkopf |  | Schreib-Lese-Löschkopf |
|  | System für Wechselsprechverkehr |  | Wiedergabekopf, lichtempfindlich |  | desgl., vereinfacht |
| **Antennenanlagen** | | | | | RGA |
|  | Antenne, allgemein |  | Einspeiseweiche |  | Vierfach-Verteiler |
|  | Dipolantenne |  | festes Dämpfungsglied |  | wahlweise Darstellung |
|  | Faltdipol, allgemein |  | Entzerrer |  | Einfach-Abzweiger |
|  | LMK-Antenne einschließlich Übertrager |  | Übertrager |  | wahlweise Darstellung |
|  | LMKU-Antenne einschließlich Übertrager |  | Trennglied |  | Zweifach-Abzweiger |
|  | Dipolantenne einschließlich Übertrager |  | Sperrkreis, Bandsperre, Kanalsperre, Trägerfrequenzfalle |  | wahlweise Darstellungen |
|  | Parabolantenne (Schüssel) |  | Tiefpass | a) b) | Leitungsabschluss, angepasst |
|  | Netzanschlussgerät |  | Hochpass |  | Antennensteckdose (nicht für Installationsplan) |
|  | wahlweise Darstellung |  | Bandpass |  | wahlweise Darstellungen, z. B. für 4 Dosen |
|  | Erdungsschiene |  | Zweifach-Verteiler |  | Antennensteckdose mit Abschlusswiderstand |
|  | Modulator nach Kanal … |  | wahlweise Darstellung |  | wahlweise Darstellung |
|  | Weiche, allgemein |  |  |  |  |

Die RGA (Richtlinien für Planung, Aufbau, Übergabe, Wartung und Betrieb von Gemeinschaftsantennenanlagen) sind vom Arbeitskreis Rundfunk-Empfangsantennen verfasst. Zusätzlich verwendet man Schaltzeichen für Übersichtsschaltpläne, z. B. für Verstärker.

# Schaltzeichen für Installationschaltpläne und Installationspläne 1
## Graphical symbols for installation circuit diagrams and plans 1

**TM**

| Schaltzeichen | Benennung | Schaltzeichen | Benennung | Schaltzeichen | Benennung |
|---|---|---|---|---|---|
| | Leitung, a) allgemein, b) Starkstromleitung, c) ausgeführte Leitung | | Schutzleiter PE | | Mehrfachsteckdose, z.B. 3 Dosen |
| | bewegbar | | Neutralleiter N | 3, N, PE | Schutzkontaktsteckdose für Drehstrom |
| | unterirdisch | | PEN-Leiter | | kurze} geschirmte lange} Leitung |
| | oberirdisch | | desgl. bei senkrecht gezeichneten Leitungen | | Koaxiale Leitung, geschirmt |
| | auf Putz | | Praxisüblich für PE und PEN | | Leitung mit zwei Leitern |
| | im Putz | | Fernsprechleitung | | Zusammenfassung von Leitungen |
| | unter Putz | | Rundfunkleitung | | |
| o | isoliert in Rohr | | Leitung im Bau | | desgleichen, vereinfacht dargestellt |
| (f) | Feuchtraumleitung | | nachträglich zu verlegende Leitung | | Steckdose, abschaltbar |
| (k) | Kabel | | weitere Darstellungsarten z.B. Notbeleuchtungsleitung, | | Steckdose, verriegelt |
| | Leitung nach oben | | | | Steckdose mit Trenntrafo, z.B. für Rasierapparat |
| | Leitung nach unten | | Blinklichtleitung | | |
| | Leitung nach oben und unten | a) b) c) | Ausschalter a) einpolig b) zweipolig c) dreipolig | 35 A | Zähler mit Leitungsschutzschalter 35 A |
| | Abzweigdose für Ton- und Fernsehrundfunk | | Dimmer (Ausschalter) | | Schaltuhr, z.B. für Stromtarifumsch. |
| | Dose, allgemein | | Sensorschalter (Ausschalter) | | Zeitrelais, z.B. Treppenhausautomat |
| | Anschlussdose | | Gruppenschalter, 1-polig | | Stromstoßschalter |
| IP 44 | Starkstrom-Hausanschlusskasten, Schutzart IP 44 | | Serienschalter | | Leuchtenauslass, allgemein |
| | Verteilung | | Wechselschalter, beleuchtet | | Leuchte, allgemein |
| IP 42 | Schalter, z.B. dreipolig, Schutzart IP 42 | | Kreuzschalter | | Leuchte für Leuchtstofflampe |
| | Leitungsschutzschalter | | Taster | | desgl. für 2 Lampen |
| | Motorschutzschalter | | Leuchttaster | | Scheinwerfer, allgemein |
| | RCD, Fehlerstrom-Schutzschalter | a) b) | Einfachsteckdose a) ohne, b) mit Schutzkontakt, für Starkstrom | | Punktleuchte |
| | Sterndreieckschalter | | Zweifachsteckdose | | Sicherheitsleuchte in Bereitschaftsschaltung |

# Schaltzeichen für Installationsschaltpläne und Installationspläne 2
## Graphical symbols for installation circuit diagrams and plans 2

**TM**

| Schaltzeichen | Benennung | Schaltzeichen | Benennung | Schaltzeichen | Benennung |
|---|---|---|---|---|---|
| 5 × 36 W | Leuchtband, z.B. mit fünf 36-W-Lampen | **Heizung, Lüftung, Motor** | | **Signalgeräte** | |
| 10 × 5 × 36 W | Leuchtfeld, z.B. mit 10 x 5 36-W-Lampen | | Raumbeheizung, allgemein | | Wecker |
| **Elektro-Hausgeräte** | | | Speicherheizgerät, allgemein | | Gong |
| E | Elektrogerät, allgemein | | Infrarotstrahler | | Schnarre, Summer |
| E | Elektrogerät, schaltbar | M | Motor, allgemein | | Sirene |
| | Küchenmaschine | | Lüfter, Verdichter | | Hupe |
| | Elektroherd, allgemein | **Signal- und Fernmeldegeräte** | | | Signallampentafel, z.B. für 6 Meldungen |
| ≈ | Mikrowellenherd | | Fernmeldesteckdose | | Ruf- und Abstelltafel |
| | Backofen | | Antennensteckdose | | Türöffner |
| | Wärmeplatte | **Verteiler** | | | elektrische Uhr, insbes. Nebenuhr |
| | Infrarotgrill | HVt | Hauptverteiler | | Hauptuhr |
| | Warmwasserspeicher | Vt | Verteiler auf Putz | | Kartenkontrollgerät |
| | Warmwassergerät | **Fernsprechgeräte** | | | Strahlungsmelder |
| | Waschmaschine | | allgemein | | Wächtermelder |
| | Wäschetrockner | | Koppelstufe, allgemein | Lx < | Dämmerungsschalter |
| | Geschirrspülmaschine | | Wahlstufe, allgemein | **Rundfunk, Fernsehen** | |
| * | Kühlgerät | | automatische Wähleinrichtung | | Lautsprecher |
| ** | Tiefkühlgerät | | Handvermittlung | | Rundfunkempfangsgerät |
| *** | Gefriergerät | **Fernwirkgeräte** | | | Fernsehempfangsgerät |
| * | Klimagerät | | Fernwirkgeber, allgemein | | Antenne, allgemein |
| | | | Fernwirkzentrale, allgemein | | Verstärker |

**TM**

## Installation eines Wohnhauses

Nur Muster für die zeichnerische Darstellung,
nicht für die Ausführung der Installation.

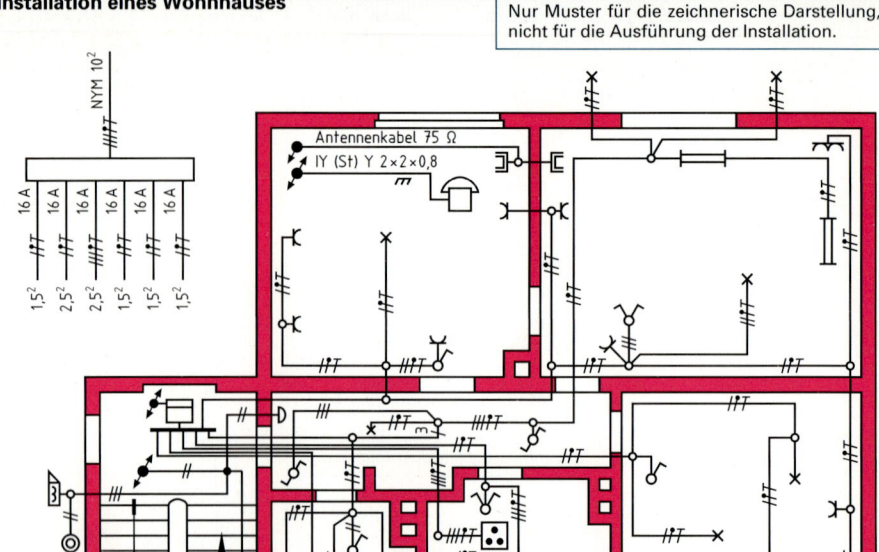

M 1:200, verlegt NYIF 1,5 mm², soweit nicht anders angegeben.

## Installation einer Werkstatt

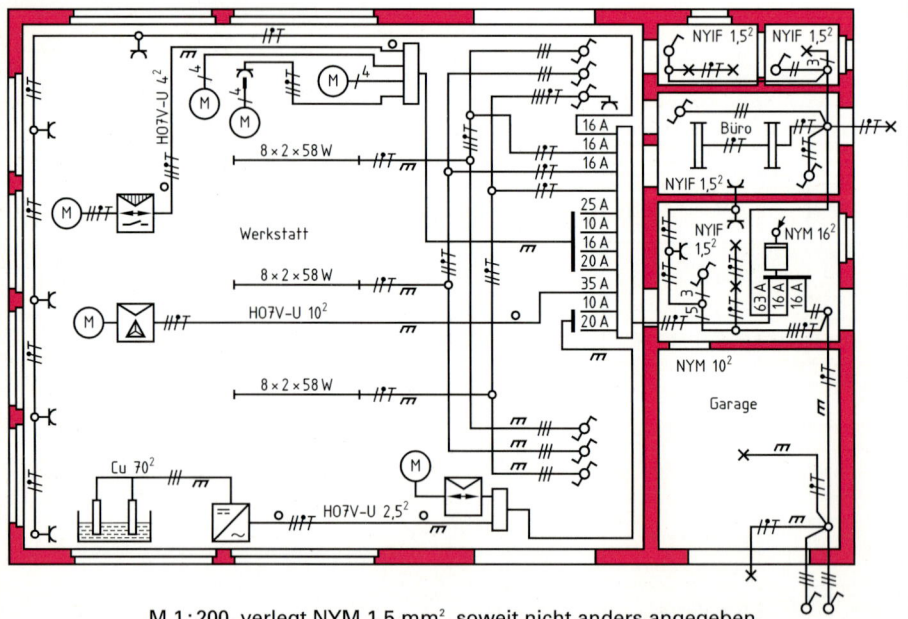

M 1:200, verlegt NYM 1,5 mm², soweit nicht anders angegeben.

# Schaltzeichen für Übersichtsschaltpläne  Graphical symbols for block diagrams

TM

| Schaltzeichen | Benennung | Schaltzeichen | Benennung | Schaltzeichen | Benennung |
|---|---|---|---|---|---|
| **Grundformen** | | | Fernkopieren | **Akustische Geräte** | |
| | Funktionseinheit, allgemein | | Bildübertragung | | Magnetbandgerät |
| | wahlweise Darstellung | | Tonübertragung | | Wechselsprechstelle für Freisprechen |
| | Umsetzer, Umrichter, allgemein | | Nummernwahl mit Nummernschalter | **Speicher** | |
| | Speicher | | Nummernschalter wahlweise Form | | Magnetspeicher, allgemein |
| | Regler, noch praxisüblich | | mit Zieltasten | | Magnetbandspeicher |
| | Regler nach EN 61082 | | Radar | **Stromversorgung, Umsetzer** | |
| | Einsteller, allgemein | **Generatoren** | | | Gleichrichter |
| | Modulator, Demodulator, Mischer | | Generator, Oszillator, allgemein | | Umrichter (Wechselrichter) |
| | desgleichen, wahlweise Darstellung | | Sinusgenerator für 4 kHz | | Spannungsgleichhalter |
| | zentrale Einrichtung | | Sinusgenerator mit Frequenzverstellbarkeit | | Frequenzumsetzer, allgemein |
| | Verzögerungselement, allgemein | | Sägezahngenerator | | Frequenzvervielfacher, $n$-fach |
| **Kennzeichen** | | **Meldegeräte** | | **Fernsprechtechnik** | |
| | Angabe einer Übertragungsrichtung; nur erforderlich, wenn nach links oder nach oben. | | Anzeigegerät mit beidseitigem Ausschlag und Beleuchtung | | Telefon, allgemein |
| | Glasfaser-Leitung (LWL) | | Zeigermelder | | mit Tastwahlblock |
| | Wertbegrenzung | **Verstärker, Empfänger, Sender** | | | Mehrfach-Fernsprecher |
| | | | Verstärker, allgemein | | |
| | Verstärkung | | wahlweise Darstellung | | Wählerzentrale |
| | Siebung | | Verstärker, veränderbar | | Fax (Faksimile-Sender und Empfänger) |
| | Fernsprechen | | Gegentaktverstärker | | |
| | | | Empfänger, allgemein | | Multiplexer mit Analog-Digital-Umsetzung |
| | | | Sender, Geber, allgemein | | |

# Spulen, Transformatoren, Transduktor, drehende Generatoren
## Coils, transformers, transductor, rotating generators

**TM**

| Schaltzeichen | Benennung | Schaltzeichen | Benennung | Schaltzeichen | Benennung |
|---|---|---|---|---|---|
| **Drosselspulen** | | **Dreiphasentransformatoren** | | **Drehende Generatoren** | |
| | Einphasen-Drosselspule | | Drehstromtransformator in Schaltung Dyn5, Unterspannungswicklung in drei Stufen einstellbar | | **Wicklungen** allgemein, fremderregt, im Nebenschluss |
| | wahlweise Darstellung | | | | im Reihenschluss |
| | wahlweise, insbesondere für Übersichtsschaltplan | | | | Wendepolwicklung, Kompensationswicklung |
| | Dreiphasen-Drosselspule in Sternschaltung für Übersichtsschaltplan | | wahlweise Darstellung, insbesondere für Übersichtsschaltplan | 1.    2. | Kohlebürste, z. B. am Stromwender, wahlweise Darstellungen |
| **Einphasentransformatoren** | | | Drehstromspartransformator, stufenlos einstellbare Spannung | | Kurbelinduktor (Gleichspannungsgenerator mit Handantrieb) |
| | Transformator mit getrennter Wicklung, auch Spannungswandler | | | | |
| | wahlweise Darstellung, insbesondere für Übersichtsschaltplan | | wahlweise Darstellung | | Drehstrom-Synchrongenerator mit Dauermagneterregung, Wicklungsenden herausgeführt |
| | wahlweise, mit Schirm und Kennzeichnung der Phasenlage | **Transduktor** | | | |
| | Einphasentransformator, Spannung in Stufen einstellbar | | Transduktordrossel | | desgleichen, aber in Schaltung Y mit herausgeführtem Sternpunkt |
| | | **Messwandler** | | | |
| | wahlweise Darstellung | | Stromwandler | | desgleichen, aber in Schaltung △ und mit Erregerwicklung |
| | | | wahlweise Darstellung, insbesondere für Übersichtsschaltplan | | |
| | Einphasentransformator mit veränderbarer Kopplung, Phasenlage gekennzeichnet | | Spannungswandler in V-Schaltung | | Fremderregter Gleichstromgenerator mit Erregerwicklung |
| | Spartransformator | | desgleichen, Darstellung mit erkennbarer V-Form | | desgleichen, mit Dauermagneterregung und Wendepolwicklung |
| | wahlweise Darstellung | | | | |
| | desgleichen, Spannung einstellbar | | desgleichen, für Übersichtsschaltplan | | Doppelschlussgenerator |

# Einphasenwechselstrommotoren und Anlasser vgl. EN 60617-6 (1997-08)
## Single-phase alternating current motors and starters

99

| Schaltplan | Benennung, Erklärung | Schaltplan | Benennung, Erklärung |
|---|---|---|---|

### Kondensatormotoren | | ### Spaltpolmotoren | |

Kondensatormotor mit Betriebskondensator und Anlasser (Motorstarter) für eine Drehrichtung mit elektromagnetischem und thermischem Auslöser.

An Stelle des Anlasser-schaltzeichens dürfen auch die Schaltzeichen der Bestandteile des Motorstarters gezeichnet werden, z. B. ein Schalter.

Spaltpolmotor mit Motor-starter für 3 Stufen (0 und 2 Drehzahlen), z. B. mit einem Vor-widerstand.

Spaltpolmotor mit Motorstarter, stetig veränderbar, z. B. zur Spannungseinstellung mit Thyristorschaltung zur Drehzahlsteuerung.

Kondensatormotor mit Betriebskondensator und Motorstarter mit Schütz für beide Drehrichtungen.

Darstellung des Motor-starters auch wie beim obigen Kondensatormotor möglich.

### Einphasen-Reihenschlussmotoren

Einphasen-Reihenschluss-motor (Universalmotor) mit Motorstarter für eine Drehrichtung, stetig ver-änderbar, z. B. zur Span-nungseinstellung, mit Spar-transformator (Bürsten-darstellung wahlweise).

Kondensator-Synchron-motor, dauermagneterregt, mit Motorstarter für Linkslauf und Rechtslauf.

Der Motorstarter kann auch durch Anlasser-schaltzeichen dargestellt werden.

(M Motor, S synchron)

Einphasen-Reihenschluss-motor (Universalmotor) mit Motorstarter für beide Drehrichtungen, stetig veränderbar durch Thyristorschaltung (Bürstendarstellung wahlweise).

Drehstrommotor, als Kondensatormotor geschaltet (Steinmetz-schaltung), mit Motor-starter, der einen Spartransformator zum Herabsetzen der Anlauf-spannung enthält.

### Motor mit Widerstandshilfsstrang, Anwurfmotor

Einphasenwechselstrom-motor mit Widerstands-hilfswicklung, einpoliger Schalter als Motorstarter.

Bei Anwurfmotoren entfallen R1 und Strang Z1Z2.

Einphasen-Reihenschluss-motor mit Wendepol-wicklung B1B2 und/oder Kompensationswicklung C1C2. Motorstarter für eine Drehrichtung, stetig ver-änderbar durch Thyristor-schaltung.

TM

# Drehstrommotoren und Anlasser vgl. EN 60617-6 (1997-08)
## Three-phase motors and starters

**TM**

| Schaltplan | Benennung, Erklärung | Schaltplan | Benennung, Erklärung |
|---|---|---|---|

### Kurzschlussläufermotoren (Käfigläufermotoren)

| Drehstromsynchronmotoren |

Drehstrom-Kurzschluss-läufermotor mit Motor-starter für Stern-Dreieck-Anlauf, nichtautomatische Umschaltung von Stern in Dreieck.

Darstellung des Motor-starters ist auch durch dessen Stromlaufplan möglich.

Drehstromsynchronmotor mit Dauermagneterregung, Anlasser für beide Drehrichtungen mit Thyristorschaltung, z. B. zur Frequenzsteuerung.

Der Anlasser kann auch durch seinen Stromlaufplan dargestellt werden.

Desgleichen in ausführlicher Darstellung, aber mit automatisch ablaufender Umschaltung von Stern in Dreieck. Die Anordnung der Wicklungsstränge kann auch in Sternform oder in Dreieckform erfolgen.

Die Darstellung des Motorstarters ist auch durch seinen Stromlaufplan möglich.

Ausführliche Darstellung des Motors.

Ständerwicklung in Stern geschaltet. Die Ständerstränge können auch anders angeordnet sein, z. B. nebeneinander.

Polumschaltbarer Drehstrom-Kurzschlussläufermotor mit 3 Wicklungssträngen, Motorstarter für Polumschaltung mit Schützen für beide Drehrichtungen.

Die Darstellung des Motorstarters ist auch durch seinen Stromlaufplan möglich.

Drehstromsynchronmotor mit Gleichstromerregung und Motorstarter für eine Drehrichtung, z. B. mit Stromrichter.

Der Anlasser kann auch durch seinen Stromlaufplan dargestellt werden.

Dreiphasiger Linearmotor mit Anlasser, allgemein.

Die Darstellung des Anlassers kann auch durch seinen Stromlaufplan erfolgen.

Synchronisierter Drehstrommotor, z. B. Reluktanzmotor (Motor mit ausgeprägten Polen und Anlaufkäfig). Motorstarter als Schützschaltung mit selbsttätiger Auslösung.

### Schleifringläufermotor

| Drehstrom-Stromwendermotor |

Schleifringläufermotor, Ständer über Schützschaltung gesteuert, automatisch ablaufendes Anlassen durch Läuferanlasser mit 3-stufiger Schützschaltung.

Die Darstellung der Anlasser kann auch durch ihre Stromlaufpläne erfolgen.

Drehstrom-Reihenschlussmotor mit Motorstarter für beide Drehrichtungen und Schützschaltung mit selbsttätiger Auslösung.

Die Darstellung des Motorstarters kann auch durch seinen Stromlaufplan erfolgen.

| Schaltplan | Erklärung | Schaltplan | Erklärung |
|---|---|---|---|
| **Gleichstrommotoren** | | **Drehfeldmotoren (synchrone oder asynchrone)** | |

**TM**

Gleichstrommotor für DC 220 V mit Dauermagneterregung (fremderregter Gleichstrommotor) an Stromrichterschaltung B2HKF (Zweipulsbrückenschaltung, katodenseitig halbgesteuert mit Freilaufdiode). Darstellung für Stromlaufplan.

Fremderregter Gleichstrommotor mit Erregerwicklung. Anker an Stromrichterschaltung B6CF (Sechspulsbrückenschaltung mit Freilaufdiode), Erregerwicklung an ungesteuerter Stromrichterschaltung B2UF (Zweipulsbrückenschaltung mit Freilaufdiode). Darstellung für Übersichtsschaltplan.

Gleichstrom-Reihenschlussmotor für DC 220 V an Stromrichterschaltung B2HA (Zweipulsbrückenschaltung, anodenseitig halbgesteuert).

Fremderregter Gleichstrommotor für DC 440 V mit Reihenschluss-Hilfswicklung (Doppelschlussmotor) und Wendepolwicklung. Der Läufer ist an eine Stromrichterschaltung B6CF (sechspulsige vollgesteuerte Brückenschaltung mit Freilaufdiode) angeschlossen, die Erregerwicklung für DC 220 V an eine ungesteuerte Stromrichterschaltung B2UF.

Synchronmotor mit Dauermagneterregung, z. B. Servomotor, an Umrichter zur Pulsweitenmodulation mit Gleichspannungszwischenkreis (U-Umrichter). Der Umrichter besteht aus dem Netzstromrichter B6AB6 (2 Sechspulsbrückenschaltungen antiparallel) für Vierquadrantenbetrieb und Energierücklieferung, dem Gleichspannungszwischenkreis mit Freilaufdiode und dem Maschinenstromrichter B6C aus Transistoren zur Pulsweitenmodulation (PWM).

Kurzschlussläufermotor an Umrichter zur Pulsamplitudenmodulation mit Gleichspannungszwischenkreis (U-Umrichter). Der Umrichter besteht aus dem Netzstromrichter B6HA (Sechspulsbrückenschaltung, anodenseitig halbgesteuert), der keine Energierücklieferung ermöglicht, dem Gleichspannungszwischenkreis R4, R5, C1 mit Bremskreis Q4, R6 und dem Maschinenstromrichter B6C aus Abschaltthyristoren (GTO) oder IGBTs und Blindleistungsdioden.

Schleifringläufermotor mit läuferseitigem Gleichspannungszwischenkreis. Die Läuferspannung wird durch einen Gleichrichter B6 gleichgerichtet. Diese Gleichspannung wird durch T2 (Wechselrichter B6C) in Wechselspannung der Netzfrequenz umgerichtet. Die Schlupfenergie wird zurückgespeist.

**Weitere Stromrichterschaltungen** in Teil AS „Schaltungen für Gleichrichter und Stromrichter", „Halb gesteuerte Stromrichter", „Voll gesteuerte Stromrichter", „Gleichstromsteller, U-Umrichter-Prinzip", „U-Umrichter".

# Amerikanische Schaltzeichen 1  Graphical symbols of USA 1

**TM**

| USA, z.B. ANSI, NEMA | Europa, praxisüblich, z.B. DIN EN | Benennung | USA, z.B. ANSI, NEMA | Europa, praxisüblich, z.B. DIN EN | Benennung |
|---|---|---|---|---|---|
| **allgemeine Betriebsmittel** | | | **Schaltglieder** | | |
| a) b) RES | | Widerstand, Wirkwiderstand (Resistanz) | a) b) | a) b) | Schließer |
| a) b) | | Kondensator | a) b) | | Öffner |
| a) b) | | Diode | a) b) | | Wechsler |
| a) b) | | Z-Diode | | a) b) | Schließer mit Verzögerung beim Schließen |
| | a) b) | Steckerverbindung | **Steuergeräte** | | |
| a) b) c) | | Schmelzsicherung | PB | | schließender Taster, druckbetätigt |
| | | gepolte Suppressordiode | PB | | öffnender Taster, druckbetätigt |
| a) b) | ⊗ | Leuchtmelder | LS | | Endschalter (Schließer) |
| a) b) | a) b) | Masse | LS | | Endschalter (Öffner) |
| a) b) | | elektromechanischer Antrieb, z.B. für Schütz | PB | | Schalter mit Raste, druckbetätigt |
| a) b) SO | SO | Antrieb mit Anzugsverzögerung | | | Näherungsschalter (Schließer) |
| a) b) SR | SR | Antrieb mit Abfallverzögerung | a) P b) D | p> | Druckwächter, öffnend (p von pressure) |
| | G | Rechteckgenerator | PB | E | Taster mit Schließer und Öffner |
| MTR | M 3~ | Drehstrommotor | | | Schwimmerschalter, öffnend |

ANSI  American National Standard Institute,  NEMA  National Electrical Manufacturer Association,
DIN EN  Deutsches Institut für Normung Europa-Norm.
* steht für Kennbuchstabe, z.B. Farbe oder Gerät.  PB Pushbutton = Druckknopf,  LS Limit switch = Grenzschalter

**TM**

| USA, z.B. ANSI, NEMA | Europa, praxisüblich, z.B. EN | Benennung | USA, z.B. ANSI, NEMA | Europa, praxisüblich, z.B. EN | Benennung |
|---|---|---|---|---|---|
| **Relais, Schütze, Schalter, Beispiel** | | | **Analoge und binäre Elemente** | | |
| | | anzugsverzögertes Relais 1 Öffner, 1 Schließer | | a)    b) | Verstärker, allgemein |
| | | Schütz mit 3 Schließern | | | Operationsverstärker |
| | | dreipoliges Schütz mit Motorschutzrelais | a)    b) | | UND-Element |
| | | dreipoliges Schütz mit 2 Hilfskontakten und Motorschutzrelais | a)    b) | a)    b) | ODER-Element |
| | | | a)    b) | | XOR-Element, Antivalenz |
| | | Motorschutzschalter mit Kurzschluss- und Überlast-Auslöser | a)    b) | | NAND-Element |
| | | dreipoliger Trennschalter | | a)    b) | NICHT-Element, Inverter |
| | | dreipoliger Leistungsschalter | | | XNOR-Element, Äquivalenz |
| | | | | | Inverter mit Tristate-Ausgang (H, L und hochohmig) |
| | | | | | Digital-Analog-Umsetzer, DAC |
| | | | | | Analog-Digital-Umsetzer, ADC |
| | | | | | Demultiplexer |
| | | | | | Multiplexer |

**Schaltplanbeispiel: Motorstarter (nach Moeller)**

ANSI  American National Standard Institute,  NEMA  National Electrical Manufacturer Association, EN  Europa-Norm.

# Hydraulische und pneumatische Steuerungen  Hydraulic and pneumatic controls

**TM**

| Symbol | Benennung | Symbol | Benennung | Symbol | Benennung |
|---|---|---|---|---|---|
| **Leitungen** | | **Wegeventile** | | **Stromventile** | |
| | Arbeitsleitung | | Anzahl der Rechtecke = Anzahl der Schaltungen; 2 Schaltstellungen | | Drosselventil, verstellbar |
| | Steuerleitung | | Anschlüsse werden mit Strichen markiert | | 2-Wege-Stromregelventil |
| | Leckleitung, Entlüftungsleitung | | 1 Durchflussweg | **Ventilbetätigung** | |
| | Leitungsverbindung | | 2 gesperrte Anschlüsse | | mit Feder |
| | Leitungskreuzung | | 2 Durchflusswege | | durch Muskelkraft, allgemein |
| | Elektrische Leitung | **Kurzbezeichnungen** | | | mit Druckknopf |
| **Funktionszeichen** | | Die erste Zahl gibt die Anzahl der gesteuerten Anschlüsse und die zweite Zahl die Anzahl der Schaltstellungen an. | | | mit Hebel |
| | hydraulisch, pneumatisch | | Beispiel: 3/2-Wegeventil 2 Schaltstellungen (a und b) 3 Anschlüsse (1...3) | | mit Pedal |
| | Strömungsrichtung | | | | mit Taster |
| | Drehrichtung | | | | mit Tastrolle |
| | Verstellbarkeit | | 2/2-Wegeventil | | durch Elektromagnet mit 1 Wicklung |
| **Pumpen, Verdichter, Motoren** | | | 3/2-Wegeventil | | 2 gegensinnige Wicklungen |
| | Konstantpumpe mit 1 Stromrichtung | | 4/2-Wegeventil | | durch Elektromotor |
| | Verstellpumpe mit 2 Stromrichtungen | | 4/3-Wegeventil | | Hydraulische Vorsteuerung unter Druck |
| | Verdichter (Kompressor) | | 5/2-Wegeventil | | Pneumatische Vorsteuerung unter Druck |
| | Hydraulikmotor mit 1 Stromrichtung | **Sperrventile** | | **Energieübertragung** | |
| | Pneumatikmotor mit 1 Stromrichtung | | Rückschlagventile | | Druckquelle, hydraulisch oder pneumatisch |
| **Zylinder** | | | Drosselrückschlagventil | | Elektromotor |
| | einfach wirkend | **Druckventil** | | | Behälter |
| | mit Rückholfeder | | Druckbegrenzungsventil | | Speicher |
| | doppelt wirkend | | | | Filter |
| | mit beidseitiger Dämpfung | | | | Wasserabscheider |
| | | | | | Öler |
| | | | | | Aufbereitungseinheit |

# Schaltzeichen des Europäischen Installationsbusses EIB
## Circuit symbols of European Installation Bus EIB

**TM**

| Schaltzeichen | Benennung | Schaltzeichen | Benennung | Schaltzeichen | Benennung |
|---|---|---|---|---|---|
| **Basisgeräte** | | | Allgemeiner Sensor mit Hilfsspannung, z.B. AC | | Windgeschwindigkeitssensor |
| | Spannungsversorgung SV | | Jalousiesensor, z.B. 2 Kanäle | **Aktoren** | |
| | Drossel DR | | Binärsensor, z.B. 4 Kanäle, z.B. für DC | | Aktor, allgemein |
| | Netzgerät NG, Spannungsversorgung mit Drossel | | Binärsensor, z.B. 4 Kanäle, z.B. für AC | | Aktor mit Hilfsspannung |
| Form 1   Form 2 | Busankoppler | | IR-Sender für Batteriebetrieb, z.B. 4 Kanäle | | Aktor mit Zeitverzögerung |
| | Verbinder | | IR-Empfänger/ Decoder, z.B. 4 Kanäle | | Schaltaktor, Schaltgerät, Binärausgang n Kanäle, nicht potenzialfrei |
| | Linienkoppler LK, Bereichskoppler BK, Linienverstärker LV, xx: LK, BK od. LV | | Helligkeitssensor | | Schaltaktor, n Kanäle, potenzialfrei |
| | Schnittstelle RS 232 | | Temperatursensor | | Jalousieaktor, Jalousieschalter, 2 Kanäle |
| | Netzkoppler EIB zu ISDN | | Rauchmelder | | Dimmaktor, Schalt-/Dimmaktor |
| | Logikbaustein | | Bewegungsmelder (Passiv Infrarot) | | Analogaktor |
| **Sensoren** | | | Zeitsensor, Uhr | **Sonstige Elemente** | |
| | Tastsensor, z.B. Taster mit 2 Schließern | | Zeitsensor, Uhr | | Schaltgerät mit z.B. Binäreingang, Binärausgang, z.B. 2 Kanäle |
| | Dimmsensor, z.B. 2 Kanäle | | Zeitwertschalter, Zeitschaltuhr | | Anzeigeeinheit, Informations-Display |

# Symbole der Verfahrenstechnik  Symbols of processing technique

**TM**

| Symbol | Benennung | Symbol | Benennung | Symbol | Benennung |
|---|---|---|---|---|---|
| **Leitungen** | | **Kolonnen, Reaktoren** | | **Sieben, Sichten** | |
| 1 mm | Leitung für Hauptprodukt | | Kolonne mit Einbauten, allgemein | | Siebapparat, Rechen, allgemein |
| 0,5 mm | Leitung für Nebenprodukt | | Behälter mit Festbett | | Sichter, allgemein |
| 0,25 mm | Steuerleitung | | Behälter mit Fließbett | **Filtern** | |
| | Leitungs-kreuzung | **Heizen und Kühlen** | | | Filterapparat, allgemein |
| | Leitungs-abzweig | | Heizen oder Kühlen, allgemein | | Gasfilter, Luftfilter, allgemein |
| | Doppelabzweig | | Wärmetauscher mit gekreuzten Fließlinien | **Abscheider** | |
| **Fließpfeile** | | | desgleichen, ohne Kreuzung | | Abscheider, allgemein |
| | Fließrichtung, allgemein | | desgleichen, mit Rohrschlange | | Fliehkraft-abscheider, Zyklon |
| | Eingang, Ausgang wichtiger Stoffe | | Doppelrohr-wärmetauscher | | Elektrostatischer Abscheider |
| **Armaturen** | | | Dampfkessel | **Zentrifugen** | |
| | Absperrarmatur, allgemein | | Abzugshaube | | Zentrifuge, allgemein |
| | desgleichen (Eckform) | | Schornstein | | desgleichen, mit Siebmantel |
| | desgleichen (Dreiwegeform) | **Zerkleinerung** | | **Trocknen** | |
| | Absperrschieber | | Zerkleinerungs-maschine, allgemein | | Trockner, allgemein |
| | Absperrklappe | | Mühle, allgemein | | Zerstäubungs-trockner |
| **Fördereinrichtungen** | | | Prallbrecher | **Sortieren** | |
| | Pumpe, allgemein | | Walzenbrecher | | Sortierapparat, allgemein |
| | Verdichter, Vakuumpumpe, allgemein | | | | |
| | Stetigförderer, allgemein | | | | |
| | Schnecken-förderer | | | | |
| **Behälter** | | | | | |
| | Behälter, allgemein | | | | |
| | Kugelbehälter | | | | |

TM

| Vorgang | Arbeitsablauf | Bemerkungen, Beispiel |
|---|---|---|
| Inhalts-verzeichnis erstellen | • Überschriften der Hauptabschnitte festlegen,<br>• Umfang der Hauptabschnitte festlegen,<br>• Unterteilung der Hauptabschnitte vornehmen und<br>• Seitennummern den Abschnittsnummern zuordnen. | Nummerierung der Hauptabschnitte mit 1, 2, 3 usw., der nachgeordneten Abschnitte mit 1.1, 1.2 ... bzw. 1.1.1, 1.1.2 ... vornehmen. Überschriften in Fettdruck, evtl. nachgeordnete in kleinerer Type. Zuordnung der Seitennummern kann im Laufe der Bearbeitung geändert werden. |
| Sammlung geeigneter Bilder | • Bilder zu den Hauptabschnitten suchen bzw. skizzieren,<br>• Tabellen (soweit nötig) zu den Hauptabschnitten suchen bzw. entwerfen und<br>• prüfen, ob die wichtigsten Inhalte durch Bilder und Tabellen abgedeckt sind.<br>• Bilder möglichst vereinfachen.<br><br>Bilder in Druckschriften sind aufwändig. Deshalb sollten Bilder immer möglichst viele Informationen enthalten und nicht nur den Anblick zeigen. | **Skizze** |
| Bildbe-arbeitung | • Prüfen, ob einfarbig oder mehrfarbig,<br>• Strichzeichnungen normgerecht erstellen,<br>• Fotos evtl. durch Beschriftung ergänzen,<br>• Bilder gleich breit machen und<br>• Bildunterschriften zu jedem Bild festlegen.<br><br>Mehrfarbige Bilder sind meist anschaulicher. Gegenüber Schwarz-weiß-Bildern verteuern sie aber die Dokumentation. | **Reinzeichnung** |
| Entwurf des Rohtextes | • Anhand der ausgewählten Bilder den Text formulieren,<br>• dabei für Gleiches immer die gleichen Begriffe verwenden,<br>• bei gleichen Sachverhalten auch gleiche Satzstrukturen verwenden. | Ergänzungen zu Stellen ohne Bilder vornehmen. In einer Dokumentation können Begriffe beliebig oft wiederholt werden, kein Literaturdeutsch anstreben. Fachworte, insbesondere Fremdworte, erklären. |
| Erstellung des end-gültigen Textes | • Rohtext selber korrigieren,<br>• Text durch sachkundige Person überprüfen lassen,<br>• deren Korrektur, wenn sinnreich, übernehmen,<br>• Reinschrift vornehmen. | Rechtschreibung und Kommasetzung beachten, Wörterbuch, z.B. Duden, gebrauchen. Bildhinweise im Text mindestens beim erstmaligen Gebrauch des Bildes einheitlich vornehmen. |
| Layout | • Festlegen, ob einspaltiger oder mehrspaltiger Satz,<br>• angeben, ob Blocksatz oder Flattersatz,<br>• beim Satz nicht über 60 Anschläge je Zeile und bei mehrspaltigem Satz nicht weniger als 40 Anschläge je Zeile. | Bilder einheitlich anordnen, z.B. in einer rechten Spalte oder vor dem entsprechenden Bildhinweis. Hauptabschnitte mit neuer Seite beginnen lassen. Auf jede Seite höchstens drei Überschriften setzen. Raum für Ergänzungen frei lassen. |
| Bildver-zeichnis und Tabellen-verzeichnis erstellen | • Nummerierung z.B. nach Seite und dortiger Nummer, z.B. 100/1, 100/2 usw.<br>• Urheberrechte beachten, insbesondere bei Entnahme aus Lehrbüchern. | Bildinhalt (Bildunterschrift) und bei Bedarf Quelle des Bildes angeben. Bei Tabellen ist entsprechend zu verfahren. |

TM

# Aufbau und Inhalt einer Betriebsanleitung
## Structure and content of an operating instruction

| Kapitel | Inhalt | Bemerkungen |
|---|---|---|
| Beschreibung | Kurze Beschreibung der Bedienungselemente, Anzeigeelemente, Buchsen für Eingangssignale und Ausgangssignale. Grafiken dienen zur Verdeutlichung. | Dieses Kapitel dient der schnellen Orientierung. Es setzt oft mindestens Grundkenntnisse des Gerätes oder der Anlage voraus. |
| Montage | Hinweise für Aufstellungsbedingungen und den Zusammenbau anhand einer Stückliste, meist mit Explosionszeichnungen ergänzt. | Wichtig sind Abmaße und Umgebungsbedingungen wie Temperatur, Feuchtigkeit. Teilweise wird sogar das zu verwendende Werkzeug beschrieben bzw. abgebildet. |
| Inbetriebnahme | Reihenfolge der Inbetriebnahmeabläufe, Sicherheitshinweise, Anschlussskizzen, Maßnahmen zum Einschalten, Ausschalten, Prüfen, Überwachen, Korrigieren. Hinweise zum Voreinstellen (Konfigurieren) von Grundfunktionen. | Hierunter ist das erstmalige Einschalten eines Gerätes oder einer Anlage beim Kunden gemeint. |
| Funktionen | Beschreibung der Funktionen und deren Zusammenwirken. Sind diese vom Benutzer beeinflussbar, so ist deren Bedienung zu beschreiben. | Sie stellen die Leistungsbeschreibung des Gerätes oder der Anlage dar. |
| Einstellungen | Standardeinstellwerte (Grundeinstellungen, Default-Werte) von Komponenten, Baugruppen oder Softwaremodulen. | Zu beschreiben sind Starteinstellwerte bei der Inbetriebnahme und mögliche Einstellwerte im ungestörten Betrieb. |
| Betrieb | Einschalten, Ausschalten durch den Kunden im ungestörten Betrieb. Verhaltensweisen bei gestörtem Betrieb. | Vorsichtsmaßnahmen für einen ungestörten Betrieb sind zu beschreiben, z.B. bei Temperaturwechsel, Feuchtigkeit, Staub, EMV. |
| Fehlermeldungen, Fehlerbehandlung | Beschreibung der Fehlermeldungen (Störmeldungen, Alarmmeldungen) und Beschreibung der jeweils einzuleitenden Maßnahmen zur Beseitigung. | Die Fehlermeldungen müssen aussagefähig und vollständig sein. Die Darstellung erfolgt am übersichtlichsten tabellarisch. |
| Instandhaltung, Wartung | Beschreibung von Wartungsintervallen und den zu wartenden Komponenten oder Baugruppen mit den dazugehörenden Maßnahmen. | Es ist zu unterscheiden, welche Wartungsarbeiten vom Kunden selbst und welche Wartungsarbeiten vom Kundendienstpersonal des Herstellers vorzunehmen sind. |
| Kundendienst, Ersatzteilhaltung, Garantie | Angaben über notwendige Daten zur Ersatzteilbeschaffung. Angaben über Kundendienstleistungen, Kundendienstadressen, Adressen zur Ersatzteilbeschaffung, Hotline-Adressen (Telefon, Fax, E-Mail), Garantiebedingungen, Garantiedauer, Garantieleistungen. | Die Adressen für Kundendienst und Ersatzteilbeschaffung sind in Regionen einzuteilen. |
| Technische Daten | Angaben zur elektrischen Spannungsversorgung, elektrischen Leistungsaufnahme, Betriebstemperatur, Kennwerte für Hydraulikkomponenten, Pneumatikkomponenten. Angaben zu Schnittstellen, Datenübertragungsraten, Drehzahlen, Kraftmomente, Gewichte, Abmessungen, mitgeliefertes Zubehör. | Die technischen Daten sind oft als Anhang beschrieben. Die angegebenen Werte gelten für den störungsfreien Betrieb. Auf zulässige Toleranzen sollte hingewiesen werden. |

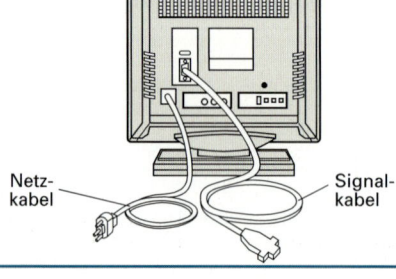

**Vorderansicht**     **Rückansicht**

Netz-kabel     Signal-kabel

**Ansichten von Monitoren**

| Aufbau | Erklärung, Prinzip | Bermerkungen, Daten |
|---|---|---|

⑤
⑥
①
②
④
③

① Funktionstasten
② Messbereichschalter
③ verriegelbare Anschluss-
buchsen

**Digitalmultimeter**

**Effektivwertmessung**
- ④ TRMS-Messgeräte (TRMS von True Root Mean Square = wahrer quadratischer Wurzelmittelwert) sind umschaltbar für den Gleichanteil und den Wechselanteil eines Mess-signals.
- RMS-Messgeräte (RMS von Root Mean Square = quadratischer Wur-zelmittelwert) messen nur den Wech-selspannungsanteil (Wechselspan-nungskopplung).

**Anzeige**
Die Stellenzahl gibt an, wie viele Ziffern die auf dem Display darstellbare Zahl haben kann.
- ⑤ Halbe Stelle: 0 oder 1
- Dreiviertel Stelle: 0 bis 3
- ⑥ Volle Stelle: 0 bis 9
- Beispiel: $5\frac{1}{2}$ stellig:

Anzeige von 000000 bis 199999

Digitalmultimeter mit Bargraph (von bar = Streifen) ermöglichen die Anzei-ge von Änderungstendenzen von Mess-werten. Die Messrate des Bargraph ist mit bis 40 Aktualisierungen je Sekunde höher als die der Digitalanzeige.

**Vorteile:**
- Geringe Messabweichung und höhere Auflösung als bei einem analogen Multimeter.
- Hohe Eingangsimpedanz von mindestens 10 MΩ.
- Integrierter Mikroprozessor er-möglicht über Funktionstasten vielfältige Bedienfunktionen wie z.B. Min/Max, relativer Be-zugswert usw. → **Bild** ①.

**Genauigkeitsangabe:**
Beispiel: Anzeige
$U = 13,982$ V mit ± (1% + 2 Digit)
- Erste Fehlerangabe gibt den maximalen Fehler, z.B. 1%, bezogen auf den angezeigten Wert an.
- Zweite Fehlerangabe, z.B. 2 Di-git, gibt einen Grundfehler im Messbereich an, der auf die Auflösung, d.h. die Änderung der kleinsten (rechten) Stelle, bezogen ist.
Absoluter Fehler:
$$F = \pm \left(13,982 \text{ V} \cdot \frac{0,5\%}{100\%}\right.$$
$$\left. + 0,002 \text{ V}\right) = \pm \mathbf{0,072 \text{ V}}$$

**TM**

---

**Drehspulmesswerk**

Drehspule, auf Aluminiumrahmen gewickelt, im homogenen Magnetfeld zwischen zylindrischem Dauermagnet und äußerem Weicheisenrohr. Zeiger fest mit der Drehspule verbunden.

Stromzuführung über gegensinnig gewickelte Spiralfedern (Spitzenlage-rung) oder Spannband (keine Lager-reibung).

Spulenstrom verursacht proportiona-les Kraftmoment, das die Spule so weit dreht, bis das von den Federn oder von den Spannbändern erzeugte Rückstellmoment gleich groß ist.

Eignet sich für Gleichstrom- und Gleichspannungsmessung (linea-re Skale). Richtung des Zeiger-ausschlags abhängig von Strom-richtung (Nullpunkt in Skalenmit-te möglich).

Messwerk misst arithmetischen Mittelwert. Kleiner Eigenver-brauch:
1 µW bis 100 µW.

Für Wechselstrommessung Gleichrichtung nötig.

---

**Dreheisenmesswerk**

In Spule festes, trapez- oder dreieck-förmiges Weicheisenplättchen und drehbar gelagertes zweites Plättchen, das über einen Hebelarm mit der Zei-gerachse verbunden ist.

Spulenstrom magnetisiert die Weich-eisenplatten gleichsinnig, die sich dadurch abstoßen. Ändert sich die Stromrichtung, stoßen sich die Platten ebenfalls ab.

Gegenmoment durch Spiralfeder und Spannband. Keine beweglichen stromführenden Teile.

Messwerk misst Effektivwert. Für Gleich- und Wechselstrom geeig-net. Gleichmäßige Skalenteilung beginnt erst nach dem 1. oder 2. Zehntel der Skale.
Mechanisch und elektrisch robust sowie zuverlässig. Bis zum 10fachen Bemessungsstrom uberlastbar. Hoher Eigenver-brauch (0,5 VA bis 1 VA als Strom- und 2 VA bis 5 VA als Spannungs-messer).

# Mess-Schaltungen zur Widerstandsbestimmung
## Measure circuits for resistance determination

**TM**

| Schaltung | Erklärung | Formeln |
|---|---|---|

## Indirekte Widerstandsbestimmung

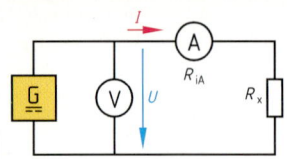

**Spannungsfehlerschaltung**

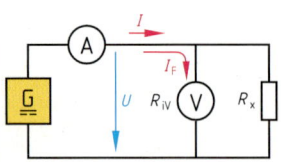

**Stromfehlerschaltung**

**Nicht elektronische Spannungsmesser**
Die *Spannungsfehlerschaltung* wird für große Widerstände verwendet ($R_x$ > etwa 20 $R_{iA}$ des Strommessers). Bei kleineren Widerständen wird das Messergebnis durch die Fehlerspannung $U_F$ verfälscht.

In diesem Fall ist die Formel für $R_x$ < 20 $R_{iA}$ zu verwenden und die Fehlerspannung in der Rechnung zu berücksichtigen.

Die *Stromfehlerschaltung* wird für kleine Widerstände verwendet ($R_x$ < etwa 1/20 $R_{iV}$ des Spannungsmessers). Bei größeren Widerständen wird das Messergebnis durch den Fehlerstrom $I_F$ verfälscht. In diesem Fall ist die Formel für $R_x$ > 1/20 $R_{iV}$ zu verwenden oder der Fehlerstrom in der Rechnung zu berücksichtigen.

**Elektronischer Spannungsmesser**
Bei Verwendung von digitalen Spannungsmessern mit hochohmigem $R_{iV}$ ist die Schaltungsart beliebig.

Bei $R_x$ > 20 $R_{iA}$:
$$R_x \approx \frac{U}{I}$$

Bei $R_x$ < 20 $R_{iA}$:
$$R_x = \frac{U - U_F}{I} \qquad R_x = \frac{U}{I} - R_{iA}$$

Bei $R_x$ < 1/20 $R_{iV}$:
$$R_x \approx \frac{U}{I}$$

Bei $R_x$ > 1/20 $R_{iV}$:
$$R_x = \frac{U}{I - I_F} \qquad R_x = \frac{U}{I - U/R_{iV}}$$

$$R_x = \frac{U}{I}$$

## Widerstandsmessung mit Konstantstromquelle

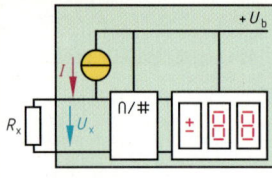

**Digital-Multimeter**

Die Widerstandsmessung wird auf eine Spannungsmessung zurückgeführt. Durch Verwenden einer Konstantstromquelle wird $U_x \sim R_x$. Durch umschaltbare Konstantströme kann man verschiedene Widerstandsbereiche einstellen,

z. B. $I$ = 1 mA ⇒ Anzeige von kΩ
$I$ = 1 µA ⇒ Anzeige von MΩ

$U_x = I \cdot R_x$, $I$ = const.

$$R_x \sim U_x$$

## Brückenschaltung

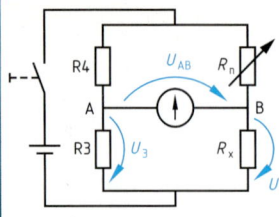

**Wheatstone-Messbrücke (Prinzipschaltung)**

Bei der abgeglichenen Brücke ist der Brückenpfad stromlos und spannungslos.
Die Spannungsteiler $R_3 R_4$ und $R_x R_n$ sind bei abgeglichener Brücke unbelastet und auf gleiches Teilerverhältnis eingestellt.

Vorteil: Sehr genaue Widerstandsbestimmung möglich.

Bei Abgleich:
$U_{AB} = U_3 - U_x = 0$

$$\frac{R_4}{R_3} = \frac{R_n}{R_x}$$

$$R_x = R_n \frac{R_3}{R_4}$$

| | | | |
|---|---|---|---|
| $I$ | Stromstärke | $R_x$ | gesuchter Widerstand |
| $I_F$ | Fehlerstrom | $R_n$ | Abgleichwiderstand |
| $R_{iV}$ | Innenwiderstand des Spannungsmessers | $R_3$, $R_4$ | Wirkwiderstände |
| $R_{iA}$ | Innenwiderstand des Strommessers | $U_{AB}$ | Brückenspannung |
| | | $U_b$ | Betriebsspannung |

$U_3$ Spannung an $R_3$
$U_x$ gemessene Spannung
$U$ Spannung am Spannungsmesser
$U_F$ Fehlerspannung

## Messbereichserweiterung von Messinstrumenten

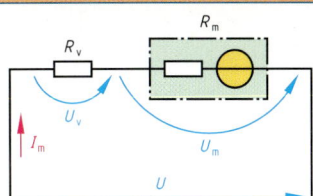

**Spannungsmesser**

Bei hohen Wechselspannungen werden Spannungswandler verwendet.

Für $n$-fache Messbereichs-erweiterung:

$$n = \frac{U_n}{U_m}$$

$$R_v = \frac{U_n - U_m}{I_m}$$

$$R_v = (n - 1) \cdot R_m$$

**TM**

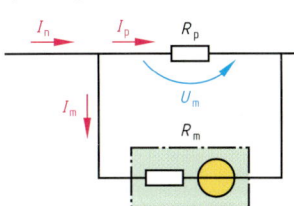

**Strommesser**

Bei großen Wechselströmen werden Stromwandler verwendet.

Für $n$-fache Messbereichs-erweiterung:

$$n = \frac{I_n}{I_m}$$

$$R_p = \frac{U_m}{I_n - I_m}$$

$$R_p = \frac{R_m \cdot I_m}{I_n - I_m}$$

$$R_p = \frac{R_m}{n - 1}$$

## Messwandler

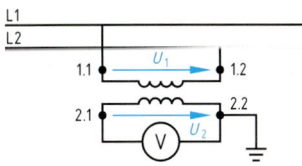

**Messbereichserweiterung mit Spannungswandler**

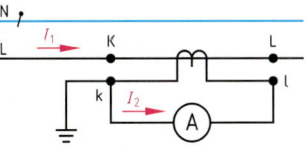

**Messbereichserweiterung mit Stromwandler**

$$\ddot{u}_{NV} = \frac{U_{1N}}{U_{2N}} = \frac{N_1}{N_2}$$

$$U_1 = \ddot{u}_{NV} \cdot U_2$$

$$\ddot{u}_{NA} = \frac{I_{1N}}{I_{2N}} = \frac{N_2}{N_1}$$

$$I_1 = \ddot{u}_{NA} \cdot I_2$$

**Messbereichserweiterung mit Durchsteckstromwandler**

Beim Durchsteckstromwandler wird $\ddot{u}_N$ für einfaches Durchstecken angegeben. Bei $z$ Durchgängen wird $\ddot{u}_N$ um $z$ verkleinert zu $\ddot{u}_N/z$.

Beim Durchsteck-stromwandler:

$$I_2 = \frac{I_1 \cdot z}{\ddot{u}_N}$$

Bei Wirkverbrauchs-messung:

$$c_a = \ddot{u}_{NV} \cdot \ddot{u}_{NA}$$

$$W_1 = c_a \cdot W_2$$

| | | |
|---|---|---|
| $c_a$ Ablesekonstante | $R$ gesuchter Widerstand | $W_1$ elektrische Arbeit am Wandler-eingang |
| $I_m$ Messwerkstrom bei Vollausschlag | $R_m$ Messwerkwiderstand | $W_2$ elektrische Arbeit am Wandler-ausgang |
| $I_n$ Messbereich der zu messenden Stromstärke | $R_v$ Vorwiderstand | |
| | $U_m$ Spannung für Vollausschlag des Messwerks bzw. Mess-instruments | $z$ Anzahl der Durchgänge beim Durchsteckstromwandler |
| $n$ Faktor der Messbereichs-erweiterung | | Indizes: |
| $N_1$ Windungszahl der Eingangswicklung | $U_n$ Messbereich der zu messenden Spannung | A Strommesser |
| $N_2$ Windungszahl der Ausgangswicklung | $\ddot{u}_N$ Bemessungsübersetzung | N Bemessungs- |
| | | V Spannungsmesser |

Bedeutung weiterer Formelzeichen aus den Bildern erkennbar.

# Messungen in elektrischen Anlagen 1 — Measurings in electric installations 1

**TM**

| Messung 1 | Messung 2 | Bemerkungen |
|---|---|---|

## Netzschleifenimpedanz

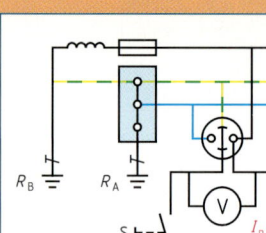

**Direkte Messung**

**Indirekte Messung ($I_p \geq 6$ A)**

S offen: Spannung $U_N$
S geschlossen: $U_p$
$\Delta U = U_N - U_p$

Abschaltströme:
$I_A \approx 10 \cdot I_N$ Schmelzsicherungen mit gL-Charakteristik
$I_A = 5 \cdot I_N$ LS-Schalter B
$I_A = 10 \cdot I_N$ LS-Schalter C
$I_A = 14 \cdot I_N$ Industrieschalter K

$$Z_{Sm} = \frac{\Delta U}{I_p}$$

## RCD (Fehlerstrom-Schutzeinrichtung)

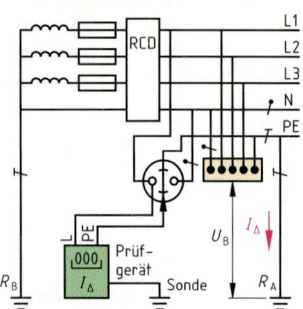

**Direkte Messung mit ansteigendem Prüfstrom**

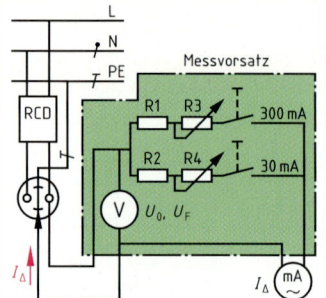

**Indirekte Messung ohne Erdungssonde**

Soll eine Messung ohne Auslösung erfolgen, so muss ein Prüfgerät verwendet werden, das nach der Impulsmethode arbeitet.

Maximale Auslösezeiten:
TN-System $\leq 200$ ms
TT-System $\leq 5$ s

$$U_B = U_0 - U_F$$

## Erdausbreitungswiderstand und spezifischer Erdwiderstand

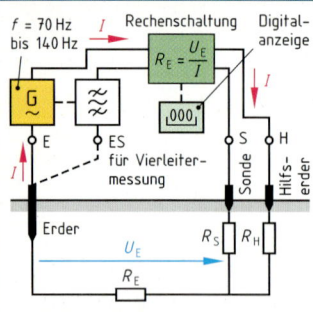

**Vierleiterschaltung für Erdungsmessung**

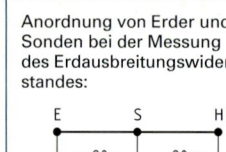

$$\varrho_E = 2\,\pi \cdot a \cdot R$$

**Spezifischer Erdwiderstand**

Anordnung von Erder und Sonden bei der Messung des Erdausbreitungswiderstandes:

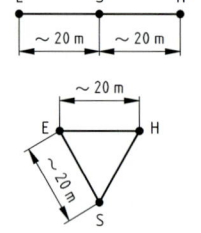

| | | |
|---|---|---|
| $a$ | gleichmäßiger Sondenabstand in m | |
| $I$ | Messstrom | |
| $I_A$ | Abschaltstrom | |
| $I_N$ | Bemessungsstrom | |
| $I_\Delta$ | Auslösefehlerstrom | |
| $I_p$ | Prüfstrom | |
| $R$ | gemessener Widerstand in $\Omega$ | |
| $R_A$ | Anlagenerder | |
| $R_B$ | Betriebserder | |
| $R_E$ | Erdausbreitungswiderstand | |
| $\varrho_E$ | spezifischer Erdwiderstand in $\Omega$m | |
| $\Delta U$ | Spannungsabsenkung | |
| $U_B$ | Berührungsspannung | |
| $U_E$ | Erderspannung | |
| $U_F$ | Fehlerspannung bei gedrückter Taste | |
| $U_0$ | Leerlaufspannung gegen PE | |
| $Z_{Sm}$ | gemessene Schleifenimpedanz | |

| Messung 1 | Messung 2 | Bemerkungen |
|---|---|---|

## Isolationswiderstand

L1
L2
L3
N

PEN

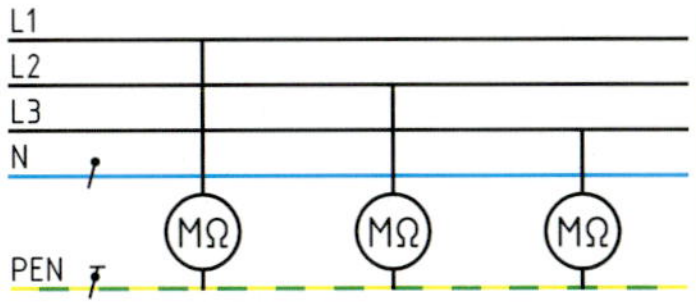

**Messung zwischen allen Außenleitern
und dem PEN-Leiter**

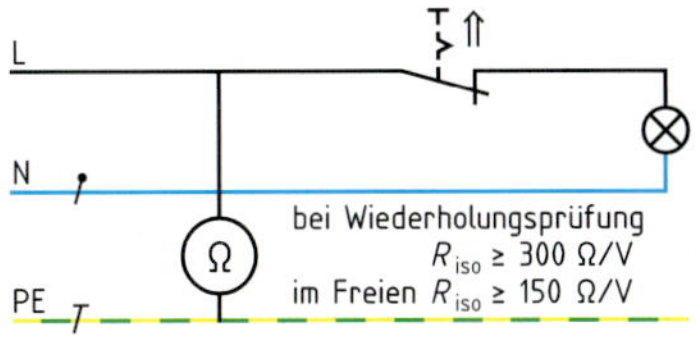

L

N

$R_{iso} \geq 300\ \Omega/V$ bei Wiederholungsprüfung
$R_{iso} \geq 150\ \Omega/V$ im Freien

PE

**Messung mit angeschlossenem
Verbrauchsmittel**

L1
L2
L3
N

PE

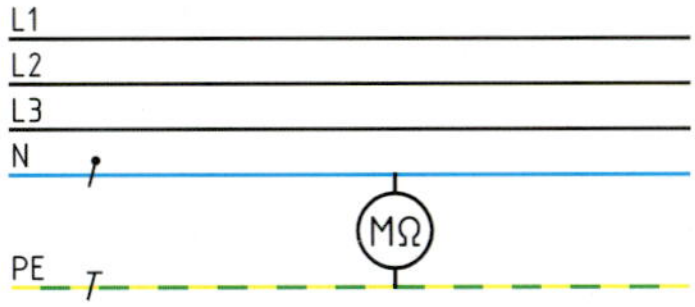

**Messung zwischen Neutralleiter
und dem Schutzleiter**

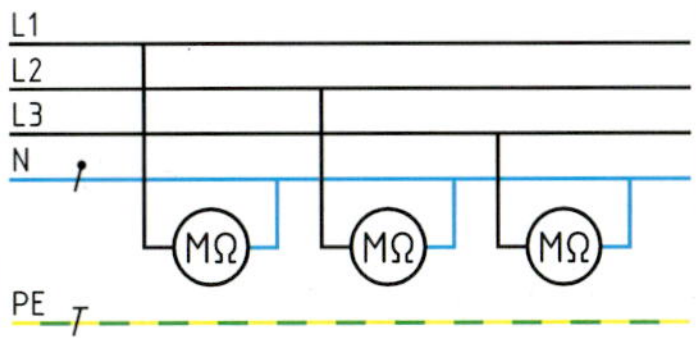

L1
L2
L3
N

PE

**Messung zwischen den Außenleitern
und dem Neutralleiter**

Messung nur im spannungsfreien Zustand!
Mindestisolationswerte:
Bei SELV und PELV
$R_{iso} \geq 0,25\ M\Omega$
bei Messspannung DC 250 V. Sonst bei Bemessungsspannungen bis AC 500 V.
$R_{iso} \geq 0,5\ M\Omega$
bei Messspannung DC 500 V. Bei Bem.-spannungen über AC 500 V bis AC 1000 V.
$R_{iso} \geq 1\ M\Omega$ bei Messspannung DC 1000 V.

Das Prüfgerät muss bei einem Messstrom von DC 1 mA die angegebenen Messspannungen abgeben können.

## Isolationsüberwachung im IT-Netz

L
N

$R_v$

$I_F$

kΩ    F    $I_F$

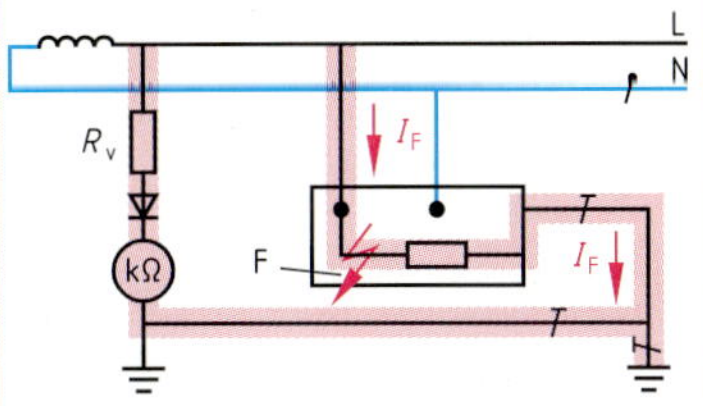

**Prinzip der Isolationsüberwachung**

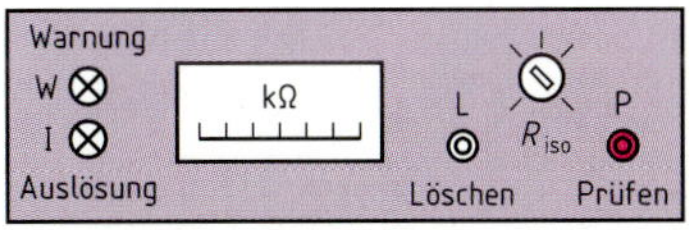

Warnung
W ⊗
I ⊗
Auslösung

kΩ

L    P
Riso
Löschen    Prüfen

**Isolationsüberwachungs-Einrichtung**

L1
L2
L3
N
PE

Z
P1 P2
V V

Wasserrohrnetz

M
3~

Wird eine Messeinrichtung zwischen das ungeerdete IT-System und Erde gelegt, so kann erst ein Strom fließen, wenn an einer anderen Stelle des Systems durch einen Isolationsfehler eine Erdverbindung zustande kommt. Die Höhe des Fehlerstromes ist ein Maß für den Isolationswiderstand.
Der erste Fehler wird nur gemeldet (W).
Der zweite Fehler führt zu einer Anlagenabschaltung (Auslösung I).

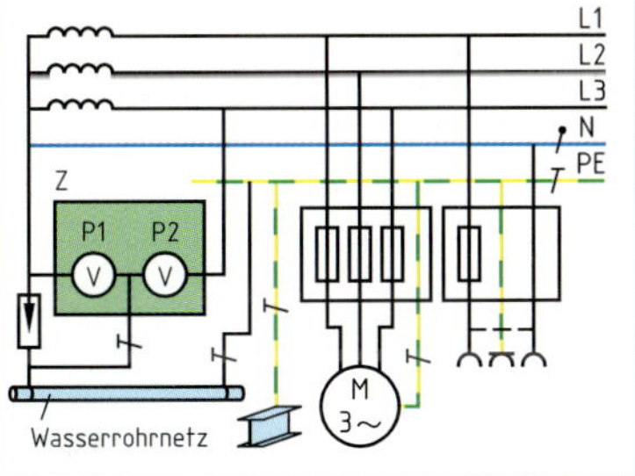

| Störung | Anzeige P1 | Anzeige P2 |
|---|---|---|
| keine | 115 V | 115 V |
| Erdschluss N | 0 V | 230 V |
| Erdschluss L3 | 230 V | 0 V |
| Erdschluss L1 oder L2 | 230 V | 400 V |

## Niederohmmessung der Schutzleiter und Potenzialausgleichsleiter

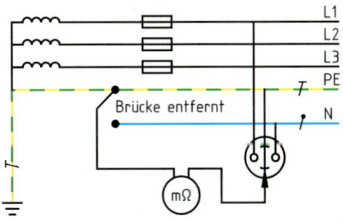

L1
L2
L3
PE
N

Brücke entfernt

mΩ

**Messung des niederohmigen Widerstandes des Schutzleiters, ausgehend von der PE-Schiene des Verteilers bis zum Schutzkontakt der Steckdose**

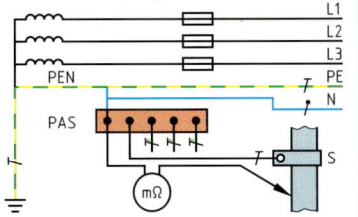

L1
L2
L3
PE

PEN
N

PAS
S

mΩ

**Messung des niederohmigen Widerstandes der Zuleitung von der Potenzialausgleichsschiene zu metallischen Rohren**

Die Messspannung darf DC oder AC sein.
Die Leerlaufspannung muss in beiden Fällen zwischen 4 V und 24 V liegen. Der Kurzschlussstrom muss mindestens 0,2 A bei DC oder 5 A bei AC betragen. Bei DC muss das Messgerät einen Polwender aufweisen. Die Messung ist bei DC mit beiden Polaritäten auszuführen.

| | | |
|---|---|---|
| F | Isolationsfehler im Betriebsmittel B | $R_{iso}$ Isolationswiderstand | S Rohrschelle |
| $I_F$ | Fehlerstrom | $R_v$ Vorwiderstand zur Strombegrenzung | Z Isolationsüberwachungs-Einrichtung |
| PAS | Potenzialausgleichsschiene | | |

TM

# Mess-Schaltungen für Leistungsmessgeräte
## Measure circuits for wattage equipments

**TM**

## Wirkleistungsmessgeräte

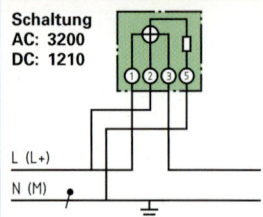

Schaltung
AC: 3200
DC: 1210

L (L+)
N (M)

für Einphasenwechselstrom
oder Gleichstrom

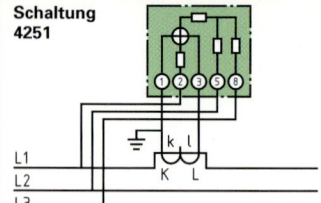

Schaltung
4251

L1
L2
L3

für Dreileiterdrehstrom mit
gleicher Leiterbelastung

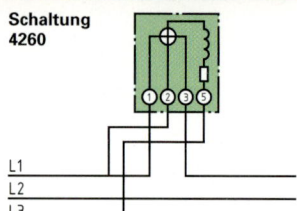

Schaltung
4260

L1
L2
L3

für Dreileiterdrehstrom gleicher Belastung mit eingebauter Kunstschaltung

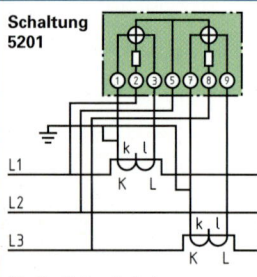

Schaltung
5201

L1
L2
L3

für Dreileiterdrehstrom
gleicher Belastung mit
Stromwandlern

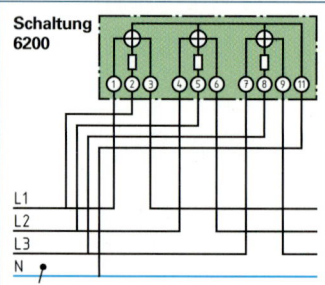

Schaltung
6200

L1
L2
L3
N

für Vierleiterdrehstrom mit
beliebiger Belastung

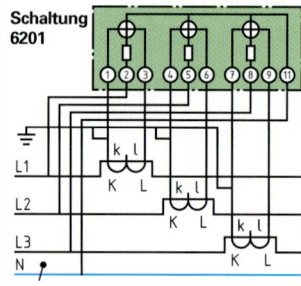

Schaltung
6201

L1
L2
L3
N

für Vierleiterdrehstrom
mit Stromwandlern

## Blindleistungsmessgeräte

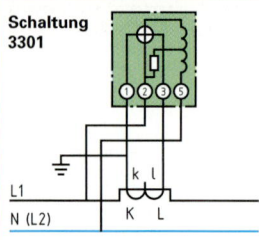

Schaltung
3301

L1
N (L2)

für Einphasenwechselstrom

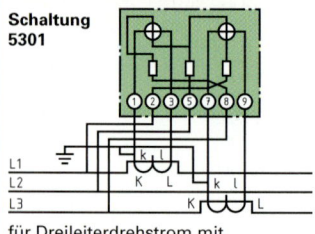

Schaltung
5301

L1
L2
L3

für Dreileiterdrehstrom mit
beliebiger Belastung

## Leistungsfaktormessgerät

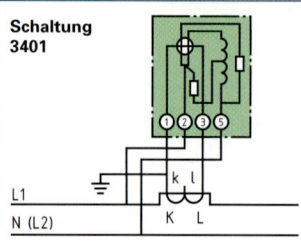

Schaltung
3401

L1
N (L2)

für Einphasenwechselstrom

## Schaltungen von Wirkleistungsmessern mit Messzusatz (mit Hall-Generatoren)

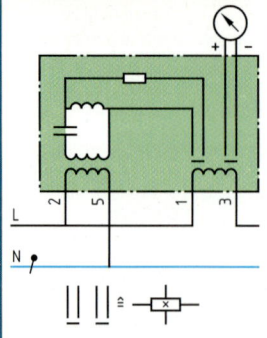

L
N

für Einphasenwechselstrom

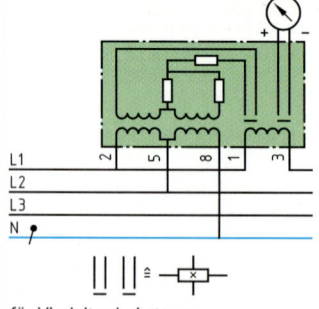

L1
L2
L3
N

für Vierleiterdrehstrom
symmetrischer Belastung

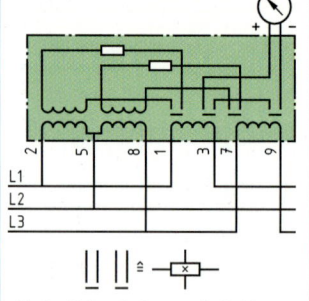

L1
L2
L3

für Dreileiterdrehstrom beliebiger
Belastung (Aron-Schaltung)

# Elektrizitätszähler  kWh-meter

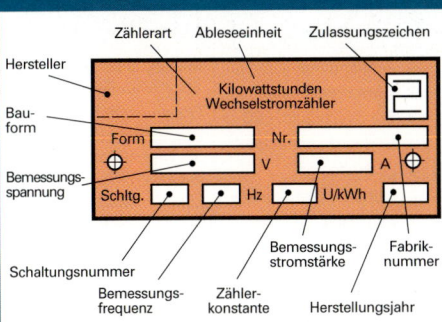

Hersteller · Zählerart · Ableseeinheit · Zulassungszeichen

Kilowattstunden Wechselstromzähler

Bauform

Bemessungsspannung

Form · Nr. · V · A · Schltg. · Hz · U/kWh

Schaltungsnummer · Bemessungsstromstärke · Fabriknummer

Bemessungsfrequenz · Zählerkonstante · Herstellungsjahr

## Zählerkonstanten

$C_z$ in Umdrehungen je kWh

120;  150;  187,5;  240;  300;  375;  480;  600;  750;  960

Es werden auch dekadische Vielfache (10fach, 100fach usw.) oder dekadische Teile (1/10, 1/100 usw.) von $C_z$ verwendet, z. B. 1200; 60.

## Bemessungsströme (Nennströme) $I_N$ in A:

5;  10;  15;  20;  30;  40;  50

Bei größeren Stromstärken werden Stromwandler verwendet.

**TM**

## Fehlergrenzen

| Einphasenzähler und Mehrphasenzähler mit symmetrischer Belastung | | | Mehrphasenzähler bei unsymmetrischer Last | | |
|---|---|---|---|---|---|
| Stromstärke | Leistungsfaktor | Fehlergrenze in % | Stromstärke | Leistungsfaktor | Fehlergrenze in % |
| $0,05 \cdot I_N$ | 1 | ± 2,5 | von $0,2 \cdot I_N$ bis $I_N$ | 1 | ± 3 |
| von $0,1 \cdot I_N$ bis $I_{max}$ | 1 | ± 2,0 | $I_N$ | 0,5 induktiv | ± 3 |
| $0,1 \cdot I_N$ | 0,5 induktiv | ± 2,5 | von $I_N$ bis $I_{max}$ | 1 | ± 4 |
| von $0,2 \cdot I_N$ bis $I_{max}$ | 0,5 induktiv | ± 2,0 | | | |

## Zählerschaltungen (Auswahl)

**Schaltung 1000**

**Anschluss einpolig**

**Schaltung 1101**

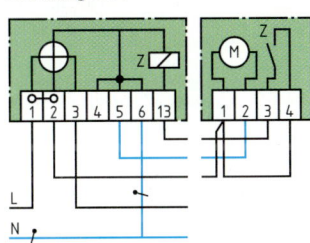

**Anschluss einpolig mit Zweitarifeinrichtung**

**Schaltung 4000**

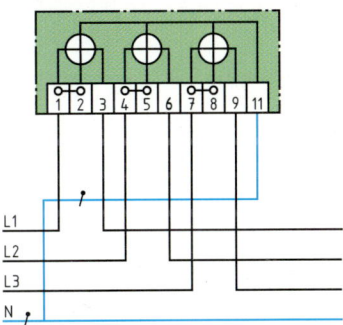

**Anschluss dreipolig**

**Schaltung 3020**

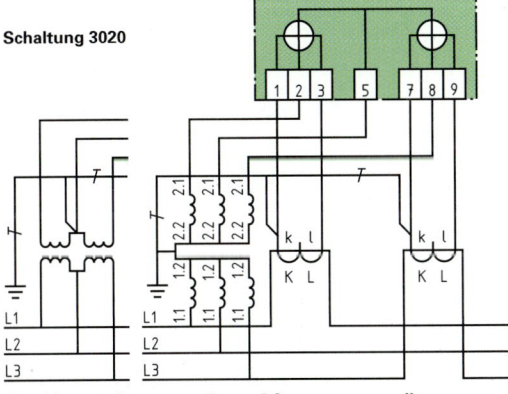

**Anschluss an Stromwandler und Spannungswandler**

**Schaltung 4010**

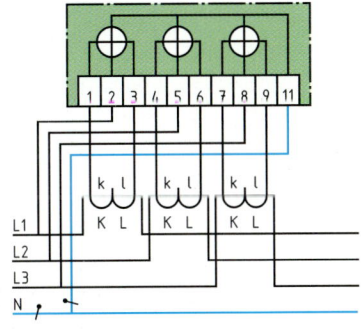

**Anschluss an Stromwandler**

# Elektronischer Zähler  Electronic kWh-meter

**TM**

| Aufbau | Erklärung | Daten, Komponenten |
|---|---|---|

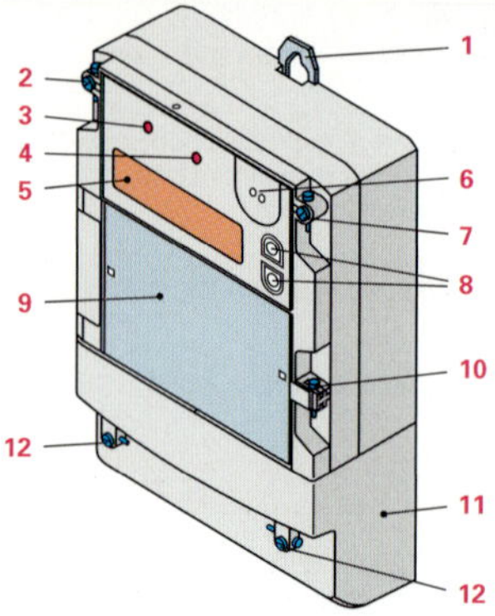

**Elektronischer Zähler für Wechselgrößen**

1  Aufhängung
2  Herstellerplombe
3  Blindverbrauch-LED
4  Wirkverbrauch-LED
5  LCD-Anzeige
6  Optische Schnittstelle
7  Schraube mit Eichplombe
8  Abruftasten (AUF-AB)
9  Fronttür mit Tarifdaten
10  Werkplombe für Fronttür
11  Klemmdeckel
12  Klemmdeckelschrauben mit Werkplomben

Messsystem: Digital mit Stromwandlereingang

Genauigkeit: Klasse 1

Spannungsbereich:
3 x 57 V/100 V bis
3 x 240 V/415 V

Leistungsaufnahme je Phase: 0,65 W, 3,6 VA

Frequenz: 50 Hz oder 60 Hz

Zählerkonstante:
5000 Impulse/kWh bis
200 000 Impulse/kWh

Energie und Leistung sind als Wirkgrößen (kWh, kW), Blindgrößen (kvarh, kvar) und Scheingrößen (kVAh, kVA) messbar.

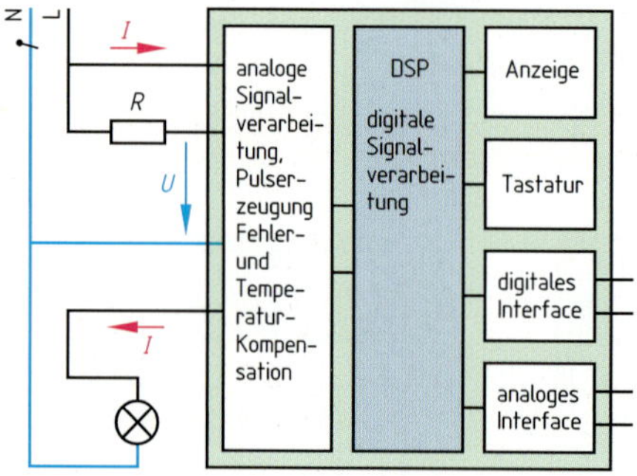

---

**Übersichtsschaltplan elektronischer Zähler**

Es sind Eingänge für die Spannungen, Stromwandler und zur Steuerung vorhanden. AD-Umsetzer erzeugen binäre Daten, die in einem Mikroprozessor mit den Tarifdaten aus einem EEPROM verarbeitet werden. Diese Daten werden auf dem Display angezeigt oder über die optische Schnittstelle direkt ausgelesen.

Steuereingänge: 3 Ausgangskontakte für Steuersignale und Impulse: 2

Energieregister für verschiedene Tarife in EEPROM

Optische Schnittstelle für die Datenablesung: 1

Kalender, Uhr: 1

Zusatzkarten für: Rundsteuerempfänger, Schnittstellen, 6 Steuereingänge und 6 Ausgangskontakte

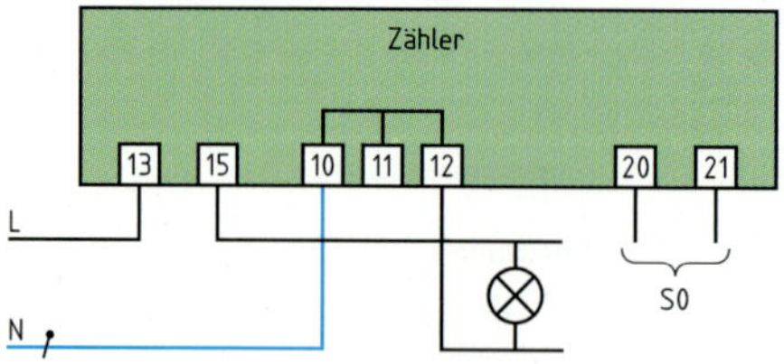

---

**Anschlussplan für 2-Leiter-Wechselstromnetz**

Die Leiter L und N werden entsprechend **Bild** angeklemmt. Zusätzlich sind galvanisch getrennte Steuereingänge (S0-Eingänge) vorhanden für das Einlesen von Impulsen von Gaszählern oder Wasserzählern und Steuerkontakte zur Ausgabe von z.B. Rundsteuerkommandos (Spannungssignale der VNB, z.B. zum Einschalten von Speicherheizungen).

Zähler parametrierbar für Stromwandler mit 5 A, 10 A, 20 A, 40 A
$I_{max} > 100$ A bei Parametrierung.

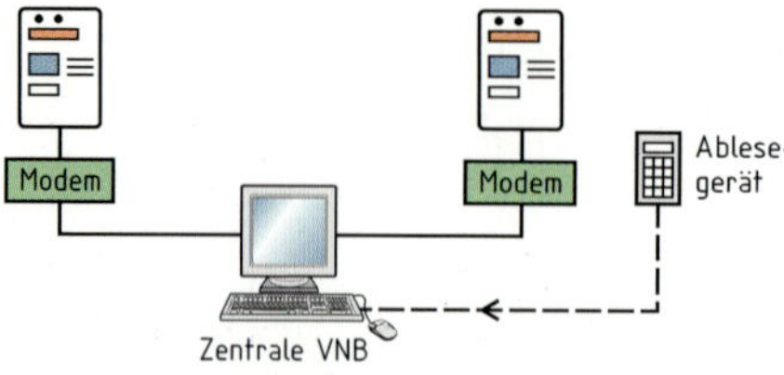

---

**Fernwirken mit elektronischen Zählern**

Die Zähler können über Modem mit der VNB-Zentrale (EVU-Zentrale) verbunden werden. Damit entfällt das direkte Ablesen der Zähler durch Beauftragten des VNB oder durch Kunden.

Kommunikationskanäle über die Schnittstellen:

Anschluss von RS-232-externen Modems,

RS-485-Anschluss für Bus-Systeme,

S0-Stromschnittstelle für die Erfassung von Impulsen fremder Zähler.

| Begriffe | Übersetzung | Erklärung |
|---|---|---|
| AC (Alternating Current) | Wechselstrom | Eingang wird über Kondensator angeschlossen. |
| ADD (Adder) | Addierer | Addiert Kanal I zu Kanal II (Subtraktion mit INV). |
| AT/NORMAL.(Auto/Normal) | Automatisch/Normal | Auslösung der Zeitablenkung automatisch oder frei. |
| CAL (Calibrator) | Eich-Generator | Liefert 0,2 V oder 2 V Rechteckausgangsspannung. |
| CH (Channel) | Kanal | Verstärkt ein Eingangssignal, meist 2 Kanäle vorhanden. |
| CHOP (Chopper) | Umschalter | Schaltet die Kanäle I und II mit fester Frequenz auf die Einkanalbildröhre. |
| COMPONENT TESTER | Bauelement-Tester | Testet zweipolig angeschlossene Bauelemente. |
| DC (Direct Current) | Gleichstrom | Eingang wird galvanisch angeschlossen. |
| EXT (Extern) | Außerhalb | Erlaubt Ablenkung der Zeitbasis durch Fremdgerät. |
| FOCUS | Brennpunkt (Mittelpunkt) | Strahlschärfe-Einstellung. |
| GD (Ground) | Masse (Grund) | Gerätemasse. |
| HF (High-Frequency) | Hochfrequenz | Für Messungen mit Frequenzen über 10 MHz. |
| HOR (Horizontal) | Waagerecht | Signaleingänge I, II oder Kanal II als X-Eingang. |
| INP (Input) | Eingang | Eingang allgemein, z.B. Trigger, X, Y. |
| INTENS (Intensity) | Stärke | Helligkeitseinstellung für den Katodenstrahl. |
| INV (Invers) | Umgekehrt | Führt eine Signalinvertierung durch, positive Werte werden negativ dargestellt und umgekehrt. |
| LEVEL | Niveau, Ebene | Einstellung des Triggerniveaus bei Normalbetrieb. |
| LF (Low Frequency) | Niederfrequenz | Für Messungen mit Frequenzen unterhalb 1 kHz. |
| LINE | Linie, Netz | Triggerung erfolgt mit Netzfrequenz. |
| MAG (Magnitude) | Größe | Dehnung der x-Achse, kann um den Faktor 10 vergrößert werden. |
| NORM (Normal) | Normal | Triggerniveau wird mit LEVEL eingestellt. |
| POS (Position) | Stellung | Es lassen sich waagerechte (X) und senkrechte (Y I, II) Bildverschiebungen vornehmen. |
| POWER on/off | Leistung (Netz) Ein/Aus | Netzschalter. |
| p-p (Peak-to-Peak) | Spitze-zu-Spitze | Erlaubte Spitzenspannung an den Eingangsbuchsen. |
| SELECTOR | Wahlschalter | Wahlschalter für die Triggerankopplung. |
| SLOPE +/− | Flanke (Neigung) | Signaldarstellung beginnt mit steigender (+) oder fallender (−) Flanke. |
| TR (Trace Rotation) | Strahldrehung | Zur Kompensation des Erdmagnetfeldes. Der horizontale Strahl wird damit waagerecht gestellt. |
| TRIG (Trigger) | Drücker, Auslöser | Auslösung der Zeitablenkung. |
| TIME/DIV (Division) | Zeit/Teilung | Zeitmaßstab in ms/Teilung oder µs/Teilung in Stufen. Feineinstellung bis zum 2,5fachen mit ⑩ möglich. |
| VAR (Variation) | Veränderbarkeit | Stufenlose Veränderung bis 1 : 2,5 möglich. |
| VOLTS/DIV (Division) | Spannung/Teilung | Spannungsmaßstab in V/Teilung oder mV/Teilung. |
| X | Horizontal, waagerecht | Abkürzung für x-Achse. |
| X-Y | Horizontal-Vertikal | XY-Betrieb, die Zeitablenkung ist abgeschaltet. Kanal II ist der X-Eingang. |
| Y | Vertikal, senkrecht | Abkürzung für die y-Achse. |

**TM**

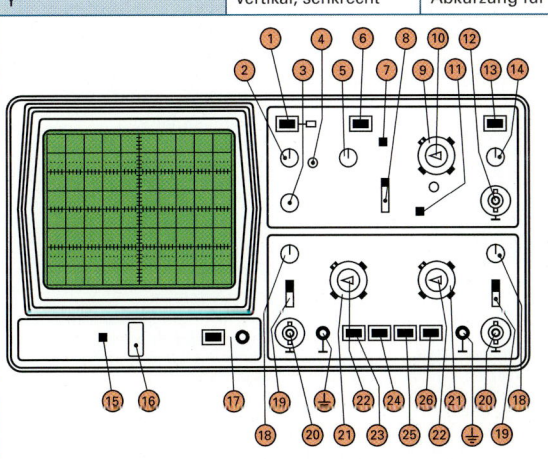

| | | |
|---|---|---|
| 1 | POWER on/off | Drucktaste |
| 2 | INTENS. | Drehknopf |
| 3 | FOCUS | Drehknopf |
| 4 | TR | Trimmpotentiometer |
| 5 | X-Position | Drehknopf |
| 6 | X-Y | Drucktaste |
| 7 | SLOPE +/− | Drucktaste |
| 8 | TRIG. | Schiebeschalter |
| 9 | TIME/DIV | Drehschalter (18stufig) |
| 10 | Variable Zeitbasis | Drehknopf |
| 11 | EXT. | Drucktaste |
| 12 | TRIG. INP. | BNC-Buchse |
| 13 | AT/NORM. | Drucktaste |
| 14 | LEVEL | Drehknopf |
| 15 | X-MAG. X10 | Drucktaste |
| 16 | CALIBRATOR 0,2 V-2 V | Kontaktstift |
| 17 | COMPONENT TESTER | Drucktaste und 4-mm-Buchse |
| 18 | Y-POS. I, II | Drehknopfe |
| 19 | CH. I, II | Schiebeschalter |
| 20 | CH. I, II | BNC-Buchsen mit getrennten Massebuchsen |
| 21 | Y-Eingangsteiler | Drehschalter (12stufig) |
| 22 | Variable Y-Verstärkung | Drehknopf |
| 23 | INV. I | Drucktaste |
| 24 | CH I/II- TRIG. I/II | Drucktaste |
| 25 | DUAL | Drucktaste |
| 26 | ADD-CHOP. | Drucktaste |

Frontansicht: Zweikanaloszilloskop für Frequenzen bis 20 MHz

Zubehör: Tastköpfe 1 : 1, 10 : 1, 100 : 1, 10 : 1 (HF), auch kombiniert 1 : 1/10 : 1

Demodulator-Tastkopf (für AM-Demodulation)
Übergangsadapter: Bananenstecker-BNC

# Messen mit dem Oszilloskop  Measuring by oscilloscope

**TM**

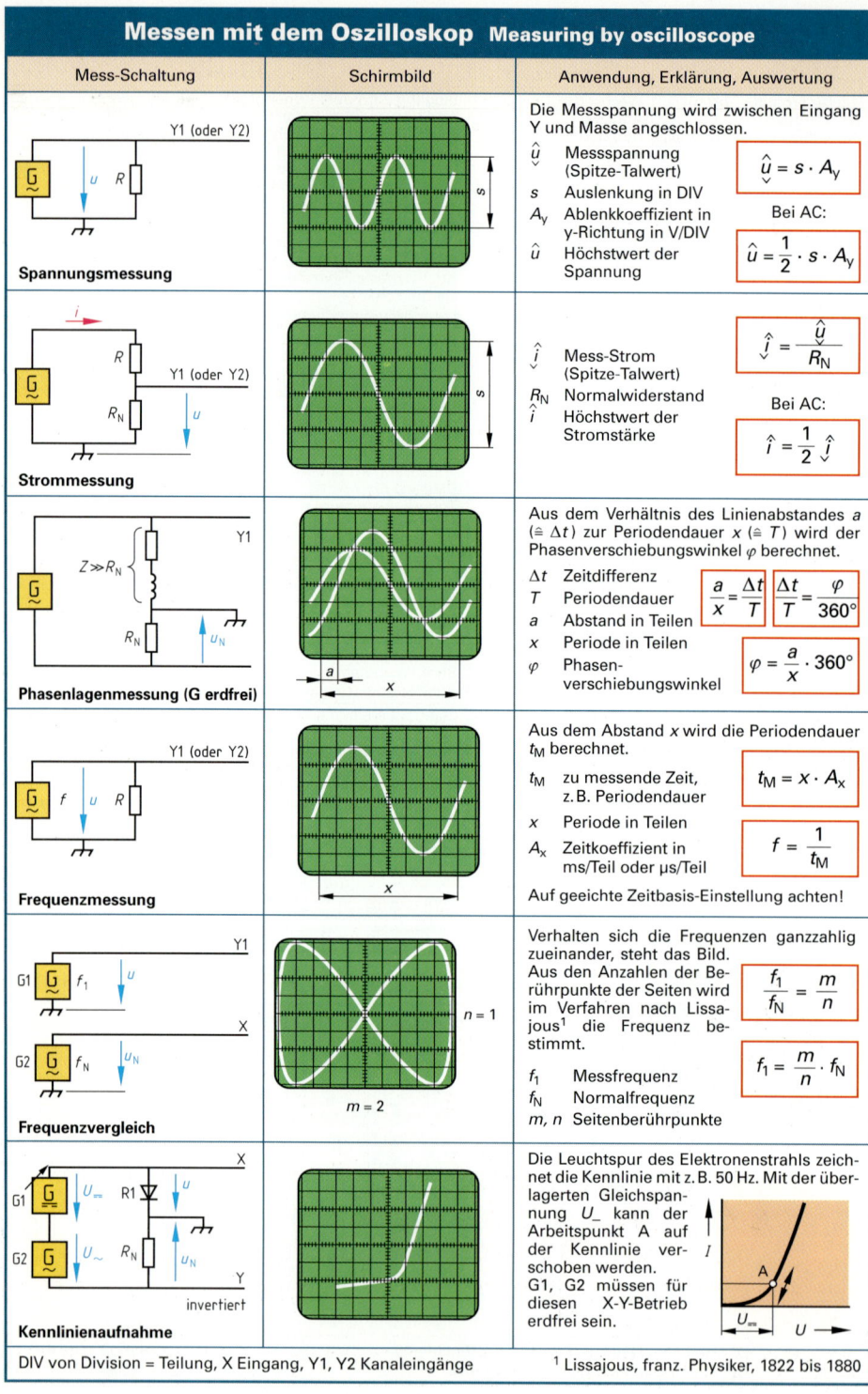

| Mess-Schaltung | Schirmbild | Anwendung, Erklärung, Auswertung |
|---|---|---|
| **Spannungsmessung** (Y1 (oder Y2), G, u, R) | | Die Messspannung wird zwischen Eingang Y und Masse angeschlossen. $\hat{\check{u}}$ Messspannung (Spitze-Talwert) — $s$ Auslenkung in DIV — $A_y$ Ablenkkoeffizient in y-Richtung in V/DIV — $\hat{u}$ Höchstwert der Spannung. $$\hat{\check{u}} = s \cdot A_y$$ Bei AC: $$\hat{u} = \frac{1}{2} \cdot s \cdot A_y$$ |
| **Strommessung** (G, R, Y1 (oder Y2), $R_N$, u) | | $\hat{\check{\imath}}$ Mess-Strom (Spitze-Talwert) — $R_N$ Normalwiderstand — $\hat{\imath}$ Höchstwert der Stromstärke. $$\hat{\check{\imath}} = \frac{\hat{\check{u}}}{R_N}$$ Bei AC: $$\hat{\imath} = \frac{1}{2}\,\hat{\check{\imath}}$$ |
| **Phasenlagenmessung (G erdfrei)** ($Z \gg R_N$, G, $R_N$, $u_N$, Y1) | $a$, $x$ | Aus dem Verhältnis des Linienabstandes $a$ ($\hat{=} \Delta t$) zur Periodendauer $x$ ($\hat{=} T$) wird der Phasenverschiebungswinkel $\varphi$ berechnet. $\Delta t$ Zeitdifferenz — $T$ Periodendauer — $a$ Abstand in Teilen — $x$ Periode in Teilen — $\varphi$ Phasenverschiebungswinkel. $$\frac{a}{x} = \frac{\Delta t}{T} \qquad \frac{\Delta t}{T} = \frac{\varphi}{360°}$$ $$\varphi = \frac{a}{x} \cdot 360°$$ |
| **Frequenzmessung** (Y1 (oder Y2), G, f, u, R) | $x$ | Aus dem Abstand $x$ wird die Periodendauer $t_M$ berechnet. $t_M$ zu messende Zeit, z.B. Periodendauer — $x$ Periode in Teilen — $A_x$ Zeitkoeffizient in ms/Teil oder µs/Teil. $$t_M = x \cdot A_x$$ $$f = \frac{1}{t_M}$$ Auf geeichte Zeitbasis-Einstellung achten! |
| **Frequenzvergleich** (G1, $f_1$, u, Y1; G2, $f_N$, $u_N$, X) | $n = 1$, $m = 2$ | Verhalten sich die Frequenzen ganzzahlig zueinander, steht das Bild. Aus den Anzahlen der Berührpunkte der Seiten wird im Verfahren nach Lissajous[1] die Frequenz bestimmt. $f_1$ Messfrequenz — $f_N$ Normalfrequenz — $m, n$ Seitenberührpunkte. $$\frac{f_1}{f_N} = \frac{m}{n}$$ $$f_1 = \frac{m}{n} \cdot f_N$$ |
| **Kennlinienaufnahme** (G1, $U_=$, R1, u, X; G2, $U_\sim$, $R_N$, $u_N$, Y; invertiert) | | Die Leuchtspur des Elektronenstrahls zeichnet die Kennlinie mit z.B. 50 Hz. Mit der überlagerten Gleichspannung $U_-$ kann der Arbeitspunkt A auf der Kennlinie verschoben werden. G1, G2 müssen für diesen X-Y-Betrieb erdfrei sein. |

DIV von Division = Teilung, X Eingang, Y1, Y2 Kanaleingänge     [1] Lissajous, franz. Physiker, 1822 bis 1880

# Wegmessung und Winkelmessung mit Sensoren
## Measurings of distance and angle by sensors

**TM**

| Prinzip, Art | Wirkungsweise | Eigenschaften | Messgröße, Anwendung |
|---|---|---|---|
| **Leitplastik-Weggeber**<br>Kontaktgeber, Widerstandsfilm, $R_x$, $R$, $s$, $U_x$ | Durch Bewegen des Kontaktgebers wird ein zur Länge x verhältnisgleicher Widerstandswert $R_x$ abgegriffen und in eine Spannung $U_x$ umgesetzt. | Weggeber für Längen von 5 mm bis 4000 mm mit Widerstandswerten von 100 Ω bis 100 kΩ. Einstellgenauigkeit bis zu 0,012 mm bei Schleifergeschwindigkeit bis zu 1,5 m/s. Lebensdauer > $10^7$ Zyklen. | Wegmessung, Geschwindigkeitsmessung. Positionierregelkreise, Kompensationsschreiber, Stellungsmelder. Elektronisches Gaspedal bei Kraftfahrzeugen. |
| **Optoelektronischer Positionsdetektor**<br>A, B, $l$, $a$, $b$, $I_A$, $I_B$, Strahlung, Intrinsic-Silicium, Anschluss $I$, P-Si, N⁺-Si | Der beleuchtete Punkt wirkt als Stromquelle, welche die Halbleiterfläche in entsprechende Widerstände teilt.<br>$$\frac{I_A - I_B}{I_A + I_B} = 1 - \frac{2 \cdot a}{l}$$<br>(Intrinsic-Silicium = eigenleitendes Silicium) | Gesamtwiderstand der Halbleiterfläche z.B. 25 kΩ. Positioniergenauigkeit: < 1 μm. Spricht auf Strahlung von 300 nm bis 1,15 μm Wellenlänge an. Linearität: < 1%. | Messung von eindimensionalen Lagekoordinaten mit hoher Genauigkeit. |
| **Differenzialspulensensor**<br>primär, sekundär, $s$ | Ein verschiebbarer Eisenkern beeinflusst die Kopplung zwischen einer Eingangsspule und zwei gegenphasig geschalteten, aber sonst gleichen Ausgangsspulen. Die Richtungsinformation erhält man aus der Phasenlage. | Eingangsspannungsfrequenz: z.B. 5 kHz. Die Messspannung ist verhältnisgleich zur Strecke s. Positioniergenauigkeit: < 1 μm. | Längenmessung, Positioniereinrichtungen, Tankfüllsensor, Sensoren für die Stellung von Ruderklappen und Landeklappen von Flugzeugen. |
| **Leitplastik-Winkelgeber**<br>Kontaktgeber, Widerstandsleitplastik, Abgriff | Durch Bewegen des gefederten Kontaktgebers wird ein zum Drehwinkel $\alpha$ verhältnisgleicher Widerstandswert abgegriffen, der Teil eines hochohmigen Spannungsteilers ist. Der Linearitätsabgleich erfolgt durch Lasertrimmung. | Für Nutzwinkel bis zu 355°. Widerstandswerte von 50 Ω bis zu 1 MΩ. Linearität: +0,025% bis +2%. Lebensdauer: $10^7$ bis $10^8$ Schleiferbewegungen. | Drehwinkelmessung an Maschinen. Istwert-Winkelsensoren an Industrierobotern, Sensor für die Außenspiegelverstellung bei Kraftfahrzeugen. |
| **Drehmelder**<br>$U_1$, $U_2$, $U_x$, $\alpha$ | Der Ständer wird mit den Wechselspannungen $U_1$ und $U_2$ gespeist, zwischen denen eine Phasenverschiebung von 90° besteht. Dadurch wird im Läufer eine Spannung $U_x$ induziert, deren Phasenverschiebung gegenüber $U_1$ vom Drehwinkel $\alpha$ abhängt. | Die Messspannung $U_x$ ist sinusförmig und um den Drehwinkel $\alpha$ gegenüber $U_1$ phasenverschoben.<br>$u_x = \hat{u}_1 \cdot \sin(\omega t + \alpha)$<br>Die Phasenverschiebung und damit der Drehwinkel werden elektronisch gemessen. | Drehwinkelerfassung, Drehwinkelregelung. |
| **Differenzial-Hallsensor KSY 20**<br>A1, A2 Hallspannungsanschlüsse, $I_N$, KSY 20, linearer Messbereich, $U_{A1,A2}$, s/mm | Der beleuchtete... | Die aktive Fläche des GaAs-Bauelements beträgt z.B. 0,2 mm · 0,2 mm. Bei einem Bemessungsstrom $I_N$ von z.B. 5 mA ist die Leerlauf-Hallspannung 95 mV bis 145 mV. Bei $B = 0$ T ist der Widerstand 900 Ω bis 1200 Ω. | Wegmessung, Strommessung. Messung von Tangentialmagnetfeldern, z.B. zur zerstörungsfreien Werkstoffprüfung. Positionserfassung, auch zur kontaktlosen Strommessung verwendbar. |

$B$ magnetische Flussdichte, $f$ Frequenz, $I_a$, $I_b$ Teilströme, $I_N$ Bemessungsstrom, $s$ Weg, $U_\alpha$ winkelabhängige Messspannung, $U_1$, $U_2$ Wechselspannungen, $\alpha$ Drehwinkel.

# Kraftmessung und Druckmessung mit Sensoren
## Measurings of force and pressure by sensors

**TM**

| Prinzip, Art | Wirkungsweise | Eigenschaften | Messgröße, Anwendung |
|---|---|---|---|
| \n**Messgitterlänge** · Folie · Dehnleiter\n**Dehnungsmessstreifen** | Der Widerstand eines metallischen Leiters erhöht sich, wenn er durch Dehnung verlängert und damit gleichzeitig im Querschnitt verkleinert wird. Mäanderförmige Anordnung des Leiters ergibt eine größere wirksame Leiterlänge. | Längenänderung 0,1 µm bis 10 µm. Bemessungswiderstände $R$ = 120 $\Omega$, 350 $\Omega$ und 600 $\Omega$. | Kraft, Druck, Biegemoment, Torsion. Dehnungsmessungen an Maschinen und Brückenträgern. Messen von statischer oder wechselnder (dynamischer) Belastung, Kraftmessdosen, Eigenspannungsmessung. |
| \n**Saphirstäbe** · Blattfeder · $s$ · $R$ · Dehndraht · Lager\n**Dehndrahtelement** | Drähte aus einer Platin-Wolfram-Legierung werden mit Vorspannung zwischen vier Haltestäben aufgespannt. Über ein Blattfederkreuz werden die Drähte bei Druck oberhalb der Blattfeder gedehnt und unterhalb entlastet. | Drahtdicke z. B. 7,5 µm. Membranauslenkung im µm-Bereich. Mechanisch robust, kleine und fast lineare Temperaturabhängigkeit, hohe Langzeitstabilität. Ausgangsspannungsänderung im Bereich von mV. | Druck, Geschwindigkeit. Zylinderdruckmessungen an Kolbenprüfständen bei häufigem Lastwechsel, Geschwindigkeitsmessungen bei Hubschraubern (Staudruckmessung). Öldrucküberwachung bei Getriebeprüfständen. |
| \nKristall · $\vec{F}$ · Metall · $\vec{F}$\n**Piezoelektrischer Sensor** | Bei Belastung durch Zugkräfte, Druckkräfte oder Schubkräfte wird eine elektrische Ladungsverschiebung und dadurch eine elektrische Spannung erzeugt. Meist werden Piezo-Element und Ladungsverstärker zu einer Einheit zusammengefasst. | Druck $p$ = 0,01 MPa bis 275 MPa, große Linearität, kleine Hysterese, große Temperaturbeständigkeit. | Druck, Kraft. Messen von Schockwellen. Messen von Explosionsdrücken, z. B. in Verbrennungsmotoren. Messen der Drücke bei Wirbelbildung in Gasen oder Flüssigkeiten. |
| \nDehnzone · Stauchzone · Siliciumbiegebalken · Widerstandsnester · Übertragungsstab zur Membran · Haltering\n**Piezoresistiver Sensor** | Durch Druck auf die Membran erfährt der Biegebalken eine s-förmige Auslenkung. In der Stauchzone und in der Dehnzone werden die dort integrierten Widerstände verändert. | $p_{rel}$ = − 0,1 MPa bis + 0,2 MPa, $U_b$ = 7,5 V Empfindlichkeit $s$ = 95 mV/MPa ± 15% bei $\vartheta_u$ = 25 °C. Hysterese ± 0,2% von $s$ Berstdruck $p_{berst}$ > 1 MPa, kleine Abmessungen. | Füllstandsüberwachung, Wasserspiegelmessungen bei Trinkwasserbrunnen, Überwachung von Drücken in Schiffsdieselmotoren, Fernwärmenetzen und Gasverteilungssystemen. |
| \nElektrode 2 · Isolation · $U$ · Druck · Membrane (Elektrode 1) · Dielektrikum\n**Kapazitiver Sensor** | Durch Verändern des Abstandes der als Kondensator wirkenden Elektrode 1 und Elektrode 2 wird eine Kapazitätsänderung hervorgerufen. Die Druckänderung und damit die Kapazitätsänderung wird mit einer Wechselspannungsmessbrücke gemessen. | Frequenzbereich (± 2 dB) $f$ = 0,4 Hz bis 200 kHz. Übertragungskoeffizient 1 mV/Pa bis 100 mV/Pa. Polarisationsspannung 28 V bis 200 V, teilweise werden dauerpolarisierte Mikrofone (Elektretmikrofone) verwendet. Hydrophone (Unterwasserschallaufnehmer) für Wassertiefen bis 1000 m. | Druck. Messung von Pegeln, Messung von Frequenzen (Mikrofone). Schalldruckmessungen, z. B. von Überschallknall und Wasserschallmessungen. Schallpegelmessungen, Sprach- und Musikaufnahmen. |

$F$ Kraft, $f$ Frequenz, $k$ Widerstandsänderungsfaktor, $p_{rel}$ Druckbereich, $p_{berst}$ Berstdruck, $s$ Empfindlichkeit, $U_b$ Betriebsspannung, $\vartheta_u$ Umgebungstemperatur.

| Prinzip, Art | Wirkungsweise | Eigenschaften | Messgröße, Anwendung |
|---|---|---|---|
| **Drehzahlmessung mit Hallsensor** | Jeder Zahn erzeugt bei Annäherung an den Sensor eine Spannung. Diese wird verstärkt und mit Schwellwertschaltern in ein rechteckförmiges Ausgangssignal umgeformt. | Hohe Empfindlichkeit, Magnetfelder von $B = 2{,}5$ mT bis $B = 20$ mT: Bemessungsstrom $I_N = 5$ mA. | Zur Drehzahlmessung durch Zählen der Zahnradzähne. In der Kfz-Technik. |
| **Wechselspannungstachogenerator** | Durch Drehen des dauermagnetischen Läufers wird in die Ständerwicklung eine Spannung induziert. Zur Auswertung kann die Wechselspannung gleichgerichtet werden. | Drehzahlmessung $n = 0{,}1$/min bis $n = 100\,000$/min. Eine hohe Genauigkeit ist möglich, wenn Tachogenerator und Motor eine Baueinheit bilden (gemeinsame Welle). Der Tachogenerator gibt aber für beide Drehrichtungen dasselbe Signal ab. | Drehzahl. Drehzahlmessung bei geregelten Antrieben für eine Drehrichtung. Für den Einsatz in beiden Drehrichtungen sind Gleichspannungstachogeneratoren mit Stromwender und Bürsten erforderlich. |
| Stabmagnet  Impulsdraht  **Impulsdrahtsensor (Wieganddraht)** | Ein Spannungsimpuls in der Spule wird durch ein ummagnetisierendes Feld ausgelöst. Der Impuls entsteht, wenn der senkrechte Teil der Hysteresekurve (**Bild**) durchfahren wird. Dabei ändert sich die Induktion sprunghaft. Die Rückmagnetisierung erfolgt ohne sprunghafte Änderung der Induktion. | Sprunghafter Magnetisierungswechsel im Impulsdraht. | Spannung. Digitale Drehzahlerfassung bei z. B. Fahrzeugantrieben. |
| Spule  Magnet  **Tauchmagnetsensor** | Tauchmagnetsensoren bestehen aus einer Spule, in die ein Magnet eintaucht. Die induzierte Spannung ist verhältnisgleich zur Bewegungsgeschwindigkeit des Magneten. Ist $v$ = konstant, entsteht kurzzeitig eine konstante Gleichspannung. | Messlänge $l = 1$ mm bis $l = 500$ mm. Messbereich $v = 1$ mm/s bis $v > 10$ m/s. Genauigkeit 1%. Grenzfrequenz $f = 100$ kHz. | Geschwindigkeit. Geschwindigkeitsmessung bei kleinen Hublängen. Messen von Schwingungsgeschwindigkeiten. |
| Piezoelemente  Massen  **Piezoelektrischer Beschleunigungssensor** | Eine frei schwingende Masse übt eine zur Beschleunigung verhältnisgleiche Kraft auf einen Quarzkristall aus. Durch Verwendung von drei Quarzen kann die Beschleunigung in einer Ebene gemessen werden. | Frequenzbereich $f = 0{,}5$ Hz bis 26 kHz. Beschleunigungsbereich $-50\ g$ bis $+50\ g$. Überlast $> 3000\ g$. $g \approx 9{,}81\ \dfrac{m}{s^2} \approx 10\ \dfrac{m}{s^2}$ | Beschleunigungsmessung. Messen mechanischer Stöße und Schwingungen, Aufprallverzögerung zur Auslösung von Airbags (Luftsäcken) in Sicherheitssystemen von Autos und Flugzeugen. |

Vorspannungsring

**TM**

$B$ magnetische Flussdichte, $f$ Frequenz, $g$ Fallbeschleunigung, $H$ Feldstärke, $I$ Stromstärke, $I_N$ Bemessungsstrom, $l$ Länge, $n$ Drehzahl, $s$ Weg, $t$ Zeit, $v$ Geschwindigkeit.

# Temperaturmessung mit Sensoren  Temperature measuring by sensors

| Prinzip, Art | Aufbau, Wirkungsweise | Eigenschaften | Anwendungen, Formel |
|---|---|---|---|
| **Widerstandsthermometer** | Platinwiderstand nimmt fast linear mit der Temperatur zu. Platinschicht als Dünnfilm auf Aluminiumoxid-Träger, durch Glasüberzug geschützt oder in Keramikgehäuse eingeschlossen. Positiver Temperaturbeiwert; Temperaturbereich − 50 °C bis + 600 °C | Bemessungswiderstand $R_N$ meist 100 Ω, 500 Ω oder 1000 Ω. Für $\vartheta = 0$ °C, z. B. PT 100 $\Rightarrow R_N = 100$ Ω. Enge Toleranz, schnelle Ansprechzeit, erschütterungsunempfindlich. Messfehler infolge Eigenerwärmung durch Messstrom. | $I = $ konst. |
| **Silicium-Temperaturfühler** | N-leitendes Silicium, das zwischen zwei Kontaktflächen einen positiven Temperaturbeiwert und eine leicht gekrümmte Temperatur-Widerstands-Kennlinie aufweist. Gehäuse Kunststoff oder Messing. Wegen Eigenerwärmung nur kleiner Messstrom ($\approx 0,1$ mA). | Temperaturbereich von − 50 °C bis + 150 °C. Linearisierung der Kennlinie durch konstante Spannung konstante Stromstärke. $R_v$  $U_1$  $I =$ konst.  $U_2$  $R_p$ | Messen, Steuern und Regeln der Temperatur der Luft oder anderer Gase sowie von Flüssigkeiten. Temperaturmessung in Flüssigkeiten unter Druck. Automotor-Temperatur-Überwachung. Heißwassergeräte und Fieberthermometer. |
| **Heißleiter-Temperaturfühler** | Temperaturabhängiger Heißleiterwiderstand mit negativem Temperaturkoeffizient $\alpha$ zwischen − 3%/K und − 5%/K. | Hohe Empfindlichkeit, nicht lineare Kennlinie, hoher Widerstandswert; mechanisch, thermisch und elektrisch stabil; hohe Lebensdauer; kleine Bauform. | Temperaturregelung in Klimaanlagen, Kühlschränken und Geschirrspülern. Temperaturkompensation in elektronischen Schaltungen. |
| Mantel, Isolierung, Thermopaar **Thermoelement-Temperaturfühler** | Zwei miteinander verschweißte Leiter stark unterschiedlicher Elektronenkonzentration (Thermopaar) liefern beim Erwärmen eine Spannung, die proportional zur Temperatur ist. | Fe (+) − CuNi (−) für −200 °C...700 °C NiCr (+) − Ni (−) für −200 °C...1200 °C NiCrSi (+) − NiSi (−) für ...1300 °C PtRh (+) − Pt (−) für ...1600 °C | An festen Körpern: Mit abgeflachter Mess-Stelle zum Anpressen oder Anlöten bzw. Einlassen in ein Bohrloch für einen guten thermischen Kontakt zwischen dem Thermoelement und dem Messobjekt. |
| Vorlaufleitung $\vartheta_V$ Rücklaufleitung $Q_V$ $\vartheta_R$ $U$ Wärmezähler **Wärmemengenmessung** | Die Wärmemengenmessung besteht aus einem Durchflusssensor, zwei Temperaturfühlern für die Messung der Vorlauf- und Rücklauftemperatur, sowie dem mikrocontrollergesteuerten Rechengerät. | Der Wärmekoeffizient $k$ ist für die jeweilige Wärmeträgerflüssigkeit im EPROM des Rechengerätes abgelegt. Über eine Rechnerabfrage werden Vorlauf- und Rücklauftemperatur, $\Delta\vartheta = \vartheta_V - \vartheta_R$, k-Wert, Durchfluss und Wärmeleistung auf einem 4-stelligen Display angezeigt. | Wärmemengenmessung in Heizungsanlagen $$P = Q_V \cdot (\vartheta_V - \vartheta_R) \cdot k$$ $P$  Wärmeleistung in kW $Q_V$  Durchfluss in m³/h $\vartheta_V$  Vorlauftemperatur in °C $\vartheta_R$  Rücklauftemperatur in °C $k$  Wärmekoeffizient in kWh/(m³ · K) |

$\alpha$ Temperaturkoeffizient des Widerstands

## Verlegung und Schaltungen — 124

**EI**

Elektrische Installation

## Leitungsberechnung — 155

## Besondere Räume, Arbeiten unter Spannung — 170

## Beleuchtung — 180

# Werstattausrüstung  Workshop equipment

## Mindest-Werkstattausrüstung nach der Richtlinie des Bundesinstallateurausschusses

| Ausrüstungsgegenstände | Mess- und Prüfgeräte | Fachliteratur |
|---|---|---|
| • Werkbank mit Schraubstock,<br>• Bohrmaschine mit Tischständer,<br>• Schleifmaschine,<br>• Gerät zur Herstellung von<br>  Mauerschlitzen,<br>• Preßzange bis 16 mm$^2$,<br>• Stationärer Prüfplatz. | • Einpoliger und zweipoliger<br>  Spannungsprüfer,<br>• Spannungsmesser 600 V,<br>• Strommesser 15 A,<br>• Zangenstrommesser 200 A,<br>• Isolations-Messgerät,<br>• Schleifenwiderstands-Messgerät,<br>• Widerstands-Messgerät,<br>• Prüfgerät für RCDs (FI-Schutzein-<br>  richtungen),<br>• Ableitstrommessgerät,<br>• Drehfeld-Richtungsanzeiger. | • DIN VDE Auswahlordner,<br>• DIN Taschenbuch Normen für<br>  das Elektrohandwerk,<br>• TAB des VNB (Verteilungsnetz-<br>  betreiber),<br>• Unfallverhütungsvorschriften<br>  der Berufsgenossenschaft,<br>• Formularvordrucke (Prüfproto-<br>  kolle) zur Prüfung von elektr. An-<br>  lagen, zur Prüfung von Elektro-<br>  geräten. |

Umfang und Art der Werkstattausrüstung richten sich nach der Betriebsgröße und dem Tätigkeitsbereich des Betriebes. Der Bundes-Installateurausschuss im ZVEH (Zentralverband der elektro- und informationstechnischen Handwerke) hat eine Richtlinie und zusätzliche Empfehlungen für die Werkstattausrüstung herausgegeben. Vor dem Eintrag in das Installateurverzeichnis beim zuständigen VNB wird die Vollständigkeit der Werkstattausrüstung vom zuständigen Bezirks-Installateurausschuss (BIA) überprüft.

**EI**

## Leitern und Gerüste
nach BGV D36

| Art und Begriffsbestimmung | Benutzungshinweise | Beispiele |
|---|---|---|
| **Anlegeleitern und Rollleitern**<br>werden zu ihrer Benutzung angelegt. | Müssen gegen Abrutschen gesichert sein. Anlegeleitern, die mit Rollen auf ortsfesten Schienen laufen, dürfen sich bei Belastung nicht verschieben lassen. | |
| **Stehleitern**<br>sind zweischenklige, frei stehende Leitern. | Spreizsicherungen müssen fest mit den Leiterschenkeln verbunden sein. Oberhalb der Gelenke dürfen sich keine Widerlager bilden können. | |
| **Mehrzweckleitern**<br>sind Steh- oder Anlegeleitern, umrüstbar zur jeweils anderen Leiterbauart. | Stehleitern mit aufgesetzter Schiebeleiter müssen mindestens die Standsicherheit und Festigkeit vergleichbar hoher Stehleitern haben. | |
| **Podestleitern**<br>sind einseitig besteigbare Stehleitern mit umwehrten Podest bis 0,5 m$^2$. | Fahrbare Steh- oder Podestleitern müssen so beschaffen sein, dass sie gegen unbeabsichtigtes Verschieben gesichert werden können. | **Anlegeleiter** |
| **Mechanische Leitern**<br>sind fahrbare, freistehende Schiebeleitern mit oder ohne Arbeitskorb, die handbetrieben, mittels Winden, aufgerichtet und ausgeschoben werden. | Müssen so beschaffen sein, dass sie standsicher, auch bei Geländeunebenheiten, aufgestellt werden können.<br>Arbeitskörbe müssen so befestigt sein, dass sie nicht unbeabsichtigt lösbar sind. | |
| **Hängeleitern**<br>sind Leitern, die an- oder eingehängt werden, ohne Bodenberührung. | Sind gegen Pendeln und unbeabsichtigtes Aushängen zu sichern. | **Tritt** |
| **Stegleitern**<br>sind ortsfeste oder in ortsfesten horizontalen Führungen bewegliche Leitern, die senkrecht oder fast senkrecht angebracht sind. | Nur zulässig, wenn der Einbau einer Treppe nicht möglich ist oder wegen der geringen Unfallgefahr nicht notwendig ist. Sie müssen fest angebracht sein und müssen an ihrer Austrittstelle eine Haltevorrichtung haben. | |
| **Tritte**<br>sind ortsveränderte Aufstiege bis 1 m Höhe, deren oberste Fläche zum Betreten vorgesehen ist. | Müssen in jeder Gebrauchsstellung standsicher sein. Sie müssen so beschaffen sein, dass das unbeabsichtigte Verschieben beim Betreten verhindert ist. | **Stehleiter** |
| **Kleingerüste**<br>sind ortsfeste oder ortsveränderte Arbeitsbühnen mit einer Höhe bis zu 2 m. | Ab einer Arbeitshöhe von 1 m ist ein Seitenschutz notwendig. | |

Der Unternehmer hat Leitern und Tritte in der erforderlichen Art, Anzahl und Größe bereitzustellen. Er hat dafür zu sorgen, dass Leitern und Tritte in ordnungsgemäßem Zustand sind. Für den Benutzer von Leitern muss eine Betriebsanleitung aufgestellt und an der Leiter deutlich erkennbar und dauerhaft angebracht sein.

**Arbeitsbühne**

**EI**

| Begriff | Erklärung | Bemerkung |
|---|---|---|
| Verlege-arten | Man unterscheidet: Auf Putz, im Putz, unter Putz, im Beton, in Hohlwänden, in Installationskanälen, Unterflurinstallation, auf Kabeltragege-stellen, im Erdreich. | Leitungen und Kabel müssen nach DIN-VDE-Bestimmungen fachge-recht verlegt werden. |
| Befesti-gungsab-stand, Biege-radius | | **Beispiel:** Bei einer Leitung NYM mit Leitungs-durchmesser $d = 10$ mm beträgt der Befestigungsabstand $l = 300$ mm (waagrechte Verlegung) bzw. 400 mm (senkrechte Verlegung) und der Mindestbiegeradius $r = 5 \cdot d = 5 \cdot 10$ mm $= 50$ mm |

| Maximale Befestigungsabstände $l$ in mm | | | Kleinster zulässiger Biegeradius $r$ in mm | |
|---|---|---|---|---|
| Außendurchmesser der Leitung | waagrechte Verlegung | senkrechte Verlegung | Leitungs-durchmesser $d$ | zulässiger Biegeradius $r$ |
| $d \leq 9$ | 250 | 400 | $d \leq 8$ | $4 \cdot d$ |
| $9 < d \leq 15$ | 300 | 400 | $8 < d \leq 12$ | $5 \cdot d$ |
| $15 < d \leq 20$ | 350 | 450 | $12 < d \leq 20$ | $6 \cdot d$ |
| $20 < d \leq 40$ | 400 | 550 | $d > 20$ | $6 \cdot d$ |

Bei flexiblen Leitungen gelten nach DIN VDE 0298 ähnliche Befestigungsabstände und Biegeradien.

| Begriff | Erklärung | Bemerkung |
|---|---|---|
| Abman-teln, Abisolie-ren | Beim Abmanteln der Leitungshülle ist auf ausreichende Lei-tungsaderlänge zu achten. Das Abmanteln kann z.B. mit einem Kabelmesser oder einem Mantelschneider erfolgen. Dabei dürfen die Leitungsadern nicht beschädigt werden. Zum Abisolieren verwendet man Abisolierzangen. Automatik-Abisolierzangen passen sich selbsttätig der Dicke der Ader-isolation an. Dadurch wird der Leiter nicht beschädigt. Die gewünschte Abisolierlänge kann man einstellen. | **Abmanteln mit Mantelschneider** |
| Pressen, Quet-schen, Crimpen | Nach dem Abisolieren sind die Leiter anzuklemmen. Dazu sind die Leiterenden, besonders bei flexiblen Leitern, zu behan-deln. Bei der Quetschverbindung werden die abisolierten mehr- oder feindrähtigen Leitern z.B. in eine Aderendhülse oder in einem Kabelschuh eingeführt. Die leitende Verbindung wird mithilfe einer Zange hergestellt. Beim Crimpen entsteht eine nichtlösbare elektrische Verbin-dung zwischen einem Leiter und einem Crimpkontakt, z.B. einem Flachsteckanschluss, Kabelschuhe, Steckhülsen und Aderendhülsen. Es entsteht eine hochwertige elektrische Ver-bindung. Crimpverbindungen lassen sich mit Handwerkzeu-gen, aber auch mit automatischen Maschinen herstellen. | **Automatische Abisolierzange** **Crimpzange** |

| Farbkenn zeichnung von Ader-endhülsen bei flexiblen Leitern | Farbkennzeichnung von Aderendhülsen | | | | |

| Leiterquer-schnitt | Farbe | Leiterquer-schnitt | Farbe |
|---|---|---|---|
| 0,5 mm² | weiß | 2,5 mm² | blau |
| 0,75 mm² | grau | 4 mm² | grau |
| 1 mm² | rot | 6 mm² | gelb |
| 1,5 mm² | schwarz | 10 mm² | rot |

**Aderendhülsenzange**

# Ausschaltungen, Serienschaltung  On-off circuits, serial circuit

**EI**

| Schaltung | Übersichtsschaltplan | Stromlaufplan in zusammenhängender Darstellung |
|---|---|---|
| Ausschaltung | | |
| Ausschaltung mit Wechsel-schalter (Universal-schalter) | | mit Aus-schalter / mit Wechsel-schalter |
| Ausschaltung mit Kontroll-Ausschalter | | |
| Ausschaltung mit beleuchtetem Ausschalter und Steckdose | | |
| Zweipolige Ausschaltung | | |
| Serienschaltung mit beleuchtetem Serienschalter | | |

| Schaltung | Übersichtsschaltplan | Stromlaufplan<br>Darstellung ① zusammenhängend, ② halb zusammenhängend |
|---|---|---|
| Wechselschaltung mit beleuchteten Wechselschaltern | | |
| Wechselschaltung mit Steckdose | | |
| Sparwechsel-schaltung mit Steckdose | | Prinzip der Sparwechselschaltung<br> |
| Sparwechsel-schaltung mit einem Kontroll-Wechselschalter und einem beleuchtetem Wechselschalter | | |
| Kreuzschaltung mit äußeren Wechselschaltern | | <br>Bei A können weitere Kreuzschalter angeschlossen werden, Anschluss wie Q2. |

EI

# Treppenlichtzeitschalter, Hausklingelanlage mit Türöffner
## Delay switch for staircase, doorbell system with door opener

**EI**

| Übersichtsschaltplan | Stromlaufplan |
|---|---|

Treppenlichtzeitschalter, sogenannter Dreileiteranschluss, nicht nachschaltbar vor Abschaltung

QK1 · N · T · A · A Abend · N Nacht · T Tag · S1 · E1 · S2 · E2 · erweiterbar, z.B. für Steckdosen · drei Leiter ohne PE · L · N · PE

Treppenlichtzeitschalter, sogenannter Vierleiteranschluss, nachschaltbar vor Abschaltung

QK1 · N · A · A Abend · N Nacht · S1 · E1 · S2 · E2 · erweiterbar, z.B. für Steckdosen · vier Leiter ohne PE · L · N · PE

Hausklingelanlage mit Türöffner

P3 · S32 · S33 · P2 · S22 · S23 · P1 · S12 · S21 · S13 · S31 · S11 · T1 · 50 Hz 230V/8V · M1

Wohnungen · Wohnungseingänge · Türöffner · 2. Stock · 1. Stock · Hauseingang · Erdgeschoss · L · N

## Installationsschaltungen

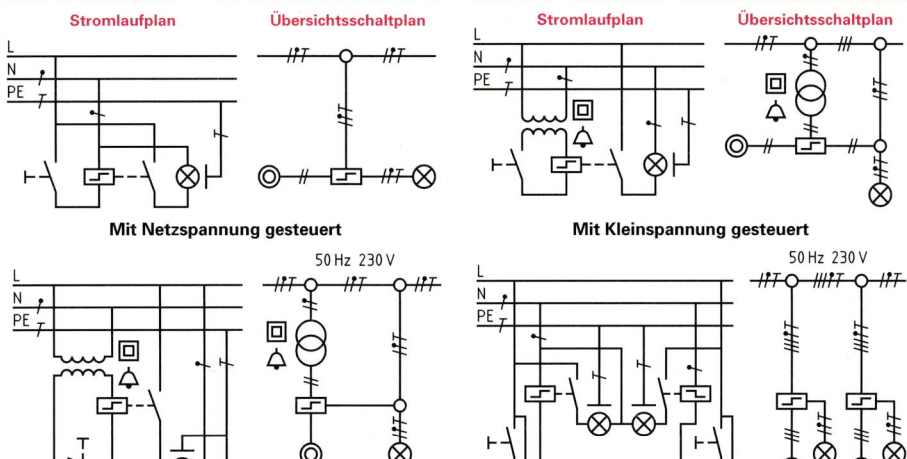

Stromlaufplan　　Übersichtsschaltplan　　　　Stromlaufplan　　Übersichtsschaltplan

**Mit Netzspannung gesteuert**　　　　　　**Mit Kleinspannung gesteuert**

50 Hz 230 V　　　　　　　　　　　　50 Hz 230 V

**Wechselschaltung, erweiterbar**　　　　　**Serienwechselschaltung**

**EI**

## Starkstromanlage und Schwachstromanlage kombiniert

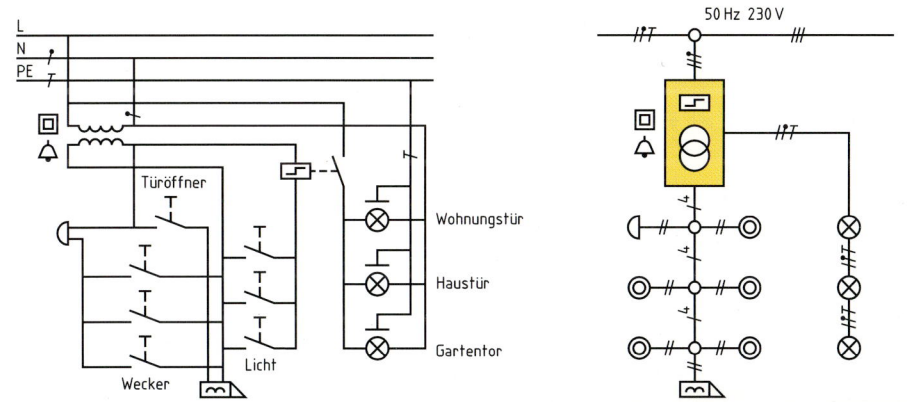

50 Hz 230 V

Türöffner

Wohnungstür

Haustür

Gartentor

Licht

Wecker

**Beispiel:** Eine Wechselschaltung ist mit vieradriger Steg-leitung ausgeführt. Nachträglich soll unter jedem Schalter eine Steckdose angebracht werden.

*Lösung:* Mit Stromstoßschaltern und Tastern.

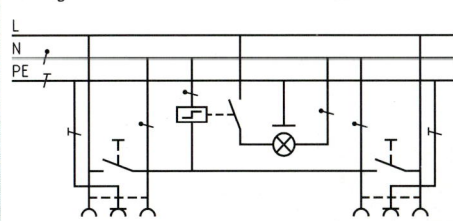

| Daten von Stromstoßschaltern | | | |
|---|---|---|---|
| Schaltleistung | Arbeitskontakte 10 A bei AC 250 V, Hilfskontakte 1 A | | |
| Steuerspannung | AC 8 V | AC 24 V | AC 230 V |
| Steuerstrom | 380 mA | 140 mA | 15 mA |
| Einschaltdauer | 100% | | |
| Betriebsbereich | von AC 6 V bis AC 230 V (3,5 VA) von DC 1,6 V bis DC 60 V (2 W) | | |

**EI**

## Jalousiemotor (Rohrmotor)

| Schaltungsart | Schaltung | Bemerkungen |
|---|---|---|
| Prinzip | | statt AUF auch Symbol ▲<br>statt AB auch Symbol ▼<br>C1 Betriebskondensator zur Dreh-<br>felderzeugung |
| Schaltung eines einfachen Rohrmotors | | Q1 Endschalter für Bewegung<br>Öffnen (zugänglich)<br>Q2 Endschalter für Bewegung<br>Schließen (nicht zugänglich)<br>F1 interner Motorschutzschalter<br>(kann entfallen) |

## Jalousiesteuerungen mit Jalousieschaltern

| Schaltungsart | Stromlaufplan, Merkmal | Übersichtsschaltplan |
|---|---|---|
| Jalousie-steuerung | <br><br>Q1 kann wahlweise ein Jalousie-Schalter oder ein Jalousie-Taster sein. | |
| Verbotene Schaltung von 2 einfachen Rohrmotoren mit einem ein-poligen Jalou-sie-Schalter.<br><br>Schaltung ist aber zulässig bei speziellen Rohrmotoren mit zusätzlicher Elektronik. | <br><br>Bei dieser Schaltung kann ein Jalousiemotor die End-stellung vor dem anderen erreichen, z.B. M1 vor M2. Dann bekommt der Jalousiemotor M1 über C1 und Q2 des Jalousiemotors M2 Spannung und fährt abwärts. Dadurch würde ein ständiges Auf- und Abwärtsfahren beider Motoren erfolgen. | |

## Ansteuerung mehrerer Jalousiemotoren mit einem Schalter

| Schaltungsart | Stromlaufplan |
|---|---|
| 2 Jalousie-motoren mit 2-poligem Jalousie-schalter | |
| 3 Jalousie-motoren mit Trennrelais | |

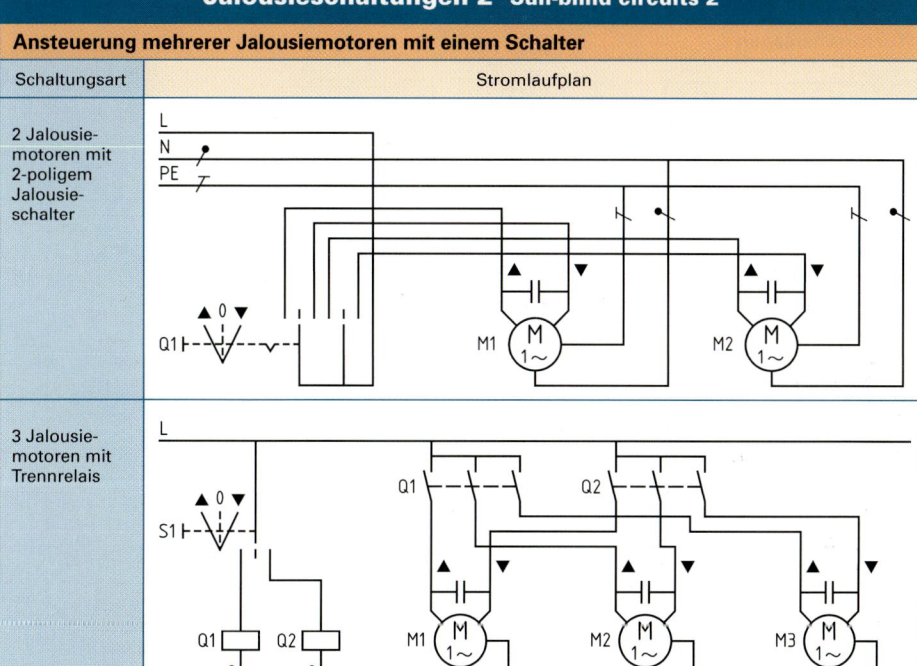

**EI**

## Elektronische Jalousiesteuerungen

| Funktions-programme | Stromlaufplan | Bemerkungen |
|---|---|---|
| Windsensorik<br>Helligkeits-sensorik<br>Regen-sensorik<br>Zufallspro-gramm<br>Astro-programm<br>Zentralbefehl | 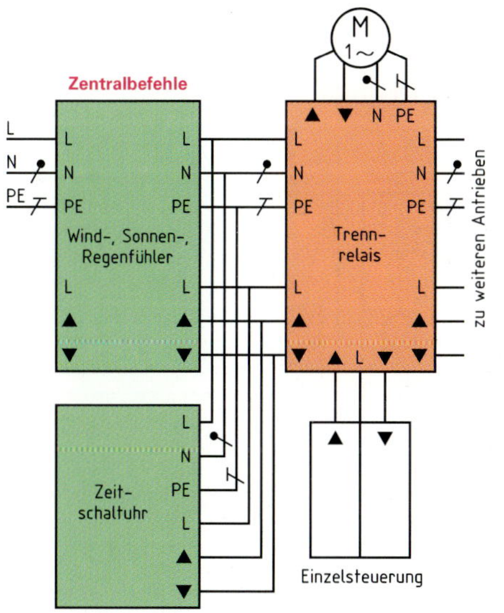 Zentralbefehle<br>Wind-, Sonnen-, Regenfühler<br>Trenn-relais<br>Zeit-schaltuhr<br>Einzelsteuerung | Steuerungen werden in herkömmli-cher Technik, in Funktechnik oder Bustechnik angeboten.<br><br>Diese elektronischen Steuerungen sind programmierbar. Damit schal-ten sie die Jalousien automatisch bei vorgegebenen Ereignissen.<br><br>● Bei zu starkem Wind wird die Jalousie aufgefahren und die manuelle Bedienung gesperrt.<br><br>● Bei Sonnenschein wird die Jalou-sie abgefahren, auf Wunsch nur bis zu einer Zwischenposition.<br><br>● Die Jalousie wird zu den indivi-duell eingestellten Schaltzeiten (für jeden Wochentag unter-schiedlich) geöffnet oder ge-schlossen. Die Zeiten können so eingestellt werden, dass die Ja-lousien ungefähr mit den tägli-chen Sonnenaufgangs- und Son-nenuntergangszeiten schließen und öffnen. Durch ein Security-Programm (Sicherheits-Pro-gramm) kann das Öffnen und Schließen auch zu Zufallszeiten erfolgen. |

**EI**

## Türsprechanlagen

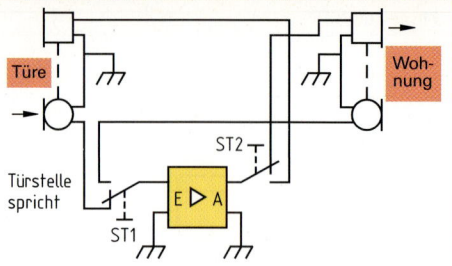

Türe   Woh-nung

ST2
Türstelle spricht   E ▷ A
ST1

**Türsprechanlage für Halbduplexbetrieb**

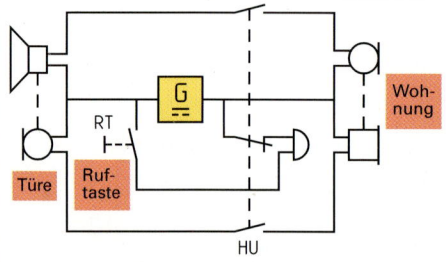

G

RT   Woh-nung

Türe   Ruf-taste

HU

**Türsprechanlage für Duplexbetrieb**

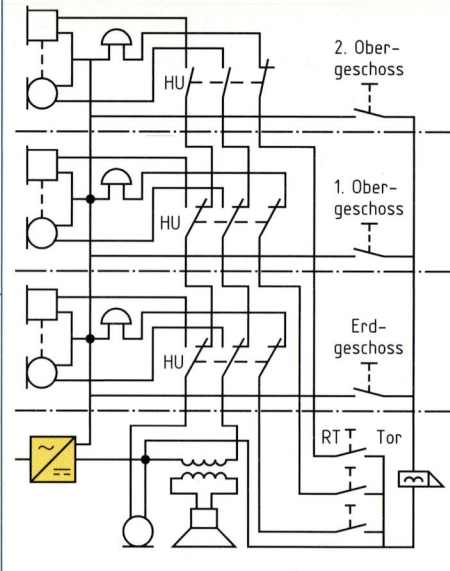

2. Ober-geschoss

HU

1. Ober-geschoss

HU

Erd-geschoss

HU

RT   Tor

**Türsprechanlage mit Türöffner**

## Haussprechanlagen

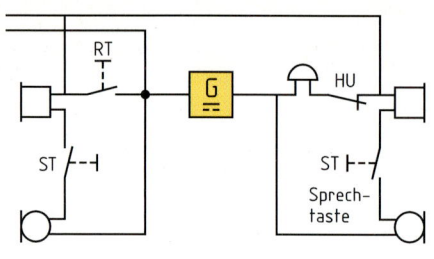

RT   HU

G

ST   ST

Sprech-taste

**Anlage für einseitigen Anruf**

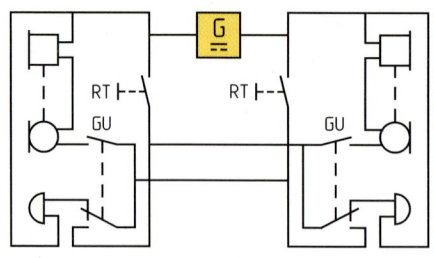

G

RT   RT
GU   GU

**Anlage für gegenseitigen Anruf**

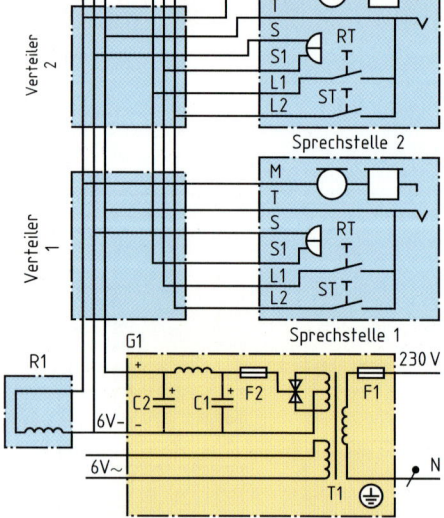

Sprechstellen 3
Verteiler 2

M
T
S   RT
S1
L1   ST
L2

Sprechstelle 2

Verteiler 1

M
T
S   RT
S1
L1   ST
L2

Sprechstelle 1

R1   G1   230 V

C2   C1   F2   F1

6V–

6V~   T1   N

**Haussprechanlage mit zwei Sprechstellen**

---

GU Gabelumschalter

R1  Speisedrossel ab drei Sprechstellen

Duplexbetrieb: Gleichzeitige Sprachübertragung
            möglich

RT  Ruftaste

ST  Sprechtaste

Halbduplexbetrieb: Sprachübertragung nur in einer Rich-
            tung mittels Sprechtaste möglich

| Schaltung | Erklärung | Bemerkungen |
|---|---|---|

## Audio-Türsprechanlage

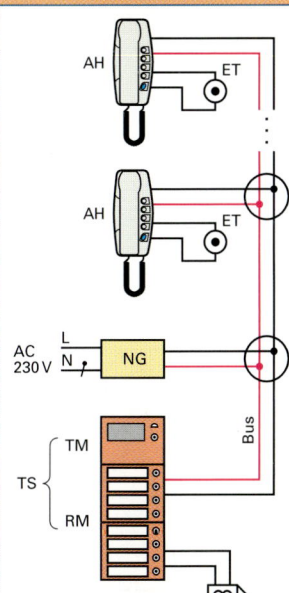

Beim 2-Draht-Bussystem wird jeder Teilnehmer so intelligent gemacht, dass er nur die für ihn bestimmten Signale aufnimmt. Das Netzgerät NG versorgt über einen Bus die Geräte mit DC 27 V/1,2 A und mit AC 8 V. Über den Bus werden auch die Signale von der Türstation TS zu den Audio-Hausstationen AH übertragen. Als Busleitung ist eine verdrillte oder nicht verdrillte Leitung geeignet, z. B. JY(St)Y. Die maximale Entfernung zwischen Netzgerät und Teilnehmern ist vom Leiterdurchmesser und der Anzahl der Ruftasten abhängig. Die Hausstationen enthalten Tasten für Rufen, Sprechen, Licht und Türöffner. Soll Licht eingeschaltet werden, muss in der Anlage ein Relais, z. B. genannt Aktivator, enthalten sein (siehe Video-Türsprechanlage). Der Türöffner kann bei kleiner Leistung direkt angeschlossen werden, bei großer Leistung über ein Türöffnerrelais. Die Zuordnung der AH zu den Tasten der TS nennt man Konfiguration. Sie erfolgt z. B. mittels steckbarer Konfiguratoren (genauer Widerstände).

Alle Hausstationen werden in aufsteigender Reihenfolge konfiguriert. Die unterste Hausstation sollte auch der untersten Ruftaste zugeordnet sein. Das Netzgerät wird nicht konfiguriert. Bei einer Änderung der Konfiguration muss die Anlage nach Herstellerangaben abgeschaltet werden, z. B. nach Änderung durch Umstecken von Konfiguratoren ist Abschalten und Wiedereinschalten erforderlich.
Der Türruf (nach Betätigung der Ruftaste an der Türstation) an der Hausstation erfolgt z. B. zweitönig mit 1200 Hz/600 Hz. Kurze Betätigung der Türöffnertaste an der Hausstation bewirkt ein Ansteuern des Türöffners von z. B. 4 s.
www.seko-bticino.de, www.gira.de, www.tcs-germany.de, www.zublin.de

EI

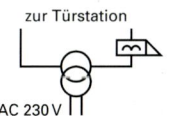

**Türöffner großer Leistung**

## Video-Türsprechanlage

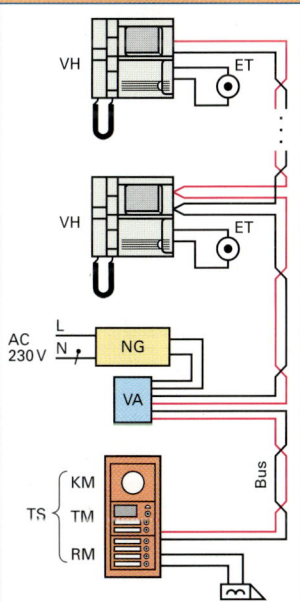

Die Video-Türsprechanlage ist grundsätzlich wie die Audio-Türsprechanlage aufgebaut. Sie arbeitet aber mit einer höheren Frequenz für das Videosignal des Schwarz-weiß-Bildschirmes oder des Farbbildschirmes. Deshalb muss als Busleitung eine verdrillte Leitung verwendet werden, z. B. UTP bzw. STP. Außerdem ist zwischen Netzgerät und Türstation ein Video-Adapter mit einem Bus-Eingang und einem Bus-Ausgang erforderlich. Eine Abzweigung mittels Abzweigdosen ist nicht zulässig. Es muss für die Hausstationen entweder die Reihenschaltung durch die In-Out-Anschlusstechnik (Bild links) angewendet werden oder es sind Signalverteiler (Bild rechts) erforderlich. Mit diesen kann die Busleitung sternförmig oder baumförmig verlegt werden. Signalverteiler für die Etage werden als Etagenverteiler bezeichnet. Wie bei der Audio-Türsprechanlage sind vor jeder Wohnungstür Etagen-Taster angeordnet, welche die Hausstation ansteuern.

Das Kamera-Modul der Türstation kann von der Hausstation aus geschwenkt werden und mit Infrarot-LEDs den Sehbereich beleuchten, sodass auch ohne Licht der Besucher erkennbar ist. Über einen Kamera-Umschalter können mehrere Kameras angeschlossen und damit mehrere Eingänge überwacht werden. Über ein Kamera-Interface kann auch eine externe Video-Kamera angeschlossen werden.

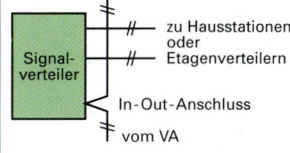

**Aufteilung des Video-Busses**

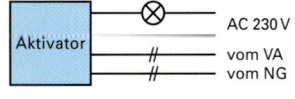

**Anschluss des Aktivators**

| | | | | | |
|---|---|---|---|---|---|
| AH | Audio-Hausstation | NG | Netzgerät | TS | Türstation |
| ET | Etagen-Taster | RM | Ruftasten-Modul | VA | Video-Adapter |
| KM | Kamera-Modul | TM | Türlautsprecher-Modul | VH | Video-Hausstation |

# Lampenschaltungen mit Dimmern  Lamp circuits with dimmers

**EI**

| Art | Bemerkungen, Übersichtsschaltplan | Schaltung |
|---|---|---|
| Prinzip der Dimmer-schaltung | R1  Ladewiderstand für C1<br>R3  Triggerdiode (Diac)<br>Q1  Triac<br>R2 C2  Netzwerk zur Verhinderung der Schalthysterese<br><br>Je nach Einstellung von R1 findet ein symmetrischer Phasenanschnitt statt. | |
| Dimmer mit Leistungs-zusatz (Innen-schaltung dargestellt) | Dimmer haben eine Bemessungsleistung von 300 W bis 1000 W bei Glühlampenlast. Sind 4 Anschlussklemmen vorhanden, kann ein Leistungszusatz angeschlossen werden.<br>Die Wirk-Grundlast muss mindestens 20 W betragen. | |
| Dimmer mit Leistungs-zusatz (Dimmer beleuchtet) | | |
| Wechsel-schaltung mit beleuchtetem Wechsel-schalter und beleuchtetem Dimmer | | |
| Schaltung von Leucht-stofflampen an dimm-baren EVG (Elektro-nischen Vorschalt-Geräten) | <br>**Schaltung mit so genanntem elektronischem Potenziometer** | <br>**Anschluss an Steuereinheit** |

**EI**

## Schaltung und Aufgabe

| Stromlaufplan | Übersichtsschaltplan | Aufgabe, Bemerkung |
|---|---|---|
| **Ausschaltung mit beleuchtetem Tastdimmer** | E1, Q1 | Der Tastdimmer wird durch einen Kurzhubtaster angesteuert. Bei kurzer Betätigung erfolgt das Schalten, und zwar je nach vorhergehendem Betriebszustand nach EIN oder AUS. Bei anhaltender Betätigung erfolgt das Dimmen, und zwar je nach Dauer entweder nach DUNKEL oder nach HELL. |
| **Wechselschaltung mit Tastdimmer und Tastdimmer-Nebenstelle** | E1, Q1, S1 | Die Tastdimmer-Nebenstelle ermöglicht in derselben Weise wie der Tastdimmer selber das Schalten und das Dimmen. Es können mehrere Tastdimmer-Nebenstellen in der angegebenen Weise angeschlossen werden. Bei beleuchteten Nebenstellen ist eine dreiadrige Zuleitung erforderlich, sonst genügt eine zweiadrige. |

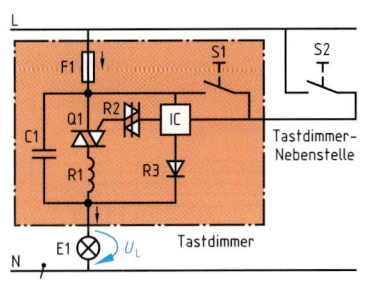

**Tastdimmer**

Beim Tastdimmer werden die Befehle SCHALTEN oder DIMMEN durch unterschiedlich lange Betätigung eines Kurzhubtasters gegeben. Bei Dauerbetätigung steuert der IC den Triac Q1 über den Diac R2 anschwellend auf frühe Zündung, danach abschwellend auf späte Zündung. Dann wiederholt sich der Vorgang bis zum Ende der Dauerbetätigung.

Tastdimmer für Fernbedienung enthalten zusätzlich einen Funkempfänger. Zum Steuern über den Funkempfänger ist ein Funksender erforderlich, der von einer Batterie gespeist und als leichtes Handgerät netzunabhängig ist. Es ist auch möglich, einen normalen Tastdimmer mit einem Funktaster zu kombinieren. Dann steuert der Funktaster wie eine Tastdimmer-Nebenstelle den Tastdimmer an.

Es gibt auch Geräte, die an Stelle von Funksignalen mit Infrarotsignalen arbeiten.

## Dimmertypen

| Art der Last mit Lastsymbol | | Dimmertyp mit Dimmersymbol | | | | |
|---|---|---|---|---|---|---|
| | | Standard ◿ R | NV-Anschnitt ◿ R, L | Abschnitt ◿ R, C | Universal ◿ R, L, C | Drehzahl ◿ Ⓜ |
| Glühlampen 230 V | ◿ R | × | × | × | × | ○ |
| NV-Halogenlampen dimmbarer Trafo Typ L | ◿ L | ○ | × | ○ | × | ○ |
| NV-Halogenlampen Typ C | ◿ C | ○ | ○ | × | × | ○ |
| NV-Halogenlampen Elektronik-Trafo Typen L, C | ◿ L, C | ○ | × | × | × | ○ |
| Universal- motoren | ◿ Ⓜ | ○ | ○ | ○ | ○ | × |

○ keine Übereinstimmung (nicht verwendbar),
× Übereinstimmung (verwendbar)

# Automatikwächter mit Wärmesensor  Automatic guardian with temperature sensor

**EI**

## Betriebsmittel

| Benennung | Ansicht | Erklärung |
|---|---|---|
| Wärmesensor | Wärmesensor  Sende-modul  Automatikwächter | Der Wärmesensor im Inneren des Automatikwächters nimmt die durch eine Linse gebündelte Infrarotstrahlung, z.B. eines Menschen, auf und setzt sie in eine Spannung um, solange sich die Infrarotstrahlung ändert. Die verstärkte Spannung steuert einen Zeitschalter im Automatikwächter an. |
| Automatikwächter | | Der Automatikwächter schaltet eine Last ein, z.B. eine Lampe, wenn eine Änderung der Infrarotstrahlung eintritt. Die Abschaltung erfolgt verzögert. |
| Sendemodul | Fernschalt-modul | Das Sendemodul (Modul = Baugruppe) kann an den Auto-matikwächter angebaut werden. Es liefert die Schaltsignale des Automatikwächters mit etwa 120 kHz an das Lichtnetz. |
| Fernschaltmodul | | Das Fernschaltmodul wird an einer beliebigen Stelle des Lichtnetzes angeschlossen und empfängt dort die Signale des Sendemoduls. Es setzt diese in Schaltspannungen um, mit denen dort eine Last geschaltet wird. |

## Schaltungen

| Schaltungsart | Übersichtsschaltplan | Stromlaufplan |
|---|---|---|
| Lampenschaltung mit Automatik-wächter | | Schaltzeichen der Automatikwächter sind nicht genormt |
| Lampenschaltung mit Automatik-wächter für EIN und Taster für AUS | | |
| Kombination von Automatikwächter und Treppenlicht-zeitschalter | | |
| Schaltung mit mehreren Auto-matikwächtern | | |

## Betriebsmittel

| Benennung | Erklärung | Schaltung |
|---|---|---|
| Bewegungssensor (Ultraschallsensor) | Ein Generator speist mit etwa 33 kHz einen Lautsprecher für das Ultraschallsignal. Bei Reflexion an einem bewegten Körper tritt eine Frequenzänderung ein, die vom Mikrofon aufgenommen wird. | |
| Zeitschalter für Automatikschalter | Der Bewegungssensor steuert den Zeitschalter an. Dieser enthält ein Monoflop, welches ein Schütz (beim Zeitschalter für Glühlampen und Leuchtstofflampen) oder einen Triac (beim Zeitschalter für Glühlampen) ansteuert. | |

## Schaltungen

| Schaltungsart | Übersichtsschaltplan | Zusammenhängender Stromlaufplan |
|---|---|---|
| Ausschaltung mit Automatikschalter für Glühlampen | | Der indirekte N-Leiteranschluss des Sensors über die Last ist nur bei Glühlampen möglich. |
| Wechselschaltung mit Automatikschalter für Glühlampen | | |
| Ausschaltung mit Automatikschalter für Glühlampen und Leuchtstofflampen | | |
| Kreuzschaltung mit Automatikschalter für Glühlampen und Leuchtstofflampen und zwei verschiedenen Nebenstellen | | |

EI

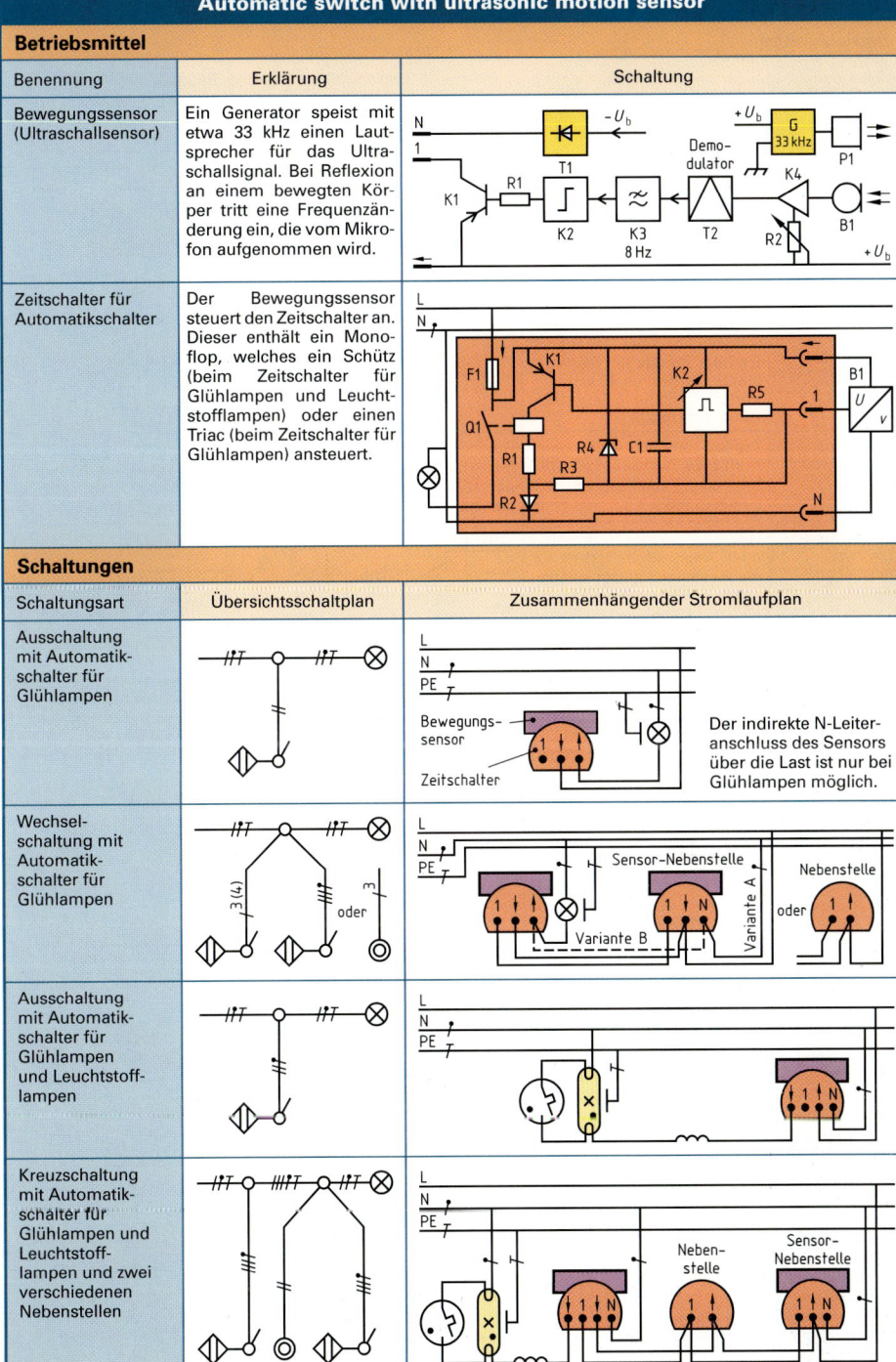

**EI**

## Betriebsmittel

| Benennung | Erklärung | Prinzip, Wirkungsweise, Bemerkungen |
|---|---|---|
| 50-Hz-Transformator, 230 V | Herabsetzung der Spannung auf die Betriebsspannung von 6 V, 12 V oder 24 V. | Wegen der großen Stromstärken wird die Eingangsseite des Transformators in Reihe zum Schalter geschaltet. Gewöhnliche Dimmer können meist nicht verwendet werden. |
| Elektronischer Transformator (z.B. TRONIC-Transformator) | Die 230-V-Spannung wird gleichgerichtet und danach mit etwa 40 kHz in wechselnder Richtung an die Eingangswicklung des eigentlichen Tranformators gelegt. Es entsteht eine mit 100 Hz modulierte Ausgangsspannung. Wegen der Induktivitäten von Last und Wandler folgt daraus ein fast konstanter Strom mit 40 kHz. Vorteil: Kleine Baugröße, keine Geräusche. | Prinzip des TRONIC-Transformators |
| NV-Halogen-Tastdimmer | Aufbau ähnlich wie beim normalen Tastdimmer, aber mit einer zusätzlichen RC-Beschaltung. | Durch die RC-Beschaltung wird der induktive Einfluss des Transformators für den Dimmvorgang ausgeglichen. Außerdem erhält der NV-Halogen-Tastdimmer wegen des Einschaltstromstoßes des Transformators und der Lampen eine träge Sicherung. |
| Elektronischer Dimmer (z.B. TRONIC-Dimmer) | Dieser Dimmer (Ausschalter oder Wechselschalter) ist für die Ansteuerung der elektronischen Transformatoren geeignet. Dabei werden die 100-Hz-Abschnitte mit Abschnittsteuerung gesteuert. | TRONIC-Dimmer |

## Schaltungen für NV-Halogenglühlampen

| Schaltung | Übersichtsschaltplan | Zusammenhängender Stromlaufplan |
|---|---|---|
| Wechselschaltung mit NV-Halogen-Tastdimmer | | |
| Ausschaltung mit elektronischem Transformator und elektronischem Dimmer (z.B. TRONIC-Transformator und TRONIC-Dimmer) | | |
| Kreuzschaltung mit elektronischem Dimmer und elektronischem Transformator (z.B. TRONIC-Dimmer und TRONIC-Transformator) | | |

| Prinzip, Schaltung | Erklärung | Bemerkungen, Daten |
|---|---|---|

### Elektrische und magnetische Felder (E- und H-Feld)

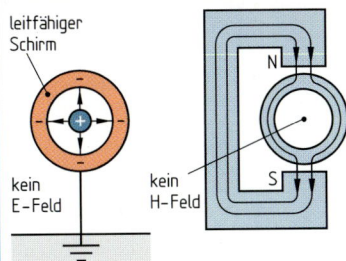

**Schirmung von E-Feld und H-Feld**

Ladungen verursachen immer ein elektrisches Feld (E-Feld) mit am Pluspol beginnenden und am Minuspol endenden Feldlinien. Elektrische Feldlinien können durch gute elektrische Leiter unterbrochen werden. Bewegte Ladungen (Strom) verursachen immer ein magnetisches Feld (H-Feld) mit geschlossenen Feldlinien. Magnetische Feldlinien können durch gute magnetische Leiter (ferromagnetische Stoffe) abgelenkt werden.

E-Feld-Messung:
Es können erhebliche Messfehler auftreten, da der Körper des die Messung ausführenden Menschen aufgrund der hohen elektrischen Leitfähigkeit eine Veränderung der Felddichte verursacht. Bei isolierendem Standort, z. B. PVC-Bodenbelag oder isolierenden Schuhsohlen, ist eine Erdung vorzunehmen.

H-Feld-Messung:
Die Fühlerspule ist so zu halten, dass die Feldlinien in die Stirnfläche der Spule eintreten.

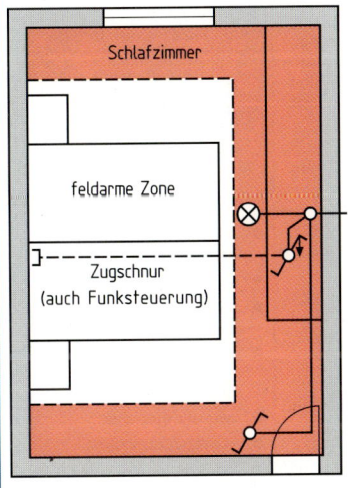

**Ruhezone im Haus**

- Im Haus sollten feldarme Ruhezonen eingerichtet werden: Schlafbereich Eltern- und Kinderschlafzimmer; Ruhebereich im Wohnzimmer.
- Ruhezonen sollten sich örtlich weit vom Hausanschlusskasten und Zählerverteilung befinden.
- Die Elektroinstallation ist auf Rückseiten der Wände von Ruhzonen zu vermeiden.
- Umhüllte Leitungen sind verdrillten Leitungen sind lose in Rohren verlegten Aderleitungen oder Stegleitungen vorzuziehen.
- Einpolige Schalter sind in den Außenleiter zu legen.
- Anordnung eines Funk-Aktors außerhalb des Ruheraumes für die gesamte Stromversorgung des Ruheraumes erübrigt Schirmungen.

Baubiologische Richtwerte für Schlafzimmer (Niederfrequenz):
E-Feld:
$E = 1\,V/m$ bis $5\,V/m \Rightarrow$ schwache Beeinflussung,
$E < 1\,V/m \Rightarrow$ keine Beeinflussung.

H-Feld:
$H = 0,02\,\mu T$ bis $0,1\,\mu T \Rightarrow$ schwache Beeinflussung,
$H < 1\,\mu T \Rightarrow$ keine Beeinflussung.

Mindestabstand von Elektroinstallationen oder Elektrogeräten zu Ruhezonen:
- Hausanschlusskasten, Zählerplatz, Hauptleitung 3 m,
- Rohrleitungen für Gas, Wasser, Heizung 2 m,
- Radiowecker, Niedervoltleuchte, Kleinakkuladegerät 2 m,
- TV-Gerät 5 m.

### Feldarme Installation durch Schirmung

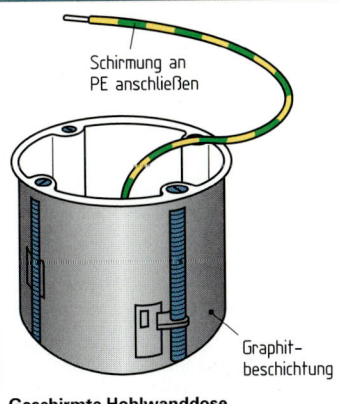

**Geschirmte Hohlwanddose**

E-Felder können durch geschirmte kunststoffisolierte Leitungen wirkungsvoll gegenüber der Umgebung reduziert werden. Die Schirmung besteht aus Aluminiumfolie, Kupfergeflecht oder Stahldrahtgeflecht. Geschirmte Installationsdosen sind an ihrer Außenseite mit einer leitfähigen Graphitschicht versehen, die über einen grüngelben Leiter mit der Schirmung der Zuleitung verbunden wird.

Schalter und Steckdosen mit leitfähiger Außenbeschichtung werden in die Schirmung mit einbezogen.

Geschirmtes Installationsmaterial darf nur unter Beachtung folgender Regeln eingebaut werden:

- Die Verwendung der Schirmung oder des Beidrahtes als PE ist aufgrund des geringeren Querschnittes in der Regel nicht zulässig.
- Die Erdung erfolgt einseitig durch Verbindung des Beidrahtes mit der Schutzleiterschiene in der Wohnungsverteilung.
- Die Verlegung in Räumen mit Badewannen/Duschen auf oder unter Putz ist verboten.

**EI**

| Prinzip, Schaltung | Erklärung | Bemerkungen, Daten |
| --- | --- | --- |

**EI**

## Feldarme Installation durch Netzabkopplung

überwachter Teil          nicht über-
(Schlafraum)              wachter Teil

**Anschluss im Stromkreisverteiler**

Netzabkoppler NAK (Netzfrei-schalter) werden zur Überwachung von Stromkreisen eingesetzt. Unterschreitet der Betriebsstrom bei Abschalten eines Betriebsmittels, z.B. einer Nachttischleuchte, eine bestimmte Halteschwelle, so schaltet der Netzabkoppler die Außenleiter ab. Eine vom Netzabkoppler angelegte Fühlergleichspannung überwacht den Stromkreis. Durch Zuschalten eines Betriebsmittels wird durch die Fühlerspannung ein Pilotstrom erzeugt und der Netzabkoppler stellt die Außenleiterverbindung wieder her. Grundlasten können den Einschaltstrom des Pilotstromes vergrößern, um eine sichere Aufhebung der Netzabkopplung zu gewährleisten.

Die Fühlerspannung beträgt je nach Typ DC 4 V bis 24 V oder DC 230 V.

Netzabkoppler reduzieren neben dem E-Feld zusätzlich das H-Feld.

Eine sichere Trennung der Betriebsmittelstromkreise gemäß DIN VDE 0100 erfolgt durch Netzabkoppler nicht.

Unabhängig vom Netzkoppler schaltbare Steckdosen bieten eine elektrische Anschlussmöglichkeit ohne die Netzabkopplung zu deaktivieren, z.B. um eine Leuchte für die Krankenwache zu betreiben. Die Zuleitung ist als geschirmte Stichleitung aus benachbarten Räumen, z.B. WC, durchzuführen. Als Markierung wird eine farbige Abdeckung gewählt. Aus Gründen der Sicherheit wählt man eine gemeinsame Überstrom-Schutzeinrichtung.

---

**Netzabkoppler**

Netzabkoppler mit DC 230 V Überwachungsspannung bieten zwei Vorteile:

- Ein zweipoliger Spannungsprüfer zeigt auch im abgeschalteten Zustand die Spannung an.
- Glimmlampen in Lichtschaltern oder Baby-Nachtlichter funktionieren weiter.

Eine spezielle Systemkontrollleuchte, die in eine Steckdose gesteckt wird, dient der Funktionskontrolle, da sie nur unter Netzspannung AC 230 V leuchtet.

- Bemessungsspannung 230 V bis 400 V,
- Bemessungsstrom 16 A,
- Überwachungsspannung DC 230 V (bis 8 mA),
- Tragschienenmontage 35 mm für den Einbau im Haussicherungskasten,
- verpolungssicher,
- überspannungsfest,
- Lastarten: alle Lasten, auch elektronische Trafos (Halogenlampen), Leuchtstoffröhren, Energiesparlampen, Dimmer, elektronische Staubsauger.

www.gigahertz-solutions.de

## Installationshinweise bei der Bioinstallation

| Anlagenteil | Vorgabe | Bemerkungen |
| --- | --- | --- |
| Netzsystem | Der Versorgungsnetzbetreiber gibt in der Regel das Netzsystem, meist TN, vor, welches nicht verändert werden darf. | Der Einsatz des TT-Systems, bei dem kein Ausgleichstrom über den PEN fließen kann, ist deshalb oft nicht möglich. |
| Fundamenterder | DIN 18014 schreibt die Verlegung des Fundamenterders als Ring vor. | Der Fundamenterder ist als Ring zu verlegen, obwohl dadurch eine Induktionsschleife entstehen kann. |
| Zählerschrank | DIN 57603/VDE 0603 schreibt als Schutz bei indirektem Berühren die Schutzklasse II vor, also ohne Schutzleiteranschluss. | Die Zählernische zusätzlich mit Abschirmputz oder leitfähigen beschichteten Gipskartonplatten auskleiden und erden. |

# Gebäudeleittechnik und Gebäudesystemtechnik
## Control engineering and system engineering for buildings

| Prinzipbild, Benennung | Erklärung | Bemerkungen, Daten |
|---|---|---|

## Gebäudeleittechnik

Leitzentrale

Automatisierungsebene

Bus-Leitung

Unterstationen USt

Verbrauchsmittel

Prozessebene

**Anlage mit Gebäudeleittechnik**

Bei der Gebäudeleittechnik befindet sich ein Leitrechner in einer Zentrale, an die über einen Bus Unterstationen mit weiteren Computern angeschlossen sind.
Der Leitrechner überwacht und steuert die Automatisierungsebene. Die Computer der Automatisierungsebene überwachen und steuern die Verbrauchsmittel.
Der Leitrechner kann mit den anderen Computern über eine Busleitung, z.B. eine Koaxialleitung oder eine Glasfaserleitung, verbunden sein. Bei neuen Anlagen speist jeder Computer einen Switch (von to switch = schalten), an den sternförmig über vieradrige STP bzw. UTP die Unterstationen bzw. Verbrauchsmittel oder aber weitere Switches angeschlossen sind.

Bei neuen Anlagen haben die Switches eine zentrale Bedeutung. Sie werden eingangsseitig an Glasfaserleitungen oder an Koaxialleitungen angeschlossen. Ein Switch kann z.B. acht Ausgänge haben und zwar für STP bzw. UTP oder für Glasfaserleitungen oder für Koaxialleitungen. Je nach Leistungsfähigkeit reichen die Preise für einen Switch von etwa 40 € bis zu 1000 €.
Das Netz der Gebäudeleittechnik ist ein LAN, z.B. ein Ethernet-Netz. Die Rechner der Automatisierungsebene und der Prozessebene können Aufgaben dieser Ebenen oft selbstständig lösen.

**EI**

## Gebäudesystemtechnik

Sensor    Aktor
230 V
BA
Bus

**EIB (European Installation Bus)**

Bei der Gebäudesystemtechnik sind die Sensoren, z.B. Taster, und die Aktoren, z.B. Schütze, mittels Mikrocontrollern so intelligent, dass kein Leitrechner erforderlich ist. Beim EIB gelangen die Steuersignale vom Sensor über eine Busleitung zum Aktor mit SELV von DC 20 V bis 30 V. EIB wird auch als KNX/EIB bezeichnet. KNX von Konnex Association.

Der Busankoppler BA enthält den Mikrocontroller und eine Eingangsschaltung. Der Bus ist an eine Stromversorgungseinheit, meit an REG (Reiheneinbaugerät) angeschlossen. Die Stromversorgung der BA erfolgt über eine vieradrige Busleitung, von der aber für EIB-Anlage nur zwei Adern verwendet werden (siehe folgende Seiten).

230 V

**LCN (Local Control Network)**

Bei LCN wird die 230-V-Leitung, die aber eine zusätzliche Ader haben muss, gleichzeitig als Busleitung verwendet. Dabei erfolgt der Datentransport über die zusätzliche Datenader und den Neutralleiter. Alle Module (Sensoren und Aktoren) besitzen für den Mikrocontroller eine eigene Stromversorgungseinheit.

An ein Universal-Schaltmodul können eine Verbrauchsmittel, z.B. eine Lampengruppe, und mehrere Befehlsgeräte, z.B. Taster, angeschlossen werden. Bis zu 250 Module können über die drei Anschlüsse Außenleiter, Neutralleiter und Datenleiter zu einem Segment vebunden werden.

Sensor
230 V

**Powernet-EIB**

Beim Powernet-EIB erfolgt die Signalübertragung von den Sensoren zu den Aktoren über das 230-V-Netz, ebenfalls die Stromversorgung der Mikrocontroller über eigene Netzteile. Vom Steuerteil der Sensoren und Aktoren wird die Wechselspannung des 230 V Netzes durch Bandsperren fern gehalten.

Die Signalübertragung vom Sensor zum Aktor erfolgt durch ein spezielles FSK-Verfahren (Frequenzumtastung). Nicht möglich ist Powernet-EIB bei Sicherheitsanwendungen, z.B. in Krankenhäusern, und in Netzen mit geringer Frequenzkonstanz oder Spannungskonstanz sowie zur Signalübertragung zwischen verschiedenen Abnehmeranlagen.

Sender
230 V

**Funk Bus**

Beim so genannten Funk-Bus ist jeder Aktor nur an das 230-V-Netz angeschlossen, welches auch die Stromversorgung für den Mikrocontroller sicherstellt. Die Steuersignale erhält der Aktor über z.B. von einem Handsender, der für seine Stromversorgung eine Batterie enthält (Seite 150).

Eine spezielle Codierung der Steuersignale soll eine Beeinflussung durch andere Signale des 230-V-Netzes, z.B. Rundsteueranlagen, verhindern. Trotzdem sollte diese Art der Gebäudesystemtechnik nicht bei Sicherheitsanlagen verwendet werden.

# Linien und Bereiche beim Europäischen Installationsbus EIB
## Lines and areas of European installation bus EIB

| Netzform, Schaltung | Erklärung |
|---|---|

**Linie beim EIB** — **EIB-Leitungslängen bei einer Linie**

Die Linie ist Grundeinheit einer EIB-Anlage (**Bild**).
Spannungsversorgung: Meist ein Netzgerät (Spannungsversorgungseinheit) je Linie, bei Bedarf auch zwei Netzgeräte.
Teilnehmer: Sensoren und Aktoren.
Teilnehmerzahl je Linie: Maximal 64 (bei Neuanlage nur 50 wegen Erweiterungsmöglichkeit ansetzen).
Leitungslänge: ≤ 1000 m für die gesamte Linie (**Bild**). Zwischen zwei Teilnehmern ≤ 700 m. Zwischen Teilnehmern und Netzgerät ≤ 350 m. Zwischen zwei Netzgeräten derselben Linie ≥ 200 m.
Der EIB wird auch als KNX/EIB bezeichnet (KNX von Konnex Association). KNX ist Standard für weitere Systeme, z.B. EHS (European Home System).

**Verbindung von Linien zu Bereichen**

Über Koppler und Hauptlinie können bis 15 Linien zu einem Bereich verbunden werden (**Bild**). Spannungsversorgung der Koppler: Eigenes Netzgerät der Hauptlinie.
Teilnehmeranzahl eines Bereichs: ≤ 15 · 64 = 960 Sensoren oder Aktoren. Die Grenze von 64 Teilnehmern je Linie ist einzuhalten. Bei Neuanlagen wegen Erweiterungsmöglichkeit nur ≤ 15 · 50 = 750 ansetzen.
Kopplerbezeichnung: Linienkoppler.

**Verbindung der Bereiche bei einer Großanlage**

Mittels Koppler und Bereichslinie können bis 15 Bereiche zusammengefasst werden (**Bild**).
Spannungsversorgung der Koppler: Eigenes Netzgerät der Bereichslinie.
Teilnehmeranzahl: ≤ 64 · 15 · 15 = 14 400 Sensoren oder Aktoren. Bei Neuanlagen sollten nur 50 Teilnehmer je Linie wegen der Erweiterungsmöglichkeit angesetzt werden.
Kopplerbezeichnung: Bereichskoppler (es handelt sich um dasselbe Gerät wie beim Linienkoppler).
Aufgabe der Koppler: Verbindung der Linien bzw. der Bereiche und je nach Parametrierung der Koppler Filterung der Signale (Weiterleiten oder Sperren).

BA Busankoppler, BK Bereichskoppler, EIB Europäischer Installationsbus, KNX von Konnex Association, LK Linienkoppler, NG Netzgerät (Spannungsversorgungseinheit), TLN Teilnehmer (Sensor oder Aktor).

# Systemkomponenten zum EIB  System components for EIB

| Ansicht | Aufgabe | Daten |
|---|---|---|
| <br>**Basisgeräte zum EIB** | **Netzgerät**<br>Bereitstellung von SELV<br>DC 28 V + 2 V<br><br>**Drossel**<br>Sperren des Netzgerätes für die Wechselspannung der Bus-signale.<br><br>**Datenschienenverbinder**<br>Verbindung Datenschiene zur Busleitung oder zu weiterer Datenschiene. | **Netzgerät**<br>AC 230 V, 23 VA<br>Bemessungsstrom DC 320 mA oder 640 mA<br>Kurzschluss-Strom ≤ 1,5 A<br><br>**Drossel**<br>DC 24 V, 500 mA<br>Kurzschluss-Strom ≤ 1,5 A<br><br>**Datenschienenverbinder (DSV)**<br>DSV 2fach: nur für EIB-Bus,<br>DSV 4fach: zusätzlich zum Netzgerät. |
| <br>**Beispiel einer Datenschiene** | 1. Versorgung der REG (Reihen-einbaugeräte) mit Betriebs-spannung über die beiden inneren Leiter.<br>2. Anschluss an den EIB über den Datenschienenverbinder.<br>Es gibt Basisgerätsysteme ohne äußere Datenschiene. | Längen: 214 mm, 243 mm, 277 mm<br>DC 28 V + 2 V<br>Datenschienen ohne Netzgerät haben bei Anschluss über 2-fachen Datenschienenverbinder nur Spannung an den beiden inneren Leitern. |
| <br>**Busleitung** | 1. Übertragung der Betriebs-spannung für die Teilnehmer.<br>2. Übertragung der Signale zwischen den Teilnehmern. | IY (ST) Y 2 x 2 x 0,8<br>oder YCYM Y 2 x 2 x 0,8<br>rote Ader + EIB,<br>schwarze Ader – EIB.<br>Weitere 2 Adern zur sonstigen Verwendung. |
| <br>**Anschluss- und Abzweigklemme** | Verbindungsklemme zwischen Busleitungen und zwischen Busleitung und Busankoppler oder Einbaugerät.<br>Roter Teil für rote Ader, schwar-zer Teil für schwarze Ader. | Je 4 Steckklemmen bis ⌀ 0,8 mm. |
| <br>**Datenschnittstelle, z. B. V.24** | Stellt Verbindung zwischen EIB und PC, z.B. Laptop (tragbarer Kleincomputer) her. Wird ge-braucht zur Programmierung, Parametrierung, Adressierung und Diagnose der EIB-Geräte. Enthält Busankoppler. | Anschluss über V.24-Schnitt-stelle, USB-Schnittstelle oder TCP/IP-Schnittstelle (RJ-45-Ste-cker).<br>REG (Reiheneinbaugerät) zum Aufschnappen auf Hutschiene.<br>Von DC 20 V bis DC 30 V (je nach Entfernung vom Netzgerät), ≤ 150 mW.<br>Eine andere Ausführung ist ein Unterputzgerät. |
| <br>**Busankoppler UP** (Unter Putz) | Stellt Verbindung zwischen EIB und Anwendungsmodul (End-gerät) her.<br>Anwendungsmodul kann Sen-sor oder Aktor sein.<br>Mit Hilfe der Programmiertaste wird die physikalische Adresse übernommen. | Von DC 20 V bis DC 30 V (je nach Entfernung vom Netzgerät).<br>Anschluss über Anschluss- und Abzweigklemme.<br>Eingang von DC 20 V bis DC 30 V.<br>Ausgang DC 5 V + 0,4 V,<br>DC 24 V ( + 6 V/ –4 V),<br>≤ 50 mW. |

# Spezielle Aktoren und Systemgeräte für den EIB
## Special actors and system equipments for EIB

EI

| Ansicht, Schaltung | Erklärung | Daten, Bemerkungen |
|---|---|---|
| **Schaltaktor UP** **BA UP** | Der Schaltaktor und ein Busankoppler BA UP (UP von unter Putz) werden nebeneinander in zwei Schalterdosen montiert. Der Schaltaktor empfängt über den BA Telegramme und schaltet mit seinem Relais zwei Lasten unabhängig voneinander. | Versorgung über EIB: DC 20 V bis 30 V, max. 150 mW. Anschluss: über Flachbandleitung an AST des BA. Versorgung über Netz: AC 24 V bis 250 V. 2 Ausgänge mit Schließern, 6 A, Federsteckklemmen 1,5 mm², Schaltleistung 1000 W Glühlampen. |
| **Dimmaktor EB** | Der Dimmaktor empfängt Telegramme über den EIB und schaltet oder dimmt den Ausgang. Für NV-Halogenlampen sind elektronische Transformatoren, z.B. TRONIC-Transformatoren, erforderlich, für Leuchtstofflampen elektronische Vorschaltgeräte EVG. Erweiterbar mit TRONIC-EB-Leistungszusatz (EB von Einbaugerät). | Versorgung über EIB: DC 20 V bis 30 V, max. 150 mW. Anschluss: EIB-Busklemme. Versorgung über Netz: AC 230 V, Verlustleistung < 4 W. Anschluss: Klemmleiste 2,5 mm². Bemessungsstrom 0,91 A, Schaltleistung 210 W, Glühlampen oder NV-Halogenlampen mit TRONIC-Trafo. |
| **Jalousieaktor EB** | Der Jalousieaktor empfängt Telegramme über den EIB und schaltet dementsprechend einen Jalousiemotor, z.B. einen Drehstrommotor in Steinmetzschaltung. Ein Jalousieaktor ohne Elektronik darf nur *einen* Jalousiemotor ansteuern. Es gibt aber elektronische Jalousieaktoren für die Ansteuerung bis zu vier Jalousiemotoren. Die Ansteuerung des Jalousieaktors erfolgt z.B. mit Sensortaster. | Versorgung über EIB: DC 20 V bis 30 V, max. 150 mW. Anschluss: EIB-Busklemme. Versorgung über Netz: AC 230 V, 10 A, Verlustleistung etwa 2,5 VA und < 1 W. Anschluss: Steckklemme 2,5 mm². Schalter: Wechsler, Schaltleistung max. 1000 VA für AC-Jalousiemotor. |
| **Verknüpfungsgerät (Kontroller)** | Das Verknüpfungsgerät empfängt digitale Signale in Telegrammform über den EIB, wertet diese entsprechend der programmierten logischen Verknüpfung (AND, NAND, OR, NOR, XOR, XNOR) aus und sendet das Ergebnis über den EIB weiter. | Versorgung über EIB: DC 24 V bis 30 V, typ. 150 mW. Anschluss über Datenschiene. Befestigung durch Aufschnappen auf eine Hutschiene. Je nach Applikation sind Verknüpfungen mit 1, 2, 3 oder 4 binären Elementen möglich. |
| **Linien-/Bereichskoppler** | Der Linien- und Bereichskoppler verbindet als Linienkoppler jede der maximal 15 Linien mit der Hauptlinie oder als Bereichskoppler jeden der maximal 15 Bereiche mit der Bereichslinie. Für jede Linie ist eine eigene Spannungsversorgungseinheit erforderlich. | Versorgung über EIB: DC 20 V bis 30 V, untergeordnete Linie 200 mW, übergeordnete Linie 15 mW. Anschluss untergeordnete Linie über Datenschiene, übergeordnete mit Steckklemme 0,8 mm². Je nach Parametereinstellung werden Telegramme weitergeleitet, gesperrt oder durch eine Filtertabelle ausgewählt. |

AC Wechselstrom, AST Anwenderschnittstelle, BA Busankoppler, DC Gleichstrom, EB Einbaugerät, EIB Europäischer Installationsbus, LED Licht emittierende Diode, HV Hochvolt (Niederspannung AC 230 V), NV Niedervolt (Kleinspannung), REG Reihenbaugerät, UP Unterputz.

| Ansicht | Erklärung | Daten, Bemerkungen |
|---|---|---|
| <br>Bus-ankoppler BA<br>Anwendungs-modul AM<br>EIB<br>Anwendungsschnittstelle (AST)<br>**Aufbau der Sensortaster ST**<br><br>**ST einfach**   **ST vierfach** | Der Sensortaster ST entsteht durch Aufstecken des AM auf den BA. Je nach AM gibt es 1fach-, 2fach- und 4fach-Sensortaster. Jedes Element besteht aus zwei Schaltwippen und ermöglicht zwei Schaltvorgänge, z.B. oben EIN, unten AUS. Bei jeder Tastenbetätigung wird ein Telegramm gesendet. Das können Telegramme zum Schalten, Dimmen, Ansteuern von Jalousieaktoren und zum Abrufen oder Abspeichern von Lichtszenen (Beleuchtungseinstellungen) sein. | Versorgung über EIB mit DC 20 V bis 30 V, max. 150 mW, Anschluss an BA mit 2 x 5-poliger Stiftleiste.<br><br>Befestigung durch Aufschnappen an BA.<br><br>LED grün Betriebsanzeige, LED rot Funktionsanzeige, z.B. Statusanzeige (Zustandsanzeige). Adressen und Zuordnungen meist je bis 10.<br><br>Der ST steuert einen Aktor, z.B. Schaltaktor, mit einem Telegramm an. Dieser quittiert den richtigen Eingang. Dadurch leuchtet die Funktionsanzeige auf. |
| <br>D  C  B  A  +  −<br>**Tasterschnittstelle** | Dieser Binärsensor erkennt an seinen vier unabhängigen Eingängen Signale von potenzialfreien Kontakten, die mit der EIB-Spannung versorgt werden. Die freien Kontakte werden zyklisch (aufeinander folgend) durch Spannungsimpulse abgefragt. | Versorgung über EIB mit DC von 20 V bis 30 V, Aufnahme 108 mW, 4,5 mA.<br>Signalspannung: Impulse mit 20 V, Dauer 1 ms, alle 8 ms. Signalstrom je Kanal 1 mA. Eingangsleitung von 280 mm darf nicht verlängert werden.<br><br>Je nach Parametrierung werden steigende oder fallende Flanken des Signals verarbeitet. |
| <br>L<br>N<br>C A N<br>B D N<br>z.B. IR-Wächter<br>**Binäreingang vierfach als REG** | Der Binäreingang (Binärsensor) setzt Flanken von Schaltsignalen mit Spannungen von AC 230 V in EIB-Telegramme um. Das Gerät dient zum Anschluss konventioneller Schalter, die eine Spannung von AC 230 V steuern. Es können verschiedene Außenleiter angeschlossen werden. Der BA ist Bestandteil des Gerätes. | Versorgung über EIB mit DC von 20 V bis 30 V, typisch 150 mW, Anschluss über Datenschiene.<br><br>4 Signaleingänge mit 0-Signal von AC 0 V bis 100 V und 1-Signal von AC 198 V bis 253 V.<br><br>Signalstrom etwa 4 mA im Dauerbetrieb.<br><br>Anschluss der Schalterleiter mit Steckklemmen. |
| <br>BA-Modul<br>**Schaltuhren (Zeitsensoren)** | Beim Erreichen einer der eingegebenen Schaltzeiten oder durch Tastendruck wird ein Telegramm auf den EIB gesendet. Die Schaltuhren werden über seitliche Steckanschlüsse mit einem BA-Modul verbunden. An das BA-Modul können bis 4 Kanäle angeschlossen werden. | Versorgung über EIB mit DC von 20 V bis 30 V, typisch 150 mW, Anschluss über 2 x 5-poligen Steckanschluss des BA-Moduls.<br><br>Bei 1-Kanal-Uhr bis je 8 Einschaltzeiten und Ausschaltzeiten, bei 4-Kanal-Uhr bis je 332 Einschaltzeiten und Ausschaltzeiten.<br><br>Gangreserve 150 Stunden. |
| <br>rote LED   Programmiertaste<br>IR-Empfänger<br>**IR-Schaltsensor** | Der IR-Schaltsensor gibt je nach geladener Software beim Empfang eines IR-Signals von einem IR-Handsender oder einem IR-Wandsender ein Telegramm auf den EIB ab zum Schalten, Dimmen, Jalousieansteuern oder Abrufen einer Lichtszene. | Versorgung über EIB mit DC 20 V bis 30 V, max. 150 mW.<br><br>IR-Strahlung 950 nm, Übertragungsreichweite mit Handsender 12 m, mit Wandsender 10 m.<br><br>Batterien für Handsender z.B. 4 x Mikro 1,5 V, für Wandsender Block 9 V. |

AST Anwendungsschnittstelle, AM Anwendungsmodul (Endgerät), BA Busankoppler, EIB Europäischer Installationsbus, IR Infrarotstrahlung, REG Reiheneinbaugerät, ST Sensortaster (Tastsensor), UP Unterputzgerät.

EI

| Ansicht, Schaltung | Erklärung | Daten, Bemerkungen |
|---|---|---|
| **Schaltaktor EB** | Der Schaltaktor empfängt Telegramme über den EIB und schaltet mit zwei potenzialfreien Schließern die Last. Die Ausgänge können einschaltverzögert und ausschaltverzögert werden. Anschluss über Busklemme an den EIB. | Ausgang: AC 230 V, 10 A, Verlustleistung < 1 W, Anschluss Klemmleiste 4 x 2,4 mm², Schaltleistung 2000 W Glühlampen, 1000 VA Leuchtstofflampen unkompensiert, 500 VA NV-Halogenlampen. |
| **Schaltaktor REG** | Der Schaltaktor empfängt Telegramme über den EIB und schaltet mit vier voneinander unabhängigen, potenzialfreien Kontakten die Lasten. Jeder Ausgang kann als Öffner oder Schließer arbeiten. Die Ausgänge können auch über einen Kontroller zwangsgeführt werden, z. B. zum Lastabwurf. | Versorgung über EIB: DC von 20 V bis 30 V, max. 150 mW. Anschluss über Datenschiene. Ausgang: AC 230 V (90 V bis 264 V), 6 A (mindestens 10 mA), Anschluss mit Steckklemmen bis 2,5 mm². Schaltleistung 1000 W Glühlampen, 500 W Leuchtstofflampen unkompensiert, 1000 W in Duoschaltung. |
| **Schaltaktor REG** | Der Schaltaktor empfängt Telegramme über die Datenschiene des EIB und schaltet über vier potenzialfreie Wechsler die Lasten. LED rot Programmier-LED, LED grün Betriebsanzeige, 4 LED gelb Statusanzeigen. | Versorgung über EIB: DC 20 V bis 30 V, typ. 150 mW. Versorgung über Netz: AC 230 V (+ 6 % – 10 %), 50 Hz, etwa 2 VA. Anschluss Buchsenklemmen 2,5 mm². Ausgang: bis 4 Wechsler, AC 230 V, 10 A. Schaltleistung: 1500 W Glühlampen, 20 x 58 W unkompensierte Leuchtstofflampen. |
| **Schaltaktormodul mit BA-Modul** | Das Schaltaktormodul muss mit einem BA-REG betrieben werden. Es empfängt über die Datenschiene Telegramme und schaltet unabhängig voneinander über potenzialfreie Relais zwei Lasten, z. B. Motoren. Ein weiteres Aktormodul kann angeschlossen werden. | Versorgung über EIB: DC 20 V bis 30 V, typ. 150 mW. Anschluss über AST. Versorgung über Netz: AC 230 V (+ 6 % – 10 %), 50 Hz, 10 A, etwa 2,5 VA. 2 Ausgänge mit potenzialfreien Schließern. Schaltleistung 2300 W Glühlampen, 900 W Leuchtstofflampen unkompensiert, 1500 W Leuchtstofflampen-Duoschaltung, 500 VA NV-Halogen. |
| **Mehrfachschaltaktor AP** | Der Schaltaktor empfängt Telegramme vom EIB über die Busanschlussklemme und seinen BA und schaltet über zwei Schaltausgänge und einen Jalousiemotor-Ausgang die Lasten mit AC 230 V. Die Aufteilung auf drei Außenleiter ist dabei möglich. | Versorgung über EIB: DC 20 V bis 30 V, max. 150 mW. Anschluss: Besonderer Steckverbinder. Versorgung über Netz: AC 230 V oder 3 AC 400 V, 50 Hz bis 60 Hz. Anschluss: Besonderer Steckverbinder. Ausgang: 2 Schließer, 1 Jalousieausgang, AC 230 V, 6 A. Schaltleistung: 1000 W Glühlampen, 500 W Leuchtstofflampen unkompensiert. |

AC Wechselstrom, AP Aufputz, AST Anwendungsschnittstelle, BA Busankoppler, DC Gleichstrom, EB Einbaugerät, EIB Europäischer Installationsbus, LED Licht emittierende Diode, NV Niedervolt (Niederspannung), REG Reiheneinbaugerät.

# Projektierung und Inbetriebnahme beim EIB
## Projection and start-up of EIB

| Vorgang | Erklärung | Bemerkung, Beispiele |
|---|---|---|
| ETS auf den PC installieren (sofern noch nicht geschehen) | ETS (von EIB-Tool-Software) der KNX/EIBA (Konnex/EIB-Association). Lieferung erfolgt je nach Version auf CD-ROM oder DVD. Die Installation erfolgt menügeführt. ETS gilt für alle von EIBA zertifizierten Geräte, ist also unabhängig vom Hersteller, sofern dieser von EIBA zugelassen ist. | Empfohlene Plattform (Systemteile) für ETS3: Pentium-PC 1 GHz, 256 MB RAM, Festplatte 3 GB, MS Windows 98/ME/NT4/XP, Monitor und Grafikkarte mit Auflösung 1024 x 768, sowie RS 232, USB, IP-Schnittstelle. |
| Einlesen der Produktdaten in die ETS-Produktdatenbank | Die Produktdaten werden von den Geräteherstellern als CD-ROM geliefert oder sind direkt aus dem Internet ladbar. Von den Produktdaten werden die erforderlichen Teile in die ETS-Produktdatenbank übernommen (importiert). Das Importieren erfolgt aus dem ETS-Menü „Datei" → „Import" menügeführt. Danach können die Geräte parametriert („programmiert") werden. | Es können nur von EIBA zertifizierte Geräte in die Produktdatenbank übernommen werden. Diese Busteilnehmer (Geräte) sind hauptsächlich Aktoren und Sensoren. Aktoren sind z.B. die Leistungsschalter zum Steuern der Verbrauchsmittel, Sensoren sind beim EIB die Steuerschalter. |
| Programmieren der Busteilnehmer | Beim EIB bezieht sich „Programmieren" immer auf die Busteilnehmer. Man versteht darunter insbesondere das Laden von Daten in die Busteilnehmer. | Der Ablauf des Programmierens wird nachfolgend beschrieben. Zuerst erfolgt die Projektierung und danach die Inbetriebnahme. |
| Linien festlegen (Topologie) | Je nach Anlagenumfang Zahl und Art der Linien festlegen. | Zusätzlich zur Linienstruktur kann auch eine Gebäudestruktur mit den Elementen *Gebäude, Gebäudeteil* und *Raum* festgelegt werden. |
| Auswahl der Geräte | Für das aktuelle Projekt werden nur die erforderlichen Busteilnehmer aus der ETS-Produktdatenbank ausgewählt. | Die Auswahl erfolgt menügeführt durch ETS. |
| Auswahl der Applikationen | Für die Busteilnehmer gibt es meist mehrere Applikationen (Anwendungen). Bei einem Sensortaster z.B. Schalten oder Dimmen, bei einem Schaltaktor z.B. Wirkung als Schalter oder Zeitschalter. | Die Auswahl der Applikation (Anwendung) des Busteilnehmers erfolgt menügeführt durch die ETS. |
| Parametrierung | Die Parameter legen das Anwendungsprogramm fest, z.B. die Abschaltverzögerung bei Schaltaktoren. | Die Parameter legen auch das Verhalten der Aktoren bei Busspannungsausfall und Rückkehr der Betriebsspannung fest. |
| Zuordnen der physikalischen Adresse | Jeder Busteilnehmer erhält eine physikalische Adresse, die unverändert bleibt. | Nummerierung aller Busteilnehmer, z.B. nach Geschoss, Raum und Stelle möglich, z.B. 1.1.1, 1.1.2…1.2.1…3.2.5. |
| Zuordnen der Gruppenadresse | Adresse, mit der mehrere Busteilnehmer durch dasselbe Telegramm angesprochen werden. Z.B. erhalten mehrere Sensoren, die denselben Aktor ansteuern, dieselbe Gruppenadresse wie der Aktor. | Die Zuteilung erfolgt menügeführt durch die ETS, z.B. zu 0/1, 0/2 … oder 0/1/0, 0/1/1 … |
| Exportieren der Daten | Die projektierten Daten können z.B. auf CD-ROM gespeichert und zu einem anderen Computer verbracht (exportiert) werden. | Das Exportieren ist erforderlich, wenn die Projektierung im Büro erfolgt, die Inbetriebnahme aber bei schon eingebauten Geräten. |
| Inbetriebnahme | Im Inbetriebnahmeprogramm werden die projektierten Daten in die Busteilnehmer geladen. Bei an den EIB angeschlossenen Busteilnehmern wird menügeführt das Anwendungsprogramm in den betreffenden Busteilnehmer geladen. Dazu muss die Programmiertaste des Busteilnehmers gedrückt werden. | Der Anschluss des Computers mit den projektierten Daten an den EIB erfolgt über die Datenschnittstellen RS 232, USB oder TCP/IP. Bei kleinen Projekten kann auch die Projektierung im Inbetriebnahmeprogramm erfolgen. |
| Dokumentation | Änderungen oder Erweiterungen einer EIB-Anlage sind nur möglich, wenn die Programmierung der Busteilnehmer einwandfrei dokumentiert ist. | Zur Dokumentation gehören die Disketten, DVDs oder CD-ROMs mit allen Änderungen der jeweiligen Anlage. Außerdem sollten Pläne und sonstige Ausdrucke vorhanden sein. |

**EI**

| Schaltung, Netzform | Erklärung |
|---|---|

## Logische Struktur

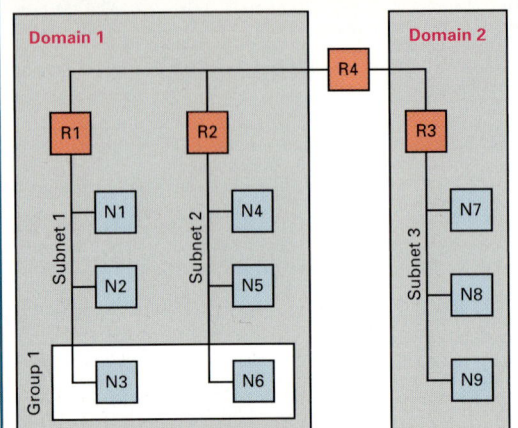

Das LON-Netzwerk ist in maximal $2^{48}$ Domains (Bereiche) gliederbar, die über Router R1, R2, R3... (Wegfinder) miteinander kommunizieren können. Jede Domain (Bereich) besteht aus maximal 255 Subnets (Teilnetze), die über Router Telegramme austauschen können. Die kleinste Einheit innerhalb eines Subnets bilden die Nodes N1, N2, N3... (Knoten = Busteilnehmer), maximal 127 je Subnet.

Die zusätzliche Bildung von maximal 256 Groups (Gruppen) innerhalb einer Domain ermöglicht eine flexible Adressierung. Jede Group kann maximal 64 Nodes enthalten. Ein Node darf maximal 15 verschiedenen Groups angehören. Daneben gibt es die Neuron-ID, eine eindeutige, nicht veränderbare Identifikationsnummer von 6 Bytes, die $2^{48}$ physikalische Adressen ermöglicht.

## Physikalische Struktur

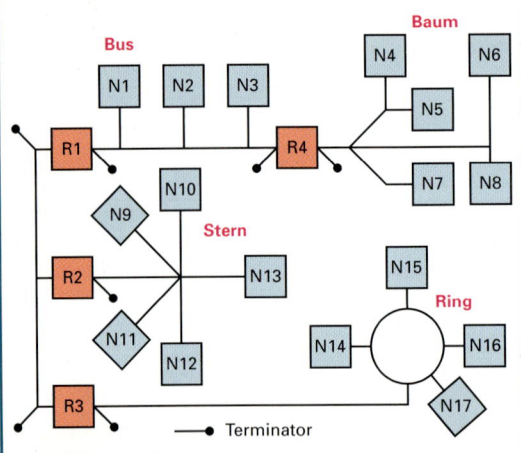

LonWorks ermöglicht die Verlegung der Busleitung als Stern, Ring, Baum und Bus (linienförmige Leitungsführung). Um Reflexionen des Datensignals im Übertragungsmedium (Channel) zu verhindern, ist eine Terminierung (Abschluss) mit einem passiven Schaltkreis notwendig.

Für die Bustopologie sind zwei Terminierungen am Ende einzubauen, bei den anderen Strukturen jeweils nur eine Terminierung.

Die herstellerunabhängige Kommunikation (Interoperabilität) der Nodes erfolgt ereignisgesteuert nach dem LonTalk Protokoll meist durch Standard-Netzwerk-Variablen (SNV). Die LonMark-Interoperability-Association vergibt für interoperable (zur Zusammenarbeit fähige) Produkte das LonMark-Logo.

## Übertragungsmedien (Channel)

| Art | Erklärung | Bemerkungen, Daten |
|---|---|---|
| • Twisted-Pair-Leitung TP (verdrillte Leitung)<br>• Power-Line PL (230-V-Netzleitung)<br>• Radio Frequency RF (Funkverbindung)<br>• Koaxialleitung<br>• Fiber Optic (Lichtwellenleiter LWL) | Die Übertragungsmedien können gemischt werden. Dabei ist die Anzahl der Nodes, die Bitrate und die Netzwerkausdehnung abhängig vom Medium und dem Transceiver (Sende-Empfänger). | Standardübertragungsraten bei TP 78 kbit/s und 1,25 Mbit/s. Standardübertragungsraten bei PL 5 kbit/s Maximale Leitungslänge bei TP: In Bustopologie bis zu 2700 m und in freier Topologie bis zu 500 m. |

N Node, LON (manchmal auch Lon geschrieben) Local Operating Network, R Router, TP Twisted-Pair.

EI

| Baugruppen | Erklärung, Aufgabe | Bemerkungen, Daten |
|---|---|---|
| LON-Talk-Adapter | Der LON-Talk-Adapter verbindet den PC mit den LON-Works-Netzwerken. www.svea.de, www.hueppe.form.de www.gesytec.de | PCI-Karte (PCI von Peripheral Component Interconnect = Verbindung zwischen Peripheriekomponenten) 32 Bit Integrierter TP/FT-10-Transceiver (TP von Twisted Pair, FT von Free-Topologie, transceiver = Sende-Empfänger). www.lonmark.org www.echelon.com, www.lno.de |
| • Service • Versorgung • Paketerkennung LON-Router RTR-22 | Der Router dient zur physikalischen Trennung und logischen Verbindung zweier Bussegmente sowie zur Signalverstärkung und Signalregenerierung in LonWorks-TP/FT-Netzwerken. Der Router kann in den Betriebsarten Repeater, konfigurierbarer Repeater und selbstlernender Router betrieben werden. | Transceivertyp Seite A und Seite B: LON-FTT-10 und FTT-10A (FTT von Free-Topologie-Transceiver). Service-LED (rot): • AN: Fehler im Netzzugriff. • BLINKT: Modul unkonfiguriert. LED Versorgung (grün): • Betriebsspannung vorhanden und Modul konfiguriert. LED Paketerkennung (gelb): • AN: Daten werden übertragen. |
| Busankoppler Anwendungsmodul AM LON Anwenderschnittstelle (AST) LON-Busankoppler UP | Basismodul für LON-Geräte UP (Unterputz) und Schnittstelle zwischen EIB-kompatiblen Anwendungsmodulen von Berker, Gira, Merten, Siemens und Eljo und dem LON-Netzwerk. | LON-LPT-10 (LPT von Link-Power-Transceiver). Servicetaster zum Senden der Neuron-ID. Service-LED (rot): • AN: Fehler im Netzwerkzugriff. • BLINKT: Modul unkonfiguriert. Einbau in Unterputzdosen von 60 mm durch Schraubenbefestigung. |
| LON RUN Status ●1 ●2 ●3 ●4 Service E1 E2 E3 E4 N AC/DC 24 V LON-I/O-Modul REG-M | Das LON-Modul hat vier Eingänge zum Anschluss von konventionellen Geräten mit einer Ausgangsspannung von 24 V. Als Applikationen (Anwendungen) stehen Lichtsteuerung, Sonnenschutzsteuerung und Präsenzmeldung zur Verfügung. | LON-LPT-10 (von Link-Power-Transceiver). Bemessungseingangsspannung: AC/DC 24 V. Leitungslänge maximal 100 m. RUN-LED (grün): • AN: Betriebsspannung vorhanden. Status-LED (1…4, gelb): • AN: Eingangsspannung 1-Signal • AUS: Sonstiger Zustand Service-LED (rot): • AN: Fehler im Netzwerkzugriff. • BLINKT: Modul unkonfiguriert. |
| LON RUN Status ●1 ●2 Service A B L1 N L2 N LON-I/O-Modul REG-M 2S | Das LON-Modul hat zwei Relaisausgänge zum unabhängigen Schalten von zwei Lastgruppen. Applikationen (Anwendungen) mit Zeitfunktionen, Prioritätssteuerung (Vorrangsteuerung) und einstellbarem Verhalten nach einem Busspannungsausfall. | LON-LPT-10 (von Link-Power-Transceiver). Bemessungsspannung AC 230 V, Bemessungsstrom 10 A, Schaltleistung: Glühlampen 2300 W, 230 V Halogenlampen 2000 W, NV-Halogenlampen bis 1500 W, Leuchtstofflampen bis 1500 W. Status-LED (1…2, gelb): • AN: Relaiskontakt betätigt. • AUS: Relaiskontakt nicht betätigt. RUN-LED und Service-LED wie bei LON-I/O-Modul REG-M. |

EI

| Merkmal, Art | Erklärung, Prinzip | Bemerkungen |
|---|---|---|
| Bezeichnung | Je nach Hersteller sind verschiedene Bezeichnungen gebräuchlich. | Funkbus (Berker), Funk-Management (Jung), Funkbussystem (Gira), FUNKSystem (Siemens) |
| Sender zur Einleitung des Steuervorgangs | \n\n**8-Kanal-Handsender**\n\nGruppen-LED, EIN-Taste, Kanal-Taste, Master-Taste, AUS-Taste, Gruppen-Taste, Lichtszenen-Taste | **Frequenz:** etwa 434 MHz, **Modulation:** Amplitudentastung ASK, Kanalunterscheidung durch verschiedene Bitmuster der ASK-Impulspakete, **Handsender:** 8 Kanäle oder 4 Kanäle, Stromversorgung durch Batterie, **Wandsender:** je nach Typ bis 8 Kanäle, Stromversorgung durch Batterie oder vom Netz, **Piezo-Sender:** 4 Kanäle oder 2 Kanäle, ohne Stromversorgung. Energie für Signale mit 868 MHz durch Fingerdruck auf Piezo-Bauelement. **Parametrierung** nur vom Hersteller durch fest eingegebenen Sendertyp und Seriennummer. |
| Schaltaktor mit Empfänger zum Steuern des Verbrauchsmittels, z.B. der Beleuchtung | \n\n**Funk-Schaltaktor für 2 Kanäle**\n\nGIRA Funk-Schaltaktor Mini 2 Kanal 424 00 | **Typen:** Einbaugeräte EG, Schalterdosengeräte UP, Reiheneinbaugerät REG. **Anschluss** an das 230-V-Netz, **Kanalzahl** 1 oder 2, **Aufgabe:** je nach Typ Schalten oder Dimmen, **Schaltleistung:** bei UP-Geräten z.B. Glühlampen 1000 W oder unkompensierte Leuchtstofflampen 500 W, bei EG-Geräten meist das Doppelte. **Nebenstellen:** mechanische Taster, **Parametrierung** durch Anwender. Aktor auf Lernmodus schalten (LED blinkt) und mit Sender den gewünschten Kanal einstellen, danach den Lernmodus abschalten. Informationen auch durch www.gira.de www.siemens.de |
| Einschränkung der Anwendung | Nicht für Zwecke geeignet, die der Sicherheit von Personen dienen, weil die Signalübertragung nicht so sicher ist wie die leitungsgebundene Übertragung. | Nicht ohne Weiteres geeignet für Notrufanlagen, NOT-AUS-Schaltung, NOT-HALT-Schaltung, Signalanlagen, Warnlampen. |
| Touch-Manager (Bedienmanager, System GAMMA wave) | \n\n**Touch-Manager (System wave) für 20 Sensorkanäle und 36 Aktorkanäle**\n\nHauptmenü, Türbild, Wohnung, Einstellen, eMail, Szene A, Szene B | **Zentrale Bedienstation** zur Steuerung von Funktionen, z.B. Beleuchtung, und zur Abfrage von Statusmeldungen, z.B. von Fenstern (offen oder geschlossen). Anschluss an den EIB ist möglich. Funktionen sind wie beim EIB parametrierbar. **Touch-Manager:** Touchscreen (Berührungsbildschirm) mit einem Kleincomputer. Das Steuern der Aktoren erfolgt durch Berühren der virtuellen (nur als Bild vorhandenen) Tasten. In Verbindung mit einem PC als Server kann der Touch-Manager wave auch die Kamerabilder vom Türeingang abbilden, Alarmmeldungen als E-Mails absenden, Informationen der Anlage weiterleiten. |
| Repeater (System GAMMA wave) | Hier ein Funk-Sender-Empfänger, z.B. für System GAMMA wave, zum Einbau in eine UP-Dose. | Empfangene Signale werden erneuert und verstärkt weitergesendet, sodass eine größere Reichweite möglich wird, z.B. in großen Gebäuden. |
| Einsatz Tür- und Fensterkontakt (System GAMMA wave) | Einsatz zum drahtlosen Melden von Öffnen eines Fensters oder einer Tür. | Das Auf- oder Abfahren einer Jalousie kann bei geöffnetem Fenster verhindert werden. Eine Alarmanlage könnte sonst darauf reagieren. |
| Einsatz Jalousiesteuerung | Unterputzgeräte zum Ansteuern von Rohrmotoren mit Endlagenschaltern. | Bemessungsspannung 230 V, Anschlussleistung 1 Motor mit 1 kVA. |

| Art der Schaltung | Übersichtsschaltplan | Stromlaufplan in halb zusammenhängender Darstellung |
|---|---|---|

## Funksender der Elektroinstallation als Wandsender

| | | |
|---|---|---|
| Funk-Schalt-sender UP (unter Putz) für zwei Kanäle, z.B. für Schalter-betrieb (Serien-schalter) | | |

## Funkaktoren bei der Elektroinstallation

**EI**

| | | |
|---|---|---|
| Funk-Schaltak-tor UP (unter Putz) für 2 Kanäle, z.B. Se-rienschal-tung | | |
| Funk-Schaltak-tor EB (Einbau-gerät) für 1 Kanal mit Neben-stelle | | |
| Funk-Universal-Dimmer EB (Ein-baugerät) mit Neben-stelle | | |

| Prinzipdarstellung | Erklärung |
|---|---|

EI

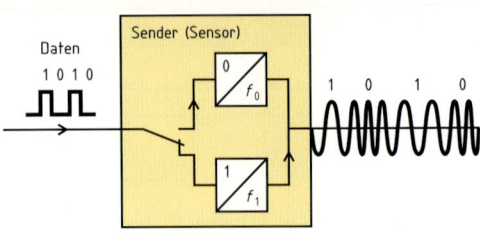

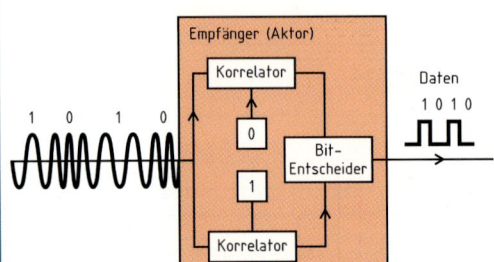

**Signalübertragung beim EIB-Powernet**

Beim EIB mit FSK-Steuerung (von Frequency Shift Keying = Frequenzumtastung), z.B. EIB-Powernet, sind wie beim EIB mit Busleitung die Teilnehmer (Sensoren und Aktoren) so „intelligent", dass sie miteinander kommunizieren (in Verbindung treten) können. Im Gegensatz zum EIB mit Busleitung ist aber keine Busleitung vorhanden. Die Teilnehmer sind nur mit dem 230-V-Netz verbunden. Die Stromversorgung aller Teilnehmer erfolgt aus dem 230-V-Netz. Ein besonderes Netzgerät ist also nicht erforderlich. Sonst ist der Netzaufbau mit Linien und Bereichen wie beim EIB mit Busleitung. Beim EIB-Powernet können unter günstigen Bedingungen z.B. acht Bereiche zu 16 Linien mit je 256 Teilnehmern betrieben werden. Es wird aber empfohlen, jedes EIB-Powernet auf wenige Tausend Teilnehmer zu beschränken.

Alle Teilnehmer (Sensoren und Aktoren) enthalten einen Bandpass für den Bereich von etwa 104 kHz bis 118 kHz, der die Netzspannung mit 50 Hz von ihnen fernhält. Die Sensoren enthalten einen Generator, der beim Datenbit 0 eine Frequenz von 105,6 kHz und beim Datenbit 1 aber 115,2 kHz abgibt. Die Netzankoppler der Aktoren bilden aus den Impulspaketen die Datensignale. Eine spezielle Schaltung (Korrelator) erkennt und berichtigt durch Störungen beschädigte Bitfolgen.

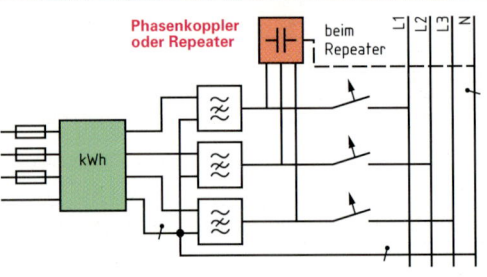

**Anschluss der Bandsperren und Phasenkoppler bzw. Repeater**

Wegen der kleinen Leistung der Generatoren müssen zum öffentlichen Netz hin Bandsperren für die Signalfrequenzen (105,6 kHz und 115,2 kHz) eingebaut werden. Die Außenleiter der Abnehmeranlage müssen durch Phasenkoppler (Bandpässe) oder durch Repeater (siehe Seite Komponenten der Datennetze) verbunden sein, weil Außenleiter auf verschiedene Stromkreise verteilt sind. Bei Repeatern können mehr Geräte oder längere Leitungen zwischen den am weitesten entfernten Teilnehmern verwendet werden als bei Phasenkopplern. Bandsperren, Phasenkoppler und Repeater sind Reiheneinbaugeräte REG zum Aufschnappen auf die Schienen der Verteilungen.

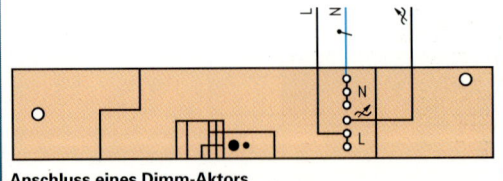

**Anschluss eines Dimm-Aktors**

Aktoren bei Powernet-EIB sind Reiheneinbaugeräte REG, Einbaugeräte EG oder AP-Geräte (Aufputzgeräte).
Die Parametrierung der Teilnehmer kann erfolgen
• über einen PC oder
• über ein spezielles Steuergerät (Controller).
Die Ankopplung an das Netz erfolgt dabei über eine Datenschnittstelle. Für die Parametrierung ist eine spezielle Software erforderlich.

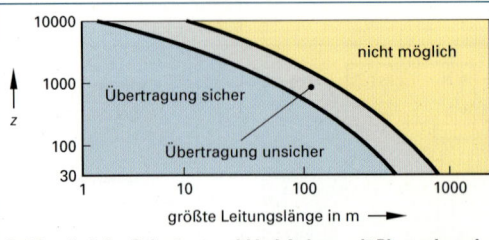

**Größtmögliche Belastungszahl bei Anlage mit Phasenkoppler**

**Belastungszahlen $z$ je Verbrauchsmittel**

| | |
|---|---|
| EIB-Geräte | 1 |
| Glühlampen | 1 |
| Elektrokleingeräte | 10 |
| HiFi-Geräte | 10 |
| Elektronische Trafos, EVG | 50 |
| Fernsehgerät | 50 |
| PC, Monitor | 50 |

Die Belastungszahl einer Anlage ist gleich der Summe der Belastungszahlen der Verbrauchsmittel der Anlage.

| Schaltung | Erklärung | Bemerkung |
|---|---|---|

## Netzaufbau

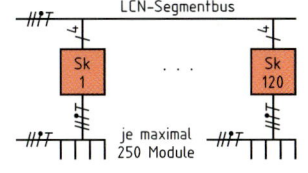

**Kleine bis mittlere LCN-Anlage**

Grundbestandteile des LCN sind Module. Das gleiche Modul wird zum Anschluss der Befehlsgeräte (Sensoren) oder Aktoren verwendet oder wirkt selbst als Aktor.

An jedes Modul wird die Installationsleitung, z.B. NYM oder NYIF, angeschlossen. Diese muss eine zusätzliche Ader D als Datenleitung, also bei Einphasenwechselstrom einschließlich PE vier Adern, haben.

An dasselbe Modul können mehrere Sensoren, z.B. Taster, angeschlossen werden. Als Aktor hat ein Modul eine Ausgangsspannung von AC 230 V. Erfordern die anzuschließenden Lasten eine größere Leistung, so steuert das LCN-Modul z. B. ein Schütz bzw. ein Relaismodul an. Die *Datenübertragung* erfolgt über den Datenleiter D und den Neutralleiter.

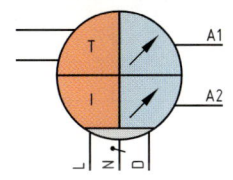

**Große LCN-Anlage**

Bei Anlagen mit mehr als 250 Modulen müssen *Segmentkoppler* mit einem LCN-Segmentbus verwendet werden. In einer Anlage können bis 120 Segmentkoppler eingesetzt sein, und zwar auch in Stromkreisen mit verschiedenen Außenleitern. Zur Verhinderung von Spannungsverschleppung können *LCN-Trennverstärker* verwendet werden.

Die Segmentkoppler werden z. B. mit IY(St)Y 2×2×0,8 oder einer gleichwertigen Leitung untereinander verbunden.

Für Reichweiten eines Leitungsstranges über 1 km müssen *LCN-Trennverstärker* und *Lichtleiterkoppler* für Glasfaserkabel eingesetzt werden. Diese sind REG (Reiheneinbaugeräte).

## Module und Programmierung

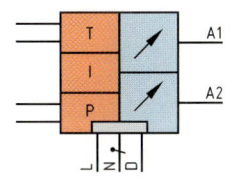

**Modul LCN-UP**

Das Modul LCN-UP ist ein kombiniertes *Sensor-Aktor-Modul* für Unterputz-Einbau. Er hat zwei Ausgänge mit AC 230 V und Schaltleistungen von je bis 300 VA. Am Eingang T können bis 10 Taster angeschlossen werden. Der Eingang I (Impulsmesseingang) dient zum Anschluss eines Infrarot-Empfängermoduls (D Datenleiter).

Bei Ansteuerung von Motoren oder Induktivitäten und beim Dimmen ist ein zusätzliches *Störfiltermodul* erforderlich.

Das eingebaute Betriebsprogramm umfasst Schalten und Dimmen der Ausgänge. Helligkeit und Änderungsgeschwindigkeit sind getrennt einstellbar. Es können Glühlampen gedimmt werden.

**Modul LCN-SH**

Das Modul LCN-SH ist ein kombiniertes Sensor-Aktor-Modul zum Aufschnappen auf die Hutschiene.

Seine Daten entsprechen weitgehend denen des Moduls LCN-UP, jedoch ist ein Störfiltermodul eingebaut und zusätzlich können am Anschluss P digitale *Ein-Ausgangs-Signale* eingegeben oder ausgegeben werden.

Bei der Ansteuerung von Relais ist ein *LCN-Grundlastmodul* erforderlich.

Maximal 32 Verbraucher können gesteuert werden, wobei zahlreiche Funktionen, z.B. schonendes Hochfahren der Spannung (Rampenverlauf), möglich sind. Beim Schalten wirkt LCN-SH als *Nullspannungsschalter*.

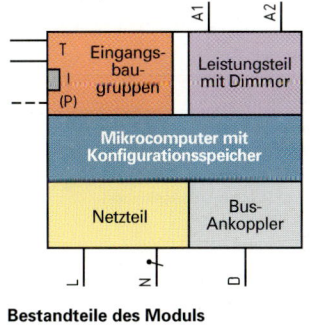

**Bestandteile des Moduls**

Die Sensor-Aktor-Module enthalten ein Netzteil mit Überspannungsschutz und Spannungsregler. Der Busankoppler besteht aus Verpolungsschutz, Überspannungsschutz und Zugriffsteuerung. Er steuert den Mikrocomputer mit dem Konfigurationsspeicher (Speicher für das einzugebende Programm, Konfiguration = Gestaltung) an. Der Mikrocomputer wird auch von den Eingangsbaugruppen angesteuert (P nur beim Modul LCN-SH). Er steuert selbst den Leistungsteil mit Dimmer an.

Das *Konfigurationsprogramm* wird über einen PC bzw. Laptop eingegeben. Zu diesem Zweck wird ein *Koppelmodul* an die LCN-Anlage angeschlossen.

Das Parametrieren der verschiedenen Sensor-Aktor-Module erfordert eine spezielle *Software*, die als CD vom Hersteller der LCN Module geliefert wird oder aus dem Internet heruntergeladen werden kann.

Das PC-Programm für den Elektriker sucht über ein Menü alle Module im Netz und bietet sie zur Programmierung an.

# Hausanschluss mit Potenzialausgleich
## House connection with potential compensation

**EI**

## Hausanschluss

| Arten | Bedingungen | Hausanschlussraum |
|---|---|---|
| Kabelanschluss | Der VNB (Verteilungsnetzbetreiber) sorgt für wasserdichten Anschluss im Schutzrohr der Hauseinführung. | Raum für Hausanschlusskasten oder Hauptverteiler einschließlich Hauseinführung. Der Raum sollte an der Gebäudeaußenwand liegen, durch welche die Anschlussleitungen geführt werden. Möglichst besonderer Raum, der für Beauftragte des VNB zugänglich sein muss. |
| Freileitungsanschluss (Dachständeranschluss, Wandanschluss) | Die Führung der Hausanschlussleitung wird vom VNB festgelegt. Die Anschlusswand bzw. der Dachstuhl muss die für den Leitungszug erforderliche Festigkeit haben. | Nicht möglich sind Garagen, nasse Räume, Heizräume und Lagerräume für brennbare Stoffe. |

## Hausanschlusskästen

| Art | Auswahl Schmelzsicherungen | Anschlussquerschnitt in mm$^2$ | |
|---|---|---|---|
| | | Zugang | Abgang |
| Kabelanschluss | 3 x NH 00 | 4 x 50 | 4 x 50 |
| | 3 x NH 1 | 4 x 150 | 4 x 120 |
| Freileitungsanschluss | 3 x Diazed D III | 4 x 35 | 4 x 25 |
| | 3 x NH 00 | 4 x 50 | 4 x 50 |

Schmelzeinsätze bei NH 00 bis 100 A, Bei NH 1 bis 250 A und bei D III bis 63 A.

## Hausanschlussraum mit Potenzialausgleich

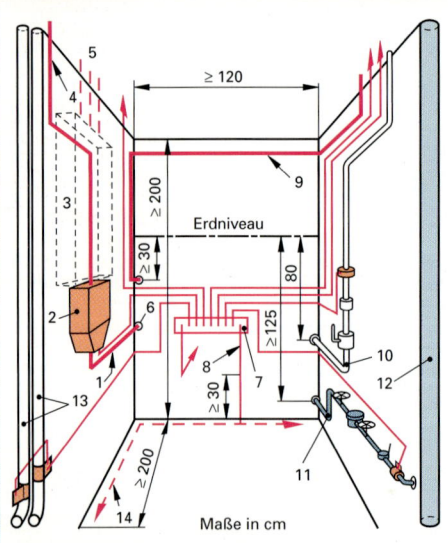

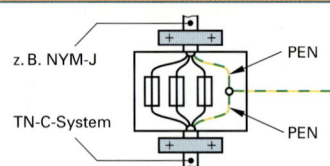

z. B. NYM-J

TN-C-System

PEN

PEN

**Hausanschlusskasten**
1  Hauseinführungsleitung
2  Hausanschlusskasten
3  Platz für Zählerschrank
4  Hauptleitung
5  Ableitungen von Messeinrichtungen zu den Stromkreisverteilern
6  Kabelschutzrohr
7  Haupterdungsschiene (Potenzialausgleichsschiene) mit Verbindungsleitungen
8  Anschlussfahne des Fundamenterders
9  Hausanschlussleitung für Fernmeldeeinrichtung
10  Hausanschlussleitung für Gas
11  Hausanschlussleitung für Wasser
12  Abwasserrohr
13  Heizungsrohr
14  Fundamenterder

## Haupterdungsschiene (Potenzialausgleichsschiene)

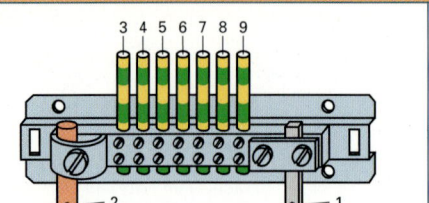

1  Fundamenterder
2  Blitzschutzanlage
3  Heizungsanlage
4  PE-Leiter zum Hausanschlusskasten
5  PE-Leiter zur PE-Schiene
6  Fernmeldeanlage
7  Antennenanlage
8  Gasversorgungsanlage
9  Wasserversorgungsanlage

## Belastbarkeiten, Querschnitte, Spannungsfälle von Hauptleitungen

| Wohnungen | Belastbarkeit in A | | Hauptleiterquerschnitte[2] in mm² | |
|---|---|---|---|---|
| | A[1] | B[1] | A[1] | B[1] |
| 1 | 63 | 63 | 10 | 10 |
| 2 | 80 | 80 | 16 | 16 |
| 3 | 100 | 80 | 25 | 16 |
| 4 bis 6 | 125 | 80 | 35 | 16 |
| 7 bis 10 | 160 | 80 | 50 | 16 |
| 11 | 160 | 100 | 50 | 25 |
| 12 bis 19 | 200 | 100 | 70 | 25 |
| 20, 21 | 200 | 125 | 70 | 35 |
| 22 bis 34 | 250 | 125 | 95 | 35 |
| 35 bis 49 | 250 | 160 | 95 | 50 |
| 50 bis 100 | 315 | 160 | 120 | 50 |

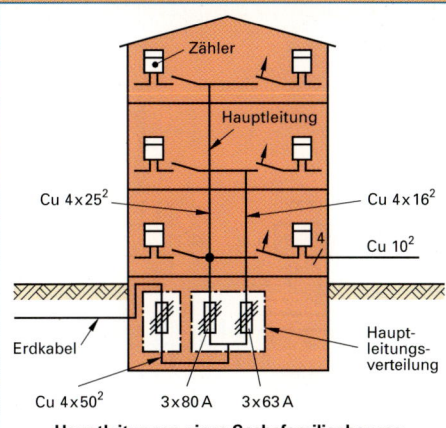

**Hauptleitungen eines Sechsfamilienhauses**

EI

[1] Kurven A, B siehe Seite „Zukunftsichere Installationen";  [2] NYM, 3 stromführende Leiter

| Spannungsfälle $\Delta u$ in % in Verbraucheranlagen | | | Hauptleiterquerschnitte nach Wohneinheiten (WE) | |
|---|---|---|---|---|
| Hausanschluss bis Zählerplatz | bis 100 kVA | 0,5 | 1 WE | NYM 4 x 16 mm² |
| | 100 kVA…250 kVA | 1 | 2 WE | NYM 4 x 25 mm² |
| | 250 kVA…400 kVA | 1,25 | 3 WE | NYM 4 x 35 mm² |
| Zähler bis Verbrauchsmittel | alle Stromkreise | 3 | ab 4 WE nach Vereinbarung mit dem VNB | |

## Installationszonen und Vorzugsmaße

**Küchen, Hausarbeitsräume**

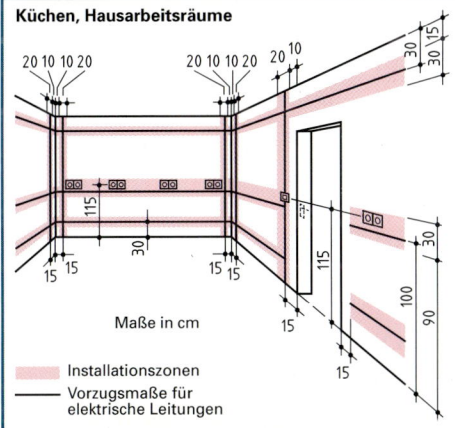

Maße in cm

**Wohnräume**

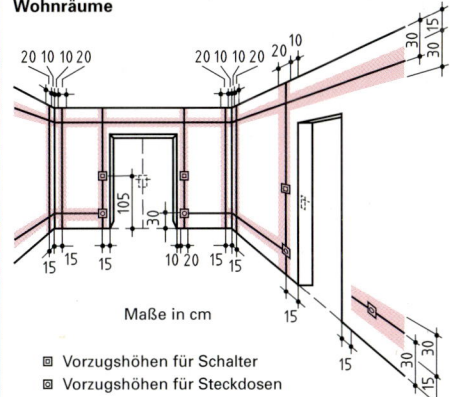

Maße in cm

- (rosa) Installationszonen
- (linie) Vorzugsmaße für elektrische Leitungen
- ▣ Vorzugshöhen für Schalter
- ▣ Vorzugshöhen für Steckdosen

## Zählerplätze

Die Zählerplätze müssen mit dem CE-Zeichen und dem VDE-Zeichen versehen sein. Die Schränke müssen zur Schutzklasse II gehören und Türen besitzen.

Platzbedarf für die Zählerschränke: Höhe und Breite der Zählerplatzflächen + je 50 mm für die Umhüllung. Zählerschränke dürfen nicht in Wohnungen von Mehrfamilienhäusern, über Treppenstufen, in Wohnräumen, Küchen, Toiletten, Bade-/Duschräumen, Waschräumen sowie auf Speichern vorgesehen werden.

| | | | | |
|---|---|---|---|---|
| Höhe der Zählerplatzfläche | 900 | 900 | 1050 | 1350 |
| Höhe des oberen Anschlussraumes | 450 | 150 | 300 | 300 |
| Höhe des unteren Anschlussraumes | 150 | 300 | 300 | 300 |

Maße in mm, Breite der Funktionsflächen je 250 mm

**EI**

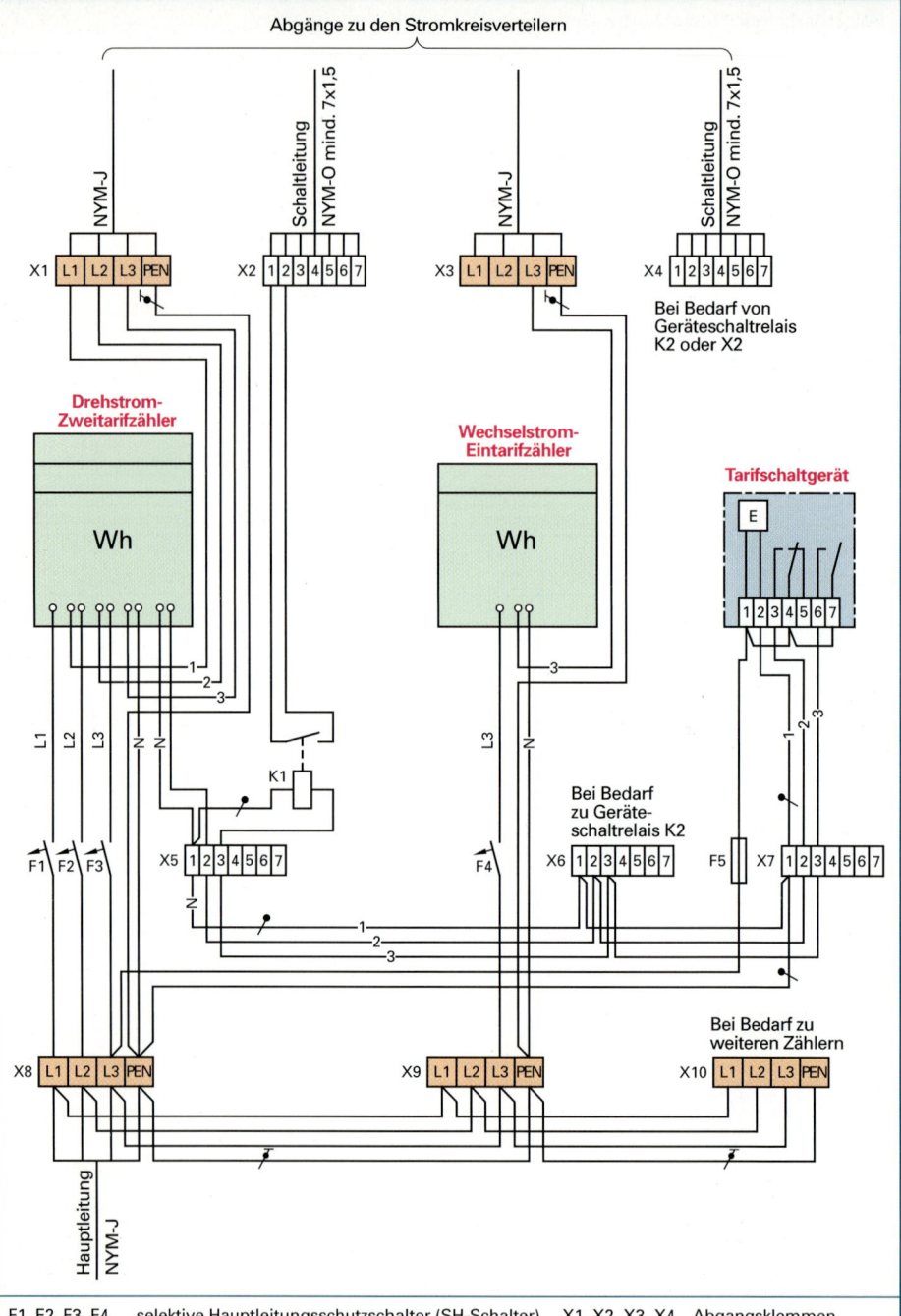

Abgänge zu den Stromkreisverteilern

NYM-J

Schaltleitung NYM-O mind. 7x1,5

X1 | L1 | L2 | L3 | PEN

X2 | 1 | 2 | 3 | 4 | 5 | 6 | 7

X3 | L1 | L2 | L3 | PEN

X4 | 1 | 2 | 3 | 4 | 5 | 6 | 7

Bei Bedarf von Geräteschaltrelais K2 oder X2

**Drehstrom-Zweitarifzähler**

Wh

**Wechselstrom-Eintarifzähler**

Wh

**Tarifschaltgerät**

E

1 2 3 4 5 6 7

K1

Bei Bedarf zu Geräteschaltrelais K2

F1 F2 F3    X5 | 1 | 2 | 3 | 4 | 5 | 6 | 7

F4    X6 | 1 | 2 | 3 | 4 | 5 | 6 | 7    F5    X7 | 1 | 2 | 3 | 4 | 5 | 6 | 7

Bei Bedarf zu weiteren Zählern

X8 | L1 | L2 | L3 | PEN

X9 | L1 | L2 | L3 | PEN

X10 | L1 | L2 | L3 | PEN

Hauptleitung NYM-J

| F1, F2, F3, F4 | selektive Hauptleitungsschutzschalter (SH-Schalter) | X1, X2, X3, X4 | Abgangsklemmen |
|---|---|---|---|
| F5 | Schmelzsicherung | X5, X6, X7 | Steuerleitungsklemmen |
| K1, K2 | VNB-Geräteschaltrelais | X8, X9, X10 | Hauptleitungsklemmen |

### Bemessung von Hauptleitungen

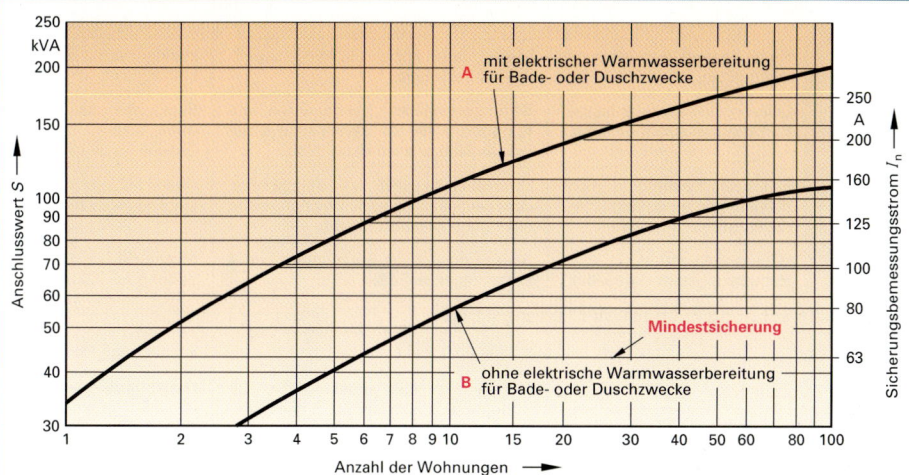

*Anzahl der Wohnungen* ⟶

Graph labels:
- y-Achse links: Anschlusswert S [kVA]: 250, 200, 150, 100, 90, 80, 70, 60, 50, 40, 30
- y-Achse rechts: Sicherungsbemessungsstrom $I_n$ [A]: 250, 200, 160, 125, 100, 80, 63
- x-Achse: Anzahl der Wohnungen: 1, 2, 3, 4, 5, 6, 7, 8, 9, 10, 15, 20, 30, 40, 50, 60, 80, 100
- A: mit elektrischer Warmwasserbereitung für Bade- oder Duschzwecke
- B: ohne elektrische Warmwasserbereitung für Bade- oder Duschzwecke
- Mindestsicherung

### Elektroinstallation in Wohngebäuden

| Ausstattungswert, Anforderungen | ☆ Mindestausstattung | | | | ☆☆ Normalausstattung | | | | ☆☆☆ Gehobene Ausstattung | | | |
|---|---|---|---|---|---|---|---|---|---|---|---|---|
| Raum, Stromkreis | ⌂[1] | ✕ | ⌐[2] | ⌐[3] | ⌂[1] | ✕ | ⌐[2] | ⌐[3] | ⌂[1] | ✕ | ⌐[2] | ⌐[3] |
| Schlafräume und Wohnräume ≤ 12 m² | 3 | 1 | | | 5 | 2 | | | 7 | 3 | | |
| ≤ 20 m² | 4 | 1 | 1 | 1 | 7 | 2 | 1 | 2 | 9 | 3 | 1 | 2 |
| > 20 m² | 5 | 2 | | | 9 | 3 | | | 11 | 4 | | |
| Kochnische, Küche | 5 | 2 | — | — | 7 | 2 | — | — | 8 | 2 | 1 | 1 |
| | 7 | 2 | | | 9 | 3 | | | 11 | 3 | | |
| Hausarbeitsraum | 4 | 1 | — | — | 7 | 2 | — | — | 9 | 3 | — | — |
| Bad | 3 | 2 | — | — | 4 | 3 | — | — | 5 | 3 | — | — |
| WC | 1 | 1 | — | — | 2 | 1 | — | — | 2 | 1 | — | — |
| Flur, Diele  Länge ≤ 2,5 m | 1 | 1 | — | — | 1 | 2 | — | — | 1 | 3 | 1 | — |
| > 2,5 m | 1 | 1 | — | — | 2 | 2 | — | — | 3 | 3 | | |
| Freisitz, Balkon, Loggia  Breite ≤ 3 m | 1 | 1 | — | — | 1 | 1 | — | — | 2 | 1 | — | — |
| > 3 m | 1 | 1 | — | — | 2 | 1 | — | — | 3 | 2 | | |
| Abstellraum | 1 | 1 | — | — | 2 | 1 | — | — | 2 | 1 | — | — |
| Keller oder Bodenraum | 1 | 1 | — | — | 2 | 1 | — | — | 2 | 1 | — | — |
| Hobbyraum | 3 | 1 | — | — | 5 | 2 | — | — | 7 | 2 | — | — |
| Beleuchtungs- und Steckdosenstromkreise | 5 | | | | 7 | | | | 8 | | | |
| Gerätestromkreise | 5 | | | | 8 | | | | 9 | | | |
| Stromkreisverteiler im Belastungsschwerpunkt der Wohnung | zweireihig | | | | dreireihig | | | | vierreihig | | | |
| Gebäudekommunikation | Gong, Türöffner, Gegensprechstelle | | | | Gong, Türöffner, Gegensprechstelle[4] | | | | Gong, Türöffner, Gegensprechstelle[4], Gefahrenmeldeanlage[5] | | | |

[1] Den Betten zugeordnete Steckdosen sind mindestens als Doppelsteckdosen auszuführen.
[2] Fernmeldesteckdose
[3] Antennensteckdose, daneben angeordnete Schutzkontaktsteckdosen sind mindestens als Dreifachsteckdosen auszuführen.
[4] Mit mehreren Sprechstellen, auch mit Monitor;  [5] Bei Ein- und Zweifamilienhäusern.

## Ablauf der Leitungsberechnung

| Leitung | Bedingung | Bemessungsgrundlage | Beispiel |
|---|---|---|---|
| kurz | Kurze Leitung, Bemessungsstrom klein. | Mechanische Festigkeit, Mindestquerschnitt nach Seite 167. | Handgerät mit $I_N = 2$ A, Leitung $l = 2$ m |
| normal | Leitung mit normaler Länge, Bemessungsstrom beliebig. | Strombelastbarkeit, siehe unten und folgende Seite. Im Zweifelsfall siehe Leitungslänge normal bis groß. | Beleuchtungsanlage mit $I_N = 16$ A, Leitung $l = 30$ m |
| normal bis lang | Fallunterscheidung nicht möglich, Leitungslänge zwischen normal und lang. | Strombelastbarkeit wie bei normal, dann auf Spannungsfall prüfen (siehe unten und folgende Seite). | Motor mit $I_N = 16$ A, Leitung $l = 80$ m |
| lang | Sehr lange Leitung, Bemessungsstrom beliebig. | Spannungsfall $\Delta u$, Berechnung von $A$ siehe folgende Seite. | Motor mit $I_N = 16$ A, Leitung $l = 150$ m |

## Leitungsberechnung bei normaler Leitungslänge

| Struktogramm | Vorgehen 1. bis 4. | Bemerkung, Formeln |
|---|---|---|
| 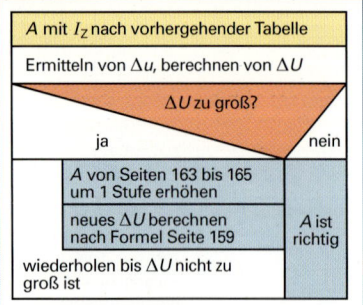 | 1. In jedem Fall muss zuerst der Bemessungsstrom $I_N$ des Verbrauchsmittels und die Länge $l$ der Leitung ermittelt werden.<br>2. Liegen Leitungshäufungen nicht vor, so wird der Querschnitt für $I_r$ direkt aus einer Tabelle Seite 163, 164 oder 165 ermittelt.<br>3. Bei Leitungshäufung entnimmt man den Faktor $f_1$ oder die Faktoren $f_1, f_2, \ldots$ für Leitungshäufung der Seite 166. Die zulässige Belastbarkeit $I_Z$ der Leitung ist um $f_1$ oder um $f_1 \cdot f_2 \ldots$ kleiner als $I_r$ von 2. (Seite 163 oder 164). Reicht dieses $I_Z$ nicht aus, wird ein größerer Querschnitt mit größerem $I_r$, genommen und entsprechend geprüft.<br>4. Liegt eine von 25 °C oder 30 °C abweichende Umgebungstemperatur vor, so entnimmt man den Faktor dafür der Seite 166. Der aus 2. enthaltene Querschnitt wird dann wie bei 3. geprüft, ob er ausreicht. | Dabei muss sein<br>$I_N \leq I_r$<br><br>$$I_Z = I_r \cdot f_1$$<br><br>Liegen mehrere Sonderbedingungen vor, so sind die $f_1, f_2, \ldots$ zu multiplizieren<br><br>$$I_Z = I_r \cdot f_1 \cdot f_2 \cdot \ldots$$<br><br>Hier muss man von den Werten für 30 °C ausgehen (Seite 164).<br><br>$$I_Z = I_r \cdot f_1$$ |

Struktogramm-Beschriftung:
- $I_N \leq I_Z$ und $l$ ermitteln
- $A$ für $I_r$ aus Seiten 163 bis 165 ermitteln
- Häufung? Abweichende Temperatur? — ja / nein
- Faktoren $f_1, f_2 \ldots$ aus Seite 166 entnehmen
- $I_Z = I_r \cdot f_1 \cdot f_2 \cdot \ldots$
- wenn $I_Z < I_N$, dann $A$ von Seiten 163 bis 165 um 1 Stufe höher und neues $I_r$
- $A$ ist richtig
- wiederholen bis $I_Z \geq I_N$

## Leitungsberechnung bei normaler bis großer Leitungslänge

| Struktogramm | Vorgehen 1. bis 8. | Bemerkung, Formeln |
|---|---|---|
| $A$ mit $I_Z$ nach vorhergehender Tabelle<br>Ermitteln von $\Delta u$, berechnen von $\Delta U$<br>$\Delta U$ zu groß? — ja / nein<br>$A$ von Seiten 163 bis 165 um 1 Stufe erhöhen<br>neues $\Delta U$ berechnen nach Formel Seite 159<br>$A$ ist richtig<br>wiederholen bis $\Delta U$ nicht zu groß ist | 1. bis 4. vorgehen wie bei normaler Leitungslänge. $A$ und $I_N$ festhalten.<br>5. Feststellen, wie groß $\Delta u$ sein darf und daraus $\Delta U$ berechnen.<br>6. Prüfen, ob $\Delta U$ beim ermittelten $A$ zu groß ist. Wenn nicht zu groß, dann stimmt $A$.<br>7. Wenn zu groß, dann nächst größeren Querschnitt von Seite 163, 164 nehmen und nochmals prüfen. Wenn $\Delta U$ nicht zu groß, dann stimmt $A$.<br>8. Zu groß, 7. wiederholen, bis $A$ stimmt. | Siehe vorhergehende Tabelle „Leitungsberechnung bei normaler Leitungslänge".<br><br>$$\Delta U = \frac{\Delta u \cdot U_N}{100\%}$$<br><br>$\Delta u$ siehe folgende Seite.<br><br>Benötigte Seiten 163 bis 167. |

---

| | | | |
|---|---|---|---|
| $A$ | Leiterquerschnitt | $I_Z$ | Strombelastbarkeit der Leitung |
| $f_1, f_2 \ldots$ | Faktoren für Leitungshäufung oder abweichender Temperatur | $I_r$ | Bemessungswert der Strombelastbarkeit |
| $l$ | Leitungslänge | $U_N$ | Bemessungsspannung des Netzes |
| | | $\Delta U$ | Spannungsfall in V |
| $I_N$ | Bemessungsstrom, z.B. der Verbrauchsmittel | $\Delta u$ | Spannungsfall in % |

EI

| Daten, Prinzip | Erklärung, Formeln |
|---|---|

**Daten, Prinzip**

| Zulässiger Spannungsfall | |
|---|---|
| Bereich, Quelle | $\Delta u$ |
| Zähler zu Steckdose, DIN 18015 | $\leq 3\%$ |
| Hausanschluss zu Steckdose, VDE 0100 | $\leq 4\%$ |

| Leitfähigkeit $\gamma$ in m/$\Omega \cdot$ mm² | | | |
|---|---|---|---|
| Leiter $\vartheta_b$ | Formel-zeichen | Cu | Al |
| 20 °C | $\gamma_{20}$ | 56 | 35 |
| 50 °C | $\gamma_{50}$ | 50 | 31 |
| 70 °C | $\gamma_{70}$ | 46 | 29 |

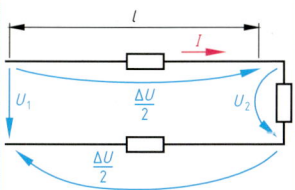

**Schaltung bei DC und AC**

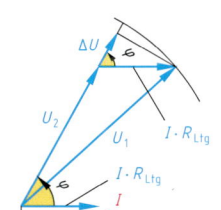

**Zeigerbild bei AC**

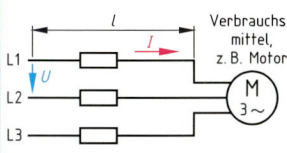

**Schaltung bei 3 AC**

---

**Erklärung, Formeln**

**Alle Stromarten**

$[U] = [\Delta U] = V$

$$\Delta U = U_1 - U_2$$

$$\Delta u = \frac{\Delta U \cdot 100\%}{U}$$

$[P_V] = [P] = W$

$$P_{v\%} = \frac{P_v \cdot 100\%}{P}$$

Zur *genauen* Berechnung des Spannungsfalls ist die Leitfähigkeit $\gamma$ bei der anzunehmenden Betriebstemperatur $\vartheta_b$ der Leitung zu verwenden (**Tabelle**). Zur überschlägigen Berechnung wird oft mit $\gamma_{20}$ gerechnet (bei Cu also mit 56 m/($\Omega \cdot$ mm²).

Bei Cu und Al:

$$\gamma = \frac{\gamma_{20}}{1 + 0{,}004 \cdot \Delta\vartheta}$$

$$\Delta\vartheta = \vartheta_b - 20\ °C$$

**EI**

**Gleichstrom DC**

$$\Delta U = \frac{2 \cdot P \cdot l}{\gamma \cdot A \cdot U}$$

$$P_v = \frac{2 \cdot I^2 \cdot l}{\gamma \cdot A}$$

$$P_{v\%} = \Delta u$$

$$\Delta U = \frac{2 \cdot I \cdot l}{\gamma \cdot A}$$

$$A = \frac{2 \cdot I \cdot l}{\gamma \cdot \Delta U}$$

**Einphasenwechselstrom AC**

$$\Delta U = \frac{2 \cdot P \cdot l}{\gamma \cdot A \cdot U}$$

$$P_v = \frac{2 \cdot I^2 \cdot l}{\gamma \cdot A}$$

$$P_{v\%} = \frac{\Delta u}{\cos^2 \varphi}$$

Bei Nicht-Sinusform $\cos \varphi$ durch $\lambda$ ersetzen.

$$\Delta U = \frac{2 \cdot I \cdot l \cdot \cos \varphi}{\gamma \cdot A}$$

$$A = \frac{2 \cdot I \cdot l \cdot \cos \varphi}{\gamma \cdot \Delta U}$$

**Dreiphasenwechselstrom 3 AC (Drehstrom)**

$$\Delta U = \frac{P \cdot l}{\gamma \cdot A \cdot U}$$

$$P_v = \frac{3 \cdot I^2 \cdot l}{\gamma \cdot A}$$

$$P_{v\%} = \frac{\Delta u}{\cos^2 \varphi}$$

Bei Nicht-Sinusform $\cos \varphi$ durch $\lambda$ ersetzen.

$$\Delta U = \frac{\sqrt{3} \cdot I \cdot l \cdot \cos \varphi}{\gamma \cdot A}$$

$$A = \frac{\sqrt{3} \cdot I \cdot l \cdot \cos \varphi}{\gamma \cdot \Delta U}$$

---

| | | | |
|---|---|---|---|
| $A$ | Leiterquerschnitt | $P_{v\%}$ | prozentualer Leistungs-verlust (bezogen auf Leis-tungsaufnahme der Last) |
| $\cos \varphi$ | Leistungsfaktor | | |
| $f_1, f_2 \dots$ | Umrechnungsfaktoren bei abweichenden Betriebsbe-dingungen | | |
| | | $U$ | Bemessungsspannung des Netzes und der Last |
| $I$ | Leiterstrom (Bemessungs-strom der Last) | $U_1$ | Spannung am Leitungsanfang |
| | | $U_2$ | Spannung am Leitungsende |
| $l$ | Länge der Leitung | $\gamma$ | elektrische Leitfähigkeit |
| $P$ | Leistungsaufnahme der Last | $\gamma_{20}$ | elektrische Leitfähigkeit bei 20 °C |
| $P_v$ | Leistungsverlust in der Leitung | | |

$\Delta\vartheta$   Temperaturunterschied (Delta Theta)

$\Delta U$   Spannungsfall (Spannungs-unterschied)

$\Delta u$   prozentualer Spannungsfall (bezogen auf $U$)

$\vartheta_b$   Betriebstemperatur

$\lambda$   Leistungsfaktor (Lambda)

$\varphi$   Phasenverschiebunswinkel (phi)

$\lambda = \cos \varphi$ bei Sinusform

**EI**

## Strommoment bei DC, AC oder 3 AC

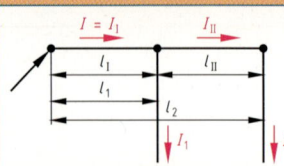

**Form 1:**

$$\Sigma\,(I \cdot l) = I_I \cdot l_I + I_{II} \cdot l_{II} + \dots$$

$$[\Sigma\,(I \cdot l)] = A \cdot m = Am$$

**Form 2:**

$$\Sigma\,(I \cdot l) = I_1 \cdot l_1 + I_2 \cdot l_2 + \dots$$

Beide Formen führen zum selben Ergebnis. Das gilt aber nicht für $\Sigma\,(I^2 \cdot l)$.

## Verzweigte Leitung

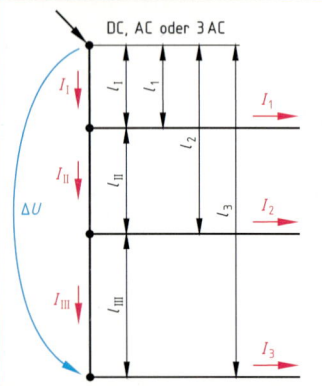

**Einphasenwechselstrom AC:**

$$\Delta U = \frac{2 \cdot \cos \varphi_m}{\gamma \cdot A} \cdot \Sigma\,(I \cdot l)$$

$$A = \frac{2 \cdot \cos \varphi_m}{\gamma \cdot \Delta U} \cdot \Sigma\,(I \cdot l)$$

$$\Sigma\,(I^2 \cdot l) = I_I{}^2 \cdot l_I + I_{II}{}^2 \cdot l_{II} + \dots$$

$$P_v = \frac{2}{\gamma \cdot A} \cdot \Sigma\,(I^2 \cdot l)$$

**Gleichstrom DC:** Es gelten die Formeln für AC ohne $\cos \varphi_m$.

**Dreiphasenwechselstrom 3 AC:**

$$\Delta U = \frac{\sqrt{3} \cdot \cos \varphi_m}{\gamma \cdot A} \cdot \Sigma\,(I \cdot l)$$

$$A = \frac{\sqrt{3} \cdot \cos \varphi_m}{\gamma \cdot \Delta U} \cdot \Sigma\,(I \cdot l)$$

$\Sigma\,(I^2 \cdot l)$ wie bei AC

$\gamma$ siehe Hinweis auf vorhergehender Seite oben

$$P_v = \frac{3}{\gamma \cdot A} \cdot \Sigma\,(I^2 \cdot l)$$

## Ringleitung, von zwei Seiten gespeiste Leitung

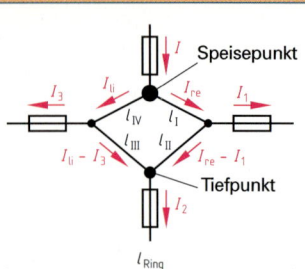

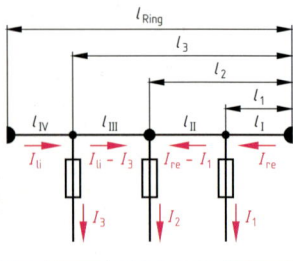

**Gang der Rechnung**

1. Ringleitung im Speisepunkt aufschneiden und Leitung zur zweiseitig gespeisten Leitung strecken **(Bild)**. Entfällt bei der zweiseitig gespeisten Leitung.
2. Berechnung der von links und von rechts eingespeisten Ströme (entsprechend den Lagerkräften eines Balkens, **Bild**).
3. Ermittlung des Tiefpunktes (des Punktes, dem von beiden Seiten Strom zugeführt wird).
4. Berechnung der beiden Leitungsteile als verzweigte Leitungen.
5. Den größten Querschnitt der Leitungsabschnitte für den ganzen Ring nehmen.

Probe:

$$I_{re} = \frac{\Sigma\,(I \cdot l)_{links}}{l_{Ring}}$$

$$I_{li} = \frac{\Sigma\,(I \cdot l)_{rechts}}{l_{Ring}}$$

$$I_{li} = I - I_{re}$$

**Beispiel:** $I_1 = 12$ A, $I_2 = 18$ A, $I_3 = 10$ A, $l_1 = 4$ m, $l_2 = 9$ m, $l_3 = 15$ m, $l_{Ring} = 17$ m. $I_{re} = ?$ $I_{li} = ?$ Welcher Punkt ist der Tiefpunkt?

*Lösung:* $\Sigma\,(I \cdot l)_{rechts} = 12$ A $\cdot 4$ m $+ 18$ A $\cdot 9$ m $+ 10$ A $\cdot 15$ m $= 360$ Am

$I_{li} = \Sigma\,(I \cdot l)_{rechts}/l_{Ring} = 360$ Am/17 m = **21,2 A**

$I_{re} = 12$ A $+ 18$ A $+ 10$ A $- 21,2$ A = **18,8 A**

Punkt 2 ist Tiefpunkt, da 18,8 A $- 12$ A $= 6,8$ A $< 18$ A

| | | | |
|---|---|---|---|
| $A$ | Leiterquerschnitt | $I_{re}$ | Stromstärke von rechts |
| $\cos \varphi_m$ | mittlerer Leistungsfaktor (etwa $\Sigma P / \Sigma S$ oder schätzen) | $l_{Ring}$ | Leitungslänge der Ringleitung |
| $I$ | Leiterstrom (Bemessungsstrom der Last) | $l_1, l_2 \dots$ | Leitungslängen vom Bezugspunkt aus |
| $I_1, I_2 \dots$ | Zweigströme | $l_I, l_{II} \dots$ | Längen der Leitungsabschnitte |
| $I_I, I_{II} \dots$ | Stromstärken in den Leitungsstücken | $P$ | Wirkleistung der Last |
| $I_{li}$ | Stromstärke von links | $P_v$ | Leistungsverlust in der Leitung |
| | | $S$ | Scheinleistung der Last |
| $\Delta U$ | Spannungsfall (Spannungsunterschied) | | |
| $\gamma$ | elektrische Leitfähigkeit | | |
| $\Sigma$ | Summe | | |
| $\varphi$ | Phasenverschiebung | | |
| $\Sigma\,(I \cdot l)$ | Summe der Strommomente | | |
| $\Sigma\,(I^2 \cdot l)$ | Summe der Stromquadratmomente | | |

# Überlastschutz und Kurzschlussschutz von Leitungen
## Protection against overload and short circuit of lines

| Art | Erklärung | Bemerkung, Formel |
|---|---|---|
| **Überlastschutz** | | |
| Bedingungen, Bemessungsstromregel | Bei Überlastung muss die Überstrom-Schutzeinrichtung ansprechen, bevor die Leitung unzulässig heiß wird. | $I_b \leq I_N \leq I_Z$ <br><br> $I_2 \leq 1{,}45 \cdot I_Z$  $\boxed{I_Z \geq 0{,}69 \cdot I_2}$ |
| Anwendung | Die Bedingungen sind erfüllt, wenn $I_N$ der Überstrom-Schutzorgane höchstens so groß ist wie $I_Z$ (Seite „Strombelastbarkeit"). | Dabei müssen Überstrom-Schutzorgane nach den VDE-Bestimmungen verwendet werden. |
| Anordnung der Überstrom-Schutzeinrichtung | Grundsätzlich am Anfang des Stromkreises und dort, wo die Strombelastbarkeit verringert wird. | Versetzen der Überstrom-Schutzorgane zum Verbrauchsmittel hin ist zulässig, wenn der Schutz bestehen bleibt. |
| Wegfall der Überstrom-Schutzeinrichtung | Soll erfolgen, wenn eine Abschaltung gefährlicher ist als Überlastung, z.B. bei Hubmagneten. | Darf erfolgen, wenn eine Überlastung ausscheidet, z.B. bei Hilfsstromkreisen. |
| **Kurzschlussschutz** | | |
| Normalfall | Schutz bei Kurzschluss (Ksch.) erfolgt zugleich durch den Überlastschutz am Stromkreisanfang. Die Leitungen dürfen nicht zu lang sein (Tabelle unten). | Einpoliger Ksch.:  Dreipoliger Ksch.: <br><br> $\boxed{I_k = \dfrac{U_0}{Z_S}}$   $\boxed{I_k \approx \dfrac{2 \cdot U_0}{Z_S}}$ |
| Ausschaltzeit (höchstzulässige Erwärmungszeit bei Kurzschluss) | Bei sehr kurzen Ausschaltzeiten ist zu prüfen, ob der $I^2 t$-Wert (Herstellerangabe) genügt. <br><br> $I^2 t < (k \cdot A)^2$ | $\boxed{t \leq (k \cdot A / I_k)^2}$ <br><br> Bei PVC $k = 115 \cdot \sqrt{s}\,\text{A/mm}^2$ <br> bei Gummi $k = 141 \cdot \sqrt{s}\,\text{A/mm}^2$ |
| Anwendung | Ausschaltzeit und $I^2 t$-Wert sind nur zu prüfen, wenn keine Leitungsschutzschalter (LS-Schalter) Klasse 3 eingesetzt werden. | Bei Leiterquerschnitten $\geq 1{,}5\,\text{mm}^2$ Cu sind die Bedingungen erfüllt, wenn $I_N \leq 63\,\text{A}$ ist. |
| Anordnung der Überstrom-Schutzeinrichtung | Am Anfang des Stromkreises und dort, wo Belastbarkeit verringert ist und der Kurzschlussschutz nicht ausreicht. | Versetzung bis 3 m ist zulässig, wenn die Leitung vor der Schutzeinrichtung kurzschlusssicher ist. |
| Wegfall der Überstrom-Schutzeinrichtung | Wie beim Überlastschutz, z.B. bei Sicherheitsbeleuchtung, Erregerstromkreisen, Stromwandler-Sekundärkreisen. | Verzicht darf erfolgen, wenn Leitung kurzschlusssicher und nicht in Nähe von brennbaren Stoffen ist. |

**EI**

## Größte Leitungslängen $l_{max}$ von Kupferleitungen
vgl. DIN VDE 100 Bbl. 5: 1995-11

| $A$ in mm² | $I_N$ in A | $I_{kmin}$ in A | $l_{max}$ in m bei $Z_S = 300\,\text{m}\Omega$ | | | $l_{max}$ in m $Z_S = 600\,\text{m}\Omega$ | | |
|---|---|---|---|---|---|---|---|---|
| | | | LS-Sch. B | LS-Sch. C | Sicherung gG | LS-Sch. B | LS-Sch. C | Sicherung gG |
| 1,5 | 16 | 65 | 82 | 36 | 59 | 73 | 27 | 49 |
| | 20 | 126 | 64 | 27 | 41 | 54 | 17 | 31 |
| 2,5 | 20 | 85 | 104 | 44 | 67 | 89 | 28 | 51 |
| | 25 | 110 | 80 | 32 | 51 | 65 | 16 | 35 |
| 4 | 25 | 110 | 131 | 53 | 83 | 106 | 26 | 57 |
| | 32 | 150 | 96 | 35 | 48 | 71 | 8 | 21 |
| 6 | 32 | 150 | 145 | 53 | 72 | 107 | 12 | 32 |
| | 40 | 190 | 109 | 35 | 56 | 70 | 0 | 15 |
| 10 | 40 | 190 | 182 | 58 | 94 | 116 | 0 | 26 |
| | 50 | 260 | 132 | 33 | 41 | 66 | 0 | 0 |
| 16 | 50 | 260 | 210 | 52 | 66 | 104 | 0 | 0 |

| | | | | |
|---|---|---|---|---|
| $A$ | Leiterquerschnitt | $I_{kmin}$ | Mindest-$I_k$ vor Sicherung | |
| $I_2$ | Auslösestrom der Überstrom-Schutzeinrichtung | $I_N$ | Bemessungsstrom der Überstrom-Schutzeinrichtung | |
| $I_b$ | Betriebsstrom | $I_Z$ | Strombelastbarkeit der Leitung | |
| $I_k$ | Kurzschlussstrom | | | |
| $k$ | Material-Koeffizient | | | |
| $t$ | Ausschaltzeit | | | |
| $U_0$ | Netz-Sternspannung | | | |
| $Z_S$ | Schleifenimpedanz vor der Schutzeinrichtung | | | |

## Verlegearten für feste Verlegung   Kinds of permanent installation
### vgl. DIN VDE 0298-4: 2003–08

**EI**

| Verlegeart | Beschreibung | Verlegeart | Beschreibung |
|---|---|---|---|
| **A** | Verlegung in einer Wand mit wärmedämmendem Material mit dem spezifischen Wärmeleitwiderstand für die Wandinnenseite $$R_K \leq 0,1 \frac{K \cdot m}{W}$$ • sehr schlechte Wärmeabfuhr | **A** | Verlegung von Aderleitungen • in Formleisten oder Formteilen • im Elektroinstallationsrohr in Türfüllungen • im Elektroinstallationsrohr in Fensterrahmen • sehr schlechte Wärmeabfuhr |
| **B** | Verlegung im geschlossenen Elektroinstallationskanal • auf Putz, • vertikal oder horizontal. Verlegung im Elektroinstallationsrohr • unter Putz, wenn $$R_K \leq 2 \frac{K \cdot m}{W}$$ • auf Putz, • vertikal und horizontal. Unterflurverlegung | **B** | Verlegung von Aderleitungen, einadrigen Kabeln, mehradrigen Kabeln • im Fußbodenleistenkanal, • im abgehängten Elektroinstallationskanal. |
| **C** | Verlegung von ein- oder mehradrigem Kabel oder Mantelleitungen • auf einer Wand, • mit Abstand zur Wand, • unter der Decke, • mit Abstand zur Decke, • auf einer Kabelwanne, wenn $A_{Löcher} < 0,3 \cdot A$. | **C** | Verlegung von ein- oder mehradrigem Kabel oder Mantelleitungen • unter Putz, wenn $$R_K \leq 2 \frac{K \cdot m}{W}$$ • mit und ohne zusätzlichen mechanischen Schutz. Verlegung von Stegleitungen im und unter Putz. |
| **D** belastbar etwa wie Gruppe A2 | Verlegung von mehradrigem Kabel im Elektroinstallationsrohr oder Kabelschacht im Erdboden. Verlegung von ein- oder mehradrigem Kabel oder Mantelleitungen • auf gelochter Kabelwanne, wenn $A_{Löcher} \geq 0,3 \cdot A$, • auf Kabelkonsolen, • auf Kabelpritschen. | **E** **F** **G** | Verlegung von ein- oder mehradrigem Kabel oder Mantelleitungen • abgehängt an einem Trageseil, • bei eingebautem Trageseil. Blanke Leiter oder Aderleitungen auf Isolatoren. |

$A$ Fläche, $d$ Durchmesser, $R_K$ spezifischer Wärmeleitwiderstand
Kabel und Leitungen, z.B. NYM, NYMT, NYIF, NYDY, NYBUY, NHMH, NYY, H07V-U, H07V-R, H07V-K
Weitere Verlegearten sind DIN VDE 0298-4 zu entnehmen.

⊙ Aderleitung      Mantelleitungen      Stegleitung      ◯ Elektroinstallationsrohr      ⬠ Elektroinstallationskanal

# Strombelastbarkeiten für Kabel und Leitungen bei $\vartheta_U$ = 25 °C
## Current ratings for cables at $\vartheta_U$ = 25 °C

vgl. DIN VDE 0298-4: 2003–08

| Nenn-quer-schnitt in mm² | Belastbarkeit in A | | | | | | | | | | | | | | | |
|---|---|---|---|---|---|---|---|---|---|---|---|---|---|---|---|---|
| | Bemessungsstrom der Überstrom-Schutzeinrichtung in A (wenn $I_2 \leq 1{,}45 \cdot I_Z$, Seite 169) | | | | | | | | | | | | | | | |
| | Verlegeart, Anzahl der Strom führenden Leiter | | | | | | | | | | | | | | | |
| | A1 | | A2 | | B1 | | B2 | | C | | E | | F | | G | |
| | 2 | 3 | 2 | 3 | 2 | 3 | 2 | 3 | 2 | 3 | 2 | 3 | 2 | 3[1] | 3h[2] | 3v[2] |
| 1,5 | 16,5 | 14,5 | 16,5 | 14 | 18,5 | 16,5 | 17,5 | 16 | 21 | 18,5 | 23 | 19,5 | – | – | – | – |
| | 16 | 13 | 16 | 13 | 16 | 16 | 16 | 16 | 20 | 16 | 20 | 16 | – | – | – | – |
| 2,5 | 21 | 19 | 19,5 | 18,5 | 25 | 22 | 24 | 21 | 29 | 25 | 32 | 27 | – | – | – | – |
| | 20 | 16 | 16 | 16 | 25 | 20 | 20 | 20 | 25 | 25 | 32 | 25 | – | – | – | – |
| 4 | 28 | 25 | 27 | 24 | 34 | 30 | 32 | 29 | 38 | 34 | 42 | 36 | – | – | – | – |
| | 25 | 25 | 25 | 20 | 32 | 25 | 32 | 25 | 35 | 32 | 40 | 35 | – | – | – | – |
| 6 | 36 | 33 | 34 | 31 | 43 | 38 | 40 | 36 | 49 | 43 | 54 | 46 | – | – | – | – |
| | 35 | 32 | 32 | 25 | 40 | 35 | 40 | 35 | 40 | 40 | 50 | 40 | – | – | – | – |
| 10 | 49 | 45 | 46 | 41 | 60 | 53 | 55 | 49 | 67 | 60 | 74 | 64 | – | – | – | – |
| | 40 | 40 | 40 | 40 | 50 | 50 | 50 | 40 | 63 | 50 | 63 | 63 | – | – | – | – |
| 16 | 65 | 59 | 60 | 55 | 81 | 72 | 73 | 66 | 90 | 81 | 100 | 85 | – | – | – | – |
| | 63 | 50 | 50 | 50 | 80 | 63 | 63 | 63 | 80 | 80 | 100 | 80 | – | – | – | – |
| 25 | 85 | 77 | 80 | 72 | 107 | 94 | 95 | 85 | 119 | 102 | 126 | 107 | 139 | 117 | 155 | 138 |
| | 80 | 63 | 80 | 63 | 100 | 80 | 80 | 80 | 100 | 100 | 125 | 100 | 125 | 100 | 125 | 125 |
| 35 | 105 | 94 | 98 | 88 | 133 | 117 | 118 | 105 | 146 | 126 | 157 | 134 | 172 | 145 | 192 | 172 |
| | 100 | 80 | 80 | 80 | 125 | 100 | 100 | 100 | 125 | 125 | 125 | 125 | 160 | 125 | 160 | 160 |
| 50 | 126 | 114 | 117 | 105 | 160 | 142 | 141 | 125 | 178 | 153 | 191 | 162 | 208 | 177 | 232 | 209 |
| | 125 | 100 | 100 | 100 | 160 | 125 | 125 | 125 | 160 | 125 | 160 | 160 | 200 | 160 | 224 | 200 |
| 70 | 160 | 144 | 147 | 133 | 204 | 181 | 178 | 158 | 226 | 195 | 246 | 208 | 266 | 229 | 298 | 269 |
| | 150 | 125 | 125 | 125 | 200 | 160 | 160 | 125 | 224 | 160 | 224 | 200 | 250 | 224 | 250 | 250 |
| 95 | 193 | 174 | 177 | 159 | 246 | 219 | 213 | 190 | 273 | 236 | 299 | 252 | 322 | 280 | 361 | 330 |
| | 160 | 160 | 160 | 125 | 224 | 200 | 200 | 160 | 250 | 224 | 250 | 250 | 315 | 250 | 355 | 315 |
| 120 | 223 | 199 | 204 | 182 | 285 | 253 | 246 | 218 | 317 | 275 | 348 | 293 | 373 | 326 | 420 | 384 |
| | 200 | 160 | 200 | 160 | 250 | 250 | 224 | 200 | 300 | 250 | 315 | 250 | 355 | 315 | 400 | 355 |

$\vartheta_u$ Umgebungstemperatur

Bemerkungen: Die Tabelle gilt für Kupferleiter bei einer Betriebstemperatur von 70 °C.

Die Strombelastbarkeiten für andere Verlegearten, weitere Nennquerschnitte der Kupferleiter, vieladrige Kabel oder Leitungen und für andere Betriebstemperaturen sowie Betriebsbedingungen sind DIN VDE 0298-4 zu entnehmen.

[1] Dreiadriges Kabel oder Mantelleitung, mit einem Abstand zur Wand, der dem Durchmesser entspricht.

[2] 3h = drei einadrige Kabel oder Mantelleitungen, horizontal verlegt, mit einem Abstand untereinander und zur Wand, der dem Durchmesser entspricht.

3v = wie bei 3h, jedoch vertikal verlegt.

EI

# Strombelastbarkeiten für Kabel und Leitungen bei $\vartheta_U$ = 30 °C
## Current ratings for cables at $\vartheta_U$ = 30 °C
vgl. DIN VDE 0298-4: 2003–08

| Nenn-quer-schnitt in mm² | A1 | | A2 | | B1 | | B2 | | C | | E | | F | | G | |
|---|---|---|---|---|---|---|---|---|---|---|---|---|---|---|---|---|
| **Belastbarkeit in A** / **Bemessungsstrom der Überstrom-Schutzeinrichtung in A (wenn $I_2 \le 1{,}45 \cdot I_Z$, Seite 169)** / **Verlegeart, Anzahl der Strom führenden Leiter** | 2 | 3 | 2 | 3 | 2 | 3 | 2 | 3 | 2 | 3 | 2 | 3 | 2 | 3[1] | 3h[2] | 3v[2] |
| 1,5 | 15,5 | 13,5 | 15,5 | 13 | 17,5 | 15,5 | 16,5 | 15 | 19,5 | 17,5 | 22 | 18,5 | – | – | – | – |
|  | 13 | 13 | 13 | 13 | 16 | 13 | 16 | 13 | 16 | 16 | 20 | 16 | – | – | – | – |
| 2,5 | 19,5 | 18 | 18,5 | 17,5 | 24 | 21 | 23 | 20 | 27 | 24 | 30 | 25 | – | – | – | – |
|  | 16 | 16 | 16 | 16 | 20 | 20 | 20 | 20 | 25 | 20 | 25 | 25 | – | – | – | – |
| 4 | 26 | 24 | 25 | 23 | 32 | 28 | 30 | 27 | 36 | 32 | 40 | 34 | – | – | – | – |
|  | 25 | 20 | 25 | 20 | 32 | 25 | 25 | 25 | 35 | 32 | 40 | 32 | – | – | – | – |
| 6 | 34 | 31 | 32 | 29 | 41 | 36 | 38 | 34 | 46 | 41 | 51 | 43 | – | – | – | – |
|  | 32 | 25 | 32 | 25 | 40 | 35 | 35 | 32 | 40 | 40 | 50 | 40 | – | – | – | – |
| 10 | 46 | 42 | 43 | 39 | 57 | 50 | 52 | 46 | 63 | 57 | 70 | 60 | – | – | – | – |
|  | 40 | 40 | 40 | 35 | 50 | 50 | 50 | 40 | 63 | 50 | 63 | 50 | – | – | – | – |
| 16 | 61 | 56 | 57 | 52 | 76 | 68 | 69 | 62 | 85 | 76 | 94 | 80 | – | – | – | – |
|  | 50 | 50 | 50 | 50 | 63 | 63 | 63 | 50 | 80 | 63 | 80 | 80 | – | – | – | – |
| 25 | 80 | 73 | 75 | 68 | 101 | 89 | 90 | 80 | 112 | 96 | 119 | 101 | 131 | 110 | 146 | 130 |
|  | 80 | 63 | 63 | 63 | 100 | 80 | 80 | 80 | 100 | 80 | 100 | 100 | 125 | 100 | 125 | 125 |
| 35 | 99 | 89 | 92 | 83 | 125 | 110 | 111 | 99 | 138 | 119 | 148 | 126 | 162 | 137 | 181 | 162 |
|  | 80 | 80 | 80 | 80 | 125 | 100 | 100 | 80 | 125 | 100 | 125 | 125 | 160 | 125 | 160 | 160 |
| 50 | 119 | 108 | 110 | 99 | 151 | 134 | 133 | 118 | 168 | 144 | 180 | 153 | 196 | 167 | 219 | 197 |
|  | 100 | 100 | 100 | 80 | 125 | 125 | 125 | 100 | 160 | 125 | 160 | 125 | 160 | 160 | 200 | 160 |
| 70 | 151 | 136 | 139 | 125 | 192 | 171 | 168 | 149 | 213 | 184 | 232 | 196 | 251 | 216 | 281 | 254 |
|  | 125 | 125 | 125 | 125 | 160 | 160 | 160 | 125 | 200 | 160 | 224 | 160 | 250 | 200 | 250 | 250 |
| 95 | 182 | 164 | 167 | 150 | 232 | 207 | 201 | 179 | 258 | 223 | 282 | 238 | 304 | 264 | 341 | 311 |
|  | 160 | 160 | 160 | 125 | 224 | 200 | 200 | 160 | 250 | 200 | 250 | 224 | 300 | 250 | 315 | 300 |
| 120 | 210 | 188 | 192 | 172 | 269 | 239 | 232 | 206 | 299 | 259 | 328 | 276 | 352 | 308 | 396 | 362 |
|  | 200 | 160 | 160 | 160 | 250 | 224 | 224 | 200 | 250 | 250 | 315 | 250 | 315 | 300 | 355 | 355 |

$\vartheta_u$ Umgebungstemperatur

Bemerkungen: Die Tabelle gilt für Kupferleiter bei einer Betriebstemperatur von 70 °C.

Die Strombelastbarkeiten für andere Verlegearten, weitere Nennquerschnitte der Kupferleiter, vieladrige Kabel oder Leitungen und für andere Betriebstemperaturen sowie Betriebsbedingungen sind DIN VDE 0298-4 zu entnehmen.

[1] Dreiadriges Kabel oder Mantelleitung, mit einem Abstand zur Wand, der dem Durchmesser entspricht.

[2] 3h = drei einadrige Kabel oder Mantelleitungen, horizontal verlegt, mit einem Abstand untereinander und zur Wand, der dem Durchmesser entspricht.

3v = wie bei 3h, jedoch vertikal verlegt.

# Strombelastbarkeit von flexiblen oder wärmefesten Leitungen
## Current ratings for flexible or thermal stable cables

vgl. DIN VDE 0298-4: 2003–08

EI

### Belastbarkeit flexibler Leitungen mit $U_N \leq 1000$ V bei Umgebungstemperatur $\vartheta_U = 30$ °C

| Anzahl Strom führender Leiter Verlegungsart | $\vartheta_B$ in °C Isolierwerkstoff | Bauart-Kurzzeichen Beispiele | Belastung in A bei einem Nennquerschnitt in mm² | | | | | | | | | | | | |
|---|---|---|---|---|---|---|---|---|---|---|---|---|---|---|---|
| | | | 0,75 | 1 | 1,5 | 2,5 | 4 | 6 | 10 | 16 | 25 | 35 | 50 | 70 | 95 |
| 1 V1 | 70 Polyvinylchlorid | H05V-U H07V-U H07V-K | 15 | 19 | 24 | 32 | 42 | 54 | 73 | 98 | 129 | 158 | 198 | 245 | 292 |
| 2 oder (3) V2, V3 | 60 Gummi | H05RN-F H07RN-F NMHVÖU | 6 (6) | 10 (10) | 16 (16) | 25 (20) | 32 (25) | 40 – | 63 – | – – | – – | – – | – – | – – | – – |
| 2 oder 3 V2, V3 | 70 Polyvinylchlorid | H05VVH6-F H07VVH6-F NYMH11YÖ | 12 | 15 | 18 | 26 | 34 | 44 | 61 | 82 | 108 | 135 | 168 | 207 | 250 |

### Belastbarkeit flexibler Leitungen bei Umgebungstemperatur $\vartheta_U = 30$ °C

| Anzahl Strom führender Leiter $U_N$ Verlegeart | $\vartheta_B$ in °C Isolierwerkstoff | Bauart-Kurzzeichen Beispiele | Belastung in A bei einem Nennquerschnitt in mm² | | | | | | | | | | | | |
|---|---|---|---|---|---|---|---|---|---|---|---|---|---|---|---|
| | | | 2,5 | 4 | 6 | 10 | 16 | 25 | 35 | 50 | 70 | 95 | 120 | 150 | 185 |
| 3 $\leq 6$ kV/10 kV V2 | 80 Ethylenpropylen-Kautschuk | NSSHÖU | 30 | 41 | 53 | 74 | 99 | 131 | 162 | 202 | 250 | 301 | 352 | 404 | 461 |
| 3 $> 6$ kV/10 kV V2 | 80 Ethylenpropylen-Kautschuk | NSSHÖU | – | – | – | – | 105 | 139 | 172 | 215 | 265 | 319 | 371 | 428 | 488 |

### Umrechnungsfaktoren für die Belastbarkeit von Leitungen mit erhöhter Wärmebeständigkeit

| Anzahl Strom führender Leiter Verlegeart | $\vartheta_B$ in °C Isolierwerkstoff | Bauart-Kurzzeichen Beispiele | Umrechnungsfaktoren bei $\vartheta_U$ in °C | | | | | | | | | | | | |
|---|---|---|---|---|---|---|---|---|---|---|---|---|---|---|---|
| | | | 50 | 60 | 70 | 80 | 90 | 100 | 110 | 120 | 130 | 140 | 150 | 160 | 170 |
| 1, 2 oder 3 V1, V2 | 90 Polyvinylchlorid | NYFAFW NYPLYW | 1,00 | 0,87 | 0,71 | 0,50 | – | – | – | – | – | – | – | – | – |
| 1 V1 | 110 Ethylen-Vinylacetat-Copolymer | N4GA N4GAF | 1,00 | 1,00 | 1,00 | 1,00 | 0,82 | 0,58 | – | – | – | – | – | – | – |
| 1 V1 | 135 Ethylen-Tetrafluorethylen | N7YA N7YAF | 1,00 | 1,00 | 1,00 | 1,00 | 1,00 | 0,94 | 0,79 | 0,61 | 0,35 | – | – | – | – |
| 1, 2 oder 3 V1, V2 | 180 Silikon-Kautschuk | H05SJ-K N2GSA | 1,00 | 1,00 | 1,00 | 1,00 | 1,00 | 1,00 | 1,00 | 1,00 | 1,00 | 1,00 | 1,00 | 0,82 | 0,58 |

### Verlegungsarten von Leitungen

ein- oder mehradrige Leitungen

$a = d$

V1    V2    V3    V4    V5

Decke

V7    V9

ein- oder mehradrige Leitung

V6    V8

Fußboden

| $a$ | Leiterabstand | $\vartheta_B$ | höchstzulässige Betriebstemperatur |
|---|---|---|---|
| $d$ | Durchmesser des Leiters | $\vartheta_U$ | Umgebungstemperatur |
| $U_N$ | Bemessungsspannung | V | Verlegeart |

# Umrechnungsfaktoren für die Strombelastbarkeit vgl. DIN VDE 0298-4: 2003–08
## Conversion factors for current carrying capacity

**EI**

## Umrechnungsfaktoren für andere Umgebungstemperaturen als 30 °C

| Isolierwerkstoff | $\vartheta_B$ in °C | Umrechnungsfaktoren bei $\vartheta_U$ in °C | | | | | | | | | |
|---|---|---|---|---|---|---|---|---|---|---|---|
| | | 10 | 15 | 20 | 25 | 30 | 35 | 40 | 45 | 50 | 60 |
| Naturkautschuk, synthetischer Kautschuk | 60 | 1,29 | 1,22 | 1,15 | 1,08 | 1,0 | 0,91 | 0,82 | 0,71 | 0,58 | – |
| Polyvinylchlorid | 70 | 1,22 | 1,17 | 1,12 | 1,06 | 1,0 | 0,94 | 0,87 | 0,79 | 0,71 | 0,5 |
| Ethylenpropylenkautschuk | 80 | 1,18 | 1,14 | 1,10 | 1,05 | 1,0 | 0,95 | 0,89 | 0,84 | 0,77 | 0,63 |

## Umrechnungsfaktoren bei Häufung von Leitungen

| Anordnung | Verlegungs-art[1] | Umrechnungsfaktoren bei Anzahl der mehradrigen fest verlegten oder flexiblen Leitungen oder Anzahl der Wechselstromkreise oder Drehstromkreise aus einadrigen Leitungen | | | | | | | |
|---|---|---|---|---|---|---|---|---|---|
| | | 1 | 2 | 4 | 6 | 8 | 10 | 14 | 20 |
| Gebündelt direkt auf der Wand, dem Fußboden, im Elektroinstallationsrohr oder Elektroinstallationskanal, auf oder in der Wand | V4, V5 | 1,00 | 0,80 | 0,65 | 0,57 | 0,52 | 0,48 | 0,43 | 0,38 |
| Einlagig auf Wand oder Fußboden mit gegenseitiger Berührung | V6 | 1,00 | 0,85 | 0,75 | 0,72 | 0,71 | 0,70 | 0,70 | 0,70 |
| Einlagig unter der Decke mit gegenseitiger Berührung | V7 | 0,95 | 0,81 | 0,68 | 0,64 | 0,62 | 0,61 | 0,61 | 0,61 |
| Einlagig auf der Wand oder auf dem Fußboden $a = d$ | V8 | 1,00 | 0,94 | 0,90 | 0,90 | 0,90 | 0,90 | 0,90 | 0,90 |
| Einlagig unter der Decke $a = d$ | V9 | 0,95 | 0,85 | 0,85 | 0,85 | 0,85 | 0,85 | 0,85 | 0,85 |

## Umrechnungsfaktoren bei Häufung von Leitungen auf Kabelwannen und Kabelpritschen

| Art | Anordnung | Anzahl der Pritschen | Umrechnungsfaktoren bei Anzahl der Leitungen | | | | | |
|---|---|---|---|---|---|---|---|---|
| | | | 1 | 2 | 3 | 4 | 6 | 9 |
| Ungelochte Kabelwanne | | 1 | 0,97 | 0,84 | 0,78 | 0,75 | 0,71 | 0,68 |
| | | 2 | 0,97 | 0,83 | 0,76 | 0,72 | 0,68 | 0,63 |
| | | 3 | 0,97 | 0,82 | 0,75 | 0,71 | 0,66 | 0,61 |
| | | 6 | 0,97 | 0,81 | 0,73 | 0,69 | 0,63 | 0,58 |
| Gelochte Kabelwanne (Kabelroste) | | 1 | 1,0 | 0,88 | 0,82 | 0,79 | 0,76 | 0,73 |
| | | 2 | 1,0 | 0,87 | 0,80 | 0,77 | 0,73 | 0,68 |
| | | 3 | 1,0 | 0,86 | 0,79 | 0,76 | 0,71 | 0,66 |
| | | 6 | 1,0 | 0,84 | 0,77 | 0,73 | 0,68 | 0,64 |
| Kabelpritsche | | 1 | 1,0 | 0,87 | 0,82 | 0,80 | 0,79 | 0,78 |
| | | 2 | 1,0 | 0,86 | 0,81 | 0,78 | 0,76 | 0,73 |
| | | 3 | 1,0 | 0,85 | 0,79 | 0,76 | 0,73 | 0,70 |
| | | 6 | 1,0 | 0,83 | 0,76 | 0,73 | 0,69 | 0,66 |

Die Kabelwanne hat hochgezogene Seitenteile, aber keine Abdeckung. Die Lochung muss 30% der Gesamtfläche betragen. Bei Kabelpritschen darf die Auflagefläche 10% der Gesamtfläche der Konstruktion betragen.

| Umrechnungsfaktoren bei Verlegung in Luft für vieladrige Leitungen mit Leiterbemessungsquerschnitten ≤ 10 mm² | | | | | | | | Umrechnungsfaktoren für aufgewickelte Leitungen | | | |
|---|---|---|---|---|---|---|---|---|---|---|---|
| Anzahl der Strom führenden Leiter | | | | | | | | Anzahl der Lagen | | | |
| 5 | 7 | 10 | 14 | 19 | 24 | 40 | 61 | 1 | 2 | 3 | 4 |
| 0,75 | 0,65 | 0,55 | 0,50 | 0,45 | 0,40 | 0,35 | 0,30 | 0,80 | 0,61 | 0,49 | 0,42 |

$a$ Leiterabstand, $d$ Durchmesser des Leiters, $\vartheta_B$ höchstzulässige Betriebstemperatur, $\vartheta_U$ Umgebungstemperatur
[1] Verlegungsarten siehe vorhergehende Seiten.

# Mindest-Leiterquerschnitte, Strombelastbarkeit von Starkstromkabeln
## Minimum wire cross sections, current carrying capacity of power cables

167

## Mindest-Leiterquerschnitte für Leitungen

| Verlegungsart | Querschnitt in mm² | Verlegungsart | Querschnitt in mm² |
|---|---|---|---|
| feste geschützte Verlegung | Cu 1,5,  Al 2,5 | bewegliche Leitungen für den Anschluss von | |
| Leitung in Schaltanlagen und Verteilern | | • leichten Handgeräten bis 1 A, Länge der Anschlussleitung ≤ 2 m | Cu 0,5 |
| • bis 2,5 A | Cu 0,5 | • Geräten bis 2,5 A, | |
| • über 2,5 A bis 16 A | Cu 0,75 | Länge der Anschlussleitung ≤ 2 m | Cu 0,5 |
| • über 16 A | Cu 1,0 | • Geräten bis 10 A | Cu 0,75 |
| offene Verlegung auf Isolatoren mit | | • Gerätesteckdosen und | |
| Isolatorabstand bis 20 m | Cu 4,0 | Kupplungsdosen bis $I_N$ = 10 A | Cu 0,75 |
| über 20 m bis 45 m | Cu 6,0 | • Geräten über 10 A | Cu 1,0 |
| Fassungsadern | Cu 0,75 | • Mehrfachsteckdosen, Geräte- steckdosen und Kupplungsdosen bis $I_N$ = 10 A | Cu 1,0 |
| Starkstromfreileitungen aus | | | |
| Kupfer | 16 | Lichtketten für Innenräume | |
| Stahl | 16 | • zwischen Lichtkette und Stecker | Cu 0,75 |
| Aluminium | 25 | • zwischen den einzelnen Lampen | Cu 0,5 |
| Aluminium-Stahl | 25/4 | | |

## Kabel mit Isolation und Mantel aus Kunststoff vgl

vgl. DIN VDE 0265: 1975-04

Belastbarkeit in A von ein-, zwei-, drei- und vieradrigen Kabeln mit $U_0$ = 0,6 kV

| Nennquer- schnitt in mm² | zweiadrige Kabel | | | | drei- und vieradrige Kabel | | | | 3 einadrige Kabel gebündelt im Dreieck (Drehstrom) | | | |
|---|---|---|---|---|---|---|---|---|---|---|---|---|
| | in Erde | | auf Wand | | in Erde | | auf Wand | | in Erde | | auf Wand | |
| | Cu | Al | Cu | Al | Cu | Al | Cu | Al | Cu | Al | Cu | Al |
| 1,5 | 30 | – | 19,5 | – | 27 | – | 17,5 | – | – | – | – | – |
| 2,5 | 41 | – | 26 | – | 36 | – | 24 | – | – | – | – | – |
| 4 | 53 | 41 | 35 | 27 | 46 | 36 | 32 | 25 | – | – | – | – |
| 6 | 66 | 51 | 46 | 36 | 58 | 45 | 41 | 32 | – | – | – | – |
| 10 | 88 | 68 | 63 | 49 | 77 | 60 | 57 | 44 | – | – | – | – |
| 16 | 115 | 89 | 85 | 66 | 100 | 78 | 76 | 59 | 110 | 84 | 85 | 66 |
| 25 | 150 | 115 | 112 | 87 | 130 | 100 | 101 | 79 | 140 | 110 | 112 | 87 |
| 35 | 180 | 140 | 138 | 108 | 155 | 120 | 125 | 97 | 170 | 130 | 138 | 108 |
| 50 | 210 | 165 | 168 | 131 | 185 | 145 | 151 | 118 | 200 | 155 | 168 | 131 |
| 70 | 260 | 200 | 213 | 166 | 230 | 175 | 192 | 150 | 245 | 190 | 213 | 166 |
| 95 | 315 | 245 | 258 | 200 | 275 | 215 | 232 | 181 | 295 | 230 | 258 | 200 |
| 120 | 360 | 275 | 299 | 232 | 315 | 245 | 269 | 210 | 335 | 260 | 299 | 232 |
| 150 | 400 | 315 | 344 | 268 | 355 | 275 | 309 | 240 | 380 | 295 | 344 | 268 |
| 185 | 460 | 355 | 392 | 305 | 400 | 310 | 353 | 275 | 430 | 330 | 392 | 305 |
| 240 | 530 | 415 | 461 | 360 | 465 | 360 | 415 | 323 | 490 | 380 | 461 | 360 |
| 300 | 590 | 465 | 530 | 413 | 520 | 410 | 475 | 371 | 550 | 430 | 530 | 413 |
| 400 | 680 | 540 | 630 | 495 | 600 | 470 | 565 | 444 | 650 | 500 | 630 | 495 |
| Umgebungs- temperatur | 20 °C | | 30 °C | | 20 °C | | 30 °C | | 20 °C | | 30 °C | |

## Umrechnungsfaktoren für die Belastbarkeit von Kabeln mit Isolation und Mantel aus Kunststoff

| Anordnung der Kabel (Zwischenraum = Kabeldurchmesser; Abstand von der Wand ≥ 2 cm) | Anzahl der Wannen bzw. Roste | Umrechnungsfaktoren | | | | |
|---|---|---|---|---|---|---|
| | | Anzahl der Kabel nebeneinander | | | | |
| | | 1 | 2 | 3 | 6 | 9 |
| Auf dem Boden liegend | | 0,95 | 0,90 | 0,88 | 0,85 | 0,84 |
| Auf Kabelwannen liegend (behinderte Luftzirkulation) | 1 | 0,95 | 0,90 | 0,88 | 0,85 | 0,84 |
| | 2 | 0,90 | 0,85 | 0,83 | 0,81 | 0,80 |
| | 3 | 0,88 | 0,83 | 0,81 | 0,79 | 0,78 |
| | 6 | 0,86 | 0,81 | 0,79 | 0,77 | 0,76 |
| Auf Kabelrosten liegend | 1 | 1,00 | 0,98 | 0,96 | 0,93 | 0,92 |
| | 2 | 1,00 | 0,95 | 0,93 | 0,90 | 0,89 |
| | 3 | 1,00 | 0,94 | 0,92 | 0,89 | 0,88 |

EI

# Überstrom-Schutzeinrichtungen (Niederspannungssicherungen)
## Overcurrent protective devices (low-voltage fuses)

**EI**

## Sicherungseinsätze

| System, Bemessungsspannung | Bemessungs- strom in A | Farbe des Kenn- melders | Größe des Schmelz- einsatzes System D | DO | Bemessungs- verlustleistung in W System D | DO | Schraubkappe System | Gewinde | Passeinsatz |
|---|---|---|---|---|---|---|---|---|---|
| | 2 | Rosa | | | 3,3 | 2,5 | ND | E 16 | Passring |
| | 4 | Braun | | | 2,3 | 1,8 | DII | E 27 | Pass- schraube |
| | 6 | Grün | ND | | 2,3 | 1,8 | | | |
| | 10 | Rot | und | DO 1 | 2,6 | 2,0 | DIII | E 33 | Pass- schraube |
| | 16 | Grau | DII | | 2,8 | 2,2 | | | |
| D-System Diazed, 500 V bis 100 A, AC 660 V, DC 600 V bis 63 A | | | | | | | DIV H | R 1 ¼" | Passhülse |
| | 20 | Blau | DII | | 3,3 | 2,5 | DO 1 | E 14 | Hülsenpass- einsatz |
| | 25 | Gelb | | | 3,9 | 3,0 | | | |
| | | | | | | | DO 2 | E 18 | Hülsenpass- einsatz |
| | 32, 35 | Schwarz | | DO 2 | 5,2 | 4,0 | | | |
| | 50 | Weiß | DIII | | 6,5 | 5,0 | DO 3 | M30 x 2 | Hülsenpass- einsatz |
| | 63 | Kupfer | | | 7,1 | 5,5 | | | |
| DO-System Neozed, AC 400 V, DC 250 V bis 100 A | 80 | Silber | DIV H | DO 3 | 8,5 | 6,5 | Die Abmessungen der Sicherungseinsätze hängen vom Bemessungsstrom ab. | | |
| | 100 | Rot | | | 9,1 | 7,0 | | | |

## Zeit-Strom-Bereiche für Leitungsschutzsicherungen

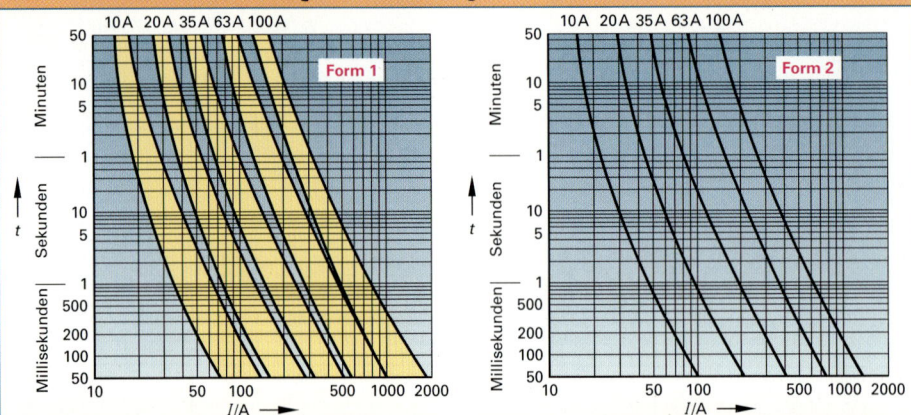

## NH-Sicherungen

| System, Bemessungsspannung | Bemessungsstrom in A Einsatz | Unterteil | Größe | Bemessungsverlust- leistung in W bei AC 50 Hz 500 V | 600 V | Länge in mm |
|---|---|---|---|---|---|---|
| AC 500 V bis 1250 A AC 600 V DC 400 V | 35 bis 100 | 100 | 00 | 7,5 | 9 | 80 |
| | 35 bis 160 | 160 | 0 | 16 | 19 | 125 |
| | 80 bis 250 | 250 | 1 | 23 | 28 | 135 |
| 50 A 500 V | 125 bis 400 | 400 | 2 | 34 | 41 | 150 |
| | 315 bis 630 | 630 | 3 | 48 | 58 | 150 |
| | 500 bis 1000 | 1000 | 4 | 80 | 90 | 200 |
| | 500 bis 1250 | 1250 | 4 a | 110 | 110 | 200 |

## Klassen bei Schmelzsicherungen für Niederspannung

| Klasse | Name, Bemerkung | Klasse | Name, Bemerkung |
|---|---|---|---|
| Funktionsklassen | | | |
| g | Ganzbereichssicherungen übernehmen den Überlastschutz und den Kurzschlussschutz. Sie können Ströme bis zu ihrem Bemessungsstrom dauernd führen und Ströme vom kleinsten Schmelzstrom bis zum Bemessungsausschaltstrom sicher abschalten. | a | Teilbereichssicherungen schützen nur gegen Kurzschluss. Sie können Ströme bis zu ihrem Bemessungsstrom dauernd führen, jedoch nur Ströme oberhalb eines Vielfachen ihres Bemessungsstromes bis zum Bemessungsausschaltstrom abschalten. |
| Betriebsklassen | | Arten von Schutzobjekten | |
| gL | Ganzbereichs-Kabel- und Leitungsschutz | L | Kabel- und Leitungsschutz |
| gR | Ganzbereichs-Halbleiterschutz | R | Halbleiterschutz |
| gB | Ganzbereichs-Bergbauanlagenschutz | M | Schaltgeräteschutz |
| gTr | Ganzbereichs-Transformatorenschutz | B | Bergbau- und Anlagenschutz |
| | | Tr | Transformatorenschutz |
| aM | Teilbereichs-Schaltgeräteschutz | Die Niederspannungssicherungen werden durch 2 Buchstaben gekennzeichnet, z. B. durch gL. | |
| aR | Teilbereichs-Halbleiterschutz | | |

**EI**

## Leitungsschutzschalter (LS-Schalter)   nach IEC 60898/EN 60898/DIN VDE 0641 Teil 11

| Auslöse-charak-teristik | Anwendung | Auslösekennlinien |
|---|---|---|
| A | • Begrenzter Halbleiterschutz, • Schutz von Stromkreisen mit Wandlern, mit großen Leitungslängen und mit der Forderung nach Abschaltung innerhalb von 0,4 s nach DIN VDE 0100 Teil 410 | |
| B | • Leitungsschutz, hauptsächlich Steckdosenstromkreise | |
| C | • Leitungsschutz, vorteilhaft bei höheren Anlaufströmen | |
| D | • für stark impulserzeugende Betriebsmittel, z.B. Transformatoren, Magnetventile | |
| E | • für hohe und sichere Selektivität an Zählerplätzen | |
| K | • Stromkreise mit hohen Stromspitzen durch Induktivitäten und Kapazitäten | |

| Auslöse-charak-teristik | Thermischer Auslöser | | | Elektromagnetischer Auslöser | | |
|---|---|---|---|---|---|---|
| | Prüf-ströme $I_1$ $I_2$ | Auslösezeit 63 A $\leq I_N$ | 125 A $\leq I_N$ | Prüfströme halten | lösen spätestens aus | Aus-lösezeit |
| A | | | | $2 \cdot I_N$ | $3 \cdot I_N$ | |
| B | $1,13 \cdot I_N$ $1,45 \cdot I_N$ | > 1 h < 1 h | > 2 h < 2 h | $3 \cdot I_N$ | $5 \cdot I_N$ | $\geq 0,1$ s < 0,1 s |
| C | | | | $5 \cdot I_N$ | $10 \cdot I_N$ | |
| D | | | | $10 \cdot I_N$ | $20 \cdot I_N$ | |

$1,45 \cdot I_Z$ ————— 45 %-Zuschlag

$I_2$ ——— Auslösestrom der Schutzeinrichtung (großer Prüfstrom)

$I_Z$ ——— zulässige Strombelastbarkeit der Leitung

$I_N$ ——— Bemessungsstrom der Schutzeinrichtung

$I_b$ ——— Betriebsstrom

**Bedingungen für Überstromschutz**

$I$   Stromstärke
$I_B$   Betriebsstrom
$I_N$   Bemessungsstrom der Schutzeinrichtung

$I_Z$   zulässige Strombelastbarkeit der Leitung
$I_1$   Auslösestrom der Schutzeinrichtung (kleiner Prüfstrom)

$I_2$   Auslösestrom der Schutzeinrichtung (großer Prüfstrom)
$t$   Auslösezeit

**EI**

| Bereiche | Installationsgeräte, Leitungen | Verbrauchsmittel, Bemerkungen |
|---|---|---|
| **gesamter Raum** | Es ist ein zusätzlicher Potenzialausgleich vorzunehmen **(Bild folgende Seite)**.<br><br>Außerhalb der Bereiche 0, 1 und 2 dürfen alle Geräte und Leitungen installiert werden. Ein zusätzlicher Schutz durch eine oder mehrere RCD mit $I_{\Delta N} \leq 30$ mA ist erforderlich. Der zusätzliche Schutz darf entfallen bei Stromkreisen<br>• mit SELV oder PELV,<br>• mit Schutztrennung für einzelnen Verbraucher,<br>• zur ausschließlichen Versorgung von Wassererwärmern. | Außerhalb der Bereiche 0, 1 und 2 dürfen alle Verbrauchsmittel verwendet werden.<br>• Bis zu 0,06 m Tiefe ab Putz dürfen Leitungen nur verlegt werden, wenn sie einen PE enthalten und der Versorgung von elektrischen Betriebsmitteln in diesem Raum dienen. |
| **Bereich 2**<br><br>nur bei Anlagen mit Wanne, bis in eine Höhe von 2,25 m vom Fußboden aus **(Bild)**. | Zusätzlich zu den Bestimmungen des gesamten Raumes gilt:<br>Zulässig sind nur<br>• Verbindungsdosen 230 V und Anschlussdosen 230 V, für die Verbrauchsmittel des Raumes,<br>• Rasiersteckdosen mit Trenntransformator,<br>• Schalter und Steckdosen für SELV- oder PELV-Stromkreise bis AC 25 V bzw. DC 60 V.<br>Stegleitungen dürfen nicht verlegt werden. | Zulässig sind nur<br>• elektrische Verbrauchsmittel für die aufgeführten Installationsgeräte,<br>• Stromquellen für SELV oder PELV,<br>• SELV-Geräte mit Schutz gegen direktes Berühren.<br>Bei PELV-Stromkreisen müssen die Verbrauchsmittel zur Schutzklasse II gehören. |
| **Bereich 1**<br><br>bis in eine Höhe von 2,25 m vom Fußboden aus **(Bild)**. | Zusätzlich zu den Bestimmungen des Bereiches 2 gilt:<br>Zulässig sind nur<br>• Schalter und Steckdosen für SELV- oder PELV-Stromkreise bis AC 25 V oder DC 60 V,<br>• Verbindungsdosen und Anschlussdosen für die Versorgung der zulässigen Verbrauchsmittel. | Zulässig sind nur fest angebrachte und fest angeschlossene<br>• Wassererwärmer,<br>• Abluftgeräte,<br>• Whirlpooleinrichtungen,<br>• Abwasserpumpen,<br>• elektrische Verbrauchsmittel, z. B. Leuchten, für SELV- oder PELV-Stromkreise bis AC 25 V bzw. DC 60 V. |
| **Bereich 0**<br><br>nur bei Anlagen mit Wanne, das Innere der Wanne einschließlich metallener Rand **(Bild)**. | Es dürfen keine Installationsgeräte oder Leitungen installiert werden. | Zulässig sind nur fest angebrachte und fest angeschlossene SELV-Verbrauchsmittel für AC ≤ 12 V bzw. DC ≤ 30 V und nach Herstellerangabe für Bereich 0 zugelassen. |

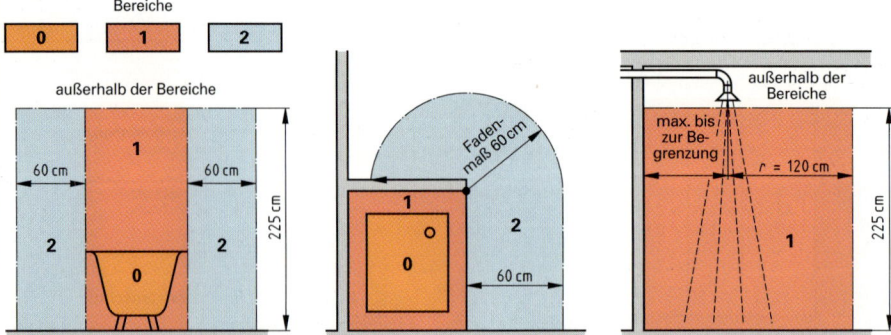

Bereiche

| 0 | 1 | 2 |

**Bereiche bei Badewanne oder Dusche mit Wanne**

**Bereiche bei Dusche ohne Wanne**

## Potenzialausgleich in Baderäumen

vgl. DIN VDE 0100-701 : 2002-02

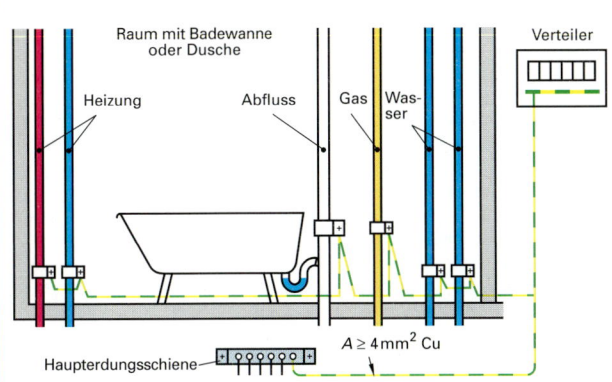

Raum mit Badewanne oder Dusche

Heizung    Abfluss    Gas  Was-
                            ser

Verteiler

$A \geq 4\,\text{mm}^2$ Cu

Haupterdungsschiene

Dieser zusätzliche Potenzialausgleich kann auch außerhalb des Raumes mit Badewanne oder Dusche erfolgen, z. B. im darunter liegenden Raum.

Der Anschluss an die Haupterdungsschiene kann direkt oder über den Etagenverteiler erfolgen.

Der früher vorgeschriebene Anschluss der Wanne ist oft vorhanden und kann bleiben.

EI

## Zusatzbestimmungen für Räume und Anlagen besonderer Art

| Räume | Betriebsmittel | Beispiele | Leitungen |
|---|---|---|---|
| Feuchte und nasse Räume | Mindestens tropfwassergeschützt; IP X1 Kondenswasseransammlung muss vermieden werden. Handleuchten strahlwassergeschützt; IP X5. Angestrahlte Betriebsmittel ebenfalls IP X5. | Waschküchen, Backstuben, Kühlräume | Für feste Verlegung: Feuchtraumleitungen mit Kunststoffumhüllungen oder Kabel. Als bewegliche Leitungen: mindestens H07RN-F oder gleichwertige. |
| | | Wagenwaschräume, galvanische Betriebe | |
| Geschützte Anlagen im Freien | Wie feuchte und nasse Räume. | überdachte Bahnsteige, überdachte Tankstellen | |
| Ungeschützte Anlagen im Freien | Mindestens sprühwassergeschützt; IP X3 Leuchten mindestens regengeschützt. | Rampen, nicht überdachte Bahnsteige | |

## Arbeiten unter Spannung

vgl. DIN VDE 0105-100 : 2005-06

| Anlage | Spannungen (Bemessungsspannung des Netzes) | | | | |
|---|---|---|---|---|---|
| | bis AC 50 V, DC 120 V | AC ab 50 V bis 250 V, DC ab 120 V | AC ≤ 500 V | AC ≤ 1000 V DC ≤ 1500 V | AC > 1000 V DC > 1500 V |
| Trockene Räume | zulässig | Zur Gefahrenabwendung, falls Abschalten wirtschaftlich nicht möglich. | Nur zur Abwendung von Lebensgefahr sowie Explosions- und Brandgefahr, unter Beachtung geeigneter Schutzmaßnahmen. | | |
| Feuchte und ähnliche Räume | zulässig | Zur Gefahrenabwendung, zweite unterwiesene Person nötig. | verboten | | |
| Elektrizitätswerke und Industriebetriebe | zulässig | Zur Gefahrenabwendung und falls Abschalten nicht möglich ist. | verboten | | |
| Akkumulatoren | zulässig | Bei geeigneten Sicherheitsmaßnahmen zulässig. | | | Zweite unterwiesene Person nötig. |
| Prüffelder und Laboratorien | zulässig | Bei geeigneten Sicherheitsmaßnahmen zulässig. | | | |
| Feuer- und explosionsgefährdete Räume | verboten | | | | |

Arbeiten unter Spannung dürfen nur durch Elektrofachkräfte unter Benutzung geeigneter Schutzvorrichtungen ausgeführt werden. Bei Reinigungsarbeiten gelten dieselben Vorschriften wie beim Arbeiten unter Spannung.

# Saunaanlagen und Schwimmbecken Sauna equipments, swimming pools

**EI**

| Begriff | Erklärung, Vorschrift | Bemerkung |
|---|---|---|
| **Heißluftsauna** | | vgl. DIN VDE 0100-703: 1992-06 |
| Anlage | Heißluftsaunaräume, die elektrisch beheizt werden, mit einer hohen Betriebstemperatur und mit einer niedrigen relativen Luftfeuchtigkeit. | Bei Aufgüssen ist eine kurzzeitige Erhöhung der relativen Luftfeuchtigkeit erlaubt. |
| Schutzmaßnahmen gegen gefährliche Körperströme | Bei Anwendung von SELV oder PELV:<br>• Abdeckungen oder Umhüllungen in Schutzart IP 2X,<br>• Isolationen müssen einer Prüfspannung von 500 V für die Dauer von 1 min standhalten. | Nicht zulässig sind Schutz durch<br>• Hindernisse und Abstände,<br>• nichtleitende Räume und durch erdfreien, örtlichen Potenzialausgleich. |
| Betriebsmittel (BM) | Zwingend vorgeschrieben sind Schutzart IP 24 und schutzisolierte Kabel und Leitungen.<br>In den Bereichen ① bis ④ gelten **(Bild unten links):**<br>①Nur BM montieren, die zu den Saunaheizgeräten gehören.<br>②An die BM werden keine besonderen Anforderungen bezüglich der Wärmefestigkeit gestellt.<br>③BM müssen Temperaturen von 125 °C standhalten.<br>④Hier dürfen Leuchten, Steuereinrichtungen von Heizgeräten und deren Verbindungsleitungen verwendet werden, wenn sie 125 °C aushalten. | Nicht zulässig sind:<br>• Kabel und Leitungen mit Metallmänteln und in Metallrohren,<br>• Schaltgeräte, sofern sie nicht im Heizgerät eingebaut sind,<br>• Steckdosen. |
| **Schwimmbecken** | | vgl. DIN VDE 0100-702: 2003-11 |
| Schutzmaßnahmen in den Bereichen ⓪, ① und ② **(Bild unten rechts)** | Fehlerschutz für Bereiche ⓪ und ①:<br>• Wie bei Heißluftsauna.<br>• SELV AC ≤ 12 V, DC ≤ 30 V.<br>Fehlerschutz für Bereich ②:<br>SELV Schutztrennung für ein Verbrauchsmittel oder RCD $(I_{\Delta N} \leq 30\ mA)$<br>zusätzlicher Potenzialausgleich:<br>• Fremde leitfähige Teile und Fußböden mit nichtisolierender Eigenschaft sind in den zusätzlichen örtlichen Potenzialausgleich einzubeziehen.<br>• Leitende Verbindung muss zwischen Potenzialausgleich und PE der Körper in diesen Bereichen hergestellt werden. | Nicht zulässig sind die bei Heißluftsauna nicht zulässigen Maßnahmen. |
| Betriebsmittel (BM) | Vorgeschriebene Schutzart in den Bereichen **(Bild unten rechts):**<br>⓪ IP X8, ① IP X5, ② IP X2 für überdachte Schwimmbecken, IP X4 für Freibäder, IP X5 bei Einsatz von Strahlwasser.<br>Zulässig sind in den Bereichen ⓪ bis ②:<br>⓪, ① Festinstallierte, für Schwimmbäder hergestellte Geräte,<br>② Leuchten der Schutzklasse II, Geräte der Schutzklasse I bei Einsatz einer RCD mit $(I_{\Delta N} = 30\ mA)$. | Nicht zulässig sind:<br>⓪, ① Kabel oder Leitungen für Geräte in anderen Bereichen, Abzweigdosen, Schalter, Steckdosen.<br>② Schalter und Steckdosen, die nicht geschützt sind durch Schutztrennung, SELV oder PELV oder RCD. |

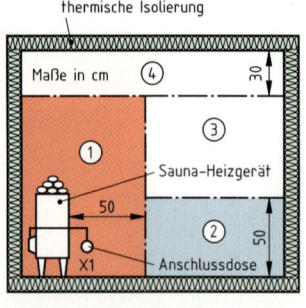

**Bereiche bei Heißluftsaunaräumen**

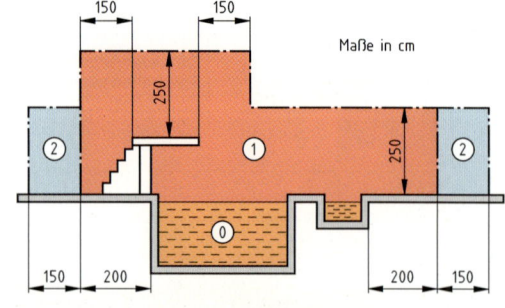

**Bereiche bei Schwimm- und Planschbecken**

# Elektroinstallation in feuergefährdeten Betriebsstätten
## Electrical installation in inflammable sites

vgl. DIN VDE 0100-482: 2003-06

| Begriff | Erklärungen, Vorschriften | Beispiele, Hinweise |
|---|---|---|
| Feuergefährdete Betriebsstätten | Feuer in Betriebsstätten, auch im Freien, kann durch höhere Temperaturen an elektrischen Betriebsmitteln oder durch Lichtbogen entstehen, wenn leicht entzündliche Stoffe in gefahrdrohender Menge in der Nähe gelagert werden. | Arbeitsräume, Trockenräume und Lagerräume in Papierverarbeitungsbetrieben, Textilverarbeitungsbetrieben, Holzverarbeitungsbetrieben. In landwirtschaftlichen Betrieben, wenn z.B. Heu, Stroh, Jute oder Flachs gelagert werden. |
| Leicht entzündliche Stoffe | Feste Stoffe, die selbst weiterbrennen oder weiterglimmen, wenn sie 10 s einer Flamme, z.B. einer Zündholzflamme, ausgesetzt werden. | Heu,       Magnesiumspäne,<br>Stroh,      Reisig,<br>Strohstaub,   loses Papier,<br>Hobelspäne,   Baumwollfasern,<br>lose Holzwolle, Zellwollfasern. |
| Leitungen und Kabel | Fest verlegt:   NYM, NYY<br>Beweglich:    H07RN-F, NSSHÖU<br><br>Nicht isolierte Schleifleitungen dürfen nur in Räumen installiert werden, in denen keine leicht entzündlichen Stäube auftreten. | Fest verlegte Leitungen sind direkt auf oder in der Wand zu verlegen.<br><br>An mechanisch besonders gefährdeten Stellen sind die Leitungen in Kunststoffrohren zu verlegen. |
| Brandverhütung bei Installationsfehlern | Es ist eine der folgenden Maßnahmen anzuwenden:<br><br>**Überstrom-Schutzeinrichtung**<br><br>Der Leitungswiderstand ist so zu wählen, dass bei vollkommenem Kurzschluss die vorgeschaltete Überstrom-Schutzeinrichtung innerhalb von 5 s auslöst.<br><br>**Schutzabstand**<br><br>Isolationsfehlern ist durch getrenntes Verlegen von Hinleitung, Rückleitung und Schutzleiter vorzubeugen.<br><br>**Isolationsüberwachung**<br><br>Die Isolation von fest verlegten Mantelleitungen ist mit einem Überwachungsleiter, z.B. in Verbindung mit RCM oder RCD zu überwachen. Der Überwachungsleiter muss im gesamten Leitungsverlauf (auch in der Zuleitung zu Betriebsmitteln der Schutzklasse II) angeschlossen und geerdet sein. | Die Maßnahmen darf man auch kombinieren.<br><br><br>Bei dieser Maßnahme sind Leitungen oder Kabel mit Kunststoffmänteln, z.B. aus PVC (Polyvinylchlorid), EPR (Ethylen-Propylen-Kautschuk) oder VPE (vernetztes Polyethylen), zu verwenden.<br><br>Bei AC dürfen die einzelnen Leiter nicht in metallischen Schutzrohren liegen (wegen der entstehenden Wirbelströme).<br><br>Als Überwachungsleiter sind Leiter in mehradrigen Leitungen und Kabeln, isolierte oder blanke Leiter in gemeinsamer Umhüllung mit Außenleiter und Neutralleiter erlaubt, z.B. in Rohren. Erlaubt sind auch metallene Umhüllungen, z.B. Mäntel, Schirme, Metallrohre.<br><br>Bemessungsdifferenzstrom (Nennfehlerstrom) $I_{\Delta N} \leq 300$ mA |
| Verteilungssystem, Trennklemmen | Innerhalb der feuergefährdeten Betriebsstätte ist immer, also auch bei Leiterquerschnitten > 10 mm², ein TN-S-System aufzubauen. Durch den Einbau von Trennklemmen an der Neutralleiterschiene kann auch der Isolationswiderstand des Neutralleiters gegen Erde gemessen werden. | Diese Forderung gilt nicht für Einzelgaragen oder Ölfeuerungsanlagen. |

**EI**

Für die Betriebsmittel-Zeile mit eingebetteter Tabelle:

| Betriebsmittel | IP-Schutzart bei Feuergefährdung durch | | Steckvorrichtungen sind in abgedeckter Ausführung zu installieren. |
|---|---|---|---|
| | **Staub und/oder Fasern** | **andere leicht entzündliche Stoffe** | Motoren mit Motorschutzschalter sind mit Wiedereinschaltsperre auszustatten. |
| | IP 5X | IP 4X | Leuchten müssen bei Feuergefährdung durch Staub oder Fasern das Zeichen ⛛ ⛛ tragen. |
| | Ausnahme.<br>Bei Maschinen mit Käfigläufern IP 4X (zugehöriger Klemmkasten in IP 5X) | Ausnahme.<br>Elektrowärmegeräte in IP 2X | Bei Gefahr der mechanischen Beschädigung sind Schutzgitter oder Schutzkorb vorzusehen. Wärmegeräte sind auf nicht brennbarer Unterlage zu installieren und dürfen keine Wärmespeicherung haben, wenn sie durch Staub oder Fasern gefährdet werden. |
| | **Bei der Installation von Betriebsmitteln sind behördliche Verordnungen zu beachten.** | | |

# Elektroinstallation in landwirtschaftlichen Betriebsstätten
## Electrical installation in agricultural plants

**EI**

| Begriff | Erklärung, Vorschrift | Hinweise, Beispiele |
|---|---|---|
| Landwirt-schaftliche und garten-bauliche Anwesen | Räume und Bereiche (auch im Freien), die der Land-wirtschaft, dem Gartenbau, der Forstwirtschaft u. Ä. dienen. Je nach Gefährdung in der Betriebsstätte, z. B. Milchkammer, Scheune, Lager für Betriebs-stoffe, müssen installierte elektrische Betriebsmittel unterschiedliche Eigenschaften aufweisen. | Gefahren: Nässe, Staub, chemisch aggressive Dämpfe, Säuren, Salze, Brandgefahr, Explosionsgefahr. |
| Schutz gegen gefährliche Körper-ströme | ● Auch bei SELV muss der Schutz gegen direktes Berühren sichergestellt sein.<br><br>● In Stromkreisen mit Steckdosen sind im TN-, TT- oder IT-System pulsstromsensitive oder all-stromsensitive RCDs mit $I_{\triangle N} \leq 30$ mA einzu-bauen.<br><br>● Höchstzulässige Berührungsspannung: bei AC $U_L = 25$ V, bei DC $U_L = 60$ V.<br><br>● Alle Betriebsmittel und alle fremden leitfähigen Teile sind im Standbereich der Tiere durch einen Potenzialausgleich untereinander und mit dem Schutzleiter der Anlage zu verbinden. | Bei SELV sind Abdeckungen oder Um-hüllungen in Schutzart IP 2X auszuführen.<br><br>Pulsstromsensitive RCDs lösen bei Fehler-strömen aus, die aus Wechselstrom oder gleichgerichtetem Wechselstrom beste-hen, allstromsensitive auch bei Gleich-strom.<br><br>Im Fußboden sollte ein mit dem Schutzlei-ter verbundenes Metallgitter eingebaut sein. Das ist aber nicht vorgeschrieben. |
| Schutz gegen thermische Einflüsse | ● Der Brandschutz ist durch eine Fehlerstrom-Schutzeinrichtung (RCD) mit $I_{\triangle N} \leq 0,3$ A sicher-zustellen.<br><br>● Heizgeräte müssen in ausreichendem Abstand von den Tieren und von brennbarem Material sicher befestigt werden.<br><br>● Heizstrahler müssen in einem Abstand $\geq 0,5$ m von Tieren und brennbarem Material montiert werden. | Wenn keine Fehlerstrom-Schutzeinrich-tung (RCD) verwendet werden kann, muss eine Isolationsüberwachungseinrichtung das Auftreten eines Isolationsfehlers optisch oder akustisch melden.<br><br>Damit wird einer Verbrennungsgefahr und einer Brandgefahr vorgebeugt. |
| Betriebs-mittel | ● Betriebsmittel müssen mindestens der Schutz-art IP 44 entsprechen.<br><br>● Es dürfen nur Betriebsmittel installiert werden, die für die Anwendung in diesen Räumen oder Orten erforderlich sind.<br><br>● Schaltgeräte für Steuerungen, für Schutzmaß-nahmen oder für Trennung sind außerhalb von feuergefährdeten Betriebsstätten zu montieren.<br><br>● Schaltgeräte für NOT-AUS und NOT-Halt sind so zu installieren, dass sie von Tieren nicht erreicht werden.<br><br>● Motoren, die automatisch betrieben oder fern-bedient werden, müssen durch eine von Hand rückstellbare Schutzeinrichtung gegen über-mäßigen Temperaturanstieg geschützt werden.<br><br>● Leuchten müssen der Schutzart IP 4X entspre-chen, wenn kein Staub auftritt und IP 5X, wenn Staub auftritt. | Die Betriebsmittel dürfen keine unzulässig hohen Betriebstemperaturen annehmen und einen Brand verursachen, auch wenn sich Staub auf ihnen ablagert.<br><br>Ausnahme: Betriebsmittel, die der Schutz-art IP 4X entsprechen, wenn kein Staub auftritt und IP 5X, wenn Staub auftritt.<br><br>Die Schaltgeräte müssen zugänglich sein. Tieren darf es nicht möglich sein, den Zugang zu behindern.<br><br>Als bewegliche Leitungen sind im Außen-bereich schwere Gummischlauchleitun-gen zu verwenden.<br><br>Leuchten und Lampen müssen gegen me-chanische Beanspruchungen geschützt sein, z.B. durch Kunststoffhüllen, Gitter oder robuste Glasabdeckungen. |
| Kabel und Leitungen | ● Kabel und Leitungen dürfen keinen Brand über-tragen.<br><br>● Sie dürfen nur in Betriebsmitteln, wie zuvor beschrieben, verbunden oder geklemmt werden und müssen bei Überlast und Kurzschluss geschützt sein.<br><br>● Für feste Verlegung sind Leitungen des Typs NYM oder Kabel NYY zu verwenden.<br><br>● Verlegearten innerhalb befahrbarer Bereiche: Kabel im Erdboden, z.B. NYY, oder Mantel-leitungen für selbsttragende Aufhängung. | Nur Kabel und Leitungen mit PVC-Mantel verwenden.<br><br>Die Schutzeinrichtung ist vor den Räumen oder Orten mit Brandgefahr anzubringen.<br><br>Kabel und Leitungen sind so zu verlegen, dass sie von Nutztieren nicht erreicht und beschädigt werden können.<br><br>NYMZ oder NYMT, Verlegehöhe mindes-tens 5 m. |

# Elektroinstallation in Unterrichtsräumen mit Experimentierständen
## Electrical installation in class-rooms with experimental desks

**EI**

| Art | Erklärung | Beispiele, Bemerkungen |
|---|---|---|
| **Begriffe** | | vgl. DIN VDE 0100-723: 2005-06 |
| Unterrichtsräume | Räume in Schulen und Ausbildungsstätten, die der Wissensvermittlung dienen. | Schulsäle, Elektrolabor, Physiklabor, Werkstofflabor, Vorlesungs- und Praktikaräume. |
| Experimentierstände | Plätze, die in Unterrichtsräumen ein Experimentieren mit elektronischen Betriebsmitteln oder Einrichtungen erlauben. | Experimentierstände zum Vorführen (Vorführstand) oder zum Üben (Übungsstand). |
| **Anforderungen** | | |
| Schaltgeräte[1] | Zum Freischalten geeignet; gleichzeitiges Schalten aller nicht geerdeten Leiter. Schutz gegen unbefugtes Schalten. | NOT-AUS-Einrichtung für die NOT-AUS-Schaltung. |
| NOT-AUS-Schaltung[1] | • Betätigung muss alle Stromkreise an allen Experimentierständen des Raumes freischalten.<br>• Betätigungsorgane müssen leicht, schnell und gefahrlos erreichbar sein.<br>• Das Schaltgerät für das Wiedereinschalten nach Betätigen der Einrichtung für NOT-AUS-Schaltung muss gegen unbefugtes Einschalten gesichert sein. | Je ein Betätigungsorgan an<br>• den Ausgängen des Unterrichtsraumes,<br>• jedem Vorführstand. |
| Fremde leitfähige Teile im Handbereich | • Isolieren,<br>• Abdecken,<br>• Umhüllen,<br>• Über Potenzialausgleichsleiter miteinander und mit dem PE verbinden. | • Heizungen,<br>• Gasrohre und Wasserrohre |
| Isolationszustand der Fußböden | $R_x \geq 50\ k\Omega$ bei $U_N \leq$ AC 500V oder DC 750V<br>$R_x \geq 100\ k\Omega$ bei $U_N >$ AC 500V oder DC 750V | Werden diese Werte nicht erreicht, muss eine isolierende Matte verwendet werden. |
| Bei Schutz durch Abschaltung oder Meldung oder bei FELV: RCD mit $I_{\triangle N} \leq 30$ mA. | | |

## Ersatzstromversorgungsanlagen Stand-by power supply installations

| | | |
|---|---|---|
| **Begriffe** | | |
| Ersatzstromversorgungsanlagen[2] | Stromversorgungsanlagen, welche die elektrische Energieversorgung nach Ausfall oder Abschaltung der normalen Stromversorgung übernehmen. Ersatzstromversorgungsanlagen bestehen aus<br>• Ersatzstromerzeugern,<br>• deren Schaltanlagen und<br>• Hilfseinrichtungen. | Energieversorgung von<br>• Netzteilen,<br>• Verbraucheranlagen,<br>• einzelnen Verbrauchsmitteln.<br>Ersatzstromerzeuger sind z.B.<br>• Generatoren,<br>• Batterien. |
| **Anforderungen** | | |
| Schutz gegen gefährliche Körperströme | • SELV oder PELV.<br>• Schutz durch Abschaltung oder Meldung.<br>• In TN- und TT-Systemen: Nur RCDs.<br>• In IT-Systemen: Alle Körper durch PE-Leiter miteinander verbinden. $R_A \leq 100\ \Omega$ ausreichend.<br>• Schutzklasse II,<br>• Schutztrennung. | Eigene Schutzmaßnahmen sind erforderlich, wenn ein Verteilungsnetz der normalen Stromversorgung nicht vorhanden ist oder wenn nicht sichergestellt ist, dass die angewendete Schutzmaßnahme wirksam bleibt. |
| Leitungen | H07RN-F oder gleichwertige Leitungen. | Bewegliche Leitungen zum vorübergehenden Einspeisen in ein Verteilungsnetz. |
| Aufstellungsräume | Trocken, evtl. heizbar (Raumtemperatur mindestens 5 °C), belüftbar. | Z.B. trockene Kellerräume. |

[1] Nicht erforderlich, wenn Schutz gegen gefährliche Körperströme durch SELV oder PELV gewährleistet ist.
[2] Siehe auch Seite 225 und 229.

## Einteilung in Gruppen

| Gruppe | Erklärung | Bemerkung, Beispiele |
|---|---|---|
| 0 | Bereich, in dem die Stromversorgung ohne Schaden für den Patienten abgeschaltet werden kann. Anwendungsteile (Teile von elektromedizinischen Geräten mit Kontakt zum Patienten) werden nicht eingesetzt. | Aufenthaltsräume, in denen keine elektromedizinischen Geräte eingesetzt werden oder nur solche, die auch außerhalb von medizinisch genutzten Bereichen verwendet werden dürfen, z.B. elektronische Fieberthermometer. |
| 1 | Bereich, in dem die Stromversorgung ohne Schaden für den Patienten *kurz* abgeschaltet werden kann. Anwendungsteile werden am oder im Patienten eingesetzt, aber nicht solche nach Gruppe 2. | Betenräume in Kliniken oder Krankenhäusern, Praxisräume, z.B. für Allgemeinarzt oder Zahnarzt, Therapieräume, z.B. zur Bestrahlung, Entbindungsräume für problemlose Geburten. |
| 2 | Bereich, in dem die Stromversorgung nicht abgeschaltet werden darf, weil Untersuchung und Behandlung nicht abgebrochen werden dürfen. | Operationsräume mit Aufwachräumen, Intensivstationen, z.B. mit Beatmungsgerät, Endoskopieräume, z.B. zur Darmuntersuchung. |

## Stromversorgung

| Begriff | Bemerkung | Schaltung |
|---|---|---|
| Hauptverteiler HV | Verteiler im Gebäude mit der Funktion Hauptverteilung (**Bild**). Man unterscheidet allgemeine HV und HV für die Sicherheitsstromversorgung. Die zusätzliche SSV liegt näher an ihrer Last, z.B. vor Räumen der Gruppe 2. | |
| TN-S-System | Bei Neuanlagen vorgeschriebenes System, da sonst über den PEN-Leiter Störungen galvanisch eingekoppelt werden könnten. Die Aufteilung des PEN-Leiters in PE-Leiter und N-Leiter erfolgt im Hauptverteiler. | |
| SSV | Kurzform von Sicherheitsstromversorgung. Im Teil 710 von DIN VDE 0100 werden unterschieden allgemeine SSV und zusätzliche SSV. | |

**Stromversorgung**

## Schutzmaßnahmen gegen elektrischen Schlag

| Berühren | Schutzmaßnahmen allgemein | Bemerkung, Beispiele |
|---|---|---|
| **Gruppe 0** | | |
| direkt | Übliche Maßnahmen, nicht Schutz durch Abstand oder Hindernis. | Isolierung oder Umhüllung, PELV oder SELV |
| indirekt Fehlerschutz) | Übliche Maßnahmen der Elektroinstallation, aber nicht FELV. | Automatische Abschaltung im Fehlerfall, SELV oder PELV, Schutzklasse II, Schutztrennung. |
| **Gruppe 1** | | |
| direkt | Übliche Maßnahmen der Elektroinstallation, SELV oder PELV mit Isolierung oder Umhüllung. | Isolierung oder Umhüllung, SELV oder PELV mit Isolierung bei AC < 25 V bzw. DC < 60 V. |
| indirekt (Fehlerschutz) | Immer zusätzlicher Potenzialausgleich, Schutzklasse II, SELV und PELV mit $AC \leq 25$ V bzw. $DC \leq 60$ V, Schutztrennung mit nur einem Verbraucher, Abschaltung mit RCD, IT-System. | Bei Schutztrennung $U_N$ bis 240 V, bei AC $U_N \leq 25$ V, RCDs mit $I_{\triangle N} \leq 30$ mA für Licht- und Steckdosenstromkreise in der Patientenumgebung, RCDs für Sach- und Brandschutz bis $I_{\triangle N} \leq 300$ mA. |
| **Gruppe 2** | | |
| direkt | wie bei Gruppe 1 | wie bei Gruppe 1 |
| indirekt (Fehlerschutz) | Immer zusätzlicher Potenzialausgleich, immer IT-System, Schutzklasse II, SELV und PELV wie Gruppe 1, Schutztrennung wie Gruppe 1. | Abschaltung mit RCD nur bei Großgeräten und wenig Risiko tragenden Stromkreisen. |

$U_L$ bestehen bleibende Berührungsspannung, $I_{\triangle N}$ Bemessungsdifferenzstrom, $U_N$ Bemessungsspannung
Schutzmaßnahmen einer Gruppe über Gruppe 0 dürfen immer auch in einer Gruppe mit kleinerer Gruppennummer verwendet werden, also Schutzmaßnahmen der Gruppe 2 auch in den Gruppen 1 und 0.

| Art | Erklärung | Bemerkung, Beispiele, Schaltung |
|---|---|---|
| **Spezielle Anforderungen an IT-Systeme in medizinisch genutzten Bereichen** | | |
| Anwendung | Operationsleuchten und vergleichbare Leuchten, Steckdosen für medizinische Geräte. | In Bereichen der Gruppe 2 ist IT-System zwingend vorgeschrieben, da hier eine Abschaltung den Patienten schädigen könnte. |
| Transformatoren | Je IT-System ein sicher gebauter Einphasentransformator von 3,15 kVA bis 8 kVA. Wenn 3 AC notwendig, dann ist dafür ein Drehstromtransformator erforderlich. Ableitstrom im Leerlauf bis 0,5 mA. Je Patientenplatz 1,1 kW erforderlich, deshalb meist mehrere IT-Systeme. Es wird empfohlen, höchstens vier Betten je IT-System zu versorgen. | |
| Verteiler | Anordnung möglichst außerhalb der medizinisch genutzten Bereiche. Verteiler für Bereiche der Gruppe 2 werden über zwei unabhängige Zuleitungen versorgt. Bei Ausfall eines Außenleiters in einer Zuleitung muss automatisch auf die andere Zuleitung umgeschaltet werden. | |
| Isolations-Überwachungsgerät | Jedes einzelne IT-System muss ein Überwachungsgerät haben. Anzeige muss erfolgen, wenn Isolationswiderstand unter 50 kΩ sinkt oder wenn PE oder Netzanschluss unterbrochen ist. | |
| Umschalteinrichtung | Überwacht in Bereichen der Gruppe 2 die Versorgung des Verteilers. Leitungen von Umschalteinrichtung zum Transformator und von dort zum Verteiler müssen kurzschlusssicher und erdschlusssicher verlegt sein. | Kurzschluss- und erdschlusssichere Verlegung durch einadrige Kabel, Aderleitung mit $U = 1,8$ kV/3 kV, starre Leiter mit ausreichenden Abständen oder Kabel in abgeschlossenen elektrischen Betriebsstätten. |
| Alarmeinrichtung | Signalgabe akustisch und optisch. Grüne Lampe: Normalbetrieb, gelbe Lampe: erster Fehler vorhanden. | Akustischer Alarm: Isolationswiderstand zu klein oder Last- oder Transformatortemperatur zu groß. |
| **Sicherheitsstromversorgung SSV** | | |
| allgemeine SSV | Anschluss der am meisten notwendigen Verbrauchsmittel, bei denen die Umschaltzeit bis 15 s betragen darf. Stromquellen: Generator mit Verbrennungsmotor oder Akkumulator mit Wechselrichter. | Lüftungsanlagen, Personenrufanlagen, Alarm- und Warnanlagen, medizinische elektrische Geräte, Vakuumversorgung, Narkoseabsaugung, allgemeine Sicherheitsbeleuchtung. Primärelemente oder zusätzliche Einspeisung aus der allgemeinen Stromversorgung sind nicht zulässig. |
| zusätzliche SSV | Anschluss der notwendigen Verbrauchsmittel mit einer Umschaltzeit bis 0,5 s. Stromquelle: Akkumulator mit Wechselrichter. | Vor allem für Räume der Gruppe 2 notwendig für Operationsleuchten und weitere unentbehrliche Leuchten sowie für lebenswichtige Einrichtungen, die keine Unterbrechung erlauben, z.B. Dialysegeräte. |
| Sicherheitsbeleuchtung | Erforderlich innerhalb von 15 s für Rettungswege, Ausgangswegweiser, Räume der Gruppen 1 und 2, Schaltgeräte und Steuergeräte der Stromversorgung. | Leuchten für Rettungswege oder für Gruppen 1 und 2 sind auf mehrere Stromkreise aufzuteilen. |
| Umschalteinrichtung | Umschaltung auf SSV muss automatisch erfolgen, sobald die Spannung vor der Umschalteinrichtung um mehr als 10% sinkt. | Optische Anzeige: grüne Lampe für „betriebsbereit", gelbe Lampe für „Betrieb über SSV". Störzustand durch akustisches und optisches Signal, z.B. Schnarre und rotes Blinken. |
| SSV-Versorgungsnetz | Für Sicherheitseinrichtungen ist ein getrenntes Verteilungsnetz einzurichten. | Das gilt z.B. für die Sicherheitsbeleuchtung. |

Unterbrechungsfreie Stromversorgungsanlagen USV sind zusätzlich für Computer erforderlich, wenn lebenswichtige Einrichtungen über Computer gesteuert werden.

# Elektroinstallation in explosionsgefährdeten Bereichen
## Electrical installation in explosion-endangered areas

EI

## Grundbegriffe

vgl. DIN EN 50281-3 (VDE 0165-102): 2003-5

| Begriff | Erklärung, Vorschrift | Beispiele, Hinweise |
|---|---|---|
| Explosions-gefährdeter Bereich | Betriebsstätte, auch im Freien, in der sich eine explosionsfähige Atmosphäre in gefahrdrohender Menge ansammeln kann. | Bereiche um Gasbehälter, Tankstellen, Farbspritzanlagen, Mahlmühlen. |
| Explosions-fähige Atmosphäre | Gemisch von brennbaren Gasen, Dämpfen, Nebeln oder Stäuben mit Luft bei einem Druck von 80 kPa bis 110 kPa und einer Gemischtemperatur von − 20 °C bis 60 °C. Das Gemisch kann durch eine hohe Temperatur, einen Lichtbogen oder einen Funken gezündet werden und dehnt sich danach stark und sehr rasch aus. | Gas-Luftgemisch, Staub-Luftgemisch. |

### Einteilung der explosionsfähigen Atmosphäre

| | Zonen | | Betriebsmittel | | |
|---|---|---|---|---|---|
| | Zone | Häufigkeit der Explosionsgefahr | Kategorie | Grad der Sicherheit | |
| Gas (Gas G) | 0 | ständig oder langzeitig oder häufig | 1G | sehr hohes Maß an Sicherheit selbst bei selten auftretenden Gerätestörungen durch • zweite unabhängige Schutzmaßnahme • Sicherheit bei zwei unabhängigen Fehlern | |
| Staub (Dust D) | 20 | | 1D | | |
| Gas | 1 | mit gelegentlichem Auftreten im Normalbetrieb | 2G | hohes Maß an Sicherheit, selbst bei Gerätestörungen | |
| Staub | 21 | | 2D | | |
| Gas | 2 | im Normalbetrieb nicht oder nur kurzzeitig | 3G | normales Maß an Sicherheit bei Normalbetrieb | |
| Staub | 22 | | 3D | | |

Zone 21
Umgebung mit r = 1 m
**Sackentleerstation**

Zone 0 — Zone 1 — Zone 2

**Rührwerk**

## Allgemeine Anforderung an die Elektroinstallation

| Betriebs-mittel (BM) | BM nur dann installieren, wenn sie für den Betrieb der Anlage unbedingt erforderlich sind. BM entsprechend den Zonen, den Temperaturklassen und den Explosionsgruppen der brennbaren Stoffe auswählen. | BM für Zone 0 sind auch in den Zonen 1 und 2, BM für die Zone 20 auch in der Zone 21 zulässig. |
|---|---|---|
| Schutzmaß-nahmen | Schutz gegen direktes Berühren: Nur Schutzmaßnahmen mit Schutz gegen direktes Berühren verwenden, oder das Berühren aktiver Teile durch die Art des Errichtens verhindern. Schutz bei indirektem Berühren: Der Schutz gegen gefährliche Körperströme ist durch Einhalten der entsprechenden Vorschriften gegeben. Potenzialausgleich zwischen den Betriebsmitteln. | In TN-Systemen muss außerhalb von Schalt- und Verteilungsanlagen bei Leiterquerschnitten < 10 mm² eine Isolationsmessung aller Neutralleiter gegen Erde ohne Abtrennung der Neutralleiter möglich sein. Bei Systemen mit PELV muss ein Potenzialausgleich zwischen den Körpern der BM und der Erdung der Stromquelle erfolgen. |

| Kabel und Leitungen | Auswahl nach DIN VDE 0298 oder DIN VDE 0891: Aderleitung H07V können in Schalt- und Verteilungsanlagen und in geschlossenen Rohrsystemen verwendet werden. Als Anschlussleitungen für ortsveränderliche BM mit $U_N$ < 750 V sind Gummischlauchleitungen der Bauart H07RN zu verwenden. Durchführungsöffnungen für Kabel zu nicht explosionsgefährdeten Bereichen sind ausreichend dicht zu verschließen. Bei besonderer Beanspruchung sind Kabel und Leitungen in Schutzrohren und Schutzschläuchen aus Kunststoff oder Metall mit Kantenschutz zu verlegen. Leiterverbindungen außerhalb eines BM dürfen nur durch Pressverbindungen hergestellt werden. |
|---|---|

**Mindestquerschnitte für Kupferleiter**

| Leitung | feindrähtig | eindrähtig |
|---|---|---|
| einadrig | 1 mm² | 1,5 mm² |
| ≤ 5-adrig | 0,75 mm² | 1,5 mm² |
| > 5-adrig | 0,5 mm² | 1 mm² |
| Leitungen in Informationsanlagen | 0,5 mm² | 0,5 mm² |

# Kraftinstallation in Werkstätten und Maschinenhallen
## Power installation in workshops and machine halls

## Anordnung der Schienensysteme

**Ringstrang**
mit 2 Einspeisungspunkten

**Maschennetz**
mit 3 Einspeisungspunkten

**Hauptstrang**
mit Untersträngen

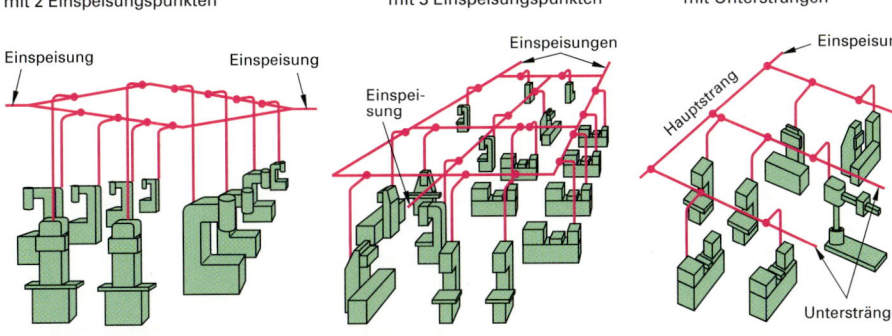

**EI**

## Stromschienensysteme

| Bezeichnung | | Anwendung | Bemerkungen |
|---|---|---|---|
| Schienenverteiler, fabrikfertig | ohne Abgänge | Stromversorgung in Gebäuden | Horizontale oder vertikale Anordnung, Ersatz für Kabel |
| | mit Abgängen | Hauptleitungen in Hochhäusern | Ersatz für Kabel |
| | mit veränderbaren Abgängen | Versorgung von Verbrauchsmitteln | Maschinen, leicht umstellbar |
| | mit Stromabnehmerwagen | Versorgung ortsveränderlicher Verbraucher | Für Elektrowerkzeuge |
| | für Leuchten | Lichtbänder | Auch kombiniert mit Kraftversorgung |
| Stromschienensystem, nicht fabrikfertig | abgedeckt, umhüllt, z.T. offen | Verbindung von Transformator mit Niederspannungs-Hauptschaltanlage | Ersatz für Kabel, Ersatz für Hauptleitungen in Hochhäusern. |
| Schleifleitungen | abgedeckt, z.T. offen | Stromversorgung von Hebezeugen | Nur außerhalb des Handbereichs zulässig. |

Schutzmaßnahmen: Körper der Stromschienensysteme Schutzklasse I müssen an der gekennzeichneten Stelle mit dem Schutzleiter verbunden werden.

Für Stromschienensysteme Schutzklasse II gelten die Bestimmungen für Schaltanlagen und Verteiler.

Anschlussstellen: Auch nach dem Errichten der Anlage noch ohne Schwierigkeiten zugänglich halten.

Befestigung: Zuverlässig. Bei Übergang von horizontal in vertikal muss gewichtsbedingte Verschiebung berücksichtigt werden.

Längendehnung: Abhilfe durch Einbau von Dehnungsbändern.

Anschlüsse und Verbindungen: Bei fabrikfertigen Systemen nur mit passenden Zubehörteilen.

## Schienensysteme

| Bem.-strom der Schienen in A | | 125 | 250 | 400 | Anbringung | | | | |
|---|---|---|---|---|---|---|---|---|---|
| Bemessungsstrom der Vorsicherung in A | | 125 | 225 | 355 | an der Decke | an der Wand | auf Stützen | zwischen Maschinen | unter dem Boden |
| Höchste entnehmbare Leistung in kVA | bei 230 V | 47 | 95 | 150 | | | | | |
| | bei 400 V | 82 | 165 | 260 | | | | | |
| Höchstzulässige Transformatorleistung in kVA | bei 230 V | $u_K =$ 8% | 1250 | $u_K =$ 4% | 800 | | | | |
| | bei 400 V | | 2000 | | 1250 | | | | |
| Zulässiger Stoßkurzschlussstrom | | 50 000 A | | | | | | | |

**EI**

### Leuchtstofflampen für Starterbetrieb

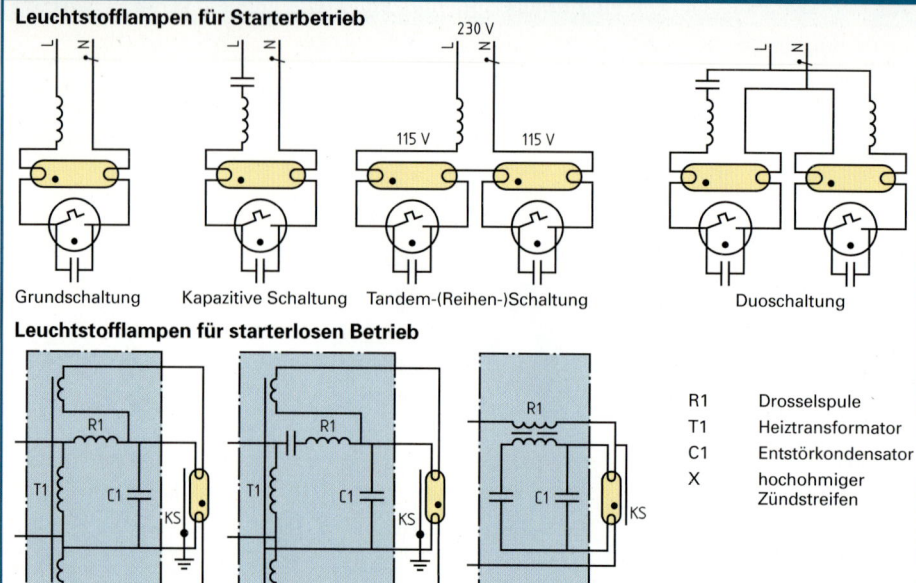

Grundschaltung    Kapazitive Schaltung    Tandem-(Reihen-)Schaltung    Duoschaltung

### Leuchtstofflampen für starterlosen Betrieb

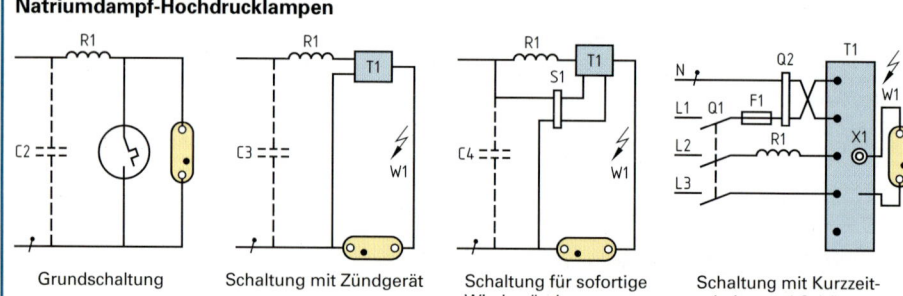

| | |
|---|---|
| R1 | Drosselspule |
| T1 | Heiztransformator |
| C1 | Entstörkondensator |
| X | hochohmiger Zündstreifen |

**Kompensation bei Entladungslampen**

Nach TAB gelten wegen der Rundsteueranlagen einschränkende Bestimmungen: Unkompensiert erlaubt bis 250 W je Außenleiter. Parallelkompensation mit *C* an Außenleiter und Neutralleiter bis unter 5 kVA der Beleuchtungsanlage des Kunden. Sonst Duoschaltungen, Schaltungen mit EVG oder Zentralkompensation mit Kondensatoren nur zwischen den Außenleitern.

### Quecksilberdampf-Hochdrucklampen (Halogen-Metalldampflampen) und Natriumdampf-Hochdrucklampen

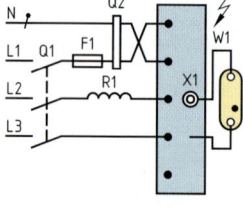

Grundschaltung    Schaltung mit Zündgerät    Schaltung für sofortige Wiederzündung    Schaltung mit Kurzzeitschalter und Schütz

### Natriumdampf-Niederdrucklampen

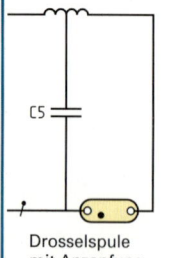 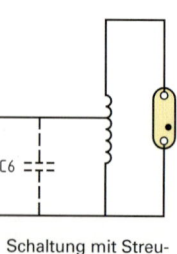 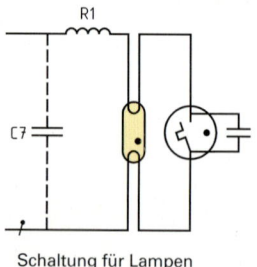 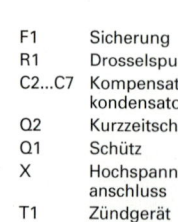

| | |
|---|---|
| F1 | Sicherung |
| R1 | Drosselspule |
| C2...C7 | Kompensationskondensator |
| Q2 | Kurzzeitschalter |
| Q1 | Schütz |
| X | Hochspannungsanschluss |
| T1 | Zündgerät |
| W1 | HF-Zündleitung |

Drosselspule mit Anzapfung    Schaltung mit Streufeldtransformator    Schaltung für Lampen in Stabform    Kompensation wie bei Leuchtstofflampen

# Elektronische Vorschaltgeräte EVG für Leuchtstofflampen
## Electronic adapting equipment for fluorescent lamps

**EI**

| Schaltung | Erklärung | Bemerkung |
|---|---|---|
| **Prinzipschaltung eines elektronischen Vorschaltgeräts EVG** | K1 Eingangsfilter<br>K2 Lichtsteuermodul<br>R1 Strombegrenzung<br>R2 Potenziometer<br>T1 Gleichrichter<br>T2 Durchflusswandler | Erzeugt Gleichspannung von etwa 300 V. Wegen der hohen Frequenz sind Miniaturdrosseln eingesetzt. Helligkeitssteuerung Erzeugt mit 100 Hz modulierte Wechselspannung mit Frequenz bis 50 kHz. Lichtstromsteuerung von 10% bis 100%. Begrenzung der Funkstörspannung. |
| **Manuelle Lichtsteuerung** | E1 Leuchtstofflampe<br>Q1 Netzschalter<br>R1 Potenziometer<br>T1 Dimmbares EVG | Mehrere EVG ansteuerbar. Empfehlung: Gleiches Fabrikat wie EVG. Zum Schalten der Beleuchtungsanlage. Helligkeitssteuerung für mehrere EVG. |
| **Tageslichtabhängige Lichtsteuerung** | B1 Lichtsensor<br>E1 Leuchtstofflampe<br>K1 Signalverstärker<br>Q1 Schütz<br>S1 Handsteuergerät<br>T1 Dimmbares EVG | Mehrere EVG ansteuerbar. Soll-Istwertvergleich für Konstantlicht-Regelkreis. Istwerterfassung Empfehlung: Gleiches Fabrikat wie EVG. Zum Schalten mehrerer Laststromkreise. Beleuchtung EIN-AUS und manuelle Lichtsteuerung. |
| **Tageslichtabhängige Lichtsteuerung mit Abschaltautomatik** | B1 Lichtsensor<br>B2 Bewegungsmelder<br>E1 Leuchtstofflampe<br>R1 Potenziometer<br>R2 Lichtkonstanthalter<br>S1 Taster<br>T1 Dimmbares EVG | Mehrere EVG ansteuerbar. Tageslichtabhängiger Regelkreis mit Bewegungsmelder. Istwerterfassung Schaltet Beleuchtung ein, wenn sich Personen im Raum befinden. Empfehlung: Gleiches Fabrikat wie EVG. Sollwertgeber Beleuchtung EIN-AUS |

| Wirkungsweise | Erklärung | Bemerkung, Daten |
| --- | --- | --- |

## Induktionslampen

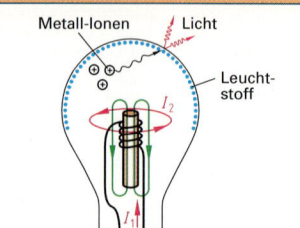

**Induktionslampen-Prinzip**

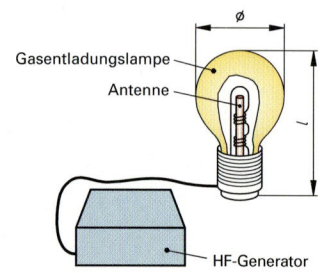

**Gasentladungslampe**
**Antenne**
**HF-Generator**

**Lampensystem**

**Leistungsmerkmale:**
Keine Elektroden oder Glüh-wendel, ultralange Lebens-dauer: 60000 h, kompakte Lampe mit hohem Licht-strom, elektronischer HF-Betrieb, flackerfreier Sofort-start < 0,1 s, HF-Generator mit Sicherheitsabschaltung.

**Vorteile:**
Sehr kleiner Lichtstromabfall, keine oder nur geringe War-tung, unempfindlich gegen Netzspannungsschwan-kungen, geeignet für Gleich-strombetrieb, kein Flimmern, konstanter, hoher Lichtstrom (3500 lm, 6000 lm), sehr gute Farbwiedergabe, für Notbe-leuchtungen geeignet: sofor-tiges Wiederzünden < 0,1 s, erfüllen alle nationalen und internationalen Entstörvor-schriften ohne spezielle Abschirmungen an den Leuchten.

**Betriebsdauer:**
15 Jahre.

**Anwendungsbereiche:**
Einkaufszentren, Geschäfte, Ausstellungsräume, Foyers, Büroräume, Flughäfen, Indust-rie, Hotels und Restaurants, öffentliche Gebäude, Museen, Freizeitzentren, Werkhallen, Wohngebiete, Parkanlagen, Landstraßen, Parkplätze, Tun-nels, Bahnhöfe, Kombination mit Lichtleiteroptik.

| Typ (Philips) | Länge $l$ | $\varnothing$ |
| --- | --- | --- |
| QL 55 W | 150 | 85 |
| QL 85 W | 192 | 110 |
| QL 165 W | 230 | 130 |

**Abmessungen des Lampensystems in mm**

**Abmessung des HF-Generators** in mm:
$l \times b \times h$:   140 x 140 x 46

**Lichtfarben** (Philips):
827 Warmton Extra
830 Warmton
840 Weiß

**Farbtemperaturen:**
2700, 3000, 4000 K.

## Lichtleiter

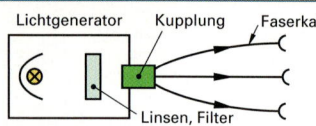

**Punktlichtbeleuchtung**

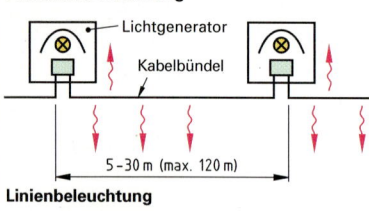

Lichtgenerator
Kabelbündel

5 – 30 m (max. 120 m)

**Linienbeleuchtung**

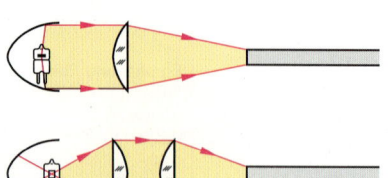

**Einspeisungsformen**

**Systemkomponenten:**
Lichtgenerator, Kabelbündel, optisches Gerät.

**Lichtgeneratorentypen:**
Niedervolt-Halogenlampen-Generator, Hochdruckent-ladungslampen-Generator.

**Bauteile:**
Lampe, Lampenfassung, elektrische Einheit, optischer Linsenschlitten, Reflektor-einheit, IR-Filter, UV-Filter, Ventilationssystem, Gehäuse, Lichtaustrittsöffnung, Anschlusskabel.

Gleichmäßige Helligkeit über die gesamte Länge des linien-leuchtenden Lichtleiters erhält man durch Lichtgene-ratoren an beiden Enden des Lichtleiters oder durch Schlei-fen des Kabels zurück in den Generator. Bis 10 m Länge genügt eine Lichtquelle.

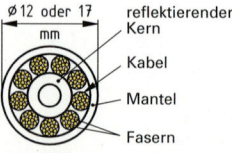

ø 12 oder 17
mm

reflektierender Kern
Kabel
Mantel
Fasern

**Kabelbündel, linienleuchtender Lichtleiter**

**Leuchtmittel:**
Leistungsstarke Punktlichtmit-tel mit hoher Leuchtdichte, hoher Lebensdauer, guter Farbwiedergabe, kurzem Brennbogen der Lampe.

**Vorteile der Lichtleitertechnik:**
Keine IR-Strahlung, keine UV-Strahlung, räumliche Tren-nung von Lichtquelle und Lichtaustritt, kein elektrisches Potenzial am Lichtaustritt.

**Anwendungsgebiete:**
Endoskopie in Chirurgie und Zahnheilkunde, Werbung, Museen, Displaybeleuchtung, Signallichtgeber für den Straßenverkehr, Eingangs-hallen, Gebäudefassaden, Verkaufsvitrinen, Sicherheits-bereiche, Kombination mit Induktionslampen.

| Kabel-$\varnothing$ in mm | Kabel je Bündel | |
| --- | --- | --- |
| | Octopus | Focus |
| 1 | 300 | 114 |
| 2 | 75 | 25 |
| 3 | 40 | 16 |
| 4 | 24 | 9 |
| 5 | 16 | 6 |
| 6 | 11 | 3 |
| 7 | 8 | 2 |

**Kabelbündel (Philips)**

EI

**Lichtstärke $I_v$**

Lichtstrom

**Lichtstrom $\Phi_v$**

**Raumwinkel $\Omega$**

**Beleuchtungsstärke $E_v$**

Lichtquelle

$2a$

$a$

Lichtquelle

beleuchtete Fläche

$r$

$\alpha$

P

**Leuchtdichte $L_v$**

$1\,m^2$

$I_v$

leuchtende Fläche

**Lichtausbeute $\eta$**

zugeführte elektrische Leistung

Licht-leistung

Wärmeverluste

---

Als Lichtstrom $\Phi_v$ in Lumen (lm) bezeichnet man die von einer Lichtquelle nach allen Richtungen abgestrahlte Lichtleistung.

Der Raumwinkel $\Omega$ mit der Einheit Steradiant (sr) eines kegel- oder pyramidenförmigen Ausschnitts aus der Einheitskugel (Kugel mit Halbmesser 1 m) ist 1 sr, wenn die Ausschnittsfläche auf der Kugel 1 m² beträgt.

Die Beleuchtungsstärke $E_v$ mit der Einheit Lux (lx) gibt den auf eine Fläche senkrecht auftretenden Lichtstrom an.

## Lichtpunktmethode

### Eine Leuchte

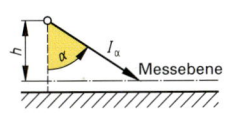
$h$ $\alpha$ $I_\alpha$ Messebene

### Zwei gleiche Leuchten

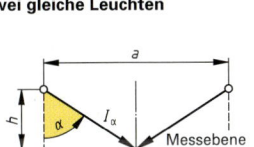
$a$ $h$ $\alpha$ $I_\alpha$ Messebene

$a$ = Leuchtenabstand
$a$ = 3 ... 4 · Höhe $h$

---

$$I_v = \frac{\Phi_v}{\Omega}$$

$[I_v] = \text{lm/sr} = \text{cd}$

$$E_v = \frac{\Phi_v}{A}$$

$$E_p = \frac{I_v}{r^2} \cdot \cos \alpha$$

$[E] = \text{lx}$

Bei 1 Leuchte:

$$I_v = \frac{E_\alpha \cdot h^2}{\cos^3 \alpha}$$

$$E_\alpha = \frac{I_\alpha \cdot \cos^3 \alpha}{h^2}$$

Bei 2 Leuchten:

$$I_v = \frac{E_{min} \cdot h^2}{2 \cdot \cos^3 \alpha}$$

$$E_{min} = \frac{2 \cdot I_\alpha \cdot \cos^3 \alpha}{h^2}$$

$$L_v = \frac{I_v}{A}$$

$[L_v] = \text{cd/m}^2$

$$\eta = \frac{\Phi_v}{P}$$

EI

---

**Beispiel:** Außenbeleuchtung     $E_{min} = 4$ lx; $h = 8$ m; $\alpha = 51°$; $I_v = ?$ cd

*Lösung:*     $$I_v = \frac{E_{min} \cdot h^2}{2 \cdot \cos^3 \alpha} = \frac{4\,\text{lx} \cdot 64\,\text{m}^2}{2 \cdot 0{,}25} = \mathbf{512\ cd}$$

---

Der Kurve für die Lichtverteilung (Seite „Lichttechnische Daten von Leuchten") entnimmt man bei „direkt, tiefstrahlend" für $\alpha = 51°$ etwa $I_\alpha \approx 165$ cd / klm.

Da 512 cd erforderlich sind, ist $\Phi_v = \dfrac{512 \cdot 1000}{165}$ lm = 3103 lm. Wählt man eine Quecksilberdampf-Hochdrucklampe 80 W, so wird der erforderliche Lichtstrom noch überschritten. Diese Auswahl ist wegen der Abnahme des Lichtstromes infolge Alterung und Verschmutzung zweckmäßig.

---

| | | | |
|---|---|---|---|
| $A$ | beleuchtete Fläche, leuchtende sichtbare Fläche | $L_v$ | Leuchtdichte |
| $E_\alpha$ | Beleuchtungsstärke, winkelabhängig | $P$ | Leistungsaufnahme der Lichtquelle |
| $E_{max}$ | Beleuchtungsstärke senkrecht unter der Leuchte | $r$ | Abstand des Punktes P von der Lichtquelle in m |
| $E_{min}$ | erforderliche Mindestbeleuchtungsstärke | | |
| $E_p$ | Beleuchtungsstärke in Punkt P | $\alpha$ | Strahlungswinkel gegen die Senkrechte |
| $E_v$ | Beleuchtungsstärke (v von visuell) | $\eta$ | Lichtausbeute |
| $h$ | senkrechter Abstand Leuchte – Messebene | $\Omega$ | Raumwinkel |
| $I_\alpha$ | Lichtstärke, die unter ∢ $\alpha$ abgestrahlt wird | $\Phi_v$ | Lichtstrom |
| $I_v$ | Lichtstärke (v von visuell) | | |

**EI**

## Wirkungsgradmethode für die Innenbeleuchtung

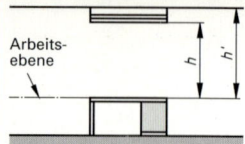

Um die für eine Anlage empfohlene Beleuchtungsstärke zu erreichen, muss die erforderliche Zahl der Lampen berechnet werden. Dabei sind auch die Abmessungen des Raumes zu berücksichtigen.

Der Beleuchtungswirkungsgrad $\eta_B$ ist das Produkt aus dem Raumwirkungsgrad $\eta_R$ und dem Leuchtenbetriebswirkungsgrad $\eta_{LB}$.

Der Leuchtenbetriebswirkungsgrad wird vom Hersteller angegeben.

Die Anzahl der Lampen wird wegen Verschmutzung und Alterung von Lampen, Leuchten und Räumen um den Faktor $p$ vergrößert.

$$k = \frac{l \cdot b}{h \cdot (l + b)}$$

$$k_i = \frac{3 \cdot l \cdot b}{2 h' \cdot (l + b)}$$

$$\eta_B = \eta_{LB} \cdot \eta_R$$

$$n = \frac{\bar{E} \cdot A \cdot p}{\Phi_{La} \cdot \eta_B}$$

sehr sauber: $p = 1{,}25$
normal: $p = 1{,}5$
verstaubt: $p = 1{,}67$
schmutzig: $p = 2$

## Rückstrahlvermögen (Reflexion) und Durchlassvermögen (Transmission)

| Farbanstriche | Reflexionsgrad $\varrho$ in % | Werkstoffe | Reflexionsgrad $\varrho$ in % | Lichtdurchlässige Stoffe | Reflexionsgrad $\varrho$ in % | Transmissionsgrad $\tau$ in % |
|---|---|---|---|---|---|---|
| weiß | 70...80 | Spiegel, versilbert | 90...94 | Klarglas | 6...10 | 85...92 |
| gelb | 65...75 | Zeichenpapier, weiß | 70...75 | Mattglas | | |
| hellgrün, rosa | 45...50 | Rein-Alu, eloxiert | 85...90 | (Licht auf matte Seite) | 8...12 | 70...90 |
| hellblau | 40...45 | Rein-Alu, poliert | 65...75 | Mattglas | | |
| beige, hellbraun | 25...35 | Chrom, blank | 60...70 | (Licht auf glatte Seite) | 12...18 | 60...80 |
| ockergelb, olivgrün | 25...35 | Kacheln, weiß | 60...75 | Trübglas | 30...75 | 15...60 |
| orange | 20...25 | Mörtel, hell | 40...50 | Acrylglas | 15...45 | 25...80 |
| mittelgrau | 20...25 | Holzplatte, hell | 40...50 | Lampenschirmpapier | 20...50 | 20...60 |
| dunkelgrün | 10...15 | Holz, dunkel | 10...25 | Pergament | 35...50 | 35...55 |
| dunkelblau, dunkelrot | 10...15 | Beton | 15...25 | Opalglas | 40...55 | 15...30 |
| schwarz | 4 | Samt, schwarz | 2... 4 | Alabaster | 55...60 | 15...30 |
| | | | | Webstoffe | 35...40 | 15...30 |

Reflexionsgrad $\varrho$:   Verhältnis des zurückgestrahlten Lichtstromes zum aufgestrahlten Lichtstrom
Transmissionsgrad $\tau$: Verhältnis des durchgelassenen Lichtstromes zum aufgestrahlten Lichtstrom

**Beispiel:**   Ein sehr sauberer Montageraum mit $l = 5$ m, $b = 6$ m und $h = 2{,}35$ m (Höhe der Leuchte über der Arbeitsebene, **Bild**) soll durch freistrahlende Leuchtstofflampen OSRAM L36/11 (S. 189) beleuchtet werden. Der Leuchtenbetriebswirkungsgrad $\eta_{LB}$ der Leuchte ist 90%. Lichtfarbe: Tageslicht de Luxe. Es ist eine mittlere Beleuchtungsstärke von 500 lx gefordert. Der Reflexionsgrad der Decke ist $\varrho_1 = 0{,}8$ (weiß), der Wände $\varrho_2 = 0{,}3$ (beige) und des Bodens $\varrho_3 = 0{,}3$ (hellbraun).

**Lösung:**   $k = \dfrac{l \cdot b}{h \cdot (l + b)} = \dfrac{5\,\text{m} \cdot 6\,\text{m}}{2{,}35\,\text{m} \,(5\,\text{m} + 6\,\text{m})} = \mathbf{1{,}16}$

Raumwirkungsgrad $\eta_R$ aus den Werten für $\varrho_1$, $\varrho_2$, $\varrho_3$ und $k = 1{,}0$ (gerundet) aus Tabelle „Lichttechnische Daten von Leuchten" für freistrahlende Leuchtstofflampe: $\boldsymbol{\eta_R = 0{,}43}$

$\eta_B = \eta_{LB} \cdot \eta_R = 0{,}90 \cdot 0{,}43 = 0{,}387 = \mathbf{0{,}39}$

$n = \dfrac{\bar{E} \cdot A \cdot p}{\Phi_{La} \cdot \eta_B} = \dfrac{500\,\text{lx} \cdot 30\,\text{m}^2 \cdot 1{,}25}{3450\,\text{lm} \cdot 0{,}39} = 13{,}94;$   Gewählt: **14 Lampen**

| | | | | | |
|---|---|---|---|---|---|
| $A$ | Bodenfläche des Raumes | $k$ | Raumindex für direkte Beleuchtung | $\eta_B$ | Beleuchtungswirkungsgrad |
| $b$ | Breite des Raumes | | | $\eta_{LB}$ | Leuchtenbetriebswirkungsgrad |
| $\bar{E}$ | Bemessungsbeleuchtungsstärke | $k_i$ | Raumindex für indirekte Beleuchtung | $\eta_R$ | Raumwirkungsgrad |
| $h$ | Höhe der Leuchte ab Arbeitsebene | $l$ | Länge des Raumes | $\varrho$ | Reflexionsgrad |
| $h'$ | Deckenhöhe ab Arbeitsebene | $n$ | Anzahl der Lampen | $\tau$ | Transmissionsgrad |
| | | $p$ | Planungsfaktor | $\Phi_{La}$ | Bemessungslichtstrom je Lampe |

In der Bildskizze: Arbeitsebene, $h$, $h'$, $E$

# Lichttechnische Daten von Leuchten  Photometric data of lights

| Lichtverteilung bei 1000 lm | Leuchte | Leuchten-betriebs-wirkungs-grad $\eta_{LB}$ in % | Reflexionsgrade $\varrho$, Raumindex $k$ und Raumwirkungsgrad $\eta_R$ | | | | | | | | |
|---|---|---|---|---|---|---|---|---|---|---|---|
| | | | Decke $\varrho_1$ | 0,8 | | | | 0,5 | | | 0,3 |
| | | | Wände $\varrho_2$ | 0,5 | | 0,3 | | 0,5 | | 0,3 | 0,3 |
| | | | Boden $\varrho_3$ — 0,6 / 1,0 / 1,5 / 2,0 / 3,0 / 5,0 | 0,3 | 0,1 | 0,3 | 0,1 | 0,3 | 0,1 | 0,3 / 0,1 | 0,1 |

**direkt; stark gerichtet**

| Leuchte | $\eta_{LB}$ % | Raumindex $k$ | Raumwirkungsgrad $\eta_R$ in % | | | | | | | | |
|---|---|---|---|---|---|---|---|---|---|---|---|
| Spiegelraster, engstrahlend | 60 | 0,6 | 61 | 58 | 54 | 52 | 59 | 57 | 53 | 51 | 51 |
| Spiegel-reflektor, einlampig | 80 | 1,0 | 80 | 75 | 73 | 69 | 76 | 73 | 70 | 68 | 67 |
| | | 1,5 | 95 | 86 | 88 | 82 | 90 | 84 | 84 | 80 | 79 |
| | | 2,0 | 102 | 91 | 96 | 87 | 95 | 89 | 91 | 86 | 84 |
| Rundreflektor | 75 | 3,0 | 111 | 97 | 106 | 95 | 103 | 95 | 99 | 92 | 91 |
| | | 5,0 | 119 | 102 | 115 | 100 | 109 | 98 | 106 | 97 | 96 |

**direkt; tiefstrahlend**

| Leuchte | $\eta_{LB}$ % | Raumindex $k$ | Raumwirkungsgrad $\eta_R$ in % | | | | | | | | |
|---|---|---|---|---|---|---|---|---|---|---|---|
| Wanne, prismatisch | 60 | 0,6 | 52 | 49 | 43 | 42 | 49 | 48 | 42 | 41 | 41 |
| Spiegelraster, breitstrahlend | 60 | 1,0 | 73 | 67 | 64 | 60 | 69 | 65 | 61 | 59 | 58 |
| | | 1,5 | 89 | 81 | 81 | 75 | 83 | 78 | 77 | 73 | 72 |
| | | 2,0 | 97 | 86 | 89 | 81 | 90 | 83 | 84 | 79 | 78 |
| Spiegel-reflektor, mehrlampig | 75 | 3,0 | 107 | 94 | 101 | 90 | 99 | 91 | 94 | 88 | 86 |
| | | 5,0 | 116 | 100 | 111 | 97 | 106 | 96 | 102 | 94 | 93 |

**vorwiegend direkt; breitstrahlend**

| Leuchte | $\eta_{LB}$ % | Raumindex $k$ | Raumwirkungsgrad $\eta_R$ in % | | | | | | | | |
|---|---|---|---|---|---|---|---|---|---|---|---|
| Nurglas-leuchte, Glühlampe | 70 | 0,6 | 41 | 39 | 31 | 30 | 37 | 35 | 29 | 28 | 27 |
| Wanne, prismatisch | 65 | 1,0 | 59 | 55 | 49 | 46 | 52 | 50 | 44 | 43 | 41 |
| | | 1,5 | 74 | 67 | 64 | 60 | 66 | 61 | 58 | 55 | 52 |
| | | 2,0 | 83 | 74 | 73 | 67 | 73 | 68 | 66 | 62 | 59 |
| Wanne, opal | 50 | 3,0 | 95 | 83 | 87 | 77 | 83 | 76 | 77 | 71 | 68 |
| | | 5,0 | 106 | 91 | 99 | 86 | 91 | 83 | 87 | 80 | 76 |

**gleichförmig; allseitig strahlend**

| Leuchte | $\eta_{LB}$ % | Raumindex $k$ | Raumwirkungsgrad $\eta_R$ in % | | | | | | | | |
|---|---|---|---|---|---|---|---|---|---|---|---|
| freistrahlend | 90 | 0,6 | 36 | 34 | 27 | 26 | 29 | 28 | 23 | 22 | 19 |
| Lamellen-raster | 82 | 1,0 | 52 | 48 | 43 | 40 | 41 | 39 | 35 | 33 | 29 |
| | | 1,5 | 65 | 59 | 56 | 52 | 52 | 49 | 45 | 43 | 38 |
| | | 2,0 | 74 | 66 | 65 | 59 | 58 | 54 | 52 | 49 | 43 |
| Opalglas-Glühlampe | 80 | 3,0 | 84 | 74 | 77 | 68 | 66 | 61 | 61 | 57 | 50 |
| | | 5,0 | 94 | 81 | 88 | 77 | 74 | 67 | 70 | 64 | 56 |

**indirekt; hochstrahlend**

| Leuchte | $\eta_{LB}$ % | Raumindex $k$ | Raumwirkungsgrad $\eta_R$ in % | | | | | | | | |
|---|---|---|---|---|---|---|---|---|---|---|---|
| Kehle breit, weiß | 70 | 0,6 | 15 | 15 | 9 | 10 | 11 | 12 | 6 | 8 | 5 |
| | | 1,0 | 28 | 27 | 20 | 19 | 10 | 19 | 13 | 13 | 8 |
| | | 1,5 | 41 | 39 | 31 | 30 | 26 | 25 | 20 | 19 | 13 |
| | | 2,0 | 51 | 48 | 41 | 40 | 32 | 30 | 26 | 25 | 16 |
| Kehle schmal, weiß | 50 | 3,0 | 65 | 58 | 55 | 52 | 39 | 37 | 34 | 32 | 20 |
| | | 5,0 | 77 | 68 | 70 | 63 | 45 | 43 | 42 | 39 | 24 |

Die genauen Werte sind den Tabellen der Hersteller zu entnehmen. Berechnungsbeispiel vorhergehende Seite.

EI

**EI**

## Richtwerte für Bemessungs-Beleuchtungsstärke, Lichtfarbe und Güteklasse

| Raumart bzw. Tätigkeit | Beleuch-tungs-stärke in lx | Licht-farbe[2] | Güte-klasse[1] | Raumart bzw. Tätigkeit | Beleuch-tungs-stärke in lx | Licht-farbe[2] | Güte-klasse[1] |
|---|---|---|---|---|---|---|---|
| **Allgemeine Räume** | | | | **Elektrotechnische Industrie** | | | |
| Wasch- und Toilettenräume | 100 | ww, nw | 2 | Kabel- und Leitungsherstellung | 300 | ww, nw | 1 |
| Kantinen | 200 | | 2 | Montage von kleinen Motoren | 500 | | 1 |
| Sanitätsräume, Erste Hilfe | 500 | | 1 | Montage feiner Geräte, Justieren | 1000 | | 1 |
| **Verkehrswege in Gebäuden** | | | | Montage elektron. Bauteile | 1500 | | 1 |
| für Personen | 50 | ww, nw | 3 | **Metallbearbeitung** | | | |
| für Personen und Fahrzeuge | 100 | | 3 | Schweißen | 300 | ww, nw | 2 |
| Treppen, Fahrtreppen | 100 | | 2 | Maschinenarbeiten, z.B. Drehen | 300 | | 2 |
| **Büro- und büroähnliche Räume** | | | | feine Maschinenarbeiten | 500 | | 1 |
| mit tageslichtorientierten Arbeitsplätzen in Fensternähe | 300 | ww, nw | 1 | Anreiß-, Kontroll- u. Messplätze | 750 | | 1 |
| Büroräume, allgemein | 500 | | 1 | Montage, mittelfein | 300 | | 1 |
| Großraumbüros | | | | Montage, fein | 500 | | 1 |
| ● mit hoher Reflexion | 750 | | 1 | Gießerei: Gießhallen | 200 | | 2 |
| ● mit mittlerer Reflexion | 1000 | | 1 | Gießerei: Modellbau | 500 | | 1 |
| Zeichenräume | 750 | | 1 | **Automobilbau** | | | |
| Sitzungsräume | 300 | | 1 | Karosseriebau | 500 | ww, nw, tw | 2 |
| EDV-Räume | 500 | | 1 | Lackiererei- Schleifplätze | 750 | | 1 |
| **Unterrichtsstätten** | | | | Lackiererei, Nacharbeit | 1000 | | 1 |
| Lehrmittelräume | 200 | ww, nw | 2 | Polsterei | 500 | | 2 |
| Flure, Eingangshallen | 100 | | 3 | Wagenfertigmontage | 500 | | 2 |
| Treppen | 100 | | 2 | Inspektionsplätze | 750 | | 1 |
| Bibliotheken | 300 | | 1 | | | | |
| Unterrichtsräume | 300 | | 1 | | | | |

[1] **Güteklassen der Blendungsbegrenzung:**
Güteklasse 1: hohe Anforderung;  Güteklasse 2: mittlere Anforderung;  Güteklasse 3: geringe Anforderung.

[2] **Lichtfarben:** ww warmweiß; nw neutralweiß; tw tageslichtweiß.

## Begrenzung der Direktblendung

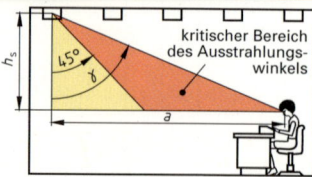

Die Direktblendung ist begrenzt, wenn die mittlere Leuchtdichte der Leuchten im für die Blendung kritischen Winkelbereich 45° ≤ γ ≤ 85° die Werte der Leuchtdichtegrenzkurven nicht überschreitet.

**Leuchtdichtegrenzkurve B** (rechts) für quer zur Blickrichtung angeordnete, langgestreckte, quadratische und runde Leuchten mit leuchtenden Seitenteilen, z.B. freistrahlende Leuchten und Wannenleuchten.

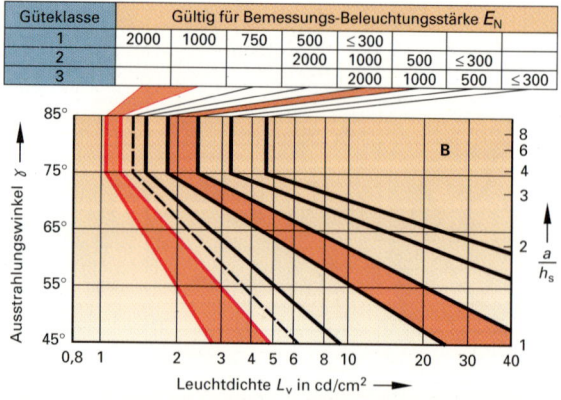

| Güteklasse | Gültig für Bemessungs-Beleuchtungsstärke $E_N$ | | | | | | |
|---|---|---|---|---|---|---|---|
| 1 | 2000 | 1000 | 750 | 500 | ≤300 | | |
| 2 | | | | 2000 | 1000 | 500 | ≤300 |
| 3 | | | | | 2000 | 1000 | 500 | ≤300 |

## Leuchtdichte

| Lichtquelle | Leuchtdichte in cd/cm² | Lichtquelle | Leuchtdichte in cd/cm² | Lichtquelle | Leuchtdichte in cd/cm² |
|---|---|---|---|---|---|
| Mittagssonne | bis 150 000 | Kohlefadenlampe | 45…80 | Hochspannungsleuchtröhre | 0,1…0,8 |
| Mond | 0,2…1,2 | Glühlampe (40…100 W), klar | 100…2000 | Quecksilberdampflampe | 4…620 |
| Himmel, klar | 0,3…0,7 | Glühlampe, innen mattiert | 10…50 | Natriumdampflampe | 10…400 |
| Himmel, bedeckt | 0,01…0,1 | Opallampe (Argenta, Silica) | 1…5 | Xenon-Hochdrucklampe | bis 95 000 |
| | | Leuchtstofflampe | 0,3…1,2 | | |

# Glühlampen, Metalldampflampen  Electric bulbs, metal-vapor lamps

## Glühlampen für 230 V

| Lampenform | Bem.-leistung in W | Licht-strom in lm | Durch-messer in mm | Länge mit Sockel in mm | Sockel | Licht-aus-beute in lm/W | Farb-tempe-ratur in K | Brenn-stellung | Verwendung |
|---|---|---|---|---|---|---|---|---|---|
| | 25 | 230 | 60 | 105 | E 27 | 9,2 | | | |
| | 40 | 430 | 60 | 105 | E 27 | 10,8 | | | |
| | 60 | 730 | 60 | 105 | E 27 | 12,2 | | | Universallampen |
| | 75 | 960 | 60 | 105 | E 27 | 12,8 | | | für den |
| | 100 | 1380 | 60 | 105 | E 27 | 13,8 | 2800 | beliebig | gewerblichen und |
| | 150 | 2220 | 65 | 123 | E 27 | 14,8 | | | privaten Bereich. |
| | 200 | 3150 | 80 | 156 | E 27 | 15,8 | | | |
| | 300 | 5000 | 90 | 189 | E 40 | 16,7 | | | |
| | 500 | 8400 | 110 | 240 | E 40 | 16,8 | | | |

### Hochvolt-Halogenglühlampen für 230 V

| Lampenform | Bem.-leistung in W | Licht-strom in lm | Durch-messer in mm | Länge mit Sockel in mm | Sockel | Licht-aus-beute in lm/W | Farb-tempe-ratur in K | Brenn-stellung | Verwendung |
|---|---|---|---|---|---|---|---|---|---|
| | 150 | 2500 | 18/32 | 86/105 | B15d/E27 | 16,7 | 2900 | beliebig | Verkaufsräume, |
| | 250 | 4200 | 18/32 | 98/105 | B15d/E27 | 16,8 | | | Konferenzräume. |
| | 200 | 3200 | 12 | 114,2 | | 16 | | beliebig | |
| | 300 | 5000 | 12 | 114,2 | | 16,7 | | beliebig | Wohnräume, |
| | 500 | 9500 | 12 | 114,2 | R7s-15 | 19 | 3000 | beliebig | Verkaufsräume, |
| | 750 | 16500 | 12 | 185,7 | | 22 | | waager. ± 15° | Schaufenster, |
| | 1000 | 22000 | 12 | 185,7 | | 22 | | waager. ± 15° | Baustellen. |

### Niedervolt-Halogenglühlampen für 6 V, 12 V und 24 V

| Lampenform | Bem.-leistung in W | Licht-strom in lm | Durch-messer in mm | Länge mit Sockel in mm | Sockel | Licht-aus-beute in lm/W | Farb-tempe-ratur in K | Brenn-stellung | Verwendung |
|---|---|---|---|---|---|---|---|---|---|
| | 10( 6V) | 110 | 9 | 33 | GX 4 | 11 | | | Galerien, Museen, |
| | 20(12V) | 320 | 9 | 33 | GX 4 | 16 | | | Schaufenster, |
| | 50(12V) | 1000 | 12 | 44 | GY 6,35 | 20 | 3000 | beliebig | Vitrinen, |
| | 75(12V) | 1600 | 12 | 44 | GY 6,35 | 21,3 | | | Arbeitsplätze. |
| | 100(24V) | 2200 | 12 | 44 | GY 6,35 | 22 | | | |

## Quecksilberdampf-Hochdrucklampen für 50 Hz 230 V mit Leuchtstoff

| Lampenform | Bem.-leistung in W | Licht-strom in lm | Betriebs-strom in A | mittlere Leucht-dichte in cd/cm² | Sockel | Licht-aus-beute in lm/W | Leistungs-aufnahme m.Drossel in W | Kompens.-Konden-sator in µF | Verwendung |
|---|---|---|---|---|---|---|---|---|---|
| | 50 | 1800 | 0,6 | 4 | E 27 | 36 | 59 | 7 | Fußgängerzonen, |
| | 80 | 3800 | 0,8 | 5 | E 27 | 47,5 | 89 | 8 | Garten- und Park- |
| | 125 | 6300 | 1,15 | 7 | E 27 | 50,4 | 137 | 10 | anlagen, Foyers, |
| | 250 | 13000 | 2,15 | 10 | E 40 | 52 | 266 | 18 | Einkaufspassagen, |
| | 400 | 22000 | 3,25 | 10,5 | E 40 | 55 | 425 | 25 | Räume mit |
| | 700 | 40000 | 5,4 | 13 | E 40 | 57,1 | 735 | 40 | Publikumsverkehr. |
| | 1000 | 58000 | 7,5 | 16 | E 40 | 58 | 1045 | 60 | |

## Natriumdampflampen und Mischlichtlampen für 230 V

| Lampenform | Bem.-leistung in W | Licht-strom in lm | Durch-messer in mm | Länge mit Sockel in mm | Sockel | Licht-aus-beute in lm/W | mittlere Leucht-dichte in cd/cm² | Brenn-stellung | Verwendung |
|---|---|---|---|---|---|---|---|---|---|

### Natriumdampf-Hochdrucklampen

| Lampenform | Bem.-leistung in W | Licht-strom in lm | Durch-messer in mm | Länge mit Sockel in mm | Sockel | Licht-aus-beute in lm/W | mittlere Leucht-dichte in cd/cm² | Brenn-stellung | Verwendung |
|---|---|---|---|---|---|---|---|---|---|
| | 150 | 14000 | 90 | 226 | E 40 | 93,3 | 10 | | Außenanlagen in |
| | 250 | 25000 | 90 | 226 | E 40 | 100 | 19 | beliebig | Verkehr u. Industrie, |
| | 400 | 47000 | 120 | 290 | E 40 | 117,5 | 22 | | Innenanlagen in |
| | 1000 | 120000 | 165 | 400 | E 40 | 120 | 30 | | der Schwerindustrie. |

### Natriumdampf-Niederdrucklampen

| Lampenform | Bem.-leistung in W | Licht-strom in lm | Durch-messer in mm | Länge mit Sockel in mm | Sockel | Licht-aus-beute in lm/W | mittlere Leucht-dichte in cd/cm² | Brenn-stellung | Verwendung |
|---|---|---|---|---|---|---|---|---|---|
| | 35 | 4800 | 52 | 310 | | 137,1 | 10 | häng. ± 110° | Beleuchtung von |
| | 55 | 8000 | 52 | 425 | | 145,5 | 10 | häng. ± 110° | Schnellstraßen, |
| | 90 | 13500 | 66 | 528 | BY 22d | 150 | 10 | waager. ± 20° | Wasserstraßen, |
| | 135 | 22500 | 66 | 775 | | 166,7 | 10 | waager. ± 20° | und Schleusen. |
| | 180 | 33000 | 66 | 1120 | | 183,3 | 10 | waager. ± 20° | |

### Mischlichtlampen (Glühlampe und Quecksilberdampf-Hochdrucklampe mit Leuchtstoff)

| Lampenform | Bem.-leistung in W | Licht-strom in lm | Durch-messer in mm | Länge mit Sockel in mm | Sockel | Licht-aus-beute in lm/W | mittlere Leucht-dichte in cd/cm² | Brenn-stellung | Verwendung |
|---|---|---|---|---|---|---|---|---|---|
| | 160 | 3100 | 75 | 177 | E 27 | 19,4 | 3 | senk. ± 30° | Glühlampenleuch- |
| | 250 | 5600 | 90 | 226 | E 40 | 22,4 | 5 | beliebig | ten in Industrie und |
| | 500 | 14000 | 120 | 275 | E 40 | 28 | 6 | beliebig | Gewerbe, Pflanzen-beleuchtung. |

EI

**EI**

## Energiesparlampen ▸

| Lampenform | Bemes-sungs-leistung in W | Licht-strom in lm | Durch-messer bzw. Breite in mm | Länge mit Sockel in mm | Sockel | Licht-aus-beute in lm/W | vergleich-bar mit Glüh-lampe in W | Typ |
|---|---|---|---|---|---|---|---|---|
| **Auswahl OSRAM (Farbwiedergabestufe 1 B, Lebensdauer 8000 h)** ||||||||| 
| | 5 | 200 | 30 | 121 | | 40 | 25 | DEL 5 |
| | 7 | 400 | 45 | 130 | | 57 | 40 | DEL 7 |
| | 11 | 600 | 45 | 139 | E 27 | 55 | 60 | DEL 11 |
| | 15 | 900 | 52 | 143 | | 60 | 75 | DEL 15 |
| | 20 | 1200 | 52 | 156 | | 60 | 100 | DEL 20 |
| | 23 | 1500 | 58 | 178 | | 65 | 120 | DEL 23 |
| | 11 | 450 | 100 | 154 | | 41 | 60 | DEL 11 GL |
| | 15 | 700 | 100 | 168 | E 27 | 47 | 75 | DEL 15 GL |
| | 20 | 1000 | 120 | 190 | | 50 | 100 | DEL 20 GL |
| | 18 | 1000 | 165 | 100 | | 56 | 75 | CIRCO EL 18 |
| | 24 | 1450 | 216 | 100 | E 27 | 60 | 100 | CIRCO EL 24 |
| | 32 | 2000 | 216 | 100 | | 63 | 150 | CIRCO EL 32 |
| | 10 | 600 | 34 | 110 | | 60 | 60 | DD 10/21 |
| | 13 | 900 | 34 | 138 | G 24d-1 | 69 | 75 | DD 13/21 |
| | 18 | 1200 | 34 | 153 | | 67 | 100 | DD 18/21 |
| | 26 | 1800 | 34 | 172 | | 69 | 2 × 75 | DD 26/21 |
| **Auswahl PHILIPS (Farbwiedergabestufe 1 B, Lebensdauer 8000 h)** |||||||||
| | 9 | 400 | 44,8 | 122 | | 44 | 40 | PLCE 9 |
| | 11 | 600 | 44,8 | 138 | | 55 | 60 | PLCE 11 |
| | 15 | 900 | 44,8 | 158 | E 27 | 60 | 75 | PLCE 15 |
| | 20 | 1200 | 44,8 | 190 | | 60 | 100 | PLCE 20 |
| | 23 | 1500 | 44,8 | 211 | | 65 | 2 × 60 | PLCE 23 |
| | 5 | 250 | 32,5 | 108 | | 50 | 25 | PL-S 5 W/.. |
| | 7 | 400 | 32,5 | 138 | G 23 | 57 | 40 | PL-S 7 W/.. |
| | 9 | 600 | 32,5 | 168 | | 67 | 60 | PL-S 9 W/.. |
| | 9 | 450 | 74 | 151 | | 50 | 40 | SL 9 P |
| | 13 | 650 | 74 | 161 | E 27 | 50 | 60 | SL 13 P |
| | 18 | 900 | 74 | 171 | | 50 | 75 | SL 18 P |
| | 25 | 1200 | 74 | 181 | | 48 | 100 | SL 25 P |
| | 9 | 400 | 102 | 156 | | 44 | 40 | SL 9 D |
| | 13 | 600 | 112 | 167 | E 27 | 46 | 60 | SL 13 D |
| | 18 | 850 | 120 | 175 | | 47 | 75 | SL 18 D |

## Farbwiedergabe

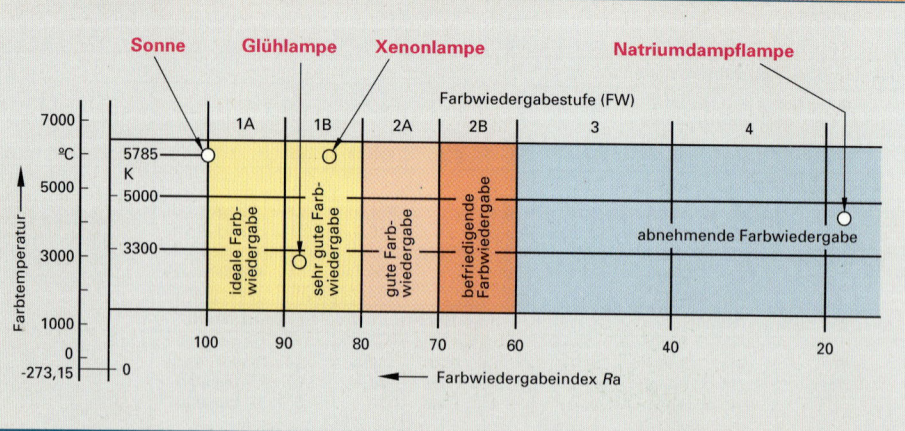

# Leuchtstofflampen für 230 V  Fluorescent lamps for 230 V

## Lampendaten

| Lampenform | Typenbezeichnung | | Leistungsaufnahme in W | | Betriebsstrom in A | Lichtstrom in lm je nach Lichtfarbe | Lichtausbeute in lm/W | Leuchtdichte in cd/cm² je nach Lichtfarbe | Rohrdurchmesser in mm | Länge bzw. Ø in mm |
|---|---|---|---|---|---|---|---|---|---|---|
| | OSRAM | PHILIPS | ohne | mit Drossel | | | | | | |
| Stabform | L18W/.. | TL-D18W/.. | 18 | 27 | 0,37 | 1350 | 50 | 1,0 | 26 | 590 |
| | L36W/.. | TL-D36W/.. | 36 | 44 | 0,43 | 3350 | 76 | 1,2 | 26 | 1200 |
| | L58W/.. | TL-D58W/.. | 58 | 69 | 0,67 | 5200 | 75 | 1,5 | 26 | 1500 |
| U-Form | L20W/..U | TL-DU20W/.. | 20 | 25 | 0,37 | 950 | 38 | 0,48 | 38 | 310 |
| | L40W/..U | TL-DU40W/.. | 40 | 50 | 0,43 | 2400 | 48 | 0,55 | 38 | 607 |
| | L65W/..U | TL-DU65W/.. | 65 | 78 | 0,67 | 3900 | 50 | 0,80 | 38 | 765 |
| Ringform | L22W/..C | TL-E22W/.. | 22 | 27 | 0,37 | 1350 | 50 | 0,70 | 29 | Ø 216 |
| | L32W/..C | TL-E32W/.. | 32 | 42 | 0,42 | 2050 | 49 | 0,75 | 30 | Ø 307 |
| | L40W/..C | TL-E40W/.. | 40 | 50 | 0,42 | 2900 | 58 | 0,75 | 30 | Ø 409 |

Die Lichtfarben werden durch Kennzahlen angegeben, z. B. **L18W/930** = Leuchtstofflampe 18 W von OSRAM, internationale Farbwiedergabestufe 9 ≙ 1 A ($R_a$ 90–100), Lichtfarbe 30 = warm white (3000 K).

## Lichtfarben, Eigenschaften und Anwendung von Leuchtstofflampen

EI

| Lichtfarbe | Kennzahlen | | Farbwiedergabestufe | Eigenschaften | Wohnräume | Küche, Flur | Hotel, Gaststätte | Schule, Turnhalle | Krankenhaus | Theater, Kino | Gemäldegalerie | Werkstatt, Lager | Büro, Zeichensaal | Konferenzraum | Verkaufsraum | Fleischerei | Konfektion | Blumen | Straßen, Fabrikhof | Messehalle | Supermarkt |
|---|---|---|---|---|---|---|---|---|---|---|---|---|---|---|---|---|---|---|---|---|---|
| | OSRAM | PHILIPS | | | | | | | | | | | | | | | | | | | |
| daylight | 860 | 865 | 1B | entspricht dem Tageslicht bei bedecktem Himmel | | | | | • | | • | • | | | • | | | | | | |
| cool white | 840 | 840 | 1B | sehr gute Farbwiedergabe | | • | | • | | | | • | • | • | | | | | • | • | • |
| cool white de luxe | 940 | 940 | 1A | sehr hohe Lichtausbeute | | • | | | | | | | • | | • | | | | • | | |
| universal white | 25 | 25 | 2A | universale Lichtfarbe | | | | | | | | | • | • | | • | | | | | |
| warm white | 830 | 830 | 1B | warmes, weiches Licht, hohe Lichtausbeute | | • | • | | | | | • | | | | | | | | | |
| warm white de luxe | 930 | 930 | 1A | sehr gute Farbwiedergabe | • | • | | | • | | • | | | | • | | | • | | • | • |
| natura de luxe | 76 | 76 | 2A | natürliche Farbwiedergabe | | | | | | | | | | | | • | | • | | | |
| interna | 827 | 827 | 1B | für Kombinationen mit Glühlampen | • | • | • | • | • | • | | | • | • | | • | • | | | • | |

## Recycling von Leuchtstofflampen

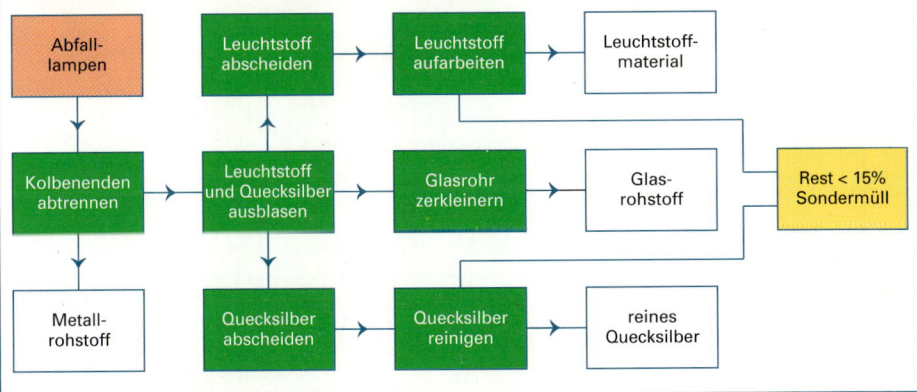

# Leuchtröhrenanlagen   Equipments with fluorescent tubes

## Begriffe und Bestimmungen

Bem.-spannung: 7,5 kV   Überstrom-Schutzeinr.: $I_N \leq 16$ A

Höchste Spannung gegen Erde: 3,75 kV   Höchste Bem.-Ausgangsleistung je Transformator: 2,5 kVA

Erforderliche Schutzart für alle Außenflächen: Mindestens IP 2X

Der Beidraht von Leuchtröhrenleitungen mit Metallmantel ist mit dem Schutzleiter zu verbinden. Er darf als Schutzleiter benützt werden.

Ein Erdschluss-Schalter ist erforderlich, wenn der zu erwartende Erdschluss-Strom $\geq 25$ mA ist.

## Lichtfarbe und Füllgase von Leuchtröhren

| Lichtfarbe | Füllgas | Glas |
|---|---|---|
| Rot | Neon | Klarglas |
| Orange | | Klarglas mit Leuchtstoffschicht |
| Elfenbein | Helium | Klarglas |
| Gelb | | Gelbglas |
| Violett | Xenon | Klarglas |
| Blau | Quecksilber | Klarglas |
| Grün | mit Argon | Gelbglas |

## Leuchtröhrenleitungen

| Leitung | Verlegung |
|---|---|
| NYL | in Buchstabengehäusen und Reliefkörpern aus Metall und/oder aus Kunststoff; in belüfteten, schwitzwasserfreien Kanälen aus Metall, Stahlrohr oder anderen gleichwertigen Rohren; auf Putz, im Putz und unter Putz in trockenen Räumen und im Freien. |
| NYLRZY | auf Putz, im Putz und unter Putz in trockenen und feuchten Räumen und im Freien; in Buchstabengehäusen und Reliefkörpern aus Metall und/oder Kunststoff; in Leitungskanälen oder Rohren. |

## Größte Leitungslängen

| Spannung gegen Erde | 1 kV | | 2 kV | | 3 kV | | 3,75 kV | |
|---|---|---|---|---|---|---|---|---|
| Gasfüllung (Hg Quecksilber Ne Neon) | Hg | Ne | Hg | Ne | Hg | Ne | Hg | Ne |
| Leitungslänge in m | | | | | | | | |
| für NYL | 48 | 16 | 24 | 8 | 16 | 5 | 12 | 4 |
| für NYLRZY | 24 | 8 | 12 | 4 | 8 | 2,5 | 6 | 2 |

## Kriechstrecken (K) und Luftstrecken (L)

| Raumart | Kriechstrecke und Luftstrecke in mm | | | | | | | | | |
|---|---|---|---|---|---|---|---|---|---|---|
| | 2,25 kV bis 3 kV | | 3 kV bis 3,75 kV | | 3,75 kV bis 4,5 kV | | 4,5 kV bis 6 kV | | 6 kV bis 7,5 kV | |
| | K | L | K | L | K | L | K | L | K | L |
| in trockenen Räumen | 16 | 11 | 19 | 13 | 22 | 14 | 27 | 17 | 32 | 20 |
| in feuchten und nassen Räumen und im Freien | 25 | 15 | 30 | 18 | 35 | 20 | 44 | 24 | 53 | 28 |

## Erdschlussschalter mit Schaltuhr

## Schaltungsbeispiel einer Leuchtröhrenanlage bei Drehstromeinspeisung

1. Hauptschalter
2. Schaltuhr, Steuerschalter
3. Steuervorrichtung
4. Vorschaltgerät
5. Transformator
6. Signalgeber
7. Erdschluss-Schalter
8. Leuchtröhrenleitung

# Teil SE: Sicherheit, Energieversorgung Safety, Security, Supply

## Arbeitssicherheit 192

## Energieversorgung 208

Sicherheit, Energieversorgung

SE

## EMV, Überwachung, Hausgeräte 232

# Erste Hilfe am Arbeitsplatz  First aid at the workplace

| Begriff | Erklärung | Bemerkungen |
|---|---|---|
| Grundregeln | Für Verletzte ist grundsätzlich ärztliche Hilfe notwendig und es ist der Notarzt zu verständigen. | Bei einem Unfall ist mitzuteilen:<br>1. Wo ist es passiert?<br>2. Was ist passiert?<br>3. Wie viele Verletzte/Erkrankte?<br>4. Welche Art von Verletzungen/Erkrankungen?<br>5. Wem können Rückfragen gestellt werden? |
| Notrufnummern | Der Rettungsdienst hat die einheitliche Rufnummer: **112** (Feuer- und Rettungsleitstelle) und **110** (Polizeileitstelle). | Weiterhin gibt es je nach Bundesland oder Unternehmen noch andere Rufnummern. |
| Aufzeichnung von Erste-Hilfe-Leistungen | Jede Erste-Hilfeleistung am Arbeitsplatz muss aufgezeichnet und fünf Jahre aufbewahrt werden. | Aus den Aufzeichnungen müssen Zeit, Ort, Hergang des Unfalls, sowie Art und Umfang der Verletzung hervorgehen. |
| Ersthelfer | Bei bis zu 20 Arbeitnehmern ist ein Ersthelfer zu bestellen. Bei mehr als 20 Arbeitnehmern sind in Verwaltungs- und Handelsbetrieben 5%, in allen anderen Betrieben 10% der Belegschaft als Ersthelfer auszubilden. | Ersthelfer werden in einem Erste-Hife-Lehrgang durch besondere Organisationen, z.B. Deutsches Rotes Kreuz oder Malteser Hilfsdienst, ausgebildet. |
| Sanitätsraum | Ein Sanitätsraum ist erforderlich bei mehr als 1000 Arbeitnehmern, bei mehr als 100 Arbeitnehmern, wenn besondere Unfallgefahren gegeben sind, auf Baustellen mit mehr als 50 Arbeitnehmern. | Erste-Hilfe-Mittel, z.B. Verbandskästen und Tragen, werden üblicherweise im Sanitätsraum aufbewahrt. |
| Elementarhilfe | Erforderlich bei Bewusstlosigkeit, Atemstillstand, Kreislaufschwäche oder Schock, Blutungen und Verbrennungen. | Elementarhilfe ist eine sofortige und notwendige Hilfe bei Unfällen. |
| Atemstillstand | Wenn keine Atmung feststellbar ist, wird die Atemspende angewandt. Dazu wird die Atemluft in Mund oder Nase des Verunglückten geblasen. | Atemwege eventuell zuvor reinigen und mit beiden Händen den Kopf nach hinten drücken. |
| Kreislaufschwäche, Schock | Schockzeichen sind schwacher Puls, blasse und feuchtkalte Haut. Notwendig sind Hochlagern der Beine und Schutz gegen Wärmeverlust. | Im Schockzustand stets einen Helfer beim Verletzten lassen und Zuspruch geben. |
| Blutungen | Stillen durch Druckverband, dabei Wunde mit steriler Auflage abdecken. Bei Schlagaderblutungen (Blut spritzt stoßweise) ist Abdrücken erforderlich. | Abbinden nur in schwersten Fällen, wenn die Blutung nicht anders zu stoppen ist. |
| Verbrennungen | Behandlung, z.B. Eintauchen, mit reichlich kaltem Wasser. | Entfernen der Kleidung nur unter größtmöglicher Hautschonung (Infektionsgefahr). |
| Herzmassage | 2 x Atemspende zu Beginn, 15 x Herzdruckmassage, 2 x Atemspende, 15 x Herzdruckmassage usw. Lagerung auf dem Rücken, Unterlage flach und hart. Druckpunkt: Die Handballen der übereinander gelegten Hände werden auf das untere Brustbeindrittel gesetzt. | Das eigene Körpergewicht wird mit gestreckten Armen auf den Brustkorb des Verletzten übertragen. Eindrucktiefe mindestens 5 cm bis 7 cm. Anzahl der Drücke je Minute: 50 bis 60. |

**SE**

**Verletzten ansprechen bzw. anfassen**

- ansprechbar
  - Weitere Hilfeleistung, z. B. Verbände anlegen
- nicht ansprechbar
  - Atemkontrolle
    - Atmung nicht vorhanden
      - Atemspende, Pulskontrolle am Hals
        - Puls nicht vorhanden
          - Herz-Lungen-Wiederbelebung
        - Puls vorhanden
          - Atemspende fortsetzen
    - Atmung vorhanden
      - Stabile Seitenlage und Kontrolle von Atmung, Bewusstsein, Kreislauf

**Bei Stromunfall:**

**Niederspannung bis 1000 V:** Ausschalten, Stecker ziehen

**Hochspannung:** Abstand halten, Fachpersonal rufen

Maßnahmen zur Ersten Hilfe

| Aufbau | Beschreibung | Bemerkungen |
|---|---|---|
| **Kopfschutz** | Die Schale wird aus thermoplastischen oder duroplastischen Kunststoffen hergestellt. Die Innenausstattung besteht aus einem korbähnlichen Gebilde, welches die auf die Helmschale einwirkenden Kräfte verteilt und dämpft.<br><br>Zusatzkennzeichen: AC 440 V bei Gefährdung durch kurzfristigen Kontakt mit Wechselspannung bis 440 V. | Benutzung, wenn mit Kopfverletzungen durch pendelnde, herabfallende, umfallende oder wegfliegende Gegenstände oder durch lose hängende Haare zu rechnen ist, z.B. bei Installationsarbeiten im Hausrohbau.<br><br>Weitere Informationen: www.bgfe.de |
| **Augenschutz/Gesichtsschutz** | Sichtscheiben bestehen aus Sicherheitsglas oder Kunststoff und müssen auswechselbar sein.<br><br>Sichtscheiben der Klasse 3 (optische Klasse 3) nur für gelegentliche Arbeiten ohne große Anforderungen an die Sehleistung. | Benutzung, wenn mit Augen- oder Gesichtsverletzungen durch wegfliegende Teile, Verspritzen von Flüssigkeiten oder durch gefährliche Strahlung zu rechnen ist, z.B. Meißelarbeiten, Wechseln von NH-Sicherungen, im Bereich von Lasern. |
| **Gehörschutz** | Kapselhörschützer mit<br>● festem Dämpfungsmaß,<br>● pegelabhängiger Schalldämmung zur besseren Wahrnehmung von Sprache,<br>● Kommunikationseinrichtung.<br>Verformbare Gehörschutzstöpsel aus polymeren Schaumstoff zum einmaligen Tragen.<br>Bügelstöpsel zum häufigeren Wechseln. | Benutzungspflicht:<br>● in gekennzeichneten Lärmbereichen, z.B. Werkshallen mit großen Stanzen und Pressen,<br>● bei Arbeitsverfahren mit Schallpegeln ab 90 dB(A),<br>● bei bestimmten Arbeitsverfahren, für die die Berufsgenossenschaft eine Tragepflicht erlassen hat. |
| **Fußschutz** | Sicherheitsschuhe sind mit Zehenkappen ausgestattete Schuhe.<br>Kennzeichnungskategorien für Lederschuhe:<br>● S1: geschlossener Fersenbereich, antistatisches Material,<br>● S2: wie S1 zusätzlich verringerter Wasserdurchtritt,<br>● S3: Wie S2 zusätzlich Durchtrittsicherheit und profilierte Laufsohle. | Benutzung, wenn mit Fußverletzungen durch Stoßen, Einklemmen, umfallende, herabfallende Gegenstände, durch Hineintreten in spitze oder scharfe Gegenstände zu rechnen ist, z.B. bei Installationsarbeiten im Hausrohbau.<br><br>Schuhsymbol für Arbeiten in Anlagen bis AC 1000 V/ DC 1500 V:<br> 1000 V DIN    1000 V DIN EN |
| **Körperschutz** | Enganliegende Overalls, Bundjacken und Latzhosen aus Naturfasern, z.B. Baumwolle, und Handschuhe. Schutzanzüge zum Schutz gegen elektrische Körperströme und teilweise auch gegen Einwirkung eines Störlichtbogens sind auf Anlagen bis AC 500 V und DC 750 V begrenzt. Der Oberflächenwiderstand antistatischer Schutzanzüge darf $10^9\ \Omega$ nicht überschreiten. | Benutzung, wenn mit oder in der Nähe von Stoffen gearbeitet wird, die zu Hautverletzungen führen oder durch die Haut in den menschlichen Körper eindringen. Ferner Benutzung bei Gefahr von Verbrennungen, Verätzungen, Verbrühungen, Unterkühlungen, Stich- oder Schnittverletzungen und elektrischen Durchströmungen, z.B. beim Wechseln von NH-Sicherungen. |

Knöchelschutz — Lasche — Zehenkappe — durchtrittsichere Einlage — Verstärkung im Fersenbereich

# Zeichen zur Unfallverhütung Signs for accident prevention

| Symbol | Bedeutung | Symbol | Bedeutung | Symbol | Bedeutung |
|---|---|---|---|---|---|
| **Verbotszeichen** | | | | | |
| | Rauchen verboten | | Feuer, offenes Licht und Rauchen verboten | | Für Fußgänger verboten |
| | Mit Wasser löschen verboten | | Kein Trinkwasser | | Zutritt für Unbefugte verboten |
| | Berühren verboten Gehäuse unter Spannung | | Schalten verboten | | Berühren verboten |
| **Warnzeichen** | | | | | |
| | Warnung vor feuergefährlichen Stoffen | | Warnung vor explosionsgefährlichen Stoffen | | Warnung vor giftigen Stoffen |
| | Warnung vor ätzenden Stoffen | | Warnung vor radioaktiven Stoffen | | Warnung vor schwebender Last |
| | Warnung vor gefährlicher elektrischer Spannung | | Warnung vor einer Gefahrenstelle | | Warnung vor Laserstrahl |
| **Rettungszeichen** | | | | | |
| | Erste Hilfe | | Arzt | | Richtungsangabe für Erste-Hilfe-Einrichtungen, Rettungswege und Notausgänge |
| | Krankentrage | | Notruftelefon | | Sammelstelle |

SE

| Symbol | Bedeutung | Symbol | Bedeutung | Symbol | Bedeutung |
|---|---|---|---|---|---|

### Gebotszeichen

| | Augenschutz benutzen | | Kopfschutz benutzen | | Gehörschutz benutzen |
|---|---|---|---|---|---|
| | Gesichtsschutz benutzen | | Vor Öffnen Netzstecker ziehen | | Vor Arbeiten freischalten |

### Brandschutzzeichen

| | Wandhydrant, Löschschlauch | | Feuerlöscher | | Brandmelde-telefon |
|---|---|---|---|---|---|

| Zusatzzeichen | | Hinweiszeichen | | Kombinationszeichen | |
|---|---|---|---|---|---|
| **Es wird gearbeitet!** Ort: Datum: Entfernen des Schildes nur durch: | | **Entladezeit länger als 1 Minute** | | Es wird gearbeitet! Ort: Datum: Entfernen des Schildes nur durch: | |
| **Hochspannung Lebensgefahr** | | **Teil kann im Fehlerfall unter Spannung stehen** | | Hochspannung Lebensgefahr | |

### Farben für Drucktaster, Leuchtdrucktaster und Anzeigeleuchten

| Farbe | Drucktaster/Leuchtdrucktaster | Anzeigeleuchte |
|---|---|---|
| Rot | Im Notfall, z.B. NOT-AUS. | Bei Notfall, z.B. Feueralarm. |
| Gelb | Im nicht normalen Zustand, z.B. unterbrochenen Maschinenlauf wieder starten. | Bei nicht normalen Zustand der Anlage, z.B. Motortemperatur mäßig überhöht. |
| Grün | Bei sicherer Bedingung, z.B. Grundstellung anfahren. | Bei normalen Zustand, z.B. Bemessungsdrehzahl erreicht. |
| Blau | Bei zwingendem Bedarf, z.B. Quittierung eines Meldesignals. | Wenn zwingende Handlung erforderlich, z.B. Kühlgebläse einschalten. |
| Weiß | Für allgemeine Funktionen, z.B. START bzw. EIN. | Bei anderen Zuständen, z.B. Bereitschaft. |

**SE**

# Verteilungssysteme (Netzformen)  Distribution systems (mains shapes)

**SE**

| Bezeichnung | Schaltung | Anwendbare Schutzmaßnahmen |
|---|---|---|
| TN-S-System (TN-S-Netz) | L1 L2 L3 N PE | Der Schutzleiter ist im System mit dem Neutralleiter verbunden. Beide Leiter sind jedoch getrennt verlegt. Anwendung findet der Schutz durch Abschaltung mit Überstrom-Schutzeinrichtungen oder RCDs (FI-Schutzeinrichtungen). Überstrom-Schutzeinrichtungen sind erforderlich. |
| TN-C-System (TN-C-Netz) | L1 L2 L3 PEN | Schutzleiter und Neutralleiter sind miteinander zum PEN-Leiter verbunden. Abschaltung erfolgt mittels Überstrom-Schutzeinrichtungen oder RCDs (FI-Schutzeinrichtungen). Überstrom-Schutzeinrichtungen sind immer erforderlich. |
| TN-C-S-System (TN-C-S-Netz) | L1 L2 L3 PE N PEN | Auch andere Kombinationen von Schutzleiter und Neutralleiter können auftreten, z. B. Trennung von PE und N erst im zweiten Netzteil. Abschaltung erfolgt mit Überstrom-Schutzeinrichtungen oder RCDs (FI-Schutzeinrichtungen). Überstrom-Schutzeinrichtungen sind immer erforderlich. |
| TN-System (TN-Netz) mit Fehlerstromschutzschaltung (FI-Schutzschaltung RCD) | L1 L2 L3 PEN $I_{\Delta N} >$ RCD | Der PEN-Leiter oder auch der davon abgezweigte PE-Leiter wird vor dem RCD an den Schutzleiter des Gerätes angeschlossen. Überstrom-Schutzeinrichtungen sind erforderlich, haben aber keinen Einfluss auf Auslösung bei Körperschluss. RCD von Residual Current protective Device = Reststrom-Schutzgerät. |
| IT-System (IT-Netz) | L1 L2 L3 $Z <$ | Das IT-System hat keine direkte Verbindung zwischen aktiven Leitern und geerdeten Teilen. Eine Isolationsüberwachungseinrichtung meldet das Auftreten eines Körperschlusses, der sonst ohne Folgen bleibt. Bei einem zweiten Fehler erfolgt Abschaltung, z. B. mit FI-Schutzschalter (RCD). Überstrom-Schutzeinrichtungen sind erforderlich. |
| TT-System (TT-Netz) | L1 L2 L3 N | Der Schutzleiter ist mit einem Erder verbunden, aber vom N-Leiter getrennt. Überstrom-Schutzeinrichtungen sind erforderlich. Sie sind jedoch als Auslöseorgane im Fehlerfall meist nicht ausreichend. Für den Schutz durch Abschaltung ist meist eine FI-Schutzeinrichtung (RCD) nötig. |

Kurzzeichen: C von engl. to combine = kombinieren, Neutralleiter N und Schutzleiter PE sind zu PEN kombiniert. I von isoliert, Isolierung der aktiven Teile gegen Erde oder Erdung über eine Impedanz. N von neutral, der Neutralleiter ist im Netz mit dem Schutzleiter verbunden. S von engl. separated = getrennt, N und PE sind im betreffenden Teil des Netzes getrennt. T von franz. terre = Erde, T an 1. Stelle bedeutet direkte Erdung mindestens eines Punktes im Netz, T an 2. Stelle bedeutet, Körper der Betriebsmittel sind direkt geerdet.

## Berührungsarten
vgl. DIN VDE 0100-410: 1997-01

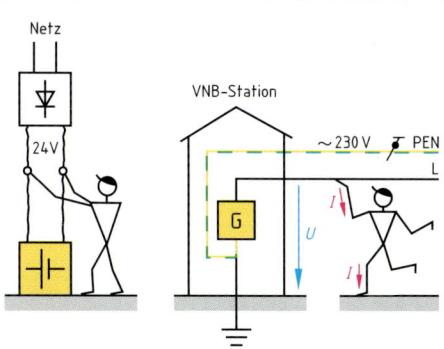

**Direktes Berühren:** Berühren eines aktiven Teiles, z.B. eines blanken Außenleiters **(Bild)**.

**Indirektes Berühren:** Berühren eines leitenden Betriebsmittelkörpers, der infolge eines Fehlers ("Schlusses") eine Berührungsspannung führt **(Bild)**.

Innerhalb des Handbereichs darf direktes Berühren bei Spannung > AC 25 V nicht möglich sein **(Bild)**.

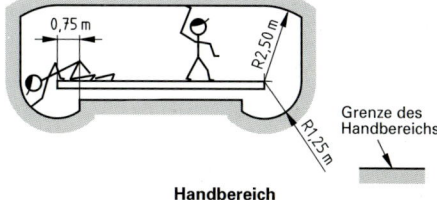

**Direktes Berühren**

**Handbereich**

## Stromgefährdung
vgl. DIN V VDE V 0140-479: 1996-02

| Zone | Physiologische Wirkung |
|------|------------------------|
| AC-1 | Normalerweise keine Wirkung. |
| AC-2 | Meist keine schädliche Wirkung. |
| AC-3 | Meist kein organischer Schaden, krampfartige Muskelreaktionen möglich und Schwierigkeiten beim Atmen. |
| AC-4 | Herzstillstand, Atemstillstand und schwere Verbrennungen zusätzlich zu den Wirkungen der Zone 3. |
| AC-4-1 | Wahrscheinlichkeit von Herzkammerflimmern, ansteigend bis etwa 5%. |
| AC-4-2 | Wahrscheinlichkeit von Herzkammerflimmern, ansteigend bis etwa 50%. |
| AC-4-3 | Wahrscheinlichkeit von Herzkammerflimmern, über 50%. |

**Sicherheitskurven nach IEC 479 für AC 50 Hz von Hand zu Hand oder Hand zu Fuß**

In kleinen Strombereichen hat erst die dreifache Gleichstromstärke dieselbe Wirkung wie ein Wechselstrom.

## Fehlerarten

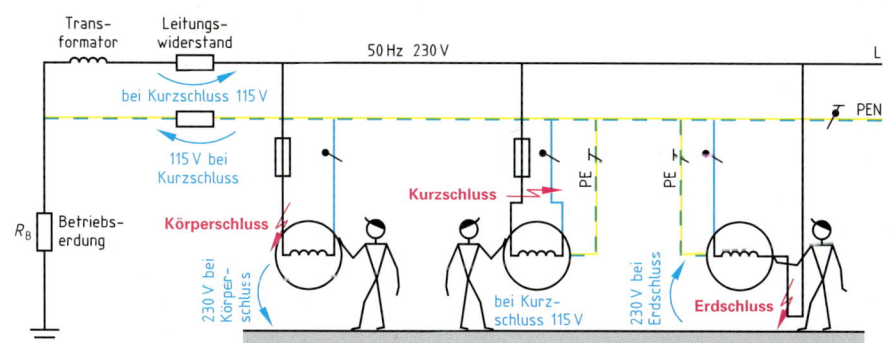

**Indirektes Berühren der Spannung bei Körperschluss, Kurzschluss und Erdschluss ohne ordnungsgemäße Schutzmaßnahmen gegen indirektes Berühren**

**SE**

**SE**

## Schutzmaßnahmen-Übersicht

| Berührungsart | Schutz durch | Bemerkungen |
|---|---|---|
| Direkt | Isolierung aktiver Teile | Farben und Lacke sind kein ausreichender Schutz. |
| | Abdeckung oder Umhüllung | Schutzart mindestens IP 2X.<br>Sichere Befestigung. Entfernung darf nur mit Hilfe von Werkzeugen oder nach Abschaltung möglich sein. |
| | Hindernisse | Schließen absichtliches Berühren nicht aus (z. B. Schutzleisten, Geländer, Gitterwände). |
| | Abstand | Im Handbereich (≤ 2,5 m) dürfen sich keine gleichzeitig berührbaren Teile verschiedenen Potenzials befinden. |
| | Schutzkleinspannung SELV | Speisung aus besonders zuverlässigen Stromquellen mit Bemessungsspannung aus höchstens AC 25 V oder DC 60 V. |
| | Fehlerstrom-Schutzeinrichtung RCD | Ergänzung von Schutzmaßnahmen gegen direktes Berühren. Ist als alleinige Schutzmaßnahme nicht zulässig. |
| Indirekt | Abschalten durch Überstrom-Schutzeinrichtung bzw. RCD oder Meldung | Im Fehlerfall soll durch automatisches Abschalten verhindert werden, dass eine Berührungsspannung so lange fortbesteht, bis sich daraus eine Gefahr ergibt. |
| | Potenzialausgleich | Alle Körper sind an einen Potenzialausgleichsleiter anzuschließen. Eine Schutzeinrichtung muss den zu schützenden Teil der Anlage innerhalb der vorgeschriebenen Zeit abschalten. |
| | Schutzklasse II | Bisher Schutzisolierung genannt. |
| | Schutz durch nichtleitende Räume | Gleichzeitiges Berühren von Teilen, die infolge Versagens der Basisisolation unterschiedliches Potenzial haben, muss vermieden werden. |
| | Schutz durch erdfreien örtlichen Potenzialausgleich, z. B. bei Ersatzstromversorgung | Alle gleichzeitig berührbaren Körper und fremde leitfähige Teile müssen durch Potenzialausgleichsleiter verbunden werden. Das örtliche Potenzialausgleichssystem darf weder über Kopf noch über leitfähige Teile mit der Erde verbunden sein. |
| | Schutzkleinspannung SELV oder PELV | Wie gegen direktes Berühren, aber höchstens AC 50 V oder DC 120 V, wenn nicht kleinere Spannung vorgeschrieben ist. |
| | Schutztrennung | Verhindert Gefahren beim Berühren von Körpern, die durch Fehler in der Basisisolierung Spannung annehmen können. |

## Höchstzulässige Berührungsspannungen $U_L$

| Anlage | Stromart | $U_L$ in V |
|---|---|---|
| Übliche Anlage, z. B. Wohnhaus | AC<br>DC | 50<br>120 |
| Anlage für Nutztiere, z. B. Ställe Kinderspielzeug | AC<br>DC | 25<br>60 |
| Sonderfälle, z. B. Krankenhäuser | AC<br>DC | 25 V, teilweise ≤ 25 V<br>60 V, teilweise ≤ 60 V |

## Schutzklassen elektrischer Betriebsmittel

| Klasse | Art | Kennzeichen | Beispiel |
|---|---|---|---|
| I | Schutzleiterschutz | | Elektromotor |
| II | Schutzklasse II (Schutzisolierung) | | Haushaltsgeräte |
| III | Schutzkleinspannung | | Handleuchten in Kesseln |

| Prinzip | Erklärungen, Bedingungen |
|---|---|

## Schutzklasse II

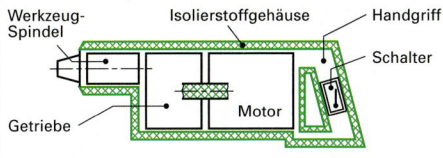

Die Schutzklasse II (bisher Schutzisolierung) soll das Auftreten gefährlicher Spannungen an berührbaren Teilen elektrischer Betriebsmittel, deren Basisisolation schadhaft ist, verhindern.

Anbringen einer zusätzlichen Isolierung zur Basisisolation oder einer verstärkten Isolation an nicht isolierten, aktiven Teilen.

Alle leitfähigen Teile eines Betriebsmittels, die von aktiven Teilen nur durch die Basisisolation getrennt sind, müssen in Schutzart IP 2X umhüllt werden. Überzüge aus Farben oder Lacken genügen nicht.

Leitfähige Teile innerhalb der Umhüllung dürfen nicht an einen Schutzleiter angeschlossen werden.

Enthält die Anschlussleitung einen Schutzleiter, so ist dieser im Stecker anzuschließen, keinesfalls aber im Betriebsmittel.

Die Prüfspannung zwischen aktiven Teilen und äußeren Metallteilen beträgt 4000 V (Prüffrequenz = Bemessungsfrequenz des Netzes).

## Schutz durch nicht leitende Räume

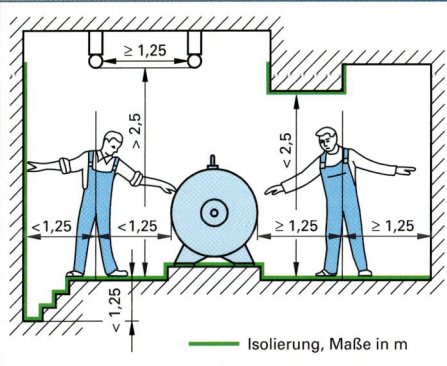

Isolierung, Maße in m

Durch diese Schutzmaßnahme wird ein gleichzeitiges Berühren von Teilen vermieden, die durch eine schadhafte Basisisolation unterschiedliche Potenziale haben können.

Personen dürfen nicht gleichzeitig zwei Körper oder einen Körper und andere leitfähige Teile berühren können.

In nicht leitenden Räumen dürfen Steckdosen keine Schutzkontakte haben.

### Mindestisolationswiderstände

| Fußböden und Wände | bis AC 500 V oder DC 750 V | 50 kΩ |
|---|---|---|
| | über AC 500 V oder DC 750 V | 100 kΩ |

Werden diese Werte an einer Stelle im Raum unterschritten, so gilt dieser Raum als leitend.

## Isolationszustand bei Schutz durch nicht leitende Räume

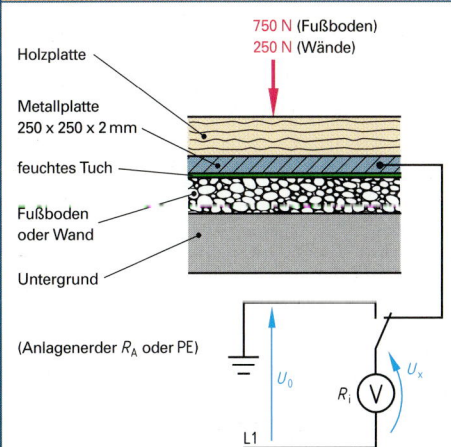

$$R_x = R_i \left( \frac{U_0}{U_x} - 1 \right)$$

Die Messung muss an den ungünstigsten Stellen erfolgen.

Bei $U_0 \leq$ AC 500 V  $R_x \geq$ 50 kΩ

Bei $U_0 >$ AC 500 V  $R_x \geq$ 100 kΩ

**Beispiel:** $R_i = 200$ kΩ, gemessen $U_0 = 235$ V, $U_x = 10$ V

Lösung:  $R_x = R_i \left( \frac{U_0}{U_x} - 1 \right) = 200 \text{ kΩ} \left( \frac{235 \text{ V}}{10 \text{ V}} - 1 \right)$

$= 4500 \text{ kΩ} = 4,5 \text{ MΩ}$

$R_x$ Widerstand der Untersuchungsstrecke

$R_i$ Innenwiderstand des Spannungsmessers
(bei Messbereichen ≤ AC 500 V: 0,7 kΩ/V
bis höchstens 500 kΩ)

$U_0$ Spannung gegen Erde

$U_x$ Spannung gegen Metallplatte

SE

# Weitere systemunabhängige Schutzmaßnahmen
## Other protective measures undependent from system

| Prinzip | Erklärungen, Bemerkungen |
|---|---|

**SE**

## Schutz durch galvanische Trennung vom Netz

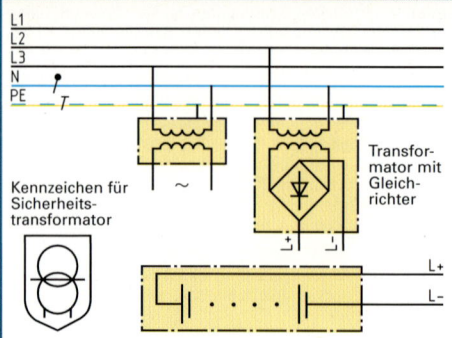

Kennzeichen für Sicherheitstransformator

Transformator mit Gleichrichter

**Stromquellen für SELV und PELV**

ELV Extra Low Voltage; S Safety; P Protective; F Functional

**SELV (Schutzkleinspannung)**

Spannungen: Unter normalen Bedingungen als Schutz gegen direktes Berühren bis AC 25 V bzw. DC 60 V, als Schutz bei indirektem Berühren bis AC 50 V bzw. DC 120 V. Sonst halbe oder kleinere Spannungswerte. Aktive Teile der Betriebsmittel nicht mit Erde, Schutzleiter oder anderem Stromkreis verbinden. Leitungen: Getrennt von anderen Stromkreisen. Stecker: Dürfen nicht in Steckdosen höherer Spannung passen.

**PELV (Funktionskleinspannung mit sicherer Trennung)**

Die Betriebsmittel können geerdet sein. Schutz gegen direktes Berühren muss meist erfüllt werden, z.B. durch Isolierung aktiver Teile (Prüfspannung AC 500 V während 1 min). Sonstige Bedingungen wie bei SELV.

**FELV (Funktionskleinspannung ohne sichere Trennung)**

Schutzmaßnahmen wie in benachbarten Stromkreisen mit höherer Spannung.

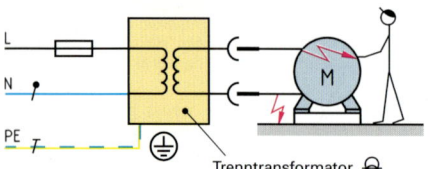

Trenntransformator

**Schutztrennung**

**Gefahr,** wenn auf der Ausgangsseite gleichzeitig zwei Fehler auftreten, z.B. Erdschluss der Leitung und Körperschluss des Motors.

**Keine Gefahr,** wenn nur einer dieser Fehler auftritt.

**Schutztrennung**

Leitungslänge ≤ 500 m

Spannung: ≤ 500 V und Produkt Ausgangsspannung x Leitungslänge kleiner als 100 000 Vm.

Angeschlossene Verbrauchsmittel: Bei vorgeschriebener Schutztrennung nur eines. Sonst mehrere Verbrauchsmittel, wenn deren Körper durch ungeerdete isolierte Potenzialausgleichsleiter verbunden sind.

Leitungsverlegung: Möglichst getrennt von anderen Stromkreisen.

Sekundärstromkreis: Nicht verbinden mit Erde, Schutzleiter oder anderen Stromkreisen.

Steckdosen: Bei mehr als einem Verbrauchsmittel mit Schutzkontakt für Potenzialausgleichsleiter.

## Schutz durch erdfreien, örtlichen Potenzialausgleich

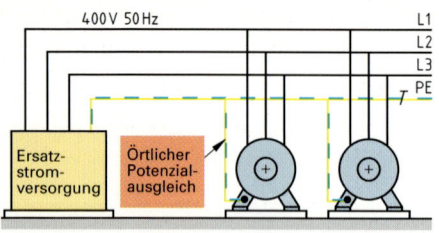

Ersatzstromversorgung

Örtlicher Potenzialausgleich

**Erdfreier örtlicher Potenzialausgleich bei einer Ersatzstromversorgung**

Der Potenzialausgleichsleiter verbindet alle gleichzeitig berührbaren Körper und fremde leitfähige Teile. Er darf weder über Körper noch sonst mit Erde verbunden sein.

Mindestquerschnitt: Ohne mechanischen Schutz 4 mm² Cu, mit mechanischem Schutz 2,5 mm² Cu bzw. 4 mm² Al.

Zwischen zwei Körpern: 1 x Querschnitt des schwächeren PE. Zwischen Körper und fremde leitfähige Teile: 0,5 x Querschnitt PE.

Ausnahme: Wenn erdfreie Aufstellung nicht möglich ist, Schutz durch automatische Abschaltung anwendbar.

## Schutz durch Begrenzung der Entladungsenergie

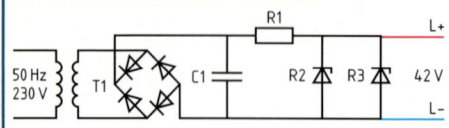

**Eigensicherer Stromkreis**

Grenze: Entladungsenergie nicht größer als 350 mJ.

Ausführung: Elektrische Schaltung, die bei direktem Berühren abschaltet oder Kurzschlussstrom etwa 150 mA und Spannung 42 V.

# Schutzeinrichtungen mit Schutzleiter 1
## Protective equipments with protective conductor 1

**SE**

| Prinzip | Erklärungen, Bemerkungen |
|---|---|

## Schutz durch Abschaltung

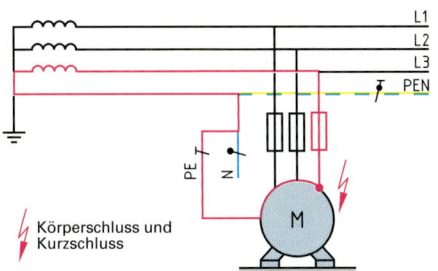

Körperschluss und Kurzschluss

**Wirkungsweise des Schutzes bei einem Körperschluss im TN-System**

### Höchstzulässige Abschaltzeiten in s

| | | |
|---|---|---|
| Steckdosenstromkreise im TN-System und ortsveränderliche Betriebsmittel im TN-System | $U_0 = 230\ V$ | 0,4 s |
| | $U_0 = 400\ V$ | 0,2 s |
| | $U_0 > 400\ V$ | 0,1 s |
| übrige Stromkreise | | 5 s |

### Abschalten durch Überstrom-Schutzeinrichtung

$Z_{Sm}$ gemessene Schleifenimpedanz

$I_a$ Abschaltstrom

$U_0$ Bemessungsspannung gegen Erde

$R_A$ Summe der Widerstände von Erder und Schutzleiter

$U_L$ höchstzulässige Berührungsspannung

Beim TN-System:

$$1,5 \cdot Z_{Sm} \cdot I_a \leq U_0$$

Beim TT-System:

$$R_A \cdot I_a \leq U_L$$

Der Faktor 1,5 stellt sicher, dass auch bei höherer Betriebstemperatur der Leitungen sicher abgeschaltet wird, obwohl $Z_{Sm}$ kalt gemessen wurde.

### Abschalten durch Fehlerstrom-Schutzeinrichtung RCD

(RCD von Residual Current protective Device = Reststrom-Schutzgerät)
Es gelten dieselben Formeln wie oben, wenn anstelle von $I_a$ der Bemessungsdifferenzstrom $I_{\triangle N}$ eingesetzt wird.
$I_{\triangle N}$ je nach RCD 10 mA, 30 mA, 0,1 A, 0,3 A, 0,5 A und 1 A.

### Spannungsbegrenzung bei Erdschluss im TN-System und TT-System

Gesamterdungswiderstand ≤ 2 Ω oder:

$R_B$ Gesamtwiderstand aller Betriebserder

$R_E$ angenommener kleinster Erdübergangswiderstand von leitfähigen, nicht mit einem Schutzleiter verbundenen Teilen, über die ein Erdschluss entstehen kann.

$$\frac{R_B}{R_E} \leq \frac{U_L}{U_0 - U_L}$$

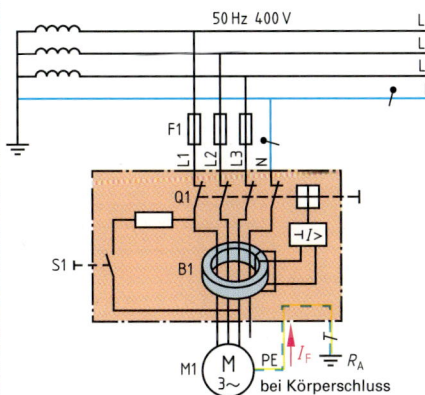

50 Hz 400 V

bei Körperschluss

**Fehlerstrom-Schutzeinrichtung RCD im TT-System**

## Schutz durch Meldung mittels Isolationsüberwachungseinrichtung

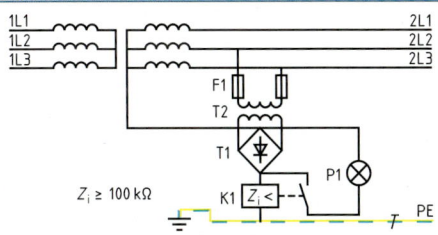

**Isolationsüberwachungseinrichtung**

Anwendung: Im IT-System, z. B. in Operationsräumen.
Spannung gegen Erde: Im störungsfreien Betrieb etwa 0 V, da IT-System gegen Erde isoliert ist. Erster Fehler: Spannung gegen Erde vorhanden, sonst keine Folgen. Wird durch optisches und akustisches Signal angezeigt. Zweiter Fehler: Muss zur Abschaltung führen.

$R_A$ Erdungswiderstand aller Betriebsmittelkörper

$I_d$ Fehlerstrom beim ersten Fehler

$$R_A \cdot I_d \leq U_L$$

$U_L$ höchstzulässige Berührungsspannung

## Querschnitte von Schutzleitern und Potenzialausgleichsleitern

| Art | Querschnitte in mm² | | | | | | | | | |
|---|---|---|---|---|---|---|---|---|---|---|
| Außenleiter | ≤ 16 | 25 | 35 | 50 | 70 | 95 | 120 | 150 | 185 | 240 |
| PE bzw. PEN | wie Außenl. | 16 | 16 | 25 | 35 | 50 | 70 | 95 | 120 | 120 |
| Hauptpotenzialausgleich | Hauptschutzleiter x 0,5; mindestens Cu 6 mm²; Begrenzung Cu 25 mm² | | | | | | | | | |
| zusätzlicher Potenzialausgleich | Schutzleiterquerschnitt x 0,5; geschützt ≥ Cu 2,5; ungeschützt ≥ Cu 4 | | | | | | | | | |

**SE**

| Schutz durch | TN-Systeme | TT-System | IT-System |
|---|---|---|---|
| Abschaltung durch Fehlerstrom-Schutzeinrichtung (RCD) | | | |
| Abschaltung durch Überstrom-Schutzeinrichtung, z. B. Leitungsschutzschalter | TN-S-System<br><br><br>TN-C-System  TN-C-S-System<br><br><br>TN-C-System nur, wenn PEN ≥ 10 mm², fest verlegt und keine Gefährdung. | <br><br>Meist nicht anwendbar, da die erforderlichen kleinen Erdungswiderstände kaum erreichbar sind.<br>Sicherung des Neutralleiters entfällt, wenn bei einem Körperschluss Abschaltung innerhalb der höchstzulässigen Abschaltzeiten wie beim TN-System (vorhergehende Seite) erfolgt. | <br><br><br><br>Erdungswiderstände müssen so klein sein, dass 2. Fehler zur Abschaltung führt. |
| Meldung durch Isolationsüberwachungseinrichtung | In jedem Fall ist ein zusätzlicher Potenzialausgleich erforderlich.<br>Überstrom-Schutzeinrichtungen sind erforderlich gegen Kurzschluss und meist auch gegen Überlast. | | |
| Bedingungen | TN-Systeme: Schleifenimpedanz und Gesamterdungswiderstand nach vorhergehender Seite.<br>PEN-Leiter darf allein nicht schaltbar sein. Im Netz Anschluss des PEN an alle Fundamenterder. | TT-System: Alle Körper, die von derselben Schutzeinrichtung geschützt werden, müssen an einen gemeinsamen Erder angeschlossen werden.<br>Erdungswiderstand nach vorhergehender Seite bemessen. | IT-System entweder gegen Erde isoliert oder über große Impedanz geerdet.<br>Körper sind einzeln, gruppenweise oder insgesamt mit einem PE zu verbinden. |

| Schutzmaßnahme | Prüfung | Prüfverfahren |
|---|---|---|
| **Prüfung der Schutzmaßnahmen ohne Schutzleiter** | | |
| Alle Schutzmaßnahmen | Besichtigen. Dabei ist zu überwachen, dass Stecker, Leitungen und Spannungserzeuger richtig ausgewählt sind, die Schutzisolierung nicht beschädigt und bei Schutz durch nicht leitende Räume die Standortisolierung richtig ausgeführt ist. | |
| Schutzklasse II (Schutzisolierung) | Prüfung durch den Errichter ist nur bei Gerätereparaturen (Seite 206) erforderlich, wenn er geprüfte schutzisolierte Betriebsmittel verwendet hat. | |
| Nicht leitende Räume | Messung des Isolationszustandes. | Messung des Isolationswiderstandes von Fußboden und Wänden (bei $U_N \leq 500$ V erforderlicher Widerstand $R_x \geq 50$ k$\Omega$, bei $U_N > 500$ V gilt $R_x \geq 100$ k$\Omega$). |
| SELV und PELV | Messung, ob Bemessungsspannung $U_N \leq$ AC 50 V bzw. AC 25 V bzw. DC 120 V bzw. DC 60 V. Prüfung des Sekundärkreises auf Erdschluss oder Verbindung mit höherer Spannung. | Spannungsmessung, Isolationsmessung gegen Erde (mit $U \geq$ DC 250 V, Isolationswiderstand $\geq 250$ k$\Omega$). |
| Funktionskleinspannung ohne sichere Trennung FELV | | Isolationsmessung gegen Erde wie beim benachbarten System mit höherer Spannung. |
| Schutztrennung | Prüfung, ob Sekundärstromkreis ohne Erdschluss ist. Prüfung, ob Produkt aus Spannung und Leitungslänge $\leq 100\,000$ Vm ist. | Isolationsmessung gegen Erde mit DC 500 V bei Bemessungsspannung $\leq 500$ V, Isolationswiderstand $\geq 500$ k$\Omega$. |
| **Prüfung der Schutzmaßnahmen mit Schutzleiter** | | |
| Alle Schutzmaßnahmen mit Schutzleiter | Besichtigen. Es ist insbesondere zu prüfen, ob Schutzeinrichtungen richtig ausgewählt sind und Schutzleiter, Potenzialausgleichsleiter und Erdungsleiter den richtigen Querschnitt haben und richtig gekennzeichnet sind. | |
| | Prüfung, ob PE nicht mit Neutralleiter oder Außenleiter verbunden ist. Prüfung, ob die PE niederohmig verbunden sind. | Spannungsmessung gegen Erde. Isolationsmessung in der Verteilung (bei Bemessungsspannung $\leq 500$ V messen mit DC 500 V, Isolationswiderstand $\geq 500$ k$\Omega$, wenn $U_N \geq 500$ V, messen mit DC 1000 V und 1000 k$\Omega$). |
| Schutz infolge Abschaltung durch Fehlerstrom-Schutzeinrichtung (RCD) | Prüfung, ob die Fehlerstrom-Schutzeinrichtung richtig arbeitet. Prüfung, ob die Fehlerspannung beim Auslösen durch künstlichen Fehler $\leq$ AC 50 V bzw. $\leq$ AC 25 V ist oder Messung des Erdungswiderstands $R_A$. | Betätigung der Prüftaste. Messung der Fehlerspannung oder Messung des Erdungswiderstandes. $\boxed{R_A \leq 50\ \text{V}/I_{\Delta N}}$ bzw. $\boxed{R_A \leq 25\ \text{V}/I_{\Delta N}}$ |
| Schutz infolge Abschaltung durch Überstrom-Schutzeinrichtung | Prüfung, ob bei einpoligem Kurzschluss genügend schnell Abschaltung erfolgt (Seite 201). Prüfung, ob beim TN-System die gemessene Schleifenimpedanz $Z_{Sm}$ und beim TT-System Erdungswiderstand der Anlagenerder ausreichen. Da $Z_{Sm}$ bei einer kleineren Leitungstemperatur als der Betriebstemperatur gemessen wird, gilt $I_a \approx \dfrac{2}{3}\dfrac{U_0}{Z_{Sm}}$. | Schleifenimpedanzmessung an der entferntesten Stelle. Erdungswiderstandsmessung. Isolationsmessung bei Erstprüfung. Bemessungsspannung $\leq 500$ V messen mit DC 500 V, Isolationswiderstand $\geq 500$ k$\Omega$, bei $\geq 500$ V mit DC 1000 V, Isolationswiderstand $\geq 1000$ k$\Omega$. Bei Wiederholungsprüfung: $\geq 1$ k$\Omega$/V, bei Feuchtigkeit $\geq 0,5$ k$\Omega$/V. |
| Schutz infolge Meldung durch Isolationsüberwachungseinrichtung | Prüfung, ob Isolationsüberwachungsgerät richtig arbeitet. Prüfung, ob Isolationsüberwachung bei Erdschluss arbeitet. Messung, ob Erdungswiderstand genügend klein ist ($R_A \leq U_L/I_{\Delta N}$). Prüfung, ob alle leitfähigen Konstruktionsteile miteinander niederohmig verbunden sind. | Betätigen der Prüftaste. Künstlichen Fehler über Widerstand zwischen Außenleiter und PE herstellen. Erdungswiderstandsmessung. Widerstandsmessung, z.B. zur Haupterdungsschiene. |

$I_a$ Abschaltstrom, $I_{\Delta N}$ Bemessungsdifferenzstrom der RCD (Residual Current protective Device = Reststrom-Schutzgerät), $R_A$ Anlagenerderwiderstand; $R_x$ Isolationswiderstand; $U_L$ höchstzulässige Berührungsspannung, $U_N$ Bemessungsspannung, $U_0$ Bemessungsspannung gegen Erde, $Z_{Sm}$ gemessene Schleifenimpedanz.

SE

**SE**

## Aufgaben

| Art | Erklärung | Bemerkung |
|---|---|---|
| Zweck der wiederkehrenden Prüfung:<br><br>Elektrische Anlagen (auch nicht gewerbliche Anlagen) sind in ordnungsgemäßem Zustand zu erhalten. Deshalb müssen sie in geeigneten Zeitabständen geprüft werden. | Die Prüfung erfolgt durch<br>• Besichtigen,<br>• Erproben und<br>• Messen.<br>Durchführung von Elektrofachkräften, die Kenntnisse durch Prüfung vergleichbarer Anlagen haben.<br><br>Die Führung eines Protokollbuches kann erforderlich sein. | In gewerblichen und landwirtschaftlichen Anlagen ist der Unternehmer (Betreiber) verantwortlich für die Durchführung der wiederkehrenden Prüfung. Nach BGV A2 (Unfallverhütungsvorschrift der Berufsgenossenschaften) müssen Anlagen ständig durch eine Elektrofachkraft überwacht werden oder bestimmte Prüffristen eingehalten werden. |
| Messungen:<br>Ermitteln der Werte, die eine Beurteilung der Schutzmaßnahmen bei indirektem Berühren ermöglichen. | Vor allem ist eine regelmäßige Messung des Isolationszustandes vorgeschrieben.<br>(Mindestwerte des erforderlichen Isolationswiderstandes siehe unten) | Der Isolationszustand ist mit einer Gleichspannung zu messen. Die Spannungsquelle muss bei einer Belastung von 1 mA mindestens eine Spannung in Höhe der Bemessungsspannung der zu prüfenden Anlage abgeben. |

## Größtzulässige Prüffristen — Vgl. BGV A2

| Betriebsmittel, Anlage | Prüffrist, Prüfer | Art der Prüfung |
|---|---|---|
| RCDs bei nicht stationären Anlagen. | An jedem Arbeitstag durch Benutzer.<br><br>Durch Elektrofachkraft monatlich. | Erproben der Prüfeinrichtung der RCD.<br>Prüfung der Wirksamkeit durch Messung, z. B. der Auslösespannung. |
| RCDs bei stationären Anlagen. | Alle 6 Monate durch Benutzer. | Erproben der Prüfeinrichtung. |
| Bewegliche Anschlussleitungen und Verlängerungsleitungen einschließlich der Steckverbinder. | Wenn benutzt, alle 6 Monate durch Elektrofachkraft. | Besichtigen auf ordnungsgemäßen Zustand, bei Bedarf Messen z.B. des Schutzleiterwiderstands. |
| Isolierende Schutzkleidung. | Vor jeder Benutzung durch Benutzer,<br>Wenn benutzt, alle 6 Monate durch Elektrofachkraft. | Prüfen auf auffällige Mängel.<br>Prüfen auf Zustand. |
| Spannungsprüfer, isolierte Werkzeuge. | Vor jeder Benutzung durch Benutzer | Prüfung auf Mängel und Funktion. |
| Anlagen und ortsfeste Betriebsmittel. | Alle 4 Jahre durch Elektrofachkraft | Prüfung auf ordnungsgemäßen Zustand, auch mit Messungen. |

## Kleinstzulässiger Isolationswiderstand bei wiederkehrenden Messungen

| Anlage | Mindest-Isolationswiderstand bezogen auf die Bemessungsspannung des Stromkreises | Schaltungsbeispiel |
|---|---|---|
| Normale Räume, Verbrauchsmittel eingeschaltet. | 300 $\Omega$/V (am 230-V-Netz also 69 k$\Omega$) | |
| Normale Räume, Verbrauchsmittel abgeschaltet. | 1000 $\Omega$/V (am 230-V-Netz also 230 k$\Omega$) | |
| Anlagen im Freien, Räume in denen zur Reinigung Fußboden oder Wände bespritzt werden. | Verbrauchsmittel EIN: 150 $\Omega$/V<br>Verbrauchsmittel AUS: 500 $\Omega$/V<br>(bei 230 V also 115 k$\Omega$) | |
| IT-System | 50 $\Omega$/V | |
| SELV und PELV | 250 k$\Omega$ bei Messgleichspannung 250 V | |
| FELV | Wie beim System mit höherer Spannung, dessen Schutzleiter mit den Körpern des FELV-Stromkreises verbunden ist. | |

Messung des Isolationswiderstandes bei einem Motorstromkreis

## Objekte, Prüffristen und Prüfer

| Art | Erklärung | Beispiele |
|---|---|---|
| Betriebsmittel | Benutzte ortsveränderliche elektrische Betriebsmittel und Geräte, z.B. Elektro-Werkzeuge. | Mess-, Steuer- und Regelgeräte, Leuchten, Elektrowerkzeuge, Verlängerungs- und Geräteanschlussleitungen mit Steckvorrichtungen, Anschlussleitungen mit Stecker, bewegliche Leitungen mit Stecker und Festanschluss. |
| Prüffristen | Nach den Unfallverhütungsvorschriften müssen ortsveränderliche elektrische Geräte auf ihren ordnungsgemäßen Zustand überprüft werden. Die Prüfungen sind in bestimmten Zeitabständen zu wiederholen. | • 6 Monate (Richtwert),<br>• 3 Monate auf Baustellen (wird bei den Prüfungen eine Fehlerquote < 2% erreicht, kann die Prüffrist entsprechend verlängert werden),<br>• 1 Jahr (Maximalwert) auf Baustellen, in Fertigungsstätten und Werkstätten oder unter ähnlichen Bedingungen,<br>• 2 Jahre in Büros oder unter ähnlichen Bedingungen. |
| Prüfer | Elektrische Anlagen dürfen nur von Elektrofachkräften errichtet, gewartet oder geändert werden. | Elektrofachkraft (bei Verwendung geeigneter Mess- und Prüfgeräte, z.B. mit „Gut-Schlecht-Anzeige" auch elektrotechnisch unterwiesene Personen, die unter Aufsicht von Elektrofachkräften stehen müssen). |

## Durchführung der Prüfung

SE

| Art | Erklärung | Bemerkungen, Daten |
|---|---|---|
| Sichtkontrolle | Alle Geräte werden ohne Geräteöffnung auf erkennbare äußere Mängel besichtigt, | Kontrolle z.B. von: Gehäuseschäden, Beschädigungen der Anschlussleitung, Biegeschutztülle und Zugentlastung, unzulässige Eingriffe und Änderungen, Schutzabdeckungen, Luftfilter, Kühlöffnungen, Typenschilder, Warnsymbole. |
| Messen des Schutzleiterwiderstandes | Der niederohmige Durchgang des Schutzleiters ist durch Messung nachzuweisen. | Grenzwert: $\leq 0,3\ \Omega$ bis 5 m Anschlusslänge, zusätzlich $0,1\ \Omega$ je weitere 7,5 m bis zu einem Maximalwert von $1\ \Omega$ (Messschaltung: nächste Seite). |
| Messen des Isolationswiderstandes | Der Isolationswiderstand ist nach bestandener Schutzleiterprüfung zu messen. Während der Messung des Isolationswiderstandes muss das zu prüfende Gerät vom Netz getrennt sein. Dabei darf der Isolationswiderstand Mindestwerte nicht unterschreiten. Bei der Messung ist darauf zu achten, dass z.B. Einschalter, geschlossen sind. | Zulässiger Isolationswiderstand:<br>• Schutzklasse I: $\geq 0,3\ \text{M}\Omega$ für Geräte mit eingeschalteten Heizelementen. Wird bei Geräten > 3,5 kW der Isolationswiderstand nicht erreicht, ist das Gerät in Ordnung, wenn der Schutzleiterstrom 3,5 mA nicht überschreitet.<br>$1,0\ \text{M}\Omega$ für alle übrigen Geräte.<br>• Schutzklasse II: $\geq 2,0\ \text{M}\Omega$,<br>• Schutzklasse III: $\geq 0,25\ \text{M}\Omega$<br>(Messschaltung: nächste Seite) |
| Messen des Ersatzableitstromes | Wird der geforderte Isolationswiderstand bei Geräten der Schutzklasse I nicht erreicht, ist eine Ersatzableitstrommessung durchzuführen. | Der Ersatzableitstrom darf folgende Grenzwerte nicht überschreiten:<br>• Heizleistung $\leq 6$ kW: 7 mA,<br>• Heizleistung > 6 kW: 15 mA.<br>(Messschaltung: nächste Seite) |
| Messen des Schutzleiterstromes | Bei Geräten der Schutzklasse I, wenn die Messung des Isolationswiderstandes, z.B. wegen elektronischer Bauelemente, nicht möglich ist. Das Gerät ist mit Bemessungsspannung zu betreiben.<br>Bei Geräten mit Heizelementen und einer Gesamtanschlussleistung > 3,5 kW darf der Schutzleiterstrom nicht größer als 1 mA/kW Heizleistung sein. | Grenzwert $\leq 3,5$ mA <br> |
| Messen des Berührungsstromes | Bei Geräten der Schutzklasse II, wenn die Messung des Isolationswiderstandes, z.B. bei Geräten der Informationstechnik, oder eine Betriebsunterbrechung nicht möglich ist. Das Gerät ist mit Bemessungsspannung zu betreiben. | Grenzwert $\leq 0,5$ mA <br> |

# Instandsetzung, Änderung und Prüfung elektrischer Geräte
## Repair, change and test of electrical equipments

**SE**

| Prüfung | Erklärung | Messschaltungen |
|---|---|---|
| Sichtkontrolle | Die Geräteanschlussleitung ist auf Beschädigung und auf wirksamen Sitz in den Zugentlastungen zu überprüfen. Die Biegeschutztülle ist zu besichtigen und durch Handprobe zu prüfen.<br><br>Der Schutzleiter muss im gesamten Verlauf in ordnungsgemäßem Zustand sein. Schutzleiteranschlüsse müssen kritisch besichtigt und durch Handprobe auf richtigen Sitz geprüft werden. | <br>**Messen des Schutzleiterwiderstandes** |
| Messung des Schutzleiterwiderstandes | Der Widerstand des Schutzleiters muss bis 5 m Anschlusslänge ≤ 0,3 Ω sein.<br><br>Max. Schutzleiterwiderstand: ≤ 1 Ω.<br><br>Er ist zu messen zwischen dem Gehäuse und dem<br>• Schutzkontakt des Netzsteckers,<br>• Schutzkontakt des Gerätesteckers oder dem<br>• Schutzleiter am netzseitigen Ende des festen Anschlusses. | |

| Messen des Isolationswiderstandes | Der Isolationswiderstand wird zwischen den betriebsmäßig unter Spannung stehenden Teilen eines Gerätes und dem Metallgehäuse bei Geräten der Schutzklasse I bzw. den berührbaren Metallteilen bei Schutzklasse II gemessen. | **Messen des Isolationswiderstandes bei dreiphasigen Geräten der Schutzklasse I** |

Zulässiger Isolationswiderstand bei Schutzklasse

| I | II | III |
|---|---|---|
| ≥ 0,3 MΩ bzw. 1 MΩ* | ≥ 2,0 MΩ | ≥ 0,25 MΩ |

\* 0,3 MΩ bei Geräten mit Heizelementen bis 3,5 kW. 1,0 MΩ für alle übrigen Geräte der Schutzklasse I.

Zum Messen alle Schalter schließen.

Gleichspannung des Isolationsmessgerätes bei $R = 0,5$ MΩ mindestens 500 V.

**Messen des Isolationswiderstandes bei Geräten der Schutzklasse II**

| Ersatz-Ableitstrommessung | Sie ist durchzuführen bei Geräten der Schutzklasse I, wenn Funkentstörkondensatoren eingebaut oder ausgewechselt werden oder<br><br>wenn bei Wärmegeräten der geforderte Isolationswiderstand von 0,5 MΩ unterschritten wird.<br><br>Betriebsleerlaufspannung: AC 25 V bis 250 V ($f$ = 50 Hz). Bei $U > 50$ V muss der Kurzschlussstrom kleiner 3,5 mA sein. Bei netzbetriebenen Messeinrichtungen muss der Messkreis galvanisch vom Netz getrennt sein.<br><br>Der Ersatz-Ableitstrom darf zwischen betriebsmäßig unter Spannung stehenden Teilen und berührbaren Metallteilen 7 mA, bei Geräten mit einer Heizleistung ≥ 6 kW den Strom von 15 mA nicht überschreiten. | <br>**Messen des Isolationswiderstandes bei Geräten der Schutzklasse III** |
| Funktionsprüfung | Das reparierte oder geänderte Gerät ist gemäß den Bestimmungen des Herstellers zu betreiben. Bei Elektrowärmegeräten muss die Prüfdauer eine Aufheizperiode übersteigen. Das Gerät muss auf Sicherheitsmängel überprüft werden. Nach Änderungen sind die Aufschriften auf dem Leistungsschild zu berichtigen. | |
| Prüfung der Spannungsfestigkeit | Bei gewerblich genutzten Geräten muss eine Prüfung auf Spannungsfestigkeit durchgeführt werden, wenn in elektrischen Baueinheiten Einzelteile ersetzt werden. | |

Prüfspannung ($f$ = 50 Hz) zwischen Körper und unter Spannung stehenden Teilen für die Dauer von 1 Minute:

| Schutzklasse | I | II | III |
|---|---|---|---|
| Spannung | 1000 V | 3000 V | 400 V |

**Messen des Ersatz-Ableitstromes bei dreiphasigen Geräten**

## Arten der Prüfung

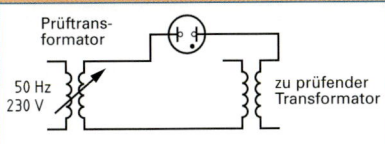

**Wicklungsprüfung**

Die Prüfung beginnt mit höchstens 33% der Prüfspannung. Die Spannung wird innerhalb von 10 Sekunden auf die volle Prüfspannung erhöht. Dabei darf kein Überschlag oder Durchschlag auftreten. Man spricht von Prüfung mit *angelegter Stehwechselspannung*, da die volle Prüfspannung 60 s anliegt. Bei Kleintransformatoren (bis 16 kVA und bis 1000 V) misst man zusätzlich den Isolationswiderstand.

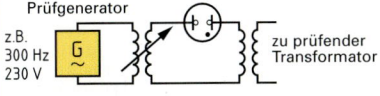

**Windungsprüfung**

Mit der Windungsprüfung prüft man die Isolation zwischen benachbarten Windungen mit erhöhter Prüffrequenz. Man spricht von Prüfung mit *induzierter Stehwechselspannung*, wenn die volle Prüfspannung 60 s aufrecht erhalten wird.

## Wicklungsprüfung bei Kleintransformatoren (bis 16 kVA, 1000 V, 500 Hz)

| Größte Bemessungsspannung des Transformators | 50 V | 250 V | 500 V | 1000 V |
|---|---|---|---|---|
| Prüfspannungen[1] in V bei Geräteschutzklassen I (Schutzleiteranschluss) und III (SELV und PELV) | | | | |
| Eingangskreis gegen Körper<br>Ausgangskreis gegen Körper<br>Eingangskreis gegen Ausgangskreis | 1000 | 1500 | 2500 | 3500 |
| Prüfspannungen[1] in V bei Geräteschutzklasse II (Schutzisolierung) | | | | |
| **Betriebsisolierung**<br>Eingangskreis gegen Metallteile | – | 1500 | 2000 | 2500 |
| **Schutzklasse II**<br>Metallteile gegen Körper | – | 2500 | 2500 | 2500 |
| Eingangskreis gegen Ausgangskreis<br>bei verstärkter Isolierung | – | 3000 | 3500 | 4500 |
| Eingangskreis gegen Körper und<br>Ausgangskreis gegen Körper | 1000 | 1500 | 2500 | 3000 |
| Prüfspannungen[1] in V bei allen Geräteschutzklassen | | | | |
| Zwischen den Eingangsklemmen<br>und zwischen den Ausgangsklemmen | 500 | 1000 | 1500 | 3000 |
| Zwischen den Wicklungsgruppen<br>(bei unterteilter Eingangswicklung) | – | 500 | 500 | 1000 |

## Windungsprüfung bei Kleintransformatoren

| Formeln | Bem.frequenz | Prüffrequenz | Prüfdauer |
|---|---|---|---|
| Prüfspannung = 2 x Bemessungsspannung | 50 Hz | 100 Hz | 5 min |
| | 50 Hz | 200 Hz | 2,5 min |
| $\text{Prüfdauer in min} = \dfrac{10 \times \text{Bemessungsfrequenz}}{\text{Prüffrequenz}}$ | 50 Hz | 300 Hz | 1,7 min |
| | 400 Hz | 1600 Hz | 2,5 min |

## Messung des Isolationswiderstandes

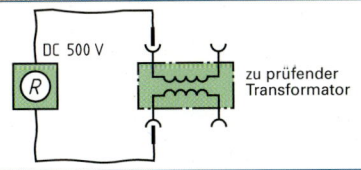

Der Isolationswiderstand ist mit Gleichspannung von 500 V zu messen, und zwar 1 min nach Anlegen der Spannung.

Der Isolationswiderstand muss zwischen Eingangskreis und Ausgangskreis mindestens 5 MΩ betragen, für andere Isolierungen (auch Schutzisolierung) 2 MΩ.

[1] Die Prüfspannung muss während 1 min am Prüfgegenstand liegen. Bei Wiederholungsprüfung genügen 80% der Prüfspannungswerte.

**SE**

## Netzformen (Topologie)

| Netzart | Kennzeichen | Anwendung | Vorteile und Nachteile |
|---|---|---|---|
| **Strahlennetz** | Die Energieversorgung verteilt sich strahlenförmig von einem gemeinsamen Einspeisepunkt aus. An jedem Strahl sind ein oder mehrere Verbraucher angeschlossen. | In Mittel- und Niederspannungsnetzen. Zur Energieversorgung von Reihendörfern oder Siedlungen in engen Tälern. | Hoher Spannungsfall am Ende der Leitung. Große Spannungsschwankungen abhängig von den Anschlusswerten der Verbraucher. Sichere Energieversorgung ist nicht gewährleistet. Große Leitungsquerschnitte sind erforderlich. |
| **Ringnetz** | Das Ende eines Versorgungsstrahls wird an den Einspeisepunkt zurückgeführt. Mehrere Einspeisungen sind möglich. | Bei flächenförmiger Anordnung weniger Verbraucher, die relativ weit auseinander liegen, z. B. bei Aussiedlerhöfen oder Industrieanlagen mit mehreren Fertigungsabteilungen. Mittel- und Niederspannungsnetze. | Aufwändiger als das Strahlennetz, da Rückführung erforderlich. Größerer Aufwand am Einspeisepunkt. Hohe Versorgungssicherheit, da von beiden Seiten eingespeist werden kann, falls in einem Teilstück eine Störung vorliegt. |
| **Maschennetz** | Mehrere Einspeisepunkte. Diagonalverbindungen versorgen in der Masche liegende Verbraucheranlagen. | Für Hoch-, Mittel- und Niederspannungsanlagen. Versorgung von Großstädten. | Hohe Spannungskonstanz. Kleine Leitungsverluste, kleinere Querschnitte. Große Versorgungssicherheit. Hoher Aufwand für Schutzgeräte und Netzschalteinrichtungen. |

## Unterscheidung nach Spannung

**SE**

| Bezeichnung | Bemessungsspannung in kV | Anwendung | Mastbauart | Spannweite in m |
|---|---|---|---|---|
| Niederspannungsnetz | 0,23/0,4 | Energieversorgung von Wohnungen, Gewerbebetrieben und Landwirtschaft. | National und international. Holz, | 40 bis 80 |
| Mittelspannungsnetz | 6, 10, 20, 30, 60 (66, 69) | Energieversorgung von Ortsnetzstationen, Industriebetrieben und großen Wohneinheiten. Regionalnetz. | Beton, Stahlrohr Holz, | 80 bis 220 |
| Hochspannungsnetz 1 | 110, 220, 380 | Energieversorgung von Großstädten, große Industriebetriebe. Kraftwerksverbund. | Beton, Stahlgitter | 200 bis 350 |
| Hochspannungsnetz 2 (Höchstspannungsnetz) | 500, 750 | International für HGÜ (Hochspannungs-Gleichstrom-Übertragung). | Stahlgitter, Spezialkabel | bis 750 – |

## Unterscheidung nach Leitungsart

| Bezeichnung | Spannungsbereich | Anwendung | Bemerkungen |
|---|---|---|---|
| Freileitungsnetz | Niederspannung | Ortsnetze | Alte Anlagen u. Erweiterungen. Billiger als Kabelnetze. |
| | Mittelspannung | Regionale und überregionale Energieversorgung. | Preisgünstiger als Kabelnetz. Weniger Verluste. Kleinere Kapazität. Leicht überwachbar. |
| | Hochspannung, Höchstspannung | Europäisches Verbundnetz zur Absicherung nationaler Versorgung. | |
| Kabelnetz | Niederspannung | Ortsnetze | Kunststoffisolierte Kabel (PVC oder VPE) |
| | Mittelspannung | Verbindungskabel zu den Umspannstationen in Ortsnetzen oder großen Industrieanlagen. Über 110 kV sind nur kurze Verbindungsstrecken möglich. | Anlagen bis 1980: bis 60 kV Massekabel, darüber Gasdruck- und Öldruckkabel. |
| | Hochspannung | | Neuere Anlagen: Meist VPE-Kabel. |

# Kraftwerksarten Types of power stations

| Kraftwerksart | Einsatzmöglichkeit | Wirkungs-grad $\eta$ | Bemerkungen |
|---|---|---|---|
| **Wasserkraftwerke** | | | |
| Laufwasser-Kraftwerk | Errichtung an Flüssen oder Kanälen. Durch Wehranlagen werden Höhenunterschiede von 4 m bis 25 m erreicht. Niederdruckanlagen arbeiten mit Kaplanturbinen. | 0,85 | Für konstante Energieversorgung. Deckung der Grundlast. |
| Speicherkraftwerk | Bei großen Stauhöhen. Mitteldruck-Kraftwerke 20 m bis 50 m. Hochdruck-Kraftwerke 50 m bis 2000 m. Kaplan-, Franzis- oder Peltonturbinen. Wasser wird bei Regenfällen oder Schneeschmelze in einer Talsperre gestaut und bei Bedarf abgefahren. | 0,8 | Abhängig von Zufluss und Speichervermögen unterscheidet man: Tages-, Wochen-, Monats- und Jahreskraftwerke. |
| Pumpspeicherkraftwerk | In Schwachlastzeiten wird mit elektrischer Überschussenergie aus Wärmekraftwerken das Pendelwasser in das Oberbecken gepumpt. Bei Spitzenstrombedarf wird wie beim Speicherkraftwerk elektrische Energie erzeugt. | 0,75 | Zur Deckung von Spitzenlast. Dient als Energiespeicher. |
| Gezeitenkraftwerk | Nur an Küsten mit hohen Gezeitenunterschieden wirtschaftlich einsetzbar. | 0,8 | Z.B. in Saint Malo Frankreich (10 MW). |
| **Wärmekraftwerke** | | | |
| Dampfkraftwerk | Mit Atomkraft, Kohle, Gas oder Öl wird Wasserdampf mit Temperaturen bis 550 °C und Drücken bis 25 MPa erzeugt und Dampfturbinen zugeführt. Diese wandeln über Turbogeneratoren die mechanische in elektrische Energie um. | 0,35 bis 0,45 | Kraftwerke mit hohen Leistungen. Hohe Entsorgungskosten der Abfälle. |
| Gasturbinen-Kraftwerk | Verdichtete Frischluft wird durch Verbrennung von Erdgas oder leichtem Heizöl auf eine Temperatur von 1300 °C gebracht. Diese heiße Luft treibt über die Turbine den Generator an. | 0,3 | Volle Leistungsabgabe innerhalb von 2 min bis 3 min. Spitzenstromerzeuger. |
| GUD-Kraftwerk (Gas- und Dampfkraftwerk) | Die 600 °C heißen Rauchgase einer Gasturbine werden direkt in einem unbefeuerten Abhitzekessel zur Dampferzeugung für den Antrieb einer Dampfturbine genutzt. | 0,55 bis 0,6 | Sehr effiziente Brennstoffausnutzung und kleine Schadstoffemissionen. Leistungen bis 250 MW. |
| Verbundkraftwerk | Der im Abhitzekessel mit den Gasturbinenabgasen erzeugte Dampf wird in ein externes Dampfkraftwerk eingespeist. Dampfturbine und Gasturbine können gemeinsam oder einzeln gefahren werden. | 0,48 | Zur Leistungs- und Wirkungsgraderhöhung vorhandener Kraftwerke. |

SE

WSchV. = Wirbelschichtverbrennung

| Brennstoff | Braunkohle | | Steinkohle | | Erdgas, Steinkohle | Erdgas | | |
|---|---|---|---|---|---|---|---|---|
| | Konventionelles Kraftwerk 1,00 | WSchV.-Kraftwerk 0,85 | Konventionelles Kraftwerk 0,77 | WSchV.-Kraftwerk 0,73 | Verbund-Kraftwerk 0,58 | Gasturbinen-Kraftwerk 0,53 | Verbund-Kraftwerk 0,38 | GUD-Kraftwerk 0,35 |
| elektrischer Wirkungsgrad | 40 % | 47 % | 43 % | 45 % | 48 % | 36 % | 49 % | 55 % |

Wirkungsgrad und $CO_2$-Emission verschiedener Wärmekraftwerke

**210**

# Leistungsschilder von Transformatoren und Messwandlern
## Rating plates of transformers and transformers for measurement

| Ansicht (Beispiel) | Art, Angaben |
|---|---|

**SE**

---

Hersteller

| | | | | |
|---|---|---|---|---|
| Typ | NR. | Baujahr 2006 | VDE 0532 | |
| Bem.-leistung kVA | 160 | Art LT | Frequenz Hz | 50 |
| | 1 20800 | | Betrieb | S1 |
| Bem.-spg. V 2 | 20000 | 400 | Schaltgr. | Yzn5 |
| | 3 19200 | | Reihe | 20 |
| Bem.-strom A | 4,62 | 231 | Isol.-Kl. | A |
| Kurzschl.-Spg.% | 4,1 | Kurzschl.-Strom | kA | |
| Schutzart | IP55 | Kurzschl.-Dauer max.s | 1,8 | |
| Kühlungsart | S | | | |
| Ges.-Mas. t | 1,0 | Öl-Masse t 0,27 | | |

### Drehstromtransformator

Name des Herstellers, Transformatortyp, Herstellungsnummer, Baujahr, zugrunde liegende VDE-Bestimmung, Bemessungsleistung, Art des Transformators (z.B. LT für Leistungstransformator), Frequenz, Bemessungsbetriebsart, Oberspannungen (je nach Einstellung des Umspanners), Unterspannung, Schaltgruppe, Reihe (für Isolation maßgebende Spannung in kV), Bemessungsströme, Isolationsklasse, Schutzart IP, Kühlungsart, z.B. S für Selbstkühlung, relative Kurzschlussspannung.

Weitere Angaben sind möglich. Einzelne Angaben können aber auch fehlen.

Statt Bemessungs-, z.B. Bemessungsleistung, verwenden manche Bestimmungen auch Nenn-, z.B. Nennleistung.

---

Hersteller

| | | | | |
|---|---|---|---|---|
| Typ | NR. | Baujahr | 2006 | |
| Bem.-leistung | kVA 20 | Art LT | Frequenz Hz | 50 |
| Bem.-spg. | V 6000 | 230 | Betrieb | S1 |
| Bem.-strom | A 3,44 | 87 | Schaltgr. | Ii0 |
| Kurzschl.-Spg. | % 5 | Kurzschl.-Strom kA | | |

### Einphasentransformator

Dieselben Angaben wie beim Drehstromtransformator.

Bei kleiner Baugröße können einzelne Angaben fehlen, insbesondere bei Kleintransformatoren.

---

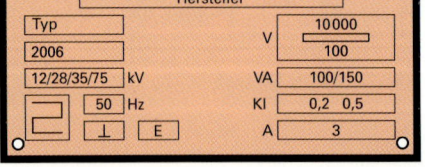

Hersteller

| | | | |
|---|---|---|---|
| Typ | Bemessungsspannung | 230 V | 42 |
| Bem.-leistung | VA 5000 Frequenz | Hz | 50 |
| Isolationsklasse | E | | |

### Kleintransformator

Wie beim Einphasentransformator, aber weiter vereinfacht.

Die Schutzart wird durch Tropfensymbole angegeben (siehe Schutzarten elektrischer Betriebsmittel).

---

Hersteller

| | | |
|---|---|---|
| Typ | V | 10000 |
| 2006 | | 100 |
| 12/28/35/75 kV | VA | 100/150 |
| 50 Hz | Kl | 0,2  0,5 |
| ⊥  E | A | 3 |

### Spannungswandler

Ein Teil der Angaben wie beim Einphasentransformator. Spannungen:
1. Bemessungsspannungen
2. Höchste dauernde Eingangsspannung
3. Bem.-Stehwechselspannung für Windungsprüfung
4. Bem.-Stehwechselspannung für Wicklungsprüfung
5. Bemessungs-Stoßspannung für Isolationsprüfung
Höchstzulässige Stromabgabe ohne Anspruch auf Genauigkeit der Spannungsübersetzung.

---

Hersteller

| | | |
|---|---|---|
| Typ | A | 300 |
| 2006 | | 5 |
| 0,5/3/6 kV | VA | 30  60 |
| 6 kA therm. | Kl | 0,5  1 |
| 15 kA dyn. | n | 5 |
| 50 Hz | | |
| E | | |

### Stromwandler

Stromstärken:
1. Bemessungsströme
2. Bem.-Kurzzeitstrom (höchstzulässige Stromstärke ohne Wicklungsbeschädigung durch Wärme)
3. Dynamischer Bem.strom (zulässig für einige Millisekunden wegen der mechanischen Kräfte)
Überstromfaktor (Überlastbarkeit ohne Genauigkeit der Stromübersetzung)
Klasse (entsprechend wie bei Messgeräten)
Zulassungszeichen (in abgewandelter Z-Form (⊐), nur bei Wandlern für Verrechnungszwecke).

# Kleintransformatoren  Small transformers

## Blechgrößen

M-Kernblech    EI-Kernblech    UI-Kernblech    Philbert-Kernbleche (nicht genormt)    PU-Kernblech    PI-Kernblech

| Kurz-zeich. | M 20 | M 30 | M 42 | M 65 | EI 30 | EI 130 | EI 150 | EI 170 | UI 30 | UI 60 | UI 102 | UI 150 | P 48 | P 60 | P 68 | P 76 | P 86 | P 108 | P 180 |
|---|---|---|---|---|---|---|---|---|---|---|---|---|---|---|---|---|---|---|---|
| $a$ | 20 | 30 | 42 | 65 | 30 | 130 | 150 | 170 | 30 | 60 | 102 | 150 | 72 | 90 | 102 | 114 | 129 | 162 | 270 |
| $b$ | 20 | 30 | 42 | 65 | 20 | 87,5 | 100 | 118 | 40 | 80 | 136 | 200 | 36 | 45 | 51 | 57 | 64,5 | 81 | 135 |
| $f$ | 5 | 7 | 12 | 20 | 10 | 35 | 40 | 45 | 10 | 20 | 34 | 50 | 12 | 15 | 17 | 19 | 21,5 | 27 | 45 |

## Berechnungstabelle für M-Kernbleche und EI-Kernbleche für $\hat{B}$ = 1,2 T

| | | | | | | | | | | | | |
|---|---|---|---|---|---|---|---|---|---|---|---|---|
| Bemessungsleistung[1] bei 1 Eingangswicklung und bis 2 Ausgangswicklungen  in VA | 4,5 | 12 | 26 | 48 | 62 | 120 | 180 | 230 | 280 | 350 | 420 | 500 |
| Bemessungsleistung[1] bei mehr Wicklungen  in VA | 3 | 9 | 12 | 40 | 52 | 100 | 160 | 210 | 260 | 320 | 380 | 460 |
| **Kern** | M 42 | M 55 | M 65 | M 74 | M 85 | M 102a | EI 102b | EI 130a | EI 130b | EI 150a | EI 150b | EI 150c |
| Maß $a$  in mm | 42 | 55 | 65 | 74 | 85 | 102 | 102 | 130 | 130 | 150 | 150 | 150 |
| Kernbreite $f$  in mm | 12 | 17 | 20 | 23 | 29 | 34 | 34 | 35 | 35 | 40 | 40 | 40 |
| Pakethöhe  in mm | 15 | 20 | 27 | 32 | 32 | 35 | 52 | 35 | 45 | 40 | 50 | 60 |
| Eisenquerschnitt bei Füllfaktor 0,9  in cm² | 1,6 | 3,0 | 4,9 | 6,7 | 8,4 | 11 | 16 | 11 | 14 | 14 | 18 | 21 |
| nutzbare Fensterhöhe  in mm | 6,5 | 7,5 | 9 | 10 | 9 | 12 | 12 | 24 | 24 | 28 | 28 | 28 |
| nutzbare Fensterbreite  in mm | 24 | 30 | 35 | 43 | 46 | 58 | 58 | 61 | 61 | 68 | 68 | 68 |
| **Wicklung** | | | | | | | | | | | | |
| Eingangswicklung[2]: Windungen/V | 19,5 | 10,9 | 7,05 | 5,23 | 4,18 | 3,26 | 2,19 | 3,22 | 2,52 | 2,48 | 1,98 | 1,66 |
| Ausgangswicklung[2]: Windungen/V | 29,1 | 13,53 | 8,13 | 5,81 | 4,58 | 3,50 | 2,30 | 3,44 | 2,65 | 2,60 | 2,08 | 1,72 |
| Wirkungsgrad  ≈ | 0,6 | 0,7 | 0,77 | 0,83 | 0,84 | 0,88 | 0,89 | 0,9 | 0,91 | 0,92 | 0,93 | 0,94 |
| Stromdichte innen  in A/mm² | 4,6 | 3,9 | 3,4 | 3,1 | 3,0 | 2,5 | 2,3 | 1,7 | 1,7 | 1,5 | 1,5 | 1,4 |
| außen  in A/mm² | 5,3 | 4,4 | 3,7 | 3,4 | 3,4 | 2,8 | 2,7 | 2,2 | 2,1 | 1,9 | 1,9 | 1,8 |
| mittlere Windungslängen  in mm | | | | | | | | | | | | |
| innere Hälfte | 73 | 95 | 120 | 140 | 150 | 170 | 205 | 200 | 220 | 230 | 250 | 270 |
| äußere Hälfte | 98 | 125 | 150 | 180 | 185 | 215 | 250 | 280 | 300 | 325 | 345 | 365 |
| ganz außen | 111 | 138 | 167 | 200 | 203 | 235 | 270 | 320 | 340 | 370 | 390 | 410 |

**Beispiel:** Kleintransformator 230 V/ 24 V, Belastung 280 W bei cos $\varphi$ = 1. Gesucht: Kern und Wicklungen.

*Lösung:* Ausgangsleistung $S = \dfrac{P}{\cos\varphi} = \dfrac{280\ \text{W}}{1} = 280$ VA. Für eine Eingangswicklung und eine Ausgangswicklung ist nach der Berechnungstabelle ein Kern EI 130b erforderlich.

**Eingangswicklung** Windungszahl $N_1 = 2,52\ \dfrac{1}{\text{V}} \cdot 230\ \text{V} = 580$

Leistungsaufnahme $S_{zu} = \dfrac{S}{\eta} = \dfrac{280\ \text{VA}}{0,91} = 308$ VA

Stromaufnahme $I_1 = \dfrac{S_{zu}}{U} = \dfrac{308\ \text{VA}}{230\ \text{V}} = 1,34$ A; Stromdichte (innen) $J_1 = 1,7\ \dfrac{\text{A}}{\text{mm}^2}$

Drahtquerschnitt $A_1 = \dfrac{I_1}{J_1} = \dfrac{1,34\ \text{A}}{1,7\ \text{A/mm}^2} = 0,788$ mm²; Draht-$\varnothing$ $d_1 \approx$ **1 mm**

**Ausgangswicklung** Windungszahl $N_2 = 2,65\ \dfrac{1}{\text{V}} \cdot 24\ \text{V} = 63,6 \approx 64$

Stromabgabe $I_2 = \dfrac{S}{U} = \dfrac{280\ \text{VA}}{24\ \text{V}} = 11,67$ A; Stromdichte (außen) $J_2 = 2,1\ \dfrac{\text{A}}{\text{mm}^2}$

Drahtquerschnitt $A_2 = \dfrac{I_2}{J_2} = \dfrac{11,67\ \text{A}}{2,1\ \text{A/mm}^2} = 5,56$ mm²; Draht-$\varnothing$ $d_2 = 2,66$ mm $\approx$ **2,7 mm**

[1] Bei Gleichrichtertransformatoren Bauleistung $P_T$;  [2] Die Windungszahlen gelten bei Wirkleistungsbelastung.

SE

**Ideale Transformatoren**

Eisenkern

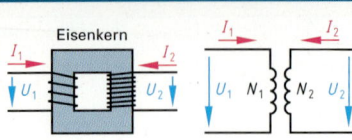

$$U_0 = N_2 \cdot 2\pi \cdot f \cdot \hat{B} \cdot A_{Fe} / \sqrt{2}$$

Bei Sinusspannung:

$$U_0 = 4{,}44 \cdot \hat{B} \cdot A_{Fe} \cdot f \cdot N$$

**Bezugspfeile beim Transformator**

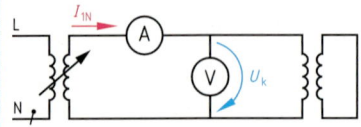

$$\frac{U_{01}}{U_{02}} = \frac{N_1}{N_2}$$

Bei allen Wechselspannungen:

$$\frac{U_1}{U_2} = \frac{N_1}{N_2} \qquad \ddot{u} = \frac{U_1}{U_2}$$

$$\Theta_1 = \Theta_2$$

$$\frac{I_1}{I_2} = \frac{N_2}{N_1} \qquad \frac{Z_1}{Z_2} = \ddot{u}^2$$

**Messen der Kurzschlussspannung**

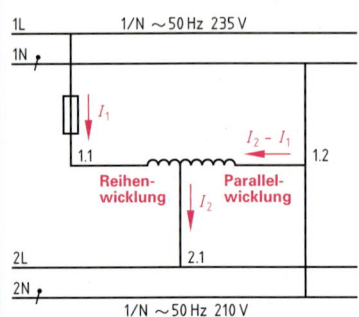

$$\frac{C_1}{C_2} = \frac{1}{\ddot{u}^2}$$

$$\frac{R_1}{R_2} = \ddot{u}^2 \qquad \frac{L_1}{L_2} = \ddot{u}^2$$

**Reale Transformatoren**

Bei realen Transformatoren gelten die Formeln des idealen Transformators näherungsweise, und zwar umso genauer, je kleiner $u_k$ ist.

$$u_k = \frac{U_k}{U_N}$$

$$u_k = \frac{U_k \cdot 100\%}{U_N}$$

$$I_{kd} = \frac{I_N}{u_k}$$

$$i_s \leq 2{,}54 \cdot I_{kd}$$

**Schaltung des Spartransformators**

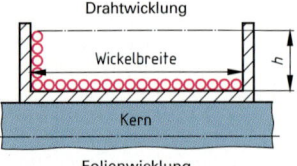

$$U_2 = K \cdot \frac{U_1 \cdot N_2}{N_1}$$

Beim Spartransformator:

$$S_B = \frac{U_1 - U_2}{U_1} \cdot S_D$$

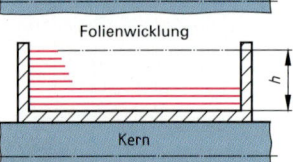

**Wicklungsaufbau**

$$z \approx \frac{h}{d}$$

$$N \approx N_L \cdot z$$

$$l \approx \pi \cdot d_m \cdot N$$

**Wicklungsaufbau**

| | | | |
|---|---|---|---|
| $A_{Fe}$ | Eisenquerschnitt | $N_L$ | Windungszahl je Lage |
| $\hat{B}$ | magnetische Flussdichte (Scheitelwert) | $R$ | Widerstand |
| $C$ | Kapazität | $S_B$ | Bauleistung |
| $d$ | Drahtdurchmesser oder Foliendicke | $S_D$ | Durchgangsleistung |
| $d_m$ | mittlerer Windungsdurchmesser | $U$ | Spannung |
| $f$ | Frequenz | $U_0$ | Leerlaufspannung |
| $h$ | Wickelhöhe | $U_N$ | Bemessungsspannung, Nennspannung |
| $I$ | Stromstärke | $U_k$ | gemessene Kurzschlussspannung |
| $I_{kd}$ | Dauerkurzschlussstrom | $u_k$ | bezogene Kurzschlussspannung |
| $I_N$ | Bemessungsstrom, Nennstrom | $\ddot{u}$ | Übersetzungsverhältnis |
| $i_s$ | Stoßkurzschlussstrom | $Z$ | Scheinwiderstand |
| $K$ | Kopplungsfaktor | $z$ | Lagenzahl |
| $L$ | Induktivität | 1 | Index für Oberspannungsseite |
| $l$ | Drahtlänge | 2 | Index für Unterspannungsseite |
| $N$ | Windungszahl | | |

SE

## Übliche Drehstromtransformatoren

| Zeiger-bild OS | Über-setzung $U_1 : U_2$ | Schalt-gruppe | Schaltung OS | US | Zeiger-bild US | Schalt-gruppe | Schaltung OS | US | Zeiger-bild US |
|---|---|---|---|---|---|---|---|---|---|
| | $\dfrac{N_1}{N_2}$ | Dd0 | | | | Dd6 | | | |
| | $\dfrac{N_1}{N_2}$ | Yy0 | | | | Yy6 | | | |
| | $\dfrac{2\,N_1}{3\,N_2}$ | Dz0 | | | | Dz6 | | | |
| | $\dfrac{N_1}{\sqrt{3}\,N_2}$ | Dy5 | | | | Dy11 | | | |
| | $\dfrac{\sqrt{3}\,N_1}{N_2}$ | Yd5 | | | | Yd11 | | | |
| | $\dfrac{2\,N_1}{\sqrt{3}\,N_2}$ | Yz5 | | | | Yz11 | | | |

$N_1$ und $N_2$ sind Windungszahlen je Strang; $U_1$ und $U_2$ sind Leiterspannungen (Dreieckspannungen) bei Leerlauf. Ist der Sternpunkt herausgeführt, wird an die betreffende Schaltung ein n bzw. N angehängt, z. B. Dyn5 oder YNd5.

## Transformatoren in offener Schaltung und Spartransformatoren

| Schalt-gruppe | Zeiger-bild OS | Schaltung OS | US | Zeiger-bild US | Schalt-gruppe | Zeiger-bild OS | Schaltung OS | US | Zeiger-bild US |
|---|---|---|---|---|---|---|---|---|---|
| Yiii0 | | | | | IIIy0 | | | | |
| Y0 | | | | | IIId5 | | | | |

Die angegebenen Kennzahlen gelten bei Sternschaltung der offenen Wicklung.

## Einphasentransformatoren für Drehstromsätze

| Schalt-gruppe | Zeiger-bild OS | Schaltung OS | US | Zeiger-bild US | Schalt-gruppe | Zeiger-bild OS | Schaltung OS | US | Zeiger-bild US |
|---|---|---|---|---|---|---|---|---|---|
| I0 | | | | | Ii0 | | | | |

**SE**

## Bedingungen für Parallelbetrieb

1. Die **Bemessungsspannungen (Nennspannungen)** der parallel zu schaltenden Wicklungen müssen gleich sein.
2. Die **Kurzschlussspannungen** der parallel zu schaltenden Transformatoren müssen annähernd gleich sein. Zulässig ist eine Abweichung von ± 10% vom Mittelwert der Kurzschlussspannungen.
3. Das **Verhältnis der Bemessungsleistungen** der parallel zu schaltenden Transformatoren soll kleiner sein als 3 : 1.
4. Die **Phasenlage** der Spannungen muss bei Leerlauf und bei Belastung gleich sein. Ist bei **Einphasentransformatoren** die Phasenlage nicht gleich, so kann durch Umpolen einer Eingangsseite oder einer Ausgangsseite die gleiche Phasenlage erreicht werden. **Drehstromtransformatoren** müssen gleiche Kennzahlen der Schaltgruppen haben, damit die Phasenlage gleich ist. Transformatoren der Kennzahl 5 können jedoch mit Transformatoren der Kennzahl 11 parallel geschaltet werden, wenn man die Anschlüsse geeignet vertauscht (siehe folgende Tabelle).

| Prüfung der Phasenlage beim Parallelschalten | Anschlussmöglichkeiten bei Transformatoren mit Kennzahlen 5 und 11 | | | | | | | |
|---|---|---|---|---|---|---|---|---|
| | geforderte Kennzahl | vorhandene Kennzahl | Anschluss an die Leiter der | | | | | |
| | | | Oberspannungsseite | | | Unterspannungsseite | | |
| | | | L1 | L2 | L3 | L1 | L2 | L3 |
| | 5 | 5 | 1U | 1V | 1W | 2U | 2V | 2W |
| | | 11 | 1U | 1W | 1V | 2W | 2V | 2U |
| | 11 | 11 | 1U | 1V | 1W | 2U | 2V | 2W |
| | | 5 | 1U | 1W | 1V | 2W | 2V | 2U |

Für die linke Spalte: L1 L2 L3 — Dyn 5 / Dyn 11 (1W 1V 1U / 2W 2V 2U 2N) — L1 L2 L3 N

Nach Anschluss der Eingangswicklung darf zwischen den zu verbindenden Ausgangsklemmen keine Spannung herrschen. Gefordert: Kennzahl 5

## Lastverteilung beim Parallelschalten von Transformatoren

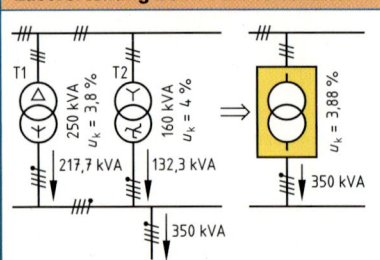

T1: 250 kVA, $u_k = 3{,}8\%$ — 217,7 kVA
T2: 160 kVA, $u_k = 4\%$ — 132,3 kVA
$\Rightarrow$ $u_k = 3{,}88\%$ — 350 kVA
350 kVA

$$\frac{\Sigma S_N}{u_k} = \frac{S_{N1}}{u_{k1}} + \frac{S_{N2}}{u_{k2}} + \ldots$$

$$u_k = \frac{\Sigma S_N}{\dfrac{S_{N1}}{u_{k1}} + \dfrac{S_{N2}}{u_{k2}} + \ldots}$$

Bei gleichen Kurzschlussspannungen:

$$S_1 = \Sigma S \cdot \frac{S_{N1}}{\Sigma S_N}$$

$$S_1 = S_{N1} \cdot \frac{u_k}{u_{k1}} \cdot \frac{\Sigma S}{\Sigma S_N}$$

entsprechend für $S_2$; $S_3$; …     entsprechend für $S_2$; $S_3$; …

**Beispiel:** Berechnen Sie die Lastverteilung zweier parallel geschalteter Transformatoren.
Transformator T1: Bemessungsleistung 250 kVA, Kurzschlussspannung 3,8%, Transformator T2: Bemessungsleistung 160 kVA, Kurzschlussspannung 4%, Gesamtlast 350 kVA.

**Lösung:**

$$u_k = \frac{\Sigma S_N}{\dfrac{S_{N1}}{u_{k1}} + \dfrac{S_{N2}}{u_{k2}}} = \frac{250\ kVA + 160\ kVA}{\dfrac{250\ kVA}{3{,}8\%} + \dfrac{160\ kVA}{4\%}} = \frac{410\%}{65{,}8 + 40} = \mathbf{3{,}88\%}$$

$$S_1 = S_{N1} \cdot \frac{u_k}{u_{k1}} \cdot \frac{\Sigma S}{\Sigma S_N} = 250\ kVA \cdot \frac{3{,}88\%}{3{,}8\%} \cdot \frac{350\ kVA}{410\ kVA} = \mathbf{218\ kVA}$$

$$S_2 = S_{N2} \cdot \frac{u_k}{u_{k2}} \cdot \frac{\Sigma S}{\Sigma S_N} = 160\ kVA \cdot \frac{3{,}88\%}{4\%} \cdot \frac{350\ kVA}{410\ kVA} = \mathbf{132\ kVA}$$

**Probe:** $S_1 + S_2 = 218\ kVA + 132\ kVA = 350\ kVA$

| | | | |
|---|---|---|---|
| $S_1, S_2, \ldots$ | Lastabgaben der einzelnen, parallel geschalteten Transformatoren | $\Sigma S_N$ | Summe der Bemessungsleistungen der parallel geschalteten Transformatoren |
| $\Sigma S$ | Gesamtlast (Leistungsaufnahme der angeschlossenen Verbraucher) | $u_k$ | resultierende Kurzschlussspannung der Parallelschaltung |
| $S_{N1}, S_{N2}, \ldots$ | Bemessungsleistungen der einzelnen, parallel geschalteten Transformatoren | $u_{k1}, u_{k2} \ldots$ | Kurzschlussspannungen der einzelnen Transformatoren |

SE

| Vorgang | Erklärung | Bemerkung, Bild |
|---|---|---|
| Herrichten des Kabelgrabens | • Breite mindestens 40 cm,<br>• Tiefe bei Niederspannung normal mindestens 70 cm,<br>• Tiefe bei zusätzlichem Mittelspannungskabel normal mindestens 80 cm,<br>• Tiefe bei Kreuzung mit Hauptverkehrsstraßen mindestens 100 cm,<br>• Sandbett auf steinfreier Grabensohle mindestens 10 cm,<br>• bei Richtungsänderung den Kabelgrabenbogen entsprechend dem Krümmungshalbmesser $r$ des Kabels ($r$ = 12 x Kabeldurchmesser) ausführen. | <br>Maße in cm<br>**Kabelgraben bei drei Niederspannungskabeln** |
| Abdecken und Auffüllen des Kabelgrabens | • Nach dem Auslegen des Kabels weitere Sandschicht von 10 cm einbringen,<br>• bei steinfreiem Erdboden kann auf diese Sandschicht verzichtet werden,<br>• Kabel mit Kunststoffplatten abdecken,<br>• ist mit einer Beschädigung des Kabels nicht zu rechnen, kann auf die Kunststoffplatten verzichtet werden,<br>• Kabelgraben lagenweise mit Erdboden auffüllen und die Lagen verdichten,<br>• im oberen Drittel des Kabelgrabens Trassenwarnband einlegen. | <br>Maße in cm<br>**Kabelgraben mit 400-V-Kabel und 20-kV-Kabel** |
| Auslegen des Kabels | • Temperatur soll über –5 °C liegen,<br>• Kabel über Kabellegerollen von der Liefertrommel abziehen,<br>• Krümmungshalbmesser $r$ von Bögen mindestens $r$ = 12 x Kabeldurchmesser,<br>• vor Muffen und Kabelaufführungen (z.B. zu Umspannstationen) Kabel geschlängelt auslegen,<br>• Zugbeanspruchung höchstens 30 N/mm$^2$ (Summe der Leiterquerschnitte). | <br>**Kabellegerolle** |
| Verwendung von Schutzrohren | • Schutzrohre, z.B. geteilte Schutzrohre aus Kunststoff, sind bei zu erwartender mechanischer Belastung, z.B. Kreuzung von Hauptverkehrsstraßen, erforderlich,<br>• am Schutzrohrende ein Polster aus Erde unter dem Kabel zum Schutz gegen Kabelbeschädigung durch die Rohrkante anbringen,<br>• jedes Kabel ist in ein eigenes Schutzrohr zu legen. | <br>**Schutz des Kabels am Rohrende** |
| Kreuzungen und Näherungen | • Bei Kreuzungen und bei Näherungen mit allen Arten von Leitungen sind Mindestabstände einzuhalten.<br>• Parallelführung mit Fernmeldekabel ist wegen der Induktion zu vermeiden. Das gilt nicht für Glasfaserkabel. Notfalls müssen die Mindestabstände erheblich größer genommen werden.<br>• Bei Kreuzungen mit anderen Energiekabeln soll das Kabel mit der höheren Spannung unten liegen. | **Mindestabstände bei Kreuzung oder Näherung**<br><br>Siehe Tabelle unten. |
| Pflugkabellegung | Auslegung mit Pflug möglich, wenn<br>• Trasse außerhalb bebauter Gebiete liegt,<br>• Kabelstrecke genügend lang ist,<br>• keine befestigten Wege vorhanden sind,<br>• im Boden keine Hindernisse liegen,<br>• der Boden die Belastung durch den Pflug aushält. | Das Kabel ist gleichzeitig mit dem Einpflügen auszufahren. Das Trassenwarnband wird zusammen mit dem Kabel eingepflügt. Wegkreuzungen sind vor dem Einpflügen zu öffnen. Das Kabel ist an diesen Stellen in geteilte Schutzrohre einzulegen. Sofort nach der Verlegung ist die Pflugrinne durch Walzen zu schließen. |

**Mindestabstände bei Kreuzung oder Näherung**

| Art | Kreuzung | Näherung |
|---|---|---|
| Fernmeldeanlage | 10 cm | 10 cm |
| Wasserleitung | 20 cm | 40 cm |
| Gasleitung ≤ 16 bar | 20 cm | 40 cm |
| Fernwärmenetz | 30 cm | 30 cm |
| Tanks und zugehörige Rohrleitungen | 100 cm | 100 cm |

# Durchhang von Freileitungen  Sag of open wire lines

| Spannweite in m | Querschnitt in mm² | Durchhang in cm bei einer Temperatur in °C | | | | | | | | | | | |
|---|---|---|---|---|---|---|---|---|---|---|---|---|---|
| | | − 20 | − 10 | − 5 | 0 | + 5 | + 10 | + 15 | + 20 | + 25 | + 30 | + 40 | − 5 mit $G_Z$ |
| **Aluminiumseil (Höchstbeanspruchung 70 N/mm²)** | | | | | | | | | | | | | |
| 20 | 25 | 2 | 2 | 3 | 3 | 4 | 4 | 5 | 7 | 9 | 12 | 20 | 19 |
| | 50 | 2 | 2 | 3 | 3 | 4 | 4 | 5 | 7 | 9 | 12 | 20 | 13 |
| | 95 | 2 | 2 | 3 | 3 | 4 | 4 | 5 | 7 | 9 | 12 | 20 | 9 |
| 40 | 25 | 11 | 15 | 18 | 22 | 26 | 32 | 37 | 43 | 49 | 55 | 65 | 68 |
| | 50 | 8 | 9 | 11 | 12 | 14 | 16 | 19 | 24 | 28 | 34 | 46 | 43 |
| | 95 | 8 | 9 | 11 | 12 | 14 | 16 | 19 | 24 | 28 | 34 | 46 | 32 |
| 90 | 50 | 98 | 118 | 128 | 138 | 148 | 157 | 166 | 175 | 184 | 192 | 208 | 207 |
| | 95 | 47 | 58 | 64 | 72 | 80 | 90 | 99 | 109 | 119 | 130 | 150 | 138 |
| 130 | 95 | 154 | 180 | 193 | 206 | 218 | 231 | 243 | 256 | 268 | 297 | 301 | 288 |
| 160 | 95 | 295 | 323 | 337 | 351 | 364 | 377 | 390 | 403 | 415 | 427 | 450 | 436 |
| **Stahl-Aluminiumseil mit dem Querschnittsverhältnis 1 : 6 (Höchstbeanspruchung 90 N/mm²)** | | | | | | | | | | | | | |
| 20 | 35 | 2 | 2 | 3 | 3 | 3 | 4 | 4 | 5 | 6 | 8 | 13 | 12 |
| | 50 | 2 | 2 | 3 | 3 | 3 | 4 | 4 | 5 | 6 | 8 | 13 | 10 |
| 40 | 35 | 8 | 9 | 10 | 11 | 13 | 14 | 16 | 19 | 22 | 26 | 35 | 40 |
| | 50 | 8 | 9 | 10 | 11 | 13 | 14 | 16 | 19 | 22 | 26 | 35 | 34 |
| | 95 | 8 | 9 | 10 | 11 | 13 | 14 | 16 | 19 | 22 | 26 | 35 | 26 |
| 90 | 35 | 97 | 114 | 122 | 130 | 138 | 145 | 154 | 162 | 169 | 176 | 190 | 198 |
| | 50 | 61 | 74 | 81 | 89 | 97 | 105 | 114 | 122 | 130 | 138 | 154 | 158 |
| | 90 | 42 | 50 | 54 | 59 | 65 | 71 | 78 | 85 | 93 | 102 | 118 | 112 |
| 130 | 95 | 118 | 136 | 146 | 157 | 167 | 178 | 188 | 199 | 209 | 220 | 241 | 233 |
| 160 | 95 | 219 | 244 | 256 | 268 | 280 | 293 | 304 | 316 | 328 | 339 | 361 | 352 |
| **Aldreyseil (Höchstbeanspruchung 100 N/mm²)** | | | | | | | | | | | | | |
| 40 | 35 | 5 | 6 | 7 | 7 | 8 | 9 | 10 | 12 | 14 | 16 | 24 | 39 |
| | 50 | 5 | 6 | 7 | 7 | 8 | 9 | 10 | 12 | 14 | 16 | 24 | 32 |
| 90 | 35 | 48 | 60 | 68 | 76 | 86 | 96 | 106 | 116 | 127 | 137 | 156 | 187 |
| | 50 | 34 | 40 | 44 | 49 | 54 | 61 | 68 | 77 | 86 | 96 | 117 | 145 |
| | 95 | 27 | 32 | 34 | 37 | 41 | 45 | 50 | 55 | 62 | 70 | 88 | 99 |
| 130 | 35 | 225 | 250 | 262 | 274 | 285 | 296 | 307 | 318 | 328 | 338 | 358 | 389 |
| | 50 | 119 | 143 | 156 | 169 | 182 | 196 | 209 | 222 | 235 | 247 | 271 | 304 |
| | 95 | 66 | 77 | 84 | 91 | 100 | 109 | 120 | 131 | 143 | 156 | 183 | 202 |
| 160 | 35 | 432 | 455 | 466 | 477 | 487 | 498 | 509 | 519 | 529 | 539 | 558 | 589 |
| | 50 | 263 | 293 | 307 | 322 | 335 | 349 | 362 | 376 | 389 | 402 | 426 | 458 |
| | 95 | 121 | 141 | 153 | 166 | 180 | 194 | 209 | 224 | 239 | 255 | 285 | 305 |

Jede Freileitung muss mit dem richtigen Durchhang verlegt werden, weil sich die Seillänge mit der Temperatur ändert.

Nach VDE 0211 erfolgt der größte Durchhang

a) bei + 40 °C ohne Zusatzlast

b) bei − 5 °C mit Zusatzlast $G_Z$ (z. B. Eisbehang)

In keinem Belastungsfall darf die Höchstbeanspruchung des Leitermaterials nach DIN 48 200 und VDE 0211 überschritten werden.

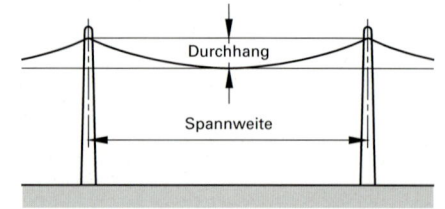

## Arten

| Anlage, Betriebsart | Erklärung | Beispiel, Bemerkungen |
|---|---|---|
| Wasserkraftanlage (Wasserturbine mit Generator), <br><br> Windenergieanlage (Windenergiekonverter mit Generator), <br><br> Anlage mit Wärmekraftmaschine, z.B. BHKW (Blockheizkraftwerk), | Diese Anlagen enthalten eine Kraftmaschine KM, einen Synchrongenerator oder Asynchrongenerator, einen Frequenzumrichter (kann beim Asynchrongenerator entfallen) und eine ENS (Einrichtung zur Netzüberwachung mit Schaltorgan in Reihe). Die ENS überwacht z.B. Spannung und schaltet die Anlage ans VNB-Netz oder vom Netz ab. | |
| PV-Anlage (Photovoltaikanlage) <br><br> Brennstoffzellen-Anlage | Die Solarmodule der PV-Anlage und die Brennstoffzellen liefern Gleichstrom. Deshalb ist ein Wechselrichter (DC-AC-Umsetzer) erforderlich. | |
| Inselbetrieb | Anlage arbeitet ohne Verbindung zum Verteilungsnetzbetreiber-Netz. | In Anlagen über 4,6 kVA muss die Blindleistung kompensiert werden. Der Leistungsfaktor soll innerhalb der Grenzen von 0,9 kapazitiv (Überkompensation) und 0,8 induktiv liegen. |
| Parallelbetrieb | Anlage arbeitet mit Verbindung zum VNB-Netz. | |
| Parallelbetrieb mit ausschließlicher Rücklieferung | Der Bedarf des Kunden wird nur über den Bezugszähler gedeckt. | |

## Anschluss an das öffentliche Netz
nach TAB

**SE**

| Prinzipschaltung | Erklärung | Zählerplatz |
|---|---|---|

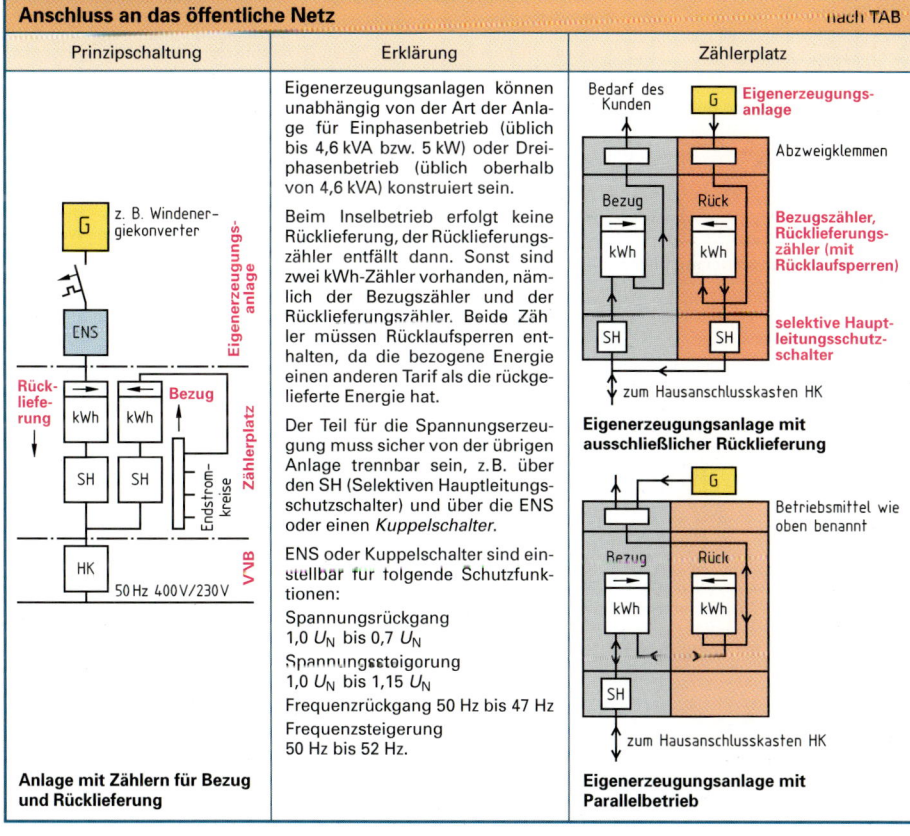

Eigenerzeugungsanlagen können unabhängig von der Art der Anlage für Einphasenbetrieb (üblich bis 4,6 kVA bzw. 5 kW) oder Dreiphasenbetrieb (üblich oberhalb von 4,6 kVA) konstruiert sein.

Beim Inselbetrieb erfolgt keine Rücklieferung, der Rücklieferungszähler entfällt dann. Sonst sind zwei kWh-Zähler vorhanden, nämlich der Bezugszähler und der Rücklieferungszähler. Beide Zähler müssen Rücklaufsperren enthalten, da die bezogene Energie einen anderen Tarif als die rückgelieferte Energie hat.

Der Teil für die Spannungserzeugung muss sicher von der übrigen Anlage trennbar sein, z.B. über den SH (Selektiven Hauptleitungsschutzschalter) und über die ENS oder einen *Kuppelschalter*.

ENS oder Kuppelschalter sind einstellbar für folgende Schutzfunktionen:

Spannungsrückgang
$1,0\ U_N$ bis $0,7\ U_N$
Spannungssteigerung
$1,0\ U_N$ bis $1,15\ U_N$
Frequenzrückgang 50 Hz bis 47 Hz
Frequenzsteigerung
50 Hz bis 52 Hz.

**Anlage mit Zählern für Bezug und Rücklieferung**

**Eigenerzeugungsanlage mit ausschließlicher Rücklieferung**

**Eigenerzeugungsanlage mit Parallelbetrieb**

# Fotovoltaik  Photovoltaic

## Solarzellen

| Art | Wirkungsgrad | Aufbau | Anwendungen |
|---|---|---|---|
| Amorphe Zellen | 5% bis 10% | Auf Glasplatte aufgedampftes Silicium. | Kleingeräte, Solarmodule |
| Monokristalline Zellen | 15% bis 22% | Gezüchtete Silicium-Einkristalle. | Solarmodule, Solarmobile, Raumfahrt |
| Polykristalline Zellen | 10% bis 15% | Wird aus mehreren Silicium-Kristallen gegossen. | Solarmodule |

## Solarzellenmodule, Solargeneratoren

| Schaltung | Beschreibung | Bemerkungen |
|---|---|---|
| **Reihenschaltung von Solarzellen** | Die erzeugte Spannung einer Solarzelle ist von der Beleuchtungsstärke und der Zellentemperatur abhängig. Sie erreicht bei Silicium einen Maximalwert von etwa $U_0 = 0,6$ V. In der Regel werden 36 oder 40 Solarzellen in Reihe zu einem Solarmodul geschaltet. Bei der Reihenschaltung addieren sich die Spannungen der einzelnen Zellen. $U_0 = U_{01} + U_{02}$ | Bei voller Sonneneinstrahlung, ca. 1000 W/m$^2$, fallen auf eine Solarzelle mit der Größe von 10 cm x 10 cm etwa 10 W. Die Bemessungsleistung eines Solarmoduls beträgt, je nach Größe, etwa 5 W bis 330 W. Ein 50-W-Modul wäre z. B. geeignet, einen 12-V-Akkumulator aufzuladen. |
| **Parallelschaltung von Solarzellen** | Die maximale Stromstärke einer Zelle ist aus der Kennlinie ersichtlich. Sie beträgt meist bis 3 A. Um höhere Lastströme zu erreichen, wird oft die Parallelschaltung angewendet. Bei der Parallelschaltung addieren sich die Ströme der einzelnen Zellen. $I = I_1 + I_2$ | Abnehmende Sonneneinstrahlung beeinträchtigt insbesondere die Stromstärke. Beschattete Zellen wirken als Verbraucher und würden durch den Strom unzulässig hoch erwärmt. Abgeschattete Module wirken wie Widerstände und müssen gegen thermische Überlastung geschützt werden. Deshalb werden Bypass-Dioden (folgende Seite) parallel geschaltet. |
| **Reihenschaltung von Solarmodulen** | Zur Erzielung höherer Systemspannungen werden Solarmodule in Reihe geschaltet. $U = U_1 + U_2$ | Für den Betrieb von Fotovoltaikanlagen werden höhere Systemspannungen benötigt. Zur Versorgung handelsüblicher 230-V-Geräte wird ein Wechselrichter vorgesehen, der die Gleichspannung in Wechselspannung umsetzt. |
| **Parallelschaltung von Solarmodulen** | Höhere Gesamtströme erhöhen die Gesamtleistung einer Fotovoltaikanlage. Zur Erzielung höherer Gesamtströme werden Solarmodule parallel geschaltet. $I = I_1 + I_2$ | In Wohnwagen, Wohnmobilen oder auf Segelbooten werden auf diese Weise 12-V-Netze betrieben. Für fehlende Sonneneinstrahlung kann die vorher gewonnene Energie in einem Akkumulator zwischengespeichert werden. |
| **Schaltung eines Solargenerators** (Strang 1, Strang 2, Strang 3) | Bei Solargeneratoren werden höhere Systemleistungen gefordert. Durch geeignete Schaltungsvarianten werden die notwendigen Systemspannungen und Gesamtströme ermöglicht. Meist werden Stränge (Reihenschaltungen von Solarmodulen parallel geschaltet. | Solargeneratoren mit parallel geschalteten Reihensträngen werden häufig für Fotovoltaikanlagen verwendet. Geeignete Schaltungen ermöglichen einen modularen Aufbau für Anlagen von einigen kW bis GW. Wechselrichter ermöglichen die Einspeisung in das Stromversorgungsnetz. |

## Flächenbedarf für Fotovoltaikanlagen

$$A_L = L_F \cdot A_G \qquad P_M = G'_N \cdot \eta_M \qquad G'_N = \frac{P_G}{A_G \cdot \eta_M} \qquad A_G = n \cdot A_M \qquad n = \frac{P_G}{P_M}$$

$A_G$  Gesamtfläche des Solargenerators
$A_L$  Benötigte Land- oder Dachfläche
$A_M$  Fläche eines Solarmoduls
$G'_N$ globale Bestrahlungsstärke etwa 1 kW/m$^2$
$L_F$  Landfaktor etwa 2 bis 3
$n$  Anzahl Solarmodule
$P_G$  Spitzenleistung des Solargenerators
$P_M$  Spitzenleistung des Solarmoduls
$\eta_M$ Wirkungsgrad des Solarmoduls

SE

# Fotovoltaikanlage  Photovoltaic system

| Begriff | Erklärung | Bemerkungen, Daten |
|---|---|---|
| PV-Anlage | Eine Fotovoltaikanlage wandelt Sonnenlicht in elektrische Energie um. | Hauptbestandteile: Sind Solarmodule, Wechselrichter und der Netzanschluss mit dem Elektrizitätszähler. |
| Solar-module | Die Solarmodule erzeugen Gleichstrom, der dann von einem oder mehreren Wechselrichtern in 230 V Wechselstrom umgewandelt und in das öffentliche Versorgungsnetz eingespeist oder selbstgenutzt wird.<br><br>Können unterschiedliche Bauarten und unterschiedliche Modulleistungen haben. Die Anzahl der Solarmodule einer Anlage ergibt deren Gesamtleistung. Die Leistung wird in Kilowatt Peak (kWp; peak (engl.) = Spitze) gemessen. | Beispiele für Modulleistungen:<br>• Bemessungsleistungen von 5 bis 330 Watt Peak (Wp),<br>• Bemessungsströme von 0,3 bis etwa 10 A,<br>• Bemessungsspannungen 16 V bis etwa 50 V,<br>• Größen 540 mm x 250 mm bis 1300 mm x 1890 mm. |
| Wechsel-richter | Der Wechselrichter wandelt den im Solargenerator erzeugten Gleichstrom in Wechselstrom um. Die Ausgangsspannung beträgt meist 230 V. Der Wechselrichter muss mit einer Netzüberwachung ausgerüstet sein. Damit wird verhindert, dass die Anlage, bei abgeschalteten Netz, Strom liefert. | Je nach Anlagentyp werden zentrale Wechselrichter oder Strangwechselrichter verwendet. Zentralwechselrichter verwendet man für Leistungen > 100 kWp, Strangwechselrichter im Leistungsbereich von 1 kWp bis 20 kWp. |
| Wirtschaft-lichkeit | Die Wirtschaftlichkeit ist abhängig von der Lage zur Himmelsrichtung und der Neigung. Für den wirtschaftlichen Betrieb einer PV-Anlage ist eine Mindestanlagengröße von 1 kWp empfehlenswert. | Der durchschnittliche Jahresertrag pro installiertem kWp liegt zwischen 750 und 850 kWh. Eine Fotovoltaikanlage mit einer Bemessungsleistung (Nennleistung) von 1000 Watt (1 kWp) benötigt rund 10 m² Dachfläche. |
| Einspeise-vergütung | Die Einspeisevergütung ist gesetzlich durch das Erneuerbare-Energien-Gesetz (EEG) geregelt. | Anlagen auf Gebäuden erhalten bis zu einer Größe von 30 kW 57,4 Cent/kWh für einen Zeitraum von 20 Jahren (Stand 2004). |
| Genehmi-gung | Fotovoltaikanlagen sind auf selbst genutzten Gebäuden nach der Landesbauordnung genehmigungsfrei. | Bei einigen Fördermittelgebern wird eine städtebauliche Stellungnahme verlangt. |
| Montage | Man unterscheidet die Aufdachmontage, die Indachmontage, die Freiaufstellung, die Flachdachmontage und die Fassadenmontage. Bei der Wahl der Montageart spielen neben der für die Module günstigsten Ausrichtung und Neigung auch optische und architektonische Gesichtspunkte elne Rolle.<br><br>Grundsätzlich müssen die Module witterungssicher aufgebaut und windsicher verankert werden. | Optimal ist eine Ausrichtung der Solarmodule nach Süden mit einer Neigung von 30 Grad. Der Solargenerator wird mithilfe eines Gestells auf die Dachhaut beschattungsfrei montiert. Die Montage des Generatoranschlusskastens erfolgt in der Nähe der Solarmodule (Solargenerator) geschützt vor direkter Sonnenstrahlung. Die Verbindung vom Generatoranschlusskasten zum Wechselrichter ist erdschluss- und kurzschlusssicher zu verlegen. |

**SE**

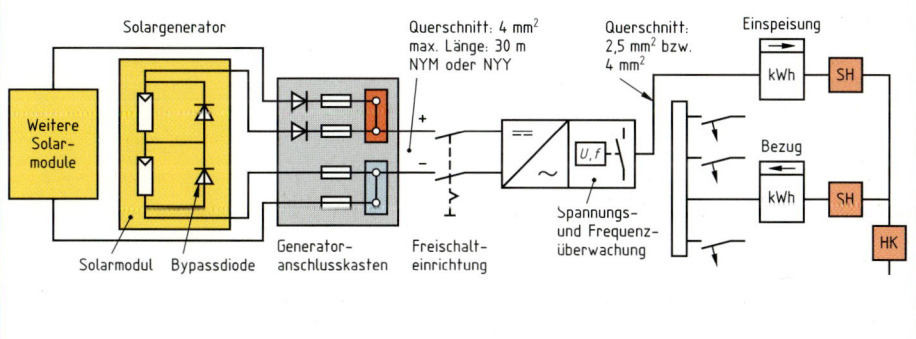

**Fotovoltaikanlage**

# Windkraftanlagen  Wind power stations

SE

## Rotorarten

| Art | Wirkungsweise | Bemerkungen |
|---|---|---|
|  **Darrieusläufer** | Durch die besondere Profilierung der Rotorblätter entsteht der Drehimpuls nach dem Prinzip des aerodynamischen Auftriebs. Die Funktion ist nicht von der Windrichtung abhängig. | Die Drehzahl bzw. die Leistungsabgabe kann nicht durch die Verstellung der Rotorblätter geregelt werden. Darrieusläufer besitzen schlechte Anlaufeigenschaften und haben einen ungünstigen Wirkungsgrad. Leistungsbeiwert $c_p \approx 0{,}37$. Vorteil: die elektrischen Bauelemente sind am Boden untergebracht. Der Darrieus-Rotor wird mit zwei oder drei Rotorblättern bestückt. |
|  **Leeläufer** | Bei diesem Windenergiekonverter ist wie beim Luvläufer die Rotorwelle waagerecht installiert, der Rotor dreht sich jedoch auf der windabgewandten Seite. Der Turm verursacht einen Windschatten, was zu Leistungseinbußen führt. | Der Turmkopf ist mit dem Rotor um 360° drehbar und muss durch eine Windnachführungseinrichtung in die jeweils günstigste Position gebracht werden. Leistungsbeiwert $c_p \approx 0{,}45$. Bei sehr starkem Wind werden die Rotorblätter nicht gegen den Turm gedrückt. Die Umlaufgeschwindigkeit der Blattspitze kann bei großen Anlagen mehr als 400 km/h betragen. |
|  **Luvläufer** | Die Wirkungsweise ist dieselbe wie beim Leeläufer. Der Unterschied besteht jedoch darin, dass der Rotor zum Wind gedreht ist und sich selbsttätig in Windrichtung ausrichtet. | Der Turmkopf ist ebenfalls mit dem Rotor um 360° drehbar, muss jedoch nicht in Windrichtung nachgeführt werden. Die Leistungsabgabe wird durch Verstellung der Rotorblätter geregelt. Bei sehr starkem Wind besteht das Risiko, dass die Rotorblätter gegen den Turm gedrückt werden. |

## Windenergieanlagen

| Art | Wirkungsweise | Bemerkungen |
|---|---|---|
| Kleine Anlagen | Leistung: bis 50 kW Rotordurchmesser: bis 15 m | Einfache Anlagen im Inselbetrieb |
| Mittlere Anlagen | Leistung: 100 kW bis 300 kW Rotordurchmesser: 20 m bis 30 m | Für Inselbetrieb und Netzparallelbetrieb |
| Große Anlagen | Leistung: 0,7 MW bis 3 MW Rotordurchmesser: 40 m bis 100 m | Einspeisung in das VNB-Netz |

## Im Wind enthaltene Leistung

$$E = \frac{1}{2} \cdot m \cdot v^2$$

$$v_{Rotor} = d \cdot \pi \cdot n$$

$$\lambda = \frac{v_{Rotor}}{v}$$

$$P_W = \frac{1}{2} \cdot \varrho \cdot A \cdot v^3$$

$$P = c_p \frac{1}{2} \cdot \varrho \cdot A \cdot v^3$$

Idealer Leistungsbeiwert
$c_p = 0{,}593$

| | | |
|---|---|---|
| $A$  durchströmte Fläche | $m$  Masse der Luftteilchen | $v$  Windgeschwindigkeit |
| $E$  kinetische Energie | $P$  entnommene Leistung | $v_{Rotor}$  Rotorgeschwindigkeit |
| $c_p$  Leistungsbeiwert | $R_W$  Windleistung | $\varrho$  Luftdichte |
| $\lambda$  Schnelllaufzahl | | |

## Brennstoffzelle

| Prinzip | Wirkungsweise | Bemerkungen |
|---|---|---|
| 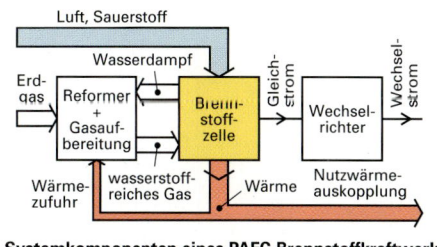 **Aufbau einer Brennstoffzelle** | Brennstoffzellen wandeln wasserstoffhaltige Brennstoffe in elektrische Energie um. Eine Zelle besteht aus zwei Elektroden und dem Elektrolyten. Die Anode wird mit dem Brennstoff (z. B. Wasserstoff oder Erdgas) und die Katode mit dem Oxidationsmittel (z. B. Sauerstoff oder Luft) gespeist. Der Elektrolyt dient als Ionenleiter zwischen den Elektroden. Der Brennstoff wird an der Anode (Minuspol) oxidiert. Über den äußeren Stromkreis fließen die abgegebenen Elektronen zur Katode (Pluspol). Hier wird das Oxidationsmittel durch Elektronenaufnahme reduziert. | Der Hauptunterschied zwischen einer Batterie oder einem Akkumulator besteht darin, dass die Elektroden selbst nicht chemisch umgewandelt werden. Eine einzelne Zelle liefert eine Gleichspannung von 0,6 V bis 0,9 V. Durch die Reihenschaltung der einzelnen Zellen werden Spannungen bis 200 V erzeugt. Die Stromstärke ist von der Zellenfläche abhängig und ergibt je nach Zellentyp und Betriebsbedingungen 0,1 A/cm² bis 1 A/cm². Es können elektrische Wirkungsgrade über 50% erreicht werden. Als Nebenprodukt entsteht Wärme wie bei einem Blockheizkraftwerk. |

## Brennstoffzellentypen

| Brennstoffzelle | Elektrolyt | Brenngase | Temperatur | Leistung | Anwendungen |
|---|---|---|---|---|---|
| AFC (Alkaline Fuel Cell) | Kalilauge | Wasserstoff Sauerstoff (Luft) | 50 °C bis 90 °C | etwa 10 kW | Raumfahrt, Fahrzeuge |
| MCFC (Molten Carbonate Fuel Cell) | Alkalicarbonatschmelzen | Wasserstoff Methan Kohlegas Sauerstoff (Luft) | 600 °C bis 700 °C | 250 kW bis 2 MW | Blockheizkraftwerke, Kleinkraftwerke |
| PAFC (Phosphoric-Acid Fuel Cell) | Phosphorsäure | Wasserstoff Methan Sauerstoff (Luft) | 160 °C bis 220 °C | 50 kW bis 200 kW 50 kW bis 11 MW | Blockheizkraftwerke, Kleinkraftwerke |
| PEMFC (Proton Exchange Membrane Fuel Cell) | Polymermembran | Wasserstoff Methanol Methan Sauerstoff (Luft) | 20 °C bis 120 °C | 30 W bis 1 kW 20 kW bis 250 kW 20 kW bis 250 kW | Stromversorgung Fahrzeuge, Blockheizkraftwerke |
| SOFC (Solid Oxid Fuel Cell) | keramischer Festelektrolyt | Wasserstoff Methan Sauerstoff (Luft) | 800 °C bis 1000 °C | 1 kW bis 5 kW 5 kW bis 100 kW | Blockheizkraftwerke, Kleinkraftwerke |

## Brennstoffzellenkraftwerke

| Prinzip | Wirkungsweise | Bemerkungen |
|---|---|---|
| Brennstoffzellen-Kraftwerke werden als Blockheizkraftwerke gebaut, damit die Energieausnutzung bis 85% betragen kann. Die wesentlichen Systemkomponenten eines PAFC-Blockheizkraftwerks mit Erdgas sind: Reformer mit Konverter, Brennstoffzelle, Wärmetauscher und Wechselrichter. | Im Reformer wird das gereinigte Erdgas mit überhitztem Wasserdampf vermischt und katalytisch zu Wasserstoff und Kohlenmonoxid umgewandelt. Im Konverter reagiert das Kohlenmonoxid an einem Katalysator mit Wasserdampf zu Wasserstoff und Kohlendioxid. Dieses Prozessgas wird der Brennstoffzelle kontinuierlich zugeführt. | Die gleichzeitige Bereitstellung von Strom und Wärme, die Kraft-Wärme-Kopplung, wird in Blockheizkraftwerken zur Verfügung gestellt. Der Leistungsbereich reicht von 10 kW bis 1 MW. Der elektrische Wirkungsgrad beträgt ca. 40%, der thermische Wirkungsgrad ca. 45%, sodass die Energie zu ca. 85% ausgenutzt wird. |

**Systemkomponenten eines PAFC-Brennstoffkraftwerks**

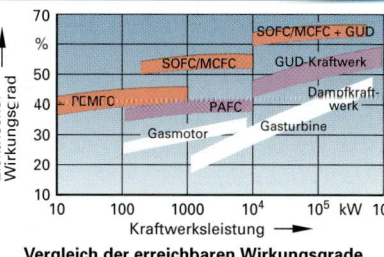

**Vergleich der erreichbaren Wirkungsgrade**

**SE**

# Kurzzeichen an elektrischen Betriebsmitteln (Beispiele)
## Symbols on electric equipments (examples)

| Kurz-zeichen | Erklärung | Kurz-zeichen | Erklärung | Kurz-zeichen | Erklärung |
|---|---|---|---|---|---|
| **Prüfzeichen** | | **Kleintransformatoren** | | **Schutzklassen** | |
| CE | Bescheinigung des Herstellers für Übereinstimmung mit EU-Richtlinien | | Gekapselter Sicherheitstransformator nicht kurzschlussfest | | Schutzklasse I: Schutzmaßnahme mit Schutzleiter |
| GS | „Geprüfte Sicherheit" Sicherheitszeichen zum Maschinenschutzgesetz | | Offener Sicherheitstransformator | | Schutzklasse II (bisher Schutzisolierung) |
| ◁VDE▷ | VDE-Kabelkennzeichen | | Sicherheitstransformator, kurzschlussfest | III | Schutzklasse III: SELV, PELV |
| ◁HAR▷ | Zusatz bei harmonisierten VDE-Bestimmungen | | | **Leuchten** | |
| | Zulassungszeichen für Messwandler und Elektrizitätszähler der Physikalisch-Technischen Bundesanstalt (PTB) | | Steuertransformator | F | Flammschutzzeichen; Entzündungstemperatur mindestens 200 °C |
| | Funkschutzzeichen. Im freien Ausschnitt: Funkstörgrad G, N, K oder Zahl | | Spielzeugtransformator (auch Kinderkochgerät, Kinderbügeleisen) | | Leuchte für rauen Betrieb |
| VDE EMV | EMV-Funkschutzzeichen | | Haushalt-Spartransformator | | Stoßfeste Glühlampe |
| | Geräte zugelassen in: | | | | Erhöhte Sicherheit für Lampen in schlagwetter- und explosionsgeschützten Hängeleuchten |
| DVE | Deutschland | | Klingeltransformator | | Vorschaltgerät wird im Fehlerfall nicht zu heiß. |
| ÖVE | Österreich | | Handleuchten-transformator | **Sonstige Zeichen** | |
| +S | Schweiz | | Auftautransformator | | Träge Sicherung |
| | Frankreich | | | | Sicherung eingebaut |
| UL | USA | med | Transformator für medizinische und zahnmedizinische Geräte | H | Gerätedosen, Verbindungsdosen, Kleinverteiler für Hohlwandinstallation |
| **Schweißmaschinen** | | | Trenntransformator | B | Gerätedosen, Verbindungsdosen, Leuchtenanschlussdosen für Installation in Beton |
| 42V | Die Klemmenspannung von 42 V darf im Leerlauf nicht überschritten werden. | | Transformator, nicht kurzschlussfest | **Elektromedizin** | |
| K | Schweißgleichrichter für Arbeiten in engen Räumen. | | Transformator, unbedingt kurzschlussfest | | Hochspannungsteil eines Gerätes |
| **Kondensatoren** | | | Rasiersteckdosen-Einheit | | Anschlussstelle für Betriebserdung |
| F | Flammsicher | | | CATH | Patientenanschluss an einen Elektrokardiographen, der bei Herzkatheteruntersuchung nicht mit dem Patienten verbunden sein darf. |
| FP | Flammsicher und platzsicher | | | CORT | Patientenanschluss an einen Elektroencephalographen, der während einer Untersuchung am Gehirn nicht mit dem Patienten verbunden sein darf. |

SE

## Alphanumerische Kennzeichnung zur Angabe der Schutzart

| Kennbuchstaben IP | Schutz gegen Berühren und gegen Eindringen von Fremdkörpern und Wasser. IP (International Protection) = Internationale Schutzart | | |
|---|---|---|---|
| **Erste Kennziffer** | **Berührungsschutz (Personenschutz) Fremdkörperschutz (für Betriebsmittel)** | **Zweite Kennziffer** | **Wasserschutz** |
| IP 0X | Kein Berührungsschutz Kein Fremdkörperschutz | IP X0 | Kein Wasserschutz |
| IP 1X | Handrückenschutz Schutz gegen Fremdkörper $\geq \varnothing$ 50 mm | IP X1 | Schutz gegen senkrecht fallendes Tropfwasser |
| IP 2X | Fingerschutz (Prüffinger, $\varnothing$ 12 mm, $l$ = 80 mm) | IP X2 | Schutz gegen schrägfallendes Tropfwasser (15º gegen die Senkrechte) |
| IP 3X | Schutz gegen Fremdkörper $\geq \varnothing$ 12,5 mm Werkzeugschutz (Zugangssonde, $\varnothing$ 2,5 mm, $l$ = 100 mm) | IP X3 | Schutz gegen Sprühwasser (bis 60º gegen die Senkrechte) |
| | Schutz gegen Fremdkörper $\geq \varnothing$ 2,5 mm | IP X4 | Schutz gegen Spritzwasser |
| IP 4X | Drahtschutz (Zugangssonde, $\varnothing$ 1,0 mm) Schutz gegen Fremdkörper $\geq \varnothing$ 1,0 mm | IP X5 | Schutz gegen Strahlwasser |
| | | IP X6 | Schutz gegen starkes Strahlwasser |
| IP 5X | Drahtschutz (wie IP 4X), staubgeschützt | IP X7 | Schutz gegen zeitweiliges Untertauchen |
| IP 6X | Drahtschutz (wie IP 4X), staubdicht | IP X8 | Schutz gegen dauerndes Untertauchen |

Wird nur eine Kennziffer für den Schutzgrad gebraucht, so wird die andere durch ein X ersetzt.

| **Dritte Stelle** | **Zusätzlicher Berührungsschutz** | **Vierte Stelle** | **Ergänzende Buchstaben** |
|---|---|---|---|
| A | Handrückenschutz (Zugangssonde, $\varnothing$ 50 mm) | H | Hochspannungs-Betriebsmittel |
| B | Fingerschutz (Prüffinger, $\varnothing$ 12 mm, $l$ = 80 mm) | M | Geprüft, wenn bewegliche Teile in Betrieb sind. |
| C | Werkzeugschutz (Zugangssonde, $\varnothing$ 2,5 mm; $l$ = 100 mm) | S | Geprüft, wenn bewegliche Teile im Stillstand sind. |
| D | Drahtschutz (Zugangssonde, $\varnothing$ 1,0 mm; $l$ = 100 mm) | W | Geprüft bei festgelegten Wetterbedingungen. |

Die dritte und vierte Stelle sind fakultativ (freigestellt).

**SE**

## Sinnbilder zur Angabe der Schutzart

| Sinnbild | | | | | | | | |
|---|---|---|---|---|---|---|---|---|
| | Tropfwassergeschützt | Regengeschützt | Spritzwassergeschützt | Strahlwassergeschützt | Wasserdicht | Druckwasserdicht | Staubgeschützt | Staubdicht |
| Beispiel: | X1 | X3 | X4 | X5 | X7 | X8 | 5X | 6X |

## Wassereinwirkung beim Wasserschutz

| Bild | | | | | | | |
|---|---|---|---|---|---|---|---|
| Art | Tropfwasser, senkrecht | Tropfwasser, schräg | Sprühwasser | Strahlwasser, aus allen Richtungen | Überfluten | Untertauchen zeitweilig | dauernd |
| Beispiel: | X1 | X2 | X3 | X5 | X6 | X7 | X8 |

## Kennzeichnung schlagwetter- und explosionsgeschützter Betriebsmittel

Allgemeine Kennzeichnung für Schlagwetterschutz oder Explosionsschutz

Nach der allgemeinen Kennzeichnung wird bei Schlagwetterschutz EExI und bei Explosionsschutz EExII gesetzt. Daran wird die besondere Schutzart durch einen Kleinbuchstaben angehängt. Dabei bedeuten:

| | |
|---|---|
| d | druckfeste Kapselung |
| e | erhöhte Sicherheit |
| $i_a$, $i_b$ | Eigensicherheit |
| o | Ölkapselung |
| p | Überdruckkapselung |
| q | Sandkapselung |

# Symbole für textlose Beschriftung  Symbols for textless marking

**SE**

| Symbol | Benennung | Symbol | Benennung | Symbol | Benennung |
|--------|-----------|--------|-----------|--------|-----------|
| \| | EIN | \|\| | Stufe 2 | \|\|\| | Stufe 3 |
| ◯ | AUS | | Handschaltung | | Vorsicht Spannung |
| ⊙ | EIN-AUS | | Einrichten | | Hauptschalter |
| Ⓣ | Tippen | | Verriegeln | ! | Vorsicht |
| → | Gerade Bewegung | | Entriegeln | R | Rückstellung |
| ↔ | Gerade Bewegung in 2 Richtungen | | Blasen | | Licht |
| →\| | Gerade begrenzte Bewegung | | Saugen | | Einfüllöffnung |
| | Gerade begrenzte Bewegung hin und her | | Schmierung | | Überlauf |
| | Drehbewegung in Pfeilrichtung | | Akustisches Signal | | Ablassöffnung |
| | Vorschub | →\|← | Klemmen spannen | | Kühlmittel |
| | Eilgang | →(o)← | Bremsen | Y | Stern |
| + | Zunahme einer Größe | ←(o)→ | Bremsen lösen | △ | Dreieck |
| — | Abnahme einer Größe | | Elektromotor | | Pumpe allgemein |
| | Stufenlos regelbar | ↗ | Stetig verstellbar | | Automatischer Ablauf |

## Arten der Notstromversorgung

| Art | Erklärung | Bemerkungen, Anwendung, Beispiele |
|---|---|---|
| Begriff | Von Notstrom wird beim Notstromaggregat in den TAB der VDEW gesprochen. Die VDE-Bestimmungen unterscheiden Ersatzstromversorgung und Sicherheitsstromversorgung SSV. | |
| Sicherheitsstromversorgung SSV | SSV ist eine Notstromversorgung zum Weiterbetrieb von Anlagenteilen zur Sicherheit von Personen bei Ausfall der allgemeinen Stromversorgung, z.B. zur Sicherheitsbeleuchtung (vgl. DIN VDE 0100-Teil 200). Umschaltzeit $\leq$ 15 s (Seite 229). | |
| zusätzliche SSV / ZSV | SSV, die neben der allgemeinen SSV in einem begrenzten Bereich mit besonderer Gefährdung arbeitet, insbesondere in anspruchsvollen medizinisch genutzten Bereichen, z.B. Operationsräumen (vgl. DIN VDE 0100-Teil 710). Umschaltzeit $\leq$ 0,5 s (Seite 177). | |
| Ersatzstromversorgung | Notstromversorgung zur Aufrechterhaltung der Funktion von Anlagen bzw. Anlageteilen bei Ausfall der allgemeinen Stromversorgung aus anderen Gründen als der Sicherheit von Personen, z.B. aus wirtschaftlichen Gründen (vgl. DIN VDE 0100-Teil 200). Umschaltzeit je nach Aufgabe. Ältere VDE-Bestimmungen verwenden den Begriff fälschlich auch für SSV (VDE 0108). | |
| Unterbrechungsfreie Stromversorgung USV | Notstromversorgung, die bei Ausfall der allgemeinen Stromversorgung Anlagen bzw. Anlagenteile weiterarbeiten lässt. USV ist vor allem in Computeranlagen gebräuchlich (Seite USV-Systeme). | |

Diagramm (Textblöcke):

**Notstromversorgung** mit Notstromaggregaten nach den Technischen Anschlussbedingungen TAB (dient nur zur Stromversorgung nach Ausfall der allgemeinen Stromversorgung) *Stromquellen* z.B. Akkumulator, Primärelement, Brennstoffelement, rotierender Generator mit eigenem Antrieb, z.B. Verbrennungsmotor.

**Sicherheitsstromversorgung SSV** (*Stromquelle:* meist Akkumulator oder Brennstoffelement, Primärelement meist nicht zulässig) *Anwendung* z.B. Sicherheitsbeleuchtung der Rettungswege.

**zusätzliche Sicherheitsstromversorgung** (*Stromquelle:* Akkumulator, nicht Primärelemente). *Anwendung* z.B. Operationsleuchte.

**Ersatzstromversorgung** z.B. zur Aufrechterhaltung des Betriebes von Verwaltungen

**Unterbrechungsfreie Stromversorgung USV** *Stromquelle:* Akkumulator oder Brennstoffelement, bei einzelnen Computern auch Primärelemente (Lithiumzellen)

**SE**

## Sicherheitsbeleuchtung, Notbeleuchtung

| Anlagen | Schule | Rettungswege in Arbeitsstätten | Arbeitsplatz besonderer Gefährdung | Warenhaus, Gaststätte | Hotel, Hochhaus | Großgarage, Tiefgarage |
|---|---|---|---|---|---|---|
| $E_{min}$/lx | 1 bzw. 5 | 1 bzw. 5 | 15 | 1 bzw. 5 | 1 bzw. 5 | 1 bzw. 5 |
| $t_u$/s | 15 | 15 | 0,5 | 1 | 15 | 15 |
| $t_b$/h | 3 | 1 | bis zur möglichen Räumung | 3 | 3 | 3 |
| DS | ja | nein | nein | ja | ja | ja |

Position und Beleuchtungsstärkemessung der Leuchten:
- alle Hinweiszeichen auf Fluchtwegen sind zu beleuchten,
- Gefahrstellen, z.B. Stufen oder Hindernisse, sind sichtbar zu machen,
- Arbeitsbereiche, in denen aus Sicherheitsgründen die Arbeit fortzusetzen ist, ausreichend beleuchten,
- Beleuchtungsstärke $E \geq 1$ lx an jeder Wegstelle, $E \geq 5$ lx in Wegmitte 0,2 m über Fußboden.

DS Dauerschaltung bei Dunkelheit für Rettungszeichen-Beleuchtung, $E_{min}$ Mindest-Beleuchtungsstärke in lx, $E_n$ normale Beleuchtungsstärke, $t_u$ höchstzulässige Umschaltzeit in s, $t_b$ Mindest-Betriebsdauer der Ersatzstromquelle in h.

# Elektrochemie  Electrochemistry

| Abbildungen | Erklärungen, Formeln | Werte |
|---|---|---|

## Elektrochemische Äquivalente

**Elektrolyse**

**Vorgänge an den Elektroden**

Elektrolyte (Säuren, Laugen, gelöste oder geschmolzene Salze) enthalten in der Lösung Ionen. Beim Stromdurchgang wandern die positiven Ionen zur Katode und die negativen zur Anode und werden jeweils dort entladen.

Faradaysches Gesetz:

$$m_b = c \cdot I \cdot t$$

Verluste treten durch Erwärmen der Flüssigkeit und durch Nebenreaktionen auf, z. B. durch Wasserstoff-Abscheidung.

Stromausbeute:

$$\zeta_i = \frac{m}{c \cdot I \cdot t}$$

| Metall | Ion | $c$ in mg/(As) |
|---|---|---|
| Aluminium | $Al^{3+}$ | 0,09321 |
| Cadmium | $Cd^{2+}$ | 0,58246 |
| Chrom | $Cr^{3+}$ | 0,17963 |
| | $Cr^{6+}$ | 0,08982 |
| Eisen | $Fe^{2+}$ | 0,2894 |
| Gold | $Au^{+}$ | 2,0414 |
| | $Au^{3+}$ | 0,68046 |
| Cobalt | $Co^{2+}$ | 0,30539 |
| Kupfer | $Cu^{+}$ | 0,65853 |
| | $Cu^{2+}$ | 0,32927 |
| Nickel | $Ni^{2+}$ | 0,30424 |
| Platin | $Pt^{4+}$ | 0,50548 |
| Silber | $Ag^{+}$ | 1,11797 |
| Zink | $Zn^{2+}$ | 0,33875 |
| Zinn | $Sn^{2+}$ | 0,61506 |
| | $Sn^{4+}$ | 0,30753 |

**SE**

## Elektrochemische Spannungsreihe

**Potenzialmessung**

**Elektrochemische Spannungsreihe**

Zwischen zwei verschiedenen Metallen, die in eine leitende Flüssigkeit tauchen, entsteht eine Gleichspannung. Ursache ist das unterschiedliche Bestreben der Metallatome, positive Ionen zu bilden und als Ionen in Lösung zu gehen (Lösungsdruck).

Man misst das entstehende Potenzial der Metalle als Spannung zwischen dem Metall in der Lösung seines Salzes und der Normal-Wasserstoffelektrode (von Wasserstoff umspülte Platin-Elektrode in einer Säurelösung, die 1 g Wasserstoff-Ionen im Liter enthält). Das Metall taucht in eine seiner Salzlösungen, in der 1 mol im Liter gelöst ist. Die beiden Elektrolyte sind durch ein Diaphragma (durchlässige Scheidewand) getrennt.

1 mol eines Stoffes sind so viele Gramm, wie die relative Atommasse bzw. Molekülmasse angibt.

**Beispiel:** Spannung zwischen einer Kupferplatte und einer Zinkplatte in einem Elektrolyt?

Differenz der Potenziale der elektrochemischen Spannungsreihe:

$U_0 = +0,34\ V - (-0,76\ V) = \mathbf{1,1\ V}$

| Metall | Gebildetes Ion | Potenzial in V |
|---|---|---|
| Lithium | $Li^{+}$ | −3,04 |
| Kalium | $K^{+}$ | −2,93 |
| Calcium | $Ca^{2+}$ | −2,87 |
| Natrium | $Na^{+}$ | −2,71 |
| Magnesium | $Mg^{2+}$ | −2,37 |
| Aluminium | $Al^{3+}$ | −1,66 |
| Mangan | $Mn^{2+}$ | −1,19 |
| Zink | $Zn^{2+}$ | −0,76 |
| Chrom | $Cr^{3+}$ | −0,74 |
| Eisen | $Fe^{2+}$ | −0,45 |
| Cadmium | $Cd^{2+}$ | −0,40 |
| Cobalt | $Co^{2+}$ | −0,28 |
| Nickel | $Ni^{2+}$ | −0,26 |
| Zinn | $Sn^{2+}$ | −0,14 |
| Blei | $Pb^{2+}$ | −0,13 |
| Eisen | $Fe^{3+}$ | −0,04 |
| Wasserstoff | $2H^{+}$ | ±0,00 |
| Kupfer | $Cu^{2+}$ | +0,34 |
| Silber | $Ag^{+}$ | +0,80 |
| Quecksilber | $Hg^{2+}$ | +0,85 |
| Platin | $Pt^{2+}$ | +1,18 |
| Gold | $Au^{3+}$ | +1,42 |
| | $Au^{+}$ | +1,69 |

| | | |
|---|---|---|
| $c$ elektrochemisches Äquivalent | $m$ Masse | $t$ Zeit | $U_0$ Leerlaufspannung |
| $I$ Stromstärke | $m_b$ berechnete Masse | $\zeta_i$ Stromausbeute (Zeta) | |

## Arten

| Element | Positive Elektrode | Negative Elektrode | Elektrolyt | Bemessungs- spannung in V | Energie- dichte in $Wh/cm^3$ | Verwendung |
|---|---|---|---|---|---|---|
| Leclanché | $MnO_2$ + Kohle | Zn | $NH_4Cl$ | 1,5 | 0,08 ... 0,15 | Taschenlampen |
| Zinkchlorid | $MnO_2$ | Zn | $ZnCl_2$ | 1,5 | 0,1 ... 0,25 | Uhren, Radios |
| Luftsauer- stoff | $NH_4Cl$ + Aktivkohle | Zn | $MnCl_2$ | 1,5 | ≈ 0,7 | Fernmelde- und Warngeräte |
| Alkali- Mangan | $MnO_2$ | Zn-Pulver | KOH | 1,5 | 0,15 ... 0,4 | Blitzgeräte, Spielzeug, Hörgeräte, Fernsteuerung |
| Queck- silberoxid | HgO | Zn | KOH | 1,35 | 0,5 ... 0,6 | Uhren, Taschenrechner |
| Silberoxid | $Ag_2O$ | Zn | KOH | 1,55 | 0,4 ... 0,6 | PC, Kameras, Hörgeräte, |
| Lithium | $SOCl_2$ + C | Li | $SOCl_2$, $LiAlCl_4$ | 3,5 | ≈ 0,7 | Herzschrittmacher, Arm- banduhren, Fotoapparate |

## Bezeichnungen

| Vorsatz | Bedeutung | Kurz- zeichen | Bedeutung | Beispiele |
|---|---|---|---|---|
| A | Luftsauerstoffzelle | R | Rundzelle | **R 6**  Rundzelle, Größe 6 |
| L | Alkalimanganzelle | | | **5 F 20 - 2** —— Zahl paralleler Zellen |
| M, N | Quecksilberoxidzelle | S | rechteckige | —— Größe 20 |
| S | Silberoxidzelle | | Zelle | —— Flachzelle |
| Zahl | Zellen in Reihe | F | Flachzelle | —— Zahl der Zellen in Reihe |

## Trockenelemente 1,5 V

SE

| Kurzbe- zeichnung nach IEC | Handels- bezeich- nung | Maße in mm | | | Mittlere Kapazität in Ah | Innerer Wider- stand in Ω | Gewicht, etwa in g |
|---|---|---|---|---|---|---|---|
| | | $d, b$ | $l$ | $h$ | | | |
| R 03 | Mikro, AAA | 10,5 | – | 44,5 | 0,41 | 0,4 ... 0,6 | 8,5 |
| R 1 | Lady | 12 | – | 30 | 0,39 | 0,7 ... 1,1 | 7 |
| R 3 | halbe Mignon | 13,5 | – | 25 | 0,42 | 0,4 ... 0,8 | 9 |
| R 6 | Mignon, AA | 14,5 | – | 50 | 1,16 | 0,3 ... 0,5 | 21 |
| R 12 | Normal | 21,5 | – | 60 | 1,97 | 2,0 ... 3,4 | 38 |
| 3 R 12 | Normal | 22 | 62 | 67 | 1,97 | 0,8 ... 1,2 | 110 |
| 6 F 22 | E-Block | 17,5 | 26,5 | 48,5 | 0,625 | 2 ... 3 | 46 |
| R 14 | Baby, C | 26 | – | 50 | 3,1 | 0,3 ... 0,5 | 49 |
| R 20 | Mono, D | 34 | – | 62 | 6,17 | 0,2 ... 0,3 | 95 |
| R 40 | Super | 67 | – | 172 | 58,5 | 0,6 ... 0,9 | 520 |

## Entladekurven

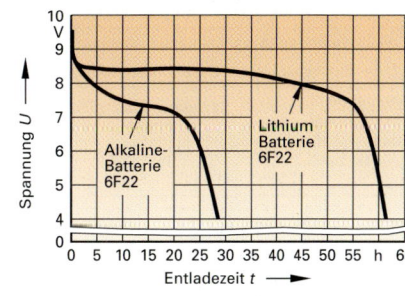

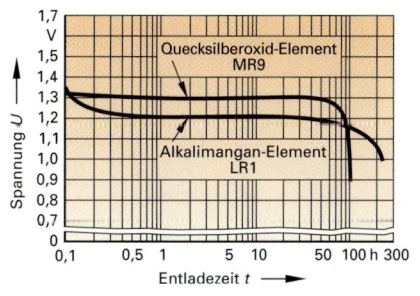

| | | | | |
|---|---|---|---|---|
| $b$ Breite | $h$ Höhe | $t$ Zeit | NiMH Nickelmetallhydrid |
| $d$ Durchmesser | $l$ Länge | $U$ Spannung | |

# Akkumulatoren  Accumulators

## Arten

| System | Blei | NiCd | NiMH[1] | Alkali-Mangan | Lithium-Ionen |
|---|---|---|---|---|---|
| Bemessungsspannung in V je Zelle | 2 | 1,2 | 1,2 | 1,5 | 3,4 bis 3,7 |
| Energiedichte in Wh/kg | 25 | 35 | 60 | 70 | 125 |
| Selbstentladung in % je Monat | 6 | 15 | 25 bis 30 | 0,5 | 5 |
| Ladezyklen (Durchschnitt) | 1000 | 1000 | 800 | 25 | 800 |
| Memoryeffekt | nein | ja | nein | nein | nein |
| Umweltproblematik | ja | ja | wenig | nein | nein |

### Arten von Bleiakkumulatoren

| | | | |
|---|---|---|---|
| Gi | positive Gitterplatten | S | Standardausführung |
| Pz | positive Panzerplatten | Q | querliegende Platten |
| Gro | positive Großoberflächenplatten | F | für Fahrzeuge |
| O | für ortsfeste Anlagen | E | Engeinbau |

**Beispiel:**   6 Pz 350   bedeutet: Zelle mit 6 positiven Panzerplatten mit 350 Ah (bei 5-stündiger Entladung)

## Betriebsarten

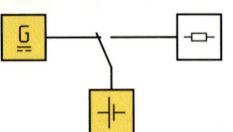

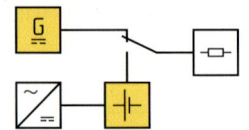

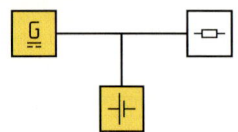

**Batteriebetrieb** (Lade-Entladebetrieb): Nur die Batterie speist den Verbraucher. Die Gleichstromquelle dient zeitweise zum Laden.

**Umschaltbetrieb (Offline-Betrieb):** Die Batterie ist vom Verbraucher getrennt. Fällt die Gleichstromquelle aus, wird auf Batterie umgeschaltet: Sicherheitsstromversorgung.

**Parallelbetrieb (Online-Betrieb):** Verbraucher, Gleichstromquelle und Batterie sind ständig parallel geschaltet. USV-Anlage (Unterbrechungsfreie Stromversorgung).

## Begriffe

| | |
|---|---|
| Akkumulator | Elektrochemischer Speicher, der sich wiederholt aufladen lässt. |
| Zelle | Kleinste Einheit einer Batterie. Eine Zelle besteht aus der positiven und der negativen Elektrode mit Trennscheidern, Zellengefäß und Elektrolyt. |
| Batterie | Verbund aus mehreren elektrisch miteinander verbundenen Zellen, die meist in Reihe geschaltet sind. |
| Ladung | Einspeisen elektrischer Energie in Akkumulatoren und deren Speicherung als chemische Energie, bis die elektrochemische Umwandlung der aktiven Masse abgeschlossen ist. |
| Ladeverlauf | Der zeitliche Verlauf von Spannung und Strom während des Ladens. |
| Entladeschlussspannung | Akkumulatorspannung, die beim Entladen nicht unterschritten werden darf. |
| Gasungsspannung | Ladespannung, oberhalb der ein Akkumulator Gase zu entwickeln beginnt. |
| Kapazität | Entnehmbare Elektrizitätsmenge (elektrische Ladung) in Amperestunden (Ah) eines Akkumulators, z. B. $K_5$ (Bemessungskapazität bei 5-stündigem Entladen). Bemessungskapazität: $$K_n = I_E \cdot t_E$$ |
| Ladefaktor | Verhältnis der elektrischen Ladung beim Laden zur elektrischen Ladung beim Entladen. $$\zeta = \frac{1}{a} \qquad a = \frac{I_L \cdot t_L}{I_E \cdot t_E}$$ |

| | | |
|---|---|---|
| $a$   Ladefaktor | $K_n$  Bemessungskapazität für $n$-stündiges Entladen | $t_L$  Ladezeit |
| $I_E$  Entladestrom | | $\zeta$  Ladungsnutzungsgrad |
| $I_L$  Ladestrom | $t_E$  Entladezeit | |

[1]MH = Metall-Hydrid (Hydrid = Verbindung mit Wasserstoff)

**SE**

# Sicherheits-Stromversorgungsanlagen (SSV-Anlagen)
## Stand-by equipments for power supply

| Prinzipschaltung | Erklärung | Bemerkungen |
|---|---|---|

## Anlagen mit Umschaltzeit

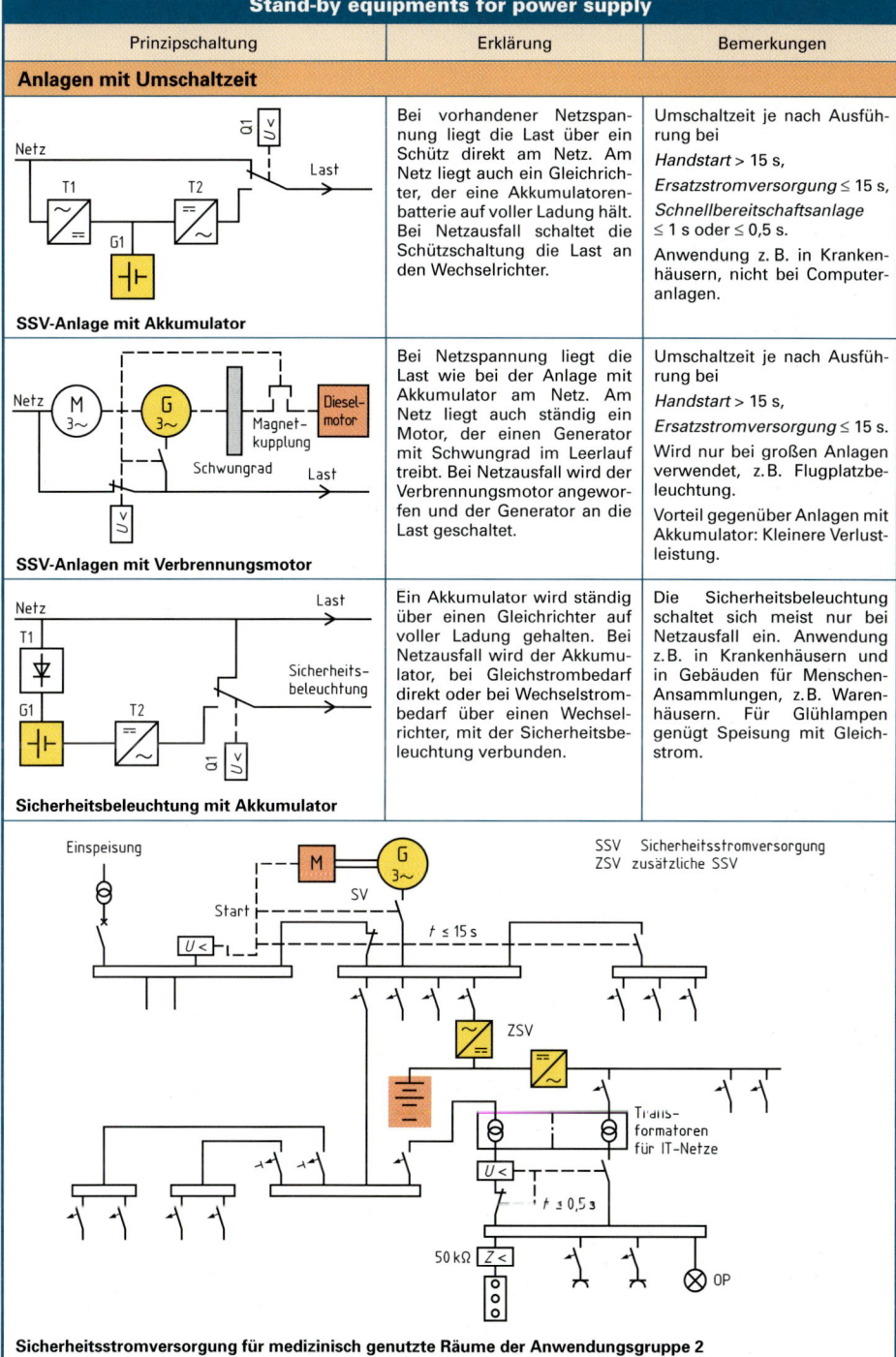

| | Bei vorhandener Netzspannung liegt die Last über ein Schütz direkt am Netz. Am Netz liegt auch ein Gleichrichter, der eine Akkumulatorenbatterie auf voller Ladung hält. Bei Netzausfall schaltet die Schützschaltung die Last an den Wechselrichter. | Umschaltzeit je nach Ausführung bei *Handstart* > 15 s, *Ersatzstromversorgung* ≤ 15 s, *Schnellbereitschaftsanlage* ≤ 1 s oder ≤ 0,5 s. Anwendung z. B. in Krankenhäusern, nicht bei Computeranlagen. |

**SSV-Anlage mit Akkumulator**

| | Bei Netzspannung liegt die Last wie bei der Anlage mit Akkumulator am Netz. Am Netz liegt auch ständig ein Motor, der einen Generator mit Schwungrad im Leerlauf treibt. Bei Netzausfall wird der Verbrennungsmotor angeworfen und der Generator an die Last geschaltet. | Umschaltzeit je nach Ausführung bei *Handstart* > 15 s, *Ersatzstromversorgung* ≤ 15 s. Wird nur bei großen Anlagen verwendet, z.B. Flugplatzbeleuchtung. Vorteil gegenüber Anlagen mit Akkumulator: Kleinere Verlustleistung. |

**SSV-Anlagen mit Verbrennungsmotor**

| | Ein Akkumulator wird ständig über einen Gleichrichter auf voller Ladung gehalten. Bei Netzausfall wird der Akkumulator, bei Gleichstrombedarf direkt oder bei Wechselstrombedarf über einen Wechselrichter, mit der Sicherheitsbeleuchtung verbunden. | Die Sicherheitsbeleuchtung schaltet sich meist nur bei Netzausfall ein. Anwendung z.B. in Krankenhäusern und in Gebäuden für Menschen-Ansammlungen, z.B. Warenhäusern. Für Glühlampen genügt Speisung mit Gleichstrom. |

**Sicherheitsbeleuchtung mit Akkumulator**

**SE**

SSV   Sicherheitsstromversorgung
ZSV   zusätzliche SSV

**Sicherheitsstromversorgung für medizinisch genutzte Räume der Anwendungsgruppe 2**

### Akkumulatorenräume mit offenen Zellen

| Art | Erklärung | Bemerkungen, Formeln |
|---|---|---|
| Batterieraum | Raum, in dem Batterien für den Betrieb aufgestellt oder eingebaut sind. | Einen Batterieladeraum, in dem auch die Ladeanlage untergebracht ist, nennt man eine Ladestation. |
| Batterieladeraum | Raum, in dem Batterien nur zum Laden aufgestellt sind. | |
| Belüftung | Natürliche oder künstliche Belüftung muss die explosiven Gase auf ungefährliche Mischung verdünnen. | Durch Belüftung ist z. B. ein Wasserstoff-Luftgemisch auf eine Konzentration unter 3,8 % zu verdünnen (Explosionsgefahr). |
| Natürliche Belüftung | Lüftung durch Fenster und/oder Türen, evtl. verstärkt durch Abzugsrohre oder Abzugskanäle. | Natürliche Belüftung ist anzustreben. Für Wasserfahrzeuge oder in Behältern oder Schränken ist sie nur bis zu einer Ladeleistung $P_L$ von 2 kW zulässig. |
| Künstliche Belüftung | Lüfter sind vor Beginn des Ladens einzuschalten. | |
| Batterieaufstellung | Batterien sind so unterzubringen, dass sie leicht zugänglich und zu warten sind. | Abzugskanäle oder Abzugsrohre dürfen nicht in Schornsteine oder Feuerungen münden. |

Ladeleistung:

$$P_L = U_N \cdot I_{Lmax}$$

Für die künstliche Belüftung reicht ein Volumenstrom $\dfrac{V}{t}$:

$$\frac{V}{t} = s \cdot n \cdot I_L$$

$s = 55\,l/(Ah)$
für Anlagen an Land und in Landfahrzeugen,

$s = 110\,l/(Ah)$
für Wasserfahrzeuge.

Für Akkumulatorenräume mit gasdichten Batterien gelten keine zusätzlichen Bestimmungen. Dabei werden auch keine Anforderungen an die Belüftung gestellt.

### Ladekennlinien von Akkumulatoren

**SE**

| Bezeichnung | Kennlinie | Erklärung, Anwendungen |
|---|---|---|
| Konstantstrom-Kennline | | Das Ladegerät arbeitet mit eingeprägtem Strom, d.h., es ändert die Ladespannung so, dass der Ladestrom konstant bleibt. |
| | | Laden von Blei-Starterbatterien, Ausschalten meist von Hand. |
| | | Laden von Nickel-Cadmium-Batterien, Nickel-Metallhydrid-Batterien und Nickel-Eisen-Batterien, ausgenommen gasdichte Batterien. |
| Konstantspannungs-Kennlinie | | Das Ladegerät arbeitet mit eingeprägter Spannung, sodass der Ladestrom mit zunehmender Ladung abnimmt. |
| | | Laden parallel geschalteter Bleibatterien oder Nickel-Cadmium-Batterien bzw. Nickel-Eisen-Batterien jeweils gleicher Zellenzahl unabhängig vom Ladezustand oder von der Kapazität. |
| Fallende Kennlinie | | Das Ladegerät ist so gesteuert, dass bei ansteigender Spannung der Ladestrom bis auf den Ladeschlussstrom abfällt. |
| | | Laden von GiS- und PzS-Fahrzeugbatterien, Starterbatterien bzw. offenen Nickel-Cadmium-Batterien. |
| | | Abschalten meist von Hand. |
| | | (Gi Gitterplatten, Pz Panzerplatten, S Spezialseparation) |
| a   selbsttätige Ausschaltung | | Reihenfolge der Kurzzeichen entspricht dem Ladeverlauf, z.B. W O W a (fallende Kennlinie, selbsttätige Umschaltung, fallende Kennlinie, selbsttätige Ausschaltung). |
| O   selbsttätige Umschaltung | | |

| | | | | | |
|---|---|---|---|---|---|
| $I_L$ | Ladestrom | $P_L$ | Ladeleistung | $s$ | Luftbedarf je Ah |
| $I_{Lmax}$ | maximaler Ladestrom | $\dfrac{V}{t}$ | Volumenstrom der Luft | $U_N$ | Bemessungsspannung |
| $n$ | Anzahl der Zellen | | | | |

# USV-Systeme (Unterbrechungsfreie Stromversorgungssysteme)
## UPS-Systems (Uninterruptible power supply systems)

## Schaltung und Verhalten

| Schaltung, Bezeichnung | Erklärung | Bemerkungen, Daten |
|---|---|---|
| **Prinzipielle Schaltung** | Die Akkumulatorenbatterie G1 wird vom Gleichrichter T1 ständig geladen und speist über R1 und Wechselrichter T2 die Last. R1 ist erforderlich, damit im Netz keine impulsartige Belastung auftritt (**Bild**). **Vorteil:** Preiswert **Nachteile:** Kleiner Wirkungsgrad, wegen R1 kleiner cos $\varphi$, beim Akkumulator tritt ein Verlust an Speicherfähigkeit ein (Memory-effekt). | **Stromverlauf bei zu kleiner Glättungsdrossel** |
| **Schaltung mit überwachten Akkumulatoren** | Die Last wird über R1 und den Wechselrichter T2 ständig aus den Akkumulatoren G1 und G2 gespeist. G1 und G2 werden bei Bedarf über T1 und Q1 geladen. Ein Mikrocontroller K1 überwacht die Spannung von G1 und G2 und steuert die Schalter Q1, Q2, Q3 an. Q2 und Q3 sind abwechselnd geschlossen, sodass abwechselnd G1 oder G2 entladen werden. $S_N$ 200 VA bis 200 kVA. **Vorteil:** kein Memoryeffekt. | Bei vorhandener Netzspannung sind Q1 und z.B. Q3 offen und Q1 trägt die Last. Bei sinkender Spannung von G1 schließt Q1, sodass G1 geladen wird. Nach Vollladung von G1 öffnen Q1 und Q2 und Q2 und G2 trägt die Last. Bei sinkender Spannung von G2 schließt Q1 und der Vorgang wiederholt sich entsprechend. **Nachteil:** Kleiner Wirkungsgrad wegen R1 kleiner cos $\varphi$ R1 vermeidbar durch PFC. |
| **Übersichtsplan des Boost-Umsetzers** | Der Boost-Umsetzer (Boost = Ladedruck) bewirkt einen sinusförmigen Netzstrom mit cos $\varphi \approx 1$. Der Umsetzer ist ein Sperrwandler (Hochsetzsteller), der durch eine Impulsfolge so angesteuert wird, dass die Stromaufnahme der gleichgerichteten Spannung folgt. Schaltung wird als PFC (Power Factor Correction = Leistungsfaktor-Korrektur) bezeichnet. | **Stromverlauf mit PFC-Korrektur** |

## Klassifizierung der USV   vgl. EN 50091-3 (IEC 620040-3)

| Position | Vorgang | Zeit | IEC-Klasse | USV-Klasse |
|---|---|---|---|---|
| 1 | Netzausfall | > 10 ms | **VFD (Voltage +** | 3 |
| 2 | Spannungseinbruch | ≤ 16 ms | **Frequency** | Offline |
| 3 | Spannungsspitze | ≤ 16 ms | **Dependent)** | stand by |
| 1 bis 5 | Positionen 1 bis 3 | – | **VI (Voltage** | 2 |
| 4 | Unterspannung | dauernd | **Independent)** | Line interactive |
| 5 | Überspannung | dauernd | | |
| 1 bis 10 | Positionen 1 bis 10 | – | **VFI** | 3 |
| 6 | Blitzeinwirkungen | sporadisch | **(Voltage +** | Online real |
| 7 | Spannungsstöße (Surges) | < 4 ms | **Frequency** | Double- |
| 8 | Frequenzschwankung | sporadisch | **Independent)** | Conversion |
| 9 | Spannungsverzerrung (Burst) | periodisch | | |
| 10 | Spannungsoberschwingungen | dauernd | | |

hier Dependent = abhängig vom Netz, Independent = unabhängig vom Netz.
www.multimatic-usv.de, www.powerware.com

**SE**

# Elektromagnetische Verträglichkeit EMV  Electro-magnetic compatibility EMC

**SE**

| Begriff | Erklärung | Bemerkungen, Ergänzungen |
|---|---|---|
| Definition von EMV | Fähigkeit der elektrotechnischen Einrichtungen, ohne Probleme in einem elektromagnetischen Umfeld zu arbeiten. | 1. Zufriedenstellende Arbeit trotz elektromagnetischem Störfeld.<br>2. Umgebung wird nicht zusätzlich elektromagnetisch belastet. |
| Elektromagnetische Störbeeinflussung | Von einer Störquelle Q gehen EMIs (Electromagnetic Interfereces = elektromagnetische Störungen) aus, die zu einer Störsenke S über eine Kopplung K gelangen. Dabei kann von S nach Q eine Rückwirkung auftreten. Beeinflussung der EMIs in Q, K oder S möglich. | Prinzip der Störbeeinflussung. |
| Störungen durch elektrostatische Entladung | Bei Reibungsvorgängen lädt sich ein Körper infolge der Ladungstrennung auf 5 kV bis 25 kV auf. Bei der Entladung kann eine elektrische Einrichtung beeinflusst werden. Das kann bei empfindlichen Bestandteilen, z.B. elektronischen Baugruppen, zur Zerstörung der Bauelemente führen und sogar bei kleiner Entladungsenergie zur Vernichtung von Daten. | Elektrostatische Körperentladung |
| Atmosphärische Störungen (LEMP, LPZ) | Atmosphärische Störungen beruhen auf elektrostatischen Vorgängen durch Ladungstrennung. Dabei treten Spannungen bis mehr als 100 MV auf und Entladeströme von mehr als 20 kA.<br>Bei einem Blitz tritt ein LEMP (Lightning Electromagnetic Pulse = elektromagnetischer Blitz-Stromstoß) auf. Elektrische Einrichtungen werden durch LEMPs infolge Kopplung auch beeinflusst, wenn sie von der Einschlagstelle entfernt sind. | Für die EMV fünf Schutzzonen LPZ (Lightning Protective Zones)<br>LPZ $0_A$ liegt außerhalb der Blitz-Fangeinrichtung.<br>LPZ $0_B$: von der Fangeinrichtung geschützter Bereich außerhalb des Gebäudes.<br>LPZ 1: Bereich im Gebäude mit Überspannungsableiter.<br>LPZ 2: Bereich in LPZ 1 mit zusätzlicher Schirmung und Überspannungsableiter.<br>LPZ 3: Bereich in LPZ 2 mit zusätzlichem Schutz, z.B. im Schaltschrank. |
| Störungen durch elektrische Anlagen | Vor allem treten durch das Schalten impulsartige Ströme auf, die wegen ihrer steilen Flanken hochfrequente Anteile haben. Insbesondere bei<br>• Abschalten von Induktivitäten,<br>• Einschalten von Kondensatoren oder Glühlampen. | Die Störungen sind fortdauernd, wenn andauernd geschaltet wird, z.B. bei der Anschnittsteuerung oder im kleineren Umfang bei der Abschnittsteuerung. |
| Störfestigkeit und Zerstörfestigkeit von Störsenken | Überschreiten Spannungen gegen Erde bzw. Masse die Störfestigkeit, so treten Funktionsstörungen auf.<br>Überschreiten diese Spannungen die Zerstörfestigkeit, so sind die Betriebsmittel unbrauchbar bzw. zerstört. | Anhaltswerte der Spannungsfestigkeit:<br>• Starkstromleitungen, Signalkabel bis 20 kV<br>• Fernmeldekabel, Starkstromgeräte 5 kV bis 8 kV,<br>• Fernmeldegeräte 1 kV bis 3 kV,<br>• integrierte Schaltkreise, Operationsverstärker 50 V bis 500 V (energieabhängig) |
| Beeinflussung der auftretenden Störspannungen | Vor allem muss die Kopplung für die Störgrößen Störstrom $I_{St}$ bzw. Störspannung $U_{St}$ zwischen Quelle und Senke möglichst klein sein. Dabei ist auf galvanische, kapazitive und induktive Kopplung sowie Kopplung durch elektromagnetische Strahlung zu achten.<br>Galvanische Kopplung entsteht z.B. durch eine Erdschleife. Dabei ruft ein Erdstrom, z.B. durch Blitz, eine Potenzialdifferenz hervor, die durch einen Störstrom $I_{St}$ die Störspannung $u_{St}$ überträgt. | Galvanische Kopplung durch Erdschleife. |
| Überspannungsbegrenzer | Begrenzen die Störspannung auf die Zerstörfestigkeit des Betriebsmittels. | Siehe folgende zwei Seiten. |

**SE**

| Bauelement | Schaltung, Ansicht | Kennlinie | Bemerkungen |
|---|---|---|---|

## Bauelemente gegen Schaltüberspannungen

| RC-Element z.B. an Relaisspule | | | Die beim Schalten entstehende Überspannung lädt den Kondensator auf, der sich über $R$ und die Spule entlädt. RC-Element oft ersetzt durch Varistor. Anwendung insbesondere bei AC. |
| Freilaufdiode z.B. an DC-Schützspule | | | Die beim Schalten von Induktivitäten, z.B. Schützspulen, entstehende Spannung bewirkt ein Weiterfließen des Stromes bis zum Abklingen. Anwendung nur bei DC. |
| BOD (Durchbruchdiode) | | | Die BOD ist ein Thyristor ohne Gate. |

**BOD-Tabelle:**

| Typ | $U_{BO}$ in V | $I_D$ in µA | $I_F$ in A |
|---|---|---|---|
| BOD 04 | 400 | 1 | 0,3 |
| BOD 10 | 1000 | 1 | 0,3 |
| BOD 25 | 2500 | 80 | 0,3 |
| BOD 42 | 4200 | 80 | 0,3 |

## Bauelemente gegen Schaltüberspannungen und Netzüberspannungen

| Suppressordiode Silicium-Überspannungsableiter | | | Die Suppressordiode (lat. suppressor = Unterdrücker) verhält sich wie eine Z-Diode, kann aber mit einem höheren Strom belastet werden (je nach Typ bis 100 A). Die ungepolte Suppressordiode besteht im Prinzip aus zwei gegeneinander geschalteten gepolten Suppressordioden. Ansprechspannungen 300 V bis 3 kV. Der Silicium-Überspannungsbegrenzer hat einen PNP-Aufbau. |
| Varistor, VDR | siehe Seite „Halbleiterwiderstände" | | Varistoren sind robust, werden aber nicht so schnell leitend wie Gasableiter, BOD oder Suppressordioden. |

## Bauelemente gegen Netzüberspannungen

| Gasableiter | | | Zwei Plattenelektroden sind in einem mit Edelgas gefüllten Keramikrohr oder Glasrohr. Bei genügend hoher Spannung erfolgt Zündung. Ansprechspannung von 70 V bis einige hundert V. Meist Selbstlöschung. |
| Gleitableiter | | | Aufbau ähnlich wie beim Gasableiter, jedoch fester Isolierstoff zwischen den Elektroden. Dadurch rotiert der Lichtbogen des Folgestroms, sodass Selbstlöschung eintritt. Ansprechspannung bei 2 kV. |

| | | | |
|---|---|---|---|
| BOD | von Break-Over-Diode = Durchbruchdiode | $U, u$ | Spannung |
| $I, i$ | Stromstärke | $U_{BO}$ | Kippspannung (Spannung, bei der die BOD leitend wird) |
| $I_D$ | Blockierstrom (Strom in Vorwärtsrichtung ohne Zündung) | $U_F$ | Vorwärtsspannung |
| $I_F$ | Vorwärtsstrom | $U_R$ | Rückwärtsspannung |
| $I_R$ | Rückwärtsstrom | $u_S$ | Schalterspannung |
| $t_Z$ | Zündimpulsdauer | $u_Z$ | Zündspannung |

# Schutz gegen Überspannungen von außen
## Protection against external surges

| Schutzart | Schaltung | Ergänzung, Daten |
|---|---|---|
| Netz-Über-spannungs-schutz | 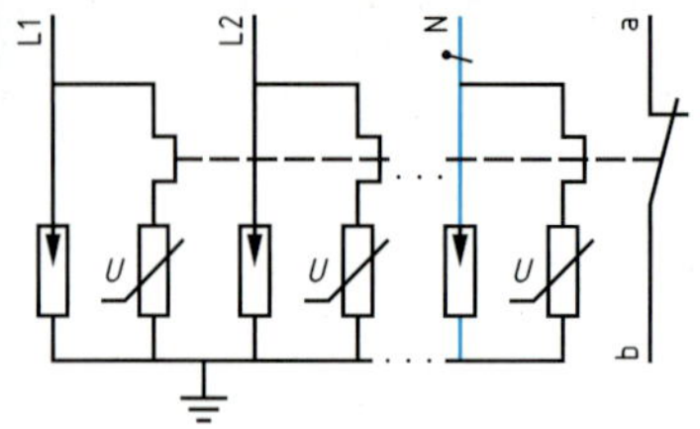 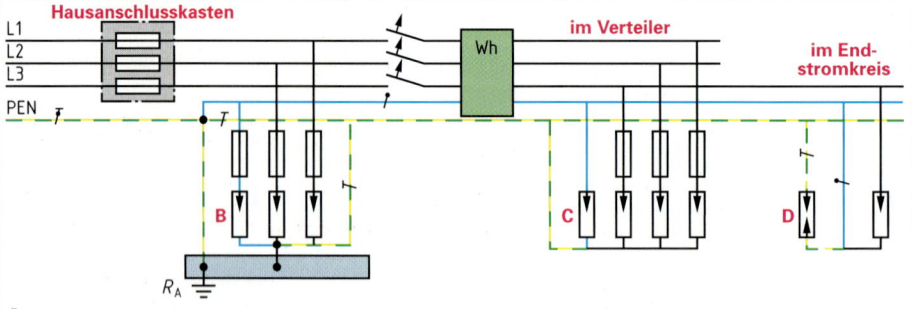 | Der dreipolige oder vierpolige Ableiter enthält Gleitableiter und Zinkoxid-Varistoren sowie eine Überwachungs-Trennvorrichtung. Er wird in der Nähe der Haupterdungsschiene installiert. Bei Ferneinschlägen arbeiten die Varistoren, bei direktem Einschlag zusätzlich die Gleitableiter. Bei Beschädigung trennt die Trennvorrichtung die Varistoren ab und öffnet zur Signalgabe einen Öffner.<br>**Schutzpegel:** 2 kV, Ansprechzeit 25 ns<br>**Bemessungsspannung:** 280 V 50 Hz<br>**Prüfstrom:** 100 kA |
| Steckbare Schutz-kaskade | 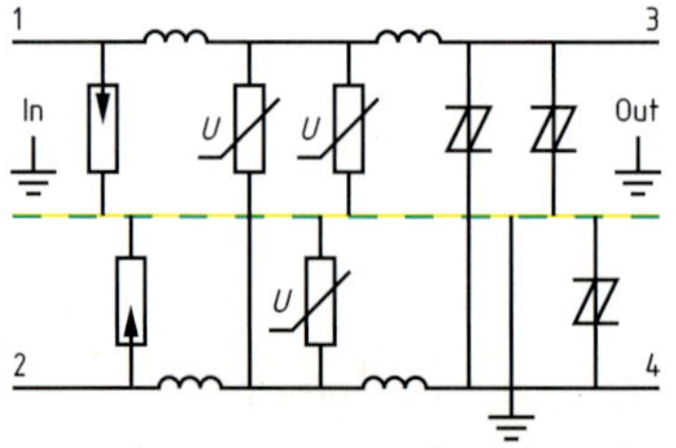 | **Bauelemente:** Gasableiter, Varistoren, Suppressordioden, Induktivitäten.<br>**Module:** Adapter mit Schutzleiterfuß und eigentliches, steckbares Modul.<br>**Erdung** über die Tragschiene des Basiselements. Je nach Anforderung sind die steckbaren Teile verschieden. Sie können auch weniger Bauelemente enthalten.<br>**Bemessungsspannungen:** 5 V, 12 V, 24 V…220 V DC<br>**Spannungsbegrenzung:** etwa 1,8 $U_C$<br>Auch in Form von Leiterplatten mit bis 8 Kanälen. |

**SE**

| Anforde-rungs-klassen von Über-spannungs-ableitern | Klasse | Installationsort, Anschluss beim TN-System | Ableiterbemessungsspannung | |
|---|---|---|---|---|
| | B | vor dem Zähler, zwischen L, N und PE bzw. PEN | beim TN-System und TT-System | $U_C = 1,1 \cdot U_0$ |
| | C | in den Unterverteilungen, wie bei Anforderungsklasse B | beim IT-System | $U_C = 1,1 \cdot U_0$ |
| | D | in den Steckdosen oder vor den Geräten, zwischen L und N, zwischen N und PE. | $U_C$ Ableiterbemessungsspannung<br>$U$ Bemessungsspannung zwischen den Leitern L1, L2, L3. | |
| | B, C, D | zusätzlich ist auch Anschluss zwischen den aktiven Leitern zulässig. | $U_0$ Bemessungsspannung zwischen L und PE | |

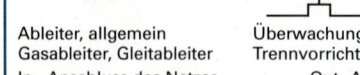

**Hausanschlusskasten**   **im Verteiler**

L1
L2
L3
PEN

Wh

**im End-stromkreis**

B   C   D

$R_A$

**Überspannungs-Schutzeinrichtungen der Anforderungsklassen B, C, D bei TN-Systemen**

Verwendete Schaltzeichen (meist nicht genormt):

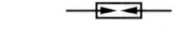  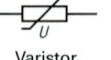

Ableiter, allgemein Gasableiter, Gleitableiter | Überwachungs-Trennvorrichtung | Funkenstrecke | Suppressordiode, ungepolt | Varistor

In   Anschluss des Netzes          Out   Anschluss des zu schützenden Anlagenteils

| Art | Erklärung | Bemerkungen, Ergänzung |
|---|---|---|

## Auftreten von EMI, Kopplungsarten

| Ursachen von EMI | EMI werden hervorgerufen durch alle elektromagnetischen Vorgänge, z.B. <br> • nahe oder entfernte Blitzeinschläge, <br> • Schalthandlungen, <br> • Kurzschlussströme. <br> Jede *steile Stromflanke* bedeutet das Auftreten hoher Frequenzen wie bei einem Funksender. | Auch *elektronische Steuerungen*, z.B. die Anschnittsteuerung, rufen EMI hervor, weil bei ihnen in jeder Halbperiode geschaltet wird. Dasselbe gilt für den Betrieb von Maschinen mit *Stromwendern*, weil die Stromwender laufend den Strom umschalten. Die zulässigen Höchstwerte der EMI sind durch Normen und Gesetze beschränkt. |
| Galvanische Kopplung, <br><br> induktive Kopplung, <br><br> kapazitive Kopplung | EMI werden von der *Störquelle* zur *Störsenke* durch Kopplungen übertragen. <br> **Galvanische Kopplung** erfolgt zwischen elektrisch leitenden Stellen, die miteinander mäßig leitend verbunden sind, z.B. über Erde (siehe vorhergehende Seite). <br> **Induktive Kopplung** erfolgt über das magnetische Feld, das bei jedem elektrischen Strom auftritt. <br> **Kapazitive Kopplung** erfolgt bei jedem Strom führenden Leiter zu jedem elektrisch leitenden Gegenstand, wenn Leiter und Gegenstand voneinander elektrisch isoliert sind wie bei einem Kondensator. | <br> **Induktive und kapazitive Kopplung** |

## Maßnahmen gegen EMI

| Vermeiden der Ursache | Betriebsmittel ohne steile Stromflanken rufen keine EMI hervor, z.B. Kurzschlussläufermotoren. Nur beim Einschalten können EMI auftreten. | Durch elektronische Schaltungen für Sanftanlauf (Abschnittsteuerung mit flacher Abschaltflanke) kann der Einschaltstrom so geformt werden, dass keine EMI auftreten. |
| Vermeiden der galvanischen Kopplung | Galvanische Kopplung wird durch *Potenzialausgleichsleitungen PL* zwischen den zu entkoppelnden Geräten beseitigt. <br> • Bei geschirmten Leitungen muss der Schirm als PL verwendet werden. <br> • PL müssen metallene Rohrleitungen und Kabelmäntel miteinander verbinden. <br> • PL müssen an die *Haupterdungsschiene* und damit an den PE angeschlossen sein. <br> • PL müssen von den Geräten *einzeln* zu einem Bezugspunkt geführt werden. | <br> **Maßnahmen gegen galvanische Kopplung** |
| Vermeiden der induktiven Kopplung | Induktive Kopplung erfolgt vor allem durch Induktionsschleifen (Bild oben). Deshalb <br> • gemeinsame Leitungswege der verschiedenen Systeme verwenden, z.B. in Installationskanälen, <br> • kopplungsarme Leitungen verwenden, z.B. Twisted Pair-Leitungen (STP oder UTP) oder Koaxialleitungen mit geerdetem Außenleiter. <br> Bei Twisted Pair-Leitungen wechselt in jedem Drall die Kopplung die Richtung des Magnetfeldes, sodass die Kopplung unwirksam bleibt. | <br> **Maßnahmen gegen induktive Kopplung** |
| Vermeiden der kapazitiven Kopplung <br><br><br> Entstörfilter | Kapazitive Kopplung wird durch *Schirmung* oder durch Abstände verringert. Schirmung erfolgt durch leitendes Material, z.B. metallenes Gehäuse, Geflecht oder Folie. Sie verhindert auch Übertragung durch elektromagnetische Strahlung. In IT-Anlagen sind die Geräte je nach Wichtigkeit in räumlich getrennten *EMI-Zonen* 0 bis 2, die gegeneinander geschirmt sind. <br> *Filter* sind Tiefpässe. Sie verhindern die Ausbreitung von EMI über das Stromnetz. | <br> **Ausbreitung von Störungen** |

**SE**

**SE**

## Verhinderung der Ausbreitung von EMIs

| Entstörmittel | Schaltungsbeispiel | Anwendung, Eigenschaften |
|---|---|---|
| X-Kondensator | **Entstörung eines Betriebsmittels der Schutzklasse II mit X-Kondensator** | X-Kondensatoren sind parallel zum Erzeuger oder Verbraucher geschaltet. Sie liegen an Netzspannung und haben beliebige Kapazität. X1-Kondensatoren haben eine Spitzenspannungsbelastung > 1,2 kV. X2-Kondensatoren haben eine Spitzenspannungsbelastung ≤ 1,2 kV. |
| Y-Kondensator und X-Kondensator | **Entstörung eines Universalmotors der Schutzklasse I** | Y-Kondensatoren sind zwischen Netzleiter und Gehäuse geschaltet und überbrücken die Betriebsisolierungen. Kapazität zwischen 2,5 nF und 35 nF je nach Schutzmaßnahme und Schutzklasse. Isolierspannung $U = 250$ V. Erhöhte elektrische und mechanische Sicherheit. |
| Netzentstörfilter (Tiefpass-Filter) | **LC-Tiefpassfilter** | Anordnung an der Quelle und/oder an der Senke. Im einfachsten Fall werden Induktivitäten, z.B. Ferritperlen, in den Stromweg oder Kapazitäten (Kondensatoren) parallel zu Quelle oder Senke geschaltet. Bei höheren Anforderungen müssen auch die Störspannungen zur Erde erfasst und überbrückt werden. |
| HF-Drossel und XY-Kondensator | | HF-Drosseln dienen zur Entkopplung von Signalkreisen und Steuerkreisen. Induktivität: 0,1 µH bis 4,7 mH |
| UKW-Drossel | **Entstörung eines Universalmotors der Schutzklasse II** | Sperrung von Hochfrequenz ($f > 30$ MHz), Entkopplung von Rundfunkgeräten und Fernsehgeräten. Induktivität: 5 µH bis 1,2 mH |
| Schutzleiterdrossel und XY-Kondensator | **Entstörung eines Universalmotors** | Bedämpfung von Funkstörspannungen auf dem Schutzleiter. Die Wicklung muss den gleichen Querschnitt wie der Schutzleiter haben. Induktivität: 1,2 mH bis 1,6 mH |

## Funkenlöschung

| | | |
|---|---|---|
| Für den Betrieb mit AC und DC und für induktivitätsarme Belastung. | VDR parallel zur Spule, wenn die Spannung an ihr < 100 V. (Für DC und AC) | Anforderungen an die Freilaufdiode R2: Hohe Sperrspannung, kurze Schaltzeit, hohe Stromstoßbelastbarkeit. Nur für DC. |

### Prinzip äußerer Blitzschutz

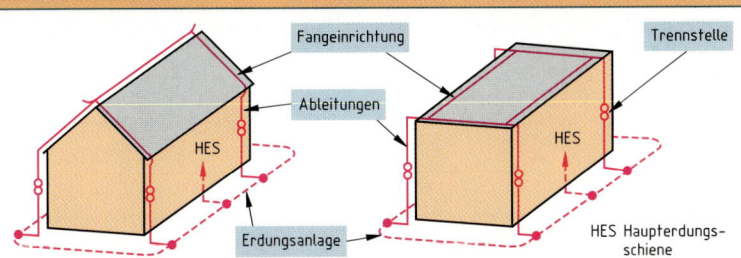

Fangeinrichtung · Trennstelle · Ableitungen · HES · HES · Erdungsanlage · HES Haupterdungs-schiene

### Plan einer Blitzschutzanlage

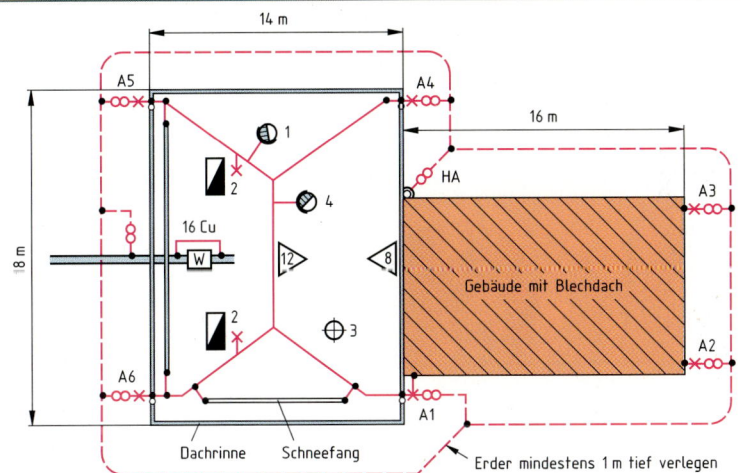

14 m · A5 · A4 · 16 m · 1 · 2 · HA · A3 · 4 · 16 Cu · W · 12 · 8 · Gebäude mit Blechdach · 18 m · 2 · 3 · A6 · A2 · A1 · Dachrinne · Schneefang · Erder mindestens 1 m tief verlegen

SE

| Kurzzeichen | Bedeutung | Kurzzeichen | Bedeutung |
|---|---|---|---|
| (Dreieck mit 8 / 5) | Gebäudeumrisse und Dachhöhen Zahl im Dreieck gibt First- oder Traufenhöhe in m an | waagrecht ——— senkrecht ✕ | Fangleitungen und Ableitungen, außen |
| 1,5 (nichtmetallisch) / 2 (metallisch) Ziffern = Höhe in m | Kamin, Rauchfang | waagrecht ——— senkrecht ✕ | Innen: Fangleitungen und Ableitungen, unter Putz |
| ⊘3 (nichtmetallisch) / ⊘4 (metallisch) Ziffern = Höhe in m | Rohr, Mast, Antenne | ◢ | Fangstange, Fangspitze |
| ⊕ 2,5 | Dachständer | —∞— | Trennstelle |
| G (außen) W (innen) A Abfluss  G Gas H Heizung  W Wasser | Rohrleitungen und Rinnen aus Metall | ○ | Anschlüsse an Rohre, Rinnen und Bleche |
| | | — | Horizontalerder, Erdungsleiter |
| —W— | Zähler, z. B. Wasserzähler | ⊠ | Vertikalerder |

## Anordnung der Fangeinrichtungen und Schutzbereiche
vgl. DIN V VDE 0185-1 bis 4: 2002-11

### Schutzwinkelverfahren

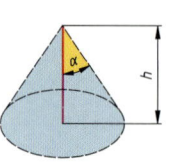

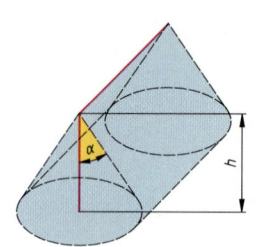

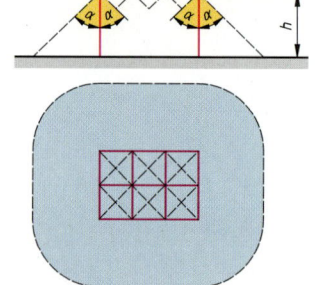

**Durch eine Fangstange geschütztes Volumen**

**Durch eine Fangleitung geschütztes Volumen**

**Durch eine maschenförmige Fangeinrichtung geschütztes Volumen**

### Blitzkugelverfahren

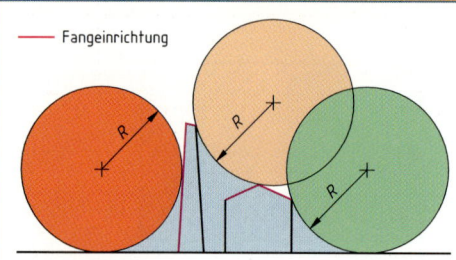

— Fangeinrichtung

Fangeinrichtungen müssen an allen Punkten angebracht werden, die von der Blitzkugel berührt werden. Der Radius der Blitzkugel sollte der gewählten Schutzklasse entsprechen.

### Maschenverfahren

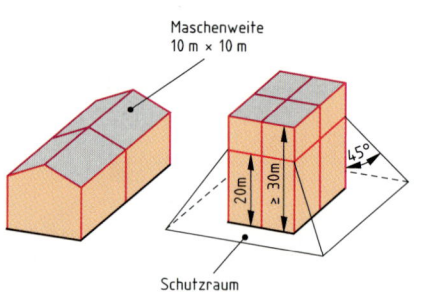

Maschenweite 10 m × 10 m

Schutzraum

### Zuordnung zu den Schutzklassen

| Schutzklasse | Blitzkugelverfahren Radius der Blitzkugel m | Maschenverfahren Maschenweite m | Schutzwinkelverfahren Schutzwinkel $\alpha°$ |
|---|---|---|---|
| I | 20 | 5 x 5 | siehe Schutzwinkeldiagramm |
| II | 30 | 10 x 10 | |
| III | 45 | 15 x 15 | |
| IV | 60 | 20 x 20 | |

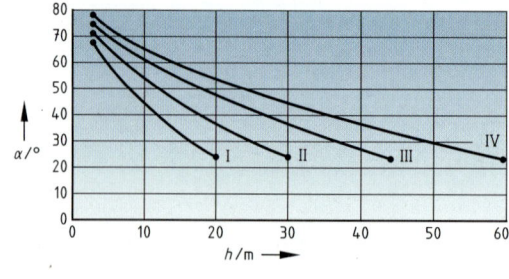

$h$ ist die Höhe der Fangeinrichtung über dem zu schützenden Bereich.

Schutzklasse I bis IV ergibt sich aus der Wirksamkeit E eines Blitzschutzsystems (siehe ENV 61024-1: 1995 Anhang F)

**Schutzwinkeldiagramm**

**SE**

# Fangeinrichtungen und Ableitungen
vgl. DIN V VDE 0185-1 bis 4: 2002-11
## Components for lightning protection

| Bauteile | Werkstoff | festgelegt in | Mindestmaße | | | | |
| --- | --- | --- | --- | --- | --- | --- | --- |
| | | | Rundleiter | | Flachleiter | | |
| | | | Durchmesser mm | Querschnitt mm² | Breite mm | Dicke mm | Querschnitt mm² |
| Fangleitungen und Fangspitzen bis 0,5 m Höhe | Stahl verzinkt[1] | DIN 48801 | 8 | 50 | 20 | 2,5 | 50 |
| | nichtrostender Stahl[2] | | 10 | 78 | 30 | 3,5 | 105 |
| | Kupfer | DIN 48801 | 8 | 50 | 20 | 2,5 | 50 |
| | Kupferseil | | 19 x 1,8 | 50 Kupfer | | | |
| | Aluminium | DIN 48801 | 10 | 78 | 20 | 4 | 80 |
| Fangleitungen zum freien Überspannen von zu schützenden Anlagen | Stahlseil, verzinkt | DIN 48201 Teil 3 | 19 x 1,8 | 50 | | | |
| | Kupferseil | DIN 48201 Teil 1 | 7 x 2,5 | 35 | | | |
| | Aluminiumseil | DIN 48201 Teil 5 | 7 x 2,5 | 35 | | | |
| | Alu-Stahl-Seil | DIN 48204 | 9,6 | 50/8 | | | |
| | Aldrey-Seil | DIN 48201 Teil 6 | 7 x 2,5 | 35 | | | |
| Fangstangen | Stahl verzinkt[1] | DIN 48802 | 16, 20[3] | | | | |
| | nichtrostender Stahl[2] | | 16, 20[3] | | | | |
| | Kupfer | | 16, 20[3] | | | | |
| Ableitungen und oberirdische Verbindungsleitungen | Stahl verzinkt[1] | DIN 48801 | 8, 10[3], 16[4] | 50, 78, 200 | 20 30 | 2,5 3,5 | 50 105 |
| | nichtrostender Stahl[2] | | 10, 12[3], 16[4] | 78, 113, 200 | 30 30 | 3,5[3] 4[4] | 105 120 |
| | Kupfer | DIN 48801 | 8 | 50 | 20 | 2,5 | 50 |
| | Kupferseil | | 19 x 1,8 | 50 (Kupfer) | | | |
| | Aluminium | DIN 48801 | 10 | 78 | 20 | 4 | 80 |
| Ableitungen, ober- und unterirdische Verbindungsleitungen | Stahl mit Kunststoffmantel[5] | | 8 (Stahl) | | | | |
| | Kabel NYY[5] | VDE 0271 | | 16 | | | |
| | Kabel NAYY[5] | VDE 0271 | | 25 | | | |
| Winkelrahmen für Schornsteine | Stahl verzinkt[1] | DIN 48814 | | | 50/50 | 5 | |
| | nichtrostender Stahl[2] | | | | 50/50 | 4 | |
| | Kupfer | | | | 50/50 | 4 | |

1  nur Feuerverzinkung: Zinküberzug; Schichtdicke: Mittelwert 70 µm, Einzelwert 55 µm
2  Werkstoffnummer z.B. 1.4001 oder 1.4301
3  bei freistehenden Schornsteinen
4  im Rauchgasbereich
5  nicht bei freistehenden Schornsteinen

SE

**SE**

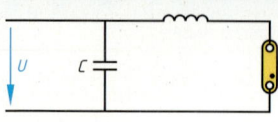

**Parallelkompensation**

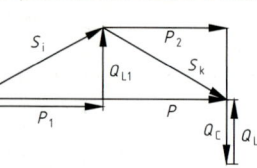

**Reihenkompensation**

$$S_1 = \frac{P}{\cos \varphi_1}$$

$$S_2 = \frac{P}{\cos \varphi_2}$$

$$Q_1 = S_1 \cdot \sin \varphi_1$$

$$Q_2 = S_2 \cdot \sin \varphi_2$$

$$Q_C = P \cdot (\tan \varphi_1 - \tan \varphi_2)$$

$$Q_C = Q_1 - Q_2$$

$\sin \varphi = \sin (\arccos \varphi)$ $\tan \varphi = \tan (\arccos \varphi)$

Umrechnungen $\sin \varphi \Rightarrow \cos \varphi \Rightarrow \tan \varphi$ siehe auch Seite „Beziehungen zwischen den Winkelfunktionen"

$$\omega = 2 \pi \cdot f$$

**Hinweis zur Reihenkompensation:**

Eine Reihenkompensation auf $\cos \varphi = 1$ ist wegen der Spannungsüberhöhung an den Bauteilen nicht möglich. Deshalb wird z. B. bei der Duoschaltung von Leuchtstofflampen der Kondensator so gewählt, dass der kapazitive Zweig der Schaltung den kapazitiven Phasenschiebungswinkel $\varphi_k$ besitzt. $\varphi_k$ ist etwa gleich groß wie der induktive Phasenverschiebungswinkel $\varphi_i$ im induktiven Zweig, aber entgegengesetzt. $\varphi_k \approx - \varphi_i$. Dadurch geht $\varphi$ der gesamten Schaltung gegen null.

Bei Einphasenwechselspannung:

$$C = \frac{Q_C}{\omega \cdot U_{bC}^2}$$

Bei Einphasenwechselspannung:

$$C = \frac{3000}{f} \frac{\mu F \cdot Hz}{kvar} \left( \frac{230 \text{ V}}{U_{bC}} \right)^2 \cdot Q_C$$

**Bei 50 Hz/230 V sind zur Kompensation 60 µF/kvar erforderlich.**

Bei Einphasenwechselstrom:

$$C = \frac{I_{bC}^2}{\omega \cdot Q_C}$$

Bei Kondensatoren in Y :

$$U_{bC} = \frac{U}{\sqrt{3}}$$

$$C_Y = \frac{1}{3} \cdot C$$

$$I_{bCY} = I_{bC}$$

Bei Kondensatoren in △ :

$$U_{bC} = U$$

$$C_\triangle = \frac{1}{3} \cdot C$$

$$I_{bC\triangle} = \sqrt{3} \cdot I_{bC}$$

**Einzelkompensation bei 3 AC**

Die Berechnung von $Q_C$ und $C$ erfolgt wie bei Einphasenwechselstrom.

| | | |
|---|---|---|
| $C$ berechnete Kapazität der Kompensationskondensatoren | $L$ Induktivität | $U$ Netzspannung (Leiterspannung) des Drehstromnetzes |
| $C_\triangle$ Kapazität eines der in △ geschalteten Kondensatoren | $P$ aufgenommene Wirkleistung | $\varphi$ Phasenverschiebungswinkel |
| | $Q_C$ kapazitive Blindleistung | $\varphi_i$ induktive Phasenverschiebung |
| $C_Y$ Kapazität eines der in Y geschalteten Kondensatoren | $Q_L$ induktive Blindleistung | $\varphi_k$ kapazitive Phasenverschiebung |
| $f$ Frequenz | $S$ Scheinleistung | |
| $I_{bC}$ Kondensatorstrom | $S_i$ Scheinleistung im induktiven Zweig | Bedeutung der Indizes 1 und 2: |
| $I_{bC\triangle}$ Leiterstrom zur Kondensatorbatterie in △-Schaltung | $S_k$ Scheinleistung im kapazitiven Zweig | 1 vor der Kompensation |
| $I_{bCY}$ Leiterstrom zur Kondensatorbatterie in Y-Schaltung | $U_{bC}$ Spannung an den Kondensatoren zur Kompensation | 2 nach der Kompensation |

Bedeutung weiterer Formelzeichen aus den Bildern erkennbar.

### Ermittlung der Kondensatorleistung

| Vor der Kompensation | | Erwünschter cos $\varphi_2$ | | | | |
|---|---|---|---|---|---|---|
| | | 0,80 | 0,85 | 0,90 | 0,95 | 1,00 |
| cos $\varphi_1$ | tan $\varphi_1$ | Kompensationsfaktor $F_K$ = tan $\varphi_1$ – tan $\varphi_2$ | | | | |
| 0,48 | 1,83 | 1,08 | 1,21 | 1,34 | 1,50 | 1,83 |
| 0,50 | 1,73 | 0,98 | 1,11 | 1,25 | 1,40 | 1,73 |
| 0,52 | 1,64 | 0,89 | 1,03 | 1,16 | 1,31 | 1,64 |
| 0,54 | 1,56 | 0,81 | 0,94 | 1,08 | 1,23 | 1,56 |
| 0,56 | 1,48 | 0,73 | 0,86 | 1,00 | 1,15 | 1,48 |
| 0,58 | 1,41 | 0,66 | 0,78 | 0,92 | 1,08 | 1,41 |
| 0,60 | 1,33 | 0,58 | 0,71 | 0,85 | 1,01 | 1,33 |
| 0,62 | 1,27 | 0,52 | 0,65 | 0,78 | 0,94 | 1,27 |
| 0,64 | 1,20 | 0,45 | 0,58 | 0,72 | 0,87 | 1,20 |
| 0,66 | 1,14 | 0,39 | 0,52 | 0,66 | 0,81 | 1,14 |
| 0,68 | 1,08 | 0,33 | 0,46 | 0,59 | 0,75 | 1,08 |
| 0,70 | 1,02 | 0,20 | 0,40 | 0,54 | 0,69 | 1,02 |
| 0,72 | 0,96 | 0,21 | 0,34 | 0,48 | 0,64 | 0,96 |
| 0,74 | 0,91 | 0,16 | 0,29 | 0,43 | 0,58 | 0,91 |
| 0,76 | 0,86 | 0,11 | 0,23 | 0,37 | 0,53 | 0,86 |
| 0,78 | 0,80 | 0,05 | 0,18 | 0,32 | 0,47 | 0,80 |
| 0,80 | 0,75 | – | 0,13 | 0,27 | 0,42 | 0,75 |
| 0,82 | 0,70 | – | 0,08 | 0,21 | 0,37 | 0,70 |
| 0,84 | 0,65 | – | 0,02 | 0,16 | 0,32 | 0,65 |
| 0,86 | 0,59 | – | – | 0,11 | 0,26 | 0,59 |
| 0,88 | 0,54 | – | – | 0,06 | 0,21 | 0,54 |

**Beispiel:** Vor der Kompensation beträgt cos $\varphi_1$ = 0,68; gewünscht cos $\varphi_2$ = 0,9. Aufgenommene Wirkleistung $P_1$ = 8 kW. Gesucht: Kondensatorleistung $Q_C$ = ? kvar

*Lösung:* Aus Tabelle Faktor $F_K$ = 0,59
Kondensatorleistung $Q_C$ = $F_K \cdot P_1$ = 0,59 · 8 = **4,72 kvar**

$Q_C$  Kondensatorleistung
$F_K$  Kompensationsfaktor aus Tabelle
$P_1$  Aufnahmeleistung

$$Q_C = F_K \cdot P_1$$

SE

### Schaltungen

**Einzelkompensation bei Direkteinschaltung**

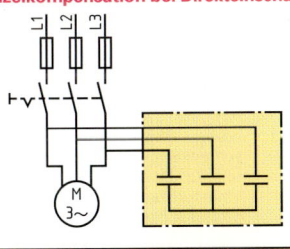

| Kondensator-Betriebsspannung | |
|---|---|
| bei Sternschaltung 230 V | bei Dreieckschaltung 400 V |

**Einzelkompensation bei Stern-Dreieckeinschaltung**

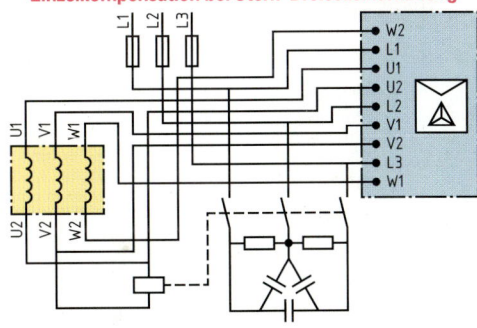

**Gruppenkompensation**
wirtschaftlich für
Mittelbetriebe

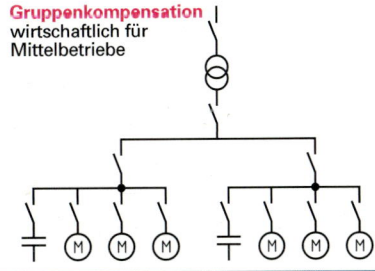

**Zentralkompensation**
wirtschaftlich für
Großbetriebe

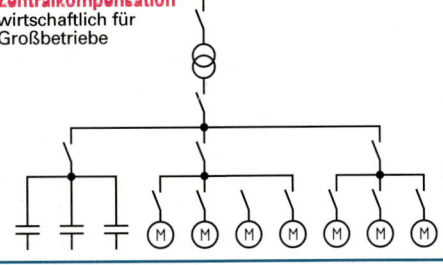

# Qualität der Stromversorgung Power Quality

| Qualitäts-größe | Schädliche Einwirkung, Erklärung | Folgen für die Stromversorgung | Maßnahmen gegen schädliche Einwirkung und zur Verbesserung |
|---|---|---|---|
| fehlende Konstanz der Spannung $U$ | Starke, ruckartige Belastung oder ungeregeltes Zuschalten großer Leistung, z.B. durch <br>• Einschalten großer induktiver Lasten,<br>• Zuschalten großer Generatoren | • Flicker (Licht flackert),<br>• Dips (kurzer Ausfall der Spannung),<br>• Drehzahl von Asynchronmotoren schwankt bis zum Ausfall der Motoren.<br>• Daten gehen verloren. | Beim Strombezieher:<br>• Sanftanlauf durch elektronische Anlasser,<br>• Strombezug über USV-Anlage<br>Beim Kraftwerk:<br>• Anschluss von ständig laufenden Maschinen mit großer Schwungmasse, z.B. große Synchrongeneratoren oder leer laufende Synchronmotoren mit Übererregung (Blindleistungsmaschinen). |
| fehlende Konstanz der Frequenz $f$ | • Zuschalten oder Abschalten von Netzteilen,<br>• Zuschalten oder Abschalten von Kraftwerken, z.B. wegen Ausfall von Leistung von PV-Anlagen. | • Drehzahl von Synchronmotoren schwankt bis zum Außer-Tritt-Fallen,<br>• frequenzabhängige Schaltungen versagen, z.B. bei Blindleistungskompensation. | |
| Netz-Blindleistung | Alle induktiven Lasten, z.B.<br>• Asynchronmotoren,<br>• Drosselspulen,<br>• Streufeldtransformatoren. | • größere Ströme,<br>• größere Verlustleistung,<br>• stärkere Erwärmung der Transformatoren. | Kompensation des Bezuges von induktiver Blindleistung durch<br><br>• Bezug von kapazitiver Blindleistung durch Kondensatoren,<br>• Erzeugen von induktiver Blindleistung durch übererregte Synchronmaschinen, |
| Leistungsfaktor $\lambda$ | $\lambda = P / S$<br>$P$ Wirkleistung,<br>$S$ Scheinleistung (siehe auch cos $\varphi$) | Kleiner Leistungsfaktor führt zu hoher Netz-Blindleistung und damit zu hohen Leistungsverlusten. | • Einbau von leer laufenden, übererregten Synchronmotoren (Blindleistungsmaschinen), |
| Phasenverschiebung $\varphi$ | Im Zeigerdiagramm der Winkel $\varphi$ zwischen Stromstärke und Spannung. Winkel $\varphi$ nimmt mit der Netz-Blindleistung zu. | Je größer $\varphi$ ist, desto kleiner sind cos $\varphi$ und $\lambda$ sowie desto größer sind die Leistungsverluste. | • Verwendung von Geräten mit PFC (Power Factor Correction = Leistungsfaktor-Korrektur),<br>• Strombezug über USV-Anlage mit PFC. |
| cos $\varphi$ | Der cos $\varphi$ ist der Leistungsfaktor bei Sinusform bzw. der Grundschwingung. | Gleiche Folgen wie beim Leistungsfaktor $\lambda$. | |
| Oberschwingungen | Oberschwingungen, vor allem die 3. und 5. Teilschwingung, werden durch elektronische Schaltungen, z.B. Gleichrichter mit kapazitiver Glättung und Anschnittverfahren, sowie durch Gasentladungslampen erzeugt. | Motoren laufen mit Geräuschen, das Kraftmoment von Motoren beim Anlauf wird kleiner, der Strom in Neutralleiter wird größer als der Strom in einem Außenleiter (**Bild**), größere Leistungsverluste und Erwärmung. | Einbau von Netzfiltern (Bandsperren für 3. Teilschwingung), Strombezug über USV-Anlage, Einschränkung von Anschnittverfahren für Dauerbetrieb, z.B. durch Transformatoren, im Extremfall größerer Neutralleiterquerschnitt. |

SE

$I_{11}, I_{12}, I_{13}$
1. Teilschwingung (Grundschwingung) der Außenleiterströme 1, 2, 3

$I_{31}, I_{32}, I_{33}$
3. Teilschwingung der Außenleiterströme 1, 2, 3

$I_{3N}$ Neutralleiterstrom

$I_{3N} = I_{31} + I_{32} + I_{33}$

$I_{31} = I_{32} = I_{33}$

**Entstehung eines großen Neutralleiterstromes im Vierleiternetz 50 Hz durch 3. Teilschwingung von 150 Hz**

| Ansicht, Prinzip | Erklärung | Bemerkungen, Schaltung |
|---|---|---|

## Überwachung durch Überwachungsrelais — Monitoring by monitor relay

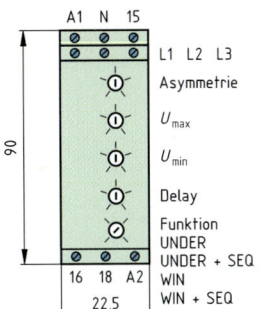

**Frontalansicht eines Überwachungsrelais**

Das Überwachungsrelais hat z. B. als Reiheneinbaugerät die Maße 22,5 x 90 x 103 mm.

Überwachung im Einphasennetz oder Dreiphasennetz von Spannung, Unterspannung (UNDER), Überstrom, Unterstrom, Phasenfolge (SEQ) und Phasenausfall, Symmetrie bzw. Asymmetrie oder Rückspannung der Last, Neutralleiterbruch oder Temperatur.

*Versorgungsspannung* für die Elektronik z. B. DC 24 V oder AC 12 V bis 400 V.

*Anzeigen:* Grüne LED Spannung, rote LED Fehler, rote LED blinkend Fehler mit Auslöseverzögerung, gelbe LED ON/OFF Stellung des Ausgangsrelais.

www.info@tele-haase.at

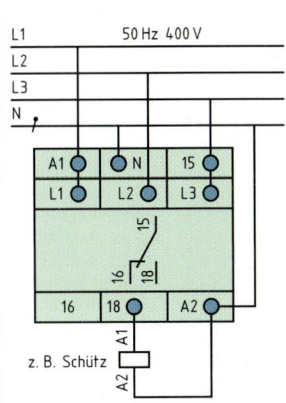

**Anschluss an Netz 400 V/230 V**

## Überwachung mit RCM — Monitoring bei Residual Current Monitor

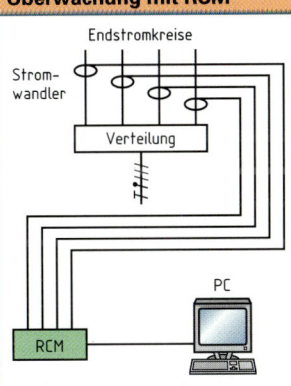

**RCM-System für vier Stromkreise**

RCMs (Residual Current Monitors) bestehen aus einem Summenstromwandler für jeden zu überwachenden Stromkreis und einer Auswerteeinheit zum Anschluss von z. B. bis 12 Summenstromwandlern für 12 Stromkreise. Die Eingabe der Programmier-Software und die Ausgabe der Messdaten erfolgt am PC.

Für kleine Stromstärken gibt es Stromwandler kombiniert mit Auswerteeinheit RCM.
Wie bei den RCDs werden die aktiven Leiter des zu überwachenden Stromkreises (Außenleiter und Neutralleiter) durch den Stromwandler geführt.

Beim RCM werden wie beim RCD die durch einen Summenstromwandler erfassten Ströme summiert. Bei einem Isolationsfehler entsteht ein Differenzstrom. Die Auswerteeinheit gibt je nach Einstellung ein Signal ab oder leitet die Messwerte über eine verdrillte Aderleitung zur weiteren Auswertung und zur Anzeige an einen PC.

**Anwendungsbeispiele:**

- Versorgungsnetze für Anlagen mit IT-Technik,
- medizinisch genutzte Bereiche,
- RCD-ungeeignete Anlagen, z. B. Großküchen,
- Sicherheitseinrichtungen.

**Vorteile der RCM-Überwachung**

- Abnahme der Isolationsfestigkeit wird erkannt,
- Erdschlüsse werden beim Entstehen erkannt,
- verschiedene Brücken von PE zu N werden erkannt,
- Instandsetzung kann geplant werden,
- Vagabundierende (umherschweifende) Ströme werden erkannt.
- In Anlagen mit IT-Technik ist die Datenübertragung sicherer.

RCMs können auch in der Gebäude-Hauptverteilung eingebaut werden. Zur Fehlerlokalisierung ist der Einbau in die gegen Fehler empfindlichen Endstromkreise nötig.

**SE**

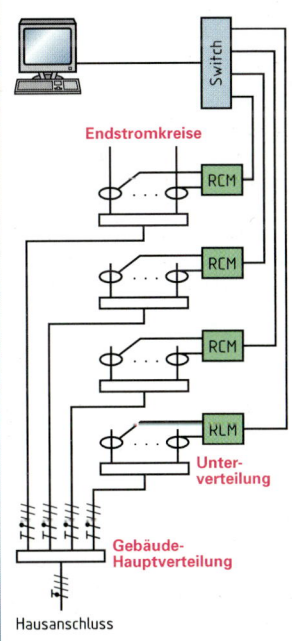

**Überwachung eines TN-S-Systems**

# Melde- und Überwachungsanlagen  Alarm and monitoring systems

**SE**

| Begriff | Erklärung | Beispiel |
|---|---|---|
| **Aufgaben der Baugruppen** | | |
| Gefahren-meldeanlage (GMA) | GMA sind Fernmeldeanlagen zur sicheren Meldung von Gefahren für Leben und Sach-werte, z.B. beim Betrieb von Behältern, Ma-schinen, Industrieanlagen, baulichen Anlagen, Gebäuden, Gebäudeteilen und bei Ausstellun-gen von Kunstschätzen.  Zu den GMA gehören Brandmeldeanlagen (BMA), Überfallmeldeanlagen (ÜMA) und Ein-bruchmeldeanlagen (EMA). | Überwachung von Überdrücken, Umdrehungs-frequenzen, Temperaturen, radioaktive Strah-lungen, aggressiven Dämpfen, Bränden, Über-fällen, Einbrüchen, Glatteis auf Straßen, Ver-kehrsflüssen. |
| Brand-meldeanlage (BMA) | BMA dienen dem direkten Hilferuf bei Brand-gefahr oder dem Erkennen und Melden von Schadenfeuer zum frühest möglichen Zeitpunkt.  Brandmeldungen, z.B. von Bränden in Stadthal-len oder Schulen, werden direkt der Feuerwehr übermittelt. | |
| Brandmelder | Punktförmige Melder sprechen auf die Ände-rung einer in der Umgebung eines festen Punk-tes gemessenen Kenngröße an.  Rauchmelder reagieren auf Verbrennungspro-dukte (Schwebstoffe) in der Luft. Man unter-scheidet Ionisationsrauchmelder und optische Rauchmelder.  Wärmemelder sprechen auf maximal einge-stellte Temperatur (Maximalmelder) oder auf Temperaturerhöhung (Differenzialmelder) an.  Flammenmelder sprechen auf die von Flam-men ausgehende Strahlung an. | |
| Brandmelder-zentrale (BMZ) | • Nimmt die Meldung der angeschlossenen Melder entgegen, registriert und zeigt die Meldung optisch und akustisch mit Angabe des Ortes an,  • leitet die Brandmeldung an die Feuerwehr weiter,  • steuert Einrichtungen zur Brandbekämpfung, z.B. eine Kohlensäure-Löschanlage,  • überwacht die Anlage und meldet Störungen. | |
| **Instandhaltung und Instandsetzung** | | |
| Inspektion | Die Melde- und Überwachungsanlagen sind auf bestimmungsgemäße Funktion durch Fach-kräfte zu überprüfen und zwar viermal jährlich in gleichen Zeitabständen. | • Mindestens ein Melder je Übertragungsweg (nur zerstörungsfreie Melder),  • Signalgeber,  • Anzeige- und Betätigungseinrichtungen,  • Schalteinrichtungen,  • Alarmierungs- und Steuerungsanlagen,  • Energieversorgung |
| | Überprüfung nur einmal jährlich. | • Alle zerstörungsfrei prüfbaren Melder,  • Übertragungswege mit nichtzerstörungsfrei prüfbaren Meldern. |
| Instand-setzung | Wenn bei Inspektionen unzulässige Abweichun-gen vom Sollzustand der GMA festgestellt wer-den, ist die GMA unverzüglich instandzusetzen. | Ansprechschwelle von Rauchmeldern. |
| Wartung | Nach Angaben des Herstellers der GMA durch-führen, jedoch mindestens einmal jährlich. | Pflege von Anlageteilen, z.B. Reinigen und Behandeln von Kontakten mit Kontaktspray.  Auswechseln von Bauelementen mit begrenzter Lebensdauer, z.B. Glühlampen. Justieren, Neu-einstellen und Abgleichen von Bauteilen und Geräten, z.B. für Signalzeiten, Kontaktdrücke. |

**SE**

| Gerät, Schaltung | Erklärung | Bemerkungen, Darstellung |
|---|---|---|
| **Rauchmelder** | Besitzt Mess- und Referenzkammer mit durch Strahler erzeugter ionisierter Luft. Erzeugter Alarmton in 3 m Entfernung etwa 85 dBA. Überwachungsfläche etwa 40 m². Rauchmelder möglichst in Raummitte an der Raumdecke anbringen, nicht in der Nähe von Feuerstätten, Belüftungsschächten, Leuchtstofflampen, Energiesparlampen und in Spitzecken von Dachgiebeln. | Rauchmelder können miteinander vernetzt werden über Leitung oder Funkstrecken, auch über EIB-Anschluss. Bei vernetzten Rauchmeldern erzeugen alle Rauchmelder im Alarmfall einen Alarmton. Bei großen Entfernungen, z. B. über 30 m bei Funkstrecken, werden zwischen den Rauchmeldern Repeater (Verstärker) benötigt. Funk-Rauchmelder erfordern zwei Lithium-Batterien von 3 V. |
| **Bewegungsmelder** | Bewegungsmelder reagieren auf ein zeitlich sich veränderndes Wärmebild. Die Montage soll seitlich zur Gehrichtung montiert werden, geschützt vor Regen, Wind, Sonneneinstrahlung und Außenlampenstrahlung. Eine abkühlende Lampe könnte als Bewegung interpretiert werden. Erfassungsbereich z. B. 15 m x 15 m, 180°. Funk-Bewegungsmelder benötigen eine Lithium-Batterie von 3 V. | \n**Montage eines Bewegungsmelders** |
| **Glasbruchmelder** | Glasbruchmelder besitzen Mikrofone und reagieren auf die bei Glasbruch entstehenden akustischen Signale, also Frequenzen zwischen 50 kHz und 100 kHz sowie zusätzlich auf Druckwellenfrequenzen. Ständige Signalabfrage. Der Erfassungsbereich liegt innerhalb eines Radius von 6 m. Bei Funk-Meldern ist eine Lithium-Batterie mit 3 V notwendig. | Glasbruchmelder gibt es auch als auf Glasscheiben aufzuklebende Körperschallsensoren (Spezialmikrofone), die auf die entsprechenden akustischen Tonfrequenzen bei Glasbruch reagieren. |
| **Öffnungsmelder** | Bei Öffnungsmeldern dienen elektromagnetische Kontakte zum Erkennen von geöffneten Türen oder Fenstern. Nach Unterbrechung des Magnetfeldes wird der Sensor hochohmig. Dadurch wird ein Alarmsignal erzeugt und an eine Meldestelle gemeldet. Funk-Öffnungsmelder besitzen eine Lithium-Batterie von 3 V. | Es gibt auch Öffnungsmelder, die ihren Schaltstrom (z. B. 100 mA/30 V) über Anschlussleitungen erhalten. Derartige Öffnungsmelder sind wesentlich kostengünstiger als Funk-Öffnungsmelder, erfordern aber eine Leitung. |
| **Simularschalter** | Eine Anwesenheitssimulation soll Einbrecher abschrecken. Mittels Simularschalter wird insbesondere die Hausbeleuchtung zeitweise eingeschaltet und ausgeschaltet. Die Schaltzeiten können unterschiedlich erzeugt werden, z. B. durch Tasterbetätigung. | Im Tastbetrieb funktioniert der Simularschalter wie ein Lichtschalter. Zusätzlich werden Uhrzeiten der Schaltungen der letzten sieben Tage gespeichert, zu denen dann im Memory-Betrieb geschaltet werden kann. Ferner kann bei Nacht auch zu Zufallszeiten die Beleuchtung geschaltet werden. |
| **Kamera** | Mittels Kameraeinsatz ist Videoüberwachung möglich. Im Außenbereich ist mindestens die Schutzklasse IP57 notwendig. Reichweite z. B. 10 m, Lichtempfindlichkeit 0,5 Lux.\n\nAufzeichnung über Digitalrekorder (Computer) mit Festplatte z. B. 120 GB, Aufnahmedauer 30 Std. bei 50 Halbbilder/s oder 2400 Std. bei 1 Bild/s. | \n**Video-Aufzeichnungssystem** |

**SE**

## Aufbau eines Alarmsystems

| Schaltung | Erklärung |
|---|---|
| 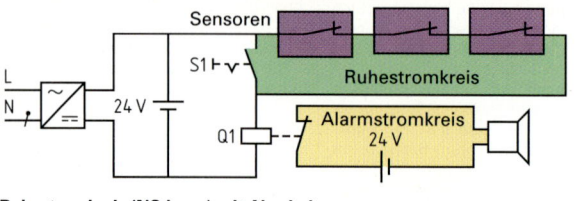 Prinzip einer Einbruchmeldeanlage | Einbruchmeldeanlagen müssen durch Schlüsselschalter eingeschaltet (scharf gestellt) werden. Dieser Schaltvorgang lässt sich nur ausführen, wenn alle Sensoren in Ruhestellung sind und die Anlage störungsfrei ist. Die Sensoren eines Meldebereiches, z. B. Glasbruchmelder, Magnetkontakte oder Bewegungsmelder sind in Meldelinien zusammengefasst und mit der Zentrale der Einbruchmeldeanlage verbunden. In Einbruchmeldeanlagen dürfen Meldelinien höchstens 20 Sensoren enthalten. Eine moderne Form der verdrahteten Übertragung stellen die Bus-Systeme dar. Melder und Zentrale kommunizieren dabei mit Telegrammen über einen Bus. Dabei wird die Auswertung der Sensorik bereits im Melder vorgenommen und das Ergebnis an die Zentrale übermittelt. |

## Arten von Alarmkreisen

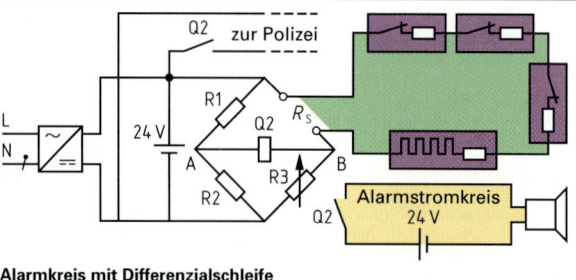

Ruhestromkreis (NC-Loop) mit Abschaltung

Alarmkreis, der im Ruhe- (Normal-) Zustand geschlossen ist. Es können beliebige Sensoren in Reihe geschaltet werden. Die Sensoren müssen nur so ausgelegt sein, dass sie den Stromkreis im Alarmfall unterbrechen. Oft wird auch die aus dem Englischen kommende Abkürzung NC (normal closed = normal geschlossen) verwendet.

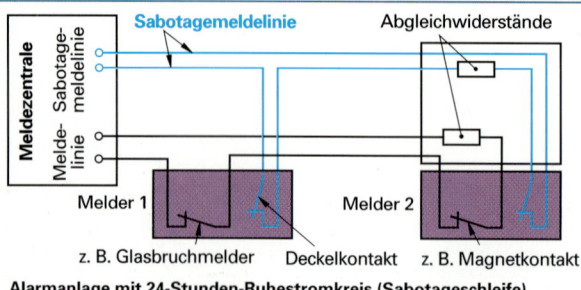

Alarmkreis mit Differenzialschleife

In diesem Alarmkreis fließt im Normalzustand ein bestimmter Schleifenstrom. Eine Alarmauslösung erfolgt, wenn sich der Schleifenstrom durch Auftrennen oder durch Kurzschließen der Schleife ändert. Das bedeutet, dass in einer Differenzialschleife sowohl Sensoren verwendet werden können, die im Alarmfall öffnen, als auch Sensoren, die bei Alarm geschlossen sind. Nicht verwendete Differenzialschleifen müssen mit dem Schleifenwiderstand überbrückt werden.

Alarmanlage mit 24-Stunden-Ruhestromkreis (Sabotageschleife)

Ein Alarmkreis ist auch bei abgeschalteter Alarmanlage aktiv und sichert sogenannte Sabotageschleifen. Das sind Alarmkreise, welche Manipulationen im Alarmsystem registrieren. Meist handelt es sich dabei um in den einzelnen Komponenten (z. B. Deckel) eingebaute Mikroschalter. Eine eigenständige 24-Stunden-Sabotageschleife empfiehlt sich vor allem, wenn im abgeschalteten Zustand des Alarmsystems ein unkontrollierter Publikumsverkehr herrscht.

# Temperaturen für Wärmebedarf  Temperatures for heat demand

SE

Die Temperaturangaben sind das tiefste Zweitagesmittel, das 10-mal in 20 Jahren auftrat. In gebirgigen Gegenden ist die Mindest-Außentemperatur um 3 K zu erniedrigen. In Höhen über 2500 m über NN ist mit einer tiefsten Außentemperatur von −24 °C zu rechnen. Genaue Werte siehe DIN 4701 (Isothermenkarte des Deutschen Wetterdienstes Offenbach/Main) bzw. ÖNORM M7500 Teil 4.

# Wärmebedarf und Wärmeleitung von Gebäuden
## Heat demand and thermal conduction in buildings

### Norm-Wärmebedarf

$Q_N$ Norm-Wärmebedarf
$Q_T$ Norm-Transmissionswärmebedarf
$Q_L$ Norm-Lüftungswärmebedarf

$[Q] = W$

$$Q_N = Q_T + Q_L$$

### Norm-Transmissionswärmebedarf

$Q_T$ Zuschlagsfreier Transmissionswärmebedarf
$A$ Fläche des Bauteils
$\Delta\vartheta$ Temperaturdifferenz
$R$ Wärmedurchgangswiderstand
$\vartheta_i$ Norm-Innentemperatur des zu beheizenden Raumes
$\vartheta_a$ Norm-Außentemperatur
$\vartheta_i'$ Innentemperatur im Nachbarraum

$$Q_T = \Sigma \frac{A \cdot \Delta\vartheta}{R}$$

Außenbauteile: $\Delta\vartheta = \vartheta_i - \vartheta_a$
Innenbauteile: $\Delta\vartheta = \vartheta_i - \vartheta_i'$

### Norm-Lüftungswärmebedarf

$Q_L$ Norm-Lüftungswärmebedarf
$Z_e$ Eckfensterzuschlag (1,2)
$a$ Fugendurchlasskoeffizient
$l$ Fugenlänge
$H_{G10}$ Standard-Hauskenngröße
$r$ Raumkennzahl
$\Delta\vartheta$ Temperaturdifferenz $(\vartheta_i - \vartheta_a)$
Index A: angeströmt durch Wind

$$Q_L = \Sigma \; (a \cdot l)_A \cdot r \cdot H_{G10} \cdot \Delta\vartheta \cdot Z_e$$

### Wärmeleitfähigkeitskoeffizient $\lambda$

| Stoff | Dichte in kg/dm³ | $\lambda$ in W/(K · m) | Stoff | Dichte in kg/dm³ | $\lambda$ in W/(K · m) |
|---|---|---|---|---|---|
| **Mörtel und Beton** | | | **Leichtbeton-Hohlblocksteine** | | |
| Zementmörtel, Estrich | – | 1,4 | Zweikammerstein | 1,0 | 0,44 |
| Kalkgipsmörtel | – | 0,7 | | 1,2 | 0,49 |
| Normalbeton | – | 2,1 | Dreikammerstein | 1,2 | 0,49 |
| **Ziegel und Fliesen** | | | **Wärmedämmplatten** | | |
| Vollziegel | 1,2 | 0,52 | Korkplatten | 0,16 | 0,044 |
| Leichtziegel | 0,6 | 0,35 | Hartschaumplatten | ~ | 0,035 |

### Wärmedurchgangswiderstände für Fenster und Türen

| Art des Fensters bzw. der Fenstertür | Wärmedurchgangswiderstände $R$ in m² · K/W | | | |
|---|---|---|---|---|
| | nur Glas | Holz- und Kunst- stoffrahmen | wärmegedämmte Metallrahmen | ungedämmte Metallrahmen |
| Dreifachverglasung 12 mm | 0,51 | 0,43 | 0,40 | 0,34 |
| Wärmeschutz-Verglasung | 0,3...0,9 | 0,31...0,54 | 0,29...0,55 | 0,25...0,43 |
| Türen | 0,18 | 0,3 | 0,25 | 0,18 |

### Fugendurchlasskoeffizient $a$ in m³ / (m · hPa$^{2/3}$)

| Bezeichnung | Gütemerkmale | $a$ |
|---|---|---|
| zu öffnende Fenster | Beanspruchungsgruppe A–D | 0,3 bis 0,6 |
| Außentüren | Dreh-, Schiebe-, Pendel- oder Karuselltüren | 1 bis 30 |

### Standard-Hauskenngröße $H_{G10}$ in W · hPa$^{2/3}$ / (m³ · K)

| Gegend und Lage des Gebäudes | Windschwache Gegend | | Windstarke Gegend | |
|---|---|---|---|---|
| | normale Lage | freie Lage | normale Lage | freie Lage |
| Für Windgeschwindigkeiten in m/s | 2 | 4 | 4 | 6 |
| Einzelhaustyp | 0,71 | 1,8 | 1,8 | 3,1 |
| Reihenhaustyp | 0,5 | 1,3 | 1,3 | 2,2 |

### Raumkennzahl $r$

| Ausführung der Türen | normal, ohne Schwelle | | | | | | dicht, mit Schwelle | | | | | |
|---|---|---|---|---|---|---|---|---|---|---|---|---|
| Anzahl der Innentüren | 1 | | 2 | | 3 | | 1 | | 2 | | 3 | |
| Durchlässigkeit der Fassaden in m³/hPa$^{2/3}$ | ≤ 17 | > 17 | ≤ 34 | > 34 | ≤ 43 | > 43 | ≤ 7 | > 7 | ≤ 14 | > 14 | ≤ 21 | > 21 |
| Raumkennzahl $r$ | 0,9 | 0,7 | 0,9 | 0,7 | 0,9 | 0,7 | 0,9 | 0,7 | 0,9 | 0,7 | 0,9 | 0,7 |

SE

# Wärmebedarfsbestimmung für Einfamilienhäuser und Zweifamilienhäuser
## Calculation of heat requirement for one-family- and two-families houses

## Heizenergie und Berechnungsfaktoren

| Heizsystem | Berechnungsfaktoren | | |
|---|---|---|---|
| | Faktor $H$ | Faktor $H_p$ | Faktor $K$ |
| Einzelspeicher | 14 | 2,1 | – |
| Fußbodenspeicherheizung | 18 | 2,2 | – |
| Zentralspeicher mit Niedertemperatur – Radiatoren | 20 | – | – |
| Zentralspeicher mit Niedertemperatur – Fußbodenheizung | 19 | 1,7 | – |
| Zentralspeicher mit Hochtemperatur – Radiatoren | 21 | – | – |
| Ölkessel   Baujahr nach 1981 (Niedertemperatur 60 °C) | 23 | – | – |
| Wärmepumpe monovalent (nur Wärmepumpenheizung), Wärmequelle Luft | 9 | – | 0,4 |
| Wärmepumpe monovalent (nur Wärmepumpenheizung), Wärmequelle Wasser | 7 | – | 0,3 |
| Wärmepumpe monovalent (nur Wärmepumpenheizung), Wärmequelle Erdreich | 8 | – | 0,3 |
| Wärmepumpe bivalent – alternativ (Wärmepumpenheizung mit Luft oder ein anderes Heizsystem) | 6,5 | – | 0,25 |
| Wärmepumpe bivalent – parallel (Wärmepumpenheizung mit Luft und ein anderes Heizsystem) | 8 | – | 0,35 |

## Baugütekoeffizient, Freigabefaktor, Zusatzenergiefaktor

| Baugütekoeffizienten | | | Freigabefaktoren | | Zusatzenergiefaktor für Öl bei Bivalenz | |
|---|---|---|---|---|---|---|
| Baugüte | Baugütekoeffizient $G$ in kWh/m$^2$ | Baugütekoeffizient $G_p$ in W/m$^2$ | Freigabedauer | Faktor $T$ | Art | Faktor $Z$ |
| Sehr gut | 6 | 60 | 8 NT | 1 | alternativ | 0,9 |
| Gut | 7,5 | 75 | 8 NT + 2 HT | 0,85 | parallel | 0,4 |
| Mittel | 9 | 90 | 8 NT + 8 HT | 0,55 | | |
| Mäßig | 12 | 120 | 5 NT | 1,8 | | |
| Schlecht | 15 | 150 | | | | |

**SE**

### Beispiel:

Es sind die Gesamtheizenergie sowie die Gesamtanschlussleistung für ein kleines Wohnhaus mit Flachdach zu ermitteln.

Das Haus hat eine mittlere Baugüte mit $G = 9$ ($G_p = 90$).

**beheizte Fläche**

| | |
|---|---|
| Schlafzimmer | 16,5 m$^2$ |
| Wohnzimmer | 20  m$^2$ |
| Bad | 5  m$^2$ |
| Küche | 14  m$^2$ |
| Flur | 8  m$^2$ |
| Gesamt | 63,5 m$^2$ |

**Heizsystem**

a) Elektroeinzelspeicher
   $H = 14$ ($H_p = 2,1$)
   Freigabedauer 8 NT + 2 HT

b) Wärmepumpe monovalent / Luft
   $H = 9$, $K = 0,4$

$$W = G \cdot A \cdot H$$

$$m_{ö} = G \cdot Z \cdot A$$

$$P_p = G_p \cdot K \cdot A$$

$$P_{sp} = H_p \cdot T \cdot G_p \cdot A$$

*Lösung:*

**Gesamtanschlussleistung:**

$P_{sp}$ = $H_p \cdot T \cdot G_p \cdot A$ = 2,1 · 0,85 · 90 · 63,5 = **10 201 W**

$P_p$ = $G_p \cdot K \cdot A$ = 90 · 0,4 · 63,5 = **2286 W**

**Gesamtheizenergie:**

zu a)  $W = G \cdot A \cdot H$ = 9 · 63,5 · 14 = **8001 kWh**

zu b)  $W = G \cdot A \cdot H$ = 9 · 63,5 · 9 = **5143,5 kWh**

| | | |
|---|---|---|
| $A$ | beheizte Fläche in m$^2$ | |
| $G$ | Baugütekoeffizient für Heizenergie in kWh / m$^2$ | |
| $G_p$ | Baugütekoeffizient für Anschlussleistung in W / m$^2$ | |
| $H$ | Heizsystemfaktor | |
| $H_p$ | Heizsystemfaktor für Elektrospeicherheizung | |
| $K$ | Wärmepumpenfaktor | |
| NT | Niedertarifzeit in Stunden | |
| HT | Hochtarifzeit in Stunden | |
| $m_{ö}$ | Ölverbrauch bei zusätzlicher Bivalenz durch Ölheizung in Liter | |
| $T$ | Freigabefaktor | |
| $W$ | überschlägige Heizenergie in kWh | |
| $P_p$ | überschlägige Wärmepumpen-Anschlussleistung in W | |
| $P_{sp}$ | überschlägige Speicherheizungsanschlussleistung in W | |
| $Z$ | Zusatzenergiefaktor | |

## Raumheizung mit Elektro-Speicherheizgeräten

**SE**

| Ansicht, Diagramm | Bemerkung, Daten | Erklärung |
|---|---|---|
| 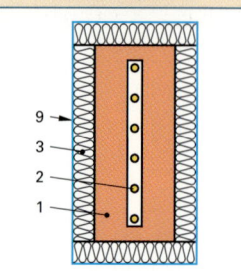  **Statische Wärmeabgabe** | **Maße der Standardspeicher** | Speichermedium Feststoff (z. B. Magnesit-Steine)<br><br>Speichermasse zur Energiespeicherung für einen Raum (oder Raumteil) in einem Gerät konzentriert<br><br>Sicherheits- und Regeleinrichtungen an jedem Gerät<br><br>Temperaturregelung raumweise mit Raumtemperaturreglern<br><br>Anpassung des Speichervolumens und der Anschlussleistung an jede Ladedauer<br><br>Witterungs- und restwärmeabhängige Aufladesteuerung |
| 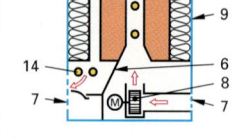  **Geregelte Wärmeabgabe** | **Maße der Flachspeicher** | Speicherkerntemperatur bis etwa 600 °C<br><br>Gehäuseoberflächentemperatur zwischen max. 65 °C (Abdeckplatte) und max. 90 °C (Vorderwand)<br><br>Ausblastemperatur max. 140 °C (10 cm vor dem Gitter)<br><br>Wärmeabgabe des Gerätes:<br>gesteuert durch eingebaute Ventilatoren<br>ungesteuert durch Strahlung und Konvektion<br><br>Zahlen 1 bis 14 in den Bildern sind unten erklärt. |
| 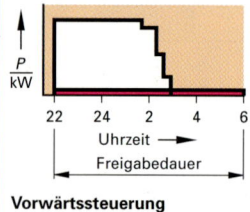  **Vorwärtssteuerung** | **Einschaltung** mit Beginn der Freigabedauer.<br><br>**Ausschaltung** stufenweise, in Abhängigkeit von der Restwärme in den Speicherheizgeräten und von der Witterung.<br><br>Wird überhaupt kein Zeitverhalten der Steuerung benötigt, kann ein spezielles Aufladesteuergerät eingesetzt werden. | Aufgeladen wird vorwiegend nachts zur so genannten Schwachlastzeit.<br><br>Damit durch eine Häufung gleichzeitiger Geräteaufladungen in verschiedenen Anlagen das Netz nicht überlastet wird, sind die VNB (bisher EVU) bestrebt, die Last möglichst gleichmäßig über die Nachtstunden zu verteilen. |
| 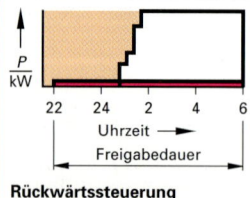  **Rückwärtssteuerung** | **Einschaltung** stufenweise, in Abhängigkeit von der Restwärme in den Speicherheizgeräten und von der Witterung.<br><br>**Ausschaltung** mit dem Ende der Freigabedauer. | Einige VNB (bisher EVU) unterbrechen mit Hilfe der Rundsteueranlage für ein oder zwei Stunden die Aufladung. So werden Belastungsspitzen vermieden, und es besteht die Möglichkeit, mehr Speicherheizanlagen zuzulassen. Die Ladezeit wird „stückchenweise", also intermittierend freigegeben. |

## Heizwerte üblicher Brennstoffe (zum Vergleich: Elektrische Energie 3,6 MJ/kwh)

| Feste Stoffe | Heizwert in MJ/kg | Flüssigkeiten | Heizwert in MJ/kg | Gase | Heizwert in MJ/m$^3$ |
|---|---|---|---|---|---|
| Holz | 18,4 bis 18,9 | Benzin | 41,0 bis 44,0 | Acetylen | 57 |
| Braunkohle | 7,5 bis 23,5 | Benzol | 40,0 bis 40,8 | Butan | 123,8 |
| Braunkohlebriketts | 19,7 bis 23,5 | Dieselkraftstoff | 42,3 bis 43,1 | Propan | 93,6 |
| Steinkohle | 27,0 bis 33,5 | Heizöl, schwer | 40,2 bis 41,5 | Stadtgas | ≈ 16,75 |

1 Speichersteine
2 Heizelemente
3 Wärmedämmung
6 Automatische Luftmischklappe
7 Luftansaug- und Luftaustrittsgitter

8 Lüfter
9 Stahlblechgehäuse
13 Luftkanal
14 Zusatzheizung

VNB Verteilungsnetzbetreiber
Heizwert in MJ/m$^3$
bei 0 °C und 1013 hPa

## Behaglichkeit, Behaglichkeitskennzahl

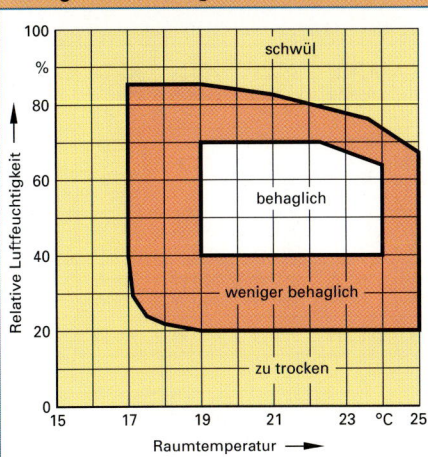

**Behaglichkeitsbereich im Raum**

Einflüsse, von denen das Wohlbefinden abhängt:

- Tätigkeit des Menschen (körperliche Arbeit, Schreibtischarbeit, Ruhe),
- Luft-Temperatur,
- Temperatur der Flächen, die den Raum umgeben (Wände, Boden, Decke),
- relative Feuchtigkeit der Luft,
- Bewegung der Luft, z.B. Zugluft,
- Ionen-Konzentration im Raum und
- luftelektrisches Feld der Erde.

**Behaglichkeitskennzahl:**

$$B = 7{,}83 - 0{,}1 \cdot \vartheta_L - 0{,}097 \cdot \vartheta_W - 0{,}028 \cdot p_D$$
$$+ 0{,}037 \cdot (38{,}7 - \vartheta_L) \cdot \sqrt{v}$$

(Für $\vartheta_L$, $\vartheta_W$, $p$ und $v$ nur Zahlenwerte einsetzen!)

| | | | |
|---|---|---|---|
| $B \le 1$ | viel zu warm | $B \le 4$ | behaglich |
| $B \le 2$ | zu warm | $B \le 5$ | behaglich kühl |
| $B \le 3$ | behaglich warm | $B \ge 6$ | zu kühl |

## Klimaanlagen und Klimageräte

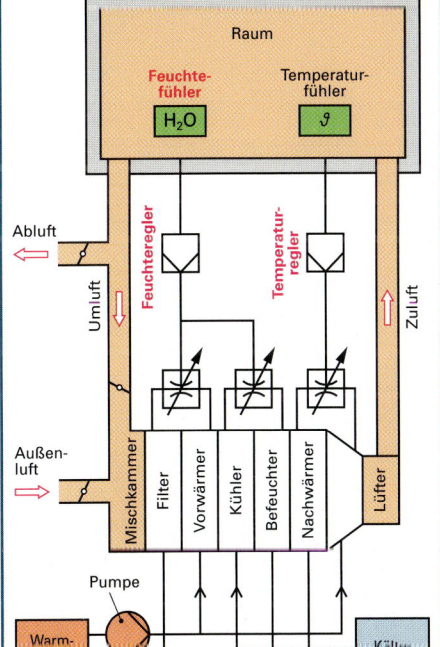

**Zentrale Klimaanlage (Schema-Skizze)**

| Teil | Aufgabe |
|---|---|
| Lüfter (Ventilator) | Drückt die Zuluft in den Raum. Die Luft gelangt durch einen Kanal und durch Luftauslässe in den Raum. |
| Wärmetauscher | Erwärmt (Vor- und Nachwärmer) bzw. kühlt (Kühler) die Luft. Durch Kühlen kondensiert Wasser aus der Luft (Entfeuchten). |
| Befeuchter | Führt der Luft Wasser zu: a) durch Luftwäscher, bei dem in einer Düsenkammer Wasser versprüht wird (Temperaturabnahme); b) durch Dampfbefeuchter, der Dampf in die Luft einbläst (die Feuchtigkeit nimmt zu, ohne dass sich die Temperatur ändert). |
| Entfeuchter | Meist durch Luftkühlung am Wärmetauscher, seltener chemisch (mit Silicagel oder mit Calciumchlorid). |
| Mischkammer | Mischt die Umluft mit der Außenluft. Winterbetrieb: Vorwärmer und Nachwärmer erwärmen die Mischluft, die außerdem befeuchtet wird. Sommerbetrieb: Die Mischluft wird gekühlt und so auch entfeuchtet. |
| Filter | Reinigt die Luft von Rauch und Staub. |
| Regelungssystem | Regelt selbsttätig die Temperatur und die Luftfeuchtigkeit des Raumes. |

$B$  Behaglichkeitskennzahl
$p_D$  Wasserdampf-Partialdruck in hPa

$\vartheta_L$  Raumlufttemperatur in °C (0,5 m über dem Boden)

$\vartheta_W$  mittlere Wandtemperatur in °C
$v$  Luftgeschwindigkeit in m/s

## Kochstellen beim Elektroherd

### Kochplatten mit Siebentaktschalter

| Kochplatten-durchmesser in mm | Leistungen der drei Heizleiter in W<br>N  Normal-Kochplatte<br>B  Blitz-Kochplatte | AUS | | | | | | |
|---|---|---|---|---|---|---|---|---|
| 145 | N 500, 250, 250<br>B 500, 750, 250 | 0 W<br>0 W | 1000 W<br>1500 W | 750 W<br>750 W | 500 W<br>500 W | 250 W<br>250 W | 165 W<br>165 W | 100 W<br>135 W |
| 180 | N 850, 350, 300<br>B 850, 850, 300 | 0 W<br>0 W | 1500 W<br>2000 W | 1150 W<br>1150 W | 850 W<br>850 W | 300 W<br>300 W | 220 W<br>220 W | 135 W<br>175 W |
| 220 | N 950, 600, 450 | 0 W | 2000 W | 1400 W | 950 W | 450 W | 305 W | 200 W |

### Automatik-Kochstellen

| Einstellung | Aufheiz-dauer min. | Einschalt-dauer (ED) in % | Durchschnittliche Leistung in Watt | | |
|---|---|---|---|---|---|
| | | | Kochzone 14,5 cm ∅ 1000 W | Kochzone 18 cm ∅ 1500 W | Kochzone 20 cm ∅ 1750 W |
| 1 | 1 | 3 | 30 | 45 | 53 |
| 2 | 1,75 | 9 | 90 | 135 | 158 |
| 3 | 3 | 15 | 150 | 225 | 263 |
| 4 | 5,5 | 20 | 200 | 300 | 350 |
| 5 | 8,5 | 28 | 280 | 420 | 490 |
| 6 | 10 | 37 | 370 | 555 | 648 |
| 7 | 3 | 51 | 510 | 765 | 893 |
| 8 | 3 | 72 | 720 | 1080 | 1260 |
| 9 | – | 100 | 1000 | 1500 | 1750 |

## Warmwassergeräte

### Jahresenergieverbrauch der Warmwasserversorgung im Haushalt

| Haushalt mit | 1 Person | 2 Personen | 3 Personen | 4 Personen |
|---|---|---|---|---|
| Durchlauferhitzer und Kleinspeicher | 500 kWh | 1000 kWh | 1400 kWh | 1800 kWh |
| Warmwasserspeicher verbrauchsnah | 700 kWh | 1200 kWh | 1600 kWh | 2000 kWh |
| Warmwasserspeicher zentral im Keller | 1000 kWh | 1500 kWh | 2000 kWh | 2500 kWh |
| Warmwasser-Wärmepumpe mit Speicher | 400 kWh | 600 kWh | 800 kWh | 1000 kWh |

### Gerätebauarten

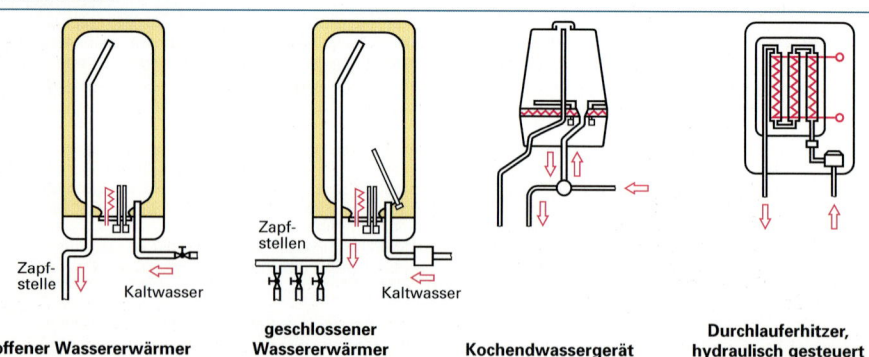

**offener Wassererwärmer**  **geschlossener Wassererwärmer**  **Kochendwassergerät**  **Durchlauferhitzer, hydraulisch gesteuert**

SE

| Aufbau, Schaltung | Erklärung, Prinzip | Bemerkungen, Daten |
|---|---|---|

**Waschmaschine**

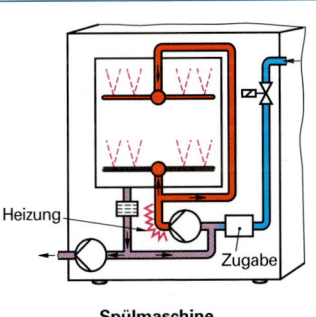

Verteilerfinger
Waschmittelkammern
Heizung
Druckwächter
Sieb  Laugenpumpe

Elektromechanische Schaltwerke oder Mikrocomputer steuern den Programmablauf. Der Wasserzulauf erfolgt durch einen Verteilerfinger, der durch einen selbststanlaufenden Synchronmotor angetrieben wird, damit das Wasser in die gewünschte Waschkammer fließt. Die Heizung wird nur eingeschaltet, wenn ein Drucksensor einen Mindestwasserstand anzeigt (Trockengehschutz). Ein Reihenschlussmotor mit elektronischer Drehzahlregelung oder ein Asynchronmotor mit Frequenzumrichter dreht die Trommel abwechselnd links/rechts (Reversierbetrieb).

**Installation:** $U = 230$ V; $P$ bis ungefähr 2,1 kW; Eigener Stromkreis mit LS-Schalter Typ B, 16 A; Anschlussleitung H05VV-F;

**Wartung:** regelmäßige Reinigung von Waschmitteleinspülkammer und Flusensieb, sofern vorhanden.

**Typische Fehler:**
- defekter Temperaturfühler,
- defekte Laugenpumpe,
- durch Kalkansatz festsitzende Magnetventile

---

**Kondensationstrockner**

Kondensatsammelbehälter
Heizung
Flusensieb
Ventilator
Kondensator
Kondensatpumpe

Ein Ventilator fördert erwärmte Trockenluft durch die in wechselnder Richtung drehende (reversierende) Trommel und entzieht der Wäsche Feuchtigkeit. Wäscheflusen werden über einen Luftfilter der Abluft entzogen.
**Kondensationstrockner:** Ein Ventilator fördert kalte Raumluft einem Kondensator (Wärmetauscher) mit Kühlkanälen zu. Die warme feuchte Umluft aus der Trommel wird über die Kühlkanäle geführt, wodurch der Wasserdampf kondensiert. Anschließend wird die Umluft mit einer Heizung erhitzt.
**Ablufttrockner:** Abluft geht ins Freie.

**Installation:** $U = 230$ V; $P$ bis ungefähr 2,8 kW; Eigener Stromkreis mit LS-Schalter Typ B, 16 A; Anschlussleitung H05VV-F;

**Wartung:** Luftfilter nach jedem Trockenvorgang reinigen; Kondensatsammelbehälter entleeren; Reinigung des Wärmetauschers.

**Typische Fehler:**
- Übertemperatursicherung spricht durch Hitzestau (verstopfter Luftfilter) an,
- Filzlager der Trommel durch Verunreinigung, z.B. Sand aus Wäsche, verschließen.

---

**Kühlschrank (Ansicht von hinten)**

Verflüssiger (Wärmeabgabe an Umgebung)
Verdampfer (Wärmeaufnahme vom Kühlgut)
Druckminderer
Kompressor

**Kompressorprinzip:** Im Verdampfer (eingeschäumt) wird das Kältemittel gasförmig und entzieht dabei dem Kühlraum Wärme. Ein Kompressor saugt das Gas an und presst es in den Verflüssiger (verdeckte Kühlschlange), dabei wird Wärme abgegeben. Das flüssige Kältemittel strömt durch einen Druckminderer zurück zum Verdampfer.

**Wartung:** regelmäßig Gefrierfach enteisen; Lüftungsschlitze reinigen.

**Typische Fehler:**
- defekter Thermostat,
- Türgummidichtung verschließen,
- Kältemittelverlust.

---

**Spülmaschine**

Heizung
Zugabe

Elektromechanische Schaltwerke oder Mikrocomputer steuern den Programmablauf. Der Wasserzulauf erfolgt über ein Magnetventil. Ein Niveauregler bzw. Durchflussmengenmesser schaltet bei Erreichen des Mindestwasserstandes den Wasserzulauf ab sowie die Heizung (Durchlauferhitzerprinzip) und die Umwälzpumpe ein. Nach Beendigung erfolgt das Abpumpen und die Geschirrtrocknung durch Eigenwärme des Geschirrs. Dies kann durch ein Gebläse oder Wärmetauscher unterstützt werden.

**Installation:** $U = 230$ V; $P$ bis ungefähr 2,2 kW; Eigener Stromkreis mit LS-Schalter Typ B, 16 A; Anschlussleitung H05VV-F;

**Wartung:** Ablaufsieb regelmäßig reinigen; Salzvorratsbehälter und Klarspülbehälter befüllen.

**Typische Fehler:**
- Wasserschutzsystem spricht an,
- Schläuche verstopfen allmählich durch Verfettung.

SE

**SE**

| Aufbau | Erklärung | Bemerkung, Daten |
|---|---|---|

## Einzelne LED

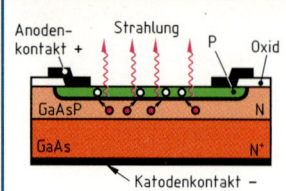

**Prinzip der LED**

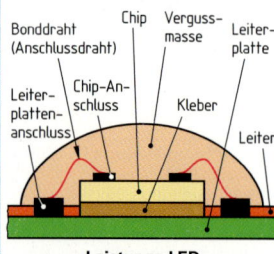

**Leistungs-LED**

Die LED (Light Emitting Diode) wird in Vorwärtsrichtung betrieben. Dadurch gelangen Elektronen aus dem N-Leiter in den P-Leiter und rekombinieren dort mit den Löchern, sodass je nach Typ Licht oder IR (Infrarot) entsteht. Je nach Typ $U_F \leq 3{,}5$ V, $U_R \leq 5$ V, $\eta \leq 25$ lm/W, $P_{zu} < 100$ mW.

Leistungs-LED sind z.B. aus InGaN (Indium-Galliumnitrid) aufgebaut und haben eine Baugröße von typisch 3,4 x 3 x 2,1 mm. Typisch sind $\eta = 10$ lm/W, $I_F = 20$ mA, $P_{zu} = 80$ mW.

**Vorteile:**
- Lebensdauer 100 000 h,
- wartungsfrei,
- keine UV-Strahlung,
- wenig Wärmeentwicklung,
- höhere Lichtausbeute als bei kleinen Glühlampen,
- keine UV-Strahlung,
- erschütterungsfest.

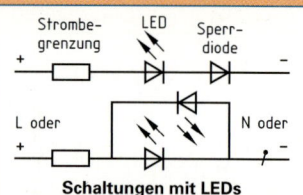

**Schaltungen mit LEDs**

### Leistungs-LED (Beispiele)

| Farbe | $U_F$ für $I_F = 20$ mA | $P_{zu}$ | $\eta$ in lm/W |
|---|---|---|---|
| Weiß | 3,3 V | | 4 |
| Blau | 3,5 V | 80 mW | 2 |
| Grün | 3,3 V | | 8 |
| Rot | 3,2 V | | 12 |

**Anwendungsbeispiele:**
- Anzeigelampen, z.B. Rot,
- Ersatz von Kleinstlampen.

www.osram-os.com

## LED-Module

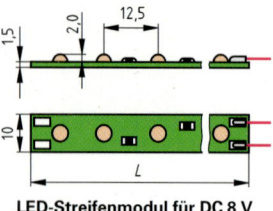

**LED-Streifenmodul für DC 8 V**

LED-Streifenmodule bestehen aus mehreren Leistungs-LED, z.B. 6 oder 12, die auf eine streifenförmige Platine aufgebracht sind (**Bild**). Auf der Platine ist eine Konstantstromquelle enthalten.

**Anwendung:**

Beleuchtung entlang von Linien und Kanten.

### LED-Streifenmodule für DC 8 V (Beispiele)

| Farbe | $P_{zu}$ in W | $\eta$ in lm/W | Maße L x B in mm |
|---|---|---|---|
| Weiß | | 8,1 | |
| Blau | 0,96 | 3,0 | 75 x 10 |
| Grün | | 12,5 | |
| Rot | | 13,5 | |

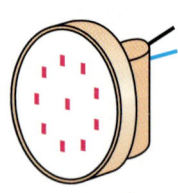

**LED-Modul für AC 230 V**

Beim LED-Modul für AC 230 V sind auf einer Kreisfläche von z.B. Ø 49 mm mehrere Leistungs-LED angeordnet, z.B. 10 (**Bild**). Im Sockel ist ein Netzteil untergebracht, sodass der Anschluss direkt an das 230-V-Netz möglich ist.

**Anwendung:**
- Beleuchtung von Flächen,
- Orientierungsleuchte.

www.tridonicatco.com

### LED-Module für AC 230 V

| Farbe | Nennstrom in A | $P_{zu}$ in W | $\eta$ in lm/W |
|---|---|---|---|
| Weiß | | | 9,5 |
| Blau | 0,05 V | 2 | 2,7 |
| Grün | | | 15 |
| Rot | 0,7 V | | 10,8 |

Maße Ø 49 x 22, Masse 0,05 kg, Schutzart IP20

**LED-Lampe für AC 140 V (USA)**

Wie beim LED-Modul für AC 230 V sind hier bis 67 LED an einem Sockel mit dem Edison-Gewinde E 27 angebracht. Im Sockel befindet sich ein PTC-Widerstand zur Strombegrenzung.

www.ledtronics.com

Durch verschiedenfarbige LEDs in derselben Lampe können Mischfarben erzeugt werden, z.B. Violett.

**Anwendung:**
- Beleuchtung in dunklen Räumen,
- Notbeleuchtung, Sicherheitsbeleuchtung.

| | | |
|---|---|---|
| $I_F$ Vorwärtsstrom | $U_F$ Vorwärtsspannung | $\eta$ Lichtausbeute |
| $P_{zu}$ zugeführte Leistung | $U_R$ Rückwärtsspannung | lm/W Lumen je Watt |

**SE**

## Bauarten der Wärmepumpen WP

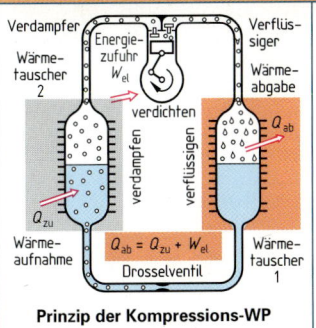

**Prinzip der Kompressions-WP**

$$Q_{ab} = Q_{zu} + W_{el}$$

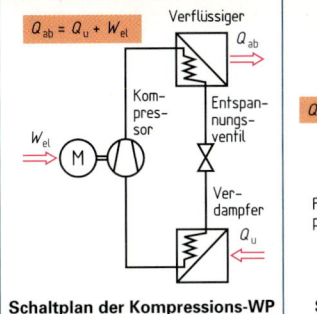

$$Q_{ab} = Q_u + W_{el}$$

**Schaltplan der Kompressions-WP**

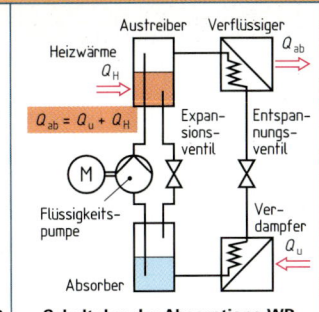

$$Q_{ab} = Q_u + Q_H$$

**Schaltplan der Absorptions-WP**

| | |
|---|---|
| $Q_{ab}$ abgegebene Wärme | $Q_U$ von der Umwelt zugeführte Wärme |
| $Q_H$ Heizwärme der Absorber-WP | $W_{el}$ elektrische Arbeitsaufnahme des Kompressors |

## Betriebsarten der WP

| Monovalent | Bivalent, alternativ oder parallel | Multivalent |
|---|---|---|
| 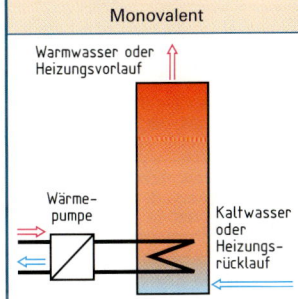 | 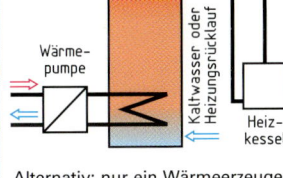 | |
| Wämeerzeugung nur über Wärmepumpe | Alternativ: nur ein Wärmeerzeuger in Betrieb. Parallel: beide Wärmeerzeuger arbeiten. | Mehrere Wärmeerzeuger sind in Betrieb |

## Wärmequellen und Wärmeträger für Wärmepumpen

| Wärmequelle | Wärmeträger | Erklärung | Leitungsführung |
|---|---|---|---|
| Luft | Luft, Wasser | Luft wird über Gebläse zugeführt und abgeführt, z.B. Außenluft. | |
| Luft mit Massivabsorber | Luft, Sole, Wasser | Kollektor im Betonmantel wird im Freien aufgestellt. | |
| Grundwasser | Wasser | Grundwasser wird über je einen Brunnen zugeführt und abgeführt. Wasserrechtliche Genehmigung erforderlich. | |
| Oberflächenwasser | Wasser | Nutzung von nahen Gewässern als Wärmequelle. Genehmigung erforderlich. | |
| Erdreich mit Horizontalkollektor | Sole, Wasser | Kollektorrohre, mit Sole befüllt, werden im Erdboden horizontal verlegt. Große Grundstücksfläche. | |
| Erdreich mit Vertikalkollektor | Sole, Wasser | Kollektorrohre werden vertikal in die Tiefe verlegt. Genehmigung erforderlich. | |

# Stromtarife  Electricity rates

## Tarifarten (Beispiele)

in Anlehnung an Tarife der EnBW

| Tarif | Erklärung | Bemerkungen |
|---|---|---|
| Grundtarif | Ohne Leistungsmessung bis zu einem Jahresstromverbrauch von 60 000 kWh. | Verbrauchspreis VP Grundpreis GP = LP + VRP |
| Leistungstarif | Leistungstarif mit $\frac{1}{4}$-Stunden Leistungsmessung ab einem Jahresstrombezug von 60 000 kWh. | Arbeitspreis AP Leistungspeis LP Verrechnungspreis VRP |
| Zusätzliche politische Kosten | Stromsteuer in Höhe von z.Zt. 2,05 Cent/kWh, Mehrwertsteuer. | Enthält die Ökosteuer. |

## Stromentgelte

in Anlehnung an Tarife der EnBW

| Preisarten | Erklärung | Bemerkung |
|---|---|---|
| Verbrauchspreis VP Arbeitspreis AP | Entgeld für jede Kilowattstunde (kWh) in Cent/kWh. | Optional ist eine Schwachlastregelung SLR mit Verbrauchspreisen für Hochtarif HT und Niedertarif NT. |
| Grundpreis GP | Entgeld für die Bereitstellung von elektrischer Energie in €/Jahr. | Setzt sich zusammen aus festem Leistungspreis und Verrechungspreis. |
| Verrechungspreis VPR | Entgeld für die Mess- und Steuereinrichtungen sowie für die Kosten der Verrechnung in €/Jahr. | Z.B. Eintarifzähler, Zweitarifzähler, Tarifschaltgerät, Stromwandlersatz. |
| Leistungspreis LP | Entgeld für die vom Kunden in Anspruch genommene Leistung in €/kW. | Mittelwert aus den zwölf Monatshöchstleistungen außerhalb der Schwachlastzeit in Kilowatt. |
| Durchschnittspreis DP | Preis in Cent/kWh | Summe von Verbrauchspreis oder Arbeitspreis und Grundpreis oder Leistungspreis geteilt durch den Verbrauch. |
| Durchschnittshöchstpreis DHP | Preis in Cent/kWh | Maximaler Preis in Cent/kWh. |
| Durchschnittspreisbegrenzung | Tritt in Kraft, wenn Durchschnittspreis > Durchschnittshöchstpreis. | Ermittelt aus DHP x Verbrauch + Schwachlastentgelt + Verrechnungsentgelt. |

## Abrechnungsarten der Grundtarife und Leistungstarife

Preisangaben Stand 2004-07

| Tarifarten | VP, AP in Cent/kWh | LP in €/Jahr oder LP in €/kW u. Jahr | VRP in €/Jahr | GP in €/Jahr |
|---|---|---|---|---|
| 1. Haushalt, Landwirtschaft | 12,90 | 51,50 | 27,00 | 78,50 |
| 2. Gewerblicher, beruflicher und sonstiger Bedarf | 15,40 | 51,50 | 27,00 | 78,50 |
| 3. wie 1., jedoch mit Schwachlastregelung | 12,90 HT 7,40 NT | 51,50 | 50,40 | 101,90 |
| 4. wie 2., jedoch mit Schwachlastregelung | 15,40 HT 7,40 NT | 51,50 | 50,40 | 101,90 |
| 5. Leistungstarif mit $\frac{1}{4}$ Std. Leistungsmessung | 11,40 HT 7,40 NT | 102,30 | 88,50 | |
| 6. Durchschnittshöchstpreis | 26,70 | | | |

| Beispiel Grundtarife | Beispiel Leistungstarif |
|---|---|
| Kosten/Jahr = Verbrauch in kWh x VP + GP + Stromsteuer + Mehrwertsteuer | Kosten/Jahr = Verbrauch in kWh x AP + LP + Stromsteuer + Mehrwertsteuer |

SE

**IK**

Informations- und kommunikationstechnische
Systeme

# Zahlensysteme  Number systems

## Aufbau der Zahlen

| Zahlenart | Basis $B$ | Ziffern (Zeichenvorrat) | | | | | | | | | | | | | | |
|---|---|---|---|---|---|---|---|---|---|---|---|---|---|---|---|---|
| Dualzahlen | 2 | 0 | 1 | | | | | | | | | | | | | |
| Oktalzahlen | 8 | 0 | 1 | 2 | 3 | 4 | 5 | 6 | 7 | | | | | | | |
| Dezimalzahlen | 10 | 0 | 1 | 2 | 3 | 4 | 5 | 6 | 7 | 8 | 9 | | | | | |
| Hexadezimalzahlen (Sedezimalzahlen) | 16 | 0 | 1 | 2 | 3 | 4 | 5 | 6 | 7 | 8 | 9 | A | B | C | D | E | F |

| $Z_n \cdot B^{n-1}$ | ... | $Z_4 \cdot B^3$ | $Z_3 \cdot B^2$ | $Z_2 \cdot B^1$ | $Z_1 \cdot B^0$ | , | $Z_{-1} \cdot B^{-1}$ | $Z_{-2} \cdot B^{-2}$ | $Z_{-3} \cdot B^{-3}$ | ... | $Z_{-m} \cdot B^{-m}$ |
|---|---|---|---|---|---|---|---|---|---|---|---|

$Z_1 ... Z_n$   Ziffer der 1. bis $n$. Stelle links vom Komma     $Z_{-1} ... Z_{-m}$   Ziffer der 1.-Stelle bis $m$.-Stelle
$B^n$, $B^m$   Basis mit Exponent                                rechts vom Komma

| Dezimal | Dual | Oktal | Hexadezimal | Dezimal | Dual | Oktal | Hexadezimal |
|---|---|---|---|---|---|---|---|
| 0 | 0 | 0 | 0 | 16 | 10000 | 20 | 10 |
| 1 | 1 | 1 | 1 | 17 | 10001 | 21 | 11 |
| 2 | 10 | 2 | 2 | 18 | 10010 | 22 | 12 |
| 3 | 11 | 3 | 3 | 19 | 10011 | 23 | 13 |
| 4 | 100 | 4 | 4 | 20 | 10100 | 24 | 14 |
| 5 | 101 | 5 | 5 | 21 | 10101 | 25 | 15 |
| 6 | 110 | 6 | 6 | 22 | 10110 | 26 | 16 |
| 7 | 111 | 7 | 7 | 23 | 10111 | 27 | 17 |
| 8 | 1000 | 10 | 8 | 24 | 11000 | 30 | 18 |
| 9 | 1001 | 11 | 9 | 25 | 11001 | 31 | 19 |
| 10 | 1010 | 12 | A | 26 | 11010 | 32 | 1A |
| 11 | 1011 | 13 | B | 27 | 11011 | 33 | 1B |
| 12 | 1100 | 14 | C | 28 | 11100 | 34 | 1C |
| 13 | 1101 | 15 | D | 29 | 11101 | 35 | 1D |
| 14 | 1110 | 16 | E | 30 | 11110 | 36 | 1E |
| 15 | 1111 | 17 | F | 31 | 11111 | 37 | 1F |

**IK**

## Umformen der Zahlen

| Quelle | Ziel | Zahl | Umformung | Ergebnis |
|---|---|---|---|---|
| Dual | Oktal | $1011001_2$ | 1 \| 011 \| 001$_2$:    $1_2 = 1_8$, $011_2 = 3_8$, $001_2 = 1_8$ | $131_8$ |
| Dual | Hexadezimal | $10110110_2$ | 1011 \| 0110$_2$:     $1011_2 = B_{16}$, $0110_2 = 6_{16}$ | $B6_{16}$ |
| Dezimal | Oktal | $249_{10}$ | 249 : 8 = 31 Rest **1**,   31 : 8 = 3 Rest **7**,   3 : 8 = 0 Rest **3** | $371_8$ |
| Dezimal | Hexadezimal | $173_{10}$ | 173 : 16 = 10 Rest 13$_{10}$ = **D**$_{16}$, 10 : 16 = 0 Rest 10$_{10}$ = **A**$_{16}$ | $AD_{16}$ |
| Oktal | Dual | $372_8$ | $3_8 = 011_2$, $7_8 = 111_2$, $2_8 = 010_2$ | $11111010_2$ |
| Oktal | Dezimal | $227_8$ | $227_8 = 2 \cdot 8^2 + 2 \cdot 8^1 + 7 \cdot 8^0 = 128 + 16 + 7$ | $151_{10}$ |
| Hexadezimal | Dual | $FA_{16}$ | $F_{16} = 1111_2$, $A_{16} = 1010_2$ | $11111010_2$ |
| Hexadezimal | Dezimal | $A5_{16}$ | $A5_{16} = 10 \cdot 16^1 + 5 \cdot 16^0 = 160 + 5 = 165_{10}$ | $165_{10}$ |
| Oktal | Hexadezimal | $572_8$ | Oktalzahl erst in Dualzahl umwandeln:<br><br>$5_8 = 101_2$, $7_8 = 111_2$, $2_8 = 010_2$<br><br>$572_8 = 101 \| 111 \| 010_2$<br><br>Danach Dualzahl in Hexadezimalzahl umformen:<br><br>1 \| 0111 \| 1010$_2$:    $1_2 = 1_{16}$, $0111_2 = 7_{16}$, $1010_2 = A_{16}$<br><br>$101111010_2 = 17A_{16}$ | $17A_{16}$ |
| Hexadezimal | Oktal | $23B_{16}$ oder 23BH oder 23Bh | Hexadezimalzahl in Dualzahl:<br><br>$23B_{16}$:    $2_{16} = 10_2$, $3_{16} = 0011_2$, $B_{16} = 1011_2$<br><br>Dualzahl in Oktalzahl:<br><br>1 \| 000 \| 111 \| 011$_2$ = $1073_8$ | $1073_8$ |

## Dualzahlen

| Dezimal | Dual | Dezimal | Dual | Dezimal | Dual | Dezimal | Dual | Dezimal | Dual |
|---|---|---|---|---|---|---|---|---|---|
| 0 | 0 | 5 | 1 0 1 | 10 | 1 0 1 0 | 15 | 1 1 1 1 | 20 | 1 0 1 0 0 |
| 1 | 0 1 | 6 | 1 1 0 | 11 | 1 0 1 1 | 16 | 1 0 0 0 0 | 21 | 1 0 1 0 1 |
| 2 | 1 0 | 7 | 1 1 1 | 12 | 1 1 0 0 | 17 | 1 0 0 0 1 | 22 | 1 0 1 1 0 |
| 3 | 1 1 | 8 | 1 0 0 0 | 13 | 1 1 0 1 | 18 | 1 0 0 1 0 | 23 | 1 0 1 1 1 |
| 4 | 1 0 0 | 9 | 1 0 0 1 | 14 | 1 1 1 0 | 19 | 1 0 0 1 1 | 24 | 1 1 0 0 0 |

### Umrechnung vom Dezimalsystem ins Dualsystem und umgekehrt

| Art | Prinzip | Beispiel |
|---|---|---|
| Dualzahl in Dezimalzahl | Man bildet von rechts nach links die Potenzwerte zur Basis 2 und addiert sie. | Eine Dualzahl lautet 1001010. a) Wie groß sind die Potenzwerte zur Basis 2? b) Wie lautet die Dezimalzahl für die Dualzahl?<br><br>Dualzahl $\quad$ 1 $\quad$ 0 $\quad$ 0 $\quad$ 1 $\quad$ 0 $\quad$ 1 $\quad$ 0<br>Stelle $\qquad$ 6 $\quad$ 5 $\quad$ 4 $\quad$ 3 $\quad$ 2 $\quad$ 1 $\quad$ 0<br>a) Potenzwerte $\; 1{\cdot}2^6 \;\; 0{\cdot}2^5 \;\; 0{\cdot}2^4 \;\; 1{\cdot}2^3 \;\; 0{\cdot}2^2 \;\; 1{\cdot}2^1 \;\; 0{\cdot}2^0$<br>b) Dezimalzahlen $\quad 64 + 0 + 0 + 8 + 0 + 2 + 0$<br><br>Ergebnis: **74** |
| Dezimalzahl in Dualzahl | Man teilt jeweils durch 2 und schreibt die Reste auf. Diese ergeben, von unten nach oben gelesen, die Dualzahl. | Wandeln Sie die Dezimalzahl 78 in eine Dualzahl um.<br>$78 : 2 = 39 \quad$ Rest 0 $\Rightarrow$ Dualziffer 0<br>$39 : 2 = 19 \qquad 1 \Rightarrow \qquad 1$<br>$19 : 2 = 9 \qquad 1 \Rightarrow \qquad 1$<br>$9 : 2 = 4 \qquad 1 \Rightarrow \qquad 1$<br>$4 : 2 = 2 \qquad 0 \Rightarrow \qquad 0$<br>$2 : 2 = 1 \qquad 0 \Rightarrow \qquad 0$<br>$1 : 2 = 0 \qquad 1 \Rightarrow \qquad 1$<br>$78 \triangleq \quad$ **1 0 0 1 1 1 0** |

### Grundregeln für das Rechnen mit Dualzahlen

| | | | |
|---|---|---|---|
| $0 + 0 = 0$ | $0 - 0 = 0$ | $10 - 1 = 1$ | $1 \cdot 1 = 1$ |
| $1 + 0 = 1$ | $1 - 0 = 1$ | $0 \cdot 0 = 0$ | $0 : 1 = 0$ |
| $0 + 1 = 1$ | $0 - 1 = -1$ | $1 \cdot 0 = 0$ | $1 : 1 = 1$ |
| $1 + 1 = 10$ | $1 - 1 = 0$ | $0 \cdot 1 = 0$ | |

IK

## Binärcodes (Auswahl)

| Dezimalziffer | 1-aus-10-Code | 8-4-2-1-Code | Biquinär-Code | 2-aus-5-Code | Gray-Code | Glixon-Code |
|---|---|---|---|---|---|---|
| | | | | | Sonstige Codes | |
| 0 | 0 0 0 0 0 0 0 0 0 1 | 0 0 0 0 | 0 0 0 0 1 0 1 | 1 1 0 0 0 | 0 0 0 0 | 0 0 0 0 |
| 1 | 0 0 0 0 0 0 0 0 1 0 | 0 0 0 1 | 0 0 0 1 0 0 1 | 0 0 0 1 1 | 0 0 0 1 | 0 0 0 1 |
| 2 | 0 0 0 0 0 0 0 1 0 0 | 0 0 1 0 | 0 0 1 0 0 0 1 | 0 0 1 0 1 | 0 0 1 1 | 0 0 1 1 |
| 3 | 0 0 0 0 0 0 1 0 0 0 | 0 0 1 1 | 0 1 0 0 0 0 1 | 0 0 1 1 0 | 0 0 1 0 | 0 0 1 0 |
| 4 | 0 0 0 0 0 1 0 0 0 0 | 0 1 0 0 | 1 0 0 0 0 0 1 | 0 1 0 0 1 | 0 1 1 0 | 0 1 1 0 |
| 5 | 0 0 0 0 1 0 0 0 0 0 | 0 1 0 1 | 0 0 0 0 1 1 0 | 0 1 0 1 0 | 0 1 1 1 | 0 1 1 1 |
| 6 | 0 0 0 1 0 0 0 0 0 0 | 0 1 1 0 | 0 0 0 1 0 1 0 | 0 1 1 0 0 | 0 1 0 1 | 0 1 0 1 |
| 7 | 0 0 1 0 0 0 0 0 0 0 | 0 1 1 1 | 0 0 1 0 0 1 0 | 1 0 0 0 1 | 0 1 0 0 | 0 1 0 0 |
| 8 | 0 1 0 0 0 0 0 0 0 0 | 1 0 0 0 | 0 1 0 0 0 1 0 | 1 0 0 1 0 | 1 1 0 0 | 1 1 0 0 |
| 9 | 1 0 0 0 0 0 0 0 0 0 | 1 0 0 1 | 1 0 0 0 0 1 0 | 1 0 1 0 0 | 1 1 0 1 | 1 0 0 0 |
| Stellenwert | 9 8 7 6 5 4 3 2 1 0 | 8 4 2 1 | 4 3 2 1 0 $\quad$ 5 0 | 7 4 2 1 0 (für die Ziffern 1 bis 9) | – | – |

Bei BCD-Codes wird jede Stelle der Dezimalzahl binär codiert.

# ASCII-Code im Unicode  ASCII-Code in Unicode

## Genormter ASCII-Code (7-Bit-Code)

| Dez | Hex | Zch | Dez | Hex | Zch | Dez | Hex | Zch | Dez | Hex | Zch | Dez | Hex | Zch | Dez | Hex | Zch |
|---|---|---|---|---|---|---|---|---|---|---|---|---|---|---|---|---|---|
| 0 | 0 |  | 22 | 16 | ■ | 44 | 2C | , | 65 | 41 | A | 86 | 56 | V | 107 | 6B | k |
| 1 | 1 | ☺ | 23 | 17 | ↕ | 45 | 2D | - | 66 | 42 | B | 87 | 57 | W | 108 | 6C | l |
| 2 | 2 | ☻ | 24 | 18 | ↑ | 46 | 2E | . | 67 | 43 | C | 88 | 58 | X | 109 | 6D | m |
| 3 | 3 | ♥ | 25 | 19 | ↓ | 47 | 2F | / | 68 | 44 | D | 89 | 59 | Y | 110 | 6E | n |
| 4 | 4 | ♦ | 26 | 1A | → | 48 | 30 | 0 | 69 | 45 | E | 90 | 5A | Z | 111 | 6F | o |
| 5 | 5 | ♣ | 27 | 1B | ← | 49 | 31 | 1 | 70 | 46 | F | 91 | 5B | [ | 112 | 70 | p |
| 6 | 6 | ♠ | 28 | 1C | ∟ | 50 | 32 | 2 | 71 | 47 | G | 92 | 5C | \ | 113 | 71 | q |
| 7 | 7 | • | 29 | 1D | ↔ | 51 | 33 | 3 | 72 | 48 | H | 93 | 5D | ] | 114 | 72 | r |
| 8 | 8 | ◘ | 30 | 1E | ▲ | 52 | 34 | 4 | 73 | 49 | I | 94 | 5E | ^ | 115 | 73 | s |
| 9 | 9 | ○ | 31 | 1F | ▼ | 53 | 35 | 5 | 74 | 4A | J | 95 | 5F | _ | 116 | 74 | t |
| 10 | A |  | 32 | 20 |  | 54 | 36 | 6 | 75 | 4B | K | 96 | 60 | ` | 117 | 75 | u |
| 11 | B | ♂ | 33 | 21 | ! | 55 | 37 | 7 | 76 | 4C | L | 97 | 61 | a | 118 | 76 | v |
| 12 | C | ♀ | 34 | 22 | " | 56 | 38 | 8 | 77 | 4D | M | 98 | 62 | b | 119 | 77 | w |
| 13 | D | ♪ | 35 | 23 | # | 57 | 39 | 9 | 78 | 4E | N | 99 | 63 | c | 120 | 78 | x |
| 14 | E | ♫ | 36 | 24 | $ | 58 | 3A | : | 79 | 4F | O | 100 | 64 | d | 121 | 79 | y |
| 15 | F | ☼ | 37 | 25 | % | 59 | 3B | ; | 80 | 50 | P | 101 | 65 | e | 122 | 7A | z |
| 16 | 10 | ► | 38 | 26 | & | 60 | 3C | < | 81 | 51 | Q | 102 | 66 | f | 123 | 7B | { |
| 17 | 11 | ◄ | 39 | 27 | ' | 61 | 3D | = | 82 | 52 | R | 103 | 67 | g | 124 | 7C | | |
| 18 | 12 | ↕ | 40 | 28 | ( | 62 | 3E | > | 83 | 53 | S | 104 | 68 | h | 125 | 7D | } |
| 19 | 13 | ‼ | 41 | 29 | ) | 63 | 3F | ? | 84 | 54 | T | 105 | 69 | i | 126 | 7E | ~ |
| 20 | 14 | ¶ | 42 | 2A | * | 64 | 40 | @ | 85 | 55 | U | 106 | 6A | j | 127 | 7F | △ |
| 21 | 15 | § | 43 | 2B | + | | | | | | | | | | | | |

## Erweiterungen im Unicode

| Dez | Hex | Zch | Dez | Hex | Zch | Dez | Hex | Zch | Dez | Hex | Zch | Dez | Hex | Zch | Dez | Hex | Zch |
|---|---|---|---|---|---|---|---|---|---|---|---|---|---|---|---|---|---|
| 128 | 80 | € | 150 | 96 | – | 172 | AC | ¬ | 193 | C1 | Á | 214 | D6 | Ö | 235 | EB | ë |
| 129 | 81 | □ | 151 | 97 | — | 173 | AD |  | 194 | C2 | Â | 215 | D7 | × | 236 | EC | ì |
| 130 | 82 | ‚ | 152 | 98 | ˜ | 174 | AE | ® | 195 | C3 | Ã | 216 | D8 | Ø | 237 | ED | í |
| 131 | 83 | ƒ | 153 | 99 | ™ | 175 | AF | ¯ | 196 | C4 | Ä | 217 | D9 | Ù | 238 | EE | î |
| 132 | 84 | „ | 154 | 9A | š | 176 | B0 | ° | 197 | C5 | Å | 218 | DA | Ú | 239 | EF | ï |
| 133 | 85 | … | 155 | 9B | › | 177 | B1 | ± | 198 | C6 | Æ | 219 | DB | Û | 240 | F0 | ð |
| 134 | 86 | † | 156 | 9C | œ | 178 | B2 | ² | 199 | C7 | Ç | 220 | DC | Ü | 241 | F1 | ñ |
| 135 | 87 | ‡ | 157 | 9D | □ | 179 | B3 | ³ | 200 | C8 | È | 221 | DD | Ý | 242 | F2 | ò |
| 136 | 88 | ˆ | 158 | 9E | ž | 180 | B4 | ´ | 201 | C9 | É | 222 | DE | þ | 243 | F3 | ó |
| 137 | 89 | ‰ | 159 | 9F | Ÿ | 181 | B5 | µ | 202 | CA | Ê | 223 | DF | ß | 244 | F4 | ô |
| 138 | 8A | Š | 160 | A0 |  | 182 | B6 | ¶ | 203 | CB | Ë | 224 | E0 | à | 245 | F5 | õ |
| 139 | 8B | ‹ | 161 | A1 | ¡ | 183 | B7 | · | 204 | CC | Ì | 225 | E1 | á | 246 | F6 | ö |
| 140 | 8C | Œ | 162 | A2 | ¢ | 184 | B8 | ¸ | 205 | CD | Í | 226 | E2 | â | 247 | F7 | ÷ |
| 141 | 8D | □ | 163 | A3 | £ | 185 | B9 | ¹ | 206 | CE | Î | 227 | E3 | ã | 248 | F8 | ø |
| 142 | 8E | Ž | 164 | A4 | ¤ | 186 | BA | º | 207 | CF | Ï | 228 | E4 | ä | 249 | F9 | ù |
| 143 | 8F | □ | 165 | A5 | ¥ | 187 | BB | » | 208 | D0 | Ð | 229 | E5 | å | 250 | FA | ú |
| 144 | 90 | □ | 166 | A6 | ¦ | 188 | BC | ¼ | 209 | D1 | Ñ | 230 | E6 | æ | 251 | FB | û |
| 145 | 91 | ' | 167 | A7 | § | 189 | BD | ½ | 210 | D2 | Ò | 231 | E7 | ç | 252 | FC | ü |
| 146 | 92 | ' | 168 | A8 | ¨ | 190 | BE | ¾ | 211 | D3 | Ó | 232 | E8 | è | 253 | FD | ý |
| 147 | 93 | " | 169 | A9 | © | 191 | BF | ¿ | 212 | D4 | Ô | 233 | E9 | é | 254 | FE | þ |
| 148 | 94 | " | 170 | AA | ª | 192 | C0 | À | 213 | D5 | Õ | 234 | EA | ê | 255 | FF | ÿ |
| 149 | 95 | • | 171 | AB | « | | | | | | | | | | | | |

IK

## ASCII-Steuerzeichen (Beispiele)

| Dez | Befehl | Bedeutung | Dez | Befehl | Bedeutung |
|---|---|---|---|---|---|
| 2 | STX | Start of Text = Textanfang | 13 | CR | Carriage Return = Wagenrücklauf |
| 3 | ETX | Endo of Text = Textende | 17 | DC1 | Device Control = Gerätesteuerzeichen |
| 7 | BEL | engl. Bell = Klingel | | | (weitere 18, 19, 20 = DC2, DC3, DC4) |
| 10 | LF | Line Feed = Zeilenvorschub | 26 | SUB | Substitution = Zeichen ersetzen |
| 12 | FF | Form Feed = Formularvorschub | 27 | ESC | Escape = Umschaltung (Taste) |

Der Unicode als 16-Bit-Code wurde als internationaler Standard definiert, um die Zeichen aller europäischen Sprachen sowie insbesondere die Zeichen im Chinesischen, Japanischen und Koreanischen abzubilden. In den ersten 128 Plätzen ist der ASCII-Code (American Standard Code for Information Interchange) untergebracht. Von den möglichen 65536 Zeichen des Unicode sind derzeit etwa 40000 Zeichen vergeben. Die ersten 32 Zeichen sind meist Steuerzeichen, die anderen Zeichen sind auch Bestandteil des ANSI-Codes (American National Standards Institut).

# Binäre Verknüpfungen   Binary logic operations

| Schaltzeichen | Benennung der Verknüpfung | Kontaktschaltung | Schaltfunktion (Sprechweise) | Wertetabelle | | |
|---|---|---|---|---|---|---|
| | | | | $b$ | $a$ | $x$ |
| $a$ — [1] — $x$ | NICHT (Negation) | $\bar{a}$ — $x$ | $x = \bar{a}$ oder $x = \neg a$ ($a$ nicht) nicht genormt: $x = a\backslash$ oder $x = \backslash a$ | | 0 1 | 1 0 |
| $a$ $b$ — [&] — $x$ | UND (Konjunktion) | $a$ — $b$ — $x$ | $x = a \wedge b$ ($a$ und $b$) | 0 0 1 1 | 0 1 0 1 | 0 0 0 1 |
| $a$ $b$ — [≥1] — $x$ | ODER (Adjunktion, Disjunktion) | $a$ / $b$ — $x$ | $x = a \vee b$ ($a$ oder $b$) | 0 0 1 1 | 0 1 0 1 | 0 1 1 1 |
| $a$ $b$ — [&]○ — $x$ | NAND | $\bar{a}$ / $\bar{b}$ — $x$ | $x = \bar{a} \vee \bar{b} = \overline{a \wedge b}$ $= a \bar{\wedge} b$ ($a$ nand $b$) | 0 0 1 1 | 0 1 0 1 | 1 1 1 0 |
| $a$ $b$ — [≥1]○ — $x$ | NOR | $\bar{a}$ — $\bar{b}$ — $x$ | $x = \bar{a} \wedge \bar{b} = \overline{a \vee b}$ $= a \bar{\vee} b$ ($a$ nor $b$) | 0 0 1 1 | 0 1 0 1 | 1 0 0 0 |
| $a$ $b$ — [=1] — $x$ | Exklusiv-ODER Antivalenz, Exklusiv-OR, XOR | $a$ — $\bar{b}$ / $b$ — $x$ | $x = (a \wedge \bar{b}) \vee (\bar{a} \wedge b)$ $= a \leftrightarrow\!\!\!\!/\; b$ ($a$ xor $b$) | 0 0 1 1 | 0 1 0 1 | 0 1 1 0 |
| $a$ $b$ — [=] — $x$ | Exklusiv-NOR, Äquivalenz, XNOR | $a$ — $b$ / $x$ | $x = (a \wedge b) \vee (\bar{a} \wedge \bar{b})$ $= a \leftrightarrow b$ ($a$ Doppelpfeil $b$) | 0 0 1 1 | 0 1 0 1 | 1 0 0 1 |
| $a$ $b$ — [&] — $x$ | Inhibition (Sperrelement) | $\bar{a}$ — $b$ — $x$ | $x = \bar{a} \wedge b$ | 0 0 1 1 | 0 1 0 1 | 0 0 1 0 |
| $a$ $b$ — [≥1] — $x$ | Implikation, Subjunktion | $\bar{a}$ / $b$ — $x$ | $x = \bar{a} \vee b = a \rightarrow b$ ($a$ Pfeil $b$) | 0 0 1 1 | 0 1 0 1 | 1 0 1 1 |
| $a$ $b$ $m$ $n$ — [=m] — $x$ | ($m$ aus $n$)-Element | $\bar{a}$ $b$ $c$ $a$ $b$ $\bar{c}$ $\bar{b}$ $c$ z.B. 2 aus 3 | Z.B. bei 2 aus 3: $x = (a \wedge b \wedge \bar{c}) \vee (a \wedge \bar{b} \wedge c)$ $\vee (\bar{a} \wedge b \wedge c)$ | $x = 1$, nur wenn an $m$ von $n$ Eingängen Wert 1 anliegt ($m < n$) | | |

IK

## Gleichwertige Darstellung von binären Verknüpfungselementen mit & und ≥ 1

Ein gleichwertiges Schaltzeichen wird entsprechend den de morganschen Regeln wie folgt gebildet (Ausnahme beim NICHT-Element):

1. Alle & werden ≥ 1;
2. Alle ≥ 1 werden &;
3. Alle Anschlüsse werden gegenüber dem Ausgangszustand invertiert.

E1 E2 [&] A ⇒ E1 E2 [≥1]○ A     E1 E2 [&]○ A ⇒ E1 E2 [≥1] A     E1 E2 [≥1] A ⇒ E1 E2 [&]○ A

E1 E2 ○[&] A ⇒ E1 E2 [≥1]○ A     E1 E2 ○[≥1] A ⇒ E1 E2 [&]○ A     E — [1] A ⇒ E — [1]○ A

# Schaltalgebra  Boolean algebra

## Symbole der Schaltalgebra

| Benennung | Symbol | Beispiel | Sprechweise | Bemerkungen |
|---|---|---|---|---|
| Invertierung, Negation | $\neg$ oder $\overline{\phantom{aa}}$ | $\neg a$ oder $\bar{a}$, $\neg(a \vee b)$ oder $\overline{a \vee b}$ | nicht $a$, nicht ($a$ oder $b$) | Meist wird der Negierungsstrich angewendet. |
| UND-Verknüpfung, Konjunktion | $\wedge$ | $a \wedge b$, $\wedge(a, b)$ | $a$ und $b$ | Das Zeichen $\wedge$ kann auch vor eine Klammer gesetzt werden. |
| ODER-Verknüpfung, Adjunktion, Disjunktion | $\vee$ | $a \vee b$, $\vee(a, b)$ | $a$ oder $b$, $a$ oder auch $b$ | Einschließendes (inklusives) ODER Das Zeichen $\vee$ kann auch vor Klammern gesetzt werden. |
| NAND-Verknüpfung | $\bar{\wedge}$ | $a \bar{\wedge} b$ | $a$ nand $b$ | Gleichwertig mit $\overline{a \wedge b}$ |
| NOR-Verknüpfung | $\bar{\vee}$ | $a \bar{\vee} b$ | $a$ nor $b$ | Gleichwertig mit $\overline{a \vee b}$ |
| Implikation, Subjunktion | $\rightarrow$ | $a \rightarrow b$ | $a$ Pfeil $b$ | Gleichwertig mit $\bar{a} \wedge b$ |
| XNOR-Verknüpfung, Äquivalenz | $\leftrightarrow$ | $a \leftrightarrow b$ | $a$ Doppelpfeil $b$, $a$ äquivalent $b$ | Gleichwertig mit $(a \wedge b) \vee (\bar{a} \wedge \bar{b})$ |
| XOR-Verknüpfung, Antivalenz | $\bar{\leftrightarrow}$ | $a \bar{\leftrightarrow} b$ | $a$ xor $b$, $a$ antivalent $b$ | Ausschließendes (exklusives) ODER Gleichwertig mit $(\bar{a} \wedge b) \vee (a \wedge \bar{b})$ |

## Einfache Regeln der Schaltalgebra

| Regel | Benennung | Erklärung (Kontaktschaltung) | Prüfung mit Wertetabelle | | | |
|---|---|---|---|---|---|---|
| $a \wedge a \wedge \ldots = a$ $\wedge(a, a, \ldots) = a$ | UND-Verknüpfung gleicher Variablen | | $a$ | $a$ | $a \wedge a$ | Zusammenfassen gleicher UND-verknüpfter Variablen. |
| | | | 0 | 0 | 0 | |
| | | | 1 | 1 | 1 | |
| $a \vee a \vee \ldots = a$ $\vee(a, a, \ldots) = a$ | ODER-Verknüpfung gleicher Variablen | | $a$ | $a$ | $a \vee a$ | Zusammenfassen gleicher ODER-verknüpfter Variablen. |
| | | | 0 | 0 | 0 | |
| | | | 1 | 1 | 1 | |
| $a \wedge 1 = a$ $\wedge(a, 1) = a$ | UND-Verknüpfung mit 1 | | $a$ | $1$ | $a \wedge 1$ | Erweitern einer Variablen mit UND 1. |
| | | | 0 | 1 | 0 | |
| | | | 1 | 1 | 1 | |
| $a \wedge 0 = 0$ $\wedge(a, 0) = 0$ | UND-Verknüpfung mit 0 | | $a$ | $0$ | $a \wedge 0$ | 0 UND Variable gibt 0. |
| | | | 0 | 0 | 0 | |
| | | | 1 | 0 | 0 | |
| $a \vee 0 = a$ $\vee(a, 0) = a$ | ODER-Verknüpfung mit 0 | | $a$ | $0$ | $a \vee 0$ | 0 ODER Variable gibt wieder die Variable. |
| | | | 0 | 0 | 0 | |
| | | | 1 | 0 | 1 | |
| $a \vee 1 = 1$ $\vee(a, 1) = 1$ | ODER-Verknüpfung mit 1 | | $a$ | $1$ | $a \vee 1$ | 1 ODER Variable gibt 1. |
| | | | 0 | 1 | 1 | |
| | | | 1 | 1 | 1 | |
| $a \vee \bar{a} = 1$ $a \vee \neg a = 1$ $\vee(a, \bar{a}) = 1$ | ODER-Verknüpfung mit invertierter Variablen | | $a$ | $\bar{a}$ | $a \vee \bar{a}$ | $a$ ODER nicht $a$ gibt 1. |
| | | | 0 | 1 | 1 | |
| | | | 1 | 0 | 1 | |
| $a \wedge \bar{a} = 0$ $a \wedge \neg a = 0$ $\wedge(a, \bar{a}) = 0$ | UND-Verknüpfung mit invertierter Variablen | | $a$ | $\bar{a}$ | $a \wedge \bar{a}$ | $a$ UND nicht $a$ gibt 0. |
| | | | 0 | 1 | 0 | |
| | | | 1 | 0 | 0 | |
| $a \wedge b = b \wedge a$ $a \vee b = b \vee a$ | Kommutative Gesetze | | $b$ | $a$ | $a \wedge b$ | $b \wedge a$ |
| | | | 0 | 0 | 0 | 0 |
| | | | 0 | 1 | 0 | 0 |
| | | | 1 | 0 | 0 | 0 |
| | | | 1 | 1 | 1 | 1 |
| | | | (Entsprechend für $a \vee b$) | | | Innerhalb eines UND- bzw. eines ODER-Terms darf man die Variablen vertauschen. |

IK

# Regeln der Schaltalgebra  Rules of boolean algebra

| Name | Formel | Erklärung (Kontaktschaltung) | Prüfung mit Wertetabelle |
|---|---|---|---|

### 1. Assoziativgesetz

$$(a \wedge b) \wedge c = a \wedge (b \wedge c) = a \wedge b \wedge c$$

| c | b | a | $a \wedge b \wedge c$ |
|---|---|---|---|
| 0 | 0 | 0 | 0 |
| 0 | 0 | 1 | 0 |
| 0 | 1 | 0 | 0 |
| 0 | 1 | 1 | 0 |
| 1 | 0 | 0 | 0 |
| 1 | 0 | 1 | 0 |
| 1 | 1 | 0 | 0 |
| 1 | 1 | 1 | 1 |

### 2. Assoziativgesetz

$$(a \vee b) \vee c = a \vee (b \vee c) = a \vee b \vee c$$

| c | b | a | $a \vee b \vee c$ |
|---|---|---|---|
| 0 | 0 | 0 | 0 |
| sonst | | | 1 |

### 1. Einschließungsgesetz

$$a \wedge (a \vee b) = a$$

| b | a | $a \wedge (a \vee b)$ | $a$ |
|---|---|---|---|
| 0 | 0 | 0 | 0 |
| 0 | 1 | 1 | 1 |
| 1 | 0 | 0 | 0 |
| 1 | 1 | 1 | 1 |

### 2. Einschließungsgesetz

$$a \vee (a \wedge b) = a$$

| b | a | $a \vee (a \wedge b)$ | $a$ |
|---|---|---|---|
| 0 | 0 | 0 | 0 |
| 0 | 1 | 1 | 1 |
| 1 | 0 | 0 | 0 |
| 1 | 1 | 1 | 1 |

### 1. de morgansche Regel

$$\overline{a \wedge b} = \overline{a} \vee \overline{b}$$
$$a \,\overline{\wedge}\, b = \overline{a} \vee \overline{b}$$

| b | a | $\overline{a \wedge b}$ | $\overline{b}$ | $\overline{a}$ | $\overline{a} \vee \overline{b}$ |
|---|---|---|---|---|---|
| 0 | 0 | 1 | 1 | 1 | 1 |
| 0 | 1 | 1 | 1 | 0 | 1 |
| 1 | 0 | 1 | 0 | 1 | 1 |
| 1 | 1 | 0 | 0 | 0 | 0 |

Mit der 1. Regel von de Morgan kann man eine invertierte UND-Verknüpfung auflösen.

### 2. de morgansche Regel

$$\overline{a \vee b} = \overline{a} \wedge \overline{b}$$
$$a \,\overline{\vee}\, b = \overline{a} \wedge \overline{b}$$

| b | a | $\overline{a \vee b}$ | $\overline{b}$ | $\overline{a}$ | $\overline{a} \wedge \overline{b}$ |
|---|---|---|---|---|---|
| 0 | 0 | 1 | 1 | 1 | 1 |
| 0 | 1 | 0 | 1 | 0 | 0 |
| 1 | 0 | 0 | 0 | 1 | 0 |
| 1 | 1 | 0 | 0 | 0 | 0 |

Mit der 2. Regel von de Morgan kann man eine invertierte ODER-Verknüpfung auflösen.

### 1. Distributivgesetz

$$a \wedge (b \vee c) = (a \wedge b) \vee (a \wedge c)$$

| c | b | a | $a \wedge (b \vee c)$ | $(a \wedge b) \vee (a \wedge c)$ |
|---|---|---|---|---|
| 0 | 0 | 0 | 0 | 0 |
| 0 | 0 | 1 | 0 | 0 |
| 0 | 1 | 0 | 0 | 0 |
| 0 | 1 | 1 | 1 | 1 |
| 1 | 0 | 0 | 0 | 0 |
| 1 | 0 | 1 | 1 | 1 |
| 1 | 1 | 0 | 0 | 0 |
| 1 | 1 | 1 | 1 | 1 |

### 2. Distributivgesetz

$$a \vee (b \wedge c) = (a \vee b) \wedge (a \vee c)$$

| c | b | a | $a \vee (b \wedge c)$ | $(a \vee b) \wedge (a \vee c)$ |
|---|---|---|---|---|
| 0 | 0 | 0 | 0 | 0 |
| 0 | 0 | 1 | 1 | 1 |
| 0 | 1 | 0 | 0 | 0 |
| 0 | 1 | 1 | 1 | 1 |
| 1 | 0 | 0 | 0 | 0 |
| 1 | 0 | 1 | 1 | 1 |
| 1 | 1 | 0 | 1 | 1 |
| 1 | 1 | 1 | 1 | 1 |

# Vereinfachung von Schaltnetzen mit KV-Diagrammen
## Simplification of circuit logics by KV-diagram

| Wertetabellen, Funktion | KV-Diagramme | Erklärungen |
|---|---|---|

| $d$ | $c$ | $b$ | $a$ | Zeile ≙ Feld |
|---|---|---|---|---|
| 0 | 0 | 0 | 0 | 0 |
| 0 | 0 | 0 | 1 | 1 |
| 0 | 0 | 1 | 0 | 2 |
| 0 | 0 | 1 | 1 | 3 |
| 0 | 1 | 0 | 0 | 4 |
| 0 | 1 | 0 | 1 | 5 |
| 0 | 1 | 1 | 0 | 6 |
| 0 | 1 | 1 | 1 | 7 |
| 1 | 0 | 0 | 0 | 8 |
| 1 | 0 | 0 | 1 | 9 |
| 1 | 0 | 1 | 0 | 10 |
| 1 | 0 | 1 | 1 | 11 |
| 1 | 1 | 0 | 0 | 12 |
| 1 | 1 | 0 | 1 | 13 |
| 1 | 1 | 1 | 0 | 14 |
| 1 | 1 | 1 | 1 | 15 |

Für 2 Variable    Für 3 Variable

Für 4 Variable

Das KV-Diagramm dient zur Vereinfachung (Minimierung) von Schaltnetzen. Zunächst überträgt man den Inhalt der Wertetabelle in das Diagramm. Jede Zeile der Wertetabelle entspricht einem Feld des KV-Diagramms (benannt nach Karnaugh-Veitch).

Im KV-Diagramm unterscheiden sich alle waagrecht und senkrecht benachbarten Felder nur in einer Variablen.

Dies gilt ebenfalls für ein Feld am Rand mit dem waagrecht und senkrecht gegenüberliegenden Randfeld, auch für die Eckfelder im KV-Diagramm für vier Variable.

| $c$ | $b$ | $a$ | $x$ | Funktion $x$ |
|---|---|---|---|---|
| 0 | 0 | 0 | 1 | $x = (\overline{a} \wedge \overline{b} \wedge \overline{c})$ |
| 0 | 0 | 1 | 1 | $\vee\, (a \wedge \overline{b} \wedge \overline{c})$ |
| 0 | 1 | 0 | 0 | |
| 0 | 1 | 1 | 1 | $\vee\, (a \wedge b \wedge \overline{c})$ |
| 1 | 0 | 0 | 1 | $\vee\, (\overline{a} \wedge \overline{b} \wedge c)$ |
| 1 | 0 | 1 | 1 | $\vee\, (a \wedge \overline{b} \wedge c)$ |
| 1 | 1 | 0 | 0 | |
| 1 | 1 | 1 | 1 | $\vee\, (a \wedge b \wedge c)$ |

$x = a \vee \overline{b}$

Im KV-Diagramm lassen sich benachbarte Felder zusammenfassen (hier zweimal vier).

Dabei dürfen Felder mit einer 1 auch mehrmals genutzt werden.

$x = (\overline{a} \wedge \overline{b} \wedge \overline{c}) \vee (a \wedge \overline{b} \wedge \overline{c})$
$\vee (a \wedge b \wedge \overline{c}) \vee (\overline{a} \wedge \overline{b} \wedge c)$
$\vee (a \wedge \overline{b} \wedge c) \vee (a \wedge b \wedge c) = a \vee \overline{b}$

| $d$ | $c$ | $b$ | $a$ | $x$ | Funktion $x$ |
|---|---|---|---|---|---|
| 0 | 0 | 0 | 0 | 1 | $x = \overline{a} \wedge \overline{b} \wedge \overline{c} \wedge \overline{d}$ |
| 0 | 0 | 0 | 1 | 1 | $\vee\, a \wedge \overline{b} \wedge \overline{c} \wedge \overline{d}$ |
| 0 | 0 | 1 | 0 | 0 | |
| 0 | 0 | 1 | 1 | 0 | |
| 0 | 1 | 0 | 0 | 1 | $\vee\, \overline{a} \wedge \overline{b} \wedge c \wedge \overline{d}$ |
| 0 | 1 | 0 | 1 | 1 | $\vee\, a \wedge \overline{b} \wedge c \wedge \overline{d}$ |
| 0 | 1 | 1 | 0 | 0 | |
| 0 | 1 | 1 | 1 | 0 | |
| 1 | 0 | 0 | 0 | 1 | $\vee\, \overline{a} \wedge \overline{b} \wedge \overline{c} \wedge d$ |
| 1 | 0 | 0 | 1 | 0 | |
| 1 | 0 | 1 | 0 | 0 | |
| 1 | 0 | 1 | 1 | 0 | |
| 1 | 1 | 0 | 0 | 1 | $\vee\, \overline{a} \wedge \overline{b} \wedge c \wedge d$ |
| 1 | 1 | 0 | 1 | 1 | $\vee\, a \wedge \overline{b} \wedge c \wedge d$ |
| 1 | 1 | 1 | 0 | 1 | $\vee\, a \wedge b \wedge c \wedge d$ |
| 1 | 1 | 1 | 1 | 1 | $\vee\, a \wedge b \wedge c \wedge d$ |

$x = (\overline{a} \wedge \overline{b}) \vee (c \wedge d) \vee (\overline{b} \wedge \overline{d})$
$= \overline{b} \wedge (\overline{a} \vee \overline{d}) \vee (c \wedge d)$

Im KV-Diagramm lassen sich zweimal je vier benachbarte Felder zusammenfassen; zudem noch die vier diagonal gegenüberliegenden Randfelder.

Den Zusammenfassungen sind gemeinsam:

$x = (\overline{a} \wedge \overline{b}) \vee (\overline{b} \wedge \overline{d}) \vee (c \wedge d)$

Aus dieser Funktion kann man noch eine Variable nach dem 1. Distributiv-Gesetz ausklammern:

$x = \overline{b} \wedge (\overline{a} \vee \overline{d}) \vee (c \wedge d)$

## Schaltnetze nur mit NAND- bzw. NOR-Elementen

| KV-Diagramm | Entwicklung | Schaltnetz |
|---|---|---|

Im KV-Diagramm vereinfacht:
$x = (a \wedge \overline{b}) \vee (\overline{a} \wedge b) \vee (c \wedge d)$

Doppelt negiert:
$= \overline{\overline{x}} = \overline{\overline{(a \wedge \overline{b}) \vee (\overline{a} \wedge b) \vee (c \wedge d)}}$

Nach de Morgan:
$x = \overline{\overline{(a \wedge \overline{b})} \wedge \overline{(\overline{a} \wedge b)} \wedge \overline{(c \wedge d)}}$

mit $\overline{a} = \overline{a \wedge a}$
$\overline{b} = \overline{b \wedge b}$

Auf ähnliche Weise gewinnt man die Funktion für NOR-Elemente.

IK

## Aufgabe und Anwendung

| Aufgabe | Anwendungsbeispiel | Realisierung |
|---|---|---|
| Umsetzung eines vorhandenen Codes in einen anderen Code. Meist ist der Code der Eingangsseite ein Binärcode mit Tetraden (Vierergruppen). | Umsetzung eines BCD-Codes, z.B. 8-4-2-1-Code, in 1-aus-8-Code, in 1-aus-10-Code oder in Siebensegment-Code. | IC für Siebensegmentcode |

**Eingänge**  **Code-Umsetzer**  **Anzeige**

$\overline{LT}$, $\overline{BI}$, $\overline{RBI}$ Anschlüsse zur Steuerung und Prüfung

## Entwurf eines Code-Umsetzers

| Arbeitsschritte | Ausführung | Bemerkung |
|---|---|---|
| Aufstellen der Wertetabelle für alle Ausgangsvariablen und die erforderlichen Eingangsvariablen. | (siehe Wertetabelle unten) | Wenn 10 verschiedene Zustände am Ausgang vorkommen, genügt eine Tetrade eingangsseitig. Von den möglichen $4^2 = 16$ Zuständen werden aber nur 10 gebraucht. Es genügen also 10 Zeilen. |

| 8-4-2-1-Code | | | | 7-Segment-Code | | | | | | | Dezimalzahl | Zeile |
|---|---|---|---|---|---|---|---|---|---|---|---|---|
| D | C | B | A | a | b | c | d | e | f | g | | |
| 0 | 0 | 0 | 0 | 1 | 1 | 1 | 1 | 1 | 1 | 0 | 0 | 0 |
| 0 | 0 | 0 | 1 | 0 | 1 | 1 | 0 | 0 | 0 | 0 | 1 | 1 |
| 0 | 0 | 1 | 0 | 1 | 1 | 0 | 1 | 1 | 0 | 1 | 2 | 2 |
| 0 | 0 | 1 | 1 | 1 | 1 | 1 | 1 | 0 | 0 | 1 | 3 | 3 |
| 0 | 1 | 0 | 0 | 0 | 1 | 1 | 0 | 0 | 1 | 1 | 4 | 4 |

| | | |
|---|---|---|
| Übertragen der Zeilen der Wertetabelle für jede Ausgangsvariable in ein KV-Diagramm. Nicht vorhandene Zeilen werden mit X markiert. |  für a  entsprechend für b und d bis g    für c | X kann beliebig zu 1 oder 0 gesetzt werden. |
| Bilden von Blöcken und Entnehmen der Schaltfunktionen aus den Blöcken. | Für a  Block 1: A ∧ C   Block 2: B  Block 3: $\overline{A} \wedge C$   Block 4: D   Für c  Block 1: $\overline{B}$   Block 2: A  Block 3: $\overline{A} \wedge C$ | Es müssen alle 1 in den Blöcken stehen. Die X dürfen beliebig durch 1 oder 0 ersetzt werden. |
| Bilden der Schaltfunktionen. | $a = (A \wedge C) \vee B \vee (\overline{A} \wedge \overline{C}) \vee D$  $c = \overline{B} \vee A \vee (\overline{A} \wedge C)$ | Die Blöcke sind durch ODER zu verbinden. |
| Entwickeln der Schaltung aus der Schaltfunktion für jede Ausgangsvariable. Bei Bedarf umformen für vorgesehene binären Elemente (hier NAND-Elemente) |  entsprechend für b bis g | Umformung bei Bedarf: Alle & werden ≥ 1 und alle ≥ 1 werden & und alle Anschlüsse werden gegenüber Ausgangszustand invertiert.  Gilt aber nicht für NICHT-Elemente. |

**IK**

# Flipflops (bistabile Kippschaltungen) Flip-flops

**IK**

| Bezeichnung | Schaltzeichen | Wertetabelle | Realisierung (Beispiel) | Bemerkung |
|---|---|---|---|---|

---

**SR-Kippschaltung, RS-Kippschaltung, RS-Flipflop, Set-Reset-Flipflop**

Schaltzeichen: S, Q, Q*, R

| $s_n$ | $r_n$ | $q_{n+1}$ |
|---|---|---|
| 0 | 0 | $q_n$ |
| 0 | 1 | 0 |
| 1 | 0 | 1 |
| 1 | 1 | (0) |

(0) irregulärer Zustand!

$q_{n+1} = s_n \lor (\overline{r_n} \land q_n)$

Zusatzbedingung:
$s_n \land r_n = 0$

---

**Einflankengesteuerte JK-Kippschaltung, einflankengesteuertes JK-Flipflop**

Schaltzeichen: 1J, C1, 1K, Q, Q*
nfl-gesteuert

| $j_n$ | $k_n$ | $q_{n+1}$ |
|---|---|---|
| 0 | 0 | $q_n$ |
| 0 | 1 | 0 |
| 1 | 0 | 1 |
| 1 | 1 | $\overline{q_n}$ |

abfallende Flanke an C

$q_{n+1} = (\overline{k_n} \land q_n) \lor (j_n \land \overline{q_n})$

---

**T-Kippschaltung, Binäruntersetzer, T-Flipflop, Trigger-Flipflop**

Schaltzeichen: 1T, C1, Q, Q*

| $c$ | $t_n$ | $q_{n+1}$ |
|---|---|---|
| ↑ | 0 | $q_n$ |
| ↑ | 1 | $\overline{q_n}$ |

(↑ ansteigende Flanke)

$q_{n+1} = (\overline{t_n} \land q_n) \lor (t_n \land \overline{q_n})$

---

**D-Kippschaltung, Delay-Flipflop, Verzögerungs-Flipflop, Latch-Flipflop**

Schaltzeichen: 1D, C1, Q, Q*

| $c$ | $d_n$ | $q_{n+1}$ |
|---|---|---|
| ↑ | 0 | 0 |
| ↑ | 1 | 1 |

(↑ ansteigende Flanke)

$q_{n+1} = d_n$

---

**SL-Kippschaltung, Set-Flipflop mit Setzvorrang**

Schaltzeichen: S, L, Q, Q*
oder
S1 1, R 1, Q, Q*

| $s_n$ | $l_n$ | $q_{n+1}$ |
|---|---|---|
| 0 | 0 | $q_n$ |
| 0 | 1 | 0 |
| 1 | 0 | 1 |
| 1 | 1 | 1 |

$q_{n+1} = s_n \lor (\overline{l_n} \land q_n)$

---

**EL-Kippschaltung, Set-Flipflop mit Rücksetzvorrang**

Schaltzeichen: E, L, Q, Q*
oder
S 1, R1 1, Q, Q*

| $e_n$ | $l_n$ | $q_{n+1}$ |
|---|---|---|
| 0 | 0 | $q_n$ |
| 0 | 1 | 0 |
| 1 | 0 | 1 |
| 1 | 1 | 0 |

$q_{n+1} = \overline{l_n} \land (e_n \lor q_n)$

---

**Zweiflankengesteuertes JK-Flipflop, JK-Master-Slave-Flipflop, JK-MS-Flipflop**

Schaltzeichen: 1J, C1, 1K, Q, Q*
pfl-gesteuert

| $j_n$ | $k_n$ | $q_{n+1}$ |
|---|---|---|
| 0 | 0 | $q_n$ |
| 0 | 1 | 0 |
| 1 | 0 | 1 |
| 1 | 1 | $\overline{q_n}$ |

ansteigende Flanke an C

Realisierung: Master – Slave

Verhält sich wie mit negativer Flanke einflankengesteuertes JK-Flipflop, kann aber bei demselben Takt bei ansteigender Flanke Information aufnehmen (Master) und vorherige Information abgeben (Slave).

---

| | | | |
|---|---|---|---|
| $c$ | Taktsignal | nfl, ↓ | mit negativer Flanke gesteuert |
| $d, l, j, k,$ | Steuersignale | pfl, ↑ | mit positiver Flanke gesteuert |
| $r, s, t$ | der Flipflops | $q_n$ | Signal an Q Zeitpunkt n |

$q_{n+1}$ Signal an Q Zeitpunkt n +1
statt Q* auch $\overline{Q}$

| Beispiele | Lösungsweg |
|---|---|

## Asynchrone Zähler

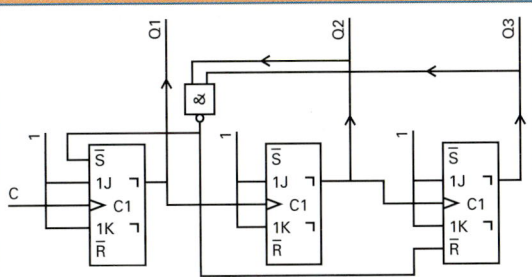

**Asynchroner Zähler 1 bis 5 mit JK-Flipflop**

Am einfachsten geht man vom asynchronen Zähler 0 bis 7 bzw. 0 bis 15 oder vom entsprechenden Rückwärtszähler aus und setzt über die R-Eingänge zurück, sobald der gewünschte Zählerstand erreicht ist.

1. Ermittlung der Anzahl $n$ der Flipflops, wobei der Zählbereich $z \leq 2^n$ sein muss.
2. Zeichnung des asynchronen Zählers für den vollen Zählbereich für $z$ Flipflops.
3. Überlegung, bei welchem Zählerstand Rücksetzen oder erneutes Setzen erforderlich ist, hier im Beispiel bei 6.
4. Verwirklichung des Rücksetzens bzw. Setzens durch UND-Elemente.

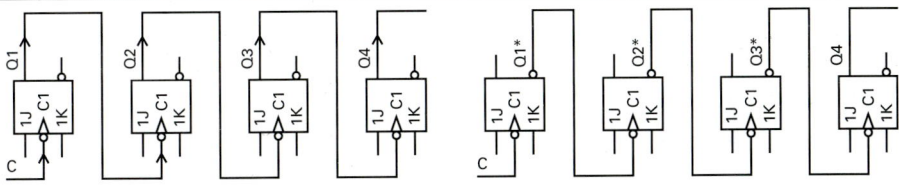

**Asynchroner Dualzähler 0 bis 15**

**Asynchroner Dualzähler 15 bis 0**

## Synchrone Zähler mit zu T-Flipflops geschalteten JK-Flipflops

| KV-Feld | Spalte 1 | | | Spalte 2 | | | Spalte 3 | | |
|---|---|---|---|---|---|---|---|---|---|
| | Zeitpunkt $n$ | | | Zeitpunkt $n+1$ | | | Zeitpunkt $n$ | | |
| | $q_{3n}$ | $q_{2n}$ | $q_{1n}$ | $q_{3n+1}$ | $q_{2n+1}$ | $q_{1n+1}$ | $t_{3n}$ | $t_{2n}$ | $t_{1n}$ |
| 0 | 0 | 0 | 0 | 0 | 0 | 1 | 0 | 0 | 1 |
| 1 | 0 | 0 | 1 | 0 | 1 | 0 | 0 | 1 | 1 |
| 2 | 0 | 1 | 0 | 0 | 1 | 1 | 0 | 0 | 1 |
| 3 | 0 | 1 | 1 | 1 | 0 | 0 | 1 | 1 | 1 |
| 4 | 1 | 0 | 0 | 1 | 0 | 1 | 0 | 0 | 1 |
| 5 | 1 | 0 | 1 | 0 | 0 | 1 | 1 | 0 | 0 |
| 6 | 1 | 1 | 0 | x | x | x | x | x | x |
| 7 | 1 | 1 | 1 | x | x | x | x | x | x |

1. Ermitteln der Anzahl $n$ der Flipflops, wobei der Zählbereich $z \leq 2^n$ sein muss.
2. In Wertetabelle Spalte 1 eintragen.
3. In Wertetabelle Spalte 2 die Zählerzustände eintragen, die nach dem Takt vorhanden sein müssen.
4. Wechseln von Spalte 1 nach Spalte 2 die Ausgangswerte der Flipflops $q_{in}$ zu $q_{in+1}$, so wird in Spalte 3 bei $t_{in}$ eine 1 eingetragen, sonst eine 0.
5. Nicht vorkommende Zählerzustände der Spalte 1 werden in den Spalten 2 und 3 mit X gekennzeichnet.
6. Die minimierten Schaltfunktionen für $t_{in}$ in Abhängigkeit von $q_{in}$ aufstellen, z.B. mit KV-Diagrammen.

**Wertetabelle des Zählers 1 bis 5**
Bei Zählern, die nicht mit dem ersten möglichen Zählerstand beginnen, sondern z.B. beim Vorwärtszähler mit 3, muss die Wertetabelle so aufgestellt sein, dass nach dem ersten möglichen Zählerstand, z.B. beim Vorwärtszähler nach 0, auf den Zählerstandsbeginn, z.B. 3, gesprungen wird.

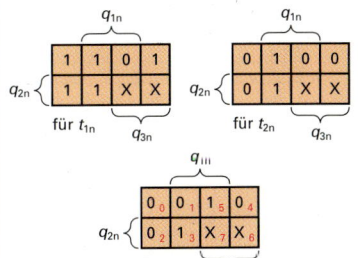

**KV-Diagramme zur Wertetabelle**

$t_{1n} = \bar{q}_{1n} \vee \bar{q}_{3n}$

$t_{2n} = q_{1n} \wedge \bar{q}_{3n}$

$t_{3n} = q_{1n} \wedge (q_{2n} \vee q_{3n})$

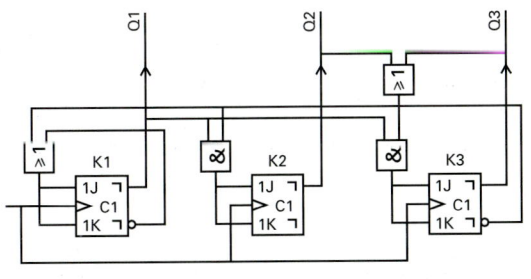

**Synchroner Zähler 1 bis 5**

**IK**

| Schaltung, Schaltzeichen | Zeitablaufdiagramm |
|---|---|

**4-Bit-Schieberegister für serielles Einlesen**

**paralleles Auslesen**

**paralleles Einlesen**

**4-Bit-Schieberegister für wahlweise seriellen oder parallelen Betrieb**

**IK**

Neben 4-Bit-Schieberegistern als IC gibt es auch 8-Bit-, 16-Bit-, 64-Bit-Schieberegister als IC. Durch entsprechendes Zusammenschalten einzelner IC kann man mehrstufige Schieberegister aufbauen.

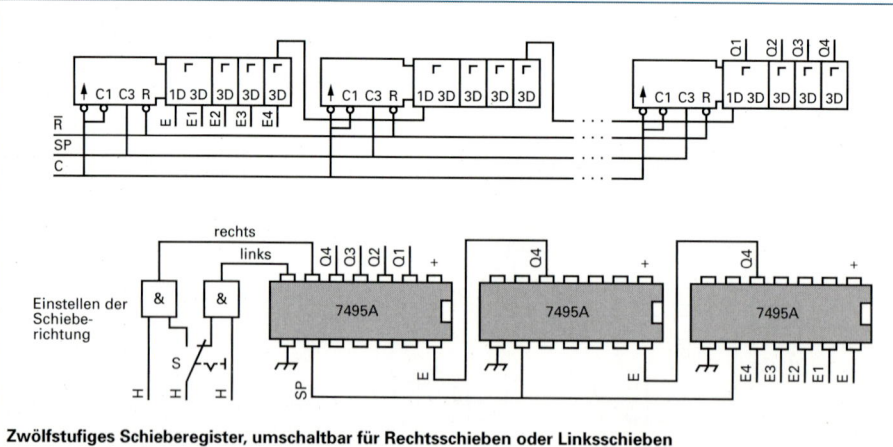

**Zwölfstufiges Schieberegister, umschaltbar für Rechtsschieben oder Linksschieben**

C Takt-, Clockeingang, E serieller Eingang, E1 bis E4 parallele Eingänge, H H-Pegel, Q1 bis Q4 parallele Ausgänge, Q4 serieller Ausgang, R Rücksetzeingang, SP Betriebsarteneinstellung seriell, parallel.

| Schaltung, Prinzip | Erklärung, Wirkungsweise | Daten |
|---|---|---|

## Digital-Analogumsetzer

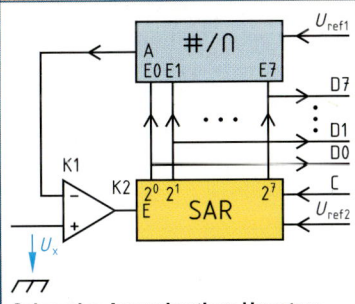

**DA-Umsetzer mit Stromwichtung**

Der stromgewichtete DA-Umsetzer besteht aus transistorgeschalteten Stromquellen, die binär gewichtet sind und von den Eingängen $E0$, $E1$, $E2$, ..., $E_n$ geschaltet werden. Die binäre Wichtung erfolgt durch die Emitterwiderstände mit den Werten $R$, $2R$, $4R$...$2^n \cdot R$. Die Summe der Kollektorströme wird von einem Operationsverstärker in die Ausgangsspannung $u_a$ umgesetzt.

Wortlänge
6 bit bis 8 bit,
Linearität
0,5 ‰ bis 2 ‰,
Umsetzfrequenz
bis 100 MHz,
Netzwerkwiderstandswerte entsprechend der Bitzahl $R$, $2R$, $4R$, ..., $2^n \cdot R$

---

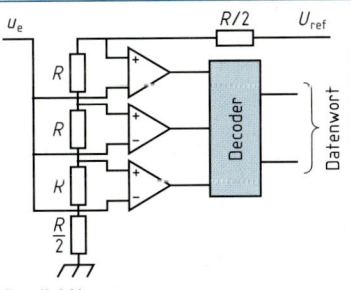

**DA-Umsetzer mit Kettenleiter (R-2 R-Leiternetzwerk)**

Der R-2R-Umsetzer enthält ein Netzwerk aus Längswiderständen mit dem Wert $R$ und den Nebenschlusswiderständen mit dem Wert $2R$. Das offene Ende der Widerstände $2R$ wird über einen elektronischen Schalter an Masse oder an den Stromsummenpunkt S gelegt.

Einzelstrom:

$$I_S = \frac{U_{ref}}{R} \left( \tfrac{1}{2} + \tfrac{1}{4} + \ldots + \tfrac{1}{2^n} \right)$$

Summe aller Ströme:

$$I_S = \frac{U_{ref}}{R} \cdot (1 - 2^{-n})$$

Wortlänge
8 bit bis 11 bit,
Linearität
0,2 ‰ bis 0,5 ‰,
Umsetzfrequenz
bis 15 MHz,
Widerstände des Netzwerks $R$ und $2R$.

## Analog-Digitalumsetzer

**Sukzessive-Approximations-Umsetzer**

Der Sukzessive-Approximations-Umsetzer ist ein Stufenumsetzer mit einem SAR K2 (von Successive Approximation Register = Register für schrittweise Annäherung). Dabei steuert das SAR einen DA-Umsetzer an. Das Ausgangssignal des DA-Umsetzers wird mit der Messspannung im Vergleicher K1 verglichen. Das SAR beginnt mit seinem MSB (höchstwertigem Bit). Je nach Ausgangsspannung des Vergleichers gibt das SAR die Werte 0 oder 1 für die jeweiligen Bits aus. Dadurch wird in immer kleineren Stufen die Ausgangsspannung an die Messspannung angenähert.

Umsetzschritte $n$ bei $n$ Stellen.

Auflösung:
8 bit bis 18 bit.
In Microcontrollern 10 bit in zwei Stufen mit 2 bit und 8 bit.

Umsetzfrequenz:
bis  4 MHz bei 8 bit
bis 10 kHz bei 18 bit.

**IK**

---

**Parallel-Umsetzer**

Das Verfahren arbeitet nach dem Prinzip des unmittelbaren Vergleichs der Eingangsspannung mit den $n$ Referenzspannungswerten bei einem $n$-Bit-Umsetzer. Für eine $n$-Bit-Auflösung werden $2^n$-1 Komparatoren benötigt, deren Schaltschwellen in Stufen des Wertes des niedrigstwertigen Bits auseinanderliegen. Die Komparatorausgangssignale steuern einen Decoder an, an dessen Ausgang das gewandelte Signal in binärer Form zur Verfügung steht.

Umsetzfrequenz bis 100 MHz,

Komparatorenzahl für

| | |
|---|---|
| 2 bit: | 3 |
| 3 bit: | 7 |
| 4 bit: | 15 |
| 8 bit: | 255 |
| 10 bit: | 1023 |

Auflösung bis 12 bit.

---

$I_s$ Summenstrom, $u_e$ Eingangsstrom, $u_a$ Ausgangsstrom, $U_{ref}$ Referenzspannung, C von Clock = Takt.

# Mikrocomputer Microcomputer

| Begriff | Erklärung | Bemerkungen, Daten |
|---|---|---|
| CPU, Central Processor Unit | Besteht aus den Baugruppen Mikroprozessor mit Takterzeugung, dem internen Speicher und den EA-Einheiten. | Führt Rechenvorgänge, logische Operationen und Steueraufgaben aus. |
| Mikroprozessor | Hochintegrierte Schaltung mit den Funktionen der Zentraleinheit. Enthält mehrere Millionen Transistoren. | Die Prozessoren werden nach der Datenbusbreite 8-Bit-, 16-Bit- oder 32-Bit- oder 64-Bit-Prozessoren genannt. |
| Eingabe- und Ausgabetore, kurz: EA-Tore (Input-Output-Ports, IO-Ports) | Baugruppen als Bindeglied zwischen Zentraleinheit und Peripherie. | Meist Teil einer Schnittstelle. |
| Schnittstelle (Interface) | Genormter Anschluss zwischen zwei Baugruppen oder Geräten. | Z.B. die serielle V.24-Schnittstelle, die 8 bit breite Centronics-Schnittstelle für Drucker, die USB-Schnittstellen oder die Firewire-Schnittstelle. |
| Handheld, Pocket PC, PDA | Verwaltung von Adressen und Telefonnummern, Textverarbeitung, Tabellenkalkulation, Terminplanung, Kalender. PDA von Personal Digital Assistant. Handheld sind zu PC kompatibel. Der Hauptspeicher ist batteriegepuffert. Das Betriebssystem ist z.B. reduziertes Windows, z.B. CE. Je nach Handheld-Typ kann die Bedienung nur über Software-Funktionstasten erfolgen. | 64 MB RAM; 16 MB ROM; 4 GB Mikro-Festplatte; serielle Schnittstelle; 640 x 240 Pixel. Je nach Handheld-Typ können auch Telefonate oder E-Mail-Kommunikationen durchgeführt werden. |
| Organizer | Terminplanung, Verwaltung von Adressen, Telefonnummern, Sprachwörterbuch, Weltzeituhr, Kalender, Schnittstellen zur Anbindung an PC ist vorhanden (RS232, USB, Infrarot). | 256 kB batteriegepufferter RAM; 8 Zeilen mit je 40 Zeichen; Maße 150 mm x 73 mm x 15 mm. |
| Speicherprogrammierbare Steuerungen (SPS) | Zur Steuerung von Ampelanlagen, Aufzügen, Transporteinrichtungen; als Überwachungssysteme zur Steuerung von Drehkreuzen, Schranken. Programmierung erfolgt weitgehend ähnlich (SPS-Sprache), SPS-Programme sind auf den SPS-Typ zugeschnitten. SPS sind oft Mehrplatinenrechner (Kartensysteme), daher sind sie auch erweiterbar. | Arbeitsspeicher 2 kB bis 64 MB; Anzahl EA 1024 bis 4096; Anzahl Merker 2048; Anzahl analoge EA 64; Zykluszeit 2 ms bis 5 ms; Wortbreite 32 bit. |

**IK**

**CPU mit angeschlossenen Geräten**

| Ansicht, Name | Erklärung | Bemerkung, Daten |
|---|---|---|

## Tower des PC

① Netzanschluss, dreipolig

② Netzschalter

③ Maus (grün)

④ Tastatur (lila)

⑤ USB (schwarz)

⑥ COM 1 (türkis)

⑦ LPT (burgunderrot)

⑧ Lautsprecher (grün)

⑨ Audio In (hellblau)

⑩ Mikrofon (rosa)

⑪ Gameport (orange)

⑫ Monitor

⑬ Lufteintritt

⑭ Luftaustritt

⑮ Netzwerk

⑯ Anschluss IEEE 1394 (Firewire, i-Link)

**Anschlussstellen am PC**

Netzanschluss mit dreipoliger Leitung, Netzschalter, oft nur einpolig.

Mausanschluss und Tastaturanschluss sind oft gleich.

Meist sind zusätzliche USB-Anschlüsse auf der Vorderseite des PC.

COM 1, Gerätename der ersten seriellen Schnittstelle (COM von Communication).

LPT Gerätename für parallele Schnittstelle, meist für Druckeranschluss (LPT von Line Printer).

⚡ Kennzeichen für USB

Kennzeichen für IEEE 1394

## Peripheriegeräte zum PC

**Laufwerke für CD-ROM (links) und ZIP (rechts)**

Oft sind zusätzliche Laufwerke vorhanden, z.B. für Disketten, CDs oder MO-Disks (magneto-optisch). Große Programmpakete, Firmenkataloge oder Multimedia-Anwendungsprogramme werden auf CD geliefert. Für große Datenmengen werden CD, CD-RW (Read-Write = Lesen-Schreiben) und DVD (Digital Versatile Disk = digital veränderbare Diskette) verwendet.

Datenträger sind magnetische Disketten mit 1,44 MB bei 400/min, 120 MB bei 2980/min, Festplatten mit bis zu 400 GB bei 3000/min bis 10000/min. Magneto-optische Disketten mit 128 MB bis 4 GB. CD bis 700 MB. DVD mit 2,6 GB bis 17 GB.

**IK**

Papierstütze

Papierführung

automatischer Blatteinzug

Papierwählhebel

Bedienhebel

Papierdickehebel

**Tintenstrahldrucker**

Dient zur Dokumentation und zur Datenausgabe. Verbreitet sind Matrixdrucker, Tintenstrahldrucker, Thermodrucker und Laserdrucker. Viele Drucker sind grafikfähig und erlauben das Ausdrucken von Grafiken. Es gibt Drucker mit verschiedenen Schriftarten (Fonts), Schriftgrößen und Farben.

Druckformate A4 bis A2. Papierführung Endlosblatteinzug mit dem Traktor oder Einzelblatteinzug. Druckgeschwindigkeit 90 Z/s bis 280 Z/s je nach Schriftart.

**Scanner**

Scanner (von to scan = abtasten) tasten Textvorlagen und Bildvorlagen ab und erzeugen daraus Daten, die im PC weiterverarbeitet werden. Scanner können Vorlagen in Schwarzweiß, Graustufen und in Farbe erfassen. Die Farben werden durch ein Dreifarbenfilter oder durch nacheinander folgendes Beleuchten mit Rot, Grün und Blau ausgewertet. Scanner sind häufig in Multifunktionsgeräten enthalten. Multifunktionsgeräte können scannen, kopieren, faxen und drucken.

Scanfläche A4, A3 und Sonderformate. Optische Auflösung von 600 dpi x 300 dpi bis 2400 dpi x 600 dpi. Datenformate der Scanarten: Schwarzweiß 1 Bit, Graustufen 8 Bit, Farben 8 Bit bis 48 Bit. Schnittstellen SCSI, USB und Parallelport. Meist wird Software für OCR (von Optical Character Recognition = optische Zeichenerkennung) und Bildbearbeitung mitgeliefert.

# Bildschirmgeräte  Display devices

| Art | Erklärung | Daten |
|---|---|---|
| **CRT-Monitor** | CRT (von Cathode Ray Tube = Katodenstrahlröhre, hier Bildschirm). Die Innenseite der Bildschirmvorderseite ist mit Leuchtschichten versehen, die Bildpunkte (Pixel) für die Farben Rot, Blau und Grün erzeugen. Die Leuchtpunkte werden durch in Katoden erzeugte Elektronenstrahlen zum Leuchten gebracht. Ein Strahlablenkungssystem steuert den zeilenweisen, schnellen Aufbau des Bildes. Flimmerfreiheit ab Horizontalfrequenzen von 70 kHz. | Bildschirmgrößen: 15″, 17″, 21″ angegeben wird die Länge der Diagonale. Bildpunktezahlen bei 15″: 1024 x 768 17″: 1280 x 1024 21″: 2048 x 1536 Horizontalfrequenzen: 30 kHz bis 125 kHz Bildwiederholfrequenzen: 50 Hz bis 160 Hz. CTR-Monitoren benötigen zum Betrieb Hochspannung bis 25 kV, die im Gerät erzeugt wid. |
| **TFT-LCD-Monitor** | TFT-LCD (von Thin Film Transistor-Liquid Chrystal Display = Dünnfilm Transistor Flüssigkristall-Anzeige). Die Bildpunkte werden durch Flüssigkristallzellen mit nachgeschalteten Filtern für die Farben Rot, Blau und Grün erzeugt, die von einer Lichtquelle beleuchtet werden. Jeder Bildpunkt wird über einen Dünnfilm-Transistor angesteuert. Die Flimmerfreiheit wird durch Darstellung jeweils eines Gesamtbildes erreicht. Es tritt keine ionisierende Strahlung auf, da keine Hochspannung erforderlich ist. | Bildschirmgrößen: 15″, 17″, 21″ Bildpunktezahlen (Tripel) 15″: 1024 x 768 17″, 21″: 1280 x 1024 Blickwinkel horizontal: ± 60° bis ± 70° Blickwinkel von unten: 60° Blickwinkel von oben: 20° Bildwiederholfrequenzen: 60 Hz bis 75 Hz Leistungsaufnahme: 40 W bis 60 W Werden auch für LCD-Projektoren (Beamer = Strahler) gefertigt. |
| **PDP-Monitor** | PDP (von Plasma Display Panel = Plasmaanzeigetafel). Plasmaschirme bestehen aus Glasscheiben mit streifenförmigen Elektroden, die sich im rechten Winkel gegenüberstehen. Zwischen den Scheiben befindet sich ein Edelgasgemisch. Kreuzugspunkte der Elektroden entsprechen Bildpunkten. An diesen sind Leuchtstoffe in den Farben Rot, Blau und Grün vorhanden. Legt man Spannungen an, zündet das Edelgasgemisch an dieser Stelle. Dadurch entsteht durch Ionisation ein Plasma (leuchtendes Gas) und bringt den Bildpunkt zum Leuchten. | Bildschirmgrößen: 42″, 50″, 61″ Bildschirmformat: 16 : 9 Bildpunktezahlen bei 42″: 853 x 480 50″, 61″: 1365 x 768 Blickwinkel: 160° Graustufen: 1024 Kontrastverhältnis: 3000 : 1 bis 4000 : 1 Leuchtdichte: 650 cd/m$^2$ bis 850 cd/m$^2$ Gewicht: 33 kg bis 45 kg Leistungsaufnahme: 200 W bis etwa 320 W. |
| **DLP-Monitor** | DLP (von Digital Light Processing = Digitale Lichtbearbeitung) verwenden DMD (Digital Mirror Device), mit z. B. 480 000 Mikrospiegeln. Jeder Spiegel kann so gekippt werden, dass er den Lichtstrahl auf die Bildwand reflektiert. Zwischen Lampe und DMD befindet sich ein drehbares Rad, mit den Farbfiltern für Rot, Blau und Grün. Transportable Geräte verwenden dieses Verfahren. Beim Drei-Chip-Verfahren wird für jede Farbe ein Spiegelchip verwendet. Es gibt auch Zwei-Chip-Verfahren mit Farbrad und entsprechenden Farbfiltern. | Großbildprojektion für eine sichtbare Diagonale: 1,8 m bis 15,2 m. Abstand: 1,1 m bis 103,3 m Bildpunktezahlen bis 1280 x 1024 Kontrastverhältnis: 600 : 1 bis 1000 : 1 Anzahl der Farben: 16,77 Mio. Lichtstärke: 6000 bis 12 000 ANSI-Lumen Gewicht: 950 g bis 100 kg Leistungsaufnahme: 800 W bis 2000 W Lichtstrom: Die Leinwand wird in 9 Rechtecke eingeteilt. Aus den 9 Lichtströmen wird der Mittelwert gebildet und mit ANSI-Lumen bezeichnet. |

IK

| Art, Anschluss | | Bemerkungen |
|---|---|---|

**9-poliger Stecker**

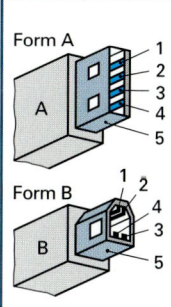

**Belegung der Stecker**

| 25-Pin | 9-Pin | | Bezeichnung |
|---|---|---|---|
| 1 | – | – | Protective Ground |
| 2 | 3 | TD | Transmit Data |
| 3 | 2 | RD | Receive Data |
| 4 | 7 | RTS | Request to Send |
| 5 | 8 | CTS | Clear to Send |
| 6 | 6 | DSR | Data Set Ready |
| 7 | 5 | SG | Signal Ground |
| 8 | 1 | DCD | Data Carrier Detect |
| 20 | 4 | DTR | Data Terminal Ready |
| 22 | 9 | RI | Ring Indicator |

**25-poliger Stecker**

**Schnittstelle V.24 (Schnittstelle RS 232 C)**

Oft verwendete serielle Verbindung zwischen dem PC und der dazugehörenden Peripherie, z.B. Maus, Drucker, Plotter, ist die RS 232 C- oder V.24-Schnittstelle. Am PC wird sie COM-Schnittstelle genannt.

Gesicherte Datenübertragung bis 30 m.

---

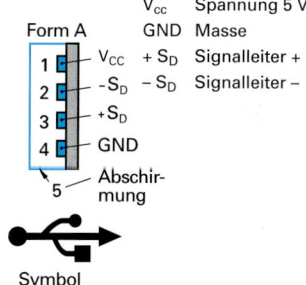

Form A

| $V_{cc}$ | Spannung 5 V |
| GND | Masse |
| $V_{CC}$ | $+ S_D$ | Signalleiter + |
| $- S_D$ | $– S_D$ | Signalleiter – |
| $+S_D$ | |
| GND | |
| 5 | Abschirmung |

Symbol

**USB-Schnittstellen**

- Stecker und Buchse sind für alle USB-Geräte gleich.
- Plug & Play: Windows 2000 und XP erkennen die Geräte sofort nach dem Einstecken, installieren automatisch die passenden Treiber und machen die Hardware betriebsfertig.
- Hot-Plug-Fähigkeit. Wenn ein USB-Gerät an- oder abgeschlossen werden soll, muss der Computer vorher nicht mehr heruntergefahren werden.
- An einer USB-Schnittstelle finden über USB-Hubs bis zu 127 Geräte Anschluss. Die maximale Bitrate beträgt 1,5 oder 12 Mbit/s (USB 1.1).
- USB 2.0 erhöht die Bitrate auf 480 Mbit/s. Ideal zum Betrieb von Videokomponenten.

---

11 mm

| 1 | Power |
| 2 | Masse |
| 3 | B+ |
| 4 | B- | } Signale |
| 5 | A- |
| 6 | A+ |

5,4 mm

**Buchse für Bus-Powered-Geräte**

3,45 mm

| 1 | B+ |
| 2 | B- | } Signale |
| 3 | A- |
| 4 | A+ |

5,4 mm

**Buchse für Self-Powered-Geräte**

**IEEE 1394 (Firewire, Frontansichten)**

Die IEEE-1394-Technologie, Firewire genannt, bezeichnet eine serielle Schnittstellentechnologie für Computer- und Videogeräte zur Übertragung digitaler Daten mit bis zu 400 Mbit/s.

Eigenschaften sind:
- Paketorientierte Datenübermittlung,
- Geräte-Adressierung über Software,
- 64 Geräte über Hubs anschließbar (Camcorder, Festplatte),
- Bidirektionale Datenübertragung,
- Anschluss über ein 6-adriges Kabel (2 Adern zur Stromversorgung, 4 für den Datentransfer).

**IK**

---

**6-polige Mini-DIN-Buchse (PS/2) am PC**

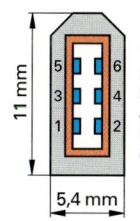

| 1 | Signal |
| 2 | nicht angeschlossen |
| 3 | Masse |
| 4 | Power + 5 V DC |
| 5 | Clock (Takt) |
| 6 | nicht angeschlossen |

**6-poliger Mini-DIN-Stecker am Kabel/Keyboard**

**PS/2-Schnittstelle**

Diese Schnittstellen wurden von IBM in den gleichnamigen PS/2-Computern eingesetzt. Im Vergleich zu den BPP-Schnittstellen (Bidirectional Parallel Port) wurden hier Tri-State-Ausgänge für die Datenleitungen verwendet, was das Umschalten zwischen Ein- und Ausgabemodus einfacher machte. Schnittstellen entsprechen den herkömmlichen unidirektionalen Modellen, wobei auch externe Signale an den Datenleitungen von der Software abgefragt werden können. Diese Schnittstelle wird in modernen Computern für den Anschluss der Maus und der Tastatur verwendet.

# Schnittstellenkopplungen  Interface couplings

| Schnittstellenart | Bemerkung |
|---|---|

**V.24-Schnittstelle (RS-232-Schnittstelle)**

Die Reichweite für eine bitserielle Datenübertragung der V.24-Spannungsschnittstelle beträgt etwa 30 m. Das Binärzeichen 0 erfordert eine Spannung zwischen 3 V und 15 V, das Binärzeichen 1 zwischen –3 V und –15 V. Die Bitraten betragen 300 bit/s, 600 bit/s, 1200 bit/s, 2400 bit/s, 4800 bit/s, 9600 bit/s oder 19 200 bit/s. Die verwendeten Stecker bzw. Buchsen sind 25-polig, manchmal auch 9-polig.

| | |
|---|---|
| TxD | Transmit Data, Sendedaten |
| RxD | Receive Data, Empfangsdaten |
| GND | Ground, Masse |
| RTS | Request to Send, Anforderung zum Senden |
| CTS | Clear to Send, sendebereit |
| DTR | Data Terminal Ready, betriebsbereit |
| DSR | Data Set Ready, Sendedaten bereitstehend |

aktiv    passiv

**20-mA-Schnittstelle**

Die Reichweite für eine gesicherte bitserielle Datenübertragung beträgt bis zu 1000 m. Die Funktionsweise beruht auf eingeprägten Strömen von bis zu 2,5 mA für das Binärzeichen 0 und von 20 mA ± 30% für das Binärzeichen 1. Die Synchronisierung der beiden Teilnehmer erfolgt mit Softwarehandshake oder Hardwarehandshake (engl. handshake = Hände schütteln). Von den zwei Teilnehmern darf nur einer eine 20-mA-Schnittstelle mit eingeprägtem Strom besitzen. Diese wird als aktiv bezeichnet. Die Stecker und Buchsen sind meist 25-polig.

| | |
|---|---|
| TxD | Transmit Data, Sendedaten |
| RxD | Receive Data, Empfangsdaten |
| 20 mA | Stromquellen für Senden oder Empfangen |

**RS-422-Schnittstelle**

Die Reichweiten der RS-422-Doppelstromschnittstelle betragen bis zu 1200 m. Die bitseriellen Datenübertragungen können mit bis zu 10 Mbit/s erfolgen. Verwendet werden z. B. 25-polige Stecker bzw. Buchsen.

| | | |
|---|---|---|
| T(A) | Transmit | Sendedaten |
| T(B) | | Sendedaten-Rückleitung |
| C(A) | Control | Steuern |
| C(B) | | Steuern-Rückleitung |
| R(A) | Receive | Empfangsdaten |
| R(B) | | Empfangsdaten-Rückleitung |
| I(A) | Indication | Bereitmelden |
| I(B) | | Bereitmelden-Rückleitung |
| S(A) | Step | Schritt-Takt (Bittakt) |
| S(B) | | Schritt-Takt-Rückleitung |
| GND | Ground | Masse |

**Centronics-Schnittstelle**

Die Reichweite für eine gesicherte bitserielle Datenübertragung beträgt bis zu 90 m bei einer Übertragungsrate von 100 kB/s. Maximal kann 1 MB/s auf 1 m Entfernung übertragen werden. Verwendet werden 25-polige und 36-polige Stecker bzw. Buchsen. Die Centronics-Schnittstelle wird z. B. bei Kopplungen von Computern und Druckern angewendet.

| | |
|---|---|
| Strobe | Steuerleitung für Daten gültig |
| Data | Datenleitungen |
| Acknlg | acknowledge, Quittierung für erhaltenes Datenbyte |
| Busy | tätig, z. B. Drucker kann keine Daten empfangen |
| Paper Empty | Papier ist zu Ende |
| Slct/In | select, Drucker ist/wird angewählt |
| Auto Feed | automatischer Zeilenvorschub |
| Frame Ground | Gehäuse-Masse |
| Init | Druckerinitialisierung |
| Fault | Signalisierung eines Fehlerzustandes |

IK

| Aufgabe | Aktionen | Bemerkungen |
|---|---|---|
| Programm starten | Start → Alle Programme → Programm anklicken | Start-Button ist aus allen Anwendungen heraus anklickbar. |
| Bildschirmschoner einstellen | Mit rechter Maustaste in leeren Bildschirm klicken → Eigenschaften → Bildschirmschoner | Die Art des Bildschirmschoners sowie dessen Aktivierungszeit können ausgewählt werden. |
| Datum, Uhrzeit einstellen | Start → Systemsteuerung → Datum/Zeit | Datum, Uhrzeit können durch Anklicken verändert werden. |
| Neuen Ordner anlegen | Start → Alle Programme → Zubehör → Windows → Explorer → gewünschte Ordnerposition anklicken → Datei → Neu → Ordner | Ordner werden auch als Verzeichnis bezeichnet. Durch Anklicken des Textrahmens Neuer Ordner kann ein Name vergeben werden. |
| Ordner kopieren | Rechte Maustaste → Start → Explorer → gewünschten Ordner anklicken → rechte Maustaste drücken und gedrückt das Zielverzeichnis anfahren → Maustaste loslassen → Kopieren | Alle im Ordner enthaltenen Dateien werden mitkopiert. Durch Markieren von mehreren Ordnern können mehrere Ordner samt Dateien auf einmal kopiert werden. |
| Datei kopieren | Rechte Maustaste → Start → Explorer → gewünschten Ordner anklicken → zu kopierende Datei anklicken → rechte Maustaste drücken und gedrückt das Zielverzeichnis anfahren → Maustaste loslassen → Kopieren | Sollen mehrere Dateien kopiert werden, sind diese zu markieren, z.B. durch Shift-Taste und Cursor-Taste abwärts. Mit gedrückter Maustaste Cursor ins Zielverzeichnis ziehen, alle diese Dateien werden dann kopiert. |
| Datei verschieben | Rechte Maustaste → Start → Explorer → gewünschten Ordner anklicken → zu verschiebende Datei anklicken → linke Maustaste drücken und gedrückt das Zielverzeichnis anfahren. | Beim Verschieben einer Datei in einen anderen Ordner wird die Datei im ursprünglichen Ordner gelöscht. |
| Datei löschen | Rechte Maustaste → Start → Explorer → gewünschten Ordner anklicken → zu löschende Datei anklicken → Datei → löschen | Die Datei wird zunächst in den Papierkorb geschoben und muss zur vollständigen Löschung dort nochmals gelöscht werden. |
| Programm-Icon auf Desktop bringen | Rechte Maustaste → Start → Explorer → gewünschten Ordner → zu verschiebende Datei anklicken → linke Maustaste drücken und gedrückt Desktop anfahren, Maustaste loslassen. | Hier wird eine Datei in den Ordner Desktop verschoben. Die in Desktop befindlichen Dateien erscheinen mit Symbol auf dem Desktop-Bildschirm. |
| Software installieren, deinstallieren | Start → Systemsteuerung → Software | Aus einer Programmliste können z.B. Programme entfernt werden. |
| Drucker installieren | Start → Drucker und Faxgeräte → Drucker hinzufügen → weiter | Dialog, ob lokaler Drucker oder Netzwerkdrucker, dann gewünschten Drucker auswählen, der passende Treiber wird installiert. |
| Modem installieren | Start → Systemsteuerung → Drucker und andere Hardware → Modem → weiter | Der Computer versucht das angeschlossene Modem zu erkennen. Einstellungen können vorgenommen werden. |
| DOS-Modus aktivieren | Start → Alle Programme → Zubehör → DOS Eingabeaufforderung | MS-DOS-Programm danach ablauffähig. DOS-Modus beenden durch Eingabe exit. |
| Netzlaufwerk verbinden, trennen | Rechte Maustaste → Start → Explorer → Extras → Netzlaufwerk verbinden | Mit der Anwahl Netzlaufwerk trennen erfolgt das Trennen. |

**IK**

**Programme der Betriebssysteme Windows**

# Elemente von Windows-Benutzungsoberflächen
## Elements of Windows user interfaces

**IK**

| Element | Erklärung | Bemerkung |
|---|---|---|
| Datei  Bearbeiten<br>**Menü** | Die auswählbaren Menüs, z. B. Datei, Bearbeiten, sind in einer Menüleiste angeordnet. | Durch Überfahren und Anklicken der Menüs mit der Maus klappen die Menüs auf. Dieses dann aufklappende Feld wird als Pull-Down-Menü bezeichnet. |
| Einfügen  Format  Ext<br>Manueller Wechsel<br>**Menüpunkt** | Nach Anklicken eines Menüs in einer Menüleiste kann ein Menüpunkt, z. B. Manueller Wechsel, angeklickt werden. | Menüpunkte sind in Pull-Down-Menüs enthalten. |
| **Symbolleiste** | In der Symbolleiste sind anklickbare Symbole als Schaltflächen dargestellt. Für viele auszuführenden Funktionen gibt es Symbole. | Durch Anklicken der Schaltfläche Diskette wird die aktuell in Bearbeitung befindliche Datei abgespeichert. |
| OK<br>**Button** | Ein Button (engl. button = Knopf) ist eine anklickbare Befehlsschaltfläche zum Ausführen einer Aktion. | Die bekanntesten Buttons gibt es für OK, Abbrechen, Hilfe. |
| 100%<br>200%<br>**Combo-Box** | Eine Combo-Box (Kombinationsfeld) enthält Variationen zum Auswählen. Nach Anklicken der Pfeilspitze klappt ein Auswahlfeld zum weiteren Anklicken auf. | Combo-Boxen gibt es z. B. zur Auswahl der Schriftart, des Schriftgrades oder des Zoomfaktors. |
| **Bildlaufleiste** | Mittels Bildlaufleisten können Inhalte von Fenstern (Windows) gescrollt (von engl. scroll = Liste) werden, d. h. nach oben oder unten geschoben werden. | Es gibt Bildlaufleisten für waagrechtes und senkrechtes Scrollen. |
| ☑ Hochgestellt<br>☐ Tiefgestellt<br>**Checkbox** | Mit Checkboxen kann eine Auswahl von verschiedenen Möglichkeiten getroffen werden. Durch Anklicken wird in ein kleines Quadrat ein Haken gesetzt. | Von den angebotenen Auswahlmöglichkeiten können mehrere gleichzeitig angeklickt werden und sind somit angewählt. |
| Bundstegposition<br>◉ Links  ○<br>**Optionsfeld** | Mit Optionsfeldern kann eine Auswahl von sich ausschließenden Möglichkeiten getroffen werden. Durch Anklicken wird in einen kleinen Kreis ein Punkt gesetzt. | Von den angebotenen Auswahlmöglichkeiten kann nur eine angeklickt werden, z. B. bei der Papierformatauswahl entweder Hochformat oder Querformat. |
| Kompatibilität<br>Ansicht  Allgemein<br>**Register** | Register (Registerkarten) werden verwendet, wenn sich unter einem Menüpunkt weitere Möglichkeiten zum Auswählen und Einstellen ergeben. | Register sind eine karteikartenähnliche Bildschirmdarstellung. Jede Registerkarte besitzt einen Registerreiter zu ihrer Kennzeichnung. Durch Anklicken der Registerreiter werden die Registerkarten ausgewählt. |
| Unten:  2 cm<br>**Bezeichnungsfeld** | Ein Bezeichnungsfeld steht neben einem vom Benutzer mit Angaben zu versorgenden Feld und enthält dessen Benennung (Bezeichnung). | Die Benennung eines Bezeichnungsfeldes kann vom Anwender (Benutzer) nicht verändert werden. |
| 2 cm<br>**Listenfeld** | Ein Listenfeld enthält einen Zahlenwert, der durch Anklicken der Pfeilspitzen um einen immer gleichen Betrag verändert werden kann. | In das den Zahlenwert ausweisende Feld kann nach Anklicken auch direkt ein Zahlenwert eingeschrieben werden. |
| Seiten:  3-12<br>**Textfeld** | In ein Textfeld kann der Benutzer einen beliebigen Text eintragen. | Textfelder sind wegen der Verständlichkeit meist mit Bezeichnungsfeldern kombiniert. |
| Vorschau<br>**Rahmenfeld** | Rahmenfelder besitzen eine Bezeichnung und umrahmen einen inhaltlich zusammengehörenden Fensterteil. | Die Bezeichnung des Rahmenfeldes kann vom Anwender nicht verändert werden. |
| **Icon** | Als Icon bezeichnet man ein kleines, anklickbares grafisches Symbol auf dem Bildschirm. | Durch Anklicken des Icon (stilisierte Abbildung eines Gegenstandes) wird ein Programm gestartet. |
| Demo<br>**Hyperlinktext** | Das Anklicken eines Hyperlinktextes (hyper = über, hinaus, link = Verbindung) erzeugt einen Sprung zu einem Programm, einem Text oder einer Grafik. | Hyperlinktexte sind meist in einer anderen Farbe als der Textfarbe innerhalb eines Textes dargestellt. Bei Überfahren des Hyperlinktextes verändert sich das Cursorsymbol z. B. in eine Hand. |

| Topologie (Netzform) | Anwendungen | Bemerkungen |
|---|---|---|
| **Punkt-zu-Punkt-Verbindung**<br>Teilnehmer | Computertechnik:<br>Von Computer 1 zu Computer 2, von Computer zu Peripheriegerät, von NC (numerische Steuerung) zu PC (Personalcomputer), von PC zu SPS (Speicherprogrammierbare Steuerung).<br>Telekommunikation:<br>Von Sprechstelle 1 zu Sprechstelle 2. | Technisch am einfachsten zu realisieren. Je nach Schnittstellen mehr oder weniger begrenzter Datenübertragungsweg, z.B. bei V.24-Schnittstelle gesichert bis 30 m.<br>In der Telekommunikation werden ständig bestehende Punkt-zu-Punkt-Verbindungen als Standverbindungen bezeichnet. |
| **Sternstruktur** | Computertechnik:<br>Mehrere Computer sind über einen Sternkoppler (Switch oder Hub) gekoppelt.<br>Telekommunikation:<br>Von Teilnehmer 1 bis Teilnehmer n. Zentrale Einheit: Vermittlungsstelle. | Alle Teilnehmer sind durch eine eigene Übertragungsleitung mit einer zentralen Einheit verbunden. Abhängig von deren Leistungsfähigkeit erhalten die Teilnehmer zyklische (aufeinander folgende) Übertragungsberechtigungen oder werden über den Sternkoppler ähnlich einer Telefonverbindung durchgeschaltet.<br>Nachteil: hoher Leitungsaufwand. |
| **Maschenstruktur** | Computertechnik:<br>Im Internet.<br>Telekommunikation:<br>Für Vermittlungsstellen vorkommend, nicht für Teilnehmer.<br>Vernetzung der Zentralen Vermittlungsstellen (ZVSt). | Die Maschenstruktur ist nur sinnvoll, wenn aufgrund umfangreicher Datenübertragungen die Leitungen stark benützt werden.<br>Vorteil: kürzest mögliche Verbindungswege sowie große Ausfallsicherheit.<br>Nachteil: hoher Leitungsaufwand, aufwendige Erweiterung. |
| **Baumstruktur**<br>Knoten | Computertechnik:<br>Knoten sind Computer, Hubs oder Switches.<br>Telekommunikation:<br>Die Vermittlungsstellen stellen Knoten dar.<br>Netz des Selbstwähldienstes der Telekom. | Hierarchische (nach Rangordnung gegliederte) Systemstrukturen sind sichergestellt.<br>In der Computertechnik dezentrale Ausführung der Anwendungen. |
| **Kaskadierte Baumstruktur**<br>Switch PC | In der Computertechnik Aufbau von LANs (Local Area Network). Die Endgeräte (PC) sind an Switches oder Hubs angeschlossen. In diesen ist das Buszugriffsverfahren realisiert, z.B. Ethernet. | Die Verbindung der Switches oder Hubs untereinander erfolgt meist über LWL (Glasfaserleiter). Die Anbindung der Endgeräte erfolgt über Twisted-Pair-Leitungen. Die Kaskadierung ermöglicht eine Netzsegmentierung. |
| **Ringstruktur** | Computertechnik:<br>Angeschlossen sind Computer 1 bis Computer n oder PC 1 bis PC n, z.B. Tokenring, FDDI-Ring, Industrial Ethernet.<br>Telekommunikation: Keine Anwendung. | Alle Teilnehmer sind ringförmig miteinander verbunden und wiederholen jeweils die Nachrichten zum Nachbarn. Weite Übertragungswege sind somit möglich.<br>Nachteil: Es kann immer nur ein Teilnehmer senden. |
| **Busstruktur** | Computertechnik:<br>Mikroprozessorbusse: Datenbus, Adressbus, Steuerbus.<br>Paralleler Bus in Steuerungen, z.B. Multibus, VME-Bus.<br>Prozessbus, Feldbus, z.B. Bitbus.<br>Serieller Bus, z.B. CAN-BUS für Vernetzung von Betriebsmitteln im Auto.<br>Telekommunikation: ISDN ab Netzabschluss zum ISDN-Endgerät. | Alle Teilnehmer sind durch einen gemeinsamen Übertragungsweg miteinander verbunden. Über definierte Buszugriffsverfahren müssen sich die Teilnehmer zur Datenübertragung anmelden.<br>Vorteil: rasche Datenübertragung bei hoher Ausfallsicherheit. Neue Teilnehmer lassen sich einfach zuschalten.<br>Nachteil: Es kann immer nur ein Teilnehmer senden. |

IK

# Komponenten für Datennetze 1 Components for data networks 1

| Bezeichnung | Erklärung | Bemerkung, Anwendung, Daten |
|---|---|---|
| AUI-Anschluss | Von Access Unit Interface = Zugriff-Einheit-Schnittstelle. | Spezielle Steckverbindung von Datengeräten. |
| Balun (Mehrzahl Balune) | Von Balanced/unbalanced. Modul zur Impedanz-Anpassung | Ursprünglich Modul zum Übergang von Koax zu Twisted Pair. |
| Bridge | Von bridge = Brücke. Eine Bridge kann zwei LAN-Segmente miteinander verbinden, auch wenn diese nicht vom selben Typ sind. | Sobald die Bridge mit dem Netzwerk verbunden ist, lernt sie automatisch die Adressen. Bridges sind protokollunabhängig, sodass sie Daten übertragen, z. B. zwischen PCs. |
| Elektronischer Switch (elektronisch wirkender Mehrstellenschalter) | Von Switch = Schalter. Umschaltvorgänge laufen über Halbleiterbauteile, z. B. Transistoren. Umschalten kann über Computer, Modem oder Tastentelefon erfolgen. | Ein codegesteuerter Switch ermöglicht einem Gerät die Steuerung von bis 64 Geräten, z. B. wenn ein Modem acht Geräte steuern soll. Beim Matrix-Switch kann jeder Port mit jedem anderen Port verbunden werden. Ein Matrix-Switch ermöglicht mehr als einem Gerät die Steuerung anderer Geräte, z. B. wenn vier PC sich zwei Drucker und ein Modem teilen. |
| Ethernet-Switch | Der Ethernet-Switch übernimmt die Daten und verschickt sie paketweise zur Zieladresse. Sender und Empfänger werden entsprechend ihrer Adressen durchgeschaltet. | Jeder Port am Switch stellt einen Weg mit der vollen Bitrate dar, z. B. 10 Mbit/s, 100 Mbit/s oder 1 Gbit/s. |
| Frame-Relay (Rahmen-Relais) | Das Frame-Relay multiplext und sendet Daten in Form von Paketen. | Komponenten wie Bridges, Routers, Switches ermöglichen Verbindungen zu LANs und WANs. |
| HDSL-Modem | HDSL von High Bitrate Digital Subscriber Loop = digitale Übertragungs-Schleife mit hoher Bitrate. Ermöglicht Breitbanddienste über vorhandene Kupferleitungen ohne Repeater. | Verfügbar sind Versionen für 2 oder für 3 Aderpaare. Bei Drahtdurchmesser 0,4 mm Reichweite bei 2-Paar-Version z. B. 3,6 km, bei Drahtdurchmesser 1,2 mm und 3-Paar-Version 15,4 km. |
| Hub | Von hub = Mittelpunkt, Radnabe. Gerät, an das mehrere PC oder PC-Linien angeschlossen werden können. Die zu übertragenden Daten werden ungefiltert an alle angeschlossenen Teilnehmer gesendet. | Beim Repeater-Hub erfolgt zusätzlich eine Regenerierung der zum Hub eintreffenden Signale. Die Signale gehen an alle Teilnehmer. |
| Konverter | Von to convert = umsetzen. Sammelbezeichnung für Geräte, die Übergänge von einem System in ein anderes erlauben. | Medienkonverter für Übergang von z. B. Koaxialleitung auf Twisted-Pair-Leitung. |
| Manueller Switch (einfacher Mehrstellenschalter) | Im Wesentlichen mechanisch wirksamer Schalter zum Umschalten. Preisgünstige Lösung für Anwendungen, die keinen Speicher benötigen. Manuelle Switches sind ohne Stromversorgung, können also überall eingesetzt werden. | Mit einem ABC-Switch können zwei Benutzer sich ein Peripheriegerät teilen oder ein Benutzer kann zwischen zwei Peripheriegeräten wählen. Ein ABCDE-Switch ermöglicht vier Benutzern die Nutzung eines Gerätes oder einem Benutzer die Nutzung von vier Geräten. |

**IK**

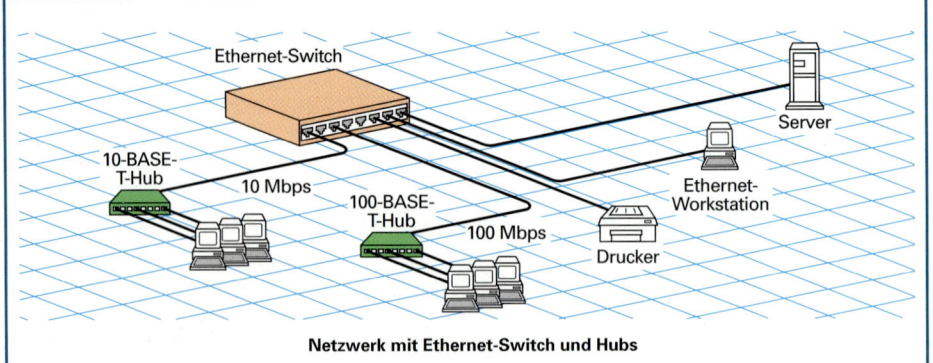

**Netzwerk mit Ethernet-Switch und Hubs**

| Bezeichnung | Erklärung | Bemerkung, Anwendung, Daten |
|---|---|---|
| Modem | Kunstwort aus Modulator und Demodulator. | Ermöglicht den Anschluss von Digitalgeräten, z.B. einem PC, an das analoge Telefonnetz. |
| Mulitplexer, lokaler (Mux, lokaler) | In der Datentechnik Gerät, welches das Zeitmultiplexverfahren ermöglicht. | Lokale Muxe machen den Anschluss von z.B. 48 Kanälen über ein einziges Kabel möglich. |
| Netzwerkkarte (Ethernet-Karte) | Steckkarte für den Steckplatz (Slot = Schlitz) im PC, womit ein Ethernet-Netzwerk ermöglicht wird. | Außer der Netzwerkkarte müssen Software-Treiber installiert werden, z.B. Novell NetWare. |
| Parallel-Seriell-Konverter | Der Konverter macht einen parallelen Anschluss kompatibel zu einem seriellen Gerät. | Ermöglicht den Anschluss eines seriellen Druckers an einen parallelen Anschluss. |
| Patchfeld (Rangierfeld) | Ein Umsteckfeld, das dem Anschluss, dem Verteilen und Rangieren (Verändern) von Netzverbindungen dient. | Das Patchfeld erleichtert durch das Umstecken auch den Anschluss von Analysegeräten. |
| Puffer (Spooler, Cache) | Einrichtung zur zeitweisen Speicherung (Zwischenspeicher). Puffer enthalten RAMs zur Aufnahme und anschließender Ausgabe von Daten. Cache ist ein Zwischenspeicher für oft verwendete Daten. | Ein Puffer sorgt z.B. für den Ausgleich von Geschwindigkeitsunterschieden beim Datenfluss zwischen zwei Geräten. Puffer können serielle und parallele Ports haben. |
| Router | Von route = Weg. Gerät zur Verbindung verschiedener LANs. Untersuchen Pakete und stellen sie bei Fehlern wieder her, ohne Fehler weiterzugeben. | Multiprotokoll-Router unterstützen eine Vielzahl von LAN-Protokollen. Router müssen konfiguriert und installiert werden. |
| Repeater | Von to repeat = wiederholen. Gerät, welches Signale regeneriert und so umbildet, dass Netzsegmente miteinander kommunizieren können. | Infolge Signaldämpfung sind Netzsegmente ohne Repeater in der Länge begrenzt, z.B. auf 500 m. |
| Sharer (Drucker-Switch) | Der Sharer (to share = aufteilen) teilt einem Gerät bis z.B. sechs Geräte zu. Enthält meist einen Puffer. | Print-Sharer ermöglichen den Anschluss von mehreren PC an einen einzigen Drucker. |
| Terminaladapter | Andere Bezeichnung für ISDN-Modem. | Terminaladapter mit Bonding (to bond = bündeln) ermöglichen Datenverkehr mit 128 kbit/s durch Bündelung beider 64-kbit/s-Kanäle. |
| Terminaladapter a/b | Mit diesem Adapter können analoge Endgeräte an das ISDN-Netz angeschlossen werden, z.B. Fax oder Telefon. | Bei der Datenübermittlung im ISDN muss auch der Empfänger mit einem Terminaladapter a/b arbeiten. |
| Transceiver, Sende-Empfänger | Kunstwort von to transmit = übertragen und to receive = empfangen. Gerät, welches in den Datenweg geschaltet wird, um die Übertragung zu ermöglichen oder zu verbessern. | Z.B. setzen Fiberoptik-Transceiver die elektrischen Signale in Lichtsignale oder Infrarot-Signale zur Übertragung über LWL um und optische Signale der LWL in elektrische Signale. |
| Verstärker | Gerät, welches die Datenübertragung über längere Strecken als ohne Verstärker ermöglicht, und zwar oft auch bei größeren Bitraten als ohne Verstärker. | Anders als bei einem analogen Signalverstärker sind zusätzlich Signalregenerierer und Konverter enthalten. |

**IK**

**Netzwerk mit Sharer und einem Drucker**

# Kommunikation bei Ethernet  Communication of Ethernet

| Begriff | Erklärung | Bemerkungen |
|---|---|---|
| **CSMA/CD-Verfahren** | CSMA/CD steht für Carrier Sense Multiple Acces/Collision Detection (Träger für Vielfachzugriff mit Kollisionserkennung).<br><br>Jeder sendewillige Busteilnehmer prüft, ob über den Bus eine Datenübertragung erfolgt. Ist der Bus frei, werden die Daten paketweise gesendet.<br><br>Ein gleichzeitiges Senden zweier Busteilnehmer führt zu Datenkollisionen. Die Datenübertragungen werden dann abgebrochen und nach einer mittels Zufallsgenerator im Sender festgelegten Zeit neu gestartet. | Anwendung bei Ethernet-Netzen, Fast-Ethernet-Netzen und manchen Gigabit-Ethernet-Netzen. Die Bitrate beträgt bei einfachen Ethernet-Netzen 10 Mbit/s, bei Fast-Ethernet-Netzen 100 Mbit/s und bei Gigabit-Ethernet-Netzen 1000 Mbit/s.<br><br>Beim CSMA/CA-Verfahren (collision avoid = Kollisionsvermeidung) unterbricht nur ein Teilnehmer das Senden. Anwendung beim EIB. |
| **Switch, Hub** | Ein Switch (switch = Schalter) ist ein Sternkoppler, der Sender und Empfänger entsprechend der Nachrichtenadresse durchschaltet. An einen Switch werden sternförmig mehrere Teilnehmer angeschlossen.<br><br>Das CSMA/CD-Verfahren findet im Switch Anwendung. Ein Hub (hub = Speichenrad) reicht im Gegensatz zum Switch die Daten an alle angeschlossenen Computer weiter. | Ein Switch, oft auch als Bridge (bridge = Brücke) bezeichnet, kann Anschlüsse für Twisted-Pair-Leitungen (bis 90 m) 10-BASE-T (10 Mbit/s), 100-BASE-T (100 Mbit/s), 1000-BASE-T (1000 Mbit/s) oder Glasfaserleiter (LWL, bis 2 km) 100-BASE-F, 1000-BASE-F besitzen. |
| **Switch mit Full-Duplex-Betrieb**<br><br>s senden, e empfangen | 10-Gigabit-Ethernet-Netze und manche Gigabit-Ethernet-Netze arbeiten nicht mit dem CSMA/CD-Zugriffsverfahren. Sie arbeiten im Voll-Duplex-Betrieb und benötigen daher Switches mit der Fähigkeit der Flusskontrolle.<br><br>Hierbei existiert zusätzlich zum Sende- bzw. Empfangskanal ein Rückkanal zwischen Teilnehmer und Switch zur Synchronisation von Sender und Empfänger. Der Empfänger kann dadurch dem Sender mitteilen, dass sein Datenpuffer z.B. voll ist. Der Sender reduziert daraufhin seine Datenrate. | Für 10-Gigabit-Ethernet kommen nur LWL zum Einsatz:<br>10GBase-SR<br>10GBase-SW<br>10GBase-LR<br>10GBase-LW<br>10GBase-ER<br>10GBase-EW<br>10GBase-LX4<br>S/L/E 850/1310/1550 nm. W/R/X serielle WAN-Codierung/serielle Codierung ohne WAN-Anpassung/LAN-Codierung. Je nach LWL werden Reichweiten bis über 40 km erzielt. |

**Beispiel einer Ethernet-Vernetzung von Computern über Switches**

IK

| Ablauf | Erklärung | Bemerkungen |
|---|---|---|
| Planung | Erfassen der vorhandenen Computer und der Peripheriegeräte einschließlich der Betriebssysteme. Prüfung, ob Erweiterung geplant werden soll. Danach Festlegung, was in das Ethernet aufzunehmen ist. | Dabei ist zu entscheiden, welche Bestandteile der vorhandenen Einrichtung weiterverwendet, aufgerüstet oder ausgetauscht werden sollen. Leitung festlegen (LWL oder UTP bzw. STP). |
| Information | Informationen über das Ethernet sind vor allem über das *Internet* möglich. Das betrifft allgemeine Informationen über die Technik als auch Informationen über Anbieter von erforderlichen Komponenten. | Vorschlag: Aufruf einer Suchmaschine, z.B. www.google.de danach Eingabe des Suchbegriffes *ethernet* |
| Entscheidung über System | Für kleine einfache Netzwerke kommen Bustopologie und Sterntopologie in Betracht, für größere ist nur Sterntopologie sinnreich. Die moderne Sterntopologie ist in allen Fällen zu empfehlen. | Oft genügt ein System 10 Base-T mit Kupferleitungen UTP oder STP der Kategorien mindestens 2 bis 4. Mehr findet Anwendung 100 Base TX mit Kupferleitungen UTP oder STP der Kategorie mindestens 5 oder 100 Base FX (Lichtwellenleiter). |
| Einholung von Angeboten | Es ist empfehlenswert, für die erforderlichen Komponenten ein schriftliches Angebot einzuholen, und zwar je Post oder über E-Mail. Bei der Angebotseinholung ist zu klären, welche Software erforderlich ist und wie groß der erforderliche Speicherplatz ist. | Beispiele von Anbietern: www.black-box.de www.rs-components.de www.bb-europe.com www.schukat.com |
| Beschaffungsbedarf bei Sterntopologie | Für *n* anzuschließende PCs sind *n* Netzwerkkarten zu beschaffen und als Sternkoppler mindestens 1 Switch bzw. 1 Hub. Zum Anschluss der einander benachbarten PCs an den Sternkoppler sind *n* Patchkabel nötig, die in der erforderlichen Länge *konfektioniert* (mit Steckern versehen) geliefert werden oder selbst aus Meterware mit speziellem Werkzeug zu fertigen sind. Zum Anschluss von *k* PCs in verschiedenen Räumen sind *2k* Steckdosen RJ45 und *2k* Patchkabel zum Anschluss an diese nötig. Die Steckdosen sind paarweise miteinander über Meterware von UTP oder STP zu verbinden. | <br>RJ-Fassung    bisher auch AUI-Buchse<br><br>**Anschlüsse an eine Netzwerkkarte für Sterntopologie** |
| Bestellung | Die Bestellung der Komponenten und bei Bedarf der Software sollte schriftlich erfolgen. | Es ist darauf hinzuweisen, dass gemäß Angebot ein Netzwerkbetrieb möglich sein muss. |
| Leitungsverlegung | Die Leitungen zwischen den Steckdosen sollten in einem Elektro-Installationskanal verlegt werden. Das gilt auch für lange Pachtkabel, die wenigstens teilweise im Installationskanal geschützt liegen sollten. | Bei Koaxialleitungen und bei Glasfaserleitungen muss der Biegeradius *r* mindestens das 4fache des Leitungsdurchmessers betragen. Koaxialleitungen sind am Ende mit einem Widerstand von 50 Ω abzuschließen. |
| Inbetriebnahme | Alle PCs, Hubs und Switches sind vom 230-V-Netz zu trennen. Danach sind die Steckbuchsen der Patchkabel in die Steckbuchsen der PC zu führen. Anschließend sind die PCs und die Sternkoppler einzuschalten. | Das Einbinden der Netzwerkkarten erfolgt menügeführt durch die Software, z.B. das Betriebssystem Windows, oder weitgehend automatisch von selbst bei Plug-and-Play. |

**IK**

**Beispiel eines Ethernet-Netzwerkes**

K1  Minihub (kleiner Hub), stapelbar
K2, K3, K4 Workstations (leistungsfähige PCs)
K5  Ethernet-Switch
K6  Server 1
K7  Server 2
K8  Minihub, (kleiner Hub), stapelbar
K9, K10, K11 PC

Der Ethernet-Switch gibt die empfangenen Telegramme nur an den im Telegramm genannten Empfänger bzw. an seinen Sternkoppler, z.B. bei einem Empfänger K2 nur an K1. Die Minihubs jedoch geben alle empfangenen Signale weiter, z.B. K1 an K2, K3 und K4.

# Industrial Ethernet  Industrial Ethernet

| Prinzip | Erklärung | Bemerkungen |
|---|---|---|

**Datenkommunikation**

Das *Industrial Ethernet* erfüllt gegenüber Ethernet erheblich höhere Anforderungen der elektromagnetischen Verträglichkeit EMV und arbeitet mit anderen Protokollen. Die Vernetzung der unterschiedlichen Anwendungsbereiche, z.B. Büro-PCs mit Office-Anwendungen und Fertigung mit verschiedenen Automatisierungssystemen, erfolgt mit einer Bitrate von 10 Mbit/s bis 10 Gbit/s. Die Anbindung der SPS an das Industrial-Ethernet erfolgt über Kommunikationsprozessoren, die modular steckbar sind. Diese sind oft Bestandteil der SPS-Systeme. Industrial Ethernet ist verfügbar mit Protokollen, z.B. Ethernet/IP, ProfiNet, Interface for Distributed Automation (IDA). Die Informationen werden als kleine Datenpakete übertragen.

Werden die Automatisierungssysteme mit einem IT-Prozessor ausgestattet, ist durch Kopplung über das Telefon (ISDN) oder Internet weltweite Kommunikation möglich. Anwendungsgebiete sind Anforderungen eines Technikers mittels E-Mail bei einer Störung, Abfrage des Anlagenzustandes über Prozessvisualisierung oder Laden eines neuen Programms in die SPS ohne Vor Ort sein zu müssen. Besondere Anforderungen:
- Erweiterter Temperaturbereich von – 40 °C bis 70 °C, bis IP 67,
- Schock- und Vibrationsprüfungen nach SPS Standards,
- hohe MTBF-Werte (von Mean Time Between Failure = Hauptzeit zwischen Ausfällen) etwa 20 bis > 100 Jahre.

**Elektrisches Netz**

Bei Verwendung von *Industrial Twisted Pair* kann ein Linien-, Ring- oder Sternnetz aufgebaut werden.
Reicht die Segmentlänge nicht aus, können über *Repeater* (Wiederholer) weitere Segmente hinzugefügt werden.
*Electrical Link Module* (ELM) besitzen Repeaterfunktion und verbinden Endgeräte mit ITP-Schnittstelle an vorhandene Netze (Koaxial oder ITP).
Das elektrische Netz kann auch in Busstruktur mit Koaxialleitung aufgebaut werden. Es besteht aus einzelnen *Bussegmenten*, mit einer maximalen Bussegmentlänge von 500 m. An ein Bussegment werden bis zu 100 *Buskoppler* (Tranceiver) angeschlossen.

**Industrial Twisted Pair-Leitung (ITP-Leitung):**
Doppelt geschirmte, vorkonfektionierte Leitung, die Kategorie 5 übertrifft;

9-polige oder 15-polige Stecker mit robustem Metallgehäuse; maximale Leitungslänge 100 m;

RJ-45-Stecker aus Metall zum Aufbau eines Patchfeldes; max. Netzwerkausdehnung: etwa 1400 m;

**Koaxialleitung:**
Geschirmte Koaxialleitung; Verlegung im Erdreich möglich; eingeschränkte Flexibilität durch massive Abschirmung; vorgeschriebenen Biegeradius beachten und Leitung nicht in sich verdrehen; max. Netzwerkausdehnung 3000 m.

**Optisches Netz**

Das optische Netz kann in Linienstruktur, Ringstruktur und Sternstruktur aufgebaut werden. Als Übertragungsmedium dienen Lichtwellenleiter. Die von einem Busteilnehmer (Endgerät) ankommenden Datenpakete werden von dem *Sternkoppler* (ASGE) an alle anderen Systeme gleichzeitig verteilt. *Optical Link Module* (OLMs) stellen die Verbindung zu dem mit einer elektrischen Schnittstelle ausgerüsteten Automatisierungssystem (PC, SPS) her.

Durch redundante (für den Normalbetrieb nicht notwendige) Ringstrukturen kann die Ausfallsicherheit des Netzes bei Bruch eines Lichtwellenleiters erhöht werden. Das optische Netz wird besonders bei großen Entfernungen oder in elektromagnetisch stark belasteten Fertigungsbereichen eingesetzt. Eine Mischung von elektrischen und optischen Netzen ist möglich. Max. Netzwerkausdehnung unbegrenzt, aber ab 150 km Signallaufzeiten beachten; max. Entfernung zwischen zwei Netzknoten 3100 m.

ASGE aktiver Sternkoppler, ELM Electrical Link Module, IPC Industrial PC, ITP Industrial Twisted Pair, LWL Lichtwellenleiter, OLM Optical Link Module, PG Programmiergerät

**IK**

## Übertragungsfaktoren und Übertragungsmaße

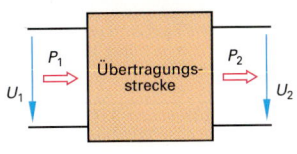

**Übertragungsfaktoren**

- $D$    Dämpfungsfaktor
- $V$    Verstärkungsfaktor
- $U_1$   Eingangsspannung
- $U_2$   Ausgangsspannung
- $P_1$   aufgenommene Leistung
- $P_2$   abgegebene Leistung

$$D_p = \frac{P_1}{P_2} \qquad D_u = \frac{U_1}{U_2}$$

$$V_p = \frac{P_2}{P_1} \qquad V_u = \frac{U_2}{U_1}$$

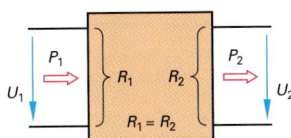

**Übertragungsmaße**

- $A$    Dämpfungsmaß in dB (Dezibel)
- $G$    Verstärkungsmaß in dB
- $U_1$   Eingangsspannung
- $U_2$   Ausgangsspannung
- $P_1$   aufgenommene Leistung
- $P_2$   abgegebene Leistung
- $A_1, A_2, \dots$ Einzeldämpfungsmaße

$$A_p = 10 \cdot \lg \frac{P_1}{P_2} \qquad A_u = 20 \cdot \lg \frac{U_1}{U_2}$$

$$G_p = 10 \cdot \lg \frac{P_2}{P_1} \qquad G_u = 20 \cdot \lg \frac{U_2}{U_1}$$

$$A_{ges} = A_1 + A_2 + A_3 + \dots$$

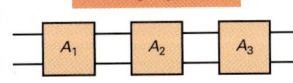

Übertragungsstrecke

Verstärkungsmaße in der Übertragungsstrecke werden durch negative Dämpfungsmaße berücksichtigt: $G = -A$

## Dämpfungsmaße

| Dämpfungsmaß $A$ | $D_p = P_1/P_2$ | $D_u = U_1/U_2$ | Dämpfungsmaß $A$ | $D_p = P_1/P_2$ | $D_u = U_1/U_2$ |
|---|---|---|---|---|---|
| 0 dB | 1 : 1 | 1 : 1 | 6 dB | 3,90 : 1 | 2,0 : 1 |
| 1 dB | 1,26 : 1 | 1,12 : 1 | 7 dB | 5,01 : 1 | 2,24 : 1 |
| 2 dB | 1,58 : 1 | 1,26 : 1 | 8 dB | 6,31 : 1 | 2,51 : 1 |
| 3 dB | 2,00 : 1 | 1,41 : 1 | 9 dB | 7,94 : 1 | 2,82 : 1 |
| 4 dB | 2,51 : 1 | 1,58 : 1 | 10 dB | 10,00 : 1 | 3,16 : 1 |
| 5 dB | 3,16 : 1 | 1,78 : 1 | 11 dB | 12,59 : 1 | 3,55 : 1 |

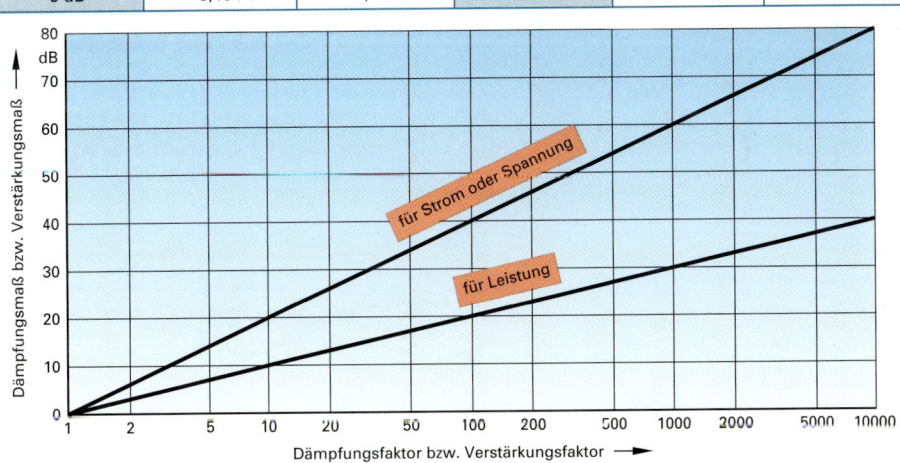

**IK**

## Pegel

Unter **Pegel** (Leistungs- oder Spannungspegel) versteht man das logarithmische Verhältnis einer Signalgröße zu einer Bezugsgröße (festgelegte Leistung oder Spannung).

Für Antennenanlagen verwendet man den Spannungspegel in dBµV bzw. dB(µV).

- $L_p$   Leistungspegel in dBmW
- $P$    Leistung in mW
- $P_0$   Bezugsleistung 1 mW
- $L_u$   Spannungspegel in dBµV
- $U$    Spannung in µV
- $U_0$   Bezugsspannung 1 µV an 75 Ω

$$L_p = 10 \cdot \lg \frac{P}{P_0}$$

$$L_u = 20 \cdot \lg \frac{U}{U_0}$$

# Datenübertragung mittels Funk Wireless Data Transmission

**IK**

| Art | Erklärung, Prinzip | Bemerkung |
|---|---|---|
| **Eigenschaften elektromagnetischer Wellen** | | |
| Entstehung | Jeder Wechselstom ruft ein sich änderndes Magnetfeld und damit ein elektrisches Feld hervor. Beide zusammen bilden ein elektromagnetisches Feld. | Das elektromagnetische Feld wird umso leichter wellenförmig abgestrahlt, je höher die Frequenz des erregenden Stromes ist. |
| Frequenzen der Funkdatenübertragung | Es werden immer Frequenzen im ISM-Band (ISM von Industrial Scientific Medicine) von etwa 434 MHz und von etwa 2,5 GHz verwendet. | Funkbus der Elektroinstallation 434 MHz, Bluetooth 2,4 GHz bis 2,48 GHz Wireless LAN 2,483 GHz. |
| Ausbreitung der Wellen | | **Ausbreitung:** Im freien Raum direkte (gradlinige) Strahlung, an leitenden Wänden, z.B. Beton, durchgeleitete (transmittierte) Strahlung und an leitenden Flächen durch Reflexion reflektierte Strahlung. **Dämpfung** durch leitende Körper ist umso stärker, je besser die Leitfähigkeit ist. **Metall:** Direkte Strahlung wird abgeschirmt, starke Reflexion. |
| Folgen von Reflexion | | *Dämpfung* des Signals, wenn am Empfangsort transmittierte und reflektierte Welle gegenphasig sind. *Verstärkung* des Signals, bei gleicher Phasenlage. Es ist nicht vorhersagbar, ob Dämpfung oder Verstärkung eintreten. |
| **Anwendungen** | | |
| Nahbereich meist bis etwa 10 m | Bluetooth, insbesondere zum Anschluss von Peripheriegeräten an den PC. | Im Prinzip auch für Entfernungen bis 100 m. |
| Mittelbereich bis etwa 100 m | Elektroinstallation mit Funktechnik, z.B. zur Raumüberwachung. | Je nach Hersteller verschieden genannt, z.B. Funkbus, Funk-Management (Seite 150). |
| Fernbereich bis 1000 km | Wireless-LAN (WLAN) z.B. zur Funk-Erweiterung von Ethernet. | folgende Seite |

**Kabellose Datenübertragung mit Funk-Bridges**

# Funk-LAN  Wireless LAN

| Begriff | Erklärung | Bemerkung |
|---|---|---|
| LAN<br>WLAN | *LAN* (von Local Area Network = Netz für lokalen Bereich) dient zum Vernetzen von IT-Geräten, meist als Ethernet. *Wireless LAN* (WLAN, drahtloses LAN) verbindet die Geräte über Funkwellen, die über Antennen gesendet und empfangen werden. | <br>**Prinzip von WLAN** |
| Access-Point<br>Modem<br>ISM-Band<br>Kanäle<br>Bandbreite<br>Frequency<br>Hopping<br>Sicherheit | Der *Access-Point* (Zugangspunkt) arbeitet als *Modem* (Modulator und Demodulator), das die über die Leitung, z.B. einen seriellen Bus, aufgenommenen Signale moduliert, verstärkt und über die Antenne sendet oder die über die Antenne aufgenommenen Signale demoduliert, verstärkt und über eine Leitung an das angeschlossene Gerät abgibt.<br>Der Access-Point arbeitet im *ISM-Band* (ISM von Industrial Scientific Medicine) bei 2,4 GHz. Das ist ein lizenzfreies Band von 2,4 GHz bis 2,48 GHz. Dieses Band ist in mehrere Kanäle, mit einer *Bandbreite* von etwa 1 MHz = 0,001 GHz unterteilt. Es wird *Frequency Hopping* (Frequenzsprungverfahren) angewendet. Dabei wechselt der sendende Access-Point in rascher Folge die Sendefrequenz und teilt die nächste Frequenz dem empfangenden Access-Point mit. Dadurch wird die *Sicherheit* der Übertragung erhöht. | <br>**Access-Point mit 4 Ports RJ 45**<br><br>**Access-Point als Netzwerkskarte mit Antenne** |
| Funk-Bridge<br>Wired Ethernet<br>Konfigurierung<br>Software | Die Signalübertragung kann über Funk auch zu einer speziellen *Funk-Bridge* mit Antenne erfolgen. Diese kann mehrere Geräte, z.B. PCs, an ein *Wired Ethernet* (verdrahtetes Ethernet) anbinden. Die *Konfigurierung* (Programmierung der Anlage) erfolgt mittels der *Software*, die beim Bezug der Bridge und Access-Points vom Gerätehersteller als CD-ROM geliefert wird. | <br>**Funk-LAN mit Bridge** |
| Antenne<br>Rundstrahl-antenne<br>Richtantenne<br>Windwiderstand<br>Reichweite<br>Bitrate<br>dB (Antennen-gewinn) | Die *Reichweite* eines bestimmten Gerätetyps ist je nach verwendeter *Antenne* verschieden. Am kleinsten mit z.B. 100 m ist sie bei einer am Access-Point angebauten Rundstrahlantenne. *Richtantennen* erhöhen die Reichweite beträchtlich bis zu mehreren Kilometern. Sie bestehen aus gekrümmten Gitterstäben in parabelähnlicher Form. Man verwendet Stäbe anstelle von Blech, um den Windwiderstand klein zu halten.<br><br>Die *Bitrate* ist beim selben Gerät umso größer, je kleiner die Entfernung ist. Sie reicht je nach Gerätetyp und Antenne von etwa 200 kbit/s bis 10 Mbit/s. | <br>**Antenne für Funk-LAN (Beispiel)**<br><br>**Reichweiten beim Funk-LAN (Beispiel)** |

**IK**

# ASI-Bussystem   Actuator-Sensor-Interface bus system

| Komponenten | Beschreibung | Bemerkungen, Ergänzungen |
|---|---|---|
| **Systemstruktur** | Mit dem ASI-Bussystem (Aktor-Sensor-Interface) wird der Verdrahtungsaufwand zum Ansteuern von Sensoren und Aktoren gegenüber einer Parallelverdrahtung zwischen Sensoren und Aktoren sowie dem Steuerungsrechner kleiner. Auch Klemmleisten, EA-Karten und Verteilungen können eingespart werden.<br><br>Ein Master (M) kann als Modul für eine Anbindung an einen Computer oder als Einschubkarte, z. B. für eine SPS, realisiert sein. Er steuert und überwacht die Slaves (S, Teilnehmer). Die Slaves sind Module, an denen die Sensoren oder Aktoren angeschlossen sind. Die Aktoren werden von manchen Herstellern auch als *Aktuatoren* bezeichnet. | Anzahl Teilnehmer: bis 31 je Master,<br>Anzahl EA: 124 E, 124 A,<br>Leitungslänge: bis 100 m,<br>Busmedium: zwei ungeschirmte Zweidrahtleitungen für Daten und Energie (DC 24 V),<br>Busmanagement: Master-Slave-Verfahren, d.h. zyklische Abfrage aller Teilnehmer,<br>Zykluszeit: 5 ms.<br>Mittels Repeater (R) kann die Leitungslänge um weitere 100 m erweitert werden. Die Anzahl der Teilnehmer ist weiterhin auf 31 je Strang beschränkt. Bei erweitertem ASI 62 Teilnehmer je Master und 248 Eingänge, Ausgänge. |
| **ASI-Controller mit ASI-Netzteil** | Soll das ASI-Bussystem mit einem Computer ohne Einschubkarte gekoppelt werden, so ist als Master ein ASI-Controller einzusetzen. Die Verbindung zum Computer erfolgt über eine serielle Schnittstelle.<br><br>Im Controller befindet sich eine Mini-SPS, auch eine Feldbus-Anschaltung im Controller ist möglich.<br><br>Die Versorgungsspannung für die Module erzeugt ein Netzteil, auch die zusätzlichen 24 V, die insbesondere für die Aktoren notwendig sind. | Die Inbetriebnahme des ASI-Bussystems mit ASI-Controller, also Adressierung, Funktionstest, EA-Check, erfolgt z. B. an einem PC. Das Programmieren des ASI-Controllers durch den Anwender erfolgt mit den SPS-Programmiermethoden KOP, FUP, AWL, Strukturierter Text ST (Structured Control Language SCL) in der mitgelieferten Software.<br><br>ASI-Master-Einschubkarten besitzen einen Projektierungsmodus zur Inbetriebnahme. |
| **EA-Modul** | Die Sensoren und Aktoren werden über Module (Anwendermodule, Feldmodule) an den ASI-Bus angeschlossen. Das Kompakt-Modul besitzt zwei Flachkabelschnittstellen für das gelbe ASI-Kabel, welches die Daten und die Grundversorgungsspannung überträgt sowie für das schwarze ASI-Kabel für die Betriebsspannung von 24 V.<br><br>Weiter besitzt ein EA-Modul z. B. 4 Eingänge und 4 Ausgänge zur Prozessperipherie über M-12-Buchsen. | Manche Module brauchen für die Betriebsspannung ein Rundkabel mit entsprechendem Anschluss. Manche Module besitzen einen 230-V-Anschluss für AC zum Schalten einphasiger Verbraucher. Es gibt auch Module mit einem 400-V-Anschluss für Drehstrom-Asynchronmotoren. |
| **intelligenter ASI-Sensor**<br><br> **ASI-Aktor mit externer Stromversorgung** | Je nach verwendetem Sensor oder Aktor sind die Anschlüsse in den M-12-Buchsen unterschiedlich vorzunehmen.<br><br><br>**M-12-Buchse** | <table><tr><td>Art</td><td>Pin</td></tr><tr><td>ASI +</td><td>1</td></tr><tr><td>ASI –</td><td>3</td></tr><tr><td>Externe Spannung +</td><td>4</td></tr><tr><td>Externe Spannung –</td><td>2</td></tr><tr><td>Schutzleiter (PE)</td><td>5</td></tr></table> |
| **ASI-Flachkabel** | Schutzart IP 67,<br>Aderquerschnitt 2 x 1,5 mm$^2$,<br>Aderfarben braun (ASI+ oder L+),<br>hellblau (ASI– oder L–),<br>Material: Ethylen-Propylen-Gummimischung oder thermoplastisches Elastomer. | <br>M-12-Anschluss der Sensoren, Aktoren an ASI-Modul |

IK

# Interbus Interbus

| Prinzip, Struktur | Erklärung | Bemerkung, Daten |
|---|---|---|

## Topologie, Buszugriffsverfahren

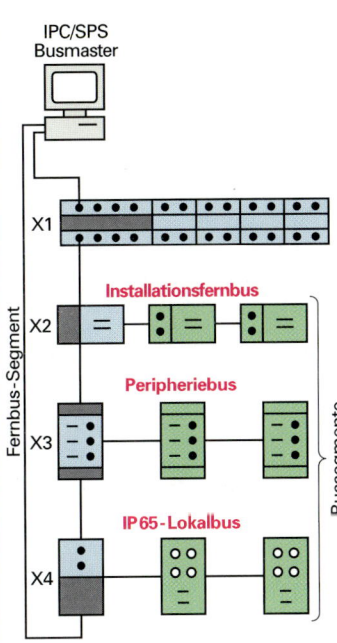

IPC/SPS Busmaster

**Installationsfernbus**

**Peripheriebus**

**IP65-Lokalbus**

Fernbus-Segment

Bussegmente

X1 X2 X3 X4

X Busklemmen

**Topologie**

Der *INTERBUS* ist als topologischer Ring aufgebaut. An dem vom Master ausgehenden Ring können folgende *Bussegmente* angeschlossen werden:

- Der *Installationsfernbus* eignet sich zum Aufbau von verteilten Unterstationen mit direktem Anschluss von Sensoren und Aktoren.

- Der *Peripheriebus* ist für den flexiblen und kostengünstigen Aufbau einer dezentralen Unterstation konzipiert. Er schließt Flachbaugruppen (Slim-Module) an den Fernbus an.

- Lokalbusse (z.B. *IP65-Lokalbus* oder *LWL-Gerätebus*) sind anwendungsspezifische Teilbusse.

Busgeräte, (*EA-Stationen*) ohne weitergeführte benutzte Schnittstellen beenden das Bussegment. Der Abschluss mit einem Terminator (Abschlusswiderstand) ist nicht notwendig.

Die Datenübertragung erfolgt über eine verdrillte Kupfer-Zweidrahtleitung, Lichtwellenleiter oder auch kabellos.

- *Fernbus:*
  Max. Teilnehmer 256;
  max. Entfernung zwischen zwei Teilnehmern 400 m (Cu);
  max. Netzausdehnungen Cu 12,8 km, LWL ca. 80 km.

- *Installationsfernbus:*
  Max. Strombelastbarkeit 4,5 A;
  max. Entfernung zwischen Busklemme – 1. Modul (X1), Modul – Modul, Busklemme – letztes Modul (X4), 50 m.

- *Peripheriebus:*
  Max. Stromabgabe je Busklemme 800 mA.

- *IP65-Lokalbus:*
  Übertragungsmedium ungeschirmte Cu-Zweidrahtleitung;
  max. Entfernung Teilnehmer – Teilnehmer 10 m;
  max. Leitungslänge in einer Schleife 100 m;
  max. Teilnehmer 32;
  max. Stromaufnahme 1,5 A.

- *LWL-Gerätebus:*
  Übertragungsmedium Polymerfaser-LWL;
  max. Entfernung Teilnehmer – Teilnehmer 5 m;
  max. Leitungslänge in einer Schleife 25 m;
  max. Teilnehmer 63.

**IK**

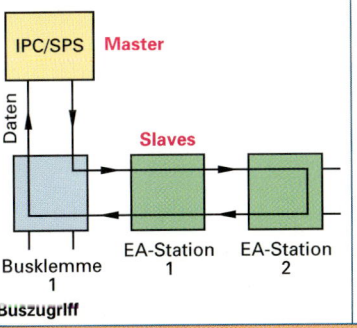

IPC/SPS **Master**

Daten

**Slaves**

Busklemme 1

EA-Station 1    EA-Station 2

**Buszugriff**

Die Datenkommunikation im Interbus beruht auf dem Master-Slave-Prinzip. Die Daten werden dabei vom Master (IPC oder SPS) durch alle Slaves innerhalb des geschlossenen Ringes durchgeschoben. Die Slaves können dabei im Vollduplex-Betrieb (gleichzeitiges Senden und Empfangen) den Bus nutzen. Fällt ein Teilnehmer aus, wird durch eine elektronisch zuschaltbare Brücke im Teilnehmer der Ring wieder geschlossen.

Vorteile des Interbus-Buszugriffsverfahrens:

- Es gibt keine Buszugriffskonflikte.

- Die Zykluszeit des INTERBUS ist sehr klein → echtzeitfähig.

- Jeder Fernbusteilnehmer (z.B. Busklemme) regeneriert (bereitet auf) das Signal.

Eine Busklemme ist ein Element, das an ein ankommendes Fernbussegment angeschlossen wird und zwei weiterführende Schnittstellen bereitstellt.

## Software

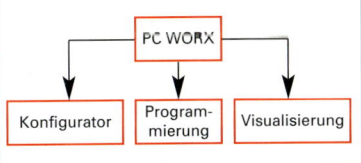

PC WORX

Konfigurator    Programmierung    Visualisierung

Die Software PC WORX von PHOENIX CONTACT dient zur Konfiguration, Programmierung (IEC 1131-3) und Visualisierung von Prozessanlagen.

An den Interbus kann über einen *OPC-Server* auch eine andere Visualisierungssoftware angebunden werden.

IPC Industrie-Personal-Computer. LWL Lichtwellenleiter. OPC von Open Process Control

| Prinzip, Typ | Erklärung | Bemerkung, Daten |
|---|---|---|

## Topologie, Buszugriffsverfahren

**PROFIBUS-PA**

PC/PG

Umsetzer

PA / DP

M

Roboter

SPS

Sensor

**PROFIBUS-DP**

**Topologie**

PROFIBUS ist ein firmenneutraler Feldbus mit den Ausführungsvarianten DP (Dezentrale Peripherie) und PA (Process Automation). Der PROFIBUS-PA wird in explosionsgefährdeten Fertigungsbereichen, z.B. der chemischen Industrie, eingesetzt. Das Bussystem ist in *Bussegmente* aufgeteilt, die über *Repeater* (Wiederholer) miteinander verbunden werden. Die Verbindung der Teilnehmer erfolgt elektrisch mit einer verdrillten Zweidrahtleitung, optisch über Lichtwellenleiter (Glas, PCF und Plastik) mit OLM oder drahtlos über Infrarotstrahlung mit ILM. Im elektrischen Netz müssen zur Vermeidung von Reflexionen im ersten und letzten Teilnehmer Abschlusswiderstände zugeschaltet werden.

Die Profibus-Teilnehmer benötigen Schnittstellenkarten mit entsprechender Kommunikationssoftware.

Typische Zykluszeiten 5 ms bis 10 ms ⇒ echtzeitfähig; maximal 32 Teilnehmer je Bussegment (Linie) im elektrischen Netz; insgesamt maximal 127 Teilnehmer (Repeater zählen als Teilnehmer); Telegrammlänge 0 B bis 246 B Nutzdaten; Bitrate 9,6 kbit/s bis 12 Mbit/s in festen Stufen; max. Bussegmentlänge 1200 m; maximale Netzgrößen elektrisch 9,6 km, optisch 90 km, drahtlos mit ILM 15 m; Netztopologien: elektrisches Netz (Bus, Baum), optisches Netz (Bus, Baum, Ring), drahtloses Netz (Punkt-zu-Punkt, Punkt-zu-Mehrpunkt);

Peripheriegeräte und Feldgeräte sind während des Betriebes an- und abkoppelbar.

---

**Master**  **Slaves**

**Token**

1 | 4
2 | 5
3 | 6

**Token-Passing-Verfahren**

Mit PROFIBUS-DP lassen sich *Mono-Master-Systeme* und *Multi-Master-Systeme* realisieren.

Beim Multi-Master-System gibt es mehrere *Master* (*aktive* Teilnehmer). Der Buszugriff erfolgt durch das *Token-Passing-Verfahren*. Das Zugriffsrecht wird den Mastern durch einen zyklisch umlaufenden *Token* (*Zeichen*) zugeteilt. Nur der Master, der den Token besitzt, kann auf den Bus zugreifen.

*Slaves* (*passive* Teilnehmer) empfangen Daten und dürfen nur bei Anforderung durch einen aktiven Teilnehmer Nachrichten senden.

Typische *DP-Master Klasse 1*: Speicherprogrammierbare Steuerungen SPS, Numerische Steuerungen CNC und Robotersteuerungen RC.

Typische *DP-Master Klasse 2*: Programmiergeräte (PG), Projektierungsgeräte und Diagnosegeräte.

Typische Slaves sind binäre Eingänge/Ausgänge für DC 24 V oder AC 230 V/400 V, analoge Eingänge/Ausgänge, Zähler, pneumatische Ventile, Codeslesegeräte, Messwertaufnehmer oder Antriebssteuerungen.

## PROFIBUS-Standard-Leitungen

● FC Process Cable

● Fiber Optic Standardleitung

● Flexible Fiber Optic Schleppleitung

● Einsatz in explosionsgefährdeten und nicht explosionsgefährdeten Bereichen.

● Universelle Leitung für den Einsatz im Innen- und Außenbereich.

● Einsatz bei zwangsweisen Bewegungsführungen wie bewegte Maschinenteile.

● Bis zur Verlegung ist die Busleitung an beiden Enden mit je einer Schrumpfkappe zu versehen.

● Abhörsicher, da keine Abstrahlung der Leitung existiert; sehr leicht.

● Einsatz im Innen- und Außenbereich, Lieferung in festen Größen.

OLM = Optical Link Modules, ILM = Infrared Link Modules, PCF = Polymer Cladded Fiber

IK

## Fernwirksysteme  Systems for remote control

### Baugruppen

| Art | Erklärung | Daten, Beispiele |
|---|---|---|
| Messgrößen<br>$u, i, p$<br>$\vartheta$<br>$f, R$ → Messwert-umformer → $U_a$, $I_a$<br>**Sensoren und Messwertumformer** | Mit Sensoren werden die benötigten Größen erfasst. Messumformer wandeln die Messgrößen in entsprechende Signale um. Übertragungseinrichtungen leiten diese weiter. | Drehzahl: 20/min bis 7000/min<br>Temperatur: −40 °C bis 160 °C<br>Für das Messen von Spannungen, Strömen und Leistungen von Generatoren und Motoren. |
| $U_e$, $I_e$, $U_a$, $I_a$ → Prozessrechner Eingabe, Verarbeitung, Ausgabe<br>**Zentrale** | In der Zentrale werden die eingehenden Signale ausgewertet und im Leitstand angezeigt. Auswertungen erfolgen automatisch oder durch Dialog mit dem Bedienpersonal. | Je nach der anfallenden Datenmenge werden PC, SPS, Workstation oder Prozessrechner verwendet. |
| (M) (M) ← Steuer-einrichtung ← $U_a$, $I_a$<br>**Aktoren und Steuereinrichtung** | Steuereinrichtungen setzen die Signale der Zentrale so um, dass über entsprechende Aktoren die Anlage gesteuert werden kann. | Aktoren sind Schütze, Relais, Ventile, Pumpen, Servomotoren. |

### Messwertübertragungseinrichtungen

| Übertragungsart | Erklärung | Daten |
|---|---|---|
| $n$, $I_a$ → verdrillte Leiter → $I_a$, $n$<br>**Gleichstromleitung** | Die Messgröße kann als eingeprägte Messspannung $U_a$ oder als eingeprägter Messstrom $I_a$ übertragen werden. Meist werden verdrillte Zweidrahtleitungen verwendet. | Ausgangsgleichspannungen $U_a$ von 1 V bis 10 V.<br>Kurzschlussstrom ≤ 50 mA.<br>Ausgangsgleichströme $I_a$ 2,5 mA, 5 mA, 10 mA, 20 mA.<br>Leerlaufspannung ≤ 30 V. |
| LWL<br>**Glasfaserleitung (LWL)** | Sender und Empfänger für Glasfaserleitungen werden zur optischen Übertragung von digitalen Daten verwendet. Der Sender arbeitet mit IRED, LED oder Laserdiode, der Empfänger mit einer Fotodiode. | Bitrate für TTL-Übertragung bis 5 Mbit/s.<br>Bitrate für V.24-Übertragung bis 100 kbit/s.<br>Übertragungsentfernung je nach Kabel: 200 m bis 3000 m. |
| **Tonfrequenz** | Die Pulsfrequenz schaltet den Tonfrequenzsender entsprechend ein und aus. Der Tonfrequenzempfänger arbeitet als AM-Empfänger, der das jeweilige Sendesignal selektiv ausfiltert und eingeprägte Ausgangssignale abgibt. | Frequenzbereich 300 Hz bis 3400 Hz.<br>Kanalzahl 1 bis 25.<br>Frequenzabstand 120 Hz/Kanal.<br>Sendepegel ≤ 625 mV bei 1 Kanal.<br>Sendersummenpegel ≤ 385 mV für alle verwendeten Kanäle. |
| $n$, $f$ → → $f$, $n$<br>**Pulsfrequenz** | Die Eingangsgröße wird in ein Signal mit einer proportionalen Pulsfrequenz umgeformt. Auf der Empfangsseite wird aus den Sendepulsen mit einem Frequenz-Spannungs-Umsetzer ein zur Frequenz proportionaler, eingeprägter Gleichstrom oder eine eingeprägte Gleichspannung erzeugt. | Frequenzbereich 5 Hz bis 15 Hz. Für $u_e = 0$ V ist bei unipolarem Eingang $f_0 = 5$ Hz, bei bipolarem Eingang $f_0 = 10$ Hz. Impulsform rechteckförmig.<br>Tastgrad 1 : 2<br>Spannungspegel bei Einfachimpulsen 20 V, bei Doppelimpulsen ± 20 V. |

| | | | | | |
|---|---|---|---|---|---|
| $f_0$ | ungetastete Frequenz | $n$ | Drehzahl (als Beispiel für Messgröße) | $U_a$ | Ausgangsspannung |
| $I_a$ | Ausgangsstrom | $t$ | Zeit | $u_e$ | Eingangsspannung |
| LWL | Lichtwellenleiter | | | | |

IK

# Messumformer und Signalumsetzer für Fernwirksysteme
## Measuring converter and transducer for remote control systems

**IK**

| Aufbau | Erklärung | Daten |
|---|---|---|
| **Messumformer** | Messumformer gibt es für das Messen von Wechselspannungen und Wechselströmen. Messumformer, die ihre Betriebsspannung dem Messsignal entnehmen, nennt man passive Umformer. Diese Umformer sind nur für sinusförmige Eingangsgrößen geeignet. Messumformer mit eigener Betriebsspannung werden aktive Umformer genannt. | Eingangsspannungen: AC 40 V bis 500 V. Bemessungsfrequenzen: AC 50 Hz und 60 Hz. Eingangsbemessungsströme: AC 1 A bis 10 A. Die Messumformer besitzen eine Schnappbefestigung für Hutschienen mit 35 mm Breite. Über zwei zusätzliche Schraubklemmen wird die Betriebsspannung angeschlossen. |
| **Übersichtsschaltplan eines passiven Messumformers** **Übersichtsschaltplan eines aktiven Messumformers** | Das Eingangssignal $U_e$ oder $I_e$ wird über einen Transformator ① an die Gleichrichterbaugruppe ② angeschlossen. Ein Tiefpass-Filter ③ beseitigt Störfrequenzen und steuert den Ausgangsverstärker ④ an. Eine Schutzbeschaltung ⑤ schützt den Ausgang bei Kurzschluss und Überspannungen. Mit einer Nullpunktunterdrückungsschaltung ⑥ kann der Ausgangsstrom gedehnt dargestellt werden. ⑦ Transformator für die Betriebsspannung. | Ausgangsströme der Messumformer: 0 mA bis 1 mA, 0 mA bis 2,5 mA, 0 mA bis 5 mA, 0 mA bis 10 mA und 20 mA. Restwelligkeit 0,5% von $\hat{i}_A$. Einstellzeit ≤ 350 ms für 99% vom Endwert von $\hat{i}_A$. Eingangssignale aktiver Messumformer: Sinussignal, Rechtecksignal, Dreiecksignal und Signale mit Phasenanschnitt. |
| **Signalumsetzer für LWL** **Übersichtsschaltplan einer Übertragungsstrecke mit Signalumsetzern für LWL** | Für die störsichere Datenübertragung werden Signalumsetzer mit LWL (Lichtwellenleiter) verwendet. Es gibt Signalumsetzer für die Schnittstelle RS232 mit 9-poligem Sub-D-Stecker (**Bild**) und die Schnittstelle RS485 mit Schraubanschlüssen A und B. Der Anschluss der Lichtwellenleiter erfolgt mit SMA-Schraubanschlüssen. | Glasfaserdurchmesser: 50 µm oder 125 µm. Maximale Glasfaserlänge: 3000 m. Bei Schnittstelle RS232 bedeutet Licht AUS ≙ L-Pegel und Licht EIN ≙ H-Pegel. Die Zuordnung ist umschaltbar. Bei Schnittstelle RS485 bedeutet Licht EIN ≙ H-Pegel und Licht AUS ≙ L-Pegel. Betriebsspannung $U_b$: AC oder DC |

| | | | |
|---|---|---|---|
| $I_e$ Eingangsstrom | $\hat{i}_A$ Spitze-Tal-Wert von $I_A$ | $U_b$ Betriebsspannung | SMA Subminiatur-Adapter |
| $I_A$ Ausgangsstrom | $U$ Signalspannung | $U_E$ Eingangsspannung | $\Phi_v$ Lichtstrom |

# Programmierbarer Messumformer für Fernwirksysteme
## Programmable measuring converter for remote control systems

| Prinzip, Vorgang | Erklärung | Bemerkung, Daten, Beispiel |
|---|---|---|

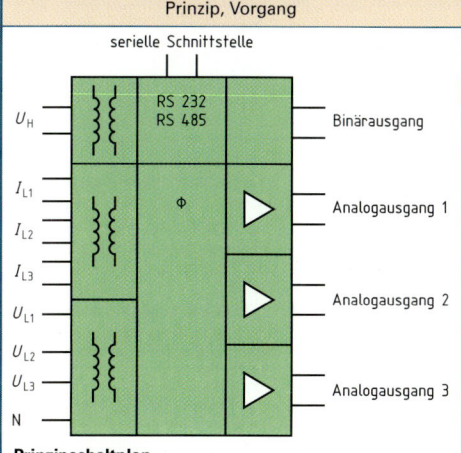

**Prinzipschaltplan**

Es sind drei Leiterspannungen und drei Leiterströme gleichzeitig auswertbar. Die Eingangswechselgrößen werden in zur Messgröße proportionale Gleichspannungen gewandelt. An jedem der analogen Ausgängen können Spannung, Strom, Wirkleistung, Blindleistung, Scheinleistung, Leistungsfaktor, Phasenverschiebungsfaktor, Phasenwinkel oder Frequenz ausgegeben werden. Der Binärausgang liefert z. B. Impulse zur Arbeitsmessung.

Eingangsspannungen: AC 230 V/400 V.

Bemessungsfrequenzen $16\frac{2}{3}$ Hz, 50 Hz und 60 Hz.

Eingangsströme 1 A bis 10 A.

Der Messumformer besitzt eine Schnappbefestigung für Hutschienen mit 35 mm Breite.

Binärausgang 256 bis 7200 Impulse/h.

Schnittstellen RS232 oder RS485 mit Bitraten von 2400 bit/s bis 19200 bit/s.

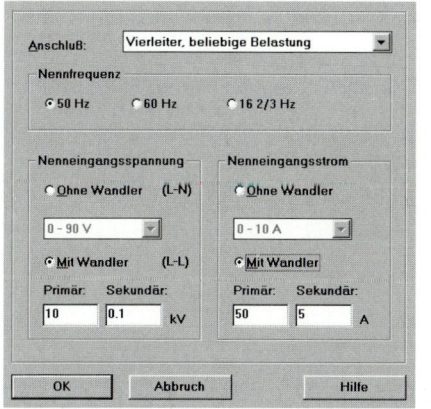

**Anschlussplan für ein Vierleiter-Drehstromnetz mit beliebiger Belastung (im Hochspannungsnetz)**

Strangströme
$I_1$ an Klemmen 1 und 2,
$I_2$ an Klemmen 3 und 4,
$I_3$ an Klemmen 5 und 6.

Spannungen
$U_1$ an Klemme 8,
$U_2$ an Klemme 9,
$U_3$ an Klemme 10.
N-Leiter an Klemme 7

Es können neun vom Messumformer erzeugte Signale auf dem Bildschirm eines PC in digitaler und/oder analoger Form ausgegeben werden (**Bild**).

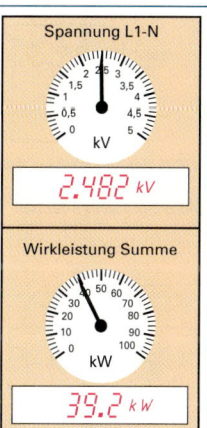

**IK**

**Fensterausschnitt zum Einstellen der Eingangsgrößen**

**Grundeinstellungen**
● Anschlussart auswählen,
● Nennfrequenz (Bemessungsfrequenz) anklicken,
● Eingangsspannung wählen,
● Eingangsstrom wählen.

**Ausgänge festlegen**
Ausgang anklicken
● Messgröße einstellen,
● Messbereich einstellen,
● Ausgangssignalart einstellen.

**Kalibrieren (Eichen)**
Sollwert eingeben,
Kalibrierschaltfläche im Menü Gerät anklicken.

Dreileiter oder Vierleiter, beliebige Belastung.
50 Hz, 60 Hz, $16\frac{2}{3}$ Hz.

Ohne Wandler, mit Wandler.

Ohne Wandler, mit Wandler.

Ausgang 1, Ausgang 2, Ausgang 3 oder Binärausgang.
Wirkleistung, Strom.
1 MW bis 100 MW
0 mA bis 20 mA

70 V, 230 V, 400 V.
Gerät wird auf die neuen Werte eingestellt.

**IK**

### Teilnehmeranschlussarten

| Schaltung | Erklärungen |
|---|---|

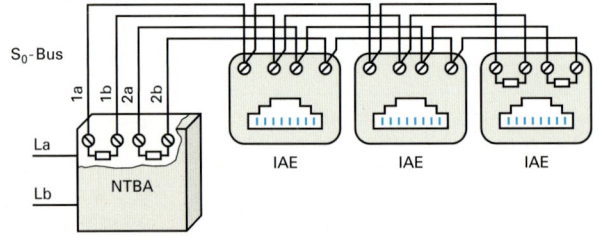

**Analoger Anschluss**

Netzabschlussdose — TAE 2×6 NF — TAE 2×6 NF

Netzabschluss ist meist eine TAE 3 x 6 NFN-Dose. An ihr kann die Funktion der Telefonleitung durch Einstecken eines Telefongerätes am Anschluss F oder eines Nebenstellengerätes N, z.B. Anrufbeantworter, geprüft werden.

Weitere Dosen TAE werden in Reihe geschaltet (**Bild**).

Oft verwendete Dosen sind z.B. TAE 3 x 6 NFN, TAE 2 x 6 NF und TAE 6F.

Die Dosen enthalten Kontakte, die durch Einstecken eines Gerätesteckers geöffnet werden.

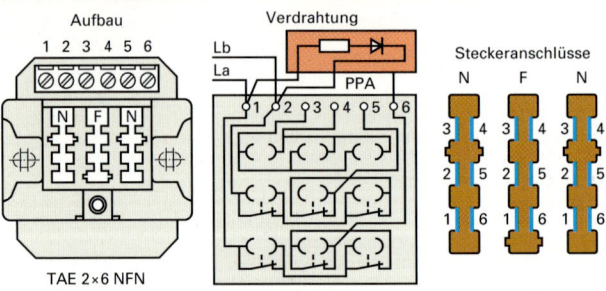

**ISDN-Basisanschluss (Mehrgeräteanschluss)**

Netzabschluss ist ein NTBA mit dem $S_0$-Bus. Der $S_0$-Bus hat vier Leiter.

Busförmiges (paralleles) Anschalten von bis zu 12 Anschlussdosen. Abschluss der Vierdrahtleitung am Anfang und am Ende durch Abschlusswiderstände der Größe vom Wellenwiderstand (100 Ω).

Die letzte Dose muss mit zwei 100-Ω-Widerständen bestückt werden.

### Anschlusssysteme

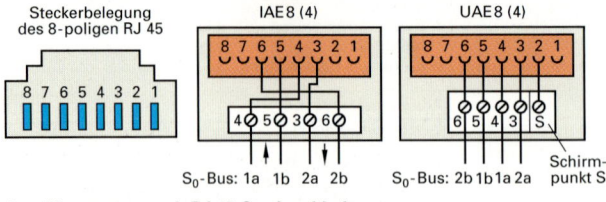

Aufbau — Verdrahtung — Steckeranschlüsse

**TAE 2×6 NFN**

**Analoges Anschlusssystem mit TAE**

Mit PPA:

Analoger Netzabschluss bei einfachen Endstellen. Dieser fällt in die Zuständigkeit des Netzbetreibers. Wegen des PPA kann der Netzbetreiber durch Adertauschen vom Prüfplatz aus prüfen, ob die Leitung gleichstrommäßig in Ordnung ist.

Ohne PPA:

Anschluss eines F-Gerätes und in Reihenschaltung dazu bis zwei N-Geräte.

Steckerbelegung des 8-poligen RJ 45 — IAE 8 (4) — UAE 8 (4)

$S_0$-Bus: 1a 1b 2a 2b — $S_0$-Bus: 2b 1b 1a 2a — Schirmpunkt S

**Anschlusssysteme mit RJ-45-Steckverbindern**

Zu beachten ist die unterschiedliche Belegung der Anschlüsse bei IAE-Dosen und UAE-Dosen. Oft haben nur die mittleren vier Anschlüsse Kontaktfedern.

Es gibt auch UAE-Dosen mit 8 Anschlüssen, z.B. die Dosen UAE 8 (8) für RJ-45-Stecker.

Der 6-pol. RJ-12-Stecker wird für analoge Anschlüsse verwendet.

| | | |
|---|---|---|
| IAE | ISDN-Anschluss-Einheit | |
| UAE | Universal-Anschluss-Einheit | |
| NTBA | Network Termination for Basic Access = Netzwerkabschluss für den Basisanschluss | |
| PPA | Passiver Prüfabschluss | |
| RJ | Registered Jack = genormter Stecker (Standardisierter Steckverbinder) | |
| TAE | Telekommunikations-Anschlusseinheit | |

# Telekommunikation mit ISDN
## Telecommunication by International Services Digital Network

| ISDN-Netzschnittstellen | Erklärung | Bemerkung |
|---|---|---|
| <br>**Anlage mit $U_{K0}$-Schnittstelle** | Die $U_{K0}$-Schnittstelle verbindet die Teilnehmervermittlungsstelle mit dem Netzabschlussgerät. | NT   **N**etwork **T**erminal (Netzabschlussgerät)<br><br>TVSt  Teilnehmervermittlungsstelle |
| <br>**Anlage mit $S_0$-Schnittstelle** | Am Netzabschlussgerät NT wird der $S_0$-Bus angeschlossen. Es dürfen höchstens 8 Endgeräte am $S_0$-Bus in Betrieb sein. | TE   Terminal Equipement, z.B. ISDN-Telefon<br><br>$S_0$-Bus vierdrähtiger Bus |
| <br>**Anlage mit R-Schnittstelle** | Über die a/b-Schnittstelle werden analoge Endgeräte mit einem TA an das ISDN angeschlossen. | TA   Terminaladapter |

## Anschlusseinheiten und Leitungslängen bei der Teilnehmerinstallation

| | | |
|---|---|---|
| <br>**Punkt-zu-Punkt-Anschaltung** | Nur eine IAE-Dose an einen Basisanschluss installiert. $S_0$-Bus mit Widerständen von 100 Ω abschließen. Die max. Leitungslängen sind vom Kabeltyp abhängig. | TK-Anl Telekommunikationsanlage<br><br>IAE   ISDN-Anschluss-Einheit |
| <br>**Punkt-zu-Mehrpunkt-Verbindung** | Auf einer Länge von max. 150 m können bis zu 12 IAE-Dosen installiert werden. Das gilt auch, wenn der NT in der Mitte des $S_0$-Busses angeschlossen ist. | Es dürfen höchstens 8 TE am $S_0$-Bus angeschlossen sein.<br><br>An den Leitungsenden sind Abschlusswiderstände mit 100 Ω erforderlich. |

**IK**

## Dienstmerkmale

| Dienst | | Bemerkungen | Dienst | | Bemerkungen |
|---|---|---|---|---|---|
| Anklopfen | CW | Anzeige bei besetztem Telefon | Geschlossene Benutzergruppe | CUG | Festgelegte Benutzergruppe |
| Anrufweiterschaltung | DDS | Weiterleitung auf anderen Anschluss | Halten | HOLD | Gespräch halten |
| Dreierkonferenz | 3PTY | Drei Teilnehmer zusammengeschaltet | Mehrfachnummer | MSN | Rufnummer zuordnen |
| | | | Rufnummerübermittlung | CLIP | Rufnummer wird übermittelt |
| Durchwahl | DDI | Direktwahl an TK-Anlage | Rufnummerunterdrückung | CLIR | Rufnummer wird nicht angezeigt |
| Gebührenanzeige | AOC | Gebühreninformationen | | | |

**IK**

| Prinzip, Schaltung | Erklärung | Bemerkung, Daten |
|---|---|---|
| <br>**DSL-Anschluss** | Der Internetzugang über das Telefonnetz erfolgt auf drei Arten über<br><br>● ein externes Modem oder eine interne PC-Karte über analogen Telefonanschluss,<br><br>● eine interne PC-ISDN-Karte über NTBA des ISDN-Telefonanschlusses oder<br><br>● einen DSL-Splitter, ein DSL-Modem und eine Ethernet-Netzwerkkarte über einen analogen oder ISDN-Telefonanschluss.<br><br>Der Splitter dient zur Trennung des DSL-Signals und des Telefon- bzw. ISDN-Signals. Bei ISDN können während des Internetzugangs beide Kanäle A, B und beim Analoganschluss kann der Telefonkanal genutzt werden. | Maximale Bitraten<br>● Analoganschluss, 56 kbit/s,<br>● ISDN-Anschluss, 64 kbit/s, mit Kanalbündelung, 128 kbit/s,<br>● DSL-Anschluss (meist ADSL), Downstream (Internet ⇒ PC), 768 kbit/s bis 3072 kbit/s, Upstream (PC ⇒ Internet) 128 kbit/s bis 192 kbit/s.<br><br>DSL-Anschlüsse sind örtlich begrenzt, da die Kommunikationsleitung von der Vermittlungsstelle zum Hausanschluss aus Kupfer bestehen muss und nicht länger als etwa 4 km sein darf. Durch den Einsatz eines DSL-Routers (Hardware oder Software) können mehrere PCs über einen DSL-Anschluss auf das Internet zugreifen. |
| <br>**Powerline-Anschluss** | Die Powerline Communication-Technologie PLC nutzt als Kommunikationskanal das vorhandene Stromnetz. Das PLC-Modem koppelt das aufmodulierte Datensignal aus dem 230 V/400 V-Netz aus. Der Anschluss zum PC erfolgt über z. B. USB- oder RJ-45-Kabel. Der PLC-Hauskoppler erfüllt drei Aufgaben:<br><br>● Umwandlung des Outdoor-Signals in ein Indoor-Signal (Wechsel des Frequenzbandes),<br><br>● Fehlerausgleich, durch Mehrfachverschickung von Daten bei Kommunikations-Störungen,<br><br>● Server- und Routerfunktion für die verschiedenen PLC-Modem. | Datenübertragungsraten: Downstream und Upstream maximal 2 Mbit/s. Sofern nicht jeder PC mit einem Modem ausgestattet wird, kann ein LAN-Netz aufgebaut werden. Der mit einem PLC-Modem ausgerüstete Server übernimmt den Datenaustausch mit den Clients.<br><br>Lediglich für die Erstinbetriebnahme des mit PLC-Modem ausgestatteten PC ist eine Starter-Software erforderlich, die bestimmte Grundeinstellungen vornimmt. Zum Lesen von Internetseiten werden die gängigen Browser verwendet. |
| <br>**Provider-Netzzugangssoftware** | Der Zugang zum Internet erfolgt über Internet Service-Provider. Die Verbindung zum Provider kann direkt über ein in Windows eingerichtetes DFÜ-Netzwerk erfolgen oder über vom Provider speziell angebotene Software. Diese ermöglicht zusätzlich das Betrachten von Internetseiten mittels Standardbrowsern, das Verschicken elektronischer Post (E-Mail), die Ausführung sämtlicher Bankgeschäfte (Onlinebanking) sowie Unterhaltungen (Messenger) über das Internet. | Web-Adressen einiger Provider: www.t-online.de, www.aol.com, www.1und1.de, www.mozilla-europe.org.<br><br>Standardbrowser: Microsoft Internet Explorer, Netscape Communicator, Firefox.<br><br>Typische Tarifstrukturen:<br>● zeitabhängig (Preis je Minute),<br>● Grundgebühr (Preis je Monat) plus zeitabhängiger Anteil,<br>● Flatrate (Pauschalpreis je Monat). |

ISDN Integrated Services Digital Network = dienstintegrierendes Netzwerk, NTBA Network Terminator Basic Access = Netzabschlussgerät, ADSL Asymmetric Digital Subscriber Line = Asymmetrischer Digitaler Teilnehmer Anschluss, provider = Versorger, browser von to browse = schmökern

| Wirkungsweise der Suchdienste | Erklärung | Daten, Bemerkungen |
|---|---|---|

### Anwendung der Suchdienste

**Arbeiten mit einem Suchdienst**

Der Nutzer (User) gibt im Browser die Startadresse eines Suchdienst-Providers ein. Der angewählte Provider startet ein Programm, das seine Startseite an den User schickt. Der User gibt den Suchbegriff ein und klickt den Button Suchen an. Ein gefundener Begriff wird vom Suchprogramm des Providers aus der Datenbank ausgelesen und mit einer Linkliste zum User übertragen. Aus dieser wählt der User einen passenden Link aus.

**Suchmaschinen:**
www.altavista.de
www.excite.de
www.google.de
www.fireball.de
**Suchkataloge:**
www.yahoo.de
www.web.de

Oft führen verschiedene Schreibweisen, z.B. Google.de oder google.de, zum gleichen Provider.

### Informationsgewinnung der Suchdienste

**Arbeitsweise einer Suchmaschine**

Die Begriffe werden vom Suchdienst mittels Software tabellarisch gespeichert („verschlagwortet"), damit sie schnell vom User gefunden werden können.
**Suchmaschine:**
Der Server 1 des Providers durchsucht mit einem Suchprogramm (Spider = Spinne) die Server im Internet ständig nach neuen oder geänderten Seiten und erstellt dabei Listen für die User.
**Suchkatalog:**
Menschen (Redakteure) durchsuchen das Internet nach Begriffen und erstellen Kataloge für die User.

Beim Arbeiten mittels Suchmaschine ist die Zahl der Treffer für einen Suchbegriff deutlich größer (z.B. Faktor 1000) als beim Arbeiten mittels Suchkatalog.

Mit Suchmaschinen können alle Seiten im Internet in wesentlich kürzerem Zeitabstand durchsucht werden als von Redakteuren für Suchkataloge. Bei Suchkatalogen sind unwichtige Informationen ausgefiltert.

**IK**

### Suchen nach Begriffen

| Verknüpfung | Beispiel | Erklärung | Bemerkungen |
|---|---|---|---|
| **UND:** AND, +, &, und ein Leerzeichen. | +EUROPA + Verlag | Suche nach der Wortkombination Europa und Verlag. | Bei Google wird ein Leerzeichen als UND zwischen zwei Begriffen verwendet, bei Altavista wird stattdessen ein + verwendet. Altavista verwendet ein Leerzeichen als ODER. Zwischen Gold und Medaille können bis zu 10 Worte stehen. |
| **ODER:** OR, \|, und ein Leerzeichen. | +Autoreparatur \| Werkstatt | Suche nach Autoreparatur oder Werkstatt. | |
| **Nicht:** NOT, –, ! | Autowerkstatt - Tankstelle | Suche nach Autowerkstatt, Tankstellen sind ausgeschlossen. | |
| **Nähe:** a NEAR b. | Medaille NEAR Gold | Suche nach Medaille und Gold. | |
| **Phrase:** „a b" | "EUROPA Verlag" | Suche nach dem Text Europa Verlag. | |
| **Wildcard:** a* | Gra*ik | Suche nach Grafik und Graphik. | Zum Finden verschiedener Schreibweisen. |

## Datensicherung, Datenschutz  Data security, data protection

| Methode | Erklärung | Bemerkungen |
|---|---|---|
| **Datensicherung** | | |
| Kopierschutz (Dongle, Installationsschutz) | Zu schützendes Anwenderprogramm kommuniziert zeitweise mit dem *Dongle* (Hardwarebox), der auf die parallele Schnittstelle gesteckt wird und ein Echosignal aussendet. Ein *Installationsschutz* verhindert beliebige Installationen über einen Installationszähler, z. B. Abfragen der Host-ID (Nummer des Computers) oder Übertragen einer Schlüsselnummer zwischen Server und Anwender-Computer. | RAM, EPROM im Dongle (Kopierschutzschaltung) enthält eine Verschlüsselungstabelle, die wegen der sehr hohen Verschlüsselungsvarianten, z. B. $2^{64}$, hohen Schutz bietet. Der Installationsschutz ist verhältnismäßig preiswert und ermöglicht die Softwarebindung an einen bestimmten Computer. |
| Virenschutz, Firewall | *Antivirenprogramme* erkennen nicht nur Viren, sondern können diese auch entfernen und häufig beschädigte Dateien in den ursprünglichen Zustand setzen. Eine *Firewall* (von firewall = Brandwand) verhindert den unerlaubten Zugriff aus dem Internet auf den Computer. | Antivirenprogramme müssen regelmäßig aktualisiert werden, da täglich neue Computerviren verbreitet werden. Bei Einzelcomputern wird die Firewall über eine Software hergestellt, in größeren Anlagen/Netzen durch Firewall-Computer. |
| Passwörter, Schlüsselschalter | Jeder Benutzer einer Computeranlage erhält ein eigenes *Passwort*, welches er zu Beginn der Arbeiten am Computer eingeben muss. Bei numerischen und speicherprogrammierbaren Steuerungen (NC/SPS) kann der Anlagenzugang über *Schlüsselschalter* freigeschaltet werden. | Passwörter müssen aus Sicherheitsgründen von Zeit zu Zeit geändert werden. Sie sollten keine Namen oder Geburtsdaten enthalten, sondern eine beliebige Anordnung von Buchstaben und Zahlen. |
| Backup | Die Daten werden regelmäßig, z. B. auf Magnetbandkassetten, CD/DVD oder Backup-Computer (von back up = zurücklegen) gesichert. | Beim Backup einer gerade veränderten Datei soll man diese nicht auf die urspüngliche Datei abspeichern, sondern es wird eine neue Datei mit fortlaufender Versionsnummer angelegt. |
| **Datenschutz** | | |
| Gesetzliche Grundlagen | • Grundgesetz GG, • Bundesdatenschutzgesetz BDSG, • EU-Datenschutzrichtlinie, • Telekommunikationsgesetz TKG, • Telekommunikation-Kundenschutzverordnung TKV, • Urheberrecht. | Die Einhaltung und Überwachung der gesetzlichen Bestimmungen erfolgt durch Datenschutzbeauftragte. Datenschutzbeauftragte sind zu ernennen, wenn mindestens 20 Mitarbeiter sich mit den Daten beschäftigen. Sie sind in der Ausübung des Datenschutzes weisungsfrei. |
| Bundesdatenschutzgesetz BDSG vom 14.01.2003 | Das BDSG dient dem Schutz des Bürgers vor missbräuchlicher Verwendung der über ihn gespeicherten persönlichen Daten. Persönliche Daten sind nach § 3 (1) alle Einzelangaben über persönliche oder sachliche Verhältnisse einer bestimmten Person. Das BDSG gilt für private Einrichtungen und Behörden des Bundes bzw. der Länder, die jedoch umfangreichere Zugriffsrechte auf Daten besitzen. | Anlage zu § 9 „10 Gebote des Datenschutzes": • Zugangskontrolle, • Datenträgerkontrolle, • Speicherkontrolle, • Benutzerkontrolle, • Zugriffskontrolle, • Übermittlungskontrolle, • Eingabekontrolle, • Auftragskontrolle, • Transportkontrolle,• Organisationskontrolle www.bfd.bund.de |

**IK**

Daten → Gefährdung / Sicherheitsmaßnahmen

Sicherheitsmaßnahmen → Technik, Software, Organisation

| Gefährdung | Technik | Software | Organisation |
|---|---|---|---|
| • Hardwarefehler | • Brandschutz | • Passwortkontrolle | • Zutrittskontrolle |
| • Softwarefehler | • USV | • Prüfbit-Technik | • Datenschutzbeauftragter |
| • Fehlbedienung | • Überspannungsschutz | • Plausibilitätskontrollen | • Protokollierung |
| • Sabotage, Diebstahl | • mech. Schreibschutz | • Virenschutz, Firewall | • mehrfache Datenhaltung |
| • Höhere Gewalt, z. B. Feuer, Blitz | • Dongle | • Prüfziffernverfahren | • Durchführung von Backup |
| | • Schlüsselschalter | • Generationenprinzip | • Datenträgertransport |
| | • Alarmanlage, Safe | • Installationsschutz | • Anwenderschulung |

**Gefährdungsbereiche und Maßnahmen der Datensicherung (Auswahl)**

# Antennen, Betriebsmittel für Antennenanlagen
## Antennas, electrical equipments for antenna arrays

| Bereich | LW | MW | UKW | FI | FIII | FIV/V | FVI | Bemerkungen |
|---|---|---|---|---|---|---|---|---|
| Empfangs-Antenne | Draht- oder Stabantenne, Ferritantenne | | Dipole, Kreuzdipole, Yagia. | Yagiantennen | | | Para-bol-anten-ne | Bemerkungen |
| Frequenz-bereich in MHz | 0,149 bis 0,284 | 0,527 bis 1,607 | 87,5 bis 108 | 47 bis 68 | 174 bis 230 | 470 bis 862 | 11 700 bis 12 750 | Bei FVI wird die Empfangsfrequenz im LNC auf 950 MHz bis 2050 MHz umgesetzt. |
| Antennenweiche | 1,5 dB | 1,5 dB | 1,5 dB | 1 dB | 1 dB | 0,5 dB | 0,8 dB | $A_K$ = 40 dB, SM ≥ 65 dB |
| Stammleitungs-verteiler | 9 dB | 9 dB | 5,5 dB | 5,5 dB | 5,5 dB | 6 dB | 4,5 dB | $A_K$ = 22 dB zwischen den Ausgängen, SM ≥ 65 dB |
| Stich-leitungs-verteiler $A_D$ | 1 dB | 1 dB | 1 dB | 1 dB | 1 dB | 1dB | 2,5 dB | $A_K$ = 36 dB zwischen den Abzweigern, SM ≥ 65 dB |
| Stich-leitungs-verteiler $A_A$ | 20 dB | 20 dB | 20 dB | 20 dB | 20 dB | 20 dB | 15 dB | |
| Steckdosen für Einzel-Ant.-Anlagen $A_A$ | 0,5 dB | 0,5 dB | 1 dB | 0,8 dB | 0,5 dB | 0,5 dB | 1,5 dB | $A_K$ = 0 dB, SM ≥ 65 dB |
| für GA-Anlagen $A_D$ | 0,8 dB | 0,8 dB | 0,8 dB | 0,8 dB | 0,8 dB | 0,8 dB | 1,5 dB | $A_K$ = Rdf ↔ TV ≥ 50 dB, |
| für GA-Anlagen $A_A$ | 16 dB | 16 dB | 16 dB | 14 dB | 14 dB | 14 dB | 14 dB | TV ↔ TV ≥ 34 dB, SM ≥ 65 dB |
| A.-Verstärk. $G_u$ | 26 dB | 26 dB | 34 dB | 34 dB | 33 dB | 34 dB | 25 dB | SM = 61 dB |
| $L_{umax}$ am Ausgang | 111 dBμV | 111 dBμV | 116 dBμV | 116 dBμV | 116 dBμV | 116 dBμV | 95 dBμV | $L_{umax}$ gilt je Kanal bei Verstärkung von zwei Kanälen. |

**Antennen**

Stabantenne — $G_A = 0$ dB, $R_A = 37\,\Omega$

Dipolantenne — $G_A = 0$ dB, $R_A = 75\,\Omega$

Faltdipol — $G_A = 0$ dB, $R_A = 300\,\Omega$

Kreuzdipol — $G_A = -3$ dB, $R_A = 37\,\Omega$

Yagiantenne — $G_A = 5$ dB, $R_A = 300\,\Omega$

Yagiantenne — $G_A = 7$ dB, $R_A = 300\,\Omega$

Richtcharakteristik einer Richtantenne

$$G_A = 20 \cdot \lg \frac{U_2}{U_1}$$

$$G_{VR} = 20 \cdot \lg \frac{U_2}{U_3}$$

**Koaxialleitung**

| | |
|---|---|
| Wellenwiderstand: | 75 Ω |
| Gleichstromwiderstand bei 100 m Leitungslänge und Kurzschluss am Leitungsende | 2,3 Ω bis 10 Ω |
| Schirmungsmaß: | 55 dB bis 75 dB |
| Verlegung: Direkt in Putz oder auf Putz, in Isolierrohren. Sicherheitsabstand zu elektr. Anlagen in Räumen | 10 mm |
| im Freien | 20 mm |

$A$ Dämpfungsmaß, $A_A$ Anschlussdämpfung, $A_D$ Durchgangsdämpfung, $A_K$ Kopplungsdämpfungsmaß, $d_a$ Außendurchmesser, $d_i$ Innendurchmesser, $f$ Frequenz, $G_A$ Antennengewinnmaß, $G_u$ Spannungsverstärkungsmaß, $G_{VR}$ Vor-Rück-Verhältnismaß, $L_{umax}$ maximaler Spannungspegel, $R_A$ Fußpunktwiderstand, SM Schirmungsmaß, $U_1$ Antennenspannung eines Dipols in Hauptempfangsrichtung, $U_2$ Spannung der Mehrelementeantenne in Hauptempfangsrichtung, $U_3$ Spannung der Mehrelementeantenne in Rückwärtsrichtung, $\alpha$ Öffnungswinkel.

# Satellitenantennenanlagen   Antenna arrays for satellite receivers

## Satellitenempfangsantennen

| Antenne, Begriff | Antennenbauform | $d_{min}$ | $d$ in m | Flächenwirkungsgrad | Gewinn bei 12,1 GHz | Halbwertsbreite | Nebenkeulendämpfung | Empfang zirkularer Polarisat. | Windlast in N |
|---|---|---|---|---|---|---|---|---|---|
| Offsetantenne | 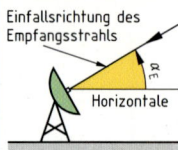 | $\geq 10\,\lambda$ | 0,60 | 60% bis 70% | 34,75 dB | $\leq 3°$ | sehr gut | sehr gut | 276 |
| | | $\geq 10\,\lambda$ | 0,90 | 60% bis 70% | 38,5 dB | $\leq 2°$ | sehr gut | sehr gut | 660 |
| | | $\geq 10\,\lambda$ | 1,20 | 60% bis 70% | 41,2 dB | $\leq 1,5°$ | sehr gut | sehr gut | 1300 |
| Zentral gespeiste Antenne | 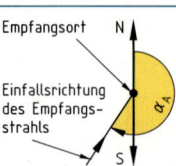 | $\geq 20\,\lambda$ | 1,50 | 50% bis 60% | 43,3 dB | $\leq 1,2°$ | gut | gut | 2000 |
| | | $\geq 20\,\lambda$ | 1,80 | 50% bis 60% | 44,9 dB | $\leq 1,2°$ | gut | gut | 2700 |

## Ausrichten der Antenne

**Elevation (Erhebungswinkel über dem Horizont)**

Einfallsrichtung des Empfangsstrahls

Horizontale

$$\alpha_E = \arctan \frac{\cos \gamma - 0,15105}{\sin \gamma}$$

$$\gamma = \arccos [\cos (L_S - L_A) \cdot \cos B_A]$$

**Azimut (Winkel zwischen der Nordrichtung und der Einfallsrichtung)**

Empfangsort   N

Einfallsrichtung des Empfangsstrahls

S

$$\alpha_A = \arctan \frac{\tan (L_S - L_A)}{\sin B_A} + 180°$$

Östliche Längengrade $L_A$ und $L_S$ sind mit negativem Vorzeichen einzusetzen.

| Empfangsorte | Östliche Länge $L_A$ | Nördliche Breite $B_A$ | Intelsat 605 $L_S$ = 27,5° W | | TV-SAT TDF $L_S$ = 19,0° W | | ASTRA 1B, 1C ... $L_S$ = 19,2° O | | Kopernikus 1 $L_S$ = 23,5° O | |
|---|---|---|---|---|---|---|---|---|---|---|
| | | | $\alpha_E$ | $\alpha_A$ | $\alpha_E$ | $\alpha_A$ | $\alpha_E$ | $\alpha_A$ | $\alpha_E$ | $\alpha_A$ |
| Berlin | 13,24° | 52,31° | 19,4 | 227,4 | 23,2 | 228,6 | 29,9 | 172,7 | 29,4 | 167,1 |
| Bremen | 8,19° | 53,04° | 21,0 | 222,3 | 24,3 | 213,1 | 28,6 | 166,9 | 27,8 | 161,4 |
| Dresden | 13,71° | 51,05° | 20,1 | 228,4 | 24,0 | 219,6 | 31,3 | 172,9 | 30,8 | 167,5 |
| Düsseldorf | 6,47° | 51,12° | 23,4 | 220,9 | 26,8 | 211,5 | 30,3 | 164,1 | 29,3 | 158,5 |
| Halle | 11,97° | 51,49° | 20,6 | 226,5 | 24,4 | 217,5 | 30,7 | 170,8 | 30,1 | 165,4 |
| Hamburg | 9,59° | 53,33° | 20,3 | 223,3 | 23,7 | 214,2 | 28,5 | 168,3 | 27,7 | 162,8 |
| Hannover | 9,44° | 52,24° | 21,2 | 223,6 | 24,7 | 214,4 | 29,6 | 168,0 | 28,8 | 162,4 |
| Kiel | 10,08° | 54,20° | 19,4 | 223,5 | 22,7 | 214,4 | 27,6 | 169,0 | 26,9 | 163,6 |
| Magdeburg | 11,59° | 52,13° | 20,3 | 225,8 | 24,0 | 216,8 | 29,9 | 170,4 | 29,4 | 165,0 |
| Mainz | 8,16° | 50,01° | 23,5 | 223,1 | 27,2 | 213,8 | 31,8 | 166,0 | 30,8 | 160,3 |
| München | 11,34° | 48,08° | 23,4 | 227,3 | 27,5 | 218,2 | 34,3 | 169,8 | 33,5 | 163,8 |
| Rostock | 12,15° | 54,07° | 18,6 | 225,7 | 22,1 | 216,7 | 27,9 | 171,3 | 27,4 | 166,1 |
| Saarbrücken | 6,59° | 49,14° | 24,9 | 221,8 | 28,5 | 212,3 | 32,4 | 163,6 | 31,3 | 158,1 |
| Stuttgart | 9,11° | 48,46° | 24,2 | 224,8 | 28,1 | 215,5 | 33,6 | 166,9 | 32,6 | 161,1 |
| Wiesbaden | 8,14° | 50,05° | 23,5 | 223,1 | 27,1 | 213,8 | 31,7 | 166,0 | 30,8 | 160,3 |

$B_A$ Breitengrad des Antennenstandortes, $d$ Durchmesser der Satellitenantenne, $L_A$ Längengrad des Antennenstandortes, $L_S$ Längengrad des Satellitenstandortes, $\alpha_A$ Azimut, $\alpha_E$ Elevation, $\gamma$ Hilfswinkel, $\lambda$ Wellenlänge

IK

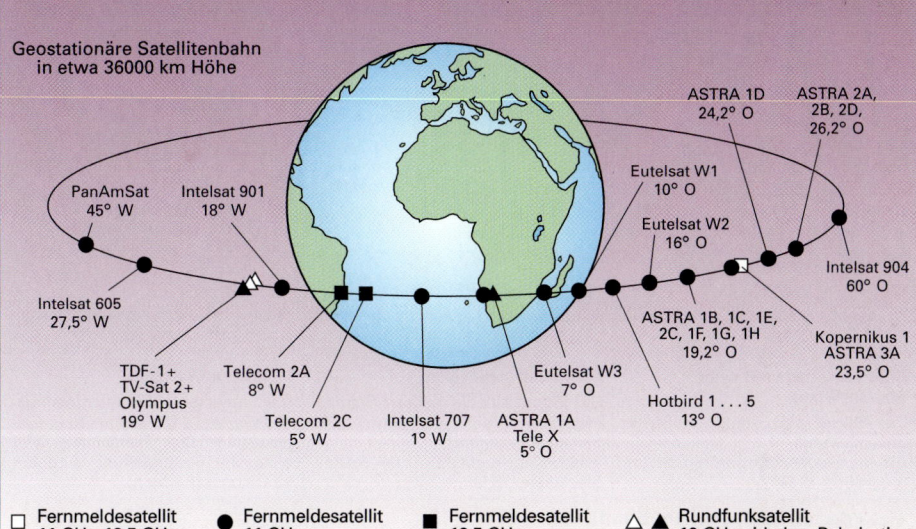

Geostationäre Satellitenbahn
in etwa 36000 km Höhe

ASTRA 1D
24,2° O

ASTRA 2A,
2B, 2D,
26,2° O

PanAmSat
45° W

Intelsat 901
18° W

Eutelsat W1
10° O

Eutelsat W2
16° O

Intelsat 904
60° O

Intelsat 605
27,5° W

ASTRA 1B, 1C, 1E,
2C, 1F, 1G, 1H
19,2° O

Kopernikus 1
ASTRA 3A
23,5° O

TDF-1 +
TV-Sat 2 +
Olympus
19° W

Telecom 2A
8° W

Eutelsat W3
7° O

Hotbird 1 . . . 5
13° O

Telecom 2C
5° W

Intelsat 707
1° W

ASTRA 1A
Tele X
5° O

□ Fernmeldesatellit
11 GHz, 12,5 GHz

● Fernmeldesatellit
11 GHz

■ Fernmeldesatellit
12,5 GHz

△ ▲ Rundfunksatellit
12 GHz, zirkulare Polarisation

## ASTRA-Ausleuchtzonen (Beispiele)

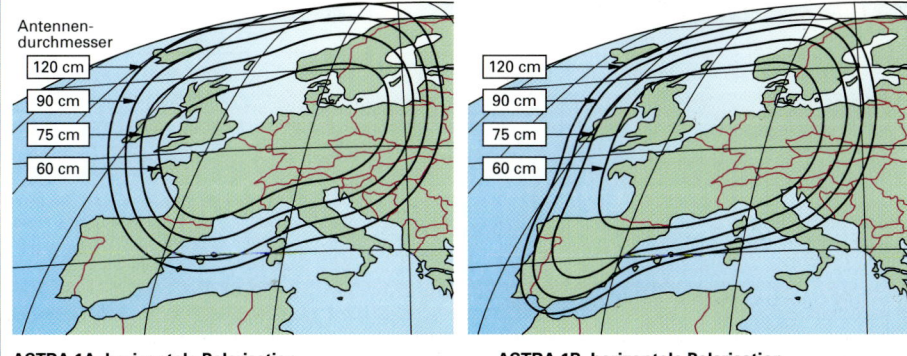

Antennen-
durchmesser

120 cm
90 cm
75 cm
60 cm

**ASTRA 1A, horizontale Polarisation**

120 cm
90 cm
75 cm
60 cm

**ASTRA 1B, horizontale Polarisation**

**IK**

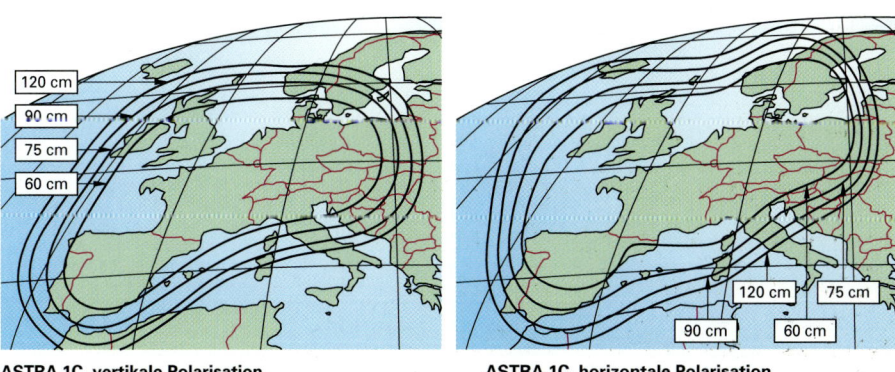

120 cm
90 cm
75 cm
60 cm

**ASTRA 1C, vertikale Polarisation**

120 cm    75 cm
90 cm    60 cm

**ASTRA 1C, horizontale Polarisation**

## Signaleinspeisung

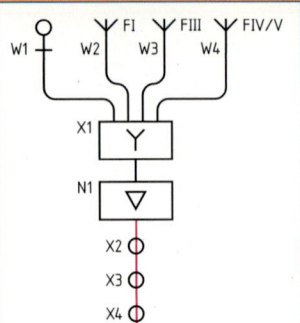

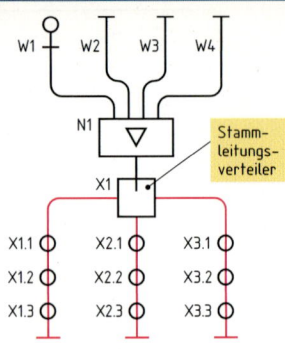

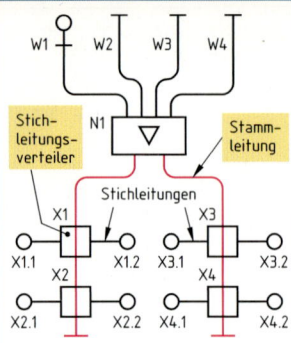

**Antennenanlage mit einer Stammleitung**

Das Signal wird durch die Steckdosen geführt.
Abschlusswiderstand in der letzten Steckdose: 75 Ω

**Stammleitungssystem**

Das Signal wird auf mehrere Stammleitungen verteilt und durch die Steckdosen geführt.
Abschlusswiderstand in der letzten Steckdose: 75 Ω

**Stichleitungssystem**

Das Signal wird über Stichleitungsverteiler aus der Stammleitung ausgekoppelt. Die Stichleitung wird nicht, die Stammleitung wird mit 75 Ω abgeschlossen.

## Geforderter Nutzpegel am Empfänger

| Bereich | LW | MW | UKW Mono | UKW Stereo | FI | FIII | FIV/V | Bemerkung |
|---|---|---|---|---|---|---|---|---|
| $L_{umin}$ in dBµV | 60 | 60 | 40 | 50 | 60 | 60 | 60 | $L_u = 20 \cdot \lg \dfrac{U}{U_0}$ |
| $L_{umax}$ in dBµV | 80 | 80 | 70 | 70 | 80 | 80 | 80 | $U_0 = 1$ µV an 75 Ω |

## Reduzierung des Ausgangspegels bei Antennenverstärkern

| Anzahl der belegten Kanäle | 1 | 2 | 3 | 4 | 5 | 6 | 7 | 8 | 9 | 10 | 11 | 12 | – | – | Bemerkung |
|---|---|---|---|---|---|---|---|---|---|---|---|---|---|---|---|
| Absenkung von $L_{umax}$ in dBµV | 0 | 0 | 2 | 3 | 4 | 5 | 5,5 | 6 | 6,5 | 7 | 7,5 | 8 | – | – | Werden bei Bereichs- und Mehrbereichsverstärkern mehr als zwei Kanäle verstärkt, so ist $L_{umax}$ am Ausgang abzusenken. |

## Entkopplung von zwei Antennensteckdosen

Die Grundentkopplung zwischen zwei beliebigen Dosen muss mindestens 22 dB betragen.

Zwischen den Empfängeranschlüssen für UKW und Fernsehen wird eine Kopplungsdämpfung von mindestens 50 dB gefordert.

Fernsehkanäle können sich gegenseitig stören. Die Kopplungsdämpfung muss ≥ 60 dB sein, wenn folgende Kanalkombinationen auftreten: 5 und 10, 6 und 11, 7 und 12.

Die Kopplungsdämpfung muss ≥ 50 dB sein, wenn folgende Kanalkombinationen auftreten:

| störender Kanal | 2 | | | | 3 | | | | 4 | | | | Bemerkung |
|---|---|---|---|---|---|---|---|---|---|---|---|---|---|
| gestörter Kanal | 5 | 27 | 38 | 49 | 60 | 7 | 21 | 32 | 44 | 56 | 9 | 25 | 38 | 50 | |
| störender Kanal | 5 | 6 | | 7 | | 8 | | 9 | | 10 | | 11 | | 12 | – | |
| gestörter Kanal | 42 | 45 | 47 | 21 | 50 | 22 | 53 | 24 | 55 | 26 | 58 | 28 | 60 | – | Wird der Mindestpegel $L_{umin}$ am Empfängeranschluss um $x$ dB überschritten, so darf der geforderte Mindestwert für die Kopplungsdämpfung von z. B. 50 dB um $x$ dB unterschritten werden. |
| störender Kanal | 21 | 22 | 23 | 24 | 25 | 26 | 27 | 28 | 29 | 30 | 31 | 32 | 33 | 34 | |
| gestörter Kanal | 26 | 27 | 28 | 29 | 30 | 31 | 32 | 33 | 34 | 35 | 36 | 37 | 38 | 39 | |
| störender Kanal | 35 | 36 | 37 | 38 | 39 | 40 | 41 | 42 | 43 | 44 | 45 | 46 | 47 | 48 | |
| gestörter Kanal | 40 | 41 | 42 | 43 | 44 | 45 | 46 | 47 | 48 | 49 | 50 | 51 | 52 | 53 | |
| störender Kanal | 49 | 50 | 51 | 52 | 53 | 54 | 55 | – | – | – | – | – | – | – | |
| gestörter Kanal | 54 | 55 | 56 | 57 | 58 | 59 | 60 | – | – | – | – | – | – | – | |

$L_u$ Spannungspegel, $U$ Spannung, $U_0$ Bezugsspannung

## Montage, mechanische Sicherheit von Antennenanlagen

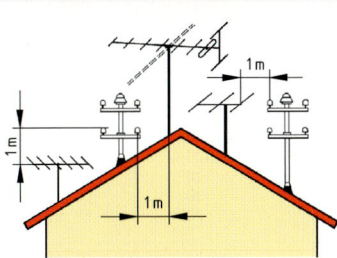

**Abstände von Antennen und Freileitungen**

Zu beachtende Maßnahmen:

Abstände zu Starkstromanlagen einhalten (**Bild**).

Bei Spannungen über 1000 V muss der Abstand mindestens 3 m betragen.

Abstände zu bestehenden Antennen und Fernmeldeanlagen so wählen, dass keine Kopplungen entstehen.

Arbeiten des Schornsteinfegers dürfen nicht behindert werden. Bauteile zur Befestigung von Antennen müssen ausreichende mechanische Festigkeit und Korrosionsschutz aufweisen. Antennenanlagen nicht an Schornsteinen und Entlüftungsschächten montieren.

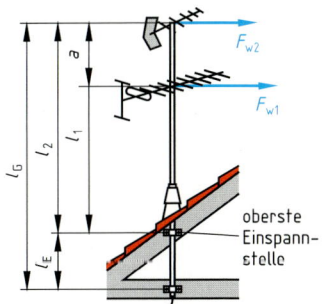

**Montage von Antennen**

| Mindestabstände *a* zwischen den Antennen in m | | | | | |
|---|---|---|---|---|---|
| Art | FI | UKW | FIII | FIV | FV |
| FI | 2,5 | 1,4 | 1,4 | 0,8 | 0,8 |
| UKW | 1,4 | 1,1 | 0,8 | 0,8 | 0,8 |
| FIII | 1,4 | 0,8 | 0,8 | 0,8 | 0,8 |
| FIV | 0,8 | 0,8 | 0,8 | 0,6 | 0,5 |
| FV | 0,8 | 0,8 | 0,8 | 0,5 | 0,5 |

$$M_1 = F_{w1} \cdot l_1$$

$$M_2 = F_{w2} \cdot l_2$$

$$M_G = M_S + M_1 + M_2 + ...$$

$$M_{max} \geq M_G$$

$$l_E \geq 1/6 \cdot l_G$$

Bemerkung:

Sind die Antennen mehr als 20 m über der Geländeoberfläche montiert, so sind die vom Hersteller angegebenen Windlasten mit dem Faktor 1,37 zu multiplizieren.

## Elektrische Sicherheit von Antennenanlagen

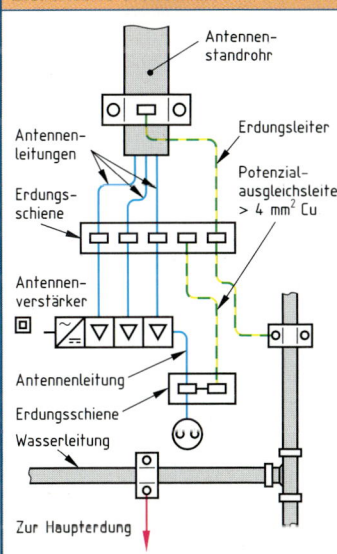

**Erdung einer Antennenanlage**

### Erder

Fundamenterder. Metallene Rohrnetze, im Erdreich liegend und untereinander elektrisch leitend verbunden. Blitzschutzanlagen, Stahlskelette, metallene Wasserverbrauchsleitungen, Heizungsrohrleitungen. Banderder aus verzinktem Stahl, 5 m lang, 0,5 m tief im Erdreich verlegt. Staberder aus verzinktem Stahl, 2,5 m lang im Erdreich.

Bei Einbauantennen, bei Antennen unter der Dachhaut, bei Zimmerantennen und bei Fensterantennen, die 2 m unterhalb der Dachkante montiert sind und höchstens 1,5 m Ausladung haben, ist eine Erdung nicht nötig.

### Erdungsleiter

| Kupfer | 16 mm², blank oder isoliert, z. B. H07V-U, H07V-R, NYY, NYM |
|---|---|
| Aluminium | 25 mm², isoliert, in Innenräumen auch blank, z. B. NAYY |
| Stahl | 50 mm², verzinkt, z. B. Rundstahl mit 8 mm ⌀ oder Bandstahl 2,5 mm x 20 mm |

**IK**

$F_w$ Windlast der Antenne, $l$ Abstand der Antenne zur obersten Einspannstelle, $l_E$ Einspannlänge des Standrohres, $l_G$ gesamte Rohrlänge, $M$ Einspannmoment der Antenne, $M_G$ Gesamtmoment, $M_{max}$ zulässiges Moment des Standrohres, $M_S$ Eigenmoment des Standrohres.
Indizes 1 und 2 für Antennen 1 und 2,  FI, FIII, FIV, FV Fernsehbänder 1, 3, 4, 5

# Breitbandkommunikationsanlagen (BK-Anlagen)
## Systems for broadband communication

## Übertragungstechnische Kennwerte am Übergabepunkt

| Signale am Übergabepunkt | Frequenzbereich in MHz | Kanalraster (Frequenzraster) | Frequenz-abweichung in kHz | Nutzpegel in dBµV |
|---|---|---|---|---|
| Fernsehsignale TV | | | | |
| Bereich FI | 47 bis 68 | 7 MHz | ± 120 | 66 bis 83 |
| Bereich FIII | 174 bis 230 | 7 MHz | ± 120 | 66 bis 83 |
| Unterer Sonderkanalbereich   USB | 111 bis 174 | 7 MHz | ± 120 | 66 bis 83 |
| Oberer Sonderkanalbereich   OSB | 230 bis 300 | 7 MHz | ± 120 | 66 bis 83 |
| Erweiterter Sonderkanalber.   ESB | 302 bis 446 | 8 MHz | ± 120 | 63 bis 83 |
| UKW-FM-Tonsignal, Bereich FII | 87,5 bis 108 | (≥ 300 kHz, Vielfaches von 50 kHz) | ± 20 | 62 bis 79 |
| Digitale Tonsignale | 111 bis 125 | 14 MHz | – | – |
| | 125 bis 139 | 14 MHz | – | – |
| Datensignal in Vorwärtsrichtung | 70 bis 75 | – | – | – |
| Datensignal in Rückwärtsrichtung | 4 bis 10 | – | – | – |
| Pilotsignale | 80, 15 | – | ± 8 | – |
| | 287,25 oder | – | ± 120 | |
| | 280,25 | – | ± 120 | |

## Merkmale am Übergabepunkt

| Merkmale | Kennwerte | Merkmale | Kennwerte |
|---|---|---|---|
| Abweichung der Übergabe-   TV pegel einzelner Signale   UKW | ≤ 3 dB<br>≤ 3 dB | **Differenz der Signalpegel** beim Fernsehen | |
| | | 47 MHz bis 300 MHz | ≤ 8 dB |
| Änderung des Pegels | ≤ 2 dB | 47 MHz bis 440 MHz | ≤ 10 dB |
| | | – bei 1 Zwischenkanal | ≤ 3 dB |
| | | – bei 10 Zwischenkanälen | ≤ 5 dB |
| Rückflussdämpfung in Verteil-richtung bei 47 MHz | ≥ 20 dB | beim UKW-Rundfunk | ≤ 4 dB |
| bis 440 MHz abnehmend | 1,5 dB / Oktave | beim digitalen Hörrundfunk | noch offen |

## Anforderungen für den Anschluss von privaten BK-Anlagen an das BK-Netz

| Merkmale | Kennwerte | Merkmale | Kennwerte |
|---|---|---|---|
| Nutzsignal an   TV Breitbandsteckdosen | 60 dBµV bis 84 dBµV | Kopplungsdämpfung zwischen den Ausgängen von zwei oder mehr Breitbandsteckdosen | |
| Tonsignal | 56 dBµV bis 80 dBµV | Ausgang TV ↔ Ausgang TV | |
| Hochfrequentes Rauschabstands-maß bei Fernsehsignalen | ≥ 49 dB | Frequenzbereich    4 MHz bis 47 MHz<br>47 MHz bis 790 MHz<br>790 MHz bis 862 MHz | ≥ 30 dB<br>≥ 40 dB<br>≥ 30 dB |
| Geräuschspannungsabstandsmaß bei Tonsignalen | ≥ 57 dB | Ausgang TV ↔ Ausgang Rundfunk | |
| Schirmungsmaß bei Koaxialkabel Frequenzbereich 30 MHz bis 108 MHz<br>> 108 MHz bis 470 MHz<br>> 470 MHz bis 862 MHz | ≥ 70 dB<br>≥ 75 dB<br>≥ 70 dB | Frequenzbereich 150 kHz bis 1605 kHz<br>87,5 MHz bis 108 MHz | ≥ 50 dB<br>≥ 50 dB |
| | | Ausgang Rundfunk ↔ Ausgang TV Frequenzbereich 108 MHz bis 862 MHz | ≥ 46 dB |
| Schirmungsmaß für aktive und passive Bauteile Frequenzbereich 30 MHz bis 470 MHz<br>> 470 MHz bis 862 MHz | ≥ 75 dB<br>≥ 65 dB | Ausgang Rundfunk ↔ Ausgang Rundfunk Frequenzbereich 510 kHz bis 1605 kHz<br>87,5 MHz bis 108 MHz | ≥ 22 dB<br>≥ 42 dB |
| Kopplungsdämpfung zwischen Breit-bandsteckdose und Übergabepunkt | ≥ 14 dB | Störstrahlungsleistungspegel im Frequenzbereich 30 MHz bis 1000 MHz | ≤ 20 dBpW |
| Rückflussdämpfung der an den Übergabepunkt angeschlossenen Einrichtungen im Frequenzbereich bis 440 MHz | ≥ 14 dB | Störstrahlungsspannungspegel im Frequenzbereich 30 MHz bis 1000 MHz | ≤ 39 dBµV |

IK

## Teil AS: Automatisierungs- und Antriebssysteme, Steuern und Regeln
### Part AS: Automation and drive systems, Controlling

**303**

## Komponenten, Baugruppen — 304

## Steuern und Regeln — 324

## Motoren, Antriebstechnik — 357

**AS** — Automatisierungs- und Antriebssysteme, Steuern und Regeln

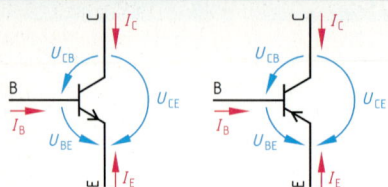

**Bezugspfeile für NPN- und PNP-Transistoren**

$$U_{CE} = U_{BE} + U_{CB}$$

$$I_B + I_C + I_E = 0$$

Für $I_B \ll I_C$:

$$P_- = U_{BE} \cdot I_B + U_{CE} \cdot I_C$$

$$P_- \approx U_{CE} \cdot I_C$$

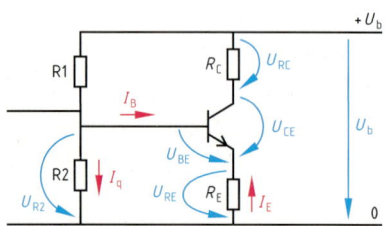

**Basisspannungsteiler**

$$I_q \approx 3 \cdot I_B \text{ bis } 5 \cdot I_B$$
$$U_{R2} = U_{BE} + (I_C + I_B) \cdot R_E$$

$$B = \frac{I_C}{I_B}$$

Für $I_B \ll I_C$:

$$U_{R2} \approx U_{BE} + I_C \cdot R_E$$

$$q = \frac{I_q}{I_B}$$

$$R_2 = \frac{U_{R2}}{I_q}$$

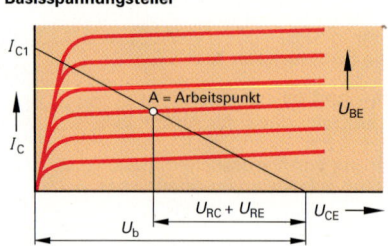

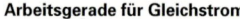

**Arbeitsgerade für Gleichstrom**

A = Arbeitspunkt

Konstruktion der Arbeitsgeraden:
Für $I_C = 0 \Rightarrow U_{CE} = U_b$

$$R_1 = \frac{U_b - U_{R2}}{I_B + I_q}$$

Für $U_{CE} = 0$:

$$I_C = \frac{U_b}{R_C + R_E}$$

$$V_u = \frac{U_2}{U_1} = \frac{u_2}{u_1}$$

$$V_i = \frac{I_2}{I_1} = \frac{i_2}{i_1}$$

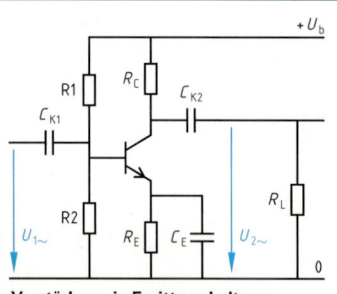

**Verstärkung in Emitterschaltung**

$$V_p = \frac{P_2}{P_1}$$

$$V_p = V_i \cdot V_u$$

Für $R_L = \infty$:

$$Z_L = R_C$$

$$V_i = \beta \cdot \frac{r_{CE}}{r_{CE} + Z_L}$$

$$V_u = \frac{\beta}{r_{BE}} \cdot \frac{r_{CE} \cdot Z_L}{r_{CE} + Z_L}$$

Bei Grenzfrequenz $f_c$:

$$X_{CE} \approx \frac{r_{BE} + R_i}{\beta}$$

$$X_{CK2} = Z_a + R_L$$

$$X_{CK1} = R_i + Z_e$$

**AS**

| | | | | | | |
|---|---|---|---|---|---|---|
| $B$ | Gleichstromverhältnis | $r_{CE}$ | Leerlauf-Ausgangswiderstand | $X_{CE}$ | Blindwiderstand von $C_E$ |
| $f_c$ | Grenzfrequenz | $R_C$ | Kollektorwiderstand | $X_{CK1}$, | Blindwiderstand von $C_{K1}$ |
| $I_B$ | Basisstrom | $R_i$ | Generatorinnenwiderstand | $X_{CK2}$ | und $C_{K2}$ |
| $I_C$ | Kollektorstrom | $U_b$ | Betriebsspannung | $Z_L$ | Gesamtlastwiderstand des |
| $I_E$ | Emitterstrom | $U_{CE}$ | Kollektor-Emitter-Spannung | | Transistors ($Z_L = R_C \parallel R_L$) |
| $I_q$ | Querstrom | $U_{BE}$ | Basis-Emitter-Spannung | $Z_a$ | Ausgangswiderstand |
| $I_1, i_1$ | Eingangsstrom | $U_{CB}$ | Kollektor-Basis-Spannung | | der Stufe |
| $P_-$ | Gleichstromleistung | $U_{R2}$ | Spannungsfall an R2 | $Z_e$ | Eingangswiderstand |
| $q$ | Querstromverhältnis | $U_1, u_1$ | Eingangsspannung | | der Stufe |
| $R_1, R_2$ | Spannungsteiler-Widerstände | $V_i$ | Stromverstärkungsfaktor | $\beta = h_{21e}$ | Kurzschluss- |
| $R_L$ | Lastwiderstand der Stufe | $V_u$ | Spannungsverstärkungsfaktor | | Stromverstärkungsfaktor |
| $r_{BE}$ | Kurzschluss-Eingangswiderstand | $V_p$ | Leistungsverstärkungsfaktor | | |

| Schaltung, Kennlinie | Erklärung | Bemerkungen |
|---|---|---|

## Differenzverstärker

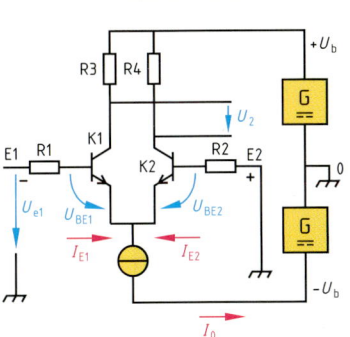

**Differenzverstärker
als Invertierer geschaltet**

Ein Differenzverstärker besteht aus zwei Transistorstufen mit einer gemeinsamen Konstantstromquelle. R3 und K1 sowie R4 und K2 lassen sich als Zweige einer Brückenschaltung auffassen. Die Basis E2 des Transistors K2 wird an Masse gelegt. Die zweite Basis dient als Eingang E1. Durch Anlegen einer kleinen Spannung an E1 wird K1 angesteuert, d.h. sein Durchlasswiderstand ändert sich. Dadurch ändern sich gleichzeitig $U_{BE2}$ gegensinnig und damit auch der Widerstand von K2. Die Ausgangsspannung $U_2$ ist proportional zur Differenz der Eingangsspannungen an E1 und E2. Je nach Eingangssignal liegt die Ausgangsspannung zwischen einem positiven oder negativen Maximalwert ($\pm U_b$).

Meist werden zur Spannungsversorgung zwei Spannungsquellen benötigt (z. B. $U_b = \pm 15$ V).

Die Eingänge werden nach ihrer Wirkung auf den Ausgang als –Eingang (invertierender Eingang) oder +Eingang (nicht invertierender Eingang) bezeichnet.

Die meisten Verstärker-IC haben als erste Stufe eine Differenzverstärkerschaltung.

$$I_0 = I_{E1} + I_{E2}$$

## Verhalten des Operationsverstärkers

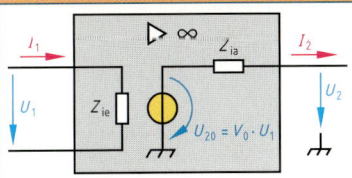

**Ersatzschaltung des
Operationsverstärkers**

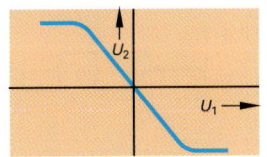

**Ausgangsspannung $U_2$ des
Invertierers als Funktion von $U_1$**

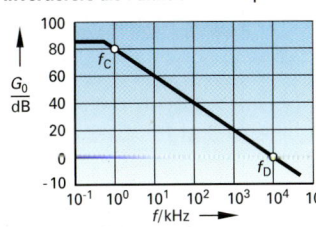

**Frequenzverhalten**

Ein Operationsverstärker besteht meist aus einem Differenzverstärker als Eingangsschaltung und mehreren gleichspannungsgekoppelten Verstärkerstufen, sodass sein Leerlaufverstärkungsfaktor $V_0$ sehr groß ist. Selbst sehr kleine Eingangsspannungen bewirken recht große Ausgangsspannungsänderungen, die nur durch $\pm U_b$ begrenzt werden. Daher wird der Operationsverstärker beschaltet.

Ein Operationsverstärker wirkt invertierend, da $U_2$ positiv bei negativer Ansteuerung an E1 ist. Der Eingang E1 erhält im Schaltzeichen deshalb ein Minuszeichen. Ein Operationsverstärker wirkt dann nicht invertierend, wenn bei positiver Ansteuerung an E2 auch die Ausgangsspannung $U_2$ positiv ist.

Infolge interner Phasendrehung bei hohen Frequenzen besteht Schwingneigung. Daher ist eine Reduzierung der Verstärkung um 20 dB/Dekade notwendig. Es wird dazu eine Gegenkopplung mit einer RC-Schaltung verwendet (Frequenzkompensation). Meist ist diese bereits im IC vorhanden.

### Kenngrößen

| Größe | Typischer Wert | Näherung |
|---|---|---|
| $V_0$ | $10^4$ bis $10^6$ | $\infty$ |
| $Z_{ie}$ | 100 kΩ bis $10^3$ GΩ | $\infty$ |
| $Z_{ia}$ | 10 Ω bis 5 kΩ | 0 |

### Schaltzeichen und Formelzeichen

DIN-Form

übliche Form

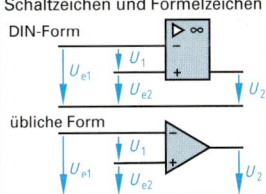

$$Z_{ie} = \frac{U_1}{I_1} \qquad Z_{ia} = \frac{\Delta U_2}{\Delta I_2}$$

$$V_0 = \frac{U_2}{U_1} \qquad G_0 = 20 \lg \frac{U_2}{U_1}$$

$$G_{CM} = 20 \lg \frac{U_2}{U_{1CM}}$$

$$f_c = \frac{f_D}{V}$$

| | | | |
|---|---|---|---|
| $f_c$ | Grenzfrequenz | $I_2$ | Ausgangsstrom |
| $f_D$ | Durchtrittsfrequenz | $U_{e1}, U_{e2}$ | Eingangsspannungen |
| $G_0$ | Leerlauf-Spannungsverstärkungsmaß in dB | $U_1$ | Differenzeingangsspannung |
| | | $U_2$ | Differenzausgangsspannung |
| $G_{CM}$ | Gleichtaktverstärkungsmaß in dB | $U_{1CM}$ | Eingangsspannung bei gleichphasiger Ansteuerung |
| $I_0$ | Konstanter Strom | | |
| $I_1$ | Eingangsstrom | $U_b$ | Betriebsspannung |

$V$ Spannungsverstärkungsfaktor
$V_0$ Leerlauf-Spannungsverstärkungsfaktor
$Z_{ie}$ Eingangsinnenwiderstand bei Differenzansteuerung
$Z_{ia}$ Ausgangsinnenwiderstand
$\Delta$ Zeichen für Differenz

**AS**

# Schaltungen mit Operationsverstärkern 1
## Circuits with operational amplifiers 1

| Schaltung | Formeln | Spannungsverläufe |
|---|---|---|

**Invertierer**

$U_1 \approx 0$
$I_e \cdot R_K + U_a - U_1 = 0$
$I_e \cdot R_e + U_1 = U_e$
$U_a = - I_e \cdot R_K$
$U_e = I_e \cdot R_e$

$$\frac{U_a}{U_e} = - \frac{R_K}{R_e} \qquad V_u = - \frac{U_a}{U_e}$$

Minuszeichen bedeutet Invertieren.

---

**Nichtinvertierer**

$U_1 \approx 0$
$U_e = - I_K \cdot R_Q$
$U_a = - I_K (R_Q + R_K)$

$$\frac{U_a}{U_e} = 1 + \frac{R_K}{R_Q} \qquad V_u = 1 + \frac{R_K}{R_Q}$$

Pluszeichen bedeutet Nichtinvertieren.

---

**Impedanzwandler**

$R_Q = \infty$
$\dfrac{R_K}{R_Q} = 0$
$\dfrac{U_a}{U_e} = 1$

$$V_u = 1$$

$R_e$ ist sehr groß ($\rightarrow \infty$)

---

**Integrierer**

Für nicht sinusförmige Größen:

$$\Delta U_a = - \frac{U_e}{C_K \cdot R_e} \cdot \Delta t$$

Für sinusförmige Größen:

$$\frac{U_{a\sim}}{U_{e\sim}} = - \frac{X_{CK}}{R_e}$$

$$U_{a\sim} = - \frac{1}{R_e \cdot \omega \cdot C_K} \cdot U_{e\sim}$$

---

**Differenzierer**

Für nicht sinusförmige Größen:

$$U_a = - R_K \cdot C_e \frac{\Delta U_e}{\Delta t}$$

Für sinusförmige Größen:

$$\frac{U_{a\sim}}{U_{e\sim}} = - \frac{R_K}{X_{Ce}}$$

$$U_{a\sim} = - R_K \cdot \omega \cdot C_e \cdot U_{e\sim}$$

**AS**

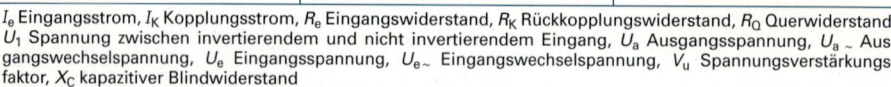

$I_e$ Eingangsstrom, $I_K$ Kopplungsstrom, $R_e$ Eingangswiderstand, $R_K$ Rückkopplungswiderstand, $R_Q$ Querwiderstand, $U_1$ Spannung zwischen invertierendem und nicht invertierendem Eingang, $U_a$ Ausgangsspannung, $U_{a\sim}$ Ausgangswechselspannung, $U_e$ Eingangsspannung, $U_{e\sim}$ Eingangswechselspannung, $V_u$ Spannungsverstärkungsfaktor, $X_C$ kapazitiver Blindwiderstand

# Schaltungen mit Operationsverstärkern 2
## Circuits with operational amplifiers 2

| Schaltung | Formeln | Spannungsverläufe, Stromverläufe |
|---|---|---|
| **Summierverstärker** | $U_{e1} = I_{e1} \cdot R_{e1} + U_1$ $U_{e2} = I_{e2} \cdot R_{e2} + U_1$ $U_1 = R_K (I_{e1} + I_{e2}) + U_a$ $U_1 \approx 0; \ I_1 \approx 0$ $U_a = -R_K (I_{e1} + I_{e2})$ $$U_a = -\left[ \frac{R_K}{R_{e1}} \cdot U_{e1} + \frac{R_K}{R_{e2}} \cdot U_{e2} \right]$$ | |
| **Subtrahierverstärker** | $U_1 \approx 0; \ I_1 \approx 0$ $U_{e1} - U_{e2} = I_{e1} \cdot R_{e1} - I_{e2} \cdot R_{e2}$ $I_{e1} = (U_{e1} - U_a)/(R_{e1} + R_K)$ $I_{e2} = U_{e2}/(R_{e2} + R_Q)$ $$U_a = \frac{R_Q(R_{e1} + R_K)}{R_{e1}(R_{e2} + R_Q)} \cdot U_{e2} - \frac{R_K}{R_{e1}} \cdot U_{e1}$$ | |
| **Spannungskomparator** | $U_1 \approx 0; \ I_1 \approx 0; \ V_0 \approx 10^4 \dots 10^5$ $U_{e1} \quad U_{e2} - U_1 = 0$ $U_1 = U_{e1} - U_{e2}$ $U_a = -V_0 \cdot U_1 = -V_0 \cdot (U_{e1} - U_{e2})$ Volle Aussteuerung, wenn $U_{e1} \neq U_{e2}$ $$U_a = +U_b, \text{ wenn } U_{e1} < U_{e2}$$ $$U_a = -U_b, \text{ wenn } U_{e1} > U_{e2}$$ | |
| **Spannungs-Stromumsetzer** | $U_1 \approx 0; \ I_1 \approx 0$ $I_{e1} \cdot R_K = -I_Q \cdot R_Q$ $U_e = I_{e1} \cdot R_{e1}$ $I_L = -I_{e1} + I_Q$ $$I_L = -\frac{1}{R_{e1}} \left( 1 + \frac{R_K}{R_Q} \right) \cdot U_e$$ | |
| **Konstantstromquelle** | $U_Z = -I_L \cdot R_e + U_1$ $U_1 \approx 0; \ U_e > U_Z$ $I_1 \approx 0$ $$I_L = -\frac{U_Z}{R_e}$$ | $R_e = 820\ \Omega$ $R_e = 1\ \text{k}\Omega$ $R_e = 1{,}5\ \text{k}\Omega$ |

**AS**

$I$ Stromstärke, $I_{e1}$, $I_{e2}$ Eingangsströme, $I_L$ Laststrom, $R_{e1}$, $R_{e2}$ Eingangswiderstände, $R_K$ Rückkopplungswiderstand, $R_L$ Lastwiderstand, $R_Q$ Querwiderstand, $U_1$ Spannung zwischen invertierendem und nicht invertierendem Eingang, $U_a$ Ausgangsspannung, $U_{e1}$, $U_{e2}$ Eingangsspannungen, $U_Z$ Z-Diodenspannung, $V_0$ Leerlauf-Spannungsverstärkungsfaktor.

# Aufgaben von Stromrichtern Tasks of power converters

| Eingangsspannung, Aufgabe | Schaltzeichen | Ausgangsspannung | Stellmittel, Schaltung, Trigger-Bauelemente |
|---|---|---|---|
| **Schalten, Vielperiodensteuerung** | | | P-Gate-Thyristor, N-Gate-Thyristor, Triac, GTO-Thyristor. Zum Triggern: Nullspannungs-schalter, Diac. |
| **Gleichrichten** | | | Ungesteuerte und halbgesteuerte Schaltung: Dioden, Thyristoren, gesteuerte Schaltung: Zweipuls-Brücken-schaltung. |
| **Wechselrichten** | | | Transistoren, IGBT, P-Gate-Thyristor, N-Gate-Thyristor, rückwärts leitender Thyristor, GTO-Thyristor, MCT-Thyristor. |
| **Umrichten** | | | Nach Gleichrich-tung mit Transisto-ren oder IGBT, sel-tener Direktumrich-tung mit Thyristo-ren. |
| **Stellen (Wechselspannung)** | | | Triac, P-Gate-Thyristoren, z.B. in Gegen-parallelschaltung. |
| **Stellen (Gleichspannung)** | | | Transistor, IGBT, GTO-Thyristor, mit Löschkreis: MCT-Thyristor oder P-Gate-Thyristor oder rückwärts leitender Thyristor. |
| **Gleichrichten und Stellen** | | | P-Gate-Thyristor oder N-Gate-Thyristor. In Einwegschal-tung. Triggerung wie bei Schalten (siehe oben). |

Diac Kunstwort aus Diode und alternating current = Wechselstrom, GTO von Gate-Turn-Off = Gate-Abschalten, Triac Kunstwort aus Triode = Bauelement mit drei Anschlüssen und alternating current.

**AS**

## Kennzeichen der Grundschaltungen

| Kennbuchstabe | Schaltungsfamilie | Kennzahl | Benennung |
|---|---|---|---|
| E | Einwegschaltung mit einzelnem Hauptzweig | Pulszahl $p$ ($p$ = 1, 2, 3, 6) | p-Puls-Mittelpunktschaltung |
| | | | p-Puls-Brückenschaltung |
| M | Mittelpunktschaltung | | Zweipuls-Verdopplerschaltung |
| B | Brückenschaltung | | p-Puls-Vervielfacherschaltung |
| D | Verdopplerschaltung (praxisüblich, nicht genormt) | | |
| V | Vervielfacherschaltung (praxisüblich, nicht genormt) | | |
| W | Wechselwegschaltung | Phasenzahl $m$ | m-Phasen-Wechselwegschaltung |
| | | | m-Phasen-Polygonschaltung |

## Ergänzende Kennzeichen

| Kennzeichen | Bedeutung | Kennzeichen | Bedeutung |
|---|---|---|---|
| A | anodenseitig | K | katodenseitig |
| C | vollgesteuerte Schaltung | L | Zweigpaar in Zweiwegschaltungen |
| D | Polygonschaltung, z.B. Dreieck | N | Sternschaltung mit Neutralleiteranschluss |
| F | Freilaufzweig | | |
| FC | gesteuerter Freilaufzweig | P | Parallelschaltung |
| H | halb gesteuerte Schaltung | Q | Löschzweig |
| | | R | Rücklaufzweig |
| HA | anodenseitig halb gesteuert | S | Reihenschaltung |
| | | U | ungesteuerte Schaltung |
| HK | katodenseitig halb gesteuert | Y | Sternschaltung ohne Neutralleiteranschluss |
| HZ | im Zweigpaar halb gesteuerte Zweipuls-Brückenschaltung | + | Verbindungszeichen für mehrere Grundschaltungen oder Sätze |
| I | Gegenparallelschaltung (I von invers) | | |

## Benennungsbeispiele

| Benennung, Kennzeichen | Schaltung | Benennung, Kennzeichen | Schaltung |
|---|---|---|---|
| Zweipuls-Mittelpunkt-schaltung M2CK oder M2C oder M2K oder M2 | | Einphasen-Wechselweg-schaltung W1C oder W1 | |
| Zweipuls-Brücken-schaltung vollgesteuert B2C oder B2 | | Dreiphasen-Polygon-schaltung G3C-3D oder G3-3D | |
| Sechspuls-Brückenschaltung halbge-steuert mit Freilaufdiode B6HKF oder B6HF oder B6KF oder B6F oder B6 | | Zweipuls-Brücken-schaltung mit steuer-barem Kurz-schlusszweig B2U + E1C | |

**AS**

# Schaltungen für Gleichrichter und Stromrichter
## Circuits for rectifiers and power converters

| Benennung | Schaltplan | Spannungsverlauf | Formeln | Bemerkung |
|---|---|---|---|---|
| Einwegschaltung E1 | | | $P_T/P_d = 3{,}1$ Ohne $C$: $U_{di}/U_1 = 0{,}45$ Mit $C$: $U_{di}/U_1 = 1{,}41$ $I_Z = I_d$ | Belastung mit Gegenspannung beansprucht das gleichrichtende Element mit einer doppelten Sperrspannung. |
| Zweipuls-Mittelpunktschaltung M2 | | | $U_{di}/U_1 = 0{,}45$ $P_T/P_d = 1{,}5$ $I_Z = I_d/2$ | Transformator muss einen Mittelabgriff haben. |
| Dreipuls-Mittelpunktschaltung (Sternschaltung) M3 | | | $U_{di}/U_1 = 0{,}676$ $P_T/P_d = 1{,}5$ $I_Z = I_d/3$ | Im Sternpunktleiter fließt der gesamte Gleichstrom. |
| Doppel-Dreipuls-Mittelpunktschaltung M3.2 | | | $U_{di}/U_1 = 0{,}68$ $P_T/P_d = 1{,}3$ $I_Z = I_d/6$ | Bei Entlastung steigt die Spannung an. |
| Zweipuls-Brückenschaltung B2 | | | $U_{di}/U_1 = 0{,}9$ $P_T/P_d = 1{,}23$ $I_Z = I_d/2$ | Für niedrige Spannungen (< 5 V) weniger geeignet, weil $U_d$ um das Doppelte der Schleusenspannung kleiner ist als $U_{di}$. |
| Sechspuls-Brückenschaltung B6 | | | $U_{di}/U_1 = 1{,}35$ $P_T/P_d = 1{,}1$ $I_Z = I_d/3$ | |
| Einpuls-Verdopplerschaltung D1 | | | $U_{di}/U_1 = 2{,}82$ $P_T/P_d = 1{,}55$ $I_Z = I_d$ | Sperrspannung ist gleich der Summe von Gleichspannung und Anschlusswechselspannung. |
| Zweipuls-Verdopplerschaltung D2 | | | $U_{di}/U_1 = 2{,}82$ $P_T/P_d = 1{,}55$ $I_Z = I_d$ | |

$I_d$  Gleichstrom
$I_Z$  Stromstärke im Zweig
$P_d$  Gleichstromleistung
$P_T$  Transformatorbauleistung

$T$  Periodendauer von $U_1$
$t$  Zeit
$u$  Spannung
$U_1$  Anschlussspannung

$U_d$  Gleichspannung
$U_{di}$  ideelle Leerlauf-Gleichspannung

AS

# Wechselwegschaltungen, Steuerkennlinien
## Antiparallel arms circuits, control characteristics

## Wechselwegschaltungen

| Schaltung, Bezeichnung | Eigenschaften, Anwendung | Stromverlauf bei Widerstandslast |
|---|---|---|
| 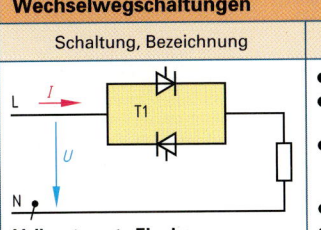 **Vollgesteuerte Einphasen-Wechselwegschaltung W1C** | • Symmetrische Lastspannung,<br>• bei $\alpha > 0°$ muss das Netz Blindleistung liefern,<br>• bei $\alpha > 0°$ wird die Netzspannung durch Oberschwingungen verzerrt,<br>• Stellbereich 0% bis 100%,<br>• mit Triac als Dimmer für Leistungen bis etwa 3 kVA. | 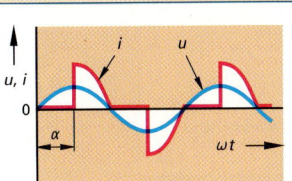 |
| 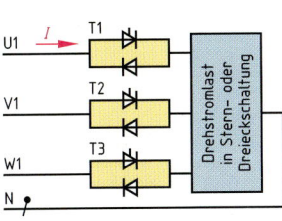 **Halbgesteuerte Dreiphasen-Wechselwegschaltung W3H** | • einfache Ansteuerung der Thyristoren,<br>• Anschluss an N nur bei Sternschaltung der Lastwiderstände möglich,<br>• ohne N bei unsymmetrischer Last, unsymmetrische Lastspannung und Geräuschbildung bei Motorlast,<br>• für einfache Drehstromantriebe. Bei symmetrischer Last ist V1 ohne Q2 an die Drehstromlast geführt. | 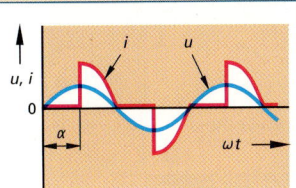<br>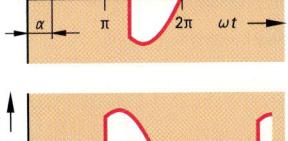 |
| 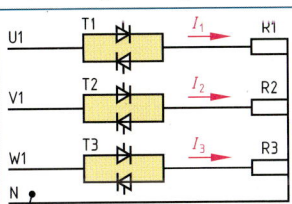 **Vollgesteuerte Dreiphasen-Wechselwegschaltung W3C** | • erhöhter Aufwand für die Ansteuerung der Thyristoren,<br>• Betrieb ohne N führt zu anderer Kurvenform, ist nur für $\alpha < 5\pi/6 \cong 150°$ möglich,<br>• für Drehstromantriebe mit steuerbarer Lastspannung,<br>• für Beleuchtungssteuerung großer Anlagen (3W1C). Bei symmetrischer Last ist V1 ohne Q2 an R2 geführt. | 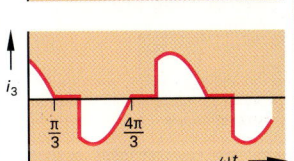<br>**Ströme bei Anschluss an N** |

## Steuerkennlinien von vollgesteuerten Schaltungen bei Widerstandslast

| Kennlinien | Formeln bei Widerstandslast |
|---|---|
| 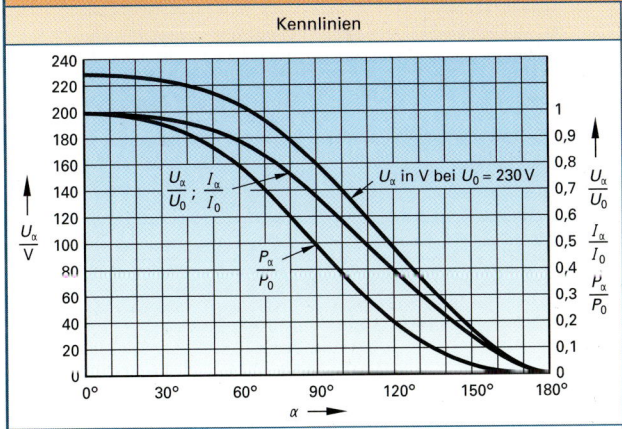 | $$U_\alpha = U_0 \cdot \sqrt{1 + \frac{\sin(2\alpha)}{2\pi} - \frac{\alpha}{180°}}$$ $$I_\alpha = I_0 \cdot \sqrt{1 + \frac{\sin(2\alpha)}{2\pi} - \frac{\alpha}{180°}}$$ $$P_\alpha = P_0 \cdot \left(1 + \frac{\sin(2\alpha)}{2\pi} - \frac{\alpha}{180°}\right)$$ |

**AS**

| | | | |
|---|---|---|---|
| C | vollgesteuert (von controlled = gesteuert) | $t$ Zeit | $\alpha$ Zündwinkel in ° | Index $\alpha$ bei Zündwinkel $\alpha$ |
| $I, i$ | Stromstärke | $U, u$ Spannung | $\omega$ Kreisfrequenz | Index 0 bei $\alpha = 0°$ |
| $P$ | Wirkleistung | W Wechselweg | $\omega \cdot t$ Winkel in rad | |

# Betriebsquadranten bei Antrieben mit Stromrichtern
## Operational quadrants for drives with power converters

## Vierquadrantenbetrieb

| Quadranten | Motorkennlinien | Bemerkungen |
|---|---|---|
| **Vierquadrantenbetrieb** | $M(n)$-**Kennlinie beim Asynchronmotor** | Elektromotoren, z.B. Asynchronmotoren, können in vier verschiedenen Betriebsquadranten (Betriebsbereichen) arbeiten. Diese werden meist nach der $M(n)$-Kennlinie der Motoren eingeteilt, weil diese Kennlinie meist verwendet wird.<br><br>Sind Kraftmoment und Drehrichtung der Maschine gleichsinnig (Quadranten ① und ③), so treibt die Maschine die Last an. Bei gegensinniger Richtung (Quadranten ② und ④) wird die Maschine gebremst. |
| **Vierquadrantenbetrieb, andere Darstellung** | $n(M)$-**Kennlinie beim Asynchronmotor** | Die Betriebsquadranten können auch nach der $n(M)$-Kennlinie eingeteilt werden. Aus dieser Kennlinie ist leichter zu erkennen, dass bei zunehmendem Kraftmoment die Drehzahl abnimmt. Historisch bedingt spricht man vom Nebenschlussverhalten. In dieser Darstellungsform sind die Quadranten ① und ③ identisch mit den Quadranten der $M(n)$-Kennlinie. Dagegen ist in den Quadranten ② und ④ der Drehsinn entgegengesetzt. |

## Bremsverfahren

| Art | Ausführung | Bemerkung, Anwendung |
|---|---|---|
| Gegenstrombremsung | Bei 3-AC-Motor: Vertauschen zweier Außenleiter durch Wendeschalter.<br>Bei DC-Motoren: Umpolung der Ankerspannung. | Verlustbremsung mit Erwärmung des Motors. Bei $n = 0$ muss die Spannung abgeschaltet werden.<br>Pressen, große Zentrifugen |
| Gleichstrombremsung | Bei 3-AC-Motoren: Anschluss der Ständerwicklung an DC bis zum Stillstand. | Verlustbremsung mit Erwärmung und starker Beanspruchung des Motors.<br>Werkzeugmaschinen |
| Bremsung durch Bremswiderstand | Bei DC-Motoren: Für Generatorbetrieb Trennung vom Netz und Anschluss an Widerstand.<br>Bei AC-Motoren: Durch U-Umrichter mit Netzstromrichter in Gegenparallelschaltung. | Verlustbremsung, aber ohne zusätzliche Erwärmung des Motors.<br>Häufig angewendet, da einfache Schaltung. Unwirtschaftlich für häufiges Bremsen. |
| Bremsen mit Energierücklieferung | Bei 3-AC-Motoren: Durch U-Umrichter mit Netzstromrichter in Gegenparallelschaltung.<br>Bei DC-Motoren: Generatorbetrieb bei verstärkter Erregung. Bei Reihenschlussmotoren ist Umschaltung erforderlich. | Bremsung, die Energie spart, aber eine aufwendige Steuerschaltung erfordert.<br>Wird für häufige Bremsvorgänge bei modernen Traktionsantrieben angewendet.<br>(Straßenbahn, U-Bahn, S-Bahn) |

AS

| Benennung, Kennzeichen | Schaltung | Spannungsverlauf | Formeln, Bemerkungen |
|---|---|---|---|
| Anodenseitig halbgesteuerte Zweipuls-Brücken-schaltung B 2 H A | | | Für $\alpha = 0$: $$U_{di} = \frac{2 \cdot \hat{u}_1}{\pi}$$ Für $\alpha > 0$: $$U_{di\alpha} = \frac{U_{di}}{2} \cdot (1 + \cos \alpha)$$ Anwendbar bei einem Leistungsbedarf bis 10 kW in einer Energierichtung und geringen Anforderungen an Welligkeit und Oberschwingungsgehalt. |
| Zweigpaar-halbgesteuerte Zweipuls-Brücken-schaltung B 2 H Z | | | Die Spannung $U_{di\alpha}$ lässt sich auf null zurücksteuern. Für $\alpha = 0$: $$U_{di} = \frac{2 \cdot \hat{u}_1}{\pi}$$ Für $\alpha > 0$: $$U_{di\alpha} = \frac{U_{di}}{2} \cdot (1 + \cos \alpha)$$ Anwendbar wie B 2 H A. Im Bahnbetrieb für höhere Leistungen einsetzbar. |
| Katodenseitig halbgesteuerte Sechspuls-Brücken-schaltung mit Freilaufzweig B 6 H K F | | | Für $\alpha = 0$: $$U_{di} = \frac{3 \cdot \hat{u}_{12}}{\pi}$$ Für $\alpha > 0$: $$U_{di\alpha} = \frac{U_{di}}{2} \cdot (1 + \cos \alpha)$$ Anwendbar zur Erzeugung von Gleichspannungen $U_{di\alpha} > 300$ V und für Gleichstromantriebe, im 1. oder 3. Quadranten. |
| Reihen-schaltung von zwei zweig-paarhalb-gesteuerten Zweipuls-Brücken-schaltungen 2 B 2 H Z S | | | Interner Freilaufkreis über die Dioden, verbesserter Leistungsfaktor, geringere Welligkeit der Gleichspannung gegenüber den B 2 H-Schaltungen. Für $\alpha_1 = \alpha_2 = 0$: $$U_{di} = \frac{4 \cdot \hat{u}_1}{\pi}$$ Für $\alpha_1 > 0$ und $\alpha_2 > 0$: $$U_{di\alpha} = \frac{U_{di}}{2} \cdot \left(1 + \frac{\cos\alpha_1 + \cos\alpha_2}{2}\right)$$ Im Bahnbetrieb bei hohem Leistungsbedarf einsetzbar. |

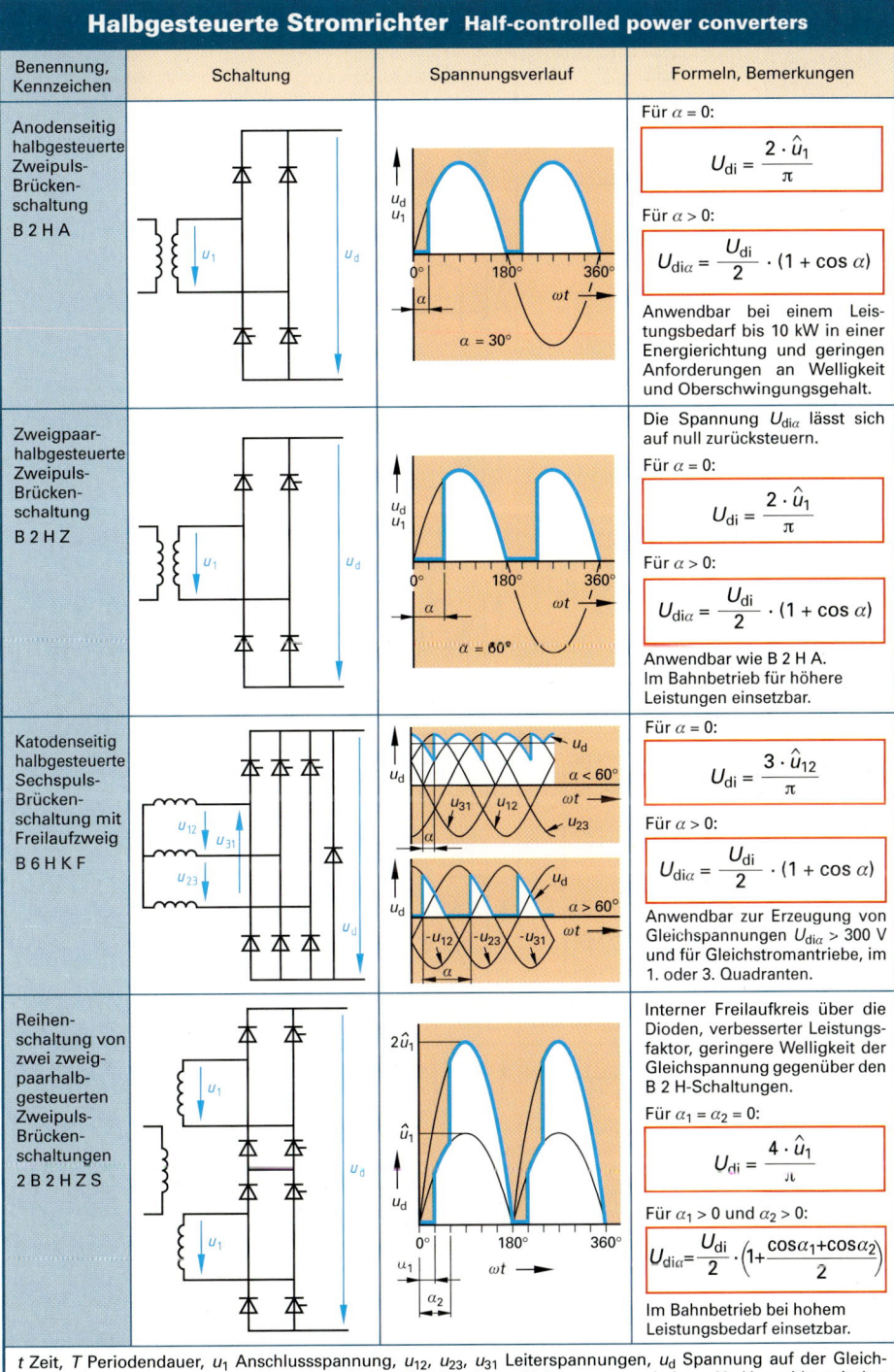

**AS**

$t$ Zeit, $T$ Periodendauer, $u_1$ Anschlussspannung, $u_{12}$, $u_{23}$, $u_{31}$ Leiterspannungen, $u_d$ Spannung auf der Gleichstromseite des Stromrichters, $U_{di}$ arithmetischer Mittelwert der Gleichspannung bei $\alpha = 0°$, $U_{di\alpha}$ arithmetischer Mittelwert der Gleichspannung bei Anschnittsteuerung, $\alpha$ Steuerwinkel, $\omega$ Winkelgeschwindigkeit.

# Vollgesteuerte Stromrichter  Fully controlled power converters

| Benennung, Kennzeichen | Schaltung | Ausgangsspannung | Formeln, Bemerkungen |
|---|---|---|---|
| Zweipuls-Mittelpunkt-schaltung M 2 C | | | Bei $\alpha = 0$: $$U_{di} = \frac{2 \cdot \hat{u}}{\pi}$$ Bei Wirklast und $\alpha > 0$: $$U_{di\alpha} = \frac{U_{di}}{2} \cdot (1 + \cos \alpha)$$ Bei induktiver Last und $\alpha > 0$: $$U_{di\alpha} = U_{di} \cdot \cos \alpha$$ Anwendbar in einem Leistungsbereich bis 10 kW bei kleinen Anforderungen an den Oberschwingungsgehalt. |
| Dreipuls-Mittelpunkt-schaltung (Sternschaltung) M 3 C | | | Bei $\alpha = 0$: $$U_{di} = \frac{3 \cdot \sqrt{3} \cdot \hat{u}_{Str}}{2 \cdot \pi}$$ Bei Wirklast und $\alpha \le 30°$: $$U_{di\alpha} = U_{di} \cdot \cos \alpha$$ Bei Wirklast, $\alpha = 30°$ bis $150°$: $$U_{di\alpha} = \frac{U_{di}}{\sqrt{3}} \cdot [1 + \cos(\alpha + 30°)]$$ Anwendbar nur, wenn Sternpunktleiter belastbar ist. |
| Doppel-Dreipuls-Mittelpunkt-schaltung M 3.2 C | | | Bei $\alpha = 0$: $$U_{di} = \frac{3 \cdot \sqrt{3} \cdot \hat{u}_{Str}}{2 \cdot \pi}$$ Bei Wirklast und $\alpha \le 30°$: $$U_{di\alpha} = U_{di} \cdot \cos \alpha$$ Bei Wirklast, $\alpha = 30°$ bis $150°$: $$U_{di\alpha} = \frac{U_{di}}{\sqrt{3}} \cdot [1 + \cos(\alpha + 30°)]$$ Vorteil gegenüber M3: Kleinere Welligkeit. |
| Sechspuls-Brücken-schaltung B 6 C | | | Bei $\alpha = 0$: $$U_{di} = \frac{3 \cdot \hat{u}}{\pi}$$ Bei Wirklast und $\alpha < 60°$: $$U_{di\alpha} = U_{di} \cdot \cos \alpha$$ Bei Wirklast, $\alpha = 60°$ bis $120°$: $$U_{di\alpha} = U_{di} \cdot [1 + \cos(\alpha + 60°)]$$ Anwendbar bei großen Leistungen und Nennspannungen $\ge 300$ V, bevorzugte Schaltung für Gleichstromantriebe. |

$t$ Zeit, $\hat{u}$ Höchstwert Spannung (Leiterspannung im Drehstromnetz), $u_d$ Spannung auf Gleichstromseite Stromrichters, $U_{di}$ arithmetischer Mittelwert der Gleichspannung bei $\alpha = 0$, $U_{di\alpha}$ arithmetischer Mittelwert der Gleichspannung bei Anschnittsteuerung, $u_{Str}$ Strangspannung, $\alpha$ Steuerwinkel, $\omega$ Winkelgeschwindigkeit.

**AS**

| Benennung, Kennzeichen | Schaltung | Spannungsverlauf, Stromverlauf | Bemerkungen, Anwendungen |
|---|---|---|---|
| Netzgeführter Wechselrichter in vollgesteuerter Dreipuls-Mittelpunktschaltung (Sternschaltung) M 3 C | | | $$U_{di\alpha} = \frac{3 \cdot \sqrt{3} \cdot \hat{u}_{Str}}{2 \cdot \pi} \cdot \cos \alpha$$ Der Gleichspannungserzeuger mit der Spannung $U_0$ treibt über die Stränge und die von der Dreiphasenwechselspannung periodisch geschalteten Thyristoren den Strom $I_d$. Dadurch wird Energie ins Drehstromnetz geliefert. Für Nutzbremsung, z.B. bei Lasthebekränen, Aufzügen. |
| Selbstgeführter Wechselrichter in Zweipuls-Mittelpunktschaltung M 2 I | | | Die Thyristoren werden abwechselnd periodisch gezündet und durch die Kondensatorspannung $U_{CK}$ gesperrt. Der Strom $I_d$ fließt als Rechteckstrom abwechselnd über $L_2$, R2, Q1 und $L_3$, R3, Q2. Dadurch entsteht am Ausgang eine Rechteckwechselspannung. Bei induktiver Belastung ändert sich der Laststrom $I_L$ nach einer Exponentialfunktion Für Notstromversorgungen in Anlagen der Fernmeldetechnik. |
| Selbstgeführter Wechselrichter in Sechspuls-Brückenschaltung (B 6 U) I (B 6 C) | | | Die Hauptventile Q1 bis Q6 bestehen aus Transistoren, IGBTs oder GTO-Thyristoren. Die Ventile schalten die Gleichspannung $U_d$ periodisch auf die Ausgänge der Schaltung. Bei induktiver Belastung wird über die Brücke R1 bis R6 Energie von der Last an die Gleichspannungsquelle zurückgeliefert. Zur Versorgung lebenswichtiger Verbraucher, z.B. in Krankenhäusern, Flugplatzbeleuchtungsanlagen. |
| Lastgeführter Wechselrichter mit Parallelschwingkreis B 2 C | | | Die sich diagonal gegenüberliegenden Thyristoren Q1Q4 bzw. Q2Q3 werden abwechselnd gezündet. Dem Schwingkreis wird dadurch über die Glättungsdrossel R1 ein Rechteckstrom eingeprägt. Am Schwingkreis entsteht eine Sinusspannung, wenn die Schaltfrequenz der Eigenfrequenz des Schwingkreises entspricht. Für induktive Schmelzanlagen und Erwärmungsanlagen. |

**AS**

cos $\varphi$ Leistungsfaktor, $I_d$ Strom auf der Gleichstromseite des Stromrichters, $i_L$ Laststrom, $t$ Zeit, $U_0$ induzierte Spannung, $u_{12}$, $u_{23}$, $u_{31}$ Leiterspannungen, $U_{CK}$ Spannung an $C_K$, $U_d$ Spannung auf der Gleichstromseite des Stromrichters, $U_{di\alpha}$ arithmetischer Mittelwert der Gleichspannung bei Anschnittsteuerung, $u_L$ Lastspannung, $u_{Str}$ Strangspannung, $\omega$ Winkelgeschwindigkeit.

# Gleichstromsteller, U-Umrichter  Direct current aktuator, U-converter

| Art, Eignung | Schaltung des Leistungsteils | Bemerkungen, Anwendungen |
|---|---|---|

## Gleichstromsteller

| Prinzip (Gleichstromsteller mit Thyristor für Einquadrantenbetrieb) | | |
|---|---|---|

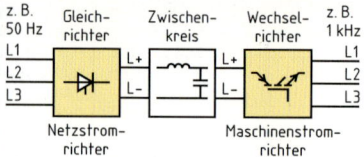

Prinzip (Gleichstromsteller mit Thyristor für Einquadrantenbetrieb)

---

**Gleichstromsteller für Einquadrantenbetrieb**

mit GTO-Thyristor

L+ Q1 R1 M1 M L−

Der Gleichstromsteller für einen Gleichstrommotor besteht aus einem elektronischen *Schalter* und einer *Freilaufdiode*. Die Speisung der gesamten Schaltung erfolgt z. B. aus einem Akkumulator oder aus einem vorgeschalteten Gleichrichter. Meist arbeitet der Gleichstromsteller mit gleichbleibender Frequenz des Steuergenerators.

---

**Gleichstromsteller mit IGBT-Brücke für Vierquadrantenbetrieb ohne Totzeit**

L+ Q1 R1 $I_1$ A1 M A2 $I_2$ R3 Q3 $I_2$
$I_2$ Q2 R2 $I_1$ M1 R4 Q4 $I_1$ L−
$I_1$ für Rechtslauf
$I_2$ für Linkslauf

Thyristor-Gleichstromsteller arbeiten nicht verzögerungsfrei, weil *innerhalb* des Taktes die Zündung erfolgt. Fast verzögerungsfrei arbeiten dagegen Gleichstromsteller mit Transistoren oder IGBTs. Diese werden in einer Brückenschaltung betrieben. Freilaufdioden sind wegen der Induktivität des Motors erforderlich.

## Umrichter mit Gleichspannungs-Zwischenkreis (U-Umrichter)

**Prinzip eines Umrichters mit Gleichstrom-Zwischenkreis**

z. B. 50 Hz  Gleich-richter  Zwischen-kreis  Wechsel-richter  z. B. 1 kHz
L1 L2 L3 ... Netzstromrichter ... Maschinenstromrichter ... L1 L2 L3

**Gleichrichter** einphasige oder dreiphasige Brückenschaltung aus Dioden oder/und Thyristoren.

**Zwischenkreis** mit Energiespeicherung durch Induktivität und/oder Kapazität.

**Wechselrichter** Brückenschaltung z. B. aus IGBTs oder Thyristoren und Dioden.

---

**Gleichrichter T1 bei Bedarf mit Rückspeise-Wechselrichter T2, bezeichnet als Netzstromrichter (B6U) I (B6C)**

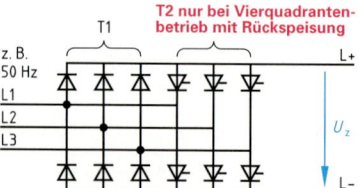

T2 nur bei Vierquadrantenbetrieb mit Rückspeisung
T1
z. B. 50 Hz
L1 L2 L3
$U_z$
L+ L−

**Netzstromrichter ohne Rückspeisung**
T1 für konstante $U_z$ mit sechs (für Dreiphasenbrücke) bzw. vier (für Einphasenbrücke) Dioden, für steuerbare $U_z$ zur Hälfte ersetzt durch Thyristoren *(Zweiquadrantenbetrieb)*.

**Netzstromrichter mit Rückspeisung**
Zusätzlich T2 aus Thyristoren gegenparallel zur Stromrückspeisung beim Bremsen *(Vierquadrantenbetrieb)*.

---

**Wechselrichter mit Rückstromdioden, bezeichnet als Maschinenstromrichter (B6C) I (B6U)**

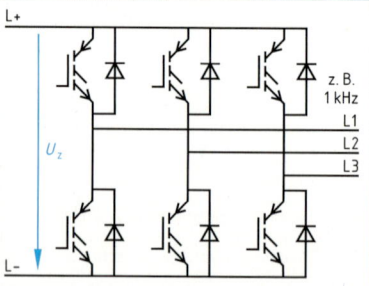

L+ $U_z$ z. B. 1 kHz L1 L2 L3 L−

**Maschinenstromrichter**
Wechselrichter für *Vierquadrantenbetrieb* als voll gesteuerte Brückenschaltung aus sechs (für Dreiphasenbrücke) bzw. vier (für Einphasenbrücke) gesteuerten Elementen, z. B. IGBTs oder GTOs. Wegen der induktiven Last sind sechs bzw. vier *Rückstromdioden* (Blindleistungsdioden) gegenparallel zu den gesteuerten Elementen integriert. Diese bewirken beim Bremsbetrieb die Rückspeisung des Stromes in den Zwischenkreis durch Gleichrichtung. Die Ansteuerung der gesteuerten Elemente erfolgt durch einen Steuergenerator.

| Schaltung, Benennung | Erklärung |
|---|---|

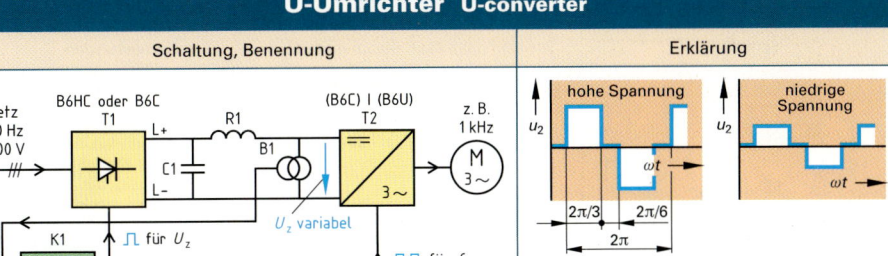

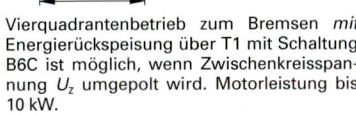

Netz 50 Hz 400 V — B6HC oder B6C T1 — R1 — (B6C) I (B6U) T2 — z. B. 1 kHz — M 3~ — $U_z$ variabel — für $U_z$ — für $f_2$ — K1 — SuR-Einheit — $n_{soll}$

hohe Spannung $u_2$ — niedrige Spannung $u_2$ — $\omega t$ — $2\pi/3$ — $2\pi/6$ — $2\pi$

**U-Umrichter für PAM im Zweiquadrantenbetrieb**

Vierquadrantenbetrieb zum Bremsen *mit* Energierückspeisung über T1 mit Schaltung B6C ist möglich, wenn Zwischenkreisspannung $U_z$ umgepolt wird. Motorleistung bis 10 kW.

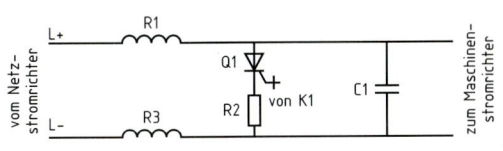

vom Netz-stromrichter — L+ — R1 — Q1 — C1 — zum Maschinen-stromrichter — R2 — von K1 — L− — R3

**Zwischenkreis des U-Umrichters für PAM im Vierquadrantenbetrieb**

Vierquadrantenbetrieb zum Bremsen *ohne* Energierückspeisung (Verlustbremsung) ist bei Antrieben bis etwa 10 kW möglich, wenn in den Zwischenkreis der belastbare Widerstand R2 gelegt wird, der zum Bremsen über den Thyristor Q1 an die Zwischenkreisspannung gelegt wird. Die vom Antrieb (z.B. Motor) beim Bremsen gelieferte Rückspeiseenergie wird in R2 in Wärme umgesetzt.

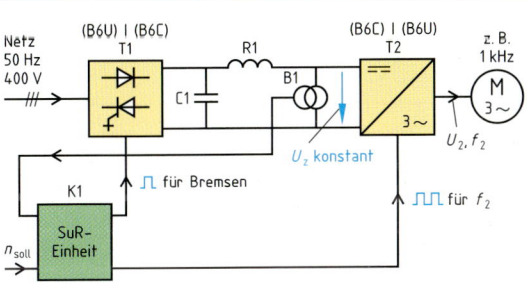

Netz 50 Hz 400 V — (B6U) I (B6C) T1 — R1 — B1 — (B6C) I (B6U) T2 — z. B. 1 kHz — M 3~ — $U_2, f_2$ — $U_z$ konstant — für Bremsen — für $f_2$ — K1 — SuR-Einheit — $n_{soll}$

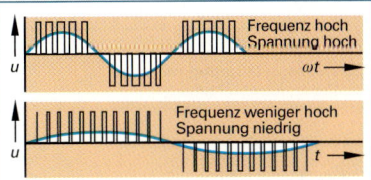

Frequenz hoch Spannung hoch — $\omega t$ — Frequenz weniger hoch Spannung niedrig — $t$

**U-Umrichters für PWM im Vierquadrantenbetrieb**

In T1 arbeiten die Dioden als Gleichrichter, die Thyristoren beim Bremsen (Nutzbremsung) als Wechselrichter. Spannungssteuerung in T2 durch Steuerung der Pausendauern (gleichbleibend oder sinusbewertet), Frequenzsteuerung durch Impulszahl je Halbperiode. Motorleistung bis 500 kW.

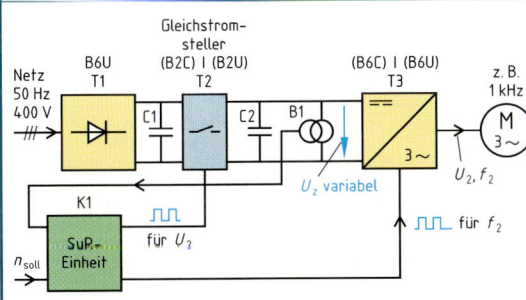

Netz 50 Hz 400 V — B6U T1 — Gleichstromsteller (B2C) I (B2U) T2 — C1 — C2 — B1 — (B6C) I (B6U) T3 — z. B. 1 kHz — M 3~ — $U_2, f_2$ — $U_z$ variabel — für $U_2$ — für $f_2$ — K1 — SuR-Einheit — $n_{soll}$

Frequenz und Spannung hoch — $\bar{u}$ — $t$ — Frequenz und Spannung niedrig — $t$

**U-Umrichters für PWM mit variabler Amplitude im Zweiquadrantenbetrieb**

Am Ausgang von T1 liegt wegen B6U eine konstante $U_z$. Diese wird von einem Gleichstromsteller je nach Bedarf herabgesetzt. In T3 wird die variable $U_z$ mit hoher Frequenz (bis 50 kHz) so getaktet, dass eine PWM entsteht. Spannungssteuerung durch Steuerung der Pausendauern *und* Steuerung der Spannungshöhe von $U_z$.

**AS**

| | | | | | |
|---|---|---|---|---|---|
| B1 | Spannungswandler DC/DC | I | gegenparallel | $f_z$ | Ausgangsfrequenz |
| B2 | Zweipuls-Brückenschaltung | PAM | Pulsamplituden-Modulation | $n_{soll}$ | Soll-Drehzahl |
| B6 | Sechspuls-Brückenschaltung | | | $U_2$ | Ausgangsspannung |
| C | voll gesteuert | PWM | Pulsweiten-Modulation | $U_z$ | Zwischenkreis-Spannung |
| HC | halb gesteuert | SUR | Steuern und Regeln | | |

Sonstige Zeichen und Formelzeichen sind aus den Bildern erkennbar.

| Schaltung | Spannungsverlauf, Stromverlauf | Bemerkungen |
|---|---|---|
| **Spannungssteuerung durch Phasenanschnitt** | | Der Thyristor zündet zu einem definierten Zeitpunkt durch den Zündimpuls $i_G$. Dieser Impuls entsteht durch Entladen des Kondensators C1 über Diac R6 und Thyristor Q1, sobald die Zündspannung des Diac erreicht ist. Der Zündzeitpunkt kann durch Veränderung des Ladestromes $i_L$ und damit durch Änderung des Steuerwinkels $\alpha$ beeinflusst werden. Steuerwinkel: $\alpha = 0°$ bis $180°$ |
| **Spannungssteuerung mit Nullspannungsschalter** | | Thyristor Q1 erhält im Nulldurchgang nach dem Schließen des Schalters S1 einen Steuerstrom $i_G$ aus der Betriebsspannungsquelle $U_b$ und kann zünden. Bei $U_{R7} = U_S \geq 0{,}6$ V leitet Transistor K1 den Steuerstrom ab und verhindert ein Zünden. |
| **Leistungsänderung durch Vielperiodensteuerung** | | Bei der symmetrischen Vielperiodensteuerung (Schwingungspaketsteuerung) wird der Stromdurchgang durch den Triac Q1 während einer Zahl von ganzen Schwingungen freigegeben und während einer Zahl folgender ganzer Schwingungen gesperrt. Ein Verändern des Tastgrades $g$ ändert die mittlere Leistungsaufnahme des Verbrauchers. |
| **Spannungssteuerung durch Pulsweitenmodulation** | | Die Energie, welche die Spule R1 aus dem Netz aufnimmt, hängt von der Zeitdauer ab, in welcher der MOSFET Q1 leitet. Solange R2 sperrt, gibt Spule R1 die Energie über Spule R2 an den Verbraucher ab. Durch Verändern des Tastgrades $g$ der Spannung $U_{GS}$ lassen sich die Spannung $U_{RL}$ und damit die mittlere Leistungsaufnahme des Verbrauchers steuern. |

**AS**

$i_G$ Gatestrom, $i_L$ Laststrom, $t$ Zeit, $U$ Netzspannung, $U_b$ Betriebsspannung, $u_G$ Gatespannung, $U_{GS}$ Gate-Source-spannung, $u_{RL}$ Spannung am Lastwiderstand, $U_S$ Schleusenspannung, $U_{St}$ Steuerspannung, $\alpha$ Steuerwinkel.

**Stabilisierungsfaktor, Glättungsfaktor**

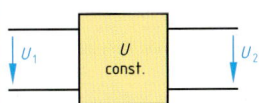

**Allgemein:**

$$S = \frac{\Delta U_1 / U_1}{\Delta U_2 / U_2}$$

$$S = \frac{\Delta U_1 \cdot U_2}{\Delta U_2 \cdot U_1}$$

$$G = \frac{\Delta U_1}{\Delta U_2}$$

$$G = S \cdot \frac{U_1}{U_2}$$

**Schaltzeichen**

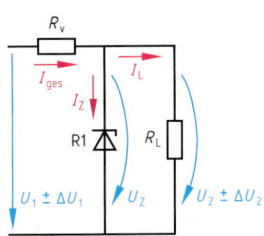

**Parallelstabilisierung mit Z-Diode**

**Stabilisierung mit Z-Diode**

$P_v{}_{max}$ tritt in der Z-Diode im Leerlauf auf

$$P_v \le I_{Zmax} \cdot U_Z:$$

$$r_Z = \frac{\Delta U_Z}{\Delta I_Z}$$

$$I_{ges} = I_Z + I_L$$

Mit $U_{Zmin} \approx U_{Zmax} \approx U_Z:$

$$R_{vmin} = \frac{U_{1max} - U_Z}{I_{Zmax} + I_{Lmin}}$$

$$R_{vmax} = \frac{U_{1min} - U_Z}{I_{Zmin} + I_{Lmax}}$$

Mit $\quad \Delta I = \dfrac{\Delta U_Z}{r_Z} = \dfrac{\Delta U_1}{R_v + r_Z} \Rightarrow \Delta U_Z = \dfrac{\Delta U_1 \cdot r_Z}{R_v + r_Z}$

Mit $\Delta U_Z = \Delta U_2: \ S = \dfrac{(R_v + r_Z) \, U_2}{r_Z \cdot U_1}$ in $G = S \cdot \dfrac{U_1}{U_2} \Rightarrow$

$$G = \frac{R_v + r_Z}{r_Z} \Rightarrow$$

Mit $R_v \gg r_Z:$

$$G = 1 + \frac{R_v}{r_Z}$$

$$G = \frac{R_v}{r_Z}$$

**Stabilisierung mit Reihentransistor**

$$U_2 = U_Z - U_{BE}$$

Mit $U_{BE} \approx 0{,}6$ V:

$$U_2 = U_Z - 0{,}6 \text{ V}$$

Mit $I_L \approx I_C:$

$$R_{Lmin} = \frac{U_2}{I_{Cmax}}$$

Mit $I_L = I_C + I_B = I_B (1 + B):$

$$U_{1min} = U_2 + U_{CEmin}$$

$$R_{vmax} = \frac{U_{1min} - U_Z}{I_{Zmin} + I_{Bmax}}$$

Mit $I_{Bmax} = \dfrac{I_{Lmax}}{B + 1}:$

$$U_{1max} = R_v (I_{Zmax} + I_{Bmax}) + U_Z$$

$$U_{1max} = R_v \left(I_{Zmax} + \frac{I_{Lmax}}{B + 1}\right) + U_Z$$

**Serienstabilisierung durch Reihentransistor**

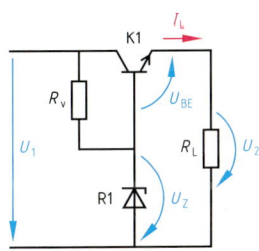

**Festspannungsregler**

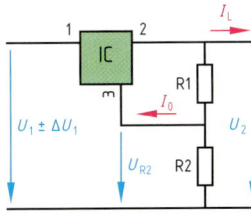

**Festspannungsregler**

Festspannungsregler können durch Beschaltung auf andere Spannungen eingestellt werden.

Für $I_0 \approx 0:$

$$U_2 = \frac{R_1 + R_2}{R_2} \, U_{R2}$$

**AS**

| | | | | | |
|---|---|---|---|---|---|
| $B$ | Gleichstromverhältnis | $P_v$ | Verlustleistung | $U_{CE}$ | Kollektor-Emitter-Spannung |
| $G$ | Glättungsfaktor | $R_v$ | Vorwiderstand | $U_Z$ | Zenerspannung |
| $I_0$ | Steuerstrom | $R_L$ | Lastwiderstand | $\Delta I_L$ | Laststromschwankung |
| $I_B$ | Basisstrom | $R_1, R_2$ | Spannungsteilerwiderstände | $\Delta U_1$ | Eingangsspannungs- |
| $I_C$ | Kollektorstrom | $r_Z$ | Differenzieller Widerstand | | schwankung |
| $I_E$ | Emitterstrom | $S$ | Stabilisierungsfaktor | $\Delta U_2$ | Gesamte Ausgangs- |
| $I_L$ | Laststrom | $U_1$ | Eingangsspannung | | spannungsschwankung |
| $I_Z$ | Zenerstrom | $U_2$ | Ausgangsspannung | $U_{R2}$ | Spannung am Widerstand $R_2$ |
| $I_{ges}$ | Gesamtstrom | $U_{BE}$ | Basis-Emitter-Spannung | $\Delta$ | Zeichen für Differenz |
| min, max | Indizes für Größtwert und Kleinstwert | | | | |

## Baugruppen im Schaltnetzteil

| Baugruppe | Erklärung | Eigenschaften |
|---|---|---|
| ① Netzgleich-richterschaltung | Die Netzspannung wird gleichgerichtet und gesiebt. Eine Filterschaltung, z.B. ein Tiefpass, entstört das Netz. | Eingangsspannung 230 V, Frequenz 50 Hz, Grenzfrequenz des Tiefpasses bis 100 kHz. |
| ② Schalter | Die Gleichspannung vom Netzgleichrichter wird meist in eine Rechteckwechselspannung umgewandelt. Als Schalter werden meist Feldeffekttransistoren verwendet. | Durchlasswiderstand $R_{DS} < 0{,}1\ \Omega$, Eingangsspannung 50 V bis 1000 V, Schaltleistung 50 W bis 200 W, Steuerungsart Spannungssteuerung. |
| ③ Trans-formator | Der Ferritkerntransformator dient zur gewünschten Spannungsübersetzung, zur galvanischen Netztrennung und je nach Arbeitsprinzip auch zur Speicherung magnetischer Energie. | Frequenz bis 200 kHz, übertragbare Leistung bis 1000 W, Sättigungsflussdichte $\hat{B} = 0{,}1$ T bis 0,45 T. |
| ④ Ausgangs-gleichrichter-schaltung | Die hochfrequente Sekundärspannung wird mit Schottkydioden, FRED-Dioden oder FRD-Dioden (kleine Sperrverzögerung und kleine Vorwärtsspannung) gleichgerichtet und dann gesiebt. | Rückwärtsspannung 35 V bis 200 V, Vorwärtsstrom 1 A bis 300 A, Durchlasskapazität z.B. 0,5 pF. |
| ⑤ Regel-verstärker | Schaltnetzteile enthalten meist eine Regelung. Dabei wird eine Ausgangsgröße, z.B. die Spannung $U_a$, einem gegebenen Sollwert nachgeführt. | Speisespannung 2 V bis 36 V, Eingangsstrom < 150 nA. |
| ⑥ Potenzial-trennung | Zur Potenzialtrennung im Regelkreis werden Optokoppler oder Transformatoren verwendet. | Isolationsspannungsfestigkeit bis 5300 V. |
| ⑦ Steuer- und Über-wachungs-schaltung | Es werden spezielle Schaltkreise verwendet, die eine Regelung durch Veränderung des Tastgrades bei konstanter oder veränderlicher Frequenz des Schalttransistors erlauben, z.B. TDA 4601. | Betriebsspannung 10 V bis 30 V, Frequenzbereich 16 kHz bis 200 kHz, Tastgrad $g = t_i/T = 1 : 2$ bis $1 : 20$. |

## Übersichtsschaltplan eines Schaltnetzteiles

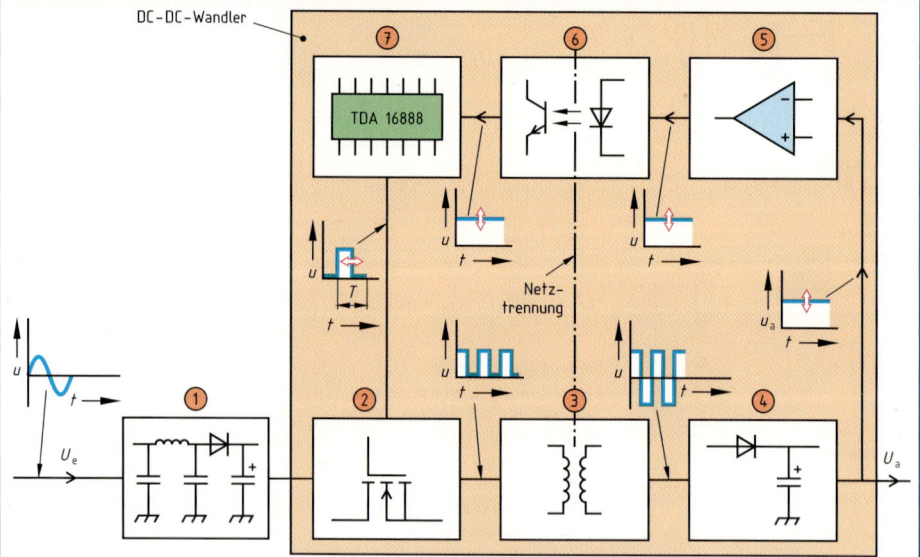

| | | |
|---|---|---|
| $\hat{B}$ | magnetische Flussdichte | |
| $R_{DS}$ | Drain-Source-Widerstand | |
| $U_e$ | Eingangswechselspannung | |
| $U_a$ | Ausgangsgleichspannung | |

$u$  Augenblickswert der Spannung
$t$  Augenblickswert der Zeit
$T$  Periodendauer
$t_i$  Impulsdauer

FR(E)D von Fast Recovery (Epitaxial) Diode = sehr schnell freiwerdende Diode

AS

# Schaltnetzteile  Switched power packs

| Schaltung | Wirkungsweise | Eigenschaften |
|---|---|---|

## Durchflusswandler

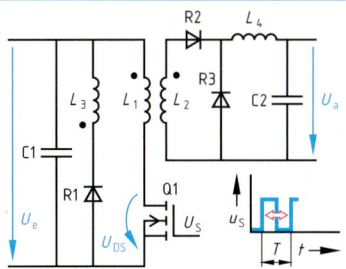

**Eintaktdurchflusswandler**

Wenn Q1 einschaltet, findet der Energiefluss zwischen Eingangskreis $L_1$ und Ausgangskreis $L_2$ statt. Mit $L_3$ und R1 wird das Magnetfeld im Kern von $L_1$, $L_2$ und $L_3$ während des Sperrens von Q1 abgebaut und Energie in C1 gespeichert. Die Drossel $L_4$ bewirkt einen stetigen Energiefluss durch $L_2$ und begrenzt den Stromanstieg. C2 glättet die Ausgangsspannung und dient als Energiespeicher bei Laständerungen.

Vorteile:
Der Transformator ermöglicht Auf- und Abwärtssteuerung. Kleiner Aufwand.

Nachteile:
Transistorspitzensperrspannung $U_{DS} > 2 \cdot U_e$, Entmagnetisierungswicklung nötig, starke Funkstörung.

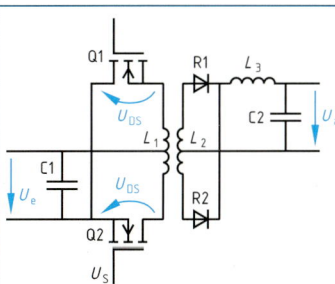

**Gegentaktdurchflusswandler**

Die Transistoren Q1 und Q2 steuern den Energiefluss vom Eingangskreis mit $L_1$ zum Ausgangskreis mit $L_2$. Dadurch wird gleichzeitig der Kern von $L_1L_2$ entmagnetisiert. R1 und R2 bilden eine Zweipuls-Mittelpunktschaltung. Die Drossel $L_3$ erzeugt einen stetigen Energiefluss durch $L_2$. C2 glättet die Ausgangsspannung und dient als Energiespeicher bei Laständerungen.

Vorteile:
Wegen des Transformators ist Auf- und Abwärtssteuerung möglich. Gleiches Ansteuerpotenzial für beide Transistoren.

Nachteile:
Transistorspitzensperrspannung $U_{DS} > 2 \cdot U_e$, Störspannung (EMV).

## Sperrwandler

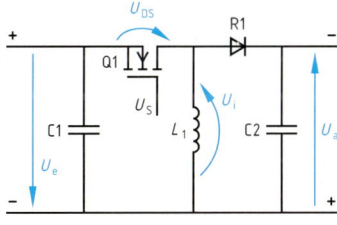

**Speicherdrosselwandler**

C1 glättet die gleichgerichtete Eingangsspannung und liefert die vom Wandler beanspruchten pulsartigen Ströme. Während Q1 leitet, wird Energie in $L_1$ gespeichert. Sperrt Q1, induziert die in $L_1$ enthaltene Energie die Spannung $U_i$, sodass über R1 der Kondensator C2 geladen wird.

Vorteile:
Transistorspitzensperrspannung $U_{DS} \approx U_e$, einfache Drossel, wenig Funkstörung.

Nachteile:
Keine galvanische Trennung, Ansteuerspannung $U_S$ muss sich selbsttätig an $U_e$ anpassen.

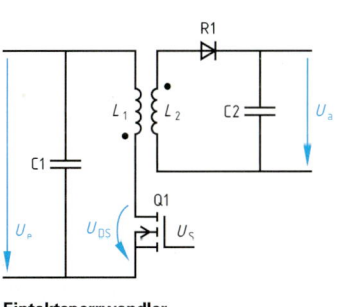

**Eintaktsperrwandler**

C1 glättet die Eingangsspannung und liefert die vom Wandler beanspruchten pulsartigen Ströme. Bei eingeschaltetem Q1 wird das Magnetfeld im Kern von $L_1L_2$ mit Luftspalt über $L_1$ aufgebaut. Da $L_2$ gegensinnig gepolt ist, fließt kein Strom in der Ausgangswicklung. Sperrt Q1, kehren sich die Spannungen an den Wicklungen um und R1 leitet jetzt. Während dieser Zeit fließt der transformierte Strom der Eingangswicklung durch $L_2$. Über die Diode R1 lädt sich nun der Kondensator C2 auf.

Vorteile:
Mehrere Ausgangsspannungen lassen sich gleichzeitig regeln. Großer Regelbereich bei Betriebsspannungsänderungen.

Nachteile:
Transistorspitzensperrspannung $U_{DS} > 2 \cdot U_e$, Kern mit Luftspalt erforderlich. Starkes magnetisches Streufeld und Wirbelströme.

**AS**

$U_a$ Ausgangsspannung, $U_{DS}$ Drain-Source-Spannung, $U_e$ Eingangsspannung, $U_i$ induzierte Spannung, $U_S$ Steuerspannung

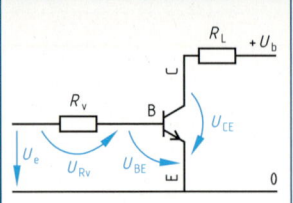

**Transistor als Schalter**

$$I_{Bmin} = \frac{I_{Cmax}}{B_{min}} \qquad I_B = \ddot{u} \cdot I_{Bmin}$$

$$I_B = \frac{\ddot{u} \cdot I_{Cmax}}{B_{min}}$$

$$R_L = \frac{U_b - U_{CEsat}}{I_{Cmax}}$$

$$U_{Rv} = U_e - U_{BE} = I_B \cdot R_v$$

$$U_{Rv} = \frac{\ddot{u} \cdot I_{Cmax}}{B_{min}} \cdot R_v$$

$$R_v = \frac{(U_e - U_{BE}) \cdot B_{min}}{\ddot{u} \cdot I_{Cmax}}$$

---

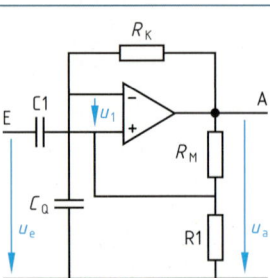

**Astabile Kippschaltung**

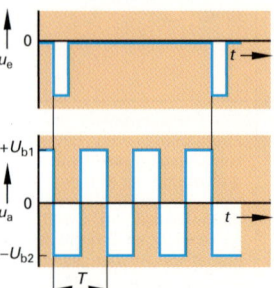

$$f_0 \approx \frac{1}{2 \cdot R_K \cdot C_Q \cdot \ln\left(1 + \frac{2\,R_1}{R_M}\right)}$$

Über $R_K$ wird durch $U_a$ der Kondensator $C_Q$ aufgeladen, bis $U_1$ die Richtung wechselt und $U_a$ damit auch (Mitkopplung). $C_Q$ wird dann über $R_K$ umgeladen, bis $U_1$ wieder die Richtung wechselt. Mit $U_e$ kann die Kippstufe synchronisiert werden.

Anwendung:

Synchronisierbarer Rechteckgenerator.

---

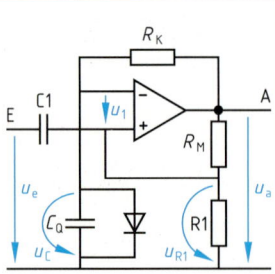

**Monostabile Kippschaltung (Monoflop)**

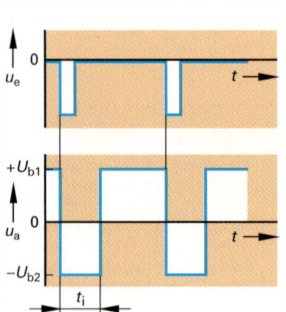

$$t_i \approx R_K \cdot C_Q \cdot \ln\left(1 + \frac{R_1}{R_M}\right)$$

Im stabilen Zustand ist $u_a$ positiv. Ein negativer Impuls an E schaltet $u_a$ negativ. $C_Q$ lädt sich über $R_k$ negativ auf, bis $u_C > u_{R1}$ ist. Damit wechselt $u_1$ die Richtung und $u_a$ wird wieder positiv.

Anwendungen:

Einzelimpulsgeber, Impulsformer.

---

**AS**

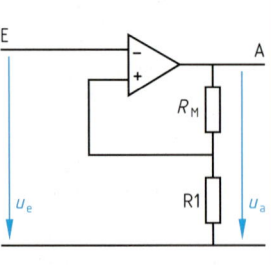

**Schwellwertschalter (Schmitt-Trigger)**

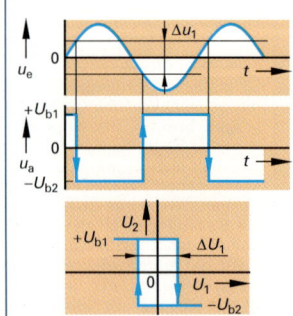

$$\Delta U_1 \approx \frac{R_1}{R_M + R_1} \cdot (U_{b1} - U_{b2})$$

Bei Ansteuerung mit $+ u_e$ kippt die Ausgangsspannung auf $= -U_{b2}$. Wird $u_e$ negativ, kippt die Ausgangsspannung auf $\approx +U_{b1}$.

Dieser Schwellwertschalter invertiert das Eingangssignal.

Es gibt auch nicht invertierende Schwellwertschalter.

Anwendungen:

Impulsformer, Flankenversteilerung.

---

$B$ Gleichstromverhältnis, $C_Q$ Querkondensator, $f_0$ Schwingfrequenz, $R_1$, $R_2$, $R_3$, $R_5$ Spannungsteilerwiderstände, $R_K$ Rückkopplungswiderstand, $R_L$ Lastwiderstand, $R_M$ Mitkopplungswiderstand, $R_v$ Basisvorwiderstand, $t_i$ Impulsdauer, $u_a$ Ausgangsspannung, $U_b$ Betriebsspannung, $u_{BE}$ Basis-Emitterspannung, $u_c$ Kondensatorspannung, $U_{CEsat}$ Kollektor-Emitter-Sättigungsspannung, $u_e$ Eingangsspannung, $u_1$ Spannung zwischen invertierendem und nicht invertierendem Eingang, $\ddot{u}$ Übersteuerungsfaktor, $\Delta U_1$ Schaltdifferenz.

# Halbleiter-Relais SSR und Schutzgaskontaktrelais
## Solid State Relay SSR and Reed Relay

| Schaltung | Erklärung | Daten |
|---|---|---|
| **DC-Schalter mit DC-Ansteuerung** | Nach Anlegen der Steuerspannung $U_1$ sendet P1 Infrarotstrahlung aus. Diese Strahlung schaltet den Fototransistor K1 in den leitenden Zustand. Damit wird Q1 leitend und die Ausgangsspannung sinkt auf fast 0 V. Betriebsspannung $U_b$ ist erforderlich. DC Gleichspannung (Direct Current) | Steuerspannungen für EIN + 5 V, für AUS ≤ 1 V. Der Steuerkreis ist TTL-kompatibel. Steuerstrom  14 mA, Hilfsstrom  12 mA. Schaltspannung 4 V bis 16 V. Schaltstrom ≤ 0,5 A. Isolationsspannung zwischen Eingang und Ausgang 4000 V. |
| **DC-Schalter mit Ansteuerung durch AC oder DC** | Eine Eingangsgleichspannung oder Eingangswechselspannung $U_1$ steuert über eine Brückengleichrichterschaltung die IRED P1 an. Diese Diode schaltet mit ihrer Infrarotstrahlung den Fototransistor K1 und damit auch Q1 durch. Betriebsspannung $U_b$ ist erforderlich. AC Wechselspannung (Alternating Current) | Steuerspannungen für EIN ±10 V bis ± 32 V, für AUS ≤ 3 V. Steuerstrom  25 mA, Hilfsstrom  12 mA. Schaltspannung 4 V bis 30 V. Schaltstrom ≤ 0,5 A. Isolationsspannung zwischen Eingang und Ausgang 4000 V. |
| **AC-Schalter mit DC-Ansteuerung** | Nach Anlegen der Steuerspannung $U_1$ wird K1 durch die Infrarotstrahlung von P1 leitend. Der Fototransistor K1 steuert mit der Nullspannungsschaltung den Triac Q1. Die Nullspannungsschaltung bewirkt, dass der Triac-Strom immer von Null aus ansteigt. Dadurch werden Netzstörungen und Funkstörungen verringert. | Steuerspannungen für EIN + 5 V, für AUS < 1 V. Der Steuerkreis ist TTL-kompatibel. Steuerstrom 12 mA. Schaltspannung 24 V bis 240 V AC. Schaltstrom  3 A Maximum, 20 mA Minimum. Isolationsspannung zwischen Eingang und Ausgang 5000 V. |
| **Schutzgaskontaktrelais** | Gepoltes Relais mit z. B. 2 Öffnern. Zum Öffnen erzeugt die Spule ein Magnetfeld, das dem Magnetfeld der Kontaktzungen überlagert wird. Das Schließen erfolgt durch die Anziehung der magnetischen Kontaktzungen. | Steuerspannung 5 V. Ansprechspannung 3,75 V. Abfallspannung 0,5 V. Steuerleistung 125 mW. Kontaktdurchgangswiderstand 80 mΩ. Schaltfrequenz ≤ 500 Hz. Isolationswiderstand 1 GΩ. Lebensdauer bis zu $5 \cdot 10^7$ Schaltspielen. |

IRED von Infrarot emittierende Diode    [1] reed = Schilfrohr, hier Blättchen, Zungenkontakt.

**AS**

## Systemaufbau

| Komponente | Erklärung | Daten, Bemerkungen |
|---|---|---|
|  **Kleinsteuerung easy 412** | 1 Betriebsspannung<br>2 Eingänge I1 bis I8<br>3 Cursor-Tasten ◁▷△▽<br>4 Steuertaste ALT<br>5 Steuertaste DEL<br>6 Steuertaste ESC<br>7 Steuertaste OK<br>8 Anzeige-Display<br>9 Ausgänge Q1 bis Q4<br>10 Anschluss für Speicherkarte oder PC-Verbindung über V.24-Schnittstelle | Betriebsspannung je nach Typ: DC 24 V, AC 115 V bis AC 240 V.<br>Eingänge: 8 bis 12, bei den DC-Typen 2 analog nutzbar.<br>Ausgänge: 4 bis 8.<br>Bei AC Relais-Ausgänge mit $I = 10$ A bei ohmscher Last und $I = 3$ A bei induktiver Last, bei DC 24 V parallel schaltbare Transistorausgänge mit $I = 0,5$ A. |
|  **Statusanzeige bei laufendem Programm** | ■ Ein □ Aus bei Eingängen und Ausgängen | Es werden der Wochentag, die Uhrzeit und die Betriebsart RUN oder STOP gezeigt. |
|  **Schaltplananzeige bei Anwahl von STOP** | Schaltplanelemente:<br>I Kontakt Eingang<br>Q Kontakt Ausgang<br>--- Verbindungen<br>-[ Kontakt Relaisspule | Es werden Kontaktfelder, Strompfade, Spulenfelder und die Verbindungen angezeigt. |

## Programmierung einer Reihenschaltung

| Vorgehen | Erklärung | Bemerkungen |
|---|---|---|
| **Handprogrammierung**<br>Einschalten → Statusanzeige erscheint → OK<br>PROGRAMM.. → OK PROGRAMM OK →<br>LOESCHE PROG  RUN/STOP<br>  PARAMETER<br>  STELLE UHR<br>→ Schaltplananzeige erscheint → I OK → 1 OK → I OK → 1 △ 2 OK ALT ↙ ▷ ▷ OK ┤Q OK 1 OK → Statusanzeige erscheint.<br>Programmablauf starten: ESC → PROGRAMM ESC ▽ RUN OK, Schaltung arbeitet.<br>Schaltung testen: → PROGRAMM OK Schaltplananzeige zeigt I1–I2 -----[Q1. | Unprogrammiertes Steuerrelais zeigt das Sprachauswahlmenü (▽ D OK). Anwählbare Menüpunkte blinken. Die easy-Betriebsarten sind RUN oder STOP. Bei easy wird vom Eingang zum Ausgang „verdrahtet". Nach Anschluss an die Betriebsspannung wird das Steuerrelais getestet: Beide Schalter betätigen, Lampe an Q1 leuchtet. | Anwählbare digitale Grundfunktionen:<br>UND Reihenschaltung mit Schließern,<br>ODER Parallelschaltung mit Schließern,<br>NAND Parallelschaltung mit Öffnern,<br>NOR Reihenschaltung mit Öffnern,<br>XOR Reihenschaltung und Parallelschaltung von Öffnern und Schließern. |
| **Softwareprogrammierung am PC**<br>Programm easy-soft starten → Menü Schaltplan → Neu → Menü Ansicht → Darstellung → Darstellungsart → Gerät OK<br>→ Doppelklick auf Cursor → I,1 OK → Linie einfügen<br>→ Doppelklick auf Cursor → I,2 OK → Linie einfügen<br>→ Doppelklick auf Cursor → [Q,1 OK → Datei speichern<br>→ Menü Simulation → Wirkungsweise I/R → Schließer rastend OK → Menü Simulation → I/Q-Fenster OK → Menü Simulation → RUN → I1, I2 anklicken → Leuchte Q1 Ein. Menü Online → Schaltplan → Auf Gerät übertragen → Gerät mit ▽ auf STOP OK → RUN wird angezeigt. | Die Schaltung wird auf dem Bildschirm vom Eingang aus zum Ausgang hin entworfen. Fertige Schaltung durch Simulation testen, Schaltprogramm über serielle Leitung zum Steuerrelais übertragen. Programmlauf starten, es erscheint die Anzeige RUN im Hauptmenü, Schaltung ist in Betrieb. | Schaltungen lassen sich als Verdrahtungsplan, Stromlaufplan oder KOP entwerfen. Der Verdrahtungsplan setzt die Programmierschritte der Handprogrammierung am Bildschirm um. Funktionsblöcke für: Zeitfunktionen, Stromstoß, Selbsthaltung, analoge Signale. |

**AS**

## Systemaufbau

| Aufbau | Erklärung | Daten, Bemerkungen |
|---|---|---|
| 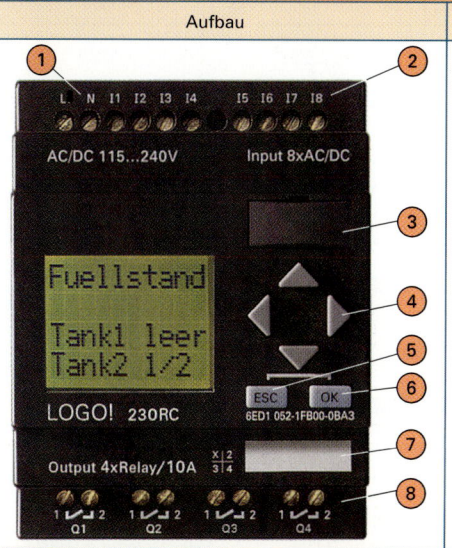 | 1 Betriebsspannung zwischen L und N<br>2 Eingänge I1 bis I8<br>3 EPROM-Speichereinheit<br>4 Cursor-Tasten<br>◀ nach links<br>▶ nach rechts<br>▲ nach oben<br>▼ nach unten<br>5 Steuertaste ESC<br>6 Steuertaste OK<br>7 Anzeige-Display<br>8 Ausgänge Q1 bis Q4 | Betriebsspannung je Typ DC 12 V, 24 V, AC 24. V, AC/DC 115 V bis 240 V.<br>Zahl der Eingänge 8, davon bei den DC-Typen 2 analog nutzbar.<br>Zahl der Ausgänge 4.<br>Je Ausgang ein Relais, mit Dauerstrom $I$ = 10 A bei DC 24 V Transistorausgänge mit $I$ = 0,3 A.<br>Schaltfrequenz bei ohmscher Last 2 Hz, induktiver Last 0,5 Hz. |

## Programmierungsarten

| Vorgehen | Erklärung | Bemerkungen |
|---|---|---|
| **Handprogrammierung**<br>ESC ▶ > Program.. OK ▶ > Edit Prg ▶ Q1 OK …<br>　　　PC/Card..　　　Prg Name<br>　　　Clock　　　　Clear Prg<br>　　　Start　　　　Password<br>ESC ▶ > Start Programmablauf wird gestartet.<br>Bei laufendem Programm wird Zeit und Datum angezeigt.<br>Programmänderung<br>ESC ▶ > STOP OK ▶ > Program.. (weiter<br>　　　Set Param　　　PC/Card.. wie oben)<br>　　　Set Clock　　　Clock<br>　　　Prg Name　　　Start<br>ESC ▶ > Start Programmablauf wird gestartet. | Unprogrammiertes Steuerrelais zeigt den Text:<br><br>No Program<br>Press ESC<br><br>Mit ESC Start-Menü anwählen. Mit Cursortasten auf Zeile Program... Mit OK Editor-Menü anwählen. Mit Cursortaste auf Edit Prg. Mit OK Programmeingabe mit Auswahl eines Ausgangs, z. B. Q1, beginnen. | Auswählbare digitale Grundfunktionen:<br>AND Reihenschaltung mit Schließern,<br>OR Parallelschaltung mit Schließern,<br>NOT Inverter,<br>NAND Parallelschaltung von Öffnern,<br>NOR Reihenschaltung mit Öffnern,<br>XOR Wechsler<br>Funktionsblöcke für: Zeitfunktionen, Stromstoß, Selbsthaltung, analoge Signale. |
| **Softwareprogrammierung am PC**<br>Programm Logo!Soft Comfort starten →<br>Co → I → Eingangssymbol mit gedrückter linker Maustaste auf Zeichenfläche ziehen.<br>Co → Q → Ausgang auf Zeichenfläche, wie oben.<br>GF → & → Grundfunktion auf Zeichenfläche, wie oben.<br>⌐ → Cursor auf Elementanschlüsse, diese mit betätigter linker Maustaste verbinden.<br>▮ → Simulation starten Eingänge I einschalten → Anzeigesymbol Lampe leuchtet bei Funktion.<br>Menü Extras → PC → Logo, Schaltprogramm wird in die Kleinsteuerung übertragen, → ESC → >Start, Programmablauf wird gestartet. | Schaltungen werden als Funktionspläne entworfen. Bei der Softwareprogrammierung kann vom Eingang zum Ausgang programmiert werden. Nichtbenutzte Eingänge müssen mit Pegel lo (low) oder hi (high) verbunden werden. Leiter mit H-Pegel haben rote Farbe. Fertige Schaltung in einem Simulationslauf testen. | Schachtelungstiefe:<br>Beginnend von den Ausgängen Q können je nach Typ des Steuerrelais zwischen 9 Verknüpfungsebenen und 58 Verknüpfungsebenen von digitalen Funktionen programmiert werden.<br>Schaltprogramm über serielle Leitung zur Kleinsteuerung übertragen. Mit ESC → >Start starten. |

Kleinsteuerungen werden auch Steuerrelais genannt.

▷ Cursorsymbol auf dem Display der Kleinsteuerung, → nächster Vorgang. Die Kleinsteuerung Logo!Pure hat kein Display und kein Bedienungsfeld. Es kann nur mit Software programmiert werden. Programmstart erfolgt mit einer RUN/STOP-Taste auf der Kleinsteuerung.

**AS**

# Struktogramme und Programmablaufpläne (PAP)
## Structograms and program flowcharts

| Struktogramm | Bezeichnung, Bedeutung | Programmablaufplan | SCL-Sprachelemente |
|---|---|---|---|
| Anweisung 1<br>Anweisung 2<br>Anweisung 3 | **Folgeblock**<br>Der Folgeblock kann Wertzuweisungen, Rechenoperationen oder Eingabeanweisungen und Ausgabeanweisungen umfassen. | Start → Anweisung 1 → Anweisung 2 → Anweisung 3 → Ende | *Anweisung 1;*<br>*Anweisung 2;*<br>*Anweisung 3* |
| Bedingung<br>Ja / Nein<br>Anweisung 1 / Anweisung 2 | **Verzweigungsblock (Auswahlblock), zweiseitig**<br>Der Verzweigungsblock enthält eine Verzweigung mit den Alternativen ja oder nein. Je nach Bedingung werden die Anweisungen der einen oder der anderen Alternative ausgeführt. | Bedingung (nein / ja) → Anweisung 2 / Anweisung 1 | IF *Bedingung* THEN<br>   *Anweisung 1*<br>ELSE<br>   *Anweisung 2;*<br>END_IF; |
| Bedingung<br>Ja / Nein<br>Anweisung | **Verzweigungsblock, einseitig**<br>Bei diesem Verzweigungsblock enthält nur eine Alternative Anweisungen. Die andere Alternative wird ohne Operation durchlaufen. | Bedingung (nein / ja) → Anweisung | IF *Bedingung* THEN<br>   *Anweisung;*<br>END_IF; |
| Bedingung<br>Fall 1 / 2 / Nein<br>Anweisung 1 / 2 / 3 | **Verzweigungsblock, mehrfach**<br>Beim mehrfachen Verzweigungsblock werden in Abhängigkeit einer Bedingung mehrere Alternativen angeboten. | Bedingung → Anweisung 1 → Anweisung 2 → Anweisung 3 | CASE *Ausdruck* OF<br>   1: *Anweisung 1;*<br>   2: *Anweisung 2;*<br>ELSE<br>       *Anweisung 3*<br>END_CASE; |
| Wiederhole, solange Bedingung erfüllt ist<br>Anweisung 1<br>Anweisung 2 | **Wiederholungsblock mit Anfangsbedingung**<br>Die Anweisungen dieses Blockes werden wiederholt, solange die Bedingung erfüllt ist. Die Bedingung wird am Anfang der Schleife geprüft. | Bedingung → Anweisung 1 → Anweisung 2 → Schleifenende | WHILE *Bedingung* DO<br>   *Anweisung 1;*<br>   *Anweisung 2*<br>END_WHILE; |
| Anweisung 1<br>Anweisung 2<br>Wiederhole, bis Bedingung erfüllt ist | **Wiederholungsblock mit Endebedingung**<br>Die Anweisungen dieses Blockes werden wiederholt, bis die Bedingung erfüllt ist. Die Bedingung wird erst am Ende der Schleife geprüft. | Schleifenbeginn → Anweisung 1 → Anweisung 2 → Bedingung | REPEAT<br>   *Anweisung 1;*<br>   *Anweisung 2*<br>UNTIL *Bedingung;*<br>END_REPEAT; |

Die Farben sind nicht Bestandteil der Sinnbilder, sie dienen hier nur zur Hervorhebung.
SCL von structured control language = strukturierte Steuerungssprache.

**AS**

| Aufbau, Vorgang | Begriffe | Erklärung |
|---|---|---|
| **Anschluss an das 230-V-Netz** | Maßnahme zur Drahtbruchsicherheit | Schließer erzeugen externe EIN-Signale und Öffner externe AUS-Signale. |
| | Maßnahme zur Erdschlusssicherheit | Die AUS-Signale müssen von Öffnern erzeugt werden. Bei Erdschluss wird der Steuerstromkreis von einer Überstrom-Schutzeinrichtung abgeschaltet. |
| | NOT-AUS-Schaltung | Die NOT-AUS-Einrichtung muss ein mechanischer Schalter sein. Das gilt nicht bei speziellen Sicherheits-SPS. |
| | Verriegelung | Schütze werden z. B. durch gegenseitige Öffner in ihren Steuerstromkreisen verriegelt. |
| **SPS-Baugruppen und periphere Geräte** | Ausgabeeinheit | Verbindet die Steuersignale mit den Stellgliedern, z. B. mit Schützen. |
| | AWL | Anweisungsliste, enthält die einzelnen Programmbefehle. |
| | Eingabeeinheit | Verbindet die SPS mit den verschiedenen Signalgebern. |
| | Funktionsbaustein (FB) | Enthält aufrufbare Standardfunktion, z. B. Zeitglied oder Zähler. |
| | Handhabungsbefehle (Handling-Befehle) | Steuern die SPS. Sie werden ohne Zeilennummern eingegeben. |
| | KOP | Kontaktplan ähnelt dem Stromlaufplan. |
| | FUP | Funktionsplan verwendet Symbole der Digitaltechnik. |
| | Merker | Entspricht einem Hilfsschütz, ist ein RAM. |
| **Programmverarbeitung** | DB | Datenbaustein |
| | FB | Funktionsbaustein |
| | FC | Funktion |
| | FBS | Funktionsbausteinsprache |
| | FUP | Funktionsplan |
| | OB | Organisationsbaustein |
| | Operandenteil | Kennzeichnet Eingänge, Ausgänge, Merker, Zeitglieder und Adressen. |
| | Operationsteil | Legt die Signalverarbeitung und die Programmorganisation fest. |
| | Programmbaustein (PB) | Enhält aufrufbares Programmstück aus Steuerungsanweisungen (≙ Unterprogramm) |
| | Steueranweisung | Besteht aus Operationsteil und Operandenteil. |
| | Zähler | Funktionsbaustein, oft eigener Geräte-Einschub. |
| | Zeitstufe | Erzeugt Verzögerungszeit z. B. Einschalt- oder Ausschaltverzögerung. |
| | Zykluszeit | Zeit für einen Durchlauf des Anwenderprogrammes. |

**AS**

# Signalkopplungen für SPS und Mikrocomputer
## Signal coupling for PLC and microcomputer

| Schaltung | Erklärung, Anwendung | Daten (Beispiele) |
|---|---|---|
| **Optokoppler** | Optokoppler mit IRED (Infrarot emittierende Diode) und Fototransistor oder Fotothyristor trennen galvanisch den Steuerkreis vom Lastkreis, auch bei unterschiedlichen Versorgungsspannungen. Der Fototransistor benötigt eine Betriebsspannung $U_b$. | IRED: Vorwärtsstrom $I_F = 60$ mA Sperrspannung $U_R = 5$ V Fototransistor: $I_C = 100$ mA, $U_{CE0} = 30$ V Stromübertragungsverhältnis $I_C / I_F \geq 0,5$ bei $I_F = 10$ mA $U_{lp} = 8000$ V |
| **Zündübertrager** | Ein Schaltspannungsverstärker sorgt für eine genügend große Zündspannung am Gate des Triac. Seine Betriebsspannung $U_b$ kann z. B. die SPS liefern. Zündübertrager werden für die Ansteuerung von Thyristoren und Triacs für die galvanische Trennung von Steuerkreis und Lastkreis verwendet. | Übersetzungsverhältnis des Übertragers T1 $\ddot{u} = 1:1$ Maximal zulässige Dauerspannungen zwischen den Wicklungen $U_{ls} = 400$ V, $U_p = 3,1$ kV AC. Induktivitäten $L_1 = 150$ mH, $L_{2\sigma} = 400$ μH Mindestwert der Spannungszeitfläche $\int u\,dt = 2000$ μVs |
| **Piezo-Zündkoppler** | Die elektrischen Impulse des Impulsgenerators werden im Piezo-Keramikmaterial in mechanische Schwingungen umgesetzt und anschließend wieder in eine Spannung zurückverwandelt. Piezo-Zündkoppler verwendet man zur Ansteuerung von Thyristoren, Triacs und FET-Schaltern. Dabei sind Steuerkreis und Lastkreis galvanisch getrennt. | Stromübersetzungsverhältnis $\ddot{u} > 1:1$ $I_Z = 100$ mA Betriebsspannung $\hat{u}_1 = 4$ V Betriebsfrequenz $f = 92$ kHz $P_{max} = 1,5$ W bei 120 °C $U_{lp} = 4$ kV DC $R_{lS} = 10$ GΩ |
| **Elektronisches Lastrelais** | Eine IRED steuert den Ausgangskreis mit einem Triac über einen Fotoempfänger und einen Nullspannungsschalter an. Anwendung: als Schalter für Wechselstrom und als Treiber für Leistungsthyristoren und Triacs. Nullspannungsschalter schalten beim Nulldurchgang die Spannung. Sie werden in Schaltungen für Wechselstromsteller verwendet. | Kriechstrecke $\geq 8,2$ mm Rückwärtsspannung $U_R \geq 600$ V Vorwärtsstrom $I_F = 0,3$ A $S = 66$ VA $U_1 \leq 6$ V DC $I_F \leq 2$ mA $U_{lp} = 5300$ V DC Zulässige Stromsteilheit $di/dt \leq 10$ A / μs Zulässige Spannungssteilheit $du/dt \leq 10$ kV / μs Keine RC-Beschaltung notwendig. |

**AS**

$I_C$ Kollektorstrom, $I_F$ Vorwärtsstrom, $I_Z$ Zündstrom, $L_1$, $L_2$ Induktivitäten, $L_{2\sigma}$ Streuinduktivität von $L_2$, $P_{max}$ höchstzulässige Verlustleistung, $S$ Schaltleistung, $R_G$ Gatewiderstand, $R_{lS}$ Isolationswiderstand, $R_L$ Lastwiderstand, $U_{CE0}$ Kollektor-Emitter-Leerlaufspannung, $U_1$ Eingangsspannung, $U_{ls}$ höchstzulässige Isolationsspannung, $U_{lp}$ höchstzulässige Isolationsprüfspannung, $U_P$ Prüfspannung zwischen Eingangswicklung und Ausgangswicklung.

| Funktion, Funktionsgleichung | Funktionsplan (FUP) | Kontaktplan (KOP), Erklärungen | Anweisungsliste (AWL) |
|---|---|---|---|
| **UND** $y_A = e_{01} \wedge e_{02}$ | | | U E 0.1<br>U E 0.2<br>= A 0.1 |
| **ODER** $y_A = e_{01} \vee e_{02}$ | | | O E 0.1<br>O E 0.2<br>= A 0.1 |
| **NICHT** $y_A = \bar{e}_{01}$ | Eingang<br><br><br>Ausgang<br> | <br><br><br>A 0.1<br>(/)<br> | UN E 0.1<br>.. ...<br>= A 0.1<br><br><br>Invertierung des Ausgangssignals:<br>.. ...<br>UN A 0.1<br>.. ... |
| **Exklusiv-ODER** (Antivalenz, XOR) $y_A = (e_{01} \wedge \bar{e}_{02}) \vee (\bar{e}_{01} \wedge e_{02})$ | | | U E 0.1<br>UN E 0.2<br>O<br>UN E 0.1<br>U E 0.2<br>= A 0.1 |
| **Exklusiv-NOR** (Äquivalenz, XNOR) $y_A = (e_{01} \wedge e_{02}) \vee (\bar{e}_{01} \wedge \bar{e}_{02})$ | | | U E 0.1<br>U E 0.2<br>O<br>UN E 0.1<br>UN E 0.2<br>= A 0.1 |
| **Zuweisung** (einfache und mehrfache Zuweisung) | | | .. ...<br>.. ...<br>= A 0.1<br>= A 0.2 |
| **Programmieren mit Speicher:** Dominierendes (vorrangiges) Setzen | | | UN E 0.2<br>R A 0.1<br>U E 0.1<br>S A 0.1<br>. ... |
| Dominierendes (vorrangiges) Rücksetzen | | | U E 0.1<br>S A 0.1<br>UN E 0.2<br>R A 0.1 |

Bei Siemens-SPS S7 sind die Namen frei zuordenbar, z. B. statt E 0.1 kann E01 oder Eingang-01 verwendet werden.

**AS**

## Funktionen, Zähler

| Funktion | Funktionsplan (FUP) | Erklärung | Anweisungsliste (AWL) |
|---|---|---|---|
| Addieren | ADD_I<br>EN<br>IN1 OUT<br>IN2 ENO | ADD_I<br>EN ENO<br>Datenwort — IN1 OUT — Merkerwort MW10<br>Datenwort — IN2<br>MW10 enthält Summe der Datenworte | L 50<br>L 20<br>+I<br>T MW10<br>NOP 0 |
| Multiplizieren | MUL_I<br>EN<br>IN1 OUT<br>IN2 ENO | MUL_I<br>EN ENO<br>MW0 — IN1 OUT — MW10<br>MW2 — IN2<br>MW10 enthält Produkt von MW0 und MW2 | L MW0<br>L MW2<br>*I<br>T MW 10<br>NOP 0 |
| Zählen (Vorwärtszählen mit Rücksetzen) | Z1<br>E 0.1 — ZV<br>ZR<br>E 0.2 — S<br>ZW<br>R Q — A 0.1 | Z1<br>E 0.1 — ZV<br>ZR<br>E 0.2 — S<br>ZW<br>R Q — A 0.1 | U E 0.1<br>ZV Z 1<br>U E 0.1<br>L K 2020<br>S Z 1<br>U Z 1<br>= A 0.1 |
| Vergleichen | E 0.1 — Z1 F<br>><br>E 0.2 — Z2 Q — A 0.1 | Es werden 6 Vergleichsarten unterschieden:<br>> größer > = größer gleich<br>< kleiner < = kleiner gleich<br>!= gleich < >, > < ungleich | U(<br>L E 0.1<br>L E 0.2<br>>F<br>)<br>= A 0.1 |

## Steueranweisungen (E Englisch, D Deutsch)

| E | D | Bedeutung, Übersetzung, Symbol | E | D | Bedeutung, Übersetzung, Symbol |
|---|---|---|---|---|---|
| A | U | AND ≙ UND-Elemente, & | NOP | NOP | No Operation ≙ Leerschritt |
| ADD | ADD | Addierstufe | M | M | Memory ≙ Merker |
| C | Z | Counter ≙ Zähler | O,OUT | A | Output ≙ Ausgang |
| CD | ZR | Counter Down ≙ Zähler-Rückwärts | O | O | OR ≙ ODER-Element, / |
| CM | BA | Call Module ≙ Bausteinaufruf | P | P | Program Module ≙ Programmbaustein |
| CU | ZV | Counter Up ≙ Zähler-Vorwärts | P | I | Pulse ≙ Impuls |
| EM | BE | End of Module ≙ Blockende | R | R | Reset ≙ Rücksetzen |
| EN | EN | Enable ≙ Freigabe | R | E | Raising delay ≙ Einschaltverzögerung |
| EP | PE | End of Program ≙ Programmende | RL | RM | Reset Latch ≙ Merker rücksetzen |
| EQ | GL | Equal ≙ gleich, != | S | S | Set ≙ Setzen |
| F | A | Falling delay ≙ Ausschaltverzögerung | SA | SA | Set Ausgang ≙ Setze Ausgangsverzögerung |
| GT | GR | Greater than ≙ größer, > | SE | SE | Setze Eingangsverzögerung |
| GTE | GRG | Greater than or Equal to ≙ größer gleich, > = | SI | SI | Setze Impuls |
| I, IN | E | Input ≙ Eingang | SL | SM | Set Latch ≙ Merker setzen |
| | | | T | T | Timer, Zeitglied |
| JP | SP | Jump ≙ Sprung, unbedingt | | | |
| L | L | Load ≙ Laden, z.B. L A01, ! | T | T | Transfer, Übertragen nach |
| LT | KL | Less than ≙ kleiner, < | = | = | Zuweisung, = |
| LTE | KLG | Less than or Equal to ≙ kleiner gleich, < = | (...) | (...) | Klammern, (...) |
| MUL | MUL | Multiplizierstufe | "..." | "..." | Kommentarbegrenzung, "..." |

AS

| Stromlaufplan | Funktionsplan (FUP) | Kontaktplan (KOP) | Anweisungsliste (AWL) |
|---|---|---|---|
| S1 E 0.1   K1 <br> K1 A 0.1   P1 A 0.2 <br> **Schalten mit 1 Schließer** | **Einschalten** <br> E 0.1 >= A 0.1 <br> **Abschalten** <br> E 0.1 >= A 0.2 | **Einschalten** <br> E 0.1 — A 0.1 <br> **Abschalten** <br> E 0.1 — A 0.2 | Durch Betätigen von S1: <br> Einschalten von A 0.1 <br> U   E 0.1 <br> =   A 0.1 <br> Abschalten[1] von A 0.2 <br> UN   E 0.1 <br> =   A 0.2 |
| S1 E 0.1   K1 <br> K1 A 0.1   P2 A 0.2 <br> **Schalten mit 1 Öffner** | **Einschalten** <br> E 0.1 >= A 0.2 <br> **Abschalten** <br> E 0.1 >= A 0.1 | **Einschalten** <br> E 0.1 — A 0.2 <br> **Abschalten** <br> E 0.1 — A 0.1 | Durch Betätigen von S1: <br> Einschalten[1] von A 0.2 <br> UN   E 0.1 <br> =   A 0.2 <br> Abschalten von A 0.1 <br> U   E 0.1 <br> =   A 0.2 |
| S1 E 0.1   K1 <br> S2 E 0.2 <br> K1 A 0.1   P1 A 0.2 <br> **Schalten mit 2 Schließern** | **Einschalten** <br> E 0.1 / E 0.2 & A 0.1 <br> **Abschalten** <br> E 0.1 / E 0.2 & A 0.2 | **Einschalten** <br> E 0.1 E 0.2 — A 0.1 <br> **Abschalten** <br> E 0.1 E 0.2 — A 0.2 | Einschalten von A 0.1 <br> U   E 0.1 <br> U   E 0.1 <br> =   A 0.1 <br> Abschalten[1] von A 0.2 <br> UN   E 0.1 <br> UN   E 0.2 <br> =   A 0.2 |
| S1 E 0.1   K1 <br> S2 E 0.2 <br> K1 A 0.1   P1 A 0.2 <br> **Schalten mit 2 Öffnern** | **Einschalten** <br> E 0.1 / E 0.2 >= A 0.2 <br> **Abschalten** <br> E 0.1 / E 0.2 & A 0.1 | **Einschalten** <br> E 0.1 A 0.2 / E 0.2 <br> **Abschalten** <br> E 0.1 E 0.2 — A 0.1 | Einschalten[1] von A 0.2 <br> ON   E 0.1 <br> ON   E 0.2 <br> =   A 0.2 <br> Abschalten von A 0.1 <br> U   E 0.1 <br> U   E 0.2 <br> =   A 0.1 |
| S1 E 0.1   S2 E 0.2   K1 <br> K1 A 0.1   P1 A 0.2 <br> **Schalten mit 2 Schließern** | **Einschalten** <br> E 0.1 / E 0.2 >= A 0.1 <br> **Abschalten** <br> E 0.1 / E 0.2 & A 0.2 | **Einschalten** <br> E 0.1 / E 0.2 — A 0.1 <br> **Abschalten** <br> E 0.1 E 0.2 — A 0.2 | Einschalten von A 0.1 <br> O   E 0.1 <br> O   E 0.2 <br> =   A 0.1 <br> Abschalten[1] von A 0.2 <br> UN   E 0.1 <br> UN   E 0.2 <br> =   A 0.2 |

**AS**

[1] Soll wegen Sicherheit bei Drahtbruch oder Erdschluss vermieden werden.
Bei Siemens-SPS S7 sind die Namen frei wählbar, z. B. statt E 0.1 kann E01 oder Eingang -01. verwendet werden.

# Programmbeispiele für SPS 2  Program examples for PLC 2

| Stromlaufplan | Funktionsplan (FUP) | Kontaktplan (KOP) | Anweisungsliste (AWL) |
|---|---|---|---|
| S1 E 0.1 — K1 <br> S2 E 0.2 <br> K1 A 0.1 <br> **Selbsthaltung mit domi- nierendem Rücksetzen** | E 0.2 & A 0.1 <br> E 0.1 / A 0.1 [1] | E 0.1 ┤├ <br> A 0.1 ┤├ E 0.2 ─( )─ A 0.1 | U( <br> U   E 0.1 <br> O   A 0.1 <br> ) <br> U   E 0.2 <br> =   A 0.1 |
| S1 E 0.1 — S2 E 0.2 <br> K1 A 0.1 <br> K1 A 0.1 <br> **Selbsthaltung mit dominierendem Setzen** | E 0.1 & <br> A 0.1 <br> E 0.2 [1] A 0.1 | E 0.2 ┤├ <br> E 0.1 A 0.1 A 0.1 ┤├ ┤├ ─( )─ | U   E 0.1 <br> U   A 0.1 <br> O   E 0.2 <br> =   A 0.1 |
| S1 E 0.1 <br> S2 E 0.2 — K1 A 0.1 <br> K1 A 0.1 <br> **RS-Speicher, Rücksetzen dominierend** | E 0.2 —S  RS <br> E 0.1 —o R1 Q1— A 0.1 | E 0.2 ┤├ — S  RS <br> E 0.1 ┤/├ — R1 Q1 — A 0.1 | U   E 0.2 <br> S   A 0.1 <br> UN  E 0.1 <br> R   A 0.1 |
| S2 E 0.1 — K1 A 0.1 <br> S1 E 0.2 <br> K1 A 0.1 <br> **RS-Speicher, Setzen dominierend** | M 0.1 <br> E 0.1 —S1 SR <br> E 0.2 —o R Q1— A 0.1 | E 0.1 ┤├ — M 0.1 <br> S1 SR <br> E 0.2 ┤/├ — R Q1 —( )— A 0.1 | UN  E 0.2 <br> R   M 0.1 <br> U   E 0.1 <br> S   M 0.1 <br> U   M 0.1 <br> =   A 0.1 |
| S1 E 0.1 <br> K1T T 0.1 <br> S2 E 0.2 <br> K1T T 0.1   H1 A 0.1 <br> **Einschaltverzögerung** | E 0.1 & $t_1$  0 <br> E 0.2 ────── A 0.1 | E 0.1 E 0.2 T 0.1 ┤├ ┤├ ─(T)─ <br> T 0.1 A 0.1 ┤├ ─( )─ | L   E 0.1 <br> U   E 0.2 <br> =   T 0.1 <br> U   T 0.1 <br> =   A 0.1 |

AS

| Funktion | Kontaktplan | Anweisungsliste | Bemerkungen |
|---|---|---|---|
| Vorwärts-zähler mit Startwert 20 | Z1<br>E0.1 — Z_VORW<br>⊣├ — ZV<br>DUAL — MW2<br>E0.0 — S<br>⊣├<br>DEZ<br>C#20 — ZW<br>R — Q — A2.0 = | U E 0.1<br>ZV Z 1<br>U E 0.0<br>L C#20<br>S Z 1<br>L Z 1<br>T MW 2<br>U Z 1<br>= A 2.0 | Der Vorwärtszähler Z1 wird mit dem Startwert 20 geladen, wenn E 0.0 von 0 auf 1 wechselt. Wechselt der Signalzustand an E 0.1 von 0 auf 1, wird der Zähler Z1 um 1 erhöht.<br><br>A 2.0 ist 1, wenn der Zählerwert ungleich Null ist. Mit L Z1 wird der Zählerwert dualcodiert in den Akku-mulator geladen, dann ins Merker-wort 2, mit LC Z1 ist BCD-codiertes Auslesen möglich. |
| Rückwärts-zähler von 10 bis 0 | Z1<br>E0.1 — Z_RUECK<br>⊣├ — ZR<br>DUAL — MW2<br>E0.0 — S<br>⊣├<br>DEZ<br>C#10 — ZW<br>R — Q — A2.0 – | U E 0.1<br>ZR Z 1<br>U E 0.0<br>L C#10<br>S Z 1<br>L Z1<br>T MW 2<br>U Z 1<br>= A 2.0<br>UN Z 1<br>= A 1.0 | Der Rückwärtszähler Z1 wird mit dem Startwert 10 geladen, wenn E 0.0 von 0 auf 1 wechselt. Wechselt der Signalzustand an E 0.1 von 0 auf 1, wird der Zählerwert um 1 ernied-rigt.<br><br>A 2.0 ist 1, wenn der Zählerwert ungleich Null ist. Mit L Z1 wird der Zählerwert dualcodiert in den Akku-mulator geladen, mit LC Z1 BCD-codiert. |
| Einschalt-verzöge-rung mit Zeitwert 100 ms | T1<br>E0.1 — S_SEVERZ<br>⊣├ — S<br>DUAL — MW2<br>S5T#100MS — TW<br>DEZ<br>E0.2 — A0.1<br>⊣├ — R — Q = | U E 0.1<br>L S5T#100MS<br>SE T 1<br>U E 0.2<br>R T 1<br>L T 1<br>T MW 2<br>U T 1<br>= A 0.1 | Wechselt der Signalzustand an E 0.1 von 0 nach 1, wird die Zeit im Zeit-glied T1 gestartet. Wechselt der Sig-nalzustand an E 0.1 erneut von 0 nach 1 bevor die Zeit abgelaufen ist, wird sie erneut gestartet.<br><br>Mit SE T1 wird die Einschaltverzö-gerungsfunktion programmiert. Stunden (H), Minuten (M), Sekun-den (S) und Millisekunden (MS) können eingestellt werden, z. B. 3 h, 5 min, 10 s mit L S5T#3H5M10S. |
| Ausschalt-verzöge-rung mit Zeitwert 10 s | T1<br>E0.1 — S_AVERZ<br>⊣├ — S<br>DUAL — MW2<br>S5T#10S — TW<br>DEZ<br>E0.2 — A0.1<br>⊣├ — R — Q = | U E 0.1<br>L S5T#10S<br>SA T 1<br>U E 0.2<br>R T 1<br>LC T 1<br>T MW 2<br>U T 1<br>= A 0.1 | Wechselt der Signalzustand an E 0.1 von 1 nach 0, wird die Zeit im Zeit-glied T1 gestartet. Mit SA T1 wird die Ausschaltverzögerungsfunktion programmiert.<br><br>Das Signal an A 0.1 bleibt bis zum Ablauf der Zeit auf 1. Der aktuelle Zeitwert kann über L bzw. LC dual-codiert oder BCD-codiert abgefragt werden. |

**AS**

| | | | | | |
|---|---|---|---|---|---|
| DEZ | aktueller Wert BCD-codiert | S | Setzen | ZR | Rückwärtszählen |
| DUAL | aktueller Wert dualcodiert | R | Rücksetzen | ZW | Zählerwert |
| L | Laden dualer Wert | T | Transferieren, Übertragen | LC | Laden BCD-codiert |
| MW | Merkerwort (2 Byte) | TW | Zeitwert Voreinstellung | SA | Setze Ausschaltverzögerung |
| Q | binärer Ausgang | ZV | Vorwärtszählen | SE | Setze Einschaltverzögerung |

## Strukturierter Text für SPS

### Anweisungen

| Schlüsselwort | Anweisung | Beispiel | Erklärung |
|---|---|---|---|
| IF...THEN...<br>END_IF | IF *Bedingung*<br>THEN *Anweisung 1;*<br>[ELSE *Anweisung 2;*]<br>END_IF; | IF temp<17 THEN<br>  heizen:=true;<br>END_IF; | Wenn-Dann-Anweisung.<br>Wenn Temperatur kleiner<br>als 17 °C ist, Ausgang hei-<br>zen ansteuern. |
| CASE...OF...<br>END_CASE | CASE *Var* OF<br>*Wert 1: Anweisung 1;*<br>*Wert n: Anweisung n;*<br>[ELSE *Anweisung;*]<br>END_CASE; | CASE wert OF<br>1: ausg1:= true;<br>  ausg2:`= true;<br>2: ausg3:= true;<br>END_CASE; | Anweisung für Fallunter-<br>scheidungen.<br>Ist wert = 1, Variablen<br>ausg1, ausg2 setzen. Bei<br>wert = 2 ausg3 setzen. |
| FOR...TO...<br>END_FOR | FOR *Zählervar = Startwert* TO<br>*Endwert* [BY *Schrittweite*] DO<br>*Anweisungen;* END_FOR; | FOR i:= 1 TO 10 DO<br>  ausg[i]:= true;<br>END_FOR; | Zählschleife.<br>Vom Feld ausg[i] werden<br>die ersten 10 Elemente<br>mit dem Wert true belegt. |
| WHILE...DO...<br>END_WHILE | WHILE *Bedingung* DO<br>*Anweisungen;* END_WHILE; | WHILE eing1 DO<br>sum:= sum + 1;<br>END_WHILE | Schleife mit Bedingungs-<br>prüfung am Anfang.<br>Solange eing1 true ist,<br>wird sum hochgezählt. |
| REPEAT...<br>UNTIL...<br>END_REPEAT | REPEAT *Anweisungen;*<br>UNTIL *Bedingung*<br>END_REPEAT; | REPEAT<br>sum:= sum + 1;<br>UNTIL eing1:=false<br>END_REPEAT; | Schleife mit Bedingungs-<br>prüfung am Ende. Sum<br>wird hochgezählt bis<br>eing1 false ist. |

### Operatoren

| Schlüsselwort | Erklärung | Beispiel | Bemerkung |
|---|---|---|---|
| AND<br>OR<br>XOR<br>NOT | UND<br>ODER<br>Exklusiv ODER<br>Negation | a:= b AND c<br>a:= b OR c<br>a:= b XOR c<br>a:= b NOT b | UND wirkt auf jedes Bit.<br>ODER wirkt auf jedes Bit.<br>XOR wirkt auf jedes Bit.<br>NOT wirkt auf jedes Bit. |
| +, −, *, /<br>**<br>MOD | Grundrechenarten<br>Potenzieren<br>Modulofunktion | a:= b+3*4<br>a:= b**2<br>a:= b MOD 2 | $a = b+12$<br>$a = b^2$<br>Restermittlung bei Division |
| <, ><br><=, >=<br>=, <> | kleiner, größer<br>kleiner gleich, größer gleich<br>gleich, ungleich | IF a > b THEN...<br>IF a >= c THEN...<br>IF a <> b THEN | Wenn $a > b$ dann ...<br>Wenn $a \geq c$ dann ...<br>Wenn $a \neq b$ dann ... |

**AS**

## Ablaufsprache AS für SPS

| Beschreibung | Parallelverzweigung | Alternativverzweigung |
|---|---|---|
| Die Ablaufsprache wird zur Strukturierung eines Programm-mes in Schritte bzw. Aktionen eingesetzt, die über Weiter-schaltbedingungen (Transitionen) verknüpft sind. Jede Aktion und jede Transition muss entweder in AWL, KOP, FUP oder ST geschrieben sein. Aktionen sind SPS-Programmteile. Zum nächsten Schritt bzw. zur nächsten Aktion wird weitergeschaltet, wenn z.B. eine Variable > 0. *Parallelzweige* hängen an einer gemeinsamen Transition. An der Stelle, an der die Parallelzweige zusammenkom-men, wird gewartet, bis die Aktion des letzten Schrittes abgearbeitet worden ist. *Alternativzweige* besitzen jeweils an ihrem Eingang eine eigene Transition. Es ist immer nur ein Zweig in Bearbeitung. | $S_m$<br>$T_m$<br>$S_{n1}$ $S_{n2}$ ... $S_{nm}$ | $S_m$<br>$T_{m1}$ — $T_{m2}$<br>$S_{n1}$ $S_{n2}$ ... $S_{nm}$ |

[] in Spalte Anweisung: optional, wahlweise bei Bedarf. Variable sind je nach Datentyp mit INT, REAL, BOOL, BYTE, STRING, DATE oder TIME zu vereinbaren.

| Programmelement | Erklärung | Bemerkungen |
|---|---|---|
| Organisations-bausteine OB | Organisationsbausteine werden vom SPS-Betriebssystem aufgerufen. Mit ihnen wird die zyklische Programmbearbeitung gesteuert, ferner die Alarmbehandlung. Das Anwenderprogramm besteht aus dem OB 1 und meist noch anderen Programmelementen (Bild).<br>Der OB 1 wird zyklisch vom Betriebssystem aufgerufen und abgearbeitet und nur von alarmbehandelnden OB unterbrochen. | Unterschieden werden neben dem zyklischen OB 1, Uhrzeitalarme, Verzögerungsalarme, Weckalarme, Prozessalarme, Fehleralarme (z.B. Zeitfehler, Stromversorgungsfehler, CPU-Hardwarefehler) oder Hintergrundzyklus. Dieser besitzt die niederste Priorität bzgl. dem Unterbrechen anderer OB. Die Prioritäten sind vorgegeben. Von manchen OB können sie verändert werden.<br>Daneben gibt es noch OB für Neustart (OB 100) und Wiederanlauf (OB 101). Die Anlauf-OB werden z.B. nach Netz-EIN vom SPS-Betriebssystem gestartet. |
| Funktions-bausteine FB | FB werden vom Anwender programmiert. FB besitzen zugeordnete Datenbausteine (DB) zur Speicherung von Daten (Instanz-Datenbausteine). Ein FB kann auch auf verschiedene DB zugreifen. | Anwendung für wiederkehrende Abläufe.<br>FB können wiederum FB oder FC, SFB, SFC aufrufen. |
| Funktionen FC | FC werden vom Anwender programmiert. Der Aufruf erfolgt in anderen Programmelementen (Bausteinen). Während dem Programmlauf erzeugte Daten gehen nach dem Programmlauf verloren. Zur Speicherung von Daten muss auf globale Datenbausteine zugegriffen werden. | Angewendet werden z.B. FC für mathematische Funktionen. |
| Datenbausteine DB | DB dienen zur Speicherung von Daten, mit denen das Anwenderprogramm arbeitet. Auf DB können OB, FB und FC zugreifen. Unterschieden werden Instanz-Datenbausteine und globale Datenbausteine. | In den Instanz-Datenbaustein sind die aktuellen Parameterwerte und statischen Daten der zugeordneten FB gespeichert. Einem FB können mehrere Instanz-DB zugeordnet sein. Auf globale DB können alle OB, FB und FC zugreifen. |
| Systemfunktions-bausteine SFB | SFB sind Teil des SPS-Betriebssystems. Sie werden vom Hersteller mitgeliefert und können vom Anwenderprogramm aus aufgerufen werden. Für SFB müssen mit dem Anwenderprogramm zugeordnete Instanz-Datenbausteine angelegt werden. | SFB gibt es z.B. zum Datenaustausch mit externen Geräten, zum Betreiben externer Geräte (Remotebetrieb). |
| Systemfunktionen SFC | SFC sind ebenfalls Teil des SPS-Betriebssystems. | SFC gibt es z.B. zum Kopieren von Daten, zum Übertragen von Daten von und zu Signalbaugruppen, zum Meldungserzeugen, zum Verändern von Baugruppenparametern, zum Aktualisieren von Uhrzeiten. |
| Systemdaten-bausteine SDB | SDB werden nur vom SPS-Betriebssystem ausgewertet, nicht über das SPS-Anwenderprogramm. In SDB sind z.B. Zuordnungslisten bzgl. Peripheriegeräten und Schnittstellen sowie Parameterlisten von Baugruppen mit ihren Voreinstellwerten (Defaultwerten) gespeichert. | Jede CPU besitzt eigene SDB.<br>Beim Speichern veränderter Voreinstellwerte werden SDB erzeugt, auf die dann bei Neustart oder Wiederanlauf zugegriffen wird. |

**AS**

Struktur eines SPS-S7-Programmes

# Alphanumerische Kennzeichnung der Anschlüsse
## Alphanumeric identification of connections

## Elektrische Maschinen

| Kennzeichen | Bei drehenden Maschinen | Bei Transformatoren | Beispiele |
|---|---|---|---|
| Ziffer vor dem Kennbuchstaben | Unterscheidung gleichartiger Wicklungen, z.B. für verschiedene Drehzahlen. | Unterscheidung von Oberspannung (kleinere Ziffer) und Unterspannung (größere Ziffer) | |
| Kennbuchstabe für (Art der Wicklung) | A  Ankerwicklung<br>B  Wendepolwicklung<br>C  Kompensationswicklung<br>D  Reihenschluss-Feldwicklung<br>E  Nebenschluss-Feldwicklung<br>F  Fremderregte Feldwicklung<br>H  Hilfswicklung Längsachse<br>J  Hilfswicklung Querachse<br>K ⎫<br>L ⎬ auf der Sekundärseite von Induktionsmaschinen, z.B. Schleifringläufermotoren<br>M ⎭<br>Z  Hilfswicklung Kondensatormotor<br>U, V, W, N wie bei Transformatoren | U  Strang 1<br>V  Strang 2<br>W  Strang 3<br>N  Sternpunkt<br><br>Bei Spannungswandlern entfällt der Kennbuchstabe, z.B.<br>1.1  Anfang Oberspannung<br>2.2  Ende Unterspannung<br><br>Bei Stromwandlern<br>K, L Primärwicklung<br>(K Kraftwerksseite)<br>k, l  Sekundärwicklung<br>Bei Drosselspulen wie bei Transformatoren. | |
| Ziffer nach dem Kennbuchstaben | 1  Anfang<br>2  Ende<br>Weitere Ziffern für Abgriffe zwischen 1 und 2 | 1  Anschluss an Netzleiter (Anfang)<br>2  Anschluss an Sternpunkt oder Netzleiter (Ende)<br>Weitere Ziffern für Abgriffe zwischen 1 und 2 | |

## Stromrichtersätze und Stromrichtergeräte

| Kennzeichen | Bei Stromrichtersätzen | Bei Stromrichtergeräten | Beispiele |
|---|---|---|---|
| Kennbuchstabe (Art des Anschlusses) | A  Anodenseitiger Anschluss<br>K  Katodenseitiger Anschluss<br>G  Steueranschluss 1 (Gate)<br>H  Steueranschluss 2 (Hilfskatode)<br>M  Zusammenschaltung zu Gleichstromanschluss | C  Gleichstromanschluss (bei Gleichrichterbetrieb auch + zulässig)<br>D  Gleichstromanschluss (bei Gleichrichterbetrieb auch – zulässig)<br>U, V ⎫ Wechselstromanschlüsse<br>W, N ⎭ (entsprechend wie bei Transformatoren) | |
| Ziffer nach dem Kennbuchstaben | Reihenfolge der Pulszahl | 1  Eingang<br>2  Ausgang | |

## Weitere Beispiele

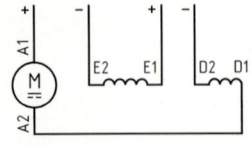

**Fremderregter Motor mit Reihenschluss-Hilfswicklung**

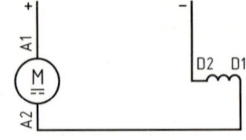

**Reihenschlussmotor**

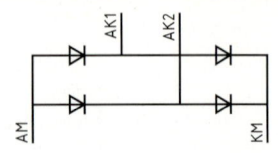

**Stromrichter B2U**

AS

| Begriff | Beispiel | Bemerkungen |
|---|---|---|
| Steuerkette | 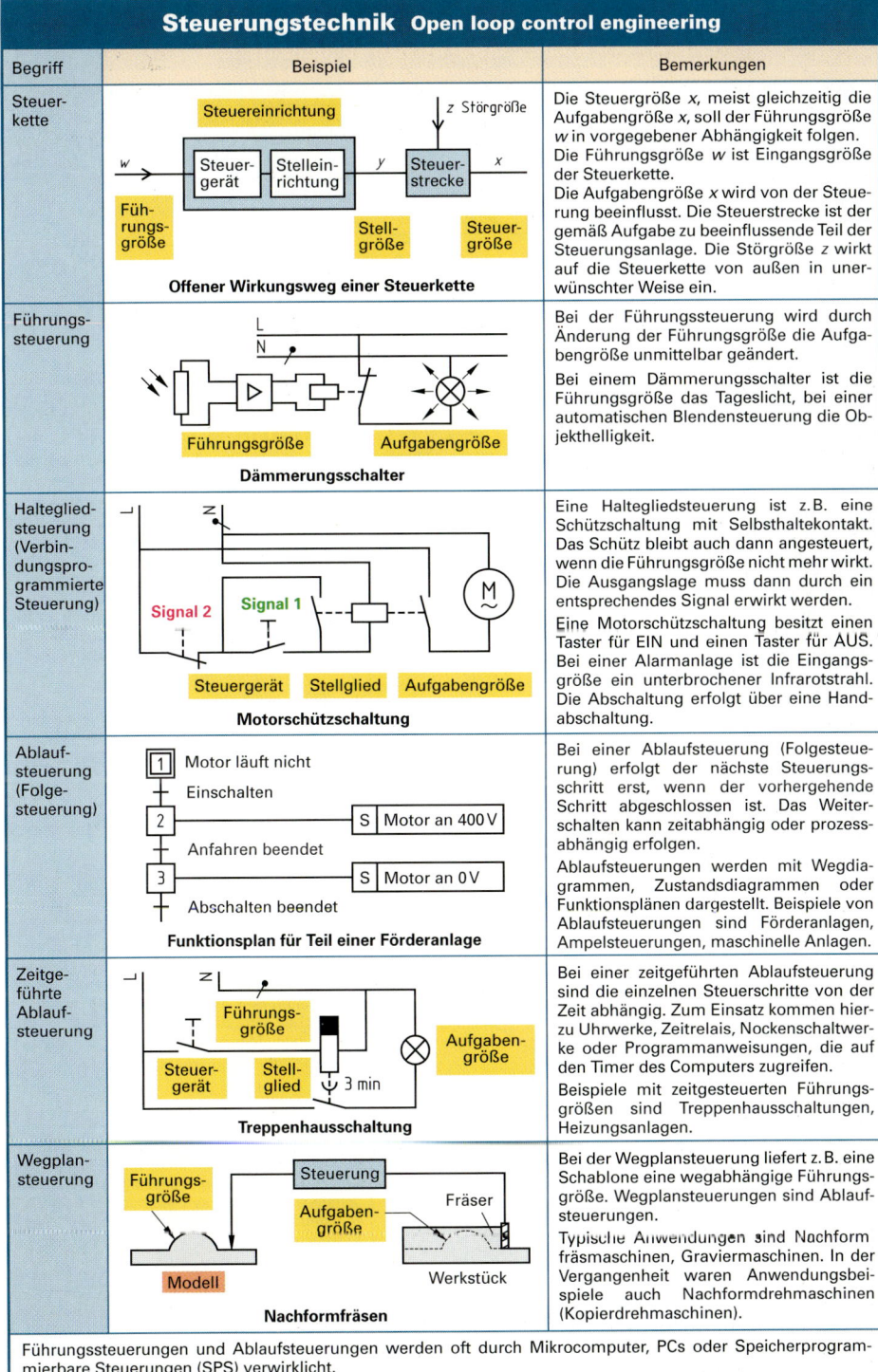 **Offener Wirkungsweg einer Steuerkette** | Die Steuergröße $x$, meist gleichzeitig die Aufgabengröße $x$, soll der Führungsgröße $w$ in vorgegebener Abhängigkeit folgen. Die Führungsgröße $w$ ist Eingangsgröße der Steuerkette. Die Aufgabengröße $x$ wird von der Steuerung beeinflusst. Die Steuerstrecke ist der gemäß Aufgabe zu beeinflussende Teil der Steuerungsanlage. Die Störgröße $z$ wirkt auf die Steuerkette von außen in unerwünschter Weise ein. |
| Führungssteuerung | **Dämmerungsschalter** | Bei der Führungssteuerung wird durch Änderung der Führungsgröße die Aufgabengröße unmittelbar geändert. Bei einem Dämmerungsschalter ist die Führungsgröße das Tageslicht, bei einer automatischen Blendensteuerung die Objekthelligkeit. |
| Haltegliedsteuerung (Verbindungsprogrammierte Steuerung) | **Motorschützschaltung** | Eine Haltegliedsteuerung ist z.B. eine Schützschaltung mit Selbsthaltekontakt. Das Schütz bleibt auch dann angesteuert, wenn die Führungsgröße nicht mehr wirkt. Die Ausgangslage muss durch ein entsprechendes Signal erwirkt werden. Eine Motorschützschaltung besitzt einen Taster für EIN und einen Taster für AUS. Bei einer Alarmanlage ist die Eingangsgröße ein unterbrochener Infrarotstrahl. Die Abschaltung erfolgt über eine Handabschaltung. |
| Ablaufsteuerung (Folgesteuerung) | **Funktionsplan für Teil einer Förderanlage** | Bei einer Ablaufsteuerung (Folgesteuerung) erfolgt der nächste Steuerungsschritt erst, wenn der vorhergehende Schritt abgeschlossen ist. Das Weiterschalten kann zeitabhängig oder prozessabhängig erfolgen. Ablaufsteuerungen werden mit Wegdiagrammen, Zustandsdiagrammen oder Funktionsplänen dargestellt. Beispiele von Ablaufsteuerungen sind Förderanlagen, Ampelsteuerungen, maschinelle Anlagen. |
| Zeitgeführte Ablaufsteuerung | **Treppenhausschaltung** | Bei einer zeitgeführten Ablaufsteuerung sind die einzelnen Steuerschritte von der Zeit abhängig. Zum Einsatz kommen hierzu Uhrwerke, Zeitrelais, Nockenschaltwerke oder Programmanweisungen, die auf den Timer des Computers zugreifen. Beispiele mit zeitgesteuerten Führungsgrößen sind Treppenhausschaltungen, Heizungsanlagen. |
| Wegplansteuerung | **Nachformfräsen** | Bei der Wegplansteuerung liefert z.B. eine Schablone eine wegabhängige Führungsgröße. Wegplansteuerungen sind Ablaufsteuerungen. Typische Anwendungen sind Nachformfräsmaschinen, Graviermaschinen. In der Vergangenheit waren Anwendungsbeispiele auch Nachformdrehmaschinen (Kopierdrehmaschinen). |

**AS**

Führungssteuerungen und Ablaufsteuerungen werden oft durch Mikrocomputer, PCs oder Speicherprogrammierbare Steuerungen (SPS) verwirklicht.

# Elektronische Steuerungen von Verbrauchsmitteln
## Electronic control of load equipments

| Name | Liniendiagramme | Bemerkung, Schaltungsprinzip |
|---|---|---|
| Symmetrische Anschnittsteuerung (symmetrische Phasenanschnittsteuerung) | | Häufiges Verfahren zur Steuerung von Wechselstromlasten, insbesondere von Beleuchtungsanlagen mittels Dimmer. Nachteil: Induktiver Blindleistungsbedarf und hochfrequente Störung. |
| Symmetrische Abschnittsteuerung (symmetrische Phasenabschnittsteuerung) | | Steuerung von Wechselstromlasten, z.B. mit Dimmer vom Typ C. Das Einschalten erfolgt mittels Nullspannungsschalter, das Abschalten mit GTO-Thyristor oder Transistor. Vorteile gegen Anschnittsteuerung: Weniger hochfrequente Störstrahlung. Aufnahme von kapazitiver Blindleistung, wie Kondensator. |
| Symmetrische Vielperiodensteuerung (symmetrische Schwingungspaketsteuerung) | | Häufiges Verfahren zur Steuerung von Wechselstromlasten, insbesondere von elektrischen Heizungsanlagen. Nicht geeignet zur Beleuchtungssteuerung und zur Drehzahlsteuerung. Einschalten erfolgt durch Nullspannungsschalter, Abschalten durch Thyristor infolge Unterschreiten des Haltestroms. |
| Unsymmetrische Anschnittsteuerung | | Häufiges Verfahren zur Steuerung von Gleichstromlasten, insbesondere von Gleichstrommotoren. Nachteil: Wie bei symmetrischer Anschnittsteuerung, zusätzlich Magnetisierung vorgeschalteter Transformatoren. |
| Unsymmetrische Abschnittsteuerung | | Verfahren zur Steuerung von Gleichstromlasten, insbesondere von Gleichstrommotoren. Einschalten und Abschalten wie bei der symmetrischen Abschnittsteuerung. Nachteil ihr gegenüber: Magnetisierung vorgeschalteter Transformatoren. |
| Unsymmetrische Vielperiodensteuerung | | Verfahren zur Steuerung von Gleichstromlasten, bei denen stromlose Pausen von mehreren Perioden möglich sind, z.B. beim Laden von Akkumulatoren. Einschalten und Abschalten wie bei der symmetrischen Vielperiodensteuerung. Nachteil ihr gegenüber: Magnetisierung vorgeschalteter Transformatoren. |

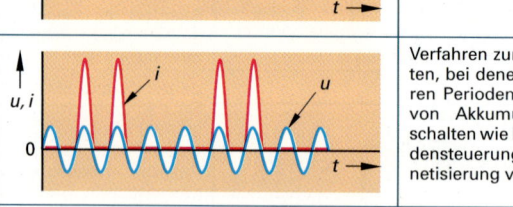

**AS**

Die Anschnittsteuerung (Phasenanschnittsteuerung) und die Abschnittsteuerung dürfen nur angewendet werden, wenn eine andere Steuerung, z.B. mit Schwingungspaketen, nicht ausreicht, z.B. bei der Helligkeitssteuerung von Lampen. Alle elektronischen Steuerungen rufen störende Einflüsse im Netz (Netzrückwirkung) hervor. Deshalb gelten Grenzwerte der Anschlussleistung (siehe folgende Seite).

$i$ Stromstärke, $t$ Zeit, $u$ Spannung, $\alpha$ Zündwinkel, Steuerwinkel.

# Grenzwerte der Anschlussleistung im öffentlichen Netz · nach TAB
## Ratings of connection power in public network

## Symmetrische Anschnittsteuerung oder Abschnittsteuerung, Gleichrichtung

| Steuereinrichtung | Maximale Anschlussleistung je Verbrauchseinheit | | |
|---|---|---|---|
| | AC 230 V | AC 400 V | 3 AC 400 V |
| Steller für Glühlampen | 1,7 kW | 3,4 kW | 5,1 kW |
| Steller für Motoren oder Entladungslampen mit induktivem Vorschaltgerät | 3,4 kVA | 6,8 kVA | 10,2 kVA |
| Röntgengeräte, Tomographen und ähnliche medizinische Geräte | 1,7 kVA | – | 5 kVA |
| Kopiergerät | 4 kVA | – | 7 kVA |
| symmetrische Anschnittsteuerung bzw. Abschnittsteuerung | bei Wärmegeräten 200 W, bei Netzteilen 75 W | | |
| symmetrische Anschnittsteuerung bzw. Abschnittsteuerung nur während des Einschaltvorganges | bis zur zulässigen Bemessungsleistung | | |
| unsymmetrische Gleichrichtung (Einweg-schaltung) | bei Wärmegeräten 100 W, bie Netzteilen 75 W | | |
| Gleichrichtung in Netzteilen zur Stromversor-gung elektronischer Geräte ≥ 75 W. | Keine Begrenzung in TAB, da nach EN 61000 ab 75 W der Auf-nahmestrom oberschwingungsarm (sinusförmig) sein muss. | | |

## Vielperiodensteuerung

| Schalthäufigkeit je Minute | Maximale Anschlussleistung je Verbrauchseinheit bei | | |
|---|---|---|---|
| | AC 230 V | AC 400 V | 3 AC 400 V |
| ≥ 1000 | 0,4 kW | 1,0 kW | 2,0 kW |
| 300 bis < 1000 | 0,6 kW | 1,5 kW | 3,2 kW |
| 55 bis < 300 | 1,0 kW | 2,4 kW | 4,8 kW |
| 7,5 bis < 55 | 1,7 kW | 4,3 kW | 8,7 kW |
| 4,5 bis < 7,5 | 2,3 kW | 5,6 kW | 11,3 kW |
| 3,5 bis < 4,5 | 2,5 kW | 6,0 kW | 12,0 kW |
| 2,5 bis < 3,5 | 2,7 kW | 6,6 kW | 13,3 kW |
| 1,5 bis < 2,5 | 2,9 kW | 7,3 kW | 14,7 kW |
| 0,76 bis < 1,5 | 3,7 kW | 9,2 kW | 18,7 kW |
| < 0,76 | 4,0 kW | 10,0 kW | 20,0 kW |

## Motoren, Schweißgeräte

| Art | Maximale Leistung oder maximaler Anzugstrom | | |
|---|---|---|---|
| | AC 230 V | AC 400 V | 3 AC 400 V |
| gelegentlich geschalteter Motor | 1,7 kVA | – | 5,2 kVA oder $I_a = 60$ A |
| Motoren mit störender Netzrückwirkung (häufiges Schalten, schwankende Last) | 30 A | – | $I_a = 30$ A |
| Schweißgeräte | 2 kVA | 2 kVA | 2 kVA |
| | Größere Geräte können vom VNB (bisher EVU genannt) genehmigt werden, wenn der cos $\varphi \geq 0,7$ ist. | | |

AC 230 V: Anschluss an einen Außenleiter und den Neutralleiter.
AC 400 V: Anschluss an zwei Außenleiter.
3 AC 400 V: Anschluss an drei Außenleiter und evtl. Neutralleiter, Belastung gleichmäßig auf die Außenleiter verteilt.
$I_a$ Anzugstrom; cos $\varphi$ Verschiebungsfaktor (bei Sinusform Leistungsfaktor)
Die angegebenen Grenzwerte dürfen nur mit Genehmigung des VNB (Verteilungsnetzbetreiber) überschritten werden.

**AS**

# Elektromagnetische Schütze · Electromagnetic contactors

**AS**

## Arten und Wirkungsweise

| Diagramm, Schaltung | Erklärung | Bemerkung |
|---|---|---|

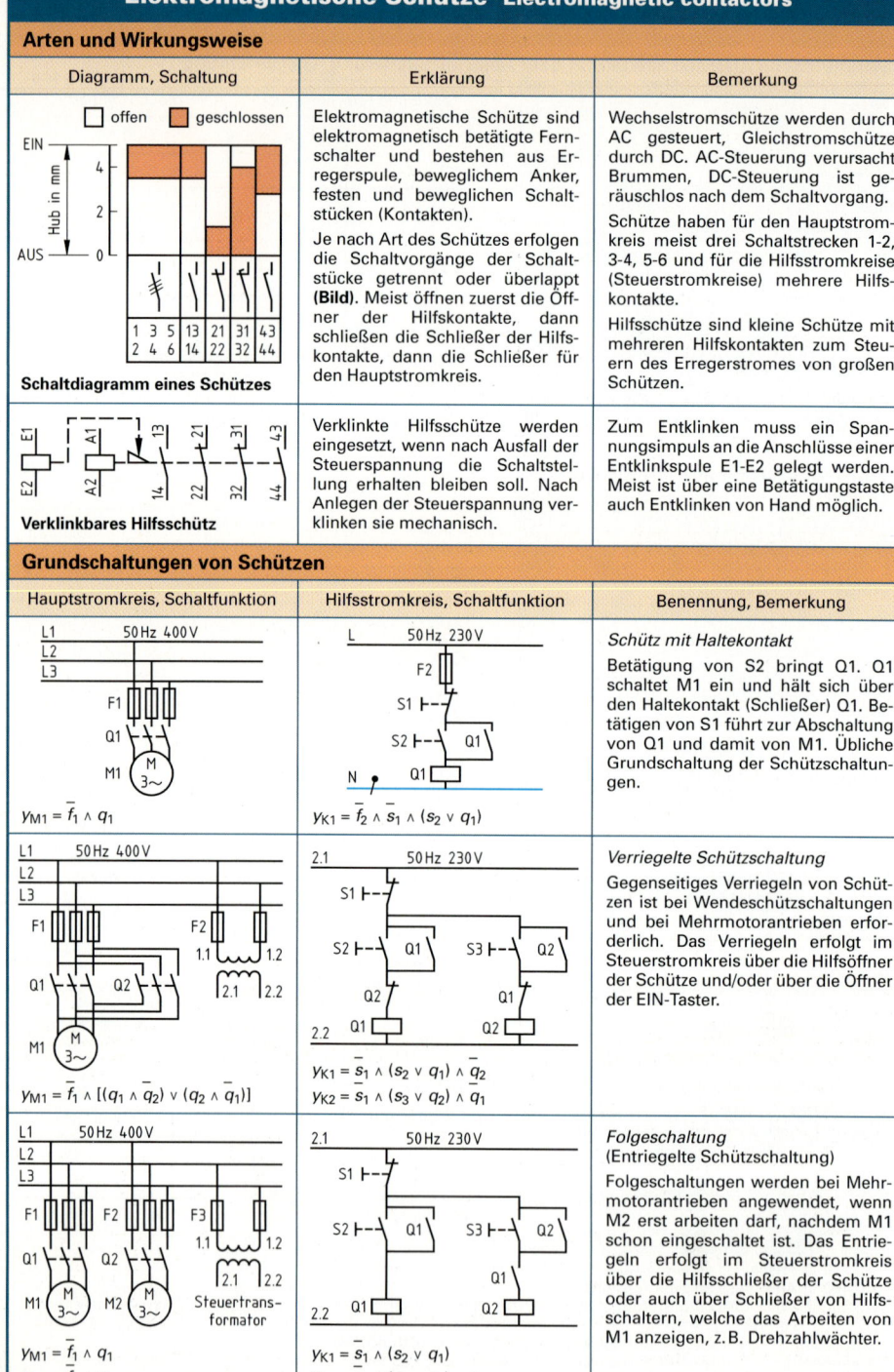

**Schaltdiagramm eines Schützes**

Elektromagnetische Schütze sind elektromagnetisch betätigte Fernschalter und bestehen aus Erregerspule, beweglichem Anker, festen und beweglichen Schaltstücken (Kontakten).

Je nach Art des Schützes erfolgen die Schaltvorgänge der Schaltstücke getrennt oder überlappt (**Bild**). Meist öffnen zuerst die Öffner der Hilfskontakte, dann schließen die Schließer der Hilfskontakte, dann die Schließer für den Hauptstromkreis.

Wechselstromschütze werden durch AC gesteuert, Gleichstromschütze durch DC. AC-Steuerung verursacht Brummen, DC-Steuerung ist geräuschlos nach dem Schaltvorgang.

Schütze haben für den Hauptstromkreis meist drei Schaltstrecken 1-2, 3-4, 5-6 und für die Hilfsstromkreise (Steuerstromkreise) mehrere Hilfskontakte.

Hilfsschütze sind kleine Schütze mit mehreren Hilfskontakten zum Steuern des Erregerstromes von großen Schützen.

**Verklinkbares Hilfsschütz**

Verklinkte Hilfsschütze werden eingesetzt, wenn nach Ausfall der Steuerspannung die Schaltstellung erhalten bleiben soll. Nach Anlegen der Steuerspannung verklinken sie mechanisch.

Zum Entklinken muss ein Spannungsimpuls an die Anschlüsse einer Entklinkspule E1-E2 gelegt werden. Meist ist über eine Betätigungstaste auch Entklinken von Hand möglich.

## Grundschaltungen von Schützen

| Hauptstromkreis, Schaltfunktion | Hilfsstromkreis, Schaltfunktion | Benennung, Bemerkung |
|---|---|---|

$y_{M1} = \bar{f}_1 \wedge q_1$

$y_{K1} = \bar{f}_2 \wedge \bar{s}_1 \wedge (s_2 \vee q_1)$

*Schütz mit Haltekontakt*

Betätigung von S2 bringt Q1. Q1 schaltet M1 ein und hält sich über den Haltekontakt (Schließer) Q1. Betätigen von S1 führt zur Abschaltung von Q1 und damit von M1. Übliche Grundschaltung der Schützschaltungen.

$y_{M1} = \bar{f}_1 \wedge [(q_1 \wedge \bar{q}_2) \vee (q_2 \wedge \bar{q}_1)]$

$y_{K1} = \bar{s}_1 \wedge (s_2 \vee q_1) \wedge \bar{q}_2$

$y_{K2} = \bar{s}_1 \wedge (s_3 \vee q_2) \wedge \bar{q}_1$

*Verriegelte Schützschaltung*

Gegenseitiges Verriegeln von Schützen ist bei Wendeschützschaltungen und bei Mehrmotorantrieben erforderlich. Das Verriegeln erfolgt im Steuerstromkreis über die Hilfsöffner der Schütze und/oder über die Öffner der EIN-Taster.

$y_{M1} = \bar{f}_1 \wedge q_1$

$y_{M2} = \bar{f}_2 \wedge q_2$

$y_{K1} = \bar{s}_1 \wedge (s_2 \vee q_1)$

$y_{K2} = \bar{s}_1 \wedge (s_3 \vee q_2) \wedge q_1$

*Folgeschaltung*
(Entriegelte Schützschaltung)

Folgeschaltungen werden bei Mehrmotorantrieben angewendet, wenn M2 erst arbeiten darf, nachdem M1 schon eingeschaltet ist. Das Entriegeln erfolgt im Steuerstromkreis über die Hilfsschließer der Schütze oder auch über Schließer von Hilfsschaltern, welche das Arbeiten von M1 anzeigen, z.B. Drehzahlwächter.

| Prinzip, Ansicht | Erklärung | Bemerkung |
| --- | --- | --- |

## Halbleiterschütze

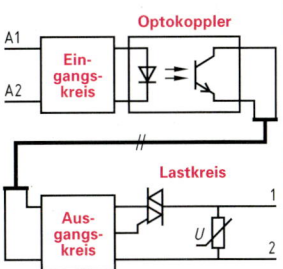

**Bestandteile eines Halbleiterschützes**

*Eingangskreis* zur Anpassung des Steuersignals, z.B. durch Gleichrichtung eines AC-Signals.

*Optokoppler* zur Potenzialtrennung der Steuersparung.

*Ausgangskreis* zur Erzeugung der Steuerspannungen für die bis sechs Thyristoren des Lastkreises in der Weise, dass der Laststrom beim Nulldurchgang der Spannung einsetzt (Nullspannungsschalter).

*Lastkreis* zur Steuerung der Last mittels Thyristoren. Überspannungsableiter sind zum Schutz der Last integriert (eingebaut).

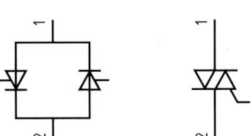

**Leistungteil je Pol von Halbleiterschützen**

Jeder Pol des Schützes steuert eine Phase des Laststromes mittels Einphasenwechselwegschaltung von Thyristoren oder bei kleiner Leistung mittels Triac.

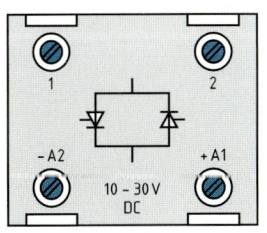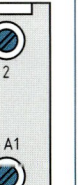

**Ansicht eines einpoligen Halbleiterschützes**

*Lastdaten* 3 AC 400 V/230 V, bis 50 A.

*Steuerspanungen* DC oder AC von 10 V bis 240 V.

*Kühlkörper* bei kleiner Leistung, z.B. 0,55 kW, nicht erforderlich.

*Einpoliges Halbleiterschütz*, z.B. zur Steuerung von Einphasenstrom.

*Zweipoliges Halbleiterschütz* zur Steuerung von Drehstrom, auch mit zwei zusätzlichen Wechselwegschaltungen als Wendeschütz.

*Dreipoliges Halbleiterschütz* zur Steuerung von Drehstrom.

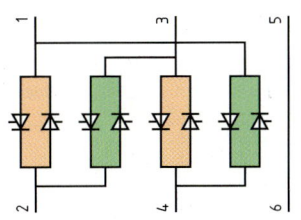

**Schaltung eines zweipoligen Halbleiterschützes für Drehstromantrieb als Wendeschütz**

*(Stromlaufplan)*

**Stromlaufplan eines Halbleiterschützes**

*Vorteile von Halbleiterschützen:* geräuschloses Schalten, lange Lebensdauer.

*Nachteile von Halbleiterschützen:* keine sichere Trennung vom Netz, in jedem Fall zusätzliche trennende Schalter nötig.

Die große Wärmeentwicklung erfordert meist Kühlkörper.

Die Empfindlichkeit gegen Überströme erfordert Sicherungen vom Typ Z und meist getrennte Bimetallrelais.

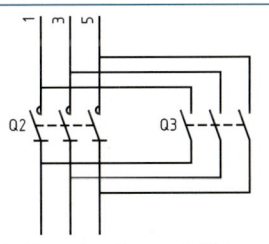

**Schaltung eines Bypass-Schützes ohne Eignung als Wendeschütz**

## Vakuumschütze

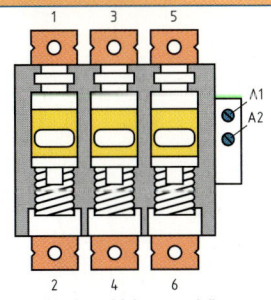

**Ansicht eines Vakuumschützes bei abgenommenem Deckel**

*Lastdaten* 3 AC 400 V, je nach Typ 185 A bis 820 A,

*Steuerspannungen* DC 24 V bis 250 V, AC 48 V bis 600 V.

Der Hauptkontakt jedes Pols bewegt sich in einer luftdicht abgeschlossenen Vakuumschaltröhre. Wegen des Vakuums entsteht beim Abschalten kein Lichtbogen, der Strom reißt schlagartig ab. Die dadurch hohe Schaltüberspannung wird durch integrierte Überspannungsableiter begrenzt. Der Kontaktabbrand ist klein und kann durch ein Fenster überwacht werden.

1 beweglicher Leiter
2 Faltenbalg
3 Vakuum
4 Getter (bindet eindringende Luft)
5 beweglicher Kontakt
6 Fenster für Stellungsanzeige
7 fester Kontakt

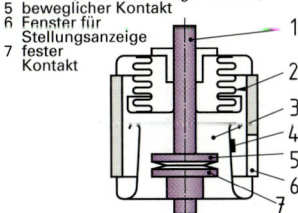

**Vakuumschaltröhre eines Poles des Vakuumschützes**

# Kennzeichnung der Schütze und Befehlsgeräte
## Identification of contactors and command key switches

## Impedanzen (Last-Scheinwiderstände) von Niederspannungsschaltgeräten

| Anschlüsse | Art | Anschlüsse | Art |
|---|---|---|---|
| A1  A2<br>B1  B2<br>C1  C2<br>D1  D2 | Schützspule, Ansteueranschlüsse<br>Zweite Wicklung einer Schützspule<br>Arbeitsstromauslöser<br>Unterspannungsauslöser | E1  E2<br>U1  U2<br>X1  X2 | Verriegelungsmagnete<br>Motor<br>Leuchtmelder |

1 kennzeichnet den Anfang, 2 das Ende. 1 und 2 können elektrisch gleichwertig sein, z.B. bei Widerständen.

## Kennzeichnung der Schaltglieder
(vgl. EN 50012 und EN 50013)

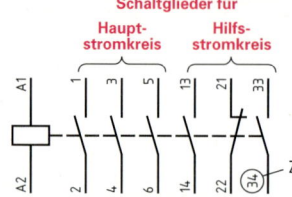

**Schaltglieder für**

**Haupt-stromkreis**   **Hilfs-stromkreis**

Einzelheit Z

34

**Funktionsziffer**
(hier Schließeranschluss)

**Ordnungsziffer**
(hier 3. Hilfsschaltglied)

Z

Die Ordnungsziffer nummeriert die Hilfsschaltglieder.

Die Funktionsziffer gibt deren Aufgabe an.

| Anschlüsse | Art des Schaltgliedes | Anschluss mit Ordnungsziffer | Art des Schaltgliedes | Anschluss mit Funktionsziffer | Art des Schaltgliedes |
|---|---|---|---|---|---|
| 1–2<br>3–4<br>5–6 | Schaltglied (meist Schließer) für den Hauptstromkreis | 1X, 2X,<br>3X ...<br>z.B. 11, 12... | Hilfsschaltglieder in der Reihenfolge der Anordnung | Y1, Y2<br>Y3, Y4<br>Y1, Y2, Y4 | Öffner-Hilfsschaltglied<br>Schließer-Hilfsschaltglied<br>Wechsler-Hilfsschaltglied |
| Zwei Ziffern z.B. 11, 21... | Hilfsschaltglieder z.B. Öffner - Eingänge | 9 X<br>z.B. 95, 96 | Hilfsschaltglieder für Überlast-Schutzeinrichtung | Y5, Y6<br>Y7, Y8<br>Öffner-<br>Schließer-} | Hilfsschaltglied mit besonderer Funktion |

## Kennzahlen von Schützen und Befehlsgeräten

| Kennzahl | Bedeutung | Schaltzeichen | Kennzahl | Bedeutung | Schaltzeichen |
|---|---|---|---|---|---|
| 01 | Motorschütz mit 3 Hauptschaltgliedern und 1 Hilfsschaltglied | | 21 | Taster mit 2 Schließern und 1 Öffner | |
| 10 | Motorschütz mit 3 Hauptschaltgliedern und 1 Hilfsschaltglied | | 10 | Taster mit 1 Schließer und Leuchtmelder mit Lampentransformator | |
| 12 | Motorschütz mit 3 Hauptschaltgliedern und 3 Hilfsschaltgliedern | | 11 | Taster mit Leuchtmelder | |
| 22 | Hilfsschütz mit 2 Schließern, 2 Öffnern | | 21 | Unterspannungsauslöser mit 1 Wechsler und 1 Schließer | |
| 10 | Motorschütz mit Motorschutzrelais | | 002 | Taster mit 2 Wechslern | |

Schütze und Befehlsgeräte können mit einer zweistelligen Kennzahl bezeichnet werden, welche die Zahl der Hilfs-schaltglieder (Schließer – Öffner – Wechsler) angibt.

**AS**

# Gebrauchskategorien und Prüfbedingungen von Schützen
## Application categories and check conditions of contactors

## Gebrauchskategorien von Schützen, Motorstartern und Hilfsstromschaltern

| Kategorie | Typische Anwendungsfälle | Kategorie | Typische Anwendungsfälle |
|---|---|---|---|
| AC-1 | Nicht induktive oder leicht induktive Lasten, Widerstandsöfen. | DC-1 | Nicht induktive oder leicht induktive Lasten, Widerstandsöfen. |
| AC-2 | Schleifringläufermotoren mit Anlassen und Reversieren (Drehrichtungsumkehr). | DC-2 | Fremderregte Motoren (Nebenschlussmotoren) mit Anlassen und Ausschalten von laufenden Motoren. |
| AC-3 | Käfigläufermotoren mit Anlassen und Ausschalten des laufenden Motors. | DC-3 | Motoren wie bei DC-2, aber zusätzlich mit Reversieren (Drehrichtungsumkehr) und Tippbetrieb. |
| AC-4 | Käfigläufermotoren mit Anlassen, Reversieren (Drehrichtungsumkehr) und Tippbetrieb. | DC-4 | Reihenschlussmotoren mit Anlassen und Ausschalten von laufenden Motoren. |
| | | DC-5 | Reihenschlussmotoren mit Anlassen, Reversieren und Tippbetrieb. |
| AC-11 | Elektromagnete, z. B. für Spannzeuge oder Hubmagnete | DC-11 | Elektromagnete, z. B. für Spannzeuge oder Hubmagnete |

## Prüfbedingungen für Schütze

| Kategorie | Bemessungs-strom $I_N$ in A | Einschalten | | | Ausschalten | | |
|---|---|---|---|---|---|---|---|
| | | $I / I_N$ | $U / U_N$ | Bei AC  $\cos\varphi$  bei DC  $L/R$ | $I_C / I_N$ | $U_r / U_N$ | Bei AC  $\cos\varphi$  bei DC  $L/R$ |
| **Prüfbedingungen für die elektrische Lebensdauer** | | | | | | | |
| AC-1 | alle Werte | 1 | 1 | 0,95 | 1 | 1 | 0,95 |
| AC-2 | alle Werte | 2,5 | 1 | 0,65 | 2,5 | 1 | 0,65 |
| AC-3 | ≤ 17 | 6 | 1 | 0,65 | 1 | 0,17 | 0,65 |
| | > 17 | 6 | 1 | 0,35 | 1 | 0,17 | 0,35 |
| AC-4 | ≤ 17 | 6 | 1 | 0,65 | 6 | 1 | 0,65 |
| | > 17 | 6 | 1 | 0,35 | 6 | 1 | 0,35 |
| AC-11 | alle Werte | 10 | 1 | 0,7 | 1 | 1 | 0,4 |
| DC-1 | | 1 | 1 | 1  ms | 1 | 1 | 1  ms |
| DC-2 | | 2,5 | 1 | 2  ms | 1 | 0,1 | 7,5 ms |
| DC-3 | alle Werte | 2,5 | 1 | 2  ms | 2,5 | 1 | 2  ms |
| DC-4 | | 2,5 | 1 | 7,5 ms | 1 | 0,3 | 10,0 ms |
| DC-5 | | 2,5 | 1 | 7,5 ms | 2,5 | 1 | 7,5 ms |
| DC-11 | | 1 | 1 | 6 ms · $P/W$ | 1 | 1 | 6 ms · $P/W$ |
| **Prüfbedingungen zum Nachweis von Einschaltvermögen und Ausschaltvermögen** | | | | | | | |
| AC-1 | alle Werte | 1,5 | 1,1 | 0,95 | 1,5 | 1,1 | 0,95 |
| AC-2 | alle Werte | 4 | 1,1 | 0,65 | 4 | 1,1 | 0,65 |
| AC-3 | ≤ 17 | 10 | 1,1 | 0,65 | 8 | 1,1 | 0,65 |
| | 17 < $I_N$ ≤ 100 | 10 | 1,1 | 0,35 | 8 | 1,1 | 0,35 |
| | > 100 | 8 vgl[1] | 1,1 | 0,35 | 6 vgl[2] | 1,1 | 0,35 |
| AC-4 | ≤ 17 | 12 | 1,1 | 0,65 | 10 | 1,1 | 0,65 |
| | 17 < $I_N$ ≤ 100 | 12 | 1,1 | 0,35 | 10 | 1,1 | 0,35 |
| | > 100 | 10 vgl[3] | 1,1 | 0,35 | 8 | 1,1 | 0,35 |
| AC-11 | alle Werte | 11 | 1,1 | 0,7 | 11 | 1,1 | 0,7 |
| DC-1 | | 1,5 | 1,1 | 1  ms | 1,5 | 1,1 | 1  ms |
| DC-2 | | 4 | 1,1 | 2,5 ms | 4 | 1,1 | 2,5 ms |
| DC-3 | alle Werte | 4 | 1,1 | 2,5 ms | 4 | 1,1 | 2,5 ms |
| DC-4 | | 4 | 1,1 | 15  ms | 4 | 1,1 | 15  ms |
| DC-5 | | 4 | 1,1 | 15  ms | 4 | 1,1 | 15  ms |
| DC-11 | | 1,1 | 1,1 | 6 ms · $P/W$ | 1,1 | 1,1 | 6 ms · $P/W$ |

$I$ Einschaltstrom, $I_C$ Ausschaltstrom (C von cut = Schnitt), $I_N$ Bemessungsstrom des Schützes, $P = U_N \cdot I_N$ Bemessungsleistung, $U$ Leerlaufspannung, $U_N$ Bemessungsspannung, $U_r$ wiederkehrende Spannung, $L$ Induktivität des Prüfstromkreises, $P/W$ Bemessungsleistung in W, $R$ Wirkwiderstand des Prüfstromkreises, $\cos\varphi$ Leistungsfaktor. Statt Vorsatz Bemessungs- auch Nenn- üblich.
[1] mindestens 1000 A für $I$ oder $I_C$;   [2] $I_C$ ≥ 800 A;   [3] $I$ ≥ 1200 A

AS

| Art | Hauptstromkreis | Steuerstromkreis |
|---|---|---|

**AS**

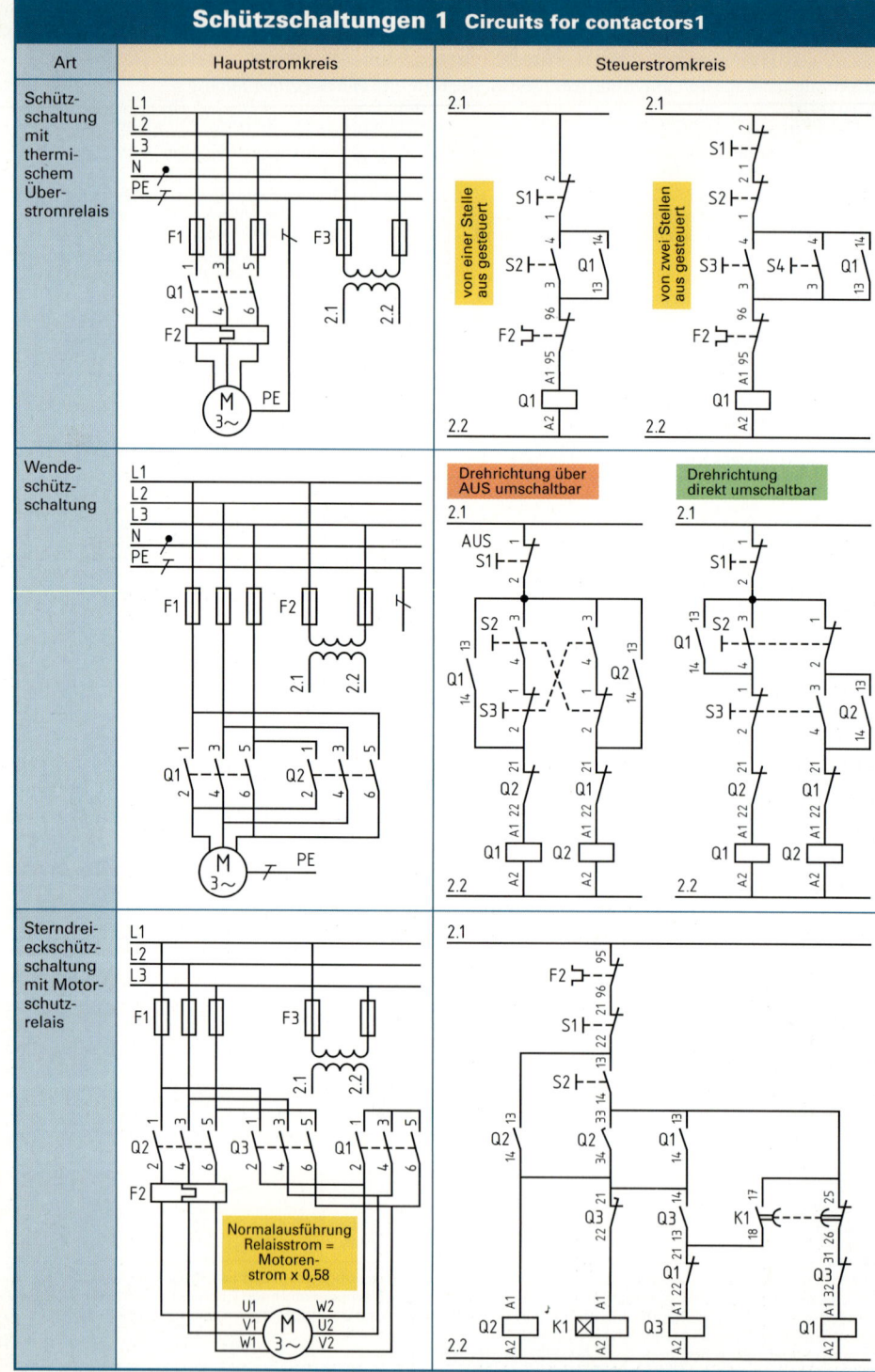

Schützschaltung mit thermischem Überstromrelais

von einer Stelle aus gesteuert

von zwei Stellen aus gesteuert

Wendeschützschaltung

Drehrichtung über AUS umschaltbar

Drehrichtung direkt umschaltbar

Sterndreieckschützschaltung mit Motorschutzrelais

Normalausführung
Relaisstrom =
Motorenstrom x 0,58

## Polumschaltschütze für zwei getrennte Wicklungen

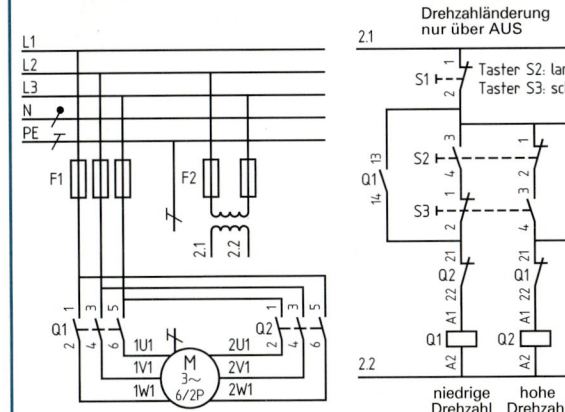

Drehzahländerung nur über AUS

2.1

Taster S2: langsam
Taster S3: schnell

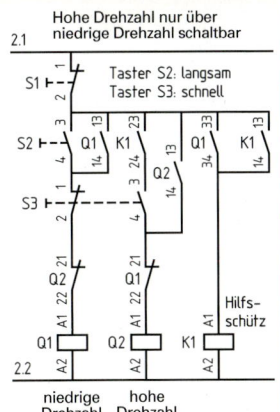

Hohe Drehzahl nur über niedrige Drehzahl schaltbar

2.1

Taster S2: langsam
Taster S3: schnell

niedrige Drehzahl    hohe Drehzahl

niedrige Drehzahl    hohe Drehzahl

## Polumschaltschütze für Dahlanderschaltung

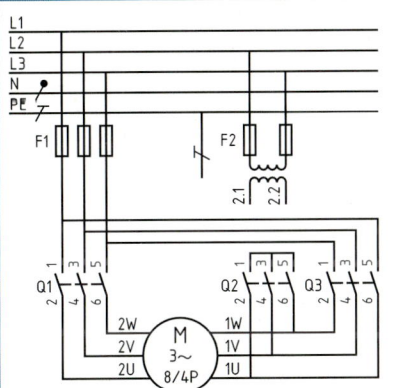

Drehzahländerung nur über AUS

2.1

Taster S2: langsam
Taster S3: schnell

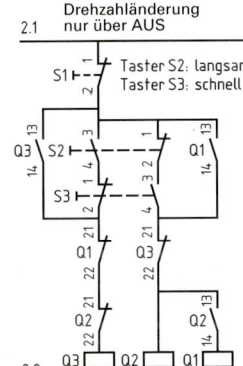

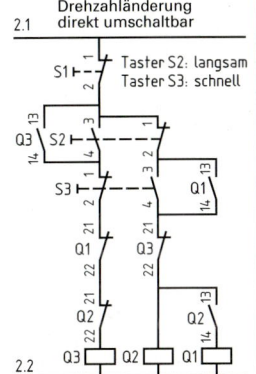

Drehzahländerung direkt umschaltbar

2.1

Taster S2: langsam
Taster S3: schnell

## Drehstrom-Schleifringläufer-Selbstanlasser mit Netzschütz

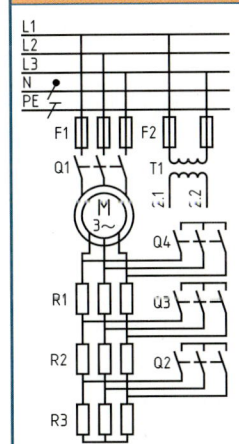

2.1

Stufenschaltung mit Anzugsverzögerung

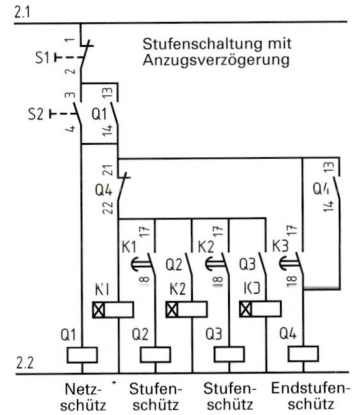

Netz-schütz    Stufen-schütz    Stufen-schütz    Endstufen-schütz

2.1

Stufenschaltung mit motorisch getriebenem Zeitrelais K1

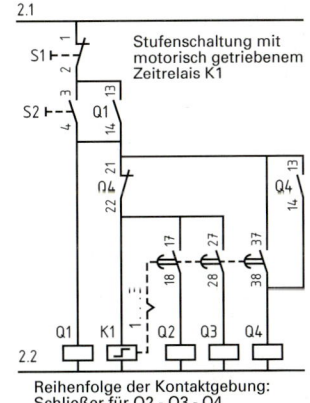

Reihenfolge der Kontaktgebung:
Schließer für Q2 - Q3 - Q4
Q4 trennt K1 vom Netz

AS

| Motorschutzeinrichtung, Schaltung | Auslösekennlinie | Wirkungsweise |
|---|---|---|

**Motorschutzschalter mit thermischem und elektromagnetischem Auslöser**

*Motorschutzschalter* überwachen die Wicklungstemperatur indirekt über die Stromaufnahme des Motors. Bei zu hoher Stromaufnahme auch nur eines Stranges der Motorwicklung wirkt die thermische Auslöseeinrichtung (Bimetallauslöser) ein auf ein Schaltschloss ein, das dann allpolig abschaltet. Der Ansprechstrom kann eingestellt werden.

Die Auslösung erfolgt verzögert. Die Auslösezeit hängt von der Stromstärke ab und liegt meist im Minutenbereich, selten im Sekundenbereich.

Motorschutzschalter sind meist zusätzlich mit einem elektromagnetischen Auslöser ausgerüstet, der die Anlage bei Kurzschluss schützt. Die elektromagnetische Auslösung spricht beim 11fachen Bemessungsstrom $I_N$ innerhalb von einigen Millisekunden an.

Bei Motorschutzschaltern für Drehstrom, die an einphasiger Wechselspannung betrieben werden, sind alle Kontakte in Reihe zu schalten.

**Motorschutzrelais als Bimetallrelais**

*Motorschutzrelais* überwachen die Wicklungstemperatur indirekt über die Stromaufnahme des Motors. Die Leiterströme fließen durch Widerstände, die in Reihe zu den Strängen der Motorwicklung geschaltet sind und die Bimetallstreifen erwärmen. Bei Erreichen des Ansprechstromes wird der Steuerstromkreis des Schützes Q1 geöffnet und der Motor dadurch allpolig vom Netz abgetrennt. Mit einer Einstellvorrichtung kann man den Ansprechstrom einstellen. Motorschutzrelais werden mit und ohne Wiedereinschaltsperre bzw. auch mit einer Umschaltmöglichkeit geliefert. Die Sperre lässt sich von Hand lösen.

Motorschutzrelais werden bis $I_N$ = 70 A verwendet.

Bei der Motorschutzeinrichtung mit *Wandlerrelais* können Ströme bis etwa $I_N$ = 600 A indirekt überwacht werden. Bei kleineren zu überwachenden Stromstärken (z.B. 35 A) wird der Außenleiter mehrmals durch den Wandler geschleift.

**Thermistor-Motorschutz**

Der *Thermistor-Motorschutz* überwacht mit temperaturabhängigen Widerständen, z.B. PTC, direkt die Wicklungstemperatur des Motors. Je nach Kaltwiderstand des PTC können bis zu neun PTC, in Reihe geschaltet, in die Ständerwicklung eines Motors eingebaut werden. Die PTC-Schaltung steuert über eine Transistorverstärkerschaltung mit Kippverhalten ein Ausgaberelais an, das seinerseits das Hauptschütz steuert.

Bei thermischer Auslösung und bei Ausfall einer Leiterspannung fällt das Hauptschütz ab. In beiden Fällen wird die Störung optisch angezeigt. Das Hauptschütz kann über den Taster S2 oder eine Rücksetztaste von B1 wieder eingeschaltet werden, wenn die Auslöseursache beseitigt ist.

**AS**

| Schutz-funktionen | Schutz-zeichen | Erklärung |
|---|---|---|
| Thermischer Schutz | | Der thermische Schutz erfolgt durch die Simulation der Maschinenerwärmung durch Kupferverluste und Eisenverluste mit einer RC-Schaltung (Zweikörper-Abbild). Er löst beim Überschreiten des Temperaturgrenzwertes aus. Das erlaubt die volle thermische Ausnützung der Motoren bei vollem Schutz. |
| Phasen-ausfallschutz | | Bei Ausfall eines Außenleiters wird unabhängig von der Belastung innerhalb von 2 s ausgelöst und angezeigt. |
| Erdschluss-schutz | | Der Erdschlussdetektor erfasst den Erdschluss entweder durch Messung des Nullstroms in der Sternpunktverbindung der drei Hauptstromwandler des Erfassungsmodules oder mit Hilfe eines Summenstromwandlers ($I_A$ 5 mA, 10 mA, 50 mA, bis 250 mA). |
| Blockierschutz | | Werden Förderanlagen, Steinbrecher im normalen Betrieb durch verklemmte Teile blockiert, so löst das Motorschutzrelais bei einem Ansprechstrom ($1$ bis $4 \cdot I_e$) innerhalb 0,1 s bis 1 s aus. Motor und Antriebsteile (Getriebe, Kupplung) werden dadurch vor mechanischer Überbeanspruchung geschützt. |
| Drehrichtungs-schutz | | Bei mobilen Anlagen, z. B. Kühlanlagen, Baumaschinen, kann es irrtümlich zu falschen Drehrichtungen kommen. Ein Detektor für Drehrichtung überwacht die festgelegte Phasenfolge und löst innerhalb von 0,5 s aus. |
| Unterlast-schutz | | Bei Unterschreiten der Ansprechschwelle 0 bis $1{,}1 \cdot I_e$ erfolgt eine Auslösung innerhalb von 5 s bis 20 s. Alle Schutzfunktionen werden manuell zurückgestellt und quittiert. |

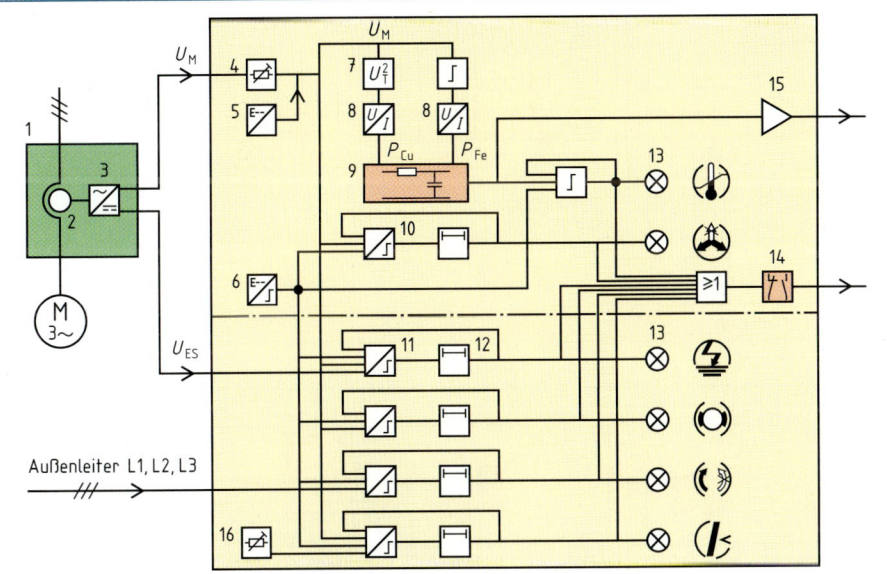

**Übersichtsschaltplan eines vollelektronischen Motorschutzes**

1 Erfassungsmodul
2 Hauptstromwandler
3 Gleichrichter
4 Einstellung auf Bemessungsstrom $I_N$ des Motors
5 Funktionsprüftaste $6 \cdot I_e$
6 Rückstelltaste

7 Quadrierung von $U_T$ ($P_{cu}$)
8 Spannung/Strom-Umsetzer
9 Thermisches Ersatz-Netzwerk (Zweikörper-Abbild)
10 Phasenausfall-Detektor
11 Detektoren für Erdschluss, Blockierung, Drehrichtung, Unterlast

12 Verzögerungsglieder
13 Auslöseanzeigen
14 Ausgangsrelais für Steuerung
15 Erwärmungsausgang
16 Ansprechschwelle Unterlast
$I_e$ Stromeinstellwert

$U_M$ dem Motorstrom proportionale Messspannung
$U_T$ Messspannung zur Bildung der Kupferverluste ($I^2 \cdot R$)
$U_{ES}$ Erdschluss-Auslösespannung

**AS**

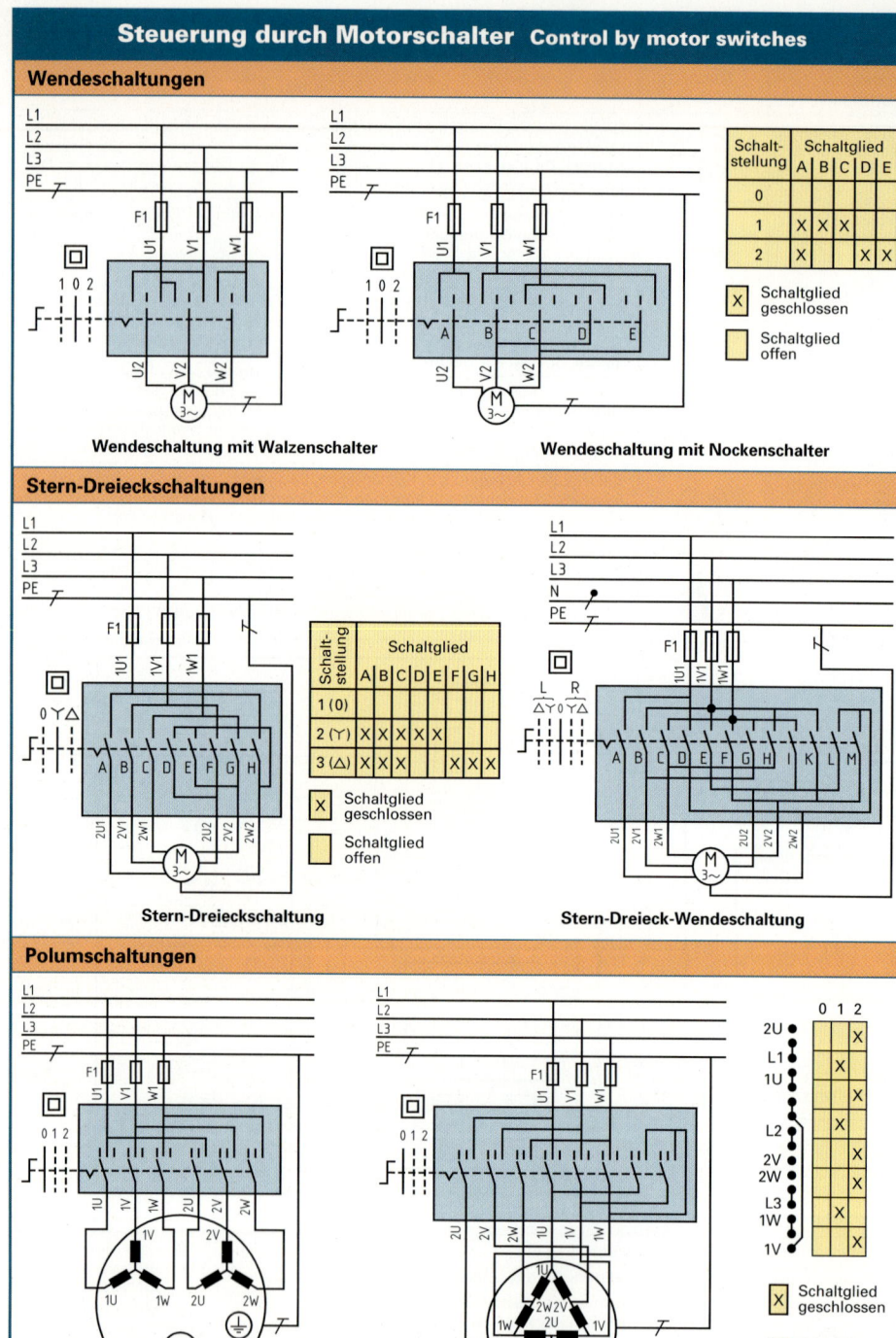

## Wendeschaltungen

Wendeschaltung mit Walzenschalter  Wendeschaltung mit Nockenschalter

| Schalt-stellung | Schaltglied | | | | |
|---|---|---|---|---|---|
| | A | B | C | D | E |
| 0 | | | | | |
| 1 | X | X | X | | |
| 2 | X | | | X | X |

X  Schaltglied geschlossen

Schaltglied offen

## Stern-Dreieckschaltungen

| Schalt-stellung | Schaltglied | | | | | | | |
|---|---|---|---|---|---|---|---|---|
| | A | B | C | D | E | F | G | H |
| 1 (0) | | | | | | | | |
| 2 (Y) | X | X | X | X | X | | | |
| 3 (△) | X | X | X | | | X | X | X |

X  Schaltglied geschlossen

Schaltglied offen

Stern-Dreieckschaltung  Stern-Dreieck-Wendeschaltung

## Polumschaltungen

|  | 0 | 1 | 2 |
|---|---|---|---|
| 2U | | | X |
| L1 | | X | |
| 1U | | | X |
| L2 | | X | |
| 2V | | | X |
| 2W | | | X |
| L3 | | X | |
| 1W | | | X |
| 1V | | | X |

X  Schaltglied geschlossen

Schaltglied offen

Polumschaltung mit zwei getrennten Wicklungen  Dahlanderschaltung

**AS**

# Optoelektronische Näherungsschalter (Lichtschranken)
## Optoelectronic proximity switches (light barriers)

## Arten von Lichtschranken

| Prinzip, Name | Wirkungsweise | Vorteile, Nachteile | Anwendungen |
|---|---|---|---|
| 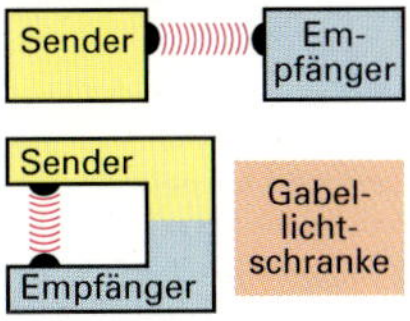 **Einweglichtschranke** (Sender – Empfänger; Gabellichtschranke) | Der Sender strahlt seine IR-Strahlung gebündelt auf den gegenüberliegenden Empfänger. Die Unterbrechung des Strahls löst beim Empfänger den Schaltvorgang aus. | Für große Entfernungen (bis 120 m). Unempfindlich gegen umgebungsbedingte Störeinflüsse. Exakte Ausrichtung erforderlich (Ausnahme: Gabellichtschranke). | Grenztaster, Positionsgeber, Werkzeugbruchkontrolle, Etikettenabtastung, Schaltfahnenerfassung. Fiberoptiken mit Metallmantel sind für Temperaturen bis 290 °C einsetzbar. |
| 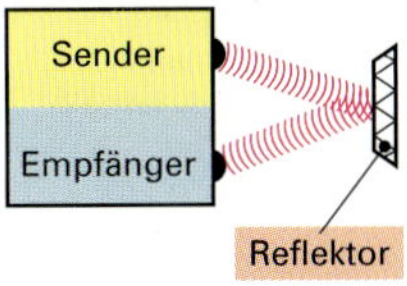 **Reflexionslichtschranke** (Sender, Empfänger, Reflektor) | Der Sender strahlt die gebündelte IR-Strahlung auf einen Reflektor, z.B. einen Glasreflektor. Dieser wirft den Strahl in die Empfängeroptik zurück. Eine Unterbrechung löst im Empfänger den Schaltvorgang aus. | Für Entfernungen bis 10 m. Sender und Empfänger sind in einem Gehäuse untergebracht. Der Einsatz polarisierten Lichts verhindert Reflexionsverwechslungen. | Siehe Einweglichtschranke. Bevorzugter Einsatz überall dort, wo ein Empfänger schwierig zu montieren ist. Leicht justierbare Reflektoren sind fast überall anzubringen. |
| 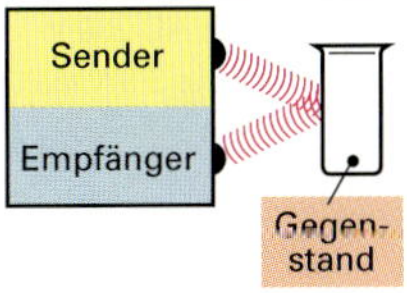 **Reflexionslichttaster** (Sender, Empfänger, Gegenstand) | Der vom Sender ausgesandte IR-Strahl wird von einem Gegenstand auf den Empfänger reflektiert. Um unempfindlich gegen Störlicht zu sein, wird der IR-Strahl mit einer hohen Frequenz gepulst. | Einfache Montagebedingungen, deshalb flexibel in der Anwendung. Sender und Empfänger sind in einem Gehäuse untergebracht. Da jede Oberfläche verschieden reflektiert, ist ein Erkennen verschiedener Oberflächen möglich. | Siehe Einweglichtschranke. Überall dort, wo weder Empfänger noch Reflektoren montiert werden können. In industriellen Fertigungsstraßen mit elektropneumatischen Steuerungen. |

## Technische Daten bei 20 °C

| Art | Einweglichtschranke | Zweiweglichtschranke | Reflexionslichttaster |
|---|---|---|---|
| Betriebsspannung DC in V | 12 bis 240 | 12 bis 240 | 10 bis 55 |
| AC | 24 bis 240 | 24 bis 240 | 20 bis 250 |
| Strombelastbarkeit in mA | 250 | 250 | 250 |
| Schaltfrequenz in Hz | 40 bis 140 | 70 bis 160 | 70 bis 160 |
| Reichweite in m | 120 | 5 | 0,3 |
| Strahlungsquelle | IRED (Infrarot-LED), meist Galliumarsenid für eine Wellenlänge von 850 nm. | | |
| Sendefrequenz | 250 kHz, zur Vermeidung von Fremdstrahlungseinfluss. | | |

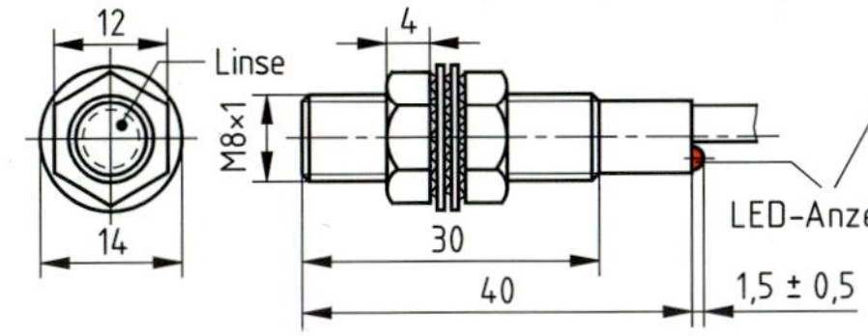

## Abmessungen, Schaltung eines Reflexionslichttasters, Anwendungsbeispiele

**Abmessungen**

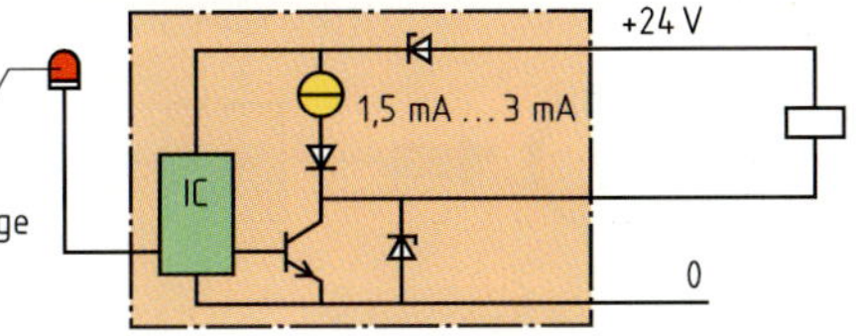

12 · 4 · Linse · M8×1 · 14 · 30 · 40 · LED-Anzeige · 1,5 ± 0,5

**Schaltung**

+24 V · 1,5 mA ... 3 mA · IC · 0

**AS**

**Erkennen von Flaschenverschlüssen**

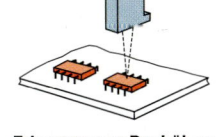

**Erkennen von Bauhöhen elektronischer Bauteile**

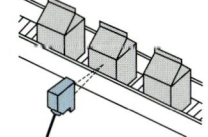

**Erkennen von Milchtüten**

# Näherungsschalter  Proximity switches

| Prinzip, Name, Aufbau | Wirkungsweise | Daten bei 20 °C, Anwendung |
|---|---|---|

## Arten von Näherungsschaltern

Oszillator  Gleich-  Schmitt-  End-
richter  Trigger  stufe

**Induktiver Näherungsschalter**

Der Oszillator mit LC-Schwingkreis erzeugt ein hochfrequentes elektromagnetisches Feld, das an der aktiven Fläche des Schalters austritt. Bei Eintritt von leitfähigem Material in den aktiven Bereich wird der Oszillator bedämpft. Der Schmitt-Trigger schaltet.

Betriebsspannungen
DC 10 V… 40 V,
AC 20 V…264 V,
Strombelastbarkeit bis 500 mA,
Reststrom bis 7 mA.
Schaltabstand einstellbar:
maximal 30 mm (60 mm),
Schaltfrequenz bis 1 kHz.
Schutzart IP 54 erlaubt Einsatz in Explosionsschutz-Zone 2.
Ausgangsfunktion als Schließer oder als Öffner wählbar.
Die Sensoren arbeiten berührungslos und deshalb völlig verschleißfrei.
Bei metallenen Teilen werden induktive oder kapazitive Sensoren, bei nichtmetallischen Teilen kapazitive Sensoren eingesetzt.

Oszillator  Gleich-  Schmitt-  End-
richter  Trigger  stufe

**Kapazitiver Näherungsschalter**

Die Kapazität des Schwingkreises vom Oszillator wird durch Einbringen anderer Medien in den aktiven Bereich verändert. Dies wird zur Steuerung von Schaltvorgängen ausgenützt. Der Bemessungsschaltabstand (z. B. 5 mm) wird meist auf eine Wasseroberfläche bezogen.

Verstärker
Schmitt-  Zähler
Trigger
Sensor

**Ringsensor zur Erkennung durchfallender Teile**

Der Ringsensor ist ein induktiver Näherungsschalter, der schnell fallende Metallteile registriert. Er erfasst Objekte ab 0,3 mm Durchmesser und 1 mm Länge.

Betriebsspannung AC 230 V.
Leistungsaufnahme 3 VA max.
Empfindlichkeit einstellbar.
Ausgang:
Transistor DC 40 V, 100 mA
Relais     AC 250 V, 2 A
Schutzart  IP 67

## Anwendungen bei Überwachungseinrichtungen

Sensor

**Drehzahlwächter**

Der Sensor (Drehzahlgeber) arbeitet je nach Einsatzfall mit induktivem oder kapazitivem Abtastprinzip. Bei Durchfahren der aktiven Zone des Sensors wird ein Impuls abgegeben. Die Impulsfolge wird mit der Soll-Drehzahl verglichen.

Einstellbereich
5 bis 5000 Impulse/min.
Betriebsspannung  AC 230 V,
DC  24 V,
Stromaufnahme 70 mA,
Schaltleistung 1250 VA,
Einsatz bei
● Rührwerken und
● Förderanlagen.

**Stillstandswächter
(einstellbare Anlaufüberbrückung)**

Beim Durchfahren der aktiven Zone des Sensors wird ein Impuls abgegeben. Die Impulsfolge wird im Stillstandswächter mit der eingegebenen Impulszahl verglichen. Bei Unterschreitung der Impulszahl spricht über die Endstufe ein Relais an.

Anlaufüberbrückungszeit einstellbar 0 s bis 15 s.
Einstellbereich
5 bis 100 Impulse/min.
Betriebsspannung  AC 230 V,
DC  24 V,
Stromaufnahme 70 mA,
Schaltleistung 1250 VA,
Einsatz bei Förderschnecken.

**Drehrichtungsmelder**

Zwei Sensoren geben bei Durchfahren ihrer aktiven Zonen nacheinander einen Impuls ab. Die Impulsfolge wird dem Drehrichtungsmelder zugeführt, der aus der zeitlichen Folge die Drehrichtung bestimmt. Die Endstufe steuert die Relais für die Drehrichtung an.

Betriebsspannung AC 230 V,
Schaltleistung 625 VA,
Rückstellzeit einstellbar
1 s bis 15 s.
Einsatz bei
● Förderbändern,
● Hubeinrichtungen,
● Aufzügen.

**AS**

## Aufbau und Wirkungsweise

| Schaltung, Anordnung | Merkmale | Erklärung, Begriffe |
|---|---|---|

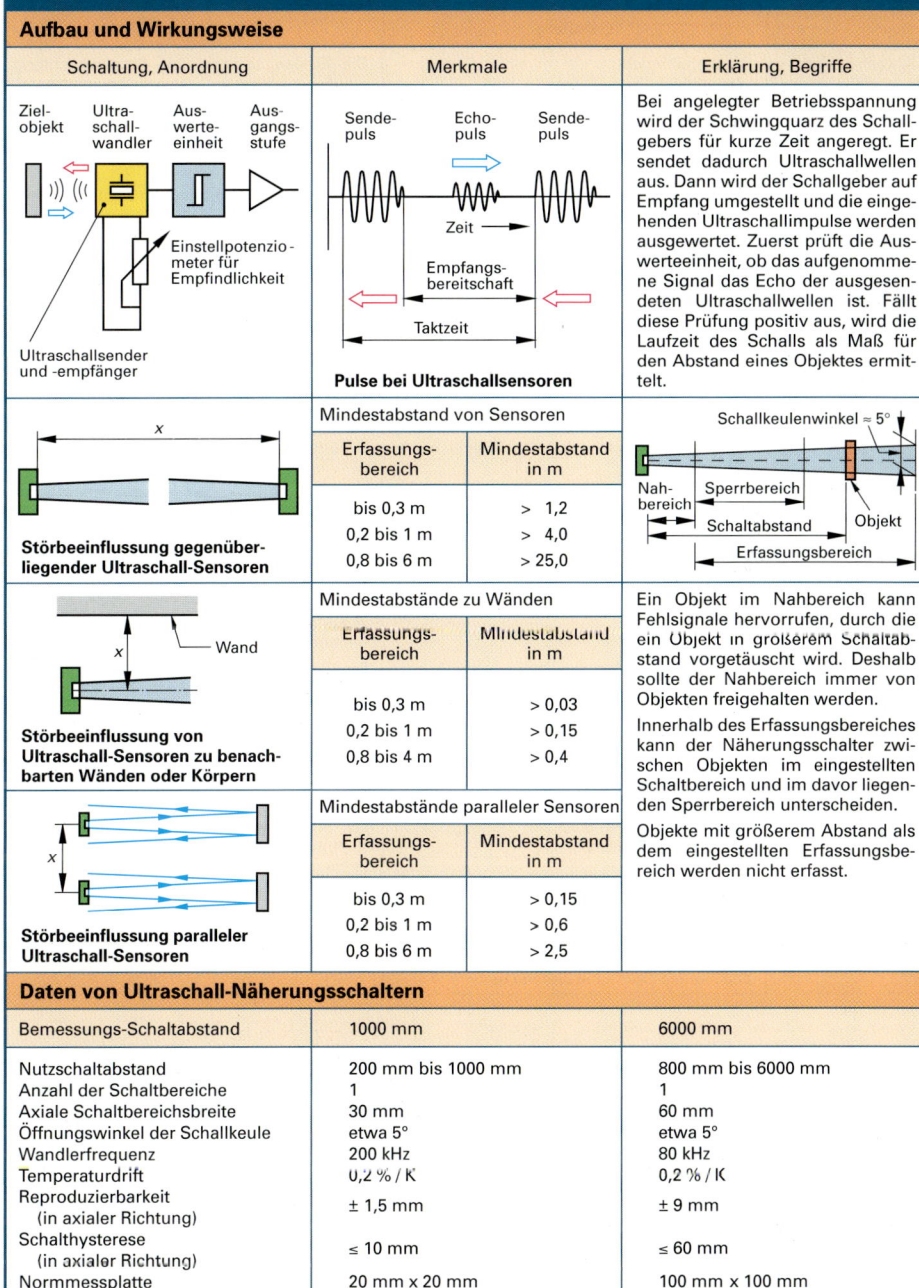

Bei angelegter Betriebsspannung wird der Schwingquarz des Schallgebers für kurze Zeit angeregt. Er sendet dadurch Ultraschallwellen aus. Dann wird der Schallgeber auf Empfang umgestellt und die eingehenden Ultraschallimpulse werden ausgewertet. Zuerst prüft die Auswerteeinheit, ob das aufgenommene Signal das Echo der ausgesendeten Ultraschallwellen ist. Fällt diese Prüfung positiv aus, wird die Laufzeit des Schalls als Maß für den Abstand eines Objektes ermittelt.

**Störbeeinflussung gegenüberliegender Ultraschall-Sensoren**

**Mindestabstand von Sensoren**

| Erfassungsbereich | Mindestabstand in m |
|---|---|
| bis 0,3 m | > 1,2 |
| 0,2 bis 1 m | > 4,0 |
| 0,8 bis 6 m | > 25,0 |

Ein Objekt im Nahbereich kann Fehlsignale hervorrufen, durch die ein Objekt in größerem Schaltabstand vorgetäuscht wird. Deshalb sollte der Nahbereich immer von Objekten freigehalten werden.

**Störbeeinflussung von Ultraschall-Sensoren zu benachbarten Wänden oder Körpern**

**Mindestabstände zu Wänden**

| Erfassungsbereich | Mindestabstand in m |
|---|---|
| bis 0,3 m | > 0,03 |
| 0,2 bis 1 m | > 0,15 |
| 0,8 bis 4 m | > 0,4 |

Innerhalb des Erfassungsbereiches kann der Näherungsschalter zwischen Objekten im eingestellten Schaltbereich und im davor liegenden Sperrbereich unterscheiden.

**Störbeeinflussung paralleler Ultraschall-Sensoren**

**Mindestabstände paralleler Sensoren**

| Erfassungsbereich | Mindestabstand in m |
|---|---|
| bis 0,3 m | > 0,15 |
| 0,2 bis 1 m | > 0,6 |
| 0,8 bis 6 m | > 2,5 |

Objekte mit größerem Abstand als dem eingestellten Erfassungsbereich werden nicht erfasst.

## Daten von Ultraschall-Näherungsschaltern

**AS**

| Bemessungs-Schaltabstand | 1000 mm | 6000 mm |
|---|---|---|
| Nutzschaltabstand | 200 mm bis 1000 mm | 800 mm bis 6000 mm |
| Anzahl der Schaltbereiche | 1 | 1 |
| Axiale Schaltbereichsbreite | 30 mm | 60 mm |
| Öffnungswinkel der Schallkeule | etwa 5° | etwa 5° |
| Wandlerfrequenz | 200 kHz | 80 kHz |
| Temperaturdrift | 0,2 % / K | 0,2 % / K |
| Reproduzierbarkeit (in axialer Richtung) | ± 1,5 mm | ± 9 mm |
| Schalthysterese (in axialer Richtung) | ≤ 10 mm | ≤ 60 mm |
| Normmessplatte | 20 mm x 20 mm | 100 mm x 100 mm |
| Schaltfrequenz | 4 Hz | 1 Hz |
| Ansprechzeit | ≤ 100 ms | ≤ 240 ms |

Bemessungsspannung DC 24 V; Betriebsspannung $U_b$ DC 20 V bis 30 V und ± 10 % Restwelligkeit; Leerlaufstromaufnahme ≤ 40 mA; Dauerstrom 300 mA; maximale Ausgangsspannung $U_a = U_b - 3$ V; Schaltzustandsanzeige mit LED.

| Begriff | Erklärung | Bemerkungen |
|---|---|---|
| Abtastregelung | Die Regeleinrichtung ist mit einem Computer verwirklicht. Die Regelgröße wird nur zu den Abtastzeitpunkten mit der Führungsgröße verglichen. | Die Eingangssignale der Regeleinrichtung werden mit Analog-Digitalumsetzern digitalisiert. Das Ausgangssignal wird bei Bedarf von einem Digital-Analogumsetzer bearbeitet. |
| Festwertregelung | Die Führungsgröße ist auf einen festen Wert eingestellt. | Von der Regeleinrichtung muss nur die Störgröße ausgeregelt werden. |
| Folgeregelung | Die Regelgröße muss der sich ändernden Führungsgröße angepasst werden. | Zeitgeführte Regelungen sind Folgeregelungen. |
| Führungs-größe $w$ | Ist die Eingangsgröße (der Sollwert) des Regelkreises. Ihr soll die Regelgröße in vorgegebener Abhängigkeit folgen. | Die Führungsgröße wird von der Regelung nicht beeinflusst. |
| Mehrpunkt-regelung | Die Stellgröße kann nur endlich viele unterschiedliche Werte annehmen. | Zweipunktregeleinrichtungen oder Dreipunktregeleinrichtungen. |
| Messeinrichtung | Dient zur Messung der Regelgröße und zur Erzeugung der Rückführgröße. | In ihr werden bei Bedarf Signalumsetzungen durchgeführt. |
| Regeldifferenz $e$ | Ist die Differenz zwischen Führungsgröße und Rückführgröße, $e = w - r$. | Meist sind Rückführgröße und Regelgröße identisch. |
| Regelglied | Das Regelglied korrigiert den Regelgrößenverlauf. | Die gebräuchlichsten Regelglieder sind P-Glieder, PI-Glieder, PD-Glieder und PID-Glieder. |
| Regelgröße $x$ | Ist die zu beeinflussende Ausgangsgröße des Regelkreises. | Die Regelgröße soll dem Verlauf der Führungsgröße angepasst werden. |
| Regelkreis | Umfasst Regeleinrichtung, Regelstrecke, Messeinrichtung und Rückführung. | Ein Regelkreis besitzt wegen der Rückführung einen in sich geschlossenen Wirkungsweg. |
| Regelstrecke | Ist der nach Aufgabe zu beeinflussende Teil einer Anlage. | Regelstrecken werden mit Übertragungsgliedern wie P-Glieder, I-Glieder und Totzeitglieder dargestellt. |
| Rückführgröße $r$ | Ist eine aus der Messung der Regelgröße hervorgegangene Größe. | Die Rückführgröße wird zum Vergleichsglied zurückgeführt. |
| Stelleinrichtung | Umfasst den Steller und das Stellglied. | Beim Schütz als Stelleinrichtung sind der Schützantrieb der Steller und die Schützkontakte das Stellglied. |
| Stellgröße $y$ | Ist die Eingangsgröße der Regelstrecke. | Die Stellgröße überträgt die steuernde Wirkung auf die Strecke. |
| Störgröße $z$ | Beeinflusst den Verlauf der Regelgröße in unerwünschter Weise. | Die Störgröße kann auch auf die Regeleinrichtung wirken. |
| Zeitdiskrete Regelung | Eine zeitdiskrete Regelung liegt vor, wenn der Regelgrößenverlauf mit einem Computer geregelt wird. | Die Regelung kann über Mikrocomputer, PC, SPS oder Prozessrechner erfolgen (siehe Abtastregelung). |
| Zeitkontinuier-liche Regelung | Die Regelung des Regelgrößenverlaufs erfolgt zeitlich ununterbrochen z.B. über beschaltete Operationsverstärker. | Im Regelkreis kommen nur analoge Signale vor. |

**AS**

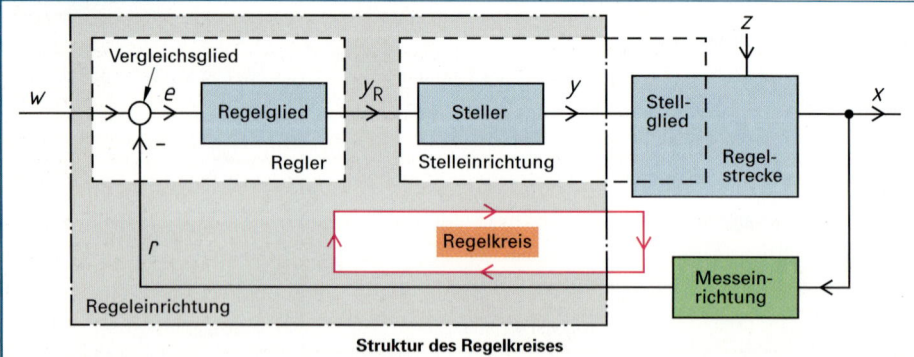

**Struktur des Regelkreises**

$e$ Regeldifferenz, $r$ Rückführgröße, $w$ Führungsgröße, $x$ Regelgröße, $y$ Stellgröße, $y_R$ Reglerausgangsgröße, $z$ Störgröße

## Arten von unstetigen Regelgliedern

| Schaltzeichen, Benennung | Verlauf der Reglerausgangsgröße | Regelgrößenverlauf | Bemerkungen |
|---|---|---|---|
| **Zweipunkt-Regelglied** | | | Bei Zweipunktreglern gibt es zwei Stellungen, z.B. EIN und AUS. Solche Regler eignen sich für einfache regelungstechnische Aufgaben, z.B. Thermostatregelung im Bügeleisen. Die Umschaltzeitpunkte der Regelgröße sind außer vom Verlauf der Stellgröße auch vom Trägheitsverhalten (Totzeitverhalten) der Regelstrecke abhängig. |
| **Dreipunkt-Regelglied** | | | Bei Dreipunktreglern gibt es drei Stellungen. Eine Dreipunktregelung findet z.B. bei einem Glühofen als Regelstrecke Anwendung, bei dem zwei Heizkörper verschiedener Leistung vorkommen. Aus einem Dreipunktregler kann ein Zweipunktregler realisiert werden. Die Umschaltzeitpunkte der Regelgröße sind wie beim Zweipunktregler vom Trägheitsverhalten der Regelstrecke abhängig. |

## Anwendungen

| Beispiel | Bemerkungen |
|---|---|
| **Temperaturregelung mit Zweipunktregler** | Beim Bügeleisen regelt ein Zweipunktregler die Temperatur. Die *Regelgröße* (Ausgangsgröße) des Systems Bügeleisen ist die Temperatur. Über eine Einstellschraube wird die Temperatur eingestellt, bei deren Erreichen nicht weiter geheizt wird. Der Heizwiderstand R1 in der Bügeleisensohle ist die *Regelstrecke*. Die Eingangsgröße von R1 ist der Strom. Der Strom ist also die Stellgröße. Das Bügeleisen besitzt wegen dem Öffnen und Schließen des Stromkreises eine *Zweipunktregeleinrichtung*. Wird der Strom abgeschaltet, dann steigt die Temperatur noch eine kurze Zeit an (Verzugszeit). Entsprechend träge steigt bei Schließen des Stromkreises die Temperatur. |
| **Drehzahlregelung mit Dreipunktregler** | Die Drehzahl eines Heizgeräteventilators soll mit einem Dreipunktregler in Abhängigkeit der Temperatur geregelt werden. In Schaltstellung 0 steht der Ventilator. In Schaltstellung 1 ist auf kleine Drehzahl und in Schaltstellung 2 auf große Drehzahl eingestellt. Der Temperaturregler schaltet, wenn die Isttemperatur kleiner ist als die eingestellte Schalttemperatur. |

*e* Regeldifferenz, *t* Zeit, *x* Regelgröße, *y* Stellgröße, $y_R$ Reglerausgangsgröße

**AS**

# Stetige Regelglieder  Continuous control elements

| Schaltzeichen, Benennung | Analoge Schaltung | Sprungantwort | Bemerkungen |
|---|---|---|---|
| $K_p$  **P-Regelglied** | $R_K$, $R_e$ | Ausgangssignal $y_R$, $e$ / Eingangssignal $e$ | Der P-Regler besteht aus einem P-Glied. Bei Regelstrecken mit P-Verhalten gibt es eine bleibende Regelabweichung. Verwendung bei Strecken mit I-Verhalten. $$K_p = \frac{R_K}{R_e} = \frac{y_R}{e}$$ |
| $T_I$  **I-Regelglied** | $C_K$, $R_e$ | $y_R$, $e$ / $\frac{dy_R}{dt}$, $e$ | Der I-Regler besteht aus einem I-Glied. Langsame Arbeitsweise. Verwendung bei Regelstrecken mit P-Verhalten. Bei Strecke mit I-Verhalten neigt der Regelkreis zur Instabilität. $$T_I = \frac{1}{K_I} = R_e \cdot C_K$$ |
| $K_p, T_n$  **PI-Regelglied** | $R_K$ $C_K$, $R_e$ | $y_R$, $e$, $y_{RP}$ / $T_n$ | Parallelschaltung von P-Glied und I-Glied. Regeldifferenz wird schnell und vollständig ausgeregelt. $$K_p = \frac{R_K}{R_e} = \frac{y_{RP}}{e}$$ $$K_I = \frac{1}{R_e \cdot C_K} = \frac{K_p}{T_n}$$ $$T_n = R_K \cdot C_K = \frac{K_p}{K_I}$$ |
| $K_p, T_v$  **PD-Regelglied** | $R_{K1}$ $R_{K2}$, $C_K$, $R_e$ | $y_R$, $e$ / $K_p \cdot e$, $\tau$ | Parallelschaltung von P-Glied und D-Glied, Verwendung bei Regelstrecke mit I-Verhalten, dann schnelles und vollständiges Ausregeln der Regeldifferenz. $K_p = (R_{K1} + R_{K2})/R_e$ $K_D = K_p \cdot T_v$ $T_v = R_{K1} \cdot R_{K2} \cdot C_K/(R_{K1}+R_{K2})$ $\tau \approx T_v/1000$ bis $T_v/100$ |
| $K_p, T_n, T_v$  **PID-Regelglied** | $R_{K1}$ $C_{K1}$ $R_{K2}$, $C_{K2}$, $R_e$ | $y_R$, $e$ / $K_p \cdot e$ | Parallelschaltung von P-Glied, I-Glied und D-Glied. Verglichen mit dem PI-Regler wird Regeldifferenz bei gleicher Dämpfung schneller ausgeregelt oder bei gleicher Schnelligkeit besser gedämpft. $K_p = (R_{K1} + R_{K2})/R_e$ $T_v = R_{K1} \cdot R_{K2} \cdot C_{K2}/(R_{K1}+R_{K2})$ $T_n = (R_{K1} + R_{K2}) \cdot C_{K1}$ |

**AS**

| | | | | | |
|---|---|---|---|---|---|
| $dt$ | Zeitänderung | $K_D$ | Differenzialbeiwert | $T_I$ | Integrierzeit | $y_R$ Reglerausgangsgröße |
| $dy_R$ | Reglerausgangsgrößenänderung | $K_I$ | Integrierbeiwert | $T_n$ | Nachstellzeit | $y_{RP}$ $y_R$ vom P-Anteil |
| $e$ | Regeldifferenz | $K_p$ | Proportionalbeiwert | $T_v$ | Vorhaltezeit | $\Sigma$ Zeichen für Summe |
| | | $t$ | Zeit | $w$ | Führungsgröße | |
| | | $\tau$ | Zeitkonstante | $x_R$ | Rückführungsgröße | |

Die Bedeutung weiterer Formelzeichen ist aus den Bildern erkennbar.

## Reglerwerte und Einstellkennwerte für Regelstrecken höherer Ordnung

| Reglertyp | Einstellbereich | | Einstellkennwerte für Regelstrecken |
|---|---|---|---|
| P-Regler | Proportionalbereich | $X_{p\%}$ = 1% bis 30% $$K_p = \frac{100\%}{X_{p\%}} = 100 \text{ bis } 3,3$$ | $K_p \approx 0,3 \dfrac{T}{T_t \cdot K_s}$ bis $0,7 \dfrac{T}{T_t \cdot K_s}$ |
| PI-Regler | Proportionalbereich | $X_{p\%}$ = 2% bis 40% $K_p$ = 50 bis 2,5 | $K_p \approx 0,3 \dfrac{T}{T_t \cdot K_s}$ bis $0,7 \dfrac{T}{T_t \cdot K_s}$ |
| | Nachstellzeit | $T_n$ = 2 s bis 150 s oder 0,5 min bis 30 min | $T_n \approx 1\, T$ bis $4\, T$ $T = T_t + T_n$ |
| PID-Regler | Proportionalbereich | $X_{p\%}$ = 2% bis 40% $K_p$ = 50 bis 2,5 | $K_p \approx 0,6 \dfrac{T}{T_t \cdot K_s}$ bis $1,2 \dfrac{T}{T_t \cdot K_s}$ |
| | Nachstellzeit | $T_n$ = 2 s bis 150 s oder 0,5 min bis 30 min | $T_n \approx 1\, T$ bis $2\, T$ |
| | Vorhaltezeit | $T_v$ = 0,5 s bis 30 s oder 0,1 min bis 5 min | $T_v \approx 0,4\, T_t$ bis $0,5\, T_t$ |

## Einzustellende Parameter für die wichtigsten verfahrenstechnischen Regelgrößen

| Reglertyp | Regelgröße | $K_p$ | $X_{p\%}$ | $T_n$ | $T_v$ |
|---|---|---|---|---|---|
| PID | Temperatur | 10 bis 2 | 10% bis 50% | 1 min bis 20 min | 0,2 min bis 3 min |
| PI | Druck | 10 bis 3 | 10% bis 30% | 10 s bis 60 s | – |
| PI | Durchfluss | 1 bis 0,5 | 100% bis 200% | 10 s bis 30 s | – |
| PID | Analyse | 0,5 bis 0,2 | 200% bis 500% | 10 min bis 20 min | 2 min bis 5 min |
| P | Niveau | 20 bis 1 | 5% bis 100% | – | – |
| PI | Niveau | 20 bis 2 | 5% bis 50% | 1 min bis 20 min | – |

## Kennwerte von Regelstrecken

| Regelgröße | Regelstrecke (Beispiele) | $T_t$ bzw. $T_u$ | $T_s$ bzw. $T_g$ | $K_{is} \cdot y_h$ |
|---|---|---|---|---|
| Temperatur | Kleiner, elektrisch beheizter Ofen | 0,5 bis 1 min | 5 bis 15 min | 1 K/s |
| | Großer, elektrisch beheizter Ofen | 1 bis 5 min | 10 bis 60 min | 0,3 K/s |
| | Destillationskolonne | 1 bis 7 min | 40 bis 60 min | 0,1 bis 0,5 K/s |
| | Dampfüberhitzer | 30 s bis 2,5 min | 1 bis 4 min | 2 K/s |
| | Raumheizung | 1 bis 5 min | 10 bis 60 min | 1 K/min |
| | Großer, gasbeheizter Glühofen | 0,2 bis 5 min | 3 bis 60 min | – |
| | Autoklav (2,5 m$^3$) | 0,5 bis 0,7 min | 10 bis 20 min | – |
| | Hochdruckautoklav (1000 °C, 40 bar) | 12 bis 15 min | 200 bis 230 min | – |
| Druck | Gasrohrleitung | 0 | 0,1 s | – |
| | Trommelkessel mit Ölfeuerung | 0 | 150 s | – |
| Drehzahl | Kleiner elektrischer Antrieb | 0 | 0,2 s bis 10 s | – |
| | Großer elektrischer Antrieb | 0 | 5 s bis 40 s | – |
| Elektrische Spannung | Kleine Generatoren | 0 | 1 s bis 5 s | – |
| | Große Generatoren | 0 | 5 s bis 10 s | – |
| Niveau | Trommelkessel | 0,6 bis 1 | – | 0,1 cm/s bis 0,3 cm /s |
| Durchfluss | Rohrleitung (Gas) | 0 s bis 5 s | 0,2 s bis 10 s | – |
| | Rohrleitung (Flüssigkeit) | 0 | 0 | – |

| | | | | | |
|---|---|---|---|---|---|
| $K_p$ | Proportionalbeiwert des Reglers | $Q$ | Ausgleichswert der Strecke | $T$ | Verzögerungszeit der Strecke, Regelbereich des P-Reglers |
| $K_{pkrit}$ ($K_{ps}$) | Kritischer Proportionalbeiwert, bei der die Regelgröße ungedämpft schwingt | $T_n$ | Nachstellzeit des I-Reglers | $X_{pkrit}$ ($X_{ps}$) | Regelbereich des P-Reglers, bei dem der Regelkreis gerade instabil wird |
| | | $T_v$ | Vorhaltezeit des D-Reglers | | |
| | | $T_g$ | Ausgleichszeit der Strecke | | |
| $K_s$ | Übertragungsbeiwert einer Regelstrecke mit Ausgleich | $T_s$ | Zeitkonstante der Strecke | $X_{p\%}$ | Prozentualer Regelbereich (Skalenbereich) |
| | | $T_t$ | Totzeit der Strecke | $X_R$ | Reglereingangsgröße |
| $K_{is}$ | Übertragungsbeiwert einer Regelstrecke ohne Ausgleich | $T_u$ | Verzugszeit der Strecke | $y_h$ | größter Stellbereich der Stellgröße |
| | | $T_{krit}$ | Schwingungszeit des instabilen Regelkreises | | |

**AS**

## Einstellregeln (nach Ziegler und Nichols) und Einstelldaten aus der Sprungantwort

| Reglertyp | Einstellregeln | Einstelldaten aus der Sprungantwort |
|---|---|---|
| P | $K_p = \dfrac{T_s}{K_s \cdot T_t}$ | $X_p = 1$ bis $1,5 \cdot X_R$ |
| PI | $K_p = 0,9 \cdot \dfrac{T_s}{K_s \cdot T_t}$, $T_n = 3,3 \cdot T_t$ | $X_p = 1,1 \cdot X_R$, $T_n = 2,5$ bis $3,5\,(T_t + T_u)$ |
| PID | $K_p = 1,2 \cdot \dfrac{T_s}{K_s \cdot T_t}$, $T_n = 2 \cdot T_t$, $T_v = 0,5 \cdot T_t$ | $X_p = 0,8 \cdot X_R$, $T_n = 2 \cdot (T_t + T_u)$, $T_v = 0,5\,(T_t + T_u)$ |

## Reglereinstellung nach der Stabilitätsgrenze (Verfahren nach Ziegler und Nichols)

| Reglertyp | kritische Einstellwerte | kritische Reglerbereiche |
|---|---|---|
| P | $K_p = 0,5 \cdot K_{pkrit}$ | $X_{p\%} \approx 2 \cdot X_{pkrit\%}$ |
| PI | $K_p = 0,45 \cdot K_{pkrit}$, $T_n = 0,83 \cdot T_{krit}$ | $X_{p\%} \approx 2,2 \cdot X_{pkrit\%}$, $T_n \approx 0,85 \cdot T_{krit}$ |
| PID | $K_p = 0,6 \cdot K_{pkrit}$, $T_n = 0,5 \cdot T_{krit}$, $T_v = 0,125 \cdot T_{krit}$ | $X_{p\%} \approx 1,7 \cdot X_{pkrit\%}$, $T_n \approx 0,5 \cdot T_{krit}$, $T_v \approx 0,12 \cdot T_{krit}$ |

Liegen die Daten der Strecke nicht vor, so lässt sich die optimale Reglereinstellung auf folgendem Weg finden: Man betreibt den Regler als reinen P-Regler ($T_n \to \infty$, $T_v = 0$) und wählt den Übertragungsbeiwert $K_p$ so klein, dass der Regelkreis stabil ist. Anschließend wird $K_p$ so lange vergrößert, bis im Regelkreis Dauerschwingungen einsetzen und der Regelkreis instabil, d.h. kritisch wird. Die kritischen Daten werden zur Einstellung verwendet.

## Zeitverhalten von Regelstrecken

**Sprungantwort-Verfahren**

Beim Sprungantwort-Verfahren wird die Übergangsfunktion experimentell ermittelt.

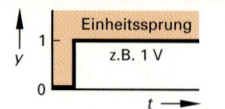

| Bezeichnung Kenngrößen | Stell-Sprungantwort | Beispiel | Übergangsverhalten |
|---|---|---|---|
| Regelstrecke ohne Verzögerung $P_0$-Strecke $K_{ps} = \dfrac{x}{y}$ | | $I_B \;\hat{=}\; y$, $U \;\hat{=}\; x$ | $x$ folgt proportional unverzögert der Eingangsgröße $y$. |
| Regelstrecke 1. Ordnung $PT_1$-Strecke $K_{ps} = \dfrac{x\infty}{y}$ | $T_s =$ Zeitkonstante, Tangente | RC-Glied, $U_e \;\hat{=}\; y$, $U_a \;\hat{=}\; x$ | $x$ folgt proportional, nach einer e-Funktion verzögert, der Eingangsgröße $y$. |
| Regelstrecke mit Totzeit $PT_t$-Strecke $K_{ps} = \dfrac{x}{y}$ | $T_t =$ Totzeit | Mischung zweier Flüssigkeiten, $T_t = \dfrac{l}{v}$, Säure, verdünnte Säure, Wasser, Mischstelle, Fühler | $x$ folgt proportional der Eingangsgröße $y$, jedoch um die Zeit $T_t$ verzögert. |

Für Regelstrecken ohne Ausgleich sind statt $K_s$ der Ausdruck $K_{is}$ und statt $\dfrac{T_u}{K_g}$ der Ausdruck $T_u$ einzusetzen.

$l$ Länge, $v$ Strömungsgeschwindigkeit, $I_B$ Basisstrom, $U_e$ Eingangsspannung, $U_a$ Ausgangsspannung sonstige Erklärung der Formelzeichen siehe vorhergehende Seite.

AS

# Betriebsarten und Grenzübertemperaturen
## Operating modes and limit excess temperatures

## Betriebsarten S1 bis S9

| Betriebsart | Leistung, Temperatur | Betriebsbedingungen, Bemerkungen, Anwendungen |
|---|---|---|
| Dauerbetrieb **S1** | | Unter Bemessungslast wird eine gleichbleibende Temperatur erreicht, die auch bei längerem Betrieb nicht mehr ansteigt. Das Betriebsmittel kann pausenlos unter Bemessungslast arbeiten, ohne dass die zulässige Temperatur überschritten wird. |
| | | Beispiel: Antriebsmotor für Wasserwerkspumpe. |
| Kurzzeitbetrieb **S2** | | Die Betriebsdauer unter Bemessungslast ist kurz im Vergleich zur Pause. Genormte Betriebsdauern 10 min, 30 min, 90 min. Diese Zeit kann das Betriebsmittel unter Bemessungslast arbeiten, ohne dass die zulässige Temperatur überschritten wird. |
| | | Beispiel: Antriebsmotor für Garagentor. |
| Aussetzbetriebe[1] **S3, S4, S5** | | Betriebsdauer unter Bemessungslast und die folgende Pause sind kurz. Das Betriebsmittel kann unter Bemessungslast nur während der angegebenen ED (Einschaltdauer) in % der Spieldauer arbeiten. Genormte ED: 15%, 25%, 40%, 60%. Die Spieldauer beträgt 10 min, wenn nicht anders angegeben. |
| | | Beispiele: Hebezeugmotor (S3), Antriebsmotor für Schalttisch (S4), Antriebsmotor für Positionierung (S5). |
| Ununterbrochener periodischer Betrieb mit Aussetzbelastung **S6** | | Diese Betriebsart entspricht S3, jedoch bleibt in den Belastungspausen das Betriebsmittel eingeschaltet, arbeitet also im Leerlauf. Einschaltdauer und Spieldauer werden wie bei S3 angegeben. |
| | | Beispiel: Bohrmaschine (sofern leer durchlaufend). |
| Ununterbrochener periodischer Betrieb mit elektrischer Bremsung **S7** | Die Maschine läuft an, wird belastet und danach elektrisch gebremst, z.B. durch Einspeisen von Gleichstrom. Anschließend läuft sie sofort wieder hoch. Die Maschine kann in dieser Weise pausenlos arbeiten, wenn die angegebenen Trägheitsmomente $J_M$ des Motors und $J_{ext}$ der Last sowie die Spieldauer nicht überschritten werden. Wenn keine Spieldauer angegeben ist, so beträgt sie 10 min. Beispiel: Antriebsmotor für Fertigungseinrichtung. ||
| Ununterbrochener periodischer Betrieb mit Drehzahländerung **S8** | Die Maschine läuft dauernd unter wechselnder Last und mit häufig wechselnder Drehzahl. Die Maschine kann in dieser Weise pausenlos arbeiten, wenn für jede Drehzahl die angegebenen Werte nicht überschritten werden (Trägheitsmomente $J_M$ und $J_{ext}$, Spieldauer, wenn von 10 min abweichend, Bemessungsleistungen und Einschaltdauer. Beim Trägheitsmoment von 1 kg · m² liegt ein Verhalten gegen Beschleunigung wie bei einer Masse von 1 kg im Abstand von 1 m von der Drehachse vor). Beispiel: Aufzugsmotor. ||
| Ununterbrochener Betrieb mit nicht-periodischer Last- und Drehzahländerung **S9** | Ein Betrieb, bei dem sich Last und Drehzahl innerhalb des Betriebsbereiches nicht-periodisch ändern. Dabei treten Lastspitzen auf, die weit über der Bemessungsleistung liegen können. ||
| | Beispiel: Motor für Presse. ||

[1] Bei S3 ist der Anlaufstrom für die Erwärmung unerheblich. Bei S4 ist der Anlaufstrom für die Erwärmung erheblich. Bei S5 erwärmt zusätzlich der Bremsstrom die Maschine. Bei S4 und S5 sind zusätzlich zur Einschaltdauer ED das Trägheitsmoment $J_M$ des Motors und das externe (äußere) Trägheitsmoment $J_{ext}$ der Last angegeben.

**AS**

## Grenzübertemperaturen in K (Kelvin)

| Isolierstoffklasse | A | E | B | F | H |
|---|---|---|---|---|---|
| 1. Einlagige Foldwicklungen | 65 | 80 | 90 | 110 | 135 |
| 2. Sonstige Wicklungen | 60 | 75 | 80 | 105 | 125 |
| 3. Stromwender, Schleifringe | 60 | 70 | 80 | 90 | 100 |
| 4. Sonstige Teile in Berührung mit Wicklungen | 60 | 75 | 80 | 100 | 125 |

Übersteigt die Eintrittstemperatur des gasförmigen Kühlmittels, z.B. Luft, 40 °C oder von Wasser 25 °C, so ist die höchstzulässige Übertemperatur im gleichen Umfang zu verringern.

Bei Betrieb in 1000 m bis 4000 m über Meeresspiegel sind die zulässigen Übertemperaturen kleiner.

**Bei Maschinen:** Um 1% je 100 m Höhenzunahme über 1000 m.

**Bei Transformatoren** mit Selbstkühlung (S):   Öltransformatoren um 2%,  Trockentransformatoren um 2,5%,

mit Fremdlüftung (F):   Öltransformatoren um 3%,  Trockentransformatoren um 5% je 500 m Höhenzunahme über 1000 m.

# Isolierstoffklassen, Bemessungsleistungen
## Classes of insulating materials, rated powers

## Temperaturbeständigkeitsklassen von Isolierstoffen

| Klasse | Höchstzulässige Dauertemperatur in °C | Isolierstoffe (Beispiele) | Behandlung | Zulässige Übertemperatur bei Wicklungen in K | |
|---|---|---|---|---|---|
| | | | | mit Widerstandsmessung gemessen | mit Temperaturfühlern gemessen |
| Y | 90 | Organische Faserstoffe (Baumwolle, Seide, Papier), Polyvinylchlorid, Polystyrol | ohne | 50 | 55 |
| A | 105 | Organische Faserstoffe | getränkt | 60 | 65 |
| | | Abgewandelte Öllacke für Drähte | ohne | | |
| | | Zelluloseacetatfolien, Polyester-Harze, synthetischer Gummi | | | |
| E | 120 | Hartpapier, Hartgewebe, ausgehärtete Pressmassen (Phenol-, Melamin-, Polyester-, Epoxid-Harze), Kunstharzlacke | ohne | 75 | – |
| | | Elektropressspan in Verbindung mit Folien Kl. E | getränkt | | |
| | | Triacetatfolien, Spritzgussmassen aus Polyamid | ohne | | |
| B | 130 | Glas, Glimmer mit Bindemitteln der Klasse E, Kunstharzlacke der Klasse B | getränkt mit Tränkungsmitteln der entsprechenden Klasse B, F oder H | 80 | 85 |
| | | Polycarbonatfolien, Spritzgussmassen aus Polycarbonat | | | |
| F | 155 | Glas, Glimmer mit abgewandelten Silikonharzen, Terephthalsäureesterlacke | | 105 | 110 |
| H | 180 | Glas, Glimmer mit Silikonharzen, Silikon-Kautschuk, aromatische Polyamide | | 125 | 130 |
| C | > 180 | Glas, Glimmer, Keramik, Quarz, Polyimide, Polytetrafluorethylen | ohne | begrenzt durch Einfluss auf benachbarte Isolierung | |

## Umlaufende elektrische Maschinen, Bemessungsleistungen bei Dauerbetrieb

| Leistungsabgabe (Bem.leistung) kW | Ströme in A bei Motoren mit voller Belastung bei cos $\varphi$ = 0,8 | | | | | | | | | |
|---|---|---|---|---|---|---|---|---|---|---|
| | Drehstrommotoren | | | | | Einphasenmotoren | | Gleichstrommotoren | | |
| | Ständerstrom in A | | Läuferspannung und -strom beim Schleifringläufer | | bei η | 230 V | bei η | 220 V | 440 V | bei η |
| | 400-V-Netz | 230-V-Netz | V | A | | | | | | |
| 0,06 | 0,3 | 0,5 | | | 0,4 | 1,1 | 0,3 | 0,7 | 0,4 | 0,4 |
| 0,09 | 0,4 | 0,7 | | | 0,4 | 1,6 | 0,3 | 1,0 | 0,5 | 0,4 |
| 0,12 | 0,5 | 0,8 | | | 0,5 | 1,7 | 0,4 | 1,1 | 0,6 | 0,5 |
| 0,18 | 0,7 | 1,1 | | | 0,5 | 2,4 | 0,4 | 1,6 | 0,8 | 0,5 |
| 0,25 | 0,8 | 1,3 | | | 0,6 | 2,7 | 0,5 | 1,9 | 1,0 | 0,6 |
| 0,37 | 1,2 | 1,9 | 49 | 5 | 0,6 | 4,0 | 0,5 | 2,8 | 1,4 | 0,6 |
| 0,55 | 1,7 | 2,9 | 53 | 7 | 0,6 | 6,0 | 0,5 | 3,6 | 1,8 | 0,7 |
| 0,75 | 2,0 | 3,4 | 57 | 10 | 0,7 | 6,8 | 0,6 | 4,9 | 2,4 | 0,7 |
| 1,1 | 2,5 | 4,3 | 65 | 12 | 0,8 | 10 | 0,6 | 6,3 | 3,1 | 0,8 |
| 1,5 | 3,4 | 5,9 | 80 | 14 | 0,8 | 14 | 0,6 | 8,6 | 4,3 | 0,8 |
| 2,2 | 5,0 | 8,6 | 82 | 19 | 0,8 | 17 | 0,7 | 12 | 6,3 | 0,8 |
| 3 | 6,8 | 12,0 | 100 | 21 | 0,8 | 23 | 0,7 | 17 | 8,5 | 0,8 |
| 4 | 9,0 | 10,7 | 114 | 23 | 0,8 | 31 | 0,7 | 23 | 11 | 0,8 |
| 5,5 | 12,4 | 22 | 145 | 26 | 0,8 | 37 | 0,8 | 31 | 16 | 0,8 |
| 7,5 | 16,9 | 29 | 160 | 32 | 0,8 | 51 | 0,8 | 42 | 21 | 0,8 |
| 11 | 24 | 500-V-Netz | 184 | 40 | 0,8 | 78 | 0,8 | 59 | 29 | 0,85 |
| 15 | 30 | 24 | 220 | 44 | 0,9 | 106 | 0,8 | 80 | 40 | 0,85 |
| 18,5 | 37 | 30 | 240 | 47 | 0,9 | Drehstrommotoren 3000-V-Netz bei η | | 99 | 49 | 0,85 |
| 22 | 44 | 35 | 270 | 52 | 0,9 | | | 118 | 59 | 0,85 |
| 30 | 60 | 48 | 310 | 59 | 0,9 | | | 160 | 80 | 0,85 |
| 37 | 74 | 59 | 350 | 65 | 0,9 | 10 | 0,9 | 198 | 99 | 0,85 |
| 45 | 90 | 72 | 390 | 70 | 0,9 | 12 | 0,9 | 241 | 120 | 0,85 |
| 55 | 110 | 88 | 430 | 78 | 0,9 | 15 | 0,9 | 294 | 147 | 0,85 |
| 75 | 150 | 120 | 470 | 97 | 0,9 | 20 | 0,9 | 401 | 200 | 0,85 |
| 90 | 180 | 144 | 500 | 110 | 0,9 | 24 | 0,9 | 481 | 240 | 0,85 |
| 110 | 221 | 176 | 530 | 126 | 0,9 | 29 | 0,9 | 589 | 245 | 0,9 |
| 132 | 265 | 211 | 560 | 143 | 0,9 | 35 | 0,9 | 666 | 333 | 0,9 |
| 160 | 321 | 255 | 600 | 162 | 0,9 | 42 | 0,9 | 808 | 404 | 0,9 |
| 200 | 401 | 319 | 650 | 187 | 0,9 | 53 | 0,9 | 1010 | 505 | 0,9 |
| 250 | 501 | 400 | 700 | 216 | 0,9 | 67 | 0,9 | 1718 | 859 | 0,9 |

AS

# Betriebsdaten von Käfigläufermotoren  Operating data of squirrel-cage motors

## Drehstrommotoren bei 50 Hz / 400 V, nicht polumschaltbar

| Größe | $P_N$ in kW | $n_N$ in 1/min | $I_N$ in A | $M_N$ in Nm | $\eta$ in % | $\cos\varphi$ | $I_A/I_N$ | $M_A/M_N$ | $m$ in kg |
|---|---|---|---|---|---|---|---|---|---|
| **Drehfelddrehzahl $n_s$ = 3000/min** | | | | | | | | | |
| 56 | 0,12 | 2760 | 0,4 | 0,42 | 55 | 0,80 | 4,5 | 2,0 | 3,5 |
| 63 | 0,25 | 2765 | 0,7 | 0,86 | 65 | 0,81 | 4,5 | 2,3 | 4,0 |
| 71 | 0,55 | 2800 | 1,3 | 1,88 | 70 | 0,85 | 4,9 | 2,3 | 6,5 |
| 80 | 1,1 | 2850 | 2,4 | 3,69 | 77 | 0,85 | 5,2 | 2,4 | 8,1 |
| 90S | 1,5 | 2860 | 3,2 | 5,0 | 82 | 0,82 | 6,2 | 2,5 | 12,9 |
| 90L | 2,2 | 2860 | 4,6 | 7,3 | 82 | 0,85 | 6,8 | 2,8 | 14,8 |
| 100L | 3 | 2895 | 6,1 | 9,9 | 83 | 0,85 | 7,2 | 2,4 | 21 |
| 112M | 4 | 2895 | 7,8 | 13 | 84 | 0,88 | 7,6 | 2,4 | 25 |
| 132S | 5,5 | 2925 | 10,6 | 18 | 85 | 0,88 | 7,0 | 2,2 | 43 |
| 132M | 7,5 | 2925 | 14,3 | 24 | 86 | 0,88 | 7,5 | 2,4 | 50 |
| 160M | 15 | 2935 | 29 | 49 | 90 | 0,84 | 7,1 | 2,1 | 82 |
| 160L | 18,5 | 2940 | 34 | 60 | 91 | 0,86 | 7,5 | 2,3 | 92 |
| **Drehfelddrehzahl $n_s$ = 1500/min** | | | | | | | | | |
| 56 | 0,09 | 1300 | 0,3 | 0,66 | 52 | 0,75 | 2,7 | 1,7 | 3,3 |
| 63 | 0,18 | 1325 | 0,6 | 1,30 | 60 | 0,77 | 2,7 | 1,7 | 3,8 |
| 71 | 0,37 | 1375 | 1,1 | 2,6 | 62 | 0,78 | 3,2 | 1,7 | 4,5 |
| 80 | 0,75 | 1400 | 1,8 | 5,1 | 74 | 0,80 | 5,0 | 2,3 | 8,0 |
| 90S | 1,1 | 1405 | 2,6 | 7,5 | 75 | 0,81 | 5,0 | 2,1 | 12,3 |
| 90L | 1,5 | 1410 | 3,5 | 10 | 75 | 0,82 | 5,2 | 2,2 | 14,5 |
| 100L | 3 | 1415 | 6,5 | 20 | 81 | 0,82 | 6,2 | 2,7 | 24 |
| 112M | 4 | 1435 | 8,4 | 27 | 83 | 0,83 | 7,0 | 2,9 | 29 |
| 132S | 5,5 | 1450 | 11 | 36 | 84 | 0,85 | 7,0 | 2,2 | 39 |
| 132M | 7,5 | 1450 | 15 | 49 | 86 | 0,85 | 7,6 | 2,4 | 53 |
| 160M | 11 | 1460 | 21 | 72 | 89 | 0,85 | 7,6 | 2,4 | 74 |
| 160L | 15 | 1460 | 29 | 98 | 89 | 0,85 | 7,7 | 2,6 | 90 |
| 180S | 18,5 | 1460 | 35 | 121 | 91 | 0,85 | 6,2 | 2,6 | 165 |
| 180M | 22 | 1460 | 41 | 144 | 91 | 0,85 | 6,4 | 2,6 | 180 |

## Polumschaltbare Drehstrommotoren in Dahlanderschaltung $n_s$ = 1500/min bzw. 3000/min

| Größe | $P_N$ in kW | $n_N$ in 1/min | $I_N$ in A | $M_N$ in Nm | $\eta$ in % | $\cos\varphi$ | $I_A/I_N$ | $M_A/M_N$ | $m$ in kg |
|---|---|---|---|---|---|---|---|---|---|
| 71 | 0,37 | 1370 | 1,2 | 2,6 | 62 | 0,72 | 3,2 | 1,6 | 5,0 |
| | 0,55 | 2760 | 1,7 | 1,9 | 65 | 0,74 | 3,3 | 1,7 | |
| 80 | 0,55 | 1400 | 1,6 | 3,8 | 65 | 0,75 | 4,3 | 1,7 | 8,0 |
| | 0,75 | 2850 | 2,0 | 2,6 | 70 | 0,77 | 4,5 | 1,8 | |
| 90S | 1,0 | 1430 | 2,7 | 6,7 | 69 | 0,77 | 5,3 | 1,8 | 13 |
| | 1,2 | 2890 | 3,0 | 4,0 | 75 | 0,78 | 5,4 | 1,9 | |
| 100L | 2,0 | 1450 | 5,0 | 13 | 72 | 0,80 | 5,9 | 2,1 | 21 |
| | 2,6 | 2900 | 5,8 | 8,6 | 76 | 0,85 | 6,6 | 2,2 | |
| 132S | 4,7 | 1450 | 11 | 31 | 76 | 0,80 | 6,5 | 2,3 | 65 |
| | 5,7 | 2920 | 12 | 17 | 81 | 0,87 | 7,0 | 2,4 | |

## Einphasenwechselstrommotoren mit Betriebskondensator für $n_s$ = 3000/min bzw. 1500/min bei 50Hz/230V

| Größe | $P_N$ in kW | $n_N$ in 1/min | $I_N$ in A | $M_N$ in Nm | $\eta$ in % | $\cos\varphi$ | $I_A/I_N$ | $M_A/M_N$ | $m$ in kg |
|---|---|---|---|---|---|---|---|---|---|
| 63 | 0,12 | 2800 | 1,2 | 0,94 | 3,0 | 0,6 | 4 | 400 | 5 |
| 71 | 0,5 | 2760 | 2,4 | 0,95 | 3,5 | 0,45 | 10 | 400 | 8 |
| 80 | 0,9 | 2800 | 6,2 | 0,97 | 4,0 | 0,35 | 20 | 400 | 11 |
| 90S | 1,1 | 2820 | 7,4 | 0,97 | 3,4 | 0,38 | 30 | 500 | 14 |
| 90L | 1,7 | 2800 | 11 | 0,97 | 3,5 | 0,35 | 40 | 500 | 17 |
| 63 | 0,12 | 1390 | 1,2 | 0,94 | 2 | 0,53 | 5 | 400 | 5 |
| 71 | 0,3 | 1380 | 1,6 | 0,95 | 2,6 | 0,52 | 12 | 400 | 8 |
| 80 | 0,6 | 1380 | 4,1 | 0,94 | 3,3 | 0,64 | 16 | 400 | 11 |
| 90S | 0,9 | 1400 | 6,1 | 0,97 | 3,3 | 0,38 | 30 | 500 | 14 |
| 90L | 1,25 | 1400 | 8,2 | 0,98 | 3,8 | 0,42 | 40 | 500 | 17 |

**AS**

$C$ Kapazität des Betriebskondensators, $\cos\varphi$ Leistungsfaktor, $I_A$ Anzugsstrom, $I_N$ Bemessungsstrom, $m$ Masse, $M_A$ Anzugsmoment, $M_N$ Bemessungsmoment, $n_N$ Bemessungsdrehzahl, $n_s$ Drehfelddrehzahl, $P_N$ Bemessungsleistung, $U_c$ Bemessungsspannung des Kondensators, $\eta$ (Eta) Wirkungsgrad, $\varphi$ (Phi) Phasenverschiebungswinkel
S von short = kurz,  L von long = lang,  M von medium = mittel
**Die Werte der Tabelle wurden Firmenkatalogen entnommen und entsprechen nicht immer den Normen.**

# Oberflächengekühlte Käfigläufermotoren (Normmotoren)
## Surface cooled squirrel-cage motors (standard motors)

### Wellenenden bei IM B3, IM B6, IM B7, IM B8, IM V5, IM V6 und Bemessungsleistungen

| Größe (h in mm) (siehe Bild) | d x l in mm | | Bemessungsleistung in kW | | | |
|---|---|---|---|---|---|---|
| | 3000/min | 1500/min | 3000/min | 1500/min | 1000/min | 750/min |
| 56 | 9 x 20 | | 0,09/0,12 | 0,06/0,09 | – | – |
| 63 | 11 x 23 | | 0,18/0,25 | 0,12/0,18 | – | – |
| 71 | 14 x 30 | | 0,37/0,55 | 0,25/0,37 | – | – |
| 80 | 19 x 40 | | 0,75/1,1 | 0,55/0,75 | 0,37/0,55 | – |
| 90 S | 24 x 50 | | 1,5 | 1,1 | 0,75 | – |
| 90 L | | | 2,2 | 1,5 | 1,1 | – |
| 100 L | 28 x 60 | | 3 | 2,2/3 | 1,5 | 0,75/1,1 |
| 112 M | | | 4 | 4 | 2,2 | 1,5 |
| 132 S | 38 x 80 | | 5,5/7,5 | 5,5 | 3 | 2,2 |
| 132 M | | | – | 7,5 | 4/5,5 | 3 |
| 160 M | 42 x 110 | | 11/15 | 11 | 7,5 | 4/5,5 |
| 160 L | | | 18,5 | 15 | 11 | 7,5 |
| 180 M | 48 x 110 | | 22 | 18,5 | – | – |
| 180 L | | | – | 22 | 15 | 11 |
| 200 L | 55 x 110 | | 30/37 | 30 | 18,5/22 | 15 |
| 225 S | 55 x 110 | 60 x 140 | – | 37 | – | 18,5 |
| 225 M | | | 45 | | 30 | 22 |
| 250 M | 60 x 140 | 65 x 140 | 55 | | 37 | 30 |
| 280 S | 65 x 140 | 75 x 140 | 75 | | 45 | 37 |

### Abmessungen bei IM B3, IM B6, IM B7, IM B8, IM V5, IM V6

| Baugröße h in mm | a in mm | b in mm | w in mm | Schraube s | XA in mm | XB in mm | Y in mm | Z in mm |
|---|---|---|---|---|---|---|---|---|
| 56 | 71 | 90 | 36 | M 5 | 62 | 104 | 174 | 166 |
| 63 | 80 | 100 | 40 | M 6 | 73 | 110 | 210 | 181 |
| 71 | 90 | 112 | 45 | M 6 | 78 | 130 | 224 | 196 |
| 80 | 100 | 125 | 50 | M 8 | 96 | 154 | 256 | 214 |
| 90 S | 100 | 140 | 56 | M 8 | 104 | 176 | 286 | 244 |
| 90 L | 125 | | | | | | 298 | |
| 100 L | 140 | 160 | 63 | M 10 | 122 | 194 | 342 | 266 |
| 112 M | 140 | 190 | 70 | | 134 | 218 | 372 | 300 |
| 132 S | 140 | 216 | 89 | M 10 | 158 | 232 | 406 | 356 |
| 132 M | 178 | | | | | | 440 | |
| 160 M | 210 | 254 | 108 | M 12 | 186 | 274 | 545 | 480 |
| 160 L | 254 | | | | | | 562 | |
| 180 M | 241 | 279 | 121 | M 12 | 208 | 312 | 602 | 554 |
| 180 L | 279 | | | | | | 632 | |
| 200 L | 305 | 318 | 133 | M 16 | 240 | 382 | 680 | 600 |
| 225 S | 286 | 356 | 149 | M 16 | 270 | 428 | 764 | 675 |
| 225 M | 311 | | | | | | | |
| 250 M | 349 | 406 | 168 | M 20 | 300 | 462 | 874 | 730 |
| 280 S | 368 | 457 | 190 | M 20 | 332 | 522 | 984 | 792 |
| 280 M | 419 | | | | | | 1036 | |

**AS**

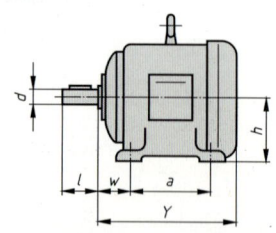

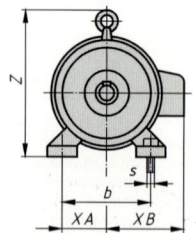

Bauformen IM siehe folgende Seite.

Bei Größenangabe bedeuten L lange Form, S (von short) kurze Form, M mittelkurze Form.

Die Motoren brauchen der nebenstehenden Zeichnung nicht zu entsprechen.

Die angegebenen Maße sind jedoch einzuhalten.

# Bauformen von drehenden elektrischen Maschinen
## Types of construction for rotating electrical machines

| Bild | Erklärung<br>IEC-Code I<br>IEC-Code II | Bild | Erklärung<br>IEC-Code I<br>IEC-Code II | Bild | Erklärung<br>IEC-Code I<br>IEC-Code II |
|---|---|---|---|---|---|
| **Maschinen ohne Lager** | | | Wie IM B35,<br>aber ohne Füße<br><br>IM B10<br>IM 4001 | | 2 Schildlager,<br>Flansch unten,<br>mit Füßen zur<br>Wandbefestigung<br>IM V15<br>IM 7201 |
| | Ohne Welle,<br>Füße hochgezogen<br><br>A2<br>IM 5510 | | Wie IM B34,<br>aber ohne Füße<br><br>IM B14<br>IM 3601 | | Wie IM V 1, aber<br>Wellenende oben<br><br>IM V2<br>IM 3231 |
| | Wie IM 5510,<br>aber mit Fußplatte<br><br>–<br>IM 5710 | | Wie IM B3,<br>aber ohne Lager<br>auf Antriebsseite<br>IM B15<br>IM 1201 | | Wie IM V2, aber<br>mit Flansch oben<br><br>IM V3<br>IM 3031 |
| **Maschinen mit Schildlagern<br>für waagerechte Anordnung** | | | Ohne Füße,<br>ohne Flansch<br>(Einbau in Rohr)<br>IM B30<br>IM 9201 | | Wie IM V3, aber<br>Wellenende unten<br><br>IM V4<br>IM 3211 |
| | 2 Schildlager,<br>1 freies Wellenende<br><br>IM B3<br>IM 1001 | **Maschinen mit Schildlagern<br>und Stehlagern** | | | Wie IM V15, aber<br>ohne Flansch<br><br>IM V5<br>IM 1011 |
| | Flanschmotor<br>mit Füßen<br><br>IM B35<br>IM 2001 | | 2 Schildlager,<br>1 Stehlager,<br>Grundplatte<br>C2<br>IM 6010 | | Wie IM V5, aber<br>Wellenende oben<br><br>IM V6<br>IM 1031 |
| | Wie IM B35, aber<br>kein Zugang von<br>der Gehäuseseite<br>IM B34<br>IM 2101 | | Wie IM 6010,<br>ohne Grundplatte<br><br>–<br>IM 6100 | | 1 Schildlager,<br>ohne Wälzlager<br>am Wellenende<br>IM V8<br>IM 9111 |
| | Wie IM B35,<br>aber ohne Füße<br>(Flanschanbau)<br>IM B5<br>IM 3001 | **Maschinen mit Stehlagern** | | | Wie IM V1, aber<br>Flansch in<br>Gehäusenähe<br>IM V10<br>IM 4011 |
| | Wie IM B3,<br>aber für Wand-<br>befestigung;<br>Füße links<br>IM B6<br>IM 5051 | | Ohne Schildlager,<br>1 Stehlager,<br>mit Füßen<br><br>IM 7001 | | Ohne Füße, ohne<br>Flansch, zum<br>Einbau in Rohr<br><br>IM V31<br>IM 9231 |
| | Wie IM B3,<br>aber für Wand-<br>befestigung;<br>Füße rechts<br>IM B7<br>IM 1061 | | 2 Stehlager,<br>mit Füßen<br><br>D9<br>IM 7201 | | Querlager oben,<br>Kupplungsflansch<br>unten<br><br>W1<br>IM 8015 |
| | Wie IM B3,<br>aber für Decken-<br>befestigung<br><br>IM B8<br>IM 1071 | **Maschinen für<br>senkrechte Anordnung** | | | |
| | Wie IM B5,<br>aber ohne<br>Lagerschild<br><br>IM B9<br>IM 9101 | | Mit 2 Führungs-<br>lagern, Flansch<br>und Wellenende<br>unten, Flansch<br>in Lagernähe<br>IM V 1<br>IM 3011 | | |

**AS**

# Berechnungsformeln für drehende elektrische Maschinen
## Calculation formulas for rotating electrical machines

**Synchronmotor,**
**Synchrongenerator**

$n$   Drehzahl, Umdrehungsfrequenz
$n_s$   Drehfelddrehzahl
$f$   Netzfrequenz
$p$   Polpaarzahl (halbe Polzahl)

$$n = n_s \qquad n_s = \frac{f}{p}$$

---

**Asynchronmotor,**
**Asynchrongenerator**

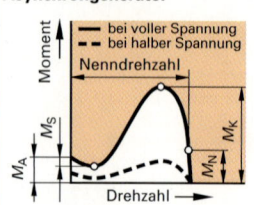

**$M(n)$-Kennlinie**
**für Kurzschlussläufer**

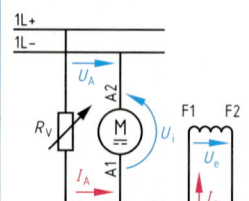

**$M(n)$-Kennlinien**
**für Schleifringläufer**

Formelzeichenbedeutung wie oben.
Zusätzlich:

$f_L$   Frequenz im Läufer
$s$   Schlupf (in %)
$M$   Kraftmoment, Moment
$M_A$   Anzugsmoment
$M_K$   Kippmoment
$M_N$   Bemessungsmoment
$M_S$   Sattelmoment
$s_K$   Kippschlupf (Schlupf beim Kippmoment)
$C_M$   Kraftmoment-Koeffizient der Maschine
$U_{Str}$   Strangspannung
$I$   Stromstärke (Leiterstrom)
$P$   Leistungsabgabe (mechanisch)
$\eta$   Wirkungsgrad
$U$   Netzspannung, bei Drehstrom, Dreieckspannung
$\cos\varphi$   Leistungsfaktor
Berechnung des Läuferstromes von Schleifringläufermotoren siehe Anlasser für Elektromotoren.

$$n_s = \frac{f}{p} \qquad f_L = \frac{f \cdot s}{100\%}$$

$$s = \frac{(n_s - n) \cdot 100\%}{n_s} \qquad f_L = f - \frac{f \cdot n}{n_s}$$

$$\frac{M}{M_K} = \frac{2}{\dfrac{s}{s_K} + \dfrac{s_K}{s}} \qquad n = \frac{f}{p}(1-s)$$

$$M = C_M \cdot U_{Str}^2$$

Bei Einphasenmotoren:

$$I = \frac{P}{\eta \cdot U \cdot \cos\varphi}$$

Bei Drehstrommotoren:

$$I = \frac{P}{\eta \cdot \sqrt{3} \cdot U \cdot \cos\varphi}$$

---

**Fremderregter Motor**
**(Nebenschlussmotor)**

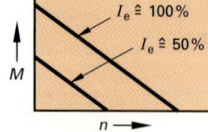

**Schaltung**

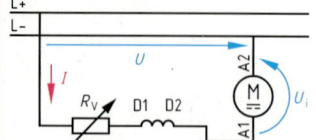

**Belastungskennlinie**

Formelzeichenbedeutung wie oben.
Zusätzlich:

$I_A$   Ankerstrom
$M_{St}$   Kraftmoment im Stillstand
$I_{St}$   Ankerstrom im Stillstand
$U_i$   induzierte Spannung
$C_U$   Spannungskoeffizient der Maschine
$\Phi_e$   Erregerfluss
$P_A$   mechanische Ankerleistung
$I_A$   Ankerstrom
$U_A$   Ankerspannung (Netzspannung des Ankerkreises)
$R_A$   Ankerwiderstand
$R_v$   Vorwiderstand
$I_e$   Erregerstrom
$U_e$   Erregerspannung
$R_e$   Widerstand der Erregerwicklung

$$s = \frac{M \cdot 100\%}{M_{St}} \qquad s = \frac{I_A \cdot 100\%}{I_{St}}$$

$$s = \frac{(n_s - n) \cdot 100\%}{n_s}$$

$$U_i = C_U \cdot \Phi_e \cdot n \qquad U_i \approx \frac{P_A}{I_A}$$

$$U_A = U_i + (R_A + R_v) \cdot I_A$$

$$I_{St} = \frac{U_A}{R_A + R_v} \qquad M = C_M \cdot \Phi_e \cdot I_A$$

$$I_A = \frac{P_A}{\eta \cdot U_A} \qquad I_e = \frac{U_e}{R_e}$$

---

**Reihenschlussmotor**

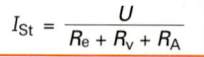

Formelzeichenbedeutung wie oben.

$I = I_A$

$$I_{St} = \frac{U}{R_e + R_v + R_A}$$

$$I = \frac{P}{\eta \cdot U} \qquad M = \frac{C_M}{n^2}$$

**AS**

## Motoren, Generatoren, Umformer

| Feld | Erklärung |
|---|---|
| 1 | Firmenzeichen |
| 2 | Typenbezeichnung der Maschine |
| 3 | Stromart |
| 4 | Arbeitsweise (z. B. Motor, Generator) |
| 5 | Maschinennummer der Fertigung |
| 6 | Schaltart der Ständerwicklung bei Synchron- und Induktionsmaschinen, und zwar |

| Phasenzahl | Schaltung | Zeichen |
|---|---|---|
| 1 ~ | | $\vert$ |
| | mit Hilfsstrang | $\perp$ |
| 3 ~ | unverkettet | $\vert\vert\vert$ |
| 3 ~ verkettet in Schaltung | Stern | Y |
| | Dreieck | $\triangle$ |
| | Stern mit herausgeführtem Mittelpunkt | ⅄ |
| 6 ~ verkettet in Schaltung | Doppeldreieck | ✡ |
| | Sechseck | ⬡ |
| | Stern | ✳ |
| 2 ~ | unverkettet | $\vert^2$ |
| | verkettet, allgemein, z. B. in L-Schaltung | L |
| $n$ ~ | unverkettet | $\vert^n$ |

| Feld | Erklärung |
|---|---|
| 7 | Bemessungsspannung, Nennspannung |
| 8 | Bemessungsstrom, Nennstrom |
| 9 | Bemessungsleistung (Abgabe). Bei Synchrongeneratoren in kVA oder VA, sonst in kW oder W. |
| 10 | Einheiten kW, W, kVA, VA |
| 11 | Betriebsart (entfällt bei S1 = Dauerbetrieb) und Bemessungsbetriebszeit bzw. relative Einschaltdauer. Beispiel: S2 30 min, S3 40% ED |

| Feld | Erklärung |
|---|---|
| 12 | Bemessungsleistungsfaktor $\lambda$ bzw. $\cos\varphi$. Bei Synchronmaschinen ist das Zeichen u (untererregt) anzufügen, wenn Blindleistung aufgenommen werden soll. |
| 13 | Drehrichtung (auf die Antriebseite gesehen): → (Rechtslauf)    ← (Linkslauf) |
| 14 | Bemessungsdrehzahl. Außerdem wird angegeben: Bei Motoren mit Reihenschlussverhalten die Höchstdrehzahl $n_{max}$ ; bei Generatoren, die von Wasserturbinen angetrieben werden, die Durchgangsdrehzahl $n_d$ der Turbine; bei Getriebemotoren die Enddrehzahl $n_z$ des Getriebes. |
| 15 | Bemessungsfrequenz, Nennfrequenz |

| Feld | | |
|---|---|---|
| 16 | bei Schleifringläufer | bei Gleichstrommaschine und Synchronmaschine |
| | „Läufer" bzw. „Lfr" | „Erreger" bzw. „Err" |
| 17 | Schaltart, wenn keine 3 AC-Schaltung | – |
| 18 | Läuferstillstandsspannung in V | Bemessungserregerspannung in V |
| 19 | Läuferstrom in Bemessungsbetrieb. Angabe entfällt, falls Ströme kleiner als 10 A. | Erregerstrom |

| Feld | Erklärung |
|---|---|
| 20 | Isolierstoffklasse (Y, A, E, B, F, H, C). Gehören Ständer und Läufer zu verschiedenen Klassen, wird zuerst die Klasse des Ständers, dann die Klasse des Läufers angegeben (z. B. E/F). |
| 21 | Schutzart, z. B. IP 23 |
| 22 | Angenähertes Gewicht in Tonnen (t). Angabe entfällt, wenn leichter als 1 t. |
| 23 | Zusätzliche Vermerke, z. B. VDE 0530/…, Kühlmittelmenge bei Fremdbelüftung und bei Wasserkühlung. |

**AS**

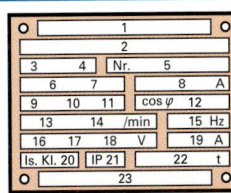

Wird die Wicklung einer Maschine neu gewickelt oder umgeschaltet, so muss zusätzlich ein weiteres Schild mit Firmenbezeichnung, Jahreszahl und gegebenenfalls neue Angaben angebracht werden.

## Geräte mit elektrischen Maschinen

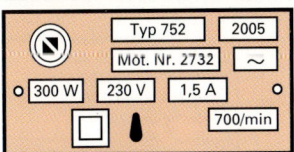

**Leistungsschild einer Handbohrmaschine**

Außerdem sind anzugeben:
Bemessungsaufnahme in W;
bei Schutzklasse II Symbol ▣;
ein Symbol für die Feuchtigkeits-Schutzart, z. B. ▣ .

Bei Kleingeräten, wie tragbaren Elektrowerkzeugen, Staubsaugern, Küchenmaschinen, Tonbandgeräten, wird kein genormtes Leistungsschild verwendet. Die Inhalte folgender Felder sind meist aber auf dem Leistungsschild angegeben: Felder 1, 2, 3, 6, 7, 11, 14, 15 (teilweise).

# Drehstrommotoren  Three-phase motors

| Motorart | Synchronmotor | Schleifringläufermotor | Käfigläufermotor |
|---|---|---|---|
| Schaltzeichen und Anschluss für Rechtslauf | | | |
| Kraftmoment-kennlinien | | | |
| Drehrichtungs-umkehr | Durch Vertauschen zweier Außenleiter | | |
| Schaltung an den Anschluss-klemmen | Der Ständer ist wie beim Käfigläufermotor anzuschließen. | | |
| | Entfällt bei Dauermagnet-erregung | Läufer in Y oder △ Läufer in V (zweiphasig) | bei Stern-schaltung bei Dreieck-schaltung |
| Häufigstes Anlassen | bei Anlaufkäfig: direktes Einschalten ohne Erregung | Anlasswiderstände im Läuferkreis | direktes Einschalten (falls möglich bei Einstellung für niedrige Drehzahl) |
| $M_A / M_N$ | 0,5 bis 1 mit Anlaufkäfig | kleine Motoren bis 4, große Motoren bis 2 | 0,4 bis 2 |
| $I_A / I_N$ | 3 bis 7 | $\approx 1$ bei Anlauf mit $M_N$ | 3 bis 7 |
| Kurzzeitige Überlastbarkeit | 1,5- bis 4fach | 1,6- bis 2,5fach | 1,6- bis 3fach |
| Steuern der Drehzahl | Frequenzänderung | Läuferzusatzwiderstände | Polumschaltung, Frequenzänderung |
| Drehzahl-stellbereich | bis 1 : ∞ bei Servomotoren bis 1 : 10 bei Schiffsantrieben | bei Läuferzusatzwiderständen bis 1 : 3 | bei Polumschaltung mit 4 Stufen bis 1 : 8 |
| | bei Frequenzsteuerung mit Umrichter bis 1 : 100, mit Drehzahlregler bis 1 : ∞ | | |
| Elektrisches Bremsen ohne zusätzliche Bremse | Nutzbremsung durch Betrieb als Generator. Mit Anlaufkäfig auch Gegen-strombremsung. | Nutzbremsung durch Betrieb als Generator, insbesondere bei Polumschaltung. Verlustbremsung durch Gegenstrom-bremsung sowie durch Speisen des Ständers mit Gleichstrom oder Einphasenwechselstrom. | |
| Anwendungs-beispiele | Servomotoren, Kolbenverdichter, Umformer, Propellerantriebe auf Schiffen | Hebezeuge, Förderanlagen, Verdichter, Steinbrecher, Verschiebebühnen | Werkzeugmaschinen, Verarbeitungsmaschinen, Landwirtschaftsmaschinen, Hebezeuge |

$I_A$ Anzugsstrom, $I_N$ Bemessungsstrom, $M$ Moment, Kraftmoment, $M_A$ Anzugsmoment, $M_N$ Bemessungsmoment, $n$ Drehzahl, $n_s$ Drehfeldzahl (synchrone Drehzahl), $R_V$ Anlasswiderstand.

**AS**

# Fehler bei Drehstrom-Asynchronmotoren
## Failures at three-phase asynchronous motors

| Fehler | Mögliche Ursache | Abhilfe |
|---|---|---|
| **Käfigläufermotor und Schleifringläufermotor** | | |
| Motor läuft nicht an. | Unterbrechung der Zuleitung. | Unterbrechung beseitigen. |
| Motor erreicht unter Last nicht die volle Drehzahl. | Widerstandsmoment zu groß oder bei einem Strang sind Anfang und Ende vertauscht oder schlechter Kontakt, z. B. am Schalter. | Stärkeren Motor verwenden. Strang umpolen. Kontakte prüfen und evtl. säubern. |
| Beim Einschalten starkes Brummen. | Ein Außenleiter ist ohne Spannung oder der Läufer liegt an Blechpaket an. | Netz prüfen. Lager erneuern. |
| Drehzahl fällt bei Belastung stark ab. | Überlastung oder Sternschaltung statt Dreieckschaltung oder Leitung hat zu kleinen Querschnitt. | Stärkeren Motor verwenden. Schaltung berichtigen. Stärkere Leitung verwenden. |
| Motor erwärmt sich schon im Leerlauf. | Falsche Schaltung, meist Dreieckschaltung statt Sternschaltung oder Netzspannung zu hoch oder zu niedrig oder ungenügende Kühlung oder falsche Drehrichtung (wenn Lüfterflügel schräg gestellt sind). | Schaltung berichtigen. Netzspannung prüfen und Ursache für Abweichung beseitigen. Luftwege prüfen und reinigen. Drehrichtung berichtigen. |
| Einzelne Ständerspulen werden heiß. | Windungsschluss oder Körperschluss. Nachweis durch Messen der Strangströme oder der Strangwiderstände. | Zutreffendenfalls Wicklung erneuern bzw. Motor ersetzen. |
| Motor erwärmt sich bei Belastung zu stark. | Überlastung oder Motor ist in Stern statt in Dreieck geschaltet oder Netzspannung zu niedrig. | Stärkeren Motor nehmen. Schaltung berichtigen, Stern-Dreieckschalter prüfen. Spannung messen, VNB benachrichtigen. |
| Ein Strang erwärmt sich stark, Motor bleibt bei Belastung stehen. | Falscher Anschluss des Stern-Dreieck-Schalters oder schlechter Kontakt an einer Anschlussklemme. | Schaltung richtigstellen. Kontakte säubern, Kontaktschrauben anziehen. |
| Lager werden heiß. | Schmiermittel verbraucht oder Lager beschädigt. | Lager ausbauen, prüfen, schmieren, evtl. erneuern. |
| **Käfigläufermotoren** | | |
| Polumschaltbarer Motor läuft mit falscher Drehzahl. | Schaltungsfehler, z. B. am Schalter. | Schaltung prüfen und berichtigen. |
| Motor läuft an, bleibt aber bei niedriger Drehzahl hängen. | Nutzahlverhältnis zwischen Läufer und Ständer ungünstig oder Läuferwiderstand zu klein. | Konstruktionsfehler. Rückfrage beim Hersteller. Läufer auswechseln. Kurzschlussringe abdrehen. |
| Läufer wird heiß, Motor zieht schlecht an und brummt. | Schlechter Kontakt zwischen Käfigstäben und Kurzschlussringen. | Läufer auswechseln. |
| **Schleifringläufermotoren** | | |
| Bürsten feuern. | Schmutzige Kontaktfläche oder Schleifringe sind rau oder haben Rillen oder schlechtes Aufliegen der Bürsten oder zu kleine Bürstendruckkraft. | Bürsten und Schleifringe reinigen und polieren. Schleifringe auf Drehmaschine egalisieren (ausgleichen). Bürsten mit Schmirgelleinwand einschleifen. Feder straffer einstellen oder ersetzen. |
| Starker Drehzahlabfall bei Belastung. | Widerstand im Läuferstromkreis zu groß, z. B. durch schlechten Kontakt oder zu schwache Leitung zum Anlasser. | Läuferströme messen. Widerstände verkleinern, z. B. Kontakte reinigen oder stärkere Leitung nehmen. |
| Unrunder Lauf | Im Läuferkreis sind schlechte Kontakte. | Prüfen auf lockere Kontakte, auch im Läufer. |

**AS**

# Einphasen-Wechselstrommotoren Uniphase AC-motors

| Motorart | Asynchronmotoren mit Käfigläufer | Drehstrom-Käfigläufermotor in Steinmetzschaltung | Universalmotor |
|---|---|---|---|
| Schaltzeichen und Anschluss für Rechtslauf | | | |
| Kraftmoment-kennlinien | | Betrieb in Steinmetz-schaltung / Drehstrombetrieb | |
| Drehrichtungs-umkehr | Anwurfmotor M1: geänderter Anwurf. Spaltpolmotor M2: meist nicht umschaltbar. Kondensatormotor M3: Umpolen der Hilfswicklung Z1 Z2. | Kondensator am anderen Netzleiter anschließen. | Umpolen des Ankers A1 A2 oder der Erregerwicklung (Feldwicklung) D1 D2. |
| Schaltung an den Anschlussklemmen | Anwurfmotor für Linkslauf und Rechtslauf / Kondensatormotor / Linkslauf / Rechtslauf | Linkslauf / Rechtslauf | Linkslauf / Rechtslauf |
| Anzugsmoment / Bem.moment $M_A/M_N$ | M1: 0  M2: bis 0,5 M3: ohne Anlaufkondensator 0,3...0,5 mit Anlaufkondensator bis 3,5 | 0,2...0,7 abhängig von der Kondensatorkapazität | bis 3 abhängig von der Spannung |
| Anzugsstrom / Bem.strom $I_A/I_N$ | M2: bis 2 M1, M3: bis 5 | 2 bis 5 abhängig von der Kondensatorkapazität | bis 4 abhängig von der Spannung |
| Kurzzeitige Überlastbarkeit | M1, M2: bis 1,5fach M3: bis 2,5fach | bis 2,2 x Bemessungsleistung | bis 3 x Bemessungsleistung |
| Steuern der Drehzahl durch | Polumschaltung, Frequenzänderung | Polumschaltung | Ankerparallelwiderstand |
| | Änderung der Anschlussspannung, z.B. mit Thyristoren, Vorwiderständen, Stelltransformatoren. | | |
| Drehzahl-stellbereich | 1 : 2 bis 1 : 4 geregelt bis 1 : 1000 | 1 : 2 | 1 : 10 bis 1 : 50 |
| Elektrisches Bremsen | Gegenstrombremsung (nur beim Kondensatormotor) | Gegenstrombremsung, Polumschaltung beim Herunterschalten | nicht üblich |
| Anwendungsbeispiele | Maschinen aller Art, z.B. Werkzeugmaschinen. | Umwälzpumpe, Ölbrenner | Haushaltsmaschinen, Büromaschinen |

AS

# Gleichstromgeneratoren DC-generators

| Generator | Fremderregter Generator | Nebenschlussgenerator | Doppelschlussgenerator |
|---|---|---|---|
| Schaltzeichen und Anschluss für Rechtslauf<br><br>a) mit Erregerwicklung, ohne Wendepole<br><br>b) desgl., mit Dauermagneterregung<br><br>c) mit Wendepolwicklung, Kompensationswicklung und Feldsteller | | | |
| Schaltung an den Anschlüssen (wenn ohne Wendepole: A statt B) | <br>für Linkslauf — für Rechtslauf | <br>für Linkslauf — für Rechtslauf | <br>für Linkslauf — für Rechtslauf |
| Lastkennlinien | | | |
| Leerlaufkennlinien | | | |
| Anschluss für Linkslauf | Umpolen des gesamten Ankerstromkreises. An L+ führt A2 bzw. B2 bzw. B2/C2. An L– führt A1 bzw. B1 bzw. B1/C1 bzw. D2. | | |
| Häufigster Schaltungsfehler und Folge | Erregerwicklung umgepolt: Verkehrte Polung der Ausgangsspannung. | Erregerwicklung umgepolt: Generator erzeugt keine Spannung, da keine Selbsterregung eintritt. | 1. Wie bei Nebenschlussgenerator.<br>2. Reihenschlusswicklung D1 D2 umgepolt: Ausgangsspannung sinkt bei Belastung stark ab. |
| Steuern der Spannung | Durch elektronische Steuerung der Fremderregerspannung (verlustarm) oder durch Feldsteller (verlustbehaftet). | Durch Steuerung des Erregerstromes mit Feldsteller (verlustbehaftet) oder mit elektronischem Gleichstromsteller (fast verlustfrei). | |
| Anwendungsbeispiele | Mit Dauermagneterregung als Drehzahlfühler. Mit Erregerwicklung als Gleichstromgenerator (selten). | Gleichstrom-Ersatzstromaggregate (selten). | Erregerstromerzeuger für die Synchrongeneratoren von Kraftwerken. |

**AS**

| | | |
|---|---|---|
| $I$ Laststrom | $I_{eN}$ Bemessungserregerstrom | $U$ Ausgangsspannung |
| $I_e$ Erregerstrom | $n$ Drehzahl | $U_0$ Leerlaufspannung |

# Gleichstrommotoren  DC-motors

| Motorart | Fremderregter Motor | Reihenschlussmotor | Dauermagneterregter Doppelschlussmotor |
|---|---|---|---|
| Schaltzeichen und Anschluss für Rechtslauf (mit Anlasser, ohne Feldsteller, ohne Wendepol- und Kompensationswicklung) | | | |
| Kraftmoment-kennlinien | | | |
| Drehrichtungsumkehr | Umpolen der Reihenschaltung von Anker-, Wendepol- und Kompensationswicklung oder Umpolen der Erregerwicklung (Feldwicklung). | | |
| Anlassen | Durch Verkleinerung der Ankerspannung, und zwar beim fremderregten Motor bei voller Erregerspannung. | | |
| Schaltung an den Anschlussklemmen (wenn ohne Wendepole: A statt B) | fremderregter Motor mit Erregerwicklung für Linkslauf  für Rechtslauf  fremderregter Motor mit Dauermagneterregung für Linkslauf  für Rechtslauf | für Linkslauf  für Rechtslauf | für Linkslauf  für Rechtslauf |
| Anzugsmoment, Anzugsstrom | Je nach Anlassschaltung bis zum 2,5fachen Bemessungswert (Nennwert). | | |
| Kurzzeitige Überlastbarkeit | unkompensiert: bis 1,8fach  kompensiert:    bis 2,2fach | bis 2,5 x Bemessungsleistung | unkompensiert: bis 1,8fach  kompensiert:    bis 2,2fach |
| Steuern der Drehzahl | Unterhalb der Bemessungsdrehzahl:  Durch Verkleinern der Ankerspannung.  Oberhalb der Bemessungsdrehzahl:   Durch Verkleinern der Erregerspannung. | | |
| Drehzahlstellbereich | Bei Verkleinern der Ankerspannung, ohne Regler bis 1 : 10, mit Regler bis 1 : ∞.  Bei Verkleinern der Erregerspannung (Feldstellung) bis 3 : 1. | | |
| Elektrisches Bremsen | Gegenstrombremsung, z.B. durch Umschalten des Ankers.  Nutzbremsung (Energierücklieferung) durch Betrieb als Generator. | | |
|  | Widerstandsbremsung | Nutzbremsung mit parallelgeschalteter Erregerwicklung, sonst Widerstandsbremsung | Widerstandsbremsung |
| Anwendungsbeispiele | Werkzeugmaschinen, Förderanlagen | Elektrische Fahrzeuge, Hebezeuge, Anlassmotoren für Kraftfahrzeuge | Werkzeugmaschinen, Walzwerkantriebe |

$M$ Moment, $M_N$ Bem.moment, $n$ Drehzahl, $U$ Spannung, $U_{AN}$ Ankerbem.spannung, $U_N$ Bemessungsspannung

**AS**

| Aufbau, Benennung | Erklärung | Typische Daten, Anwendung |
|---|---|---|

**Drehstrom-Servomotor**

(Labels: Wicklung, Gehäuse, Samarium-Kobalt-Magnete, Ständerblech, Läuferblech)

*Drehstrom-Servomotoren* haben meist einen dauermagneterregten Läufer **(Bild)**. Oft ist eine Fremdbelüftung vorhanden **(Bild)**. Ein *Tachogenerator* gibt die Ist-Drehzahl an die elektronische Steuerung. Drehzahl und Drehrichtung werden durch Pulsweitenmodulation vom Steuergerät eingestellt. Beim Anlauf wird die Frequenz schnell von null zum Sollwert hochgefahren.

$J$ = 0,006 kgm$^2$
$n_{max}$ = 3000 / min
$m$ = 22 kg
$M_N$ = 11 Nm
$I_N$ = 22 A
$I_{max}$ = 105 A
$K$ = 0,5 Nm/A
($M_{max}$ = 53 Nm)
$\tau_{mech}$ = 5 ms
$\tau_{el}$ = 10 ms

**Schaltung eines Drehstrom-Servomotors**

(Labels: Lüfter, Winkelsensor, Tachogenerator, Bremse, U1, V1, W1)

**Arbeitsbereich eines Drehstrom Servomotors mit Ansteuergerät**

(Diagramm: $\frac{M}{M_N}$ über $n$/min; Begrenzung durch $I_{max}$ des Ansteuergeräts; Begrenzung durch $U_{max}$ vom Ansteuergerät; S2 $t_B \le 0,3$ s; bei $U = 0,85 \cdot U_N$; bei $U = U_N$; S2, S3 mit ED $\le 25$ %; S1)

Für Vorschubantriebe, Positionierungsantriebe und Roboterantriebe in Verbindung mit Getrieben.

---

**normaler Motor** — Kompensationswicklung — **Servomotor**

**Aufbau von Gleichstrommotoren**

(Labels: Läuferdurchmesser groß, Läuferdurchmesser klein)

*Gleichstrom-Servomotoren* sind fremderregte Gleichstrommotoren **(Bild)**. Wegen der möglichen Überlastbarkeit ist eine *Kompensationswicklung* vorhanden. Das verfügbare Kraftmoment hängt von der Betriebsart (S1, S2, S3) und der Drehzahl ab **(Bild)**. Die Ansteuerung erfolgt fast verzögerungsfrei über *Transistor-Stellglieder* oder mit einer Totzeit von einigen Millisekunden über *Thyristor-Stellglieder*. Besonders reaktionsschnell sind Gleichstrommotoren mit eisenlosem Läufer.

$J$ = 0,008 kgm$^2$
$n_{max}$ = 6000 / min
$m$ = 30 kg
$M_N$ = 9 Nm
$I_N$ = 15 A
$I_{max}$ = 100 A
$K$ = 0,6 Nm/A
($M_{max}$ = 60 Nm)
$\tau_{mech}$ = 7 ms
$\tau_{el}$ = 15 ms

$\tau_{mech}$ erhöht sich durch zusätzliche Trägheitsmomente erheblich.

Eisenloser Läufer: für besonders reaktionsschnelle Antriebe.

Läufer mit Eisen: wie bei Drehstrom-Servomotoren, aber weniger reaktionsschnell.

**AS**

**Aufbau von Gleichstrom-Servomotoren mit Dauermagneterregung**

(Labels: Schalenmagnet, Rückschlussjoch, Ankerquerfluss, Erregerfluss)

**Arbeitsbereich eines Gleichstrom-Servomotors**

(Diagramm: $\frac{M}{M_N}$ über $n$/min; S2, S3, S1)

---

$I_N$ Bemessungsstromstärke, $J$ Trägheitsmoment des Läufers, $K$ Kraftmomentkoeffizient, $m$ Masse, $M_{max}$ maximales Kraftmoment, $M_N$ Bemessungsmoment, $n$ Drehzahl, S1 Dauerbetrieb, S2 Kurzzeitbetrieb, S3 Aussetzbetrieb, $t_B$ Betriebsdauer, $\tau_{el}$ elektrische Zeitkonstante, $\tau_{mech}$ mechanische Zeitkonstante.

| Art, Benennung | Wirkungsweise, Erklärung |
|---|---|

### Art, Benennung

**Unipolar** **Bipolar**

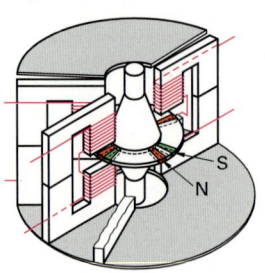

**Zweistrang-Schrittmotoren**

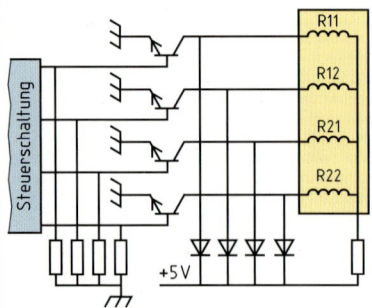

**Scheibenmagnet-Schrittmotor**

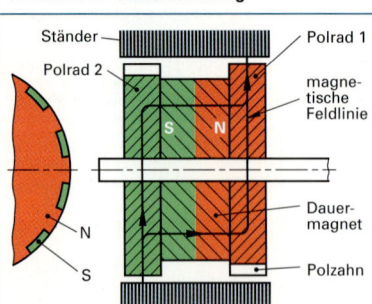

**Prinzip einer unipolaren Schrittmotor-Steuerschaltung**

### Wirkungsweise, Erklärung

**Prinzip:**

Der Dauermagnetläufer dreht sich bei jedem Rechteckimpuls einer Gleichspannung um den Schrittwinkel weiter.

**Betrieb:**

Eine elektronische Ansteuerschaltung liefert die Impulse in der richtigen Reihenfolge.

**Arten:**

Es gibt Einstrang-Schrittmotoren, Zweistrang-Schrittmotoren und Fünfstrang-Schrittmotoren.

**Wicklung:**

Die Wicklung jedes Stranges kann unipolar oder bipolar ausgeführt sein. Bei der unipolaren Form fließt der Strom im Wicklungsstrang in derselben Richtung, bei der bipolaren Form auch in wechselnden Richtungen.

**Anwendung der Schrittmotoren:**

Genaues Positionieren (Erreichen einer vorgegebenen Lage) z. B. bei Druckern, Plottern, Schreibmaschinen, Büromaschinen.

| Taktfolge für einen Zweistrang-Schrittmotor | | | |
|---|---|---|---|
| Schritt-Nr. | | Vollschrittbetrieb schwarz | |
| | | Halbschrittbetrieb zusätzl. rot | |
| Linkslauf | Rechtslauf | Schalter Q1 | Schalter Q2 |
| 4 ≙ 0 | 0 ≙ 4 | ← | ← |
| 3½ | ½ | ← | Mitte |
| 3 | 1 | ← | → |
| 2½ | 1½ | Mitte | → |
| 2 | 2 | → | → |
| 1½ | 2½ | → | Mitte |
| 1 | 3 | → | ← |
| ½ | 3½ | Mitte | ← |

← Schalterstellung links, → desgl. rechts

Die Schalter Q1 und Q2 sind durch die Transistoren der Steuerschaltungen verwirklicht.

**AS**

Bei Halbschrittbetrieb:

$$\alpha = \frac{180°}{2p \cdot m}$$

$$z_u = 2 \cdot 2p \cdot m$$

$$n = \frac{f_{sch}}{2 \cdot 2p \cdot m}$$

Bei Vollschrittbetrieb:

$$\alpha = \frac{360°}{2p \cdot m}$$

$$z_u = 2p \cdot m$$

$$n = \frac{f_{sch}}{2p \cdot m}$$

**Läufer mit Gleichpolprinzip für Schrittmotor mit kleinem Schrittwinkel**

Durch eine elektronische Schaltung kann beim Halbschrittbetrieb die Phasenverschiebung in vier Teile geteilt werden, sodass aus dem Vollschritt in acht Mikroschritte unterteilt wird (*Mikroschrittbetrieb*).

$2p$ Polzahl, $f_{sch}$ Schrittfrequenz, $m$ Strangzahl, $n$ Drehzahl (Umdrehungsfrequenz), $z_u$ Schrittzahl/Umdrehung, $\alpha$ Schrittwinkel

| Prüfungsart | Zweck der Prüfung | Anwendung der Prüfung |
|---|---|---|
| Erwärmungsprüfung | Nachweis, dass in der Bemessungsbetriebsart die höchstzulässige Übertemperatur nicht überschritten wird. | Bei Großmaschinen und Neukonstruktionen, sonst nur Stichproben (Typenprüfung). |
| Wicklungsprüfung | Nachweis des Isoliervermögens der Wicklungsisolation. | Bei allen gefertigten oder reparierten Maschinen (Serienprüfung). |
| Stromüberlastbarkeitsprüfung | Nachweis, dass die Maschine gelegentlich kurzzeitig überlastbar ist. | Wie bei Erwärmungsprüfung. |
| Kurzschlussprüfung | Nachweis der mechanischen Festigkeit gegenüber dem Kurzschlussstrom. | Nur bei Synchrongeneratoren. |
| Schieflastprüfung | Nachweis, dass die Maschine an einem Netz mit unsymmetrischer Last arbeiten kann. | Nur bei Drehstrom-Synchrongeneratoren. |
| Kommutierungsprüfung | Nachweis, dass die Kommutierung vom Leerlauf bis zur zulässigen Überlastung einwandfrei (feuerfrei) arbeitet. | Wie bei der Erwärmungsprüfung, aber nur bei Stromwendermaschinen. |
| Kurvenformprüfung | Nachweis, dass die Maschine nicht unzulässig starke Oberschwingungen von 200 Hz bis 5 kHz (Fernsprechbereich) erzeugt. | Nur bei Synchronmaschinen ≥ 300 kVA. |

## Wicklungsprüfung

| Wicklungsart | Nennwerte der Maschine, Bemerkungen | Prüfspannung in V |
|---|---|---|
| Alle Wicklungen außer den nachfolgend genannten | < 1 kW bzw. < 1 kVA, < 100 V <br> < 10 MW bzw. 10 MVA <br> ≥ 10 MW (MVA) und $U_N$ ≤ 24 kV <br> ≥ 10 MW (MVA) und $U_N$ > 24 kV | $U_P = 2\,U_N + 500$ V <br> $U_P = 2\,U_N + 1000$ V (mind. aber 1,5 kV) <br> $U_P = 2\,U_N + 1000$ V <br> nach Vereinbarung mit Besteller |
| Schleifringläuferwicklung | Falls Drehfeldumkehr möglich. <br> Falls Drehfeldumkehr nicht möglich. | $U_P = 4\,U_{L0} + 1000$ V <br> $U_P = 2\,U_{L0} + 1000$ V |
| Erregerwicklung von Synchronmaschinen | Bei Synchronmaschinen für asynchronen Anlauf. Die Erregerwicklung muss dabei auf einen äußeren Widerstand geschaltet sein. | $U_P = 10\,U_e$ <br> mindestens 1,5 kV, höchstens 3,5 kV |
| Fremderregte Erregerwicklung | Bei Gleichstrommaschinen. | $U_P = 2\,U_e + 1000$ V <br> (mindestens aber 1,5 kV) |
| Ständig kurzgeschlossene Wicklungen | Z.B. bei Kurzschlussläufern. | Keine Wicklungsprüfung erforderlich. |
| Teilweise erneuerte Wicklungen | Alter Wicklungsteil ist zu reinigen und zu trocknen. | $U_{PT} = 0{,}75\,U_P$ ($U_P$ von oben) |
| Wicklungen bei Maschinenrevision | $U_N$ < 100 V <br> $U_N$ ≥ 100 V | Nach Reinigung u. Trocknung: $U_P = 500$ V <br> $U_P = 1{,}5\,U_N$ (mindestens 1 kV) |

**AS**

| Prüfdauer | Anlegen von $U_P$, Maschinennennwerte | Prüfschaltung |
|---|---|---|
| 1 min (nach Erreichen von $U_P$) Einminutenprüfung | Bei allen Maschinen: Man beginnt mit $U_P/2$ bzw. $U_{PT}/2$ oder weniger und steigert dann innerhalb von $t \geq 10$ s allmählich auf die volle Prüfspannung. | |
| 5 s (nur bei Serienprüfung) | Maschinen ≤ 200 kW (kVA) und $U_N$ ≤ 660 V können anstelle der Einminutenprüfung sofort an die volle Prüfspannung gelegt werden. | |
| 1 s (nur bei Serienprüfung) | Maschinen ≤ 5 kW (kVA) können anstelle der Einminutenprüfung auch für 1 s sofort an die 1,2fache Prüfspannung gelegt werden. | |

$U_e$ Erregerspannung (Nennerregerspannung bzw. höchste Erregerspannung), $U_{L0}$ Läuferstillstandsspannung, $U_N$ Bemessungsspannung, Nennspannung, $U_P$ Prüfspannung, $U_{PT}$ Prüfspannung bei teilweise erneuerter Wicklung.

# Drehstromwicklungen Three-phase windings

| Benennung, Bemerkungen, Berechnung | Wicklungsplan |
|---|---|

**Drehstrom-Gruppenwicklung als Zweietagenwicklung mit Spulen verschiedener Form und Weite $p = 2$, $N = 24$**

Gute Kühlung der Wickelköpfe, aber teure Herstellung. Selten.

$$q = \frac{N}{m \cdot 2p} = \frac{24}{3 \cdot 2 \cdot 2} = \frac{24}{12} = 2$$

$y_N = N/(2p) = 24/4 = 6 \Rightarrow y_{N1}$ 1 auf 8 (1 : 8), $y_{N2}$ 1 auf 6 (1 : 6)

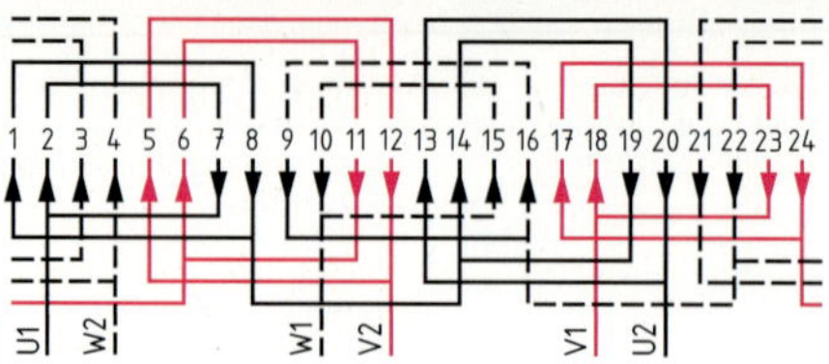

**Drehstrom-Gruppenwicklung als Zweietagenwicklung mit Spulen verschiedener Form und gleicher Weite $p = 3$, $N = 18$**

Eine Spule erhält einen gekröpften Wickelkopf. Selten.

$$q = \frac{N}{m \cdot 2p} = \frac{18}{3 \cdot 2 \cdot 3} = 1$$

$y_N = N/(2p) = 18/6 = 3 \Rightarrow y_N$ 1 : 4 (1 auf 4)

**Drehstrom-Korbwicklung (Einschichtwicklung) mit Spulen gleicher Weite $p = 3$, $N = 18$**

Billiger als Gruppenwicklung. Häufig.

$$q = \frac{N}{m \cdot 2p} = \frac{18}{3 \cdot 2 \cdot 3} = 1$$

$y_N = N/(2p) = 18/6 = 3 \Rightarrow y_N$ 1 : 4 (1 auf 4)

**Drehstrom-Korbwicklung (Einschichtwicklung) mit Spulen verschiedener Weite und Form $p = 2$, $N = 24$**

Nachteilig ist die ungünstige Felderregerkurve, so dass das Sattelmoment klein ist.

$$q = \frac{N}{m \cdot 2p} = \frac{24}{3 \cdot 2 \cdot 2} = \frac{24}{12} = 2$$

$y_N = N/(2p) = 24/4 = 6 \Rightarrow y_{N1}$ 1 auf 8, $y_{N2}$ 1 auf 6

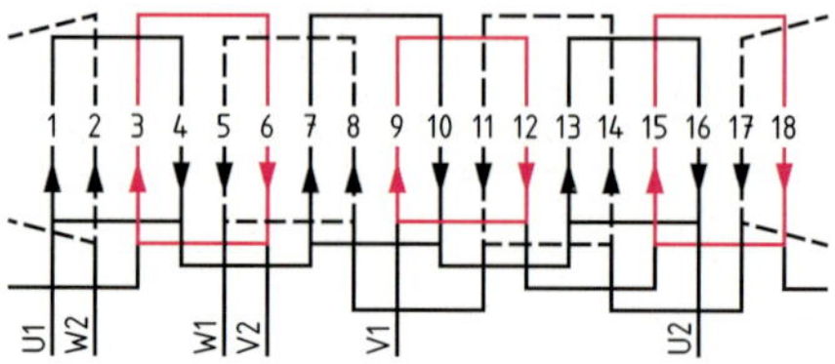

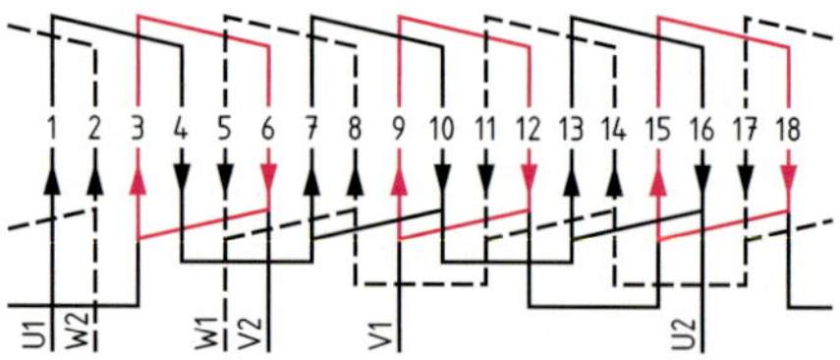

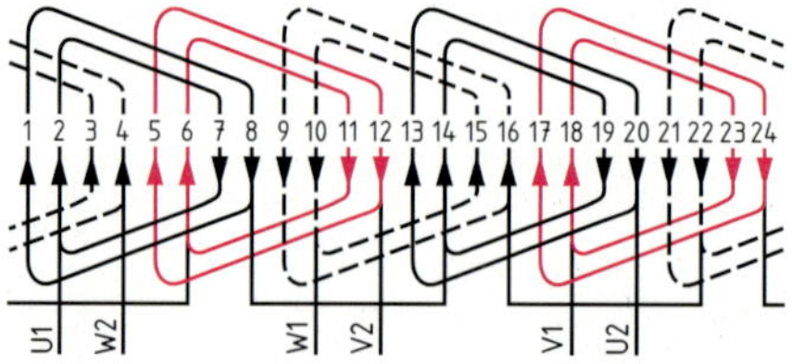

**Drehstrom-Zweischichtwicklung mit Spulen gleicher Form und Weite $p = 1$, $N = 12$**

Ruft günstige Form der Felderregerkurve hervor. Häufig vor allem bei mittleren und großen Motoren.

$$q = \frac{N}{m \cdot 2p} = \frac{12}{3 \cdot 2 \cdot 1} = 2$$

$y_N / (2p) = 12/2 = 6$

Wegen der Sehnung $y_N$ 1 auf 6 (nicht 1 auf 7).

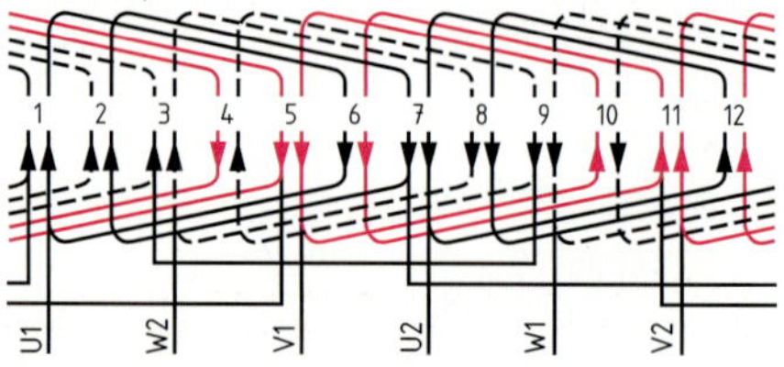

**Drehstrom-Gruppenwicklung als Zweietagenwicklung in Dahlanderschaltung $p = 2/1$, $N = 12$**

Nachteilig ist beim kleineren $p$ die ungünstige Felderregerkurve.

$$q_1 = \frac{N}{m \cdot 2p} = \frac{12}{3 \cdot 2 \cdot 1} = 2$$

$$q_2 = \frac{N}{m \cdot 2p} = \frac{12}{3 \cdot 2 \cdot 2} = 1$$

$y_N = N/(2p) = 12/(2 \cdot 2) = 3 \Rightarrow y_N$ 1 : 4 (1 auf 4)
(für $y_N$ größeres $p$ verwenden)

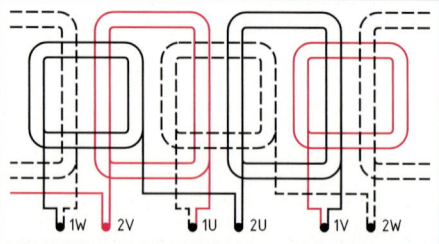

$m$ Phasenzahl (bei Drehstrom $m = 3$); $N$ Nutenzahl; $p$ Polpaarzahl (halbe Polzahl); $q$ Anzahl der Nuten je Pol und Phase; $q_1$ ist $q$ bei $p = 1$; $q_2$ ist $q$ bei $p = 2$; $y_N$ Nutenschritt (bei Spulen verschiedener Weite $y_{N1}$ großer Nutenschritt, $y_{N2}$ kleiner Nutenschritt).

AS

| Benennung, Bemerkungen, Berechnung | Wicklungsplan |
|---|---|

### Erregerwicklung (Feldwicklung)

Die der Polzahl entsprechenden Spulen werden nach dem Wickeln und Bandagieren auf die Pole gesteckt und dort befestigt.

Die Schaltung der Erregerwicklung erfolgt je nach Spannung als Reihenschaltung (Vorteil: gleiche Stromstärke) oder als Parallelschaltung.

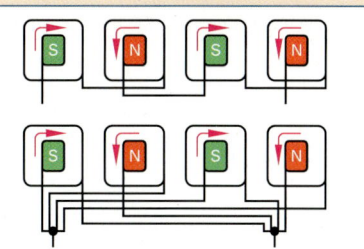

### Nicht gesehnte zweipolige Schleifenwicklung (Durchmesserwicklung) als Zweischichtwicklung mit $N = 6$ und $K = 6$

$\tau_p = N/(2p) = 6/2 = 3$

$y_1 = N/(2p) - n = 6/2 - 0 = 3 \triangleq$ von Nut 1 auf Nut 4 (1 : 4)

$y_2 = 2$

$y = y_1 - y_2 = 3 - 2 = 1$

$y_K = 1$ (immer bei der Schleifenwicklung)

$I = I_A/(2p) = I_A/2$

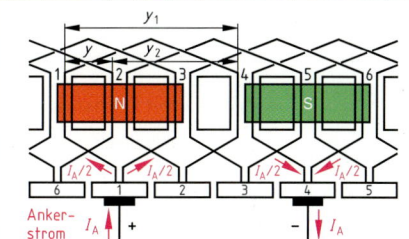

### Nicht gesehnte vierpolige Schleifenwicklung (Durchmesserwicklung) als Zweischichtwicklung mit $N = 12$ und $K = 12$

$\tau_p = N/(2p) = 12/4 = 3$

$y_1 = N/(2p) - n = 12/4 - 0 = 3 \triangleq$ von Nut 1 auf Nut 4 (1 : 4)

$y_2 = 1$

$y = y_1 - y_2 = 3 - 1 = 2$

$y_K = 1$ (immer bei der Schleifenwicklung)

$I = I_A/(2p) = I_A/4$

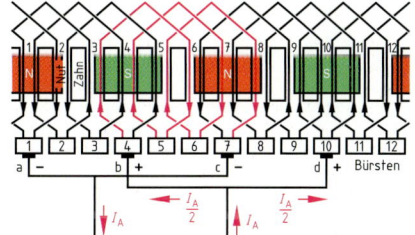

### (Schwach gesehnte) vierpolige Wellenwicklung als Zweischichtwicklung mit $N = 13$ und $K = 13$

$\tau_p = N/(2p) = 13/4 = 3,25$

$y_1 = N/(2p) - n = 13/4 - 0,25 = 3 \triangleq$ von Nut 1 auf Nut 4 (1 : 4)

$y_2 = 3$

$y = y_1 + y_2 = 3 + 3 = 6$

$y_K = K/p = 13/2 = 6,5 \approx 6$

$k = y_1/\tau_p = 3/3,25 = 0,92$

$I = I_A/2$ (immer bei der Wellenwicklung)

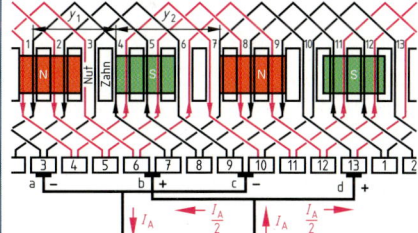

**AS**

### Nicht gesehnte, künstlich geschlossene Wellenwicklung als Zweischichtwicklung mit $N = 12$ und $K = 12$

$\tau_p = N/(2p) = 12/4 = 3$

$y_1 = N/(2p) - n = 12/4 - 0 = 3 \triangleq$ von Nut 1 auf Nut 4 (1 : 4)

$y_2 = 3$

$y = y_1 + y_2 = 3 + 3 = 6$

Eine andere Möglichkeit zur Herstellung einer Wellenwicklung bei gerader Nutzahl besteht darin, die Nutzahl durch Einlegung einer Blindspule künstlich um 1 zu verringern.

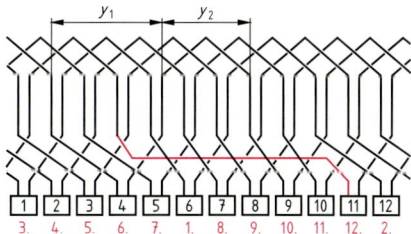

$I$ Stromstärke im Wickeldraht, $I_A$ Ankerstrom, $k$ Sehnung, $K$ Lamellenzahl, $N$ Nutenzahl, $n$ Zahl 0, 1, 2, ... $p$ Polpaarzahl, $2p$ Polzahl, $y$ Gesamtschritt, $y_1$ Nutenschritt (1. Wicklungsschritt), $y_2$ Schaltschritt (2. Wicklungsschritt), $y_K$ Kollektorschritt, $\tau_p$ Polteilung.

## Momente von Arbeitsmaschinen und Elektromotoren

| Widerstandsmoment von Arbeitsmaschinen | | | Kraftmoment von Elektromotoren | |
|---|---|---|---|---|
| 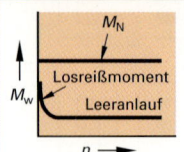 | 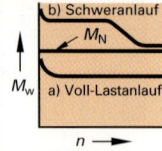 | 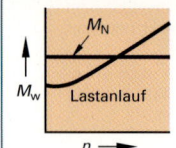 | 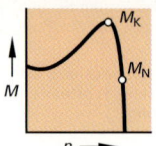 | 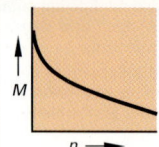 |
| Belastung erst nach dem Hochlauf, z.B. Drehmaschinen, Fräsmaschinen, Sägen, Pressen, Stanzen. | Widerstandsmoment a) fast so groß wie Motorbemessungsmoment $M_N$. b) größer als $M_N$. | Widerstandsmoment steigt mit Drehzahl, z.B. bei Lüftern, Kreiselpumpen, Verdichtern. | Kraftmoment steigt beim Anlauf mit $n$, fällt aber nach Kippmoment $M_K$. Kurzschlussläufermotor. | Kraftmoment steigt mit abnehmender Drehzahl. Reihenschlussmotor, Universalmotor. |

## Bremsen von Antrieben mit Drehstromasynchronmotoren

| Bezeichnung | Erklärung | Schaltung (Prinzip) | Anwendung |
|---|---|---|---|
| Brems-Lüftmagnet (Federdruckbremsung) | Bremskraft durch Feder. Sobald die Erregerspule eingeschaltet ist, wird die Bremse gelöst (gelüftet). Verlustbremsung. | | Werkzeugmaschinen, Hebezeuge. Sonderform: Bremsmotor (Stopp-Motor). |
| Elektrohydraulischer Bremslüfter | Bremskraft durch Feder. Sobald der Bremslüftermotor eingeschaltet ist, wird Öl in einen Zylinder gepumpt, sodass sich ein Kolben bewegt. Dadurch wird die Bremse je nach Drehzahl mehr oder weniger gelöst. Verlustbremsung. | | Hebezeuge (zum Stillsetzen, auch bei Last am Haken; zur Drehzahlsteuerung). |
| Gegenstrombremsung | Die Bremskraft wird vom Motor hervorgerufen, weil dessen Drehfeld durch Vertauschen zweier Außenleiter einen anderen Drehsinn erhält. Nach Stillsetzen des Antriebes muss abgeschaltet werden, da sonst Anlauf in umgekehrter Drehrichtung erfolgt. Verlustbremsung. | | Maschinen mit großer Schwungmasse, z.B. Pressen; auch Hebezeuge beim Kontern (Gegensteuern). |
| Übersynchrone Senkbremsschaltung | Motor wird von der Last angetrieben und arbeitet als Asynchrongenerator. Nutzbremsung. | wie bei Motorbetrieb | Hebezeuge (beim raschen Senken), besonders bei polumschaltbaren Motoren. |
| Untersynchrone Senkbremsschaltung | Schleifringläufermotor, mit großem Widerstand im Läuferkreis und als Einphasenmotor geschaltet, entwickelt bei Rechtslauf ein Kraftmoment nach links. Im Stillstand keine Bremskraft. Verlustbremsung. | | Hebezeuge (beim langsamen Senken). |
| Gleichstrombremsung | Ständerwicklung des Motors wird an niedrige Gleichspannung gelegt. Der durch Induktion entstehende Läuferstrom bremst. Verlustbremsung. | Ständerschaltungen | Werkzeugmaschinen, Fördermaschinen. |

$M$ Kraftmoment, Moment, $M_N$ Motorbem.moment, $M_W$ Widerstandsmoment der Arbeitsmaschine, $n$ Drehzahl.

**AS**

## Wichtige Motorarten für Antriebe

| Motorart | Vorteile | Nachteile |
|---|---|---|
| Drehstrom-Kurzschlussläufer | Wartungsarm, robust, billig, funkstörfrei. | Großer Einschaltstrom führt bei häufigem Schalten zu Erwärmung. Drehzahl beim polumschaltbaren Motor in 2 (selten 3) Stufen steuerbar. Sonst nur über Umrichter steuerbar, z.B. Zwischenkreisumrichter. |
| Drehstrom-Synchronmotor | Konstante Drehzahl. Kraftmoment von Spannungsschwankung wenig abhängig. | Drehzahl nur über Umrichter steuerbar, z.B. Zwischenkreisumrichter mit Pulsweitenmodulation. Erfordert oft Gleichstrom für Erregung. |
| Drehstrom-Schleifringläufer | Sehr großes Anzugsmoment. Drehzahl beschränkt steuerbar. | Anlasser erforderlich, Kohlebürsten brauchen Wartung. Im Betrieb Funkenbildung. Gesteuerte Drehzahl ist lastabhängig. |
| Fremderregter Motor für Gleichstrom | Drehzahl sehr gut steuerbar. Nutzbremsung unter Energierücklieferung möglich. Häufiges Einschalten möglich. | Gleichstrom nötig. Erfordert sorgfältige Wartung. Anlasseinrichtung, z.B. steuerbarer Gleichrichter, notwendig. Teuer in der Anschaffung. Im Betrieb Funkenbildung. |
| Reihenschlussmotor für DC und AC | Sehr großes Anzugsmoment. Drehzahl kann größer sein als bei vorgenannten Motoren. | Wie bei den anderen Gleichstrommotoren. **Achtung:** Geht im Leerlauf durch, daher kein Riementrieb möglich. |

## Drehzahlsteuerung

| Motorart | Art der Drehzahlsteuerung | Erklärung, Bemerkungen, Schaltung |
|---|---|---|
| kleiner Kurzschlussläufermotor, vor allem beim Einphasenmotor | Spannungssteuerung zur Schlupfänderung mittels Vorwiderstand oder Wechselstromsteller, z.B. in Wechselwegschaltung. | **Drehzahlsteuerung eines Spaltpolmotors** |
| Drehstrom-Kurzschlussläufermotor (Drehstrom-Asynchronmotor) und Drehstrom-Synchronmotor | Polmschaltung (Dahlanderschaltung) Frequenzsteuerung mittels *Zwischenkreisumrichter*, meist U-Umrichter (Seite 317). Wichtigstes Verfahren zur Drehzahlsteuerung von Drehstrommotoren. | Polzahlverhältnis und damit Drehzahlverhältnis meist 1 : 2, häufig Anwendung bei Kurzschlussläufermotoren. Frequenzverhältnis bis 1 : 1000, bei Regelung bis 1 : ∞. Der Umrichter kann an den Motor angebaut sein (Umrichtermotor). Häufige Anwendung bei Synchronmotoren und Asynchronmotoren. |
| fremderregter Gleichstrommotor (oft eigentlich falsch als Nebenschlussmotor bezeichnet) | Stromsteuerung im Ankerkreis. Bei AC-Anschluss mittels gesteuertem Gleichrichter. Bei DC-Anschluss mittels Gleichstromsteller. Auch zum Anlassen geeignet. Für hohe Drehzahlen auch durch Spannungssteuerung des Erregerkreises (nicht zum Anlassen geeignet). | **Drehzahlsteuerung eines Gleichstrommotors** |
| Reihenschlussmotor für DC oder AC (bei AC-Eignung als Universalmotor bezeichnet) | Stromsteuerung in der Zuleitung. Bei DC mittels Vorwiderstand oder Gleichstromsteller, bei AC mittels Vorwiderstand oder Wechselstromsteller. Auch zum Anlassen geeignet. | **Drehzahlsteuerung eines Universalmotors** |
| Drehstrom-Schleifringläufermotor (noch bei Altanlagen anzutreffen) | Stromsteuerung zur Schlupfänderung im Läuferkreis mittels Wirkwiderständen. An Stelle der Wirkwiderstände kann Gleichrichtung und Rückspeisung an das Netz über Wechselrichter erfolgen. | **Untersynchrone Wechselrichterkaskade** |

AS

# Anlassen von Kurzschlussläufermotoren Start-up of squirrel-cage motors

## Prinzip

<table>
<tr><th>Ursache</th><th>Bedingung</th><th>Folgerung</th></tr>
<tr>
<td>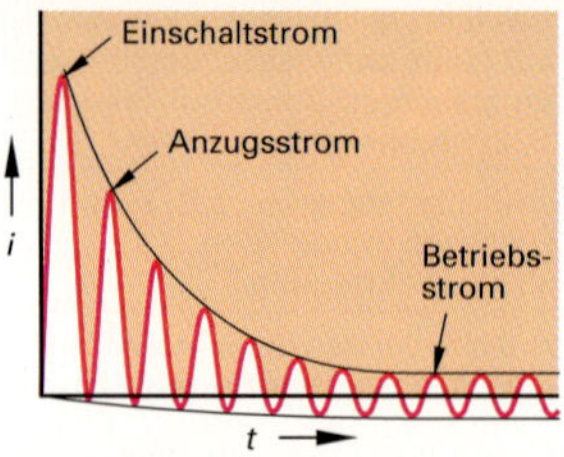

Stromverlauf</td>
<td>Anschluss an das öffentliche Niederspannungsnetz nach TAB
<table>
<tr><th>Motorenart</th><th>Bedingung</th></tr>
<tr><td>Einphasen-motoren</td><td>Bemessungsleistung nicht über 1,7 kVA</td></tr>
<tr><td>Drehstrom-motoren</td><td>Anzugsstrom nicht über 60 A oder Bemessungsleistung bis 5,2 kVA bei gelegentlichem Schalten.</td></tr>
</table></td>
<td>Bei Drehstrom-Kurzschlussläufermotoren mit einer Bemessungsleistung von mehr als 4 kW muss beim Einschalten die Spannung heruntergesetzt sein, damit der Einschaltstrom, der bis zum 10fachen des Bemessungsstromes betragen kann, begrenzt bleibt. Der Einschaltstrom sinkt im selben Verhältnis, wie die Spannung herabgesetzt wird. Dagegen nimmt das Kraftmoment etwa quadratisch ab, bei halber Spannung also auf ein Viertel.</td>
</tr>
</table>

## Anlaufschaltungen

<table>
<tr><th>Schaltung</th><th>Erklärung</th><th>Bemerkungen</th></tr>
<tr>
<td>Direktes Einschalten</td>
<td>Einschalten z. B. mit Motorschalter, elektromagnetischem Schütz oder Halbleiterschütz.</td>
<td>Am öffentlichen Netz bei Drehstrommotoren bis 4 kW möglich.</td>
</tr>
<tr>
<td>Einschalten mit Stern-Dreieck-Schalter</td>
<td>In der Sternschaltung beträgt der Einschaltstrom nur ein Drittel des Einschaltstroms in der Dreieckschaltung.</td>
<td>Am öffentlichen Netz für Bemessungsleistung bis 11 kW. Bemessungsleistung und Moment sind in Y nur ein Drittel der Werte in △.</td>
</tr>
<tr>
<td>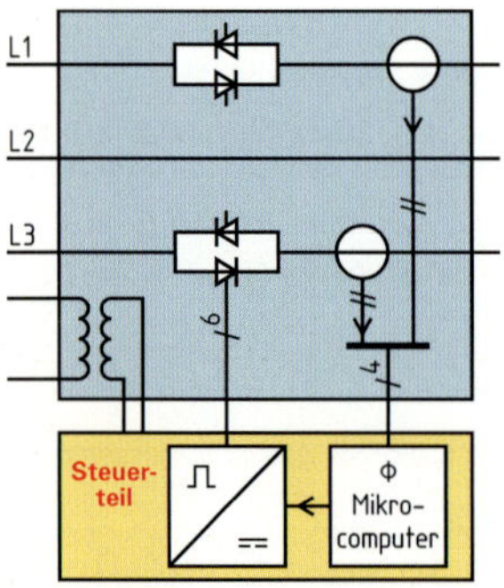

Elektronischer Motorstarter</td>
<td>Der Steuerteil enthält einen Mikrocomputer und eine Steuereinheit zur Erzeugung der Zündimpulse für die Thyristoren. Diese Motorstarter haben ein, zwei oder drei Antiparallelschaltungen von Thyristoren.<br><br>Elektronische Motorstarter erhöhen während der Anlaufzeit mittels Abschnittsteuerung die Spannung an den Motorklemmen von etwa 40% auf 100% der Bemessungsspannung des Motors.<br><br>Elektronische Motorstarter trennen wegen der Halbleiter nicht sicher vom Netz. Es muss deshalb immer ein Schalter mit Trennvermögen vorgeschaltet sein. Deshalb sind mit dem elektronischen Motorstarter oft Leistungsschalter oder Leitungsschutzschalter kombiniert.</td>
<td>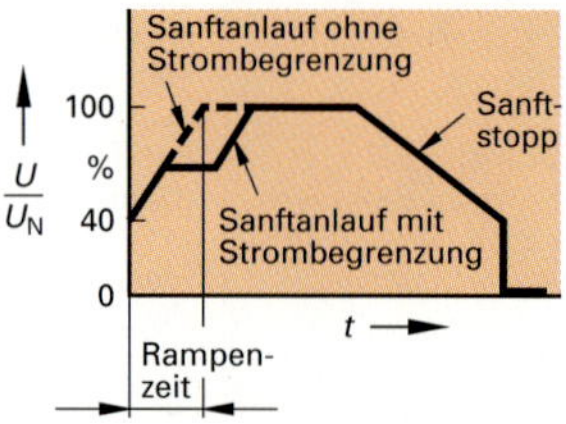

Spannungsverlauf beim elektronischen Motorstarter<br><br>Am öffentlichen Netz für Drehstrom-Kurzschlussläufermotoren bis zu einer Bemessungsleistung von 10 kW.</td>
</tr>
<tr>
<td>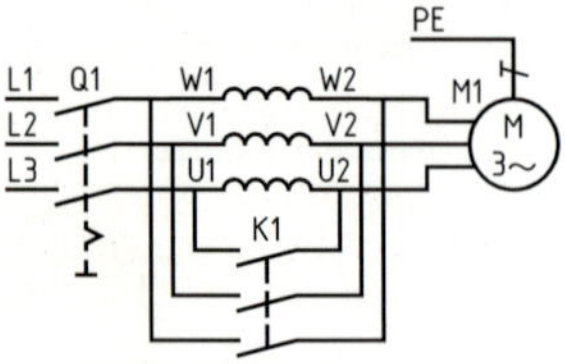

Schaltung mit Anlaufdrosselspule</td>
<td>Herabsetzung der Spannung durch drei Drosselspulen, drei Wirkwiderstände oder einen Flüssigkeitsanlasser mit Elektrolyt. Bei Drehstrommotoren mit der Angabe Y 400 V kann am 400-V-Netz ein Sternpunktanlasser verwendet werden. Für Motoren bis 2 kW kann die Kusa-Schaltung (Kusa von Kurzschlussläufer-Sanftanlauf) mit nur einem Widerstand verwendet werden.</td>
<td>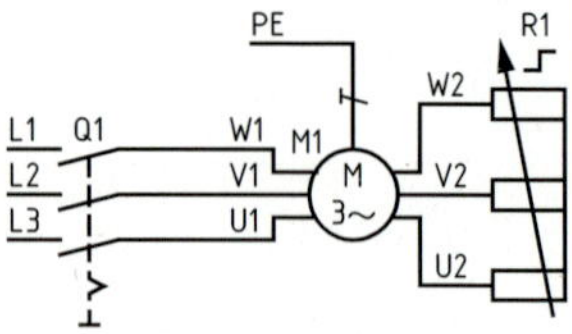

Schaltung mit Sternpunktanlasser</td>
</tr>
<tr>
<td>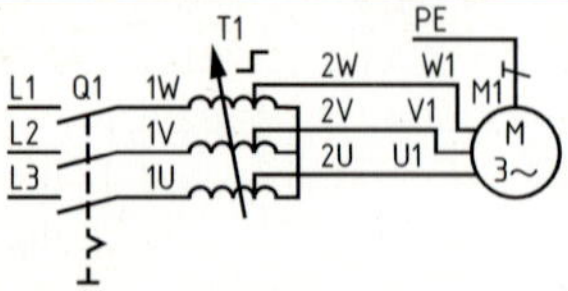

Schaltung mit Anlauftransformator</td>
<td>Herabsetzung der Spannung durch einen stellbaren Drehstromtransformator, meist in Sternschaltung. Der Einschaltstrom aus dem Netz wird dabei herabgesetzt durch die kleinere Spannung und durch die Stromübersetzung des Transformators.</td>
<td>Mit Anlauftransformatoren können Drehstrom-Kurzschlussläufermotoren bis zu einer Bemessungsleistung von 15 kW angelassen werden.<br><br>Nachteilig beim Anlassen mit Transformator zum Herabsetzen der Anlaufspannung sind die hohen Anschaffungskosten.</td>
</tr>
</table>

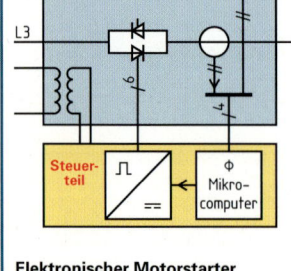

AS

**UTP**

Al-Folie — **STP**

**S-STP** — Cu-Draht

Drahtgeflecht

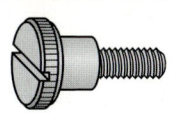

Werkstoffe, Verbindungstechnik

**W**

## Periodensystem der Elemente

| Gruppe | I a | I b | II a | II b | III a | III b | IV a | IV b | V a | V b | VI a | VI b | VII a | VII b | VIII a | VIII b | Schale |
|---|---|---|---|---|---|---|---|---|---|---|---|---|---|---|---|---|---|
| 1. Periode | $^{1}_{1}H$ | | | | | | | | | | | | | | $^{4}_{2}He$ | | K |
| 2. Periode | $^{7}_{3}Li$ | | $^{9}_{4}Be$ | | $^{11}_{5}B$ | | $^{12}_{6}C$ | | $^{14}_{7}N$ | | $^{16}_{8}O$ | | $^{19}_{9}F$ | | $^{20}_{10}Ne$ | | L |
| 3. Periode | $^{23}_{11}Na$ | | $^{24}_{12}Mg$ | | $^{27}_{13}Al$ | | $^{28}_{14}Si$ | | $^{31}_{15}P$ | | $^{32}_{16}S$ | | $^{35}_{17}Cl$ | | $^{40}_{18}Ar$ | | M |
| 4. Periode | $^{39}_{19}K$ | | $^{40}_{20}Ca$ | | | $^{45}_{21}Sc$ | | $^{48}_{22}Ti$ | | $^{51}_{23}V$ | | $^{52}_{24}Cr$ | | $^{55}_{25}Mn$ | | $^{56}_{26}Fe$  $^{59}_{27}Co$  $^{59}_{28}Ni$ | N |
|  | | $^{64}_{29}Cu$ | | $^{65}_{30}Zn$ | $^{70}_{31}Ga$ | | $^{73}_{32}Ge$ | | $^{75}_{33}As$ | | $^{79}_{34}Se$ | | $^{80}_{35}Br$ | | $^{84}_{36}Kr$ | | |
| 5. Periode | $^{85}_{37}Rb$ | | $^{88}_{38}Sr$ | | | $^{89}_{39}Y$ | | $^{91}_{40}Zr$ | | $^{93}_{41}Nb$ | | $^{96}_{42}Mo$ | | $^{99}_{43}Tc$ | | $^{101}_{44}Ru$  $^{103}_{45}Rh$  $^{106}_{46}Pd$ | O |
|  | | $^{108}_{47}Ag$ | | $^{112}_{48}Cd$ | $^{115}_{49}In$ | | $^{119}_{50}Sn$ | | $^{122}_{51}Sb$ | | $^{128}_{52}Te$ | | $^{127}_{53}J$ | | $^{131}_{54}Xe$ | | |
| 6. Periode | $^{133}_{55}Cs$ | | $^{137}_{56}Ba$ | | | $^{139}_{57}L^{1}$ | | $^{179}_{72}Hf$ | | $^{181}_{73}Ta$ | | $^{184}_{74}W$ | | $^{186}_{75}Re$ | | $^{190}_{76}Os$  $^{192}_{77}Ir$  $^{195}_{78}Pt$ | P |
|  | | $^{197}_{79}Au$ | | $^{201}_{80}Hg$ | $^{204}_{81}Tl$ | | $^{207}_{82}Pb$ | | $^{209}_{83}Bi$ | | $^{210}_{84}Po$ | | $^{210}_{85}At$ | | $^{222}_{86}Rn$ | | |
| 7. Periode | $^{223}_{87}Fr$ | | $^{226}_{88}Ra$ | | | $^{227}_{89}Ac$ $A^{2}$ | | | | | | | | | | | Q |

| | | | | | | | | | | | | | | |
|---|---|---|---|---|---|---|---|---|---|---|---|---|---|---|
| ¹ Lanthaniden | $^{140}_{58}Ce$ | $^{141}_{59}Pr$ | $^{144}_{60}Nd$ | $^{147}_{61}Pm$ | $^{150}_{62}Sm$ | $^{152}_{63}Eu$ | $^{157}_{64}Gd$ | $^{159}_{65}Tb$ | $^{163}_{66}Dy$ | $^{165}_{67}Ho$ | $^{167}_{68}Er$ | $^{169}_{69}Tm$ | $^{173}_{70}Yb$ | $^{175}_{71}Lu$ | P |
| ² Aktiniden | $^{232}_{90}Th$ | $^{231}_{91}Pa$ | $^{238}_{92}U$ | $^{237}_{93}Np$ | $^{242}_{94}Pu$ | $^{243}_{95}Am$ | $^{247}_{96}Cm$ | $^{249}_{97}Bk$ | $^{251}_{98}Cf$ | $^{253}_{99}Es$ | $^{256}_{100}Fm$ | $^{256}_{101}Md$ | $^{}_{102}No$ | $^{}_{103}Lr$ | Q |

## Atombau und chemische Bindung

**Massen:**  Proton  $167{,}26 \cdot 10^{-21}$ g
Neutron  $167{,}49 \cdot 10^{-21}$ g
Elektron  $0{,}91095 \cdot 10^{-30}$ g

Atommassenzahl = Protonenzahl + Neutronenzahl

Protonenzahl = Ordnungszahl im Periodensystem der Elemente

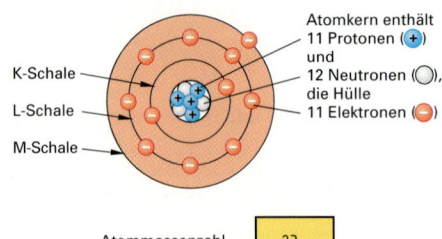

Atomkern enthält
11 Protonen (+)
und
12 Neutronen (◯),
die Hülle
11 Elektronen (—)

K-Schale
L-Schale
M-Schale

Atommassenzahl ——— $^{23}_{11}Na$
Protonenzahl ———

**Atommodell nach Rutherford und Bohr für Natrium**

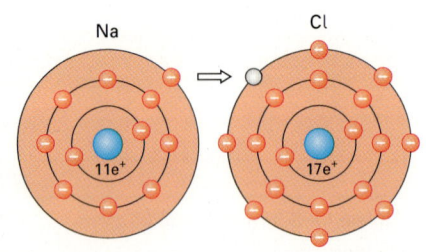

Na          Cl

$11e^{+}$          $17e^{+}$

**Ionenbindung von Natrium (Na) und Chlor (Cl)**

Die **Ionenbindung** (heteropolare Bindung) entsteht durch Elektronenübergang von einem Atom zum anderen. Dabei neigen Atome mit 1 bis 3 Außenelektronen (meist Metalle) zur Abgabe von Elektronen. Atome mit 5 bis 7 Außenelektronen (meist Nichtmetalle) nehmen dagegen leicht Elektronen auf. Die beteiligten Atome erreichen dadurch Edelgas-Struktur ($Na^{+}$ hat die gleiche Elektronenhülle wie Ne, die Hülle von $Cl^{-}$ ist gleich der von Ar). Die unterschiedlich geladenen Ionen ziehen sich an und bilden einen Ionenkristall. Bei Auflösung in Wasser gehen die Ionen in Lösung.

Die **Atombindung** (homöopolare Bindung) wird zwischen zwei Atomen durch ein oder mehrere (höchstens drei) gemeinsame Elektronenpaare bewirkt.

Die **polarisierte Atombindung** entsteht zwischen verschiedenartigen Atomen im Molekül. Hierbei zieht ein Kern das gemeinsame Elektronenpaar stärker an als der andere (Ladungsverschiebung ≙ Polarisierung).

Bei der **Metallbindung** geben die Metallatome Außenelektronen an ein gemeinsames *Elektronengas* ab. Die entstehenden Metallionen bilden ein räumliches Gitter (Metallkristallgitter). Zwischen den Metallionen können sich die abgegebenen Elektronen frei bewegen. Die Anziehung zwischen den Metallionen und den freien Elektronen hält den Kristall zusammen. Die freien Elektronen verursachen die typischen Metalleigenschaften, z.B. elektrische Leitfähigkeit und Undurchsichtigkeit.

W

## Metalle und Legierungen

| Stoff, Symbol | | Dichte $\varrho$ in $\frac{kg}{dm^3}$ | Schmelz-tempe-ratur in °C | Siede-tempe-ratur in °C | Spezif. Wärme-kapazität $c$ in $\frac{kJ}{kg \cdot K}$ (0 °C ... 100 °C) | Längen-aus-dehnungs-koeffizient in $10^{-6}$/K | Spezi-fischer Wider-stand $\varrho_{20}$ in $\frac{\Omega \cdot mm^2}{m}$ | Elek-trische Leit-fähigkeit $\gamma_{20}$ in $\frac{m}{\Omega \cdot mm^2}$ | Tempe-ratur-koeff. $\alpha$ in $\frac{10^{-3}}{K}$ |
|---|---|---|---|---|---|---|---|---|---|
| Aluminium (99,5%) | Al | 2,70 | 658 | 2057 | 0,921 | 23,8 | 0,0278 | 36 | 4,0 |
| Barium | Ba | 3,5 | 701 | 1640 | 0,293 | 19 | 0,4 | 2,5 | 6,5 |
| Blei | Pb | 11,34 | 327,4 | 1740 | 0,130 | 29,4 | 0,208 | 4,8 | 4,22 |
| Chrom | Cr | 7,19 | 1890 | 2500 | 0,452 | 6,6 | 0,130 | 6,7 | 3,0 |
| Eisen (rein) | Fe | 7,87 | 1539 | 2740 | 0,461 | 11,5 | 0,1 | 10 | 6,57 |
| Gold | Au | 19,3 | 1063 | 2970 | 0,130 | 14,2 | 0,022 | 45,7 | 3,98 |
| Cadmium | Cd | 8,64 | 321 | 767 | 0,234 | 29,4 | 0,077 | 13 | 4,2 |
| Kobalt | Co | 8,9 | 1490 | 3168 | 0,419 | 12,6 | 0,062 | 16,1 | 6,6 |
| Kupfer (99,9%) | Cu | 8,9 | 1085 | 2600 | 0,389 | 17,0 | 0,0178 | 56 | 3,9 |
| Lithium | Li | 0,534 | 179 | 1317 | 0,294 | 56 | 0,086 | 11,7 | 4,9 |
| Magnesium | Mg | 1,74 | 650 | 1102 | 1,047 | 26 | 0,044 | 22,7 | 4,1 |
| Mangan | Mn | 7,43 | 1245 | 2150 | 0,502 | 23,0 | 1,85 | 0,54 | 6,3 |
| Molybdän | Mo | 10,2 | 2620 | 4800 | 0,272 | 5,1 | 0,047 | 21 | 4,7 |
| Nickel (99,5%) | Ni | 8,85 | 1452 | 3000 | 0,461 | 13,0 | 0,095 | 10,5 | 5,5 |
| Platin | Pt | 21,5 | 1770 | 4400 | 0,134 | 9,0 | 0,098 | 10,2 | 3,8 |
| Quecksilber | Hg | 13,5 | −38,9 | 357,25 | 0,138 | 182[1] | 0,9406 | 1,063 | 0,9 |
| Silber | Ag | 10,5 | 960 | 2210 | 0,234 | 19,3 | 0,0167 | 60,0 | 4,1 |
| Titan | Ti | 4,54 | 1670 | 3280 | 0,528 | 8,4 | 0,8 | 1,25 | 5,46 |
| Wismut | Bi | 9,8 | 270 | 1477 | 0,126 | 13,5 | 1,07 | 0,94 | 4,5 |
| Wolfram | W | 19,3 | 3370 | 5900 | 0,142 | 4,5 | 0,055 | 10,2 | 4,0 |
| Zink | Zn | 7,14 | 419,5 | 907 | 0,394 | 29,8 | 0,0625 | 16 | 4,2 |
| Zinn | Sn | 7,28 | 231,8 | 2275 | 0,226 | 27 | 0,115 | 8,7 | 4,63 |
| Aldrey | AlMgSi | 2,7 | – | – | – | 23 | 0,0328 | 30,5 | 3,6 |
| Aluchrom | CrAl 20 5 | 7,2 | 1500 | – | 0,461 | 12 | 1,37 | 0,73 | 0,05 |
| Konstantan | CuNi 44 | 8,9 | 1280 | – | 0,410 | 15,2 | 0,49 | 2,04 | 0,04 |
| Manganin | CuMn 12 NiAl | 8,4 | 960 | – | 0,406 | 19,5 | 0,43 | 2,33 | 0,01 |
| Nickelin | CuNi 30 Mn | 8,8 | 1180 | – | 0,398 | 16 | 0,4 | 2,5 | 0,15 |

[1] Raumausdehnung

## Nichtmetalle, fest

| Stoff | Dichte $\varrho$ in $\frac{kg}{dm^3}$ | Schmelz-temp. in °C | Siede-temp. in °C | Spezif. Wärme-kapazität $\frac{kJ}{kg \cdot K}$ | Stoff | Dichte $\varrho$ in $\frac{kg}{dm^3}$ | Schmelz-temp. in °C | Siede-temp. in °C | Spezif. Wärme-kapazität $\frac{kJ}{kg \cdot K}$ |
|---|---|---|---|---|---|---|---|---|---|
| Asphalt | 1,1...1,5 | 80...100 | ≈ 300 | 0,921 | Kochsalz | 2,15 | 802 | 1440 | 0,867 |
| Beton | 1,8...2,4 | – | – | 0,879 | Schwefel | 2,07 | 112,8 | 441,6 | 0,754 |
| Borax | 1,72 | 741 | – | 1,005 | Silicium | 2,33 | 1420 | 2600 | 0,758 |
| Diamant (C) | 3,51 | 3540 | ≈ 4000 | 0,502 | Speckstein | 2,7 | – | – | – |
| Gips | 2,3 | 1200 | – | 1,089 | Ton | 1,8...2,6 | 1500...1700 | – | 0,879 |
| Glas | 2,4...2,7 | ≈ 700 | – | 0,837 | Zement | 0,82...1,9 | – | – | – |
| Kalkstein | 2,6...2,8 | 970 | – | 1,130 | Isolierstoffe | siehe besondere Tabellen | | | |

### Flüssigkeiten

### Gase (Dichte in kg/m³ bei 0 °C und 1013 hPa)

| Stoff | Dichte | Schmelz | Siede | Spezif. | Stoff | Dichte | Schmelz | Siede | Spezif. |
|---|---|---|---|---|---|---|---|---|---|
| Benzin | 0,68...0,75 | −30 | 40...210 | 2,093 | Argon | 1,78 | −190 | −186 | 0,544 |
| Benzol | 0,88 | 5,4 | 80 | 1,674 | Helium | 0,18 | −272 | −269 | 5,234 |
| Kalilauge (21% KOH) | 1,2 | – | – | – | Kohlenstoffmonoxid | 1,25 | −205 | −191 | 1,047 |
| Petroleum | 0,81 | −70 | 150...300 | 2,093 | Kohlenstoffdioxid | 1,98 | – | − 78,5 | 0,879 |
| Salpetersäure (rein) | 1,58 | −41,3 | 86 | 1,717 | Krypton | 3,7 | −157 | −151,7 | 0,251 |
| Salzsäure (25% HCl) | 1,12 | – | – | – | Luft | 1,29 | −220 | −194 | 1,005 |
| Schwefelsäure (konz.) | 1,84 | 10,5 | 338 | 1,382 | Neon | 0,899 | −249 | −246 | 1,025 |
| Spiritus | 0,816 | −90 | 78 | 2,428 | Sauerstoff | 1,43 | −218,5 | −183 | 0,921 |
| Tetrachlorkohlenstoff | 1,595 | −22,8 | 77 | – | Stickstoff | 1,25 | −210 | −196 | 1,047 |
| Trichlorethylen | 1,47 | −86 | 87 | 1,298 | Wasserstoff | 0,09 | −259 | −253 | 14,277 |
| Wasser (rein) | 1,0 (4 °C) | 0 | 100 | 4,187 | Xenon | 5,8 | −111,5 | −108,1 | 0,159 |

**W**

# Stahlnormung  Steel standardization

## Arten der Stähle

**Unlegierte Stähle**
Kein Element darf den Grenzgehalt nach Tabelle G (siehe unten) erreichen.

**Legierte Stähle**
Mindestens ein Element erreicht oder überschreitet den Grenzgehalt nach Tabelle G.

| Grundstähle | Qualitätsstähle | Edelstähle | Qualitätsstähle | Edelstähle |
|---|---|---|---|---|
| SGN 00,90 | SGN 01… 07, 91… 97 | SGN 10… 13, 15… 18 | SGN 08, 09, 98, 99 | SGN 20… 89 |

| z.B. Allg. Baustahl, Feinkornbaustahl | z.B. Federstahl, Vergütungsstahl, Automatenstahl | z.B. Einsatzstahl, unleg. Werkzeugstahl, Federstahl, Kaltarbeitsstahl, Vergütungsstahl | z.B. Nitrierstahl, nichtrostender Stahl, Feinkornbaustahl | z.B. Warmarbeitsstahl, Schnellarbeitsstahl, Einsatzstahl, Federstahl, Vergütungsstahl |

Wärmebehandlung nicht vorgesehen

Wärmebehandlung vorgesehen

Merkmale $R_e$ und $R_m$

Merkmale C-Gehalt und Legierungsanteile

Merkmale C-Gehalt und Legierungsanteile

Verwendungszweck und Bezeichnungsgruppen

Chemische Zusammensetzung und Bezeichnungsgruppen mit Beispielen

Chemische Zusammensetzung und Bezeichnungsgruppen mit Beispielen

- S Stahlbaustähle
- E Maschinenbaustähle
- H Flacherzeugnisse aus höherfesten Stählen
- D Flacherzeugnisse zum Kaltumformen
- P Druckbehälterstähle
- T Verpackungsblech, -band
- L Leitungsrohrstähle
- B Betonstähle
- Y Spannstähle
- M Elektroblech, -band
- R Schienenstähle

Unlegierte Stähle mit einem Mn-Gehalt von < 1%

Unlegierte Stähle mit einem Mn-Gehalt von ≥ 1% Unlegierte Automatenstähle

Legierte Stähle mit einem Legierungselement-Gehalt < 5% (ausgenommen Automatenstähle)

Legierte Stähle mit einem mittleren Gehalt an Legierungselementen > 5%

Schnellarbeitsstähle

| Beispiele: | S185<br>E335 | C15E<br>C45 | 16MnCr 5<br>9SMnPb28 | 31CrMo12<br>42CrMo 4 | X 6Cr13<br>X20Cr13 | HS  6-5-2<br>HS 10-4-3-10 |
|---|---|---|---|---|---|---|

| | Element | Faktor | | |
|---|---|---|---|---|
| N/mm² | C-Gehalt-Kennzahl | Cr, Co, Mn, Ni, Si, W | 4 | Mittlerer Legierungselement-Gehalt in % |
| | | Al, Be, Cu, Mo, Nb, Pb, Ta, Ti, V, Zr | 10 | |
| | | C, Ce, N, P, S | 100 | |
| | | B | 1000 | |

Kennzahl = mittlerer Gehalt x Faktor

Wolfram
Molybdän
Vanadium
Kobalt in %

## Tabelle G: Grenzgehalte für die Einteilung in legierte und unlegierte Stähle

| Element | Al | B | Bi | Co | Cr | Cu | La | Mn | Mo | Nb | Ni | Pb | Se | Si | Te | Ti | V | W | Zr |
|---|---|---|---|---|---|---|---|---|---|---|---|---|---|---|---|---|---|---|---|
| Grenzgehalte in % | 0,10 | 0,0008 | 0,10 | 0,10 | 0,30 | 0,40 | 0,05 | 1,65 | 0,08 | 0,06 | 0,30 | 0,40 | 0,10 | 0,50 | 0,10 | 0,05 | 0,10 | 0,10 | 0,05 |

Als Stahl bezeichnet man Werkstoffe, die hauptsächlich aus Eisen bestehen und weniger als 2 % C enthalten.

| | | | | | | |
|---|---|---|---|---|---|---|
| Al | Aluminium | Ce | Cer | Mn | Mangan | P | Phosphor | Ta | Tantal |
| B | Bor | Co | Kobalt | Mo | Molybdän | Pb | Blei | Ti | Titan |
| Be | Beryllium | Cr | Chrom | N | Stickstoff | S | Schwefel | V | Vanadium |
| Bi | Wismut | Cu | Kupfer | Nb | Niob | Se | Selen | W | Wolfram |
| C | Kohlenstoff | La | Lanthan | Ni | Nickel | Si | Silicium | Zr | Zirkonium |
| $R_e$ | Streckgrenze | $R_m$ | Zugfestigkeit | SGN | Stahlgruppennummer | | | | |

W

# Leitende Werkstoffe der Elektrotechnik (Nichteisenmetalle)
## Conducting materials of electrical engineering (not iron metals)

## NE-Leichtmetall (Dichte < 5 kg/dm³)

**Aluminium für elektrotechnische Zwecke (E-Al)** Dichte $\varrho$ = 2,7 kg/dm³

| Benennung nach DIN EN 573 | Zustand | Reingehalt in % | Elektrische Leitfähigkeit in $\frac{m}{\Omega \cdot mm^2}$ | Spezifischer Widerstand $\varrho_{20}$ in $\frac{\Omega \cdot mm^2}{m}$ | Verwendung |
|---|---|---|---|---|---|
| EN AW-Al 99,5 | Weichgeglühter Draht | 99,5 | 35,4 / 34,8 | 0,02825 / 0,02874 | Freileitungen, Bleche Wicklungsdrähte |
| EN AW-Al 99,3 | Drähte für isolierte Leitungen und Kabel | 99,3 | 34,5 | 0,02899 | isolierte Leitungen und Kabel, Fahrdrähte, Stromschienen, Erder |

## NE-Schwermetall (Dichte ≥ 5 kg/dm³)

**Kupfer für elektrotechnische Zwecke (E-Cu)** Dichte $\varrho$ = 8,96 kg/dm³

| Benennung | Zustand | Drahtdurchmesser in mm | Elektrische Leitfähigkeit in $\frac{m}{\Omega \cdot mm^2}$ | Spezifischer Widerstand $\varrho_{20}$ in $\frac{\Omega \cdot mm^2}{m}$ | Verwendung |
|---|---|---|---|---|---|
| E-Cu F 20 bis E-Cu F 37 | Weichgeglühter, unverzinnter Draht | – | 57 | 0,01754 | Stromschienen, Fahrdrähte, isolierte Leitungen und Kabel, Antennen, Wicklungsdrähte und Freileitungsdrähte |
| | Weichgeglühter, verzinnter Draht | < 0,1 / 0,1...0,3 / ≥ 0,3 | 54 / 55,5 / 56,5 | 0,01852 / 0,01802 / 0,01770 | |
| | Kaltgezogener Draht $R_m$ > 300 N/mm² | < 1 / ≥ 1 | 55 / 56 | 0,01818 / 0,01786 | |

### Sonstige NE-Schwermetalle

| Kurzzeichen | Mindestgehalt in % | Benennung, Eigenschaften, Verwendung | Kurzzeichen | Mindestgehalt in % | Benennung, Eigenschaften, Verwendung |
|---|---|---|---|---|---|
| Zinn (Sn) Dichte $\varrho$ = 7,3 kg/dm³ und Zink (Zn) Dichte $\varrho$ = 7,2 kg/dm³ | | | | | |
| Sn 98,0 Sn 99,0 | 98,0 Sn 99,0 Sn | Verzinnen von Drähten, Barren, Platten oder Stangen | Sn 99,75 Sn 99,9 | 99,75 Sn 99,9 Sn | Lieferart: in Blöcken, Barren, Platten oder Stangen |
| Zn 99,995 Zn 99,99 Zn 99,95 | 99,995 Zn 99,99 Zn 99,95 Zn | Tiefzieh-Messing, Tiefzieh-Neusilber, Verzinkung | Zn 99,5 Zn 98,5 Zn 97,5 | 99,5 Zn 98,5 Zn 97,5 Zn | Hüttenzink für Verzinkung, Zinkbleche und -bänder, Legierungswerkstoff |
| Blei (Pb) Dichte $\varrho$ = 11,3 kg/dm³ | | | | | |
| Pb 98,5 Pb 99,75 | 98,5 Pb 99,75 Pb | Umschmelzblei, Bleilötungen für Legierungen | Pb 99,985 Pb 99,99 | 99,985 Pb 99,99 Pb | Feinblei, für Bleifarben; optische Gläser |
| Pb 99,9 Pb 99,94 | 99,9 Pb 99,94 Pb | Hüttenblei; für Legierungen / Hüttenblei; für Hartblei | Pb 99,9 Cu | 99,9 Pb | Feinblei; für chemische Geräte |

## Werkstoffe für elektrische Widerstände (Widerstandslegierungen)

| Kurzzeichen | Zusammensetzung in % | | | | | | Spezif. Widerstand $\varrho_{20}$ $\frac{\Omega \cdot mm^2}{m}$ | Belastbarkeit bis °C | Temp.-koeffizient $\alpha$ in $\frac{1}{K}$ 20...60 °C | Mittlere Wärmedehnung in $10^{-6}$/K 20...400° | Handelsname, z.B. | Verwendung und Eigenschaften |
|---|---|---|---|---|---|---|---|---|---|---|---|---|
| | Al | Cr | Cu | Fe | Mn | Ni | | | | | | |
| CuMn 12 Ni | – | – | Rest | – | 12 | 2 | 0,43 | 60 | 0,00001 | 19,5 | Manganin | Präzisions-, Mess- und Vorschaltwiderstände (temperaturunabhängig) |
| CuNi20Mn10 | – | – | Rest | – | 10 | 20 | 0,49 | 300 | ±0,00002 | 17,5 | Isabellin | |
| CuNi 44 | – | – | Rest | – | 1 | 44 | 0,49 | 600 | ±0,00004 | 15 | Konstantan | |
| CuMn 2 Al | 0,8 | – | Rest | – | 2 | – | 0,125 | 200 | – | 18 | ISA 13 | Anlass-, Stell- und Belastungswiderstände (temperaturabhängig) |
| CuNi 30 Mn | – | – | Rest | – | 3 | 30 | 0,40 | 500 | – | 16 | Nickelin | |
| CuMn 12 NiAl | 1,2 | – | Rest | – | 12 | 5 | 0,50 | 500 | – | 19 | ISA 50 | |
| NiCr 80 20 | – | 20 | – | – | – | Rest | 1,12 | 1200 | – | 15 | Cronix | Elektr. Öfen, Lötkolben, hochbel. Widerstände |
| NiCr 60 15 | – | 15 | – | 20 | – | Rest | 1,13 | 1150 | – | 15 | Cronifer II | |

**W**

# Magnetisierungskennlinien Magnetization characteristics

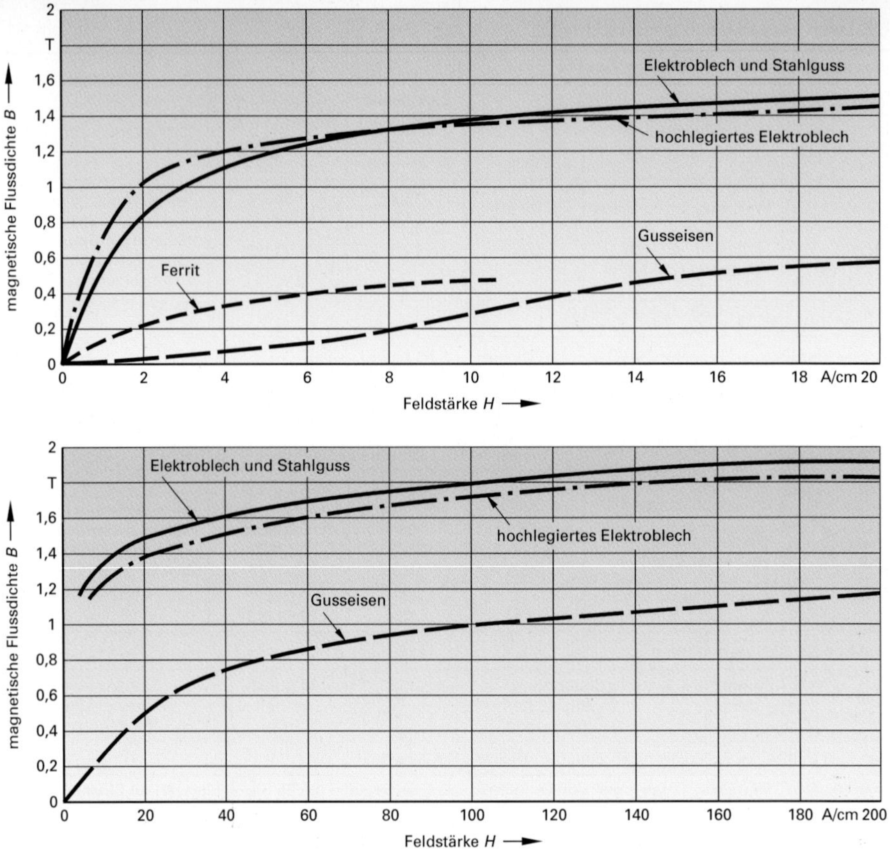

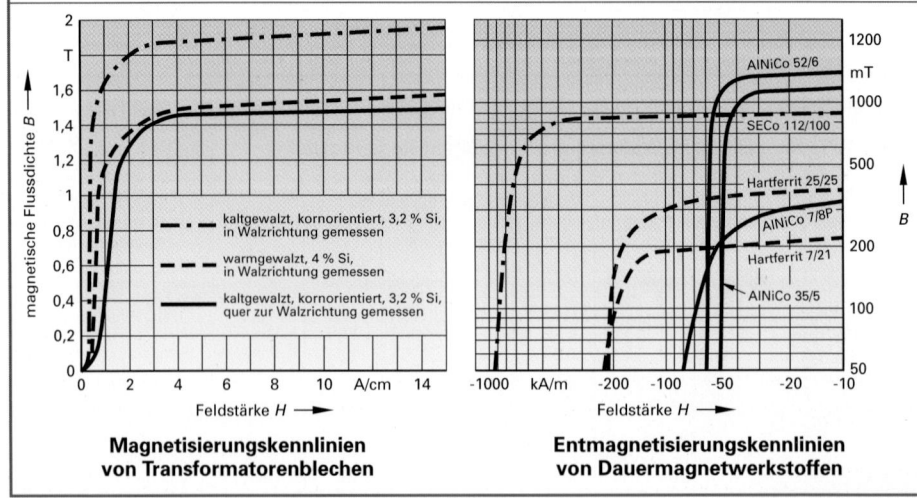

**Magnetisierungskennlinien der wichtigsten ferromagnetischen Werkstoffe**

**Magnetisierungskennlinien
von Transformatorenblechen**

**Entmagnetisierungskennlinien
von Dauermagnetwerkstoffen**

W

## Elektroblech, kaltgewalzt, nicht kornorientiert, schlussgeglüht

| Sorte | Bemes-sungs-dicke | Ummagnetisierungs-verlust P[1] in W/kg bei | | Magnetische Flussdichte in T (Tesla) bei einer Feldstärke $H$ in A/m | | | Biege-zahl | Dichte |
|---|---|---|---|---|---|---|---|---|
| | in mm | 1,5 T | 1,0 T | 2500 | 5000 | 10000 | mind. | in kg/dm³ |
| V 250-35 A | | 2,50 | 1,00 | 1,49 | 1,60 | 1,70 | 2 | 7,60 |
| V 270-35 A | 0,35 | 2,70 | 1,10 | 1,49 | 1,60 | 1,70 | 2 | 7,60 |
| V 300-35 A | | 3,00 | 1,20 | 1,49 | 1,60 | 1,70 | 3 | 7,65 |
| V 330-35 A | | 3,30 | 1,30 | 1,49 | 1,60 | 1,70 | 3 | 7,65 |
| V 310-50 A | | 3,10 | 1,25 | 1,49 | 1,60 | 1,70 | 3 | 7,60 |
| V 350-50 A | | 3,50 | 1,50 | 1,50 | 1,60 | 1,70 | 5 | 7,65 |
| V 400-50 A | 0,50 | 4,00 | 1,70 | 1,51 | 1,61 | 1,71 | 5 | 7,65 |
| V 470-50 A | | 4,70 | 2,00 | 1,52 | 1,62 | 1,72 | 10 | 7,70 |
| V 700-50 A | | 7,00 | 3,00 | 1,58 | 1,68 | 1,76 | 10 | 7,60 |

[1] Ummagnetisierungsverlust P 1,5 bzw. 1,0 ist die bei einer Wechselfeldmagnetisierung von 50 Hz auftretende Verlustleistung in W/kg bei Raumtemperaturen 18 °C bis 28 °C.

## Magnetische Werkstoffe für Übertrager (Übertragerbleche)

| Blech-sorte | Zusammen-setzung | Dichte in kg/dm³ | Spezif. Widerst. $\frac{\Omega \cdot mm^2}{m}$ | Koerzitiv-feld-stärke in A/cm | Flussd. bei Sät-tigung in T | Curie-Temp.[1] in °C | Permeabilität $\mu_{16}$[2] bzw. $\mu_4$ | Handels-namen | Verwendung |
|---|---|---|---|---|---|---|---|---|---|
| A 0 | Stahl mit 2,5% bis 4,5% Si | 7,7 | 0,40 | 1 | 2,03 | 750 | 400...450 | Trafoperm (VAC) Hyperm 4 (Krupp) | Übertrager, Relais, Ringkerne, Messwandler, Fehlerstrom-schalter |
| A 2 | | 7,63 | 0,55 | 0,6 | 2,0 | 750 | 700...850 | | |
| A 3 | | 7,57 | 0,68 | 0,35 | 1,92 | 750 | 500...850 | | |
| C 2 | Stahl mit 3,5% bis 4,5% Si | 7,55 | 0,5 | 0,3 | 2,0 | 750 | 550...1300 | | |
| C 5 | | 7,65 | 0,45 | 0,15 | 2,0 | 750 | – | | |
| D 1 | Stahl mit 36% bis 40% Ni | 8,15 | 0,75 | 0,6 | 1,3 | 250 | 1500...2100 | Permenorm (VAC) | Relaisteile und Polschuhe |
| D 1a | | 8,15 | 0,75 | 0,5 | 1,3 | 250 | 900...2400 | | |
| D 3 | | 8,15 | 0,75 | 0,15 | 1,3 | 250 | 1000...2900 | | |
| F 3 | Ni-Fe-Legierung mit ≈ 50% Ni | 8,25 | 0,45 | 0,1 | 1,5 | 470 | $\mu_4 =$ 1200...4000 | Permenorm (VAC) Hyperm 50 (Krupp) | Magnet-verstärker, Zähl- und Speicherkerne |
| E 3 | Ni-Fe-Legierung mit ≈ 75% Ni und weiteren Zusätzen (Mn, Si, Mo, Cu, Cr) | 8,6 | 0,50 | 0,02 | 0,75 | 400 | $\mu_4 =$ 2500...20000 | Mumetall, Permalloy (VAC) | NF- und HF-Übertrager, Filter, Drosseln, magnetische Abschirmungen |
| E 4 | | 8,7 | 0,55 | 0,01 | 0,70 | 270 bis 400 | $\mu_4 =$ 4000...40000 | Hyperm 766 (Krupp) | |

[1] Bei der Curie-Temperatur (Curiepunkt) findet eine sprunghafte Entmagnetisierung statt.

[2] $\mu_{16}$ bzw. $\mu_4$ bedeutet, dass die Permeabilitätswerte bei der Feldstärke 0,016 $\frac{A}{cm}$ bzw. 0,004 $\frac{A}{cm}$ ermittelt wurden.

## Dauermagnetwerkstoffe

| Werkstoff | Chemische Zusammensetzung in Masse-%, Rest Fe | | | | | $(B \cdot H)_{max}$-Wert in kJ/m³ | Remanenz-flussdichte in mT | Koerzitiv-feldstärke in kA/m | Permea-bilitätszahl $\mu_r$ | Dichte in kg/dm³ |
|---|---|---|---|---|---|---|---|---|---|---|
| | Al | Co | Cu | Ni | Ti | | | | | |
| AlNiCo 9/5 | 11...13 | bis 5 | 2...4 | 21...28 | bis 1 | 9 | 550 | 47 | 4...5 | 6,8 |
| AlNiCo 10/9 | 6...8 | 24...34 | 3...6 | 13...19 | 5...9 | 18 | 600 | 86 | 3...4 | 7,2 |
| AlNiCo 52/6 | 8...9 | 23...26 | 3...4 | 13...16 | – | 52 | 1250 | 56 | 1,5...3 | 7,2 |
| AlNiCo 35/5 | 8...9 | 23...26 | 3...4 | 13...16 | – | 35 | 1120 | 48 | 3...4,5 | 7,2 |
| AlNiCo 7/8p | 6...8 | 24...34 | 3...6 | 13...19 | 5...9 | 7,9 | 340 | 84 | 2...3 | 5,5 |
| PtCo 60/40 | 77...78 Pt | | 22...23 Cu | | | 60 | 600 | 400 | 1,1 | 15,6 |
| FeCoVCr 4/1 | 51...54 Co 3...15 V bis 6 Cr Rest Fe | | | | | 4,0 | 1000 | 5 | 9...25 | 8,2 |
| SECo 112/110 | Seltenerdmetall-Kobalt-Legierung | | | | | 112 | 750 | 1000 | 1,1 | 8,1 |
| Hartferrit 7/21 | Zusammensetzung: MeO · x · Fe₂O₃ mit Me = Ba, Sr, Pb mit x = 4,5...6,5 | | | | | 6,5 | 190 | 210 | 1,2 | 4,9 |
| Hartferrit 25/25 | | | | | | 25 | 370 | 250 | 1,1 | 4,8 |
| Hartferrit 9/19p | | | | | | 9,0 | 220 | 190 | 1,1 | 3,4 |

**W**

# Lote, Thermobimetalle, Kohlebürsten  Solders, thermal bimetals, carbon brushes

## Bleifreie Weichlote für Schwermetalle (Biolote)

| Kurzzeichen | Zusammensetzung in % | Schmelz-temperatur in °C | Verwendung |
|---|---|---|---|
| S-Sn42Bi58 | 42Sn58Bi | 138 | für temperaturempfindliche Bauteile |
| S-Sn95,5Ag4Cu0,5 | 95,5Sn4Ag0,5Cu | 217 | Elektrogeräte, Elektronik |
| S-Sn96Ag4 | 96Sn4Ag | 221 | Elektronik, Feinwerktechnik, Automobilbereich |
| S-Sn95Sb5 | 95Sn5Sb | 240 | Elektrogerätebau, Feinwerktechnik |
| S-Sn97Cu3 | 97Sn3Cu | 250 | Heizungs-, Kältetechnik, Feinmechanik |

## Hartlote für Schwermetalle

| Kurzzeichen | Zusammensetzung in % | Arbeits-temperatur in °C | Verwendung |
|---|---|---|---|
| B-Ag44CuZn-675/735 | 44Ag30Cu26Zn | 730 | St, Cu, Cu-Leg., Ni, Ni-Leg. für dynamische Betriebsbelastungen |
| B-Ag50CdZnCu-620/640 | 50Ag19Cd15Cu16Zn | 630 | Cu-Legierungen, Edelstähle, Edelmetalle |
| B-Ag40ZnCdCu-595/630 | 40Ag20Cd19Cu21Zn | 610 | St., gehärteter St., Cu, Cu-Leg., Ni, Ni-Leg. |
| B-Ag72Cu-780 | 72Ag28Cu | 780 | Schutzgaslötungen: Cu, Cu-Leg., Ni, Ni-Leg. |
| B-Ag49ZnCuMnNi-680/705 | 49Ag16Cu23Zn7,5Mn;4,5Ni | 690 | Hartmetalle und schwer benetzbare Stoffe. |

## Thermobimetalle

| Kurz-zeichen | Bestandteile | Spezifische Ausbiegung $\alpha$ in $10^{-6}/K \pm 5\%$ | Anwen-dungs-grenze in °C | Spezifischer Widerstand $\varrho_{20}$ bei 20 °C in $\mu\Omega \cdot m \pm 5\%$ | Dichte $\varrho$ bei 20 °C in kg/dm$^3$ | Verwendung |
|---|---|---|---|---|---|---|
| TB 20110[1] | MnCuNi | 20,8 | 350 | 1,10 | 7,8 | |
| TB 1577 | NiMn 20 6 | 15,5 | 450 | 0,78 | 8,1 | |
| TB 1577 | X 60 NiMn 14 7 | | | | | |
| TB 1170 | NiMn 20 6 | 11,7 | 450 | 0,70 | 8,1 | Temperaturregler, Blinkschalter, Überstromschalter, Zündhilfen für Leuchtstofflampen, Brandmelder, Thermometer, thermische Auslöser. |
| TB 1170 | X 60 NiMn 14 7 | | | | | |
| TB 1075 | NiCr 16 11 | 10,8 | 550 | 0,75 | 8,0 | |
| TB 0965 | NiMn 20 6 | 9,0 | 450 | 0,65 | 8,2 | |
| TB 1555 | NiMn 20 6 | 15,0 | 450 | 0,55 | 8,2 | |
| TB 1435 | NiMn 20 6 | 14,8 | 450 | 0,35 | 8,3 | |
| TB 1425 | NiMn 20 6 | 14,0 | 450 | 0,25 | 8,3 | |

[1] **TB 20110**: Bezeichnung eines Thermobimetalls mit der spezifischen Ausbiegung $\alpha = 20,0 \cdot 10^{-6}/K$ und dem spezifischen Widerstand $\varrho$ von 1,10 $\mu\Omega \cdot m$ bei 20 °C.

## Kohlebürsten

| Sorte | Zulässige Stromdichte $J$ in A/cm$^2$ | Spez. Wider-stand $\varrho_{20}$ bei 20 °C in $\frac{\Omega \cdot mm^2}{m}$ | Maximale Umfangsge-schwindig-keit $v$ in m/s | Verwendungsbeispiele |
|---|---|---|---|---|
| Harte Kohlen | 8 | 40... 60 | 15...30 | Kleinmotoren, Universalmotoren für Haushalts-geräte, elektrische Handbohrmaschinen. |
| Graphitkohlen | 12 | 10...100 | 20...50 | Ortsfeste Maschinen bis 100 kW, Maschinen mit Stahlschleifringen. |
| Edelkohlen (Elektro-graphitkohlen) | 12 | 15... 50 | 40...60 (bis 90) | Bahnmotoren, Schweißmaschinen, Schaltkon-takte, für Maschinen mit Kupfer-, Messing- und Bronzeschleifringen. |
| Metallhaltige Kohlen (Bronzekohlen) | 25 | 0,1...5 | 20...40 | Kleinstmotoren, Fahrzeuglichtmaschinen, Schei-benwischermotoren, Maschinen mit Schleifringen aus Kupfer, Messing oder Bronze bei $J > 10$ A/cm$^2$. |

W

## Kontaktwerkstoffe

| Werkstoff | Leitfähig-keit $\gamma_{20}$ in $\dfrac{m}{\Omega \cdot mm^2}$ | Schmelz-temp. in °C | Dichte $\varrho$ in $kg/dm^3$ | Eigenschaften, Zusammensetzung | Verwendung |
|---|---|---|---|---|---|
| Kupfer (E-Cu) | 56 | 1085 | 8,9 | Durch Lichtbogen entsteht eine schlecht leitende Oxidschicht; billig | Kontaktstücke für Walzenschalter |
| Silber (Feinsilber) | 60 | 960 | 10,5 | Leitende Oxidschicht, nicht schwefelbeständig, geringe Härte, geringer Übergangswiderstand | Für Kontakte allgemein, z.B. in Schützen und Relais |
| Gold (Feingold) | 45,7 | 1063 | 19,3 | Chemisch beständig, weich, Kontakte kleben leicht | Kontaktstücke der Fernmeldetechnik |
| Wolfram | 18,2 | 3370 | 19 | Hoher Schmelzpunkt, geringer Abbrand, sehr hart, verschleißfest | Unterbrecherkontaktstücke, Zerhacker, Reglerkontaktst. |
| Quecksilber | 1,04 | –38,9 | 13,5 | Wartungsfrei, chemisch beständig, hohe Lebensdauer, giftig | Explosionssichere Schalt-geräte, Hg-Schaltröhren |
| Kohle | 0,03...12 | – | 1,6...5,4 | Verschweißt nicht, keine Oxidschicht, selbstschmierend, verwendbar bis 400 °C | Kohlebürsten, Schleifstücke, Druckkontakte, Strom-abnehmer |
| Silberbronze | 30...50 | 700...1100 | 8,9...9,2 | Gute Federeigenschaften 1...7% Ag; 0,2% Cd; Rest Cu | Stromführende Federn, Kon-taktmesser, Schweißelektrode |
| Hartsilber | 52...56 | 920 | 10,4 | Lichtbogenfest, hart 3...4% Cu; Rest Ag | Schütz- und Relaiskontakt-stücke, Kontaktbimetall |
| Silber-Cadmium | 16 | 880 | 10,1 | Cd wirkt lichtbogenlöschend 5...20% Cd; Rest Ag | Gleichstromkontaktstücke, Lichtschalter, Thermostate |

## Freileitungswerkstoffe

| Werkstoff | Cu | Al | Aldrey (E-AlMgSi) | Al/St 1,4 | Al/St 1,7 | Al/St 4,3 | Al/St 6 | Al/St 7,7 | Al/St 11,3 | |
|---|---|---|---|---|---|---|---|---|---|---|
| Mindestquer-schnitt in $mm^2$ | 10 | 16 | 16 | 16/2,5 | | | | | | Die Zahlen bei den Angaben Al/St 1,4 ...Al/St 11,3 geben das Verhältnis des Aluminiumquer-schnitts zum Stahl-querschnitt an. |
| Dichte in $kg/dm^3$ | 8,9 | 2,7 | 2,7 | 4,91 | 4,66 | 3,75 | 3,5 | 3,36 | 3,2 | |
| Zulässige Zugspannung $\sigma_{z\,zul}$ in $N/mm^2$ | 190 | 80 | 120 | 200 | 190 | 115 | 110 | 100 | – | |
| Längenausdeh-nungskoeffi-zient $\alpha$ in $10^{-6}/K$ | 17 | 23 | 23 | 15 | 15,3 | 17,8 | 19 | 19,4 | 20,9 | |
| Leitfähigkeit $\gamma_{20}$ in $\dfrac{m}{\Omega \cdot mm^2}$ | 56 | 35,38 | 30,5 | Für den Aluminiumanteil mindestens 35,4 | | | | | | |

## Aluminium-Stahl-Seile

| Bem.-quer-schnitt Al/St $mm^2$ | Quer-schnitts-verhältnis Al/St ≈ | Seil-∅ in mm | Aluminium-Anteil Draht-zahl | Aluminium-Anteil ∅ in mm | Stahl-Anteil Draht-zahl | Stahl-Anteil ∅ in mm | Masse in kg/1000 m ≈ | Bruchlast in kN | Dauer-belast-barkeit[1] in A |
|---|---|---|---|---|---|---|---|---|---|
| 25/4 | 6 | 6,8 | 6 | 2,25 | 1 | 2,25 | 97 | 9,02 | 140 |
| 35/6 | 6 | 8,1 | 6 | 2,7 | 1 | 2,7 | 140 | 12,70 | 170 |
| 50/8 | 6 | 9,6 | 6 | 3,2 | 1 | 3,2 | 196 | 17,18 | 210 |
| 70/12 | 6 | 11,7 | 26 | 1,85 | 7 | 1,44 | 284 | 26,31 | 290 |
| 95/15 | 6 | 13,6 | 26 | 2,15 | 7 | 1,67 | 383 | 35,17 | 350 |
| 105/75 | 1,4 | 17,5 | 14 | 3,1 | 19 | 2,25 | 899 | 106,69 | – |
| 120/20 | 6 | 15,5 | 26 | 2,44 | 7 | 1,9 | 494 | 44,94 | 410 |
| 185/30 | 6 | 19 | 26 | 3,0 | 7 | 2,33 | 744 | 66,28 | 535 |
| 1045/45 | 23,1 | 43,0 | 72 | 4,3 | 7 | 2,87 | 3249 | 217,87 | 1580 |

[1] Die Werte gelten für eine Windgeschwindigkeit von 0,6 m/s und Sonneneinwirkung bei einer Ausgangstempe-ratur von 35 °C und einer Seil-Endtemperatur von 80 °C.

**W**

## Einteilung nach Herkunft

| Isolierstoffart | Natürliche Stoffe | Abgewandelte Stoffe | Synthetische Stoffe |
|---|---|---|---|
| Anorganische Isolierstoffe | Glimmer, Marmor, Speckstein; Gase zur Isolation, z.B. Luft | Glas, keramische Stoffe, z.B. Porzellan, Ton, Schamotte, Steatit (gebrannter Speckstein) | Synthetischer Glimmer, Titandioxid, Bariumtitanat |
| Organische Isolierstoffe | Faserstoffe, z.B. Baumwolle, Zellstoff, Seide; Naturharze; Fette, Öle, Mineralöle | Zellulose, Celluloid, Cellulosetriester, Celluloseester, Papier, Pressspan, Vulkanfiber, Gummi, Kunsthorn | Thermoplaste (Plastomere), Duroplaste (Duromere), Elastomere; Silikone |

## Einteilung nach Anordnung der Moleküle

| Thermoplaste | | Duroplaste | Elastomere |
|---|---|---|---|
| Fadenmoleküle wie in einem Wattebausch verfilzt. In der Kälte hart und spröd. Bei höherer Temperatur mehrfach umformbar und schweißbar. In geeigneten Flüssigkeiten lösbar. Oberhalb der Zersetzungstemperatur wird der Werkstoff zerstört. | Unverzweigte Fadenmoleküle mit dazwischen liegenden kristallinen Bereichen. Kristallisation durch Recken in Vorzugsrichtung gefördert. Chemische Beständigkeit, Elastizität, Härte und Zugfestigkeit verstärkt. | Makromoleküle, die vielfach räumlich vernetzt sind. Moleküle nur zwischen den Querverbindungen verschiebbar (hohe Rückstellkräfte). Duroplaste erweichen nicht durch Erwärmen. Sie sind nicht schweißbar und nicht löslich. | Ungeordnete Fadenmoleküle, die weitmaschiger und weniger vernetzt sind als die Duroplaste. Gummi-elastisches Verhalten in weitem Temperaturbereich. Thermisch nicht umformbar, in bestimmten Lösungsmitteln quellend. |

## Glimmer und Glimmererzeugnisse

| Spaltglimmer | Feinglimmer | Mikanit | Mikafolium |
|---|---|---|---|
| Aus Blockglimmer durch Spalten parallel zu den Schichtebenen hergestellt. | Chemisch oder physikalisch in elastische und biegsame Schuppen unterteilt. | Spaltglimmer, der durch ein Bindemittel, z.B. Kunstharz, Silikon oder Epoxidharz, zusammengehalten wird. | Dünner Träger, auf den Feinglimmerfolie einlagig oder zweilagig geklebt ist. |

## Lebensdauer von Isolierstoffen

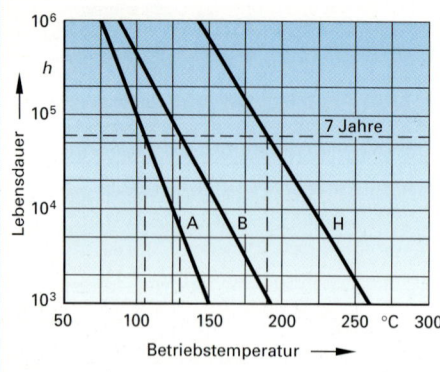

Die Lebensdauer eines Isolierstoffes hängt von seiner Betriebstemperatur ab.

Die Lebensdauer verringert sich, wenn die Temperatur zunimmt: Bei Isolierstoffen der Temperaturbeständigkeitsklasse A halbiert sich die Lebensdauer bei einer Temperaturzunahme von 8 K, bei Klasse B von 10 K und für Klasse H von 12 K.

**Beispiel:**
Hat ein Isolierstoff der Beständigkeitsklasse B bei 100 °C noch eine Lebensdauer von $4,2 \cdot 10^5$ h (= 48 Jahre), beträgt sie bei 110 °C noch 24 Jahre und bei 120 °C sogar nur 12 Jahre.

Die höchstzulässige Temperatur (Grenztemperatur) eines Isolierstoffs bestimmt die Isolierstoffklasse. Dem nebenstehenden Diagramm liegt die Annahme zugrunde, dass der Isolierstoff bei seiner Grenztemperatur betrieben eine Lebensdauer von 7 Jahren besitzt. Eine höhere bzw. niedrigere Lebensdauer verschiebt die Schaulinien nach oben bzw. nach unten.

W

# Isolierstoffe 2 — Insulants 2

| Werkstoff | Dichte $\varrho$ in kg/dm³ | Festigkeit | | Durchschlagfestigkeit $E_d$ in kV/mm | Permittivitätszahl $\varepsilon_r$ | Spez. Widerstand $\varrho_{20}$ in $\Omega \cdot$ cm | Verlustfaktor tan $\delta$ in $10^{-4}$ | | Wärmeleitfähigkeit $\lambda_{20}$ in $\dfrac{kJ}{m \cdot h \cdot K}$ |
|---|---|---|---|---|---|---|---|---|---|
| | | Zug in N/mm² | Druck in N/mm² | | | | bei 50 Hz | bei 1 MHz | |
| **Gase bei Normtemperatur und Normdruck, Flüssigkeiten** | | | | | | | | | |
| Luft | 1,293 ⎫ kg/m³ | – | – | 2,1 | 1 | – | – | – | 0,092 |
| Stickstoff | 1,25 | – | – | 2,3 | 1 | – | – | – | 0,084 |
| Wasserstoff | 0,09 | – | – | 1,3 | 1 | – | – | – | 0,703 |
| Argon | 1,78 ⎭ | – | – | – | 1 | – | – | – | 0,067 |
| Wasser (4 °C, rein) | 1,0 | – | – | – | 80 | – | – | – | 2,093 |
| Isolieröl (Mineralöl) | 0,87 | – | – | 20 | 2...2,4 | $10^{13}$ | 50 | – | 0,544 |
| Silikonöl | 0,94 | – | – | – | – | – | – | – | 0,795 |
| **Feste Isolierstoffe** | | | | | | | | | |
| **Schichtstoffe** | | | | | | | | | |
| Pressspan | 1,2...1,4 | 70 | – | 10...13 | 2,5...4 | – | – | – | – |
| Lackpapier | 1,5 | – | – | 5...10 | 3...6 | – | 100 | – | – |
| Hartpapier ⎫ mit Phenolharz | 1,4 | 70...100 | 100...140 | 20...30 | 4...8 | $10^{10}$ | 1000 | 700 | 1,005 |
| Hartgewebe ⎭ | 1,35 | 70...100 | bis 200 | 6,5 | 4...8 | $10^{8}$ | 3000 | – | 1,214 |
| Lackglasseide | 1,4 | 150 | 180 | – | – | $10^{12}$ | – | – | – |
| Silikonglasseide | 1,5 | 50 | 200 | 30 | – | $10^{11}$ | 100 | – | – |
| **Glimmererzeugnisse** | | | | | | | | | |
| Naturglimmer | 2,5...3,2 | 300 | – | 30...70 | 6...8 | $10^{17}$ | 2...15 | 1...3 | 2,428 |
| Mikanit | 2...2,6 | – | – | 20...30 | 5 | – | 100 | – | – |
| Mikafolium | 2 | – | – | 30 | 4 | – | – | – | – |
| Samikafolium | 2 | – | – | 25 | 4,2 | – | – | – | 1,005 |
| Mykalex | 2,8...3,3 | 30...60 | 120...400 | 16 | 8 | $10^{10}$ | – | 10...18 | – |
| Synthetischer Glimmer | 3 | 300 | – | 20 | 6,3 | $10^{14}$ | – | – | 1,256 |
| **Zellulosekunststoffe** | | | | | | | | | |
| Zelluloseacetat | 1,2...1,3 | 40 | 50 | 15 | 4...7 | $10^{11}$ | 300 | 600 | 0,921 |
| Zelluloseacetobutyrat | 1,2 | 43 | 60 | 20 | 3,5 | $10^{13}$ | 100 | 170 | 0,754 |
| **Duroplaste** | | | | | | | | | |
| Phenolharz (PF) | 1,25 | 50 | 300 | 20 | 5 | $10^{12}$ | 3000 | 300 | 0,712 |
| Melaminharz (MF) | 1,5 | 60 | – | 10...15 | 6...10 | – | – | – | – |
| Pressmassen mit anorganischer Füllung | 1,3...1,4 | – | – | 5...20 | 6 | – | – | – | – |
| Polyesterharz (UP) | 1,3 | 40 | – | 10...15 | 3 | $10^{11}$ | 300 | – | 0,879 |
| Epoxidharz (EP) | 1,1...1,4 | 70 | 120 | 35 | 3,7...4,2 | $10^{16}$ | 70 | – | – |
| **Thermoplaste** | | | | | | | | | |
| Polycarbonat (PC) | 1,2 | 60 | 80 | 20 | 2,8 | $10^{15}$ | 10 | 100 | 0,712 |
| Polyisobutylen (PIB) | 0,93 | 20...60 | – | 23 | 2,2 | $10^{15}$ | 4 | 4 | – |
| Weitere Thermoplaste siehe Seite „Kunststoffe als Isolierstoffe" | | | | | | | | | |
| **Fluorkunststoffe** | | | | | | | | | |
| Polytetrafluorethylen (PTFE) | 2,1 | 25 | 15 | 20...40 | 2 | $10^{18}$ | 5 | 5 | 0,879 |
| **Silikone (SI)** | | | | | | | | | |
| Silikonharz | 1,65 | 90 | 150 | 20...70 | 3 | $10^{15}$ | 5...10 | – | – |
| Silikonkautschuk | 1,2...2,3 | 30 | – | 20...30 | 2,5 | $10^{14}$ | 200 | – | – |
| **Kautschuk** | | | | | | | | | |
| Naturkautschuk (weich) | 1,1 | 25 | – | 25 | 2,5 | bis $10^{16}$ | 20 | 120 | 0,628 |
| Synthetischer Kautschuk | 1,2 | 25 | – | 25 | 2,4 | $10^{14}$ | 60 | 120 | – |
| **Glas und Keramik** | | | | | | | | | |
| Hartglas | 2,5...3,8 | 100 | 900 | 10...40 | 4..8 | $10^{13}$ | 10...40 | 46 | 3,768 |
| Quarzglas | 2,1...2,5 | 20 | 250 | 35...40 | 4 | $10^{18}$ | 5 | – | 35,588 |
| Porzellan | 2,3...2,6 | 30...50 | 400...500 | 35 | 5...6 | $10^{12}$ | 200 | 60...120 | 3,349 |
| Steatit Typ 221 | 2,7 | 60...90 | 1000 | 30...45 | 6 | $10^{12}$ | 10...15 | 3...5 | 5,862 |
| Rutil Typ 311 | 3,7 | – | 30...90 | 10...20 | 40...60 | $10^{12}$ | 3...20 | 3...20 | – |
| Bariumtitanat Typ 350 | 5 | – | – | 3...50 | bis 3000 | – | – | 25...250 | – |
| Korund Typ 710 | 3,8 | – | bis 3000 | – | 9 | – | – | – | 43,961 |

**W**

# Kunststoffe als Isolierstoffe  Synthetic materials as insulants

| Kunststoff | Kurz-zeichen | Eigenschaften | | | | Anwendung, besondere Eigenschaften | Handels-namen (Beispiele) |
|---|---|---|---|---|---|---|---|
| | | $\varrho$ in g/cm$^3$ | $\vartheta_{max}$ in °C | $\varrho$ in $\Omega \cdot$ cm | $E_d$ in kV/mm | | |
| **Thermoplaste** | | | | | | | |
| Acrylnitril-Butadien-Styrol | ABS | 1,03 ...0,17 | 85 ...105 | 10$^{15}$ | 20...50 | Batteriekästen, Gehäuse, Geräteteile. Schlagzäh, kratzfest. | Novodur, Perluran |
| Celluloseacetat | CA | 1,26 | 70...95 | 10$^{14}$ | 30...40 | Gehäuse für elektrische Geräte, Filme, Brillengestelle. Ölbeständig, transparent, zäh. | Cellidor, Tenite, Cellon |
| Polyamid 12 | PA 12 | 1,02 | 140...150 | 10$^{14}$ | 50...60 | Präzisionsteile der Elektrotechnik, Lebensmittelfolien. | Durethan, Ultramid |
| Polyethylen Weich-PE | PE, LDPE[1] | 0,92 ...0,96 | 90...110 | 10$^{17}$ | 70...100 | Flaschen. Wenig witterungsbeständig. | Baylon, Hostalen, Trolen |
| Hart-PE | HDPE[2] | | | | | Wannen, Körbe, Eimer, Rohre. | Vestolen A |
| Vernetztes PE | VPE | | | | | Kabelisolierung und Kabelmäntel bis 380 kV | Polythene, Trofil |
| Polyethylen-terephthalat | PETP | 1,37 | 160 | 10$^{14}$ | 50...100 | Aderisolierung, Zahnräder, Gehäuse, Rohre. Hart, abriebfest. | Vestolur A, Trevira |
| Polybutylen-terephthalat | PBTP | 1,3 | | | | | Vestolur B |
| Polycarbonat | PC | 1,2 | 140 | 10$^{16}$ | 30...50 | Steckerleisten, Gehäuse, Helme. Hart, zäh, maßhaltig, steif. | Makrolon, Lexan |
| Polyoxymethylen (Acetalharz) | POM | 1,41 | 110...140 | 10$^{15}$ | 50...70 | Armaturen, Schaltrelais, Zahnräder. Maßhaltig, abriebfest. | Hostaform, Dynal, Delrin |
| Polymethyl-methacrylat | PMMA | 1,18 | 85...100 | 10$^{17}$ | 40 | Leuchtenabdeckungen, Faserleiter, Linsen. Glasklar, spröde. | Plexiglas, Vedril |
| Polypropylen | PP | 0,9 | 130...140 | 10$^{17}$ | 70...90 | Batteriekästen, Haushaltsgeräte. Harte Oberfläche. | Hostalen, Novolen |
| Polystyrol | PS | 1,05 | 75...90 | 10$^{17}$ | 50 | Spulenkörper, Isolierfolien. Sehr gute elektrische Eigenschaften. | Styroflex, Vestyron |
| Polyurethan | PUR (PU) | 1,1...1,25 | 80 | 10$^{14}$ | 27 | Hartschaumstoffe | Derethan U |
| Polyvinylchlorid | PVC hart | 1,35...1,4 | 70...80 | 10$^{16}$ | 20...50 | Elektroinstallationsrohre. Chemikalienbeständig. | Rhenalon, Hostalit |
| | PVC weich | 1,2...1,3 | 60...70 | 10$^{10}$...10$^1$$^5$ | 20...35 | Drahtisolation, Fußbodenbelag. Geringe chemische Beständigkeit. | Acella, Pegulan |
| Styrol-Butadien | SB | 1,04 | 75...85 | 10$^{16}$ | 40...100 | Installationsmaterial, Gehäuse. UV-Strahlungsempfindlich. | Vestyron, Hostyren |
| **Duroplaste** | | | | | | | |
| Epoxidharze | EP | 1,1...1,4 | 180 | 10$^{14}$ | 35 | Präzisionsteile, Zweikomponentenkleber. | Araldit, Terokal |
| Phenol-Formaldehyd | PF | 1,25 | 140...200 | 10$^8$...10$^{12}$ | 20 | Elektrische Kleinteile. Dunkelt nach, spröde. | Bakelite, Trolitan |
| Polyester, ungesättigt | UP | 1,3 | 170 | 10$^{12}$ | 10...15 | Schalter, Karosserieteile. Sehr fest, licht- und farbecht. | Vestopal, Bakelite |

$E_d$ Durchschlagfeldstärke, $\vartheta_{max}$ höchstzulässige Temperatur, $\varrho$ 1. Dichte oder  2. spezifischer elektrischer Widerstand, hier bezogen auf einen Würfel mit der Kantenlänge 1 cm.
[1] LD von Low Density = niedrige Dichte,   [2] HD von High Density = hohe Dichte.

W

## Weitere Isolierstoffe  Other insulants

| Isolierstoff-gruppe | Werkstoff, Beispiel | Aufbau, Rohstoffe, besondere Eigenschaften | Anwendungen |
|---|---|---|---|
| **Feste Isolierstoffe** | | | |
| Keramik (Sammelbegriff für gebrannte Tonwaren) | Porzellan | Aluminiumsilikat aus Kaolin, Feldspat und Quarz. Hart, spröde, bruchfest. | Hoch- und Niederspannungs-isolatoren. |
| | Steatit | Magnesiumsilikat aus gebranntem Talk oder Speckstein. | Kondensatoren, Glühlampen-fassungssockel. |
| | Speckstein | Nicht vollständig gesintert, spanabhebend bearbeitbar, nimmt Feuchtigkeit auf. | In der Hochvakuumtechnik, da leicht entgasbar. |
| Gummi | Weichgummi, Hartgummi | Kautschuk mit Schwefel und Ruß gemischt, auf 120 °C bis 180 °C erhitzt (vulkanisiert). | Isolationsmaterial für beweg-liche Leitungen, Dichtungen, Akkumulatorengehäuse. |
| Silikone | Silikongummi, Silikonlack, Silikonharz | Silicium-organische Verbindungen werden destilliert und polykondensiert. Für feuchte Atmosphäre geeignet. | Wärmebeständige, flamm-widrige Isolationen, Wicklungs-isolation, Tränklacke, Tränkharze für Leiter, Spulen, Wicklungen. |
| Glimmer | Muskovit, Paragonit, Mikanit | Mineral in Form von Platten, durchsichtig, nicht hygroskopisch. | Isolation von Hochspannung und Wärmegeräten, Konden-satoren, Schutzbrillen, Hochtemperaturschmiermittel. |
| Gießharze | Epoxidharz (EP), Innmere Kunst-harze, Polyurethan (PUR) | Gussteile werden aus Gießharzen aus zwei Komponenten bei Raumtemperatur vergossen (Kalthärter) oder zum Aus-härten erwärmt (Warmhärter). Als Füllstoffe werden Glasfasern, Kohlefasern, Mineralien oder Glasseide verwendet. Brennbar. | Vergussmasse von Transfor-matoren, Trägermaterial für gedruckte Platinen im UHF-Bereich, Vergussmasse von Muffen für Kabel und Abdich-tungen. |
| Vergussmassen | Polyester, ungesättigt | Polyethylenterephthalat, maßhaltig, farb- und lichtecht, fest. | Schalter, Sturzhelme. |
| Zellulose-produkte | Papier | Lösen von Lignin und Harzen aus Holzschliff ergibt Zellstoff zur Herstellung von Papier und Pressspan. | Kondensatorpapier, Kabel-papier, Lackpapier. Pressspan als Nutisolation. |
| Pressstoffe | Hartpapier (Hp) | Walzen von mit Kunstharzen getränkten Papierbahnen. | Isolierplatten, Montageplatten, Trägermaterial für billige gedruckte Schaltungen. |
| | Hartgewebe (Hgw) | Schichtwerkstoff aus Kunstharz und Gewebebahnen. | Nutisolation elektrischer Maschinen, Spulenkörper. |
| | Verbundspan (Vsp) | Aus Bahnen verschiedener Isolierstoffe durch Verkleben hergestellt. | Nutisolation, Zwischenlagen. |
| **Flüssige oder gasförmige Isolierstoffe** | | | |
| Öle | Transformatoröl, Kabelöl, Schaltgeräteöl, Kondensatoröl | Aus Erdöl wird durch Destillation Mineralöl gewonnen. Für Anwendungen in der Elektrotechnik, frei von Gasen und Flüssigkeiten. | Isolation und Kühlung von Transformatoren, Löschen von Lichtbögen, Ölkabel, Konden-satordielektrikum. |
| Synthetische Öle | Silikonöl | Chemischer Aufbau wie bei Ölen, aber C-Atome durch Si-Atome ersetzt. | Wie Öle. |
| Schwefel-fluoride | Schwefel-hexafluorid $SF_6$ | Schwefelhexafluorid ist ein schweres, farbloses, geruchloses, ungiftiges und unbrennbares Gas. | In Hochspannungsschaltern, Transformatoren, Röntgen-anlagen, UHF-Hohlleitungen. |

**W**

# Hilfsstoffe  Auxiliary materials

## Gips (Calciumsulfat $CaSO_4 \cdot 2 H_2O$)

| Art | Gewinnung | Verarbeitung | Eigenschaften, Verwendung |
|---|---|---|---|
| Baugips | Naturgips wird erhitzt (gebrannt). Er verliert dabei einen großen Teil seines Kristallwassers. Brenntemperatur 120 °C...180 °C. Der gebrannte Gips wird gemahlen. | Gipspulver in Wasser einstreuen und rühren, bis ein milchiger Brei entsteht (Gipsmörtel). Kleine Mengen anmachen und schnell verarbeiten. Mit zuviel Wasser angemachter und zu lang gerührter Gips hat wenig Festigkeit und trocknet mit Rissen. | Gips dient z. B. zum Füllen von Löchern, zum Eingipsen von Dosen und Kleinteilen. Er gibt keine Risse beim Trocknen. Gips darf nicht im Freien verwendet werden, weil er durch Feuchtigkeit gelöst wird. |
| Estrichgips | Brenntemp. über 1000 °C. | Sehr langs. Abbinden; große Härte. | Für Fußböden und Kunststeine. |

## Zement

| Portland-zement | 3 Teile Kalkstein und 1 Teil Ton werden gemahlen und in Trommelöfen bis zum Beginn des Sinterns gebrannt. Die entstandenen Klinker werden unter Zugabe von geringen Mengen Gips zu Zementpulver gemahlen. | Zur Herstellung von Zementmörtel mischt man 1 Teil Portlandzement mit 2 bis 3 Teilen feinkörnigem Sand (Quarzsand) und gibt so viel Wasser zu, dass ein zäher Brei entsteht. Nicht mit Gips mischen! Mit zu wenig Wasser angemachter Zement haftet schlecht, zu nasser Zementmörtel fließt. Frisch angemacht reagiert er stark basisch. | Abbindezeit 3 bis 24 Stunden. Volle Festigkeit nach 1 bis 2 Tagen. Wird zum Füllen größerer Löcher und zum Befestigen von Stahlkonstruktionen verwendet. Lang oder unsachgemäß gelagerter Zement wird unbrauchbar. |
|---|---|---|---|
| Tonerde-zement | Aus Kalk ($CaCO_3$) und Bauxit ($Al_2O_3$) | Erreicht bereits nach 24 Stunden seine volle Festigkeit und kann bei Temperaturen bis herab zu −10 °C verarbeitet werden. | |

## Flussmittel

| Aufgabe | Flussmittel sollen auf vorgereinigten Lötstellen die noch vorhandene Oxidschicht entfernen und die Bildung einer neuen Oxidschicht verhindern. Die Wirktemperatur der Flussmittel liegt unterhalb der Arbeitstemperatur (AT). Korrosionswirksame Rückstände müssen entfernt werden. | | |
|---|---|---|---|
| Weichlöten | Stark korrodierend<br><br>F-SW 11<br>F-SW 12 | Bedingt korrodierend<br><br>F-SW 13<br>F-SW 21, F-SW 23, F-SW 25, F-SW 28 | Nicht korrodierend<br><br>F-SW 31<br>F-SW 33 |
| Hartlöten | Wirktemperaturen von 550 °C bis 850 °C<br><br>FH 10, FH 11, FH 12<br><br>Für Stahl und Hartmetalle | Wirktemperaturen von 600 °C bis 1100 °C<br><br>FH 20, FH 21, FH 30, FH 40<br><br>Für Metalle | Wirktemperaturen von 600 °C bis 900 °C<br><br>FL 10, FL 20 |
| Flussmittel-typen | Harze Kolophonium, ohne Kolophonium | organische wasserlösliche, nicht wasserlöslich | anorganische Salze, Säuren, alkalische |

## Schmiermittel und Kühlmittel

| Art | Dichte in kg/dm³ | Bemerkungen | Art | Dichte $\varrho$ in kg/dm³ | spez. Wärmekapazität $c$ in $\frac{kJ}{kg \cdot K}$ | Verwendung |
|---|---|---|---|---|---|---|
| für Feinmech. Motorenöl Getriebeöl | 0,9 0,91 0,91 | kleine Viskosität mittlere Viskosität große Viskosität | **Flüssigkeiten** Wasser Öl Bohröl | 1 0,9 (Seife gelöst | 4,187 1,884 | Umlaufkühlung, Metall- |
| Getriebefett Wälzlagerfett | 0,92...0,94 0,92 | Schmierfette sind Aufquellungen von Metallseifen. | Bohr-emulsion | in Mineralöl) (Bohröl + Wasser) | | bearbeitung |
| **Feste Schmierstoffe** Graphit (C), Molybdändisulfid (MoS₂), Talkum | 2,26 – 2,7 | Werden meist anderen Schmiermitteln beigemischt. | **Gase** Luft Wasserstoff | g/dm³ 1,293 0,09 | 1,005 14,277 | Gebläsekühlung, Konvektionskühlung, Umlaufkühlung |

W

# Leitungen und Kabel  Wires and cables

| Kurz-zeichen | Beispiel | Ader-zahl | Kurz-zeichen | Beispiel | Ader-zahl |
|---|---|---|---|---|---|
| JZ-602 | Schleppkettensteuerleitung | 3...34 | PUR | PUR-Spiralkabel | 2...5 |
| LiYY | PVC-Datenleitung | 2...100 | FRNC | Doppeltgeschirmtes Sat-Koaxialkabel für Digital-TV | 1 |
| H05V-K | PVC-Einzelader-Verdrahtungsleiter | 1 | A-DF(ZN)2Y4Y | LWL-Außenkabel | 2...144 |
| SiHF | Silicon-Schlauchleitung | 2...25 | UTP 4x 2x AWG | LAN-Kabel | 4x2 |
| FZ-LSi | Leuchtröhrenleitung | 1 | H05VV-F | PVC-Schlauchleitung | |
| HL-NV24 Niedervolt | Halogenleuchten-Leitung | 2 | NYY | Energiekabel und Steuerkabel | 3...5 |
| HL-NV480 Hochvolt | Halogenleuchten-Leitung | 3 | H05RR-F | Gummischlauchleitung | 2...5 |
| NHXH-FE180 | Sicherheitskabel, halogenfrei | 3 | N2XSY | VPE-isoliertes Mittelspannungskabel | 1 |

Bei nicht genormten Leitungen sind die Herstellerbezeichnungen angegeben.

W

## Isolierte Starkstromleitungen  Insulated heavy current cables

### Kennfarben der Adern von isolierten Starkstromleitungen und Kabeln

| Aderzahl | Leitungen mit Schutzleiter | Leitungen ohne Schutzleiter |
|---|---|---|
| 1 | gnge, bl, sw oder weitere Farben, jedoch nicht gelb oder grün oder mehrfarbig | |
| 2 | gnge – sw (nur festverlegt ab 10 mm$^2$) | bl – br |
| 3 | gnge – br – bl | br – sw – gr |
| 4 | gnge – br – sw – gr | bl – br – sw – gr |
| 5 | gnge – bl – br – sw – gr | bl – br – sw – gr – sw |
| mehr als 5 | gnge – sw mit Zahlenaufdruck 1, 2, 3, 4, 5 … | sw mit Zahlenaufdruck 1, 2, 3, 4, 5, 6 … |

Klammerangaben enthalten Kurzzeichen nach IEC 757 bl (BU) blau, br (BN) braun, gnge (GNYE) grün-gelb, sw (BK) schwarz, gr (GY) grau (siehe Seite 401)

### Buchstaben-Kurzzeichen für nicht harmonisierte isolierte Starkstromleitungen

| Kurz-zeichen | Bedeutung | Beispiel | Kurz-zeichen | Bedeutung | Beispiel |
|---|---|---|---|---|---|
| A | Ader Aluminium | N4GA NYRAMA | PL | Pendelschnur (Pendel-Litze) | NPL |
| B BU | Bleimantel Bleimantel mit Umhüllung | NBUY NYBUY | R RU | Rohrdraht Rohrdraht mit Umhüllung | NYRAMZ NYRUZY |
| C | Abschirmung (C = kapazitiver Schutz) | NSHCÖU | S SA SL SS | Sonderleitung Schnurleitung Schweißleitung sehr starke Ausführung | NSGAÖU NSA NSLF NSSHÖU |
| F FF | Flachleitung, feindrähtig Stegleitung feinstdrähtig | NIFLÖU NYIF NSLFFÖU | T TK | Leitungstrosse Theaterkabel | NTM NTK |
| G | Gummi-Isolation | N2GSA | U | Umhüllung | NYRUZY |
| H | Hochfrequenzschutz | NHYRUZY | V | Verdrehungsbeanspruchung, verdrehungssicher | NMHVÖU |
| I | Stegleitung (Impuzleitung) Illuminationsleitung | NYIF NIFL | W | Wetterfeste Tränkmasse | NFYW |
| J | International gekennzeichneter grüngelber Schutzleiter | NYM-J | Y | Kunststoffisolierung, Kunststoffmantel | NYIF NYBUY |
| K | Kabel, Leitung | NTK | Z | Zinkmantel Zugentlastung | NYRAMZ NYMZ |
| L LO | Leitung Leuchtröhrenleitung | NYL NYLRZY | E M | eindrähtig mehrdrähtig | – NYM2x10M |
| M MA MZ | Mantelleitung Metallmantel aus Aluminium Metallmantel aus Zink | NYM NYRAMA NYRAMZ | Ö R U ÖU | öl- und benzinbeständig gerillter Metallmantel flammwidrig, hitzefest ölbeständig und flammwidrig | NSSHÖU NYRUZYR NSSHÖU NIFLÖU |
| N | Genormte Leitung | N … | W 4 | erhöhte Wärmebeständigkeit wärmebest. Gummimischung | NYFAW N4GA |
| O | Leitung ohne grüngelben Schutzleiter | NYM-O | | | |

### Angabe, ob Schutzleiter vorhanden

| Anhang bei Leitung mit Schutzleiter | Anhang bei Leitung ohne Schutzleiter |
|---|---|
| Nach DIN VDE 0250: Anhang – J Nach DIN VDE 0281/0282: Anhang – G | Nach DIN VDE 0250: Anhang – O Nach DIN VDE 0281/0282: Anhang – X |
| **Bezeichnungsbeispiele:** **NYM-J** 3 x 2,5: Mantelleitung 3 x 2,5 mm$^2$ **H07RN-F4G1,5**: Schwere Gummischlauchleitung 4 x 1,5 mm$^2$ | **NYM-O** 4 x 6:   Mantelleitung 4 x 6 mm$^2$ **H03VV-F2X0,75**: PVC-Schlauchleitung für leichte mechanische Beanspruchung 2 x 0,75 mm$^2$ |

**W**

## Schlüssel für harmonisierte Starkstromleitungen

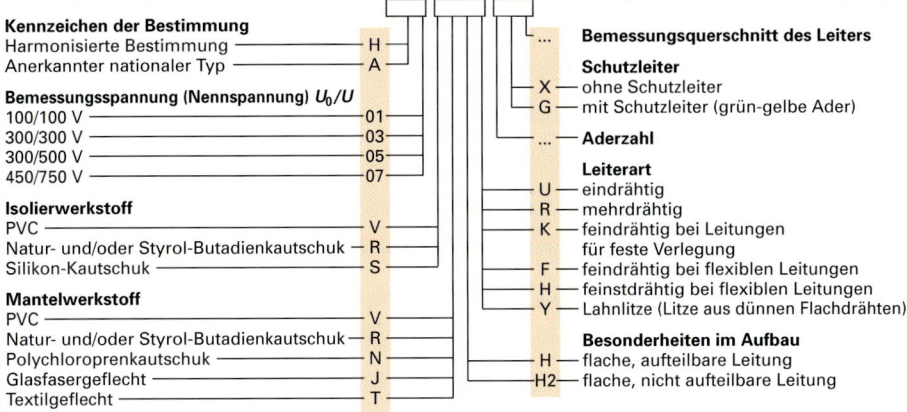

**Kennzeichen der Bestimmung**
Harmonisierte Bestimmung —— H
Anerkannter nationaler Typ —— A

**Bemessungsspannung (Nennspannung)** $U_0/U$
100/100 V —— 01
300/300 V —— 03
300/500 V —— 05
450/750 V —— 07

**Isolierwerkstoff**
PVC —— V
Natur- und/oder Styrol-Butadienkautschuk — R
Silikon-Kautschuk —— S

**Mantelwerkstoff**
PVC —— V
Natur- und/oder Styrol-Butadienkautschuk — R
Polychloroprenkautschuk —— N
Glasfasergeflecht —— J
Textilgeflecht —— T

... **Bemessungsquerschnitt des Leiters**

**Schutzleiter**
X — ohne Schutzleiter
G — mit Schutzleiter (grün-gelbe Ader)

... **Aderzahl**

**Leiterart**
U — eindrähtig
R — mehrdrähtig
K — feindrähtig bei Leitungen
     für feste Verlegung
F — feindrähtig bei flexiblen Leitungen
H — feinstdrähtig bei flexiblen Leitungen
Y — Lahnlitze (Litze aus dünnen Flachdrähten)

**Besonderheiten im Aufbau**
H — flache, aufteilbare Leitung
H2 — flache, nicht aufteilbare Leitung

**Beispiele**:

**H07V-U 1,5 BK** (NYA)   Kunststoffaderleitung,
1,5 mm², schwarz

**H05V-K 0,75 BN** (NYAF)   Kunststoffverdrahtungsleitung,
feindrähtig, 0,75 mm², braun

Anerkannte nationale Typen isolierter Leitungen erhalten anstelle des Anfangsbuchstabens H den Buchstaben A.

**Beispiel: A07RN-F 3 x 2,5** (NMHÖU)

## Leitungen für feste Verlegung

| Kurz-zeichen | Bezeichnung $U_0/U$ | Aufbau der Leitung | Aderzahl, Querschnitt in mm² | | | Verwendung |
|---|---|---|---|---|---|---|
| **Kunststoffaderleitung** | | | | | | |
| H07V-U | PVC-Ader-leitung (Verdrah-tungsleitung) 450/700 | einadrig, ein- oder mehr-drähtige oder feindrähtige Leiter, Kunststoffisolier-hülle, mehrdrähtig | 1 x 1,5 bis 1 x 16 | | | Bei geschützter Verlegung in Geräten sowie in und an Leuchten. Zugelassen für Verlegung in Rohren, auf und unter Putz. Betriebstemperatur bis 90 °C. |
| H07V-R | | | 1 x 6   bis 1 x 400 | | | |
| H07V-K | | feindrähtig für feste Ver-legung | 1 x 1,5 bis 1 x 240 | | | |
| **Stegleitungen** | | | | | | |
| NYIF | Stegleitung 230/400 | PVC-isolierte Kupferleiter, Adern mit Abstand flach nebeneinander gelegt, gemeinsamer Steg aus Gummi (F) oder Kunst-stoff (FY). | 2 x 1,5 (O) bis 5 x 1,5 | | | In trockenen Räumen für feste Verlegung in oder unter Putz. |
| NYIFY | | | 2 x 2,5 (O) bis 5 x 2,5 | | | |
| | | | 2 x 4,0 (O) bis 4 x 4,0 | | | |
| **Mantelleitungen** | | | | | | |
| NYM | PVC-Mantel-leitung 300/500 | PVC-isolierte Kupferleiter, Adern verseilt, Füllmantel, Kunststoffaußenmantel. | 1 x 1,5 bis 12 x 1,5 | | | In feuchten Räumen für feste Verlegung über und auf Putz sowie in und unter Putz. |
| | | | 1 x 2,5 bis 4 x 35 | | | |
| **Kunststoff-Fassungsadern** | | | | | | |
| H05V-U | PVC-Verdrah-tungsleitung | Feindrähtiger Kupferleiter, Kunststoffisolierhülle feindrähtig | 1 | 0,5 bis 1 | 300/500 | In feuchten Räumen für feste Verlegung über und auf Putz sowie in und unter Putz. |
| H05V-K | | | 1 | | | |

$U_0$ Spannung zwischen Außenleiter und Erde, $U$ Spannung zwischen zwei Außenleitern, $U_0/U$ Spannungsver-hältnis, wird hier Bemessungsspannung (Nennspannung) genannt.

**W**

# Weitere Leitungen für feste Verlegung — Other cables for permanent installation

| Kurz-zeichen | Bezeichnung | Aufbau der Leitung | Ader-zahl | Quer-schnitt mm² | Nenn-spannung $U_0/U$ | Verwendung |
|---|---|---|---|---|---|---|
| **Kunststoff-Leuchtröhrenleitungen** | | | | | | |
| NYL | PVC-Leuchtröhren-leitung | Blanker, feindrähtiger Cu-Leiter, Kunststoff-isolierhülle, gelb | 1 | 1,5 | 4/8 kV | Für feste Verlegung in Leuchtröhrenanlagen (Buchstabenleitung). |
| NYLC | Geschirmte Leuchtröhren-leitung | Wie NYL, mit Außenbe-flechtung aus verzinnten Cu-Drähten, darunter Bleidraht, verzinnt, Cu | 1 | 1,5 | 4/8 kV | In Räumen mit Hochfrequenzanlagen. |
| **Leitungen für feste Verlegung mit Gummiisolation oder Silikonisolation** | | | | | | |
| H05S-U / H05S-K | Silikonader-leitung mit er-höhter Wärme-beständigkeit, ohne Be-flechtung | Einadriger Kupferleiter, Isolierhülle aus Silikon / Feindrähtiger Kupferleiter, Isolierhülle aus Silikon | 1 | 0,5 bis 2,5 | 300/500 | Bei erhöhten Umgebungs-temperaturen zur festen Verlegung in und an Leuchten und in Geräten. Verlegung in Rohren auf oder unter Putz. |
| H05Z-K / H07Z-K | Aderleitung, Isolierung vernetztes Polymer | Feindrähtige Aderleitung halogenfrei, selbstver-löschend, schwache Rauchentwicklung | 1 | bis 1 bis 1,5 bis 70 | 300/500 V 450/750 V 0,6/1 kV | Verdrahtung von Schalt-anlagen, Verteilern, Geräten und Leuchten. Zulässige Betriebstem-peratur am Leiter 90 °C. |
| N7YA / N7YAF | ETFE-Ader-leitung mit erhöhter Wärmebe-ständigkeit | Eindrähtiger Kupferleiter / Feindrähtiger Kupferleiter | 1 / 1 | 0,25 bis 6 | 450/750 | Bei Umgebungstempe-raturen > 55 °C. Leiter-temperatur bis 135 °C. Leitungen in Betriebs-mitteln und in Rohren. |
| NIFLÖU | Illuminations-flachleitung | Feindrähtiger, verzinnter Cu-Leiter, Gummihülle, 2 Adern flach in recht-eckigem Gummimantel (Adernabstand 7 mm) | 2 | 1,5 | 300/500 | Im Freien für freitragende Verlegung außerhalb des Handbereichs zum An-schluss von Illuminations-fassungen bei geringer mech. Beanspruchung. |
| NHXH FE | Sicherheitskabel für Nieder-spannung | Kupferleitung mit teils keramikhaltiger Isolation | 1 bis 24 | 1 bis 400 | 0,6/1 kV | Besonderer Schutz gegen Feuer und Brand-schäden. Halogenfrei. FE, Flammeinwirkung bis 750 °C. |
| NHXMH | Starkstrom-leitung | Kupferleitung, Aderisolation aus PE | 2 bis 24 | 1,5 bis 10 | 300/500 V | Feste Verlegung. Halogenfrei, selbstver-löschend, schwache Brandfortleitung, schwa-che Rauchentwicklung. Zulässige Betriebstem-peratur am Leiter 70 °C. |
| N2XH | Niederspan-nungskabel | Kupferleiter, Aderisolation aus PE | 1 bis 4 | 4 bis 240 | 0,6/1 kV | Feste Verlegung. Halogenfrei, selbstver-löschend, schwache Brandfortleitung, schwa-che Rauchentwicklung. Zulässige Betriebstem-peratur am Leiter 90 °C. |
| NYPLYW | Pendelschnur mit erhöhter Wärmebe-ständigkeit | Feindrähtiger Cu-Leiter, Isolierhülle aus PVC. Bis 90 °C Leitertemperatur. | 2 bis 4 | 0,75 | 230/400 | Für Schnur- und Zugpen-del sowie für feste Verle-gung in und an Leuch-ten. |

$U_0$ Spannung zwischen Außenleiter und Erde, $U$ Spannung zwischen zwei Außenleitern, $U_0/U$ Spannungsver-hältnis, wird hier Bemessungsspannung (Nennspannung) genannt, ETFE von Ethylen-Tetrafluorethylen.

W

# Leitungen zum Anschluss ortsveränderlicher Betriebsmittel
## Cables for connection of mobile equipments

| Kurz-zeichen | Bezeichnung | Aufbau der Leitung | Ader-zahl | Quer-schnitt mm² | Nenn-spannung $U_0/U$ | Verwendung |
|---|---|---|---|---|---|---|
| **Zwillingsleitungen** | | | | | | |
| H03VH-Y | Leichte Zwillings-leitung | Zweiadrig, Isolierhülle über beide Leiter aus thermo-plastischem Kunststoff. | 2 | etwa 0,1 | 300/300 | Zum Anschluss besonders leichter Handgeräte, z.B. elektrischer Rasierapparate. |
| H03VH-H | Zwillings-leitung | Wie H03VH-Y | 2 | 0,5 und 0,75 | 300/300 | Bei sehr kleiner mechanischer Beanspruchung in Haushalten, Büroräumen und Küchen für leichte Handgeräte. |
| **Gummischlauchleitungen** | | | | | | |
| H05RR-F | Leichte Gummi-schlauch-leitung | Verzinnte feindrähtige Kupferleiter, Trennschicht um den Leiter erlaubt, Isolierhülle aus Gummi, gummiertes Gewebeband um jeden Leiter zulässig, Mantel aus Gummi. | 2 bis 5 | 0,75 bis 2,5 | 300/500 | Bei kleiner mechanischer Beanspruchung in Haushalt, Küche und Büroräumen für leichte Handgeräte (Staub-sauger, Bügeleisen, Küchen-geräte, Lötkolben, Toaster). |
| H07RN-F | Schwere Gummi-schlauch-leitung | Feindrähtige Kupferleiter, Trennschicht über Leiter, bei verzinnten Leitern nicht erforderlich. Isolierhülle aus Gummi, gummiertes Gewebeband um jede Ader zulässig. Mantel aus Polychloro-pren. | 1 | 1,5 bis 400 | 450/750 | Bei mittlerer mechanischer Beanspruchung in trockenen u. feuchten Räumen, im Freien, in explosionsgefährdeten Betrieben, z.B. für große Koch-kessel, Heizplatten, Handleuch-ton, Elektrowerkzeuge, Heim-werkergeräte. |
| | | | 2 | 1…25 | | |
| | | | 3 und 4 | 1 bis 95 | | |
| | | | 5 | 1…25 | | |
| **Kunststoffschlauchleitungen** | | | | | | |
| H03VV-F | Leichte Kunst-stoffschlauch-leitung (runde Ausführung). | Blanker, feindrähtiger Kupferleiter, Kunststoff-isolierhülle, Außenmantel rund Außenmantel flach | 2 und 3 | 0,5 und 0,75 | 300/300 | Bei kleiner mechanischer Be-anspruchung in Haushalten, Küchen und Büroräumen, für leichte Handgeräte, z.B. für Rundfunkgeräte, Tischleuchten, Stehleuchten, Büromaschinen. |
| H03VVH2-F | Flache Ausführung | | | | | |
| H05VV-F | Mittlere Kunststoff-schlauch-leitung | Isolierhülle über jedem Leiter, Zwickelfüllung, Trennschicht um die ver-seilten Adern zulässig, Kunststoffmantel. | 2 bis 5 | 1 bis 2,5 | 300/500 | Bei mittlerer mech. Beanspru-chung in Haushalten, Küchen und Büroräumen, für Hausge-räte auch in feuchten Räumen, z.B. Waschmaschinen, Kühl-schränke, Heimwerkergeräte. |
| **Silikon-Aderschnüre** | | | | | | |
| N2GSA | Silikon-Aderschnur | Feindrähtige Cu-Leiter, Isolierhülle aus Silikon. | 2 und 3 | 0,75 bis 1,5 | 300/300 | Bei kleiner mechanischer Beanspruchung in Haus-geräten und in gewerblichen Betrieben. |
| **Sonstige Leitungen zum Anschluss ortsveränderlicher Stromverbraucher** | | | | | | |
| H01N2-D | Schweiß-leitung | Blanker, feindrähtiger Cu-Leiter, Gewebeband, Gummimantel. | 1 | 16 bis 120 und 25 bis 70 | 100/200 | Hochbewegliche Elektroden-anschlussleitung an Schweiß-geräten. |
| NFLG | Gummi-schlauch-leitung mit Tragorgan | Feindrähtiger umsponne-ner Cu-Leiter, Gummi-isolierhülle, Gewebeband, Tragorgan aus Faserstoff. | ab 6 | 0,75 bis 6 | 300/500 | Aufzugs- und Förderanlagen, Leitungen an Werkzeug-maschinen, in Innenräumen und feuchten Räumen. |

$U_0$ Spannung zwischen Außenleiter und Erde, $U$ Spannung zwischen zwei Außenleitern, $U_0/U$ Spannungsver-hältnis, wird hier Nennspannung (Bemessungsspannung) genannt.

**W**

# Leitungen und Kabel für Melde- und Signalanlagen
## Wires and cables for alarm and signaling systems

## Schlüssel der Leitungen und Kabel für Melde- und Signalanlagen

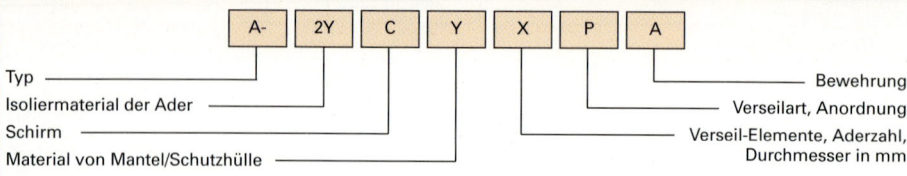

| A- | 2Y | C | Y | X | P | A |

Typ ——————————————————
Isoliermaterial der Ader ——————
Schirm ——————————————
Material von Mantel/Schutzhülle ——

Bewehrung ————————————
Verseilart, Anordnung ——————
Verseil-Elemente, Aderzahl,
Durchmesser in mm

Es werden meist nicht alle Positionen angegeben.

| Kurzzeichen | Bedeutung | Kurzzeichen | Bedeutung | Kurzzeichen | Bedeutung |
|---|---|---|---|---|---|
| **Typ** | | 3Y | Polystyrol PS | **Mantel, Schutzhülle** | |
| | | 4Y | Polyamid PA | | |
| A- | Außenkabel | 5Y | Polyetrafluor- | Y, 2Y … | siehe Isolier- |
| FL- | Flachleitung | | ethylen PTFE | | material |
| J- (spricht i) | Installations- | 8Y | Polyimid PJ | G, 26 bis 86 | Gummi |
| | leitung | 9Y | Polypropylen PP | H | halogenfrei |
| Li- | Litzenleiter | 11Y | Polyurethan PU | L | Aluminium |
| RG- | Koaxialleitung | | | M | Bleimantel |
| S- | Schaltkabel | **Schirm** | | | |
| **Isoliermaterial** | | C oder Cb | Kupfergeflecht | **Verseilart, Anordnung** | |
| | | (K) | Cu-Band über | | |
| Y | PVC | | PE-Mantel | DM | Dieselhorst-Martin |
| | (Polyvinylchlorid) | (L) | Aluminiumband | | (folgende Seite) |
| Yu | PVC, flammwidrig | (mS) | Stahlband | P | Paarverseilung |
| Yw | PVC, wärme- | (St) | statischer Schirm | St, Stl bis | Sternvierer |
| | beständig | | | StVI | (nach Frequenz |
| 2Y | PE (Polyethylen) | **Bewehrung** | | | ansteigend) |
| 02Y oder 2X | VPE (vernetztes PE) | | | Bd | Bündelverseilung |
| 2HX | YPE, flammwidrig | A | Al-Drähte | Lg | Lagenverseilung |
| | | B | Stahlband | rd | rund |
| | | | | se | sektorförmig |

## Leitungen und Kabel für Melde- und Signalanlagen zur festen Verlegung

| Kurzzeichen | Bezeichnung | Aufbau | Verwendung |
|---|---|---|---|
| Y | Kunststoff-Ader-leitung (Installati-onsdraht) | Ader: Cu-Draht 0,6 mm oder 0,8 mm, PVC-Isolierung oder PE-Isolierung. 1 Ader oder verseilt 2 bis 4 Adern. | In trockenen Räumen zur festen Verlegung in Isolationsrohren aP und uP. |
| YR | Kunststoff-Mantelleitung | Ader: Cu-Draht, 0,8 mm ⌀, Isolierung wie bei Y, Mantel aus PVC oder PE, 2 bis 24 Adern. | In trockenen und feuchten Räumen zur festen Verlegung aP und uP. |
| YRE | Schwachstrom-Erdkabel | Aufbau wie YR, aber verstärkter Mantel. Aderzahl 4 bis 16. | Wie YR und zusätzlich zur Verle-gung im Erdboden. |
| IFY | Klingel-Stegleitung | Ader: Wie bei Y. 2 oder 3 Adern. | In trockenen Räumen zur festen Verlegung iP und uP. |
| A 2Y (St) 2Y | Außen-Kunststoff-kabel | Aufbau wie bei YRE. Aderzahl 2 x 2 bis 100 x 2. | Zur festen Verlegung oberirdisch und unterirdisch. |
| J-Y (St) Y | Installations-Kunststoffkabel | Adern wie bei Y, Aufbau wie YR, aber verstärkter Mantel mit Schirm. Aderzahl 2 x 2 bis 80 x 2. | Wie YR. Qualitätsleitung, z.B. für EIB. |
| JE-Y (St) Y | Installationsleitung | Aufbau wie YR, aber verstärkter Mantel mit Schirm. | Wie J-Y (St)Y bei erhöhten An-forderungen. |
| YCYM | Installations-Kunststoffkabel mit Cu-Schirm | Aufbau wie J-Y (St)Y, aber mit Cu-Schirm. | Wie JE-Y (St)Y, z.B. für EIB mit 2 x 2 x 0,8. |

aP auf Putz, iP im Putz, uP unter Putz.

W

# Leitungen in Datennetzen Cables in data networks

## Aufbau und Art der Leitungen

<table>
<tr><th>Art</th><th>Aufbau, Daten</th><th>Bemerkung</th></tr>
<tr><td>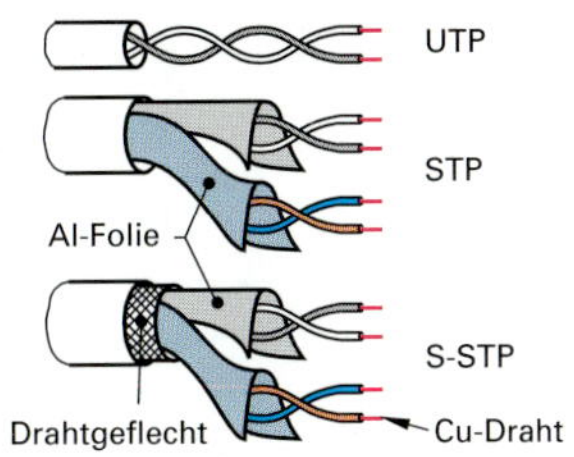UTP
STP
Al-Folie
S-STP
Drahtgeflecht
Cu-Draht</td><td>Geschirmte Doppelader STP, ungeschirmte Doppelader UTP. Leitung mit Gesamtschirm und mit Doppelader-Schirmung S/STP, Leitung mit Gesamtschirm aber ohne Doppelader-Schirmung S/UTP. Leitungen enthalten mehrere Doppeladern.<br>S/STP bzw. S/UTP gibt es je nach Qualität in 7 Kategorien.<br>Leitungslänge ≤ 25 m bis ≤ 100 m<br>Wellenwiderstand 85 Ω bis 115 Ω.</td><td>Baumförmige oder sternförmige Punkt-zu-Punkt-Verbindung.<br>Bei Ethernet Anschluss ab einem Repeaterport (oder Hub) zur Ethernet-Karte des PC oder zu einem Mini-Receiver. UTP bzw. STP.<br>Anwendungsbeispiel:<br>Twisted-Pair-Ethernet<br>(10 BASE-T, 100 BASE-T, 1000 Base-T)</td></tr>
<tr><td>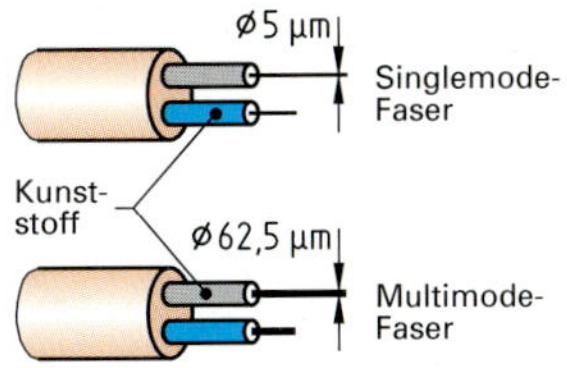⌀5 µm
Singlemode-Faser
Kunst-stoff
⌀62,5 µm
Multimode-Faser</td><td>Multimode-Doppelfaserkabel (Mm) oder Singlemode-Doppelfaserkabel (Sm). Baumförmige oder sternförmige Punkt-zu-Punkt-Verbindung.<br>Anschluss an zwei Repeater-Ports. Meist Verwendung für Primärverkabelung.<br>Anwendung z. B. bei Faseroptik-Ethernet (LWL-Ethernet).</td><td><table><tr><th>Art</th><th>Faser</th><th>Leitung</th></tr><tr><td>10 BASE-F</td><td>Mm</td><td>≤ 1000 m</td></tr><tr><td>100 BASE-FX</td><td>Mm<br>Sm</td><td>≤ 400 m</td></tr><tr><td>1000 BASE-SX (850 nm)</td><td>Mm</td><td>≤ 250 m</td></tr><tr><td>1000 BASE-LX (1300 nm)</td><td>Mm<br>Sm</td><td>≤ 500 m<br>≤ 2000 m</td></tr></table></td></tr>
<tr><td>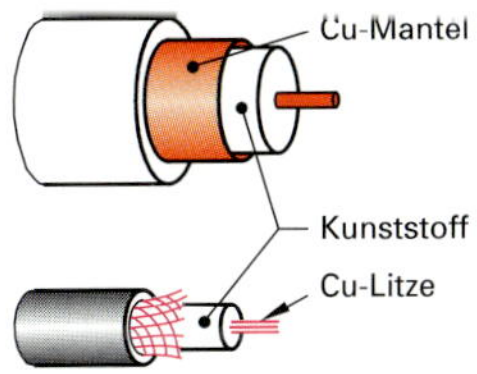Cu-Mantel
Kunststoff
Cu-Litze</td><td>Bei 10 BASE-5 Anschluss über Transceiver und Transceiverkabel an die Busleitung.<br>Bei 10 BASE-2 Anschluss über Einfach-Transceiver (T-Stück) und Transceiverkabel an die Busleitung oder über Thin-Wire-Dosen. Abschlusswiderstände notwendig.<br>Thick-Wire-Ethernet für 10 BASE-5, Thin-Wire-Ethernet (Cheapernet) für 10 BASE-2.</td><td>Wird für Neuanlagen nicht mehr verwendet.<br>Wellenwiderstand 50 Ω.<br>Bei 10 BASE-5 Teilnehmeranzahl ≤ 100, Leitungslänge ≤ 500 m.<br>Bei 10 BASE-2 Teilnehmeranzahl ≤ 30, Leitungslänge ≤ 185 m.</td></tr>
</table>

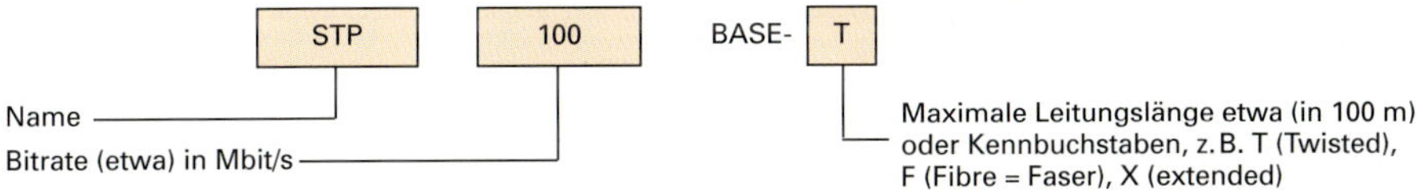
STP
100
BASE-
T
Name
Bitrate (etwa) in Mbit/s
Maximale Leitungslänge etwa (in 100 m) oder Kennbuchstaben, z. B. T (Twisted), F (Fibre = Faser), X (extended)

## Angabe der Leitungsqualität

<table>
<tr><th>Begriff</th><th>Erklärung</th><th>Daten</th></tr>
<tr><td>Kategorie 5 (Qualitätsstufe 5)</td><td>Leitung geeignet für Frequenzen bis 100 MHz und Bitraten bis 100 Mbit/s.</td><td rowspan="5">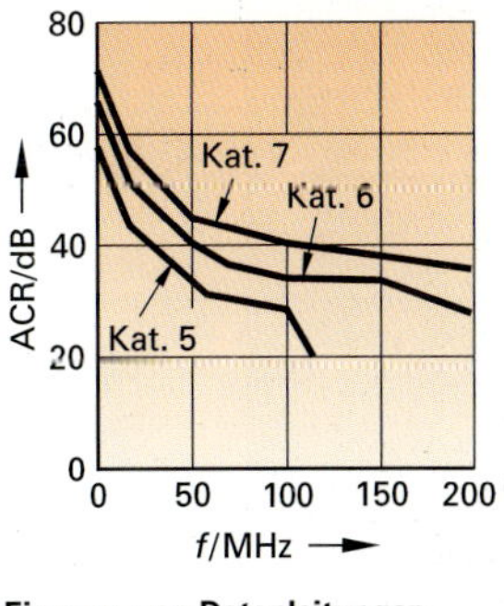80
60
40
20
0
ACR/dB
Kat. 7
Kat. 6
Kat. 5
0
50
100
150
200
f/MHzEignung von Datenleitungen</td></tr>
<tr><td>Nebensprechen, Nebensprechdämpfung in dB (NEXT)</td><td>Unerwünschter Übergang des Signals von einer Doppelader zur nächsten.</td></tr>
<tr><td>ACR (Attenuation-to-Crosstalk-Ration), Signaldynamik in dB</td><td>Verhältnis von Dämpfung zu Nebensprechen. ACR = A – NEXT.</td></tr>
<tr><td>Kategorie 6 (Qualitätsstufe 6)</td><td>Geeignet für Duplexbetrieb, Frequenz bis 250 MHz.</td></tr>
<tr><td>Kategorie 7 (Qualitätsstufe 7)<br>(in Vorbereitung Kategorie 8)</td><td>Doppelte Bandbreite von Kat. 5. Unterstützt Gigabit-Ethernet. ACR-Wert mindestens 10 dB bei 600 MHz.</td></tr>
</table>

W

# Steckverbinder  Connectors

| Art | Ansicht, Kurzzeichen |
|-----|----------------------|

## Einpolige oder zweipolige Verbinder

| Koax-Typen und Twinax-Typ | TNC · BNC · Twinax |
|---|---|

| Glasfaser-Steckverbinder | SMA 905 · SMA 906 · ST · SC |
|---|---|

Bei Duplex-Leitungen sind zwei Stecker auf jeder Seite.

## Vierpolige oder mehrpolige Steckverbinder

| Western-Typen | RJ-11 · RJ-12 · RJ-45 · 3 ... 6 RJ-11 · 2 ... 7 RJ-12 · 1 ... 8 RJ-45 |
|---|---|

| USB-Typen | Typ A (upstream) · Typ B (downstream) · 1 2 3 4 Typ A · 1 2 / 4 3 Typ B |
|---|---|

| V-Typen, DB-Typen | V.35 · V.24, Centronics am PC · DB9 · DB15 |
|---|---|

| HD-Typen | HD15 (ohne Pin 9) · HD15 · HDI 30-Pin (Stecker) |
|---|---|

| SCSI-Steckverbinder | SCSI-1 (Stecker) · SCSI-2 (Stecker) · SCSI-3 (Stecker) |
|---|---|

| Centronics-Typen druckerseitig | Centronics (36-Pin) · Centronics (Parallel, Stecker) · MDR 36 (Stecker) |
|---|---|

| DIN-Typen (Buchsen) | 4-Pin Mini DIN · 5-Pin DIN · PS/2 6-Pin Mini DIN · 8-Pin Mini DIN |
|---|---|

Steckverbinder des PC auch Seite 273.

W

### Prinzip des Steckverbinders RJ 45

| Ansicht | Steckgesicht | Bemerkungen |
|---|---|---|
| **Buchse**<br><br><br>**RJ-45-Stecker**<br> | <br>11,6 — mechanisches Anpassungselement<br>6  3    8    1    7  2<br>IAE-4 / RJ-11    UAE-8 / RJ-45    UAE-6 / RJ-12<br>**Buchsen von vorn** | Die IAE entspricht der Western-Buchse mit 8-poligem Steckgesicht, es sind aber nur die mittleren 4 Kontakte vorhanden. Sie ist für digitale Endgeräte bestimmt.<br><br>Die UAE ist wie die IAE aufgebaut, hat aber 8 bzw. 6 Kontakte. Digitale Endgeräte werden über 8-polige UAE-Stecker oder 4-polige IAE-Stecker angeschlossen, analoge Endgeräte über 6-polige UAE-Stecker. |

### Anschlusseinheiten

| Ansicht, Kurzzeichen | Schaltung | Bemerkungen |
|---|---|---|
| <br>**IAE 8 (4)** | <br>8 7 6 5 4 3 2 1<br>1a 1b 2a 2b | Die einfachste Ausführung für ein einzelnes Endgerät ist die IAE 8 (4). Dabei gibt die 8 die Breite an, die 4 die Kontaktzahl.<br><br>Die IAE, 2 x 8 (4) erlaubt den Anschluss von zwei Endgeräten. Die jeweils 4 Kontakte sind parallel geschaltet.<br><br>IAE gibt es als Up-Geräte (Unterputzgeräte) und als Ap-Geräte (Aufputzgeräte). |
| <br>**IAE 2 x 8 (4)** | <br>8 7 6 5 4 3 2 1   8 7 6 5 4 3 2 1<br>1a 1b 2a 2b | |
| <br>**UAE 8 (8)** | <br>8 7 6 5 4 3 2 1<br>8 7 6 5 4 3 2 1 S | Die UAE 8 (8) hat eine Buchse mit 8 Kontakten, die mit 8 Anschlussklemmen verbunden sind. Meist ist noch eine zusätzliche Klemme S für den Anschluss der Schirmung vorhanden. |
| <br>**UAE 8/8 (8/8)** | <br>8 7 6 5 4 3 2 1   8 7 6 5 4 3 2 1<br>8 7 6 5 4 3 2 1 S   8 7 6 5 4 3 2 1 S | Die UAE mit zwei Buchsen gibt es mit Parallelschaltung der Kontakte als UAE 2 x 8 (8) oder ohne elektrische Verbindung der beiden Buchsen als UAE 8/8 (8/8). |
| <br>**UAE 8 (8) + 2** | <br>8 7   6 5 4   3 2 1<br>8 7   6 5 4   3 2 1<br>b2 W b a   E a2 | Es gibt auch UAE, bei denen der Stecker in der Buchse zwei Öffner betätigt, z.B. bei der UAE 8 (8) + 2. Dadurch kann ein anderes Endgerät das an die UAE 8 (8) + 2 angeschlossene Endgerät abschalten. |

IAE = ISDN-Anschlusseinheit;    UAE = Universal-Anschlusseinheit

**W**

## Steckvorrichtungen in Installationen

| System, Marktname | Schuko | Perilex | | „IEC-, EUROPA (CEE)-, RUND-, INDUSTRIESTECKVORRICHTUNGEN" | | | |
|---|---|---|---|---|---|---|---|
| Typische Form der Steckdose | | | | | | | |
| Empfohlene Kernfarbe | – | | | Violett | Blau | Rot | |
| Phasen, Stromstärke | 1 16 A | 3 N 16 A | 3 N 25 A | 1 16 o. 32 A | 1 16 o. 32 A | 3 N 16 bis 125 A | 3 16 bis 125 A |
| Polzahl | 2 P + PE | 3 P + N + PE | | zweipolig 2 P | dreipolig 2 P + PE | fünfpolig 3 P + N + PE | vierpolig 3 P + PE |
| Bemess.spg. Frequenz 50 Hz | 250 – | 400/230 V – | | bis 50 V – | 230 V – | 400 V/230 V – | 400 V – |
| Bem.strom-stärke (A) | 10/16 | 16 | 25 | 16 | 32 | 16 | 32 | 63 | 125 | 16 | 32 | 63 | 125 |
| Klemmbereich (mm²) | 1,5...2,5 | 1,5...4 | 2,5...10 | 4...2 x 6 | 1,5 ...4 | 2,5 ...10 | 1,5 ...4 | 2,5- 10 | 6- 25 | 25 ...70 | 1,5 ...4 | 2,5- 10 | 6- 25 | 25... 70 |
| Überstrom-schutz | Der Bemessungsstrom der vorgeschalteten Überstrom-Schutzeinrichtung darf den Bemessungsstrom der Steckvorrichtung nicht übersteigen. | | | | | | |
| Vorzugsweise Verwendung | Hausinstallation und ähnliche Zwecke | | | Industrielle und ähnliche Zwecke | | | |
| | Landwirt-schaft, Baustellen | Hotels, Laboratorien, Textilverarbeitende Betriebe, Großküchen | | Landwirtschaft, Baustellen | | | Schifffahrt |

## CEE-Industriesteckvorrichtung

| Polzahl | Lage (Uhrzeigerstellungen) der Schutzkontaktbuchse zur Unverwechselbarkeitsnut | | | | | | | | |
|---|---|---|---|---|---|---|---|---|---|
| 3 | Frequenz Hz Spannung V | 50, 60 110 bis 130 | 50, 60 220 bis 240 | 50, 60 380 bis 415 | 50, 60 500 | 50, 60 750 | 50, 60[1] | Gleichstrom > 50 bis 250 | Gleichstrom > 250 |
| | Lage der Schutzkontakt-buchse | 4 h | 6 h | 9 h | 7 h | 5 h | 12 h | 3 h | 8 h |
| | Kennfarbe | | blau | rot | schwarz | schwarz | | blau | |
| 4 | Frequenz Hz Spannung V | 50, 60 110 bis 130 | 50, 60 220 bis 240 | 50, 60 380 bis 415 | 60 440 | 50, 60 500 | 50, 60 750 | 50, 60[1] | 100 bis 300 50 bis 440 | >300 bis 500 50 bis 440 |
| | Lage der Schutzkontakt-buchse | 4 h | 9 h | 6 h | 11 h für Schiffe | 7 h | 5 h | 12 h | 10 h nicht für 63 A und 125 A | 2 h |
| | Kennfarbe | | blau | rot | rot | schwarz | schwarz | | | |
| 5 | Frequenz Hz Spannung V | 50, 60, 110 bis 130 | 50, 60, 127/220 bis 138/240 | 50, 60, 220/380 bis 240/415 | 50, 60, 500 | 50, 60, 750 | 60, 250/440 | | |
| | Lage der Schutzkontakt-buchse | 4 h | 9 h | 6 h | 7 h | 5 h | 11 h für Schiffe | | |
| | Kennfarbe | | blau | rot | schwarz | schwarz | rot | | |

[1] Alle Spannungen nach Trenntransformatoren.

## Internationale, einpolige Steckvorrichtungen

| Form | Verwendungsgebiet | Form | Verwendungsgebiet |
|---|---|---|---|
| | Alle Commonwealth-Länder, Afrika, Asien, Großbritannien, Mittlerer Osten (Kombistecksystem British Standard für Steckdosen mit Rund- und Rechteck-Kontaktöffnungen) | | Nord-/Mittel-/Südamerika, Japan, Süd-/Ost-Asien, Osteuropa |
| | Europa, Südamerika, Afrika | | Australien, Neuseeland, China u.a. (Kombistecksystem durch auswechsel-baren Steckerstift für Steckdosen mit und ohne Kinderschutz) |
| | Hongkong, Indien, China, Großbritannien | | |

W

# Code zur Farbkennzeichnung, Starkstromkabel
## Code for colour identification, heavy current earth cables

## Code zur Farbkennzeichnung

| Farbe | Kurzzeichen IEC 757 | Kurzzeichen, üblich | Farbe | Kurzzeichen IEC 757 | Kurzzeichen, üblich |
|---|---|---|---|---|---|
| Schwarz | BK (Black) | sw | Violett | VT (Violett) | vi |
| Braun | BN (Brown) | br | Grau | GY (Grey) | gr |
| Rot | RD (Red) | rt | Weiß | WH (White) | ws |
| Orange | OG (Orange) | or | Rosa | PK (Pink) | rs |
| Gelb | YE (Yellow) | ge | Gold | GD (Gold) | – |
| Grün | GN (Green) | gn | Türkis | TQ (Turquoise) | tk |
| Blau | BU (Blue) | bl | Silber | SR (Silver) | – |

## Starkstromkabel

| Kurzzeichen | Bezeichnung | Verwendung |
|---|---|---|

**Kabel mit Isolation und Mantel aus Kunststoff**

| Kurzzeichen | Bezeichnung | Verwendung |
|---|---|---|
| NYY | Kabel mit Isolierung und Schutzhülle aus PVC | Innenräume, Kabelkanäle, Erde |
| NAYY | Wie NYY, jedoch Leiter aus Aluminium | Schaltanlagen in Kraftwerken u. ä. |
| NYCY | Wie NYY mit konzentrischem Mittelleiter unter der Schutzhülle | Hausanschluss, Straßenbeleuchtung. |
| NYCWY | Wie NYY mit mehrdrähtigem Kupferleiter und wellenförmig aufgebrachtem konzentrischem Leiter | Meist in Ortsnetzen. |
| NYSY | Wie NYY mit Kupferschirm unter der Schutzhülle | Bei schwierigen Verlegeverhält- |
| NYFGbY | Wie NYY mit Flachdrahtbewehrung und Gegenwendel aus Stahlband | nissen, Schachtanlagen, Seekabel. |
| 2XFGY | Kabel mit Isolierung aus vernetztem PE und Schutzhülle aus PVC | Seekabel, bei rauen Betriebs-bedingungen |
| NA2XS(F)2Y | Kabel mit Abschirmung | Erdkabel für Industrienetze |

**Kabel mit glattem Aluminiummantel**

| Kurzzeichen | Bezeichnung | Verwendung |
|---|---|---|
| NKLY | Kabel mit Aluminiummantel und Kunststoffschutzhülle | |
| NKLDEY | Wie NKLY; Al-Mantel mit Dehnungselementen u. Kunststofffolie | Kabel in Ortsnetzen |
| NAKLDEY | Wie NKLDEY, jedoch mit Aluminiumleitern | für Niederspannung |
| NHEKLY | Dreimantel-H-Kabel mit Al-Mantel und Kunststoffschutzhülle | |

**Kabel mit Kunststoffisolation und Bleimantel**

| Kurzzeichen | Bezeichnung | Verwendung |
|---|---|---|
| NYK | Kabel mit Kunststoffisolierung und blankem Bleimantel | Energie- und Steuerkabel in |
| NYKA | Wie NYK, aber mit äußerer Schutzhülle | Kraftwerken und Schaltanlagen |
| NYKY | Wie NYK, aber mit äußerer Schutzhülle aus Kunststoff | |
| NYKFGbY | Wie NYKY, aber mit Flachdrahtbewehrung und Gegenwendel aus Stahlband | Tankstellen und Raffinerien |

**Kennzeichnung der Adern in mehr- und vieladrigen Kabeln**  vgl. DIN-VDE 0293-308: 2003-01

| Zahl der Adern | Kabel mit Schutzleiter | Kabel ohne Schutzleiter | Kabel mit konzentrischem Leiter |
|---|---|---|---|
| 2 | gnge/sw (ab 10 mm²) | bl/br | bl/br |
| 3 | gnge/bl/br | br/sw/gr | br/sw/gr |
| 4 | gnge/br/sw/gr | bl/br/sw/gr | bl/br/sw/gr |
| 5 | gnge/bl/br/sw/gr | bl/br/sw/gr/sw | bl/br/sw/gr/sw |
| 6 und mehr | gnge/weitere Adern sw mit Zahlenaufdruck | Adern schwarz mit Zahlenaufdruck | Adern schwarz mit Zahlenaufdruck |

**Farbkurzzeichen**: gnge = grün-gelb, bl = blau, br = braun, sw = schwarz, gr = grau.
Bei Kabeln mit massegetränkter Papierisolierung gilt naturfarben als braun und grün-naturfarben als grün-gelb.

W

**NYY**

**NYCWY**

# Installationsrohre  Installation pipes

## Rohrweiten in mm für PVC-Aderleitungen bei Kunststoff-Isolierrohr

| Anzahl der Leiter im Rohr | Bemessungsquerschnitte in mm² | | | | | | | | | | |
|---|---|---|---|---|---|---|---|---|---|---|---|
| | 1,5 | 2,5 | 4 | 6 | 10 | 16 | 25 | 35[1] | 50[1] | 70[1] | 95[1] |
| 2 | 11 | 11 | 13,5 | 16 | 23 | 23 | 29 | 29 | 36 | 48 | 48 |
| 3 | 11 | 13,5 | 16 | 16 | 23 | 23 | 29 | 36 | 36 | 48 | 48 |
| 4 | 13,5 | 16 | 16 | 23 | 23 | 29 | 36 | 36 | 48 | 48 | – |
| 5 | 13,5 | 16 | 23 | 23 | 29 | 29 | 36 | 48 | 48 | – | – |

[1] mehrdrähtige Leitung

## Innendurchmesser und Außendurchmesser von Installationsrohren

| Außendurchmesser in mm (Nennweite) | Innendurchmesser in mm | | | | | | | | | | |
|---|---|---|---|---|---|---|---|---|---|---|---|
| | Kunststoffrohre | | | | | | Stahlpanzerrohre | | Aluminiumrohre | | |
| | starr | | | biegsam | | | starr | biegsam | starr | | |
| | Druckbeanspruchung | | | | | | | | | | |
| | 320N leicht | 750N mittel | 1250N schwer | 320N leicht | 750N mittel | 1250N schwer | 1250N schwer | 4000N sehr schwer | 1250N schwer | 1250N schwer | 4000N sehr schwer |
| 16 | 13,7 | 13,0 | 12,2 | 10,7 | 10,5 | 10,7 | 14,0 | 13,0 | 10,7 | 14,0 | 12,7 |
| 20 | 17,4 | 16,9 | 15,8 | 14,1 | 13,5 | 13,0 | 18,0 | 16,8 | 14,1 | 18,0 | 16,5 |
| 25 | 22,1 | 21,4 | 20,6 | 18,3 | 17,4 | 16,9 | 22,6 | 21,8 | 18,3 | 22,6 | 21,5 |
| 32 | – | 27,8 | 26,6 | 24,3 | 23,5 | 21,4 | 30,6 | 28,8 | 24,3 | 29,2 | 28,4 |
| 40 | – | 35,4 | 34,4 | 31,2 | 30,1 | 31,2 | 37,6 | 36,8 | 31,2 | 37,2 | 36,2 |
| 50 | – | 44,3 | 43,2 | 39,6 | 37,7 | 39,6 | 47,6 | 46,8 | 39,6 | 47,0 | 46,2 |
| 63 | – | 55,6 | 54,8 | 50,6 | 50,1 | 50,6 | 60,0 | 59,4 | 50,6 | 59,4 | 58,8 |

## Anwendung von Installationsrohren

| Anwendungsgebiet | | Kunststoffrohre (Isolierrohre) | | | | | | Metallrohre | |
|---|---|---|---|---|---|---|---|---|---|
| | | Starre Rohre bei Druckbeanspruchung | | | Flexible Rohre bei Druckbeanspruchung | | | Stahlpanzerrohre | Flexible Stahlrohre |
| | | leicht | mittel | schwer | leicht | mittel | schwer | | |
| Installation | auf Putz | – | – | X | – | X | X | X | X |
| | unter Putz | X | X | X | X | X | X | X | X |
| | im Putz | X | X | X | X | X | X | X | X |
| | auf Holz | – | – | X | – | X | X | X | X |
| Verlegung im Erdreich (Als Schutzrohr für Erdkabel) | | – | – | – | – | – | – | X | – | – |
| Verlegung in Schüttelbeton | | – | X | X | – | X | X | X | X |
| Verlegung in Rüttelbeton | | – | – | X | – | – | X | X | X |
| Verlegung in Estrich | | – | – | X | – | – | X | X | X |

W

| Zylinderschraube mit Schlitz | Senkschraube mit Schlitz | Senkschraube mit Kreuzschlitz | Linsensenkschraube mit Schlitz | Linsensenkschraube mit Kreuzschlitz |
|---|---|---|---|---|
| Zylinderschraube M5 x 20 DIN EN ISO 1207-5.8 | Senkschraube M6 x 20 DIN EN ISO 2009-5.8 | Senkschraube M4 x 6 DIN EN ISO 7046-4.8 | Linsensenkschraube M2 x 8 DIN EN ISO 2010-5.8 | Linsensenkschraube M3 x 5 DIN EN ISO 7047-4.8 |
| Sechskantschraube | Sechskant-Passschraube | Kreuzlochschraube | Hohe Rändelschraube mit Schlitz | Flügelschraube |
| Sechskantschraube M12 x 80 DIN 931-8.8 | Passschraube M20 x 8 DIN 609-5.6 | Kreuzlochschraube M5 x 30 DIN 404-5.8 | Rändelschraube M5 x 16 DIN 465-5.8 | Flügelschraube M10 x 30 DIN 316-g-4.6 |
| Ringschraube | Spannschloss offene Form | Steinschraube | Schaftschraube | Flachrundschraube mit Vierkantansatz |
| Ringschraube M20 DIN 580 | Spannschloss-Mutter B M10 x 125 DIN 1480 | Steinschraube M20 x 200 DIN 529 | Schaftschraube M4 x 10 DIN 427 | Flachrundschraube M10 x 70 DIN 603 |
| Zylinder-blechschraube mit Schlitz | Halbrund-Holzschraube mit Schlitz | Senk-Holzschraube mit Schlitz | Halbrund-Nagelschraube | Sechskant-Holzschraube |
| Zylinderblechschraube B 4,8 x 16 DIN 7971 | Halbrund-Holzschraube 4 x 15 DIN 96 Ms | Senk-Holzschraube 3 x 20 DIN 97 Al-Leg. | Halbrund-Nagelschraube 4 x 30 DIN 7514 | Sechskant-Holzschraube 10 x 50 DIN 571 |

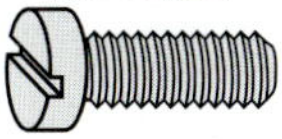

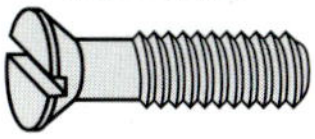

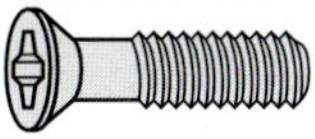

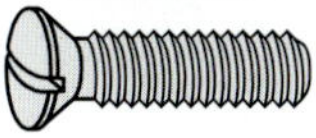

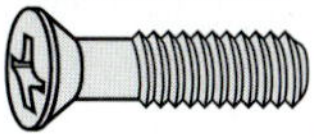

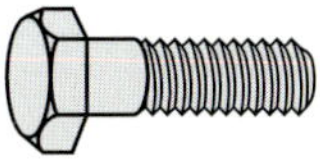

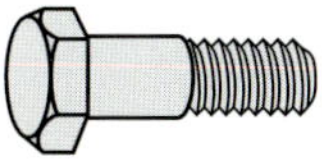

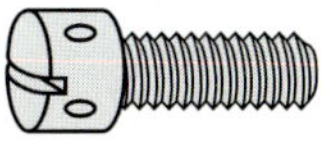

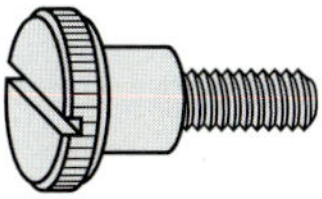

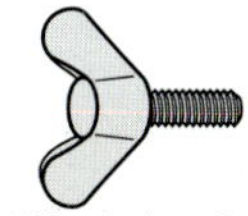

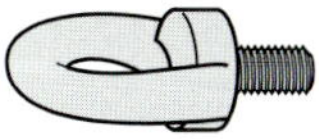

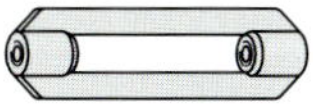

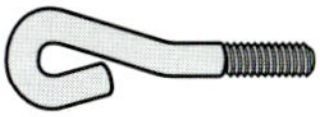

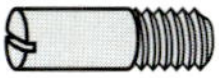

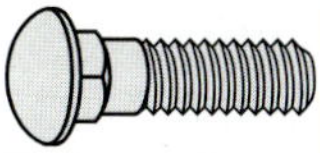

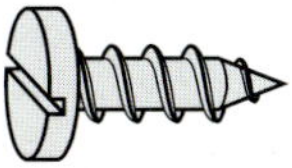

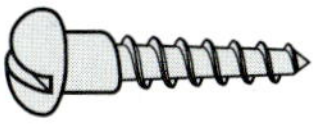

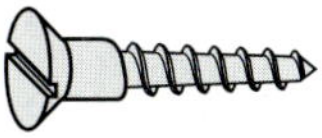

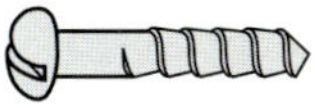

| Stiftschraube | Länge des Einschraubendes: | Gewindestifte | | |
|---|---|---|---|---|
| | DIN | mit Schlitz und Zapfen | mit Schlitz und Spitze | mit Innensechskant und Zapfen |
| | 938 in St ≈ 1 · d | | | |
| | 939 in GG ≈ 1,25 · d | | | |
| | 835 in Al-Leg. ≈ 2 · d | | | Gewindestift |
| | 940 in Weich-metall ≈ 2,5 · d | Gewindestift M3 x 6 DIN 417 | Gewindestift M4 x 10 DIN 553 | AM 10 x 40 DIN 915-10.9 |
| Stiftschraube M16 x 80 DIN 939-5.6 | | | | |

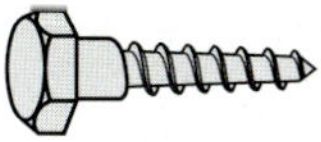

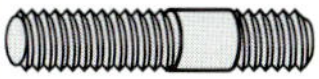

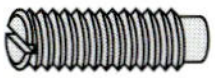

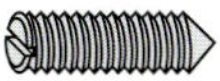

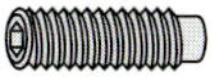

| Sechskantmuttern | | | Kronenmuttern | | Hutmutter niedrige Form |
|---|---|---|---|---|---|
| (h ≈ 0,8 · d) DIN 934 | niedrige Form (h ≈ 0,5 · d) Form A ohne, Form B mit Fase | selbstsichernd DIN 985 | flach DIN 937 | DIN 935 | DIN 917 |
| Sechskantmutter M4 DIN 934-8 Ausführung: m, mg | Sechskantmutter A M4 DIN 439-04 Ausführung: m | Sechskantmutter M20 DIN 985-8 Ausführung: m | Kronenmutter M20 DIN 937-8 Ausführung: m | Kronenmutter M30 DIN 935-8 Ausführung: m | Hutmutter M24 DIN 917-6 Ausführung: m |

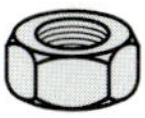

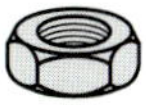

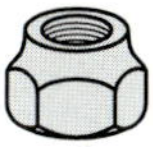

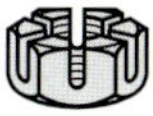

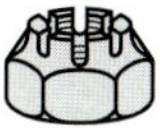

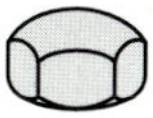

W

| Flügelmutter DIN 315 | Rändelmuttern | | Schlitzmutter DIN 546 | Zweilochmutter DIN 547 | Kreuzloch-mutter DIN 548 | Ringmutter |
|---|---|---|---|---|---|---|
| | hoch | flach | | | | |
| Flügelmutter M10 DIN 315-g-4 | Rändelmutter M6 DIN 466-5 | Rändelmutter M8 DIN 467-5 | Schlitzmutter M8 DIN 546-5 | Zweilochmutter M10 DIN 547-5 | Kreuzlochmutter M12 DIN 548-5 | 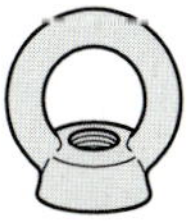 Ringmutter M20 DIN 582 |

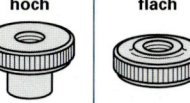

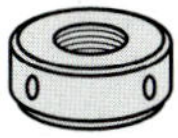

# Metrische ISO-Gewinde  Metric ISO threads

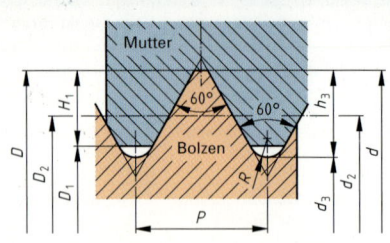

| | |
|---|---|
| Nenndurchmesser | $d = D$ |
| Steigung | $P$ |
| Gewindetiefe des Bolzengewindes | $h_3 = 0{,}6134 \cdot P$ |
| Gewindetiefe des Muttergewindes | $H_1 = 0{,}5413 \cdot P$ |
| Rundung | $R = 0{,}1443 \cdot P$ |
| Flanken-$\varnothing$ | $d_2 = D_2 = d - 0{,}6495 \cdot P$ |
| Kern-$\varnothing$ des Bolzengewindes | $d_3 = d - 1{,}2269 \cdot P$ |
| Kern-$\varnothing$ des Muttergewindes | $D_1 = d - 1{,}0825 \cdot P$ |
| Kernlochbohrer-$\varnothing$ | $= d - P$ |
| Flankenwinkel | $= 60°$ |

## Regelgewinde (Auswahl)  Maße in mm

| Gewinde-bezeich-nung | Steigung $P$ | Kern-$\varnothing$ | | Gewindetiefe | | Kernloch-bohrer $\varnothing$ | Durchgangsloch-$\varnothing$ für Schrauben | | Sechs-kant-schlüssel-weite | Muttern-höhe $\approx$ $0{,}8 \cdot d$ |
|---|---|---|---|---|---|---|---|---|---|---|
| | | Bolzen $d_3$ | Mutter $D_1$ | Bolzen $h_3$ | Mutter $H_1$ | | fein | mittel | | |
| M 1 | 0,25 | 0,693 | 0,729 | 0,153 | 0,135 | 0,75 | 1,1 | 1,2 | 3 | 0,8 |
| M 1,2 | 0,25 | 0,893 | 0,929 | 0,153 | 0,135 | 0,95 | 1,3 | 1,4 | 3,5 | 1 |
| M 1,6 | 0,35 | 1,170 | 1,221 | 0,215 | 0,189 | 1,3 | 1,7 | 1,8 | 3,5 | 1,3 |
| M 2,5 | 0,45 | 1,948 | 2,013 | 0,276 | 0,244 | 2,1 | 2,7 | 2,9 | 5 | 2 |
| M 3 | 0,5 | 2,387 | 2,459 | 0,307 | 0,271 | 2,5 | 3,2 | 3,4 | 5,5 | 2,4 |
| M 4 | 0,7 | 3,141 | 3,242 | 0,429 | 0,379 | 3,3 | 4,3 | 4,5 | 7 | 3,2 |
| M 5 | 0,8 | 4,019 | 4,134 | 0,491 | 0,433 | 4,2 | 5,3 | 5,5 | 8 | 4 |
| M 6 | 1 | 4,773 | 4,917 | 0,613 | 0,541 | 5,0 | 6,4 | 6,6 | 10 | 5 |
| M 8 | 1,25 | 6,466 | 6,647 | 0,767 | 0,677 | 6,8 | 8,4 | 9 | 13 | 6,5 |
| M 10 | 1,5 | 8,160 | 8,376 | 0,920 | 0,812 | 8,5 | 10,5 | 11 | 17 | 8 |
| M 12 | 1,75 | 9,853 | 10,106 | 1,074 | 0,947 | 10,2 | 13 | 14 | 19 | 10 |
| M 16 | 2 | 13,546 | 13,835 | 1,227 | 1,083 | 14 | 17 | 18 | 24 | 13 |

## Elektrogewinde  Maße in mm

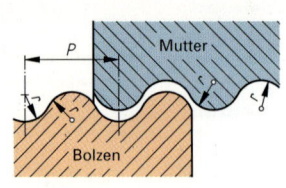

| Kurz-zeichen | Gangzahl auf 1″ | Steigung $P$ | Rundung $r$ |
|---|---|---|---|
| E 5 | $\approx 25$ | 1 | 0,293 |
| E 10 | 14 | 1,814 | 0,531 |
| E 14 | 9 | 2,822 | 0,822 |
| E 16 | $\approx 10$ | 2,5 | 0,708 |
| E 18 | $\approx 8{,}5$ | 3 | 0,875 |
| E 27 | 7 | 3,629 | 1,025 |
| E 33 | 6 | 4,233 | 1,187 |
| E 40 | 4 | 6,350 | 1,850 |

**Bezeichnung: Gewinde E 27**
Für Glühlampen E 5, E 10, E 14, E 27 und E 40
Für Sicherungen E 14, E 16, E 18, E 27 und E 33

## Kabeleinführungen  Maße in mm

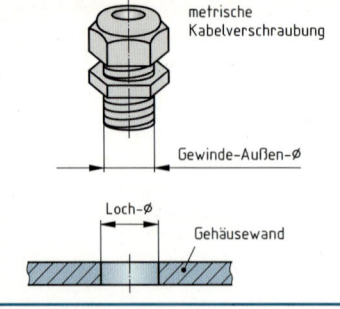

metrische Kabelverschraubung

Gewinde-Außen-ø

Loch-ø

Gehäusewand

| Kurz-zeichen | Gewinde-Außen-$\varnothing$ | Gehäusewand Loch-$\varnothing^{+0,2}_{-0,4}$ | Ersatz für |
|---|---|---|---|
| M 12 | 12,0 | 12,5 | |
| M 16 | 16,0 | 16,5 | |
| M 20 | 20,0 | 20,5 | |
| M 25 | 25,0 | 25,5 | Pg 7 bis Pg 48 |
| M 32 | 32,0 | 32,5 | |
| M 40 | 40,0 | 40,5 | |
| M 50 | 50,0 | 50,5 | |
| M 63 | 63,0 | 63,5 | |

**W**

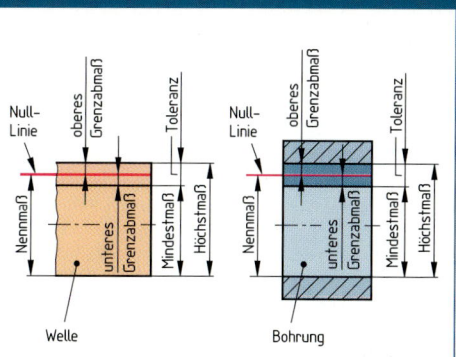

Welle  Bohrung

Als **Welle** bezeichnet man das Rundteil, das in eine Bohrung eingefügt werden soll (Achsen, Bolzen, Stifte, Wellen, Zapfen).

**Spiel:** Durchmesserunterschied zwischen Bohrung und Welle, wenn der Bohrungsdurchmesser größer als der Wellendurchmesser ist.

**Übermaß:** Durchmesserunterschied zwischen Welle und Bohrung, wenn der Wellendurchmesser größer als der Bohrungsdurchmesser ist.

**Nennmaß:** Das in der Zeichnung angegebene Maß, auf das sich die Abmaße beziehen.

**Nennabmaße:** Das „obere Grenzabmaß" und das „untere Grenzabmaß" sind die Grenzen der zulässigen Abweichung.

**Toleranz:** Unterschied zwischen Höchstmaß und Mindestmaß.

**Istmaß:** Maß des fertigen Werkstücks.

**Beispiel:**

Nennmaß Ø **25** $^{+0,009}$ oberes Abmaß
$\phantom{Nennmaß Ø 25}$ $_{-0,004}$ unteres Abmaß

Höchstmaß = 25 + 0,009 = 25,009 mm
Mindestmaß = 25 − 0,004 = 24,996 mm
Toleranz = 25,009 − 24,996 = 0,013 mm

Die Toleranzen werden nach ISO durch Kurzzeichen (Buchstaben und Zahlen) hinter dem Nennmaß angegeben.
Die **Buchstaben** (A...Z für Bohrungen, a...z für Wellen) geben die Lage der Toleranz zur Null-Linie an.
Die **Zahlen** (01; 0; 1; 2...18) bedeuten die Größe der Toleranz und damit die Qualität (Güte) des Arbeitsverfahrens.

## Passungsarten

### System Einheitsbohrung

| Einheits-bohrung H ... | Wellentoleranzen | | |
|---|---|---|---|
| | abcdefgh | jkmnp | prstuvxyz za zb zc |
| | Spiel-passungen | Übergangs-passungen | Übermaß-passungen |

Beim **System Einheitsbohrung** werden alle Bohrungen ohne Rücksicht auf die herzustellenden Passungen einheitlich mit H-Toleranzen gefertigt. Das **Mindestmaß** einer Bohrung geht dadurch genau bis zur Null-Linie und ist gleich dem Nennmaß. Das **Höchstmaß** geht um die Toleranz über die Null-Linie hinaus. Die Art der Passung wird durch eine entsprechende Wellentoleranz (a...z) erreicht.

### System Einheitswelle

| Einheits-welle h ... | Bohrungstoleranzen | | |
|---|---|---|---|
| | ABCDEFGH | JKMNP | PRSTUVXYZ ZA ZB ZC |
| | Spiel-passungen | Übergangs-passungen | Übermaß-passungen |

Beim **System Einheitswelle** erhalten alle Wellen h-Toleranzen. Das **Höchstmaß** einer Welle geht deshalb bis zur Null-Linie und ist gleich dem Nennmaß. Das **Mindestmaß** der Welle ist um die Toleranz kleiner als ihr Nennmaß. Die Art der Passung wird durch eine entsprechende Bohrungstoleranz (A...Z) erreicht.

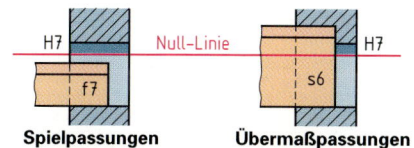

**Spielpassungen**    **Übermaßpassungen**

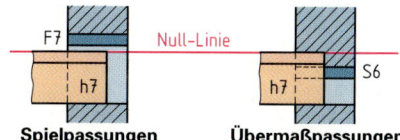

**Spielpassungen**    **Übermaßpassungen**

## Maßeintragung mit Toleranzangaben

### Rundpassung

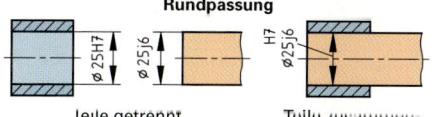

Teile getrennt gezeichnet    Teile zusammengebaut gezeichnet

Bei zusammengefügt dargestellten Teilen wird die Toleranz für die Bohrung *vor* oder *über* die Toleranz der Welle eingetragen:

Ø 25 H7/j6

oder  Ø 25 $\frac{H7}{j6}$

**W**

### Flachpassungen

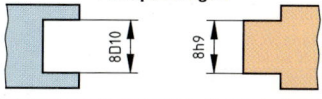

Das Außenteil erhält Bohrungskurzzeichen.
Das Innenteil erhält Wellenkurzzeichen.

# Organisationsformen in Unternehmen   Organization forms for companies

| Organisationsform | Erklärung | Bemerkung |
|---|---|---|
| <br>**Liniensystem** | Fachliche und personelle Weisungen gehen von oben nach unten von zentralen Stellen aus. Es liegt eine hierarchische Baumstruktur vor.<br><br>Das Unternehmen ist in Bereiche, Abteilungen und Teams gegliedert. Diese Untergliederung erfolgt nach Funktionen oder Prozessen.<br><br>Jeder Mitarbeiter erhält nur von seinem unmittelbaren Vorgesetzten Anweisungen. Das ausschließliche Liniensystem kommt selten vor. | Geschäftsleitungen lassen sich in größeren Unternehmen meist von Experten, die als Stabsstellen fungieren, beraten.<br><br>Eine feinere Untergliederung ist zu vermeiden, da ein guter Informationsfluss einen kurzen Berichtsweg erfordert.<br><br>Die Kompetenzen und Zuständigkeiten sind beim Liniensystem klar geregelt. |
| <br>**Funktionssystem** | Beim Funktionssystem sind die Zuständigkeiten nach Funktionen oder Prozessen aufgeteilt. Die Bereichsleiter handeln selbstständig. Zwischen den Bereichen herrschen Kunden-Lieferanten-Beziehungen.<br><br>Ein ausschließliches Funktionssystem wird nirgends angetroffen. Es wird nur auf der Bereichsleiterebene gelebt. Die unteren Leitungsebenen sind dagegen entsprechend dem Liniensystem organisiert. | Die oberste Leitung (Leitungsteam) gibt nur Zielsetzungen aus und entscheidet in unternehmenswichtigen Fällen.<br><br>Der Bereichsleiter einer Fertigung beschafft z. B. über den Bereich Informatik anhand seines genehmigten Budgets einen PC, ohne die oberste Leitung hierüber zu informieren. |
| <br>**Spartensystem** | Beim Spartensystem unterstehen der obersten Leitung produktbezogene, eigenverantwortliche Geschäftsbereiche oder Geschäftsfelder.<br><br>Innerhalb einer Sparte kommt meist die Mischform aus Funktionssystem und Liniensystem vor. | Prinzipiell wird bei dieser Organisationsform auch von Unternehmen im Unternehmen gesprochen.<br><br>Es bietet sich an, das Spartensystem in einem Unternehmen mit einer Matrixorganisation zu kombinieren. |
| <br>**Matrixorganisation** | Bei einer Matrixorganisation werden von einzelnen Personen oder auch von Bereichen sogenannte Querschnittsaufgaben für mehrere Bereiche wahrgenommen.<br><br>Die Matrixorganisation kommt nur in Verbindung mit den oben beschriebenen Organisationsformen vor. | Gleiche Strategien können in unterschiedlichen Bereichen umgesetzt werden. Marketing-Strategien können z. B. von einer Personengruppe für mehrere Produktbereiche entwickelt werden.<br><br>Die Matrixorganisation zwingt zur Teamarbeit, da Entscheidungen und Weisungen in Abstimmung erfolgen müssen. |
| <br>**Projektmanagement** | Diese Organisationsform kommt nur in Verbindung mit den oben beschriebenen Organisationsformen vor. Über Abteilungen oder Bereiche hinweg werden Projektteams gebildet, die eine vorgegebene Aufgabe umzusetzen haben.<br><br>Geleitet wird ein Projektteam von einem Projektleiter, der meist an ein Entscheidergremium berichtet. | Bei der Bildung von Projektteams ist zu beachten, dass gleiche Mitarbeiter nicht in zu vielen Projektteams mitwirken und somit überlastet werden.<br><br>Nach Beendigung der Projektarbeit wird das Projektteam wieder aufgelöst. |

**W**

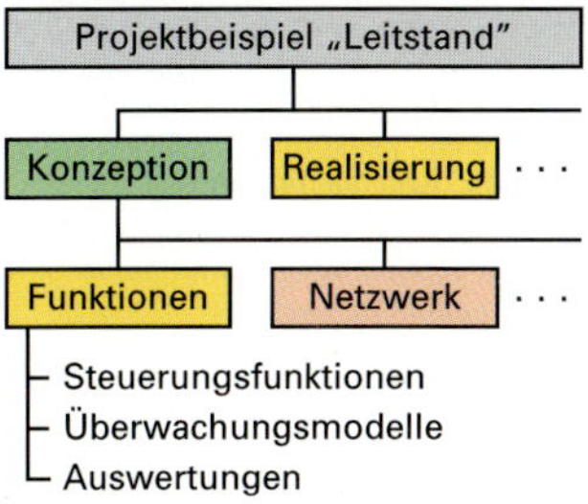

Projektbeispiel „Leitstand"

Konzeption    Realisierung  · · ·

Funktionen    Netzwerk      · · ·

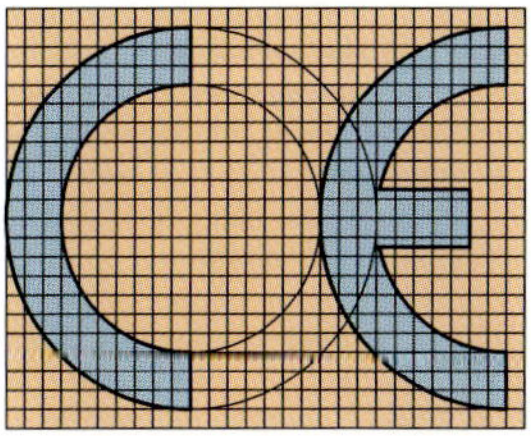

– Steuerungsfunktionen
– Überwachungsmodelle
– Auswertungen

CE

DIN
VDE 0100-460

DIN
1301
Teil 1

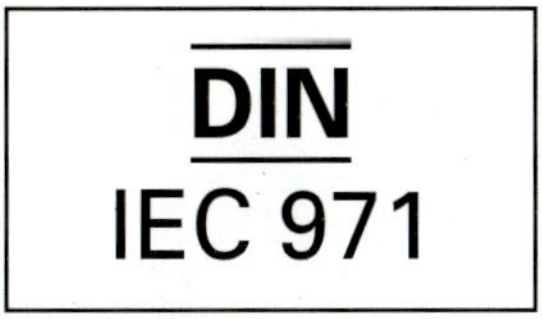

DIN
IEC 971

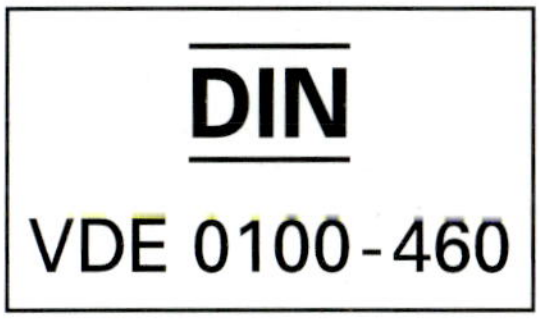

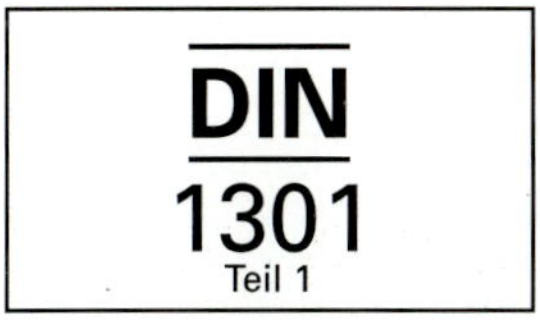

# Arbeiten im Team  Working in team

| Begriff | Erklärung | Bemerkungen |
|---|---|---|
| Team | Ein Team ist eine Gruppe von Personen mit dem Ziel, Aufgaben oder Probleme gemeinsam zu analysieren und zu lösen. Teamarbeit ist zum Bewältigen umfangreicher Aufgaben wegen fachlicher Gesichtspunkte sowie ggf. wegen der Akzeptanz der Ergebnisse notwendig. Ein Team benötigt einen Teamsprecher. In Projektteams ist dies der Projektleiter. Seine Aufgabe ist es, das Team zu leiten, zu motivieren und einen Teamgeist (Wir-Gefühl) zu erzeugen. | Bei Projektteams ist auf die richtige Zusammensetzung zu achten, z. B. dass das benötigte fachliche, technische und betriebswirtschaftliche Know-How für das zu lösende Thema vorhanden ist. Das Einbinden des Anwenders und das persönliche Miteinander bestimmt den Erfolg der Teamarbeit.<br><br>In einer betrieblichen Organisation ist die Unterstützung eines Projektteams durch eine Führungskraft als Pate zweckmäßig. |
| Meeting | In Meetings (Besprechungen) treffen Personen mit dem Ziel zusammen, das Lösen einer Aufgabe oder eines Problems zu besprechen. Auf einen geeigneten Raum mit notwendiger technischer Ausstattung ist zu achten. | Ein Meeting erfordert eine Vorbereitung, einen Moderator und eine Agenda (Tagesordnung). Die Beteiligten sind anhand dieser frühzeitig zu informieren. Geräte wie Overhead-Projektor, Beamer, Flipchart sind bei Bedarf vorab zu organisieren. Ebenso ist für eine notwendige Verpflegung zu sorgen. |
| Agenda | Die Agenda (Tagesordnung) enthält die zu besprechenden Themen eines Meetings. Neben dem Ort und der Zeitdauer der Besprechung sind die vorgesehenen Zeitspannen für die einzelnen Themen sowie deren Verantwortliche in der Agenda niederzuschreiben. | Es ist Aufgabe des Einladenden zu einem Meeting, meist der Projektleiter, eine Agenda zu erstellen. Es ist zu beachten, dass die Zeitspannen für die Themen richtig bemessen sind. Die Verantwortlichen der zu behandelnden Themen sind aus Gründen ihrer Vorbereitung frühzeitig zu informieren. |
| Protokoll | Im Protokoll sind mindestens die während des Meetings getroffenen Entscheidungen schriftlich festzuhalten. Ein Protokoll ist vom Protokollschreiber zu unterschreiben. Bei themenkritischen Besprechungen ist das Protokoll von allen Besprechungsteilnehmern zu unterschreiben. | Zu Beginn eines Meetings muss der Protokollschreiber benannt werden. Im Protokoll sind Datum, Teilnehmer, Tagesordnungspunkte und getroffene Entscheidungen festzuhalten, ggf. auch Beiträge von den einzelnen Teilnehmern. |
| Moderator | Der Moderator ist der Organisator und Lenker eines Meetings. Dies muss nicht der Teamleiter oder Projektleiter sein. | Ein Moderator nimmt eine neutrale Position in der Meinung ein. Durch geschickte Fragestellungen muss er mit den Teilnehmern die gestellte Aufgabe erarbeiten. |
| Brainstorming | Brainstorming (engl. brainstorm = Geistesblitz) wird in Meetings angewandt, wenn zunächst nur Ideen gesammelt werden. | Die gesammelten Ideen sind nach Themen oder Abläufen (Prozessen) zu orden und daraus sind dann die weiteren Schritte abzuleiten. |
| Entscheidung | Entscheidungen müssen in Meetings getroffen werden. Deshalb muss zu Beginn eines jeden Meetings das Ziel des Meetings den Teilnehmern mitgeteilt werden. | Getroffene Entscheidungen sind einzuhalten. Andernfalls sind die Gründe offen zu diskutieren. Dies darf allerdings nicht zu oft geschehen. |
| Konsens | Entscheidungen, die im Konsens der Teilnehmer (in Übereinstimmung) getroffen werden, sind von den Teilnehmern akzeptiert. | Die Fähigkeit, in strittigen Situationen Zugeständnisse und Abstriche in der Sache zu tätigen, ist eine Grundvoraussetzung für funktionierende Teamarbeit. |
| Abstimmung | Unter Abstimmen kann verstanden werden, eine akzeptierte Übereinkunft zu finden. Dies entspricht der Konsensfindung. Entscheidungen, die aufgrund von Mehrheiten (Abstimmung) gefällt werden, können insbesondere bei den Anwendern von Projektergebnissen zum späteren Scheitern des Projektes führen. | In einer funktionierenden und erfolgreichen Teamarbeit müssen die Anwenderinteressen vertreten sein. |

disziplinäres Team — Teamleiter; interdisziplinäres Team — Projektleiter; Team; Teammitglied

BU

| Handlung | Beschreibung | Bemerkungen |
|---|---|---|
| Vorbereitung | • Themenstellung klären.<br>• Teilnehmergruppe klären: Anzahl und Niveau der Teilnehmer.<br>• Ziel der Teilnehmer klären oder festlegen.<br>• Dauer des Vortrages klären.<br>• Technische Austattung des Vortragsraumes klären.<br>• Geeignetes Softwaretool für Erstellung von Bildern auswählen. | Das Niveau der Teilnehmer bestimmt die fachliche Tiefe des Vortrages im zur Verfügung stehenden Zeitrahmen. Wichtig ist, dass die Teilnehmer angesprochen werden. Die Teilnehmer müssen das Vorgetragene verstehen. Die Dauer des Vortrages legt bei einem Folienvortrag die Anzahl Folien fest.<br>Als grafisches Softwaretool wird oft Powerpoint verwendet. |
| Mediengerät bereitstellen | • Overhead-Projektor für Folienpräsentation.<br>• Beamer (LCD-Projektor, DLP-Projektor) für Präsentationen von PC-erzeugten Bildern.<br><br><br>**LCD-Projektor oder DLP-Projektor mit PC** | LCD von Liquid Crystal Display<br>DLP von Digital Light Processing<br>engl. beam = Strahl<br><br>Technische Daten eines LCD- Projektors:<br>Lichtleistung 3000 lm<br>Kontrastverhältnis: 850 : 1 (Weiß/Schwarz)<br>Auflösung: 1024 x 768 Bildpunkte<br>Helligkeitsverteilung: 80% (Bildrand/Bildmitte)<br>Zweilampensystem<br>Leinwandabstand: 1 m bis 16 m<br>Standardsignale: PAL, NTSC, SECAM, SVGA, SXGA |
| Vortrags-erstellung | • Eine an die Wand projizierte Bildseite (Chart, Folie) muss mindestens eine Minute stehen bleiben.<br>• Schriftgrad (Schriftgröße) mindestens 18.<br>• Maximal sieben Schriftzeilen je Bildseite, Bildseite nicht überladen.<br>• Diagramme und Tabellen nicht mit Zahlen überladen.<br>• Jede Bildseite muss ihr Bildseitenthema, die Archivnummer und ggf. das Firmenlogo enthalten.<br>• Alle Bildseiten ähnlich strukturieren.<br>• Vortrag in Schwerpunkte gliedern.<br>• Titelseite und Seite für Vortragsgliederung nicht vergessen zu erstellen.<br>• Vortrag vorab laut vorsprechen. | Eine Bildseite muss vom Zuhörer in Ruhe gelesen werden können. Die Schriftgröße darf deshalb keinesfalls zu klein gewählt werden. Die Leistungsfähigkeit des Projektors sowie die Größe des Vortragsraumes sind hier mitbestimmend.<br><br>Als Schriftfarbe ist bei hellem Seitenhintergrund Schwarz am besten geeignet. Ein Seitenhintergrund mit Strukturen ist zu vermeiden. Zu viele Farben auf einer Bildseite verwirren. Beim Verwenden verschiedener Farben ist den Farben ein Sinn zuzuordnen.<br><br>Bei Bildschirmanimationen (animation = Bewegung) ist auf eine Beschränkung der bewegten Elemente zu achten. |
| Präsentation | • Kurze Zielangabe des Vortrages.<br>• Nicht zu schnell sprechen.<br>• Nicht zu viele Handbewegungen und Körperbewegungen vornehmen.<br>• Bei der Wortwahl auf nicht allgemein bekannte Fremdworte, Fachausdrücke oder Abkürzungen verzichten.<br>• Am Vortragsende eine kurze Zusammenfassung geben. | Der Vortragende darf keine Hektik verbreiten. In der Sprechweise ist dennoch eine gewisse Lebhaftigkeit gefordert. Zur Aufmunterung der Zuhörer kann auch einmal eine passende, kurze Anekdote erzählt werden. Zu witzig darf man nicht werden. Der Vortragende soll die Zuhörer während seines Vortrages anschauen. |

**Mögliche Einteilungen von Bildseiten**

**BU**

| Begriff | Erklärung | Bemerkungen |
|---|---|---|

**Aufgaben**

– Projektinhalt festlegen
– Projektrisiken abwägen
– Wirtschaftlichkeit analysieren
– Projektziele festlegen
– Projekt abgrenzen
– Projektvoraussetzungen prüfen
– Projektorganisation festlegen
– Projektarbeitspakete definieren
– Terminplan ausarbeiten

**Projektplanung**

Entwicklungsprojekte benötigen ab einer mehrwöchigen Entwicklungsdauer eine Projektplanung. Damit kann das Projekt fundiert geplant und durchdacht werden. Nur so ist neben einer genauen Beschreibung der anzugehenden Tätigkeiten und Investitionen auch eine realistische Aufwands-/Kostenabschätzung möglich.
Insbesondere die Projektziele sind als Lastenheft genau zu beschreiben. Das Projekt ist in Arbeitspakete zu gliedern (Projektstrukturplan). Eine Projektorganisation muss festgelegt werden.

Projekte, die größere Investitionen und Personalkosten erfordern, müssen unbedingt eine Projektorganisation besitzen. Hierzu müssen ein Projektleiter, sein Stellvertreter, die Projektmitarbeiter und ein Entscheidergremium benannt werden.

Das Entscheidergremium muss auch aus Mitgliedern der Unternehmensleitung besetzt sein. Für die am Projekt beteiligten Personen muss deren für das Projekt verfügbare Arbeitszeit festgelegt sein.

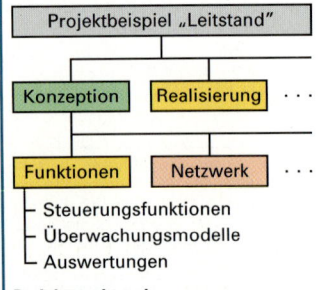

– Steuerungsfunktionen
– Überwachungsmodelle
– Auswertungen

**Projektstrukturplan**

Von wesentlicher Bedeutung ist das Strukturieren eines Projektes anhand von Arbeitspaketen. Die einzelnen Arbeitspakete sind im Laufe des Projektes zu bearbeiten. Zum Projektbeginn sind den Arbeitspaketen grobe Schätzungen bezüglich Arbeitsaufwand in Personentagen (PT) und notwendigen Investitionen zuzuordnen.
Anhand der geschätzten Personentage und der bekannten Personalkapazitäten kann der Projektphasenplan einschließlich der Terminplanung erstellt werden.

Es empfiehlt sich, dem Strukturieren eines Projektes große Sorgfalt zukommen zu lassen. Nur dadurch wird erreicht, dass Projekte hinsichtlich Terminen und Kosten nicht unterschätzt werden.
Zum Projektbeginn ist festzulegen, nach welchen erledigten Arbeitspaketen Meilensteinsitzungen mit dem Projekt-Entscheidergremium stattfinden sollen. Nur so ist eine ständige Unterstützung durch das Management sichergestellt.

| Phase | 1 | 2 | 3 |
|---|---|---|---|
| Phasenergebnis | | | |
| Zugeordnete Arbeitspakete | | | |
| Arbeitsaufwand | | | |
| Invest | | | |
| Externe Kosten | | | |
| Kosten gesamt | | | |
| Meilensteintermine | | | |

**Projektphasenplan**

In der Phasenplanung eines Projektes sind die einzelnen Projektphasen entsprechend z.B. Phase 1, 2, 3, 4, strukturiert. In jeder Projektphase sind die zugeordneten Merkmale zu beschreiben (**Bild**).
Beim Arbeitsaufwand sind die Personentage je Phase einzutragen und zusätzlich die daraus resultierenden Kosten (Berücksichtigung der Personentagessätze, z.B. 700 € je Tag).
An den Meilensteinterminen ist für das Entscheidergremium wichtig zu erfahren, welche Kosten und Arbeitsaufwände anstehen.

Hinsichtlich der Arbeitspakete ist empfehlenswert, diese zu nummerieren, sodass in dieser Tabelle (**Bild**) nur Nummern aufzulisten sind.

Bei Invest sind die für Hardware-Software-Beschaffungen zu tätigenden Investionen einzutragen.

Bei externen Kosten sind z.B. Schulungskosten und externe Entwicklungskosten einzutragen.

Die Phasenergebnisse sind schlagwortartig zu beschreiben.

| Merkmale | 2006 | 2007 | 2008 |
|---|---|---|---|
| Kosten<br>● einmalig<br>● laufend | | | |
| Kosteneinsparung<br>● einmalig<br>● laufend | | | |
| Kostenvermeidung<br>● einmalig<br>● laufend | | | |

**Kosten-Nutzenbetrachtung**

Anhand der mit Personentagen und Investionen versehenen Arbeitspakete wird die Kosten-Nutzenbetrachtung durchgeführt. Hierbei sind auf der Kostenseite einmalig anfallende Kosten, ständig anfallende Kosten, z.B. Wartungsgebühren, Betreuungsaufwände, zu berücksichtigen. Auf der Seite der Kosteneinsparungen sind ebenfalls einmalige Effekte und ständig anfallende Einsparungen, z.B. geringere Wartungsgebühren, zu betrachten.

In die Kosten-Nutzenbetrachtung können auch Effekte einer Kostenvermeidung einfließen. Dies sind Kosten, die durch Umsetzung des Projektes nicht anfallen, z.B. das Vermeiden einer Personalzusatzeinstellung.

Eine Kosten-Nutzenbetrachtung ist über einen mehrjährigen Zeitraum anzustellen.

| Begriff | Erklärung, Beispiel | Bemerkungen |
|---|---|---|

## Arbeitsplanung

| Begriff | Erklärung, Beispiel | Bemerkungen |
|---|---|---|
| Arbeits-vorberei-tung | Die Arbeitsvorbereitung dient der Durchführung und Optimierung von Arbeitsabläufen, vor allem im Produktionsbereich. Sie umfasst:<br>• Auftragserfassung (Pflichtenheft, Zeichnung),<br>• Bedarfsplanung (Material, Arbeitsmittel, Zeit, Personal),<br>• Arbeitsablaufplanung (Arbeitsschritte),<br>• Kontrolle (Funktionskontrolle). | Detaillierte Zeichnungen, z.B. Installationsschaltplan oder Bestückungsplan, bilden die Grundlagen für die Erstellung der Bedarfsplanung. Die Kontrolle umfasst neben der Qualitätskontrolle des Werkstückes auch die Kontrolle des Arbeitsfortschrittes sowie die Zeit- und Kostenkontrolle. |
| Arbeits-ablauf-plan | Für aufwändige Arbeiten werden der Arbeitsablauf in chronologischer Reihenfolge mit den erforderlichen Betriebsmitteln und Vorrichtungen in einem Arbeitsablaufformular aufgelistet. Bei Serienproduktion werden Rüstzeiten und Bearbeitungszeiten als Vorgabezeiten angegeben. | Für den Unterricht und die projektorientierte Abschlussprüfung kann das abgebildete Arbeitsablaufformular als Grundlage verwendet werden. Dieses kann je nach Projekttyp um weitere Rubriken, z.B. Umweltschutz, beliebig erweitert werden. |

**Arbeitsablaufplan**    Auftrag: Netzgerät    Bearbeiter: Mustermann

| | | | | | | Blatt-Nr.: 1 | |
|---|---|---|---|---|---|---|---|

| Lfd. Nr. | Arbeits-schritte | Werkzeuge, Maschinen, Arbeitsmittel | Arbeits-sicherheit | Informationen zu Ausführung, Kontrolle, Abweichungen | Woche, Datum | Zeit Soll | Zeit Ist |
|---|---|---|---|---|---|---|---|
| 2 | Netzteil-platine bestücken | Lötkolben, Lötzinn, Lötabsauger, Schaltplan, Bauelemente | Verbrennungsgefahr durch Lötkolben | Bauelemente nicht überhitzen | 02.05.05 | 60 min | 65 min |

## Netzplantechnik

| Begriff | Erklärung, Beispiel | Bemerkungen |
|---|---|---|
| Netzplan-technik NPT | Die Netzplantechnik NPT wird eingesetzt zur Planung, Steuerung und Überwachung von sehr komplexen Projekten. Die Netzplantechnik verwendet im Wesentlichen als Darstellungselemente den *Pfeil* und den *Knoten*. Der Pfeil symbolisiert je nach Verfahren einen Vorgang oder dient zur Beschreibung einer Beziehung zwischen zwei Knoten (Anordnungsbeziehung). Ein Knoten stellt je nach Verfahren ein Ereignis oder einen Vorgang dar zur Beschreibung eines Verknüpfungspunktes. | Die Netzplantechnik gibt es in den Ausführungsformen:<br>• Ereignis-Knoten-Netzplan EKN,<br>• Vorgangs-Pfeil-Netzplan VPN und<br>• Vorgangs-Knoten-Netzplan VKN.<br>Der Vorgangs-Knoten-Netzplan ist durch die sehr große Menge an Zeitdaten wirklichkeitsnah, für den Unterricht aber zu komplex. |
| Ereignis-Knoten-Netzplan EKN | <br>**Ereignisknoten**   **Beispiel** | Beginnend mit dem Startereignis werden durch aufeinanderfolgende Knoten alle folgenden Projektereignisse beschrieben. Der Pfeil gibt den zeitlichen Abstand zwischen den Knoten an. Zeiten, Zeitpunkte werden in Tagen oder Wochen angegeben. |
| Vorgangs-Knoten-Netzplan VKN | <br>**Vorgangsknoten**   **Beispiel** | Dem Startvorgang folgen die einzelnen Vorgänge, die durch Pfeile dargestellt werden. Das Netz endet mit dem Zielvorgang. |
| Termin-planung | <br>**Ausschnitt Terminplanung Tages-/Wochenübersicht** | Als Grundlage dienen die errechneten bzw. geschätzten Zeiten der Vorgänge und zeitlichen Abstände zueinander. Diese können übersichtlich in Form von Balkendiagrammen dargestellt werden. Die Erstellung erfolgt häufig mittels IT-Programmen, z.B. *Microsoft Project*. |

**BU**

# Bestandteile eines Tarifvertrages  Parts of tariff agreement

| Bestandteil | Erklärung | Bemerkungen |
|---|---|---|
| Entlohnung | Zu unterscheiden sind Zeitlohn, Gehalt, Akkordlohn, Prämienlohn. Die Eingruppierung erfolgt z.B. nach Lohngruppen oder Gehaltsgruppen. | Bei Angestellten mit Tariflohn gibt es oft zusätzlich zum Tarifgehalt eine Leistungszulage, die je nach Unternehmen stark verschieden sein kann. |
| Ausbildungsvergütung | Festlegung der Vergütungen in den einzelnen Ausbildungsjahren. | Ist in jedem Bundesland leicht verschieden. |
| Arbeitszeit | Festlegung der Wochenarbeitszeit. Teilarbeitszeit ist getrennt zu regeln. | Die maximale Mehrarbeit je Woche ist ebenfalls festgeschrieben. |
| Zuschläge | Für Mehrarbeit, Schichtarbeit, Nachtarbeit, Sonntagsarbeit, Feiertagsarbeit, 24 und 31. Dezember. | Ist je nach Tarifgebiet verschieden. Auch z.T. abhängig von der Tageszeit. |
| Bezahlung bei Arbeitsausfall | Zu unterscheiden ist Arbeitsausfall durch Betriebsstörung und Arbeitsverhinderung, z.B. wegen Kinderbetreuung, Todesfall, Geburt, Eheschließung. | Für die vom Arbeitgeber zu vertretenden Ausfallzeiten infolge Betriebsstörung ist der durchschnittliche Verdienst zu bezahlen. Für die Arbeitsverhinderung sind zu bezahlende Arbeitstage definiert. |
| Fortzahlung von Lohn und Gehalt bei Krankheit | Ist durch den Arbeitgeber für mindestens 6 Wochen sicherzustellen. | Arbeitsunfähigkeitsbescheinigungen sind dem Arbeitgeber z.B. spätestens am 3. Tag vorzulegen. |
| Urlaub | Festlegung der jährlichen Urlaubstage als Arbeitstage. | Das Durchschnittseinkommen wird im Urlaub weiterbezahlt. Zusätzlich gibt es Urlaubsgeld. |
| Sonderzahlungen | Das sogenannte 13. Monatseinkommen, welches meist weniger als ein Monatseinkommen ist sowie weitere Zahlungen, wie Prämien. | Ist gestaffelt nach der Betriebszugehörigkeit. Voller Anspruch oft erst nach vier Jahren. |
| Freistellungsansprüche | Beispiele sind Tod des Ehegatten, Tod von Kindern, Eheschließung, Geburt, Weiterbildung. | Arztbesuche sind in der Regel außerhalb der Arbeitszeit vorzunehmen. |
| Verdienstsicherung | Ist nach Lebensalter und Betriebszugehörigkeitszeit geregelt, z.B. ab 54. Lebensjahr (Alterssicherung). | Es wird ein Alterssicherungsbetrag als Mindestverdienst ermittelt, z.B. der Verdienst zum Zeitpunkt der Alterssicherung. |
| Probezeiten | In dieser Zeit kann vom Unternehmen gekündigt werden. | Die Kündigung ist auch vom Arbeitnehmer möglich. Die Probezeit ist maximal 6 Monate. |
| Kündigung | Vom Unternehmen und Arbeitnehmer sind Kündigungsfristen einzuhalten. | In der Probezeit sind die Fristen deutlich kürzer als danach. Meist 4 Wochen zum Monatsende. Kündigt der Arbeitgeber, so ist die Kündigungszeit abhängig von der Zeit der Betriebszugehörigkeit. Der Beschäftigte hat Anspruch auf ein Arbeitszeugnis. |
| Beschäftigungssicherung | Absenkung der Wochenarbeitszeit, um in wirtschaftlich schwierigen Zeiten Kündigungen zu vermeiden. | Man spricht auch von Kurzarbeit. Die Absenkungen sind je nach Tarifgebiet festgelegt. |
| Qualifizierung | Zwischen Arbeitnehmer und Arbeitgeber ist der erforderliche Qualifizierungsbedarf festzulegen. | Die Kosten der Qualifizierungsmaßnahmen sind vom Arbeitgeber zu tragen. |

**Entstehung eines Tarifvertrages**

Forderungen → Verhandlungen → Verhandlungsergebnis → Neuer Tarifvertrag

gescheitert

Erarbeiten und Einbringen über Gewerkschaftsvorstand beim Arbeitgeberverband

Werden von der Verhandlungskommission geführt

Urabstimmung, evtl. Streik, Schlichtung (Verhandlungen im Beisein eines Schlichters)

| Vertrag | Vertragspartner | Vertragsinhalt | Form | Regelung im BGB |
|---|---|---|---|---|
| Gesellschafts-vertrag | mehrere Gesellschafter | Verpflichtung der Gesell-schafter, den im Vertrag vorgesehenen Zweck zu fördern. | empfohlen notarielle Beurkundung | §§ 706 bis 740 |
| Dienstvertrag (Arbeitsver-trag) | Arbeitnehmer/ Arbeitgeber | Leistung von Diensten (Arbeit) gegen Bezahlung. | empfohlen Schriftform | §§ 611 bis 630 (außerhalb BGB weitere Gesetze) |
| Kaufvertrag | Käufer/Verkäufer | Gegen Bezahlung Veräußern von Sachen und Rechten. | Empfohlen für größe-re Sachen Schriftform. Bei Grundstücken ist notarielle Beurkun-dung Pflicht. | §§ 433 bis 514, bei Grundstücken zusätzlich §§ 873 bis 902 |
| Mietvertrag (Leasingver-trag) | Mieter/Vermieter | Gegen Bezahlung Über-lassung der vermieteten Sache zum Gebrauch. | Empfohlen für Häuser oder Hausteile Schriftform. | §§ 535 bis 580, bei Wohnungen zusätzliche Gesetze |
| Pachtvertrag | Pächter/Verpäch-ter | Gegen Bezahlung Über-lassung der verpachteten Sache zum Gebrauch und zum Genuss der Erträge. | Empfohlen Schrift-form. Bei Grund-stücken mit notarieller Beurkundung. | §§ 580 bis 597 |
| Leihvertrag | Verleiher/Entlei-her | Ohne Bezahlung Überlassung der ent-liehenen Sache zum Gebrauch. | empfohlen Schriftform | §§ 598 bis 606 |
| Werkvertrag | Besteller/Unter-nehmer | Gegen Bezahlung Herstel-lung eines versprochenen Werkes, z.B. einer Sache, auch aus Material des Bestellers. | empfohlen Schriftform | §§ 631 bis 650 |
| Werkliefe-rungsvertrag | Besteller/Unter-nehmer | Gegen Bezahlung Herstellung eines versprochenen Werkes mit Lieferung des Materials. | empfohlen Schriftform | §§ 631 bis 650 zuzüglich Bestim-mungen über Kaufvertrag |
| Darlehens-vertrag | Darlehensneh-mer/Darlehens-geber | Überlassung von Geld oder anderer vertretbarer Sachen, z.B. Goldbarren, gegen oder ohne Vergü-tung | empfohlen Schriftform | §§ 607 bis 610 |

Verträge können von *natürlichen Personen* (Menschen nach der Geburt) oder von *juristischen Personen* (Zusammenschlüsse anderer Personen) beschlossen werden.

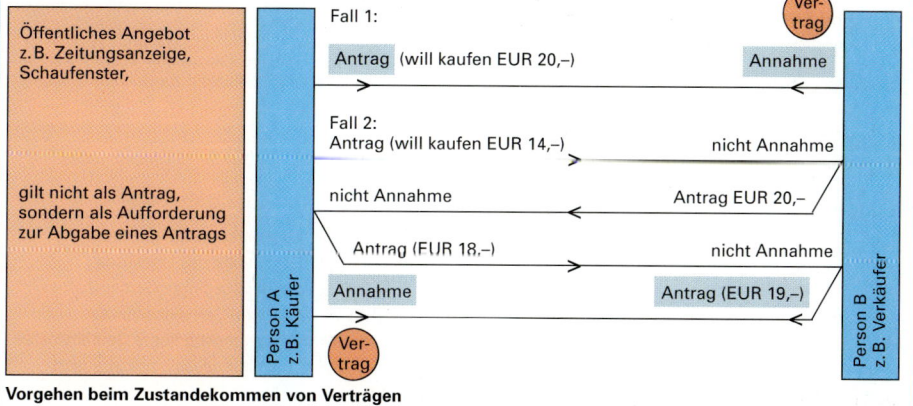

Öffentliches Angebot z.B. Zeitungsanzeige, Schaufenster,

gilt nicht als Antrag, sondern als Aufforderung zur Abgabe eines Antrags

**Fall 1:**
Antrag (will kaufen EUR 20,–) → Annahme → Ver-trag

**Fall 2:**
Antrag (will kaufen EUR 14,–) → nicht Annahme
nicht Annahme ← Antrag EUR 20,–
Antrag (EUR 18,–) → nicht Annahme
Annahme ← Antrag (EUR 19,–)
Ver-trag

Person A z.B. Käufer

Person B z.B. Verkäufer

**Vorgehen beim Zustandekommen von Verträgen**

**BU**

# Kosten und Kennzahlen  Costs and characteristic numbers

## Kostenarten

| Kosten | Erklärung | Bemerkungen, Beispiele |
|---|---|---|
| Fertigungs-Materialkosten FMK | Die Kosten des Materials für das Produkt. | Von außen zugelieferte Teile sind als Material anzusehen. |
| Material-Gemeinkosten MGK | Kosten, die wegen des Materials anfallen, ohne Fertigungs-Materialkosten zu sein. | Kosten der Materialbeschaffung, Abfallentsorgung, Lagerkosten. |
| Fertigungslöhne FL | Löhne, die bei der Fertigung des Produktes anfallen. | Stundenlöhne der Produktion, Akkordlöhne. Auch Montagelöhne. |
| Fertigungsbedingte Gemeinkosten (Lohngemeinkosten) FGK | Kosten, die wegen der Fertigung anfallen, ohne Fertigungslöhne oder materialbedingte Gemeinkosten zu sein. | Sozialaufwendungen, Arbeitgeberanteil zur Sozialversicherung, Urlaubsgeld, bezahlte Krankheitstage. |
| Verwaltungsbedingte Gemeinkosten VwGK | Gemeinkosten (allgemeine Kosten), die wegen der Verwaltung des Betriebes anfallen. | Kosten des Rechnungswesens, Personalwesens, der Unternehmensplanung, Management, Informatik und Betriebsräte. |
| Vertriebsbedingte Gemeinkosten VtGK | Gemeinkosten (allgemeine Kosten), die wegen des Vertriebs entstehen. | Raumkosten und Personalkosten des Vertriebes. |

## Ermittlung der Gemeinkostensätze

| Zuschlagsätze | Erklärung | Berechnung der Zuschlagsätze |
|---|---|---|
| Material-Gemeinkostensatz MGKS | Material-Gemeinkosten je Fertigungs-Materialkosten. | $MGKS = \dfrac{MGK \cdot 100\%}{FMK}$ |
| Fertigungs-Gemeinkostensatz FGKS | Fertigungsbedingte Gemeinkosten je Fertigungslöhne. | $FGKS = \dfrac{FGK \cdot 100\%}{FL}$ |
| Verwaltungs-Gemeinkostensatz VwGKS | Verwaltungsbedingte Gemeinkosten je Herstellkosten (siehe folgende Seite). | $VwGKS = \dfrac{VwGK \cdot 100\%}{HK}$ |
| Vertriebs-Gemeinkostensatz VtGKS | Vertriebsbedingte Gemeinkosten je Herstellkosten (siehe folgende Seite). | $VtGKS = \dfrac{VtGK \cdot 100\%}{HK}$ |

Mit Hilfe der Gemeinkostensätze, die z. B. jährlich ermittelt werden, werden die Gemeinkostenzuschläge zu den einzelnen Positionen (Material, Löhne) berechnet (siehe folgende Seite).

## Wichtige Kennzahlen zur Betriebsbeurteilung

| Kennzahl | Erklärung | Bemerkung |
|---|---|---|
| Rentabilität des Eigenkapitals | $RdE = \dfrac{Gesamtgewinn \cdot 100\%}{Eigenkapital}$ | Maß für Fähigkeit zur Gewinnerzielung. |
| Rentabilität des Umsatzes | $RdU = \dfrac{Gesamtgewinn \cdot 100\%}{Umsatz}$ | Maß für Gewinn je Umsatzeinheit. |

| | | | |
|---|---|---|---|
| FGK | fertigungsbedingte Gemeinkosten | RdE | Rentabilität des Eigenkapitals |
| FGKS | Fertigungs-Gemeinkostensatz | RdU | Rentabilität des Umsatzes |
| FL | Fertigungslöhne | VtGK | vertriebsbedingte Gemeinkosten |
| FMK | Fertigungs-Materialkosten | VtGKS | Vertriebs-Gemeinkostensatz |
| HK | Herstellkosten | VwGK | verwaltungsbedingte Gemeinkosten |
| MGK | Material-Gemeinkosten | VwGKS | Verwaltungs-Gemeinkostensatz |
| MGKS | Material-Gemeinkostensatz | | |

**BU**

### Vorwärtskalkulation der Verkaufspreise

| Ermittlung von | Rechengang | Beispiel Schaltschrank | |
|---|---|---|---|
| Materialkosten MK | Fertigungs-Materialkosten<br>+ Material-Gemeinkosten | FMK<br>MGK (z. B. 20% von FMK) | 850,00 €<br>170,00 € |
| Herstellkosten HK | Materialkosten<br>+ Fertigungslöhne<br>+ Fertigungsbedingte Gemeinkosten | MK<br>FL<br>FGK (z. B. 70% von FL) | 1020,00 €<br>1100,00 €<br>770,00 € |
| Selbstkosten SeK | Herstellkosten<br>+ verwaltungsbedingte Gemeinkosten<br>+ vertriebsbedingte Gemeinkosten | HK<br>VwGK (z. B. 10% von HK)<br>VtGK (z. B. 20% von HK) | 2890,00 €<br>289,00 €<br>578,00 € |
| Barverkaufspreis ohne Provision BVP | Selbstkosten<br>+ Kalkulatorischer Gewinn | SeK<br>G (z. B. 10% von SeK) | 3757,00 €<br>375,70 € |
| Skontozuschlag S | Provisionsfreier Barverkaufspreis<br>$+ S = \dfrac{SS \cdot BVP}{100\% - SS - PS}$ | BVP<br><br>S (z. B. SS = 2%) | 4132,70 €<br><br>88,88 € |
| Provisionszuschlag P | $+ P = \dfrac{PS \cdot BVP}{100\% - SS - PS}$ | P (z. B. PS = 5%) | 222,19 € |
| Rabattfreier Rechnungspreis RP<br>Rabattzuschlag R | Rabattfreier Rechnungspreis<br>$+ R = \dfrac{RS \cdot RP}{100\% - RS}$ | RP<br><br>R (z. B. RS = 20%) | 4443,77 €<br><br>1110,94 € |
| Nettoverkaufspreis NVP | Nettoverkaufspreis<br>+ Mehrwertsteuer MwSt | <br>MwSt (z. B. 18% von NVP) | 5554,71 €<br>999,85 € |
| Bruttoverkaufspreis BRVP | Bruttoverkaufspreis | BRVP | **6554,56 €** |

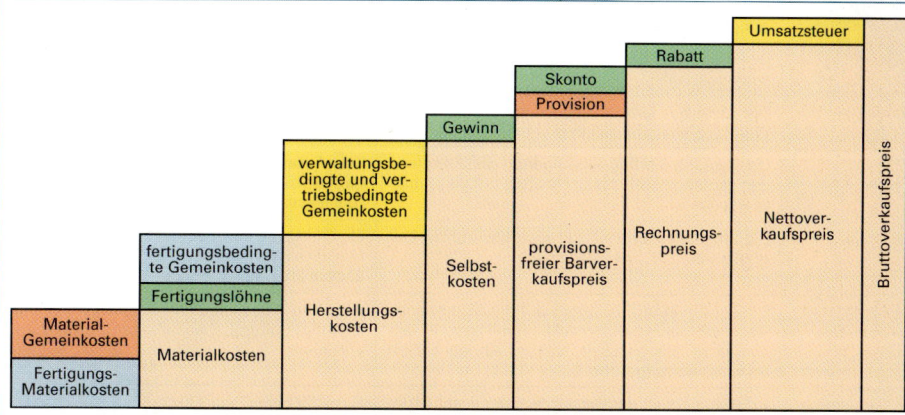

**Vorgehensweise bei der Vorwärtskalkulation**

### Divisionskalkulation

| Ermittlung der Herstellkosten je Mengeneinheit HKM | $\dfrac{\text{gesamte Herstellkosten}}{\text{hergestellte Menge}}$ | 10 Schaltschränke verursachen<br>HK = 28 900,00 €<br>$HKM = \dfrac{28\,900,00\,€}{10} = \textbf{2890,00 €}$ |
|---|---|---|

| | | | | | |
|---|---|---|---|---|---|
| BRVP | Bruttoverkaufspreis | MGK | Material-Gemeinkosten | RS | Rabattsatz (Rabatt in %) |
| BVP | provisionsfreier Barverkaufspreis | MK | Materialkosten | S | Skonto |
| FGK | fertigungsbedingte Gemeinkosten | MwSt | Mehrwertsteuer | SeK | Selbstkosten |
| FL | Fertigungslöhne | NVP | Nettoverkaufspreis | SS | Skontosatz (Skonto in %) |
| FMK | Fertigungs-Materialkosten | P | Provision, z. B. des Vertreters | VtGK | vertriebsbedingte Gemeinkosten |
| G | kalkulatorischer Gewinn | PS | Provisionssatz (Provision in %) | | |
| HK | Herstellkosten | R | Rabatt | VwGK | verwaltungsbedingte Gemeinkosten |
| HKM | mengenbezogene Herstellkosten | RP | Rechnungspreis | | |

**BU**

# Erstellen eines Angebotes Creating an offer

| Aufbau | Erklärung | Bemerkungen |
|---|---|---|
| Angebotskopf | Der Angebotskopf enthält die Adresse des Kunden, das Datum der Angebotserstellung, die Verwaltungsnummer des Angebotes sowie die Überschrift des Angebotes. | Zusätzlich sind anzugeben: Ersteller des Angebotes, dessen Telefonnummer und E-Mail-Adresse. Die eigene Adresse steht zu Beginn des Angebotes oder am Ende. |
| Position | Positionen in einem Angebot sind unterschiedliche Waren/Leistungen, z. B. Artikel, Arbeitsstunden. Positionen werden nummeriert. | Es können fortlaufende Zahlen oder auch aufsteigende Gliederungsnummern, z. B. 1.1, 1.2, 1.3, verwendet werden. |
| Positions-bezeichnung | Die Waren/Leistungen eines Angebotes sind mit einem Begriff zu beschreiben. | Bei Artikeln aus einem Katalog ist die exakte Bezeichnung daraus zu verwenden. |
| Menge | Die angebotenen Waren/Leistungen sind mit ihren Mengen anzubieten. | Eine Menge ist die Anzahl, z. B. 5 Stück. |
| Einheit | Die angebotenen Waren/Leistungen sind mit ihren Einheiten anzubieten. | Als Einheiten kommen z. B. kg, m, Stück, Stunden vor. |
| Einzelpreis | Der Einzelpreis gibt an, was die Menge 1 kostet. | Preis für 1 Stück, 1 laufender Meter, 1 kg, 1 Std. |
| Gesamtpreis | Der Gesamtpreis gibt an, was die angebotenen Mengen einer Ware/Leistung kosten. | Der Gesamtpreis ist der Preis einer einzelnen Position. |
| Alternativ-position | Manchmal wird zu einer Position zusätzlich eine alternative (wahlweise) Position angeboten. Diese ersetzt auf Wunsch des Kunden die Position. | In der Summe sind Alternativpositionen nicht enthalten. |
| Zusatzkosten | Zusatzkosten sind Kosten, die zusätzlich zur angebotenen Ware/Leistung anfallen. | Zusatzkosten können z. B. Transportkosten, Verpackungskosten, Fahrkosten sein. |
| Summe, Betrag | Die Summe (der Betrag) ist die Addition der Gesamtpreise der Positionen unter Berücksichtigung des Mehrwertsteuerbetrages. | In der Summe ist der Rabattanteil nicht zu berücksichtigen. |
| Rabatt, Skonto | Der gewährte Nachlass, z. B. bei Barzahlung, ist zu vermerken. | Der Rabattsatz in % sowie die dadurch reduzierte Summe sind getrennt auszuweisen. |
| Lieferzeit | Die Lieferzeit gibt an, wann die angebotenen Waren/Leistungen geliefert werden können. | Die Lieferzeit ist unbedingt in Abhängigkeit des Bestelldatums anzugeben. |
| Zahlungs-bedingungen | Die Zahlungsbedingungen geben den Zeitpunkt der Zahlung sowie einen Hinweis auf vereinbarte Rabatte an. | Bei Aufträgen, deren Erfüllung sich über Monate erstreckt, sind Abschlagszahlungen zu vereinbaren. |
| Gültigkeit | Ein Angebot darf nur für eine bestimmte Zeit gültig sein, z. B. zwei Monate. | Ein Gültigkeitszeitraum ist unbedingt anzugeben, da sich Einkaufspreise und Stundenlöhne ändern können. |
| Allgemeine Geschäfts-bedingungen | Oft wird in einem Angebot auf die allgemeinen Geschäftsbedingungen AGB verwiesen. In diesen ist all das geregelt, was im Angebot nicht unmittelbar aufgeführt ist. | Angaben z. B. zu Lieferbedingungen, Gewärleistung, Haftung, Rückbehaltung, Eigentumsvorbehalt. |
| Erfüllungsort | Erfüllungsort ist der Ort, an dem der erteilte Auftrag ausgeführt wird. | Gesetzlich sind Warenschulden Holschulden, Geldschulden aber Bringschulden. |
| Gerichtsstand | Als Gerichtsstand ist die Stadt des zuständigen Gerichts des anbietenden Unternehmens für einen Streitfall zu nennen. | Bei Verhandlungen mit Großkonzernen verlangen diese oft als Gerichtsstand das Gericht ihres Hauptstandortes. |
| Abschlusssatz | Ein freudlicher Abschlusssatz am Ende des Angebotes mit Unterschrift ist angebracht. | Beispiel: Über Ihren Auftrag würden wir uns freuen. |

| **Angebot** | **2008/35** | | | | |
|---|---|---|---|---|---|
| Wohnhausneubau | | | | | |
| Position | Positionsbezeichnung | Menge | Einheit | Einzelpreis | Gesamtpreis |
| 1 | HAGE ZU26 Verteilerschrank 950 MM 6-reihig liefern und montieren | 2,00 | Stck | € 63,83 | € 127,66 |
| 2 | HAGE CD225D RCD-Schutzschalter 25/0.03 2 pol. | 1,00 | Stck | € 30,46 | € 30,46 |
| 3 | KAB+LTG NYM-J 5-2,5 RG Kunststoffmantelleitung Ring in Rohre oder Kanäle einziehen | 62,00 | m | € 2,35 | € 145,70 |

**Ausschnitt aus Beispiel eines Angebotes**

# Lastenheft, Pflichtenheft  Requirement specification, system specification

| Merkmal | Erklärung | Bemerkungen, Beispiele |
|---|---|---|
| **Struktur eines Lastenheftes** | | |
| Inhaltsverzeichnis | Das Inhaltsverzeichnis enthält die Kapitelüberschriften des Lastenheftes. | Jedes Kapitel besitzt eine Kapitelnummer. |
| Auftraggeber | Der Auftraggeber des Projektes ist zu nennen. | Name, Abteilung, Telefon, E-Mail. |
| Zweck des Projektes | Beschreibung des Projektanlasses, des Projektzieles. | Verbesserte Performance (Betriebsbereitschaft), kleinere Wartungskosten. |
| Ausgangssituation | Beschreibung bestehender Systeme, Datenstrukturen, organisatorische Abläufe. | Beschreibung der Nachteile der gegenwärtigen Situation. |
| Aufgabenstellung | Beschreibung aus Sicht des Auftraggsebers. | Neue Funktionen, Benutzerdialoge, Ausgabedaten an Drucker. |
| Randbedingungen | Beschreibung der Anbindung, Einbindung existierender Lösungen. | Schnittstellen zu existierenden Geräten, Datenbanken, Programmen. |
| Terminrahmen | Nennung des Endtermines, ggf. Zwischetermine. | Begründung zur Betonung der Wichtigkeit, z. B. Kundenwunsch. |
| Kostenrahmen | Angabe der zur Verfügung stehenden Mittel. | Investitionen, Kosten. |
| **Struktur eines Plichtenheftes** | | |
| Inhaltsverzeichnis | Auflistung der Kapitelüberschriften. | Kapitel mit Kapitelnummern. |
| Auftraggeber | Wie im Lastenheft beschrieben. | Siehe Lastenheft. |
| Zweck des Projektes | Wie im Lastenheft beschrieben. | Siehe Lastenheft. |
| Analyse Istsituation | Beschreibung der Istsituation bzgl. z. B. Anzahl Benutzer, Funktionen, Performance, Schnittstellen, Datenfluss, tangierte Systeme. | Beschreibung Wartungsaufwände, Grenzen in der Lösung. |
| Funktionsspezifikation | Beschreibung aus Sicht des Auftraggebers. Gliederung in Unterfunktionen. Aufzeigen funktionaler Zusammenhänge durch Grafiken. | Beschreibung der Realisierungsmöglichkeiten der geforderten Funktionen und deren Abhängigkeiten. |
| Datenspezifikation | Analyse der Daten, Datenmengen und der Datenflüsse, zugeordnet zu Funktionen. | Festlegung der Datentypen oder der Datenbankstrukturen. |
| Schnittstellenspezifikation | Definition der Schnittstellen hardwareseitig und softwareseitig zu tangierenden Systemen. Definition der Benutzeroberfläche. | Festlegung von Übertragungsverfahren, Bildschirmmasken, Druckerausgaben. |
| Rahmenbedingungen | Beschreibung von Voraussetzungen zum Entwickeln, Testen, Schulen und Produktivgehen. | Nennung von Beschaffungskosten, notwendigen Projektpartnern. |
| Qualitätsbetrachtungen | Beschreibung von Maßnahmen während der Entwicklungsphase und von Kennzahlen in der Einführungsphase und im Betrieb. | Richtlinien zur Dokumentation, Softwareerstellung. Führen von Checklisten, Durchführung von Messungen bzgl. Zeiten, Speicherplatz. |
| Realisierungsvorschlag | Unter Berücksichtigung von Marktrecherchen, der Ausgangssituation und den vorgenommenen Spezifikationen ist eine Empfehlung für die Realisierung niederzuschreiben. | Der Realisierungsvorschlag muss unter wirtschaftlichen Gesichtspunkten erfolgen. |
| Projektplanung | Arbeitspakete, Schritte der Projektumsetzung, Terminplanung sind festzulegen. Eine Kostenabschätzung ist vorzunehmen. | Die Verantwortlichkeiten von Auftraggeber und Auftragnehmer sind festzulegen. |
| Kosten-Nutzen-Analyse | Den Kosten sind die Nutzenpotenziale gegenüber zu stellen, z. B. kürzere Durchlaufzeiten. | Muss nicht unbedingt Bestandteil eines Plichtenheftes sein. |

## Aktivitätenbeispiele bei der Pflichtenhefterstellung

**Analysen durchführen**
- Ausgangssituation
- Marktsituation
- Funktionsabläufe
- Datenfluss

**Festlegungen**
- Funktionen
- Datenstrukturen
- Benutzerschnittstellen
- Systemschnittstellen
- Testumgebung
- Produktivumgebung
- Hardwarebeschaffung
- Softwarebeschaffung

**Bewertungen**
- Kosten
- Aufwände
- Termine

**Schritte festlegen**
- Projektphasen
- Meilensteintermine

**Entstehung eines Pflichtenheftes**

# Computerunterstützte Planung der Elektroinstallation
## Computer based planning of the electrical installation

| Tätigkeit | Beschreibung | Darstellungen |
|---|---|---|
| Projekt anlegen (Projektstammdaten) | Für die computerunterstützte Planung der Elektroinstallation sind zunächst als Projektstammdaten die Adresse des Auftraggebers, die Lieferadresse und die Art des Auftrages zu speichern. Der Umfang des Auftrages mit den Einzelpositionen wird entspechend dem Ausschreibungstext (Leistungspositionen) festgelegt. Die Einzelpositionen der Ausschreibungstexte können meist aus Vorlagen der eingesetzten Software kopiert oder als externe Datei importiert werden.<br><br>Informationen über geeignete Software sind z.B. unter www.zveh.de erhältlich. | |
| Projekt kalkulieren | Zur Projektkalkulation werden die Projektstammdaten von der Kalkulationssoftware eingelesen. Jeder Leistungsposition muss in der Kalkulationssoftware eine Stückliste zugeordnet sein. Die Stückliste enthält die benötigten Komponenten, die z.B. zum Verlegen einer Mantelleitung notwendig sind, einschließlich deren Material-Einzelkosten (Ek) und der Verarbeitungaufwände.<br>Die Material-Ek der Komponenten sowie deren Verarbeitungszeiten können aus elektronischen Leistungskatalogen von Lieferanten oder des ZVEH importiert und manuell ergänzt werden. | |
| Angebot erstellen | Die elektronische Angebotserstellung baut auf der Projektkalkulierung auf. Der Preis der Leistungspositionen wird vom Computer auf Basis der Preise der Komponenten, deren benötigter Mengen und deren Verarbeitungszeiten unter Berücksichtigung der Stundenlöhne von Vorarbeiter, Facharbeiter und Meister berechnet. Zusätzliche Aufwände, wie z.B. Einrichten der Baustelle, sind zu ergänzen.<br>Nach vollständiger Erstellung des Angebotes kann dieses ausgedruckt werden.<br><br>Weitere Informationen unter www. in-software.de | |
| Projekt abrechnen | Zum Abrechnen eines Projektes muss vor der Rechnungsstellung das Aufmaß für die Leistungspositionen des Angebotes ermittelt werden. Dabei werden z.B. Anzahl installierter Dosen, Schalter und verlegte Leitungsmeter ermittelt und in die Positionen der Abrechnungssoftware eingegeben.<br>Im Dialog werden diese Daten Raum für Raum des betroffenen Gebäudes entsprechend den Leistungspositionen des Angebotes in den Computer eingegeben. Nach vollständiger Eingabe kann die Rechnung ausgedruckt werden. | |
| Kleinaufträge erfassen | Bei Kleinaufträgen wird computerunterstützt ein Formular für Kundendienstaufträge oder Reparaturaufträge erstellt. Dazu sind Auftragskopfdaten wie Adresse des Auftraggebers, die Auftragsbezeichnung und die Lieferanschrift zu erfassen. Nach Auswahl des Monteurs ist auch dessen Namen im Auftrag zu ergänzen.<br>Das ausgedruckte Auftragsformular wird dem Monteur zur Kenntnisnahme seiner Aufgabe und zur späteren Gegenzeichnung durch den Auftraggeber übergeben. Es dient auch als Arbeitsbericht zum Arbeitsnachweis.<br><br>Weitere Informationen z.B. unter www.lc-top.de oder www.elektro-software.de. | |

**Darstellungen (Projekt anlegen):**

Projektkopfdaten erfassen | Weitere Projektkopfdaten | Los: 01  Titel

| P | OZ-Nr. | Bezeichnung | Std | Mat.Ek |
|---|---|---|---|---|
| 1 | 01.01 | Technische Beschreibung | | |
| 1 | 01.02 | Verteilungen und Zähler | | |
| 1 | 01.03 | Potentialausgleich und Erdunger | | |
| 1 | 01.04 | Rohre, Kabel- und Leitungsträger | | |
| 1 | 01.05 | Leitungen und Kabel | | |
| 1 | 01.06 | Abzweige | | |
| 1 | 01.07 | Installationsgeräte | | |
| 1 | 01.08 | Feuermeldeanlage | | |
| 1 | 01.09 | Antennenanlage | | |
| 1 | 01.10 | Beleuchtungskörper | | |
| 1 | 01.11 | Pausenklingelanlage | | |

**Leistungspositionen eines Projektes**

**Darstellungen (Projekt kalkulieren):**

| Bezeichnung 2 | ME | Mat.Ek | Zeit |
|---|---|---|---|
| in Rohre oder Kanäle einziehen | | 0.21 | 1.50 |
| in abgehänte Decke verlegt | | 0.24 | 2.83 |
| mit Nagelschellen auf Putz verlegt | | 0.36 | 5.41 |
| in offener Rohrverlegung verlegt | | 0.63 | 4.95 |
| in Schutzrohr auf Boden verlegt | | 0.52 | 5.28 |
| in vorhandenen Mauerschlitz verlegt | | 0.21 | 2.83 |
| mit Mauerschlitz | | 0.35 | 6.44 |
| mit Bügelschellen auf vorh. Trassen verl | | 0.67 | 3.30 |
| auf Abstandschellen verlegt | | 0.89 | 5.74 |

**Stücklistendaten einer Leistungsposition**

**Darstellungen (Angebot erstellen):**

en | Weitere Projektkopfdaten | Titel: 01  Pos.

| Menge | Nummer | Bezeichnung |
|---|---|---|
| 5.00 | | UP-Doppel-Wechselschalter, mit Dose weiß/reinweiß liefern und montieren |
| 3.00 | | Haubenbauteil LFSFormst60x150 lackiert |
| 2.00 | | EIB-Instabus-Infoterminal mit 8 Zeilen-Grafikdisplay, 7 Schaltflächen |

**Auszug aus der Angebotserstellung**

**Darstellungen (Projekt abrechnen):**

ausgeführten Arbeiten erlauben wir uns wie folgt zu

| Menge | ME | Positionsbezeichnung |
|---|---|---|
| **Los** | | **Bauteil 1** |
| **Titel** | | **Leitungen und Kabel** |
| 4,00 | m | Mantelltg. NYM 3x1,5 iR |
| 17,00 | m | Mantelltg. NYM 4x1,5 iR |
| 4,00 | m | Mantelltg. NYM 5x2,5 iR |
| **Titel** | | **Leitungen und Kabel** |

**Aufmaßdaten zur Rechnungsstellung**

**Darstellungen (Kleinaufträge erfassen):**

ARBEITSBERICHT AuftNr___

KUNDE
Anrede
Name1
Name2
Name3
Strasse
PLZ___ Wohnort

AUFTRAG
Auftragsbez__
Bez1
Bez1
Sachb__
Tel: Telefon
Fax: FAX

LIEFERANSCHRIFT / BAUSTELLE
LName1
LStrasse
LPLZ  LOrt

AUSZUFÜHRENDE ARBEITEN

**Auszug aus Auftrags-, Arbeitsberichtsformular**

BU

| Begriff | Bedeutung | Erklärung |
|---|---|---|
| Zertifizierungs-gesellschaft | Eine Zertifizierungsgesellschaft ist eine anerkannte Firma oder Institution, die gegen Bezahlung einem Unternehmen bescheinigt, dass es ein Qualitätsmanagementsystem eingeführt hat und anwendet. Das Unternehmen ist anschließend zertifiziert und erhält ein Zertifikat mit einer Gültigkeit von drei Jahren. | Durch das Arbeiten nach den Vorgaben eines Qualitätsmanagementsystems soll den Kunden nachgewiesen werden, dass ständige Anstrengungen zum Erreichen bester Produktqualität, z.B. nach DIN ISO 9000, TS 16949, DIN ISO 14000 unternommen werden. |
| Qualitäts-managementsystem (QM-System) | Die Vorgaben und Ergebnisse des Qualitätsmanagementsystem sind in verschiedenen Dokumentationen festzuhalten (**Bild**). Wesentlich ist die Existenz eines QM-Handbuches (QM von Qualitäts-Management). In ihm sind organisatorische Zuständigkeiten und Vorgaben hinsichtlich der Gestaltung der Ablaufprozesse des Unternehmens beschrieben. | Das QM-Handbuch enthält Vorgaben z.B. zur Lenkung (Weiterleitung) von Dokumenten und Daten, zu Produktkennzeichnungen, zu Prüfabläufen, zum Umgang mit fehlerhaften Produkten, zur Beschaffung, Lagerung, Verpackung und Konservierung sowie zu Schulungen. |
| Externes Audit | Die Durchführung der Zertifizierung durch eine Zertifizierungsgesellschaft wird als externes Audit (lat. audire = zuhören, anhören) bezeichnet. Mehrere Auditoren prüfen dabei mehrere Tage die Unterlagen bzgl. Prozessabläufe in verschiedenen Unternehmensbereichen. Auditiert werden hauptsächlich Abteilungsleiter. Externe Audits müssen mindestens alle drei Jahre stattfinden. Jährliche Zwischenaudits sind möglich. | Vielfach auditieren Unternehmen auch ihre Zulieferanten selbst. Geprüft werden z.B. die Lenkung von Unterlagen bzgl. Spezifikationen, Produktsicherheit, Entwicklungsplänen, Entwicklungsfreigaben, Produktionssteuerung, Produktionsüberwachung, Prüfablaufsteuerung, Prüfablaufüberwachung. Die Art der Aufbewahrung von Dokumenten und Daten sowie das Wiederfinden dieser wird ebenfalls geprüft. |
| Systemaudit | Geprüft wird das gesamte Qualitätsmanagementsystem. Systemaudits werden von externen Auditoren und auch von firmeninternen Auditoren durchgeführt. | Firmeninterne Auditoren sind Qualitätsbeauftragte im Unternehmen oder Qualitätsberater der Fachbereiche. Die internen Audits dienen der Vorbereitung für das externe Audit und sind Voraussetzung hierfür. |
| Verfahrensaudit | Geprüft werden Verfahrensanweisungen hinsichtlich Aktualität, Richtigkeit der Abläufe, Bekanntheit im Unternehmen sowie ihrer Anwendung im Unternehmen. | Kommt als internes Audit zum Einsatz. |
| Projektaudit | Geprüft wird, ob die entsprechenden Verfahrensanweisungen in den Projekten eingehalten werden. | Kommt als internes Audit zum Einsatz. |
| Auditplan | Enthält alle Audits mit den jeweiligen Terminen. Die Planung der Audits erfolgt in Abstimmung mit den zu auditierenden Personen. | Die internen Auditpläne sind Dokumentationsbestandteil für das externe Audit. Auditpläne müssen aufbewahrt werden. |
| Auditbericht | Am Ende eines Audits werden die untersuchten Merkmale in einem Bericht hinsichtlich der Bewertungspunkte oder Erfüllungsgrade festgehalten. | Die Auditoren gehen anhand von Checklisten ihre Analyse an, z.B. bzgl. Verantwortlichkeiten, Schulungen, Unternehmensstrategie, Dokumentenlenkung, Prozessplanung, Beschaffung, Produktführung, Lenkung von Qualitätsprotokollen. |

QM-Handbuch

Verfahrensanweisungen für Teams

Arbeitsanweisungen für Mitarbeiter

Nachweisdokumente der Mitarbeiter

**Dokumentationen eines Qualitätsmanagementsystems**

# CE-Kennzeichnung CE-identification

## Schritte zur CE-Kennzeichnung

| Schritt | Erklärung | Bemerkungen |
|---|---|---|
| Untersuchung | Die für ein Produkt zuständigen EU-Richtlinien sind abzuklären. Es ist zu untersuchen, welche Anforderungen zu beachten und welche Nachweise zu erbringen sind. | Die etwa 200 Richtlinien der EU sind rechtsverbindliche Vorschriften der Europäischen Union (EU). Für Erzeugnisse, die in den Anwendungsbereich einer Richtlinie fallen, besteht CE-Kennzeichnungspflicht (von franz. Communauté Européenne = Europäische Union). |
| Erfüllung grundlegender Forderungen | Richtlinien und Normen sind einzuhalten. Mögliche Gefahren müssen analysiert werden, Abhilfemaßnahmen sind zu definieren und umzusetzen. | Harmonisierungsrichtlinien legen die Anforderungen für Produkte fest, um diese in Verkehr bringen zu können. |
| Technische Dokumentation | Betriebsanleitungen müssen erstellt werden, ebenso die Konformitätserklärung (engl. conformable = übereinstimmend). Für Zulieferteile sind Unterlagen beizulegen. | In der Konformitätserklärung wird vom Produktanbieter (Hersteller, Lieferant) bestätigt, dass die Produkte mit den angegebenen Normen übereinstimmen. |
| CE-Kennzeichnung | Durch das Anbringen des CE-Kennzeichens wird die Beachtung der Vorgaben der entsprechenden EU-Richtlinien bestätigt.<br><br>Das CE-Kennzeichen wird vom Hersteller oder einem Bevollmächtigten angebracht. Die Hersteller weisen in eigener Verantwortung nach, teilweise unter Hinzuziehung von Zertifizierungsstellen, dass ihre Produkte die Anforderungen der Richtlinien erfüllen. | <br>**CE-Symbol** |
| Produktüberwachung | Wirksame Änderungen von Normen müssen mit dem Produkt abgeglichen werden. | Muss während der Produktlebenszeit bei Bedarf ausgeführt werden. |

## Erzeugnisse mit CE-Kennzeichnungspflicht (Auswahl)

| Bezeichnung, Richtlinie Jahr/Nr. | Beispiele | Bezeichnung, Richtlinie Jahr/Nr. | Beispiele |
|---|---|---|---|
| Bauprodukte 89/106 | Zement, Gips, Dämmmaterial | Maschinen 89/392 | Werzeugmaschinen, Holzbearbeitungsmaschinen, Textilmaschinen |
| einfache Druckbehälter 87/404 | Druckbehälter in Kompressoranlagen | Medizinprodukte (EMV-Einzelrichtlinie) 93/042 | Bestrahlungsgeräte, Röntgengeräte |
| Elektrische Betriebsmittel Niederspannung 73 (023) | Schaltgeräte | nicht selbsttätige Waagen 90/384 | gewerbliche Waagen |
| EMV (Elektromagnetische Verträglichkeit) 89/336 | Haushaltgeräte, Funkgeräte, Computer, Elektromotoren, Telefone, Industriemaschinen | persönliche Schutzausrüstungen 89/686 | Schutzhelme, Schutzbrillen, Schutzkleidung |
| explosionsgefährdete Bereiche 94/009 | elektrische Betriebsmittel für Ex-Bereiche | Spielzeug-Sicherheit 88/378 | Kinderfahrräder, Spielzeugautos, Puppen |
| Gasverbrauchseinrichtungen 30/396 | Gasherde, Gasöfen, Durchlauferhitzer | Telekommunikations-Endeinrichtungen 91/26 | Telefone, Telefaxgeräte, Modems |
| Kfz (EMV-Einzelrichtlinie) 72/245 | elektrische Ausrüstung von Kraftfahrzeugen | Warmwasserheizkessel 92/042 | Wirkungsgrade der Geräte |

| Begriff | Erklärung | Beispiele |
|---|---|---|
| Abfall (nach dem Kreislauf-wirtschafts- und Abfallgesetz, Krw-AbfG) | Bewegliche Sachen, die ihr Besitzer wegwerfen will oder loswerden muss.<br><br>Abfall kann aus wiederverwertbaren Stoffen bestehen, aus denen sich noch Wertstoffe oder Energie gewinnen lassen, oder aus nicht verwertbaren Stoffen (Restmüll). | Hausmüll, Sperrmüll, Gewerbe-abfälle, Sonderabfälle, z.B. alte Autoreifen oder giftige Stoffe, Arzneimittel, Lacke und Löse-mittel. |
| Abfallentsorgung | Entsorgung umfasst Einsammeln, Transportieren, Behandeln, Verwerten oder Beseitigen von Ab-fällen. | Müllabfuhr, Müllverbrennung, Lagerung auf Deponien. |
| Abfallvermeidung | Abfälle sind in erster Linie zu vermeiden oder zu-mindest in Menge und Schädlichkeit zu mindern.<br><br>Kreislaufführungen innerhalb von (industriellen) Anlagen sind anzustreben. | Abfallarme Produktgestaltung, auch aus wiederverwertbaren Stoffen.<br><br>Wasserkreislauf oder Maschi-nenölkreislauf. |
| Abfallverwertung | Verwertung (Recycling) ist der Ersatz von Rohstof-fen durch Gewinnen von Stoffen aus Abfällen.<br><br>Verwertung hat Vorrang vor der Beseitigung, so-weit dies technisch möglich und wirtschaftlich zu-mutbar ist. | Verpackungsmaterial, Reini-gungsrückstände, Drehspäne, Frässpäne, Altpapier. |
| Energetische Abfallverwertung | In Form von Verbrennungswärme bei Abfallver-brennung oder Vergasung (Pyrolyse).<br><br>Verbrennung ist nur bei einem Heizwert der un-vermischten Abfälle von $\geq$ 11 MJ/kg und einem Feuerungswirkungsgrad $\geq$ 75% zulässig. | Müllverbrennungsanlagen, Pyrolysetrommeln (thermi-sche Zersetzung ohne Sauer-stoff), Thermoselect-Verfahren (Entgasung gepressten Mülls, dann Verbrennung). |
| Abfallbeseitigung | Die Abfall-Lagerung darf weder die Gesundheit der Menschen beeinträchtigen noch Tiere und Pflanzen gefährden. Sie darf nicht Gewässer oder Böden schädigen oder die Luft verunreinigen. | Deponie-Lagerung, Ableiten in Gewässer, Gruben oder Teiche, Ablagern in abgedichteten Räu-men, z.B. in Salzdomen (Hohl-räume in Salzbergwerken). |
| Abwasserreinigung | Verringern schädlicher Abwasserbestandteile durch mechanische, biologische und chemische Verfah-ren. Ausfaulen des Klärschlamms liefert Biogas, der Rest ist, allerdings nur begrenzt, als Dünger ver-wendbar. | Klärbecken der Kläranlage mit Rechen und Sandfang, Klär-stufe für mikrobakteriellen Ab-bau, Reinigungsstufe zum Aus-fällen von Schwermetallen und Phosphaten. |
| Immissionsschutz (nach dem Bundesimmissions-schutzgesetz) | Schutz vor schädlicher Luftverunreinigung, Um-welteinwirkung durch Lärm oder Erschütterungen. Zum Schutz sind Immissions- bzw. Emissionsgrenz-werte festgelegt. Immission = Einfall von Schadstof-fen, Emission = Ausstoß von Schadstoffen.<br><br>Verursacher sind Kfz-Verkehr, Industrieanlagen, Landwirtschaft und Haushaltheizungen. | Schadstoffe: Stickstoffoxide, Schwefeldioxid, Kohlenstoff-monoxid und Kohlenstoff-dioxid. Erdnah bildet sich durch Sonneneinstrahlung Ozon $O_3$. |
| Grenzwerte, zulässige | Begrenzung z.B. der Konzentration giftiger Schad-stoffe in der Umwelt, um Menschen vor Chemika-lien oder Strahlen zu schützen. Die Stärke der bio-logischen Wirkung hängt von der Dosis und der Einwirkungsdauer ab. | MAK-Wert (maximale Arbeits-platzkonzentration), MIK-Wert (höchstzulässige Immissions-konzentration), TRK-Wert (tech-nische Richtkonzentration). |

**BU**

# Gefährliche Stoffe  Dangerous substances

## Maximale Arbeitsplatz-Konzentration (MAK-Werte)

| Chemischer Name, Handelsname, chemische Formel | MAK in mg/m³ | MAK in ml/m³ | Chemischer Name, Handelsname, chemische Formel | MAK in mg/m³ | MAK in ml/m³ |
|---|---|---|---|---|---|
| Arsenwasserstoff $AsH_3$ | 0,05 | 0,014 | Kohlenstoffdisulfid (Schwefelkohlenstoff) $CS_2$ | 20 | 5,9 |
| Quecksilberdampf Hg | 0,1 | 0,011 | Salpetersäure-Gas $HNO_3$ | 25 | 8,9 |
| Phosphorwasserstoff (Phosphin) $PH_3$ | 0,15 | 0,1 | Benzol $C_6H_6$ | 26 | 7,5 |
| Ozon $O_3$ | 0,2 | 0,09 | Ammoniak (Salmiakgeist) $NH_3$ | 35 | 46 |
| Brom $Br_2$ | 0,7 | 0,1 | Trichlormethan (Chloroform) $CHCl_3$ | 50 | 9,4 |
| Methanol (Formaldehyd) $H_2C = O$ | 1,2 | 0,9 | Kohlenstoffmonoxid CO | 55 | 44 |
| Chlor $Cl_2$ | 1,5 | 0,5 | Tetrachlormethan (Tetrachlorkohlenstoff) $CCl_4$ | 65 | 9,5 |
| Asbest-Fasern | 2 | – | Benzindämpfe | 150 | 30 |
| Nitrobenzol $C_6H_5NO_2$ | 5 | 0,9 | Cyclohexanon (Anon) $C_6H_{10}$ | 200 | 46 |
| Schwefeldioxid $SO_2$ | 5 | 1,75 | Methylcyclohexanon $C_7H_{12}O$ | 230 | 46 |
| Chlorwasserstoff (Salzsäure-Gas) HCl | 7 | 4,3 | Trichlorethen (Trichlorethylen, Tri) $C_2HCl_3$ | 260 | 44 |
| Tetrachlorethan (Acetylen-tetrachlorid) $(CHCl)_2$ | 7 | 0,93 | Methanol (Methylalkohol) $CH_3OH$ | 260 | 182 |
| Stickstoffdioxid $NO_2$ | 9 | 4,4 | Dichlormethan (Methylenchlorid) $CH_2Cl_2$ | 360 | 95 |
| Tetrachlordibenzodioxin (Dioxin) $C_8H_5Cl_3O_3$ | 10 | 0,88 | Dioxan (Diethylendioxid) $C_4H_8O_2$ | 360 | 92 |
| Cyanwasserstoff (Blausäure) HCN | 11 | 9 | Ethanal (Acetaldehyd) $CH_3$–CHO | 390 | 198 |
| Schwefelwasserstoff $H_2S$ | 15 | 9,9 | | | |
| Phenol (Carbolsäure) $C_6H_5OH$ | 19 | 4,5 | | | |

Der MAK-Wert ist die höchstzulässige Konzentration eines Gases, Dampfes oder von Schwebstoffen in der Luft, die 8 Stunden am Tag – auch wiederholt, regelmäßig und langfristig – die Gesundheit der Beschäftigten nicht beeinträchtigt.
Die MAK-Einheit ml/m³ (oder cm³/m³) ist gleichbedeutend mit ppm (parts per million = Teile auf eine Million = 1 : 10⁶).

## Kennzeichnung gefährlicher Stoffe

| Bezeich-nung | Symbol | Kenn-buchstabe | Merkmale | Bezeich-nung | Symbol | Kenn-buchstabe | Merkmale |
|---|---|---|---|---|---|---|---|
| Sehr giftig | | T + | Verursacht erhebliche Gesundheitsschäden. Tödl. Dosis ≤ 25 mg/kg Körpergewicht. | Explosions-gefähr-lich | | E | Explodiert durch Schlag, Reibung oder Entzündung. |
| Giftig | | T | Tödliche Dosis: 25 mg/kg … 200 mg/kg Körpergewicht. | Brand-för-dernd | | O | Können brennbare Stoffe entzünden oder Brände fördern. |
| Gesund-heits-schäd-lich | | Xn | Gesundheitsschäden. Tödliche Dosis: 0,2 g/kg … 2 g/kg Körpergewicht. | Hoch ent-zünd-lich | | F + | Stoffe mit Zündtempera-turen ≤ 0 °C und Siede-temperaturen ≤ 35 °C. |
| Reizend | | Xi | Reizwirkung auf der Haut, in den Augen oder den Atemorganen. | | | | |
| Ätzend | | C | Zerstört Stoffe und lebendes Gewebe. | Leicht ent-zünd-lich | | F | Selbst- oder leichtent-zündliche Stoffe, die mit Wasser, brennbare Gase bilden, Flamm-temperatur < 21 °C . |

# Risiko-Sätze (R-Sätze) für Gefahrstoffe  Risk rates for hazardous materials

| Nr. | Text | Nr. | Text | Nr. | Text |
|---|---|---|---|---|---|
| R 1 | In trockenem Zustand explosionsgefährlich. | R 23 | Giftig beim Einatmen. | R 46 | Kann vererbbare Schäden verursachen. |
| R 2 | Durch Schlag, Reibung, Feuer oder andere Zündquellen explosionsgefährlich. | R 24 | Giftig bei Berührung mit der Haut. | R 47 | Kann Missbildungen verursachen. |
| | | R 25 | Giftig beim Verschlucken. | | |
| R 3 | Durch Schlag, Reibung, Feuer oder andere Zündquellen besonders explosionsgefährlich. | R 26 | Sehr giftig beim Einatmen. | R 48 | Gefahr ernster Gesundheitsschäden bei längerer Exposition. |
| | | R 27 | Sehr giftig bei Berührung der Haut. | R 49 | Kann Krebs erzeugen beim Einatmen. |
| R 4 | Bildet hochempfindliche explosionsgefährliche Metallverbindungen. | R 28 | Sehr giftig beim Verschlucken. | R 50 | Sehr giftig für Wasserorganismen. |
| R 5 | Beim Erwärmen explosionsfähig. | R 29 | Entwickelt bei Berührung mit Wasser giftige Gase. | R 51 | Giftig für Wasserorganismen. |
| R 6 | Mit und ohne Luft explosionsfähig. | R 30 | Kann bei Gebrauch leicht entzündlich werden. | R 52 | Schädlich für Wasserorganismen. |
| R 7 | Kann Brand verursachen. | R 31 | Entwickelt bei Berührung mit Säure giftige Gase. | R 53 | Kann in Gewässern langfristig schädliche Wirkungen haben. |
| R 8 | Feuergefahr bei Berührung mit brennbaren Stoffen. | R 32 | Entwickelt bei Berührung mit Säure sehr giftige Gase. | | |
| R 9 | Explosionsgefahr bei Mischung mit brennbaren Stoffen. | | | R 54 | Giftig für Pflanzen. |
| R 10 | Entzündlich. | R 33 | Gefahr kumulativer Wirkungen. | R 55 | Giftig für Tiere. |
| R 11 | Leicht entzündlich. | R 34 | Verursacht Verätzungen. | R 56 | Giftig für Bodenorganismen. |
| R 12 | Hochentzündlich. | R 35 | Verursacht schwere Verätzungen. | | |
| R 13 | Hochentzündliches Flüssiggas. | R 36 | Reizt die Augen. | R 57 | Giftig für Bienen. |
| R 14 | Reagiert heftig mit Wasser. | R 37 | Reizt die Atmungsorgane. | R 58 | Kann längerfristig schädliche Wirkungen auf die Umwelt haben. |
| R 15 | Reagiert mit Wasser unter Bildung hochentzündlicher Gase. | R 38 | Reizt die Haut. | R 59 | Gefährlich für die Ozonschicht. |
| R 16 | Explosionsgefährlich in Mischung mit brandfördernden Stoffen. | R 39 | Ernste Gefahr irreversiblen Schadens. | R 60 | Kann die Fortpflanzungsfähigkeit beeinträchtigen. |
| R 17 | Selbstentzündlich an der Luft. | R 40 | Irreversibler Schaden möglich. | R 61 | Kann das Kind im Mutterleib schädigen. |
| R 18 | Bei Gebrauch Bildung explosionsfähiger/leicht entzündlicher Dampf-Luftgemische möglich. | R 41 | Gefahr ernster Augenschäden. | R 62 | Kann möglicherweise die Fortpflanzungsfähigkeit beeinträchtigen. |
| | | R 42 | Sensibilisierung durch Einatmen möglich. | | |
| R 19 | Kann explosionsfähige Peroxide bilden. | R 43 | Sensibilisierung durch Hautkontakt möglich. | R 63 | Kann das Kind im Mutterleib möglicherweise schädigen. |
| R 20 | Gesundheitsschädlich beim Einatmen. | R 44 | Explosionsgefahr bei Erhitzen unter Einschluss. | | |
| R 21 | Gesundheitsschädlich bei Berührung mit der Haut. | R 45 | Kann Krebs erzeugen. | R 64 | Kann Säuglinge über die Muttermilch schädigen. |
| R 22 | Gesundheitsschädlich beim Verschlucken. | Die R-Sätze kann man auch kombinieren, z.B. R 14/15: reagiert heftig mit Wasser unter Bildung leicht entzündlicher Gase. | | | | |

**BU**

# Sicherheitsratschläge (S-Sätze) für Gefahrstoffe
## Safety advices for hazardous materials

| Nr. | Text | Nr. | Text | Nr. | Text |
|-----|------|-----|------|-----|------|
| S 1 | Unter Verschluss aufbewahren. | S 26 | Bei Berührung mit den Augen sofort gründlich mit Wasser abspülen und Arzt aufsuchen. | S 45 | Bei Unfall oder Unwohlsein sofort Arzt hinzuziehen. |
| S 2 | Darf nicht in die Hände von Kindern gelangen. | | | S 46 | Bei Verschlucken sofort ärztlichen Rat einholen. |
| S 3 | Kühl aufbewahren. | S 27 | Beschmutzte, getränkte Kleidung sofort ausziehen. | | |
| S 4 | Von Wohnplätzen fern halten. | S 28 | Bei Berührung mit der Haut sofort abwaschen mit viel Flüssigkeit[1]. | S 47 | Nicht bei Temperaturen über … °C aufbewahren[1]. |
| S 5 | Unter Flüssigkeit[1] aufbewahren. | | | S 48 | Feucht halten mit Flüssigkeit[1]. |
| S 6 | Unter reaktionsträgem Gas[1] aufbewahren. | S 29 | Nicht in die Kanalisation gelangen lassen. | S 49 | Nur im Originalbehälter aufbewahren. |
| S 7 | Behälter dicht geschlossen halten. | S 30 | Niemals Wasser hinzugießen. | S 50 | Nicht mischen mit Stoff[1] |
| S 8 | Behälter trocken halten. | S 33 | Maßnahmen gegen elektrostatische Aufladungen treffen. | S 51 | Nur in gut belüfteten Bereichen verwenden. |
| S 9 | Behälter an einem gut gelüfteten Ort aufbewahren. | S 34 | Schlag und Reibung vermeiden. | S 52 | Nicht großflächig für Wohn- und Aufenthaltsräume zu verwenden. |
| S 12 | Behälter nicht gasdicht verschließen. | S 35 | Abfälle und Behälter müssen in gesicherter Weise beseitigt werden. | S 53 | Exposition (Einleitung) vermeiden – vor Gebrauch besondere Anweisungen einholen. |
| S 13 | Von Nahrungsmitteln, Getränken und Futtermitteln fern halten. | S 36 | Bei der Arbeit geeignete Schutzkleidung tragen. | | |
| S 14 | Von unverträglichem Stoff[1] fern halten. | S 37 | Geeignete Schutzhandschuhe tragen. | S 56 | Diesen Stoff und seinen Behälter der Problemabfallentsorgung zuführen. |
| S 15 | Vor Hitze schützen. | S 38 | Bei unzureichender Belüftung Atemschutzgerät anlegen. | | |
| S 16 | Von Zündquellen fern halten – Nicht rauchen! | S 39 | Schutzbrille/Gesichtsschutz tragen. | S 57 | Zur Vermeidung einer Kontamination (Umweltverschmutzung) geeigneten Behälter verwenden. |
| S 17 | Von brennbaren Stoffen fern halten. | S 40 | Fußboden und verunreinigte Gegenstände mit Stoff[1] reinigen. | S 59 | Information zur Wiederverwendung/Wiederverwertung beim Hersteller/Lieferanten erfragen. |
| S 18 | Behälter mit Vorsicht öffnen und handhaben. | | | | |
| S 20 | Bei der Arbeit nicht essen und trinken. | S 41 | Explosionsgase und Brandgase nicht einatmen. | S 60 | Dieser Stoff und sein Behälter sind als gefährlicher Abfall zu entsorgen. |
| S 21 | Bei der Arbeit nicht rauchen. | S 42 | Bei Räuchern/Versprühen geeignetes Atemschutzgerät anlegen[1]. | | |
| S 22 | Staub nicht einatmen. | S 43 | Zum Löschen Stoff[1] verwenden (wenn Wasser die Gefahr erhöht, einfügen: „Kein Wasser verwenden"). | S 61 | Freisetzung in die Umwelt vermeiden. Besondere Anweisungen einholen/Sicherheitsdatenblatt zu Rate ziehen. |
| S 23 | Gas/Rauch/Dampf/Aerosol[1] nicht einatmen. | | | | |
| S 24 | Berührung mit der Haut vermeiden. | S 44 | Bei Unwohlsein ärztlichen Rat einholen. (Falls möglich, Etikett S 44 vorzeigen.) | S 62 | Bei Verschlucken kein Erbrechen herbeiführen. Sofort ärztlichen Rat einholen und Verpackung oder Etikett S 62 vorzeigen. |
| S 25 | Berührung mit den Augen vermeiden. | | | | |

Die S-Sätze lassen sich auch kombinieren, z. B. S 1/2: Unter Verschluss und für Kinder unzugänglich aufbewahren.
[1] Angabe durch Hersteller.

# Umgang mit Elektronikschrott  Handling electronic waste

| Begriff | Erklärung | Bemerkung |
|---|---|---|
| Abfall | Abfälle sind bewegliche Sachen, von denen sich der Besitzer trennt, trennen will oder trennen muss. | Bewegliche Sachen sind auch im Falle einer Verwertung Abfälle, bis sie oder die aus ihnen gewonnenen Stoffe oder erzeugte Energie dem Wirtschaftskreislauf wieder zugeführt werden. |
| Abfall-entsorgung | Umfasst das Gewinnen von Stoffen oder Energie aus Abfällen (Abfallverwertung) und das Ablagern von Abfällen. Ferner gehören die hierzu notwendigen Maßnahmen des Einsammelns, Beförderns, Behandelns und Lagerns dazu. | Hausmüllähnlicher Gewerbemüll muss vom öffentlich-rechtlichen Entsorger, z.B. Landkreis, entsorgt werden. Sonstiger Gewerbemüll kann meist von einem privaten, zertifizierten Entsorger entsorgt werden. |
| Vermeidung | Die Summe aller Maßnahmen um Abfälle zu verhindern. | Eine Behandlung oder Ablagerung von Stoffen ist nicht notwendig. |
| Wieder-verwendung | Eine erneute Nutzung des gebrauchten Produktes ist für den gleichen Verwendungszweck möglich. | Disketten, Stecker, Schalter, manche Geräte oder Bauelemente sind wiederverwendbar oder weiterverwendbar. |
| Weiter-verwendung | Eine erneute Nutzung des gebrauchten Produktes ist für einen anderen Verwendungszweck möglich. | |
| Wieder-verwertung | Wiederholter Einsatz von Altstoffen, Produktionsabfällen oder Betriebsstoffen zur Erzeugung gleichwertiger Werkstoffe. | Eine sortenreine Stofftrennung (Trennen in Fraktionen) sowie hochwertige Aufbereitungsverfahren sind Voraussetzung hierzu. |
| Weiter-verwertung | Einsatz von Altstoffen, Produktionsabfällen oder Betriebsstoffen in einem anderen Produktionsprozess als dem, aus dem sie hervorgegangen sind. | Die neu entstandenen Werkstoffe können von schlechterer Qualität als die Ausgangswerkstoffe sein. |
| Recycling | Stoffliche Verwendung oder Verwertung. | Von to recycle = wieder aufbereiten. |
| Downcycling | Recycling, das zu einem Produkt geringeren Wertes führt (von down = unten, niedrig). | Beispiel: Zusammenschmelzen von nicht sortenreinen Thermoplasten. |
| Energetische Verwertung | Verbrennung unter Verwertung der freiwerdenden Energie. | Schadstoffe dürfen dabei nicht an die Umwelt abgegeben werden. |

**Aufbereitung von Elektronikschrott**

**BU**

# Organisationen und Normungsbegriffe
## Organizations and terms of standardization

| | |
|---|---|
| ABB | Ausschuss für Blitzableiterbau |
| AGt | Ausschuss Gebrauchstauglichkeit im Deutschen Normenausschuss |
| ANSI | American National Standard Institute |
| ASA | American Standards Association/Amerikanischer Normenausschuss |
| CCIR | Comité Consultatif International des Radiocommunications (Internationaler beratender Ausschuss für drahtlose Nachrichtenübermittlung) |
| CEE | Commission Internationale pour la Réglementation et la Contrôle de l'Equipement Electrique (Internationale Kommission für Regeln zur Begutachtung elektrotechnischer Erzeugnisse) |
| CEN | Comité Européen de Normalisation (Europäisches Komitee für Normung) |
| CENELEC | Comité Européen de Normalisation Electrotechnique (Europäisches Komitee für elektrotechnische Normung) |
| CENELCOM | Europäisches Komitee zur Koordinierung elektrotechnischer Normen der Länder der Europäischen Gemeinschaft |
| CIE | Commission Internationale de l'Eclairage (Internationale Kommission für Beleuchtung) |
| DBP | Deutsches Bundespatent |
| DKE | Deutsche Kommission für Elektrotechnik Elektronik Informationstechnik im DIN und VDE |
| DIN | Deutsches Institut für Normung |
| EVÖ | Elektrotechnischer Verein Österreichs |
| FeO | Fernsprechordnung |
| FNE | Fachnormenausschuss Elektrotechnik im Deutschen Normenausschuss |
| FTZ | Forschungs- und Technologie-Zentrum |
| HEA | Hauptberatungsstelle für Elektrizitätsanwendung e.V. |
| IEC | International Electrotechnical Commission (Internationale Elektrotechnische Kommission) |
| ISO | International Standards Organization (Internationale Organisation für Normung) |
| NEMA | National Electrical Manufacturing Association |
| NTG | Nachrichtentechnische Gesellschaft |
| ÖNA | Österreichischer Normenausschuss |
| ÖNORM | Österreichische Norm |
| ÖVE | Österreichischer Verein für Elektrotechnik |
| RAL | Ausschuss für Lieferbedingungen und Gütesicherung beim Deutschen Normenausschuss (früher: Reichsausschuss für Lieferbedingungen) |
| REFA | Verband für Arbeitsstudien (früher: Reichsausschuss für Arbeitszeitermittlung) |
| Reg TP | Regulierungsbehörde für Telekommunikation und Post |
| SEV | Schweizerischer Elektrotechnischer Verein |
| SNV | Schweizerische Normenvereinigung |
| TAB | Technische Anschlussbedingungen der VDEW |
| VDA | Verband der Automobilindustrie |
| VDE | Verband der Elektronik Elektrotechnik Informationstechnik e.V. |
| VDEW | Vereinigung Deutscher Elektrizitätswerke |
| VDMA | Verein Deutscher Maschinenbau-Anstalten e.V. |
| VOB | Verdingungsordnung für Bauleistungen |
| VNB | Verteilungs-Netzbetreiber |
| VSM | Verein Schweizerischer Maschinenindustrieller |
| ZVEH | Zentralverband der elektro- und informationstechnischen Handwerke |
| ZVEI | Zentralverband der Elektrotechnischen Industrie |

| Nummer | | Inhalt, gekürzter Titel | Nummer | | Inhalt, gekürzter Titel |
|---|---|---|---|---|---|
| DIN | 6 | Darstellungen in Normalprojektionen | DIN | 40110 | Wechselstromgrößen |
| DIN | 201 | Schraffuren | DIN | 40146 | Begriffe der Nachrichtenübertragung |
| DIN | 406 | Maßeintragung | DIN | 40148 | Übertragungsfaktor, Pegel |
| DIN | 461 | Grafische Darstellung | DIN | 40200 | Nennwert, Bemessungswert u.ä. (Begriffe) |
| DIN | 1301 | Einheiten (Einheitenname, Einheitenzeichen) | DIN | 40827 | Galvanische Primärelemente |
| DIN | 1302 | Allgemeine mathematische Zeichen und Begriffe | DIN | 41215 | Relais, Begriffe |
| DIN | 1304 | Formelzeichen | DIN | 41301 | Magnetische Werkstoffe für Übertrager |
| DIN | 1311 | Schwingungslehre | DIN | 41426 | Nennwerte von Widerständen und Kondensatoren |
| DIN | 1313 | Physikalische Größen und Gleichungen | DIN | 41429 | Farbkennzeichnung von Widerständen und Kondensatoren |
| DIN | 1315 | Winkel | | | |
| DIN | 1318 | Lautstärkepegel | DIN | 41750 | Stromrichter (Begriffe) |
| DIN | 1319 | Messtechnik | DIN | 41782 | Gleichrichterdioden |
| DIN | 1320 | Akustik | DIN | 41786 | Thyristoren, Begriffe |
| DIN | 1324 | Elektromagnetisches Feld | DIN | 41855 | Optoelektronische Halbleiter-bauelemente |
| DIN | 1325 | Magnetisches Feld | | | |
| DIN | 1332 | Formelzeichen Akustik | DIN | 41868 | Gehäuse für Halbleiterbauelemente |
| DIN | 1333 | Zahlenangaben | DIN | 41869 | Gehäuse für Halbleiterbauelemente |
| DIN | 1338 | Formelschreibweise | DIN | 41873 | Gehäuse für Halbleiterbauelemente |
| DIN | 1339 | Einheiten magnetischer Größen | DIN | 41876 | Gehäuse für Halbleiterbauelemente |
| DIN | 1357 | Einheiten elektrischer Größen | DIN | 42402 | Anschlussbezeichnung für Trans-formatoren und Drosselspulen |
| DIN | 1421 | Benummerung von Texten | | | |
| DIN | 1422 | Gestaltung von Manuskripten | DIN | 42403 | Anschlussbezeichnung für Stromrichter |
| DIN | 1505 | Titelangaben von Schrifttum | DIN | 42673 | Drehstrommotoren mit Käfigläufern, oberflächengekühlt (Normmotoren) |
| DIN | 1707 | Weichlote | | | |
| DIN | 2860 | Handhabungssysteme | DIN | 42676 | Drehstrommotoren mit Käfigläufern, innengekühlt (Normmotoren) |
| DIN | 4701 | Wärmebedarf von Gebäuden | | | |
| DIN | 5031 | Strahlungsphysik, Lichttechnik | DIN | 42961 | Leistungsschilder |
| DIN | 5474 | Zeichen der mathematischen Logik | DIN | 42973 | Leistungsreihe elektrischer Maschinen |
| DIN | 5475 | Komplexe Größen | DIN | 43780 | Anzeigende Messgeräte |
| DIN | 5483 | Zeitabhängige Größen | DIN | 43802 | Skalen von Messgeräten |
| DIN | 5486 | Schreibweise von Matrizen | DIN | 43807 | Elektrische Messgeräte (Schalttafelmessgeräte) |
| DIN | 5487 | Fourier-Transformation | | | |
| DIN | 5489 | Richtungssinn und Vorzeichen in der Elektrotechnik | DIN | 43856 | Elektrizitätszähler, Tarifschaltgeräte |
| | | | DIN | 43865 | Zähler |
| DIN | 5493 | Logarithmische Größen und Einheiten | DIN | 43870 | Zählerplätze |
| DIN | 6776 | Beschriftung | DIN | 44070 | Temperaturabhängige Widerstände, Heißleiter |
| DIN | 6779 | Kennzeichnungssystematik für technische Produkte | DIN | 44080 | Temperaturabhängige Widerstände, Kaltleiter |
| DIN | 8513 | Hartlote | DIN | 44300 | Informationsverarbeitung |
| DIN | 17410 | Dauermagnetwerkstoffe | DIN | 46400 | Elektroblech und Elektroband |
| DIN | 17471 | Widerstandswerkstoffe | DIN | 47100 | Kennzeichnung Fernmeldeschnüre |
| DIN | 18015 | Elektrische Anlagen in Wohngebäuden | DIN | 47301 | HF-Leitungstechnik |
| DIN | 19225 | Benennung und Einstellung von Reglern | DIN | 55003 | Bildzeichen für NC-Werkzeugmaschinen |
| DIN | 19226 | Regelungstechnik und Steuerungstechnik | DIN | 60445 | Kennzeichnung der Anschlüsse elektrischer Betriebsmittel |
| DIN | 19237 | Steuerungstechnik (Begriffe) | | | |
| DIN | 19277 | Grafische Symbole der Prozessleittechnik | DIN | 66000 | Zeichen der Schaltalgebra |
| DIN | 40015 | Frequenz- und Wellenlängenbereiche | DIN | 66001 | Sinnbilder für Datenflusspläne und Programmablaufpläne |
| DIN | 40020 | Begriffe der Wellenausbreitung | | | |
| DIN | 40101 | Bildzeichen | DIN | 66003 | Informationsverarbeitung, 7-Bit-Code |
| DIN | 40108 | Stromsysteme (Begriffe, Größen, Formelzeichen) | DIN | 66008 | Schrift A für Zeichenerkennung |
| | | | DIN | 66009 | Schrift B für Zeichenerkennung |

**BU**

| Nummer | Inhalt, gekürzter Titel | Nummer | Inhalt, gekürzter Titel |
|---|---|---|---|
| DIN 66019 | Sicherungsverfahren mit dem 7-Bit-Code | DIN VDE 0160 | Elektronische Betriebsmittel in Starkstromanlagen |
| DIN 66020 | Schnittstellen in Fernsprechnetzen | DIN VDE 0165 | Anlagen in explosionsgefährdeten Bereichen |
| DIN 66021 | Datenübertragung | | |
| DIN 66025 | Programmaufbau für NC-Maschinen | | |
| DIN 66234 | Bildschirmarbeitsplätze | DIN VDE 0185 | Blitzschutzanlage |
| DIN 66257 | Begriffe für NC-Maschinen | DIN VDE 0190 | Gas- und Wasserleitungen für Hauptpotenzialausgleich |
| DIN 66258 | Schnittstellen für die Datenübermittlung | | |
| DIN 66261 | Struktogramm nach Nassi-Shneiderman | DIN VDE 0210 | Bau von Freileitungen über 1 kV |
| DIN 66264 | Mehrprozessor-Steuersystem (MPST) | DIN VDE 0211 | Bau von Freileitungen bis 1000 V |
| DIN 66304 | Rechnerunterstütztes Konstruieren | DIN VDE 0293 | Aderkennzeichnung bei Nennspannungen bis 1000 V |
| DIN EN 12464 | Beleuchtung von Arbeitsstätten | | |
| DIN EN 50005 | Anschlussbezeichnung und Kennzahlen | DIN VDE 0298 | Verwendung von Kabeln und Leitungen für Starkstromanlagen |
| DIN EN 50012 | Anschlussbezeichnung von Hilfsschaltgliedern | DIN VDE 0403 | Durchgangsprüfgeräte |
| DIN EN 50013 | Anschlussbezeichnung für Befehlsgeräte | DIN VDE 0410 | Bestimmungen für elektrische Messgeräte |
| DIN EN 50160 | Spannungsmerkmale | DIN VDE 0411 | Bestimmungen für elektronische Mess-, Steuer-, Regelgeräte |
| DIN EN 50274 | Schutz gegen elektrischen Schlag | | |
| DIN EN 60204-1 | Elektrische Ausrüstung von Maschinen (VDE 0113-1) | DIN VDE 0413 | Geräte zum Prüfen der Schutzmaßnahmen |
| DIN EN 60445 | Kennzeichnung der Anschlüsse | DIN VDE 0414 | Messwandler |
| DIN EN 60617 | Grafische Symbole für Schaltpläne | DIN VDE 0470 | IP-Schutzarten |
| DIN EN 60617 | Teil 2: Symbolelemente | DIN VDE 0510 | Akkumulatoren und Batterie-Anlagen |
| DIN EN 60617 | Teil 3: Leiter und Verbinder | DIN VDE 0530 | Drehende elektrische Maschinen |
| DIN EN 60617 | Teil 4: Passive Bauelemente | DIN VDE 0532 | Transformatoren und Drosselspulen |
| DIN EN 60617 | Teil 5: Halbleiter und Elektronenröhren | DIN VDE 0551 | Sicherheitstransformatoren |
| DIN EN 60617 | Teil 6: Erzeugung und Umwandlung elektrischer Energie | DIN VDE 0606 | Verbindungsmaterial, Kleinverteiler, Zählerplätze |
| DIN EN 60617 | Teil 7: Schalt- und Schutzeinrichtungen | DIN VDE 0636 | Niederspannungssicherungen |
| DIN EN 60617 | Teil 8: Mess-, Melde-, Signaleinrichtungen | DIN VDE 0641 | Leitungsschutzschalter |
| | | DIN VDE 0675 | Überspannungsschutzgeräte |
| DIN EN 60617 | Teil 9: Vermittlungs- und Endeinrichtungen | DIN VDE 0682 | Spannungsprüfer |
| | | DIN VDE 0815 | Leitungen für Informationsverarbeitungsanlagen |
| DIN EN 60617 | Teil 10: Übertragungseinrichtungen | | |
| DIN EN 60617 | Teil 11: Installationspläne | DIN VDE 0829 | Elektrische Systemtechnik |
| DIN EN 60617 | Teil 12: Binäre Elemente | DIN VDE 0833 | Gefahren- und Meldeanlagen |
| DIN EN 60617 | Teil 13: Analoge Elemente | DIN VDE 0838 | Rückwirkungen in Stromversorgungsnetzen |
| DIN EN 61010 | Sicherheit von MSR-Geräten | DIN VDE 0855 | Kabelverteilsysteme für Ton- und Fernsehrundfunksignale |
| DIN EN 61082 | Dokumente der Elektrotechnik | | |
| DIN EN 61131 | Speicherprogrammierbare Steuerungen | DIN VDE 0860 | Netzbetriebene elektronische Heimgeräte |
| DIN EN 61175 | Kennzeichnung für Signale und Verbindungen | DIN VDE 0870 | Elektromagnetische Beeinflussung |
| | | DIN VDE 0871 | Funkentstörung von Hochfrequenzgeräten |
| DIN EN 61293 | Kennzeichnung elektrischer Betriebsmittel | DIN VDE 0875 | Maßnahmen zur Funkentstörung |
| DIN EN 61346-2 | Klassifizierung von Objekten und Kodierung von Klassen | DIN VDE 0876 | Geräte zur Messung von Funkstörungen |
| | | DIN VDE 0880 | Errichten und Betrieb von Fernmeldeanlagen |
| DIN IEC 469 | Impulstechnik | IEC 34 | Bauformen von umlaufenden elektrischen Maschinen |
| DIN IEC 971 | Stromrichterkennzeichnung | | |
| DIN ISO 1219 | Fluidtechnische Systeme | IEC 38 | Normspannungen |
| DIN ISO 9000 | Qualitätssicherung | IEC 40 | Varistoren |
| DIN ISO 14001 | Umweltmanagement-Systeme | IEC 62 | Kennzeichnung von Widerständen und Kondensatoren |
| DIN VDE 0100 | Errichten von Niederspannungsanlagen | | |
| DIN VDE 0101 | Starkstromanlagen über 1 kV | IEC 63 | Vorzugsreihen für R und C |
| DIN VDE 0105 | Betrieb von Starkstromanlagen | IEC 86 | Primärbatterien |
| DIN VDE 0108 | Anlagen in Bauten für Menschenansammlungen | IEC 351 | Eigenschaften von Oszilloskopen |
| | | IEC 625 | IEC-Bus |
| DIN VDE 0128 | Leuchtröhrenanlagen | IEC 651 | Schallpegelmesser |
| DIN VDE 0141 | Erdungen | IEC 757 | Code zur Farbkennzeichnung |

| DIN VDE 0100 | Errichten von Niederspannungsanlagen |
| DIN VDE 0101 | Errichten von Starkstromanlagen mit Bemessungsspannungen über 1 kV |
| DIN VDE 0102 | Berechnung der Kurzschlussströme |
| DIN VDE 0103 | Bemessung von Starkstromanlagen auf Kurzschlussfestigkeit |
| DIN VDE 0104 | Prüfanlagen mit Spannungen über 1 kV |
| DIN VDE 0105 | VDE-Bestimmungen für den Betrieb von Starkstromanlagen |
| DIN VDE 0108 | Starkstromanlagen und Sicherheitsstromversorgung in baulichen Anlagen für Menschenansammlungen |
| DIN VDE 0109 | Isolationskoordination in Niederspannungsanlagen |
| DIN VDE 0110 | Luft- und Kriechstrecken für Betriebsmittel |
| DIN VDE 0113 | Elektrische Ausrüstung von Maschinen |
| DIN VDE 0116 | Elektrische Ausrüstung von Feuerungsanlagen |
| DIN VDE 0128 | Errichten von Leuchtröhrenanlagen mit Nennspannungen über 1 kV |
| DIN VDE 0131 | Errichtung und Betrieb von Elektrozaunanlagen |
| DIN VDE 0141 | Erdungen in Wechselstromanlagen für Nennspannungen über 1 kV |
| DIN VDE 0160 | Ausrüstung von Starkstromanlagen mit elektronischen Betriebsmitteln |
| DIN VDE 0165 | Errichten elektrischer Anlagen in explosionsgefährdeten Bereichen |
| DIN VDE 0168 | Errichten von Anlagen im Freien, die erschwerten Bedingungen unterworfen sind (einschließlich Steinbrüchen und Tagebau) |
| DIN VDE 0185 | Errichten von Blitzschutzanlagen |
| DIN VDE 0190 | Bestimmungen für das Einbeziehen von Rohrleitungen in Schutzmaßnahmen von Starkstromanlagen mit Nennspannungen bis 1 kV |
| | |
| DIN VDE 0210 | Bau von Starkstrom-Freileitungen mit Nennspannungen über 1 kV |
| DIN VDE 0211 | Bau von Starkstrom-Freileitungen mit Nennspannungen bis 1 kV |
| DIN VDE 0228 | Maßnahmen für Beeinflussung von Fernmeldeanlagen durch Starkstromanlagen |
| DIN VDE 0293 | Aderkennzeichnung von Starkstromkabeln und Starkstromleitungen bis 1 kV |
| DIN VDE 0298 | Verwendung von Kabeln und isolierten Leitungen für Starkstromanlagen |
| | |
| DIN VDE 0410 | Bestimmungen für elektrische Messgeräte |
| DIN VDE 0411 | Bestimmungen für elektronische Messgeräte und Regler |
| DIN VDE 0413 | Geräte zum Prüfen der Schutzmaßnahmen in elektrischen Anlagen |
| DIN VDE 0414 | Bestimmungen für Messwandler |
| DIN VDE 0435 | Elektrische Relais |
| | |
| DIN VDE 0510 | Bestimmungen für Akkumulatoren und Batterie-Anlagen |
| DIN VDE 0530 | Bestimmungen für drehende elektrische Maschinen |
| DIN VDE 0532 | Bestimmungen für Transformatoren und Drosselspulen |
| DIN VDE 0541 | Stromquellen zum Lichtbogenschweißen mit Wechselstrom |
| DIN VDE 0542 | Bestimmungen für Lichtbogen-Schweißgleichrichter |
| DIN VDE 0543 | Lichtbogen-Kleinschweißtransformatoren für Kurzschweißbetrieb |
| DIN VDE 0550 | Bestimmungen für Kleintransformatoren |
| | |
| DIN VDE 0606 | Verbindungsmaterial bis 750 V, Installations-Kleinverteiler und Zählerplätze bis 250 V gegen Erde |
| DIN VDE 0620 | Steckvorrichtungen bis 400 V 25 A (Teil 101 bis 250 V und 2,5 A). |
| DIN VDE 0660 | Bestimmungen für Niederspannungsschaltgeräte |
| DIN VDE 0675 | Schutz elektrischer Anlagen gegen Überspannungen |
| DIN VDE 0680 | Schutzkleidung, Schutzvorrichtungen und Werkzeuge zum Arbeiten an unter Spannung stehenden Betriebsmitteln |
| DIN VDE 0681 | Geräte zum Betätigen, Prüfen und Abschranken unter Spannung stehender Betriebsmittel mit Spannungen über 1 kV |
| | |
| DIN VDE 0700 | Sicherheit elektrischer Geräte für den Hausgebrauch und ähnliche Zwecke |
| DIN VDE 0701 | Instandsetzung, Änderung und Prüfung elektrischer Geräte für den Hausgebrauch und ähnliche Zwecke |
| DIN VDE 0702 | Wiederholungsprüfung an elektrischen Geräten |
| DIN VDE 0710 | Leuchten mit Betriebsspannungen unter 1 kV |
| | |
| DIN VDE 0800 | Errichten und Betrieb von Anlagen der Informationstechnik und Kommunikationstechnik |
| DIN VDE 0855 | Kabelverteilsysteme für Ton- und Fernsehrundfunksignale |
| DIN VDE 0860 | Bestimmungen für netzbetriebene elektronische Geräte für den Heimgebrauch |
| DIN VDE 0871 | Funkentstörung von Hochfrequenzgeräten |
| DIN VDE 0875 | Bestimmungen für die Funkentstörung von Betriebsmitteln und Anlagen |
| DIN VDE 0878 | Elektromagnetische Verträglichkeit EMV |

**BU**

## A

**absolut** (lat. absolutus = abgelöst, losgelöst), für sich allein bestehend, unabhängig, unbedingt.

**Abszisse** (lat. abscissus = weggerissen, getrennt), waagrechte Achse im Koordinatensystem.

**Adhäsion,** Haften verschiedener Stoffe aneinander.

**Adsorption,** Aufnahme von Gasen, Dämpfen oder gelösten Stoffen an der Oberfläche fester Körper.

*adsorbieren,* an der Oberfläche aufnehmen.

**Akkumulator** (lat. accumulare = anhäufen), Sammler; elektrochemischer Energiespeicher, Rechenregister.

**Aktor,** der (lat. actor = Verrichter), Bauelement oder Baugruppe, nach Ansteuerung wird eine Wirkung erzielt, z.B. Schütz. Bei manchen Bussystemen Aktuator genannt.

**Aktuator,** der, siehe Aktor.

**Akustik** (griech. akoustos = hörbar), Lehre vom Schall.

*akustisch,* zur Lehre vom Schall gehörend.

**Algorithmus** (von griech. arithmos = Zahl), Rechenvorschrift zum Lösen einer Aufgabe in logischer Schrittfolge als effektives Verfahren zum Lösen eines Problems.

**alphanumerisches Zeichen,** Zeichen aus Zeichenvorrat, der Buchstaben, Ziffern und Sonderzeichen enthält.

**Amplitude,** Schwingungsweite, Ausschlag.

**analog,** entsprechend, ähnlich, gleich verhaltend.

**Analyse,** Zerlegung, Auflösung eines Ganzen in seine Glieder, z.B. Zerlegen einer chemischen Verbindung.

**Anode** (griech. ana = hinauf, hodos = Weg), Elektrode, von der aus der Strom in einen Halbleiter, eine Flüssigkeit, ein Gas oder das Vakuum eintritt.

**Anweisung,** Arbeitsvorschrift in einer Programmiersprache.

**Äquivalent** (lat. aequus = gleich, valere = wert sein), Gleichwert, Gegenwert.

**Arbeitspaket,** zu einem Thema gehörende Aufgaben, die im Rahmen eines Projektes abzuarbeiten sind.

**Assembler** (to assemble = versammeln, zusammenfügen), prozessororientierte Programmiersprache aus Kürzeln für die Befehle; Computerprogramm zum Übersetzen in die Maschinensprache.

**astabil,** nicht feststehend, unbeständig.

**astatisch** (griech. astatos = unstet), Anordnungsart von zwei gleichen, beweglichen Teilen, die starr miteinander verbunden sind, um die Einwirkung von Fremdfeldern auszuschalten.

**asynchron** (griech. synchronos = gleichzeitig, a-Verneinung), nicht gleichzeitig, nicht gleichlaufend.

**Atom** (griech. atomos = unteilbar), der kleinste Teil eines chemischen Grundstoffes. Ein Atom kann nicht weiter geteilt werden, ohne dass sich seine chemischen Eigenschaften ändern.

**axial** (lat. axis = Achse), in Richtung der Achse

## B

**Basis** (griech. basis = Grundlage, Sockel), Fußpunkt; mittlere Halbleiterzone oder Anschluss bei Transistoren.

**Befehl,** Anweisung, die sich in der benutzten Programmiersprache nicht mehr in Unteranweisungen zerlegen lässt.

**Betriebsmittel,** notwendige Komponente zum Betreiben einer Anlage, z.B. Schalter, Motoren, Werkzeuge, Vorrichtungen.

**Betriebssystem,** Programme, die den Betrieb eines Computers im Zusammenwirken mit seinen Peripheriegeräten ermöglichen.

**bi-,** Vorsilbe für „zweifach", „doppelt".

**bidirektional,** zweifach gerichtet.

**binär** (lat. bini = je zwei), aus zwei Einheiten bestehend.

**Bit,** das, Kurzform für Binärzeichen, Mehrzahl Bits, als Einheit bit.

**Browser** (to browse = blättern), Programm, welches das Durchsuchen einer Datei ermöglicht.

**Bus,** auch Bussystem, Übertragungsstrecke, z.B. Leitung, an die viele Teilnehmer angeschlossen werden können.

**Byte,** Einheit für Wortlänge von 8 bit, Kurzform B.

## C

**CD,** von Compact Disc = kompakte Platte (Scheibe), digitaler Massenspeicher in Form einer dünnen Scheibe.

**Charakteristik** (griech. charakter = das Eingeprägte, Eingeschnittene), Kurve, die das kennzeichnende Verhalten veranschaulicht.

**Chip** (chip = Schnipsel), Einkristall-Halbleiterplättchen, in das eine elektronische Schaltung eingearbeitet ist; allgemeine Bezeichnung für eine integrierte Schaltung.

**Client-Server** (Kunde, Dienstleister), über ein Datennetz verbundene Computer. Der Client-Computer wird vom Server-Computer mit Daten bzw. Programmen versorgt.

**Code** (lat. codex = Schreibtafel, Verzeichnis), Regeln für die Zuordnung von Zeichen zweierlei verschiedener Alphabete (oder anderer Zeichenvorräte); Schlüssel, mit dem ein chiffrierter Text in Klartext oder umgekehrt umgewandelt werden kann.

**Compiler,** Programm zur Übersetzung eines Programms in eine andere Programmiersprache, z.B. in die Maschinensprache des Mikroprozessors, vor der eigentlichen Programmausführung.

**CPU** (von central processing unit), Kurzform für Zentrale Prozess-Einheit eines Computers, z.B. der Mikroprozessor.

## D

**Dämpfung,** Abschwächung eines Signales, z.B. nach Durchlaufen einer elektronischen Komponente.

**Dekade** (griech. dekas = Anzahl von zehn), Zehnzahl, zehn Stück, zehn Teile. *dekadisch,* zehnteilig.

**Demodulator,** Baugruppe, die Signalschwingungen (z.B. Tonschwingungen) aus dem modulierten Träger zurückgewinnt (siehe Modulation).

**Dezimale** (lat. decem = zehn), der zehnte Teil; Ziffer, die bei einer Zahl rechts vom Komma steht.

**Dielektrikum,** elektrischer Nichtleiter. In ihm bleibt ein elektrisches Feld auch ohne dauernde Ladungszufuhr bestehen.

**Diffusion** (lat. diffundere = ausbreiten), gegenseitige Durchdringung und Mischung von Teilchen infolge der Wärmebewegung.

**digital** (lat. digitus = Finger zum Zählen), ziffernmäßig; Darstellung von Signalen oder Größen in ziffernmäßiger Form.

**Dimmer** (to dim = verdunkeln), Steller zum Einstellen der Lichthelligkeit.

**Dipol,** Zweipol, z.B. Antenne aus zwei gleich langen elektrisch leitenden Teilen.

**disjunktiv** (lat. disiunctus = getrennt), begriffliches Verhältnis „entweder…oder", z.B. „entweder Signal 1 oder Signal 2".

**Dissoziation** (lat. dissociatio = Trennung), Trennung einer Verbindung, z.B. Zerlegung von Molekülen in bewegliche Ionen.

**Dotieren** (lat. dotare = mitgeben), Halbleitertechnik: Einbauen von Fremdatomen in den Halbleiterwerkstoff.

**Drain** (drain = Senke, Abfluss), Anschluss bei einem Feldeffekttransistor. Der Widerstand der Strecke Drain–Source wird durch die Spannung zwischen Gate und Source bestimmt.

**dual** (lat. duo = zwei), Zweiheit bildend, Zweizahl.

**Duplexbetrieb, Vollduplexbetrieb,** Nachrichtenübertragung, z.B. Datenübertragung, gleichzeitig in beiden Richtungen (Senden und Empfangen).

**Duroplast** (Duromer), härtbarer Kunststoff, der nach dem Aushärten nicht mehr durch Erwärmen erweicht werden kann.

**DVD** von Digital Versatile Disc = digitale vielseitig verwendbare Platte (Scheibe), digitaler Massenspeicher mit mehreren GB in Form einer dünnen Scheibe.

**Dynamik** (griech. dynamos = Kraft), Bewegungslehre. *dynamisch,* von „Kräften" bewirkt.

## E

**Effekt** (lat. efficere = hervorbringen), Wirkung, Erfolg. *effektiv,* wirksam, tatsächlich.

**Elektrode,** Übergangsstelle von metallischen Leitern auf Leitung durch Ionen (in Gasen oder Flüssigkeiten) oder durch frei bewegliche Elektronen (in Halbleitern oder im Vakuum).

**Elektrolyse,** Zerlegen von stromleitenden Flüssigkeiten (Säuren, Laugen, gelöste oder geschmolzene Salze) durch den elektrischen Strom.

**Element,** in der Chemie: Grundstoff, in der Elektrotechnik: Spannungserzeuger, z.B. galvanisches Element.

**Emission** (lat. emittere = aussenden), Aussenden einer Strahlung oder Aussenden von Teilchen, z.B. von Elektronen, *emittieren,* aussenden, ausstrahlen.

**EMI** (engl. Electromagnetic Interferences) Elektromagnetische Störungen, z.B. durch Schalten starker Ströme.

**Emitter,** eine Halbleiterzone oder ein Anschluss bei Transistoren.

**EMV** Elektromagnetische Verträglichkeit.

**Energie** (griech. energeia = wirkende Kraft), Fähigkeit eines physikalischen oder technischen Systems, Arbeit zu verrichten.

**Erosion** (lat. erosio = Ausnagung), Abtragung durch Wind und Wasser.

**Expansion,** Ausdehnung, z.B. von Gasen.

**Exponent** (lat. exponere = herausheben, -stellen), herausgehobener Vertreter z.B. einer Partei; oben rechts angefügte Hochzahl eines mathematischen Ausdrucks (der Basis). Der Exponent gibt an, wie oft die Basis mit sich selbst multipliziert werden soll.

## F

**Faktor** (lat. factor = der etwas macht, besorgt), mitbestimmender Umstand; Mathematik: Vervielfältigungszahl, Teil eines Produkts.

**flexibel,** biegsam, biegbar, geschmeidig.

**Fluoreszenz,** Aufleuchten beim Einfall von Strahlen.

**Frequenz** (lat. frequentia = Häufigkeit), z.B. Zahl der Schwingungen in einer Sekunde (Einheit: Hertz) oder Zahl der Umdrehungen in der Zeiteinheit (Umdrehungsfrequenz).

**Frigistor** (lat. frigidus = kalt und engl. resistor = Widerstand), Halbleiterbauelement, das sich bei Stromdurchgang an einer Stelle abkühlt.

**Funktion** (lat. functio = Verrichtung), Betätigungsweise, Wirkungsweise; Mathematik: Abhängigkeit, gesetzmäßige Beziehung zwischen zwei oder mehreren Größen.

## G

**Gate** (gate = Tor), Anschluss bei einem Feldeffekttransistor (FET). Die Spannung zwischen Gate und Source bestimmt die Wirkung des FET.

**Gemeinkosten,** Kosten, die einem Produkt nicht direkt zurechenbar sind. Sie werden über einen Verteilungsschlüssel umgelegt, z.B. Gehälter, Abschreibungskosten, Raumkosten.

**Generator** (lat. generator = Erzeuger), z.B. Spannungserzeuger.

**GUD** Gasturbinen- und Dampfturbinen-Kraftwerk.

## H

**Halbduplexbetrieb,** Nachrichtenübertragung nacheinander in beiden Richtungen (Senden oder Empfangen).

**Hardware** (hardware = harte Ware), alle Bauteile und Geräte (einer Datenverarbeitungsanlage), die man sehen und anfassen kann.

**homogen** (griech. homo = gleich und genes = Art), gleichartig, gleichförmig.

**horizontal** (griech. horizon = Grenzlinie), waagerecht.

**Hydraulik** (griech. hydraulike = Wasserkunst), Lehre von der Bewegung der Flüssigkeiten; *hydraulisch,* mit Flüssigkeitsdruck arbeitend, mit Flüssigkeitsantrieb.

**Hysterese, Hysteresis** (griech. hysteros = später, darauf folgend), Fortdauer einer Wirkung nach Aufhören der Ursache; magnetische Hysteresis: Zurückbleiben der Magnetisierung magnetischer Stoffe gegenüber der Feldstärke.

## I

**Impedanz** (lat. impedire = behindern, hemmen), Elektrotechnik: Scheinwiderstand bei Wechselstrom.

**Impuls** (lat. impulsus = Anstoß), Antrieb, Anregung, Anstoß; Elektronik: Kurzzeitiger Strom- oder Spannungsstoß.

**Index,** Mehrzahl: **Indizes,** Anzeiger, tiefgesetztes Unterscheidungszeichen z.B. $U_1$, $U_2$, $U_a$.

**Indikation** (lat. indicatio = Anzeige), Anzeige, Merkmal.

**Indikator** (lat. indicare = anzeigen), Anzeiger für einen Vorgang, z.B. ein Stoff, der durch auffälligen Farbwechsel einen chemischen Vorgang anzeigt.

**Induktion,** Entstehen einer elektrischen Spannung in einem Leiter bei Änderung eines Magnetfeldes oder bei Bewegung des Leiters im Magnetfeld. Magnetische Induktion: Dichte des magnetischen Flusses. *Induktiv,* auf Induktion beruhend. *Induzieren* (lat. inducere = hineinführen), herbeiführen; Zeitwort zu Induktion.

*instabil,* unbeständig.

**Interface** (interface = Trennfläche), Schnittstelle, Anpassungsschaltung.

**interpolieren** (lat. interpolare = dazwischenstellen), Ermitteln weiterer Zahlenwerte in einer Zahlenfolge.

**Interrupt** (lat. interruptio = Abbrechen, Unterbrechen), Unterbrechen eines laufenden Computerprogramms, um in der Zwischenzeit z.B. ein Dienstprogramm durchzuführen.

**Ion,** Mehrzahl: **Ionen** (griech. ion = gehend, wandernd), elektrisch geladene Atome oder Atomgruppen. *Ionisation,* Vorgang, durch den Ionen entstehen.

## K

**Kapazität** (lat. capacitas = Fassungsfähigkeit), Fassungsvermögen, Aufnahmefähigkeit; z.B. Fassungsvermögen eines Kondensators oder eines Akkumulators.

**Kapital** (lat. capitalis = hauptsächlich), ursprünglich Hauptgeld, heute Finanzmittel, Anlagen, Vorräte, menschliche Fähigkeiten zur Schaffung von Einkommen.

**Kaskade** (ital. cascata = Wasserfall), Hintereinanderschaltung gleichartiger Bauteile oder Baugruppen.

**Katode** (griech. kathodos = das Hinabgehen), Elektrode, die positive Ladung aus einem Halbleiter, einer Flüssigkeit, einem Gas oder dem Vakuum aufnimmt oder die negative Ladung (Elektronen) abgibt.

**kinetisch** (griech. kinetikos = zum Bewegen gehörig), auf Bewegung beruhend.

**Koeffizient** (lat. coefficere = mitbewirken), mitwirkender Teil, Mathematik: Größe, mit der eine veränderliche Größe malgenommen wird, z.B. Wärmeausdehungskoeffizient.

**Kollektor** (lat. collectus = Ansammlung), Stromwender, der aus Kupferlamellen mit isolierenden Zwischenlagern zusammengesetzte Teil einer elektrischen Maschine, auf dem die Bürsten schleifen.

Halbleitertechnik: Stromsammler, eine Halbleiterzone oder ein Anschluss bei Transistoren.

**Kommutator** (lat. commutare = vertauschen), Stromwender.

**kompatibel** (franz. compatible = vereinbar), vereinbar austauschbar.

**Kompensation** (lat. compensatio = Ausgleichung), Ausgleich, Aufheben einander entgegengesetzter Wirkungen.

**Kompressor** (lat. compressio = Zusammendrücken), Gasverdichter, Maschine zum Verdichten von Gasen und Dämpfen.

**Kondensator** (lat. condensare = verdichten), Elektrotechnik: „Verdichter" für elektrische Ladungen. Dadurch Bauelement zum Speichern elektrischer Ladungen.

Dampfturbinen: Vorrichtung zum Niederschlagen des Abdampfes.

*kondensieren,* verdichten, eindicken, verflüssigen.

*Kondenswasser,* Wasser, das durch Verflüssigen von Dampf oder Luftfeuchtigkeit entstanden ist.

**Konstante** (lat. constans = standhaft), unveränderliche Größe, feststehender Wert.

**Kontakt** (lat. contactus = Berührung), Berühren oder Verbinden von elektrischen Leitern zum Herstellen einer leitenden Verbindung.

**Konvektion** (lat. convectio = das Zusammenbringen), Strömen von Teilchen, Mitführen von Energie (z.B. Wärme) einer Strömung.

**Koordinaten** (lat. coordinare = beiordnen), zusammenfassende Bezeichnung von Abszisse und Ordinate. Zahlen, welche die Lage eines Punktes in der Ebene oder im Raum festlegen.

**Korona** (lat. corona = Kranz), Kreis, Strahlenkranz (um die Sonne), Glimmentladung an elektrischen Leitern.

**Korrosion** (lat. corrosio = Zernagung), Zerstören der Oberfläche von Werkstoffen; korrodieren.

## L

**Lamelle** (lat. lamella = Blättchen), dünnes Blättchen, Streifen.

**latent** (lat. latens = verborgen), verborgen, versteckt, nicht hervortretend; z.B. latente Wärme: die beim Schmelzen oder Verdampfen gebundene Wärmemenge, die sich nicht in einer Temperaturerhöhung zeigt.

**Lumineszenz** (lat. lumen = Licht), Anregung eines Leuchtstoffes zum Leuchten (meist ohne gleichzeitige Temperaturerhöhung).

## M

**Magnetostriktion** Längenänderung magnetischer Werkstoffe im Magnetfeld.

**Marktplatz, elektronischer,** Softwaresystem eines Marktplatzbetreibers zur Abwicklung von Handelsgeschäften im Internet.

**Modul, der** (lat. modulus, Verkleinerungsform von modus = Maß), Form; bei Zahnrädern: Verhältnis der Zahnteilung zur Zahl $\pi$.

**Modul, das,** Baugruppe, z.B. aus Leiterplatten, auf denen Bauelemente angeordnet sind; bei Software: kleines Programm, Programmteil.

**Modulation** (lat. modulus = Takt), Beeinflussung eines Trägers im Takt der Signalfrequenz, z.B. Aufprägen der Niederfrequenz auf die Hochfrequenz; *modulieren.*

*Modulator,* Baugruppe zur Durchführung der Modulation.

**Molekül** (lat. molecula = kleine Masse), kleinster Teil eines Stoffes, der aus mehreren Atomen zusammengesetzt ist.

**Monitor** (lat. monitor = Aufseher), Kontrollgerät (meist mit Bildschirm) zum Überwachen einer elektronischen Anlage; Programm zum Steuern oder Koordinieren anderer Programme oder Programmteile.

## N

**Netzlaufwerk,** Verzeichnis, auf welches der Computer über ein Datennetz (Netzwerk) zugreifen kann.

**Nomogramm** (griech. nomos = Zahl, Regel, gramma = Zeichen, Buchstabe), Schaubild oder Zeichnung zum zeichnerischen Lösen einer Rechnung.

**numerisch,** zahlenmäßig der Zahl nach.

**Numerus** (lat.), Zahl.

## O

**Ordinate** (lat. ordo = Ordnung), senkrechte Achse des Koordinatensystems.

**Oszilloskop** (lat. oscillare = schaukeln, schwingen, griech. skopein = schauen), Messgerät zum Sichtbarmachen elektrischer Schwingungsvorgänge.

**Oxidation,** chemischer Vorgang der Verbindung eines Stoffes mit Sauerstoff.

## P

**Parameter** (zu griech. para = neben und metron = Maß), kennzeichnende Größe, die z.B. den Ablauf eines technischen Prozesses beeinflusst.

**Periode** (griech. periodos = Umlauf), Kreislauf, Zeitabschnitt, in dem sich ein Vorgang regelmäßig wiederholt, *periodisch,* regelmäßig wiederkehrend.

**Peripheriegerät** (griech. peripher = am Rande befindlich), Gerät, welches an den Computer über eine Schnittstelle angeschlossen wird, z.B. Drucker, Bildschirm, Festplattenlaufwerk.

**Permeabilität** (lat. permeare = durchdringen), Durchlässigkeit. Zahlenwert der angibt, wievielmal mehr Feldlinien in einem magnetischen Werkstoff entstehen als im Vakuum oder in Luft.

**Permittivität** (lat. permittere = erlauben), Maß für die Veränderung eines elektrischen Feldes durch ein Dielektrikum.

**Phase** (griech. phasis = Anzeige, Erscheinung), Bewegungszustand eines schwingenden Teilchens in jedem Augenblick der Bewegung. Wird in der Elektrotechnik auch noch für „Außenleiter" verwendet.

**piezoelektrisch** (griech. piezein = drücken), Entstehen elektrischer Ladung an manchen Kristallen durch Druck oder Zug.

**Planar-** (lat. planus = flach), Vorsatzwort für Silicium-Halbleiterbauelemente, das angibt, dass der elektrische Strom nur in einer dünnen Schicht des Kristalls fließt, z.B. Epitaxie-Planar-Transistor.

**pneumatisch** (griech. pneumatikos = zum Hauch, zum Wind gehörig), Luft…, Druckluft….

**Polarisation,** elektrische: Bilden von Gegenspannungen bei der Elektrolyse durch chemische Veränderung an den Elektroden, z.B. durch Abscheiden von Wasserstoff. Richtung des elektrischen Feldes einer elektromagnetischen Welle.

**Polarität,** Vorhandensein gegensätzlicher Pole.

**Portal,** (lat. porta = Türe, Tor), gemeinsame Benutzungsoberfläche für unterschiedliche IT-Anwendungen.

**Potenziometer,** Spannungsteiler, ein einstellbarer Widerstand, der so geschaltet ist, dass an ihm ein beliebiger Teil der verfügbaren Spannung abgegriffen werden kann.

**Potenz,** Mathematik: Produkt gleicher Faktoren, wobei die Anzahl der Faktoren durch die Hochzahl (Exponent) angegeben wird; z.B. $2^3 = 2 \cdot 2 \cdot 2$.
*Potenzieren,* in die Potenz erheben.

**primär** (lat. primarius = zu den ersten gehörend), an erster Stelle, erst…, ursprünglich, grundlegend, wesentlich.

**Profil,** Seitenansicht, Umriss, Querschnitt.

**Programm,** Plan; Plan zur Steuerung, der einem Computer oder einer Maschine eingegeben wird.

**Projektion** (lat. proiectio = das Vorwerfen), maßgetreue zeichnerische Darstellung eines Körpers auf einer ebenen Fläche; Bildwurf.

**Proportion** (lat. proportio = Ebenmaß, Gleichmaß), Verhältnis, Größenverhältnis.
*Proportional,* verhältnismäßig, im gleichen Verhältnis stehend.

**Prototyp** (griech. prototypos = ursprünglich), Urbild, Muster.

**Provider** (to provide = anbieten), Anbieter von Diensten, z.B. Zugang zum Internet.

**Provision** (lat. provisio = Vorsorge), in Prozenten einer Wertgröße, z.B. Umsatz, berechnete Leistungsvergütung.

**Pyrometer** (griech. pyr = Feuer, Hitze und metron = Maß), Messgerät zur Temperaturmessung.

## R

**radial** (lat. radius = Stab, Radspeiche), von einem Mittelpunkt ausgehend oder auf ihn zuführend.

*Radius,* Halbmesser eines Kreises.

**re-,** Vorsilbe für „wieder-", „zurück", „neu-".

**Reduktion** (lat. reducere = zurückführen), Zurückführung, Minderung; chemisch: Entzug von Sauerstoff aus einer chemischen Verbindung.

**Reflektor** (lat. reflectere = zurückbiegen, -wenden), Vorrichtung zum Sammeln und Zurückwerfen von Strahlen. Bei Antennen: elektrischer Leiter, der in gewissem Abstand hinter dem Dipol angeordnet ist.

**Reflexion,** Spiegelung, Zurückwerfen von Strahlen an einer Fläche.

*Reflex,* zurückgeworfene Strahlen.

**Rekristallisation,** Neubildung von Kristallen. (Kristall: fester, regelmäßiger Körper, der von ebenen Flächen begrenzt ist.)

**Relais,** elektrisches Betriebsmittel, das durch eine geringe Steuerleistung betätigt wird.

**Reluktanz** (lat. reluctari = sich sträuben), magnetischer Widerstand.

**BU**

**Repulsion** (lat. repulsio = Zurückweisung), Zurückweisung, Abstoßung.

**Resonanz** (lat. resonare = widerhallen), Mitschwingen. Resonanz tritt ein, wenn die einwirkende Frequenz gleich (oder etwa gleich) der Eigenfrequenz ist.

**Rotation** (lat. rotare = im Kreise drehen), Drehung um eine Achse. Zeitwort: *rotieren.*

**Rotor** (lat. rotare = im Kreis drehen), drehender oder drehbarer Teil.

## S

**Schaltalgebra,** mathematische Rechenvorschrift zur Beschreibung von Zuständen binärer Schaltungen in Form von Schaltfunktionen. Grundoperatoren sind UND, ODER, NICHT. Auch boolesche Algebra genannt.

**Schnittstelle,** Stelle der Übergabe von Signalen vom einen System zum anderen, z. B. vom Computer zum Drucker. Es gibt Hardwareschnittstellen und Softwareschnittstellen.

**sekundär** (lat. secundus = folgender, zweiter), an zweiter Stelle, untergeordnet.

**Sensor** (von lat. sensus = Gefühl) Fühler für eine physikalische Größe, z. B. für die Temperatur.

**Soffitte** (franz. soffite = oben an etwas befestigen), röhrenförmige Glühlampe.

**Software** (engl. software = weiche Ware), alle nichttechnischen oder nicht-physikalischen Funktionsbestandteile eines Computers; meist die Bezeichnung für die Programme, die man zum Benutzen der Computer-Hardware braucht.

**spektrografisch,** durch fotografisches Aufnehmen eines Spektrums hergestellt.

**Spektrum** (lat. specere = sehen), durch Lichtzerlegung entstehendes farbiges Band.
*spektral,* vom Spektrum ausgehend oder darauf bezogen.

**Source** (source = Quelle), Anschluss bei einem Feldeffekttransistor. Der Widerstand der Strecke Drain – Source wird durch die Spannung zwischen Gate und Source bestimmt.

**spezifisch,** eigentümlich, kennzeichnend.

**stabil** (lat. stabilis = fest, standhaft), beständig, dauerhaft, unveränderlich; Gegensatz zu labil, unbeständig.

**Stereo-,** „körperlich…", „räumlich…", „Raum…".

**Stroboskop** (griech. strobos = das sich Im-Kreis-drehen und skopein = beschauen), optische Geräte zur Beobachtung periodischer Vorgänge mit Lichtblitzen, z. B. von Drehungen.

**symmetrisch** (griech. symmetria = Ebenmaß), spiegelbildlich, gleichmäßig, ebenmäßig; Symmetrie.

**synchron** (griech. syn = zusammen, zugleich und griech. chronos = Zeit), gleichzeitig, zeitlich gleichlaufend.

**Synchronisierung,** Herstellen einer Gleichzeitigkeit, eines Gleichlaufs.

**Synchronoskop,** Messgerät zum Anzeigen des Gleichlaufs beim Parallelschalten von Generatoren.

## T

**thermisch, Thermo-,** die Wärme betreffend, „Wärme-".

**Thermistor** (griech. thermos = warm und engl. resistor = Widerstand), temperaturabhängiger Widerstand.

**Thermoplast** (Plastomer), Kunststoff der wiederholt durch Erwärmen erweicht und dabei plastisch verformt werden kann.

**Thermostat,** Temperaturregler zum Aufrechterhalten einer bestimmten Temperatur.

**Thyristor** (griech. thyra = Tür und engl. resistor = Widerstand), steuerbarer Siliciumgleichrichter.

**Toleranz** (lat. tolerare = dulden), zulässige Abweichung vom vorgeschriebenen Maß.

**Torsion** (lat. torsio = Drehung), mechanische Verdrehung, Verdrillung.

**Transduktor,** Magnetverstärker; Drossel, deren Eisenkern durch Gleichstrom vormagnetisiert wird, steuerbarer, induktiver Blindwiderstand.

**Transistor,** steuerbares Halbleiterbauelement mit mindestens drei Anschlüssen.

**Trigger** (trigger = Auslöser), Betriebsmittel zur Erzeugung eines Auslöseimpulses, z. B. Diac.

## U

**Umrichter,** elektronische Baugruppe zur Umwandlung eines Stromes oder einer Spannung mit fester Frequenz in eine andere Frequenz.

## V

**Vakuum** (lat. vacuum = das Leere), luftleerer Raum.

**Valenz** (lat. valere = gelten, wert sein). Chemie: Wertigkeit; Zahl, die angibt, wie viel Atome Wasserstoff oder andere einwertige Atome ein Atom eines Grundstoffes zu binden oder zu ersetzen vermag.

**Varistor** (lat. varius = verschieden, veränderlich und engl. resistor = Widerstand), spannungsabhäniger Widerstand.

**Vektor** (lat. vector = Träger, Fahrer), gerichtete Größe: Größe, die durch Zahlenwert, Einheit und Richtung bestimmt ist.

**vertikal** (lat. vertex = Scheitel), senkrecht.

**Vibration** (lat. vibrare = zittern, schwingen), Schwingung, Erschütterung.

## Z

**zirkular** (lat. circulus = Kreis), kreisförmig.

**Zone** (griech. zone = Gürtel), räumlicher Bereich, Schicht.

**a**bandon, to abbrechen
abatement Abnahme
ability Fähigkeit
ability to withstand short circuits Kurzschlussfestigkeit
absolute maximum ratings Grenzdaten
absorb, to absorbieren, auffangen
accelerate, to beschleunigen
access Anschluss, Zugriff
a.c. converter Wechselstromumrichter
account Rechnung, Berechnung
accuracy Genauigkeit
acquisition Erfassung
adaption Anpassung, Lernfähigkeit
add, to addieren, hinzufügen
agent Mittel, Wirkstoff
ambient temperature Umgebungstemperatur
amperage Stromstärke in Ampere
amplifier Verstärker
application Anwendung
approximation Näherung, näherungs...
area Bereich
arm's reach Handbereich
available verfügbar, gültig
avalanche Lawine
avoid, to vermeiden

**b**ack ... zurück, Rück...
back cover Rückwand
backbone Rückgrat
bar nackt, bar
bare, to entblößen
barred gesperrt
barrier Abdeckung
base Sockel
basic grundlegend, Grund...
batch Stapel
beam Strahl, Strahlenbündel
beat, to schlagen
behaviour Verhalten, Benehmen
bench Bank, Werkbank
bias angelegte Spannung, Vorspannung
black schwarz
blackout Ausfall
blank leer, bloß
blink, to blinken
blower Lüfter
blue blau
board Brett, Platine
bolt Bolzen, Stift
boost, to anheben, verstärken
booster Spannungsverstärker
boot, to laden, stoßen, nützen
bootstrap loader Urladeprogramm
boring Bohrung
bracket Klammer
branch Zweig
break, to brechen, unterbrechen
breakdown Durchbruch
bridge connection Brückenschaltung
bridge, to überbrücken
brightness Leuchtdichte
brown braun
browse, to blättern
buffer Puffer

built-in set Einbausatz
bulb Kolben, Glühbirne
busy besetzt, geschäftig
button Knopf, Taste, Schaltfläche

**c**abinet Schrank
cable Kabel, Leitung
cable code Leitungscode
cable ladder Kabelpritsche
cable tray Kabelwanne
calibrate, to abgleichen, kalibrieren
call, to rufen, anrufen
cancel, to abbrechen
capacitance Kapazität
capacitor Kondensator
carriage Vorschub
cartridge Kassette
case Fall, Angelegenheit, Gehäuse
cash bares Geld
cause Grund
channel Kanal
charge elektrische Ladung
choose, to wählen
chop, to zerhacken
circuit Stromkreis, Kreis
circuit breaker Sicherung
circuit diagram Schaltplan
clamp Klammer
clear, to klären
client Kunde, untergeordneter Computer
clip Klemme, Klammer
clock Takt
coil Spule
coin Münze
common gemeinsam
commutation Kommutierung
comparison Vergleich
compile, to zusammensetzen
component Bestandteil, Bauteil
compose, to zusammensetzen
compound Verbund
compound, to verbinden
concealed verdeckt, verborgen
condition Bedingung
conduct, to leiten
conductor Leiter
conduit Elektroinstallationsrohr
configuration Anordnung
connect, to verbinden
connector Verbinder
consultation Rücksprache, Beratung
contactless kontaktlos
content Inhalt, Rauminhalt
control Steuerung, Regelung (Vorgang)
control, to steuern, regeln
controlgear Steuergerät
controller Steuerung, Regelung (Gerät)
conversion Umrichten
converter Umsetzer, Umrichter
copy, to kopieren
counter Zähler
create, to erzeugen
crest Kuppe, Maximum
crimp, to quetschen
current Strom, elektrischer Strom
current-carrying capacity Strombelastbarkeit
cut, to abschneiden, trennen

**d**ata Daten, Angaben
database Datenbank, Datenbestand
debug, to entwanzen, bereinigen
decoupling Entkopplung
decrease, to verringern, abnehmen
delay, to aufschieben, verzögern
delete, to zerstören
deliver, to abgeben, ausliefern
delivery Lieferung
delta voltage Dreieckspannung
density Dichte
dependence Abhängigkeit
dependent abhängig von
depress, to drücken
depth Tiefe
design current Betriebsstrom
desk Pult, Tisch
desktop computer Tischcomputer
destination address Zieladresse
determine, to entscheiden
deviation Biegung, Neigung
device Bauelement, Baustein, Gerät
diagram Diagramm, Plan
dial, to wählen, auswählen
digit Ziffer, Zeichen
digital control digitale Regelung
digitize, to digital darstellen
dimension Abmessung
direct contact direktes Berühren
directory Verzeichnis
disc (USA) Platte, Scheibe
disengage, to befreien, frei machen
disk (engl.) Platte, Scheibe
displacement Entfernung, Verlagerung
display Bildschirm, Anzeige
distance Abstand, Distanz
distant entfernt
distribution circuit Verteilungsstromkreis
disturbance Störung
diversion Ablenkung
divide, to teilen, einteilen
domain Bereich, Gebiet
doped dotiert
dot Punkt
double doppelt, Doppel-
double-way connection Zweigwegschaltung
down abwärts, unten, nach unten
download, to herunterladen
downsized klein gebaut
drain Senke
draw, to zeichnen, ziehen, entnehmen
drawing Zeichnung, Plan
drift, to abweichen, verschieben
drive Antrieb, Laufwerk
driver Treiber
dummy Atrappe, Blind-
dummy jack Blindbuchse

**e**arth Erde, Masse
earth electrode Erder
earth fault Erdschluss
earthing conductor Erdungsleiter
easy leicht
edge Kante, Flanke
edge connector Steckerleiste

**BU**

**edge triggered** flankengesteuert
**edit, to** aufbereiten, überarbeiten
**edition** Ausgabe
**educate, to** erziehen, ausbilden
**effective** tatsächlich, Wirk-
**ejector** Auswerfer
**electric** elektrisch
**electric current** elektrischer Strom
**electric shock** elektrischer Schlag
**electrical** elektrisch
**electrical angle** Phasenwinkel
**electrically independent earth electrodes** elektrisch unabhängiger Erder
**embed, to** einbetten, umgeben
**emergency** Notfall, Not…
**emergency stopping** Not-Halt
**enable** Freigabe
**enclosure** Umhüllung
**engage, to** einschalten, kuppeln
**engine** Maschine, Motor
**engineering** Technik
**enhancement** Erhöhung
**entry** Eingabe Eingabegerät
**environment** Umgebung, Umwelt
**equipment** Apparatur, Gerät
**equipotential bonding** Potenzialausgleich
**erase, to** löschen
**error** Fehler, Irrtum
**escape, to** fliehen, entkommen
**etch, to** ätzen
**evaluation** Auswertung
**exclude, to** ausschließen
**executive** Leitprogramm, Leitender
**exert, to** anwenden
**expand, to** erweitern, ausdehnen
**experience** Erfahrung
**expression** Ausdruck
**extended** ausgedehnt
**extension** Erweiterung
**external** außen
**extraneous conductive part** fremdes leitfähiges Teil

**f**ailure Fehler
**fall time** Abfallzeit
**fall, to** fallen, abfallen
**fan** Fächer, Lüfter
**fast** schnell
**fatality** Ausfall, Versagen
**fatigue, to** ermüden (Werkstoffe)
**fault** Fehler, Störung
**fault protected** mit Fehlerschutz
**feature** Eigenschaft, Merkmal
**feed, to** füttern, speisen
**feedback** Rückkopplung
**fiber** Glasfaser, Lichtleitfaser
**fiber optics** Technik der Lichtwellenleiter
**field** Feld
**field pattern** Feldlinien-Verlauf
**field strength** Feldstärke
**field winding** Erregerwicklung
**file** Datei
**final circuit** Endstromkreis
**flag** Flagge, Kennzeichen
**flash** Blitz
**flashlight** Blitzlicht, Taschenlampe
**flat modul** flache Baugruppe
**flicker, to** flackern
**floating** fließend, erdfrei, potenzialfrei

**floppy** schlaff
**force** Kraft
**frame** Rahmen
**frequency** Frequenz, Häufigkeit
**front panel** Frontplatte
**fuse** Sicherung, Schmelzsicherung
**fuse switch** Überstrom-Schutzschalter
**fusible** leicht schmelzbar
**fuzzy** unklar, unscharf

**g**ain Verstärkung
**gamble** Glücksspiel
**gate** Gitter, Tor
**gate controlled** über das Gate gesteuert
**gate, to** auslösen, durchlassen
**gauge** Maß, Drahtmaß
**gear motor** Getriebemotor
**general** allgemein
**general purpose** Allzweck-, Mehrzweck-
**generate, to** erzeugen
**giant** Riesen-, Höchst-
**glaze, to** polieren, verglasen
**glitch** kurzzeitiger Störimpuls
**green** grün
**grey** grau
**ground (USA)** Erde
**group** Gruppe
**group hunting line** Sammelleitung
**guide** Anleitung, Handbuch
**gun** Kanone, Strahlsystem

**h**and-held equipment Handgerät
**handle** Griff
**handling** Bearbeitung
**harddisk** Festplatte
**hash** Gehacktes, Mischmasch
**hazardous live part** gefährliches aktives Teil
**head** Kopf
**heat** Hitze, Wärme
**heat engine** Wärmekraftmaschine
**heat sink** Kühlkörper
**hidden** verborgen, versteckt
**host** Wirt, Hauptcomputer
**hostile** feindlich, unwirtlich
**hot** heiß, nicht geerdet
**hot line** 1. Spannung führende Leitung, 2. Direktverbindung
**hour** Stunde
**housing** Gehäuse
**hub** Speichenrad, Sternkoppler
**hum trouble** Brummstörung
**hum, to** brummen

**i**con (kleines) Bild
**idle** in Ruhe, spannungslos
**idle power** Blindleistung
**idle, to** in Ruhe versetzen
**image** Bild, Abbild
**imbalance** Unsymmetrie
**immediate** unmittelbar
**immobile** unbeweglich
**implement** Arbeitsgerät
**inaccuracy** Ungenauigleit
**inching** kurzes Einschalten
**incident** Störung
**incinerate** verbrennen
**increment** Zunahme
**index** Stichwortverzeichnis
**inhibit** sperren, vermeiden

**input** Eingang
**insulate, to** isolieren, dämmen
**insulated** isoliert
**insulence** Isolationswiderstand
**integrate, to** einbauen, integrieren
**intensity** Helligkeit, Strahlstärke
**inter** zwischen
**interchange** Austausch, Wechsel-
**interface** Anpassungsschaltung
**interface, to** anschließen, verbinden
**interference** Störung, Einmischung
**interrupt** Unterbrechung
**intrinsic** wirklich, eigenleitend
**invalid** ungültig
**inverse feedback** Gegenkopplung
**invert, to** umkehren, invertrieren
**iron** Eisen, Lötkolben
**isolate** trennen, entriegeln

**j**ack Buchse, Steckdose
**jitter** Vibrieren einer Ereignisdauer
**jogging** Tastbetrieb, Tippen
**join** Verbindung, Übergang
**join, to** verbinden, vereinigen
**jump, to** springen, verzweigen
**jumper** Überbrückungsstecker
**junction** Anschluss, PN-Übergang

**k**eyboard Tastatur

**l**abel Kennzeichen, Etikett
**label, to** kennzeichnen, markieren
**land** Land, Leiterbahn, Kontaktfleck
**language** Sprache
**layer** Lage, Schicht
**lead** 1. Blei, 2. Anschlussdraht
**lead voltage drop** Spannungsfall
**lead, to** leiten, ableiten, voreilen
**leakage current** Ableitstrom
**least** geringst, kleinst
**length** Länge
**level** Ebene, Niveau
**library** Bücherei, Bibliothek
**light emitting diode** Leuchtdiode, LED
**limit** Grenze, Grenzwert
**limitation** Begrenzung
**line** Linie, Leitung
**line adapter** Leitungsanschluss
**link** Bindeglied, Schmelzeinsatz
**link, to** verbinden, verknüpfen
**liquid crystal device** Flüssigkristallanzeige
**list** Liste, Tabelle
**list, to** auflisten
**listener** Nachrichtenaufnehmer
**live part** aktives Teil
**load** Last, Lastwiderstand
**load, to** laden
**local** lokal, örtlich
**location** Standort
**lock, to** einrasten
**locking** rastend
**locking button** rastende Taste
**longword** Langwort (32 Bits)
**loop** Schleife
**loss** Verlust, Dämpfung

**m**achine Anlage, Maschine, Computer

mail Post
main hauptsächlich
main cable Hauptkabel, Netzkabel
mains failure Netzausfall
maintenance Wartung
management Verwaltung, Leitung
manual händisch, manuell
manually von Hand (Adverb)
mark Marke, Zeichen
master Meister, Hauptgerät
mean Mittelwert
measure Maß
measurement Messung, Maß
measuring point Prüfpunkt
memory Gedächtnis, Speicher
message Nachricht, Meldung
messenger Bote
micro… Kleinst…, Mikro…
mill Fabrik
mind, to beachten
mobile beweglich, ortsveränderlich
mode Art, Betriebsart
modification Änderung
module Modul, Baugruppe
moisture Feuchtigkeit
monitor 1. Bildschirmgerät, 2. Prüfprogramm
monitor, to abhorchen, kontrollieren
move, to bewegen, übertragen
multiple vielfach
multiplex line Multiplexverbindung
multiplex, to bündeln (von Kanälen), arbeiten im Multiplexbetrieb
multiply vielfach
multiply, to multiplizieren
multitag Mehrfachkennzeichnung
multplier Multiplizierer
mush Störung
mute, to dämpfen
mutual gegenseitig
mutual conductance Steilheit

narrow schmal
network Netzwerk, Netz
neutral Mittelleiter, Neutralleiter
neutral conductor Neutralleiter
noise Lärm, Geräusch, Rauschen
noise immunity Störfestigkeit
nominal voltage Nennspanung, Bemessungsspannung
notation Schreibweise, Darstellungsweise
number Nummer
nut Schraubenmutter, Nut

Off abgeschaltet
office Büro
off-line nicht ans Netz angeschlossen
off-state Sperrzustand
on eingeschaltet
one wave rectifier Einweggleichrichter
on-line an Netz angeschlossen
open offen
open circuit Leerlauf
operate, to bedienen, betätigen
opposite entgegengesetzt
optical optisch

optical conductor Lichtwellenleiter
origin Ausgangspunkt, Nullpunkt
oscillation Schwingung
oscillator circuit Schwingkreis
out aus, heraus
output Abgabe, Ausbeute, Ausgang
output, to abgeben
over über
overcurrent Überstrom
overflow Überlauf
overload Überlast
overview Überblick, Übersichtsplan
overvoltage Überspannung

Pack, to bestücken, verdichten
package Pack, Verpackung, Zusammenstellung
page Seite
panel Feld, Platte
paper Papier
parallel operation Parallelbetrieb
parallel, to parallel schalten
parity Gleichheit
part Teil, Bauteil
partial teilweise
partially teilweise (adverbial)
password Kennwort
paste, to einfügen, einkleben
patch, to einfügen, zusammenschalten
path Pfad, Weg
path time diagram Weg-Zeit-Diagramm
pattern Charakteristik, Struktur
pause, to unterbrechen, warten
pay, to bezahlen
peak Spitze, Maximum
peak value Höchstwert
peak-to-peak Spitze zu Spitze
penetrate, to durchdringen, eindringen
people Leute, Volk
performance Arbeitsweise, Güte
period Zeitraum
phase control Phasenanschnittsteuerung
photoprinter Fotokopiergerät
pin Stift
pink rosa
pipe Rohr, Röhre
plant Anlage
plate Platte, Elektrode
plate resistance Innenwiderstand
playback Wiedergabe
plot, to grafisch darstellen
plug Verbindungsstecker
plug connector Steckverbinder
plug, to stecken, stöpseln
plug-in jumper Steckbrücke
point Punkt
point charge Punktladung
polish, to polieren
poll, to abfragen, abrufen
pollution Verunreinigung
port 1. Ein-Ausgabe-Baustein, 2. Kanal
port, to übertragen
portable tragbar
position Lage, Stellung
positive slope ansteigende Flanke
power Arbeit, Kraft, Leistung

power booster Leistungsverstärker
power cable Netzkabel
power electronics Leistungselektronik
power factor Leistungsfaktor
power frequency Netzfrequenz
power lead Netzleitung
power outage Netzausfall
power plant Starkstromanlage
power supply Stromversorgung
prealign, to voreinstellen
precaution Warnung, Richtlinie
preceding vorhergehend
precision Genauigkeit
predominant vorherrschend
prefetching Vorab-Abruf
premise Bedingung
prescribe, to vorschreiben
preset, to voreinstellen
press, to drücken, pressen
pressure Druck, mechanische Spannung
prevalent allgemein, verbreitet
prevent, to verhindern
print, to drucken
printer Drucker
profound gründlich
protect, to schützen
protection Schutz, Absicherung
protective schützend
provide, to abgeben, versorgen
pull, to ziehen
pulsatance Kreisfrequenz
pulse Impuls, Puls, Stoß

quench Funkenlöschung
queue Warteschlange
quick schnell
quick fuse schnelle Sicherung
quicksort schnelle Sortierung
quiet ruhig, gedämpft

radiation Strahlung
radiation dosage Strahlungsdosis
radio technology Rundfunktechnik
random zufällig, regellos
range Bereich
rate Rate, Tarif
rated current Nennstrom, Bemessungsstrom
rating plate Leistungsschild
ratings Betriebsdaten
read, to lesen
reason Grund
recall Rückruf
receive, to aufnehmen, empfangen
receiver Empfänger
recognize, to erkennen
recombination Wiedervereinigung
record, to aufzeichnen
rectifier Gleichrichter
rectify, to gleichrichten
redundant überflüssig, redundant
region Bereich
regulate, to regeln
regulation Änderung
relay Relais
release, to freilassen, loslassen
reliability Betriebssicherheit
reliable zuverlässig
remedy Fehlerbeseitigung

**BU**

**remote** Fern-, entfernt
**remote processing** Fernverarbeitung
**repeater** Wiederholer, Zwischenverstärker
**replacement** Ersatz, Austausch
**reply, to** antworten, wiederholen
**request** Anforderung
**residual current** Differenzstrom, Fehlerstrom
**residual current protective device** Fehlerstrom-Schutzeinrichtung
**resistance** physikalischer Widerstand
**resistor** Widerstand (als Bauelement)
**restriction** Beschränkung
**restrictor** Sperre
**return, to** zurückkehren
**ring, to** läuten, klingeln
**ripple** Welligkeit
**router** Wegsucher, Pfadfinder

**Safety precaution** Schutzmaßnahme
**sample, to** abtasten, Probe entnehmen
**satellite communication service** Satellitenfunk
**saturation** Sättigung
**save, to** retten, abspeichern
**scale** Skala, Maßstab
**scale, to** maßstabgetreu ändern, skalieren
**scan, to** abtasten
**scanner** Abtastgerät
**schedule** Aufstellung, Plan
**scheduling** Planung
**scope** Oszilloskop
**score** Einschnitt, Kerbe
**screen** Abschirmung, Bildschirm
**screw** Schraube
**seal, to** abdichten
**section** Abschnitt, Kapitel, Teilung
**security** Sicherheit
**select, to** auswählen
**self** selbst
**self-locking** selbsthemmend
**self-powered** mit Battrie betrieben
**semiconductor** Halbleiter
**sensitivity** Empfindlichkeit
**sensor** Messfühler, Sensor
**sequence** Ablauf, Folge
**sequential** sequenziell, folgerichtig
**server** Diener, Bedieneinheit
**service** Dienst
**service instruction** Bedienungsanweisung
**setup** Geräte-Grundeinstellung
**shape** Form, Gestalt
**share, to** teilen, aufteilen
**shielded** abgeschirmt
**shielding** Abschirmung
**shift, to** verschieben, umschalten
**shock current** gefährlicher Körperstrom
**short** kurz
**short circuit** Kurzschluss
**side** Seite
**signaling, signalling** Signal-Übertragung
**silicon** Silicium

**silicone** Silikon
**sine current** Sinusstrom
**single-way connection** Einwegschaltung
**site** Standort, Lage
**size** Größe, Abmessung
**skilled person** Elektrofachkraft
**skin** Haut
**skin, to** abisolieren
**skip, to** übergehen, überspringen
**slack joint** Wackelkontakt
**slave** Sklave, Untergerät
**socket** Buchse, Fassung, Steckdose
**socket outlet** Steckdose
**solder** Lot, Lötzinn
**solder lug** Lötfahne, Lötöse
**solder, to** löten
**solid** Festkörper, fest, massiv
**sonic frequency** Schallfrequenz
**sound** Klang, Laut, Schall
**source** Quelle
**space** Abstand, Weltraum
**spark** Funke
**spark gap** Funkenstrecke
**specify, to** spezifizieren, angeben
**speed** Drehzahl, Geschwindigkeit
**speed controller** Drehzahlregler
**spell, to** buchstabieren, Programm erarbeiten
**sphere** Bereich, Kugel, Sphäre
**stability** Stabilität
**stage** Gerüst, Stufe, Stadium
**stage** Stufe, Stadium
**stepper motor** Schrittmotor
**stored program** gespeichertes Programm
**strip** Streifen
**subroutine** Unterprogramm
**subscriber** Teilnehmer
**supplementory insulation** zusätzliche Isolierung
**supply** Einspeisung, Versorgung
**suppression** Unterdrückung
**surface** Oberfläche
**surface mounted** oberflächenmontiert
**surge** Stoß, Stromstoß
**surge dissipator** Überspannungsableiter
**surge relay** Stromstoßrelais
**switch** Schalter
**switchgear** Schaltgerät
**switching power supply** Schaltnetzteil
**switching-off** Ausschalten
**symmetrical** symmetrisch

**tag** Etikett, Kennzeichen
**tape** Band, Streifen
**teach, to** lehren, unterrichten
**technician** Techniker
**temporary** vorübergehend
**terminal** Endstation, Endgerät
**test board** Prüfplatz
**thermal strip** Bimetallstreifen
**thread, to** aufreihen, einfädeln
**three-phase current** Drehstrom
**threshold** Schwelle, Grenzwert
**thumb** Daumen
**time** Zeit
**time delay** Zeitverzögerung
**timer** Zeitmesser
**timing diagram** Zeitablaufdia-

gramm
**toggle** Kipphebel, Kipp-
**top** oben, Oberteil
**touch voltage** Berührungsspannung
**track** Schiene, Spur
**transceiver** Sende-Empfänger
**transducer** Wandler, Messwandler, Umformer
**transformer** Wandler, Transformator
**transit** Durchgang, Transit
**transmitter** Übertrager
**trap** Falle
**trigger** Auslöser, Auslöseimpuls
**trigger, to** ansteuern durch Impulse
**tunable** abstimmbar
**tune, to** abstimmen
**twisted** verdrillt, verseilt

**Unit** Bauelement, Baustein, Einheit
**user** Anwender, Nutzer

**Valley** Tal, Minimum
**value** Wert
**versatile** veränderlich, vielseitig
**visible** sichtbar
**visual** sichtbar, Seh-, Sicht-
**visual power** Scheinleistung
**volatile** flüchtig
**voltage** elektrische Spannung
**voltage glitch** Spannungsspitze
**volume** Volumen, Lautstärke

**Wafer** Halbleiter- Einkristallscheibe
**wattage** elektrische Leistung in W
**wattmeter** Leistungsmesser
**wave** Welle
**waveform** Schwingungsform
**web** Gewebe, Netz
**weld, to** schweißen
**white** weiß
**width** Breite, Dicke
**winding** Windung, Wicklung
**winding diagram** Wicklungsplan
**window** Fenster
**wire** Draht, Leiter
**wireless** drahtlos, Funk-
**wireless plant** Funkanlage
**wirewound** drahtgewickelt
**wiring** Verdrahtung
**wiring system** Leitungssystem, Kabelsystem
**work, to** arbeiten, bearbeiten, funktionieren
**working voltage** Betriebsspannung
**worst case** ungünstigster Fall
**wrap terminal** Wickelanschluss
**write, to** schreiben, aufzeichnen
**wrong** unrichtig, falsch

**X-ray** Röntgenstrahlung

**Y-amplifier** Vertikalverstärker, Y-Verstärker
**yellow** gelb

**Zero** Null
**zero flag** Kennzeichen für Null
**zoom** schrittweise Vergrößerung

# Web-Adressen von Firmen und Dienststellen
## Web-addresses of companies and offices

| | | | |
|---|---|---|---|
| www.acceed.com | Komponenten für Datennetze | www.iec-normen.de | Information über IEC-Normen |
| www.addi-data.com | Automation mit PC | www.ien-online.com | elektronische Komponenten |
| www.aeg.de | Elektrotechnik, allgemein | | |
| www.analog.com/data-converters | Analog-Digitalumsetzer | www.indexa-online.de | Rufanlagen, Sicherheitssysteme |
| www.analog.com/sigma-delta | Sigma-Delta-Umsetzer | www.industrie-information.de | Information über industrielle Produkte |
| www.arcom.com | Computer-Boards, Netzwerktechnik | www.inga.de | Gebäudeautomation |
| www.baileymackey.com | Druckmess-Anlagen | www.internetpreis.zdh.de | Internetpreis des ZDH |
| www.berufsbildung.de | Berufsbildungsfragen | www.italcopple.it | Temperatursensoren |
| www.beuth.de | Normenvertrieb | www.jung.de | Installationsgeräte |
| www.bfe.de | elektrotechnische Bildungseinrichtung | www.knipex.de | Werkzeuge |
| | | www.lis.iao.fhg.de/ikarus/ | Umwelt-Infosystem |
| www.bosch-sicherheitssysteme.de | Sicherheitssysteme | www.maxim-ic.com | elektrische Motoren |
| | | www.media-daten.de | Information über Zeitschriften |
| www.busch-jaeger.de | Installationsgeräte | www.moeller.net | Steuerungskomponenten |
| www.bzl-online.de | elektrotechnische Bildungseinrichtung | www.neff.de | Haushaltgeräte |
| | | www.net-gmbh.com | Kameras, auch CCD-Kam. |
| www.celduc.com | Halbleiterschütze, Halbleiterrelais | www.panasonic.de | elektronische Betriebsmittel aller Art |
| www.conrad.de | Komponenton, Elektronik | www.pcmidwest.com | Sensoren |
| www.crimpen.de | Crimpwerkzeuge | www.piller.com | USV-Anlagen |
| www.danfoss-sc.de | elektrische Antriebe | www.profikiosk.de | Information über Fachzeitschriften |
| www.denios.de | Umwelttechnik | | |
| www.dspvillage.ti.com | digitale Signalverarbeitung DSP | www.puls-power.de | Stromversorgungen |
| | | www.rexroth.com | Automatisierungstechnik |
| www.dynexsemi.com | Halbleiterbauelemente | www.ritto.de | Rufanlagen, Sicherheitssysteme |
| www.eiblet.com. | Europäischer Installationsbus EIB | | |
| | | www.rs-components.de | Komponenten, Geräte |
| www.elrest.de | Steuerungssysteme | www.schuricht.de | elektrische Komponenten |
| www.etz-stuttgart.de | elektrotechnische Bildungseinrichtung | www.seminare.phoenixcontact.com | Seminare über Steuerungstechnik |
| www.euchner.com | Sicherheitstechnik | www.sicon-socomee.de | USV-Anlagen |
| www.fluke.de | Messgeräte | www.siedle.de | Rufanlagen, Sicherheitssysteme |
| www.fraenkische.de | Elektroinstallationsrohre | | |
| www.gira-akademie.de | Installationsgeräte | www.siemens.com/logo | Steuerrelais Logo |
| www.graf-syteco.de | Bediengeräte | www.siemens.de | Elektrotechnik, allgemein |
| www.grs-batterien.de | Batterien, Rücknahmesystem | www.siemens.de/hausgeraete | Hausgeräte |
| www.handwerker-online.de | Handwerkerberatung | www.tcshome.de | Sicherheitssysteme |
| | | www.vde.com | VDE, auch Seminare vom VDE |
| www.hdt-essen.de | Haus der Technik e.V., Essen | www.vicor.europe.com | Stromversorgungen |
| www.hensel-electric.de | Installationsgeräte | www.voltimum.de | Elektroinstallationen |
| www.homeway.de | Leitungen und Steckdosen für Multimedia | www.wago.com | Steckverbinder |
| | | www.Wieland-electric.com | elektrische Verbindungen |
| www.i-center.de | Elektro-Großhandel | www.zveh.de | Zentralverband der deutschen elektro- und informationstechnischen Handwerke ZVEH |
| www.lcp-germany.com, | Bediengeräte | | |
| www.icp-germany.com | Industrie-PC | | |
| www.iec-normen.de | IEC-Normen | | |

**BU**

Die nachfolgend aufgeführten Firmen und Dienststellen haben die Bearbeiter durch Beratung, durch Druckschriften, Fotos und sonstige Bilder sowohl bei der Textbearbeitung als auch bei der bildlichen Gestaltung des Buches unterstützt. Es wird ihnen hierfür herzlich gedankt.

**ABB Asea Brown Boveri AG**
68165 Mannheim

**AMP Deutschland GmbH**
63201 Langen

**Analog Devices**
B 3500 Hasselt

**Anton Piller GmbH**
37520 Osterode

**Berker, Gebrüder**
58579 Schalksmühle

**Black Box Deutschland GmbH**
85716 Unterschleißheim

**BMW AG**
80788 München

**Busch-Jaeger Elektro GmbH**
58513 Lüdenscheid

**Calor Emag AG**
40878 Ratingen

**Dannfoss Antriebs- und Regeltechnik GmbH**
63004 Offenbach

**Dehn + Söhne**
92306 Neumarkt

**Detusche Philips GmbH**
20095 Hamburg

**Dietrich Schuricht GmbH & Co. KG**
28359 Bremen

**Distrelec Ges.m.b.H**
A1200 Wien

**ELEK GmbH, Elektrotechnische Geräte und Systeme**
41470 Neuss

**Euchner & Co.**
70771 Leinfelden-Echterdingen

**EnBW Energieversorgung Baden-Württemberg**
70174 Stuttgart

**Fachverband für Energie-Marketing und -Anwendung (HEA) e. V. beim VDEW**
60329 Frankfurt

**Fluke Deutschland GmbH**
34123 Kassel

**Forschungs- und Technologie-Zentrum FTZ**
64295 Darmstadt

**Forschungszentrum Karsruhe GmbH**
76131 Karlsruhe

**Fraunhofer-Institut**
91058 Erlangen

**Friedrich Duss GmbH & Co**
75387 Neubulach

**Gossen-Metrawatt**
90471 Nürnberg

**Hager Electro GmbH**
66131 Ensheim-Saar

**Hartmann und Braun AG**
60478 Frankfurt

**Hensel KG**
57368 Lennestadt

**Hewlett Packard GmbH**
71034 Böblingen

**Hirschmann, Richard GmbH & Co.**
73728 Esslingen

**IBM Deutschland Informationssysteme**
70511 Stuttgart

**Indramat GmbH**
97816 Lohr

**Informationszentrale der Elektrizitätswirtschaft, IZE**
60555 Frankfurt

**INSTA ELEKTRO GBMH & CO. KG**
58511 Lüdenscheid

**Jung, Albrecht**
58579 Schalksmühle

**Kathrein-Werke AG**
83022 Rosenheim

**Knipex-Werke**
**C. Gustav Putsch**
42349 Wuppertal

**Lapp KG**
70565 Stuttgart

**Laser 2000 GmbH**
82234 Wessling

**Laser Components GmbH**
82140 Olching

**Leitz Messtechnik GmbH**
35578 Wetzlar

**Leuze electronic GmbH & Co**
73277 Owen-Teck

**Leybold AG**
63450 Hanau

**Licht- und Vakuumtechnik**
85643 Steinhöring

**Lütze GmbH & Co.**
71373 Weinstadt

**MAICO-Ventilatoren**
78023 Villingen-Schwenningen

**Matsushita Automation Controls**
83607 Holzkirchen

**Microsoft GmbH**
85716 Unterschleißheim

**Mitsubishi Electric Europe GmbH**
40880 Ratingen

**Moeller GmbH**
53115 Bonn

**National Instruments Germany GmbH**
81369 München

**Panasonic Deutschland GmbH**
22525 Hamburg

**PEHA, Paul Hochköpper GmbH & Co. KG**
58467 Lüdenscheid

**PEPPERL + FUCHS GmbH**
68307 Mannheim

**Philips GmbH**
20099 Hamburg

**Phoenix Contact GmbH**
32819 Blomberg

**Pilz GmbH & Co.**
73760 Ostfildern

**Roederstein GmbH**
84034 Landshut

**Rohde & Schwarz GmbH & Co. KG**
58029 Hagen
81671 München

**ROXTEC GmbH**
22297 Hamburg

**RS Components GmbH**
64546 Mörfelden-Walldorf

**RWE AG**
45128 Essen

**Siedle & Söhne**
78113 Furtwangen

**Siemens AG**
91050 Erlangen
80333 München
90475 Nürnberg

**TEHALIT GmbH**
67716 Heltersberg

**Texas Instruments Deutschland**
85350 Freising

**Thorsman & Co GmbH**
58540 Meinerzhagen

**Toshiba Electronics Europe GmbH**
40549 Düsseldorf

**Trumpf GmbH & Co**
71252 Ditzingen

**TÜV Rheinland Holding AG**
51105 Köln

**Umweltbundesamt**
14191 Berlin

**Vacuumschmelze**
63412 Hanau

**Varta Batterie AG**
73479 Ellwangen

**VDE, Verband der Elektrotechnik Elektronik Informationstechnik e. V.**
60596 Frankfurt

**Volkswagen AG**
38446 Wolfsburg

**WAGO Kontakttechnik GmbH**
32423 Minden

**Zentralverband der elektro- und informationstechnischen Handwerke, ZVEH**
53113 Bonn

**Zentralverband elektrotechnischer und elektronischer Industrie, ZVEI**
60596 Frankfurt

**ZF Friedrichshafen AG**
88038 Friedrichshafen